平成２８年

青果物卸売市場調査報告

大臣官房統計部

平成３０年２月

農林水産省

目　　次

調査の概要 ……………………………………………………………………………… 1

調査結果の概要
  Ⅰ　青果物の卸売動向 ………………………………………………………………… 8
    1　野菜（全国）…………………………………………………………………… 8
    2　果実（全国）…………………………………………………………………… 9
    3　輸入野菜（主要都市）………………………………………………………… 10
  Ⅱ　主要品目の動向 …………………………………………………………………… 11
    1　野菜 ……………………………………………………………………………… 11
    2　果実 ……………………………………………………………………………… 16

統　計　表
  Ⅰ　野菜の卸売数量・価額・価格
    1　全国及び主要都市の野菜の卸売数量・価額・価格 ………………………… 22
    2　主要都市の月別野菜の卸売数量・価額・価格 ……………………………… 24
    3　卸売市場別の月別野菜の卸売数量・価額・価格 …………………………… 28
  Ⅱ　果実の卸売数量・価額・価格
    1　全国及び主要都市の果実の卸売数量・価額・価格 ………………………… 206
    2　主要都市の月別果実の卸売数量・価額・価格 ……………………………… 208
    3　卸売市場別の月別果実の卸売数量・価額・価格 …………………………… 212
  Ⅲ　中央卸売市場における青果物の卸売数量・価額
    中央卸売市場における青果物の卸売数量・価額 ………………………………… 390
  Ⅳ　青果物の転送量
    1　青果物の年次別転送量 ………………………………………………………… 394
    2　主要都市における野菜の転送量 ……………………………………………… 398
    3　主要都市における果実の転送量 ……………………………………………… 440
  Ⅴ　野菜の国産・輸入別の卸売数量・価額・価格（主要都市の市場計）
    野菜の国産・輸入別の卸売数量・価額・価格（主要都市の市場計）………… 466

参　考
  （参考）ＪＡ全農青果センターの取扱数量・価額・価格
    1　野菜 ……………………………………………………………………………… 470
    2　果実 ……………………………………………………………………………… 472
  付表　調査票

【付：卸売市場別目次】

統計表　Ｉの３及びⅡの３

卸　売　市　場　名	野菜	果実	卸　売　市　場　名	野菜	果実
	ページ	ページ		ページ	ページ
札幌市中央卸売市場	28	212	名古屋市中央卸売市場計	116	300
旭川市青果市場	30	214	名古屋市中央卸売市場　本場	118	302
函館市青果市場	32	216	〃　北部市場	120	304
青森市中央卸売市場	34	218	豊橋市青果市場	122	306
八戸市中央卸売市場	36	220	北勢青果市場	124	308
盛岡市中央卸売市場	38	222	三重県青果市場	126	310
仙台市中央卸売市場	40	224	大津市青果市場	128	312
秋田市青果市場	42	226	京都市中央卸売市場	130	314
山形市青果市場	44	228	大阪府計	132	316
福島市青果市場	46	230	大阪府中央卸売市場計	134	318
いわき市中央卸売市場	48	232	大阪市中央卸売市場計	136	320
水戸市青果市場	50	234	大阪市中央卸売市場　本場	138	322
宇都宮市中央卸売市場	52	236	〃　東部市場	140	324
前橋市青果市場	54	238	大阪府中央卸売市場	142	326
さいたま市青果市場	56	240	大阪府内青果市場	144	328
上尾市青果市場	58	242	神戸市中央卸売市場計	146	330
千葉市青果市場	60	244	神戸市中央卸売市場　本場	148	332
船橋市青果市場	62	246	〃　東部市場	150	334
松戸市青果市場	64	248	姫路市青果市場	152	336
東京都計	66	250	奈良県中央卸売市場	154	338
東京都中央卸売市場計	68	252	和歌山市中央卸売市場	156	340
東京都中央卸売市場　築地市場	70	254	鳥取市青果市場	158	342
〃　大田市場	72	256	松江市青果市場	160	344
〃　北足立市場	74	258	岡山市中央卸売市場	162	346
〃　葛西市場	76	260	広島市中央卸売市場計	164	348
〃　豊島市場	78	262	広島市中央卸売市場　中央市場	166	350
〃　淀橋市場	80	264	〃　東部市場	168	352
〃　世田谷市場	82	266	福山市青果市場	170	354
〃　板橋市場	84	268	宇部市中央卸売市場	172	356
〃　多摩ﾆｭｰﾀｳﾝ市場	86	270	徳島市中央卸売市場	174	358
東京都内青果市場	88	272	高松市中央卸売市場	176	360
横浜市中央卸売市場　本場	90	274	松山市中央卸売市場	178	362
川崎市中央卸売市場	92	276	高知市中央卸売市場	180	364
新潟市中央卸売市場	94	278	北九州市中央卸売市場	182	366
富山市青果市場	96	280	福岡市中央卸売市場	184	368
金沢市中央卸売市場	98	282	久留米市中央卸売市場	186	370
福井市中央卸売市場	100	284	佐賀市青果市場	188	372
甲府市青果市場	102	286	長崎市中央卸売市場	190	374
長野市青果市場	104	288	佐世保市青果市場	192	376
松本市青果市場	106	290	熊本市青果市場	194	378
岐阜市中央卸売市場	108	292	大分市青果市場	196	380
静岡市中央卸売市場	110	294	宮崎市中央卸売市場	198	382
浜松市中央卸売市場	112	296	鹿児島市中央卸売市場	200	384
沼津市青果市場	114	298	沖縄県中央卸売市場	202	386

注：福岡市中央卸売市場とは、平成28年２月11日までは青果、東部、西部の計である。

調査の概要

本書は、農林水産省の統計組織で実施している青果物卸売市場調査の結果のうち、全国の主要な青果物卸売市場及びＪＡ全農青果センターで取り扱った青果物の主要品目について、卸売数量、卸売価額を産地都道府県別に取りまとめたものである。

1 調査の目的
本調査は、全国の主要な青果物卸売市場における青果物の卸売数量及び卸売価額を調査し、価格形成の実態等を明らかにすることにより、青果物の価格安定対策、生産出荷安定対策、流通改善対策等に資することを目的として実施する。

2 調査の根拠
本調査は、統計法（平成19年法律第53号）第19条第１項に基づく総務大臣の承認を受けて実施した一般統計調査である。

3 調査機関
農林水産省大臣官房統計部及び地方組織を通じて実施した。

4 調査範囲及び調査対象
(1) 調査範囲及び調査の母集団
　　調査範囲は全国とし、調査の母集団は全国の青果物卸売市場に所在する全ての青果物卸売会社及び全てのＪＡ全農青果センターとする。

(2) 調査対象者
　　調査対象者は、次のアからウまでのいずれかの都市（調査対象都市（表１参照））に所在し、各条件を満たす青果物卸売会社及びエのＪＡ全農青果センターとする。
　ア　中央卸売市場が開設されている都市
　　　中央卸売市場に所在する全ての青果物卸売会社
　　　ただし、東京都及び大阪府については、都府内にある市内青果市場（中央卸売市場以外の卸売市場）に所在する青果物卸売会社のうち年間取扱数量の多い方から順に市内青果市場の年間取扱数量合計の80パーセントをカバーするまでの青果物卸売会社についても調査対象者とする。
　イ　県庁が所在する都市（アを除く。）
　　　それぞれの都市に所在する青果物卸売会社のうち年間取扱数量の多い方から順にそれぞれの都市の年間取扱数量の80パーセントをカバーするまでの青果物卸売会社
　ウ　人口20万人以上でかつ青果物の年間取扱数量がおおむね６万トン以上の都市（ア及びイを除く。）
　　　それぞれの都市に所在する青果物卸売会社のうち年間取扱数量の多い方から順にそれぞれの都市の年間取扱数量の80パーセントをカバーするまでの青果物卸売会社
　エ　ＪＡ全農青果センター
　　　全国農業協同組合連合会の全てのＪＡ全農青果センター（３か所：埼玉県、神奈川県及び大阪府）

表１　都道府県別調査対象都市一覧表

都道府県名	ア　中央卸売市場の開設されている都市	イ　県庁が所在する都市（アを除く。）	ウ　それ以外の都市（ア及びイを除く。）
北海道	札幌		旭川・函館
青森	青森・八戸		
岩手	盛岡		
宮城	仙台		
秋田		秋田	
山形		山形	
福島	いわき	福島	
茨城		水戸	
栃木	宇都宮		
群馬		前橋	
埼玉		さいたま	上尾
千葉		千葉	船橋・松戸
東京	東京都全域（島しょ部は除く。）		
神奈川	横浜・川崎		
新潟	新潟		
富山		富山	
石川	金沢		
福井	福井		
山梨		甲府	
長野		長野	松本
岐阜	岐阜		
静岡	静岡・浜松		沼津
愛知	名古屋		豊橋
三重			北勢（四日市・桑名・鈴鹿・いなべ・木曽岬・東員・菰野・朝日・川越）・三重（北勢を除く三重県全域）
滋賀		大津	
京都	京都		
大阪	大阪府全域		
兵庫	神戸		姫路
奈良	奈良（奈良・大和高田・大和郡山・天理・橿原・桜井・御所・生駒・香芝・葛城・生駒郡・磯城郡・高市郡・北葛城郡）		
和歌山	和歌山		
鳥取		鳥取	
島根		松江	
岡山	岡山		
広島	広島		福山
山口	宇部		

表１　都道府県別調査対象都市一覧表（続き）

都道府県名	ア　中央卸売市場の開設されている都市	イ　県庁が所在する都市（アを除く。）	ウ　それ以外の都市（ア及びイを除く。）
徳島	徳島		
香川	高松		
愛媛	松山		
高知	高知		
福岡	北九州・福岡・久留米		
佐賀		佐賀	
長崎	長崎		佐世保
熊本		熊本	
大分		大分	
宮崎	宮崎		
鹿児島	鹿児島		
沖縄	那覇		
計	36都市	16都市	13都市

注：　卸売市場の開設区域が複数の市町村にまたがる場合、当該市場名を都市名として記載し、（　）書きで開設区域内市町村を示した。
また、当該市場の所在市町村をアンダーラインで示した。

５　調査の期間

平成28年１月から12月までの１年間（月別）

６　調査事項

調査事項は、野菜50品目及び果実44品目・品種の卸売数量及び卸売価額である。

なお、その内数としての転送入荷品に関わるものも併せて調査した。

７　調査方法

本調査は、次のいずれかの方法により実施した。

ただし、調査対象者が本社・支社の関係にあるものについては、原則として本社において支社分を含めて調査した。

(1)　調査対象者が作成した調査票データをオンラインにより収集する自計調査の方法

(2)　調査対象者が作成した電磁的記録媒体又は調査票を郵送により回収する自計調査の方法

(3)　農林水産省職員が調査対象卸売会社に対して聞き取り又は関係帳簿の閲覧により調査票を作成する他計調査の方法

８　集計方法

(1)　調査対象者ごとの年計値の卸売数量及び卸売価額

本調査の対象となっている調査対象者について、卸売数量及び卸売価額ともに１～12月分の積上げ値として算出した。

(2)　総数（全国計）の卸売数量及び卸売価額

全国の値については、農林水産省食料産業局が保有する全国の地方卸売市場における平成27年度の青果物卸売会社の野菜総量、果実総量及び卸売金額に関する情報（以下「行政情報」という。）のうち、調査対象である卸売会社を除いた情報を基に次の式により推定した。

$$Y_i = T_i + \frac{G}{T} T_i$$

Y_i ：平成28年の野菜（又は果実）の品目 i に係る全国の年間卸売数量（又は卸売価額）の推定値

T_i ：平成28年の年間取扱量等調査の野菜（又は果実）の品目 i に係る年間卸売数量（又は卸売価額）

T ：平成27年度の期間に合わせて集計した年間取扱量等調査（平成27年分については月別調査）の野菜（又は果実）の品目計の年間卸売数量（又は卸売価額）の合計

G ：平成27年度の行政情報のうち、調査対象である卸売会社を除いた野菜（又は果実）の総量の年間卸売数量（又は卸売価額）の合計

(3) 都市別の卸売数量及び卸売価額

ア　都市別集計のうち、中央卸売市場については、卸売市場ごとに、卸売数量及び卸売価額を積上げにより算出した。

イ　中央卸売市場の開設区域内における中央卸売市場以外の卸売市場については、東京都内青果市場及び大阪府内青果市場と一括して、行政情報のうち調査対象である卸売会社を除いた情報を基に、市内青果市場全体の卸売数量及び卸売価額を推定した。

$$Y_i = A_i + \frac{G}{T} A_i$$

Y_i ：野菜（又は果実）の品目 i に係る市内青果市場全体の卸売数量（又は卸売価額）の推定値

A_i ：年間取扱量等調査の調査対象卸売会社の野菜（又は果実）の品目 i に係る年間卸売数量（又は卸売価額）の合計

T ：平成28年調査で調査を実施した卸売会社の平成27年度の期間に合わせて集計した年間取扱量等調査（平成27年分については月別調査）の野菜（又は果実）の品目計の年間卸売数量（又は卸売価額）の合計

G ：平成27年度の行政情報のうち、調査対象である卸売会社を除いた野菜（又は果実）の総量の年間卸売数量（又は卸売価額）の合計

ウ　中央卸売市場の開設区域外における卸売市場については、原則として都市名を冠した「〇〇市青果市場」と一括して、卸売数量及び卸売価額を積上げにより算出した。

また、公設地方卸売市場が開設され、その範囲が2以上の都市又は周辺市町村にわたる場合は、その公設市場名を冠し「〇〇青果市場」と呼称し、当該市場の卸売数量及び卸売価額を積上げにより算出した。

(4) 転送品の卸売数量及び卸売価額

ア　主要都市の市場の卸売数量及び卸売価額について積上げにより算出し、JA全農青果センターの値は含まない。

イ　「主要都市における転送量」は、都市別の転送を受けた卸売数量を組替集計して、主要転送先市場（転送量100ｔ以上の市場）別に取りまとめた。

なお、野菜については、50品目のうち「その他の野菜」を除く49品目を表章し、アスパラガス、ブロッコリー、かぼちゃ、さやえんどう、たまねぎ、にんにく、しょうが及び生しいたけは国産のみの値とした。

また、果実については、44品目・品種のうち「その他の国産果実」及び輸入果実の9品目を除く国産果実34品目・品種を表章した。

(5) JA全農青果センターの取りまとめ

全国及び主要都市の卸売数量、卸売価額及び卸売価格は、JA全農青果センターを除外した集計となっているため、参考として、同センターの卸売数量、卸売価額及び卸売価格を取りまとめた。

9　目標精度

本調査においては、目標精度は設定していない。

10　用語の解説

(1)　青果物卸売市場

ア　青果物卸売市場とは、卸売業者が生産者若しくは集出荷団体等から委託を受け、又は買い付けを行い、仲卸業者又は小売業者等に対し「せり」、「入札」又は「相対」の方法で建値を行って売りさばくための場立ちの行われる場所をいう。

したがって、産地で生産者から荷を集めて、これらを消費地に出荷するいわゆる産地の集荷市場は含めない。

イ　中央卸売市場とは、卸売市場法（昭和46年法律第35号）に基づき地方公共団体が農林水産大臣の認可を受けて開設している市場であり、平成28年12月末日現在開設されている中央卸売市場は、次の49市場となっている。

なお、福岡市中央卸売市場青果市場、東部市場及び西部市場については平成28年２月に統合された。

札幌市、青森市、八戸市、盛岡市、仙台市、いわき市、宇都宮市、東京都（築地・大田・北足立・葛西・豊島・淀橋・世田谷・板橋・多摩）、横浜市、川崎市、新潟市、金沢市、福井市、岐阜市、静岡市、浜松市、名古屋市（本場・北部）、京都市、大阪市（本場・東部）、大阪府、神戸市（本場・東部）、奈良県、和歌山市、岡山市、広島市（中央・東部）、宇部市、徳島市、高松市、松山市、高知市、北九州市、福岡市、久留米市、長崎市、宮崎市、鹿児島市、沖縄県

(2)　ＪＡ全農青果センター

ＪＡ全農青果センターとは、全国農業協同組合連合会が消費都市及びその周辺地域において一定の施設を備え、継続的に生鮮食料品の集分荷、価格形成、決済などを行い、卸売市場に代替する機能を果たしているものをいう。

(3)　青果物卸売会社

青果物卸売会社とは、集出荷団体、集出荷業者又は生産者から青果物の販売の委託を受け又は買い付けて、青果物の卸売業務を行う法人又は個人をいう。

(4)　卸売数量

卸売数量とは、青果物卸売市場で、「せり」、「入札」又は「相対」の方法で売りさばかれた数量（転送量を含む。）であり、その荷物の荷姿の単位ごとに表示されている量目をkg換算した数量である。

(5)　卸売価額

卸売価額とは、青果物卸売市場における取扱金額であり、消費税を含む価額である。

(6)　卸売価格

卸売価格とは、卸売価額を卸売数量で除して算出した１kg当たりの平均価格である。

(7)　転送量

転送量とは、一度卸売市場に上場されて販売された青果物が、仲卸業者などを経て再び他の卸売市場に上場された数量をいう。

11　統計表の見方等

(1)　統計数値については、表示単位未満を四捨五入したため、合計値と内訳の計が一致しない場合がある。

(2)　表中に使用した記号は、次のとおりである。

「0」「0.0」: 単位に満たないもの（例：0.4t→0t）

「－」: 事実のないもの

「…」: 事実不詳又は調査を欠くもの
「△」: 負数又は減少したもの
「nc」: 計算不能

(3)　この統計表に掲載された数値を他に転載する場合は、「青果物卸売市場調査報告」（農林水産省）による旨を記載してください。

(4)　本統計の結果及び累年データについては、農林水産省ホームページ「統計情報」の分野別分類「農畜産物卸売市場」、品目別分類の「野菜（市場・流通）」又は「果樹（市場・流通）」の「青果物卸売市場調査」で御覧いただけます。

【 http://www.maff.go.jp/j/tokei/kouhyou/seika_orosi/index.html 】

また、本調査の結果については、別途刊行している『青果物卸売市場調査報告（産地別）』においても御覧いただけます。

12　お問合せ先

農林水産省　大臣官房統計部　生産流通消費統計課消費統計室　流通動向第１班
電　話：(代表) ０３－３５０２－８１１１　内線３７１３
(直通) ０３－６７４４－２０４７
ＦＡＸ：　０３－３５０２－３６３４

調査結果の概要

I 青果物の卸売動向

1 野菜（全国）

平成28年の青果物卸売市場における野菜の卸売数量は1,002万 t で、前年に比べ3％減少した。これは、だいこん、にんじんの入荷量が減少したことなどによる。

卸売価額は2兆3,385億円で、前年に比べ3％増加した。これは、ばれいしょ、にんじんの卸売価格が上昇したことなどによる（表1、図1）。

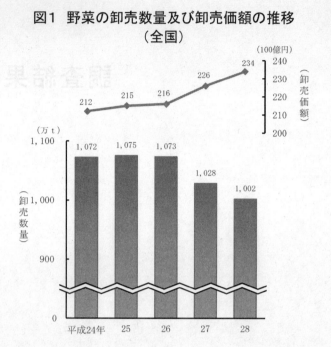

図1 野菜の卸売数量及び卸売価額の推移（全国）

表1 野菜の主要品目の卸売数量、卸売価額及び卸売価格（全国）（平成28年）

品　　目	卸売数量	卸売価額	卸売価格	対前年比 卸売数量	対前年比 卸売価額	対前年比 卸売価格
	万 t	億円	円／kg	％	％	％
野　菜　総　量	1,002	23,385	233	97	103	106
うち　だ　い　こ　ん	92	921	100	92	108	118
に　ん　じ　ん	61	958	156	94	121	129
は　く　さ　い	78	709	91	98	113	115
キ　ャ　ベ　ツ	136	1,320	97	98	95	96
ほ　う　れ　ん　そ　う	10	591	574	88	99	112
ね　　　　　ぎ	28	1,150	414	95	107	113
レ　タ　ス	57	1,217	214	98	98	100
き　ゅ　う　り	47	1,506	320	99	103	104
な　　　　　す	23	839	364	101	102	101
ト　マ　ト	46	1,674	366	98	104	107
ピ　ー　マ　ン	16	710	455	101	99	98
ば　れ　い　し　ょ	64	1,135	177	95	118	124
さ　と　い　も	5	161	306	93	97	104
た　ま　ね　ぎ	122	1,205	99	105	102	98

2 果実（全国）

果実の卸売数量は308万tで、前年に比べ5％減少した。これは、みかん、りんごの入荷量が減少したことなどによる。

卸売価額は1兆570億円で、前年に比べ2％増加した。これは、みかん、かきの卸売価格が上昇したことなどによる（表2、図2）。

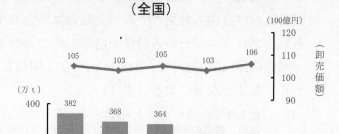

図2 果実の卸売数量及び卸売価額の推移（全国）

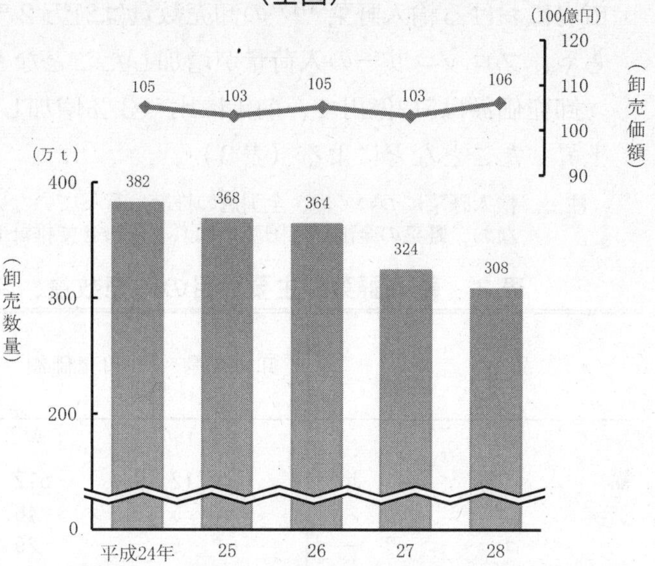

表2 果実の主要品目の卸売数量、卸売価額及び卸売価格（全国）（平成28年）

品目	卸売数量	卸売価額	卸売価格	対前年比 卸売数量	対前年比 卸売価額	対前年比 卸売価格
	万t	億円	円/kg	％	％	％
果実総量	308	10,570	343	95	102	108
国産果実計	239	8,937	375	94	102	109
うち みかん	53	1,439	270	90	107	119
いよかん	5	98	202	107	117	110
りんご	45	1,368	301	94	101	107
日本なし	14	409	291	101	99	98
かき	15	374	247	94	111	119
もも	8	390	491	103	101	99
ぶどう	9	774	878	96	104	108
いちご	12	1,496	1,200	92	97	106
メロン	13	628	476	95	99	104
すいか	30	572	188	100	107	106
輸入果実計	70	1,633	234	100	102	102
うち バナナ	38	663	175	96	97	101
パインアップル	6	115	194	95	99	104
レモン	4	109	308	101	92	91
グレープフルーツ	5	92	197	85	95	112
オレンジ	7	163	230	129	121	94
おうとう	0	22	1,309	91	91	100
キウイフルーツ	5	225	482	109	110	101
メロン	1	17	144	110	95	86

3　輸入野菜（主要都市）

主要都市（①中央卸売市場が開設されている都市②県庁が所在する都市③人口20万人以上で、かつ青果物の年間取扱数量がおおむね６万ｔ以上の都市をいう（以下同じ。）。）の青果物卸売市場における輸入野菜 (注) の卸売数量は21万２千ｔで、前年に比べ12％増加した。これは、かぼちゃ、ブロッコリーの入荷量が増加したことなどによる。

卸売価額は512億円で、前年に比べ３％増加した。これは、にんにく、たまねぎの卸売価格が上昇したことなどによる（表３）。

注：　輸入野菜については、全国値の推計は行っていないため、主要都市の市場計の値となる。
なお、野菜の全国計は国産・輸入を合わせて推計している。

表３　輸入野菜の主要品目の卸売数量、卸売価額及び卸売価格（主要都市）（平成28年）

品目	卸売数量	卸売価額	卸売価格	対前年比		
				卸売数量	卸売価額	卸売価格
	千ｔ	億円	円／kg	%	%	%
輸入野菜計	212	512	242	112	103	92
うち　アスパラガス	5	46	884	117	110	94
ブロッコリー	8	29	366	119	107	90
かぼちゃ	97	126	131	115	102	89
さやえんどう	1	4	763	83	96	116
たまねぎ	33	35	106	104	111	107
にんにく	8	27	359	97	124	128
しょうが	5	16	328	102	87	86
生しいたけ	1	4	562	89	84	95

（参考）累年データ

表４　野菜の卸売数量、卸売価額及び卸売価格（全国）（累年データ）

区分	卸売数量	卸売価額	卸売価格	対前年比	
				卸売数量	卸売価格
	万ｔ	億円	円／kg	%	%
平成19年	1,145	21,161	185	98	96
20	1,136	21,463	189	99	102
21	1,124	20,998	187	99	99
22	1,058	22,625	214	94	114
23	1,064	20,959	197	101	92
24	1,072	21,190	198	101	100
25	1,075	21,529	200	100	101
26	1,073	21,642	202	100	101
27	1,028	22,608	220	96	109
28	1,002	23,385	233	97	106

表５　果実の卸売数量、卸売価額及び卸売価格（全国）（累年データ）

区分	卸売数量	卸売価額	卸売価格	対前年比	
				卸売数量	卸売価格
	万ｔ	億円	円／kg	%	%
平成19年	425	11,939	281	95	104
20	436	11,192	257	103	91
21	436	10,562	242	100	94
22	396	10,745	271	91	112
23	381	10,425	274	96	101
24	382	10,511	275	100	101
25	368	10,285	280	96	102
26	364	10,459	287	99	103
27	324	10,347	319	89	111
28	308	10,570	343	95	108

II　主要品目の動向

1　野菜

(1)　だいこん

平成28年の全国の青果物卸売市場における卸売数量は92万ｔで、前年に比べ８％減少した。

卸売価格は100円で、台風等の影響による入荷量の減少のため、前年同月に比べ特に９月～12月に高値となり、前年に比べ18％上昇した（表１、図３）。

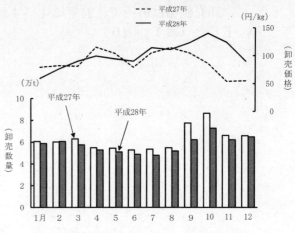

図３　だいこんの月別卸売数量と卸売価格の推移

注：主要都市の市場計の計である（以下図28まで同じ。）。

(2)　にんじん

卸売数量は61万ｔで、前年に比べ６％減少した。

卸売価格は156円で、台風等の影響による入荷量の減少のため、前年同月に比べ特に９月～12月に高値となり、前年に比べ29％上昇した（表１、図４）。

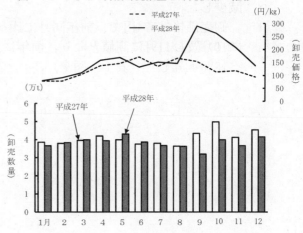

図４　にんじんの月別卸売数量と卸売価格の推移

(3)　はくさい

卸売数量は78万ｔで、前年に比べ２％減少した。

卸売価格は91円で、前年同月に比べ１月～３月及び10月～12月に高値となり、前年に比べ15％上昇した（表１、図５）。

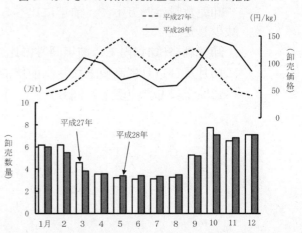

図５　はくさいの月別卸売数量と卸売価格の推移

(4)　キャベツ

卸売数量は136万ｔで、前年に比べ２％減少した。

卸売価格は97円で、前年に比べ４％低下した（表１、図６）。

図６　キャベツの月別卸売数量と卸売価格の推移

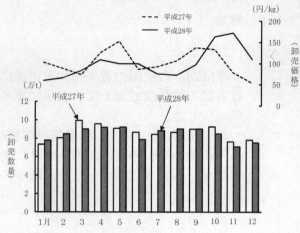

(5)　ほうれんそう

卸売数量は10万ｔで、前年に比べ12％減少した。

卸売価格は574円で、前年同月に比べ特に10月及び11月に高値となり、前年に比べ12％上昇した（表１、図７）。

図７　ほうれんそうの月別卸売数量と卸売価格の推移

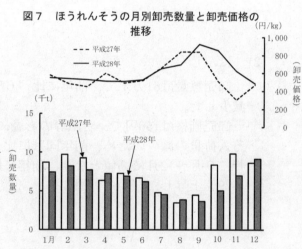

(6)　ねぎ

卸売数量は28万ｔで、前年に比べ５％減少した。

卸売価格は414円で、前年同月に比べ特に10月及び11月に高値となり、前年に比べ13％上昇した（表１、図８）。

図８　ねぎの月別卸売数量と卸売価格の推移

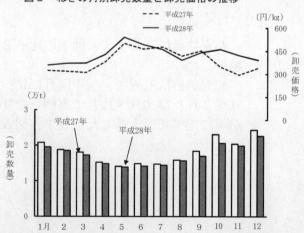

(7)　レタス

卸売数量は57万ｔで、前年に比べ２％減少した。

卸売価格は214円で、前年並みとなった（表１、図９）。

図９　レタスの月別卸売数量と卸売価格の推移

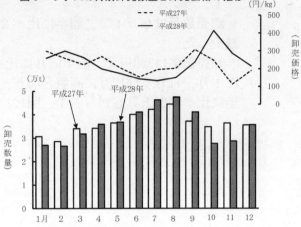

(8)　きゅうり

卸売数量は47万ｔで、前年に比べ１％減少した。

卸売価格は320円で、前年に比べ４％上昇した（表１、図10）。

図10　きゅうりの月別卸売数量と卸売価格の推移

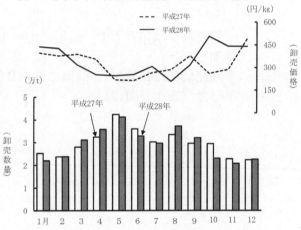

(9)　なす

卸売数量は23万ｔで、前年に比べ１％増加した。

卸売価格は364円で、前年に比べ１％上昇した（表１、図11）。

図11　なすの月別卸売数量と卸売価格の推移

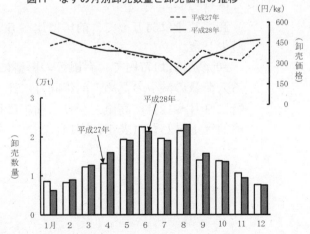

(10)　トマト

卸売数量は46万ｔで、前年に比べ２％減少した。

卸売価格は366円で、前年同月に比べ特に１月、11月及び12月に高値となり、前年に比べ７％上昇した（表１、図12）。

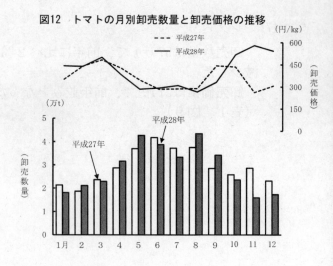

図12　トマトの月別卸売数量と卸売価格の推移

(11)　ピーマン

卸売数量は16万ｔで、前年に比べ１％増加した。

卸売価格は455円で、前年に比べ２％低下した（表１、図13）。

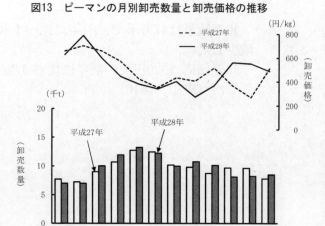

図13　ピーマンの月別卸売数量と卸売価格の推移

(12)　ばれいしょ

卸売数量は64万ｔで、前年に比べ５％減少した。

卸売価格は177円で、台風等の影響による入荷量の減少のため、前年同月に比べ特に９月～12月に高値となり、前年に比べ24％上昇した（表１、図14）。

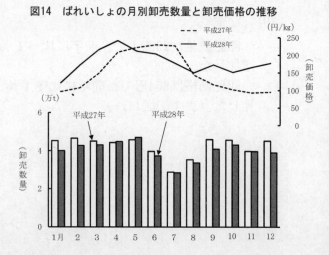

図14　ばれいしょの月別卸売数量と卸売価格の推移

(13)　さといも

卸売数量は５万ｔで、前年に比べ７％減少した。

卸売価格は306円で、前年に比べ４％上昇した（表１、図15）。

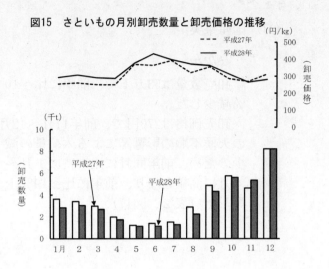

図15　さといもの月別卸売数量と卸売価格の推移

(14)　たまねぎ

卸売数量は122万ｔで、前年に比べ５％増加した。

卸売価格は99円で、前年に比べ２％低下した（表１、図16）。

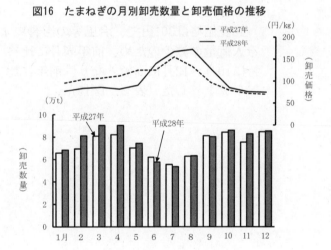

図16　たまねぎの月別卸売数量と卸売価格の推移

2　果実

(1)　国産果実

ア　みかん

卸売数量は53万ｔで、前年に比べ10％減少した。

卸売価格は270円で、前年11月～12月の天候不順の影響等による入荷量の減少のため、前年同月に比べ特に１月～４月に高値となり、前年に比べ19％上昇した（表２、図17）。

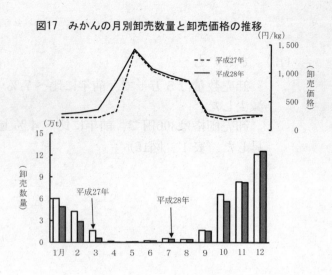

図17　みかんの月別卸売数量と卸売価格の推移

イ　りんご

卸売数量は45万ｔで、前年に比べ６％減少した。

卸売価格は301円で、台風等の影響による入荷量の減少のため、前年同月に比べ特に10月～12月に高値となり、前年に比べ７％上昇した（表２、図18）。

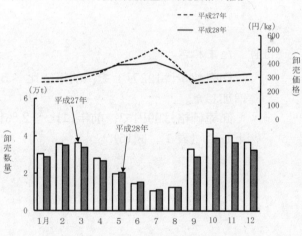

図18　りんごの月別卸売数量と卸売価格の推移

ウ　日本なし

卸売数量は14万ｔで、前年に比べ１％増加した。

卸売価格は291円で、前年に比べ２％低下した（表２、図19）。

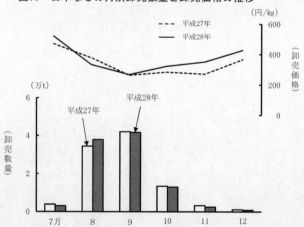

図19　日本なしの月別卸売数量と卸売価格の推移

エ　かき

卸売数量は15万ｔで、前年に比べ６％減少した。

卸売価格は247円で、高温の影響等による入荷量の減少のため、前年同月に比べ特に10月及び11月に高値となり、前年に比べ19％上昇した（表２、図20）。

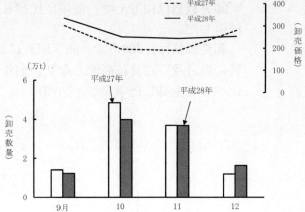

図20　かきの月別卸売数量と卸売価格の推移

オ　もも

卸売数量は８万ｔで、前年に比べ３％増加した。

卸売価格は491円で、前年に比べ１％低下した（表２、図21）。

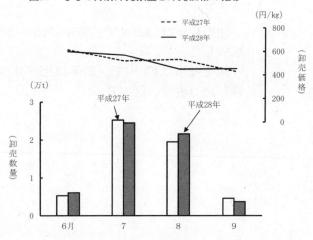

図21　ももの月別卸売数量と卸売価格の推移

カ　ぶどう

卸売数量は９万ｔで、前年に比べ４％減少した。

卸売価格は878円で、前年同月に比べ特に10月に高値となり、前年に比べ８％上昇した（表２、図22）。

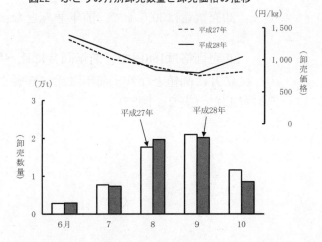

図22　ぶどうの月別卸売数量と卸売価格の推移

キ　いちご

卸売数量は12万ｔで、前年に比べ８％減少した。

卸売価格は1,200円で、前年同月に比べ特に11月及び12月に高値となり、前年に比べ６％上昇した（表２、図23）。

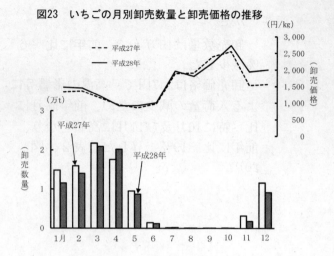

図23　いちごの月別卸売数量と卸売価格の推移

ク　メロン

卸売数量は13万ｔで、前年に比べ５％減少した。

卸売価格は476円で、前年に比べ４％上昇した（表２、図24）。

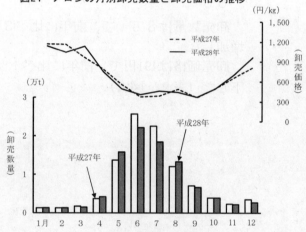

図24　メロンの月別卸売数量と卸売価格の推移

ケ　すいか

卸売数量は30万ｔで、前年並みとなった。

卸売価格は188円で、前年同月に比べ特に７月に高値となり、前年に比べ６％上昇した（表２、図25）。

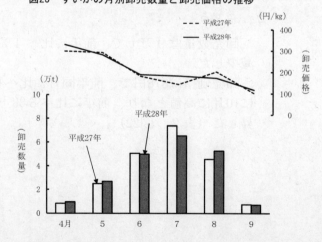

図25　すいかの月別卸売数量と卸売価格の推移

(2)　輸入果実

ア　バナナ

卸売数量は38万ｔで、前年に比べ４％減少した。

卸売価格は175円で、前年に比べ１％上昇した（表２、図26）。

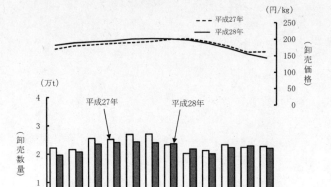

図26　バナナの月別卸売数量と卸売価格の推移

イ　パインアップル

卸売数量は６万ｔで、前年に比べ５％減少した。

卸売価格は194円で、前年に比べ４％上昇した（表２、図27）。

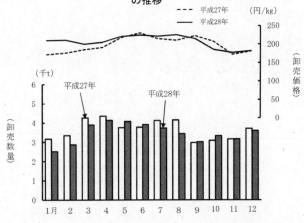

図27　パインアップルの月別卸売数量と卸売価格の推移

ウ　オレンジ

卸売数量は７万ｔで、前年に比べ29％増加した。

卸売価格は230円で、前年同月に比べ１月～10月に安値となり、前年に比べ６％低下した（表２、図28）。

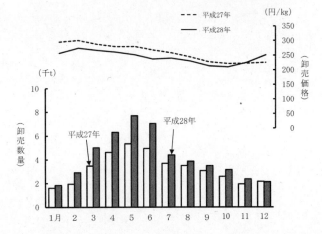

図28　オレンジの月別卸売数量と卸売価格の推移

統 計 表

I 野菜の卸売数量・価額・価格

1　全国及び主要都市の野菜の卸売数量・価額・価格

年次・品目		総数			対前年比	
		数量	価額	価格	数量	価格
		t	千円	円/kg	%	%
野菜計						
平成23年	(1)	10,638,634	2,095,899,722	197	101	92
24	(2)	10,722,408	2,118,988,789	198	101	100
25	(3)	10,752,856	2,152,867,986	200	100	101
26	(4)	10,726,899	2,164,210,630	202	100	101
27	(5)	10,278,186	2,260,763,096	220	96	109
28	(6)	**10,018,880**	**2,338,546,738**	**233**	**97**	**106**
根菜類						
だいこん	(7)	923,893	92,079,900	100	92	118
かぶ	(8)	71,108	10,090,653	142	89	111
にんじん	(9)	612,639	95,799,277	156	94	129
ごぼう	(10)	113,597	32,474,421	286	90	132
たけのこ	(11)	15,057	6,093,212	405	110	92
れんこん	(12)	44,764	25,731,014	575	104	101
葉茎菜類						
はくさい	(13)	783,414	70,921,622	91	98	115
みずな	(14)	43,410	16,590,747	382	nc	nc
こまつな	(15)	83,626	28,322,164	339	100	105
その他の菜類	(16)	4,821	1,677,495	348	9	93
ちんげんさい	(17)	30,124	9,759,944	324	99	103
キャベツ	(18)	1,358,811	131,974,193	97	98	96
ほうれんそう	(19)	102,900	59,110,883	574	88	112
ねぎ	(20)	277,993	115,004,757	414	95	113
ふき	(21)	6,192	2,077,551	336	88	105
うど	(22)	2,738	1,500,098	548	83	107
みつば	(23)	11,821	8,026,418	679	95	104
しゅんぎく	(24)	13,419	8,179,105	610	88	113
にら	(25)	53,582	32,999,434	616	97	107
洋菜類						
セルリー	(26)	40,365	11,104,972	275	96	100
アスパラガス	(27)	30,084	33,626,124	1,118	105	99
うち輸入	(28)	…	…	…	…	…
カリフラワー	(29)	13,793	3,668,169	266	72	127
ブロッコリー	(30)	129,676	57,498,412	443	86	119
うち輸入	(31)	…	…	…	…	…
レタス	(32)	568,549	121,736,624	214	98	100
パセリ	(33)	3,970	5,968,720	1,503	92	135
果菜類						
きゅうり	(34)	470,214	150,574,722	320	99	104
かぼちゃ	(35)	247,358	43,886,990	177	100	99
うち輸入	(36)	…	…	…	…	…
なす	(37)	230,536	83,921,437	364	101	101
トマト	(38)	457,833	167,430,781	366	98	107
ミニトマト	(39)	112,000	80,887,337	722	100	111
ピーマン	(40)	156,150	71,031,165	455	101	98
ししとうがらし	(41)	7,914	9,126,843	1,153	101	89
スイートコーン	(42)	73,742	18,071,590	245	96	100
豆類						
さやいんげん	(43)	15,543	13,915,958	895	88	108
さやえんどう	(44)	8,587	11,490,261	1,338	77	116
うち輸入	(45)	…	…	…	…	…
実えんどう	(46)	3,343	3,263,415	976	79	110
そらまめ	(47)	6,943	3,399,828	490	67	103
えだまめ	(48)	20,561	15,277,952	743	100	101
土物類						
かんしょ	(49)	205,614	45,133,060	220	101	96
ばれいしょ	(50)	640,425	113,542,242	177	95	124
さといも	(51)	52,698	16,111,410	306	93	104
やまのいも	(52)	122,302	48,497,502	397	92	117
たまねぎ	(53)	1,218,577	120,539,258	99	105	98
うち輸入	(54)	…	…	…	…	…
にんにく	(55)	20,423	20,241,439	991	100	103
うち輸入	(56)	…	…	…	…	…
しょうが	(57)	34,731	23,885,562	688	103	105
うち輸入	(58)	…	…	…	…	…
きのこ類						
生しいたけ	(59)	47,880	45,972,664	960	100	101
うち輸入	(60)	…	…	…	…	…
なめこ	(61)	15,993	7,049,789	441	100	105
えのきだけ	(62)	111,255	27,160,745	244	105	93
しめじ	(63)	75,164	32,380,595	431	100	95
その他の野菜	(64)	322,745	183,738,282	569	100	102
輸入野菜計	(65)	…	…	…	…	…
その他の輸入野菜	(66)	…	…	…	…	…

注：1　輸入野菜計は、各品目の輸入とその他の輸入野菜を加えたものである（以下Ｉの３まで同じ。）。
　　2　その他の輸入野菜は、表中で内訳として輸入の数値を掲載した品目以外の全ての輸入野菜を含んでいる（以下Ｉの３まで同じ。）。
　　3　総数は、平成23年から平成26年は平成22年の数量及び価額のシェアを基に、主要都市の市場計から推計している。
　　　また、平成27年以降は食料産業局が保有する前年度の地方卸売市場の野菜総量及び卸売価額を基に主要都市の市場計から推計している。

主要都市の市場計			対前年比		
数量	価額	価格	数量	価格	
t	千円	円/kg	%	%	
7,990,129	1,597,221,874	200	101	92	(1)
7,885,399	1,582,705,020	201	101	100	(2)
7,907,791	1,608,009,909	203	100	101	(3)
7,888,702	1,616,481,902	205	100	101	(4)
7,709,700	1,734,924,752	225	98	110	(5)
7,503,655	1,787,428,812	238	97	106	(6)
691,951	70,379,721	102	92	117	(7)
53,257	7,712,621	145	89	111	(8)
458,837	73,222,564	160	94	129	(9)
85,078	24,821,277	292	90	132	(10)
11,277	4,657,244	413	110	92	(11)
33,526	19,667,067	587	104	101	(12)
586,739	54,207,747	92	98	115	(13)
32,512	12,680,858	390	nc	nc	(14)
62,632	21,647,569	346	100	105	(15)
3,611	1,282,165	355	9	92	(16)
22,562	7,459,849	331	99	103	(17)
1,017,683	100,872,252	99	98	96	(18)
77,067	45,180,407	586	88	112	(19)
208,203	87,901,949	422	95	112	(20)
4,637	1,587,941	342	88	104	(21)
2,051	1,146,575	559	83	107	(22)
8,854	6,134,857	693	95	104	(23)
10,050	6,251,561	622	88	112	(24)
40,130	25,222,561	629	97	106	(25)
30,231	8,487,898	281	96	100	(26)
22,531	25,701,561	1,141	105	99	(27)
5,229	4,622,962	884	117	94	(28)
10,330	2,803,703	271	72	126	(29)
97,121	43,947,943	453	86	119	(30)
7,923	2,895,998	366	119	90	(31)
425,816	93,047,338	219	98	100	(32)
2,974	4,562,091	1,534	91	135	(33)
352,168	115,089,252	327	99	103	(34)
185,259	33,544,282	181	100	99	(35)
96,607	12,608,430	131	115	89	(36)
172,660	64,143,937	372	101	101	(37)
342,895	127,972,897	373	97	106	(38)
83,883	61,824,874	737	100	110	(39)
116,949	54,291,474	464	101	97	(40)
5,927	6,975,949	1,177	101	89	(41)
55,229	13,812,716	250	96	100	(42)
11,641	10,636,428	914	88	108	(43)
6,431	8,782,388	1,366	76	116	(44)
517	394,834	763	83	116	(45)
2,504	2,494,337	996	79	110	(46)
5,200	2,598,602	500	67	102	(47)
15,400	11,677,445	758	100	101	(48)
153,995	34,496,695	224	101	95	(49)
479,648	86,784,100	181	95	124	(50)
39,468	12,314,485	312	93	104	(51)
91,598	37,068,249	405	91	117	(52)
912,655	92,132,152	101	104	97	(53)
33,199	3,522,910	106	104	107	(54)
15,296	15,471,203	1,011	99	103	(55)
7,602	2,731,294	359	97	128	(56)
26,012	18,256,527	702	103	105	(57)
4,958	1,624,051	328	102	86	(58)
35,860	35,138,432	980	100	101	(59)
730	410,397	562	89	95	(60)
11,978	5,388,387	450	100	105	(61)
83,325	20,759,858	249	105	93	(62)
56,294	24,749,563	440	100	95	(63)
241,720	140,437,261	581	99	102	(64)
211,776	51,243,662	242	112	92	(65)
55,011	22,432,785	408	114	88	(66)

4 「みずな」については平成28年より「その他の菜類」から分離し、調査対象として追加した。このため、対前年比については、「みずな」は「nc（計算不能）」として表示し、「その他の菜類」は、前年値にみずなを含んだ値を用いて算出している。
5 主要都市とは、①中央卸売市場が開設されている都市、②県庁が所在する都市、③人口20万人以上で、かつ青果物の年間取扱量がおおむね6万t以上の都市をいう。

2　主要都市の月別野菜の卸売数量・価額・価格

品目	1月			2月			3月		
	数量	価額	価格	数量	価額	価格	数量	価額	価格
	t	千円	円／kg	t	千円	円／kg	t	千円	円／kg
野菜計 (1)	575,968	120,858,493	210	607,198	137,662,303	227	631,848	149,944,387	237
根菜類									
だいこん (2)	58,816	3,450,045	59	60,620	4,589,304	76	57,597	5,211,059	90
かぶ (3)	5,867	665,176	113	4,902	693,779	142	3,997	649,160	162
にんじん (4)	36,649	2,924,374	80	38,329	3,469,273	91	39,896	4,392,013	110
ごぼう (5)	6,156	1,645,438	267	7,363	1,987,456	270	6,930	1,950,055	281
たけのこ (6)	147	132,076	895	277	309,745	1,120	1,919	1,436,111	749
れんこん (7)	2,845	1,512,274	532	3,274	1,964,495	600	2,871	1,927,029	671
葉茎菜類									
はくさい (8)	60,055	3,254,973	54	54,716	3,845,939	70	38,214	4,216,553	110
みずな (9)	2,886	1,121,172	388	3,015	1,138,589	378	3,347	1,021,060	305
こまつな (10)	4,410	1,672,448	379	4,593	1,868,988	407	5,307	1,736,280	327
その他の菜類 (11)	331	125,070	378	354	140,283	396	466	144,801	311
ちんげんさい (12)	1,671	499,572	299	1,823	651,676	357	2,115	647,790	306
キャベツ (13)	78,073	4,568,480	59	84,864	5,525,612	65	90,307	7,465,951	83
ほうれんそう (14)	7,429	4,068,555	548	8,215	4,415,978	538	7,710	4,064,789	527
ねぎ (15)	19,520	6,989,128	358	18,512	6,840,476	370	17,256	6,401,943	371
ふき (16)	317	99,035	313	326	134,045	411	754	286,157	380
うど (17)	203	122,102	602	448	241,668	539	586	324,497	554
みつば (18)	746	673,120	902	734	517,522	705	874	469,474	537
しゅんぎく (19)	1,711	1,072,566	627	1,370	741,873	542	1,072	468,607	437
にら (20)	3,413	2,396,754	702	3,329	2,954,152	887	4,238	2,124,819	501
洋菜類									
セルリー (21)	2,350	620,502	264	2,858	702,189	246	2,900	874,742	302
アスパラガス (22)	408	642,075	1,573	1,014	1,193,334	1,176	2,495	2,902,503	1,163
うち輸入 (23)	301	414,537	1,376	701	611,644	873	930	642,775	691
カリフラワー (24)	997	249,435	250	991	299,793	303	952	247,597	260
ブロッコリー (25)	9,764	3,449,615	353	8,529	3,790,542	444	8,177	3,906,683	478
うち輸入 (26)	131	53,124	407	299	117,420	393	755	264,261	350
レタス (27)	26,897	6,992,403	260	26,549	7,974,344	300	31,768	8,360,184	263
パセリ (28)	234	202,932	869	228	200,280	878	307	225,080	733
果菜類									
きゅうり (29)	22,039	9,666,365	439	23,783	10,187,271	428	31,078	9,853,188	317
かぼちゃ (30)	11,979	2,051,625	171	14,054	2,392,274	170	16,991	2,259,261	133
うち輸入 (31)	10,074	1,410,751	140	12,304	1,672,791	136	15,562	1,664,159	107
なす (32)	6,190	3,255,871	526	8,950	4,229,495	473	12,675	5,315,899	419
トマト (33)	18,104	7,978,272	441	21,075	9,216,854	437	22,870	11,406,234	499
ミニトマト (34)	6,002	4,603,663	767	5,506	5,055,542	918	6,143	5,911,648	962
ピーマン (35)	6,977	4,387,092	629	6,972	5,492,482	788	10,014	6,008,145	600
ししとうがらし (36)	255	477,830	1,876	275	418,358	1,521	318	508,291	1,599
スイートコーン (37)	41	12,286	298	24	8,466	346	29	11,431	391
豆類									
さやいんげん (38)	830	764,347	921	816	896,633	1,098	913	973,632	1,067
さやえんどう (39)	870	896,737	1,031	546	968,826	1,774	790	1,225,356	1,551
うち輸入 (40)	50	29,631	590	44	38,232	861	56	53,599	957
実えんどう (41)	219	179,239	818	287	321,601	1,121	366	469,611	1,282
そらまめ (42)	318	158,006	497	51	76,104	1,484	46	105,076	2,276
えだまめ (43)	14	18,633	1,320	24	22,847	964	59	41,430	703
土物類									
かんしょ (44)	15,262	3,352,899	220	17,364	3,905,279	225	15,266	3,474,622	228
ばれいしょ (45)	40,007	4,853,076	121	42,665	7,303,864	171	43,099	9,252,451	215
さといも (46)	2,835	830,303	293	3,040	934,684	307	2,677	778,355	291
やまのいも (47)	6,071	2,221,514	366	7,051	2,548,883	361	8,106	2,895,923	357
たまねぎ (48)	68,408	5,260,888	77	80,987	6,822,999	84	90,242	7,749,782	86
うち輸入 (49)	1,290	146,421	114	1,390	164,367	118	1,749	224,470	128
にんにく (50)	1,202	1,165,125	970	1,453	1,478,401	1,017	1,455	1,321,763	908
うち輸入 (51)	578	177,231	307	603	196,489	326	743	238,768	321
しょうが (52)	1,222	781,685	640	1,528	996,200	652	1,824	1,273,156	698
うち輸入 (53)	322	110,068	342	397	132,432	334	445	148,626	334
きのこ類									
生しいたけ (54)	3,161	3,405,186	1,077	2,935	3,139,755	1,070	3,021	2,859,597	947
うち輸入 (55)	72	37,993	530	74	43,322	585	69	39,176	570
なめこ (56)	1,008	437,873	434	1,062	485,303	457	1,098	471,649	430
えのきだけ (57)	8,874	2,449,645	276	7,717	2,274,674	295	7,672	1,583,120	206
しめじ (58)	5,092	2,374,353	466	4,793	2,386,899	498	4,875	1,993,832	409
その他の野菜 (59)	17,096	10,126,661	592	17,007	9,907,274	583	18,167	10,746,000	592
輸入野菜計 (60)	15,715	3,706,457	236	19,278	4,678,151	243	24,370	5,085,530	209
その他の輸入野菜 (61)	2,898	1,326,701	458	3,466	1,701,454	491	4,062	1,809,694	446

	4月			5月			6月			
	数量	価額	価格	数量	価額	価格	数量	価額	価格	
	t	千円	円/kg	t	千円	円/kg	t	千円	円/kg	
	651,543	152,410,683	234	654,043	150,724,152	230	605,087	144,458,469	239	(1)
	52,782	5,237,245	99	51,072	4,782,919	94	48,815	4,404,543	90	(2)
	5,239	733,784	140	5,173	644,518	125	3,664	494,174	135	(3)
	39,298	6,207,980	158	43,100	7,262,787	169	38,643	5,103,786	132	(4)
	5,774	1,740,769	302	4,426	1,518,074	343	4,731	1,641,096	347	(5)
	7,625	2,260,926	297	966	245,950	255	85	28,573	335	(6)
	1,864	1,441,040	773	1,279	1,029,140	805	623	816,347	1,310	(7)
	35,756	3,574,450	100	33,898	2,368,452	70	33,977	2,636,336	78	(8)
	3,205	871,370	272	2,936	725,509	247	2,441	725,716	297	(9)
	5,871	1,693,827	289	6,064	1,371,466	226	5,570	1,450,139	260	(10)
	362	116,851	323	275	88,135	321	213	75,905	357	(11)
	2,159	635,571	294	2,184	583,365	267	2,035	574,527	282	(12)
	91,998	9,915,794	108	92,349	9,147,474	99	78,975	7,799,498	99	(13)
	7,257	3,691,067	509	6,917	3,507,529	507	6,213	3,268,603	526	(14)
	14,808	6,322,557	427	13,831	7,460,919	539	14,129	6,936,504	491	(15)
	1,314	497,990	379	811	239,825	296	115	30,944	269	(16)
	485	277,327	572	192	98,270	512	37	20,907	561	(17)
	838	372,638	445	734	311,854	425	646	265,422	411	(18)
	600	295,351	492	412	231,355	561	335	177,900	531	(19)
	3,966	1,823,710	460	3,960	1,427,947	361	3,500	1,351,961	386	(20)
	2,822	893,651	317	2,322	780,477	336	2,532	766,145	303	(21)
	2,604	3,764,647	1,446	3,344	4,316,822	1,291	2,605	3,297,653	1,266	(22)
	381	334,753	880	114	105,204	924	36	29,186	804	(23)
	886	234,255	264	1,116	226,741	203	655	179,206	274	(24)
	7,933	3,902,670	492	9,849	4,051,599	411	6,776	3,308,180	488	(25)
	849	313,908	370	686	233,780	341	671	241,130	359	(26)
	35,851	7,142,859	199	36,814	6,375,763	173	41,072	5,887,605	143	(27)
	308	204,933	666	273	256,233	939	245	282,642	1,153	(28)
	35,785	9,057,864	253	41,270	10,155,829	246	32,868	8,347,591	254	(29)
	18,239	2,176,257	119	16,792	2,497,062	149	18,175	3,372,414	186	(30)
	17,220	1,676,907	97	14,469	1,624,312	112	10,116	1,280,627	127	(31)
	15,958	6,256,691	392	19,119	7,440,013	389	21,389	7,780,959	364	(32)
	31,594	12,075,563	382	42,689	12,073,003	283	38,723	11,281,737	291	(33)
	8,629	5,721,458	663	10,011	4,908,732	490	7,715	4,605,425	597	(34)
	11,921	5,299,188	445	13,216	5,034,893	381	12,213	4,189,004	343	(35)
	403	549,535	1,365	473	604,485	1,277	696	730,306	1,050	(36)
	167	82,492	494	3,697	1,334,956	361	15,081	4,030,788	267	(37)
	950	976,198	1,028	1,143	997,666	873	1,227	987,264	805	(38)
	1,011	1,264,401	1,251	811	947,424	1,168	505	668,601	1,325	(39)
	53	41,427	786	42	26,648	630	36	22,208	622	(40)
	889	821,487	924	487	488,734	1,003	103	78,941	768	(41)
	1,295	759,452	587	2,260	929,809	411	1,040	471,049	453	(42)
	137	120,159	878	737	802,553	1,089	2,778	2,358,062	849	(43)
	11,899	2,648,247	223	8,019	2,089,823	261	7,041	1,911,423	271	(44)
	44,788	10,798,617	241	46,997	9,928,677	211	37,299	7,565,265	203	(45)
	1,714	491,225	287	1,120	422,003	377	1,125	485,722	432	(46)
	8,780	3,154,262	359	7,880	2,996,190	380	7,952	3,275,636	412	(47)
	90,265	7,444,892	82	74,316	6,743,503	91	57,492	8,034,319	140	(48)
	1,490	213,189	143	1,846	222,975	121	4,083	427,880	105	(49)
	1,260	1,269,242	1,007	1,435	1,325,310	923	1,202	1,069,895	890	(50)
	638	216,848	340	624	211,960	339	588	202,037	343	(51)
	2,124	1,559,059	734	2,550	2,053,574	805	3,505	2,777,458	792	(52)
	488	157,236	322	398	131,839	331	411	134,434	327	(53)
	2,867	2,571,588	897	2,603	2,415,016	928	2,552	2,186,870	857	(54)
	66	36,421	550	53	30,831	578	50	28,332	569	(55)
	1,017	421,263	414	935	397,174	425	914	378,626	414	(56)
	6,279	1,196,937	191	5,030	1,043,660	207	4,694	947,949	202	(57)
	4,676	1,685,136	360	4,053	1,458,263	360	4,011	1,361,041	339	(58)
	17,295	10,156,208	587	22,102	12,582,676	569	26,150	14,037,812	537	(59)
	25,201	4,588,212	182	22,524	4,161,844	185	19,709	3,621,462	184	(60)
	4,017	1,597,523	398	4,290	1,574,295	367	3,716	1,255,627	338	(61)

2　主要都市の月別野菜の卸売数量・価額・価格（続き）

品目		7月			8月			9月	
		数量	価額	価格	数量	価額	価格	数量	価額	価格
		t	千円	円／kg	t	千円	円／kg	t	千円	円／kg
野菜計	(1)	**589,271**	**139,165,686**	**236**	**629,844**	**134,167,967**	**213**	**647,595**	**159,047,192**	**246**
根菜類										
だいこん	(2)	48,099	5,495,198	114	51,866	5,755,176	111	62,272	7,637,447	123
かぶ	(3)	2,521	390,967	155	1,849	289,170	156	1,519	315,202	207
にんじん	(4)	36,733	5,563,370	151	36,251	5,291,733	146	31,987	9,284,916	290
ごぼう	(5)	4,706	1,286,551	273	4,320	1,113,585	258	7,549	1,926,086	255
たけのこ	(6)	7	3,095	448	4	1,973	535	2	1,303	526
れんこん	(7)	768	730,826	951	2,099	1,142,146	544	3,785	1,873,314	495
葉茎菜類										
はくさい	(8)	33,368	1,909,276	57	34,819	2,050,124	59	51,823	4,887,786	94
みずな	(9)	2,386	923,314	387	2,352	719,666	306	2,051	1,151,366	561
こまつな	(10)	5,460	1,463,287	268	5,224	1,092,896	209	5,095	2,392,774	470
その他の菜類	(11)	179	66,479	372	186	69,148	372	185	78,685	425
ちんげんさい	(12)	1,833	556,362	304	1,657	417,513	252	1,661	693,207	417
キャベツ	(13)	88,570	6,626,160	75	90,351	6,511,968	72	90,494	8,812,133	97
ほうれんそう	(14)	4,558	2,974,873	653	3,878	2,693,921	695	3,685	3,398,003	922
ねぎ	(15)	14,387	6,615,600	460	15,684	6,124,954	391	16,984	7,468,236	440
ふき	(16)	6	1,382	219	0	137	285	1	552	408
うど	(17)	18	9,522	535	15	8,046	533	7	3,097	462
みつば	(18)	658	362,063	550	599	329,369	549	591	457,598	774
しゅんぎく	(19)	256	172,767	675	227	163,658	721	220	320,543	1,454
にら	(20)	3,021	1,540,293	510	2,810	1,562,941	556	2,917	2,081,841	714
洋菜類										
セルリー	(21)	2,698	615,088	228	2,683	479,734	179	2,445	574,464	235
アスパラガス	(22)	2,514	2,765,186	1,100	2,636	2,254,373	855	1,951	1,791,263	918
うち輸入	(23)	16	17,341	1,080	15	15,936	1,038	289	224,217	777
カリフラワー	(24)	521	171,191	328	452	147,580	327	485	156,964	323
ブロッコリー	(25)	8,994	3,764,737	419	6,565	3,048,371	464	5,925	3,239,902	547
うち輸入	(26)	717	249,957	349	763	240,262	315	1,042	404,057	388
レタス	(27)	46,247	6,093,163	132	47,431	7,163,194	151	41,110	9,730,611	237
パセリ	(28)	237	360,665	1,521	268	375,553	1,402	213	498,798	2,341
果菜類										
きゅうり	(29)	29,616	9,102,224	307	37,246	7,760,596	208	32,098	10,211,864	318
かぼちゃ	(30)	16,804	3,133,805	186	14,387	2,983,287	207	16,809	3,248,960	193
うち輸入	(31)	3,314	323,628	98	572	75,716	132	146	24,051	165
なす	(32)	19,045	6,523,029	343	23,073	4,937,595	214	15,694	5,349,386	341
トマト	(33)	33,351	10,320,456	309	43,384	11,476,530	265	34,235	11,329,718	331
ミニトマト	(34)	6,543	4,356,705	666	7,976	4,701,643	589	7,846	5,040,648	642
ピーマン	(35)	9,964	4,012,533	403	10,754	2,950,146	274	10,107	3,723,278	368
ししとうがらし	(36)	823	755,107	918	858	580,975	677	639	539,102	844
スイートコーン	(37)	16,659	3,842,624	231	13,137	3,220,203	245	6,121	1,204,805	197
豆類										
さやいんげん	(38)	1,288	949,883	738	1,298	814,890	628	793	843,873	1,064
さやえんどう	(39)	339	453,472	1,337	179	337,229	1,880	103	300,191	2,914
うち輸入	(40)	34	19,149	556	30	15,981	539	45	39,712	878
実えんどう	(41)	5	4,824	1,020	1	1,514	1,180	1	373	699
そらまめ	(42)	134	44,789	333	4	3,216	728	1	493	695
えだまめ	(43)	4,005	2,970,559	742	4,516	3,080,995	682	2,408	1,688,796	701
土物類										
かんしょ	(44)	7,403	1,839,982	249	9,612	2,091,603	218	14,842	3,015,173	203
ばれいしょ	(45)	28,482	5,042,578	177	33,680	5,037,105	150	40,871	7,047,825	172
さといも	(46)	1,267	503,702	397	2,243	834,103	372	4,323	1,570,963	363
やまのいも	(47)	8,460	3,516,657	416	8,094	3,477,005	430	7,449	3,291,694	442
たまねぎ	(48)	53,450	8,926,258	167	63,231	10,864,496	172	80,283	10,265,103	128
うち輸入	(49)	5,565	596,231	107	5,770	607,950	105	3,986	387,200	97
にんにく	(50)	1,229	1,213,936	988	1,279	1,260,524	986	1,187	1,226,694	1,034
うち輸入	(51)	604	222,867	369	646	246,071	381	640	241,916	378
しょうが	(52)	3,571	2,591,101	726	2,871	1,924,021	670	1,974	1,255,506	636
うち輸入	(53)	427	139,599	327	422	137,377	326	394	127,791	325
きのこ類										
生しいたけ	(54)	2,471	2,019,123	817	2,363	2,006,745	849	2,636	2,715,392	1,030
うち輸入	(55)	49	26,578	539	42	23,978	575	48	27,807	578
なめこ	(56)	906	354,020	391	907	340,948	376	979	461,343	471
えのきだけ	(57)	4,425	840,556	190	4,767	737,072	155	6,796	1,595,663	235
しめじ	(58)	3,870	1,248,346	323	3,904	1,150,156	295	4,930	2,130,690	432
その他の野菜	(59)	26,414	14,138,003	535	25,853	12,788,442	495	19,511	12,213,570	626
輸入野菜計	(60)	14,869	3,216,836	216	12,239	3,285,144	268	12,273	4,108,873	335
その他の輸入野菜	(61)	4,142	1,621,485	391	3,980	1,921,873	483	5,683	2,632,123	463

10月			11月			12月			
数　量	価　額	価 格	数　量	価　額	価 格	数　量	価　額	価 格	
t	千円	円／kg	t	千円	円／kg	t	千円	円／kg	
655, 074	**183, 577, 407**	**280**	**604, 319**	**159, 050, 090**	**263**	**651, 865**	**156, 361, 983**	**240**	(1)
72, 875	10, 227, 630	140	62, 198	7, 739, 652	124	64, 938	5, 849, 504	90	(2)
4, 298	756, 686	176	6, 735	1, 000, 592	149	7, 491	1, 079, 415	144	(3)
39, 873	10, 451, 688	262	36, 598	7, 571, 478	207	41, 480	5, 699, 166	137	(4)
10, 772	2, 888, 066	268	11, 674	3, 476, 751	298	10, 677	3, 647, 351	342	(5)
122	108, 353	891	20	24, 330	1, 238	104	104, 811	1, 008	(6)
4, 274	2, 136, 217	500	4, 021	1, 965, 615	489	5, 823	3, 128, 625	537	(7)
70, 916	10, 308, 875	145	68, 225	9, 022, 096	132	70, 972	6, 132, 886	86	(8)
2, 088	1, 649, 777	790	2, 662	1, 322, 934	497	3, 144	1, 310, 386	417	(9)
5, 087	2, 904, 829	571	5, 067	2, 207, 145	436	4, 884	1, 793, 488	367	(10)
246	109, 102	444	410	135, 237	330	405	132, 471	327	(11)
1, 890	907, 315	480	1, 838	718, 518	391	1, 696	574, 433	339	(12)
85, 258	13, 922, 990	163	71, 148	12, 270, 991	172	75, 296	8, 305, 201	110	(13)
5, 062	4, 329, 799	855	7, 003	4, 353, 714	622	9, 140	4, 413, 577	483	(14)
20, 600	9, 506, 285	461	19, 878	8, 390, 759	422	22, 615	8, 844, 588	391	(15)
216	75, 292	349	416	112, 474	271	362	110, 108	304	(16)
10	6, 514	661	6	4, 885	767	44	29, 741	677	(17)
689	599, 510	870	666	408, 532	614	1, 077	1, 367, 756	1, 270	(18)
588	558, 270	949	1, 306	839, 517	643	1, 954	1, 209, 155	619	(19)
2, 933	2, 662, 532	908	3, 021	2, 562, 130	848	3, 024	2, 733, 482	904	(20)
2, 048	783, 488	383	1, 964	751, 714	383	2, 609	645, 705	248	(21)
1, 415	1, 262, 441	892	877	789, 895	901	666	721, 368	1, 083	(22)
950	796, 224	838	855	764, 006	893	641	667, 140	1, 040	(23)
904	262, 807	291	968	271, 275	280	1, 402	356, 859	255	(24)
6, 607	3, 630, 901	550	7, 963	3, 838, 781	482	10, 039	4, 015, 963	400	(25)
916	375, 556	410	577	222, 103	385	519	180, 440	348	(26)
27, 720	11, 472, 756	414	28, 698	8, 198, 505	286	35, 658	7, 655, 952	215	(27)
195	672, 323	3, 440	188	467, 635	2, 487	278	815, 017	2, 933	(28)
23, 053	11, 663, 804	506	20, 769	9, 162, 093	441	22, 562	9, 920, 563	440	(29)
15, 840	3, 219, 377	203	11, 538	3, 113, 755	270	13, 652	3, 096, 205	227	(30)
231	56, 406	244	3, 723	1, 055, 245	283	8, 875	1, 743, 837	196	(31)
13, 617	5, 199, 387	382	9, 413	4, 300, 584	457	7, 538	3, 555, 027	472	(32)
23, 544	12, 171, 800	517	15, 943	9, 228, 704	579	17, 382	9, 414, 027	542	(33)
6, 159	6, 047, 621	982	5, 018	5, 288, 819	1, 054	6, 333	5, 582, 970	882	(34)
8, 111	4, 544, 625	560	8, 222	4, 520, 226	550	8, 477	4, 129, 863	487	(35)
473	652, 384	1, 380	381	519, 182	1, 362	334	640, 395	1, 919	(36)
216	47, 063	217	34	12, 234	363	22	5, 367	249	(37)
643	831, 578	1, 292	824	812, 814	987	917	787, 649	859	(38)
110	285, 286	2, 599	313	435, 487	1, 393	854	999, 377	1, 170	(39)
41	40, 995	1, 009	46	35, 294	772	40	31, 957	791	(40)
2	1, 741	769	28	29, 657	1, 064	116	96, 613	832	(41)
1	864	685	1	1, 244	915	48	48, 500	1, 016	(42)
620	465, 753	751	61	60, 883	1, 006	41	46, 776	1, 154	(43)
15, 553	3, 482, 566	224	15, 183	3, 366, 835	222	16, 551	3, 318, 243	200	(44)
43, 035	6, 503, 251	151	39, 641	6, 536, 768	165	39, 085	6, 914, 623	177	(45)
5, 588	1, 749, 052	313	5, 330	1, 410, 563	265	8, 206	2, 303, 810	281	(46)
6, 810	3, 040, 862	447	6, 949	3, 001, 476	432	7, 997	3, 648, 146	456	(47)
85, 918	7, 344, 799	85	82, 817	6, 283, 963	76	85, 246	6, 391, 149	75	(48)
2, 285	197, 316	86	1, 921	159, 048	83	1, 824	175, 862	96	(49)
1, 117	1, 301, 661	1, 165	1, 148	1, 351, 555	1, 178	1, 329	1, 487, 097	1, 119	(50)
635	248, 572	391	608	243, 024	399	693	285, 512	412	(51)
1, 658	1, 044, 122	630	1, 600	1, 005, 765	629	1, 584	994, 882	628	(52)
410	130, 801	319	404	131, 038	324	440	142, 810	325	(53)
3, 386	3, 577, 861	1, 057	3, 810	3, 791, 619	995	4, 065	4, 449, 680	1, 097	(54)
58	32, 985	569	65	36, 842	567	84	46, 133	547	(55)
1, 072	564, 792	527	1, 039	570, 828	550	1, 044	504, 569	483	(56)
8, 514	2, 265, 996	266	8, 893	2, 839, 324	319	9, 664	2, 985, 261	309	(57)
5, 701	2, 916, 516	512	5, 161	3, 123, 502	605	5, 227	2, 920, 827	559	(58)
17, 649	12, 460, 203	706	16, 652	9, 837, 055	591	17, 824	11, 443, 358	642	(59)
12, 477	4, 914, 854	394	14, 847	4, 777, 985	322	18, 275	5, 098, 312	279	(60)
6, 951	3, 036, 001	437	6, 647	2, 131, 386	321	5, 158	1, 824, 622	354	(61)

3 卸売市場別の月別野菜の卸売数量・価額・価格
(1) 札幌市中央卸売市場

品目		計			1月		2月		3月		4月		5月	
		数量	価額	価格	数量	価格	数量	価格	数量	価格	数量	価格	数量	価格
		t	千円	円/kg	t	円/kg	t	円/kg	t	円/kg	t	円/kg	t	円/kg
野菜計	(1)	236,008	47,424,037	201	16,513	162	16,441	180	17,902	190	19,356	199	15,235	236
根菜類														
だいこん	(2)	18,137	1,873,046	103	1,222	71	1,241	87	926	115	834	133	980	122
かぶ	(3)	2,005	303,837	152	86	119	89	149	92	173	287	186	394	143
にんじん	(4)	14,659	2,031,899	139	792	85	810	95	860	108	1,358	127	916	170
ごぼう	(5)	2,102	451,442	215	112	164	109	184	146	215	259	160	145	215
たけのこ	(6)	58	31,859	550	1	1,398	1	1,324	7	872	32	359	11	667
れんこん	(7)	132	96,964	737	11	580	15	714	10	804	7	913	5	1,043
葉茎菜類														
はくさい	(8)	13,007	1,297,275	100	1,186	60	1,134	75	894	119	904	117	688	99
みずな	(9)	684	319,942	468	47	519	49	484	58	424	65	382	62	329
こまつな	(10)	1,254	529,581	422	68	558	78	533	80	452	124	448	144	281
その他の菜類	(11)	19	11,881	623	1	547	2	624	2	607	2	646	3	652
ちんげんさい	(12)	389	159,799	411	28	400	34	452	36	389	50	394	34	390
キャベツ	(13)	23,844	2,423,698	102	2,076	66	2,088	61	1,804	82	1,904	114	1,791	126
ほうれんそう	(14)	2,235	1,425,331	638	162	644	178	609	211	583	215	644	212	573
ねぎ	(15)	7,199	2,845,959	395	519	384	487	371	495	424	463	489	422	581
ふき	(16)	67	15,595	233	0	467	0	512	1	483	7	407	39	236
うど	(17)	89	45,155	507	6	652	12	573	11	597	19	665	33	377
みつば	(18)	134	116,350	865	8	1,386	8	1,032	10	813	16	596	17	496
しゅんぎく	(19)	185	144,153	778	19	734	22	620	22	505	13	679	11	731
にら	(20)	1,131	822,164	727	105	790	112	865	170	646	131	641	124	503
洋菜類														
セルリー	(21)	606	172,337	284	48	279	48	274	56	323	51	358	42	375
アスパラガス	(22)	1,054	1,259,657	1,195	8	1,760	17	1,213	50	1,233	169	1,489	323	1,217
うち輸入	(23)	118	106,744	904	4	1,486	12	908	27	717	11	891	3	905
カリフラワー	(24)	149	48,824	327	7	320	10	369	10	323	9	339	11	271
ブロッコリー	(25)	4,539	1,949,477	429	135	370	105	451	117	444	88	462	96	545
うち輸入	(26)	157	28,575	183	-	-	14	189	37	160	32	184	17	173
レタス	(27)	7,813	2,066,855	265	507	322	456	366	555	378	775	232	743	189
パセリ	(28)	57	91,812	1,603	3	1,108	4	1,099	4	1,102	4	985	5	1,331
果菜類														
きゅうり	(29)	9,177	2,916,324	318	368	497	384	486	553	363	704	286	769	302
かぼちゃ	(30)	6,911	1,187,841	172	280	175	308	173	414	141	456	138	355	160
うち輸入	(31)	2,313	341,917	148	233	163	294	156	408	134	444	129	337	144
なす	(32)	3,235	1,461,790	452	171	644	248	542	257	513	321	447	295	449
トマト	(33)	6,989	2,644,453	378	262	510	272	484	346	559	450	419	642	351
ミニトマト	(34)	3,569	2,522,346	707	172	799	176	969	181	1,041	229	700	315	496
ピーマン	(35)	2,832	1,374,191	485	166	681	147	859	185	706	266	507	228	439
ししとうがらし	(36)	62	87,453	1,400	2	2,514	3	1,732	3	1,951	3	1,743	5	1,534
スイートコーン	(37)	2,833	655,711	231			0	228	-	-	0	691	18	356
豆類														
さやいんげん	(38)	123	141,730	1,155	6	1,388	5	1,606	6	1,422	6	1,338	9	966
さやえんどう	(39)	167	272,177	1,629	8	1,150	7	2,046	8	1,938	8	1,359	11	1,616
うち輸入	(40)	17	14,864	879	1	691	1	968	2	965	2	778	2	676
実えんどう	(41)	1	1,557	1,342	-	-	0	1,080	0	2,052	0	1,493	0	1,229
そらまめ	(42)	13	12,310	954	1	843	0	1,813	0	3,470	1	1,109	2	604
えだまめ	(43)	143	91,642	641	-	-	-	-	0	312	-	-	0	1,470
土物類														
かんしょ	(44)	3,714	773,395	208	305	194	336	216	394	205	329	214	251	263
ばれいしょ	(45)	33,168	3,976,451	120	3,019	75	2,582	103	2,752	110	3,128	125	1,102	168
さといも	(46)	236	82,929	352	4	446	7	422	10	329	8	305	4	390
やまのいも	(47)	2,670	920,525	345	167	302	231	305	179	317	177	317	222	344
たまねぎ	(48)	53,495	4,463,485	83	4,050	57	4,203	61	5,568	61	5,088	67	3,416	82
うち輸入	(49)	363	42,246	116	0	190	0	190	1	170	6	184	21	120
にんにく	(50)	231	157,078	679	17	548	17	677	19	661	21	638	18	683
うち輸入	(51)	174	61,905	355	14	312	14	324	15	333	17	328	15	331
しょうが	(52)	442	275,391	623	22	636	34	642	35	641	36	577	32	640
うち輸入	(53)	197	59,450	302	10	313	15	312	16	309	17	312	15	320
きのこ類														
生しいたけ	(54)	683	477,505	699	60	703	58	727	60	702	57	703	55	678
うち輸入	(55)	-	-	-	-	-	-	-	-	-	-	-	-	-
なめこ	(56)	296	114,103	385	24	338	26	367	28	372	28	367	25	375
えのきだけ	(57)	654	203,623	311	71	311	86	316	58	320	49	298	35	306
しめじ	(58)	535	268,205	501	44	526	53	507	62	412	44	401	38	386
その他の野菜	(59)	2,279	1,806,928	793	140	821	147	866	158	872	161	916	139	855
輸入野菜計	(60)	4,263	938,478	220	291	244	387	237	549	205	584	182	489	186
その他の輸入野菜	(61)	925	282,778	306	28	647	36	600	43	477	56	350	80	295

	6月		7月		8月		9月		10月		11月		12月		
	数量	価格	数量	価格	数量	価格	数量	価格	数量	価格	数量	価格	数量	価格	
	t	円/kg	t	円/kg	t	円/kg	t	円/kg	t	円/kg	t	円/kg	t	円/kg	
	16,011	243	18,221	242	24,932	188	26,467	198	25,909	192	20,392	200	18,628	197	(1)
	1,854	93	1,894	100	1,873	83	1,924	100	2,763	116	1,358	128	1,269	108	(2)
	227	127	131	143	100	129	98	197	203	164	171	158	127	116	(3)
	1,012	140	1,287	136	1,683	100	1,561	177	2,210	159	1,450	171	720	147	(4)
	100	284	95	231	71	279	184	218	359	196	284	233	240	262	(5)
	6	658	0	1,773	-	-	-	-	-	-	-	-	0	815	(6)
	2	1,753	2	1,262	6	732	12	639	14	663	13	641	35	694	(7)
	805	110	676	65	774	53	1,079	128	1,927	110	1,638	123	1,301	104	(8)
	63	288	60	374	46	452	55	595	55	761	61	552	63	514	(9)
	139	308	133	263	106	319	99	549	114	555	88	538	80	514	(10)
	2	630	1	735	1	741	1	667	2	512	1	538	1	732	(11)
	32	363	33	375	22	380	28	484	36	403	28	485	27	444	(12)
	1,947	131	1,889	88	1,581	68	1,949	89	2,535	118	2,347	148	1,934	115	(13)
	213	518	208	555	137	699	133	895	195	730	165	753	207	594	(14)
	512	500	533	451	684	299	808	306	978	342	698	370	601	406	(15)
	18	148	1	5	-	-	-	-	0	653	0	290	0	388	(16)
	7	302	0	402	0	405	-	-	0	1,219	0	878	0	742	(17)
	15	406	11	481	7	639	6	906	9	781	7	867	21	1,746	(18)
	12	666	12	678	10	895	11	1,418	16	995	14	908	23	841	(19)
	90	444	76	673	68	616	68	840	59	1,174	67	1,005	61	981	(20)
	77	258	62	238	56	189	39	282	48	291	37	326	41	274	(21)
	235	1,170	73	1,298	79	707	44	807	27	898	15	940	13	1,342	(22)
	-	-	0	1,584	0	1,440	9	914	26	886	15	921	11	1,156	(23)
	24	293	32	261	16	303	7	509	10	462	6	415	7	399	(24)
	332	533	1,292	362	993	400	704	487	359	526	180	417	139	431	(25)
	9	205	1	205	-	-	-	-	6	216	23	203	17	179	(26)
	645	164	708	142	831	189	763	308	688	354	478	357	666	291	(27)
	7	1,204	7	1,147	6	1,034	4	1,652	4	2,671	3	2,867	6	3,345	(28)
	891	288	1,533	264	1,337	196	1,185	268	594	439	417	482	442	472	(29)
	391	201	405	212	844	187	1,272	154	1,019	140	659	209	506	215	(30)
	281	159	105	135	1	14	-	-	0	594	0	537	211	182	(31)
	338	420	350	377	368	248	254	473	253	464	211	535	169	554	(32)
	810	385	1,166	323	1,155	255	873	304	472	469	317	531	223	597	(33)
	252	737	412	741	622	473	564	541	309	929	146	1,022	194	950	(34)
	267	406	323	437	384	273	290	354	209	476	174	600	194	562	(35)
	5	1,599	12	1,138	10	865	9	948	5	1,303	3	1,663	3	2,651	(36)
	204	277	426	320	1,285	225	804	183	95	218	0	344	-	-	(37)
	10	1,161	15	1,219	19	885	13	1,356	17	980	8	1,224	8	1,040	(38)
	28	1,587	36	1,254	22	1,578	11	2,815	10	2,089	5	1,642	15	1,548	(39)
	1	669	0	782	0	735	1	1,020	1	1,048	1	1,052	3	1,048	(40)
	0	1,210	0	1,369	0	1,080	-	-	-	-	-	-	-	-	(41)
	2	1,049	7	853	0	1,265	0	857	0	703	0	828	0	1,486	(42)
	6	1,130	25	783	72	621	35	501	4	566	-	-	0	486	(43)
	221	274	205	217	232	185	395	187	335	214	327	201	384	170	(44)
	957	164	1,507	157	2,997	128	4,263	131	4,097	111	3,396	124	3,370	116	(45)
	4	463	3	474	2	407	5	360	12	381	22	341	155	341	(46)
	220	336	208	363	187	372	188	397	154	434	548	320	189	393	(47)
	2,615	118	1,906	154	5,821	135	6,266	105	5,215	74	4,605	66	4,742	60	(48)
	144	124	111	119	38	81	12	142	11	85	8	82	11	96	(49)
	18	532	16	656	18	511	23	703	29	833	17	863	19	741	(50)
	16	325	13	371	15	370	13	396	14	403	12	400	15	386	(51)
	40	708	36	666	33	616	33	612	50	596	53	609	39	552	(52)
	16	316	16	313	17	305	16	307	20	278	21	274	19	284	(53)
	60	635	61	581	48	613	50	756	54	756	59	753	62	777	(54)
	-	-	-	-	-	-	-	-	-	-	-	-	-	-	(55)
	24	372	17	399	19	392	24	409	29	415	29	414	25	400	(56)
	34	296	30	287	28	293	47	300	68	295	78	334	72	335	(57)
	44	361	34	371	28	392	51	539	58	574	45	768	36	732	(58)
	196	743	271	655	253	629	237	769	214	788	163	812	200	974	(59)
	540	182	359	184	143	244	153	296	183	340	177	321	407	251	(60)
	73	312	113	250	72	287	101	237	104	238	97	265	122	274	(61)

3 卸売市場別の月別野菜の卸売数量・価額・価格（続き）
(2) 旭川市青果市場

品　目		計 数量	計 価額	計 価格	1月 数量	1月 価格	2月 数量	2月 価格	3月 数量	3月 価格	4月 数量	4月 価格	5月 数量	5月 価格
		t	千円	円/kg	t	円/kg	t	円/kg	t	円/kg	t	円/kg	t	円/kg
野　菜　計	(1)	51,084	12,434,155	243	2,813	200	4,133	194	3,851	223	3,590	273	3,184	311
根　菜　類														
だ　い　こ　ん	(2)	3,537	398,457	113	234	85	301	106	280	122	206	137	290	137
か　　ぶ	(3)	234	48,846	209	4	269	7	297	8	344	51	203	68	194
に　ん　じ　ん	(4)	1,913	296,451	155	118	88	173	109	168	101	147	138	91	207
ご　ぼ　う	(5)	597	118,656	199	22	164	29	165	86	147	106	144	56	162
た　け　の　こ	(6)	7	5,781	812	0	1,061	0	913	1	966	3	476	1	1,171
れ　ん　こ　ん	(7)	42	33,777	795	4	575	4	740	3	824	4	911	2	1,077
葉　茎　菜　類														
は　く　さ　い	(8)	3,672	353,902	96	380	58	399	75	242	121	333	105	264	107
み　ず　な	(9)	473	214,124	452	23	429	27	424	28	378	29	460	35	379
こ　ま　つ　な	(10)	458	204,083	445	27	487	35	508	36	441	46	456	49	376
その他の菜類	(11)	10	4,598	458	2	559	2	573	1	493	1	514	0	539
ち　ん　げ　ん　さ　い	(12)	230	94,277	410	10	337	12	397	13	409	22	446	24	434
キ　ャ　ベ　ツ	(13)	4,779	521,514	109	383	75	547	68	452	88	369	124	331	136
ほ　う　れ　ん　そ　う	(14)	758	531,999	702	40	696	51	710	64	659	91	722	75	702
ね　ぎ	(15)	1,720	775,456	451	114	443	141	416	135	453	120	518	94	687
ふ　き	(16)	4	1,496	363	0	855	0	661	0	763	0	881	1	424
う　ど	(17)	36	20,887	579	4	542	11	597	8	593	5	672	5	513
み　つ　ば	(18)	52	61,955	1,187	2	1,052	4	1,132	4	1,007	5	751	6	629
し　ゅ　ん　ぎ　く	(19)	89	64,050	722	8	650	10	660	10	484	8	609	8	708
に　ら	(20)	462	330,290	715	47	732	59	811	77	626	50	649	38	521
洋　菜　類														
セ　ル　リ　ー	(21)	104	32,387	311	4	360	6	330	7	360	9	333	10	359
ア　ス　パ　ラ　ガ　ス	(22)	406	489,108	1,205	1	2,196	2	1,607	10	1,652	77	1,623	175	1,136
う　ち　輸　入	(23)	10	9,012	882	0	1,452	1	958	2	750	1	790	-	-
カ　リ　フ　ラ　ワ　ー	(24)	29	11,821	415	1	433	1	593	2	447	2	515	2	397
ブ　ロ　ッ　コ　リ　ー	(25)	938	414,516	442	25	417	24	489	17	391	12	614	17	496
う　ち　輸　入	(26)	20	5,904	292	-	-	4	250	8	187	0	447	2	265
レ　タ　ス	(27)	1,707	472,059	277	64	346	88	381	147	351	232	233	203	223
パ　セ　リ	(28)	28	41,970	1,526	1	1,112	2	1,027	2	983	2	967	2	1,344
果　菜　類														
き　ゅ　う　り	(29)	3,176	877,436	276	45	530	72	501	111	383	149	286	162	285
か　ぼ　ち　ゃ	(30)	2,089	306,428	147	33	157	47	154	53	128	65	117	60	142
う　ち　輸　入	(31)	312	44,457	142	33	153	47	151	48	134	65	114	57	132
な　す	(32)	728	343,742	472	24	729	40	575	47	607	58	484	68	495
ト　マ　ト	(33)	3,017	1,003,159	333	50	491	66	484	69	536	115	430	166	348
ミ　ニ　ト　マ　ト	(34)	647	470,335	726	22	876	25	1,064	28	1,100	45	719	57	543
ピ　ー　マ　ン	(35)	1,050	493,249	470	33	700	40	896	53	745	62	534	55	464
し　し　と　う　が　ら　し	(36)	41	44,963	1,102	0	2,697	1	1,957	1	1,891	1	1,362	2	1,196
ス　イ　ー　ト　コ　ー　ン	(37)	1,047	228,603	218	-	-	0	447	0	567	0	502	3	311
豆　類														
さ　や　い　ん　げ　ん	(38)	19	22,803	1,190	1	1,660	1	2,035	1	1,548	1	1,462	1	1,184
さ　や　え　ん　ど　う	(39)	26	45,506	1,777	2	1,514	1	2,722	1	2,652	2	1,599	1	1,613
う　ち　輸　入	(40)	1	1,288	975	0	891	0	978	0	1,068	0	1,110	0	621
実　え　ん　ど　う	(41)	0	158	1,436	-	-	0	2,277	0	1,824	0	1,433	0	1,269
そ　ら　ま　め	(42)	1	1,043	812	0	702	0	1,890	0	2,413	0	1,001	0	620
え　だ　ま　め	(43)	17	8,222	475	-	-	1	756	1	756	0	756	0	761
土　物　類														
か　ん　し　ょ	(44)	804	173,810	216	72	214	108	227	89	223	64	228	54	247
ば　れ　い　し　ょ	(45)	4,576	550,035	120	370	92	581	103	412	121	170	121	74	127
さ　と　い　も	(46)	47	20,915	445	1	455	2	408	2	403	2	367	1	410
や　ま　の　い　も	(47)	1,099	410,696	374	49	329	79	326	104	332	121	335	96	348
た　ま　ね　ぎ	(48)	8,451	693,255	82	463	52	948	57	934	58	650	63	398	76
う　ち　輸　入	(49)	131	12,423	95	1	125	2	124	0	311	0	300	0	189
に　ん　に　く	(50)	49	32,761	674	2	467	3	577	3	537	4	483	3	513
う　ち　輸　入	(51)	35	13,474	386	2	318	2	361	3	344	4	344	3	349
し　ょ　う　が	(52)	99	56,764	571	4	541	8	538	8	599	9	578	6	570
う　ち　輸　入	(53)	62	23,477	377	3	381	5	376	5	378	5	379	4	375
き　の　こ　類														
生　し　い　た　け	(54)	162	115,341	711	14	747	13	711	13	711	13	718	13	702
う　ち　輸　入	(55)	-	-	-	-	-	-	-	-	-	-	-	-	-
な　め　こ	(56)	124	47,802	385	10	333	12	372	11	369	11	373	9	377
え　の　き　だ　け	(57)	395	117,850	298	38	288	43	299	31	319	22	293	16	274
し　め　じ	(58)	313	206,063	659	14	857	18	846	22	759	30	606	22	594
その他の野菜	(59)	822	620,754	755	48	766	93	507	55	787	66	741	67	730
輸　入　野　菜　計	(60)	856	170,219	199	47	216	74	224	79	213	105	177	86	195
その他の輸入野菜	(61)	284	60,184	212	8	359	13	334	12	324	30	233	20	305

6月		7月		8月		9月		10月		11月		12月		
数量	価格	数量	価格	数量	価格	数量	価格	数量	価格	数量	価格	数量	価格	
t	円/kg	t	円/kg	t	円/kg	t	円/kg	t	円/kg	t	円/kg	t	円/kg	
3,491	315	4,952	287	5,619	222	5,860	235	5,274	237	3,911	229	4,408	216	(1)
247	109	258	117	385	83	421	101	402	114	183	151	329	120	(2)
27	191	19	208	10	160	10	194	18	214	7	244	6	235	(3)
145	154	165	149	248	127	247	207	184	219	108	206	118	159	(4)
18	307	34	247	27	243	40	252	64	229	57	225	58	262	(5)
1	1,141	0	1,071	0	621	0	621	0	599	0	667	0	859	(6)
1	1,893	1	1,272	1	766	4	682	4	661	5	681	10	758	(7)
150	130	250	63	233	52	243	114	495	114	307	122	377	108	(8)
60	325	63	415	48	463	46	619	42	833	17	606	55	251	(9)
48	355	48	322	39	325	41	564	43	598	21	524	27	504	(10)
-	-	0	180	-	-	0	741	3	162	0	647	0	680	(11)
24	398	23	393	19	357	25	430	25	445	16	428	16	379	(12)
362	143	439	94	367	67	403	112	481	126	272	189	372	136	(13)
77	627	78	636	41	724	45	957	77	855	61	574	58	621	(14)
107	577	157	463	157	358	194	350	202	415	147	434	152	474	(15)
2	239	1	200	0	789	0	883	0	746	0	725	0	784	(16)
2	314	0	668	-	-	0	1,158	0	635	-	-	0	840	(17)
5	594	4	647	4	690	3	857	2	969	3	882	10	2,783	(18)
6	622	6	604	4	764	6	1,105	8	997	6	763	9	829	(19)
37	436	30	647	27	600	26	824	22	1,169	24	1,024	25	970	(20)
16	306	13	274	9	266	7	297	9	297	6	351	8	268	(21)
99	1,071	14	1,234	18	529	4	890	2	996	2	867	2	1,192	(22)
-	-	-	-	-	-	1	925	1	954	2	867	2	883	(23)
4	334	5	301	3	336	2	609	3	484	1	478	2	450	(24)
57	582	279	371	281	412	139	519	46	575	20	478	19	447	(25)
-	-	-	-	0	414	1	482	0	539	2	569	3	408	(26)
175	177	153	166	151	172	139	347	115	501	130	350	108	292	(27)
2	1,300	4	1,133	3	1,102	2	1,643	3	2,484	1	2,550	3	2,706	(28)
330	293	788	267	723	169	511	249	163	407	61	519	60	524	(29)
45	173	56	200	120	169	330	133	377	150	383	153	519	140	(30)
31	157	2	157	1	151	-	-	-	-	-	-	30	193	(31)
105	443	108	428	97	272	60	467	53	519	43	547	27	595	(32)
386	369	634	313	717	225	475	290	237	456	55	488	49	580	(33)
46	776	87	769	130	533	104	550	49	941	27	1,072	25	973	(34)
90	455	162	446	182	278	146	364	102	484	66	570	59	546	(35)
4	1,256	9	1,150	9	842	7	905	5	850	1	2,084	1	2,281	(36)
43	251	149	333	471	223	354	159	23	178	3	469	0	108	(37)
1	1,148	4	1,010	3	756	2	1,385	2	1,121	1	1,331	1	1,277	(38)
3	1,576	7	1,196	3	1,344	2	3,244	1	2,961	1	2,591	1	2,174	(39)
0	1,090	0	1,074	0	1,074	0	857	0	913	0	940	0	1,049	(40)
0	1,229	0	1,653	-	-	-	-	-	-	-	-	-	-	(41)
0	731	0	890	0	1,416	-	-	-	-	-	-	0	1,552	(42)
0	924	1	888	9	500	5	238	0	1,447	-	-	-	-	(43)
51	263	44	238	26	204	88	188	80	183	67	187	62	215	(44)
95	217	171	190	216	136	530	146	668	113	587	106	704	112	(45)
1	735	1	616	1	547	2	504	3	396	3	307	28	444	(46)
109	367	92	386	102	393	78	420	55	440	147	382	66	474	(47)
347	141	421	186	580	142	939	108	1,015	70	885	61	870	63	(48)
45	95	60	92	14	95	5	91	1	97	2	94	1	144	(49)
4	613	3	590	4	696	6	1,032	8	760	4	745	3	578	(50)
3	365	3	409	3	419	3	417	3	407	2	431	3	436	(51)
9	615	9	567	8	558	7	541	12	588	11	590	8	530	(52)
5	377	6	374	6	382	5	375	7	378	6	383	6	365	(53)
12	685	12	660	9	685	14	704	15	682	17	720	17	779	(54)
-	-	-	-	-	-	-	-	-	-	-	-	-	-	(55)
9	377	8	385	9	377	11	396	12	416	12	430	11	404	(56)
20	266	23	259	23	268	37	285	44	306	52	328	47	320	(57)
32	490	26	540	21	545	33	621	35	685	33	747	26	778	(58)
76	645	91	719	79	781	70	819	65	822	58	835	56	1,104	(59)
110	171	102	142	45	192	40	212	41	233	49	242	79	250	(60)
26	252	31	168	21	167	26	147	28	143	35	167	33	211	(61)

3　卸売市場別の月別野菜の卸売数量・価額・価格（続き）
(3)　函館市青果市場

品目	計 数量	計 価額	計 価格	1月 数量	1月 価格	2月 数量	2月 価格	3月 数量	3月 価格	4月 数量	4月 価格	5月 数量	5月 価格
	t	千円	円/kg	t	円/kg	t	円/kg	t	円/kg	t	円/kg	t	円/kg
野菜計 (1)	**32,712**	**7,475,479**	**229**	**1,762**	**209**	**2,076**	**217**	**2,209**	**242**	**2,384**	**256**	**2,580**	**254**
根菜類													
だいこん (2)	4,275	392,330	92	195	70	196	85	327	72	255	102	324	119
かぶ (3)	470	73,269	156	4	231	9	214	8	271	58	192	88	146
にんじん (4)	2,162	334,044	154	89	110	110	108	113	129	105	180	115	222
ごぼう (5)	283	83,926	297	16	234	13	275	16	282	24	259	17	307
たけのこ (6)	6	3,912	702	-	-	-	-	0	969	3	233	2	1,475
れんこん (7)	30	21,937	739	1	673	5	688	3	723	2	762	1	997
葉茎菜類													
はくさい (8)	1,954	206,590	106	169	57	165	74	105	131	117	128	162	121
みずな (9)	158	67,432	426	11	442	14	417	17	336	15	364	16	357
こまつな (10)	417	162,189	389	12	539	15	515	19	413	27	408	63	313
その他の菜類 (11)	5	2,398	496	1	494	1	526	1	624	0	529	0	427
ちんげんさい (12)	67	23,752	353	5	334	6	396	5	347	5	358	5	292
キャベツ (13)	4,139	401,306	97	337	67	391	68	318	76	282	113	317	123
ほうれんそう (14)	515	287,491	558	23	719	31	611	80	535	61	603	55	488
ねぎ (15)	1,356	516,548	381	84	414	91	397	97	433	106	425	92	524
ふき (16)	18	8,643	480	0	417	0	525	0	450	2	784	11	446
うど (17)	12	5,476	462	1	443	1	617	1	550	3	602	5	250
みつば (18)	62	54,548	883	4	1,113	6	851	11	650	13	534	5	542
しゅんぎく (19)	34	25,913	773	5	752	5	742	4	600	3	654	2	631
にら (20)	308	222,028	722	18	968	29	948	44	699	38	674	50	496
洋菜類													
セルリー (21)	61	18,191	299	5	235	5	305	5	315	5	378	6	363
アスパラガス (22)	96	115,908	1,203	1	2,140	3	1,330	9	1,243	12	1,638	19	1,232
うち輸入 (23)	19	17,914	925	0	1,403	2	968	3	768	0	1,017	-	-
カリフラワー (24)	13	4,214	317	1	287	1	397	1	353	1	221	2	271
ブロッコリー (25)	318	152,413	479	27	447	22	480	25	518	17	631	14	569
うち輸入 (26)	20	7,758	381	-	-	3	396	8	373	3	390	2	399
レタス (27)	1,050	270,526	258	59	344	55	383	80	351	101	271	136	205
パセリ (28)	9	14,156	1,625	1	1,107	1	980	1	950	0	897	1	1,331
果菜類													
きゅうり (29)	1,191	372,551	313	29	539	49	530	74	415	96	362	143	326
かぼちゃ (30)	816	143,255	175	30	193	37	181	45	166	64	153	51	172
うち輸入 (31)	267	46,721	175	27	196	37	176	45	163	64	151	48	164
なす (32)	410	158,463	387	8	626	11	589	17	540	24	487	24	472
トマト (33)	2,525	880,459	349	32	540	35	520	60	551	114	461	219	351
ミニトマト (34)	256	189,070	740	13	941	11	1,138	11	1,168	18	796	18	618
ピーマン (35)	295	159,545	540	15	709	16	869	19	678	27	530	24	536
ししとうがらし (36)	4	7,312	1,764	0	2,696	0	1,796	0	2,194	0	1,636	0	1,598
スイートコーン (37)	441	87,890	199	-	-	-	-	-	-	-	-	3	320
豆類													
さやいんげん (38)	25	18,840	749	0	1,456	0	1,920	1	1,556	1	1,419	1	923
さやえんどう (39)	19	25,443	1,338	1	1,681	1	3,172	1	2,379	1	1,701	2	1,214
うち輸入 (40)	-	-	-	-	-	-	-	-	-	-	-	-	-
実えんどう (41)	1	658	1,102	0	1,647	-	-	-	-	0	1,166	0	1,326
そらまめ (42)	1	439	711	0	1,526	0	2,369	0	4,455	0	1,281	0	479
えだまめ (43)	98	58,893	599	-	-	-	-	-	-	-	-	0	978
土物類													
かんしょ (44)	895	186,284	208	63	211	104	200	98	203	100	198	67	217
ばれいしょ (45)	2,318	312,525	135	120	97	186	109	123	131	84	149	60	266
さといも (46)	53	17,971	337	1	385	2	403	2	399	2	389	1	400
やまのいも (47)	578	193,611	335	54	288	53	285	73	307	82	283	65	304
たまねぎ (48)	3,769	399,122	106	237	62	291	64	297	74	422	94	310	112
うち輸入 (49)	25	3,080	124	-	-	-	-	-	-	0	319	0	292
にんにく (50)	31	20,324	649	2	576	3	584	3	572	3	651	3	515
うち輸入 (51)	25	8,535	347	2	281	2	292	2	289	2	309	2	303
しょうが (52)	166	92,403	555	7	555	11	560	12	550	13	547	12	562
うち輸入 (53)	76	26,981	355	3	359	5	360	6	359	7	359	6	355
きのこ類													
生しいたけ (54)	163	142,653	873	13	902	15	878	15	856	15	870	13	865
うち輸入 (55)	-	-	-	-	-	-	-	-	-	-	-	-	-
なめこ (56)	104	43,872	423	11	421	11	410	11	414	9	427	9	420
えのきだけ (57)	203	62,028	306	26	310	25	309	21	302	14	254	11	284
しめじ (58)	156	97,749	627	7	807	10	721	11	673	9	542	10	532
その他の野菜 (59)	374	334,978	895	26	816	30	816	27	914	33	949	28	817
輸入野菜計 (60)	556	162,302	292	37	271	56	292	72	262	84	221	68	236
その他の輸入野菜 (61)	124	51,312	415	5	582	6	660	7	454	8	527	10	459

6月		7月		8月		9月		10月		11月		12月		
数量	価格	数量	価格	数量	価格	数量	価格	数量	価格	数量	価格	数量	価格	
t	円/kg	t	円/kg	t	円/kg	t	円/kg	t	円/kg	t	円/kg	t	円/kg	
3,353	**232**	**3,603**	**216**	**3,165**	**209**	**3,382**	**215**	**3,487**	**216**	**2,590**	**232**	**2,121**	**263**	(1)
805	79	549	73	230	99	255	103	481	116	365	104	292	93	(2)
59	130	31	150	25	163	23	198	102	141	49	136	15	162	(3)
200	151	575	109	174	149	147	235	259	193	143	197	133	165	(4)
20	317	11	392	13	373	16	330	30	301	51	276	54	299	(5)
0	1,066	-	-	-	-	-	-	-	-	-	-	0	541	(6)
0	1,602	0	894	1	645	1	759	2	724	4	691	9	736	(7)
137	118	146	73	114	69	137	148	307	117	202	119	193	110	(8)
13	345	14	367	12	360	11	551	10	592	12	548	14	543	(9)
61	291	52	269	47	278	43	566	40	534	22	511	16	486	(10)
0	418	0	394	0	406	0	379	0	372	0	445	0	589	(11)
7	270	4	354	4	352	5	513	6	470	6	416	10	244	(12)
332	118	280	94	288	73	405	86	403	93	495	128	292	120	(13)
50	462	39	498	23	555	26	714	45	557	43	569	40	563	(14)
110	533	118	459	139	302	132	246	153	254	122	324	111	400	(15)
3	479	1	389	-	-	1	391	0	440	0	389	0	377	(16)
0	721	0	1,033	0	763	-	-	0	1,505	-	-	1	874	(17)
2	704	2	683	2	760	2	789	2	986	3	921	9	1,855	(18)
2	679	1	665	1	879	1	1,619	2	927	2	989	5	851	(19)
28	504	23	704	26	589	19	805	12	1,065	11	1,039	11	1,096	(20)
8	270	7	234	5	295	4	280	3	385	3	358	4	260	(21)
14	1,250	8	1,473	12	798	6	842	4	792	4	879	4	1,141	(22)
0	547	0	1,613	0	1,496	2	974	4	792	4	879	4	1,111	(23)
2	335	1	313	1	437	0	643	1	404	1	235	1	252	(24)
35	501	57	387	35	441	24	494	23	507	16	563	24	462	(25)
0	390	-	-	-	-	-	-	-	-	0	378	3	363	(26)
104	170	107	140	117	133	84	298	64	365	61	371	80	323	(27)
1	1,059	1	885	1	788	1	1,329	1	2,725	0	3,420	1	3,057	(28)
185	278	185	237	140	171	147	238	86	418	31	471	26	533	(29)
61	218	89	193	153	188	111	136	85	138	52	200	38	214	(30)
21	178	3	158	-	-	2	133	1	119	2	385	18	266	(31)
59	382	77	353	84	211	43	370	37	449	14	567	12	579	(32)
415	344	387	322	369	235	425	270	261	421	142	476	65	556	(33)
20	756	24	757	47	469	39	474	24	939	14	1,086	19	890	(34)
31	466	31	501	38	343	31	424	20	610	20	671	25	571	(35)
0	1,707	1	1,588	1	1,105	0	1,500	0	1,966	0	2,683	0	2,833	(36)
30	274	91	250	224	176	93	178	1	178	-	-	-	-	(37)
3	753	7	604	6	478	2	825	3	696	1	1,092	1	1,219	(38)
3	1,132	5	937	3	832	1	1,535	1	2,206	0	2,701	1	1,771	(39)
-	-	-	-	-	-	-	-	-	-	-	-	-	-	(40)
0	725	0	1,388	-	-	-	-	-	-	-	-	-	-	(41)
0	904	0	525	0	432	-	-	-	-	-	-	0	896	(42)
3	1,115	17	837	49	601	28	424	3	339	0	1,296	-	-	(43)
70	237	64	225	48	199	88	204	55	209	65	206	73	199	(44)
103	258	258	166	302	116	439	134	422	104	136	117	87	157	(45)
4	109	1	481	1	541	2	441	3	394	6	322	29	329	(46)
38	347	22	404	29	413	16	468	31	406	69	357	46	413	(47)
241	176	225	210	314	166	472	118	383	81	314	72	265	70	(48)
6	110	13	141	5	94	0	839	-	-	-	-	0	713	(49)
2	585	2	607	3	676	3	637	3	751	2	1,006	2	633	(50)
2	346	2	378	2	362	2	374	3	410	2	409	2	401	(51)
14	573	14	550	15	558	14	553	21	544	21	561	12	556	(52)
7	355	7	354	7	355	7	354	8	348	7	350	6	355	(53)
12	846	12	831	11	870	14	823	14	878	12	911	18	928	(54)
-	-	-	-	-	-	-	-	-	-	-	-	-	-	(55)
8	423	7	380	6	432	8	423	7	436	9	455	9	439	(56)
10	263	8	276	7	280	14	301	22	315	20	336	25	345	(57)
18	462	14	450	11	489	12	615	20	625	16	804	16	821	(58)
29	792	33	779	37	945	36	877	36	962	27	917	32	1,109	(59)
47	256	36	269	21	345	23	381	31	392	35	405	46	399	(60)
11	408	11	369	6	545	10	345	16	331	21	328	13	398	(61)

3 卸売市場別の月別野菜の卸売数量・価額・価格（続き）
(4) 青森市中央卸売市場

品　目		計			1月		2月		3月		4月		5月	
		数量	価額	価格	数量	価格	数量	価格	数量	価格	数量	価格	数量	価格
		t	千円	円/kg	t	円/kg	t	円/kg	t	円/kg	t	円/kg	t	円/kg
野　菜　計	(1)	52,615	10,967,425	208	2,638	219	2,889	243	3,532	233	3,296	238	3,091	219
根　菜　類														
だ　い　こ　ん	(2)	15,359	1,468,125	96	295	59	271	87	252	105	380	113	810	96
か　ぶ	(3)	639	90,159	141	36	98	27	128	16	195	35	147	50	179
に　ん　じ　ん	(4)	4,513	606,537	134	188	83	257	81	203	98	142	129	157	176
ご　ぼ　う	(5)	6,525	1,721,529	264	437	202	555	202	537	208	167	215	33	286
た　け　の　こ	(6)	12	3,430	292	0	729	0	857	1	755	9	252	2	169
れ　ん　こ　ん	(7)	62	43,592	701	5	560	8	651	7	775	2	1,001	1	1,002
葉茎菜類														
は　く　さ　い	(8)	1,344	132,415	99	94	64	100	78	88	129	100	113	111	72
み　ず　な	(9)	142	42,368	299	13	340	16	341	24	228	23	183	15	127
こ　ま　つ　な	(10)	179	63,640	356	22	437	17	428	22	334	19	253	14	195
その他の菜類	(11)	4	1,153	328	0	409	1	323	1	397	0	612	0	1,296
ち　ん　げ　ん　さ　い	(12)	100	25,200	253	8	248	10	289	11	247	12	219	10	187
キ　ャ　ベ　ツ	(13)	4,717	466,475	99	263	61	282	68	385	91	460	124	383	108
ほ　う　れ　ん　そ　う	(14)	383	229,706	600	45	638	42	570	31	532	23	571	28	416
ね　ぎ	(15)	1,081	406,826	376	98	317	119	308	130	337	102	433	74	526
ふ　き	(16)	4	1,369	324	0	393	0	445	0	397	1	353	1	251
う　ど	(17)	12	6,110	521	1	622	4	532	3	482	1	696	2	374
み　つ　ば	(18)	23	17,213	759	2	658	2	657	2	662	2	663	2	645
し　ゅ　ん　ぎ　く	(19)	39	27,339	706	6	710	4	652	4	571	3	676	3	699
に　ら	(20)	166	118,545	714	12	660	16	895	20	624	20	571	16	471
洋菜類														
セ　ル　リ　ー	(21)	77	25,596	334	7	283	8	267	13	340	10	385	6	421
ア　ス　パ　ラ　ガ　ス	(22)	89	94,059	1,060	2	1,679	3	1,088	9	1,004	7	1,452	29	1,064
う　ち　輸　入	(23)	20	20,021	983	1	1,646	2	924	7	749	2	1,038	0	1,161
カ　リ　フ　ラ　ワ　ー	(24)	31	8,037	260	1	324	3	316	1	381	4	262	6	165
ブ　ロ　ッ　コ　リ　ー	(25)	366	171,471	469	46	357	39	458	23	590	33	521	20	519
う　ち　輸　入	(26)	7	2,679	403	-	-	-	-	1	413	2	437	3	388
レ　タ　ス	(27)	946	229,715	243	71	304	66	341	97	297	98	236	97	175
パ　セ　リ	(28)	4	6,920	1,824	0	857	0	867	0	776	0	616	0	877
果菜類														
き　ゅ　う　り	(29)	1,271	409,348	322	65	474	82	472	113	348	144	268	166	266
か　ぼ　ち　ゃ	(30)	667	98,278	147	23	142	48	144	93	98	69	106	78	125
う　ち　輸　入	(31)	412	50,307	122	23	140	48	142	93	97	69	104	77	122
な　す	(32)	611	271,910	445	28	609	44	529	57	503	62	471	59	466
ト　マ　ト	(33)	1,514	499,837	330	67	462	84	429	103	489	181	360	240	256
ミ　ニ　ト　マ　ト	(34)	277	209,287	757	20	822	16	1,021	16	1,021	27	691	30	527
ピ　ー　マ　ン	(35)	401	199,796	498	25	696	23	858	36	703	44	500	36	462
し　し　と　う　が　ら　し	(36)	4	6,531	1,681	0	2,838	0	2,007	0	2,022	0	1,820	0	1,744
ス　イ　ー　ト　コ　ー　ン	(37)	181	42,898	237	-	-	-	-	-	-	-	-	2	336
豆類														
さ　や　い　ん　げ　ん	(38)	58	33,030	565	1	1,146	1	1,445	1	1,428	1	1,362	4	974
さ　や　え　ん　ど　う	(39)	21	38,268	1,836	1	1,042	0	2,185	1	1,740	1	1,495	1	1,520
う　ち　輸　入	(40)	1	1,100	1,139	-	-	0	1,080	0	1,231	0	1,182	0	917
実　え　ん　ど　う	(41)	0	7	347	-	-	-	-	-	-	-	-	-	-
そ　ら　ま　め	(42)	87	26,783	309	0	794	0	1,620	-	-	0	1,151	1	583
え　だ　ま　め	(43)	31	14,387	469	-	-	-	-	-	-	-	-	0	694
土物類														
か　ん　し　ょ	(44)	662	114,767	173	44	179	66	181	67	179	48	169	34	206
ば　れ　い　し　ょ	(45)	1,176	195,078	166	84	103	104	129	109	165	105	221	49	265
さ　と　い　も	(46)	21	5,608	272	1	332	1	331	2	326	1	257	1	230
や　ま　の　い　も	(47)	2,805	901,359	321	105	315	100	334	373	255	522	245	150	301
た　ま　ね　ぎ	(48)	4,036	403,467	100	382	64	312	68	530	72	313	80	251	108
う　ち　輸　入	(49)	32	4,590	143	2	122	1	127	2	105	2	219	2	167
に　ん　に　く	(50)	549	842,004	1,532	42	1,278	72	1,269	58	1,240	32	1,539	31	1,623
う　ち　輸　入	(51)	17	4,971	294	1	261	1	263	1	259	1	276	1	281
し　ょ　う　が	(52)	58	35,846	621	3	575	4	585	5	625	5	613	4	615
う　ち　輸　入	(53)	36	12,727	354	2	351	3	352	3	354	3	350	3	354
きのこ類														
生　し　い　た　け	(54)	143	138,794	969	13	942	11	1,021	12	969	13	890	11	885
う　ち　輸　入	(55)	-	-	-	-	-	-	-	-	-	-	-	-	-
な　め　こ	(56)	64	31,919	502	4	543	5	530	5	493	5	474	5	494
え　の　き　だ　け	(57)	394	84,125	214	44	212	30	291	34	198	27	178	24	168
し　め　じ	(58)	163	81,398	499	11	557	11	639	15	536	16	473	17	415
その他の野菜	(59)	607	275,172	453	23	690	24	766	24	832	26	801	26	713
輸入野菜計	(60)	609	142,601	234	33	270	61	242	112	176	86	182	93	174
その他の輸入野菜	(61)	84	46,206	550	5	715	5	783	6	644	7	553	6	562

6月		7月		8月		9月		10月		11月		12月		
数量	価格	数量	価格	数量	価格	数量	価格	数量	価格	数量	価格	数量	価格	
t	円/kg	t	円/kg	t	円/kg	t	円/kg	t	円/kg	t	円/kg	t	円/kg	
5,754	155	6,171	171	4,771	159	5,333	182	6,594	211	4,970	267	3,577	284	(1)
2,962	81	2,291	96	2,028	81	2,313	92	2,789	122	622	108	346	97	(2)
118	141	66	135	47	140	37	212	54	140	71	147	82	97	(3)
371	117	1,672	129	348	123	232	230	234	221	464	141	246	129	(4)
6	357	25	283	90	210	620	222	1,395	273	1,866	306	794	309	(5)
0	220	-	-	-	-	-	-	-	-	0	1,026	0	820	(6)
1	2,055	1	1,080	3	678	5	651	6	678	6	637	16	643	(7)
168	79	86	59	89	73	96	129	153	134	155	117	105	113	(8)
8	203	7	306	7	197	4	595	3	1,062	9	443	12	460	(9)
16	192	11	241	10	234	9	543	8	601	12	495	19	426	(10)
-	-	-	-	-	-	-	-	0	204	0	176	0	368	(11)
7	198	8	230	4	247	4	399	8	338	8	273	10	253	(12)
398	98	332	62	436	58	501	86	646	125	369	149	263	128	(13)
36	469	34	550	22	642	21	911	28	774	31	717	42	561	(14)
62	483	69	431	71	366	90	347	98	377	73	372	96	328	(15)
1	135	-	-	-	-	-	-	0	416	1	307	0	362	(16)
0	218	-	-	-	-	-	-	-	-	-	-	0	543	(17)
1	628	1	675	2	666	2	592	2	682	2	674	4	1,293	(18)
2	513	2	541	2	590	1	1,602	2	1,109	3	800	6	708	(19)
9	449	12	638	12	657	13	818	10	973	12	922	14	989	(20)
6	328	4	267	5	291	3	300	3	493	4	410	8	278	(21)
15	958	5	992	6	826	5	817	3	996	2	1,110	3	1,424	(22)
-	-	0	666	-	-	1	1,026	3	996	2	1,110	2	1,325	(23)
1	197	2	231	1	349	1	425	4	228	3	271	3	292	(24)
16	534	30	446	25	477	25	566	28	479	35	451	45	414	(25)
1	327	-	-	-	-	-	-	-	-	-	-	-	-	(26)
106	142	78	124	59	176	37	301	70	383	73	302	95	229	(27)
0	1,494	0	1,392	0	1,314	0	4,519	0	5,206	0	3,581	0	4,444	(28)
145	243	118	280	160	182	89	298	57	527	63	479	68	490	(29)
80	143	62	197	95	171	45	151	25	179	13	302	34	191	(30)
65	108	-	-	-	-	-	-	-	-	4	353	33	189	(31)
63	444	66	370	65	204	44	310	41	495	45	562	38	575	(32)
230	259	149	300	212	204	101	296	60	473	38	555	48	594	(33)
22	740	30	723	36	572	28	655	16	992	15	973	21	899	(34)
30	452	36	464	53	238	41	297	21	563	23	632	34	526	(35)
0	1,635	0	1,310	1	791	0	1,086	0	2,523	0	1,719	0	2,286	(36)
36	326	66	216	64	213	13	198	1	249	-	-	-	-	(37)
8	748	19	435	13	276	6	524	3	570	1	1,141	1	993	(38)
4	1,586	7	1,421	2	2,360	1	5,157	1	4,411	0	2,265	1	1,351	(39)
0	797	0	978	0	972	0	1,473	0	1,461	0	1,377	0	720	(40)
-	-	0	356	0	151	-	-	-	-	-	-	-	-	(41)
49	383	36	199	0	1,764	-	-	-	-	-	-	0	1,620	(42)
2	629	4	673	9	425	14	425	1	308	-	-	-	-	(43)
41	220	22	199	23	186	89	138	88	158	73	173	68	168	(44)
95	227	174	180	123	123	76	148	72	135	85	169	99	157	(45)
1	217	0	318	0	251	1	336	2	363	4	171	6	275	(46)
116	346	153	363	179	367	200	369	151	381	324	353	431	370	(47)
383	153	263	184	245	161	392	129	302	79	319	72	344	71	(48)
3	137	8	135	8	151	2	131	1	99	1	124	1	127	(49)
36	1,570	59	1,702	49	1,448	43	1,609	41	1,967	42	1,793	44	1,631	(50)
1	282	1	296	1	296	1	307	2	266	1	330	2	387	(51)
5	613	5	652	5	632	5	644	5	628	6	616	6	621	(52)
3	354	3	356	3	353	3	355	3	355	4	357	4	355	(53)
9	930	12	883	11	841	11	958	13	1,005	13	1,118	16	1,115	(54)
-	-	-	-	-	-	-	-	-	-	-	-	-	-	(55)
5	440	5	375	5	401	6	503	6	570	6	645	7	510	(56)
25	151	26	135	28	87	25	236	43	235	38	301	49	268	(57)
16	353	12	349	11	333	13	440	13	600	11	745	20	584	(58)
38	477	110	221	114	244	75	334	85	357	28	774	33	1,022	(59)
79	158	20	323	18	349	17	378	22	468	19	490	49	325	(60)
6	574	8	506	5	662	10	374	13	398	7	547	6	673	(61)

3 卸売市場別の月別野菜の卸売数量・価額・価格（続き）
(5) 八戸市中央卸売市場

品目		計 数量 (t)	計 価額 (千円)	計 価格 (円/kg)	1月 数量 (t)	1月 価格 (円/kg)	2月 数量 (t)	2月 価格 (円/kg)	3月 数量 (t)	3月 価格 (円/kg)	4月 数量 (t)	4月 価格 (円/kg)	5月 数量 (t)	5月 価格 (円/kg)
野菜計	(1)	91,648	20,224,652	221	4,712	240	5,722	253	6,494	238	5,578	244	6,270	226
根菜類														
だいこん	(2)	15,050	1,375,684	91	271	61	293	92	274	113	293	120	1,070	89
かぶ	(3)	873	117,078	134	33	106	29	138	20	194	52	140	36	147
にんじん	(4)	7,955	1,102,523	139	241	71	367	91	474	101	280	144	319	182
ごぼう	(5)	11,146	2,773,961	249	596	185	887	202	801	217	585	227	328	256
たけのこ	(6)	8	4,623	548	0	723	0	851	1	784	4	354	2	471
れんこん	(7)	35	25,619	726	5	533	4	693	3	799	2	995	1	1,026
葉茎菜類														
はくさい	(8)	2,910	292,999	101	247	58	251	85	211	134	165	120	163	81
みずな	(9)	299	100,198	335	21	367	34	372	66	253	40	225	26	180
こまつな	(10)	659	249,055	378	41	399	55	420	69	322	57	296	55	230
その他の菜類	(11)	46	16,901	370	4	374	7	347	5	398	4	342	6	203
ちんげんさい	(12)	227	69,446	306	17	262	22	305	31	276	29	249	28	173
キャベツ	(13)	10,213	914,263	90	475	61	598	66	575	94	493	127	551	112
ほうれんそう	(14)	755	422,962	560	57	572	83	563	77	505	56	497	73	411
ねぎ	(15)	2,213	684,805	309	121	284	125	326	121	376	108	450	122	419
ふき	(16)	3	817	300	0	402	0	596	0	455	0	388	1	183
うど	(17)	30	14,454	481	3	554	11	477	10	485	2	575	3	322
みつば	(18)	76	41,892	548	2	948	4	740	6	658	7	486	28	350
しゅんぎく	(19)	115	75,167	651	13	665	19	483	13	468	7	552	7	546
にら	(20)	261	149,992	576	27	538	29	782	39	488	28	445	25	308
洋菜類														
セルリー	(21)	150	39,654	264	14	237	18	225	16	278	14	281	9	297
アスパラガス	(22)	230	229,651	996	9	1,330	18	995	35	737	18	1,178	35	1,064
うち輸入	(23)	109	85,059	782	5	1,079	16	915	30	621	9	817	1	1,195
カリフラワー	(24)	80	22,356	279	6	292	10	333	6	301	3	405	4	252
ブロッコリー	(25)	988	375,617	380	68	336	76	362	91	411	67	428	58	378
うち輸入	(26)	153	46,911	307	1	219	19	286	41	295	24	353	18	268
レタス	(27)	2,491	507,784	204	158	259	158	286	284	242	249	201	329	144
パセリ	(28)	12	23,244	1,995	1	1,271	1	904	1	771	2	664	1	1,011
果菜類														
きゅうり	(29)	2,636	750,713	285	114	443	158	460	257	322	263	242	320	236
かぼちゃ	(30)	945	154,136	163	40	152	37	166	46	150	55	136	42	164
うち輸入	(31)	324	51,229	158	40	150	37	162	45	147	55	133	40	153
なす	(32)	728	265,790	365	20	518	28	555	56	496	53	489	73	455
トマト	(33)	1,636	530,489	324	82	412	95	419	106	482	171	349	292	263
ミニトマト	(34)	389	284,290	730	16	884	14	1,090	16	1,153	18	789	35	628
ピーマン	(35)	894	368,230	412	28	682	25	832	52	640	67	511	78	473
ししとうがらし	(36)	15	19,667	1,280	1	2,144	1	1,722	1	2,011	1	1,495	1	1,555
スイートコーン	(37)	355	87,358	246	-	-	-	-	-	-	0	626	5	403
豆類														
さやいんげん	(38)	66	37,082	562	2	1,122	2	1,257	3	1,068	2	1,024	4	747
さやえんどう	(39)	22	26,112	1,200	2	1,025	1	1,565	2	1,593	2	1,457	2	1,115
うち輸入	(40)	4	3,944	902	1	730	1	863	1	1,117	1	994	0	637
実えんどう	(41)	0	73	1,251	-	-	-	-	0	2,268	0	1,020	0	1,495
そらまめ	(42)	16	6,825	422	0	724	0	1,474	0	2,446	0	1,013	2	413
えだまめ	(43)	93	42,793	461	-	-	0	1,408	-	-	0	2,196	0	1,179
土物類														
かんしょ	(44)	1,488	287,365	193	104	195	177	218	148	211	115	189	79	242
ばれいしょ	(45)	3,531	574,578	163	207	107	354	139	313	172	163	215	119	260
さといも	(46)	57	19,067	332	3	330	13	251	5	312	9	293	3	361
やまのいも	(47)	6,786	1,990,858	293	369	253	346	265	599	245	887	239	989	241
たまねぎ	(48)	7,745	749,350	97	596	65	728	71	861	71	600	77	476	107
うち輸入	(49)	33	4,994	152	0	227	-	-	0	292	1	290	1	277
にんにく	(50)	1,176	1,779,937	1,514	116	1,501	156	1,352	92	1,391	61	1,548	49	1,797
うち輸入	(51)	31	9,455	303	2	269	4	238	4	282	2	284	3	270
しょうが	(52)	137	97,934	714	7	678	13	692	15	709	11	740	13	748
うち輸入	(53)	33	14,109	422	2	422	3	360	3	415	2	472	2	388
きのこ類														
生しいたけ	(54)	808	711,993	882	60	1,034	58	967	54	949	60	846	65	788
うち輸入	(55)	-	-	-	-	-	-	-	-	-	-	-	-	-
なめこ	(56)	388	158,059	408	43	316	36	435	49	387	33	402	30	411
えのきだけ	(57)	2,477	404,796	163	240	179	157	238	353	121	269	120	164	140
しめじ	(58)	1,205	457,780	380	142	367	119	494	119	419	91	354	74	303
その他の野菜	(59)	1,225	788,632	644	90	725	105	673	118	586	82	739	78	708
輸入野菜計	(60)	833	297,431	357	66	339	101	394	139	356	110	302	79	261
その他の輸入野菜	(61)	145	81,730	562	16	557	21	510	13	611	17	472	13	501

	6月		7月		8月		9月		10月		11月		12月		
	数量	価格	数量	価格	数量	価格	数量	価格	数量	価格	数量	価格	数量	価格	
	t	円/kg	t	円/kg	t	円/kg	t	円/kg	t	円/kg	t	円/kg	t	円/kg	
	8,883	168	10,553	180	8,144	174	9,083	202	10,565	227	8,687	260	6,958	290	(1)
	3,104	75	2,122	90	1,918	83	2,164	88	2,385	117	815	105	343	95	(2)
	151	106	94	122	94	119	11	344	127	143	170	138	56	161	(3)
	798	109	2,581	133	761	118	396	264	535	210	865	146	340	126	(4)
	124	295	100	217	186	246	1,078	217	2,198	246	2,590	285	1,674	286	(5)
	1	1,178	0	554	-	-	-	-	-	-	-	-	0	935	(6)
	1	1,472	1	1,011	3	670	5	609	3	707	3	703	5	738	(7)
	260	72	111	66	130	75	258	120	449	131	397	111	267	98	(8)
	15	279	12	361	14	223	14	560	11	885	21	465	25	411	(9)
	44	242	41	257	39	195	68	542	80	577	55	433	56	402	(10)
	3	270	3	317	2	233	2	884	3	548	4	420	4	461	(11)
	15	255	15	274	13	216	10	675	12	558	16	400	19	360	(12)
	981	91	1,437	48	1,130	50	1,425	79	1,528	130	548	155	472	121	(13)
	70	423	58	523	40	583	41	894	58	767	58	652	83	529	(14)
	110	441	131	381	199	302	317	238	385	259	279	270	195	285	(15)
	0	109	0	250	-	-	-	-	0	377	0	310	0	387	(16)
	0	365	0	1,013	0	1,073	0	1,188	0	1,287	0	1,168	0	835	(17)
	4	565	5	454	4	537	3	727	4	732	4	601	6	1,023	(18)
	6	489	8	384	5	487	4	2,023	7	996	12	633	15	832	(19)
	17	366	16	408	14	415	18	625	13	903	17	904	18	944	(20)
	9	313	8	272	8	248	6	268	14	303	18	279	16	204	(21)
	24	1,221	14	1,239	14	895	12	972	19	771	18	836	14	1,016	(22)
	-	-	-	-	-	-	4	794	15	720	16	789	12	896	(23)
	13	187	12	214	2	412	1	536	8	257	6	308	7	307	(24)
	120	360	140	309	75	463	63	473	82	432	69	385	81	310	(25)
	7	243	3	334	4	265	5	394	8	288	12	364	11	307	(26)
	200	128	160	113	155	146	202	245	175	270	185	232	237	211	(27)
	1	1,351	1	1,472	1	1,994	1	2,861	1	4,828	1	3,858	1	5,214	(28)
	288	236	252	274	359	139	258	210	137	420	114	451	118	475	(29)
	78	185	155	165	248	142	107	152	62	180	33	261	42	226	(30)
	56	143	15	139	0	108	-	-	0	882	5	306	30	243	(31)
	86	394	109	285	112	136	80	264	45	345	27	601	38	511	(32)
	266	257	172	261	149	160	100	264	65	509	67	557	71	492	(33)
	43	722	56	682	73	457	45	563	29	974	20	1,020	24	951	(34)
	85	415	99	411	159	200	118	255	104	423	40	499	40	557	(35)
	1	1,448	1	1,231	3	515	2	517	1	1,229	1	1,749	1	2,419	(36)
	69	279	116	233	84	240	77	233	3	261	-	-	-	-	(37)
	4	723	23	354	12	310	7	563	3	718	1	1,068	3	726	(38)
	7	997	3	789	1	1,846	1	1,254	0	1,879	0	2,108	1	1,684	(39)
	0	53	-	-	-	-	0	952	0	983	0	1,000	0	1,099	(40)
	0	1,966	-	-	-	-	-	-	-	-	-	-	-	-	(41)
	11	443	3	285	-	-	-	-	-	-	-	-	0	1,210	(42)
	9	634	11	654	40	426	27	394	5	337	0	918	-	-	(43)
	87	245	88	181	108	161	140	163	160	183	135	182	147	171	(44)
	378	190	632	171	413	125	292	162	224	136	238	154	198	187	(45)
	1	543	1	666	1	702	3	433	8	347	7	298	6	421	(46)
	270	347	592	324	439	344	424	327	317	340	638	347	916	333	(47)
	626	142	544	176	449	173	747	115	708	76	694	70	716	71	(48)
	3	135	25	136	3	179	0	378	0	290	0	236	-	-	(49)
	45	1,171	119	1,463	129	1,333	107	1,550	97	1,776	93	1,717	113	1,678	(50)
	3	283	2	340	2	338	2	323	2	358	2	381	3	352	(51)
	17	791	13	725	11	708	9	669	9	680	10	682	10	656	(52)
	3	406	3	447	3	432	3	432	3	437	3	434	3	444	(53)
	61	724	65	678	68	741	71	840	71	929	70	984	105	1,029	(54)
	-	-	-	-	-	-	-	-	-	-	-	-	-	-	(55)
	32	397	32	363	30	293	23	467	27	512	25	557	30	456	(56)
	172	139	133	118	187	56	177	178	201	212	190	264	235	224	(57)
	79	267	77	246	100	162	71	360	119	482	84	568	129	428	(58)
	99	591	186	425	165	386	99	760	73	969	51	911	78	937	(59)
	83	222	58	246	18	428	21	568	37	561	49	550	73	444	(60)
	11	552	10	567	6	702	7	693	8	612	9	597	14	600	(61)

3 卸売市場別の月別野菜の卸売数量・価額・価格（続き）
(6) 盛岡市中央卸売市場

品目		計			1月		2月		3月		4月		5月	
		数量	価額	価格	数量	価格	数量	価格	数量	価格	数量	価格	数量	価格
		t	千円	円/kg	t	円/kg	t	円/kg	t	円/kg	t	円/kg	t	円/kg
野菜計	(1)	60,046	13,991,771	233	4,125	211	4,342	241	4,575	248	5,369	228	5,033	236
根菜類														
だいこん	(2)	5,668	605,616	107	449	63	426	94	381	108	383	119	325	120
かぶ	(3)	1,524	191,964	126	96	107	95	135	114	139	207	126	208	105
にんじん	(4)	3,857	568,616	147	372	70	347	86	320	121	316	146	398	173
ごぼう	(5)	898	259,897	290	75	265	63	233	67	258	50	282	31	397
たけのこ	(6)	29	10,343	356	1	860	1	890	2	804	21	298	4	193
れんこん	(7)	175	128,631	733	14	502	14	669	18	744	8	950	10	873
葉茎菜類														
はくさい	(8)	3,604	318,249	88	378	48	419	68	222	120	169	105	228	68
みずな	(9)	362	147,329	407	35	398	34	406	38	351	34	318	31	269
こまつな	(10)	609	225,856	371	42	391	47	412	50	340	59	299	47	236
その他の菜類	(11)	64	28,500	444	3	612	4	610	6	450	7	385	7	312
ちんげんさい	(12)	233	55,556	238	19	230	26	271	22	244	20	198	21	167
キャベツ	(13)	8,449	780,497	92	464	58	378	67	513	90	764	115	835	103
ほうれんそう	(14)	987	591,068	599	86	541	108	539	88	497	83	519	103	485
ねぎ	(15)	2,540	897,414	353	239	282	242	293	249	346	231	423	220	469
ふき	(16)	5	2,034	403	0	440	0	674	1	492	1	391	1	287
うど	(17)	18	9,648	534	1	594	3	537	5	540	5	555	4	468
みつば	(18)	112	70,328	630	9	671	12	649	12	540	10	441	8	428
しゅんぎく	(19)	119	80,446	676	20	653	18	545	14	490	6	559	2	830
にら	(20)	454	281,448	619	44	663	44	835	51	522	51	476	50	326
洋菜類														
セルリー	(21)	158	44,614	282	18	240	18	266	12	351	13	365	16	305
アスパラガス	(22)	157	174,197	1,108	5	1,824	6	1,503	9	1,147	13	1,475	40	1,062
うち輸入	(23)	17	17,614	1,043	0	1,743	2	1,032	5	807	2	1,062	0	1,065
カリフラワー	(24)	94	26,318	281	6	307	4	426	3	385	5	338	13	200
ブロッコリー	(25)	774	338,752	438	97	360	63	425	35	535	60	491	51	448
うち輸入	(26)	32	14,472	458	-	-	2	475	4	482	5	459	3	435
レタス	(27)	4,298	899,676	209	147	293	164	336	260	291	328	226	385	163
パセリ	(28)	38	44,761	1,189	3	550	4	517	6	397	5	376	3	564
果菜類														
きゅうり	(29)	4,137	1,176,716	284	172	454	243	454	327	333	455	256	565	244
かぼちゃ	(30)	791	171,397	217	30	173	31	174	38	170	48	170	51	200
うち輸入	(31)	267	45,715	171	28	168	30	164	37	158	46	152	45	166
なす	(32)	1,043	385,099	369	20	612	26	584	38	500	51	489	72	473
トマト	(33)	2,092	783,150	374	129	448	160	425	185	490	233	403	300	308
ミニトマト	(34)	673	478,446	711	42	798	38	973	41	1,029	63	628	76	528
ピーマン	(35)	1,199	550,540	459	52	665	63	839	64	652	75	480	98	395
ししとうがらし	(36)	24	32,950	1,346	1	2,330	1	1,716	1	1,836	1	1,781	1	1,750
スイートコーン	(37)	875	200,332	229	-	-	-	-	-	-	-	-	5	398
豆類														
さやいんげん	(38)	60	52,585	877	3	1,250	2	1,548	3	1,402	3	1,159	7	870
さやえんどう	(39)	45	70,560	1,563	3	1,176	2	2,485	3	2,099	4	1,635	8	1,392
うち輸入	(40)	3	3,501	1,015	0	866	0	1,321	1	1,073	0	1,016	0	867
実えんどう	(41)	0	185	827	-	-	-	-	0	2,214	0	642	0	1,874
そらまめ	(42)	9	4,872	515	-	-	-	-	-	-	1	853	4	438
えだまめ	(43)	111	79,194	717	-	-	-	-	-	-	0	1,971	8	1,113
土物類														
かんしょ	(44)	1,426	260,541	183	132	193	141	200	141	200	114	187	62	234
ばれいしょ	(45)	2,284	406,997	178	198	103	224	155	200	187	199	229	129	282
さといも	(46)	202	74,361	367	5	287	5	312	5	288	3	256	1	290
やまのいも	(47)	959	329,609	344	74	293	80	286	112	279	87	305	42	360
たまねぎ	(48)	6,388	618,519	97	459	69	583	77	699	82	990	81	382	106
うち輸入	(49)	80	9,178	115	0	432	0	315	2	258	3	231	3	212
にんにく	(50)	74	79,769	1,076	5	1,113	6	1,041	6	1,021	5	1,099	4	1,097
うち輸入	(51)	22	8,204	377	2	339	2	363	2	344	2	355	2	364
しょうが	(52)	98	76,428	778	6	745	8	803	7	804	9	804	7	833
うち輸入	(53)	28	9,973	350	2	388	2	395	2	400	2	371	2	362
きのこ類														
生しいたけ	(54)	206	180,743	878	16	870	19	902	19	874	18	841	18	854
うち輸入	(55)	0	486	1,013	-	-	-	-	-	-	-	-	-	-
なめこ	(56)	151	63,157	419	11	466	12	468	14	428	12	410	11	406
えのきだけ	(57)	291	69,450	238	28	238	24	304	30	201	16	182	11	177
しめじ	(58)	211	100,367	475	14	523	14	564	16	496	18	436	15	383
その他の野菜	(59)	1,473	964,046	655	103	644	122	624	126	654	115	684	114	562
輸入野菜計	(60)	729	223,417	307	42	322	53	369	68	345	102	251	69	271
その他の輸入野菜	(61)	280	114,274	408	9	718	14	676	14	630	41	280	13	532

6月		7月		8月		9月		10月		11月		12月		
数 量	価 格	数 量	価 格	数 量	価 格	数 量	価 格	数 量	価 格	数 量	価 格	数 量	価 格	
t	円／kg	t	円／kg	t	円／kg	t	円／kg	t	円／kg	t	円／kg	t	円／kg	
5,302	**241**	**5,496**	**227**	**5,976**	**182**	**5,404**	**222**	**5,100**	**257**	**4,210**	**258**	**5,114**	**259**	(1)
365	90	504	103	659	100	699	122	679	133	369	116	430	100	(2)
123	114	69	137	47	163	80	155	160	136	206	124	121	121	(3)
440	129	236	142	207	155	204	265	227	233	321	201	469	139	(4)
55	407	63	296	73	272	85	243	86	268	142	294	106	329	(5)
0	105	-	-	0	351	0	529	-	-	0	972	0	721	(6)
8	1,483	9	1,112	13	718	14	609	17	625	15	620	36	649	(7)
202	72	185	62	216	71	284	110	433	124	370	107	497	93	(8)
22	324	27	356	31	265	26	544	28	793	25	467	28	467	(9)
45	263	48	268	45	200	49	514	56	601	59	449	63	408	(10)
5	303	6	324	4	318	5	516	6	504	5	465	7	615	(11)
16	170	17	200	13	176	15	307	25	323	22	257	18	260	(12)
664	92	922	63	1,072	65	1,131	86	886	120	423	158	397	121	(13)
83	505	67	640	49	737	49	948	64	866	82	667	126	579	(14)
194	477	210	398	179	295	172	326	192	333	172	293	240	304	(15)
0	252	-	-	0	45	-	-	0	383	1	290	1	409	(16)
0	577	0	774	0	693	0	756	0	694	-	-	0	468	(17)
7	395	7	480	7	444	7	665	9	713	7	529	15	1,159	(18)
4	485	4	510	3	688	4	1,344	8	1,017	15	703	21	757	(19)
37	372	30	442	29	528	29	701	28	908	30	949	31	1,022	(20)
13	318	15	185	10	206	7	283	10	325	9	377	17	238	(21)
20	1,110	19	1,118	21	737	15	870	4	1,034	3	1,167	3	1,714	(22)
0	106	0	703	0	1,290	0	1,067	3	1,040	3	1,137	2	1,373	(23)
8	202	8	296	5	347	5	333	5	315	8	296	23	253	(24)
68	447	76	403	47	412	63	448	44	502	67	492	102	412	(25)
2	454	2	385	2	367	3	517	2	519	2	476	3	410	(26)
501	142	548	142	571	158	480	204	312	319	304	276	297	229	(27)
3	814	3	1,054	3	1,246	2	2,217	2	2,997	2	2,784	4	3,814	(28)
422	247	289	281	634	142	480	203	215	448	148	450	186	479	(29)
99	279	166	228	72	170	65	189	41	215	64	253	86	245	(30)
42	167	7	118	0	108	0	177	-	-	4	328	26	243	(31)
140	413	190	364	193	190	135	298	96	356	46	471	35	566	(32)
299	307	214	297	187	241	149	293	91	517	53	661	92	594	(33)
87	604	78	594	62	508	53	505	42	948	36	1,084	56	913	(34)
103	443	159	477	192	251	141	332	90	482	60	581	100	512	(35)
2	1,618	4	1,075	5	683	3	773	2	1,418	1	1,875	2	2,251	(36)
220	267	308	223	286	214	55	173	0	227	0	233	0	108	(37)
6	870	11	725	14	497	4	895	2	1,581	2	1,095	3	1,003	(38)
12	1,305	5	1,210	1	1,630	1	3,561	1	3,375	1	2,000	3	1,476	(39)
0	280	0	369	0	626	0	1,238	0	1,529	0	1,153	0	834	(40)
0	540	-	-	-	-	-	-	-	-	-	-	0	305	(41)
4	527	1	451	-	-	-	-	-	-	-	-	-	-	(42)
29	903	35	663	26	506	10	572	2	621	-	-	-	-	(43)
51	252	56	218	109	180	156	143	149	161	153	170	164	159	(44)
318	207	327	154	70	164	75	168	206	160	199	163	139	195	(45)
1	642	0	644	18	561	53	483	65	326	26	207	19	291	(46)
94	341	127	325	65	368	39	446	39	442	51	398	148	404	(47)
338	148	196	163	492	156	374	142	568	97	521	78	785	72	(48)
22	110	24	114	8	83	10	82	7	80	1	61	0	159	(49)
6	930	4	868	6	781	7	877	8	939	8	1,574	8	1,375	(50)
2	396	1	414	2	384	2	334	2	408	1	426	2	434	(51)
10	816	9	782	10	770	9	709	8	750	8	771	8	747	(52)
3	338	2	333	2	326	2	323	3	332	3	330	3	328	(53)
19	746	16	707	11	760	13	927	16	978	18	985	24	1,007	(54)
-	-	-	-	-	-	-	-	-	-	-	-	0	1,013	(55)
13	377	15	317	16	300	10	429	11	492	12	529	14	472	(56)
14	134	14	150	19	93	22	247	36	266	37	305	43	306	(57)
17	314	18	295	16	304	19	504	23	645	17	641	24	538	(58)
114	571	180	502	169	474	105	907	110	936	94	651	121	840	(59)
89	231	58	247	32	335	53	317	61	325	46	374	56	416	(60)
19	458	20	414	18	438	35	350	44	291	32	310	20	539	(61)

3　卸売市場別の月別野菜の卸売数量・価額・価格（続き）

(7)　仙台市中央卸売市場

品目		計			1月		2月		3月		4月		5月	
		数量	価額	価格	数量	価格	数量	価格	数量	価格	数量	価格	数量	価格
		t	千円	円／kg	t	円／kg	t	円／kg	t	円／kg	t	円／kg	t	円／kg
野菜計	(1)	**131,207**	**30,769,259**	**235**	**10,282**	**211**	**9,939**	**233**	**11,421**	**236**	**11,739**	**239**	**12,522**	**223**
根菜類														
だいこん	(2)	10,758	1,161,535	108	1,041	62	986	93	981	106	904	121	977	106
かぶ	(3)	756	144,074	191	71	147	75	176	72	214	81	212	83	171
にんじん	(4)	9,940	1,454,643	146	775	69	746	85	889	104	823	155	1,102	166
ごぼう	(5)	2,126	511,520	241	144	223	167	218	204	226	123	244	99	318
たけのこ	(6)	242	90,278	374	2	770	5	991	32	750	146	328	51	188
れんこん	(7)	608	363,178	598	54	473	79	552	66	638	34	829	21	782
葉茎菜類														
はくさい	(8)	6,188	646,887	105	610	59	541	80	433	121	360	120	323	84
みずな	(9)	661	302,799	458	52	486	56	473	63	432	65	385	62	336
こまつな	(10)	1,101	384,201	349	76	388	83	353	92	299	105	277	111	232
その他の菜類	(11)	61	23,547	388	3	505	4	526	6	447	7	358	5	355
ちんげんさい	(12)	602	203,896	338	50	292	51	329	60	289	58	296	53	305
キャベツ	(13)	21,699	2,066,710	95	1,686	61	1,535	71	1,843	92	2,168	117	2,535	97
ほうれんそう	(14)	1,297	798,728	616	127	596	149	517	138	512	113	556	110	542
ねぎ	(15)	4,177	1,629,663	390	347	340	337	351	343	372	289	443	285	555
ふき	(16)	54	20,245	378	2	392	1	618	5	449	16	436	21	323
うど	(17)	33	21,885	654	2	812	6	605	10	605	11	675	3	622
みつば	(18)	183	125,539	687	13	825	14	730	19	667	19	519	14	462
しゅんぎく	(19)	280	178,821	639	43	630	39	477	30	463	22	623	17	688
にら	(20)	694	416,399	600	66	655	58	849	72	500	66	477	76	308
洋菜類														
セルリー	(21)	565	167,491	296	43	300	56	283	62	334	47	341	37	367
アスパラガス	(22)	305	320,215	1,049	10	1,458	22	909	46	803	42	1,203	45	1,141
うち輸入	(23)	148	132,944	897	8	1,393	20	835	37	678	16	900	4	1,041
カリフラワー	(24)	92	29,803	324	5	380	6	435	5	398	4	437	12	281
ブロッコリー	(25)	1,291	627,260	486	159	398	116	497	135	540	129	554	173	463
うち輸入	(26)	86	31,355	365	5	353	6	368	8	361	12	367	9	367
レタス	(27)	6,366	1,611,878	253	422	295	409	334	604	292	623	230	499	210
パセリ	(28)	71	109,986	1,547	6	1,059	5	987	7	835	7	786	6	973
果菜類														
きゅうり	(29)	6,510	2,029,813	312	307	480	332	458	480	343	682	275	875	249
かぼちゃ	(30)	2,657	533,150	201	135	174	180	172	212	146	239	141	222	172
うち輸入	(31)	1,260	201,122	160	125	167	175	165	210	140	237	135	207	144
なす	(32)	2,816	1,021,011	363	125	515	158	439	190	427	265	362	311	369
トマト	(33)	5,055	1,920,683	380	259	438	285	445	440	488	632	389	759	305
ミニトマト	(34)	881	638,003	724	72	764	63	936	64	1,018	96	641	113	461
ピーマン	(35)	1,662	867,731	522	108	680	106	837	135	653	166	506	192	454
ししとうがらし	(36)	67	92,724	1,393	4	1,982	4	1,590	4	1,687	5	1,486	5	1,423
スイートコーン	(37)	935	237,578	254	-	-	-	-	-	-	-	-	34	360
豆類														
さやいんげん	(38)	291	248,117	852	11	1,133	11	1,301	14	1,188	14	1,141	26	935
さやえんどう	(39)	156	236,127	1,511	14	1,472	12	2,106	15	1,892	21	1,426	34	1,140
うち輸入	(40)	-	-	-	-	-	-	-	-	-	-	-	-	-
実えんどう	(41)	14	13,626	995	1	697	0	1,796	0	1,692	3	1,133	5	1,242
そらまめ	(42)	82	39,031	478	1	579	0	1,965	0	2,945	4	833	21	473
えだまめ	(43)	189	123,269	652	-	-	-	-	-	-	0	1,685	2	1,406
土物類														
かんしょ	(44)	2,838	508,519	179	292	190	288	192	262	186	218	172	112	224
ばれいしょ	(45)	8,070	1,318,759	163	673	107	723	148	769	173	703	201	683	221
さといも	(46)	552	177,520	322	49	303	47	306	44	302	14	379	10	440
やまのいも	(47)	2,137	868,888	406	137	357	154	354	177	360	197	372	173	392
たまねぎ	(48)	16,804	1,504,635	90	1,464	70	1,195	79	1,609	79	1,467	84	1,539	86
うち輸入	(49)	468	55,656	119	19	133	17	133	22	138	26	160	29	142
にんにく	(50)	201	201,826	1,003	14	993	16	936	18	857	17	1,016	17	964
うち輸入	(51)	104	37,540	360	7	329	8	334	10	305	9	328	9	329
しょうが	(52)	475	353,804	745	28	713	37	667	40	740	43	795	46	805
うち輸入	(53)	81	28,078	348	5	364	6	361	7	359	7	358	7	357
きのこ類														
生しいたけ	(54)	506	488,324	965	45	1,007	41	1,005	46	959	44	930	40	921
うち輸入	(55)	-	-	-	-	-	-	-	-	-	-	-	-	-
なめこ	(56)	328	152,355	464	29	490	28	473	28	450	28	431	25	426
えのきだけ	(57)	1,161	319,799	275	113	279	124	301	93	241	85	217	65	221
しめじ	(58)	822	437,905	533	76	611	68	604	65	539	76	436	61	412
その他の野菜	(59)	5,847	3,024,882	517	516	565	521	489	498	504	455	485	433	476
輸入野菜計	(60)	3,189	893,514	280	229	314	296	311	365	291	387	246	343	226
その他の輸入野菜	(61)	1,041	406,818	391	59	526	64	582	72	565	80	434	79	398

	6月		7月		8月		9月		10月		11月		12月		
	数量	価格	数量	価格	数量	価格	数量	価格	数量	価格	数量	価格	数量	価格	
	t	円/kg	t	円/kg	t	円/kg	t	円/kg	t	円/kg	t	円/kg	t	円/kg	
	11,389	232	10,792	223	10,346	199	10,597	237	10,852	270	10,434	254	10,895	255	(1)
	748	91	702	119	704	115	943	131	940	146	837	119	994	97	(2)
	64	187	55	200	38	198	22	286	44	247	77	194	74	151	(3)
	901	126	753	137	782	131	691	243	806	238	808	183	864	124	(4)
	194	294	174	212	123	203	172	221	237	229	223	246	266	261	(5)
	5	287	0	584	-	-	0	1,344	0	1,579	0	1,403	1	842	(6)
	7	1,731	8	978	28	627	57	538	63	518	90	517	101	600	(7)
	367	76	313	62	359	65	624	114	920	157	713	138	626	95	(8)
	58	361	57	435	52	367	45	555	43	765	50	523	58	504	(9)
	99	281	99	290	87	246	85	553	90	550	92	407	82	376	(10)
	3	447	3	455	2	467	3	544	5	457	10	267	9	283	(11)
	49	323	49	353	43	294	37	499	48	475	57	341	48	325	(12)
	1,849	90	1,917	69	1,834	71	1,862	90	1,666	135	1,344	151	1,460	112	(13)
	99	551	79	698	62	772	57	1,069	82	895	107	680	175	508	(14)
	319	488	346	430	307	402	324	385	358	373	450	316	471	320	(15)
	2	265	0	70	-	-	-	-	1	408	3	350	2	354	(16)
	0	1,097	0	1,012	0	950	0	908	0	1,168	0	1,087	0	1,060	(17)
	13	456	13	525	13	535	14	750	17	758	15	660	18	1,230	(18)
	11	631	9	625	7	690	4	1,737	14	912	34	625	48	718	(19)
	59	380	54	422	47	522	48	611	43	884	51	902	53	930	(20)
	54	286	46	241	48	211	45	254	32	374	50	317	45	273	(21)
	31	1,125	18	1,264	17	944	16	1,012	21	968	19	936	19	1,032	(22)
	0	1,048	0	1,074	0	1,058	4	960	20	964	19	936	19	1,009	(23)
	16	223	6	329	6	291	5	329	7	377	8	339	11	320	(24)
	103	419	83	457	79	492	69	580	55	577	68	471	121	476	(25)
	7	359	5	349	6	351	7	368	6	387	6	382	9	360	(26)
	492	163	590	150	568	178	547	283	536	403	506	281	568	252	(27)
	7	1,053	7	1,199	7	1,282	4	2,286	4	3,349	5	2,339	6	3,636	(28)
	848	228	508	287	572	196	685	274	496	418	411	409	315	464	(29)
	321	264	359	229	206	166	224	197	214	185	160	285	184	248	(30)
	134	148	3	117	8	155	15	169	0	251	24	281	122	242	(31)
	365	352	315	386	357	194	228	326	226	354	164	414	111	485	(32)
	668	307	414	317	368	246	341	298	324	486	266	556	302	515	(33)
	91	597	74	565	61	521	71	548	55	990	54	1,127	69	931	(34)
	182	416	171	464	148	321	117	407	100	584	114	600	123	562	(35)
	6	1,419	6	1,252	9	797	8	786	5	1,605	5	1,581	5	2,243	(36)
	243	277	368	233	197	258	94	230	0	308	-	-	-	-	(37)
	43	794	48	624	47	505	25	837	19	1,099	17	1,049	16	1,031	(38)
	24	1,150	12	1,343	3	2,614	1	3,630	1	4,138	3	2,218	16	1,585	(39)
	-	-	-	-	-	-	-	-	-	-	-	-	-	-	(40)
	4	619	-	-	-	-	-	-	-	-	-	-	0	1,171	(41)
	53	437	2	302	-	-	-	-	-	-	-	-	0	1,440	(42)
	14	1,011	60	666	78	531	29	713	6	720	0	537	-	-	(43)
	102	236	102	221	171	175	334	149	329	172	307	166	320	164	(44)
	836	189	624	155	502	135	574	147	588	147	727	148	667	169	(45)
	5	722	4	787	10	675	55	454	102	350	88	271	123	221	(46)
	191	409	238	413	196	432	187	433	165	432	142	442	180	468	(47)
	1,097	123	1,313	104	1,450	115	1,217	118	1,402	86	1,576	75	1,474	71	(48)
	55	124	74	122	91	113	27	118	36	97	39	90	34	98	(49)
	17	847	19	918	17	903	16	1,093	15	1,339	16	1,092	19	1,115	(50)
	8	325	8	380	8	397	8	402	9	399	9	376	10	414	(51)
	50	798	53	765	44	727	33	717	33	720	32	715	35	714	(52)
	7	346	7	339	7	341	7	338	7	338	7	342	8	337	(53)
	38	900	36	912	33	956	40	945	47	980	44	997	52	1,030	(54)
	-	-	-	-	-	-	-	-	-	-	-	-	-	-	(55)
	24	413	23	389	23	407	28	482	33	509	30	531	29	516	(56)
	64	211	58	207	54	208	94	298	138	289	137	331	136	336	(57)
	65	378	63	387	60	408	68	570	75	640	70	689	75	647	(58)
	488	483	541	480	527	444	452	524	445	569	451	513	520	673	(59)
	273	211	161	258	202	243	201	284	227	329	225	328	279	348	(60)
	62	372	64	386	83	361	132	295	149	290	121	309	77	452	(61)

3　卸売市場別の月別野菜の卸売数量・価額・価格（続き）
(8)　秋田市青果市場

品目	計			1月		2月		3月		4月		5月	
	数量	価額	価格	数量	価格	数量	価格	数量	価格	数量	価格	数量	価格
	t	千円	円／kg	t	円／kg	t	円／kg	t	円／kg	t	円／kg	t	円／kg
野菜計 (1)	**31,671**	**8,501,990**	**268**	**2,507**	**238**	**2,691**	**263**	**2,808**	**267**	**3,177**	**259**	**3,111**	**251**
根菜類													
だいこん (2)	3,075	353,454	115	234	61	249	102	272	116	432	117	280	114
かぶ (3)	435	66,003	152	26	132	22	162	27	181	40	169	44	159
にんじん (4)	2,362	393,390	167	217	80	205	98	158	119	107	199	179	202
ごぼう (5)	544	203,595	374	75	294	56	340	42	349	12	512	15	493
たけのこ (6)	23	10,997	474	0	778	1	892	2	805	12	408	7	360
れんこん (7)	77	55,160	720	9	552	8	652	7	769	4	905	3	898
葉茎菜類													
はくさい (8)	1,299	141,949	109	131	64	119	97	105	152	92	138	88	94
みずな (9)	121	55,630	460	11	452	12	458	11	424	13	375	12	303
こまつな (10)	221	86,450	391	15	479	19	415	25	343	19	421	24	297
その他の菜類 (11)	20	9,071	448	1	574	3	549	6	388	4	326	1	547
ちんげんさい (12)	112	43,234	384	10	306	10	392	11	353	12	354	10	306
キャベツ (13)	3,969	393,995	99	370	59	386	72	293	95	386	132	611	106
ほうれんそう (14)	592	361,594	611	75	522	81	532	68	471	38	604	41	594
ねぎ (15)	1,172	411,378	351	107	306	96	306	110	349	96	392	70	483
ふき (16)	7	2,338	331	0	351	0	585	1	394	1	380	1	255
うど (17)	23	13,157	564	3	668	7	583	6	561	4	551	3	447
みつば (18)	46	30,880	678	3	834	3	679	5	578	5	528	4	523
しゅんぎく (19)	100	60,064	600	11	624	12	558	12	482	9	533	6	569
にら (20)	237	145,104	611	27	647	25	841	34	511	29	471	26	322
洋菜類													
セルリー (21)	109	31,000	285	10	243	12	245	13	305	14	332	9	348
アスパラガス (22)	153	140,026	917	2	1,408	4	1,144	18	784	21	815	27	1,035
うち輸入 (23)	52	42,544	815	1	1,415	3	874	15	631	17	599	1	1,092
カリフラワー (24)	51	15,744	307	2	358	3	453	2	402	2	436	4	294
ブロッコリー (25)	555	237,251	428	91	332	75	417	32	556	62	481	60	408
うち輸入 (26)	24	10,638	448	0	540	1	482	6	435	4	434	5	429
レタス (27)	1,530	380,229	249	91	313	102	327	148	285	211	246	164	208
パセリ (28)	7	13,188	1,892	0	1,450	0	1,380	1	1,100	1	1,211	1	1,181
果菜類													
きゅうり (29)	1,346	427,175	317	77	470	91	449	131	318	174	281	199	272
かぼちゃ (30)	711	126,597	178	41	162	76	173	90	162	89	142	74	143
うち輸入 (31)	490	79,822	163	41	159	76	170	89	160	89	139	73	139
なす (32)	636	254,737	401	16	475	25	536	46	424	60	432	70	472
トマト (33)	1,845	660,098	358	94	432	118	429	139	479	231	386	327	282
ミニトマト (34)	330	253,435	768	18	940	16	1,091	17	1,075	32	792	45	611
ピーマン (35)	464	237,265	511	21	717	25	859	66	350	42	582	48	507
ししとうがらし (36)	8	9,990	1,280	0	3,030	0	1,928	0	2,016	0	1,782	0	1,728
スイートコーン (37)	348	87,774	252	0	515	0	497	-	-	0	567	2	396
豆類													
さやいんげん (38)	66	54,859	828	4	951	4	1,181	5	1,070	5	1,124	4	979
さやえんどう (39)	37	48,022	1,282	5	1,090	4	1,658	6	1,387	6	1,135	4	1,031
うち輸入 (40)	8	6,173	822	2	563	1	828	2	980	1	815	1	798
実えんどう (41)	1	464	649	0	525	0	1,267	0	1,235	0	890	0	868
そらまめ (42)	15	6,635	440	0	558	0	1,322	0	3,143	1	811	3	523
えだまめ (43)	230	138,909	603	0	1,807	-	-	-	-	-	-	2	1,370
土物類													
かんしょ (44)	783	158,143	202	90	195	108	202	104	202	70	196	35	248
ばれいしょ (45)	1,167	215,466	185	88	105	113	143	108	174	139	213	120	231
さといも (46)	108	50,800	468	9	335	7	375	6	401	5	504	2	478
やまのいも (47)	653	245,465	376	44	314	79	327	96	338	71	342	37	361
たまねぎ (48)	3,551	358,844	101	269	66	293	77	368	81	405	85	254	107
うち輸入 (49)	53	7,146	136	-	-	0	216	1	204	4	187	3	187
にんにく (50)	80	71,483	889	6	863	10	840	7	754	8	1,013	7	1,011
うち輸入 (51)	50	18,441	365	3	305	6	403	5	346	5	370	4	318
しょうが (52)	174	118,008	678	13	613	11	643	16	614	14	669	16	662
うち輸入 (53)	32	13,466	419	2	414	3	413	4	387	3	425	2	431
きのこ類													
生しいたけ (54)	206	168,571	818	18	839	21	847	17	831	18	826	16	802
うち輸入 (55)	-	-	-	-	-	-	-	-	-	-	-	-	-
なめこ (56)	150	66,222	441	12	439	13	433	14	431	13	425	11	431
えのきだけ (57)	327	78,319	240	30	236	32	297	30	217	32	181	24	214
しめじ (58)	243	112,092	461	23	482	25	491	22	478	20	442	16	447
その他の野菜 (59)	1,352	897,736	664	105	720	105	712	112	662	110	541	102	553
輸入野菜計 (60)	863	283,196	328	61	310	102	298	137	311	138	286	104	259
その他の輸入野菜 (61)	155	104,967	677	13	699	13	790	16	717	15	693	15	658

	6月		7月		8月		9月		10月		11月		12月		
	数量	価格	数量	価格	数量	価格	数量	価格	数量	価格	数量	価格	数量	価格	
	t	円/kg	t	円/kg	t	円/kg	t	円/kg	t	円/kg	t	円/kg	t	円/kg	
	2,852	260	2,479	273	2,205	253	2,344	281	2,537	301	2,312	287	2,648	296	(1)
	211	104	143	134	217	122	290	135	290	141	226	122	231	105	(2)
	61	152	58	129	52	103	17	222	24	172	30	170	33	155	(3)
	203	136	197	144	112	166	169	305	230	251	256	204	329	131	(4)
	34	390	17	486	24	413	41	360	69	347	61	428	99	388	(5)
	1	1,106	0	503	0	590	0	790	0	792	0	751	0	822	(6)
	1	1,387	2	816	3	726	4	718	7	665	8	660	21	734	(7)
	81	96	62	70	64	75	117	112	208	130	104	132	126	113	(8)
	10	339	8	491	8	360	6	611	7	844	10	555	11	509	(9)
	22	271	21	317	18	226	11	614	15	579	13	515	19	456	(10)
	1	548	0	475	0	830	0	582	1	504	2	436	1	596	(11)
	10	301	8	341	6	317	7	545	8	626	9	431	10	414	(12)
	443	95	337	66	234	67	227	101	260	136	202	172	219	126	(13)
	44	575	30	715	29	704	26	1,006	34	926	42	703	84	544	(14)
	73	456	88	464	89	312	92	314	114	339	105	290	131	300	(15)
	1	235	0	184	0	337	-	-	-	-	1	303	1	292	(16)
	0	322	-	-	-	-	-	-	-	-	-	-	0	720	(17)
	4	534	3	607	4	569	3	663	3	729	4	618	5	1,207	(18)
	7	426	5	463	5	487	4	1,091	8	774	9	640	12	681	(19)
	14	364	12	424	10	527	12	578	16	858	16	888	16	1,052	(20)
	8	284	7	259	6	214	7	239	5	406	7	314	9	242	(21)
	11	1,121	16	985	20	630	15	718	7	1,041	5	1,165	5	1,307	(22)
	-	-	-	-	-	-	0	1,118	6	1,082	5	1,165	4	1,204	(23)
	6	222	3	253	1	315	3	312	11	284	8	291	7	308	(24)
	28	408	24	394	19	496	21	529	34	464	44	468	66	401	(25)
	2	425	1	405	1	388	3	529	1	555	1	488	1	436	(26)
	121	162	114	149	105	167	94	247	123	352	124	305	133	237	(27)
	1	1,279	1	1,355	1	1,550	0	2,888	0	3,204	0	2,721	1	3,912	(28)
	177	247	113	251	101	174	100	289	70	467	53	478	60	482	(29)
	77	172	60	231	43	160	42	170	36	183	45	245	38	270	(30)
	68	148	9	158	-	-	-	-	5	234	13	276	27	271	(31)
	88	418	106	382	83	223	57	298	32	409	26	583	28	537	(32)
	314	289	184	282	127	232	90	337	77	501	62	572	81	543	(33)
	34	680	33	636	33	540	31	538	25	877	20	1,014	25	1,057	(34)
	53	471	44	456	39	421	35	409	34	560	26	626	30	569	(35)
	1	1,325	1	1,027	2	569	1	647	1	980	0	1,511	1	1,832	(36)
	77	297	125	232	72	246	69	243	2	197	1	304	-	-	(37)
	5	823	9	575	9	430	7	664	5	1,034	4	1,059	5	882	(38)
	4	1,055	2	1,082	1	1,897	1	1,969	1	2,017	1	1,845	3	1,275	(39)
	0	270	-	-	0	427	1	917	0	1,117	-	-	0	1,350	(40)
	0	321	0	540	-	-	-	-	-	-	-	-	0	426	(41)
	9	398	2	176	0	887	-	-	-	-	-	-	0	1,067	(42)
	11	1,034	51	699	90	515	59	529	18	658	0	889	0	812	(43)
	32	252	32	215	31	191	56	178	60	211	65	206	102	185	(44)
	166	241	108	176	48	143	62	182	75	161	74	170	67	187	(45)
	1	794	1	839	2	616	22	581	29	492	13	403	12	378	(46)
	38	386	48	405	42	416	44	427	51	420	37	437	66	424	(47)
	172	152	186	180	244	175	293	134	324	96	406	74	338	72	(48)
	13	115	23	127	5	140	0	326	0	297	2	74	1	159	(49)
	7	832	5	910	6	705	6	752	6	870	6	1,084	8	1,003	(50)
	4	338	3	389	4	330	4	369	4	379	4	405	5	405	(51)
	18	687	18	666	17	656	16	658	11	782	11	767	14	763	(52)
	3	420	3	424	3	423	2	424	2	420	3	430	3	424	(53)
	15	808	13	781	11	796	16	789	19	818	21	777	21	864	(54)
	-	-	-	-	-	-	-	-	-	-	-	-	-	-	(55)
	12	421	11	408	11	403	11	437	14	483	13	500	14	467	(56)
	23	196	20	190	19	156	22	206	36	278	27	310	30	327	(57)
	15	427	14	370	16	345	22	398	24	472	23	511	23	566	(58)
	112	649	140	617	132	584	114	617	113	746	94	701	111	896	(59)
	103	218	54	271	21	466	17	630	29	661	39	527	58	472	(60)
	13	569	14	510	9	723	7	839	10	774	12	635	17	645	(61)

3 卸売市場別の月別野菜の卸売数量・価額・価格（続き）
(9) 山形市青果市場

品　目		計			1月		2月		3月		4月		5月	
		数量	価額	価格	数量	価格	数量	価格	数量	価格	数量	価格	数量	価格
		t	千円	円/kg	t	円/kg	t	円/kg	t	円/kg	t	円/kg	t	円/kg
野　菜　計	(1)	20,610	5,371,036	261	1,431	229	1,599	236	1,733	252	1,883	267	1,837	267
根　菜　類														
だ　い　こ　ん	(2)	1,501	161,121	107	126	56	151	80	123	110	117	126	99	117
か　ぶ	(3)	333	48,072	145	35	112	32	125	32	148	44	150	35	134
に　ん　じ　ん	(4)	1,061	183,290	173	85	95	88	100	90	123	93	186	106	188
ご　ぼ　う	(5)	254	76,868	303	13	283	22	244	22	263	16	257	10	398
た　け　の　こ	(6)	117	50,171	430	1	768	1	1,003	10	735	88	337	14	561
れ　ん　こ　ん	(7)	34	25,140	749	3	552	4	661	4	751	2	850	1	946
葉茎菜類														
は　く　さ　い	(8)	896	91,489	102	72	70	85	85	62	130	53	128	43	96
み　ず　な	(9)	46	18,950	411	-	-	6	378	6	324	3	347	4	264
こ　ま　つ　な	(10)	126	47,947	380	12	308	12	353	13	289	9	292	9	310
その他の菜類	(11)	123	25,424	207	11	381	13	340	15	306	6	219	1	288
ちんげんさい	(12)	23	9,773	425	2	358	2	406	2	336	2	342	2	305
キ　ャ　ベ　ツ	(13)	2,665	277,127	104	198	56	241	66	237	90	300	123	304	107
ほうれんそう	(14)	245	146,630	598	23	578	28	499	27	512	25	541	25	467
ね　ぎ	(15)	649	235,058	362	53	301	61	303	69	346	50	450	47	589
ふ　き	(16)	23	7,482	322	1	336	1	455	3	393	4	393	6	265
う　ど	(17)	19	11,826	616	1	755	2	570	4	598	6	648	4	486
み　つ　ば	(18)	29	23,141	805	2	1,055	2	968	2	826	2	647	3	486
し　ゅ　ん　ぎ　く	(19)	23	15,077	654	3	628	3	562	2	440	1	554	1	619
に　ら	(20)	165	104,357	632	15	665	14	862	15	521	12	523	9	401
洋　菜　類														
セ　ル　リ　ー	(21)	149	44,369	298	10	283	10	275	12	330	10	362	12	357
アスパラガス	(22)	124	130,598	1,052	3	1,350	4	1,168	11	1,065	18	1,324	35	1,026
う　ち　輸　入	(23)	24	23,221	953	2	1,209	3	925	6	748	2	934	0	2,651
カリフラワー	(24)	38	8,818	235	2	286	2	351	2	264	1	308	5	196
ブロッコリー	(25)	346	150,507	435	39	363	23	489	32	487	24	546	27	440
う　ち　輸　入	(26)	67	23,417	348	-	-	0	333	14	339	7	374	7	336
レ　タ　ス	(27)	583	167,067	287	41	329	40	378	52	347	58	265	61	214
パ　セ　リ	(28)	4	8,812	2,061	0	1,365	0	993	0	1,206	0	1,172	0	1,558
果　菜　類														
き　ゅ　う　り	(29)	2,145	653,057	304	43	529	59	499	86	402	170	320	280	283
か　ぼ　ち　ゃ	(30)	876	142,231	162	48	152	44	156	86	113	89	113	90	135
う　ち　輸　入	(31)	491	64,849	132	48	147	44	147	85	109	88	109	87	125
な　す	(32)	433	189,155	436	9	628	10	583	19	537	28	502	36	549
ト　マ　ト	(33)	720	219,852	305	20	489	24	502	25	543	42	417	85	332
ミニトマト	(34)	109	83,627	768	6	919	5	1,129	6	1,147	7	798	7	682
ピ　ー　マ　ン	(35)	256	142,994	559	15	752	13	948	16	737	21	575	24	545
ししとうがらし	(36)	26	22,231	849	1	1,266	1	1,063	2	1,115	2	1,175	1	1,036
スイートコーン	(37)	146	35,622	244	-	-	-	-	-	-	-	-	5	410
豆　類														
さやいんげん	(38)	34	24,999	743	1	1,185	0	1,770	1	1,351	1	1,181	2	889
さやえんどう	(39)	14	19,682	1,399	1	1,349	1	2,614	1	2,191	3	1,678	4	1,086
う　ち　輸　入	(40)	0	77	777	-	-	0	789	-	-	-	-	-	-
実えんどう	(41)	0	287	915	-	-	-	-	-	-	0	573	0	1,155	0	1,694
そ　ら　ま　め	(42)	4	2,825	711	0	710	0	2,430	0	3,405	1	874	1	562
え　だ　ま　め	(43)	46	29,965	656	-	-	-	-	-	-	-	-	0	1,284
土　物　類														
か　ん　し　ょ	(44)	368	69,901	190	42	197	43	196	45	201	37	180	14	221
ば　れ　い　し　ょ	(45)	721	132,886	184	53	109	71	159	78	186	92	213	39	264
さ　と　い　も	(46)	191	67,788	354	3	377	3	374	3	394	4	470	1	586
やまのいも	(47)	199	78,738	395	13	364	14	368	16	366	18	364	16	373
た　ま　ね　ぎ	(48)	2,387	221,711	93	210	66	257	71	303	72	226	82	172	89
う　ち　輸　入	(49)	13	1,405	105	0	1,080	-	-	0	324	0	308	3	101
に　ん　に　く	(50)	42	42,638	1,007	3	886	3	726	4	846	4	1,103	3	1,047
う　ち　輸　入	(51)	24	9,469	399	2	351	2	365	2	364	2	369	2	367
し　ょ　う　が	(52)	57	38,134	668	3	647	4	653	5	657	5	667	5	685
う　ち　輸　入	(53)	25	8,825	348	2	360	2	360	2	361	2	355	2	347
きのこ類														
生しいたけ	(54)	146	138,939	954	13	1,006	11	1,054	12	1,033	11	1,006	12	1,009
う　ち　輸　入	(55)	0	87	645	0	648	0	648	-	-	0	432	0	683
な　め　こ	(56)	131	70,199	538	11	504	10	491	9	452	9	422	8	403
えのきだけ	(57)	367	81,658	222	51	186	41	267	28	214	23	192	23	181
し　め　じ	(58)	322	109,334	340	31	354	29	361	29	315	27	282	22	266
その他の野菜	(59)	1,294	683,468	528	100	543	106	568	113	586	116	533	124	418
輸入野菜計	(60)	790	213,045	270	59	256	58	287	119	222	113	191	113	189
その他の輸入野菜	(61)	144	81,696	566	6	753	6	845	10	646	12	526	12	516

	6月		7月		8月		9月		10月		11月		12月		
	数量	価格	数量	価格	数量	価格	数量	価格	数量	価格	数量	価格	数量	価格	
	t	円/kg	t	円/kg	t	円/kg	t	円/kg	t	円/kg	t	円/kg	t	円/kg	
	2,117	255	1,864	254	1,556	237	1,739	284	1,675	311	1,603	257	1,571	271	(1)
	97	98	115	112	97	115	126	130	141	149	157	111	151	89	(2)
	20	170	9	205	6	249	5	390	39	156	39	126	36	121	(3)
	89	138	109	147	49	211	66	345	94	240	92	209	100	150	(4)
	16	380	21	267	23	295	18	365	26	282	36	318	31	328	(5)
	3	1,292	0	537	-	-	-	-	-	-	0	873	1	769	(6)
	1	2,045	1	1,246	1	760	3	652	3	654	4	639	7	715	(7)
	40	93	42	64	50	71	95	115	104	139	158	94	92	109	(8)
	4	329	4	407	4	314	3	537	3	815	5	443	5	459	(9)
	7	376	13	348	9	283	12	547	10	616	10	446	10	403	(10)
	-	-	-	-	-	-	0	952	16	151	48	122	13	171	(11)
	2	396	2	464	1	374	2	705	2	702	2	412	2	391	(12)
	230	107	229	71	199	74	187	110	203	156	163	185	174	122	(13)
	16	568	12	703	10	722	12	979	22	771	23	658	24	532	(14)
	65	488	64	430	51	343	37	292	41	269	56	235	55	267	(15)
	3	175	0	192	0	228	-	-	0	379	2	309	3	352	(16)
	0	1,019	0	625	0	545	0	981	0	887	0	1,046	0	996	(17)
	2	526	2	592	2	607	2	880	3	943	2	759	3	1,218	(18)
	1	675	0	695	0	768	1	1,411	4	670	4	614	2	833	(19)
	22	385	19	423	11	610	14	648	14	900	8	978	12	997	(20)
	19	278	11	236	11	175	10	274	11	420	18	334	16	264	(21)
	13	1,040	8	1,091	13	762	8	817	4	978	4	959	3	1,189	(22)
	-	-	0	1,917	0	2,700	0	991	4	992	4	959	3	1,144	(23)
	4	200	2	309	2	297	3	172	6	193	3	209	4	241	(24)
	29	402	28	396	24	435	25	505	32	434	26	392	36	400	(25)
	4	337	6	327	4	295	8	391	5	424	5	399	7	266	(26)
	50	179	48	177	55	203	50	330	36	549	33	339	60	272	(27)
	0	1,630	0	1,777	0	1,834	0	3,575	0	3,467	0	3,326	0	2,978	(28)
	366	255	309	264	241	188	303	284	163	440	75	402	48	504	(29)
	116	161	85	172	91	148	42	174	64	215	69	259	54	200	(30)
	75	119	9	78	-	-	-	-	0	594	10	310	46	193	(31)
	61	551	77	467	85	283	60	299	28	371	10	555	10	583	(32)
	225	275	180	221	44	183	34	275	20	409	9	493	15	534	(33)
	16	656	14	574	12	576	15	591	9	865	6	1,099	6	1,074	(34)
	30	398	29	469	22	420	23	434	19	626	16	651	27	552	(35)
	3	902	4	721	4	340	3	528	2	1,104	2	968	1	1,564	(36)
	50	260	61	213	22	271	8	228	1	76	-	-	-	-	(37)
	5	771	9	493	6	541	3	890	3	825	1	1,029	2	986	(38)
	3	709	1	1,667	0	2,778	0	3,758	0	3,657	0	1,940	1	1,531	(39)
	-	-	-	-	-	-	0	2,376	-	-	0	720	0	684	(40)
	0	1,485	-	-	-	-	-	-	-	-	-	-	0	887	(41)
	2	658	1	466	-	-	-	-	-	-	-	-	-	-	(42)
	1	1,076	10	793	20	671	10	527	4	416	-	-	-	-	(43)
	9	239	10	250	15	195	40	156	42	177	33	194	39	181	(44)
	79	236	48	184	37	138	43	166	57	158	62	169	60	200	(45)
	1	621	4	442	8	574	75	356	69	314	15	305	7	371	(46)
	18	401	14	422	16	414	18	364	16	427	17	412	22	441	(47)
	236	116	86	175	142	180	190	123	162	84	197	73	205	71	(48)
	5	103	4	92	1	92	-	-	-	-	-	-	-	-	(49)
	3	891	3	1,009	3	950	4	1,032	3	1,313	5	1,098	4	1,137	(50)
	2	375	1	418	2	426	2	422	2	430	3	442	2	444	(51)
	5	671	6	636	5	675	4	675	4	681	5	680	5	689	(52)
	2	344	3	339	2	348	2	346	2	341	2	344	2	343	(53)
	10	915	10	819	10	758	12	895	13	957	14	944	17	995	(54)
	-	-	-	-	-	-	-	-	-	-	-	-	-	-	(55)
	8	381	7	370	7	351	9	487	15	757	17	739	20	603	(56)
	19	167	20	171	21	145	25	224	30	255	35	301	51	260	(57)
	21	235	19	214	22	211	29	346	34	443	29	474	30	432	(58)
	99	416	116	434	101	453	113	630	104	683	96	481	108	596	(59)
	100	162	40	301	18	434	24	668	30	624	38	425	78	321	(60)
	12	324	17	440	9	565	11	968	17	657	15	382	17	509	(61)

3　卸売市場別の月別野菜の卸売数量・価額・価格（続き）
(10)　福島市青果市場

品目	計 数量	計 価額	計 価格	1月 数量	1月 価格	2月 数量	2月 価格	3月 数量	3月 価格	4月 数量	4月 価格	5月 数量	5月 価格
	t	千円	円／kg	t	円／kg	t	円／kg	t	円／kg	t	円／kg	t	円／kg
野菜計 (1)	**39,098**	**7,737,356**	**198**	**3,290**	**158**	**3,501**	**169**	**3,591**	**182**	**3,413**	**203**	**3,455**	**194**
根菜類													
だいこん (2)	4,613	451,924	98	532	59	620	80	618	93	253	122	243	109
かぶ (3)	500	68,784	137	60	101	53	130	43	178	60	166	50	115
にんじん (4)	3,529	480,984	136	540	66	414	63	376	90	229	134	254	189
ごぼう (5)	173	51,729	299	18	253	9	292	17	240	9	318	12	313
たけのこ (6)	105	32,588	312	1	1,021	1	1,234	11	707	89	255	2	158
れんこん (7)	64	35,950	565	7	436	9	552	6	614	3	749	2	692
葉茎菜類													
はくさい (8)	3,322	325,674	98	246	53	244	64	154	107	205	100	172	71
みずな (9)	99	40,832	411	9	398	9	392	9	341	9	291	8	251
こまつな (10)	131	42,250	322	13	324	14	332	16	254	11	225	8	212
その他の菜類 (11)	2	417	202	0	215	0	317	1	234	0	133	-	-
ちんげんさい (12)	12	4,179	340	1	291	1	396	1	341	1	324	0	320
キャベツ (13)	6,099	596,626	98	433	64	544	71	566	89	747	115	781	102
ほうれんそう (14)	192	119,275	620	19	508	24	512	18	529	11	596	14	545
ねぎ (15)	1,030	369,768	359	77	324	79	317	68	348	72	399	83	460
ふき (16)	2	739	297	0	594	0	451	0	480	1	432	1	273
うど (17)	6	4,027	636	1	849	1	598	2	604	2	611	1	526
みつば (18)	38	26,410	690	3	873	3	881	6	642	6	480	3	490
しゅんぎく (19)	57	32,377	571	11	543	9	451	8	373	3	597	1	886
にら (20)	292	169,448	580	39	497	33	700	38	410	21	417	21	291
洋菜類													
セルリー (21)	85	19,779	233	6	215	6	231	7	233	8	247	7	219
アスパラガス (22)	44	47,206	1,082	2	2,027	1	1,101	3	972	6	1,345	9	1,008
うち輸入 (23)	9	9,020	994	1	1,734	1	959	2	788	1	909	0	1,059
カリフラワー (24)	6	1,359	237	1	201	1	375	0	329	0	200	1	136
ブロッコリー (25)	271	114,590	424	21	317	18	333	9	429	7	487	27	395
うち輸入 (26)	8	3,564	423	0	540	0	465	1	391	2	435	1	445
レタス (27)	440	105,199	239	12	428	12	490	25	360	27	302	40	218
パセリ (28)	17	23,414	1,361	2	762	1	1,007	2	681	3	401	2	454
果菜類													
きゅうり (29)	2,309	680,616	295	50	493	65	478	157	321	278	240	327	232
かぼちゃ (30)	552	85,839	156	18	149	36	141	73	123	57	123	52	140
うち輸入 (31)	320	44,390	139	16	149	35	139	70	122	54	122	49	136
なす (32)	1,099	452,654	412	56	566	109	490	126	434	152	405	129	405
トマト (33)	872	316,103	363	49	379	71	381	58	528	82	368	87	284
ミニトマト (34)	286	196,981	689	23	732	19	840	20	801	26	602	29	452
ピーマン (35)	499	205,073	411	15	695	17	868	23	653	34	503	34	425
ししとうがらし (36)	29	38,586	1,341	1	2,237	1	1,779	1	1,839	4	1,420	2	1,484
スイートコーン (37)	192	45,866	239	-	-	-	-	1	148	0	924	4	398
豆類													
さやいんげん (38)	74	60,950	826	1	1,384	1	1,453	1	1,473	1	1,259	2	977
さやえんどう (39)	49	58,651	1,197	2	1,307	1	2,454	2	2,013	9	1,346	19	1,050
うち輸入 (40)	0	139	1,043	0	1,080	-	-	-	-	-	-	-	-
実えんどう (41)	3	2,992	886	0	608	0	1,350	0	2,160	0	1,399	1	1,165
そらまめ (42)	4	2,350	590	0	475	0	1,971	0	5,400	0	782	1	572
えだまめ (43)	46	34,711	763	-	-	-	-	0	1,296	-	-	0	1,094
土物類													
かんしょ (44)	597	106,116	178	82	182	76	188	74	192	45	195	12	245
ばれいしょ (45)	1,924	297,246	154	231	102	253	135	226	159	151	179	150	184
さといも (46)	127	34,100	269	8	281	9	282	9	306	7	319	3	303
やまのいも (47)	302	119,431	395	27	373	19	360	28	371	36	380	24	376
たまねぎ (48)	6,434	570,510	89	395	68	517	73	569	78	543	78	663	86
うち輸入 (49)	81	7,750	96	-	-	-	-	-	-	-	-	0	281
にんにく (50)	47	41,419	888	3	757	3	790	3	605	5	933	6	777
うち輸入 (51)	25	8,105	326	2	277	2	305	2	284	2	312	2	302
しょうが (52)	55	41,694	758	3	749	4	684	4	836	5	799	6	826
うち輸入 (53)	12	3,934	323	0	347	1	332	1	341	1	332	1	334
きのこ類													
生しいたけ (54)	159	162,387	1,019	17	1,076	16	1,064	13	1,016	11	989	11	1,005
うち輸入 (55)	2	1,108	648	0	626	0	626	0	626	0	626	0	630
なめこ (56)	112	46,082	412	9	398	8	424	10	405	9	407	9	402
えのきだけ (57)	759	164,443	217	124	193	52	305	74	184	54	160	35	177
しめじ (58)	389	127,381	327	33	337	28	370	28	293	32	265	25	236
その他の野菜 (59)	1,052	679,648	646	91	611	88	624	88	624	90	656	83	628
輸入野菜計 (60)	654	153,326	234	32	326	49	266	90	196	77	210	68	205
その他の輸入野菜 (61)	197	75,316	383	12	470	10	597	13	437	17	397	14	387

6月		7月		8月		9月		10月		11月		12月		
数量	価格	数量	価格	数量	価格	数量	価格	数量	価格	数量	価格	数量	価格	
t	円/kg	t	円/kg	t	円/kg	t	円/kg	t	円/kg	t	円/kg	t	円/kg	
2,924	214	2,722	217	3,309	177	3,342	207	3,620	230	2,879	229	3,051	204	(1)
309	97	213	115	396	102	424	121	318	116	304	121	383	94	(2)
35	150	30	152	22	135	10	267	21	188	58	115	58	108	(3)
214	136	193	127	195	133	180	237	295	258	276	221	362	131	(4)
10	377	9	293	9	264	12	322	16	315	17	309	34	312	(5)
1	165	0	162	-	-	-	-	-	-	-	-	0	631	(6)
1	1,763	1	1,222	5	566	7	505	8	475	8	494	9	597	(7)
162	78	179	77	279	69	494	103	704	138	278	126	204	93	(8)
8	277	7	371	9	271	6	598	7	945	8	500	11	464	(9)
9	239	8	245	6	203	10	430	10	562	11	403	16	357	(10)
-	-	-	-	-	-	-	-	0	270	0	243	1	86	(11)
1	283	2	218	2	199	1	637	1	679	1	445	0	390	(12)
481	92	511	75	539	71	460	93	418	140	295	185	325	116	(13)
16	526	10	662	9	708	12	993	18	964	20	627	21	489	(14)
92	385	72	408	96	345	80	403	108	362	106	306	97	284	(15)
1	216	0	20	0	259	-	-	-	-	-	-	0	405	(16)
0	849	0	790	0	1,003	-	-	-	-	-	-	0	1,074	(17)
2	482	2	633	3	502	2	846	3	874	2	678	4	996	(18)
2	690	1	589	1	564	1	1,569	3	812	7	597	10	648	(19)
15	329	10	348	10	532	19	570	23	832	25	871	37	824	(20)
5	225	7	195	4	197	7	191	9	312	8	280	11	207	(21)
3	1,507	4	1,030	7	762	4	802	1	1,046	1	1,020	1	1,038	(22)
-	-	-	-	-	-	0	962	1	1,046	1	1,020	1	1,038	(23)
0	558	0	216	0	540	0	224	1	212	1	208	1	220	(24)
36	392	25	420	22	480	20	550	35	487	29	445	22	371	(25)
0	142	0	388	1	405	0	441	0	484	1	356	1	461	(26)
66	182	84	162	87	151	46	266	32	439	3	479	7	342	(27)
2	729	1	1,599	2	1,291	1	2,808	1	4,313	1	3,130	1	3,912	(28)
257	242	194	319	326	203	343	310	207	443	77	394	26	492	(29)
59	165	78	140	44	162	30	165	49	181	23	205	33	261	(30)
35	134	32	82	-	-	-	-	0	216	3	327	25	271	(31)
146	381	79	362	82	197	47	333	54	430	63	505	57	496	(32)
92	282	92	282	91	243	77	287	58	500	51	547	64	501	(33)
23	595	28	621	34	535	29	565	17	895	21	1,075	18	934	(34)
37	377	40	450	106	201	92	289	54	483	24	621	22	550	(35)
3	1,259	2	1,354	4	800	4	789	3	1,019	2	1,543	2	2,497	(36)
59	263	71	221	40	241	15	199	0	227	1	70	1	153	(37)
4	954	21	696	21	577	12	920	7	1,299	2	1,126	2	953	(38)
12	975	2	1,248	0	3,453	0	4,993	0	3,708	0	1,549	2	1,399	(39)
-	-	-	-	-	-	0	1,127	0	1,043	0	1,026	0	583	(40)
1	594	-	-	-	-	-	-	-	-	-	-	0	780	(41)
2	503	0	594	-	-	-	-	-	-	-	-	0	1,435	(42)
12	995	24	726	5	644	3	537	2	376	-	-	-	-	(43)
7	204	4	265	35	167	79	153	54	163	47	177	81	164	(44)
146	208	84	145	71	150	111	162	146	155	169	149	186	161	(45)
2	316	2	397	4	524	13	309	40	246	19	218	12	204	(46)
27	390	22	408	23	419	24	421	15	415	34	406	24	436	(47)
369	110	396	118	547	143	476	105	645	80	642	73	672	73	(48)
16	103	13	103	51	92	0	286	1	78	-	-	-	-	(49)
3	674	3	625	4	901	4	1,122	4	1,094	4	1,199	5	903	(50)
2	318	2	314	2	349	2	375	2	352	2	349	3	358	(51)
6	804	6	757	6	720	3	749	3	723	4	707	5	674	(52)
1	315	1	308	1	306	1	323	1	326	1	330	1	309	(53)
10	965	10	913	9	922	10	1,039	17	1,027	17	1,045	19	1,054	(54)
0	666	0	670	0	670	0	670	0	670	0	670	-	-	(55)
8	386	8	370	10	226	8	442	13	492	12	515	10	433	(56)
44	152	46	143	25	103	54	206	76	233	95	308	80	279	(57)
27	217	27	201	30	124	34	347	51	403	44	497	31	460	(58)
98	665	109	795	91	656	82	636	78	594	72	524	83	676	(59)
67	186	64	173	68	177	24	355	36	327	30	331	48	337	(60)
13	404	15	388	12	455	21	339	31	300	22	298	16	383	(61)

3 卸売市場別の月別野菜の卸売数量・価額・価格（続き）
(11) いわき市中央卸売市場

品目		計 数量	計 価額	計 価格	1月 数量	1月 価格	2月 数量	2月 価格	3月 数量	3月 価格	4月 数量	4月 価格	5月 数量	5月 価格
		t	千円	円/kg	t	円/kg	t	円/kg	t	円/kg	t	円/kg	t	円/kg
野菜計	(1)	33,190	7,893,375	238	2,529	202	2,596	227	2,855	241	3,031	234	2,901	234
根菜類														
だいこん	(2)	3,497	372,722	107	345	61	239	103	272	115	305	119	253	110
かぶ	(3)	216	31,003	143	17	116	23	133	27	153	29	156	30	127
にんじん	(4)	1,738	272,438	157	183	71	140	92	141	118	121	170	106	190
ごぼう	(5)	418	125,439	300	18	319	20	305	23	291	24	311	21	364
たけのこ	(6)	35	11,154	322	0	862	0	979	1	864	31	293	1	212
れんこん	(7)	86	57,799	671	10	498	9	581	8	703	4	754	2	896
葉茎菜類														
はくさい	(8)	2,180	242,566	111	181	50	166	74	141	113	153	106	120	58
みずな	(9)	110	42,562	388	9	372	9	386	13	329	13	302	12	271
こまつな	(10)	328	105,680	322	37	330	39	342	30	298	27	305	30	211
その他の菜類	(11)	10	5,527	532	1	427	1	547	2	429	2	519	1	584
ちんげんさい	(12)	92	27,013	294	8	222	8	310	8	316	7	281	7	264
キャベツ	(13)	5,745	591,798	103	395	60	446	71	511	90	536	121	731	105
ほうれんそう	(14)	305	179,877	589	29	533	30	520	31	547	26	577	24	535
ねぎ	(15)	946	282,845	299	108	203	112	199	102	240	77	311	70	394
ふき	(16)	33	12,670	383	1	426	2	541	4	434	11	408	7	347
うど	(17)	38	21,749	577	5	717	8	577	12	554	11	550	3	493
みつば	(18)	46	27,657	596	3	675	3	555	4	480	5	414	4	348
しゅんぎく	(19)	62	36,151	581	8	574	9	492	11	374	6	457	2	582
にら	(20)	207	113,588	549	31	474	17	736	22	419	16	432	21	309
洋菜類														
セルリー	(21)	92	32,334	351	4	351	7	311	11	352	9	383	8	424
アスパラガス	(22)	86	92,088	1,074	1	1,763	3	1,035	9	1,239	10	1,446	20	1,030
うち輸入	(23)	15	14,573	994	1	1,727	3	945	3	765	0	999	0	1,685
カリフラワー	(24)	23	6,775	298	2	316	2	419	1	365	3	260	2	256
ブロッコリー	(25)	199	86,705	436	17	461	13	483	11	469	10	477	43	374
うち輸入	(26)	14	5,188	374	0	474	1	402	1	350	1	372	1	346
レタス	(27)	941	234,074	249	50	310	57	381	64	321	88	289	65	201
パセリ	(28)	20	25,853	1,315	2	864	1	839	2	745	2	614	2	781
果菜類														
きゅうり	(29)	941	296,156	315	26	535	40	520	69	361	100	272	134	266
かぼちゃ	(30)	474	93,770	198	27	168	39	161	29	148	29	133	28	164
うち輸入	(31)	206	34,473	167	27	161	39	154	28	137	29	123	27	146
なす	(32)	874	338,823	387	42	579	53	463	78	414	77	398	83	392
トマト	(33)	2,446	869,423	355	135	420	136	469	167	509	195	397	294	298
ミニトマト	(34)	540	425,853	788	45	790	44	963	49	1,066	63	656	74	467
ピーマン	(35)	501	233,983	467	20	699	20	842	32	648	45	542	55	461
ししとうがらし	(36)	6	12,301	1,950	0	2,733	0	1,962	0	2,115	0	2,197	0	2,215
スイートコーン	(37)	420	107,563	256	-	-	-	-	-	-	-	-	7	496
豆類														
さやいんげん	(38)	107	73,452	684	1	1,226	1	1,191	1	1,290	1	1,274	2	1,053
さやえんどう	(39)	13	17,176	1,355	0	1,365	0	3,131	0	3,210	1	1,680	5	906
うち輸入	(40)	0	174	714	0	683	0	488	0	1,075	0	741	-	-
実えんどう	(41)	14	16,844	1,239	1	1,086	0	1,943	0	1,989	1	1,552	4	1,191
そらまめ	(42)	9	4,536	522	0	851	0	2,077	0	3,095	0	983	2	541
えだまめ	(43)	25	20,029	801	-	-	-	-	-	-	-	-	0	1,528
土物類														
かんしょ	(44)	1,298	234,221	180	132	178	156	190	194	182	130	178	78	208
ばれいしょ	(45)	1,850	320,157	173	139	110	220	151	179	186	229	206	137	225
さといも	(46)	130	44,796	345	9	339	10	373	9	398	9	371	5	413
やまのいも	(47)	149	75,533	509	7	508	8	519	9	500	11	507	16	475
たまねぎ	(48)	3,680	355,903	97	295	70	321	78	380	82	435	84	224	102
うち輸入	(49)	10	1,056	107	-	-	-	-	-	-	-	-	1	108
にんにく	(50)	124	165,207	1,330	12	1,300	9	1,148	11	1,227	8	1,298	10	1,019
うち輸入	(51)	37	16,466	448	3	417	3	422	3	426	3	433	3	430
しょうが	(52)	140	111,460	795	6	840	7	798	10	772	14	744	15	886
うち輸入	(53)	45	15,943	355	2	426	3	419	4	392	6	320	3	350
きのこ類														
生しいたけ	(54)	174	162,232	933	13	982	14	940	13	943	13	873	13	940
うち輸入	(55)	-	-	-	-	-	-	-	-	-	-	-	-	-
なめこ	(56)	106	40,629	382	9	361	10	367	10	364	10	362	8	356
えのきだけ	(57)	438	107,553	246	53	271	42	298	40	201	32	167	26	175
しめじ	(58)	263	157,038	598	20	666	22	627	21	585	22	549	19	513
その他の野菜	(59)	1,014	570,670	563	72	579	79	535	92	523	80	535	79	550
輸入野菜計	(60)	475	158,175	333	39	316	56	306	51	318	54	290	51	282
その他の輸入野菜	(61)	148	70,303	475	6	697	9	693	12	573	14	553	16	468

6月		7月		8月		9月		10月		11月		12月		
数量	価格	数量	価格	数量	価格	数量	価格	数量	価格	数量	価格	数量	価格	
t	円/kg	t	円/kg	t	円/kg	t	円/kg	t	円/kg	t	円/kg	t	円/kg	
2,796	242	2,646	229	2,878	207	2,735	238	2,670	285	2,767	258	2,785	256	(1)
232	92	249	104	396	109	309	126	263	145	286	113	351	90	(2)
20	109	5	193	4	206	4	224	13	174	20	142	24	146	(3)
159	132	140	153	84	163	154	266	176	226	159	183	176	134	(4)
21	376	47	222	42	214	31	281	42	305	62	325	66	344	(5)
-	-	-	-	-	-	-	-	0	2,808	0	972	0	880	(6)
4	1,598	2	1,154	8	698	10	591	8	607	10	579	12	606	(7)
71	90	62	74	82	96	246	128	260	198	446	133	252	83	(8)
10	305	9	377	9	259	6	576	5	970	8	532	8	448	(9)
23	280	27	242	24	208	23	426	20	568	23	398	25	330	(10)
0	840	0	1,031	0	1,004	0	963	1	582	1	468	1	439	(11)
8	251	7	235	9	184	8	316	6	451	7	403	7	347	(12)
473	99	489	74	535	75	487	97	408	161	386	182	348	121	(13)
29	464	24	571	18	644	17	920	21	865	26	648	31	479	(14)
56	462	52	392	59	327	58	384	76	332	74	310	103	259	(15)
3	196	0	216	-	-	-	-	1	406	2	343	2	373	(16)
-	-	-	-	-	-	0	810	-	-	0	918	0	815	(17)
4	330	3	361	3	383	3	667	5	693	5	486	6	1,355	(18)
2	447	1	922	1	856	1	2,128	5	827	10	599	8	715	(19)
18	350	13	430	11	530	9	613	11	919	12	849	25	781	(20)
5	384	7	253	5	242	6	270	10	391	6	524	14	313	(21)
9	1,238	10	1,034	9	762	8	769	4	825	2	1,113	2	1,230	(22)
-	-	0	7,549	-	-	0	1,266	4	821	2	1,113	2	1,230	(23)
3	217	1	341	1	320	1	330	3	287	2	280	3	294	(24)
25	396	9	460	6	597	7	547	23	458	19	426	16	401	(25)
0	360	1	373	1	328	2	360	3	391	2	392	0	378	(26)
130	131	104	114	111	137	86	280	64	482	51	367	72	280	(27)
2	1,018	1	1,294	2	1,354	1	1,890	1	2,414	1	2,034	2	2,557	(28)
119	269	111	273	128	189	88	312	57	479	37	446	32	502	(29)
68	232	69	178	46	152	40	235	37	239	29	319	32	231	(30)
11	140	2	105	-	-	-	-	0	1,296	12	327	32	222	(31)
79	424	98	393	108	222	77	362	76	347	56	422	48	435	(32)
273	286	288	251	328	211	214	277	167	471	113	581	136	556	(33)
46	582	27	626	31	568	24	571	29	1,104	49	1,114	61	966	(34)
64	383	65	404	54	231	52	329	48	525	25	611	21	589	(35)
1	2,021	1	1,752	1	1,223	1	1,390	1	2,173	0	1,988	1	2,547	(36)
100	281	137	222	158	263	16	235	2	140	-	-	-	-	(37)
6	803	31	607	45	505	15	946	4	1,247	1	1,123	1	1,117	(38)
3	1,003	1	1,410	0	2,537	0	3,928	0	4,775	0	2,736	1	2,914	(39)
-	-	-	-	-	-	-	-	-	-	-	-	-	-	(40)
4	1,026	1	1,289	0	1,887	0	3,075	-	-	0	1,875	1	1,046	(41)
5	462	1	444	-	-	-	-	-	-	-	-	0	1,890	(42)
3	1,138	5	830	7	809	8	682	2	629	-	-	-	-	(43)
76	222	36	232	53	192	110	146	107	154	102	169	124	170	(44)
132	202	124	148	100	137	137	165	153	161	150	167	151	195	(45)
3	547	3	578	5	530	11	427	21	317	21	248	25	272	(46)
14	505	12	537	16	510	14	497	13	512	9	508	18	528	(47)
305	135	208	153	196	162	260	132	332	85	359	72	367	72	(48)
2	108	3	114	1	143	3	86	0	86	-	-	-	-	(49)
18	1,093	9	1,300	11	1,487	10	1,564	10	1,712	8	1,554	11	1,494	(50)
3	432	3	466	3	458	3	464	3	466	3	467	3	480	(51)
19	859	16	790	14	792	11	736	9	746	8	755	9	758	(52)
4	350	4	341	4	352	3	357	4	341	4	340	4	342	(53)
12	827	11	773	12	822	14	960	18	926	19	921	22	1,118	(54)
-	-	-	-	-	-	-	-	-	-	-	-	-	-	(55)
7	351	6	342	7	330	9	401	10	435	9	452	10	427	(56)
21	193	18	179	24	126	39	210	44	271	49	323	50	332	(57)
17	451	18	424	17	471	25	593	27	671	27	723	28	720	(58)
97	536	90	595	99	548	83	570	78	619	78	536	86	634	(59)
34	302	27	340	22	333	25	373	29	477	33	423	54	346	(60)
14	419	14	384	12	309	13	412	15	456	9	410	12	494	(61)

3 卸売市場別の月別野菜の卸売数量・価額・価格（続き）
(12) 水戸市青果市場

品目		計			1月		2月		3月		4月		5月	
		数量	価額	価格	数量	価格	数量	価格	数量	価格	数量	価格	数量	価格
		t	千円	円/kg	t	円/kg	t	円/kg	t	円/kg	t	円/kg	t	円/kg
野 菜 計	(1)	98,611	21,025,536	213	8,015	180	8,569	195	8,859	203	8,936	209	8,440	213
根 菜 類														
だ い こ ん	(2)	7,607	818,557	108	548	58	501	90	481	109	717	102	835	86
か ぶ	(3)	521	78,602	151	44	135	51	148	58	160	70	142	56	135
に ん じ ん	(4)	7,795	1,148,696	147	754	64	858	74	1,000	88	689	147	614	188
ご ぼ う	(5)	1,379	276,955	201	102	162	120	154	123	165	106	170	83	208
た け の こ	(6)	45	20,010	449	1	701	1	1,034	4	917	37	386	2	267
れ ん こ ん	(7)	470	282,788	602	46	475	50	599	43	675	28	803	14	749
葉 茎 菜 類														
は く さ い	(8)	7,075	622,180	88	880	44	793	58	475	97	357	100	351	59
み ず な	(9)	609	219,583	361	49	359	55	332	62	268	58	250	45	218
こ ま つ な	(10)	1,044	300,055	287	93	306	101	311	88	282	99	236	123	150
そ の 他 の 菜 類	(11)	10	5,477	535	1	407	2	406	2	354	1	524	1	647
ちんげんさい	(12)	216	72,659	336	16	299	17	336	19	304	20	271	21	241
キ ャ ベ ツ	(13)	12,633	1,172,163	93	939	57	1,056	63	1,381	79	1,366	101	1,065	91
ほ う れ ん そ う	(14)	1,278	648,699	507	120	526	143	463	129	501	125	493	123	426
ね ぎ	(15)	3,062	987,633	323	345	214	269	228	234	264	166	377	180	489
ふ き	(16)	20	7,415	371	1	412	1	502	2	420	7	437	5	257
う ど	(17)	20	12,582	643	1	846	5	631	7	603	4	603	1	584
み つ ば	(18)	168	101,114	601	13	763	14	608	21	468	17	363	12	310
し ゅ ん ぎ く	(19)	91	50,279	550	15	592	13	465	9	423	6	403	4	416
に ら	(20)	679	370,341	546	49	628	50	763	67	432	63	418	76	252
洋 菜 類														
セ ル リ ー	(21)	164	51,428	314	12	307	16	273	18	342	16	344	15	364
ア ス パ ラ ガ ス	(22)	224	241,567	1,078	5	1,390	12	924	24	938	24	1,434	32	1,205
う ち 輸 入	(23)	79	70,584	896	5	1,358	11	839	16	657	4	1,052	1	985
カ リ フ ラ ワ ー	(24)	258	41,180	159	7	260	4	347	5	325	18	182	95	117
ブ ロ ッ コ リ ー	(25)	913	336,858	369	106	297	75	394	55	439	54	418	85	297
う ち 輸 入	(26)	173	49,900	288	1	310	4	334	11	290	16	365	10	336
レ タ ス	(27)	3,928	851,931	217	236	254	258	295	307	273	388	207	358	162
パ セ リ	(28)	45	41,977	931	4	617	4	733	4	886	4	737	4	816
果 菜 類														
き ゅ う り	(29)	3,968	1,227,169	309	225	449	247	431	339	312	445	236	533	219
か ぼ ち ゃ	(30)	1,953	400,974	205	103	180	163	164	191	128	190	122	189	189
う ち 輸 入	(31)	1,026	158,156	154	99	166	160	157	188	121	188	114	158	133
な す	(32)	1,838	722,156	393	57	610	88	478	110	468	162	410	192	427
ト マ ト	(33)	4,549	1,606,217	353	241	443	270	442	316	484	434	385	636	293
ミ ニ ト マ ト	(34)	800	527,252	659	40	815	33	973	34	1,032	63	609	90	460
ピ ー マ ン	(35)	1,346	642,755	478	56	736	56	898	98	640	140	511	189	390
し し と う が ら し	(36)	22	35,443	1,584	1	1,966	1	1,750	1	2,085	2	1,742	2	1,502
ス イ ー ト コ ー ン	(37)	1,161	265,588	229	1	394	0	415	-	-	1	583	38	397
豆 類														
さ や い ん げ ん	(38)	115	98,604	855	8	754	9	919	9	1,014	12	1,184	14	982
さ や え ん ど う	(39)	43	55,564	1,299	6	980	3	1,822	6	1,525	6	1,333	7	975
う ち 輸 入	(40)	8	5,436	683	1	476	1	788	1	1,029	1	783	1	647
実 え ん ど う	(41)	4	4,218	1,196	1	958	0	2,348	0	1,392	1	1,380	1	1,089
そ ら ま め	(42)	45	20,427	456	2	469	0	1,611	0	2,183	6	624	27	408
え だ ま め	(43)	100	70,638	704	-	-	-	-	0	562	0	682	1	1,108
土 物 類														
か ん し ょ	(44)	11,896	1,898,269	160	1,258	163	1,582	167	1,376	172	1,062	169	608	206
ば れ い し ょ	(45)	5,552	900,512	162	332	117	338	174	398	204	416	235	449	221
さ と い も	(46)	459	134,788	294	43	272	40	295	32	318	25	286	18	346
や ま の い も	(47)	647	246,542	381	44	318	55	316	45	354	57	384	45	432
た ま ね ぎ	(48)	8,797	854,062	97	767	69	775	83	818	81	1,051	82	790	92
う ち 輸 入	(49)	109	12,476	114	0	188	0	240	2	252	2	249	2	180
に ん に く	(50)	286	230,694	806	17	779	23	835	24	845	26	822	37	769
う ち 輸 入	(51)	172	60,479	352	11	324	14	338	13	298	15	336	15	351
し ょ う が	(52)	297	176,268	594	12	581	17	520	24	520	33	557	25	689
う ち 輸 入	(53)	130	41,766	322	7	364	10	326	11	315	12	318	11	331
き の こ 類														
生 し い た け	(54)	381	332,050	872	28	1,036	30	991	37	868	42	784	35	824
う ち 輸 入	(55)	2	1,470	766	0	774	0	837	0	774	0	768	0	768
な め こ	(56)	204	89,925	440	29	328	23	463	27	389	14	449	12	470
え の き だ け	(57)	922	207,765	225	111	231	119	267	124	144	73	152	53	167
し め じ	(58)	553	276,940	501	59	495	42	594	44	495	45	429	35	429
そ の 他 の 野 菜	(59)	2,420	1,239,989	512	188	494	180	507	186	501	190	490	213	451
輸 入 野 菜 計	(60)	2,084	599,548	288	145	305	228	275	271	228	266	210	248	214
そ の 他 の 輸 入 野 菜	(61)	386	199,282	516	20	680	26	676	29	557	29	497	49	361

6月		7月		8月		9月		10月		11月		12月		
数量	価格	数量	価格	数量	価格	数量	価格	数量	価格	数量	価格	数量	価格	
t	円/kg	t	円/kg	t	円/kg	t	円/kg	t	円/kg	t	円/kg	t	円/kg	
8,131	218	7,363	214	6,994	198	7,839	230	8,387	258	8,381	229	8,698	211	(1)
506	87	452	136	467	127	681	140	995	141	805	111	619	88	(2)
42	125	25	148	18	155	14	260	38	190	55	153	48	146	(3)
703	130	410	165	491	160	473	324	484	289	520	205	799	118	(4)
55	274	91	217	82	175	134	189	143	218	148	239	192	237	(5)
0	124	-	-	-	-	-	-	0	1,080	0	1,835	0	996	(6)
4	1,678	9	1,014	29	580	50	529	52	539	63	536	83	588	(7)
240	65	136	64	179	68	395	107	755	149	1,306	112	1,206	81	(8)
46	266	46	346	49	239	39	519	42	798	57	449	60	396	(9)
90	223	79	219	73	150	60	435	67	554	87	373	84	351	(10)
0	671	0	1,176	0	918	0	1,010	1	879	1	546	1	558	(11)
19	259	17	310	17	258	17	484	18	530	18	402	17	365	(12)
926	86	1,042	68	1,119	67	1,089	92	949	158	759	175	943	105	(13)
109	412	68	519	60	515	50	780	83	730	124	533	144	443	(14)
205	429	227	364	246	308	217	409	282	393	312	313	379	254	(15)
0	219	-	-	-	-	-	-	1	345	1	324	1	355	(16)
0	874	0	827	0	848	0	857	-	-	0	1,006	0	988	(17)
11	295	10	384	11	338	8	633	15	615	14	492	21	1,464	(18)
4	323	3	450	3	380	1	2,019	4	901	12	569	18	635	(19)
66	348	63	401	54	468	52	635	49	824	43	829	47	946	(20)
13	297	13	255	14	195	11	283	10	471	11	429	15	260	(21)
23	1,216	25	1,109	22	834	17	969	18	894	12	864	9	1,086	(22)
0	1,446	0	1,390	0	918	3	1,006	17	887	12	863	9	1,086	(23)
25	127	4	316	3	358	6	223	27	158	39	164	27	177	(24)
47	459	77	408	57	387	64	425	73	402	112	333	108	323	(25)
9	357	13	301	13	203	29	261	28	302	22	254	18	259	(26)
350	133	420	116	405	135	355	253	276	398	289	276	286	225	(27)
4	942	4	990	3	962	3	1,117	4	1,081	4	858	4	1,466	(28)
439	232	284	294	400	205	427	295	286	459	181	469	163	513	(29)
236	285	243	220	115	238	155	214	146	213	88	302	133	248	(30)
72	143	3	115	1	97	-	-	2	236	36	311	119	243	(31)
223	436	233	375	281	217	172	356	138	375	99	451	82	511	(32)
546	269	406	271	453	224	466	253	332	459	220	552	227	538	(33)
89	571	95	539	75	519	109	458	74	854	42	1,066	57	875	(34)
191	350	130	387	102	332	120	367	96	576	84	585	83	522	(35)
2	1,357	3	1,298	3	880	2	1,420	2	2,306	2	1,711	2	2,230	(36)
340	252	353	214	282	218	141	183	5	145	-	-	-	-	(37)
16	738	13	553	10	583	4	1,074	4	1,302	4	1,109	11	715	(38)
4	1,272	2	1,196	2	1,285	1	1,855	1	2,115	1	1,652	5	1,313	(39)
0	523	1	259	1	58	1	1,048	1	1,118	0	799	0	1,046	(40)
0	774	0	459	-	-	-	-	0	378	0	367	0	783	(41)
9	420	0	363	0	2,673	-	-	-	-	-	-	0	1,125	(42)
11	884	32	695	32	690	22	620	2	781	0	1,008	-	-	(43)
452	213	291	173	568	143	1,102	130	1,248	147	1,248	150	1,100	130	(44)
971	145	1,115	120	339	124	238	176	327	158	315	169	313	195	(45)
7	496	4	660	8	606	43	401	72	317	64	232	103	215	(46)
50	421	52	428	57	424	52	438	52	417	54	349	84	320	(47)
552	135	454	155	476	178	698	136	821	85	783	74	814	73	(48)
7	109	23	109	37	105	22	106	6	94	4	115	3	146	(49)
26	711	25	699	22	887	21	958	20	928	18	808	27	714	(50)
13	339	14	336	14	362	15	360	15	377	14	390	18	388	(51)
36	691	41	665	35	583	24	545	18	547	15	539	17	518	(52)
11	330	12	328	13	311	11	309	10	321	10	315	11	317	(53)
43	546	26	700	16	898	16	1,120	28	1,004	41	893	40	1,057	(54)
0	756	0	725	0	770	0	770	0	767	0	775	0	742	(55)
11	441	13	374	17	293	11	532	16	566	16	583	15	552	(56)
48	155	39	182	45	134	61	240	80	272	88	332	80	327	(57)
47	363	50	332	38	322	41	481	50	609	50	720	52	670	(58)
291	429	236	490	215	500	178	554	188	631	176	563	179	612	(59)
147	244	97	314	102	305	113	349	117	501	132	402	216	336	(60)
34	377	32	466	24	639	34	522	39	645	33	482	37	478	(61)

3 卸売市場別の月別野菜の卸売数量・価額・価格（続き）
(13) 宇都宮市中央卸売市場

品目	計			1月		2月		3月		4月		5月	
	数量	価額	価格	数量	価格	数量	価格	数量	価格	数量	価格	数量	価格
	t	千円	円／kg	t	円／kg	t	円／kg	t	円／kg	t	円／kg	t	円／kg
野菜計 (1)	**83,342**	**19,066,755**	**229**	**5,914**	**212**	**6,447**	**228**	**6,893**	**238**	**7,439**	**234**	**7,523**	**213**
根菜類													
だいこん (2)	8,569	918,152	107	568	61	607	86	544	104	549	109	935	86
かぶ (3)	640	130,407	204	30	216	38	219	58	213	93	201	112	167
にんじん (4)	6,449	1,070,094	166	527	73	555	88	516	107	549	168	455	193
ごぼう (5)	396	139,247	351	32	292	36	289	37	299	24	372	26	379
たけのこ (6)	83	30,081	361	1	656	2	696	12	699	63	292	4	178
れんこん (7)	246	156,138	635	26	499	23	609	24	661	18	819	11	780
葉茎菜類													
はくさい (8)	3,597	345,322	96	263	46	270	67	205	110	195	108	221	58
みずな (9)	405	143,658	355	36	369	40	354	45	298	42	252	36	199
こまつな (10)	727	217,031	299	55	326	47	343	49	319	54	255	57	192
その他の菜類 (11)	10	5,076	508	1	485	1	477	2	433	1	493	1	532
ちんげんさい (12)	245	92,203	376	19	353	23	361	26	369	21	347	23	343
キャベツ (13)	13,312	1,355,309	102	1,036	58	1,001	71	1,189	98	1,182	125	1,188	106
ほうれんそう (14)	1,473	812,211	551	147	467	137	446	120	480	114	461	108	446
ねぎ (15)	2,839	984,848	347	262	277	220	288	216	328	209	388	201	466
ふき (16)	34	11,468	338	2	403	2	298	4	445	6	409	12	241
うど (17)	114	51,226	451	14	495	28	459	35	423	24	432	8	437
みつば (18)	126	73,222	581	10	945	9	513	13	422	12	379	10	337
しゅんぎく (19)	146	101,426	695	28	712	23	578	20	519	10	583	5	541
にら (20)	1,027	603,327	587	102	609	100	737	113	485	108	457	86	385
洋菜類													
セルリー (21)	338	93,266	276	26	265	28	249	30	306	30	316	26	316
アスパラガス (22)	269	309,305	1,150	3	1,572	11	1,144	27	1,127	40	1,489	38	1,310
うち輸入 (23)	47	44,929	951	3	1,620	8	903	12	731	3	963	1	960
カリフラワー (24)	54	17,815	327	3	464	3	451	4	415	5	349	7	244
ブロッコリー (25)	749	321,834	429	61	353	62	432	54	443	46	476	93	381
うち輸入 (26)	139	57,989	416	4	467	7	469	12	386	10	424	7	399
レタス (27)	4,640	989,218	213	213	276	230	324	356	271	462	205	526	143
パセリ (28)	39	50,294	1,295	3	814	3	810	4	716	4	627	4	656
果菜類													
きゅうり (29)	4,724	1,533,673	325	274	449	349	435	462	322	511	246	632	237
かぼちゃ (30)	1,930	362,346	188	143	161	187	162	185	128	187	122	165	154
うち輸入 (31)	1,125	171,367	152	138	154	180	147	182	124	186	117	159	145
なす (32)	1,549	592,630	382	59	534	87	492	117	453	145	426	155	422
トマト (33)	3,700	1,345,184	364	239	430	279	432	335	480	430	380	559	275
ミニトマト (34)	388	319,338	823	28	885	29	1,117	32	1,125	35	758	42	542
ピーマン (35)	853	448,851	526	48	712	45	908	67	685	78	538	110	419
ししとうがらし (36)	25	36,827	1,470	1	2,600	1	2,093	1	2,307	1	1,986	1	1,782
スイートコーン (37)	370	93,532	252	-	-	-	-	-	-	0	778	20	433
豆類													
さやいんげん (38)	85	70,492	833	5	896	4	1,030	5	1,068	5	1,107	7	975
さやえんどう (39)	25	38,620	1,527	2	1,225	2	1,898	3	1,909	4	1,488	7	1,119
うち輸入 (40)	2	1,638	1,019	0	699	1	1,027	0	1,240	0	1,141	0	1,134
実えんどう (41)	1	1,601	1,155	0	317	0	1,443	0	1,563	0	1,174	0	1,870
そらまめ (42)	22	11,360	524	1	558	0	1,809	0	2,674	3	674	12	451
えだまめ (43)	44	28,786	648	-	-	-	-	0	379	0	720	2	1,125
土物類													
かんしょ (44)	2,806	544,116	194	270	196	317	209	284	210	229	196	171	219
ばれいしょ (45)	3,805	704,992	185	347	128	365	178	367	209	475	244	342	220
さといも (46)	372	109,164	294	27	264	42	272	36	261	22	286	9	320
やまのいも (47)	664	303,119	457	60	386	85	321	67	387	59	433	35	538
たまねぎ (48)	12,265	1,308,661	107	695	74	907	81	953	88	1,096	89	842	103
うち輸入 (49)	306	40,511	132	13	135	23	195	42	184	23	160	24	133
にんにく (50)	125	99,678	794	12	705	12	738	12	678	11	789	14	725
うち輸入 (51)	90	36,347	402	9	340	9	359	10	368	8	379	7	385
しょうが (52)	328	177,886	542	12	536	13	553	36	410	73	364	24	704
うち輸入 (53)	193	62,480	323	8	395	9	393	29	306	61	264	10	355
きのこ類													
生しいたけ (54)	348	350,546	1,008	34	1,024	32	1,001	31	1,013	30	975	23	990
うち輸入 (55)	1	859	636	0	616	0	616	0	616	0	616	0	638
なめこ (56)	54	27,353	510	6	491	6	535	5	513	6	494	5	506
えのきだけ (57)	576	151,673	264	55	291	56	289	50	243	42	228	35	229
しめじ (58)	597	344,305	577	47	647	50	669	48	597	52	505	44	470
その他の野菜 (59)	1,158	1,039,848	898	82	917	81	953	95	930	85	943	75	929
輸入野菜計 (60)	2,428	650,256	268	195	247	263	250	321	238	329	212	248	221
その他の輸入野菜 (61)	524	234,136	447	21	627	26	652	35	578	37	485	40	458

	6月		7月		8月		9月		10月		11月		12月		
	数量	価格	数量	価格	数量	価格	数量	価格	数量	価格	数量	価格	数量	価格	
	t	円/kg	t	円/kg	t	円/kg	t	円/kg	t	円/kg	t	円/kg	t	円/kg	
	8,199	199	7,109	215	6,348	201	6,732	245	7,316	269	6,602	256	6,820	238	(1)
	805	79	569	125	606	125	814	138	1,162	142	778	113	632	93	(2)
	45	183	18	223	10	260	15	325	61	243	91	204	70	187	(3)
	534	129	417	171	586	169	533	300	581	251	527	216	669	131	(4)
	22	417	18	403	15	399	29	391	42	378	51	335	65	356	(5)
	1	472	-	-	-	-	0	540	0	540	0	589	1	746	(6)
	3	1,676	6	906	14	651	27	555	29	556	24	560	40	625	(7)
	204	70	163	49	177	59	398	105	574	161	454	119	473	78	(8)
	28	262	26	336	27	245	27	506	23	804	34	425	41	384	(9)
	65	211	84	198	74	163	79	397	55	550	60	370	49	343	(10)
	1	584	1	529	0	543	0	538	0	590	1	514	1	544	(11)
	20	356	19	346	16	330	18	442	18	493	21	404	20	387	(12)
	1,141	95	1,289	70	1,346	66	1,174	101	922	171	823	175	1,021	121	(13)
	133	485	106	620	105	669	96	964	100	825	144	564	164	412	(14)
	231	433	242	401	205	323	174	375	225	357	294	317	361	283	(15)
	2	452	0	405	-	-	0	1,685	1	384	3	325	3	346	(16)
	1	632	0	667	0	707	0	656	0	733	0	912	3	566	(17)
	10	294	9	400	10	315	8	676	10	722	10	494	15	1,201	(18)
	4	485	3	814	3	947	3	2,203	7	952	16	704	24	731	(19)
	75	419	74	448	61	504	65	632	84	781	82	764	76	858	(20)
	28	292	37	216	38	152	31	225	24	403	16	457	24	276	(21)
	24	1,259	34	1,061	39	845	28	976	13	1,005	7	934	5	1,156	(22)
	1	1,001	0	1,504	0	1,273	1	993	7	985	7	934	5	1,153	(23)
	6	263	3	434	3	382	2	413	5	313	7	242	7	294	(24)
	60	412	68	464	48	491	44	522	70	440	76	426	66	387	(25)
	6	421	13	381	13	391	19	419	14	452	15	431	18	404	(26)
	411	122	430	115	433	141	393	241	446	358	422	241	317	227	(27)
	3	906	3	1,380	4	1,041	3	2,240	2	2,929	2	2,121	3	2,679	(28)
	562	240	370	311	367	211	352	322	329	482	271	451	243	465	(29)
	169	197	207	220	164	219	155	219	125	225	117	289	126	210	(30)
	111	160	3	151	-	-	1	239	2	259	51	295	112	199	(31)
	144	408	171	352	229	202	161	324	117	340	79	485	85	501	(32)
	510	251	298	264	245	255	256	287	182	505	159	608	208	543	(33)
	38	657	30	694	30	611	42	589	29	1,088	24	1,118	28	1,034	(34)
	110	380	83	446	52	386	63	411	63	609	68	593	68	554	(35)
	3	1,127	4	1,053	4	713	3	950	2	1,940	2	1,811	1	2,938	(36)
	109	266	144	221	80	251	16	205	0	396	-	-	-	-	(37)
	16	703	16	555	6	584	4	1,058	8	1,031	4	1,019	5	897	(38)
	2	1,537	1	1,937	1	2,697	0	3,774	0	3,304	1	1,601	3	1,183	(39)
	-	-	-	-	0	1,103	0	1,044	0	1,308	0	1,210	0	839	(40)
	0	1,349	-	-	-	-	-	-	-	-	0	1,350	0	670	(41)
	5	527	1	460	-	-	-	-	-	-	-	-	0	990	(42)
	9	812	19	563	12	571	2	688	0	700	-	-	-	-	(43)
	174	210	152	164	150	170	257	164	213	201	303	206	287	170	(44)
	419	183	305	148	141	156	195	184	242	154	302	172	305	192	(45)
	3	448	3	636	8	570	40	442	54	308	43	242	86	231	(46)
	43	539	46	516	40	570	47	546	48	549	40	539	95	417	(47)
	1,775	132	1,356	160	700	157	905	126	1,179	85	990	74	868	76	(48)
	27	112	23	110	31	109	31	105	26	102	22	106	21	121	(49)
	9	755	8	845	9	844	10	955	9	904	10	835	10	863	(50)
	6	399	6	431	7	418	7	426	7	437	8	442	8	467	(51)
	29	729	42	698	34	636	22	549	16	516	14	502	15	508	(52)
	11	360	12	361	12	367	10	357	10	353	10	353	11	347	(53)
	19	965	17	1,056	18	1,084	23	1,028	43	893	38	1,007	41	1,106	(54)
	0	648	0	648	0	648	0	648	0	648	0	648	0	648	(55)
	5	485	5	466	5	453	3	554	3	591	2	652	3	517	(56)
	35	218	32	211	35	196	51	247	56	275	65	315	64	315	(57)
	42	413	46	377	51	410	57	590	57	657	52	791	50	727	(58)
	117	712	135	727	147	667	104	932	84	1,180	74	1,076	80	1,181	(59)
	195	238	95	351	103	345	135	331	148	355	178	329	217	294	(60)
	33	485	37	490	40	491	66	386	81	358	66	318	43	434	(61)

3　卸売市場別の月別野菜の卸売数量・価額・価格（続き）
(14)　前橋市青果市場

品目		計			1月		2月		3月		4月		5月	
		数量	価額	価格	数量	価格	数量	価格	数量	価格	数量	価格	数量	価格
		t	千円	円／kg	t	円／kg	t	円／kg	t	円／kg	t	円／kg	t	円／kg
野菜計	(1)	**48,859**	**9,637,816**	**197**	**3,031**	**206**	**3,295**	**205**	**3,440**	**206**	**3,709**	**205**	**4,349**	**182**
根菜類														
だいこん	(2)	5,413	517,068	96	337	56	368	75	387	92	369	105	358	94
かぶ	(3)	152	22,582	148	18	97	16	128	14	191	18	158	12	170
にんじん	(4)	1,347	228,247	169	80	81	130	88	130	107	129	178	149	190
ごぼう	(5)	255	83,879	329	18	305	20	328	20	313	19	314	18	381
たけのこ	(6)	30	7,579	249	0	977	0	878	2	917	20	224	3	123
れんこん	(7)	43	24,052	554	6	534	6	547	4	606	1	846	2	642
葉茎菜類														
はくさい	(8)	3,160	236,715	75	275	40	335	45	101	111	113	113	193	57
みずな	(9)	131	62,724	481	12	395	11	414	11	371	10	355	9	320
こまつな	(10)	452	136,810	303	29	350	34	316	34	264	29	276	34	203
その他の菜類	(11)	1	86	147	-	-	0	192	0	121	0	313	-	-
ちんげんさい	(12)	110	38,045	345	7	328	8	341	8	287	9	263	10	240
キャベツ	(13)	10,682	916,144	86	434	72	534	70	828	70	877	83	678	85
ほうれんそう	(14)	912	510,947	560	95	563	81	554	60	510	72	486	73	414
ねぎ	(15)	1,786	605,610	339	166	278	182	253	152	266	154	336	127	421
ふき	(16)	21	6,139	291	0	349	0	552	1	459	9	342	9	210
うど	(17)	81	41,761	517	9	549	22	467	21	559	19	511	5	448
みつば	(18)	53	30,369	572	3	691	4	567	6	514	7	337	5	305
しゅんぎく	(19)	41	25,762	629	6	655	7	553	4	515	2	566	1	572
にら	(20)	210	125,257	596	17	655	18	755	18	514	20	455	19	440
洋菜類														
セルリー	(21)	61	17,852	293	6	230	7	234	5	310	5	355	5	366
アスパラガス	(22)	30	36,888	1,235	1	1,583	2	1,460	4	1,030	4	1,372	5	1,331
うち輸入	(23)	12	11,575	982	0	1,690	1	1,027	2	679	2	970	1	986
カリフラワー	(24)	44	8,366	188	3	215	1	342	2	219	1	284	3	153
ブロッコリー	(25)	924	164,566	178	208	134	195	141	129	148	75	182	10	325
うち輸入	(26)	46	19,184	414	-	-	0	381	2	435	5	422	6	385
レタス	(27)	4,157	632,146	152	98	298	80	364	108	335	179	187	561	119
パセリ	(28)	6	16,618	2,565	0	1,205	1	1,203	1	1,155	1	968	1	968
果菜類														
きゅうり	(29)	2,677	884,062	330	164	493	185	458	254	325	322	242	358	239
かぼちゃ	(30)	339	69,601	206	21	178	21	168	24	161	25	151	27	179
うち輸入	(31)	148	26,195	177	21	166	21	160	24	154	25	141	21	139
なす	(32)	700	278,986	398	12	628	16	516	28	530	48	455	79	454
トマト	(33)	2,227	753,558	338	104	458	124	442	135	509	185	393	275	271
ミニトマト	(34)	280	207,476	741	22	759	18	986	21	1,000	31	654	32	522
ピーマン	(35)	436	219,565	504	24	696	23	907	27	692	42	535	58	429
ししとうがらし	(36)	15	23,583	1,570	1	2,495	1	1,776	1	1,981	1	1,666	1	1,498
スイートコーン	(37)	436	96,928	222	-	-	-	-	-	-	-	-	6	426
豆類														
さやいんげん	(38)	49	35,319	717	2	856	2	989	2	1,017	1	1,338	3	1,076
さやえんどう	(39)	13	16,998	1,320	3	980	1	1,733	1	1,723	2	1,388	2	1,191
うち輸入	(40)	3	3,329	995	1	796	0	865	0	1,151	0	1,070	0	927
実えんどう	(41)	1	763	1,049	0	543	0	1,543	0	2,201	0	1,302	0	1,427
そらまめ	(42)	6	3,985	667	0	563	0	1,748	0	3,403	2	614	3	544
えだまめ	(43)	114	84,151	737	-	-	-	-	-	-	-	-	1	1,085
土物類														
かんしょ	(44)	1,246	265,585	213	116	192	131	214	112	223	69	227	76	278
ばれいしょ	(45)	1,524	272,568	179	131	121	108	182	117	199	141	244	111	244
さといも	(46)	282	43,707	155	23	178	25	186	18	157	11	145	6	223
やまのいも	(47)	345	151,008	438	25	369	24	375	26	406	30	406	27	425
たまねぎ	(48)	4,747	468,849	99	297	71	285	77	330	83	397	82	751	71
うち輸入	(49)	135	16,045	119	8	142	8	141	8	151	11	145	9	158
にんにく	(50)	87	60,961	700	6	661	7	605	7	640	7	675	7	738
うち輸入	(51)	72	28,080	391	5	355	6	357	6	370	6	371	6	369
しょうが	(52)	254	166,545	655	8	517	10	533	11	588	12	590	16	698
うち輸入	(53)	63	22,207	352	4	351	5	351	5	351	6	352	5	352
きのこ類														
生しいたけ	(54)	126	132,567	1,053	11	1,088	10	1,104	10	1,000	10	1,028	9	1,098
うち輸入	(55)	0	178	713	-	-	-	-	-	-	-	-	-	-
なめこ	(56)	121	55,633	461	10	458	11	475	11	441	11	397	9	401
えのきだけ	(57)	158	42,296	268	14	287	14	325	16	219	14	210	11	221
しめじ	(58)	194	85,651	440	22	395	22	420	22	314	9	451	8	447
その他の野菜	(59)	2,379	721,261	303	186	296	195	276	217	277	195	305	183	306
輸入野菜計	(60)	721	204,288	283	48	300	50	316	57	314	63	294	61	293
その他の輸入野菜	(61)	242	77,496	320	9	591	9	720	9	678	8	590	12	460

6月		7月		8月		9月		10月		11月		12月		
数量	価格	数量	価格	数量	価格	数量	価格	数量	価格	数量	価格	数量	価格	
t	円/kg	t	円/kg	t	円/kg	t	円/kg	t	円/kg	t	円/kg	t	円/kg	
4,777	184	4,974	173	5,145	159	4,952	195	4,181	239	3,208	239	3,797	209	(1)
538	70	561	93	526	87	572	112	579	131	437	121	380	88	(2)
10	157	7	149	6	85	5	158	8	238	16	157	22	132	(3)
113	133	81	160	94	172	104	311	122	269	98	205	115	135	(4)
18	322	17	271	18	248	22	265	22	315	21	363	42	417	(5)
4	188	1	54	-	-	-	-	-	-	-	-	0	598	(6)
1	1,187	1	1,091	2	407	3	489	4	522	5	513	8	493	(7)
341	67	178	37	127	37	258	70	490	111	321	115	426	76	(8)
8	379	9	492	10	424	8	696	11	980	14	475	18	476	(9)
37	236	40	225	39	190	41	429	38	523	44	333	53	277	(10)
0	270	0	275	0	378	0	513	0	783	0	56	0	81	(11)
10	279	10	326	7	271	11	473	9	654	10	331	11	324	(12)
551	95	1,334	70	1,592	68	1,547	89	1,031	127	487	132	790	92	(13)
74	451	78	671	74	665	65	894	50	808	75	528	114	381	(14)
98	525	94	457	111	335	130	386	148	362	174	332	249	299	(15)
1	275	0	161	0	33	0	702	0	432	0	346	0	459	(16)
1	693	0	534	0	708	0	718	0	929	0	862	3	587	(17)
4	356	4	430	4	459	4	771	4	809	4	468	6	1,146	(18)
1	410	0	652	0	695	1	1,501	4	740	8	570	7	731	(19)
20	471	20	521	15	595	16	585	18	715	16	769	14	792	(20)
5	339	5	243	5	198	4	246	5	451	5	330	5	252	(21)
3	1,437	2	1,263	3	902	2	1,100	2	1,043	2	995	2	1,229	(22)
0	951	0	2,117	0	1,357	0	965	1	984	2	995	1	1,223	(23)
0	285	0	387	0	384	0	392	12	148	8	188	13	181	(24)
9	323	8	343	7	350	8	486	41	251	94	231	141	207	(25)
6	403	5	396	6	352	6	481	5	481	3	416	2	359	(26)
723	118	738	101	769	100	525	148	134	418	117	303	124	251	(27)
1	1,059	1	1,793	1	1,997	1	4,014	0	6,965	0	5,097	1	5,749	(28)
286	246	166	299	194	200	234	316	201	473	171	438	141	492	(29)
49	221	61	189	39	209	22	270	18	241	17	315	14	264	(30)
6	133	-	-	-	-	-	-	3	257	14	307	13	261	(31)
95	452	105	365	135	239	99	397	49	423	19	457	16	535	(32)
268	250	224	253	313	201	247	288	173	483	101	509	80	543	(33)
26	617	18	646	17	586	30	537	24	923	19	1,043	23	880	(34)
45	360	43	373	35	329	38	390	33	607	28	578	38	537	(35)
1	1,308	1	1,151	2	662	1	1,233	1	2,240	1	1,859	1	2,406	(36)
106	247	129	204	133	229	58	190	5	124	-	-	-	-	(37)
7	774	12	439	10	394	3	1,056	4	994	2	993	1	992	(38)
1	1,329	0	1,519	0	1,947	0	2,830	0	1,927	0	1,584	1	1,020	(39)
0	842	0	743	0	734	0	897	0	1,356	0	1,389	0	1,107	(40)
0	796	-	-	-	-	-	-	-	-	0	38	0	548	(41)
1	823	0	1,157	-	-	-	-	-	-	-	-	0	868	(42)
14	814	46	698	37	707	15	819	1	1,063	0	540	-	-	(43)
66	273	54	222	59	212	118	185	132	220	145	223	169	166	(44)
180	165	132	140	97	157	126	184	134	151	131	168	116	200	(45)
2	400	1	552	5	399	31	282	53	137	50	86	56	93	(46)
27	452	34	448	35	448	31	464	28	494	21	493	36	462	(47)
751	107	475	142	342	172	296	131	290	87	255	76	280	79	(48)
8	104	11	101	13	99	17	97	14	108	13	101	14	124	(49)
7	645	7	758	7	718	7	731	8	815	8	729	8	670	(50)
6	363	5	418	6	406	6	406	6	411	7	410	7	437	(51)
39	806	41	709	27	645	31	674	31	600	18	550	11	518	(52)
5	352	5	351	5	352	5	352	5	351	5	353	7	351	(53)
9	1,062	9	941	8	1,009	10	1,034	12	998	13	1,050	16	1,150	(54)
-	-	-	-	-	-	-	-	-	-	0	713	0	713	(55)
8	398	7	365	6	374	10	457	11	574	12	563	15	509	(56)
11	232	10	223	9	198	14	260	15	296	15	354	14	342	(57)
8	404	8	363	8	381	15	489	26	456	24	552	23	514	(58)
202	344	202	350	214	342	191	308	201	291	202	255	193	285	(59)
50	304	46	278	46	271	70	244	79	240	85	258	66	323	(60)
19	369	19	286	16	298	35	222	44	188	41	202	22	363	(61)

3 卸売市場別の月別野菜の卸売数量・価額・価格（続き）
(15) さいたま市青果市場

品　目		計			1月		2月		3月		4月		5月	
		数量	価額	価格	数量	価格	数量	価格	数量	価格	数量	価格	数量	価格
		t	千円	円/kg	t	円/kg	t	円/kg	t	円/kg	t	円/kg	t	円/kg
野　菜　計	(1)	124,851	28,221,503	226	10,221	192	10,417	210	10,588	230	11,645	219	11,097	215
根　菜　類														
だ　い　こ　ん	(2)	16,058	1,701,379	106	1,628	58	1,727	79	1,692	94	1,294	108	978	99
か　ぶ	(3)	1,369	158,111	115	104	104	83	125	92	137	174	106	194	94
に　ん　じ　ん	(4)	4,735	751,478	159	364	78	426	84	427	110	444	167	454	182
ご　ぼ　う	(5)	559	185,699	332	35	298	58	265	53	298	31	348	28	395
た　け　の　こ	(6)	85	35,499	419	2	738	2	922	14	771	65	320	1	199
れ　ん　こ　ん	(7)	432	268,161	620	43	514	37	600	34	678	26	747	20	754
葉茎菜類														
は　く　さ　い	(8)	6,912	591,424	86	885	44	694	60	438	116	404	101	343	65
み　ず　な	(9)	675	261,795	388	67	406	62	389	69	322	69	304	71	224
こ　ま　つ　な	(10)	1,231	435,428	354	104	383	91	414	110	358	119	297	121	231
その他の菜類	(11)	32	15,352	479	2	416	3	526	4	443	4	417	3	413
ちんげんさい	(12)	356	102,815	289	25	272	30	317	30	287	34	252	36	214
キ　ャ　ベ　ツ	(13)	19,341	1,972,482	102	1,517	58	1,618	66	1,616	94	2,222	121	2,120	100
ほうれんそう	(14)	1,554	870,774	560	161	529	157	499	131	530	130	490	123	448
ね　ぎ	(15)	4,067	1,536,742	378	328	311	358	294	340	326	281	409	276	509
ふ　き	(16)	63	22,014	351	3	395	2	590	6	425	21	374	15	262
う　ど	(17)	51	26,448	522	6	583	9	553	15	526	14	491	3	475
み　つ　ば	(18)	168	98,764	586	18	906	14	519	18	431	15	382	13	360
し　ゅ　ん　ぎ　く	(19)	140	98,574	704	19	728	17	590	15	521	7	599	5	649
に　ら	(20)	717	429,345	598	55	653	51	815	65	503	63	462	72	332
洋　菜　類														
セ　ル　リ　ー	(21)	416	116,128	279	30	259	53	235	55	294	34	334	27	355
アスパラガス	(22)	242	285,806	1,183	5	1,467	9	1,146	25	1,276	30	1,480	32	1,338
う　ち　輸　入	(23)	64	55,646	864	3	1,374	4	876	7	647	7	900	3	934
カリフラワー	(24)	172	48,173	280	11	286	13	341	11	334	17	259	20	199
ブ　ロ　ッ　コ　リ　ー	(25)	1,282	576,140	449	125	366	119	433	95	519	101	502	126	391
う　ち　輸　入	(26)	161	60,148	374	1	369	4	382	18	366	20	388	13	337
レ　タ　ス	(27)	5,177	1,128,015	218	367	264	321	331	361	312	412	219	513	155
パ　セ　リ	(28)	30	44,342	1,467	3	752	3	771	3	770	3	653	3	729
果　菜　類														
き　ゅ　う　り	(29)	5,173	1,672,871	323	258	453	274	455	433	334	530	246	623	241
か　ぼ　ち　ゃ	(30)	1,711	330,984	193	142	183	143	165	155	133	163	124	126	155
う　ち　輸　入	(31)	898	126,841	141	118	150	133	143	150	118	159	107	116	131
な　す	(32)	2,503	1,004,530	401	85	581	111	490	152	465	216	421	297	409
ト　マ　ト	(33)	6,933	2,607,141	376	427	443	484	432	494	491	658	376	809	286
ミ　ニ　ト　マ　ト	(34)	1,311	973,966	743	103	780	91	934	90	986	142	630	168	456
ピ　ー　マ　ン	(35)	1,193	610,657	512	59	735	56	916	89	687	112	546	128	439
ししとうがらし	(36)	30	46,827	1,574	1	2,594	1	1,952	1	2,097	1	1,989	2	1,788
スイートコーン	(37)	696	181,942	261	-	-	-	-	-	-	0	609	41	402
豆　類														
さやいんげん	(38)	129	107,905	834	12	729	11	967	12	858	6	1,169	12	876
さやえんどう	(39)	57	71,333	1,245	10	877	3	1,418	5	1,705	8	1,273	11	1,185
う　ち　輸　入	(40)	13	10,044	762	2	558	2	846	2	985	2	871	1	799
実　え　ん　ど　う	(41)	5	5,636	1,120	1	482	0	1,392	0	1,164	1	1,064	2	1,673
そ　ら　ま　め	(42)	68	36,329	530	6	375	1	985	0	2,843	15	660	35	497
え　だ　ま　め	(43)	237	160,774	678	-	-	-	-	1	563	2	600	14	907
土　物　類														
か　ん　し　ょ	(44)	2,991	616,582	206	331	200	398	203	315	218	246	216	146	246
ば　れ　い　し　ょ	(45)	5,282	962,199	182	469	120	543	175	657	201	665	225	485	220
さといも	(46)	563	166,277	296	44	309	47	303	37	300	24	267	14	356
やまのいも	(47)	662	301,560	456	68	368	46	415	52	410	53	443	44	473
た　ま　ね　ぎ	(48)	13,933	1,416,146	102	1,008	81	1,156	89	1,169	95	1,638	88	1,189	90
う　ち　輸　入	(49)	507	54,605	108	18	127	21	126	24	139	22	165	23	128
に　ん　に　く	(50)	124	106,849	860	10	776	11	796	11	742	11	905	12	893
うち輸入	(51)	79	26,370	335	7	292	7	305	7	294	6	325	7	335
し　ょ　う　が	(52)	218	146,985	674	11	660	13	664	14	661	18	695	20	764
うち輸入	(53)	69	22,565	325	5	335	5	342	6	341	7	317	5	326
きのこ類														
生しいたけ	(54)	716	719,328	1,005	60	1,103	54	1,082	59	995	59	923	52	957
うち輸入	(55)	33	19,815	604	3	620	3	606	3	602	2	567	2	572
な　め　こ	(56)	330	147,426	447	26	437	27	449	28	423	27	398	24	403
え　の　き　だ　け	(57)	779	186,969	240	80	252	77	283	64	202	58	181	43	203
し　め　じ	(58)	804	268,560	334	75	347	77	376	72	299	67	255	59	257
その他の野菜	(59)	12,538	3,610,839	288	1,030	255	835	345	958	329	908	326	1,146	292
輸入野菜計	(60)	2,698	619,227	230	202	248	230	253	275	236	274	216	224	221
その他の輸入野菜	(61)	873	243,194	279	46	422	50	477	58	432	49	365	53	331

	6月		7月		8月		9月		10月		11月		12月		
	数量	価格	数量	価格	数量	価格	数量	価格	数量	価格	数量	価格	数量	価格	
	t	円/kg	t	円/kg	t	円/kg	t	円/kg	t	円/kg	t	円/kg	t	円/kg	
	10,089	224	9,382	228	9,279	206	10,227	242	10,606	281	10,219	249	11,081	217	(1)
	879	96	932	122	1,034	123	1,403	143	1,507	156	1,330	126	1,653	89	(2)
	111	102	49	135	28	159	61	146	154	124	179	123	140	109	(3)
	521	126	416	149	316	162	309	299	380	268	293	205	385	133	(4)
	28	414	24	306	22	279	36	316	80	331	72	354	93	368	(5)
	0	126	0	90	-	-	-	-	-	-	0	1,068	1	530	(6)
	8	1,552	10	1,022	24	657	55	527	54	578	44	548	78	571	(7)
	380	68	320	39	280	48	431	95	739	141	1,002	115	996	85	(8)
	55	298	49	375	50	295	37	559	40	804	55	486	52	439	(9)
	99	267	108	249	102	205	94	477	92	611	103	425	89	408	(10)
	2	481	2	465	2	461	1	577	2	739	3	530	3	463	(11)
	31	243	32	245	26	192	28	378	30	426	29	352	25	304	(12)
	1,651	97	1,571	71	1,274	71	1,482	95	1,482	167	1,367	169	1,421	113	(13)
	109	494	80	646	78	674	80	900	123	827	168	569	215	428	(14)
	298	483	319	413	316	319	382	396	459	398	371	372	339	339	(15)
	2	363	0	486	-	-	0	437	4	363	5	321	4	321	(16)
	1	393	0	283	0	299	1	315	1	346	0	342	1	798	(17)
	11	369	13	464	12	414	13	665	13	696	12	518	16	1,130	(18)
	6	514	6	621	7	689	4	1,635	13	997	21	658	19	706	(19)
	75	364	68	436	60	534	63	680	50	924	48	882	48	957	(20)
	32	317	35	228	30	188	30	235	29	366	28	343	32	229	(21)
	25	1,348	24	1,168	32	984	24	1,010	15	875	11	838	9	974	(22)
	2	728	1	580	0	395	4	810	13	842	11	837	9	972	(23)
	9	290	7	362	9	338	9	324	14	302	20	270	31	239	(24)
	94	447	147	397	99	470	73	585	84	545	101	465	119	401	(25)
	13	359	12	350	17	311	23	384	19	438	11	416	9	378	(26)
	530	129	526	108	502	125	509	235	335	405	349	296	451	211	(27)
	2	1,037	3	1,335	2	1,414	2	2,739	2	4,012	2	2,521	2	2,940	(28)
	535	244	477	326	559	200	481	311	427	472	313	436	263	457	(29)
	120	195	175	226	123	220	152	221	171	220	131	274	110	216	(30)
	67	133	24	111	6	142	-	-	1	288	29	295	97	198	(31)
	275	424	274	389	320	223	265	379	232	396	156	454	121	502	(32)
	737	282	653	297	699	249	679	300	553	512	386	583	353	566	(33)
	100	585	105	673	100	626	108	606	103	985	91	1,098	109	870	(34)
	143	387	114	422	112	314	115	378	98	618	87	600	78	533	(35)
	2	1,154	3	1,063	6	807	4	1,164	3	2,231	2	2,203	2	2,893	(36)
	265	289	244	224	114	237	30	215	0	187	-	-	-	-	(37)
	14	861	14	642	15	460	7	945	7	1,362	8	973	10	774	(38)
	5	1,288	2	1,300	1	1,402	1	2,458	1	2,463	2	1,434	8	1,039	(39)
	1	759	1	470	1	260	0	804	1	1,022	1	944	1	796	(40)
	0	566	-	-	-	-	-	-	-	-	0	1,620	1	733	(41)
	11	460	1	472	-	-	-	-	-	-	-	-	0	948	(42)
	57	732	74	618	55	624	30	698	4	837	1	856	0	854	(43)
	101	260	135	226	170	211	265	193	291	204	244	202	349	169	(44)
	341	203	287	166	274	148	337	171	359	159	443	163	422	185	(45)
	5	520	5	502	10	394	43	382	99	265	85	221	149	303	(46)
	49	475	63	467	58	480	61	477	62	474	53	475	54	524	(47)
	730	132	632	180	965	174	1,338	129	1,295	85	1,407	72	1,406	76	(48)
	74	99	96	109	81	106	63	95	35	76	21	92	28	97	(49)
	10	870	9	831	11	765	10	845	9	900	11	960	9	1,053	(50)
	6	344	7	344	8	326	7	358	7	336	5	366	5	423	(51)
	29	761	29	719	25	658	18	562	15	566	13	614	13	612	(52)
	6	325	6	339	5	322	5	296	6	306	6	331	6	326	(53)
	55	898	58	833	49	882	58	1,085	74	1,057	67	1,062	71	1,111	(54)
	2	600	2	602	2	604	2	605	3	605	3	650	4	600	(55)
	24	388	25	378	26	383	29	483	33	553	31	551	31	457	(56)
	40	202	37	197	36	163	62	225	92	237	99	311	91	277	(57)
	64	224	57	200	50	198	62	352	75	432	75	511	72	445	(58)
	1,417	266	1,169	278	1,196	236	942	312	903	329	899	285	1,134	250	(59)
	215	193	215	186	190	184	211	208	221	259	195	274	245	271	(60)
	45	303	66	240	70	207	106	188	136	208	108	211	85	284	(61)

3 卸売市場別の月別野菜の卸売数量・価額・価格（続き）
(16) 上尾市青果市場

品目		計			1月		2月		3月		4月		5月	
		数量	価額	価格	数量	価格	数量	価格	数量	価格	数量	価格	数量	価格
		t	千円	円/kg	t	円/kg	t	円/kg	t	円/kg	t	円/kg	t	円/kg
野　菜　計	(1)	30,950	7,623,586	246	2,457	217	2,457	238	2,572	251	2,849	241	2,614	234
根　菜　類														
だ　い　こ　ん	(2)	2,666	260,798	98	220	58	186	84	172	99	185	104	196	93
か　ぶ	(3)	551	57,432	104	61	69	32	123	89	121	109	102	53	98
に　ん　じ　ん	(4)	2,041	324,620	159	143	77	166	79	173	91	189	159	168	195
ご　ぼ　う	(5)	191	61,647	323	11	345	16	357	19	357	12	355	14	253
た　け　の　こ	(6)	48	15,610	324	-	-	0	756	6	680	40	274	1	120
れ　ん　こ　ん	(7)	111	66,991	605	11	481	16	583	10	681	8	812	5	725
葉　茎　菜　類														
は　く　さ　い	(8)	1,973	149,765	76	170	42	146	50	100	108	120	85	136	46
み　ず　な	(9)	114	40,955	361	11	353	9	329	9	311	11	265	11	205
こ　ま　つ　な	(10)	403	139,583	347	31	383	33	395	35	346	38	299	42	206
そ　の　他　の　菜　類	(11)	13	5,684	452	1	480	1	578	2	382	2	368	2	337
ち　ん　げ　ん　さ　い	(12)	103	29,835	289	10	249	10	294	9	312	9	255	8	237
キ　ャ　ベ　ツ	(13)	4,043	379,606	94	377	60	382	67	311	91	317	114	296	98
ほ　う　れ　ん　そ　う	(14)	438	251,004	574	34	532	37	532	37	519	33	474	34	460
ね　ぎ	(15)	989	327,829	332	111	258	99	247	85	275	57	356	74	451
ふ　き	(16)	21	7,406	356	2	391	1	589	4	448	6	314	4	259
う　ど	(17)	15	9,115	616	1	639	3	630	6	559	5	677	0	461
み　つ　ば	(18)	32	16,533	516	3	720	3	513	3	391	3	408	3	383
し　ゅ　ん　ぎ　く	(19)	42	25,354	601	5	658	4	494	6	489	3	536	1	748
に　ら	(20)	375	215,226	575	31	641	31	791	35	525	39	482	38	383
洋　菜　類														
セ　ル　リ　ー	(21)	93	25,937	280	14	265	13	236	8	348	6	363	8	345
ア　ス　パ　ラ　ガ　ス	(22)	41	43,736	1,076	1	1,330	2	926	6	810	6	1,248	6	1,275
う　ち　輸　入	(23)	19	14,931	785	1	1,330	2	876	5	549	3	803	1	760
カ　リ　フ　ラ　ワ　ー	(24)	50	14,268	283	4	241	5	303	3	271	9	293	4	183
ブ　ロ　ッ　コ　リ　ー	(25)	456	200,835	440	42	335	36	437	38	510	78	450	53	406
う　ち　輸　入	(26)	73	30,188	414	0	501	2	498	5	505	8	425	9	358
レ　タ　ス	(27)	1,367	297,083	217	76	290	89	338	112	278	159	190	102	171
パ　セ　リ	(28)	10	12,298	1,276	1	1,024	1	1,017	1	841	1	616	1	782
果　菜　類														
き　ゅ　う　り	(29)	1,759	606,820	345	111	471	102	471	137	343	197	253	214	245
か　ぼ　ち　ゃ	(30)	898	143,786	160	72	150	81	142	109	118	99	112	76	158
う　ち　輸　入	(31)	678	94,205	139	67	136	80	139	108	114	99	109	70	135
な　す	(32)	1,069	403,509	378	39	552	48	474	50	483	65	449	86	434
ト　マ　ト	(33)	2,367	827,323	350	145	427	172	399	168	452	203	349	244	255
ミ　ニ　ト　マ　ト	(34)	468	336,573	719	24	853	21	1,028	24	1,038	32	661	35	512
ピ　ー　マ　ン	(35)	558	264,791	474	25	584	20	821	41	617	54	502	61	417
し　し　と　う　が　ら　し	(36)	12	19,332	1,553	1	2,247	1	1,782	1	1,994	1	1,740	1	1,632
ス　イ　ー　ト　コ　ー　ン	(37)	171	42,907	251	-	-	-	-	-	-	-	-	3	484
豆　類														
さ　や　い　ん　げ　ん	(38)	51	38,094	743	3	772	5	823	6	786	2	1,093	3	843
さ　や　え　ん　ど　う	(39)	18	22,631	1,277	3	980	1	1,676	2	1,671	3	1,284	4	935
う　ち　輸　入	(40)	1	824	975	0	830	0	983	0	1,439	-	-	0	738
実　え　ん　ど　う	(41)	3	3,045	1,018	0	699	0	1,278	0	1,492	2	1,093	0	1,207
そ　ら　ま　め	(42)	20	9,803	495	3	484	0	924	0	2,160	6	651	9	384
え　だ　ま　め	(43)	51	36,739	716	-	-	-	-	0	411	-	-	3	1,154
土　物　類														
か　ん　し　ょ	(44)	558	91,496	164	60	161	70	162	55	172	49	161	17	190
ば　れ　い　し　ょ	(45)	1,472	274,944	187	116	121	150	177	224	190	177	231	129	231
さ　と　い　も	(46)	168	52,077	310	15	339	24	321	24	374	15	255	3	277
や　ま　の　い　も	(47)	140	67,357	482	13	423	13	420	15	422	14	454	13	476
た　ま　ね　ぎ	(48)	2,740	259,941	95	263	68	251	79	246	79	300	81	278	90
う　ち　輸　入	(49)	274	26,167	95	35	80	22	82	6	219	5	137	5	119
に　ん　に　く	(50)	35	39,105	1,133	2	1,134	3	1,117	2	1,069	3	935	6	788
う　ち　輸　入	(51)	13	5,849	454	1	443	1	364	1	395	2	427	2	466
し　ょ　う　が	(52)	101	77,314	763	3	638	4	694	10	614	12	790	9	900
う　ち　輸　入	(53)	12	4,015	322	1	325	1	323	1	323	1	323	1	323
き　の　こ　類														
生　し　い　た　け	(54)	77	78,009	1,019	7	1,197	8	1,076	6	1,074	6	901	5	1,014
う　ち　輸　入	(55)	2	926	451	0	440	1	419	0	594	0	253	0	602
な　め　こ	(56)	43	19,550	454	3	464	4	451	4	435	4	435	3	435
え　の　き　だ　け	(57)	337	95,808	284	36	303	33	311	32	226	18	220	17	230
し　め　じ	(58)	102	42,106	413	10	434	11	471	12	348	9	320	6	334
そ　の　他　の　野　菜	(59)	1,548	791,374	511	132	449	117	502	124	492	130	519	128	524
輸　入　野　菜　計	(60)	1,421	298,305	210	122	187	127	216	148	211	135	198	111	223
そ　の　他　の　輸　入　野　菜	(61)	348	121,201	348	16	517	18	608	22	515	17	487	23	404

	6月		7月		8月		9月		10月		11月		12月		
	数量	価格	数量	価格	数量	価格	数量	価格	数量	価格	数量	価格	数量	価格	
	t	円/kg	t	円/kg	t	円/kg	t	円/kg	t	円/kg	t	円/kg	t	円/kg	
	2,619	230	2,688	245	2,720	213	2,576	252	2,522	303	2,413	282	2,462	256	(1)
	181	90	317	101	274	92	261	117	290	121	194	111	191	91	(2)
	33	90	18	97	11	100	20	120	47	124	45	104	34	107	(3)
	146	131	131	155	154	146	186	258	258	226	184	189	142	132	(4)
	23	215	14	313	11	325	15	301	14	327	21	379	21	365	(5)
	-	-	-	-	-	-	-	-	-	-	-	-	0	302	(6)
	1	1,168	2	969	5	603	12	509	13	530	11	547	17	611	(7)
	164	50	148	34	87	41	201	81	182	128	265	114	254	85	(8)
	9	257	8	310	9	242	6	505	8	769	12	454	10	416	(9)
	40	266	37	251	35	191	30	499	27	662	28	427	28	418	(10)
	1	416	1	403	1	393	1	546	1	702	1	603	1	567	(11)
	8	194	5	279	4	228	5	411	9	403	11	336	16	278	(12)
	366	83	348	69	370	67	370	89	325	148	265	164	315	110	(13)
	40	510	34	618	26	698	25	836	32	825	47	620	58	452	(14)
	91	451	90	389	65	267	50	376	65	358	96	327	106	291	(15)
	-	-	-	-	-	-	-	-	1	424	2	355	1	340	(16)
	-	-	-	-	-	-	-	-	-	-	-	-	-	-	(17)
	2	341	3	398	2	352	2	625	3	588	2	444	3	988	(18)
	1	571	1	577	0	899	1	1,409	4	693	8	537	7	591	(19)
	33	387	35	462	27	520	27	609	24	749	25	765	29	771	(20)
	6	284	7	229	9	181	6	241	4	392	4	400	9	256	(21)
	3	1,332	5	1,152	4	881	2	865	2	996	2	986	1	939	(22)
	1	380	0	115	-	-	1	832	2	983	2	986	1	939	(23)
	1	356	4	350	2	248	3	319	4	353	4	270	6	257	(24)
	17	475	21	426	16	505	16	560	37	510	50	437	51	386	(25)
	6	406	5	404	5	348	9	425	11	432	8	414	5	381	(26)
	128	121	138	116	156	127	131	226	95	395	100	283	81	239	(27)
	1	879	1	1,354	1	1,253	1	1,948	0	2,548	0	1,988	1	3,007	(28)
	156	261	143	329	184	220	150	339	143	504	111	466	111	490	(29)
	100	158	88	139	32	183	49	208	63	195	46	268	84	202	(30)
	85	136	58	106	3	138	-	-	6	216	24	292	77	194	(31)
	116	418	157	362	174	192	129	356	85	368	72	406	48	492	(32)
	176	249	211	294	402	217	262	299	178	542	105	593	100	572	(33)
	30	606	65	666	102	510	50	653	32	992	27	1,061	25	910	(34)
	67	385	54	381	57	326	59	369	37	601	46	579	37	539	(35)
	1	1,544	1	1,368	2	904	1	1,199	1	1,624	1	1,480	1	2,107	(36)
	62	285	80	228	20	221	5	205	-	-	-	-	-	-	(37)
	6	703	8	556	6	412	4	828	2	1,316	1	1,027	4	698	(38)
	1	1,208	0	1,629	0	2,320	0	4,433	0	4,172	1	1,753	3	1,050	(39)
	0	621	0	270	-	-	-	-	-	-	0	840	-	-	(40)
	0	514	-	-	-	-	-	-	-	-	-	-	0	837	(41)
	2	375	-	-	-	-	-	-	-	-	-	-	0	1,152	(42)
	11	907	14	646	15	567	5	687	3	708	-	-	-	-	(43)
	18	224	20	268	48	158	61	127	37	147	53	171	72	154	(44)
	90	201	97	178	70	157	88	181	120	162	110	176	102	199	(45)
	1	595	0	232	0	261	4	320	26	317	25	260	31	294	(46)
	12	507	6	567	10	515	10	533	18	481	8	578	8	545	(47)
	274	129	168	153	140	160	156	129	163	85	242	69	259	74	(48)
	29	82	40	107	51	104	50	95	15	77	10	70	7	83	(49)
	4	744	2	1,064	3	958	2	1,482	2	2,032	3	1,836	2	1,635	(50)
	2	382	1	514	1	531	1	589	1	547	1	447	0	561	(51)
	13	874	20	814	12	732	6	703	4	645	3	673	4	655	(52)
	1	320	1	320	1	325	1	321	1	321	1	322	1	320	(53)
	5	934	5	841	4	916	6	1,001	8	1,019	8	1,025	9	1,074	(54)
	0	648	0	648	-	-	-	-	0	648	0	648	0	548	(55)
	4	401	3	418	3	392	4	484	3	554	3	559	4	444	(56)
	16	230	15	223	15	206	25	270	39	312	46	336	45	336	(57)
	6	327	4	334	7	234	8	434	10	477	9	574	10	510	(58)
	151	525	158	564	145	540	121	487	104	536	116	508	121	474	(59)
	155	181	139	159	86	184	97	202	85	256	88	288	129	257	(60)
	30	332	33	262	25	303	35	259	49	242	42	283	37	370	(61)

3　卸売市場別の月別野菜の卸売数量・価額・価格（続き）
(17)　千葉市青果市場

品目		計 数量	計 価額	計 価格	1月 数量	1月 価格	2月 数量	2月 価格	3月 数量	3月 価格	4月 数量	4月 価格	5月 数量	5月 価格
		t	千円	円／kg	t	円／kg	t	円／kg	t	円／kg	t	円／kg	t	円／kg
野菜計	(1)	**89,746**	**14,300,026**	**159**	**7,730**	**123**	**7,633**	**136**	**7,977**	**145**	**7,904**	**151**	**8,172**	**155**
根菜類														
だいこん	(2)	16,020	1,502,277	94	1,285	54	1,156	78	1,408	87	1,335	90	1,256	87
かぶ	(3)	371	52,471	141	34	114	36	127	48	139	42	138	44	130
にんじん	(4)	3,856	587,287	152	336	84	311	77	282	98	304	143	461	174
ごぼう	(5)	410	128,167	313	51	235	35	278	57	226	30	371	32	378
たけのこ	(6)	34	14,601	434	0	891	1	1,113	9	654	21	328	1	110
れんこん	(7)	207	110,625	535	23	393	23	492	20	589	10	685	5	756
葉茎菜類														
はくさい	(8)	11,711	913,246	78	1,255	50	1,050	58	300	102	676	87	896	57
みずな	(9)	199	66,539	335	17	318	18	297	19	243	22	202	20	182
こまつな	(10)	900	235,919	262	74	268	63	299	82	273	93	218	97	179
その他の菜類	(11)	24	6,789	288	4	217	2	386	3	336	2	259	2	173
ちんげんさい	(12)	239	58,341	244	17	229	18	242	24	223	24	206	23	221
キャベツ	(13)	24,373	2,006,935	82	2,288	54	2,430	58	2,984	66	2,410	87	2,211	89
ほうれんそう	(14)	571	272,432	477	75	390	81	398	71	413	49	427	40	448
ねぎ	(15)	1,930	628,208	326	227	212	200	216	187	249	120	329	131	453
ふき	(16)	13	5,161	389	1	389	0	551	1	422	5	397	1	386
うど	(17)	6	3,021	506	0	559	2	493	3	507	1	538	0	353
みつば	(18)	88	46,919	533	7	706	8	471	8	447	9	340	8	341
しゅんぎく	(19)	41	24,233	591	7	565	6	473	4	435	2	436	1	556
にら	(20)	363	185,727	511	26	521	26	630	36	441	37	405	39	344
洋菜類														
セルリー	(21)	162	46,914	290	13	255	20	229	17	302	9	348	13	364
アスパラガス	(22)	78	79,798	1,022	2	1,244	6	869	7	892	7	1,373	15	1,252
うち輸入	(23)	27	21,499	785	2	1,222	5	769	4	599	1	779	0	871
カリフラワー	(24)	35	10,350	299	1	351	2	354	1	328	6	247	4	238
ブロッコリー	(25)	537	202,524	377	39	318	36	379	27	428	42	331	54	358
うち輸入	(26)	103	24,823	240	-	-	0	166	3	319	20	151	10	221
レタス	(27)	3,198	627,217	196	206	216	213	257	235	217	266	165	288	145
パセリ	(28)	24	28,662	1,182	2	841	2	793	3	720	3	634	2	810
果菜類														
きゅうり	(29)	2,338	775,119	332	202	398	204	397	232	309	234	245	246	256
かぼちゃ	(30)	1,567	241,596	154	113	145	132	142	210	98	228	92	185	124
うち輸入	(31)	1,112	134,834	121	110	136	126	123	206	90	225	83	177	105
なす	(32)	1,229	387,331	315	30	436	40	449	50	419	72	340	92	387
トマト	(33)	2,929	927,357	317	134	407	136	415	140	460	226	338	311	261
ミニトマト	(34)	570	417,953	733	46	730	36	898	41	944	58	626	73	500
ピーマン	(35)	968	414,959	429	36	628	38	732	70	542	87	418	119	355
ししとうがらし	(36)	20	24,111	1,177	1	1,934	1	1,631	1	1,929	1	1,569	1	1,475
スイートコーン	(37)	353	87,086	246	-	-	-	-	0	779	1	416	16	420
豆類														
さやいんげん	(38)	133	114,840	864	8	821	10	872	8	911	8	1,040	14	941
さやえんどう	(39)	38	47,181	1,240	5	1,039	1	1,945	4	1,480	6	1,167	7	977
うち輸入	(40)	1	794	832	0	669	0	1,079	0	1,175	0	775	-	-
実えんどう	(41)	4	3,492	909	1	636	0	300	0	1,259	0	1,356	1	1,287
そらまめ	(42)	43	20,237	468	5	444	0	891	0	2,875	12	504	21	418
えだまめ	(43)	116	84,131	725	-	-	-	-	-	-	0	1,246	3	1,054
土物類														
かんしょ	(44)	726	152,428	210	87	207	96	205	83	205	54	204	37	241
ばれいしょ	(45)	3,364	581,541	173	286	116	329	148	405	190	393	207	249	235
さといも	(46)	356	90,077	253	28	208	32	223	27	251	23	221	23	301
やまのいも	(47)	345	160,439	465	23	411	31	407	30	401	31	421	26	486
たまねぎ	(48)	5,908	535,336	91	469	66	519	74	565	75	676	76	785	79
うち輸入	(49)	32	3,715	114	1	83	1	85	10	119	2	200	1	212
にんにく	(50)	70	62,678	895	5	1,026	6	947	6	930	8	1,022	10	878
うち輸入	(51)	39	12,134	313	2	268	3	281	3	296	3	296	3	310
しょうが	(52)	191	122,483	641	10	571	12	568	13	591	14	641	17	733
うち輸入	(53)	45	15,344	338	3	328	4	333	4	329	4	328	4	364
きのこ類														
生しいたけ	(54)	104	106,094	1,016	9	1,101	8	1,013	10	934	8	969	7	992
うち輸入	(55)	0	18	181	-	-	-	-	-	-	0	213	-	-
なめこ	(56)	51	23,782	462	5	418	5	452	5	394	4	384	3	440
えのきだけ	(57)	200	45,910	229	19	245	16	275	16	175	15	166	13	192
しめじ	(58)	437	185,718	425	41	449	40	478	45	383	44	325	38	319
その他の野菜	(59)	2,295	843,785	368	176	379	194	334	181	368	177	345	228	354
輸入野菜計	(60)	1,948	435,860	224	136	204	164	209	263	151	291	129	268	168
その他の輸入野菜	(61)	587	222,698	379	16	504	24	521	33	430	37	338	73	295

	6月		7月		8月		9月		10月		11月		12月		
	数量	価格	数量	価格	数量	価格	数量	価格	数量	価格	数量	価格	数量	価格	
	t	円/kg	t	円/kg	t	円/kg	t	円/kg	t	円/kg	t	円/kg	t	円/kg	
	7,342	163	6,201	164	6,478	149	6,987	171	7,787	207	7,507	187	8,027	163	(1)
	948	80	949	99	1,324	91	1,502	105	1,760	133	1,711	114	1,384	82	(2)
	29	137	16	150	8	194	7	330	12	277	43	141	51	119	(3)
	480	118	254	131	301	139	240	302	293	291	255	201	339	126	(4)
	38	355	34	264	20	261	19	314	20	377	19	433	56	380	(5)
	1	61	0	27	-	-	-	-	-	-	-	-	0	1,717	(6)
	5	1,336	5	766	13	508	22	452	25	493	26	502	31	505	(7)
	810	66	717	62	680	64	885	79	1,495	118	1,460	103	1,487	73	(8)
	15	266	17	283	15	202	13	551	11	895	16	470	16	420	(9)
	82	214	72	191	68	160	61	325	69	498	70	302	70	284	(10)
	1	216	1	200	1	171	1	288	1	380	2	439	3	342	(11)
	22	217	20	207	17	191	15	316	18	375	21	270	19	270	(12)
	2,032	78	1,528	64	1,467	63	1,692	81	1,665	141	1,602	140	2,065	94	(13)
	31	475	26	549	23	578	22	795	31	807	50	538	73	439	(14)
	120	513	114	409	120	338	127	390	160	415	190	334	234	271	(15)
	0	176	0	253	-	-	-	-	1	410	2	350	2	363	(16)
	0	859	0	330	0	250	0	279	-	-	-	-	0	810	(17)
	7	333	6	351	6	350	6	668	7	780	7	489	9	1,073	(18)
	1	682	1	688	1	685	1	1,633	3	860	7	604	8	610	(19)
	33	395	31	399	29	446	26	564	26	729	27	705	27	759	(20)
	16	306	12	222	13	172	11	229	10	469	13	403	15	256	(21)
	5	1,350	7	1,008	8	823	10	818	4	822	5	836	3	837	(22)
	-	-	-	-	0	540	3	658	3	781	5	836	3	837	(23)
	2	293	1	328	1	315	4	279	5	341	3	327	4	332	(24)
	58	408	68	342	50	355	47	391	39	450	31	437	46	377	(25)
	8	221	10	249	6	209	18	269	13	289	9	301	8	283	(26)
	267	140	385	143	347	164	281	224	218	329	238	228	253	209	(27)
	2	879	2	1,021	2	1,094	2	1,503	2	2,516	1	2,072	2	2,989	(28)
	210	267	175	318	224	206	170	319	151	503	128	455	162	466	(29)
	149	166	89	190	76	226	89	193	88	215	87	293	120	178	(30)
	100	112	-	-	-	-	-	-	3	254	61	291	103	183	(31)
	147	365	187	277	223	167	158	269	115	342	60	430	54	455	(32)
	363	244	339	237	424	199	382	242	192	494	128	575	155	520	(33)
	57	616	43	581	46	535	52	643	37	1,107	37	1,092	44	928	(34)
	129	324	118	309	75	316	74	390	52	606	75	561	95	458	(35)
	2	1,111	3	926	3	663	1	973	1	1,656	2	1,208	4	1,096	(36)
	92	274	144	212	78	247	23	226	-	-	-	-	-	-	(37)
	14	942	15	605	16	505	12	998	9	1,342	6	1,093	12	749	(38)
	6	1,095	2	1,289	1	2,380	0	5,386	0	3,742	2	1,432	4	1,142	(39)
	-	-	-	-	-	-	-	-	0	915	0	758	0	660	(40)
	1	560	0	300	0	300	0	300	0	324	0	562	0	959	(41)
	4	517	0	321	-	-	-	-	-	-	-	-	1	995	(42)
	33	859	36	686	33	587	8	742	3	824	0	702	0	923	(43)
	30	241	16	252	39	202	65	175	78	210	67	232	72	207	(44)
	280	208	164	159	132	135	250	152	321	150	294	158	262	185	(45)
	22	328	12	361	10	432	23	309	47	223	41	205	67	239	(46)
	29	502	30	455	34	453	31	487	27	509	25	517	28	549	(47)
	462	112	271	167	267	189	385	120	519	84	498	73	494	75	(48)
	0	208	6	111	3	116	3	75	1	93	2	95	4	107	(49)
	6	812	5	715	6	791	5	876	4	985	4	864	5	858	(50)
	3	311	4	293	4	301	3	323	3	351	3	354	4	356	(51)
	22	769	25	652	22	623	18	570	14	610	13	622	13	629	(52)
	4	345	4	312	4	326	3	322	3	355	3	357	4	360	(53)
	6	887	5	882	6	939	8	997	12	1,123	14	1,042	13	1,104	(54)
	0	108	-	-	-	-	-	-	-	-	-	-	-	-	(55)
	3	421	4	385	3	386	4	523	5	617	5	606	5	477	(56)
	13	180	13	145	14	110	16	228	19	280	21	341	24	284	(57)
	32	317	28	290	27	292	35	413	39	557	36	637	33	598	(58)
	228	350	211	365	208	329	187	383	177	435	167	382	162	409	(59)
	195	204	102	267	66	351	73	389	57	474	137	370	195	283	(60)
	80	307	79	277	49	389	43	447	30	583	53	438	70	406	(61)

3 卸売市場別の月別野菜の卸売数量・価額・価格（続き）
(18) 船橋市青果市場

品目		計 数量	計 価額	計 価格	1月 数量	1月 価格	2月 数量	2月 価格	3月 数量	3月 価格	4月 数量	4月 価格	5月 数量	5月 価格
		t	千円	円/kg	t	円/kg	t	円/kg	t	円/kg	t	円/kg	t	円/kg
野菜計	(1)	34,568	7,737,073	224	2,827	198	2,702	216	2,906	224	3,189	211	3,205	204
根菜類														
だいこん	(2)	3,044	306,485	101	195	61	226	76	231	97	368	98	357	84
かぶ	(3)	820	81,266	99	64	99	56	117	74	112	135	90	50	117
にんじん	(4)	2,760	367,169	133	263	63	220	78	265	91	122	164	287	159
ごぼう	(5)	200	49,774	249	14	201	9	262	9	240	2	336	3	358
たけのこ	(6)	27	9,525	349	0	564	0	613	4	745	22	279	1	126
れんこん	(7)	301	169,466	562	31	438	30	545	29	628	13	765	11	678
葉茎菜類														
はくさい	(8)	1,179	110,387	94	160	51	98	69	50	127	41	107	47	65
みずな	(9)	155	56,893	366	16	356	14	340	14	322	16	283	16	219
こまつな	(10)	755	254,485	337	74	345	69	369	65	350	72	299	65	216
その他の菜類	(11)	7	3,281	457	2	350	2	469	2	467	0	425	0	151
ちんげんさい	(12)	129	35,388	274	10	255	11	278	13	265	11	242	14	199
キャベツ	(13)	3,954	389,263	98	357	51	310	62	338	88	349	103	489	91
ほうれんそう	(14)	675	322,777	478	93	458	95	435	76	460	61	457	45	441
ねぎ	(15)	1,352	444,052	328	132	226	128	226	139	248	115	333	99	450
ふき	(16)	15	4,618	304	1	399	0	484	1	414	8	249	2	357
うど	(17)	3	556	187	-	-	0	393	1	237	0	378	1	176
みつば	(18)	32	19,059	588	2	626	3	592	5	548	4	432	2	325
しゅんぎく	(19)	124	72,455	586	22	580	13	501	11	469	5	584	6	453
にら	(20)	177	100,084	565	17	583	13	796	15	517	14	477	16	335
洋菜類														
セルリー	(21)	90	23,677	264	5	282	10	238	12	286	7	310	5	316
アスパラガス	(22)	60	60,340	1,009	1	1,357	2	868	4	999	5	1,407	8	1,264
うち輸入	(23)	25	19,453	781	1	1,286	2	868	3	705	1	827	-	-
カリフラワー	(24)	48	12,750	263	3	253	5	282	6	307	5	291	5	205
ブロッコリー	(25)	508	198,400	390	66	280	44	359	33	416	20	510	32	393
うち輸入	(26)	25	8,126	327	0	414	0	387	1	367	2	375	2	316
レタス	(27)	1,340	269,141	201	125	262	87	296	74	286	116	183	145	149
パセリ	(28)	13	18,583	1,447	1	1,036	1	967	1	920	2	788	1	960
果菜類														
きゅうり	(29)	1,523	537,446	353	94	465	111	451	122	346	139	268	151	255
かぼちゃ	(30)	1,510	254,926	169	119	161	136	146	131	124	149	110	141	135
うち輸入	(31)	931	128,949	138	108	143	131	133	126	111	146	99	132	110
なす	(32)	893	323,894	363	18	586	28	477	45	459	75	423	109	406
トマト	(33)	1,623	563,159	347	76	460	90	430	98	505	121	366	180	258
ミニトマト	(34)	397	283,173	713	30	724	28	857	34	906	39	679	37	453
ピーマン	(35)	651	295,539	454	28	684	29	881	48	645	75	489	93	377
ししとうがらし	(36)	18	27,703	1,540	1	2,448	1	1,806	1	2,006	1	1,979	1	1,719
スイートコーン	(37)	345	80,415	233	-	-	-	-	-	-	-	-	10	321
豆類														
さやいんげん	(38)	70	64,277	913	3	1,162	4	1,229	6	1,044	5	1,073	8	869
さやえんどう	(39)	29	34,454	1,202	5	1,061	2	1,772	3	1,519	3	1,173	4	859
うち輸入	(40)	4	2,926	804	1	537	0	794	0	1,063	1	909	0	775
実えんどう	(41)	2	2,045	1,095	0	682	0	1,350	0	1,407	0	1,344	1	1,441
そらまめ	(42)	74	34,054	462	4	457	0	1,031	0	1,977	14	598	42	414
えだまめ	(43)	93	48,511	520	-	-	-	-	-	-	0	1,458	8	724
土物類														
かんしょ	(44)	867	166,878	193	92	185	81	200	73	220	68	194	35	280
ばれいしょ	(45)	1,947	349,366	179	160	123	142	183	200	215	258	224	146	212
さといも	(46)	210	52,467	249	8	291	12	255	8	303	9	230	4	398
やまのいも	(47)	227	96,179	424	14	410	20	397	20	394	21	384	19	401
たまねぎ	(48)	3,419	324,067	95	236	67	297	70	378	86	465	88	287	85
うち輸入	(49)	1	259	288	-	-	-	-	-	-	1	288	-	-
にんにく	(50)	31	45,251	1,456	1	1,371	3	1,396	3	1,332	1	1,354	2	1,009
うち輸入	(51)	4	1,325	374	0	333	0	340	0	344	0	340	0	311
しょうが	(52)	44	30,011	687	3	702	3	695	3	677	3	659	3	687
うち輸入	(53)	8	2,807	349	1	368	1	368	1	367	1	357	1	342
きのこ類														
生しいたけ	(54)	128	144,018	1,125	12	1,184	10	1,149	11	1,116	11	1,083	10	1,079
うち輸入	(55)	-	-	-	-	-	-	-	-	-	-	-	-	-
なめこ	(56)	55	24,133	441	4	474	4	462	4	443	4	394	5	394
えのきだけ	(57)	167	44,311	265	22	269	17	296	18	211	12	229	10	231
しめじ	(58)	247	103,257	418	23	435	21	477	24	371	20	341	17	344
その他の野菜	(59)	2,228	427,666	192	220	174	215	174	206	175	185	182	173	187
輸入野菜計	(60)	1,045	198,290	190	116	183	140	177	138	156	155	126	139	132
その他の輸入野菜	(61)	48	34,446	714	5	743	6	801	7	679	4	657	4	651

6月		7月		8月		9月		10月		11月		12月		
数量	価格	数量	価格	数量	価格	数量	価格	数量	価格	数量	価格	数量	価格	
t	円/kg	t	円/kg	t	円/kg	t	円/kg	t	円/kg	t	円/kg	t	円/kg	
3,047	205	2,487	242	2,246	216	2,440	252	2,882	269	3,217	236	3,419	220	(1)
225	85	134	125	115	116	170	134	313	138	406	114	303	89	(2)
23	140	13	191	8	178	33	94	154	79	140	89	70	104	(3)
559	99	228	145	126	137	99	311	114	297	199	200	279	122	(4)
2	361	5	283	3	256	49	183	37	248	46	273	22	334	(5)
0	216	-	-	-	-	-	-	0	1,944	0	1,944	0	782	(6)
5	1,044	10	723	21	549	31	492	35	510	34	517	51	566	(7)
59	78	43	52	43	63	60	108	113	161	197	130	269	81	(8)
11	291	13	338	12	236	8	522	8	805	14	473	13	458	(9)
52	267	47	238	43	178	48	480	67	525	71	363	82	346	(10)
-	-	-	-	-	-	-	-	0	629	1	637	1	478	(11)
12	207	11	236	9	237	10	345	11	400	10	317	7	371	(12)
371	86	220	67	183	69	263	99	314	169	389	165	371	107	(13)
40	445	21	513	15	632	18	876	34	744	67	500	110	395	(14)
97	426	119	377	93	325	81	436	103	394	113	343	134	277	(15)
0	177	-	-	-	-	-	-	1	384	2	329	1	345	(16)
1	108	-	-	-	-	-	-	-	-	-	-	-	-	(17)
2	324	3	396	2	316	3	665	2	796	2	489	3	1,283	(18)
3	483	2	756	2	788	1	1,429	9	792	23	550	27	620	(19)
17	322	16	370	16	443	14	606	14	820	14	790	11	942	(20)
9	266	7	197	9	136	5	229	5	402	6	338	9	249	(21)
6	1,294	5	1,149	6	772	6	904	9	573	4	858	3	1,091	(22)
-	-	-	-	0	1,404	2	948	9	555	4	858	3	1,091	(23)
3	248	2	417	1	371	1	381	3	246	5	248	9	199	(24)
40	379	45	419	41	438	25	562	40	452	50	408	72	319	(25)
3	322	2	278	2	276	4	328	4	343	3	341	1	315	(26)
145	119	135	102	125	126	84	239	67	390	102	247	135	212	(27)
1	1,145	1	1,386	1	1,384	1	2,487	1	2,936	1	2,374	1	2,602	(28)
137	261	161	347	170	225	116	354	111	510	98	456	112	472	(29)
115	172	146	165	126	189	122	196	118	180	100	278	108	219	(30)
78	133	41	121	18	140	1	140	0	254	58	283	93	203	(31)
115	370	131	346	132	194	95	332	64	366	49	376	31	521	(32)
207	257	157	285	197	235	205	273	138	485	83	539	72	524	(33)
27	556	33	573	36	572	44	589	33	904	27	1,026	30	860	(34)
87	324	65	381	44	235	52	317	40	561	47	541	42	488	(35)
2	1,217	3	1,278	2	812	2	1,231	2	1,695	1	1,722	1	3,153	(36)
76	257	178	214	72	247	5	152	4	270	-	-	-	-	(37)
11	851	9	689	8	600	4	1,044	2	1,515	4	958	5	872	(38)
2	1,071	1	1,563	1	2,309	1	2,110	0	1,917	1	1,390	7	1,000	(39)
0	495	0	473	0	293	1	905	0	974	-	-	-	-	(40)
0	692	-	-	-	-	-	-	-	-	-	-	0	635	(41)
12	357	0	388	-	-	-	-	-	-	-	-	1	907	(42)
25	529	38	479	17	463	4	533	1	959	-	-	-	-	(43)
27	259	25	213	50	178	118	163	109	199	93	191	95	154	(44)
152	173	114	139	118	134	129	171	162	161	165	168	200	191	(45)
2	779	0	696	6	415	27	292	34	241	26	186	74	214	(46)
23	396	21	443	23	429	20	448	19	448	10	495	17	485	(47)
136	167	115	196	163	191	262	128	325	80	367	69	388	73	(48)
-	-	-	-	-	-	-	-	-	-	-	-	-	-	(49)
4	1,125	6	1,639	3	1,551	3	1,236	2	2,044	3	1,814	1	1,816	(50)
0	332	0	403	0	428	0	426	0	427	0	386	0	445	(51)
6	721	7	685	4	593	3	677	3	715	3	726	3	716	(52)
1	345	1	354	1	353	1	345	1	340	1	334	1	329	(53)
10	1,022	10	1,003	9	1,011	9	1,156	12	1,165	12	1,180	13	1,271	(54)
-	-	-	-	-	-	-	-	-	-	-	-	-	-	(55)
5	378	4	373	3	385	5	433	6	503	6	541	6	456	(56)
8	223	8	203	8	181	11	275	17	292	18	328	18	313	(57)
17	318	15	291	16	274	22	411	22	517	21	609	28	501	(58)
156	208	163	215	166	203	170	216	202	206	188	185	183	192	(59)
85	163	48	176	24	249	12	582	18	541	68	336	101	245	(60)
4	631	4	648	3	752	3	756	3	862	2	726	4	693	(61)

3 卸売市場別の月別野菜の卸売数量・価額・価格（続き）
(19) 松戸市青果市場

品　目		計			1月		2月		3月		4月		5月	
		数量	価額	価格	数量	価格	数量	価格	数量	価格	数量	価格	数量	価格
		t	千円	円/kg	t	円/kg	t	円/kg	t	円/kg	t	円/kg	t	円/kg
野　菜　計	(1)	78,583	17,653,214	225	7,049	183	6,604	209	6,646	232	7,442	220	7,624	218
根　菜　類														
だ い こ ん	(2)	7,781	781,355	100	842	56	694	85	678	105	873	101	707	91
か　ぶ	(3)	3,285	391,044	119	378	96	329	116	310	134	399	112	372	91
に ん じ ん	(4)	5,906	889,029	151	613	71	546	87	438	114	350	172	592	176
ご ぼ う	(5)	225	84,667	377	13	349	13	326	10	363	8	409	7	457
た け の こ	(6)	120	49,434	413	1	724	1	835	29	670	87	313	1	454
れ ん こ ん	(7)	475	301,368	635	37	492	47	593	45	669	26	829	20	786
葉茎菜類														
は く さ い	(8)	4,502	368,639	82	662	39	562	55	330	95	280	92	279	56
み ず な	(9)	214	76,761	359	22	397	28	358	27	307	25	266	20	217
こ ま つ な	(10)	772	225,610	292	57	281	59	308	54	316	73	246	76	156
その他の菜類	(11)	5	2,293	430	1	365	1	329	1	413	1	435	0	565
ちんげんさい	(12)	211	70,390	333	19	321	19	353	21	329	21	305	19	268
キ ャ ベ ツ	(13)	10,802	1,066,130	99	757	58	728	68	819	92	1,126	110	1,270	93
ほうれんそう	(14)	1,199	566,754	473	173	398	160	407	115	442	95	443	72	434
ね ぎ	(15)	5,298	1,697,998	321	508	249	498	248	562	263	542	323	584	396
ふ き	(16)	27	9,632	362	2	313	2	482	6	372	5	380	2	314
う ど	(17)	22	10,524	485	2	624	7	495	7	498	4	445	0	411
み つ ば	(18)	156	85,804	548	16	830	13	496	17	372	15	333	12	303
し ゅ ん ぎ く	(19)	86	54,174	630	16	648	12	530	7	524	5	624	3	661
に ら	(20)	507	285,296	563	38	665	41	800	49	453	50	413	56	298
洋　菜　類														
セ ル リ ー	(21)	464	132,882	287	41	268	57	239	67	301	43	337	45	328
ア ス パ ラ ガ ス	(22)	166	190,103	1,147	3	1,762	4	1,367	15	1,243	21	1,273	31	1,281
う ち 輸 入	(23)	28	26,258	929	2	1,591	2	970	3	750	1	953	0	973
カ リ フ ラ ワ ー	(24)	112	30,160	270	11	256	12	301	15	277	16	248	15	214
ブ ロ ッ コ リ ー	(25)	1,323	524,361	396	208	293	155	377	132	440	122	406	150	348
う ち 輸 入	(26)	15	6,172	412	0	540	0	540	1	425	1	405	1	382
レ タ ス	(27)	4,310	998,048	232	302	283	283	339	319	311	386	225	405	171
パ セ リ	(28)	23	30,415	1,337	2	985	2	1,033	2	825	3	566	2	691
果　菜　類														
き ゅ う り	(29)	3,182	1,017,477	320	202	454	219	439	306	332	319	248	252	240
か ぼ ち ゃ	(30)	1,299	253,726	195	103	158	122	175	78	173	69	135	83	160
う ち 輸 入	(31)	544	77,011	141	92	138	108	136	65	113	64	101	75	116
な す	(32)	1,249	528,924	423	60	600	76	474	99	496	133	422	170	434
ト マ ト	(33)	2,254	751,598	333	109	449	114	438	122	513	209	343	267	234
ミ ニ ト マ ト	(34)	534	430,453	807	51	881	39	1,069	46	1,080	67	716	67	554
ピ ー マ ン	(35)	883	434,865	493	50	660	52	836	83	646	114	475	124	407
し し と う が ら し	(36)	35	56,647	1,614	2	2,286	2	1,953	2	1,990	2	1,853	3	1,580
ス イ ー ト コ ー ン	(37)	641	162,261	253	-	-	-	-	0	691	0	622	39	361
豆　　類														
さ や い ん げ ん	(38)	165	158,243	960	22	898	13	1,305	17	1,154	23	956	17	966
さ や え ん ど う	(39)	44	55,487	1,257	6	930	3	2,056	5	1,609	6	1,251	6	1,120
う ち 輸 入	(40)	9	7,165	756	1	598	1	917	1	890	1	798	1	497
実 え ん ど う	(41)	4	5,047	1,160	0	600	-	-	0	1,405	2	1,176	1	1,570
そ ら ま め	(42)	113	51,712	457	6	473	0	1,077	0	2,700	17	598	71	422
え だ ま め	(43)	449	292,817	652	-	-	-	-	0	1,776	0	1,636	24	1,169
土　物　類														
か ん し ょ	(44)	2,088	439,696	211	215	198	191	228	174	232	160	223	125	268
ば れ い し ょ	(45)	6,165	1,106,951	180	617	124	545	173	687	202	688	219	685	205
さ と い も	(46)	241	74,383	309	16	290	10	312	11	257	6	266	3	544
や ま の い も	(47)	945	397,613	421	67	394	73	375	78	382	83	397	66	415
た ま ね ぎ	(48)	6,463	664,430	103	526	67	601	83	587	89	690	81	541	90
う ち 輸 入	(49)	98	11,693	120	8	117	7	118	8	158	9	175	8	136
に ん に く	(50)	99	158,315	1,604	8	1,417	10	1,431	6	1,325	11	1,628	10	1,541
う ち 輸 入	(51)	10	3,722	380	1	351	1	360	1	364	1	373	1	375
し ょ う が	(52)	139	104,608	752	5	646	6	707	7	766	12	908	15	925
う ち 輸 入	(53)	30	11,545	384	2	391	2	383	2	368	3	381	3	387
き の こ 類														
生 し い た け	(54)	177	209,641	1,185	22	1,170	17	1,138	14	1,164	10	1,162	9	1,108
う ち 輸 入	(55)	-	-	-	-	-	-	-	-	-	-	-	-	-
な め こ	(56)	101	46,909	465	8	458	9	470	10	439	10	413	8	434
え の き だ け	(57)	441	111,132	252	40	284	37	306	42	210	33	206	28	203
し め じ	(58)	172	70,630	411	14	456	14	481	15	371	14	328	15	316
その他の野菜	(59)	2,711	1,146,778	423	177	422	179	414	180	419	188	424	255	462
輸 入 野 菜 計	(60)	948	219,015	231	121	209	138	206	99	212	99	197	103	173
その他の輸入野菜	(61)	214	75,448	353	14	466	17	521	17	440	19	389	15	389

— 64 —

6月		7月		8月		9月		10月		11月		12月		
数量	価格	数量	価格	数量	価格	数量	価格	数量	価格	数量	価格	数量	価格	
t	円/kg	t	円/kg	t	円/kg	t	円/kg	t	円/kg	t	円/kg	t	円/kg	
6,476	235	5,789	238	5,959	208	5,580	248	5,602	276	6,570	234	7,241	212	(1)
355	92	405	126	374	117	415	134	591	143	970	112	876	87	(2)
147	135	131	172	105	172	79	197	227	153	386	116	424	97	(3)
704	115	351	156	426	133	329	293	432	282	393	208	731	126	(4)
7	491	8	455	8	314	16	340	32	332	46	355	55	421	(5)
0	502	0	517	0	521	0	482	0	1,071	0	1,103	0	705	(6)
15	1,257	11	986	25	615	50	548	55	558	55	558	90	609	(7)
178	67	129	63	139	68	248	103	353	163	632	112	711	79	(8)
17	271	11	346	10	282	9	505	9	749	18	465	18	432	(9)
50	244	60	209	49	160	60	432	88	453	77	348	70	284	(10)
0	787	0	851	0	749	0	831	0	857	0	485	1	286	(11)
17	298	14	301	15	268	14	393	15	448	19	380	17	354	(12)
1,108	90	986	74	979	70	800	95	723	153	791	177	717	121	(13)
69	453	55	573	41	615	46	807	71	764	123	488	178	386	(14)
443	379	347	359	297	320	263	398	298	370	429	323	528	290	(15)
1	266	0	162	-	-	-	-	2	399	4	335	3	346	(16)
0	347	0	268	0	141	0	238	-	-	-	-	0	1,080	(17)
12	280	11	383	10	333	8	615	11	654	12	449	17	1,258	(18)
3	542	1	683	2	686	1	1,423	5	839	12	617	19	623	(19)
47	346	46	401	41	449	38	674	37	878	34	857	30	922	(20)
36	300	33	221	32	155	28	249	23	446	24	418	36	248	(21)
17	1,302	17	1,151	23	887	14	953	9	839	7	868	5	1,004	(22)
0	514	-	-	0	1,404	1	846	6	818	7	869	5	1,002	(23)
4	367	3	368	3	328	3	333	5	331	7	356	18	203	(24)
82	462	96	423	83	465	48	536	49	552	68	442	131	350	(25)
1	406	1	391	2	314	2	451	3	460	2	435	2	385	(26)
399	136	474	125	427	144	358	244	250	420	303	311	404	246	(27)
2	851	2	1,283	2	1,236	1	2,225	1	3,359	1	2,389	2	3,030	(28)
165	269	231	314	509	193	427	281	241	459	164	448	148	470	(29)
130	243	157	202	106	220	131	206	154	189	95	252	71	188	(30)
56	137	12	124	-	-	-	-	-	-	28	308	46	210	(31)
155	435	134	405	133	233	92	376	81	398	66	462	51	553	(32)
303	248	255	270	288	227	232	278	141	477	108	558	106	515	(33)
47	665	32	712	37	626	45	682	32	968	31	1,048	40	947	(34)
98	371	60	433	65	277	75	360	55	611	58	591	49	511	(35)
5	1,314	4	1,514	5	974	4	1,338	3	1,958	2	1,803	2	2,500	(36)
224	269	237	226	100	262	41	199	0	231	-	-	-	-	(37)
19	919	12	670	12	600	6	1,123	3	1,524	6	1,034	16	908	(38)
3	1,047	2	1,361	1	1,643	1	1,286	1	1,281	2	1,163	8	1,069	(39)
0	415	0	527	0	356	1	887	1	1,003	1	807	1	659	(40)
0	665	0	429	-	-	-	-	-	-	-	-	0	739	(41)
18	424	0	344	-	-	-	-	-	-	-	-	1	941	(42)
108	783	151	592	114	511	45	599	7	701	0	1,332	1	888	(43)
87	266	80	199	110	188	240	173	261	211	230	221	215	171	(44)
549	198	334	162	361	147	425	172	381	158	420	166	474	186	(45)
3	603	2	495	17	514	38	339	44	278	29	226	61	278	(46)
88	424	126	386	89	422	82	463	83	455	53	470	57	519	(47)
386	147	355	187	500	191	552	132	540	85	600	72	586	72	(48)
7	99	7	102	12	112	9	103	8	100	7	104	8	108	(49)
11	1,219	6	1,712	6	1,464	6	1,672	4	2,335	10	1,989	11	1,810	(50)
1	348	1	341	1	319	1	432	1	436	1	409	1	451	(51)
20	847	27	753	19	622	12	584	7	678	5	691	5	681	(52)
3	395	3	381	3	368	3	388	2	403	2	388	3	374	(53)
8	1,080	6	1,125	6	1,234	13	1,316	23	1,167	25	1,206	22	1,259	(54)
-	-	-	-	-	-	-	-	-	-	-	-	-	-	(55)
8	426	8	401	9	385	8	475	7	597	7	630	7	518	(56)
32	187	29	188	29	167	35	253	40	279	48	336	46	310	(57)
13	320	12	307	13	269	12	440	16	486	15	578	15	531	(58)
281	481	337	446	340	375	229	398	191	416	185	391	170	409	(59)
81	172	41	197	37	234	42	294	45	386	66	354	77	301	(60)
14	285	17	242	20	273	25	281	24	331	19	295	13	407	(61)

3 卸売市場別の月別野菜の卸売数量・価額・価格（続き）
(20) 東京都計

品目		計 数量(t)	計 価額(千円)	計 価格(円/kg)	1月 数量(t)	1月 価格(円/kg)	2月 数量(t)	2月 価格(円/kg)	3月 数量(t)	3月 価格(円/kg)	4月 数量(t)	4月 価格(円/kg)	5月 数量(t)	5月 価格(円/kg)
野菜計	(1)	1,788,279	467,893,291	262	141,830	231	143,197	253	146,017	270	155,480	260	158,424	253
根菜類														
だいこん	(2)	155,749	16,465,123	106	15,181	59	14,413	81	13,767	96	12,927	107	11,433	98
かぶ	(3)	19,680	2,775,381	141	1,842	120	1,677	141	1,547	159	1,961	134	2,259	116
にんじん	(4)	105,271	16,986,138	161	8,957	78	8,783	92	9,259	114	8,572	162	10,080	179
ごぼう	(5)	9,189	3,485,318	379	735	372	882	366	769	390	622	418	645	391
たけのこ	(6)	2,567	1,221,810	476	52	936	93	1,118	511	752	1,708	331	135	408
れんこん	(7)	8,706	5,405,189	621	832	492	924	585	825	674	481	815	351	801
葉茎菜類														
はくさい	(8)	138,195	12,109,566	88	15,180	46	13,573	61	8,150	109	7,443	98	7,195	61
みずな	(9)	8,645	3,148,491	364	794	374	835	352	898	300	885	257	822	207
こまつな	(10)	16,090	5,357,126	333	1,291	346	1,284	368	1,398	323	1,530	273	1,496	204
その他の菜類	(11)	475	218,036	459	53	384	71	409	85	376	53	408	28	493
ちんげんさい	(12)	5,524	1,658,602	300	442	271	480	320	522	294	540	264	511	231
キャベツ	(13)	236,266	23,848,366	101	18,271	59	19,446	67	20,614	90	21,582	115	21,380	100
ほうれんそう	(14)	17,647	10,102,693	572	1,708	540	1,764	526	1,550	546	1,576	505	1,663	469
ねぎ	(15)	68,815	27,749,661	403	6,471	335	5,996	329	5,537	361	4,916	424	4,692	539
ふき	(16)	1,342	450,198	335	72	331	77	479	217	365	393	371	243	262
うど	(17)	929	507,512	547	98	577	195	517	273	529	213	548	70	569
みつば	(18)	2,315	1,582,243	683	209	936	186	614	234	518	232	427	173	388
しゅんぎく	(19)	2,554	1,715,014	672	447	713	360	543	265	498	142	606	109	601
にら	(20)	11,069	6,837,496	618	983	671	946	844	1,101	498	1,106	457	1,051	350
洋菜類														
セルリー	(21)	11,282	3,246,106	288	868	279	1,069	248	1,114	309	1,118	324	874	348
アスパラガス	(22)	7,816	8,641,950	1,106	163	1,560	438	1,139	925	1,122	830	1,432	1,080	1,244
うち輸入	(23)	2,523	2,074,367	822	115	1,272	317	842	419	677	181	902	59	849
カリフラワー	(24)	3,334	976,234	293	273	287	274	336	280	289	339	268	359	229
ブロッコリー	(25)	28,032	12,846,661	458	3,010	353	2,521	448	2,414	497	2,640	501	3,032	425
うち輸入	(26)	1,884	646,814	343	65	367	105	358	224	330	191	357	149	328
レタス	(27)	116,682	26,180,905	224	7,889	276	7,482	315	8,594	282	9,583	214	9,914	170
パセリ	(28)	893	1,258,188	1,409	68	902	65	901	88	764	98	622	91	764
果菜類														
きゅうり	(29)	96,623	32,325,605	335	5,693	456	6,107	447	8,159	337	9,648	264	11,259	255
かぼちゃ	(30)	45,629	9,577,814	210	3,100	200	3,407	201	3,980	159	4,071	145	3,851	195
うち輸入	(31)	20,877	2,821,702	135	2,324	143	2,791	138	3,441	108	3,690	101	2,992	126
なす	(32)	47,623	19,124,347	402	1,903	548	2,627	492	3,418	464	4,345	419	4,861	423
トマト	(33)	97,776	38,012,529	389	5,538	470	6,182	475	6,644	518	9,011	402	12,062	293
ミニトマト	(34)	23,014	17,276,300	751	1,669	791	1,480	962	1,646	994	2,327	681	2,585	514
ピーマン	(35)	30,887	14,474,194	469	1,720	659	1,743	800	2,502	616	3,021	471	3,486	394
ししとうがらし	(36)	1,464	1,944,591	1,328	74	2,073	73	1,615	78	1,802	94	1,535	108	1,427
スイートコーン	(37)	16,622	4,242,085	255	11	386	5	379	6	439	47	546	1,063	395
豆類														
さやいんげん	(38)	4,084	3,597,103	881	301	870	307	992	314	1,006	304	1,042	380	897
さやえんどう	(39)	1,949	2,652,509	1,361	235	1,092	162	1,860	229	1,645	303	1,309	278	1,112
うち輸入	(40)	244	188,715	775	21	607	22	879	24	992	25	792	22	608
実えんどう	(41)	234	269,271	1,149	23	744	13	1,653	24	1,618	63	1,185	69	1,235
そらまめ	(42)	2,431	1,235,820	508	134	508	30	1,447	25	2,066	603	590	1,066	422
えだまめ	(43)	6,480	5,376,039	830	12	1,279	22	926	8	1,459	29	1,500	276	1,253
土物類														
かんしょ	(44)	34,706	8,207,021	236	3,458	234	3,845	237	3,237	239	2,647	232	1,675	278
ばれいしょ	(45)	103,576	19,149,242	185	9,067	127	8,332	184	7,982	220	9,383	241	10,825	212
さといも	(46)	10,360	3,359,565	324	741	308	755	319	656	311	483	282	314	356
やまのいも	(47)	14,536	6,555,307	451	1,079	405	1,198	395	1,217	405	1,258	424	1,122	444
たまねぎ	(48)	160,115	17,137,642	107	12,010	84	14,167	98	15,595	96	17,556	89	14,090	94
うち輸入	(49)	9,097	942,458	104	251	120	261	124	403	133	304	161	400	123
にんにく	(50)	4,143	4,340,095	1,048	340	965	419	1,056	388	976	350	1,074	447	910
うち輸入	(51)	1,980	721,676	365	166	304	167	323	176	329	164	354	169	343
しょうが	(52)	6,435	4,336,243	674	321	597	351	604	404	697	579	737	700	798
うち輸入	(53)	1,662	497,789	300	120	307	134	301	141	303	144	305	136	301
きのこ類														
生しいたけ	(54)	8,374	8,511,775	1,016	831	1,081	701	1,084	705	1,011	668	946	593	960
うち輸入	(55)	327	176,505	539	27	554	30	567	29	552	30	529	25	559
なめこ	(56)	3,250	1,481,762	456	277	449	286	471	293	432	283	412	257	426
えのきだけ	(57)	16,256	3,857,947	237	1,732	267	1,471	286	1,612	189	1,317	176	996	192
しめじ	(58)	12,097	5,053,773	418	1,147	434	1,027	476	1,054	382	973	343	870	339
その他の野菜	(59)	60,547	41,020,705	678	4,526	685	4,653	671	4,908	696	4,627	679	5,506	645
輸入野菜計	(60)	51,178	13,417,835	262	3,777	264	4,724	283	5,863	240	5,644	208	4,911	210
その他の輸入野菜	(61)	12,585	5,347,809	425	689	506	896	537	1,005	478	917	418	960	394

注： 東京都計は、東京都において開設されている中央卸売市場（築地、大田、北足立、葛西、豊島、淀橋、世田谷、板橋及び多摩）及び東京都内青果市場の計である。

	6月		7月		8月		9月		10月		11月		12月		
	数量	価格	数量	価格	数量	価格	数量	価格	数量	価格	数量	価格	数量	価格	
	t	円/kg	t	円/kg	t	円/kg	t	円/kg	t	円/kg	t	円/kg	t	円/kg	
	147,197	261	140,977	258	150,532	229	155,009	264	153,270	309	141,846	285	154,502	264	(1)
	9,462	94	9,749	121	10,069	119	13,216	134	14,963	149	14,870	126	15,699	92	(2)
	1,662	128	1,195	149	848	154	666	211	1,621	181	2,217	140	2,184	128	(3)
	9,020	131	7,417	149	7,846	146	7,649	275	9,357	263	8,192	211	10,140	147	(4)
	570	423	549	370	463	344	730	334	1,012	333	977	373	1,236	428	(5)
	12	446	3	358	1	544	1	568	15	1,248	3	1,470	33	1,031	(6)
	188	1,367	228	949	532	596	956	534	1,018	553	963	550	1,408	592	(7)
	7,090	73	6,759	55	7,059	57	12,497	91	17,686	143	17,886	118	17,675	83	(8)
	642	284	654	337	634	254	532	529	520	794	714	459	715	425	(9)
	1,339	266	1,444	232	1,262	188	1,236	472	1,236	584	1,298	413	1,278	388	(10)
	23	566	20	532	23	529	15	613	19	691	37	521	48	490	(11)
	451	255	436	251	414	203	396	392	457	458	458	357	417	325	(12)
	18,756	94	20,321	74	20,459	71	20,973	96	20,659	164	16,486	175	17,318	114	(13)
	1,544	478	1,073	618	909	661	888	916	1,218	848	1,604	607	2,149	470	(14)
	4,860	495	4,979	449	5,345	368	5,558	420	6,785	427	6,433	396	7,241	361	(15)
	21	282	2	273	0	411	0	270	89	350	136	268	93	291	(16)
	17	652	11	525	10	515	4	450	7	661	5	757	28	655	(17)
	161	357	168	445	150	401	142	727	185	753	179	564	297	1,514	(18)
	92	539	81	644	68	735	54	1,711	139	1,027	345	646	452	680	(19)
	954	393	838	457	781	529	831	670	840	910	834	863	802	926	(20)
	915	308	1,011	225	980	179	931	231	753	404	684	410	965	251	(21)
	760	1,306	758	1,111	838	867	683	897	627	820	422	801	294	1,004	(22)
	24	754	8	976	8	1,143	177	740	515	776	418	795	283	946	(23)
	227	286	171	339	167	324	205	312	293	320	319	303	426	283	(24)
	1,824	502	2,194	416	1,544	455	1,537	548	1,877	550	2,409	487	3,032	417	(25)
	142	328	140	321	146	296	185	368	214	390	157	353	166	318	(26)
	10,781	143	12,346	130	12,513	146	11,659	231	7,742	406	8,117	287	10,062	236	(27)
	77	953	69	1,350	78	1,209	62	2,240	60	3,133	57	2,271	81	2,764	(28)
	9,127	267	8,302	326	11,074	209	9,442	315	6,644	496	5,564	451	5,605	463	(29)
	4,815	218	4,054	219	3,581	228	4,188	215	4,320	213	2,861	288	3,402	264	(30)
	2,415	131	545	109	52	130	9	148	23	261	709	295	1,886	203	(31)
	5,453	405	5,122	379	6,510	228	4,593	374	4,025	399	2,669	483	2,097	515	(32)
	10,548	294	9,091	318	12,349	259	9,869	326	6,686	543	4,579	622	5,218	574	(33)
	2,118	602	1,861	652	2,189	610	2,323	626	1,730	992	1,387	1,064	1,698	891	(34)
	3,239	359	2,484	419	2,851	264	3,024	335	2,395	551	2,246	559	2,175	491	(35)
	158	1,144	195	1,043	221	718	157	1,029	123	1,587	99	1,516	86	2,185	(36)
	4,959	278	5,391	222	3,539	249	1,566	206	28	227	3	487	4	403	(37)
	399	832	489	697	501	556	289	958	213	1,295	297	1,005	291	878	(38)
	187	1,190	119	1,258	60	1,641	35	2,297	34	2,411	77	1,490	232	1,153	(39)
	16	588	16	578	16	556	23	897	20	1,018	20	779	19	832	(40)
	20	672	1	789	0	361	0	326	0	324	1	1,617	20	786	(41)
	488	443	52	342	1	658	1	681	1	681	1	943	30	981	(42)
	1,016	973	1,512	862	2,038	733	1,222	720	284	712	35	1,072	25	1,265	(43)
	1,570	287	1,613	247	2,048	229	3,482	212	3,690	237	3,585	241	3,857	218	(44)
	9,140	208	6,510	175	7,525	148	8,676	173	8,820	155	8,486	171	8,830	189	(45)
	250	459	178	488	377	484	949	381	1,623	312	1,456	264	2,579	311	(46)
	1,369	454	1,403	447	1,299	462	1,238	478	1,140	480	1,035	493	1,178	528	(47)
	10,617	148	10,109	173	11,628	172	13,854	129	13,265	87	13,104	76	14,120	77	(48)
	1,218	104	1,675	104	1,822	101	1,200	91	633	79	446	82	486	95	(49)
	381	925	304	1,003	300	1,052	285	1,076	268	1,235	311	1,243	348	1,174	(50)
	158	353	163	368	159	387	162	394	162	403	159	405	174	416	(51)
	878	751	841	705	688	628	501	578	427	586	358	604	389	584	(52)
	145	293	144	298	138	298	134	298	139	296	140	299	149	296	(53)
	580	889	543	865	488	917	562	1,091	857	1,032	906	1,048	940	1,127	(54)
	25	536	27	486	21	541	24	553	27	546	29	540	36	513	(55)
	255	410	256	383	258	367	262	493	277	556	267	575	280	488	(56)
	915	189	863	176	920	140	1,352	220	1,649	264	1,732	317	1,697	302	(57)
	856	315	811	295	831	265	1,081	411	1,240	497	1,109	601	1,098	528	(58)
	6,410	607	6,400	640	6,264	583	4,636	756	4,351	813	4,034	678	4,232	772	(59)
	4,987	187	3,649	211	3,226	240	3,183	327	3,282	415	3,571	351	4,361	308	(60)
	846	363	931	386	864	471	1,270	469	1,548	440	1,494	325	1,164	379	(61)

3　卸売市場別の月別野菜の卸売数量・価額・価格（続き）
(21)　東京都中央卸売市場計

品目		計 数量	計 価額	計 価格	1月 数量	1月 価格	2月 数量	2月 価格	3月 数量	3月 価格	4月 数量	4月 価格	5月 数量	5月 価格
		t	千円	円/kg	t	円/kg	t	円/kg	t	円/kg	t	円/kg	t	円/kg
野菜計	(1)	1,505,159	400,938,487	266	119,351	236	119,465	259	122,485	275	130,637	265	133,662	257
根菜類														
だいこん	(2)	131,585	13,972,338	106	13,033	59	12,274	81	11,562	96	10,832	106	9,490	98
かぶ	(3)	15,602	2,263,841	145	1,504	123	1,358	145	1,261	164	1,581	139	1,788	119
にんじん	(4)	88,386	14,252,808	161	7,425	79	7,164	92	7,773	116	7,305	163	8,816	177
ごぼう	(5)	8,248	3,119,812	378	660	368	801	363	691	389	575	416	587	391
たけのこ	(6)	2,247	1,107,203	493	51	941	90	1,118	460	761	1,451	339	129	414
れんこん	(7)	7,556	4,703,057	622	721	495	789	588	705	676	417	816	307	796
葉茎菜類														
はくさい	(8)	114,697	10,004,582	87	12,572	46	11,082	62	6,635	110	6,026	99	5,882	60
みずな	(9)	7,446	2,725,644	366	687	378	711	354	762	303	749	261	714	212
こまつな	(10)	13,682	4,521,997	330	1,106	340	1,110	360	1,204	319	1,309	271	1,271	203
その他の菜類	(11)	419	193,876	463	48	388	63	416	73	382	45	410	25	498
ちんげんさい	(12)	4,804	1,414,155	294	383	266	409	314	446	290	457	260	436	229
キャベツ	(13)	193,901	19,623,056	101	15,128	59	16,036	67	16,964	90	17,653	116	17,556	100
ほうれんそう	(14)	14,392	8,312,779	578	1,377	544	1,379	534	1,230	551	1,268	512	1,374	474
ねぎ	(15)	59,027	23,919,776	405	5,547	337	5,134	331	4,719	365	4,174	427	4,024	538
ふき	(16)	1,145	383,243	335	61	329	66	476	185	365	336	369	210	263
うど	(17)	838	459,255	548	91	577	177	511	245	527	187	550	61	582
みつば	(18)	2,040	1,387,302	680	185	932	164	608	207	515	206	430	150	394
しゅんぎく	(19)	2,214	1,504,770	680	388	716	308	547	228	501	125	608	94	615
にら	(20)	9,594	5,962,550	622	857	675	820	847	943	505	946	462	910	358
洋菜類														
セルリー	(21)	9,688	2,801,267	289	747	280	917	248	952	307	945	323	765	348
アスパラガス	(22)	6,913	7,675,591	1,110	144	1,569	373	1,148	813	1,144	742	1,437	954	1,245
うち輸入	(23)	2,177	1,792,339	823	100	1,268	266	836	350	686	158	914	55	845
カリフラワー	(24)	2,989	879,480	294	237	289	241	338	251	290	304	268	327	229
ブロッコリー	(25)	23,516	10,769,428	458	2,441	353	2,003	452	1,941	496	2,212	499	2,614	425
うち輸入	(26)	1,831	624,759	341	65	365	102	355	219	328	187	355	146	326
レタス	(27)	98,283	22,249,373	226	6,650	277	6,345	315	7,387	281	8,054	215	8,338	172
パセリ	(28)	800	1,126,577	1,408	62	895	59	901	77	775	86	632	81	763
果菜類														
きゅうり	(29)	77,984	26,043,531	334	4,621	454	4,960	447	6,559	336	7,733	264	9,001	255
かぼちゃ	(30)	37,775	8,132,017	215	2,619	206	2,835	207	3,316	164	3,268	153	3,032	211
うち輸入	(31)	16,773	2,301,874	137	1,938	144	2,281	138	2,829	108	2,913	101	2,241	133
なす	(32)	40,651	16,291,093	401	1,612	546	2,244	489	2,924	462	3,718	419	4,212	420
トマト	(33)	84,626	33,096,826	391	4,773	473	5,400	474	5,822	520	7,865	403	10,462	295
ミニトマト	(34)	20,239	15,179,475	750	1,492	784	1,325	955	1,453	989	2,079	676	2,282	512
ピーマン	(35)	27,179	12,695,091	467	1,510	662	1,525	794	2,180	612	2,657	468	3,074	390
ししとうがらし	(36)	1,329	1,750,834	1,317	65	2,077	65	1,613	69	1,806	82	1,536	97	1,426
スイートコーン	(37)	14,093	3,603,522	256	10	385	5	378	6	437	42	533	922	390
豆類														
さやいんげん	(38)	3,543	3,137,610	886	272	864	274	992	282	1,003	269	1,037	332	897
さやえんどう	(39)	1,682	2,285,132	1,359	204	1,079	140	1,831	201	1,627	262	1,303	228	1,119
うち輸入	(40)	242	186,827	773	21	604	22	879	24	991	25	791	22	607
実えんどう	(41)	212	248,070	1,168	20	749	13	1,654	22	1,627	57	1,181	63	1,249
そらまめ	(42)	2,160	1,105,682	512	124	505	29	1,451	25	2,049	546	590	909	421
えだまめ	(43)	5,883	4,933,835	839	10	1,322	22	914	8	1,431	28	1,481	259	1,259
土物類														
かんしょ	(44)	29,054	6,967,308	240	2,910	238	3,183	240	2,704	241	2,196	235	1,379	281
ばれいしょ	(45)	87,799	16,081,390	183	7,659	128	6,944	182	6,690	216	7,876	238	9,131	211
さといも	(46)	8,640	2,860,587	331	609	313	625	323	534	316	407	285	259	362
やまのいも	(47)	12,488	5,683,012	455	914	410	1,022	400	1,032	411	1,044	431	955	451
たまねぎ	(48)	132,834	14,307,342	108	9,852	86	11,338	101	12,945	97	14,757	89	11,914	94
うち輸入	(49)	7,178	740,605	103	227	120	225	123	334	131	248	167	289	133
にんにく	(50)	3,766	3,939,546	1,046	311	956	379	1,058	357	983	322	1,074	401	906
うち輸入	(51)	1,809	657,581	364	154	303	152	321	161	330	152	353	156	343
しょうが	(52)	5,775	3,855,840	668	290	591	315	600	360	695	525	729	625	790
うち輸入	(53)	1,504	452,419	301	109	307	121	303	126	305	130	305	122	303
きのこ類														
生しいたけ	(54)	7,057	7,260,366	1,029	699	1,092	591	1,099	598	1,019	561	964	511	967
うち輸入	(55)	327	176,087	539	27	554	30	567	29	552	30	529	24	560
なめこ	(56)	2,799	1,278,142	457	239	450	249	470	254	433	245	415	224	426
えのきだけ	(57)	14,065	3,301,232	235	1,490	268	1,271	283	1,392	187	1,146	173	885	188
しめじ	(58)	10,275	4,303,088	419	978	433	868	476	888	385	825	345	747	340
その他の野菜	(59)	53,241	37,264,158	700	3,961	718	3,968	711	4,150	744	4,140	697	4,851	657
輸入野菜計	(60)	43,447	11,891,980	274	3,274	269	4,015	289	5,004	247	4,665	220	3,948	227
その他の輸入野菜	(61)	11,607	4,959,489	427	633	503	816	537	932	474	822	428	894	392

注：　東京都中央卸売市場計は、東京都において開設されている中央卸売市場（築地、大田、北足立、葛西、豊島、淀橋、世田谷、板橋及び多摩）の計である。

6月		7月		8月		9月		10月		11月		12月		
数量	価格	数量	価格	数量	価格	数量	価格	数量	価格	数量	価格	数量	価格	
t	円/kg	t	円/kg	t	円/kg	t	円/kg	t	円/kg	t	円/kg	t	円/kg	
123,927	266	118,840	264	127,728	234	130,612	269	128,858	314	119,367	289	130,225	268	(1)
7,903	96	8,300	122	8,650	120	11,234	135	12,501	150	12,580	126	13,224	92	(2)
1,339	127	976	149	705	150	528	221	1,241	190	1,661	148	1,660	135	(3)
7,490	130	6,133	150	6,700	145	6,359	271	7,838	261	6,912	211	8,470	148	(4)
498	426	501	370	420	344	652	335	885	333	865	371	1,113	424	(5)
11	459	3	381	1	544	1	568	15	1,247	3	1,471	33	1,035	(6)
167	1,351	206	948	479	597	838	534	884	554	836	550	1,206	594	(7)
6,037	72	5,783	54	6,024	57	10,491	91	14,716	143	14,560	116	14,887	83	(8)
558	287	576	338	560	256	461	528	454	783	606	460	607	429	(9)
1,130	266	1,241	231	1,099	188	1,019	479	1,042	585	1,079	411	1,070	386	(10)
20	570	18	536	20	534	14	614	17	686	33	517	42	500	(11)
393	249	388	243	369	198	349	382	403	446	404	350	366	319	(12)
15,414	94	16,403	74	16,644	71	17,102	96	16,834	167	13,846	175	14,321	114	(13)
1,315	478	923	618	788	659	749	917	994	851	1,292	612	1,703	473	(14)
4,184	494	4,263	450	4,645	370	4,788	423	5,873	428	5,516	398	6,159	363	(15)
18	285	1	282	0	411	0	270	74	348	113	268	79	292	(16)
16	668	11	527	10	515	4	450	7	661	5	757	24	695	(17)
141	360	149	439	133	406	128	729	164	745	159	557	255	1,521	(18)
80	556	71	651	61	740	48	1,749	116	1,062	297	654	398	686	(19)
832	396	741	457	696	533	729	678	726	919	714	867	680	931	(20)
796	309	866	227	838	182	766	237	654	406	612	409	830	252	(21)
680	1,302	685	1,109	758	870	603	898	548	814	360	805	251	1,008	(22)
23	753	8	976	8	1,143	161	742	452	768	357	799	241	944	(23)
209	284	158	338	152	324	186	309	264	319	278	311	381	288	(24)
1,596	499	1,881	419	1,347	455	1,349	545	1,561	549	2,024	483	2,546	415	(25)
137	326	137	320	142	295	179	365	204	387	152	350	161	316	(26)
9,098	144	10,126	131	10,311	147	9,773	233	6,657	407	6,905	288	8,639	235	(27)
69	947	62	1,330	72	1,194	56	2,259	55	3,130	51	2,251	72	2,750	(28)
7,329	267	6,843	325	9,064	208	7,633	314	5,315	497	4,434	450	4,491	465	(29)
3,956	221	3,335	225	3,017	231	3,509	218	3,645	214	2,372	291	2,871	266	(30)
1,926	134	388	112	52	130	9	148	14	276	582	299	1,600	201	(31)
4,691	401	4,295	378	5,514	229	3,888	374	3,420	401	2,302	483	1,830	511	(32)
9,136	297	7,861	322	10,652	262	8,550	329	5,767	545	3,911	623	4,426	577	(33)
1,821	601	1,606	658	1,910	613	2,016	629	1,534	989	1,217	1,062	1,503	887	(34)
2,831	358	2,210	418	2,503	268	2,635	335	2,091	547	1,992	556	1,973	488	(35)
146	1,134	180	1,036	203	715	145	1,026	113	1,577	89	1,518	75	2,176	(36)
4,136	278	4,595	223	2,995	250	1,347	206	27	226	3	484	4	399	(37)
348	828	414	700	410	562	235	985	184	1,304	263	1,004	259	874	(38)
147	1,219	104	1,249	54	1,607	33	2,218	32	2,323	70	1,468	205	1,150	(39)
16	587	16	578	16	555	23	894	20	1,014	20	778	19	831	(40)
17	717	0	1,261	0	324	0	322	0	324	1	1,621	17	778	(41)
446	445	49	343	1	669	1	681	1	681	1	939	28	974	(42)
916	988	1,356	875	1,862	740	1,107	724	264	711	29	1,100	21	1,325	(43)
1,279	288	1,343	251	1,775	232	2,932	216	3,112	239	2,980	246	3,261	224	(44)
7,694	207	5,613	173	6,504	147	7,410	171	7,595	154	7,234	170	7,449	189	(45)
225	463	166	485	331	485	786	385	1,300	319	1,215	274	2,183	318	(46)
1,211	454	1,236	448	1,149	463	1,079	481	968	484	892	498	985	535	(47)
8,605	149	8,349	173	9,717	173	11,473	129	11,068	88	11,054	77	11,761	78	(48)
915	106	1,165	102	1,472	98	1,023	91	551	79	400	81	329	101	(49)
348	921	274	992	278	1,059	253	1,094	245	1,227	281	1,234	316	1,169	(50)
144	352	150	368	146	389	144	395	148	399	145	403	159	414	(51)
784	741	753	699	620	623	449	572	380	582	321	601	352	579	(52)
131	294	131	300	125	300	121	299	126	298	127	301	135	297	(53)
500	895	463	877	406	944	455	1,112	704	1,051	766	1,057	805	1,133	(54)
25	536	27	487	21	541	24	553	27	546	29	540	35	513	(55)
219	415	221	386	221	370	229	492	241	553	226	571	232	492	(56)
808	187	759	173	813	136	1,171	217	1,403	263	1,478	314	1,447	301	(57)
731	318	707	298	718	268	925	414	1,034	502	929	602	924	529	(58)
5,606	618	5,643	652	5,524	601	4,123	780	3,892	838	3,594	698	3,788	790	(59)
4,101	198	2,877	231	2,796	252	2,871	338	2,955	419	3,182	353	3,759	313	(60)
785	363	857	389	814	475	1,187	475	1,413	448	1,371	329	1,082	375	(61)

3 卸売市場別の月別野菜の卸売数量・価額・価格（続き）
(22) 東京都中央卸売市場　築地市場

品　目		計			1月		2月		3月		4月		5月	
		数量	価額	価格	数量	価格	数量	価格	数量	価格	数量	価格	数量	価格
		t	千円	円/kg	t	円/kg	t	円/kg	t	円/kg	t	円/kg	t	円/kg
野　菜　計	(1)	187,977	58,686,192	312	14,709	275	15,258	300	15,399	327	16,160	309	15,978	306
根　菜　類														
だ　い　こ　ん	(2)	14,584	1,602,513	110	1,407	63	1,372	86	1,328	99	1,164	113	918	106
か　ぶ	(3)	2,114	354,209	168	221	144	199	161	186	168	185	169	226	133
に　ん　じ　ん	(4)	12,030	1,992,045	166	950	80	877	97	1,071	130	1,111	171	1,450	173
ご　ぼ　う	(5)	877	385,238	439	61	442	91	421	62	465	50	533	75	442
た　け　の　こ	(6)	677	441,502	652	33	1,035	58	1,185	193	809	315	390	45	508
れ　ん　こ　ん	(7)	1,184	745,701	630	103	478	125	591	107	655	74	789	67	768
葉　茎　菜　類														
は　く　さ　い	(8)	11,061	920,264	83	1,504	46	1,390	59	630	102	487	102	506	63
み　ず　な	(9)	1,290	518,672	402	109	402	117	383	126	318	144	275	129	227
こ　ま　つ　な	(10)	1,544	552,004	357	118	341	124	367	132	345	141	297	139	244
そ　の　他　の　菜　類	(11)	106	51,585	487	11	376	14	401	19	384	17	381	8	545
ち　ん　げ　ん　さ　い	(12)	563	180,038	320	46	292	50	315	50	318	56	288	51	266
キ　ャ　ベ　ツ	(13)	25,866	2,603,861	101	1,885	61	1,958	69	2,101	90	2,509	114	2,089	99
ほ　う　れ　ん　そ　う	(14)	1,768	1,050,336	594	171	543	188	530	155	545	154	527	146	514
ね　ぎ	(15)	9,707	3,929,083	405	926	324	796	334	692	377	613	430	700	543
ふ　き	(16)	235	78,665	334	10	344	12	492	37	369	81	361	46	256
う　ど	(17)	250	142,138	569	31	552	46	518	71	529	50	584	19	651
み　つ　ば	(18)	446	325,247	729	35	912	36	645	42	574	48	486	32	532
し　ゅ　ん　ぎ　く	(19)	302	219,585	727	50	759	44	599	31	548	16	682	13	643
に　ら	(20)	1,057	708,004	670	99	748	95	921	102	554	105	508	107	389
洋　菜　類														
セ　ル　リ　ー	(21)	1,266	374,918	296	96	286	92	261	111	318	126	329	105	358
ア　ス　パ　ラ　ガ　ス	(22)	1,296	1,414,948	1,091	35	1,553	75	1,179	145	1,107	124	1,378	158	1,263
う　ち　輸　入	(23)	515	438,147	851	27	1,305	52	830	73	701	44	946	13	1,091
カ　リ　フ　ラ　ワ　ー	(24)	353	116,782	331	33	328	25	424	24	370	23	349	33	248
ブ　ロ　ッ　コ　リ　ー	(25)	2,450	998,764	408	252	336	209	413	193	442	220	458	220	396
う　ち　輸　入	(26)	255	57,863	227	-	-	10	220	34	221	27	231	26	233
レ　タ　ス	(27)	11,709	2,683,969	229	780	274	774	305	929	278	858	219	886	181
パ　セ　リ	(28)	148	211,179	1,426	10	790	9	889	14	706	16	528	15	676
果　菜　類														
き　ゅ　う　り	(29)	8,743	2,993,521	342	597	449	643	448	824	342	888	266	952	260
か　ぼ　ち　ゃ	(30)	4,198	981,495	234	302	215	373	220	411	178	299	173	346	245
う　ち　輸　入	(31)	1,748	263,758	151	226	154	287	146	346	120	263	114	242	145
な　す	(32)	6,341	2,732,475	431	303	523	427	498	512	477	596	436	660	443
ト　マ　ト	(33)	9,327	3,832,876	411	419	533	545	504	570	544	690	429	955	313
ミ　ニ　ト　マ　ト	(34)	2,311	1,838,491	796	160	853	175	952	183	1,034	247	729	255	574
ピ　ー　マ　ン	(35)	3,574	1,720,437	481	202	690	226	774	302	610	342	477	392	397
し　し　と　う　が　ら　し	(36)	271	370,667	1,365	13	2,116	12	1,698	14	1,882	18	1,583	19	1,522
ス　イ　ー　ト　コ　ー　ン	(37)	1,455	369,035	254	0	352	0	501	0	650	4	513	65	398
豆　類														
さ　や　い　ん　げ　ん	(38)	396	352,227	890	24	786	22	1,002	21	1,106	24	1,229	39	972
さ　や　え　ん　ど　う	(39)	166	226,868	1,368	19	1,028	9	1,897	16	1,705	21	1,387	31	1,188
う　ち　輸　入	(40)	40	32,218	807	3	606	3	769	5	833	5	791	3	674
実　え　ん　ど　う	(41)	35	39,414	1,129	3	714	2	1,551	3	1,543	8	1,119	11	1,284
そ　ら　ま　め	(42)	504	273,244	542	34	521	11	1,435	9	2,054	124	612	201	428
え　だ　ま　め	(43)	950	874,271	920	1	2,289	1	2,430	1	2,431	4	2,055	56	1,332
土　物　類														
か　ん　し　ょ	(44)	4,333	1,127,641	260	501	255	499	262	418	258	319	244	191	285
ば　れ　い　し　ょ	(45)	8,589	1,577,619	184	734	130	849	178	738	210	718	237	620	219
さ　と　い　も	(46)	1,697	617,569	364	125	318	112	370	100	320	87	297	56	409
や　ま　の　い　も	(47)	1,720	818,405	476	126	458	149	421	143	440	117	484	131	466
た　ま　ね　ぎ	(48)	15,554	1,718,065	110	1,035	82	1,279	91	1,340	98	1,706	95	1,433	95
う　ち　輸　入	(49)	909	119,614	132	19	186	20	191	67	162	44	211	74	161
に　ん　に　く	(50)	643	602,856	937	52	834	61	937	58	867	58	1,025	65	826
う　ち　輸　入	(51)	368	118,337	321	31	264	31	314	30	315	28	323	36	268
し　ょ　う　が	(52)	1,025	712,257	695	50	633	57	608	64	735	111	628	100	828
う　ち　輸　入	(53)	278	87,310	314	18	330	23	313	21	327	24	318	21	318
き　の　こ　類														
生　し　い　た　け	(54)	876	1,052,048	1,201	75	1,278	66	1,291	68	1,184	66	1,133	64	1,139
う　ち　輸　入	(55)	31	19,323	619	2	632	3	627	3	626	3	627	3	625
な　め　こ	(56)	312	145,452	465	24	450	26	460	26	444	25	424	24	431
え　の　き　だ　け	(57)	1,181	325,310	276	128	301	102	323	111	224	102	191	80	214
し　め　じ	(58)	1,539	710,800	462	136	486	128	515	132	429	124	375	115	367
そ　の　他　の　野　菜	(59)	9,352	10,071,902	1,077	673	1,088	707	1,111	784	1,183	773	1,093	931	878
輸　入　野　菜　計	(60)	6,021	2,542,350	422	443	393	578	383	741	329	600	338	576	302
そ　の　他　の　輸　入　野　菜	(61)	1,877	1,405,779	749	117	713	150	735	162	685	161	575	157	546

6月		7月		8月		9月		10月		11月		12月		
数量	価格	数量	価格	数量	価格	数量	価格	数量	価格	数量	価格	数量	価格	
t	円/kg	t	円/kg	t	円/kg	t	円/kg	t	円/kg	t	円/kg	t	円/kg	
15,474	305	14,816	312	16,409	272	15,984	317	16,063	365	14,801	337	16,927	318	(1)
949	100	932	124	1,034	119	1,312	136	1,370	154	1,284	128	1,515	98	(2)
185	134	136	162	101	162	65	242	158	225	223	183	230	185	(3)
1,133	126	739	152	955	151	809	274	1,099	264	752	220	1,086	162	(4)
72	437	62	378	40	398	56	396	77	414	102	424	128	489	(5)
3	923	1	541	1	503	0	734	4	1,256	1	1,932	22	1,148	(6)
37	1,326	32	1,008	70	588	126	517	133	547	130	562	180	608	(7)
554	72	536	60	604	67	858	97	1,126	139	1,350	109	1,515	82	(8)
97	304	99	378	95	273	79	609	81	919	104	497	108	488	(9)
131	326	132	276	133	216	127	510	108	655	123	409	136	377	(10)
6	621	5	635	4	661	4	747	5	781	6	594	7	577	(11)
46	282	48	271	44	240	41	399	44	483	42	378	45	336	(12)
2,144	90	2,230	75	2,377	69	2,368	96	2,457	166	1,860	162	1,888	112	(13)
138	528	108	667	96	693	91	904	114	906	167	617	241	488	(14)
716	503	746	444	796	365	810	409	928	427	919	395	1,064	362	(15)
3	276	0	267	-	-	0	270	12	350	20	267	13	292	(16)
6	697	6	544	4	575	1	556	3	782	3	815	11	707	(17)
30	419	31	499	30	456	29	835	40	824	36	621	58	1,455	(18)
12	560	9	716	8	751	7	1,849	16	1,229	43	701	53	694	(19)
90	413	83	496	71	579	70	711	72	990	82	928	83	960	(20)
107	313	131	221	124	177	103	247	84	435	83	432	105	262	(21)
113	1,319	127	1,138	144	913	116	816	115	772	83	809	61	1,062	(22)
6	1,318	4	1,069	5	1,202	50	664	98	742	82	809	60	1,031	(23)
26	303	23	336	22	311	26	305	33	344	34	356	51	321	(24)
133	460	235	334	194	369	168	429	151	483	198	477	277	375	(25)
28	216	29	200	30	198	28	240	22	238	12	277	10	303	(26)
1,224	143	1,239	139	1,131	155	1,092	235	790	401	801	304	1,205	238	(27)
12	886	11	1,318	16	1,045	12	1,988	11	3,336	9	2,560	12	3,235	(28)
736	280	704	326	1,014	210	738	323	623	504	532	452	492	470	(29)
395	251	366	242	354	244	411	236	386	220	233	295	323	310	(30)
165	154	1	167	-	-	-	-	0	455	56	314	162	229	(31)
743	428	566	422	702	258	501	398	539	420	446	501	347	513	(32)
865	332	937	341	1,533	255	1,040	335	681	581	510	657	582	608	(33)
222	618	188	715	213	650	202	655	157	1,013	147	1,095	163	973	(34)
357	361	274	422	327	323	347	354	284	546	257	560	263	497	(35)
26	1,178	37	1,067	46	728	32	1,054	23	1,682	17	1,615	13	2,491	(36)
415	278	481	222	330	252	159	222	1	481	1	495	0	418	(37)
51	807	54	686	61	531	31	1,006	25	1,410	22	1,101	21	892	(38)
16	1,255	8	1,359	5	1,584	5	1,980	4	1,881	7	1,512	23	1,191	(39)
2	650	2	663	2	659	4	1,029	3	1,047	4	854	4	829	(40)
3	750	0	1,641	-	-	-	-	-	-	0	1,665	4	748	(41)
111	427	7	545	0	666	-	-	-	-	0	1,582	8	1,065	(42)
156	1,076	247	948	277	770	166	775	34	937	4	1,032	4	1,770	(43)
185	308	182	268	234	261	370	248	455	262	501	264	479	250	(44)
585	202	343	171	598	146	709	180	895	162	913	176	886	196	(45)
51	547	30	674	52	628	144	437	262	355	249	306	429	332	(46)
172	463	207	434	144	483	150	506	133	509	129	526	120	562	(47)
988	162	1,173	175	1,163	168	1,469	132	1,318	90	1,201	81	1,447	81	(48)
96	125	162	115	202	109	140	105	46	127	19	179	20	181	(49)
47	787	46	823	50	991	50	933	43	1,003	53	1,116	59	1,094	(50)
29	324	31	317	28	339	30	340	31	353	31	360	31	353	(51)
141	775	132	728	99	677	73	643	75	637	63	634	59	658	(52)
27	304	26	308	23	308	23	310	24	312	24	307	24	315	(53)
60	1,110	56	1,091	50	1,154	66	1,269	99	1,203	108	1,188	98	1,291	(54)
3	625	3	585	2	620	3	604	2	625	3	604	3	630	(55)
26	418	25	404	23	401	24	496	29	552	28	582	31	489	(56)
64	230	56	227	58	207	105	253	112	309	135	350	128	346	(57)
101	364	94	351	108	312	138	463	165	545	146	627	151	558	(58)
991	814	901	981	875	973	686	1,348	689	1,381	642	1,069	700	1,228	(59)
498	299	393	395	417	456	444	638	440	675	403	552	487	471	(60)
143	541	135	777	125	1,093	166	1,235	214	889	173	626	173	578	(61)

3　卸売市場別の月別野菜の卸売数量・価額・価格（続き）
(23)　東京都中央卸売市場　大田市場

品目	計			1月		2月		3月		4月		5月	
	数量	価額	価格	数量	価格	数量	価格	数量	価格	数量	価格	数量	価格
	t	千円	円／kg	t	円／kg	t	円／kg	t	円／kg	t	円／kg	t	円／kg
野菜計 (1)	**714,859**	**194,228,059**	**272**	**55,088**	**247**	**55,219**	**271**	**57,066**	**285**	**62,183**	**271**	**64,211**	**262**
根菜類													
だいこん (2)	55,871	6,111,111	109	5,253	61	4,963	83	4,652	97	4,643	106	4,214	98
かぶ (3)	8,203	1,207,961	147	767	125	685	154	678	172	808	142	910	122
にんじん (4)	36,171	5,784,713	160	3,068	77	3,019	90	3,227	114	2,842	159	3,443	174
ごぼう (5)	4,296	1,655,150	385	319	390	428	369	385	400	322	419	303	386
たけのこ (6)	846	380,366	450	13	779	23	1,021	157	746	580	335	50	369
れんこん (7)	3,458	2,122,352	614	332	506	346	586	300	689	170	818	130	778
葉茎菜類													
はくさい (8)	60,297	5,448,344	90	5,626	50	4,989	66	3,054	115	3,217	99	3,053	63
みずな (9)	3,326	1,182,485	356	310	361	321	351	341	291	340	249	314	204
こまつな (10)	6,388	2,064,674	323	520	339	492	364	571	311	623	265	617	193
その他の菜類 (11)	171	88,027	513	20	439	30	482	30	430	14	474	10	483
ちんげんさい (12)	2,233	635,339	285	173	260	190	307	213	276	221	247	210	220
キャベツ (13)	90,213	9,144,410	101	6,885	59	7,319	68	7,717	90	8,185	116	8,294	101
ほうれんそう (14)	5,973	3,571,235	598	581	555	574	544	471	577	513	527	559	485
ねぎ (15)	24,738	10,656,080	431	2,358	363	2,204	352	2,025	386	1,815	447	1,603	577
ふき (16)	488	163,318	335	29	336	31	477	88	362	132	364	72	269
うど (17)	342	195,650	573	33	621	70	534	102	552	79	577	29	588
みつば (18)	871	599,529	689	81	924	67	606	82	500	80	416	65	371
しゅんぎく (19)	925	647,245	699	154	735	123	548	93	500	54	608	41	625
にら (20)	3,956	2,565,148	648	370	689	342	861	379	513	392	468	353	374
洋菜類													
セルリー (21)	5,286	1,517,989	287	418	279	498	246	472	306	515	317	407	346
アスパラガス (22)	3,570	3,985,686	1,116	61	1,702	183	1,138	451	1,170	399	1,490	493	1,246
うち輸入 (23)	1,061	824,013	777	37	1,338	130	816	172	637	63	867	21	635
カリフラワー (24)	1,789	529,070	296	127	290	138	331	159	279	208	254	206	233
ブロッコリー (25)	11,549	5,489,714	475	1,272	357	1,007	451	886	511	958	501	1,316	426
うち輸入 (26)	313	112,836	360	7	259	15	380	31	374	35	368	31	315
レタス (27)	54,982	12,123,703	221	3,405	280	3,274	319	3,839	279	4,386	207	4,621	167
パセリ (28)	455	653,260	1,437	33	950	31	943	41	812	47	687	46	811
果菜類													
きゅうり (29)	39,916	13,220,455	331	2,272	460	2,543	448	3,358	332	3,986	260	4,785	251
かぼちゃ (30)	19,903	4,285,609	215	1,445	201	1,519	209	1,804	157	1,761	153	1,612	214
うち輸入 (31)	9,253	1,210,988	131	1,087	138	1,211	133	1,552	100	1,561	95	1,148	127
なす (32)	18,440	7,573,459	411	713	571	1,012	503	1,387	471	1,762	432	2,045	425
トマト (33)	41,395	16,827,881	407	2,443	481	2,772	489	2,969	532	4,088	416	5,334	309
ミニトマト (34)	10,511	8,041,262	765	759	799	672	968	754	999	1,084	684	1,200	511
ピーマン (35)	13,098	6,114,317	467	690	677	679	823	1,024	619	1,273	473	1,499	382
ししとうがらし (36)	536	710,400	1,325	27	2,070	27	1,564	28	1,804	35	1,529	41	1,382
スイートコーン (37)	6,650	1,785,427	268	7	386	4	390	5	449	31	549	597	390
豆類													
さやいんげん (38)	2,099	1,887,250	899	180	880	175	1,023	175	1,040	173	1,032	195	883
さやえんどう (39)	1,076	1,475,106	1,370	135	1,086	95	1,818	135	1,611	168	1,303	137	1,116
うち輸入 (40)	125	93,703	748	10	548	12	920	11	1,013	11	764	11	556
実えんどう (41)	124	149,862	1,206	12	785	10	1,724	16	1,690	31	1,219	35	1,188
そらまめ (42)	1,102	567,429	515	64	497	17	1,492	12	2,363	297	575	454	416
えだまめ (43)	2,802	2,309,736	824	4	1,670	20	821	5	1,602	17	1,549	132	1,304
土物類													
かんしょ (44)	12,651	3,091,028	244	1,228	243	1,360	246	1,125	244	933	239	598	285
ばれいしょ (45)	40,188	7,371,455	183	3,713	127	2,932	185	2,988	220	3,692	237	4,446	212
さといも (46)	3,946	1,304,984	331	263	317	279	326	222	330	160	292	114	379
やまのいも (47)	6,122	2,804,013	458	431	406	476	398	489	414	551	423	497	448
たまねぎ (48)	61,335	6,612,918	108	4,658	93	5,567	110	6,296	99	6,901	86	5,248	96
うち輸入 (49)	2,706	260,010	96	63	100	64	114	112	108	57	165	74	134
にんにく (50)	1,668	2,063,778	1,237	141	1,169	185	1,208	158	1,165	145	1,218	177	1,089
うち輸入 (51)	641	248,150	387	52	319	57	320	57	340	57	369	52	382
しょうが (52)	2,598	1,782,606	686	123	596	125	628	150	736	236	784	305	816
うち輸入 (53)	574	169,436	295	42	301	44	301	49	298	50	301	46	299
きのこ類													
生しいたけ (54)	3,831	4,031,390	1,052	377	1,130	316	1,136	325	1,058	310	982	283	998
うち輸入 (55)	202	105,692	522	16	539	17	557	16	552	18	521	15	543
なめこ (56)	1,394	619,600	444	127	433	130	462	133	415	124	411	116	413
えのきだけ (57)	7,471	1,717,917	230	763	265	688	274	751	181	545	177	426	193
しめじ (58)	4,434	1,843,548	416	426	433	377	477	382	388	350	352	314	333
その他の野菜 (59)	25,171	17,514,069	696	1,881	680	1,889	695	1,963	715	1,990	681	2,265	675
輸入野菜計 (60)	19,278	4,843,623	251	1,558	234	1,903	267	2,409	215	2,186	189	1,763	205
その他の輸入野菜 (61)	4,403	1,818,795	413	243	470	352	497	409	429	334	402	365	367

6月		7月		8月		9月		10月		11月		12月		
数量	価格	数量	価格	数量	価格	数量	価格	数量	価格	数量	価格	数量	価格	
t	円/kg	t	円/kg	t	円/kg	t	円/kg	t	円/kg	t	円/kg	t	円/kg	
59,563	270	57,525	265	61,967	235	64,041	268	61,841	318	55,619	295	60,537	275	(1)
3,359	99	3,577	125	3,812	126	5,114	139	5,710	154	5,236	128	5,339	94	(2)
676	129	578	142	441	138	339	222	647	192	847	145	827	136	(3)
3,050	133	2,641	153	2,917	142	2,478	283	3,050	264	2,950	213	3,487	144	(4)
237	440	278	383	224	360	353	340	466	328	426	375	556	438	(5)
5	197	1	242	0	461	0	521	6	1,184	1	1,136	7	818	(6)
64	1,407	95	938	237	592	417	527	434	545	391	542	541	585	(7)
3,461	72	3,372	56	3,534	58	6,707	89	8,726	143	7,386	120	7,172	84	(8)
245	283	258	323	253	251	206	518	203	752	266	456	268	422	(9)
544	249	562	220	518	180	454	473	486	576	516	409	486	388	(10)
9	578	7	559	7	607	5	676	6	729	14	568	20	590	(11)
184	240	184	235	180	194	160	381	178	436	183	342	158	313	(12)
6,992	95	7,549	73	7,829	71	8,355	94	7,971	167	6,333	176	6,786	112	(13)
534	493	377	647	335	682	327	938	436	874	562	634	703	488	(14)
1,628	533	1,686	495	1,960	395	2,012	444	2,488	455	2,358	426	2,600	384	(15)
6	254	0	402	0	448	-	-	36	342	55	267	40	282	(16)
7	706	3	621	4	551	1	467	3	680	2	693	9	687	(17)
63	357	67	444	60	411	56	708	71	721	68	551	112	1,624	(18)
36	588	35	657	29	782	23	1,807	50	1,123	127	666	160	700	(19)
328	409	299	468	273	566	302	713	313	964	309	894	297	957	(20)
431	311	487	226	469	182	446	233	373	403	332	412	438	251	(21)
337	1,299	345	1,114	373	871	325	901	304	780	185	778	116	1,019	(22)
8	467	3	845	3	1,051	84	739	247	720	183	766	109	927	(23)
129	292	98	343	102	330	123	310	166	317	147	329	187	309	(24)
975	529	927	458	625	504	630	632	766	607	927	488	1,261	410	(25)
27	361	23	346	28	246	30	403	32	449	26	405	27	330	(26)
5,239	140	6,080	128	6,384	142	6,038	229	3,458	423	3,595	285	4,663	231	(27)
39	980	37	1,314	42	1,213	34	2,289	33	3,020	30	2,116	42	2,641	(28)
3,826	262	3,456	322	4,594	208	3,933	313	2,736	496	2,190	448	2,235	468	(29)
2,347	219	1,858	228	1,514	236	1,765	223	1,664	222	1,120	300	1,494	259	(30)
1,183	127	254	111	52	130	8	148	10	277	329	295	856	192	(31)
2,212	406	1,936	377	2,516	228	1,697	383	1,381	424	958	517	822	535	(32)
4,450	307	3,868	336	4,919	282	4,021	349	2,637	569	1,820	652	2,073	592	(33)
934	607	816	667	1,044	633	1,062	660	778	1,041	618	1,086	789	914	(34)
1,407	353	1,080	423	1,270	258	1,361	336	998	566	929	570	888	504	(35)
58	1,127	73	1,027	73	699	58	1,038	45	1,619	37	1,508	33	2,129	(36)
2,102	285	2,113	232	1,237	259	538	211	13	228	1	527	3	387	(37)
187	837	235	723	221	576	126	991	103	1,272	172	981	159	880	(38)
86	1,239	64	1,246	35	1,653	19	2,454	20	2,561	46	1,464	136	1,146	(39)
9	529	8	522	9	544	12	872	11	992	10	722	10	815	(40)
9	767	0	1,848	-	-	-	-	-	-	1	1,727	10	795	(41)
231	460	17	342	-	-	-	-	-	-	0	702	11	996	(42)
417	979	606	840	898	716	543	688	133	842	17	1,171	10	1,395	(43)
550	296	572	263	822	233	1,281	223	1,384	245	1,256	247	1,542	227	(44)
3,491	214	2,228	179	3,061	148	3,467	168	3,415	151	3,307	167	3,449	185	(45)
92	485	63	511	137	471	377	377	607	316	598	270	1,034	320	(46)
581	454	571	459	597	466	546	484	451	492	424	505	508	545	(47)
3,699	148	4,097	175	4,147	179	4,760	124	5,368	85	5,258	74	5,337	76	(48)
412	111	510	107	526	95	375	80	231	66	170	62	112	76	(49)
150	1,086	117	1,206	123	1,225	105	1,331	110	1,582	123	1,417	136	1,335	(50)
52	377	50	421	54	407	50	427	52	425	51	432	57	439	(51)
362	764	353	700	286	633	199	573	160	566	137	596	163	587	(52)
48	297	50	294	49	292	47	291	49	289	49	289	52	290	(53)
289	891	261	892	230	957	245	1,158	372	1,080	393	1,083	430	1,151	(54)
15	522	18	453	13	517	15	543	17	542	18	524	24	481	(55)
108	402	107	375	104	357	110	488	119	545	108	559	108	470	(56)
422	185	417	166	467	124	617	215	790	250	813	305	772	296	(57)
325	310	339	294	324	262	398	414	435	498	392	604	371	537	(58)
2,651	637	2,735	650	2,744	576	1,907	786	1,744	869	1,653	715	1,750	795	(59)
2,070	175	1,256	209	1,032	239	1,028	340	1,146	439	1,280	367	1,648	294	(60)
317	336	339	357	298	444	405	469	497	476	444	356	400	354	(61)

3 卸売市場別の月別野菜の卸売数量・価額・価格（続き）
(24) 東京都中央卸売市場　北足立市場

品目		計 数量	計 価額	計 価格	1月 数量	1月 価格	2月 数量	2月 価格	3月 数量	3月 価格	4月 数量	4月 価格	5月 数量	5月 価格
		t	千円	円/kg	t	円/kg	t	円/kg	t	円/kg	t	円/kg	t	円/kg
野菜計	(1)	107,005	26,262,251	245	8,741	214	8,196	234	8,450	253	9,436	237	9,491	235
根菜類														
だいこん	(2)	14,209	1,413,108	99	1,245	59	1,213	77	1,146	91	1,222	95	932	87
かぶ	(3)	1,393	171,608	123	145	111	136	125	91	173	188	122	197	97
にんじん	(4)	4,900	733,690	150	525	73	392	85	291	110	458	145	468	173
ごぼう	(5)	401	134,428	336	43	290	47	323	40	340	24	384	16	425
たけのこ	(6)	100	47,516	473	1	715	2	841	18	796	72	376	5	332
れんこん	(7)	764	512,087	670	70	504	85	621	87	699	51	870	31	860
葉茎菜類														
はくさい	(8)	7,841	600,235	77	960	38	796	52	582	104	441	98	431	54
みずな	(9)	563	206,408	367	54	360	58	343	57	318	57	280	54	231
こまつな	(10)	1,277	418,457	328	104	318	103	362	115	330	123	274	132	188
その他の菜類	(11)	38	18,675	486	3	381	5	426	7	401	4	464	3	500
ちんげんさい	(12)	727	183,325	252	54	230	52	284	61	267	68	232	70	196
キャベツ	(13)	11,951	1,189,888	100	1,074	57	1,029	63	1,047	92	951	119	1,123	96
ほうれんそう	(14)	1,316	774,567	588	129	538	129	502	103	531	104	535	133	537
ねぎ	(15)	4,781	1,715,016	359	442	294	432	279	386	318	314	383	288	489
ふき	(16)	101	34,285	341	6	304	6	450	15	367	36	368	14	282
うど	(17)	81	41,192	508	10	603	21	491	24	507	16	531	3	464
みつば	(18)	182	116,508	641	20	958	16	569	20	450	18	383	14	277
しゅんぎく	(19)	335	225,672	673	61	686	48	512	33	474	17	551	13	590
にら	(20)	829	477,334	576	62	662	64	828	83	487	87	437	89	309
洋菜類														
セルリー	(21)	988	289,531	293	77	278	112	242	131	295	111	333	88	349
アスパラガス	(22)	365	424,676	1,164	10	1,324	23	1,345	47	1,204	33	1,380	55	1,308
うち輸入	(23)	97	98,281	1,014	6	800	16	1,097	22	942	10	1,089	2	1,059
カリフラワー	(24)	119	28,679	241	12	227	15	260	6	258	10	240	6	151
ブロッコリー	(25)	1,331	605,955	455	99	353	100	455	89	466	92	472	115	420
うち輸入	(26)	239	91,548	383	0	441	5	417	19	375	19	399	16	340
レタス	(27)	4,796	1,169,984	244	420	285	312	329	453	306	482	226	489	167
パセリ	(28)	45	55,199	1,230	5	774	4	829	5	709	5	576	5	617
果菜類														
きゅうり	(29)	4,812	1,609,045	334	220	470	278	468	386	348	505	265	559	253
かぼちゃ	(30)	2,611	509,946	195	146	172	174	168	245	115	319	108	198	201
うち輸入	(31)	1,189	146,808	124	128	142	153	132	236	99	305	93	149	133
なす	(32)	3,085	1,162,494	377	70	554	100	504	157	463	222	427	268	434
トマト	(33)	5,555	2,008,784	362	296	456	314	453	330	523	529	376	807	270
ミニトマト	(34)	1,055	763,884	724	76	781	59	986	72	980	116	661	122	503
ピーマン	(35)	1,847	891,392	483	106	652	102	804	153	641	193	477	242	422
ししとうがらし	(36)	79	82,051	1,040	2	2,159	2	1,610	2	1,890	3	1,555	3	1,471
スイートコーン	(37)	1,206	298,095	247	1	422	0	405	0	418	1	441	79	356
豆類														
さやいんげん	(38)	160	134,157	839	9	748	15	850	13	853	7	1,031	16	906
さやえんどう	(39)	89	106,299	1,192	9	1,012	6	1,564	9	1,523	15	1,244	13	998
うち輸入	(40)	29	22,453	775	3	648	3	831	3	1,051	4	797	3	512
実えんどう	(41)	10	12,527	1,232	1	656	0	1,357	1	1,310	3	1,189	5	1,405
そらまめ	(42)	105	48,449	462	4	517	0	1,053	0	2,093	24	565	62	410
えだまめ	(43)	747	585,009	783	0	2,389	0	2,526	0	1,163	2	1,090	23	1,162
土物類														
かんしょ	(44)	1,938	426,992	220	186	224	223	224	225	228	171	222	104	272
ばれいしょ	(45)	6,560	1,135,285	173	573	119	432	170	399	201	584	232	643	211
さといも	(46)	732	222,239	304	50	311	47	312	48	296	32	275	7	275
やまのいも	(47)	864	405,687	469	74	417	69	406	58	448	65	472	64	475
たまねぎ	(48)	9,423	949,681	101	687	71	614	80	838	92	1,112	89	913	82
うち輸入	(49)	395	35,692	90	11	107	9	116	9	131	6	160	8	109
にんにく	(50)	407	241,609	593	38	476	36	639	37	611	34	653	33	544
うち輸入	(51)	331	108,342	327	32	269	26	293	29	302	26	325	26	330
しょうが	(52)	450	263,174	585	23	509	26	516	28	569	35	680	44	732
うち輸入	(53)	189	61,101	324	14	325	16	325	16	326	16	320	16	325
きのこ類														
生しいたけ	(54)	743	725,538	976	79	1,044	71	1,044	68	970	59	918	59	792
うち輸入	(55)	35	17,999	510	3	512	4	534	4	466	4	446	2	522
なめこ	(56)	237	107,144	453	17	490	20	462	21	448	26	375	22	414
えのきだけ	(57)	636	145,176	228	70	257	62	276	65	172	60	162	49	150
しめじ	(58)	575	213,799	372	62	361	50	445	56	335	61	294	46	300
その他の野菜	(59)	3,645	1,625,771	446	310	665	294	453	300	426	275	393	339	412
輸入野菜計	(60)	3,598	978,223	272	238	274	285	328	407	263	451	211	296	266
その他の輸入野菜	(61)	1,094	395,999	362	40	610	55	658	69	518	62	482	72	464

6月		7月		8月		9月		10月		11月		12月		
数量	価格	数量	価格	数量	価格	数量	価格	数量	価格	数量	価格	数量	価格	
t	円/kg	t	円/kg	t	円/kg	t	円/kg	t	円/kg	t	円/kg	t	円/kg	
8,499	256	8,305	249	8,530	226	9,463	244	9,163	291	9,210	257	9,521	246	(1)
721	87	1,052	104	983	109	1,507	119	1,390	134	1,588	121	1,211	87	(2)
95	104	35	113	12	133	36	197	117	152	187	126	154	110	(3)
474	120	367	144	324	127	423	223	402	252	364	202	411	153	(4)
15	441	21	312	12	298	23	310	40	306	52	351	68	338	(5)
0	272	0	206	-	-	-	-	0	1,428	0	866	1	678	(6)
24	1,209	19	1,010	41	644	79	579	77	604	79	586	122	652	(7)
470	71	395	45	369	48	514	90	734	125	1,058	99	1,092	77	(8)
43	295	43	331	42	252	36	511	34	774	40	475	45	424	(9)
105	252	106	234	92	184	88	489	89	584	106	422	115	382	(10)
2	579	2	560	1	564	1	634	2	608	4	569	4	512	(11)
65	212	64	182	61	142	50	334	67	385	62	304	55	280	(12)
965	91	1,033	73	915	69	971	96	1,022	163	949	167	873	117	(13)
123	515	88	644	76	669	63	914	117	790	112	621	140	492	(14)
257	476	276	408	347	335	410	379	561	390	518	349	551	317	(15)
1	378	-	-	-	-	-	-	8	344	9	259	6	297	(16)
1	439	2	299	1	253	1	284	1	287	-	-	1	966	(17)
12	263	13	364	11	310	10	651	13	647	14	475	21	1,682	(18)
10	544	9	692	8	869	8	1,853	18	987	47	639	64	716	(19)
80	350	64	423	65	477	66	643	63	887	58	840	48	916	(20)
80	312	71	228	68	186	60	244	61	424	47	431	84	247	(21)
41	1,312	37	1,035	48	866	28	942	19	1,005	15	1,017	10	1,325	(22)
0	895	-	-	0	918	3	801	14	1,039	15	1,016	8	1,120	(23)
3	207	7	310	6	297	5	293	4	332	17	244	28	207	(24)
79	480	181	418	116	452	114	509	120	541	123	490	102	421	(25)
22	362	23	354	21	321	35	384	45	446	20	389	15	372	(26)
360	134	270	124	281	142	299	243	414	386	518	285	497	236	(27)
4	836	4	1,083	3	1,231	2	2,360	2	3,287	2	2,586	4	2,414	(28)
437	274	429	331	625	202	541	310	363	513	247	471	221	483	(29)
201	226	215	200	216	196	191	190	281	205	213	295	213	308	(30)
86	129	16	83	-	-	-	-	0	136	21	308	94	192	(31)
378	424	446	377	533	221	388	359	317	351	129	413	76	516	(32)
641	281	515	290	691	215	468	299	366	502	253	608	344	541	(33)
91	594	66	626	91	573	118	539	90	924	72	967	82	904	(34)
226	369	172	410	121	277	125	371	132	606	131	587	144	403	(35)
8	1,041	15	840	19	582	11	879	7	1,222	4	1,319	3	2,128	(36)
302	278	429	225	261	245	130	189	3	163	-	-	-	-	(37)
18	845	19	673	22	557	12	943	7	1,441	12	1,005	10	832	(38)
8	1,170	7	1,106	2	1,158	2	1,082	3	1,047	5	1,265	10	1,098	(39)
2	584	2	571	1	456	2	875	3	1,002	3	866	2	831	(40)
1	542	-	-	-	-	-	-	-	-	-	-	0	737	(41)
14	471	1	378	-	-	-	-	-	-	-	-	1	1,056	(42)
127	1,001	158	857	245	764	135	688	55	164	0	1,436	1	2,294	(43)
87	286	87	245	131	190	203	179	185	214	171	223	166	198	(44)
561	209	370	162	472	134	759	156	584	144	557	152	626	182	(45)
12	378	10	410	19	467	43	366	141	295	108	246	213	306	(46)
87	471	82	461	87	455	76	493	63	517	56	513	84	510	(47)
678	137	558	161	574	172	995	131	667	88	738	75	1,049	72	(48)
48	81	73	82	91	92	72	91	33	83	18	81	17	80	(49)
34	579	34	507	32	584	32	655	31	561	31	631	35	684	(50)
25	319	29	303	27	358	26	357	29	353	26	350	28	380	(51)
61	611	60	646	53	561	40	486	28	515	25	519	27	501	(52)
15	324	16	327	16	324	15	324	15	323	16	321	17	319	(53)
47	822	42	795	39	870	30	1,118	67	1,023	90	1,008	90	1,125	(54)
2	527	2	526	2	532	2	531	3	509	4	506	4	541	(55)
18	437	21	375	23	322	17	492	16	589	17	600	17	546	(56)
31	152	28	136	17	145	41	201	58	273	74	314	82	287	(57)
36	293	34	259	38	212	46	373	47	473	44	567	56	489	(58)
368	402	350	425	334	408	269	470	278	459	263	400	264	448	(59)
260	232	241	238	242	240	329	250	296	363	269	326	285	300	(60)
59	370	80	321	84	316	173	245	154	327	147	263	100	312	(61)

3 卸売市場別の月別野菜の卸売数量・価額・価格（続き）
(25) 東京都中央卸売市場　葛西市場

品目		計 数量	計 価額	計 価格	1月 数量	1月 価格	2月 数量	2月 価格	3月 数量	3月 価格	4月 数量	4月 価格	5月 数量	5月 価格
		t	千円	円/kg	t	円/kg	t	円/kg	t	円/kg	t	円/kg	t	円/kg
野菜計	(1)	92,905	21,399,191	230	8,683	193	8,422	205	8,327	228	8,200	231	8,341	222
根菜類														
だいこん	(2)	8,777	851,207	97	1,161	58	1,113	73	875	93	612	103	596	90
かぶ	(3)	225	16,404	73	26	51	31	51	31	71	39	65	25	80
にんじん	(4)	5,740	929,404	162	589	88	438	109	495	118	400	168	472	185
ごぼう	(5)	489	153,956	315	42	302	44	302	32	303	40	311	34	327
たけのこ	(6)	83	38,732	465	0	995	1	1,052	20	683	60	391	2	288
れんこん	(7)	365	208,480	571	37	493	40	538	40	609	19	775	9	978
葉茎菜類														
はくさい	(8)	7,037	572,016	81	1,036	46	961	58	430	101	298	87	422	53
みずな	(9)	529	216,883	410	63	474	47	398	55	403	50	328	51	299
こまつな	(10)	847	255,238	301	81	300	75	307	79	281	79	252	67	225
その他の菜類	(11)	23	9,858	431	3	537	3	359	2	442	1	537	1	555
ちんげんさい	(12)	165	45,711	278	17	229	15	303	14	290	14	248	13	207
キャベツ	(13)	12,091	1,245,091	103	1,123	61	1,086	69	1,198	101	1,341	121	1,314	102
ほうれんそう	(14)	964	512,207	532	85	466	75	478	77	495	78	472	92	421
ねぎ	(15)	2,701	1,017,635	377	294	325	221	330	214	358	184	403	193	463
ふき	(16)	44	15,567	351	4	318	3	445	8	388	10	386	6	320
うど	(17)	1	225	402	-	-	0	437	-	-	0	484	0	453
みつば	(18)	92	69,526	753	16	1,201	7	631	11	536	9	438	5	411
しゅんぎく	(19)	62	37,460	609	10	625	10	506	7	489	4	655	3	566
にら	(20)	545	329,098	604	52	627	47	788	50	516	50	465	47	375
洋菜類														
セルリー	(21)	353	102,666	291	28	291	35	256	31	306	28	330	30	337
アスパラガス	(22)	266	250,708	941	9	941	16	890	35	978	34	1,098	42	1,073
うち輸入	(23)	121	87,046	720	9	865	14	838	18	776	6	815	9	811
カリフラワー	(24)	72	18,708	259	6	252	6	320	7	300	11	284	10	222
ブロッコリー	(25)	2,221	738,670	333	211	298	184	361	214	340	205	356	229	318
うち輸入	(26)	695	236,823	341	55	378	64	363	98	323	67	360	47	368
レタス	(27)	5,803	1,303,410	225	454	233	464	251	535	231	520	211	530	191
パセリ	(28)	14	16,418	1,164	2	1,007	1	804	2	602	2	457	1	849
果菜類														
きゅうり	(29)	2,933	938,549	320	206	400	195	382	260	322	304	268	311	280
かぼちゃ	(30)	1,665	389,863	234	107	220	117	232	129	204	156	153	124	275
うち輸入	(31)	585	85,752	147	63	145	82	141	87	119	128	108	65	168
なす	(32)	2,027	758,272	374	112	451	162	409	182	415	219	363	170	350
トマト	(33)	4,284	1,614,167	377	265	418	348	410	414	425	466	387	527	322
ミニトマト	(34)	1,190	617,405	519	129	456	84	636	92	693	132	538	130	457
ピーマン	(35)	2,081	843,069	405	138	496	139	562	194	473	225	362	233	343
ししとうがらし	(36)	23	26,358	1,167	1	1,735	1	1,394	1	1,937	1	1,393	1	1,226
スイートコーン	(37)	1,117	268,743	241	1	352	1	308	1	300	2	341	50	397
豆類														
さやいんげん	(38)	180	132,543	738	14	766	18	650	19	597	14	827	19	757
さやえんどう	(39)	31	36,891	1,184	6	949	2	1,927	3	1,728	5	1,030	4	1,098
うち輸入	(40)	1	398	522	0	247	0	995	-	-	-	-	-	-
実えんどう	(41)	5	4,906	966	1	603	-	-	0	1,561	1	1,111	2	1,157
そらまめ	(42)	80	45,053	566	6	506	0	898	3	782	27	619	28	436
えだまめ	(43)	278	228,621	823	0	941	-	-	0	511	1	655	11	1,013
土物類														
かんしょ	(44)	1,753	371,965	212	154	229	202	210	157	222	126	225	83	273
ばれいしょ	(45)	7,594	1,303,957	172	645	134	667	174	666	191	742	211	868	182
さといも	(46)	611	195,287	320	60	299	54	280	49	286	48	244	21	357
やまのいも	(47)	599	250,219	418	57	367	54	392	51	360	46	408	41	452
たまねぎ	(48)	8,987	1,087,429	121	688	95	822	99	1,052	104	996	100	896	105
うち輸入	(49)	187	19,612	105	1	104	1	135	0	256	0	221	0	257
にんにく	(50)	166	141,401	850	13	819	15	939	20	615	12	988	21	710
うち輸入	(51)	50	20,767	414	4	417	4	404	6	359	5	395	4	424
しょうが	(52)	371	214,232	578	25	559	28	576	29	592	29	627	31	641
うち輸入	(53)	42	12,526	297	3	297	4	297	4	300	4	302	4	290
きのこ類														
生しいたけ	(54)	535	352,348	659	73	612	51	628	47	591	36	640	28	686
うち輸入	(55)	9	5,025	552	1	598	1	590	1	559	1	528	1	564
なめこ	(56)	205	102,791	502	17	469	16	522	16	509	12	494	16	490
えのきだけ	(57)	1,308	311,075	238	166	268	118	282	108	215	133	160	90	193
しめじ	(58)	839	424,416	506	96	474	77	514	67	464	52	488	58	489
その他の野菜	(59)	4,536	1,784,355	393	356	449	327	427	305	453	328	399	382	401
輸入野菜計	(60)	2,718	870,821	320	222	341	275	344	307	323	269	267	201	309
その他の輸入野菜	(61)	1,028	402,872	392	86	410	103	425	93	421	57	435	73	329

6月		7月		8月		9月		10月		11月		12月		
数量	価格	数量	価格	数量	価格	数量	価格	数量	価格	数量	価格	数量	価格	
t	円/kg	t	円/kg	t	円/kg	t	円/kg	t	円/kg	t	円/kg	t	円/kg	
7,282	235	6,702	246	7,087	227	7,123	255	7,526	265	7,365	243	7,845	225	(1)
495	92	417	128	484	115	581	133	752	137	796	117	896	86	(2)
2	233	1	321	3	160	0	125	12	132	20	98	35	56	(3)
438	126	380	152	372	164	457	262	560	238	540	193	599	142	(4)
26	343	31	318	23	302	45	288	56	311	46	319	69	343	(5)
1	275	-	-	-	-	-	-	-	-	-	-	0	471	(6)
9	970	7	681	21	550	41	503	37	552	39	499	68	534	(7)
215	66	211	45	242	53	423	97	631	141	1,034	109	1,133	85	(8)
40	370	46	380	42	343	33	490	32	626	39	455	32	440	(9)
62	258	70	245	68	196	61	423	64	488	66	337	75	333	(10)
0	415	3	408	6	410	2	282	1	360	1	414	0	515	(11)
11	236	12	232	13	166	14	357	15	408	14	337	13	292	(12)
1,140	93	796	78	801	76	705	103	866	160	893	164	828	119	(13)
112	439	86	545	64	618	60	858	61	809	80	551	95	458	(14)
186	448	176	439	226	353	206	398	270	368	269	353	261	354	(15)
2	360	0	225	-	-	-	-	3	352	5	273	3	297	(16)
0	216	-	-	0	191	-	-	-	-	-	-	-	-	(17)
5	401	6	449	4	392	5	649	6	706	6	588	13	1,335	(18)
2	528	2	633	1	817	1	2,110	3	923	7	530	12	581	(19)
42	430	43	437	41	536	52	649	44	810	44	772	35	899	(20)
29	289	37	243	29	220	28	243	25	371	20	377	33	287	(21)
27	1,012	13	1,212	20	866	15	980	19	953	17	568	18	391	(22)
9	646	0	505	0	689	5	884	17	906	16	553	18	390	(23)
4	237	1	359	1	326	2	277	4	288	9	235	10	205	(24)
132	359	183	338	164	313	166	328	174	348	163	326	197	316	(25)
33	328	34	354	36	365	47	345	64	332	60	323	89	299	(26)
475	181	524	169	534	187	521	239	448	326	388	270	411	236	(27)
1	1,127	1	1,284	1	1,200	1	2,048	1	2,965	1	2,561	1	2,564	(28)
244	276	231	317	299	244	300	317	216	389	172	373	194	371	(29)
161	248	144	270	110	262	123	255	207	208	129	253	159	254	(30)
51	163	27	105	-	-	-	-	3	264	32	287	46	190	(31)
185	323	172	374	237	261	163	395	177	391	144	410	104	465	(32)
446	328	345	366	350	332	361	333	297	408	234	430	230	448	(33)
92	494	81	523	94	420	106	471	93	530	58	624	100	484	(34)
196	359	164	381	162	321	163	323	149	426	164	452	154	442	(35)
4	824	4	986	4	743	2	1,276	1	1,555	1	1,350	1	1,767	(36)
330	273	391	204	230	220	107	235	2	339	1	392	0	431	(37)
19	788	19	651	19	619	8	883	6	1,162	12	887	14	708	(38)
1	1,155	1	1,175	0	2,048	0	1,505	0	3,859	1	1,317	7	934	(39)
-	-	-	-	-	-	-	-	0	864	0	608	-	-	(40)
1	548	-	-	-	-	-	-	-	-	-	-	1	643	(41)
4	547	2	607	1	669	1	681	1	681	1	711	6	770	(42)
46	866	73	865	88	757	51	811	7	760	0	771	0	1,095	(43)
68	289	69	240	89	222	236	171	231	188	173	200	164	207	(44)
711	188	640	168	546	145	486	174	589	137	497	162	537	173	(45)
14	434	22	286	52	416	65	403	63	334	57	271	105	305	(46)
56	453	94	388	65	405	37	463	31	480	32	482	34	487	(47)
589	154	526	172	897	167	808	143	653	119	518	112	540	103	(48)
13	77	29	82	53	97	52	90	19	92	11	235	6	238	(49)
19	630	11	1,022	11	1,089	11	939	10	980	12	915	12	1,001	(50)
3	429	4	416	4	443	4	432	4	422	5	391	4	475	(51)
47	534	42	610	50	475	33	504	24	584	16	780	15	682	(52)
4	292	3	301	4	295	3	296	3	293	3	308	4	300	(53)
26	678	26	605	27	619	39	682	63	652	59	720	61	758	(54)
1	560	1	559	1	528	-	-	0	378	-	-	-	-	(55)
17	439	16	435	18	465	25	505	20	557	17	567	14	559	(56)
92	178	65	189	81	148	126	220	101	300	118	322	111	316	(57)
51	462	44	435	50	401	76	501	96	539	94	621	77	562	(58)
411	387	470	362	448	343	379	390	405	390	358	372	368	384	(59)
169	292	156	281	157	325	186	322	216	371	293	321	266	333	(60)
55	371	57	404	60	492	76	423	105	366	165	307	99	422	(61)

3 卸売市場別の月別野菜の卸売数量・価額・価格（続き）
(26) 東京都中央卸売市場　豊島市場

品目		計 数量	計 価額	計 価格	1月 数量	1月 価格	2月 数量	2月 価格	3月 数量	3月 価格	4月 数量	4月 価格	5月 数量	5月 価格
		t	千円	円/kg	t	円/kg	t	円/kg	t	円/kg	t	円/kg	t	円/kg
野菜計	(1)	79,374	18,539,743	234	6,655	187	6,039	218	6,302	239	6,743	235	6,941	227
根菜類														
だいこん	(2)	6,376	709,729	111	734	63	717	96	626	114	477	127	461	117
かぶ	(3)	861	121,176	141	69	124	68	146	69	151	103	128	106	109
にんじん	(4)	7,036	1,153,691	164	495	82	535	90	559	112	722	174	720	189
ごぼう	(5)	339	119,380	352	33	351	30	357	33	358	20	389	16	450
たけのこ	(6)	109	38,615	354	1	664	1	971	14	697	85	276	7	386
れんこん	(7)	224	146,768	654	22	532	25	610	23	690	12	870	9	869
葉茎菜類														
はくさい	(8)	8,996	732,212	81	1,187	40	900	56	696	94	607	94	566	58
みずな	(9)	246	89,685	365	22	403	21	342	22	290	22	233	18	181
こまつな	(10)	723	253,896	351	45	406	50	393	52	365	49	306	51	210
その他の菜類	(11)	13	5,791	450	1	284	1	404	2	370	2	370	1	403
ちんげんさい	(12)	187	60,265	322	13	287	13	339	16	326	15	298	16	253
キャベツ	(13)	8,209	878,685	107	573	59	588	70	641	97	734	123	658	106
ほうれんそう	(14)	1,221	635,209	520	81	554	80	518	117	498	141	452	144	393
ねぎ	(15)	3,523	1,425,635	405	283	344	277	340	268	366	251	424	269	523
ふき	(16)	57	19,331	342	4	318	4	523	9	355	13	370	11	258
うど	(17)	29	14,798	509	2	617	6	535	10	499	8	473	2	491
みつば	(18)	100	58,432	587	7	760	7	530	10	465	12	404	7	365
しゅんぎく	(19)	96	61,965	647	19	644	16	518	11	486	6	633	4	629
にら	(20)	458	272,005	594	45	642	40	821	47	478	47	423	43	314
洋菜類														
セルリー	(21)	287	85,490	298	20	293	24	269	29	318	27	331	21	371
アスパラガス	(22)	424	477,128	1,125	10	1,472	27	1,118	45	1,118	44	1,339	47	1,317
うち輸入	(23)	152	144,066	945	9	1,386	22	909	22	719	17	939	4	1,000
カリフラワー	(24)	142	39,863	281	14	285	13	330	18	245	13	286	14	210
ブロッコリー	(25)	864	395,490	457	107	354	84	451	98	532	91	488	106	416
うち輸入	(26)	43	16,769	389	0	484	1	369	3	403	5	441	4	358
レタス	(27)	5,230	1,229,654	235	455	276	387	321	409	287	403	226	485	166
パセリ	(28)	28	42,145	1,508	2	883	2	955	3	787	3	551	3	578
果菜類														
きゅうり	(29)	3,366	1,145,055	340	211	471	145	475	194	346	280	275	363	261
かぼちゃ	(30)	2,310	452,550	196	168	215	152	159	152	135	131	131	149	171
うち輸入	(31)	962	146,507	152	115	149	146	145	148	123	126	119	131	142
なす	(32)	1,751	646,384	369	54	596	72	479	101	464	139	417	172	419
トマト	(33)	2,946	1,130,058	384	144	467	178	465	195	552	275	407	343	285
ミニトマト	(34)	452	352,195	778	33	858	28	1,024	34	1,033	44	685	53	502
ピーマン	(35)	1,246	563,938	453	59	675	59	849	84	651	112	477	137	421
ししとうがらし	(36)	68	97,904	1,438	3	2,220	4	1,751	4	1,934	5	1,644	5	1,560
スイートコーン	(37)	1,016	228,038	224	-	-	-	-	-	-	0	691	14	384
豆類														
さやいんげん	(38)	111	101,666	917	8	876	10	953	11	1,032	7	1,212	10	941
さやえんどう	(39)	54	80,772	1,483	7	1,186	5	2,053	8	1,771	9	1,448	5	1,051
うち輸入	(40)	3	1,878	714	0	599	0	470	0	1,036	0	835	0	762
実えんどう	(41)	6	6,102	1,021	1	695	0	929	0	1,188	2	1,122	2	1,345
そらまめ	(42)	71	31,670	445	4	524	0	1,063	0	2,940	14	634	29	414
えだまめ	(43)	190	170,417	896	0	2,430	0	2,430	0	2,183	1	1,607	9	1,186
土物類														
かんしょ	(44)	1,588	367,902	232	183	217	173	232	151	238	140	233	83	278
ばれいしょ	(45)	5,373	975,533	182	471	112	446	174	388	208	429	243	566	213
さといも	(46)	414	131,003	316	29	288	27	284	28	297	18	237	5	288
やまのいも	(47)	779	334,445	430	63	390	66	392	79	378	60	394	49	420
たまねぎ	(48)	8,780	933,105	106	727	67	517	84	793	91	938	87	912	91
うち輸入	(49)	603	61,525	102	8	120	9	117	13	149	11	163	10	135
にんにく	(50)	209	260,672	1,250	17	1,136	19	1,166	23	1,198	15	1,238	21	1,014
うち輸入	(51)	61	22,523	371	5	301	6	316	6	336	5	347	5	347
しょうが	(52)	246	166,046	676	14	615	16	626	18	675	23	757	26	763
うち輸入	(53)	81	27,064	334	6	341	6	339	7	334	7	329	7	313
きのこ類														
生しいたけ	(54)	104	101,449	979	9	1,138	9	1,115	8	951	7	893	6	979
うち輸入	(55)	10	5,568	544	1	559	1	558	2	520	1	525	1	553
なめこ	(56)	55	24,109	437	5	373	3	472	4	409	4	355	3	431
えのきだけ	(57)	297	78,573	264	41	284	30	312	26	222	26	185	17	215
しめじ	(58)	260	111,134	427	26	450	24	480	25	367	21	329	15	354
その他の野菜	(59)	1,905	981,984	516	134	513	140	501	150	488	136	502	163	523
輸入野菜計	(60)	2,390	549,564	230	167	262	215	269	231	233	196	234	190	198
その他の輸入野菜	(61)	475	123,665	260	22	405	24	463	30	365	23	264	28	266

6月		7月		8月		9月		10月		11月		12月		
数量	価格	数量	価格	数量	価格	数量	価格	数量	価格	数量	価格	数量	価格	
t	円/kg	t	円/kg	t	円/kg	t	円/kg	t	円/kg	t	円/kg	t	円/kg	
6,610	242	6,048	242	6,596	210	6,620	240	6,835	285	6,594	252	7,392	225	(1)
406	97	253	134	275	130	400	131	437	149	729	136	862	97	(2)
100	112	38	164	29	198	29	226	72	203	90	143	89	118	(3)
489	141	591	143	590	154	666	218	721	235	458	219	490	166	(4)
13	449	11	414	27	255	32	282	53	299	32	370	40	412	(5)
0	984	-	-	-	-	-	-	1	1,319	0	1,238	0	825	(6)
4	1,429	7	913	13	637	20	571	27	585	25	578	38	623	(7)
494	70	361	53	374	56	541	89	792	143	1,137	115	1,340	84	(8)
18	241	21	324	20	227	20	517	15	849	21	463	26	396	(9)
53	255	102	216	73	175	75	453	82	596	45	463	47	418	(10)
1	441	1	421	1	403	1	549	1	703	1	641	1	636	(11)
16	259	17	269	14	223	15	405	18	477	19	366	16	331	(12)
672	96	696	78	834	75	793	96	832	169	588	188	599	122	(13)
116	418	82	532	72	562	62	901	69	837	103	602	154	407	(14)
320	455	310	408	295	356	267	425	329	438	307	401	346	379	(15)
0	430	-	-	-	-	-	-	4	363	6	284	5	327	(16)
-	-	-	-	-	-	-	-	-	-	-	-	0	621	(17)
7	356	8	393	7	400	6	645	7	681	8	482	13	1,242	(18)
4	521	3	628	2	702	2	1,696	4	1,145	10	679	16	686	(19)
33	355	30	413	31	453	30	606	35	888	38	846	39	896	(20)
24	320	23	230	25	178	22	238	24	377	20	428	29	252	(21)
46	1,296	42	1,085	52	882	32	1,024	35	942	27	947	17	1,072	(22)
0	887	0	1,426	0	432	5	1,057	30	928	27	947	16	1,048	(23)
10	297	7	345	5	325	6	310	7	368	11	294	24	244	(24)
47	448	47	443	35	493	24	558	32	544	72	514	121	429	(25)
3	402	5	325	4	371	6	385	5	463	4	449	3	262	(26)
441	147	470	127	445	144	391	249	407	401	432	282	507	237	(27)
3	874	2	1,486	2	1,160	1	3,095	2	4,126	2	2,773	3	3,228	(28)
367	270	367	327	446	202	381	305	234	533	182	503	195	489	(29)
192	210	138	217	238	225	294	185	345	190	171	269	180	220	(30)
106	147	21	125	-	-	-	-	-	-	40	300	130	204	(31)
190	368	219	329	283	210	208	336	153	359	88	459	73	498	(32)
361	283	281	291	371	246	296	323	214	541	145	600	144	623	(33)
39	615	28	636	22	603	45	547	46	939	37	1,087	44	926	(34)
117	362	112	400	139	210	138	280	127	489	78	609	82	520	(35)
7	1,258	7	1,205	8	835	7	1,036	7	1,439	5	1,504	5	2,078	(36)
226	263	302	211	301	225	170	182	4	192	0	3,024	-	-	(37)
12	811	12	649	12	570	7	1,074	8	1,268	7	1,060	8	943	(38)
6	1,363	3	1,240	2	1,740	1	3,348	0	3,957	2	1,560	5	1,130	(39)
0	639	0	651	0	543	0	807	0	851	-	-	0	405	(40)
0	601	0	324	0	324	0	324	0	324	0	324	1	697	(41)
16	375	8	227	-	-	-	-	-	-	-	-	0	1,143	(42)
41	956	58	928	53	757	25	861	2	1,066	0	1,257	0	1,737	(43)
63	271	89	250	108	238	139	206	159	231	137	234	164	207	(44)
448	214	421	175	416	154	430	170	511	154	441	174	405	192	(45)
9	423	4	312	19	492	31	369	71	322	63	257	110	328	(46)
68	430	65	435	64	455	67	448	89	449	62	465	48	523	(47)
827	169	523	187	632	165	692	130	599	90	763	75	858	72	(48)
137	111	93	92	175	95	94	101	29	79	12	80	10	106	(49)
27	1,290	15	1,355	14	1,102	12	1,322	10	1,429	16	1,526	20	1,365	(50)
4	355	4	393	5	381	4	406	5	412	5	435	7	423	(51)
32	758	30	710	24	627	19	566	15	607	14	619	16	606	(52)
7	317	7	323	6	336	6	332	7	325	7	394	7	322	(53)
6	891	8	704	6	848	7	1,165	11	1,037	13	936	13	1,023	(54)
1	576	0	531	0	528	0	536	1	559	1	558	1	551	(55)
3	396	4	380	5	352	5	459	5	560	5	573	9	438	(56)
14	223	13	211	14	180	26	247	38	283	24	357	28	326	(57)
14	340	13	326	14	277	30	425	34	471	21	589	22	542	(58)
209	534	206	542	183	526	156	529	148	518	138	448	142	538	(59)
302	149	182	142	236	131	173	193	137	397	146	392	215	296	(60)
43	199	52	169	45	189	56	208	60	286	50	232	41	307	(61)

3　卸売市場別の月別野菜の卸売数量・価額・価格（続き）
(27)　東京都中央卸売市場　淀橋市場

品目		計 数量	計 価額	計 価格	1月 数量	1月 価格	2月 数量	2月 価格	3月 数量	3月 価格	4月 数量	4月 価格	5月 数量	5月 価格
		t	千円	円／kg	t	円／kg	t	円／kg	t	円／kg	t	円／kg	t	円／kg
野菜計	(1)	**176,773**	**45,465,731**	**257**	**13,538**	**228**	**14,176**	**250**	**14,758**	**266**	**15,453**	**261**	**16,015**	**243**
根菜類														
だいこん	(2)	16,447	1,668,141	101	1,757	55	1,524	77	1,575	89	1,520	104	1,292	95
かぶ	(3)	1,227	175,742	143	135	115	104	139	95	161	122	144	132	125
にんじん	(4)	11,357	1,805,611	159	971	79	950	93	1,107	114	896	157	1,047	183
ごぼう	(5)	936	336,848	360	76	348	69	365	67	379	57	431	80	386
たけのこ	(6)	210	82,431	393	2	796	4	920	28	706	157	297	12	377
れんこん	(7)	815	506,293	621	81	483	99	574	85	657	52	795	31	796
葉茎菜類														
はくさい	(8)	10,139	908,678	90	1,148	44	1,006	60	652	115	498	102	505	56
みずな	(9)	648	225,439	348	54	359	60	337	63	298	60	255	70	180
こまつな	(10)	1,357	461,134	340	104	363	112	374	119	314	140	266	130	202
その他の菜類	(11)	42	10,897	258	5	217	7	256	9	242	5	265	0	277
ちんげんさい	(12)	510	169,998	333	50	290	52	340	50	317	47	277	42	255
キャベツ	(13)	27,481	2,790,322	102	1,996	61	2,340	67	2,564	87	2,266	112	2,512	98
ほうれんそう	(14)	1,442	856,010	594	163	591	179	574	153	594	123	539	125	497
ねぎ	(15)	7,043	2,588,214	367	674	304	650	295	614	327	518	400	514	472
ふき	(16)	137	44,157	323	6	326	6	463	15	371	39	391	43	240
うど	(17)	90	43,770	487	12	493	25	455	27	484	17	506	6	488
みつば	(18)	191	113,774	597	13	824	17	576	23	512	21	403	15	296
しゅんぎく	(19)	202	126,692	628	35	664	27	529	21	482	12	592	9	624
にら	(20)	1,195	742,512	621	92	655	102	858	130	507	121	473	109	357
洋菜類														
セルリー	(21)	851	240,306	282	67	267	100	240	110	307	66	331	64	349
アスパラガス	(22)	545	641,983	1,179	10	1,910	24	1,480	52	1,303	68	1,497	82	1,244
うち輸入	(23)	98	87,688	890	5	1,569	10	869	13	673	7	893	3	886
カリフラワー	(24)	326	91,478	281	27	265	26	318	23	319	21	279	41	212
ブロッコリー	(25)	3,399	1,799,917	530	326	414	292	552	320	611	473	601	436	515
うち輸入	(26)	101	41,087	408	0	170	2	415	9	412	10	435	10	342
レタス	(27)	8,132	2,010,431	247	596	291	614	332	654	307	739	236	598	191
パセリ	(28)	55	71,334	1,294	5	838	5	807	6	748	7	553	6	710
果菜類														
きゅうり	(29)	8,585	2,884,416	336	488	450	532	441	727	341	811	271	946	265
かぼちゃ	(30)	3,858	844,668	219	261	245	287	224	327	213	324	185	311	184
うち輸入	(31)	1,595	244,106	153	154	158	213	145	245	125	274	115	258	138
なす	(32)	4,914	1,913,103	389	184	539	263	480	310	446	421	399	495	413
トマト	(33)	14,237	5,317,693	374	849	454	869	460	961	514	1,268	385	1,738	274
ミニトマト	(34)	3,276	2,508,582	766	229	844	219	1,022	227	1,036	308	684	352	505
ピーマン	(35)	2,521	1,244,813	494	145	686	157	833	200	652	237	498	258	416
ししとうがらし	(36)	160	209,644	1,314	9	1,915	10	1,625	10	1,732	11	1,406	13	1,333
スイートコーン	(37)	1,466	367,774	251	0	371	0	425	–	–	3	577	63	403
豆類														
さやいんげん	(38)	329	289,297	881	19	919	18	1,127	25	1,035	28	943	32	894
さやえんどう	(39)	121	167,661	1,384	11	1,167	8	1,929	11	1,753	18	1,301	18	1,110
うち輸入	(40)	20	16,729	850	1	837	2	897	2	1,088	2	852	1	759
実えんどう	(41)	15	15,636	1,037	2	670	0	589	1	1,467	5	1,171	4	1,263
そらまめ	(42)	162	75,991	470	7	508	0	1,027	0	1,837	36	600	69	423
えだまめ	(43)	651	545,293	838	3	851	1	1,038	1	871	3	1,323	23	1,134
土物類														
かんしょ	(44)	3,631	886,667	244	343	239	375	241	315	244	246	233	175	279
ばれいしょ	(45)	11,149	2,132,509	191	787	134	846	183	873	231	947	256	1,135	223
さといも	(46)	665	205,280	309	35	315	50	270	42	291	32	307	35	298
やまのいも	(47)	1,464	650,580	444	96	406	115	400	125	406	122	418	112	441
たまねぎ	(48)	16,859	1,835,207	109	1,040	89	1,441	105	1,357	106	1,938	95	1,653	88
うち輸入	(49)	1,154	116,926	101	53	118	57	114	63	130	60	146	58	123
にんにく	(50)	330	297,238	900	24	740	28	914	32	882	28	898	33	892
うち輸入	(51)	216	88,220	408	18	355	16	375	19	361	18	385	18	391
しょうが	(52)	678	430,178	634	32	531	36	551	43	642	56	750	72	743
うち輸入	(53)	221	58,944	267	17	265	18	265	19	268	18	276	17	273
きのこ類														
生しいたけ	(54)	550	534,888	972	50	1,119	44	1,087	48	981	49	898	43	904
うち輸入	(55)	30	17,433	581	2	602	3	593	2	613	2	617	3	618
なめこ	(56)	360	161,458	449	28	458	32	467	31	446	31	436	25	434
えのきだけ	(57)	1,425	308,714	217	142	253	116	282	159	172	133	152	104	159
しめじ	(58)	1,354	474,612	351	119	358	112	402	127	319	118	272	109	262
その他の野菜	(59)	3,240	2,651,714	818	230	882	221	913	243	903	232	816	295	763
輸入野菜計	(60)	5,057	1,115,643	221	322	240	391	234	451	222	480	202	472	206
その他の輸入野菜	(61)	1,622	444,509	274	71	369	70	434	77	428	89	349	104	326

6月		7月		8月		9月		10月		11月		12月		
数 量	価 格	数 量	価 格	数 量	価 格	数 量	価 格	数 量	価 格	数 量	価 格	数 量	価 格	
t	円／kg	t	円／kg	t	円／kg	t	円／kg	t	円／kg	t	円／kg	t	円／kg	
14,799	**249**	**13,946**	**250**	**15,048**	**224**	**15,145**	**260**	**15,091**	**305**	**13,872**	**288**	**14,930**	**260**	(1)
959	89	931	120	1,055	117	1,087	138	1,382	155	1,490	122	1,876	88	(2)
113	127	78	157	46	163	16	236	96	185	134	159	158	124	(3)
994	126	672	147	742	145	714	284	964	268	972	205	1,328	143	(4)
87	373	58	338	65	300	88	292	93	312	89	355	106	436	(5)
2	484	0	424	-	-	-	-	2	1,343	0	1,490	1	1,010	(6)
15	1,521	21	937	50	598	81	550	86	562	87	551	126	593	(7)
483	70	480	47	473	51	753	94	1,587	151	1,327	115	1,227	82	(8)
49	268	50	313	49	236	39	514	37	799	60	443	57	395	(9)
116	285	132	231	101	202	90	526	100	596	107	430	107	412	(10)
0	275	0	196	0	233	1	366	2	493	5	278	8	226	(11)
38	280	32	304	29	244	36	401	41	536	46	386	45	349	(12)
2,258	96	2,514	74	2,267	71	2,416	99	2,358	166	2,068	182	1,923	114	(13)
102	490	68	638	58	691	61	927	95	839	124	610	190	484	(14)
565	426	546	395	500	342	504	411	662	391	596	359	701	334	(15)
4	265	0	257	-	-	-	-	7	364	11	262	7	309	(16)
1	688	0	722	0	692	-	-	0	810	-	-	2	614	(17)
13	286	13	363	11	326	12	719	16	736	15	519	20	1,384	(18)
7	558	6	630	6	581	4	1,185	10	971	28	611	37	649	(19)
100	412	94	480	102	556	99	693	90	912	79	871	76	916	(20)
68	296	61	232	64	176	56	240	52	384	65	351	78	238	(21)
63	1,341	64	1,076	68	825	50	942	29	888	19	836	15	1,106	(22)
0	736	-	-	0	1,015	6	913	21	820	19	836	14	1,057	(23)
28	248	14	316	11	304	18	296	32	293	34	291	49	294	(24)
111	517	178	406	130	495	161	555	193	561	368	554	410	496	(25)
8	376	10	350	11	325	12	484	13	463	8	466	8	409	(26)
717	153	833	149	828	166	795	251	552	423	566	313	638	253	(27)
5	903	4	1,489	4	1,404	3	2,462	4	2,655	3	2,353	4	2,640	(28)
806	276	823	328	1,106	213	852	317	539	502	471	458	485	468	(29)
334	207	300	210	293	230	424	203	448	203	272	284	276	273	(30)
176	143	25	132	-	-	-	-	0	2,214	67	316	183	227	(31)
532	398	552	380	687	229	534	369	466	390	271	454	199	484	(32)
1,651	276	1,239	293	1,692	240	1,498	301	1,064	537	663	615	745	562	(33)
309	606	303	652	333	601	328	622	257	1,029	203	1,088	207	931	(34)
231	381	185	459	259	264	247	343	193	566	209	563	200	530	(35)
18	1,088	19	1,026	21	748	14	987	13	1,590	12	1,494	9	2,056	(36)
414	264	496	220	360	267	127	203	2	184	0	583	0	457	(37)
36	792	36	663	41	525	29	952	18	1,289	19	1,092	27	908	(38)
16	1,137	12	1,231	5	1,561	3	2,291	3	2,380	6	1,603	12	1,261	(39)
2	706	1	734	1	668	2	902	1	1,063	2	818	1	715	(40)
2	643	0	834	-	-	-	-	-	-	0	1,350	2	852	(41)
40	430	8	314	-	-	-	-	-	-	-	-	1	1,151	(42)
91	974	153	882	206	762	134	748	26	814	6	942	5	815	(43)
176	264	210	229	202	245	374	237	365	254	410	258	437	227	(44)
1,146	208	992	172	883	151	882	181	911	158	846	180	901	197	(45)
31	414	23	454	33	476	68	341	90	266	67	252	159	286	(46)
155	438	133	452	120	460	139	461	128	456	109	479	110	518	(47)
1,142	134	862	163	1,461	173	1,776	131	1,445	87	1,428	75	1,317	81	(48)
111	97	159	97	163	98	145	92	96	81	103	78	85	101	(49)
31	816	24	780	25	933	24	833	22	857	28	1,158	30	1,051	(50)
18	359	18	431	17	442	18	428	18	454	17	452	19	463	(51)
84	738	85	696	70	631	55	576	54	562	44	530	46	416	(52)
20	238	19	270	17	272	18	271	19	269	18	268	20	267	(53)
44	800	39	796	29	893	37	968	49	1,036	56	1,015	62	1,052	(54)
3	491	2	537	2	610	3	564	3	554	3	598	3	582	(55)
28	416	30	373	32	338	28	464	31	525	32	549	33	473	(56)
80	169	83	165	73	140	128	191	140	256	128	311	139	277	(57)
107	241	100	233	87	207	111	356	127	458	112	559	126	465	(58)
398	660	390	721	372	643	251	853	211	1,059	187	965	211	1,010	(59)
424	185	340	188	334	190	406	221	428	250	510	230	499	263	(60)
86	298	106	255	122	240	202	245	257	233	273	192	165	280	(61)

3 卸売市場別の月別野菜の卸売数量・価額・価格（続き）
(28) 東京都中央卸売市場　世田谷市場

品目		計			1月		2月		3月		4月		5月	
		数量	価額	価格	数量	価格	数量	価格	数量	価格	数量	価格	数量	価格
		t	千円	円/kg	t	円/kg	t	円/kg	t	円/kg	t	円/kg	t	円/kg
野　菜　計	(1)	34,425	8,380,700	243	2,886	202	3,033	216	2,951	226	3,098	234	2,979	234
根　菜　類														
だ い こ ん	(2)	4,279	471,468	110	352	56	339	79	311	90	289	113	260	110
か ぶ	(3)	259	40,568	157	22	136	26	140	16	175	19	144	28	131
に ん じ ん	(4)	3,166	555,183	175	257	93	270	102	283	126	298	169	465	158
ご ぼ う	(5)	156	75,800	485	13	460	13	486	12	479	10	517	13	453
た け の こ	(6)	56	19,360	347	0	883	1	1,118	8	664	44	269	3	357
れ ん こ ん	(7)	157	104,339	666	13	487	11	628	11	708	6	849	6	977
葉　茎　菜　類														
は く さ い	(8)	1,347	132,013	98	141	58	111	84	95	149	69	122	54	82
み ず な	(9)	72	30,354	419	8	344	7	411	9	305	-	-	8	233
こ ま つ な	(10)	252	101,545	403	21	380	25	399	19	377	20	349	18	314
その他の菜類	(11)	4	871	216	1	208	1	198	1	223	-	-	0	378
ち ん げ ん さ い	(12)	88	30,155	344	6	286	9	330	8	286	8	282	7	277
キ ャ ベ ツ	(13)	5,453	547,897	100	554	58	591	67	629	88	582	115	453	101
ほ う れ ん そ う	(14)	310	186,970	604	18	552	20	557	16	581	22	519	34	452
ね ぎ	(15)	927	388,103	419	86	334	89	324	72	371	68	452	71	566
ふ き	(16)	13	5,298	400	1	307	1	503	2	410	4	489	3	355
う ど	(17)	8	4,302	520	1	557	2	541	3	484	1	513	1	575
み つ ば	(18)	36	24,697	685	3	1,067	3	642	4	579	5	440	3	357
し ゅ ん ぎ く	(19)	39	26,487	681	5	661	4	594	3	540	2	500	1	642
に ら	(20)	243	139,408	574	17	618	21	787	23	470	25	418	25	357
洋　菜　類														
セ ル リ ー	(21)	86	28,125	329	6	290	8	254	8	339	8	359	7	406
ア ス パ ラ ガ ス	(22)	51	58,990	1,163	1	1,715	2	1,107	4	978	7	1,357	9	1,192
う ち 輸 入	(23)	18	17,201	943	1	1,543	2	908	3	776	2	929	1	938
カ リ フ ラ ワ ー	(24)	64	18,416	290	5	286	5	395	2	360	4	285	4	234
ブ ロ ッ コ リ ー	(25)	253	127,879	505	29	395	27	475	27	507	26	494	24	427
う ち 輸 入	(26)	4	1,635	453	-	-	0	454	1	442	0	492	0	388
レ タ ス	(27)	1,033	256,071	248	68	298	64	385	77	324	84	250	77	191
パ セ リ	(28)	10	13,922	1,428	1	894	1	617	1	914	1	534	1	758
果　菜　類														
き ゅ う り	(29)	2,594	954,968	368	159	485	154	480	205	363	264	284	300	274
か ぼ ち ゃ	(30)	457	110,245	241	32	212	39	226	39	196	43	183	37	221
う ち 輸 入	(31)	204	30,288	148	25	147	32	151	33	130	38	115	28	137
な す	(32)	562	230,478	410	28	546	32	485	35	475	46	422	53	433
ト マ ト	(33)	1,709	654,792	383	88	494	90	490	88	544	150	386	190	271
ミ ニ ト マ ト	(34)	298	245,872	824	26	894	19	1,067	21	1,101	32	759	40	555
ピ ー マ ン	(35)	805	408,299	507	56	691	52	865	66	655	79	508	91	414
し し と う が ら し	(36)	17	26,272	1,533	1	2,257	1	1,800	1	1,880	1	1,818	1	1,702
ス イ ー ト コ ー ン	(37)	245	66,766	273	1	389	0	408	0	409	0	414	19	430
豆　類														
さ や い ん げ ん	(38)	59	59,103	1,005	4	1,001	3	1,268	4	1,303	5	1,148	6	1,007
さ や え ん ど う	(39)	24	30,406	1,291	2	1,101	2	1,625	2	1,678	4	1,288	4	1,080
う ち 輸 入	(40)	9	7,221	840	1	694	1	981	1	1,069	1	814	1	732
実 え ん ど う	(41)	7	8,338	1,166	1	715	0	1,086	1	1,323	2	1,242	2	1,415
そ ら ま め	(42)	45	22,435	497	3	454	0	1,200	0	2,624	9	615	19	459
え だ ま め	(43)	91	88,258	970	0	1,191	0	1,928	0	2,621	0	613	2	936
土　物　類														
か ん し ょ	(44)	639	147,945	232	68	229	79	223	63	226	45	221	29	273
ば れ い し ょ	(45)	2,386	438,230	184	228	126	284	166	187	205	268	221	154	202
さ と い も	(46)	112	41,894	375	11	342	12	346	8	339	3	362	2	601
や ま の い も	(47)	191	93,607	489	16	411	14	451	20	419	18	461	16	448
た ま ね ぎ	(48)	3,816	344,808	90	369	68	429	68	393	67	356	79	266	97
う ち 輸 入	(49)	223	23,400	105	3	131	4	114	4	142	4	143	4	136
に ん に く	(50)	65	68,388	1,054	6	807	6	845	6	894	6	984	7	912
う ち 輸 入	(51)	33	12,807	393	3	331	4	317	3	348	3	357	3	352
し ょ う が	(52)	96	63,733	661	5	654	6	594	7	659	8	682	9	716
う ち 輸 入	(53)	37	10,556	288	2	347	3	285	3	297	4	284	3	280
き の こ 類														
生 し い た け	(54)	86	112,998	1,318	7	1,439	8	1,385	7	1,301	7	1,224	6	1,274
う ち 輸 入	(55)	0	123	594	0	540	-	-	0	551	-	-	0	716
な め こ	(56)	30	18,470	614	3	619	3	620	3	589	3	561	2	566
え の き だ け	(57)	447	106,345	238	43	258	40	300	41	197	37	166	37	173
し め じ	(58)	205	88,515	432	20	468	19	482	15	428	16	346	17	325
その他の野菜	(59)	1,080	561,313	520	83	527	88	518	96	510	98	457	95	489
輸 入 野 菜 計	(60)	661	167,839	254	44	288	55	286	57	274	61	242	50	253
その他の輸入野菜	(61)	134	64,607	482	9	564	10	605	10	538	9	520	8	530

6月		7月		8月		9月		10月		11月		12月		
数量	価格	数量	価格	数量	価格	数量	価格	数量	価格	数量	価格	数量	価格	
t	円/kg	t	円/kg	t	円/kg	t	円/kg	t	円/kg	t	円/kg	t	円/kg	
2,602	249	2,662	237	2,654	207	2,884	264	2,892	314	2,813	282	2,971	256	(1)
295	104	404	123	352	114	390	139	445	156	426	126	417	91	(2)
29	131	19	196	14	188	15	206	26	197	24	147	20	134	(3)
245	141	205	152	196	160	163	338	285	322	235	244	263	163	(4)
12	479	6	506	6	495	13	448	23	420	16	523	18	583	(5)
-	-	-	-	-	-	-	-	0	1,517	0	1,620	0	987	(6)
4	1,674	9	960	14	609	17	578	20	587	19	565	28	605	(7)
82	79	98	48	91	51	136	92	131	166	149	131	188	95	(8)
6	311	6	406	5	291	5	566	5	921	7	504	8	491	(9)
18	404	31	273	21	207	22	603	21	666	17	461	18	452	(10)
0	459	0	2,376	-	-	0	405	0	487	1	213	1	175	(11)
8	285	7	327	5	285	8	430	8	533	7	395	7	347	(12)
314	103	419	70	374	68	418	100	406	173	325	192	387	118	(13)
45	482	27	631	24	667	24	1,001	22	913	29	603	28	473	(14)
70	517	67	473	57	388	83	438	74	464	89	405	102	361	(15)
1	320	0	287	-	-	-	-	1	375	1	279	1	296	(16)
0	347	0	578	0	546	0	522	0	729	0	123	0	709	(17)
2	331	2	412	2	411	2	679	3	798	3	602	4	1,479	(18)
1	601	1	636	1	761	1	1,366	5	837	8	657	7	709	(19)
26	381	21	416	17	513	17	673	16	829	17	816	18	894	(20)
8	345	8	250	7	200	6	266	6	505	6	504	8	284	(21)
6	1,429	5	1,185	4	957	4	1,038	4	906	3	952	2	1,107	(22)
-	-	-	-	-	-	1	863	4	866	3	952	2	1,107	(23)
4	283	4	322	3	326	4	316	8	313	10	274	11	228	(24)
14	587	15	507	9	594	12	718	20	718	25	527	26	388	(25)
0	398	0	387	0	365	1	498	1	478	1	435	0	426	(26)
112	143	119	120	120	144	97	264	74	466	68	348	73	264	(27)
1	898	1	1,527	1	1,334	1	3,140	0	4,715	0	2,824	0	3,673	(28)
248	280	186	353	225	213	221	357	207	524	219	464	206	485	(29)
56	258	56	241	33	232	36	266	33	272	24	333	29	302	(30)
19	142	3	86	-	-	1	148	0	1,512	9	295	17	216	(31)
63	425	68	391	74	238	56	403	42	418	36	454	29	464	(32)
141	285	123	309	265	228	228	334	149	528	93	623	104	566	(33)
29	607	24	671	23	602	24	740	21	1,113	18	1,195	21	1,058	(34)
83	368	59	423	62	249	66	355	60	579	59	594	71	545	(35)
2	1,233	2	1,134	2	814	2	1,208	2	1,828	1	1,691	1	2,300	(36)
56	303	76	239	66	267	28	206	0	108	-	-	0	486	(37)
6	949	8	753	7	572	5	1,052	4	1,489	4	1,228	4	1,045	(38)
3	1,087	2	1,088	1	1,150	1	1,713	1	1,823	1	1,307	2	1,441	(39)
1	617	1	482	1	364	1	1,043	1	1,357	1	882	0	1,937	(40)
1	561	-	-	-	-	-	-	-	-	0	1,661	0	826	(41)
12	461	2	279	-	-	-	-	-	-	-	-	0	895	(42)
13	956	25	1,094	27	859	19	959	4	1,063	1	1,017	0	1,202	(43)
27	283	14	257	30	226	67	205	73	226	80	247	62	228	(44)
142	215	194	169	89	166	196	173	199	175	224	186	221	203	(45)
2	693	2	598	3	499	13	393	14	371	12	353	29	345	(46)
19	503	17	519	13	512	12	550	10	535	18	515	17	582	(47)
211	135	152	162	286	146	312	131	296	79	377	67	368	71	(48)
12	113	21	107	127	97	25	121	7	96	6	97	7	115	(49)
5	934	5	1,069	4	1,249	4	1,275	4	1,430	5	1,534	7	1,085	(50)
3	379	2	427	2	452	2	485	2	466	2	493	4	442	(51)
12	745	11	731	9	665	7	625	9	603	7	586	6	538	(52)
3	289	3	286	3	289	2	287	3	285	3	281	4	270	(53)
5	1,237	6	1,116	5	1,191	5	1,350	8	1,386	9	1,324	11	1,430	(54)
-	-	0	540	0	603	0	603	-	-	0	562	-	-	(55)
2	561	3	556	2	539	2	617	2	706	2	731	2	723	(56)
28	191	28	175	23	147	34	207	44	270	44	327	48	327	(57)
18	274	14	280	15	244	20	429	18	558	17	713	16	581	(58)
115	455	111	478	66	619	87	542	89	615	76	529	77	568	(59)
47	220	40	213	142	129	47	294	34	514	41	322	46	334	(60)
9	425	10	392	10	441	14	491	17	627	17	268	11	435	(61)

3 卸売市場別の月別野菜の卸売数量・価額・価格（続き）
(29) 東京都中央卸売市場　板橋市場

品　目		計			1月		2月		3月		4月		5月	
		数量	価額	価格	数量	価格	数量	価格	数量	価格	数量	価格	数量	価格
		t	千円	円/kg	t	円/kg	t	円/kg	t	円/kg	t	円/kg	t	円/kg
野　菜　計	(1)	89,642	22,170,164	247	7,380	220	7,513	234	7,493	249	7,663	250	7,791	242
根　菜　類														
だ　い　こ　ん	(2)	9,748	995,510	102	980	54	921	76	939	97	802	103	736	98
か　　ぶ	(3)	1,136	152,008	134	107	104	98	120	85	135	100	125	140	112
に　ん　じ　ん	(4)	6,228	974,806	157	475	74	536	82	564	111	431	176	608	177
ご　ぼ　う	(5)	707	229,254	324	68	283	73	271	56	308	47	335	45	325
た　け　の　こ	(6)	151	52,871	351	1	635	1	1,017	20	619	122	293	4	324
れ　ん　こ　ん	(7)	501	308,395	616	54	464	52	599	46	685	26	821	20	710
葉茎菜類														
は　く　さ　い	(8)	5,993	505,703	84	779	42	757	58	355	112	311	97	289	59
み　ず　な	(9)	641	211,234	330	59	353	68	310	70	258	61	236	58	178
こ　ま　つ　な	(10)	1,098	345,056	314	99	331	119	327	101	318	117	258	101	188
そ　の他の菜類	(11)	20	7,995	397	2	278	2	298	4	300	2	396	1	438
ちんげんさい	(12)	290	94,593	326	21	295	25	350	31	329	26	322	22	270
キ　ャ　ベ　ツ	(13)	9,578	959,538	100	855	56	858	65	822	89	859	114	850	99
ほうれんそう	(14)	1,167	597,094	512	123	492	111	507	113	507	107	473	114	408
ね　　ぎ	(15)	4,628	1,815,182	392	386	325	380	323	368	342	343	405	328	526
ふ　　き	(16)	61	19,791	325	3	303	3	434	11	344	16	367	13	258
う　ど	(17)	36	16,290	450	2	598	6	470	9	466	15	419	2	421
み　つ　ば	(18)	107	70,308	655	10	858	9	619	13	531	12	434	8	444
し　ゅ　ん　ぎ　く	(19)	220	136,449	619	48	737	33	560	26	506	13	599	10	553
に　ら	(20)	1,131	617,882	547	104	630	91	778	109	459	103	425	126	327
洋　菜　類														
セ　ル　リ　ー	(21)	394	109,881	279	26	271	30	257	35	292	42	308	30	314
アスパラガス	(22)	306	312,803	1,023	8	1,344	19	712	29	763	24	1,359	56	1,191
う　ち　輸　入	(23)	89	70,612	795	8	1,262	17	632	25	658	8	951	0	939
カリフラワー	(24)	115	33,821	293	9	339	11	373	10	301	14	312	13	236
ブ　ロ　ッ　コ　リ　ー	(25)	1,029	423,296	411	91	278	72	377	84	405	109	414	123	354
う　ち　輸　入	(26)	182	66,197	365	3	380	6	356	24	354	24	380	12	353
レ　タ　ス	(27)	5,859	1,289,019	220	426	272	401	322	438	291	532	218	543	159
パ　セ　リ	(28)	36	46,897	1,310	4	842	4	828	4	774	4	707	3	884
果　菜　類														
き　ゅ　う　り	(29)	4,654	1,540,025	331	327	430	339	442	442	334	505	259	484	253
か　ぼ　ち　ゃ	(30)	1,691	359,145	212	101	203	108	214	146	182	144	168	135	205
う　ち　輸　入	(31)	708	105,854	149	82	156	91	153	126	130	130	117	109	143
な　す	(32)	2,689	981,222	365	119	526	151	470	213	417	265	361	274	369
ト　マ　ト	(33)	4,006	1,288,262	322	182	439	210	406	221	476	325	338	454	228
ミ　ニ　ト　マ　ト	(34)	1,018	705,260	693	72	799	58	935	59	962	107	618	119	450
ピ　ー　マ　ン	(35)	1,805	821,991	455	101	674	102	818	142	623	169	480	204	393
ししとうがらし	(36)	163	209,593	1,286	8	2,131	7	1,569	7	1,647	7	1,549	12	1,441
スイートコーン	(37)	739	170,566	231	1	407	0	310	0	389	1	599	24	416
豆　類														
さ　や　い　ん　げ　ん	(38)	175	149,378	853	13	797	13	928	14	881	10	1,045	14	957
さ　や　え　ん　ど　う	(39)	85	112,715	1,328	12	1,070	7	1,887	10	1,528	15	1,203	11	1,171
う　ち　輸　入	(40)	16	12,226	769	2	696	1	826	2	1,012	2	849	2	779
実えんどう	(41)	9	10,089	1,129	1	693	0	1,645	1	1,667	3	1,018	3	1,378
そ　ら　ま　め	(42)	65	29,864	460	4	499	0	1,483	0	3,217	10	636	28	442
え　だ　ま　め	(43)	120	96,456	801	2	444	-	-	1	555	1	573	3	887
土　物　類														
か　ん　し　ょ	(44)	1,911	391,494	205	203	199	216	212	185	214	150	214	77	269
ば　れ　い　し　ょ	(45)	4,942	925,129	187	381	129	406	198	357	227	398	254	576	212
さ　と　い　も	(46)	380	115,559	304	33	308	40	316	36	315	24	283	20	275
や　ま　の　い　も	(47)	613	261,299	427	47	393	66	373	54	382	49	419	42	451
た　ま　ね　ぎ	(48)	7,082	690,325	97	548	78	623	82	761	83	758	88	517	94
う　ち　輸　入	(49)	991	102,114	103	67	124	60	121	66	133	65	161	60	112
に　ん　に　く	(50)	265	249,062	940	18	944	25	1,028	21	907	25	1,087	42	594
う　ち　輸　入	(51)	105	37,183	353	8	314	8	308	10	321	9	341	10	320
し　ょ　う　が	(52)	282	201,132	713	18	650	18	617	20	729	26	775	35	780
う　ち　輸　入	(53)	76	23,598	309	6	308	7	295	7	313	7	313	7	314
きのこ類														
生　し　い　た　け	(54)	211	213,583	1,012	18	1,170	16	1,125	18	1,033	18	983	17	963
う　ち　輸　入	(55)	8	4,924	597	0	574	1	602	1	562	1	499	1	600
な　め　こ	(56)	111	50,260	454	10	450	11	456	12	425	10	405	9	401
え　の　き　だ　け	(57)	938	213,833	228	93	262	82	288	84	192	77	176	67	184
し　め　じ	(58)	681	264,598	389	62	430	55	468	52	378	49	344	46	334
その他の野菜	(59)	3,828	1,793,650	469	268	504	278	430	294	469	277	467	333	487
輸　入　野　菜　計	(60)	3,117	710,729	228	220	264	242	269	341	259	325	235	285	211
その他の輸入野菜	(61)	942	288,022	306	44	460	50	492	79	377	79	338	84	308

	6月		7月		8月		9月		10月		11月		12月		
	数量	価格	数量	価格	数量	価格	数量	価格	数量	価格	数量	価格	数量	価格	
	t	円/kg	t	円/kg	t	円/kg	t	円/kg	t	円/kg	t	円/kg	t	円/kg	
	7,151	253	6,880	248	7,385	211	7,405	260	7,429	296	7,262	266	8,291	241	(1)
	599	92	658	120	599	111	714	134	846	146	918	124	1,035	89	(2)
	122	133	79	169	54	182	21	179	91	183	113	139	126	112	(3)
	516	129	388	142	456	130	488	276	601	252	490	192	673	130	(4)
	31	438	32	332	24	345	40	350	73	327	97	321	121	340	(5)
	0	804	0	826	0	950	0	825	1	1,219	0	806	1	436	(6)
	9	1,299	16	932	29	601	49	554	58	562	55	566	86	579	(7)
	235	74	254	48	256	49	395	91	681	137	770	116	909	89	(8)
	50	247	46	320	46	210	35	492	38	737	57	420	54	391	(9)
	85	258	92	220	77	177	84	439	74	561	79	400	72	372	(10)
	1	457	1	431	1	399	1	555	1	701	1	615	2	405	(11)
	23	283	22	285	21	225	22	399	27	415	26	369	23	341	(12)
	697	99	847	73	888	69	808	99	670	184	645	177	777	117	(13)
	122	401	75	526	59	582	54	868	68	780	93	549	128	409	(14)
	388	473	393	412	396	336	409	423	450	410	368	395	418	353	(15)
	3	285	0	199	0	162	-	-	4	357	5	286	3	314	(16)
	0	346	0	282	-	-	0	210	-	-	-	-	0	528	(17)
	7	413	7	464	7	430	7	725	8	790	8	556	11	1,386	(18)
	7	429	6	478	5	451	2	1,425	7	781	22	623	41	633	(19)
	117	361	93	418	83	430	78	581	79	808	76	785	71	860	(20)
	33	304	34	228	35	183	31	251	21	414	32	373	46	226	(21)
	37	1,334	42	1,058	37	745	27	858	12	808	9	830	7	935	(22)
	-	-	-	-	0	1,331	3	856	12	799	9	830	7	935	(23)
	5	258	3	336	1	346	3	391	10	336	15	247	20	239	(24)
	79	438	76	430	59	488	54	555	75	501	104	415	101	401	(25)
	14	372	13	362	12	344	20	416	22	421	21	291	9	302	(26)
	476	134	518	105	524	122	467	221	440	365	493	263	601	232	(27)
	2	931	2	1,495	2	1,365	2	2,166	1	3,474	3	1,711	4	2,498	(28)
	381	275	428	309	490	195	413	306	240	509	280	425	325	457	(29)
	148	218	151	195	158	213	149	221	168	220	142	280	141	228	(30)
	48	146	11	88	-	-	-	-	0	104	22	281	89	198	(31)
	276	345	219	347	324	191	232	338	261	360	200	431	154	453	(32)
	437	231	418	262	646	220	536	277	287	484	146	560	145	574	(33)
	95	578	90	612	79	576	121	559	83	901	53	1,075	82	760	(34)
	181	357	141	389	146	246	163	302	139	502	153	505	163	420	(35)
	23	1,169	21	1,108	28	761	19	1,015	13	1,457	10	1,487	9	2,088	(36)
	220	254	245	200	172	231	75	196	2	214	-	-	0	432	(37)
	17	834	25	634	20	517	12	1,012	11	1,337	12	988	14	813	(38)
	8	1,168	5	1,386	3	1,542	2	1,718	1	2,794	2	1,561	8	1,124	(39)
	1	719	1	643	1	496	2	666	0	728	0	771	1	962	(40)
	1	709	-	-	-	-	-	-	-	-	-	-	1	712	(41)
	16	380	5	225	-	-	-	-	-	-	-	-	1	1,123	(42)
	18	858	27	823	45	807	21	772	3	636	-	-	1	709	(43)
	88	245	87	217	113	192	205	164	193	204	180	222	214	175	(44)
	523	184	349	164	373	140	412	178	421	166	388	181	358	203	(45)
	14	203	9	394	11	376	33	353	39	294	38	257	83	309	(46)
	54	451	49	439	46	443	50	442	51	436	54	442	50	468	(47)
	392	131	326	153	465	162	625	125	679	86	668	74	721	78	(48)
	84	81	115	88	133	101	120	89	88	78	61	80	71	108	(49)
	36	690	22	911	18	1,039	16	1,195	13	1,171	13	1,355	16	1,223	(50)
	10	345	11	298	8	394	8	403	8	410	7	417	8	421	(51)
	40	819	35	750	26	657	19	568	14	628	14	649	17	676	(52)
	6	312	6	311	6	310	6	308	6	307	6	306	6	307	(53)
	16	883	18	775	12	858	16	1,021	20	1,065	20	1,075	22	1,096	(54)
	1	626	1	626	1	626	1	626	1	626	1	626	1	626	(55)
	9	408	9	371	7	370	7	496	8	583	9	585	9	514	(56)
	62	181	55	171	62	122	73	214	85	257	90	316	109	275	(57)
	48	321	52	269	57	233	71	336	64	463	57	572	68	466	(58)
	402	482	407	522	423	443	347	435	297	449	252	412	250	511	(59)
	235	191	237	175	231	186	253	211	242	244	225	243	280	236	(60)
	70	272	78	241	70	273	93	270	105	263	100	255	89	282	(61)

3 卸売市場別の月別野菜の卸売数量・価額・価格（続き）
(30) 東京都中央卸売市場 多摩ニュータウン市場

品目		計 数量	計 価額	計 価格	1月 数量	1月 価格	2月 数量	2月 価格	3月 数量	3月 価格	4月 数量	4月 価格	5月 数量	5月 価格
		t	千円	円/kg	t	円/kg	t	円/kg	t	円/kg	t	円/kg	t	円/kg
野　菜　計	(1)	22,200	5,806,456	262	1,671	241	1,609	254	1,738	248	1,700	259	1,916	249
根　菜　類														
だいこん	(2)	1,293	149,551	116	144	51	114	78	111	92	103	112	81	97
かぶ	(3)	184	24,166	131	11	112	12	139	10	156	16	118	24	106
にんじん	(4)	1,758	323,666	184	96	96	147	106	175	117	147	140	142	205
ごぼう	(5)	48	29,757	624	4	689	7	660	4	656	4	649	4	677
たけのこ	(6)	16	5,810	364	-	-	0	821	1	770	14	344	1	195
れんこん	(7)	87	48,640	556	9	431	7	506	7	580	7	795	4	926
葉茎菜類														
はくさい	(8)	1,988	185,118	93	191	39	171	55	141	106	99	95	55	66
みずな	(9)	130	44,485	341	9	361	12	337	20	290	15	251	12	198
こまつな	(10)	196	69,994	358	16	373	11	457	16	332	18	302	17	235
その他の菜類	(11)	1	177	239	0	545	0	104	0	135	0	532	0	554
ちんげんさい	(12)	42	14,730	355	3	312	3	339	3	300	3	307	5	223
キャベツ	(13)	3,058	263,364	86	182	46	266	55	245	61	226	85	263	80
ほうれんそう	(14)	233	129,150	555	26	504	23	539	24	515	26	522	26	518
ねぎ	(15)	980	384,830	393	99	330	85	316	82	347	67	404	58	569
ふき	(16)	9	2,831	317	0	324	0	522	1	348	4	332	2	278
うど	(17)	2	890	550	0	584	0	638	0	517	1	553	0	536
みつば	(18)	15	9,280	630	2	691	1	658	2	534	1	414	1	412
しゅんぎく	(19)	34	23,214	692	6	750	3	580	2	502	1	634	1	665
にら	(20)	181	111,158	614	16	649	18	810	21	487	17	462	12	368
洋　菜　類														
セルリー	(21)	178	52,362	294	10	310	19	258	24	337	22	346	13	360
アスパラガス	(22)	90	108,669	1,209	0	1,853	4	1,181	5	1,428	9	1,705	12	1,333
うち輸入	(23)	26	25,285	960	0	1,596	3	923	1	686	0	767	0	1,096
カリフラワー	(24)	9	2,662	299	4	253	1	415	1	295	0	266	1	225
ブロッコリー	(25)	418	189,742	453	53	298	26	486	32	526	38	537	45	429
うち輸入	(26)	-	-	-	-	-	-	-	-	-	-	-	-	-
レタス	(27)	739	183,133	248	47	285	55	325	53	310	51	262	110	170
パセリ	(28)	10	16,223	1,631	1	1,078	1	1,132	1	1,044	1	981	1	1,030
果　菜　類														
きゅうり	(29)	2,379	757,498	318	140	462	131	426	162	314	189	244	300	228
かぼちゃ	(30)	1,083	198,495	183	58	149	67	161	63	153	91	117	120	133
うち輸入	(31)	530	67,814	128	58	148	64	146	57	118	88	101	111	106
なす	(32)	842	293,208	348	28	546	25	485	26	485	50	423	75	407
トマト	(33)	1,166	422,313	362	86	427	73	440	74	466	75	404	114	255
ミニトマト	(34)	128	106,524	831	8	760	10	873	11	870	9	721	11	618
ピーマン	(35)	203	86,833	429	12	725	8	891	15	605	28	414	18	382
ししとうがらし	(36)	12	17,944	1,454	1	2,343	1	1,668	1	1,786	1	1,600	1	1,500
スイートコーン	(37)	200	49,078	246	-	-	-	-	-	-	0	501	11	364
豆　類														
さやいんげん	(38)	35	31,989	917	3	1,044	1	1,534	1	1,558	1	1,362	1	1,234
さやえんどう	(39)	35	48,414	1,368	4	999	5	1,852	6	1,622	7	1,370	5	1,136
うち輸入	(40)	-	-	-	-	-	-	-	-	-	-	-	-	-
実えんどう	(41)	1	1,195	1,338	0	795	0	1,674	0	1,778	0	1,332	0	1,822
そらまめ	(42)	26	11,547	436	-	-	-	-	-	-	4	508	20	414
えだまめ	(43)	54	35,774	664	-	-	-	-	-	-	-	-	1	1,418
土　物　類														
かんしょ	(44)	610	155,676	255	44	253	56	252	64	244	65	247	37	280
ばれいしょ	(45)	1,018	221,672	218	128	149	81	240	95	281	98	289	123	240
さといも	(46)	84	26,772	320	4	309	3	436	1	513	1	483	0	666
やまのいも	(47)	136	64,757	477	4	509	14	368	12	402	15	419	4	600
たまねぎ	(48)	998	135,804	136	100	82	45	196	114	114	53	91	77	131
うち輸入	(49)	9	1,713	188	-	-	-	-	0	259	1	176	-	-
にんにく	(50)	12	14,541	1,210	1	1,046	2	1,252	1	817	1	1,077	1	1,099
うち輸入	(51)	4	1,252	316	0	247	0	306	1	262	0	345	0	346
しょうが	(52)	28	22,481	792	1	701	1	688	1	679	2	861	3	946
うち輸入	(53)	5	1,883	404	0	403	0	408	0	404	0	400	0	404
きのこ類														
生しいたけ	(54)	122	136,125	1,117	11	1,536	8	1,227	9	981	9	865	5	914
うち輸入	(55)	-	-	-	-	-	-	-	-	-	-	-	-	-
なめこ	(56)	95	48,857	512	8	538	7	538	8	425	9	366	7	477
えのきだけ	(57)	362	94,290	261	45	292	32	327	47	178	34	191	16	248
しめじ	(58)	388	171,666	442	32	481	28	530	30	360	34	311	28	365
その他の野菜	(59)	485	279,399	576	27	541	25	532	16	804	30	513	48	585
輸入野菜計	(60)	606	113,188	187	60	164	69	195	61	144	97	114	114	117
その他の輸入野菜	(61)	32	15,242	479	2	662	2	704	2	564	7	212	2	502

	6月		7月		8月		9月		10月		11月		12月		
	数量	価格	数量	価格	数量	価格	数量	価格	数量	価格	数量	価格	数量	価格	
	t	円/kg	t	円/kg	t	円/kg	t	円/kg	t	円/kg	t	円/kg	t	円/kg	
	1,947	262	1,957	249	2,053	214	1,947	266	2,018	314	1,832	302	1,811	279	(1)
	120	99	77	136	57	145	128	162	170	172	113	142	73	93	(2)
	18	117	12	144	6	173	8	188	22	150	24	126	21	124	(3)
	151	148	150	148	149	171	160	311	156	306	151	254	133	170	(4)
	4	673	2	577	1	484	3	550	4	473	5	438	7	721	(5)
	0	189	-	-	-	-	-	-	-	-	-	-	-	-	(6)
	1	1,839	1	1,131	5	621	9	416	11	451	11	470	16	527	(7)
	43	76	77	35	81	42	164	90	307	138	350	134	311	87	(8)
	10	238	8	345	7	215	8	441	8	801	13	425	9	401	(9)
	17	257	14	251	16	187	18	426	18	609	20	429	13	435	(10)
	0	253	0	146	0	324	-	-	-	-	-	-	0	567	(11)
	3	291	3	308	2	216	3	476	6	526	5	415	4	378	(12)
	232	86	319	68	360	63	268	94	252	142	184	180	260	102	(13)
	23	508	10	676	6	714	8	810	11	793	22	532	27	526	(14)
	52	515	62	444	68	370	88	395	111	430	92	383	117	341	(15)
	0	135	-	-	-	-	-	-	0	369	0	271	2	293	(16)
	-	-	-	-	-	-	-	-	-	-	-	-	0	303	(17)
	1	417	1	366	1	475	1	772	1	921	1	682	1	1,129	(18)
	1	473	1	744	1	892	1	1,336	3	970	6	579	8	695	(19)
	16	415	15	480	13	578	16	633	13	873	11	852	12	905	(20)
	18	291	14	213	18	175	14	192	10	394	7	510	9	277	(21)
	9	1,517	9	1,197	13	897	8	953	11	979	4	956	6	1,187	(22)
	-	-	-	-	-	-	3	766	9	934	4	953	6	1,184	(23)
	0	303	0	334	0	336	0	325	0	422	1	347	1	324	(24)
	25	496	39	370	14	448	19	559	30	529	44	476	53	452	(25)
	-	-	-	-	-	-	-	-	-	-	-	-	-	-	(26)
	54	178	72	123	64	153	74	229	74	420	42	341	43	289	(27)
	1	1,254	1	1,574	1	1,467	1	2,174	1	2,946	1	2,678	1	2,631	(28)
	284	249	219	346	266	195	253	297	157	476	141	450	138	435	(29)
	122	170	107	175	101	210	117	202	114	205	69	289	55	280	(30)
	94	130	28	131	-	-	-	-	0	144	7	279	23	203	(31)
	113	390	117	314	159	195	110	286	84	358	29	505	25	523	(32)
	145	283	134	314	184	251	103	304	72	524	47	575	60	578	(33)
	12	664	11	653	12	682	10	733	8	1,157	11	1,385	15	915	(34)
	32	315	22	368	17	248	24	292	9	524	10	569	8	476	(35)
	1	1,212	2	1,005	1	644	1	1,046	1	1,692	1	1,650	1	2,356	(36)
	72	262	64	209	39	261	14	188	-	-	-	-	-	-	(37)
	2	937	5	699	8	584	5	889	2	1,338	4	1,131	3	954	(38)
	4	1,029	1	1,450	0	2,130	0	7,088	0	3,240	0	1,914	2	1,181	(39)
	-	-	-	-	-	-	-	-	-	-	-	-	-	-	(40)
	0	482	-	-	-	-	0	96	-	-	-	-	-	-	(41)
	3	505	0	81	-	-	-	-	-	-	-	-	0	1,350	(42)
	8	901	9	675	22	532	13	704	1	686	-	-	0	994	(43)
	34	324	33	238	46	232	58	231	66	264	74	263	34	262	(44)
	87	213	76	187	66	188	70	195	71	195	60	213	64	208	(45)
	1	398	0	764	5	449	12	336	12	294	23	263	21	321	(46)
	21	470	18	505	12	544	2	819	11	490	8	472	15	515	(47)
	80	168	131	231	93	229	36	163	43	88	102	71	125	73	(48)
	1	140	3	167	2	245	1	199	1	152	-	-	-	-	(49)
	1	1,319	1	1,161	1	1,283	1	1,455	1	1,784	1	1,628	1	1,220	(50)
	0	327	0	346	0	361	0	348	0	360	0	380	0	368	(51)
	6	960	5	856	4	738	3	496	1	622	1	647	1	654	(52)
	0	404	0	410	0	411	0	397	0	398	0	399	0	406	(53)
	7	899	6	824	7	892	10	1,136	16	1,022	17	1,147	17	1,400	(54)
	-	-	-	-	-	-	-	-	-	-	-	-	-	-	(55)
	7	442	6	404	6	473	10	562	10	605	8	655	8	595	(56)
	15	237	15	194	19	143	21	266	37	277	50	323	31	342	(57)
	31	309	16	259	24	289	34	414	50	508	45	604	36	625	(58)
	62	635	73	566	79	418	42	558	33	683	25	674	25	743	(59)
	98	141	33	154	4	358	6	579	15	775	14	507	33	410	(60)
	3	473	2	424	1	553	1	605	5	600	3	514	3	531	(61)

3 卸売市場別の月別野菜の卸売数量・価額・価格（続き）
(31) 東京都内青果市場

品目		計 数量	計 価額	計 価格	1月 数量	1月 価格	2月 数量	2月 価格	3月 数量	3月 価格	4月 数量	4月 価格	5月 数量	5月 価格
		t	千円	円/kg	t	円/kg	t	円/kg	t	円/kg	·t	円/kg	t	円/kg
野　菜　計	(1)	283,120	66,954,803	236	22,479	206	23,732	225	23,533	241	24,843	234	24,761	229
根　菜　類														
だ　い　こ　ん	(2)	24,165	2,492,785	103	2,148	54	2,139	81	2,204	96	2,095	110	1,943	98
か　ぶ	(3)	4,078	511,540	125	339	107	319	125	286	138	380	117	471	108
に　ん　じ　ん	(4)	16,886	2,733,330	162	1,531	74	1,619	88	1,486	103	1,266	159	1,264	197
ご　ぼ　う	(5)	941	365,506	388	76	404	80	391	78	403	47	439	59	386
た　け　の　こ	(6)	320	114,607	359	2	775	3	1,112	51	675	257	287	6	267
れ　ん　こ　ん	(7)	1,150	702,132	611	111	472	134	566	121	662	64	809	43	838
葉茎菜類														
は　く　さ　い	(8)	23,498	2,104,983	90	2,608	45	2,491	59	1,516	103	1,417	97	1,313	64
み　ず　な	(9)	1,199	422,846	353	107	349	123	343	136	278	136	240	108	175
こ　ま　つ　な	(10)	2,408	835,129	347	184	380	174	415	194	347	221	286	225	207
その他の菜類	(11)	57	24,161	426	5	347	9	363	12	340	7	396	3	456
ち　ん　げ　ん　さ　い	(12)	720	244,447	340	60	304	70	357	76	312	83	289	75	239
キ　ャ　ベ　ツ	(13)	42,365	4,225,310	100	3,143	61	3,411	68	3,650	89	3,929	114	3,824	99
ほ　う　れ　ん　そ　う	(14)	3,255	1,789,914	550	331	523	385	495	320	525	308	474	290	445
ね　ぎ	(15)	9,788	3,829,884	391	924	320	863	314	818	342	742	411	668	545
ふ　き	(16)	198	66,955	338	11	344	10	497	32	364	57	383	33	255
う　ど	(17)	90	48,257	533	6	569	18	578	28	544	26	531	8	472
み　つ　ば	(18)	276	194,941	707	24	968	22	664	27	535	27	406	23	351
し　ゅ　ん　ぎ　く	(19)	339	210,244	619	59	691	52	515	38	482	17	589	15	515
に　ら	(20)	1,475	874,946	593	126	648	126	825	157	457	161	432	141	299
洋菜類														
セ　ル　リ　ー	(21)	1,594	444,839	279	121	272	151	250	163	324	173	330	109	343
ア　ス　パ　ラ　ガ　ス	(22)	902	966,359	1,071	19	1,493	64	1,086	111	958	87	1,393	126	1,236
う　ち　輸　入	(23)	345	282,028	817	15	1,296	51	871	69	627	23	817	4	915
カ　リ　フ　ラ　ワ　ー	(24)	345	96,755	280	37	275	33	321	29	274	35	267	32	229
ブ　ロ　ッ　コ　リ　ー	(25)	4,517	2,077,233	460	569	351	518	434	473	500	427	514	418	421
う　ち　輸　入	(26)	53	22,055	417	1	536	3	461	5	421	3	457	4	392
レ　タ　ス	(27)	18,399	3,931,532	214	1,239	269	1,137	311	1,207	285	1,528	206	1,576	162
パ　セ　リ	(28)	93	131,612	1,419	6	979	7	908	11	685	12	552	10	780
果菜類														
き　ゅ　う　り	(29)	18,640	6,282,074	337	1,072	462	1,147	452	1,599	339	1,915	265	2,258	254
か　ぼ　ち　ゃ	(30)	7,853	1,445,798	184	481	166	572	169	664	135	804	113	818	135
う　ち　輸　入	(31)	4,103	519,828	127	385	139	510	138	612	109	777	98	751	107
な　す	(32)	6,971	2,833,254	406	291	560	383	508	494	477	627	420	648	444
ト　マ　ト	(33)	13,151	4,915,703	374	764	453	782	477	822	507	1,146	388	1,599	275
ミ　ニ　ト　マ　ト	(34)	2,775	2,096,825	756	177	853	155	1,020	193	1,033	249	716	303	533
ピ　ー　マ　ン	(35)	3,708	1,779,103	480	211	641	218	839	322	646	364	491	412	421
し　し　と　う　が　ら　し	(36)	135	193,756	1,438	9	2,042	9	1,624	9	1,772	11	1,524	11	1,433
ス　イ　ー　ト　コ　ー　ン	(37)	2,530	638,564	252	0	599	0	599	0	599	5	656	141	429
豆類														
さ　や　い　ん　げ　ん	(38)	541	459,493	849	29	924	33	986	32	1,035	35	1,077	48	893
さ　や　え　ん　ど　う	(39)	267	367,377	1,375	30	1,181	22	2,038	28	1,773	41	1,347	50	1,076
う　ち　輸　入	(40)	2	1,888	986	0	851	0	913	0	1,067	0	983	0	759
実　え　ん　ど　う	(41)	22	21,201	971	2	698	0	1,344	1	1,445	6	1,221	6	1,094
そ　ら　ま　め	(42)	271	130,137	480	10	542	1	1,319	1	2,589	57	588	156	432
え　だ　ま　め	(43)	597	442,204	741	2	985	0	1,832	0	2,437	1	1,990	17	1,163
土物類														
か　ん　し　ょ	(44)	5,653	1,239,713	219	548	215	661	221	533	227	451	217	296	266
ば　れ　い　し　ょ	(45)	15,777	3,067,852	194	1,408	125	1,388	194	1,292	240	1,507	260	1,694	219
さ　と　い　も	(46)	1,721	498,979	290	132	280	130	302	122	288	76	268	55	325
や　ま　の　い　も	(47)	2,048	872,295	426	165	372	176	366	184	372	214	395	166	407
た　ま　ね　ぎ	(48)	27,282	2,830,300	104	2,158	77	2,829	88	2,650	88	2,799	85	2,175	94
う　ち　輸　入	(49)	1,919	201,853	105	23	123	36	131	68	143	56	135	111	97
に　ん　に　く	(50)	377	400,549	1,062	29	1,061	41	1,043	31	901	28	1,074	46	942
う　ち　輸　入	(51)	171	64,095	375	12	318	15	336	16	324	13	372	14	344
し　ょ　う　が	(52)	661	480,403	727	30	657	36	639	44	710	54	819	74	865
う　ち　輸　入	(53)	158	45,369	287	11	306	13	290	15	284	14	310	14	286
きのこ類														
生　し　い　た　け	(54)	1,317	1,251,410	950	132	1,024	110	1,006	107	965	107	850	82	918
う　ち　輸　入	(55)	1	419	510	0	626	0	605	0	605	0	626	0	441
な　め　こ	(56)	451	203,621	452	37	444	37	475	39	426	38	392	33	422
え　の　き　だ　け	(57)	2,191	556,715	254	241	265	199	302	220	201	171	195	110	219
し　め　じ	(58)	1,822	750,686	412	168	441	159	476	166	366	148	329	123	331
その他の野菜	(59)	7,305	3,756,547	514	565	452	685	437	758	434	487	522	655	560
輸　入　野　菜　計	(60)	7,731	1,525,855	197	503	226	709	245	858	197	980	146	963	138
その他の輸入野菜	(61)	978	388,320	397	56	539	81	539	74	523	94	325	66	427

6月		7月		8月		9月		10月		11月		12月		
数量	価格	数量	価格	数量	価格	数量	価格	数量	価格	数量	価格	数量	価格	
t	円/kg	t	円/kg	t	円/kg	t	円/kg	t	円/kg	t	円/kg	t	円/kg	
23,270	237	22,137	229	22,803	200	24,396	240	24,411	284	22,479	267	24,277	243	(1)
1,559	86	1,449	118	1,418	115	1,982	128	2,462	142	2,290	123	2,475	89	(2)
323	131	219	148	143	172	139	174	380	149	555	116	523	108	(3)
1,531	136	1,284	145	1,146	151	1,290	295	1,519	275	1,280	213	1,669	142	(4)
73	401	47	378	42	338	78	332	127	335	112	383	122	460	(5)
1	280	0	178	-	-	-	-	0	1,345	0	1,377	0	712	(6)
21	1,494	22	964	52	584	118	534	134	543	128	545	203	582	(7)
1,053	82	976	59	1,035	59	2,007	93	2,969	144	3,326	125	2,788	82	(8)
83	262	78	332	74	238	71	534	66	868	108	457	108	407	(9)
209	266	202	234	163	184	217	441	194	581	218	424	208	398	(10)
3	536	2	498	2	485	1	609	3	722	4	557	6	411	(11)
58	298	47	313	45	243	48	472	53	548	53	412	51	368	(12)
3,342	93	3,918	76	3,815	71	3,871	95	3,825	155	2,640	177	2,997	115	(13)
228	474	150	617	121	672	140	908	224	835	313	584	446	460	(14)
676	498	716	443	700	354	770	401	912	418	917	383	1,082	344	(15)
2	257	0	206	-	-	-	-	14	361	23	266	15	284	(16)
1	380	0	428	0	603	-	-	0	405	-	-	3	373	(17)
20	339	19	494	17	365	14	711	21	812	20	615	42	1,475	(18)
12	429	10	591	6	684	6	1,415	23	854	48	600	53	639	(19)
122	379	97	457	85	499	102	617	114	857	120	841	123	898	(20)
118	304	145	215	142	163	164	206	99	392	73	420	135	248	(21)
80	1,347	72	1,135	80	837	80	887	79	861	62	777	43	978	(22)
1	762	0	957	0	1,350	17	720	63	832	60	770	42	958	(23)
18	312	13	354	14	325	18	341	29	325	41	246	45	236	(24)
227	524	312	400	197	456	188	571	316	557	385	503	485	431	(25)
4	372	4	353	4	334	5	470	10	453	5	428	5	377	(26)
1,684	135	2,220	121	2,202	138	1,885	220	1,086	403	1,211	282	1,423	238	(27)
8	1,009	6	1,547	6	1,389	6	2,067	6	3,167	6	2,439	9	2,881	(28)
1,799	267	1,460	333	2,010	211	1,809	319	1,329	492	1,130	456	1,114	458	(29)
859	206	718	193	565	211	678	202	674	203	489	275	531	252	(30)
489	120	157	100	-	-	-	-	9	239	127	278	286	215	(31)
762	424	827	386	996	227	704	373	605	390	367	482	267	541	(32)
1,412	271	1,231	294	1,697	242	1,319	307	919	529	668	611	792	557	(33)
297	610	255	619	279	584	307	601	196	1,017	170	1,082	195	920	(34)
408	360	274	426	348	230	390	337	305	573	255	578	202	519	(35)
11	1,267	15	1,136	18	745	12	1,067	9	1,713	10	1,501	11	2,244	(36)
823	277	796	214	544	241	219	205	2	245	0	745	0	745	(37)
51	861	74	681	91	528	54	842	28	1,237	35	1,013	31	913	(38)
39	1,083	15	1,323	6	1,948	1	4,224	2	4,232	6	1,733	27	1,172	(39)
0	744	0	715	0	689	0	1,172	0	1,360	0	1,033	0	883	(40)
3	428	0	392	0	387	0	362	-	-	0	1,520	2	838	(41)
42	422	3	329	0	351	-	-	-	-	0	1,350	2	1,093	(42)
101	839	156	749	177	659	114	675	20	721	5	918	4	930	(43)
291	282	270	226	273	207	550	192	578	223	605	221	596	184	(44)
1,447	213	897	186	1,020	153	1,266	184	1,225	163	1,252	177	1,381	192	(45)
25	429	12	530	46	476	163	365	324	284	241	217	395	270	(46)
158	451	167	440	150	456	159	458	172	458	144	459	193	493	(47)
2,012	146	1,760	174	1,911	170	2,381	129	2,197	84	2,051	72	2,359	74	(48)
303	99	510	109	350	114	177	95	82	83	47	90	157	84	(49)
33	965	30	1,099	22	967	32	931	24	1,315	30	1,330	32	1,230	(50)
14	357	13	374	13	368	18	383	14	449	15	425	15	436	(51)
94	828	87	749	67	681	52	630	47	620	36	631	37	628	(52)
14	287	13	280	13	277	12	283	13	279	13	279	14	281	(53)
81	851	80	797	81	785	107	1,000	153	944	140	998	135	1,091	(54)
0	670	0	324	0	648	0	648	-	-	0	648	0	624	(55)
36	382	36	365	38	354	33	501	37	575	40	603	48	467	(56)
107	210	104	198	107	168	181	235	247	271	254	328	250	308	(57)
125	300	104	270	113	243	157	393	205	475	179	594	174	525	(58)
804	536	757	555	739	446	513	569	459	605	439	512	444	623	(59)
886	138	771	139	430	163	313	234	327	379	389	339	602	271	(60)
61	371	74	356	50	408	84	374	135	351	123	276	82	435	(61)

3 卸売市場別の月別野菜の卸売数量・価額・価格（続き）
(32) 横浜市中央卸売市場　本場

品目		計 数量	計 価額	計 価格	1月 数量	1月 価格	2月 数量	2月 価格	3月 数量	3月 価格	4月 数量	4月 価格	5月 数量	5月 価格
		t	千円	円/kg	t	円/kg	t	円/kg	t	円/kg	t	円/kg	t	円/kg
野　菜　計	(1)	285,664	74,820,088	262	22,332	239	22,529	255	23,184	271	25,229	255	25,036	252
根菜類														
だいこん	(2)	25,375	2,541,170	100	2,553	57	2,291	76	2,301	89	1,959	106	1,848	95
かぶ	(3)	2,981	441,505	148	316	119	318	146	298	158	247	160	293	128
にんじん	(4)	14,723	2,356,830	160	1,469	80	1,314	95	1,177	122	1,224	166	1,350	181
ごぼう	(5)	1,399	536,114	383	126	380	113	407	121	395	106	421	99	390
たけのこ	(6)	489	219,711	450	4	724	8	968	92	736	352	322	13	343
れんこん	(7)	1,238	711,395	574	99	495	115	555	104	622	65	727	44	749
葉茎菜類														
はくさい	(8)	20,286	1,775,754	88	2,364	47	1,807	67	1,304	108	946	101	1,004	71
みずな	(9)	1,775	624,528	352	165	379	166	354	172	290	171	255	173	183
こまつな	(10)	3,715	1,202,741	324	264	362	266	388	288	347	359	270	363	180
その他の菜類	(11)	145	66,580	460	16	395	18	468	29	366	20	370	8	566
ちんげんさい	(12)	1,360	402,480	296	111	266	118	314	128	294	131	257	132	212
キャベツ	(13)	37,130	3,662,176	99	2,729	59	2,863	67	3,162	92	3,927	107	3,627	95
ほうれんそう	(14)	5,610	3,130,844	558	532	545	579	535	550	549	566	492	596	443
ねぎ	(15)	9,012	3,274,164	363	846	297	812	285	732	322	592	399	518	518
ふき	(16)	232	79,442	342	12	343	14	443	40	353	66	399	33	257
うど	(17)	109	54,637	501	14	533	28	476	33	502	22	524	7	530
みつば	(18)	468	260,687	557	46	955	36	518	50	419	48	326	40	281
しゅんぎく	(19)	480	315,261	656	86	685	71	538	51	499	25	608	20	627
にら	(20)	1,823	1,160,843	637	164	701	158	874	191	528	183	489	197	384
洋菜類														
セルリー	(21)	1,794	494,329	276	139	271	167	245	174	317	179	320	145	351
アスパラガス	(22)	1,035	1,171,482	1,132	17	1,645	42	1,099	117	1,155	101	1,474	172	1,253
うち輸入	(23)	237	206,716	870	12	1,494	32	855	45	661	20	931	4	1,096
カリフラワー	(24)	534	150,461	282	51	250	37	343	34	286	37	291	65	215
ブロッコリー	(25)	3,893	1,866,278	479	458	335	375	479	402	538	362	519	356	451
うち輸入	(26)	401	151,167	377	4	436	22	429	42	369	34	390	36	348
レタス	(27)	20,219	4,372,106	216	1,381	264	1,257	303	1,422	268	1,523	207	1,579	172
パセリ	(28)	151	185,561	1,231	11	904	12	719	17	671	18	595	15	666
果菜類														
きゅうり	(29)	14,993	4,971,956	332	966	444	919	440	1,122	331	1,324	260	1,534	254
かぼちゃ	(30)	6,535	1,302,101	199	379	174	522	176	686	143	576	133	574	192
うち輸入	(31)	3,251	429,466	132	341	143	453	133	613	106	535	100	461	128
なす	(32)	7,710	3,056,206	396	329	520	481	476	578	447	740	403	832	414
トマト	(33)	15,758	5,785,299	367	870	458	951	459	1,051	506	1,496	368	1,917	272
ミニトマト	(34)	3,526	2,620,057	743	261	822	231	929	262	964	382	668	456	493
ピーマン	(35)	4,948	2,250,344	455	271	647	258	793	385	602	480	451	536	385
ししとうがらし	(36)	193	259,527	1,347	8	2,227	8	1,785	9	1,930	11	1,672	14	1,494
スイートコーン	(37)	2,940	708,090	241	1	400	0	505	1	554	4	694	115	381
豆類														
さやいんげん	(38)	796	695,361	873	62	848	54	1,052	56	1,056	72	932	81	864
さやえんどう	(39)	399	488,264	1,224	56	999	25	1,783	41	1,487	51	1,229	51	1,089
うち輸入	(40)	85	61,262	723	7	521	4	766	8	935	9	716	7	574
実えんどう	(41)	39	41,748	1,069	6	770	4	1,506	3	1,505	10	1,143	7	1,250
そらまめ	(42)	413	207,265	502	19	511	3	1,210	2	2,337	113	589	160	422
えだまめ	(43)	977	748,379	766	1	1,085	0	2,344	3	675	7	833	50	1,101
土物類														
かんしょ	(44)	5,388	1,194,089	222	526	212	571	225	485	236	394	222	272	253
ばれいしょ	(45)	11,049	2,031,499	184	907	128	881	185	981	220	942	235	1,179	208
さといも	(46)	1,676	532,542	318	108	305	114	310	99	316	80	266	61	359
やまのいも	(47)	5,038	2,092,760	415	303	381	448	380	468	381	485	383	420	391
たまねぎ	(48)	25,533	2,597,988	102	1,549	82	2,418	85	2,278	92	3,168	88	2,245	90
うち輸入	(49)	1,330	142,935	107	52	120	56	114	67	130	75	149	133	113
にんにく	(50)	726	616,837	850	59	823	65	870	65	802	63	888	71	853
うち輸入	(51)	471	169,513	360	38	328	38	334	40	340	39	348	40	363
しょうが	(52)	1,206	860,885	714	62	660	76	655	84	730	104	780	126	810
うち輸入	(53)	304	95,522	314	21	332	23	320	25	324	26	318	25	317
きのこ類														
生しいたけ	(54)	1,706	1,812,638	1,063	154	1,175	135	1,124	134	1,089	135	999	126	968
うち輸入	(55)	53	28,757	542	4	536	5	545	5	520	4	493	4	536
なめこ	(56)	823	367,184	446	63	439	71	442	71	417	68	398	67	414
えのきだけ	(57)	2,832	765,223	270	307	282	283	306	243	225	202	214	173	226
しめじ	(58)	2,268	938,776	414	207	423	201	452	197	364	186	332	157	348
その他の野菜	(59)	12,213	6,817,993	558	887	597	829	560	893	558	906	540	1,120	565
輸入野菜計	(60)	8,450	2,215,388	262	611	276	774	272	1,018	233	932	224	921	221
その他の輸入野菜	(61)	2,319	930,050	401	132	520	141	576	172	501	190	431	211	394

6月		7月		8月		9月		10月		11月		12月		
数量	価格	数量	価格	数量	価格	数量	価格	数量	価格	数量	価格	数量	価格	
t	円/kg	t	円/kg	t	円/kg	t	円/kg	t	円/kg	t	円/kg	t	円/kg	
23,476	263	23,995	250	25,585	225	24,836	267	23,247	319	22,146	287	24,070	266	(1)
1,607	90	1,727	114	1,760	112	1,936	135	2,175	146	2,398	117	2,822	84	(2)
207	136	153	160	111	159	96	200	226	175	338	150	377	142	(3)
1,319	132	935	150	1,027	144	942	286	1,203	263	1,229	208	1,535	144	(4)
83	385	76	320	72	327	112	343	158	350	158	377	174	446	(5)
0	114	0	499	0	431	0	379	13	1,296	3	1,312	3	773	(6)
16	1,396	30	924	82	569	159	483	175	513	145	523	205	559	(7)
1,102	82	1,556	63	1,633	65	1,854	94	2,203	140	2,223	119	2,290	85	(8)
129	275	136	327	136	238	110	490	106	755	155	450	156	396	(9)
323	231	372	213	350	170	300	469	312	567	270	425	247	391	(10)
7	649	5	663	5	612	6	660	7	603	13	414	11	461	(11)
108	257	105	256	100	195	87	401	110	449	122	359	109	319	(12)
2,834	96	3,477	73	3,338	70	3,136	97	3,022	166	2,435	165	2,581	111	(13)
481	473	296	606	227	646	228	865	375	816	538	604	640	475	(14)
547	474	606	409	667	327	743	374	952	384	994	348	1,003	334	(15)
3	338	0	270	-	-	0	348	17	361	28	278	19	268	(16)
2	444	1	426	1	316	1	308	1	431	0	728	1	572	(17)
36	259	35	374	28	355	30	604	37	613	36	449	47	1,303	(18)
13	593	13	633	10	641	7	1,686	27	961	70	643	86	679	(19)
155	413	138	491	127	559	132	706	126	910	124	891	128	943	(20)
154	300	173	211	173	155	144	218	107	376	89	382	149	247	(21)
106	1,315	121	1,111	136	870	97	981	63	773	34	919	31	1,062	(22)
1	1,379	0	2,216	1	1,474	10	949	49	705	34	919	30	1,030	(23)
47	283	37	335	28	334	28	333	44	330	56	263	70	240	(24)
251	548	304	473	197	511	203	601	249	560	333	484	404	408	(25)
33	369	32	353	35	311	46	392	44	412	41	399	31	370	(26)
1,944	140	2,320	134	2,399	149	2,224	222	1,310	391	1,354	270	1,506	230	(27)
14	866	12	1,216	13	1,083	10	1,870	9	2,896	8	2,233	12	2,658	(28)
1,332	274	1,435	329	2,089	217	1,578	307	1,002	480	830	443	861	478	(29)
739	201	695	215	502	243	499	225	458	222	336	285	569	227	(30)
407	126	35	117	-	-	-	-	3	520	67	306	335	195	(31)
851	405	747	369	995	231	745	383	601	391	428	464	383	483	(32)
1,616	292	1,502	298	2,019	249	1,771	302	1,151	506	679	595	737	545	(33)
334	603	286	670	347	611	301	632	234	1,008	193	1,070	239	925	(34)
474	360	431	412	585	266	551	344	386	535	289	561	303	509	(35)
21	1,220	26	1,125	35	685	23	1,000	17	1,685	13	1,585	9	2,426	(36)
772	261	1,035	218	684	248	322	196	6	202	0	676	0	364	(37)
77	830	95	676	83	581	56	969	40	1,270	59	979	59	828	(38)
34	1,207	21	1,054	8	1,288	11	1,191	11	1,776	26	1,419	63	1,018	(39)
6	594	6	537	5	616	10	809	8	995	8	780	9	677	(40)
5	595	0	1,200	-	-	-	-	-	-	0	1,015	3	801	(41)
112	475	3	422	0	674	-	-	-	-	-	-	2	1,168	(42)
194	889	254	749	293	674	148	691	23	759	3	926	2	965	(43)
250	275	313	218	323	203	539	202	585	221	540	219	588	211	(44)
1,017	201	700	172	901	148	909	166	909	160	785	176	936	187	(45)
42	471	28	511	74	474	199	343	266	306	221	250	383	301	(46)
482	407	358	427	438	425	439	436	513	440	323	460	360	493	(47)
1,625	135	1,387	157	1,603	174	2,404	128	2,170	87	2,474	77	2,213	78	(48)
176	102	216	108	222	105	125	90	69	90	68	90	73	104	(49)
61	848	55	799	63	822	53	814	56	874	52	896	63	907	(50)
38	353	39	371	40	387	38	373	41	373	37	359	43	385	(51)
151	799	155	736	120	676	93	631	77	641	75	657	86	630	(52)
25	315	29	301	26	313	25	305	25	311	25	309	27	309	(53)
121	938	114	890	110	871	123	1,066	177	1,125	190	1,126	187	1,191	(54)
3	527	3	528	3	556	3	585	5	581	6	581	7	518	(55)
64	405	62	381	62	364	83	476	79	537	71	559	59	491	(56)
155	223	144	213	151	185	218	261	285	293	340	331	331	328	(57)
151	327	140	302	145	268	194	403	237	482	230	571	222	530	(58)
1,304	541	1,377	534	1,333	492	989	592	932	608	835	546	807	616	(59)
847	199	547	245	506	265	484	325	508	367	548	329	755	301	(60)
157	373	186	358	175	405	227	381	264	350	261	288	200	389	(61)

3　卸売市場別の月別野菜の卸売数量・価額・価格（続き）
(33)　川崎市中央卸売市場

品目		計 数量	計 価額	計 価格	1月 数量	1月 価格	2月 数量	2月 価格	3月 数量	3月 価格	4月 数量	4月 価格	5月 数量	5月 価格
		t	千円	円／kg	t	円／kg	t	円／kg	t	円／kg	t	円／kg	t	円／kg
野菜計	(1)	**80,940**	**19,720,259**	**244**	**6,379**	**212**	**6,801**	**224**	**6,755**	**244**	**7,512**	**229**	**6,983**	**236**
根菜類														
だいこん	(2)	6,663	642,887	96	818	54	769	75	717	87	571	103	405	101
かぶ	(3)	285	38,576	135	28	102	27	123	21	147	25	130	27	121
にんじん	(4)	7,010	1,158,101	165	553	71	540	87	512	114	582	155	712	160
ごぼう	(5)	296	111,822	378	25	375	28	357	26	379	21	401	17	398
たけのこ	(6)	181	71,115	393	2	738	3	1,041	43	663	128	290	4	223
れんこん	(7)	467	274,862	589	36	482	41	559	43	635	32	732	20	689
葉茎菜類														
はくさい	(8)	4,614	407,677	88	551	47	488	67	281	113	291	99	233	62
みずな	(9)	374	127,773	342	35	355	42	342	40	288	38	246	33	210
こまつな	(10)	1,069	300,526	281	84	294	78	331	88	282	93	248	95	177
その他の菜類	(11)	21	8,105	386	3	317	4	430	4	401	2	445	1	366
ちんげんさい	(12)	272	84,037	309	24	258	32	285	27	280	26	259	26	228
キャベツ	(13)	10,187	972,428	95	927	53	1,034	63	1,061	92	1,227	112	882	93
ほうれんそう	(14)	903	478,242	530	79	483	94	480	86	521	76	489	103	430
ねぎ	(15)	2,283	883,567	387	162	347	171	328	164	364	141	435	140	539
ふき	(16)	37	12,254	327	2	293	1	478	7	358	8	385	8	251
うど	(17)	21	10,377	495	1	547	5	515	6	494	6	482	2	465
みつば	(18)	128	68,310	532	10	743	10	423	13	382	11	289	10	283
しゅんぎく	(19)	100	60,156	600	20	616	15	492	12	452	5	532	5	523
にら	(20)	493	287,809	584	39	652	41	805	48	489	46	445	43	340
洋菜類														
セルリー	(21)	803	222,077	277	64	262	78	234	76	286	79	313	59	320
アスパラガス	(22)	228	249,014	1,092	2	1,758	10	1,345	27	1,161	24	1,409	43	1,119
うち輸入	(23)	31	26,204	853	1	1,570	4	870	6	662	2	967	1	923
カリフラワー	(24)	84	22,191	264	15	245	10	272	5	246	7	227	7	246
ブロッコリー	(25)	1,477	639,733	433	133	380	120	442	98	505	147	450	157	365
うち輸入	(26)	36	13,042	362	0	422	1	383	5	329	4	381	3	339
レタス	(27)	5,279	1,129,214	214	419	264	400	292	350	256	343	193	378	162
パセリ	(28)	40	59,650	1,498	3	1,108	4	1,043	4	942	4	811	4	978
果菜類														
きゅうり	(29)	5,489	1,678,895	306	253	433	282	424	392	308	579	229	651	224
かぼちゃ	(30)	1,651	321,457	195	87	193	83	206	92	189	211	119	185	159
うち輸入	(31)	718	82,017	114	64	123	63	121	67	92	194	83	158	115
なす	(32)	2,680	1,051,871	393	95	502	152	466	241	411	286	399	357	395
トマト	(33)	4,241	1,474,231	348	200	437	228	442	270	478	342	370	414	267
ミニトマト	(34)	1,312	878,760	670	94	733	87	873	95	899	128	578	143	424
ピーマン	(35)	1,458	630,932	433	70	619	71	790	106	614	147	452	160	389
ししとうがらし	(36)	18	18,229	994	0	2,242	1	1,562	1	1,997	1	1,691	1	1,565
スイートコーン	(37)	914	221,003	242	0	563	0	471	0	451	2	460	31	380
豆類														
さやいんげん	(38)	313	248,617	794	20	913	21	998	26	995	24	923	20	798
さやえんどう	(39)	101	126,932	1,263	13	1,053	8	1,752	12	1,580	15	1,200	15	1,020
うち輸入	(40)	5	3,050	653	1	592	0	776	1	950	1	687	0	622
実えんどう	(41)	14	13,858	958	1	557	0	1,087	1	1,313	3	982	7	1,086
そらまめ	(42)	63	30,546	485	5	508	0	1,039	0	2,474	15	572	24	425
えだまめ	(43)	178	151,125	848	0	554	0	677	0	3,443	0	1,232	8	1,296
土物類														
かんしょ	(44)	1,402	275,952	197	151	207	179	204	144	202	113	184	70	213
ばれいしょ	(45)	3,696	625,762	169	215	114	324	166	242	216	299	236	365	197
さといも	(46)	360	115,830	322	30	346	31	355	21	354	18	340	9	427
やまのいも	(47)	569	235,058	413	47	360	55	339	54	373	54	396	38	409
たまねぎ	(48)	9,053	839,717	93	693	65	897	69	959	76	1,041	81	701	92
うち輸入	(49)	130	11,154	86	2	116	2	120	3	145	2	183	16	81
にんにく	(50)	131	109,727	838	12	639	11	639	11	903	13	838	20	722
うち輸入	(51)	72	29,755	415	6	388	6	270	8	440	8	420	6	411
しょうが	(52)	182	129,517	713	10	698	13	649	13	718	14	765	18	783
うち輸入	(53)	24	7,146	298	2	312	3	227	2	326	2	305	2	306
きのこ類														
生しいたけ	(54)	357	375,153	1,050	34	1,077	27	1,149	26	1,063	26	1,006	23	1,020
うち輸入	(55)	4	2,338	560	0	534	0	535	0	537	0	540	0	564
なめこ	(56)	143	62,857	440	16	447	18	453	14	435	12	401	11	401
えのきだけ	(57)	667	139,625	209	71	234	60	261	61	175	50	149	48	170
しめじ	(58)	431	169,989	395	41	412	37	475	44	352	37	315	30	310
その他の野菜	(59)	2,204	1,474,115	669	183	888	175	736	171	692	149	651	220	632
輸入野菜計	(60)	1,303	278,301	214	92	240	103	270	118	263	235	147	211	161
その他の輸入野菜	(61)	283	103,594	366	15	516	23	557	27	516	21	445	25	370

6月		7月		8月		9月		10月		11月		12月		
数量	価格	数量	価格	数量	価格	数量	価格	数量	価格	数量	価格	数量	価格	
t	円/kg	t	円/kg	t	円/kg	t	円/kg	t	円/kg	t	円/kg	t	円/kg	
6,308	255	6,202	244	6,835	216	7,004	256	7,287	291	6,409	267	6,467	249	(1)
374	98	440	110	393	97	401	137	513	148	526	120	735	84	(2)
20	127	19	143	19	152	11	215	26	155	36	139	27	125	(3)
426	131	465	153	555	135	485	292	887	274	661	208	633	135	(4)
18	420	14	420	13	367	25	352	36	323	36	370	37	420	(5)
0	100	0	213	-	-	-	-	0	207	0	196	1	567	(6)
7	1,353	9	861	24	570	55	508	61	523	56	546	83	586	(7)
181	80	185	55	192	59	289	98	417	144	811	116	694	81	(8)
27	271	26	327	27	247	24	479	21	692	31	418	30	387	(9)
88	211	117	193	100	161	79	416	82	472	83	347	82	334	(10)
0	619	0	231	0	467	0	604	1	406	3	358	3	330	(11)
20	287	20	309	18	252	18	420	20	514	24	351	19	335	(12)
692	96	828	69	720	72	794	90	721	158	632	164	670	114	(13)
94	443	47	604	41	639	43	851	54	788	89	557	96	450	(14)
146	496	155	440	193	349	229	372	282	368	260	358	242	353	(15)
0	228	-	-	-	-	-	-	3	348	4	272	3	309	(16)
0	384	-	-	-	-	-	-	-	-	-	-	0	525	(17)
10	272	11	358	9	301	8	589	10	615	11	450	15	1,331	(18)
3	478	2	576	1	871	1	2,119	3	1,046	13	595	19	643	(19)
45	383	46	440	39	517	45	613	36	876	32	821	33	844	(20)
69	304	66	224	65	193	63	224	59	369	49	407	76	231	(21)
27	1,254	30	971	27	799	21	912	9	709	4	942	3	1,201	(22)
-	-	0	2,000	0	450	1	940	7	613	4	942	3	1,189	(23)
4	316	2	356	2	372	2	359	4	356	9	268	18	241	(24)
81	456	140	391	91	408	82	505	128	514	161	451	139	395	(25)
3	345	2	330	3	297	3	394	4	422	4	385	3	362	(26)
539	144	629	128	570	146	547	227	334	404	338	261	433	224	(27)
4	1,035	4	1,397	3	1,385	3	2,152	2	3,452	2	2,201	3	2,660	(28)
519	250	582	305	727	212	571	308	391	466	291	417	249	436	(29)
180	222	127	222	133	227	161	214	240	199	45	267	108	214	(30)
69	121	11	97	-	-	-	-	-	-	14	270	79	166	(31)
376	385	175	333	209	201	166	314	258	428	197	465	167	478	(32)
398	293	468	295	665	234	572	286	327	450	189	560	168	555	(33)
105	529	100	594	130	534	150	531	108	884	82	982	90	823	(34)
159	343	130	375	155	215	162	304	110	515	91	544	97	467	(35)
2	989	2	935	4	407	3	711	2	1,203	1	1,118	1	1,355	(36)
215	271	269	217	263	243	133	205	-	-	-	-	-	-	(37)
23	786	49	605	50	510	28	793	18	1,107	14	940	20	851	(38)
14	995	4	1,125	3	1,669	1	3,002	1	3,583	3	1,523	12	1,154	(39)
0	575	0	404	0	116	0	735	0	735	0	736	0	845	(40)
1	493	0	333	0	343	0	300	0	300	0	939	1	755	(41)
18	466	1	129	-	-	0	520	0	1,040	-	-	1	1,012	(42)
19	872	32	958	62	776	40	813	8	799	0	600	8	705	(43)
70	227	44	192	69	180	122	169	158	199	150	212	132	173	(44)
314	192	184	155	331	133	358	149	377	143	387	153	300	177	(45)
9	436	5	471	12	468	31	368	66	287	45	255	85	283	(46)
49	424	56	426	50	429	54	445	27	464	31	473	53	469	(47)
531	154	351	176	508	155	913	122	1,170	79	702	63	586	68	(48)
32	86	14	102	17	89	21	75	10	63	9	57	3	82	(49)
13	862	11	1,050	12	817	8	940	8	1,130	7	905	6	839	(50)
5	371	5	401	8	518	5	441	5	366	5	430	5	455	(51)
20	766	24	690	20	679	14	664	12	677	12	724	12	727	(52)
2	305	2	303	2	305	2	303	2	302	2	304	2	306	(53)
23	944	23	879	23	910	24	1,109	39	1,078	45	1,069	45	1,141	(54)
0	570	0	567	0	565	0	574	0	580	0	580	0	580	(55)
10	394	11	390	8	397	11	445	11	494	11	515	11	485	(56)
48	166	42	156	36	134	53	188	67	230	68	286	64	267	(57)
35	292	31	281	28	262	35	381	36	497	40	561	35	528	(58)
281	581	230	596	236	514	167	652	142	748	128	683	122	857	(59)
129	162	49	222	47	259	58	244	64	297	76	285	121	250	(60)
18	344	13	336	17	289	26	279	36	275	37	241	25	347	(61)

3 卸売市場別の月別野菜の卸売数量・価額・価格（続き）
(34) 新潟市中央卸売市場

品　目		計			1月		2月		3月		4月		5月	
		数量	価額	価格	数量	価格	数量	価格	数量	価格	数量	価格	数量	価格
		t	千円	円/kg	t	円/kg	t	円/kg	t	円/kg	t	円/kg	t	円/kg
野　菜　計	(1)	54,849	13,879,594	253	4,293	228	4,364	249	4,563	259	4,989	248	5,226	241
根菜類														
だいこん	(2)	4,013	448,210	112	352	58	325	88	278	104	178	129	198	120
かぶ	(3)	1,055	126,125	120	146	74	125	102	78	132	184	102	104	113
にんじん	(4)	3,794	504,578	133	339	78	414	84	369	101	301	132	298	167
ごぼう	(5)	340	130,815	385	25	364	28	441	23	433	24	384	24	395
たけのこ	(6)	280	113,013	404	2	784	4	1,114	52	717	200	327	21	178
れんこん	(7)	244	137,733	563	19	592	22	647	19	702	8	748	5	654
葉茎菜類														
はくさい	(8)	3,088	289,883	94	287	49	314	72	230	120	179	114	191	68
みずな	(9)	284	119,643	421	27	402	25	401	29	348	23	308	28	240
こまつな	(10)	513	197,134	384	42	427	40	462	49	350	35	354	40	291
その他の菜類	(11)	2	733	321	0	392	0	245	0	522	0	568	0	828
ちんげんさい	(12)	256	91,738	358	19	342	23	360	24	330	23	287	22	269
キャベツ	(13)	7,371	762,187	103	524	60	590	71	709	92	892	122	792	108
ほうれんそう	(14)	1,041	628,260	604	87	628	84	601	90	562	99	503	113	433
ねぎ	(15)	1,801	665,555	369	150	285	133	327	123	352	110	398	130	481
ふき	(16)	56	20,117	360	7	324	6	418	12	402	16	390	9	285
うど	(17)	18	8,912	499	0	526	5	458	5	559	6	511	2	426
みつば	(18)	48	33,770	711	4	895	4	601	5	649	5	614	3	637
しゅんぎく	(19)	71	35,443	498	12	492	10	387	9	286	3	495	1	656
にら	(20)	447	258,281	578	40	702	33	903	53	504	46	435	38	339
洋菜類														
セルリー	(21)	198	52,926	268	12	286	17	240	17	295	15	312	16	303
アスパラガス	(22)	191	216,005	1,133	3	1,494	10	952	24	992	19	1,532	33	1,187
うち輸入	(23)	66	60,676	920	3	1,469	10	894	17	756	5	975	0	971
カリフラワー	(24)	187	39,402	211	8	286	3	550	2	476	2	437	41	152
ブロッコリー	(25)	1,023	405,485	396	106	339	61	410	53	425	53	457	157	339
うち輸入	(26)	56	14,517	259	2	222	3	303	11	268	9	265	4	235
レタス	(27)	2,519	547,892	218	119	327	115	357	174	313	207	226	236	167
パセリ	(28)	38	48,214	1,276	3	873	3	817	4	820	3	820	3	1,021
果菜類														
きゅうり	(29)	2,437	796,862	327	182	452	184	448	229	355	277	281	294	243
かぼちゃ	(30)	1,308	240,360	184	83	155	79	169	77	152	91	125	80	144
うち輸入	(31)	622	97,444	157	73	139	75	145	73	128	88	111	76	125
なす	(32)	1,609	624,280	388	64	542	102	437	139	444	188	414	195	428
トマト	(33)	2,575	929,977	361	144	460	138	461	142	542	209	406	431	289
ミニトマト	(34)	787	545,714	693	46	808	51	937	47	993	71	700	99	515
ピーマン	(35)	818	437,095	534	61	675	66	834	91	656	112	470	85	421
ししとうがらし	(36)	59	73,049	1,241	4	1,821	5	1,420	5	1,480	5	1,414	5	1,331
スイートコーン	(37)	508	145,498	286	-	-	-	-	-	-	1	702	19	430
豆類														
さやいんげん	(38)	58	57,689	989	3	1,314	3	1,607	4	1,419	4	1,163	4	1,020
さやえんどう	(39)	57	92,000	1,616	11	1,158	4	2,212	5	2,017	7	1,601	13	1,100
うち輸入	(40)	3	2,474	854	0	697	1	913	1	1,051	0	816	0	756
実えんどう	(41)	5	4,046	857	1	609	0	997	0	1,844	1	1,099	1	880
そらまめ	(42)	82	32,643	398	3	530	0	721	0	3,780	9	651	50	357
えだまめ	(43)	312	227,176	728	0	2,268	-	-	1	2,014	1	1,467	13	1,097
土物類														
かんしょ	(44)	1,393	296,998	213	158	237	171	239	182	198	92	201	45	229
ばれいしょ	(45)	3,004	507,491	169	281	100	351	158	268	219	222	255	380	217
さといも	(46)	596	194,914	327	51	338	41	388	39	362	12	373	15	407
やまのいも	(47)	272	109,453	402	23	372	30	350	31	381	23	384	16	417
たまねぎ	(48)	6,528	619,826	95	515	70	424	79	586	84	764	92	728	89
うち輸入	(49)	526	63,513	121	19	130	23	138	17	150	175	96	26	142
にんにく	(50)	49	36,477	737	4	739	5	588	4	748	4	749	4	797
うち輸入	(51)	35	13,451	382	3	315	3	343	3	352	3	375	2	386
しょうが	(52)	292	221,949	759	11	698	13	727	15	804	22	638	27	878
うち輸入	(53)	43	16,202	373	3	393	3	390	4	385	4	371	4	371
きのこ類														
生しいたけ	(54)	243	232,350	955	24	1,080	22	1,041	0	722	21	901	18	932
うち輸入	(55)	2	1,798	739	0	562	0	726	0	722	0	722	0	822
なめこ	(56)	95	41,051	430	8	460	8	484	9	458	8	394	7	373
えのきだけ	(57)	712	171,722	241	97	265	71	287	61	208	65	161	47	177
しめじ	(58)	130	64,937	501	12	526	13	520	11	411	10	383	8	375
その他の野菜	(59)	2,042	1,293,979	634	173	542	189	589	186	565	139	625	138	621
輸入野菜計	(60)	2,032	496,163	244	127	247	144	286	159	304	318	165	178	196
その他の輸入野菜	(61)	679	226,088	333	24	503	26	549	34	512	34	462	65	276

6月		7月		8月		9月		10月		11月		12月		
数量	価格	数量	価格	数量	価格	数量	価格	数量	価格	数量	価格	数量	価格	
t	円／kg	t	円／kg	t	円／kg	t	円／kg	t	円／kg	t	円／kg	t	円／kg	
4,552	**257**	**4,216**	**261**	**4,071**	**239**	**4,244**	**264**	**5,150**	**268**	**4,451**	**259**	**4,730**	**262**	(1)
149	113	168	127	0	1,809	444	141	1,030	129	436	115	453	86	(2)
55	188	51	180	41	168	24	173	69	138	74	128	105	116	(3)
291	103	263	127	331	120	235	224	300	220	409	161	244	117	(4)
23	386	17	403	17	392	30	378	33	365	41	365	55	364	(5)
0	101	-	-	-	-	-	-	0	1,019	0	935	1	744	(6)
4	1,691	4	1,204	25	520	32	441	33	472	30	508	41	467	(7)
163	74	184	51	170	49	253	109	376	164	414	115	326	78	(8)
25	330	27	399	21	328	11	692	17	964	25	486	27	471	(9)
34	332	36	334	48	221	53	438	47	572	46	421	43	373	(10)
0	1,098	0	46	0	513	0	792	0	202	1	241	0	229	(11)
22	310	21	350	20	284	15	499	23	533	23	397	21	367	(12)
553	94	505	76	613	76	614	103	580	155	441	166	557	118	(13)
90	485	65	644	55	635	60	886	81	853	98	674	118	548	(14)
166	440	142	429	138	346	134	404	173	386	182	333	221	302	(15)
1	190	0	289	-	-	-	-	-	-	0	316	5	290	(16)
0	282	-	-	0	1,026	0	1,026	-	-	-	-	0	540	(17)
3	640	3	633	3	639	4	640	3	631	3	628	7	1,029	(18)
5	128	1	620	1	452	2	889	6	692	9	573	12	679	(19)
49	317	37	392	25	566	40	568	30	820	24	905	31	878	(20)
18	292	15	218	13	188	21	250	15	289	13	319	26	241	(21)
18	1,380	21	1,188	19	927	14	998	14	985	10	915	6	989	(22)
0	1,134	0	1,404	0	1,584	3	994	13	985	10	915	5	989	(23)
21	169	2	378	2	366	6	266	30	219	32	215	37	190	(24)
78	363	92	377	69	418	52	502	116	441	100	417	87	393	(25)
2	234	3	247	4	237	6	260	4	273	4	264	3	263	(26)
275	127	380	112	351	133	244	242	132	446	120	314	166	288	(27)
3	1,058	3	1,355	5	1,209	4	1,492	2	2,528	2	1,880	3	2,062	(28)
247	198	177	310	228	190	185	288	119	483	130	429	187	475	(29)
123	178	170	181	201	177	112	213	111	205	84	265	97	231	(30)
97	158	11	147	-	-	-	-	0	486	40	275	89	221	(31)
213	388	178	332	191	212	114	345	95	422	70	449	59	490	(32)
396	270	205	288	254	242	242	301	179	477	106	574	130	523	(33)
89	555	68	555	70	429	90	538	59	908	38	1,043	59	918	(34)
69	373	50	485	61	342	49	438	39	653	59	593	75	521	(35)
5	1,290	6	995	7	669	6	758	4	1,202	4	1,345	4	1,771	(36)
169	310	202	272	92	269	25	190	0	176	-	-	-	-	(37)
8	720	10	661	8	610	4	1,120	4	1,258	2	1,265	4	1,254	(38)
3	1,360	2	1,759	2	2,622	1	5,606	1	4,515	1	2,020	8	1,597	(39)
0	736	0	590	0	805	0	819	0	851	0	735	0	1,067	(40)
0	715	-	-	-	-	-	-	-	-	-	-	0	450	(41)
19	339	0	1,040	-	-	-	-	-	-	-	-	0	1,146	(42)
51	819	89	696	99	699	36	705	23	501	0	107	0	2,268	(43)
38	267	40	255	56	195	116	163	144	200	163	223	189	206	(44)
189	211	178	142	167	121	244	142	223	133	294	146	207	163	(45)
7	440	3	570	19	569	96	387	108	303	81	243	123	256	(46)
26	417	29	411	25	438	16	464	9	468	18	371	25	422	(47)
539	111	463	138	319	174	351	134	638	82	573	75	627	71	(48)
68	118	60	135	40	141	28	132	25	135	20	130	24	134	(49)
4	767	4	740	4	686	4	828	4	953	5	580	5	732	(50)
2	388	3	392	3	404	3	395	3	404	3	403	4	419	(51)
46	864	55	785	40	712	21	694	13	670	12	673	16	697	(52)
3	372	4	370	4	367	4	366	4	361	4	368	4	367	(53)
17	881	21	768	18	818	19	972	23	983	27	969	33	1,044	(54)
0	864	0	864	0	864	0	841	0	864	0	796	0	762	(55)
6	362	7	318	7	286	7	427	8	509	10	526	10	466	(56)
42	183	30	202	33	163	60	205	68	258	66	322	71	333	(57)
9	322	8	329	7	305	10	538	15	670	15	658	12	637	(58)
192	646	186	722	194	625	143	651	149	714	160	609	192	698	(59)
237	186	175	203	103	263	115	292	120	360	159	294	196	292	(60)
64	279	94	239	52	338	72	320	71	327	78	259	65	377	(61)

3　卸売市場別の月別野菜の卸売数量・価額・価格（続き）
(35)　富山市青果市場

品目		計			1月		2月		3月		4月		5月	
		数量	価額	価格	数量	価格	数量	価格	数量	価格	数量	価格	数量	価格
		t	千円	円／kg	t	円／kg	t	円／kg	t	円／kg	t	円／kg	t	円／kg
野菜計	(1)	**30,321**	**7,940,998**	**262**	**2,430**	**225**	**2,667**	**244**	**2,704**	**263**	**2,801**	**261**	**2,826**	**251**
根菜類														
だいこん	(2)	2,196	272,182	124	169	77	149	108	135	130	181	126	211	120
かぶ	(3)	285	46,015	161	24	108	20	149	13	208	14	135	17	134
にんじん	(4)	2,227	373,530	168	225	89	230	103	212	114	149	176	138	187
ごぼう	(5)	191	56,020	294	8	274	14	234	14	283	13	308	7	388
たけのこ	(6)	79	36,623	464	1	732	2	921	20	732	54	329	1	116
れんこん	(7)	106	64,149	606	12	541	13	610	10	651	9	690	3	884
葉茎菜類														
はくさい	(8)	1,470	165,035	112	137	80	153	103	123	140	82	124	84	110
みずな	(9)	58	25,919	449	6	526	6	449	10	308	5	379	4	338
こまつな	(10)	280	113,448	406	20	483	27	463	25	396	22	367	24	313
その他の菜類	(11)	5	1,885	375	0	337	0	354	0	398	0	361	0	317
ちんげんさい	(12)	86	33,176	386	7	309	8	514	9	350	8	282	9	294
キャベツ	(13)	4,099	440,886	108	389	63	427	75	445	100	379	146	343	132
ほうれんそう	(14)	415	270,478	651	62	613	57	622	44	639	29	660	36	548
ねぎ	(15)	676	318,085	470	38	452	41	478	39	426	42	502	67	561
ふき	(16)	34	10,549	306	4	240	3	344	4	410	8	335	5	280
うど	(17)	4	3,839	882	0	1,140	1	964	1	857	2	813	0	901
みつば	(18)	30	30,103	992	3	1,010	3	746	3	615	3	553	2	623
しゅんぎく	(19)	25	16,540	649	4	659	5	457	4	398	2	475	1	444
にら	(20)	151	111,920	742	11	877	11	1,098	12	593	12	531	12	392
洋菜類														
セルリー	(21)	72	20,715	288	7	246	8	226	8	297	7	332	6	420
アスパラガス	(22)	74	87,909	1,190	3	1,517	5	1,003	13	951	9	1,372	7	1,486
うち輸入	(23)	33	33,194	1,003	3	1,517	5	977	10	742	1	904	0	2,245
カリフラワー	(24)	23	7,894	348	2	413	1	527	1	497	1	584	1	357
ブロッコリー	(25)	312	139,416	446	31	309	25	412	29	394	17	537	31	422
うち輸入	(26)	-	-	-	-	-	-	-	-	-	-	-	-	-
レタス	(27)	1,141	286,819	251	68	353	75	400	87	351	113	250	111	203
パセリ	(28)	8	17,492	2,085	1	772	1	1,005	1	1,167	1	1,294	1	1,555
果菜類														
きゅうり	(29)	1,553	532,559	343	83	443	104	426	167	333	222	257	214	256
かぼちゃ	(30)	577	97,683	169	35	186	45	166	57	120	70	99	62	119
うち輸入	(31)	379	48,527	128	31	154	42	143	56	110	69	93	59	103
なす	(32)	772	328,368	425	25	565	44	458	74	443	106	392	102	428
トマト	(33)	1,387	520,000	375	75	466	69	520	66	572	112	429	199	295
ミニトマト	(34)	346	289,907	837	24	857	21	1,060	27	1,068	41	819	43	573
ピーマン	(35)	344	172,932	503	20	657	19	836	32	628	50	435	45	401
ししとうがらし	(36)	20	32,004	1,619	2	1,942	2	1,602	2	1,817	2	1,647	2	1,703
スイートコーン	(37)	198	52,379	264	-	-	-	-	-	-	0	700	7	422
豆類														
さやいんげん	(38)	32	39,098	1,220	2	1,335	4	1,245	4	1,374	5	1,165	4	996
さやえんどう	(39)	26	38,782	1,472	2	1,156	4	1,619	4	1,440	5	1,279	4	1,273
うち輸入	(40)	0	476	1,175	-	-	-	-	-	-	-	-	-	-
実えんどう	(41)	1	844	1,096	0	665	0	1,620	0	1,689	0	1,448	0	1,411
そらまめ	(42)	4	2,594	621	0	659	0	1,926	0	2,700	0	951	1	782
えだまめ	(43)	45	29,585	664	-	-	-	-	-	-	0	3,024	1	1,405
土物類														
かんしょ	(44)	480	97,138	202	55	189	53	189	49	193	35	197	19	243
ばれいしょ	(45)	2,416	461,731	191	212	130	282	185	248	213	238	252	260	228
さといも	(46)	257	87,493	340	21	282	27	329	13	309	7	309	3	465
やまのいも	(47)	715	303,802	425	51	381	57	380	57	386	83	389	76	405
たまねぎ	(48)	4,829	484,034	100	402	71	455	74	422	81	488	79	487	81
うち輸入	(49)	22	3,351	155	1	151	1	184	1	209	1	220	1	173
にんにく	(50)	30	29,252	987	3	916	3	1,027	3	978	2	864	2	981
うち輸入	(51)	14	5,109	362	1	316	1	339	1	329	1	326	1	331
しょうが	(52)	84	69,965	836	3	810	4	787	4	830	6	844	9	965
うち輸入	(53)	12	5,416	462	1	465	1	464	1	464	1	463	1	463
きのこ類														
生しいたけ	(54)	205	238,886	1,165	15	1,367	14	1,347	15	1,318	16	1,142	18	1,111
うち輸入	(55)	0	148	864	0	864	0	864	0	864	-	-	-	-
なめこ	(56)	129	59,187	459	11	472	11	490	11	464	11	434	9	444
えのきだけ	(57)	252	74,835	297	23	320	20	337	24	256	20	254	14	267
しめじ	(58)	362	203,529	563	31	595	37	614	40	549	28	500	26	481
その他の野菜	(59)	1,210	743,783	615	103	550	112	558	124	560	96	575	97	597
輸入野菜計	(60)	713	218,101	306	46	317	66	313	87	273	93	175	77	158
その他の輸入野菜	(61)	253	121,881	482	9	523	16	550	18	522	20	386	15	342

	6月		7月		8月		9月		10月		11月		12月		
	数量	価格	数量	価格	数量	価格	数量	価格	数量	価格	数量	価格	数量	価格	
	t	円/kg	t	円/kg	t	円/kg	t	円/kg	t	円/kg	t	円/kg	t	円/kg	
	2,477	269	2,418	256	2,340	236	2,355	282	2,435	310	2,435	272	2,432	276	(1)
	213	100	142	133	133	143	172	157	240	165	250	129	200	95	(2)
	19	172	19	159	15	177	5	357	44	171	56	142	41	187	(3)
	128	152	165	150	151	165	183	324	205	282	189	190	252	125	(4)
	10	393	11	291	6	285	28	221	28	234	22	306	31	384	(5)
	0	326	0	162	-	-	-	-	1	1,382	0	854	1	716	(6)
	2	1,707	2	1,362	2	787	9	565	14	492	12	479	18	525	(7)
	99	84	83	46	85	53	138	99	183	163	171	157	132	112	(8)
	4	279	4	405	4	309	3	533	3	842	4	677	5	591	(9)
	31	255	24	308	25	253	25	489	23	646	18	523	16	485	(10)
	1	319	1	312	0	190	0	465	1	479	1	488	0	443	(11)
	6	341	7	354	7	230	6	542	6	606	6	506	7	394	(12)
	243	126	301	73	372	71	361	91	277	166	269	166	294	125	(13)
	29	586	23	679	23	684	18	968	17	1,029	29	731	51	541	(14)
	53	555	74	432	64	422	60	473	71	489	71	425	57	434	(15)
	2	170	0	100	0	189	-	-	0	405	2	275	6	303	(16)
	0	1,204	0	1,014	0	1,077	0	576	0	959	0	864	0	662	(17)
	2	613	2	782	2	1,017	1	1,098	2	1,133	2	671	5	1,970	(18)
	0	762	0	927	1	999	1	1,831	1	1,209	3	684	4	798	(19)
	20	420	17	613	10	783	10	864	12	1,088	12	972	12	1,000	(20)
	5	352	5	239	6	166	5	233	4	365	3	439	7	265	(21)
	4	1,642	6	1,389	9	996	7	1,091	8	1,015	3	1,080	2	1,425	(22)
	0	2,091	-	-	-	-	3	1,078	8	1,019	3	1,080	2	1,425	(23)
	1	476	1	519	1	518	1	509	4	284	5	229	4	247	(24)
	27	516	36	450	21	526	23	561	21	567	22	449	31	342	(25)
	-	-	-	-	-	-	-	-	-	-	-	-	-	-	(26)
	114	127	115	119	119	150	104	229	63	456	76	340	98	282	(27)
	1	1,696	1	2,303	1	2,192	1	2,732	1	4,504	1	2,585	1	2,936	(28)
	156	272	67	372	144	241	122	371	85	539	86	468	102	491	(29)
	75	178	81	170	33	224	23	214	25	225	32	282	39	216	(30)
	44	133	36	109	-	-	-	-	0	265	10	299	32	196	(31)
	90	436	65	436	71	256	60	406	60	486	43	466	33	522	(32)
	287	285	162	272	135	266	76	379	66	590	56	581	83	510	(33)
	35	669	27	676	26	613	24	710	27	1,148	22	1,092	28	1,049	(34)
	37	378	24	459	29	342	19	452	14	709	25	581	28	539	(35)
	2	1,558	2	1,253	2	794	2	1,227	1	2,142	1	1,771	1	2,548	(36)
	68	298	66	245	53	222	3	252	-	-	-	-	-	-	(37)
	4	906	2	990	2	1,152	1	2,374	1	2,128	1	1,083	1	1,243	(38)
	2	1,585	1	2,603	1	2,270	0	7,334	1	1,999	1	1,662	3	1,321	(39)
	-	-	-	-	-	-	-	-	0	1,175	-	-	-	-	(40)
	0	496	-	-	-	-	-	-	-	-	-	-	0	637	(41)
	2	491	1	399	-	-	-	-	-	-	-	-	0	997	(42)
	6	877	16	681	18	582	3	457	0	404	-	-	-	-	(43)
	23	340	32	235	31	196	39	203	49	189	47	203	48	159	(44)
	151	219	155	159	143	143	144	200	167	165	248	172	169	196	(45)
	2	729	2	625	6	526	32	446	58	382	48	251	38	280	(46)
	58	417	71	437	53	443	62	453	59	453	39	469	50	526	(47)
	261	141	390	179	334	174	393	136	426	81	402	72	368	76	(48)
	6	141	2	157	2	177	2	157	1	96	1	103	1	135	(49)
	3	969	2	947	2	914	2	1,082	2	958	2	1,219	3	984	(50)
	1	339	1	356	1	357	1	376	1	404	1	412	2	418	(51)
	15	901	15	818	11	781	4	806	4	784	6	753	4	770	(52)
	1	463	1	462	1	461	1	460	1	461	1	460	1	459	(53)
	15	1,058	17	1,016	16	1,011	18	1,149	19	1,186	20	1,153	22	1,173	(54)
	-	-	-	-	-	-	-	-	-	-	-	-	-	-	(55)
	10	419	10	355	10	305	11	419	12	523	12	589	13	531	(56)
	17	259	13	264	15	237	22	289	29	303	27	346	28	352	(57)
	27	457	25	421	21	423	30	532	37	651	31	733	29	685	(58)
	118	543	133	516	127	511	105	707	68	935	61	839	65	847	(59)
	72	196	66	232	31	547	31	837	39	586	44	367	61	316	(60)
	20	323	25	398	27	593	25	895	27	496	28	331	22	385	(61)

3 卸売市場別の月別野菜の卸売数量・価額・価格（続き）
(36) 金沢市中央卸売市場

品目		計			1月		2月		3月		4月		5月	
		数量	価額	価格	数量	価格	数量	価格	数量	価格	数量	価格	数量	価格
		t	千円	円/kg	t	円/kg	t	円/kg	t	円/kg	t	円/kg	t	円/kg
野菜計	(1)	57,020	16,486,071	289	4,243	260	4,577	276	4,925	291	5,117	286	5,537	268
根菜類														
だいこん	(2)	5,996	698,142	116	498	64	507	89	513	112	443	119	449	108
かぶ	(3)	575	98,487	171	56	130	65	190	52	179	60	123	41	127
にんじん	(4)	3,993	669,912	168	293	89	382	94	331	117	377	158	486	159
ごぼう	(5)	614	166,761	272	35	184	46	204	58	225	32	285	34	354
たけのこ	(6)	372	141,489	380	3	905	5	1,153	48	736	260	302	53	305
れんこん	(7)	654	450,326	689	50	719	65	705	68	742	34	886	24	833
葉茎菜類														
はくさい	(8)	3,113	345,613	111	311	84	277	108	258	118	224	113	183	90
みずな	(9)	104	54,542	523	12	418	12	462	10	440	10	402	8	376
こまつな	(10)	518	188,124	363	30	365	42	420	56	355	54	308	60	253
その他の菜類	(11)	32	16,850	533	4	503	5	530	4	519	2	587	1	509
ちんげんさい	(12)	248	73,348	295	19	259	20	341	27	271	27	252	26	257
キャベツ	(13)	5,454	571,349	105	397	65	526	70	547	90	405	129	425	127
ほうれんそう	(14)	515	357,368	694	56	641	54	641	35	675	40	674	57	578
ねぎ	(15)	1,236	607,601	492	100	446	105	432	97	465	88	516	90	621
ふき	(16)	82	28,944	353	7	255	5	469	12	354	19	407	13	361
うど	(17)	20	14,554	727	1	684	3	702	5	805	7	719	3	564
みつば	(18)	97	79,040	814	8	900	8	719	9	563	8	490	7	512
しゅんぎく	(19)	88	59,568	680	15	631	14	574	10	469	4	508	3	737
にら	(20)	219	157,579	718	14	901	16	1,142	20	564	22	506	23	383
洋菜類														
セルリー	(21)	137	42,185	308	9	306	14	244	13	306	13	337	10	414
アスパラガス	(22)	193	246,739	1,275	4	1,650	10	1,193	19	1,333	20	1,626	28	1,437
うち輸入	(23)	52	55,894	1,082	4	1,568	7	949	5	768	2	1,037	0	1,277
カリフラワー	(24)	72	23,597	329	7	284	7	353	4	377	4	381	10	229
ブロッコリー	(25)	1,215	638,284	525	94	380	81	512	99	502	146	474	115	453
うち輸入	(26)	61	28,155	458	2	360	1	750	6	448	12	441	11	405
レタス	(27)	2,738	625,521	228	184	273	165	308	250	272	244	230	214	204
パセリ	(28)	31	54,989	1,797	3	1,068	3	945	3	975	2	1,180	2	1,341
果菜類														
きゅうり	(29)	3,589	1,218,977	340	210	443	245	434	296	330	388	276	593	243
かぼちゃ	(30)	1,517	326,981	216	91	194	105	191	110	163	117	149	119	239
うち輸入	(31)	695	119,844	172	75	163	98	163	105	141	113	129	90	171
なす	(32)	1,400	590,001	421	55	549	77	489	112	445	141	394	164	414
トマト	(33)	2,978	1,153,110	387	134	478	146	518	157	583	223	443	431	306
ミニトマト	(34)	840	708,592	843	57	928	53	1,097	59	1,198	86	814	103	613
ピーマン	(35)	897	454,636	507	54	668	53	816	75	640	92	463	112	394
ししとうがらし	(36)	41	68,360	1,674	3	2,158	3	1,805	3	1,873	3	1,710	3	1,656
スイートコーン	(37)	540	130,519	242	0	615	0	622	-	-	1	606	16	431
豆類														
さやいんげん	(38)	84	95,068	1,126	6	1,094	5	1,396	7	1,258	9	1,104	9	922
さやえんどう	(39)	83	112,953	1,355	12	1,082	12	1,413	15	1,310	13	1,201	8	1,228
うち輸入	(40)	1	799	1,287	-	-	-	-	-	-	-	-	-	-
実えんどう	(41)	5	6,508	1,380	1	624	0	1,468	0	1,774	1	1,121	2	1,705
そらまめ	(42)	27	13,984	513	2	484	0	911	0	3,087	4	647	13	507
えだまめ	(43)	68	55,921	816	-	-	-	-	0	546	1	571	3	1,029
土物類														
かんしょ	(44)	1,683	448,770	267	161	252	183	255	160	262	108	257	78	287
ばれいしょ	(45)	3,520	696,885	198	361	128	336	181	386	217	344	258	493	205
さといも	(46)	373	131,283	352	26	344	26	433	21	402	15	421	8	577
やまのいも	(47)	679	280,260	413	40	386	51	350	59	354	58	366	51	378
たまねぎ	(48)	6,097	630,459	103	436	79	514	84	553	88	628	87	617	89
うち輸入	(49)	204	22,987	113	9	143	13	137	48	108	6	169	10	134
にんにく	(50)	83	63,851	771	6	748	7	742	8	676	9	782	6	834
うち輸入	(51)	63	23,923	378	5	361	5	353	6	336	7	340	6	354
しょうが	(52)	268	216,240	807	13	750	16	788	18	803	20	798	23	877
うち輸入	(53)	27	10,153	374	2	405	2	406	2	398	2	344	2	389
きのこ類														
生しいたけ	(54)	396	435,271	1,100	38	1,240	34	1,302	38	1,169	34	996	25	1,101
うち輸入	(55)	0	184	562	-	-	0	562	-	-	-	-	-	-
なめこ	(56)	140	73,972	527	12	469	13	507	14	466	12	459	12	467
えのきだけ	(57)	979	260,691	266	121	279	92	291	96	225	67	221	58	230
しめじ	(58)	482	226,938	471	64	415	37	537	40	475	42	418	34	409
その他の野菜	(59)	1,935	1,674,929	866	129	843	133	857	146	939	152	851	189	755
輸入野菜計	(60)	1,628	616,761	379	122	322	153	306	200	230	173	248	174	284
その他の輸入野菜	(61)	525	354,822	676	25	663	26	714	28	591	32	542	56	451

6月		7月		8月		9月		10月		11月		12月		
数量	価格	数量	価格	数量	価格	数量	価格	数量	価格	数量	価格	数量	価格	
t	円/kg	t	円/kg	t	円/kg	t	円/kg	t	円/kg	t	円/kg	t	円/kg	
4,827	287	4,326	277	4,462	265	4,745	302	5,111	338	4,504	313	4,646	301	(1)
341	101	334	131	454	124	551	148	810	152	535	131	563	96	(2)
38	195	36	195	25	183	12	283	38	224	68	170	83	173	(3)
377	144	321	156	239	157	234	322	385	283	292	220	277	152	(4)
55	349	55	268	46	257	68	260	66	249	57	273	61	346	(5)
0	617	-	-	-	-	-	-	1	1,326	0	894	2	809	(6)
6	1,564	7	1,205	38	691	78	675	89	635	80	578	115	596	(7)
146	83	173	53	156	63	289	96	407	158	377	158	312	110	(8)
8	386	6	491	6	411	5	836	6	1,178	9	646	12	534	(9)
48	295	40	337	38	244	40	424	30	625	41	472	38	411	(10)
1	506	1	462	1	519	1	458	2	663	4	591	6	507	(11)
20	257	18	299	18	226	15	343	17	425	19	367	22	307	(12)
369	118	568	62	528	64	539	92	460	178	348	190	342	125	(13)
45	617	30	709	34	708	33	911	34	1,027	40	794	56	592	(14)
107	536	91	520	105	448	100	521	111	527	113	458	127	443	(15)
0	249	-	-	-	-	-	-	7	356	9	271	9	318	(16)
0	1,092	0	907	0	967	0	1,188	0	652	0	340	0	993	(17)
7	497	7	679	6	881	7	937	8	1,133	7	615	15	1,367	(18)
2	799	1	779	1	957	1	1,285	6	1,034	15	657	15	765	(19)
29	403	18	612	16	764	16	857	18	1,119	14	972	13	990	(20)
14	330	11	250	13	194	12	247	10	418	8	452	11	294	(21)
22	1,442	22	1,218	23	928	15	1,087	13	1,047	11	1,079	7	1,276	(22)
0	1,502	0	1,467	0	1,422	4	1,036	12	1,042	11	1,078	7	1,256	(23)
8	253	3	436	3	401	4	429	4	428	5	395	11	306	(24)
114	578	107	498	85	576	75	586	118	682	82	629	100	465	(25)
3	485	2	474	5	419	9	473	2	534	7	534	2	438	(26)
247	133	282	123	282	159	265	238	149	483	186	262	270	224	(27)
2	1,493	2	1,801	3	1,650	2	2,408	2	5,139	2	2,631	4	2,394	(28)
410	249	224	344	307	271	305	369	203	546	206	445	202	462	(29)
154	224	236	222	170	201	121	226	109	220	83	297	102	277	(30)
78	153	6	151	-	-	3	264	13	275	62	290	53	222	(31)
172	414	140	414	155	280	112	408	119	468	90	480	63	501	(32)
472	300	278	299	332	261	274	351	224	526	172	519	134	569	(33)
93	689	71	646	67	598	67	742	53	1,125	67	1,067	64	975	(34)
100	347	73	452	68	393	67	485	60	647	72	544	69	502	(35)
4	1,515	4	1,363	5	1,009	3	1,366	4	2,020	3	1,667	3	2,449	(36)
136	276	147	236	150	237	90	167	0	965	-	-	-	-	(37)
7	993	7	884	7	853	5	1,507	4	2,074	10	1,035	8	1,083	(38)
2	1,460	2	1,758	2	2,207	1	6,188	1	3,148	3	1,712	12	1,219	(39)
-	-	-	-	0	1,485	-	-	0	1,379	0	888	-	-	(40)
1	1,699	0	2,400	-	-	-	-	-	-	-	-	0	746	(41)
7	410	0	341	0	810	-	-	-	-	-	-	0	1,102	(42)
15	823	19	808	17	887	11	702	2	720	0	924	0	466	(43)
26	398	65	272	119	289	220	286	179	289	204	254	180	225	(44)
384	223	150	207	140	185	191	199	235	179	244	179	255	195	(45)
6	582	9	449	19	399	32	427	42	413	72	298	97	247	(46)
56	388	73	403	70	429	57	432	60	433	47	484	58	543	(47)
398	148	338	179	386	173	495	137	637	88	537	75	557	77	(48)
16	121	21	112	22	105	19	95	16	94	13	95	12	111	(49)
7	726	7	718	6	777	6	801	5	795	6	865	7	813	(50)
5	349	6	349	5	416	5	409	4	415	4	436	6	450	(51)
34	878	37	847	33	795	20	786	18	739	18	745	18	755	(52)
2	366	3	340	3	341	2	391	2	384	2	392	3	377	(53)
26	1,023	28	892	24	995	28	1,123	35	1,093	43	997	44	1,165	(54)
-														(55)
11	430	9	417	9	434	12	579	13	677	12	745	11	630	(56)
41	235	40	222	43	206	79	254	112	268	116	309	116	325	(57)
38	353	36	343	34	328	43	482	44	577	37	678	33	660	(58)
218	694	198	787	184	833	147	1,055	160	1,125	141	813	138	962	(59)
159	256	87	430	85	589	92	832	109	703	154	439	120	359	(60)
55	410	50	605	51	836	51	1,233	60	924	53	552	37	454	(61)

3 卸売市場別の月別野菜の卸売数量・価額・価格（続き）
(37) 福井市中央卸売市場

品目		計 数量	計 価額	計 価格	1月 数量	1月 価格	2月 数量	2月 価格	3月 数量	3月 価格	4月 数量	4月 価格	5月 数量	5月 価格
		t	千円	円／kg	t	円／kg	t	円／kg	t	円／kg	t	円／kg	t	円／kg
野菜計	(1)	**27,418**	**7,291,713**	**266**	**2,146**	**232**	**2,513**	**245**	**2,350**	**275**	**2,527**	**255**	**2,738**	**241**
根菜類														
だいこん	(2)	2,425	314,735	130	219	73	254	87	190	114	216	111	223	123
かぶ	(3)	182	66,786	366	19	308	19	439	19	456	20	330	7	395
にんじん	(4)	1,898	343,985	181	143	96	188	104	163	126	175	181	170	183
ごぼう	(5)	242	61,287	253	16	217	22	226	15	220	18	274	11	309
たけのこ	(6)	45	19,678	434	0	870	1	1,030	7	853	37	332	0	540
れんこん	(7)	102	68,393	670	9	631	10	649	11	673	8	809	6	768
葉茎菜類														
はくさい	(8)	1,144	133,271	117	121	76	119	103	118	123	108	112	62	100
みずな	(9)	106	51,538	488	9	490	12	524	20	277	8	312	6	415
こまつな	(10)	215	94,188	437	17	489	22	452	23	372	18	363	18	358
その他の菜類	(11)	1	400	382	-	-	-	-	0	247	0	346	0	365
ちんげんさい	(12)	37	16,123	434	3	377	3	443	3	279	3	351	3	373
キャベツ	(13)	2,466	297,390	121	208	77	235	81	195	105	222	152	267	134
ほうれんそう	(14)	441	308,077	699	43	679	65	639	55	664	37	659	39	635
ねぎ	(15)	883	414,981	470	71	433	78	433	89	406	81	434	66	565
ふき	(16)	26	9,646	370	3	281	3	340	3	405	8	450	5	360
うど	(17)	2	1,904	1,033	0	1,093	0	996	1	973	0	994	0	1,101
みつば	(18)	52	37,471	718	5	800	5	637	5	593	5	504	5	506
しゅんぎく	(19)	35	22,896	662	6	684	5	580	3	360	1	499	1	742
にら	(20)	116	82,867	714	9	845	8	1,094	11	557	14	498	12	387
洋菜類														
セルリー	(21)	44	13,331	302	3	303	3	307	3	322	4	309	4	336
アスパラガス	(22)	46	58,588	1,280	2	1,575	2	999	5	1,241	5	1,640	5	1,537
うち輸入	(23)	16	17,424	1,082	2	1,575	2	979	2	861	1	1,121	-	-
カリフラワー	(24)	14	5,444	401	1	300	2	438	1	421	1	422	1	295
ブロッコリー	(25)	442	229,199	519	61	385	61	471	37	507	30	490	51	484
うち輸入	(26)	-	-	-	-	-	-	-	-	-	-	-	-	-
レタス	(27)	1,451	363,393	250	82	337	80	381	117	326	140	243	132	198
パセリ	(28)	20	38,111	1,887	3	1,033	3	876	3	948	1	1,281	1	1,575
果菜類														
きゅうり	(29)	1,604	580,309	362	98	447	112	428	165	318	178	264	209	256
かぼちゃ	(30)	613	107,221	175	44	151	53	157	56	145	62	106	58	121
うち輸入	(31)	361	52,964	147	42	147	50	150	52	132	62	106	58	118
なす	(32)	419	180,464	431	18	596	30	478	36	469	48	403	46	435
トマト	(33)	1,357	530,722	391	76	451	84	452	84	515	137	397	187	285
ミニトマト	(34)	173	144,999	836	12	902	12	1,035	14	1,081	19	736	22	543
ピーマン	(35)	414	207,541	502	25	640	28	795	50	628	50	456	52	402
ししとうがらし	(36)	29	48,513	1,655	2	2,036	2	1,714	2	1,827	2	1,709	2	1,529
スイートコーン	(37)	110	28,115	255	-	-	-	-	-	-	0	720	4	412
豆類														
さやいんげん	(38)	16	21,146	1,331	2	1,200	1	1,335	1	1,437	1	1,379	1	1,225
さやえんどう	(39)	8	13,975	1,766	1	1,280	1	2,002	1	1,902	1	1,675	1	1,498
うち輸入	(40)	-	-	-	-	-	-	-	-	-	-	-	-	-
実えんどう	(41)	3	4,020	1,301	0	1,019	0	1,354	0	1,515	1	1,251	1	1,387
そらまめ	(42)	11	5,872	541	0	682	0	1,080	0	3,071	1	832	8	480
えだまめ	(43)	7	6,156	865	-	-	-	-	0	571	0	638	1	851
土物類														
かんしょ	(44)	556	165,040	297	52	312	55	310	50	320	50	316	31	318
ばれいしょ	(45)	2,665	511,867	192	231	115	258	178	247	234	205	265	470	203
さといも	(46)	594	159,723	269	12	343	15	388	12	339	14	318	4	405
やまのいも	(47)	332	133,984	403	16	374	25	365	30	366	36	373	28	387
たまねぎ	(48)	4,402	430,464	98	381	73	505	75	369	91	428	84	373	83
うち輸入	(49)	6	1,867	298	-	-	0	302	1	302	1	302	1	259
にんにく	(50)	51	51,384	1,013	4	1,011	4	904	4	978	5	1,050	4	1,060
うち輸入	(51)	34	13,584	403	2	349	3	378	3	387	3	387	3	388
しょうが	(52)	102	97,662	958	4	1,014	6	1,007	6	1,010	8	1,022	9	1,021
うち輸入	(53)	2	976	414	0	405	0	517	0	405	0	405	0	405
きのこ類														
生しいたけ	(54)	74	90,876	1,232	7	1,428	7	1,412	6	1,353	5	1,244	6	1,137
うち輸入	(55)	-	-	-	-	-	-	-	-	-	-	-	-	-
なめこ	(56)	63	34,810	551	4	546	6	540	5	527	6	518	5	512
えのきだけ	(57)	315	69,277	220	27	251	26	252	32	200	25	170	23	170
しめじ	(58)	232	97,549	420	17	423	20	475	17	406	16	352	17	332
その他の野菜	(59)	834	516,342	619	60	605	62	650	64	688	67	601	76	551
輸入野菜計	(60)	554	183,337	331	53	271	65	274	72	262	82	218	77	206
その他の輸入野菜	(61)	134	96,521	718	7	693	9	717	15	610	16	575	15	507

6月		7月		8月		9月		10月		11月		12月		
数量	価格	数量	価格	数量	価格	数量	価格	数量	価格	数量	価格	数量	価格	
t	円/kg	t	円/kg	t	円/kg	t	円/kg	t	円/kg	t	円/kg	t	円/kg	
2,184	270	1,848	267	2,177	240	2,390	279	2,375	314	2,013	301	2,158	278	(1)
188	119	227	145	214	144	231	175	198	189	142	164	123	131	(2)
10	251	12	223	8	207	2	345	9	601	20	436	38	345	(3)
135	172	107	166	151	165	151	333	165	294	162	231	187	135	(4)
13	364	9	255	9	242	36	224	38	215	20	250	35	303	(5)
-	-	-	-	-	-	-	-	0	1,218	0	972	0	718	(6)
3	1,524	3	1,259	6	738	11	594	10	611	12	523	14	497	(7)
54	92	46	65	54	64	114	108	157	178	86	186	103	109	(8)
6	400	4	620	4	578	6	654	8	843	10	607	12	515	(9)
15	360	16	372	13	290	17	559	16	684	18	539	22	409	(10)
-	-	-	-	-	-	0	469	0	658	0	540	-	-	(11)
3	397	3	416	2	352	3	516	4	819	4	413	3	329	(12)
154	130	223	84	220	87	263	108	198	196	124	209	156	136	(13)
31	650	26	762	21	768	21	953	23	1,094	33	750	49	557	(14)
77	522	73	451	73	406	71	512	65	594	63	467	75	458	(15)
0	242	-	-	-	-	-	-	-	-	1	304	3	278	(16)
0	1,325	0	1,285	0	1,122	0	1,080	0	1,288	0	1,164	0	1,235	(17)
4	480	4	611	3	804	3	912	4	952	5	670	5	1,202	(18)
1	722	0	1,302	1	1,122	1	1,270	3	917	6	654	8	657	(19)
10	383	9	645	9	665	8	834	9	1,121	9	964	8	955	(20)
5	326	4	272	5	186	4	250	3	373	3	406	3	294	(21)
5	1,497	5	1,286	4	972	3	1,170	5	1,000	3	1,074	2	1,204	(22)
-	-	-	-	-	-	0	1,289	5	1,004	3	1,074	2	1,204	(23)
1	469	1	385	1	386	1	377	1	494	1	453	1	432	(24)
40	559	27	558	14	687	19	719	34	673	32	591	35	458	(25)
-	-	-	-	-	-	-	-	-	-	-	-	-	-	(26)
141	142	165	128	189	149	161	262	77	557	76	362	91	275	(27)
1	1,641	1	2,568	1	2,165	1	3,631	1	5,214	1	2,327	2	2,298	(28)
128	316	109	372	169	269	144	393	86	611	94	477	111	496	(29)
48	207	91	188	55	195	46	187	43	227	23	296	33	223	(30)
27	164	9	44	4	81	5	87	4	281	20	302	28	223	(31)
53	410	31	424	44	258	31	424	38	478	26	478	17	524	(32)
180	322	117	335	174	296	130	400	80	574	43	637	63	522	(33)
12	691	11	738	18	593	16	818	12	1,165	13	1,088	11	991	(34)
44	341	30	427	28	383	26	448	22	604	30	540	28	513	(35)
3	1,511	3	1,451	3	1,080	2	1,292	2	1,958	2	1,786	2	2,376	(36)
31	286	46	217	21	267	8	234	-	-	-	-	-	-	(37)
3	959	1	1,013	1	1,521	1	2,497	1	1,909	1	1,404	1	1,323	(38)
1	1,554	0	1,795	0	2,331	0	6,507	0	4,423	0	1,956	1	1,629	(39)
-	-	-	-	-	-	-	-	-	-	-	-	-	-	(40)
0	1,093	-	-	-	-	-	-	-	-	-	-	0	605	(41)
2	554	0	621	-	-	-	-	-	-	-	-	0	2,093	(42)
1	1,057	2	909	2	857	1	657	-	-	-	-	-	-	(43)
25	385	22	332	39	281	88	258	52	275	52	268	39	281	(44)
301	204	65	182	152	159	190	186	185	170	175	180	186	195	(45)
4	541	4	438	5	375	11	355	109	387	173	270	232	178	(46)
37	387	31	404	32	416	32	428	22	443	17	444	27	470	(47)
259	136	179	186	301	172	389	126	541	82	391	73	286	76	(48)
1	302	1	302	1	316	1	302	0	302	-	-	-	-	(49)
4	996	3	818	4	1,036	4	975	4	1,064	5	1,238	6	962	(50)
3	389	2	402	3	419	3	414	3	428	3	435	4	435	(51)
14	971	16	904	13	912	9	879	6	944	5	983	5	975	(52)
0	405	0	405	0	405	0	405	0	405	0	405	0	405	(53)
6	1,029	5	1,002	5	1,055	6	1,168	6	1,335	7	1,254	8	1,234	(54)
-	-	-	-	-	-	-	-	-	-	-	-	-	-	(55)
4	503	4	495	4	494	6	537	7	598	7	645	6	624	(56)
27	158	20	141	18	176	30	210	30	232	29	302	28	322	(57)
17	304	17	278	16	245	22	436	26	480	24	588	23	551	(58)
82	581	75	617	71	601	69	673	72	659	66	606	68	619	(59)
41	259	24	329	18	588	18	878	22	882	36	491	45	372	(60)
11	460	12	520	10	889	9	1,494	10	1,206	10	740	11	594	(61)

3 卸売市場別の月別野菜の卸売数量・価額・価格（続き）
(38) 甲府市青果市場

品　目		計			1月		2月		3月		4月		5月	
		数量	価額	価格	数量	価格	数量	価格	数量	価格	数量	価格	数量	価格
		t	千円	円/kg	t	円/kg	t	円/kg	t	円/kg	t	円/kg	t	円/kg
野　菜　計	(1)	21,210	5,449,085	257	1,395	228	1,539	247	1,675	263	1,908	258	1,856	243
根　菜　類														
だ い こ ん	(2)	1,364	176,221	129	94	71	117	108	121	121	131	129	132	119
か ぶ	(3)	155	34,887	224	14	197	12	244	12	267	23	210	21	186
に ん じ ん	(4)	1,206	227,847	189	80	97	92	118	112	133	121	203	112	219
ご ぼ う	(5)	294	80,134	273	20	268	20	278	24	253	28	240	22	270
た け の こ	(6)	45	14,236	315	1	809	1	883	3	803	35	258	4	206
れ ん こ ん	(7)	86	59,603	693	7	495	7	654	6	734	6	885	4	884
葉　茎　菜　類														
は く さ い	(8)	1,710	166,350	97	117	56	118	81	110	139	114	113	93	79
み ず な	(9)	134	55,703	415	9	409	10	391	14	299	13	256	12	195
こ ま つ な	(10)	210	82,214	391	17	416	18	438	18	414	18	337	20	228
その他の菜類	(11)	59	11,362	193	3	503	4	453	4	375	4	332	4	259
ち ん げ ん さ い	(12)	65	24,566	379	4	307	5	387	6	338	6	291	6	263
キ ャ ベ ツ	(13)	2,451	280,596	115	186	62	211	71	216	90	250	138	241	121
ほ う れ ん そ う	(14)	271	150,186	555	20	593	30	466	23	571	27	441	26	459
ね ぎ	(15)	1,069	413,604	387	85	292	85	306	84	340	85	426	81	494
ふ き	(16)	8	4,247	506	0	412	0	654	1	490	2	668	2	439
う ど	(17)	20	13,190	654	2	742	3	650	5	642	8	655	2	636
み つ ば	(18)	51	31,749	627	3	686	4	592	5	570	5	436	5	424
し ゅ ん ぎ く	(19)	23	13,323	584	4	626	4	513	3	388	1	583	1	603
に ら	(20)	79	60,925	769	6	741	7	951	7	602	7	538	7	473
洋　菜　類														
セ ル リ ー	(21)	101	30,920	305	8	292	10	268	10	320	9	344	9	361
ア ス パ ラ ガ ス	(22)	27	36,344	1,357	1	1,274	1	1,266	2	1,291	3	1,508	4	1,451
う ち 輸 入	(23)	10	10,910	1,129	1	1,114	1	1,006	1	934	1	1,110	1	1,147
カ リ フ ラ ワ ー	(24)	85	21,770	257	3	372	3	435	3	362	7	245	5	214
ブ ロ ッ コ リ ー	(25)	147	72,647	495	20	341	15	461	12	575	14	523	13	431
う ち 輸 入	(26)	23	9,459	404	-	-	1	484	2	375	2	413	2	392
レ タ ス	(27)	1,087	284,773	262	43	377	46	442	64	390	88	267	89	192
パ セ リ	(28)	15	23,142	1,578	1	846	1	886	1	713	2	650	2	604
果　菜　類														
き ゅ う り	(29)	910	295,059	324	38	544	42	519	74	335	98	257	116	242
か ぼ ち ゃ	(30)	502	111,199	222	27	192	32	195	41	192	37	176	40	221
う ち 輸 入	(31)	214	39,791	186	24	167	30	166	37	161	35	153	30	175
な す	(32)	385	132,332	344	13	526	16	450	20	431	27	397	32	400
ト マ ト	(33)	894	310,370	347	32	484	40	505	42	587	78	414	137	255
ミ ニ ト マ ト	(34)	122	117,217	959	6	987	7	1,116	9	1,184	11	905	13	659
ピ ー マ ン	(35)	248	134,034	540	15	695	17	847	20	629	21	530	23	481
し し と う が ら し	(36)	16	28,021	1,759	1	2,570	1	1,978	1	2,211	1	1,893	1	1,815
ス イ ー ト コ ー ン	(37)	317	88,162	278	-	-	-	-	-	-	0	556	17	425
豆　　類														
さ や い ん げ ん	(38)	46	32,086	704	1	910	1	1,030	1	1,033	2	1,066	3	984
さ や え ん ど う	(39)	16	20,434	1,316	2	1,111	2	1,655	2	1,591	2	1,229	1	1,087
う ち 輸 入	(40)	8	6,305	807	1	616	1	822	1	1,078	1	862	1	744
実 え ん ど う	(41)	2	1,569	1,044	0	838	0	1,551	0	1,815	0	1,503	0	1,300
そ ら ま め	(42)	5	3,239	669	0	706	0	2,074	0	3,265	1	955	2	572
え だ ま め	(43)	19	16,767	885	-	-	-	-	0	3,240	0	2,503	1	1,325
土　物　類														
か ん し ょ	(44)	485	117,333	242	46	234	58	249	51	255	42	239	29	267
ば れ い し ょ	(45)	1,198	257,251	215	108	122	106	193	120	242	107	297	105	261
さ と い も	(46)	210	60,081	286	12	294	17	252	18	255	11	262	8	270
や ま の い も	(47)	334	124,817	374	25	282	23	279	24	333	31	345	20	385
た ま ね ぎ	(48)	3,064	329,447	108	206	81	230	93	245	100	296	99	257	106
う ち 輸 入	(49)	372	40,657	109	16	127	19	129	21	137	19	162	19	138
に ん に く	(50)	95	65,929	693	8	515	6	692	8	621	9	618	8	637
う ち 輸 入	(51)	74	26,661	361	6	269	5	361	6	348	7	307	6	318
し ょ う が	(52)	111	75,594	682	5	653	7	664	10	678	10	729	9	749
う ち 輸 入	(53)	49	16,506	336	3	351	4	369	5	380	5	355	4	341
き の こ 類														
生 し い た け	(54)	57	59,264	1,048	4	1,138	4	1,144	5	1,084	5	991	3	1,184
う ち 輸 入	(55)	4	2,488	709	1	568	0	678	0	787	0	769	0	788
な め こ	(56)	46	22,306	488	3	507	4	515	4	485	4	451	3	470
え の き だ け	(57)	221	62,609	283	18	286	20	311	19	230	15	233	11	254
し め じ	(58)	240	127,960	534	16	560	18	580	23	448	18	449	16	430
その他の野菜	(59)	910	485,467	534	61	556	63	522	68	600	75	570	84	458
輸 入 野 菜 計	(60)	1,254	294,185	235	73	253	84	267	108	254	109	246	97	242
その他の輸入野菜	(61)	501	141,408	283	22	370	25	414	33	331	38	288	34	290

6月		7月		8月		9月		10月		11月		12月		
数量	価格	数量	価格	数量	価格	数量	価格	数量	価格	数量	価格	数量	価格	
t	円/kg	t	円/kg	t	円/kg	t	円/kg	t	円/kg	t	円/kg	t	円/kg	
1,862	256	1,701	252	1,832	226	1,774	274	1,831	306	1,863	268	1,973	255	(1)
115	107	85	152	85	160	96	173	128	182	133	136	127	102	(2)
15	182	7	220	6	215	6	332	10	306	13	240	16	213	(3)
111	160	95	194	98	197	83	314	98	261	99	218	105	160	(4)
24	283	22	192	17	215	22	239	29	300	30	327	35	339	(5)
1	137	0	133	0	155	-	-	0	1,022	-	-	1	849	(6)
1	1,491	1	1,056	3	699	8	641	12	660	12	655	18	654	(7)
91	97	87	60	115	56	157	94	196	135	222	128	290	85	(8)
11	314	11	401	12	310	10	619	9	976	11	516	13	471	(9)
19	297	17	275	17	245	18	523	14	766	19	421	15	442	(10)
1	391	0	598	0	564	0	646	2	164	20	62	17	114	(11)
5	323	5	307	5	323	5	532	6	659	5	413	5	387	(12)
183	126	206	81	217	66	192	107	181	198	178	197	188	134	(13)
28	474	17	588	16	639	16	913	20	744	22	557	25	475	(14)
79	478	89	408	95	360	92	433	96	408	91	384	108	337	(15)
1	408	0	493	-	-	-	-	0	399	0	307	0	319	(16)
0	725	0	434	0	410	0	455	0	762	0	967	0	625	(17)
4	425	4	459	4	487	3	697	4	784	4	584	6	1,228	(18)
1	557	0	538	0	893	0	1,986	0	1,327	2	635	5	590	(19)
6	508	6	608	6	704	6	832	7	1,076	7	1,061	7	1,108	(20)
9	330	8	232	9	173	7	234	7	422	7	474	9	269	(21)
4	1,423	3	1,393	3	1,216	2	1,274	2	1,224	1	1,210	1	1,399	(22)
0	1,082	0	1,050	0	1,130	0	1,115	1	1,191	1	1,206	1	1,361	(23)
30	201	7	248	3	332	4	305	9	284	5	276	6	281	(24)
13	533	8	526	8	592	9	601	11	615	10	518	15	433	(25)
2	382	2	380	1	364	3	407	4	434	3	411	2	405	(26)
102	166	146	145	165	158	145	269	71	531	59	364	70	294	(27)
1	1,057	1	1,592	1	1,354	1	2,625	1	4,045	1	3,078	1	3,629	(28)
94	248	91	285	106	193	81	304	65	474	57	451	49	497	(29)
51	241	61	211	45	203	46	215	51	218	33	301	38	298	(30)
22	191	0	165	-	-	-	-	1	186	8	330	26	272	(31)
48	330	56	305	59	183	41	319	36	349	20	434	18	476	(32)
124	265	91	298	112	220	91	264	61	470	46	484	40	583	(33)
12	797	13	864	14	723	11	891	9	1,298	8	1,329	9	1,192	(34)
26	405	26	445	25	385	22	449	19	636	17	632	18	574	(35)
2	1,431	2	1,411	2	1,075	1	1,595	1	2,539	2	1,704	2	1,984	(36)
142	294	76	242	61	252	17	265	3	214	1	204	-	-	(37)
7	572	7	545	8	558	7	627	4	867	3	831	2	894	(38)
1	1,182	1	1,119	1	1,284	1	1,596	0	1,554	1	1,117	2	1,263	(39)
1	627	1	569	0	497	0	965	0	1,000	1	919	1	836	(40)
0	906	0	1,309	0	1,825	0	4,860	-	-	0	1,225	1	641	(41)
1	534	0	382	0	1,098	-	-	-	-	-	-	0	1,120	(42)
4	1,050	6	916	6	741	2	796	0	632	0	1,368	0	2,331	(43)
24	280	18	246	24	261	47	209	49	246	48	247	49	210	(44)
97	248	60	219	69	193	84	206	108	183	122	193	111	217	(45)
6	297	4	322	5	395	26	448	44	273	32	224	26	244	(46)
22	422	26	444	20	452	23	438	17	451	29	427	73	336	(47)
205	129	193	176	239	168	249	130	299	88	344	79	301	80	(48)
30	97	48	93	67	100	49	99	33	94	25	98	26	117	(49)
7	616	6	857	11	593	7	816	9	887	8	834	9	723	(50)
6	354	4	418	9	357	5	376	7	390	6	443	7	417	(51)
10	779	13	719	12	666	9	628	8	597	8	633	8	625	(52)
4	366	4	322	4	312	4	313	4	314	4	312	4	308	(53)
4	1,040	4	832	4	903	4	999	6	1,063	6	1,054	6	1,105	(54)
0	819	0	771	0	788	0	829	0	710	0	797	1	660	(55)
4	438	4	403	3	420	4	458	4	565	4	622	5	499	(56)
12	247	13	231	13	218	18	272	22	296	28	337	33	338	(57)
16	431	17	399	20	373	24	546	25	632	24	734	23	693	(58)
90	449	89	455	87	484	79	549	78	627	69	568	66	632	(59)
99	228	96	205	125	200	123	214	115	232	109	234	116	257	(60)
35	298	37	295	42	299	62	266	63	244	61	216	49	253	(61)

3 卸売市場別の月別野菜の卸売数量・価額・価格（続き）
(39) 長野市青果市場

品目		計			1月		2月		3月		4月		5月	
		数量	価額	価格	数量	価格	数量	価格	数量	価格	数量	価格	数量	価格
		t	千円	円/kg	t	円/kg	t	円/kg	t	円/kg	t	円/kg	t	円/kg
野菜計	(1)	111,017	26,703,534	241	7,559	227	8,705	238	9,652	244	9,681	239	10,293	231
根菜類														
だいこん	(2)	7,493	849,881	113	556	61	612	89	638	108	657	121	613	117
かぶ	(3)	912	127,250	139	84	122	81	148	99	161	120	142	117	126
にんじん	(4)	6,879	1,219,171	177	591	86	596	94	577	122	623	171	570	204
ごぼう	(5)	1,113	279,110	251	66	249	122	184	117	193	91	241	60	315
たけのこ	(6)	115	46,660	405	1	778	1	935	12	773	85	329	10	521
れんこん	(7)	612	367,263	600	57	499	56	598	55	681	32	745	20	772
葉茎菜類														
はくさい	(8)	6,718	692,760	103	317	62	346	84	285	117	279	111	294	84
みずな	(9)	923	361,230	392	74	424	85	396	96	338	94	291	88	244
こまつな	(10)	967	348,131	360	70	384	89	431	101	332	93	274	98	190
その他の菜類	(11)	51	7,888	156	1	234	1	243	3	206	1	235	0	460
ちんげんさい	(12)	451	119,422	265	31	265	40	306	36	257	37	224	44	193
キャベツ	(13)	15,613	1,533,586	98	969	66	1,127	75	1,272	91	1,244	116	1,460	103
ほうれんそう	(14)	1,295	790,430	611	125	555	154	563	143	562	112	559	108	496
ねぎ	(15)	2,301	965,005	419	156	353	191	350	191	349	181	385	183	541
ふき	(16)	29	9,768	338	1	369	2	524	3	472	6	341	14	304
うど	(17)	58	32,918	567	7	609	14	564	17	592	16	524	4	549
みつば	(18)	126	79,343	631	8	649	9	593	10	500	9	419	9	412
しゅんぎく	(19)	124	88,607	712	19	670	18	581	11	530	7	630	6	645
にら	(20)	792	489,911	618	68	643	63	858	93	459	65	407	66	274
洋菜類														
セルリー	(21)	1,059	276,743	261	117	210	156	196	120	285	75	313	72	341
アスパラガス	(22)	251	273,383	1,087	2	1,574	8	998	24	1,032	29	1,486	47	1,334
うち輸入	(23)	44	41,458	950	2	1,568	8	952	15	758	3	826	-	-
カリフラワー	(24)	164	53,467	327	11	336	13	364	11	378	10	354	14	246
ブロッコリー	(25)	2,000	960,668	480	198	343	203	417	168	504	170	513	163	402
うち輸入	(26)	6	2,676	466	-	-	-	-	0	593	4	432	1	557
レタス	(27)	11,797	2,391,254	203	808	232	762	272	823	260	867	187	909	167
パセリ	(28)	56	98,720	1,760	4	774	3	883	4	823	5	654	5	715
果菜類														
きゅうり	(29)	4,912	1,641,760	334	309	465	335	453	498	334	582	260	688	244
かぼちゃ	(30)	2,532	502,540	198	121	197	161	198	267	147	285	134	183	204
うち輸入	(31)	1,165	161,636	139	100	155	138	152	246	116	268	105	143	145
なす	(32)	2,423	980,741	405	94	588	134	511	186	479	227	424	281	431
トマト	(33)	3,578	1,301,511	364	177	467	217	444	231	510	389	392	580	275
ミニトマト	(34)	1,634	1,149,293	704	112	761	110	905	121	948	155	653	189	461
ピーマン	(35)	1,828	933,281	511	126	670	123	830	211	641	222	469	232	407
ししとうがらし	(36)	51	80,900	1,593	3	2,102	3	1,716	4	1,780	4	1,695	4	1,667
スイートコーン	(37)	552	135,811	246	0	270	-	-	-	-	2	635	28	401
豆類														
さやいんげん	(38)	91	79,929	880	3	1,137	4	1,530	5	1,359	5	1,159	8	887
さやえんどう	(39)	72	105,505	1,465	13	1,135	7	1,886	11	1,615	10	1,388	6	1,224
うち輸入	(40)	2	1,298	770	0	763	0	755	0	1,212	0	841	0	850
実えんどう	(41)	2	2,242	944	0	786	0	1,464	0	1,702	1	979	1	1,113
そらまめ	(42)	17	9,764	562	1	533	0	1,032	0	2,240	2	773	6	523
えだまめ	(43)	142	100,349	709	-	-	-	-	-	-	-	-	5	1,137
土物類														
かんしょ	(44)	2,140	450,888	211	187	199	222	210	219	225	186	207	118	252
ばれいしょ	(45)	6,631	1,334,357	201	442	142	568	205	716	228	590	273	1,140	216
さといも	(46)	453	156,052	345	37	332	45	323	43	322	39	323	16	379
やまのいも	(47)	898	295,484	329	43	300	49	294	86	257	75	271	54	305
たまねぎ	(48)	12,737	1,198,962	94	917	69	1,388	75	1,576	92	1,357	89	1,119	85
うち輸入	(49)	29	4,512	156	0	181	0	370	1	200	2	216	7	131
にんにく	(50)	134	115,542	864	10	861	13	900	13	866	10	899	15	880
うち輸入	(51)	81	31,095	382	6	339	7	351	8	357	7	359	5	361
しょうが	(52)	361	303,237	840	10	698	11	730	15	827	22	928	50	983
うち輸入	(53)	39	15,919	407	3	424	4	420	4	422	4	411	3	410
きのこ類														
生しいたけ	(54)	461	476,465	1,035	26	1,106	24	1,091	25	1,020	38	996	37	987
うち輸入	(55)	2	862	540	1	564	1	514	-	-	-	-	-	-
なめこ	(56)	323	135,823	420	24	434	24	434	24	410	26	368	26	380
えのきだけ	(57)	2,584	664,077	257	233	270	201	292	167	222	197	185	164	209
しめじ	(58)	946	390,625	413	82	437	77	464	73	386	83	332	76	328
その他の野菜	(59)	3,618	1,695,826	469	248	400	234	438	251	456	265	485	295	482
輸入野菜計	(60)	1,588	412,511	260	124	255	172	252	292	190	306	150	179	196
その他の輸入野菜	(61)	221	153,054	691	12	710	14	737	18	593	18	507	19	497

	6月		7月		8月		9月		10月		11月		12月		
	数量	価格	数量	価格	数量	価格	数量	価格	数量	価格	数量	価格	数量	価格	
	t	円/kg	t	円/kg	t	円/kg	t	円/kg	t	円/kg	t	円/kg	t	円/kg	
	9,839	227	9,399	213	9,236	200	10,209	234	9,666	288	8,075	278	8,704	275	(1)
	572	102	468	120	561	120	687	138	824	144	639	127	666	98	(2)
	78	126	32	122	12	154	28	145	77	165	84	143	98	129	(3)
	624	144	571	169	556	167	519	321	541	296	549	223	561	162	(4)
	62	293	64	213	63	215	129	229	111	246	113	306	115	347	(5)
	6	326	0	150	-	-	-	-	0	1,185	0	950	0	777	(6)
	7	1,619	10	1,002	39	609	73	511	76	550	69	521	118	581	(7)
	683	72	563	51	524	53	985	100	1,435	152	578	153	430	103	(8)
	75	297	70	353	82	285	63	524	51	795	73	481	70	503	(9)
	76	247	66	275	73	243	102	480	69	642	74	456	58	418	(10)
	0	260	0	230	0	127	0	429	1	138	9	106	32	151	(11)
	40	203	36	220	32	190	39	338	46	376	40	289	30	293	(12)
	1,196	99	1,705	65	1,621	69	1,787	92	1,391	153	944	159	897	118	(13)
	84	528	59	635	47	728	53	959	84	912	127	682	198	541	(14)
	242	502	213	467	204	370	192	441	200	451	142	417	207	377	(15)
	2	232	0	237	0	81	-	-	0	270	0	287	1	310	(16)
	0	650	0	945	0	729	-	-	0	270	0	945	0	872	(17)
	8	395	9	484	8	455	8	656	10	743	10	469	29	981	(18)
	6	497	4	666	4	730	2	1,661	5	1,065	14	648	28	867	(19)
	67	385	62	469	51	651	61	649	50	945	67	831	79	936	(20)
	70	305	72	221	72	174	61	231	63	400	77	343	104	232	(21)
	26	1,418	24	1,152	36	835	40	523	8	840	4	1,085	4	1,369	(22)
	-	-	0	9,720	-	-	1	904	7	865	4	1,085	4	1,369	(23)
	13	293	21	317	17	302	18	301	9	407	9	366	17	334	(24)
	160	529	181	487	137	559	130	679	131	655	146	459	214	377	(25)
	0	502	0	477	0	471	0	590	0	630	0	630	0	567	(26)
	1,219	129	1,450	118	1,468	139	1,362	234	637	424	558	267	933	211	(27)
	5	1,042	5	1,445	5	1,518	5	2,386	4	3,932	4	2,593	6	3,513	(28)
	504	233	277	289	335	189	323	302	354	495	373	444	334	481	(29)
	257	220	251	213	205	205	237	190	214	203	150	284	201	242	(30)
	101	143	34	137	14	157	-	-	1	256	25	282	95	202	(31)
	340	394	271	368	259	215	188	341	181	413	153	420	112	529	(32)
	499	275	355	272	285	243	310	294	239	504	147	605	148	599	(33)
	153	564	154	565	128	551	160	523	133	911	99	1,055	119	907	(34)
	203	370	120	444	98	296	119	361	79	652	134	580	161	518	(35)
	4	1,575	5	1,457	7	988	5	1,043	4	1,900	3	1,626	4	2,280	(36)
	139	275	254	219	108	240	20	183	1	133	-	-	-	-	(37)
	9	787	13	623	14	436	9	762	6	1,239	7	987	7	964	(38)
	6	1,557	3	1,493	1	2,427	1	3,803	0	4,383	2	1,658	13	1,232	(39)
	0	763	0	765	0	319	0	542	0	1,088	0	1,370	-	-	(40)
	0	881	0	454	-	-	-	-	-	-	-	-	0	267	(41)
	6	527	1	305	-	-	-	-	-	-	-	-	0	280	(42)
	26	858	48	670	41	623	19	676	3	716	0	810	0	216	(43)
	103	254	105	233	145	232	222	177	224	210	186	213	222	177	(44)
	703	210	348	182	386	153	440	175	483	162	434	185	381	207	(45)
	10	555	7	543	13	493	44	382	65	334	48	299	86	330	(46)
	57	338	72	382	57	413	66	422	76	407	132	309	130	300	(47)
	813	118	717	141	738	179	939	116	973	81	1,107	70	1,093	70	(48)
	7	131	4	154	2	260	4	129	0	432	0	389	0	432	(49)
	11	747	9	868	10	856	10	872	10	752	9	865	13	960	(50)
	6	360	6	391	7	391	7	398	8	399	7	416	8	439	(51)
	76	926	78	829	47	717	18	691	12	723	10	757	12	751	(52)
	3	413	4	412	4	417	3	396	2	384	2	380	3	371	(53)
	37	905	38	845	39	915	40	1,062	44	1,114	50	1,074	64	1,198	(54)
	-	-	-	-	-	-	-	-	-	-	-	-	-	-	(55)
	24	359	26	345	26	348	29	420	35	495	30	538	30	454	(56)
	160	207	137	201	131	196	240	242	282	273	318	314	353	321	(57)
	63	316	65	295	62	308	89	429	102	486	93	538	82	520	(58)
	315	505	358	500	492	389	336	462	322	552	261	447	241	539	(59)
	133	198	67	269	42	404	39	701	44	1,011	61	464	129	309	(60)
	16	465	19	454	15	650	23	936	25	1,341	22	573	19	550	(61)

3 卸売市場別の月別野菜の卸売数量・価額・価格（続き）
(40) 松本市青果市場

品目		計 数量	計 価額	計 価格	1月 数量	1月 価格	2月 数量	2月 価格	3月 数量	3月 価格	4月 数量	4月 価格	5月 数量	5月 価格
		t	千円	円/kg	t	円/kg	t	円/kg	t	円/kg	t	円/kg	t	円/kg
野菜計	(1)	64,783	14,431,135	223	4,046	200	4,656	213	5,231	224	5,815	227	6,076	225
根菜類														
だいこん	(2)	3,682	442,205	120	284	64	306	87	293	110	258	129	273	126
かぶ	(3)	176	30,236	172	24	100	18	147	13	215	17	188	21	157
にんじん	(4)	3,895	651,497	167	319	78	354	90	390	111	383	169	356	197
ごぼう	(5)	544	145,296	267	25	258	31	310	32	304	31	278	29	328
たけのこ	(6)	103	40,975	396	1	641	2	718	10	765	78	329	7	575
れんこん	(7)	494	297,160	602	45	472	46	604	42	651	32	698	22	704
葉茎菜類														
はくさい	(8)	4,716	480,356	102	185	65	259	84	276	119	241	119	252	94
みずな	(9)	345	126,148	365	26	417	30	390	36	311	36	258	38	200
こまつな	(10)	459	156,404	341	28	431	29	461	37	341	42	277	54	176
その他の菜類	(11)	32	6,458	202	1	401	1	463	1	469	1	515	0	492
ちんげんさい	(12)	216	60,735	281	16	279	17	321	19	279	20	249	22	197
キャベツ	(13)	11,763	1,211,725	103	745	61	875	67	909	85	1,003	121	978	110
ほうれんそう	(14)	524	329,239	628	57	597	61	589	57	566	37	562	31	527
ねぎ	(15)	1,221	553,765	454	79	367	93	361	94	378	80	465	89	615
ふき	(16)	21	7,745	360	1	416	2	523	3	463	5	404	7	302
うど	(17)	31	19,660	635	1	848	4	722	8	670	12	590	5	536
みつば	(18)	57	51,446	900	4	988	5	903	5	701	5	544	5	474
しゅんぎく	(19)	38	28,347	741	5	795	4	647	4	552	3	535	2	620
にら	(20)	196	137,035	698	19	757	18	1,027	24	554	22	516	18	368
洋菜類														
セルリー	(21)	583	148,328	255	41	192	45	195	41	275	49	277	41	302
アスパラガス	(22)	111	143,715	1,294	0	1,858	1	1,117	6	1,230	14	1,601	35	1,287
うち輸入	(23)	9	11,636	1,361	0	1,745	1	1,063	2	762	1	1,007	0	1,053
カリフラワー	(24)	153	47,965	314	9	287	11	295	7	398	9	311	10	249
ブロッコリー	(25)	526	248,447	472	66	330	55	437	43	476	42	484	51	388
うち輸入	(26)	41	17,611	424	0	439	2	468	6	411	6	428	4	409
レタス	(27)	5,632	1,119,468	199	248	258	276	268	282	274	331	196	657	161
パセリ	(28)	29	46,101	1,601	1	1,004	2	737	3	555	2	747	5	973
果菜類														
きゅうり	(29)	3,435	1,135,070	330	137	462	176	461	265	349	390	276	496	264
かぼちゃ	(30)	1,547	298,267	193	93	196	122	183	160	150	187	118	160	178
うち輸入	(31)	869	125,289	144	69	156	108	143	146	117	181	102	139	133
なす	(32)	1,042	415,772	399	38	547	55	517	81	433	121	418	135	413
トマト	(33)	2,360	797,662	338	94	446	123	441	146	501	292	351	472	243
ミニトマト	(34)	770	556,586	722	66	802	54	982	59	1,007	92	682	115	473
ピーマン	(35)	734	371,353	506	35	708	38	910	62	686	75	525	94	416
ししとうがらし	(36)	21	36,645	1,723	1	2,135	2	1,707	2	1,750	3	1,612	2	1,674
スイートコーン	(37)	542	129,737	240	-	-	-	-	-	-	0	926	21	340
豆類														
さやいんげん	(38)	56	51,988	936	1	1,157	1	1,495	2	1,439	2	1,370	4	1,164
さやえんどう	(39)	58	79,724	1,380	11	1,054	7	1,725	10	1,401	8	1,366	3	1,614
うち輸入	(40)	0	296	810	-	-	0	1,080	-	-	0	768	0	824
実えんどう	(41)	1	862	857	0	651	0	897	0	1,119	0	999	0	1,271
そらまめ	(42)	9	5,592	651	1	532	0	896	0	2,955	2	844	4	559
えだまめ	(43)	87	61,935	711	-	-	-	-	-	-	0	2,851	5	1,096
土物類														
かんしょ	(44)	1,438	316,127	220	127	201	135	224	141	236	113	223	73	266
ばれいしょ	(45)	3,469	694,968	200	240	130	309	198	313	229	369	270	486	224
さといも	(46)	159	57,793	362	10	353	14	343	11	329	9	329	5	448
やまのいも	(47)	803	247,187	308	30	231	30	285	72	245	73	253	50	285
たまねぎ	(48)	9,218	902,061	98	676	70	793	78	963	92	1,049	86	681	95
うち輸入	(49)	159	22,173	139	6	156	8	154	12	167	14	189	12	183
にんにく	(50)	88	66,044	749	5	753	7	719	10	654	7	491	9	726
うち輸入	(51)	62	21,890	351	3	308	5	289	6	303	6	334	5	323
しょうが	(52)	329	263,756	801	15	626	16	772	19	840	26	881	33	920
うち輸入	(53)	38	9,802	258	2	357	3	300	3	307	3	291	3	247
きのこ類														
生しいたけ	(54)	128	134,945	1,054	8	1,213	10	1,178	11	1,096	10	1,019	10	1,037
うち輸入	(55)	3	1,687	650	0	655	1	656	1	600	0	690	0	689
なめこ	(56)	153	67,385	439	11	425	14	426	15	396	13	376	12	396
えのきだけ	(57)	1,078	249,383	231	98	266	96	276	119	178	80	184	57	212
しめじ	(58)	270	118,368	439	19	439	17	493	25	410	25	386	16	377
その他の野菜	(59)	1,440	841,469	584	96	500	92	475	109	573	112	604	127	562
輸入野菜計	(60)	1,386	342,882	247	89	226	137	205	192	185	232	159	181	180
その他の輸入野菜	(61)	204	132,497	649	8	719	10	690	15	598	20	438	17	437

6月		7月		8月		9月		10月		11月		12月		
数量	価格	数量	価格	数量	価格	数量	価格	数量	価格	数量	価格	数量	価格	
t	円/kg	t	円/kg	t	円/kg	t	円/kg	t	円/kg	t	円/kg	t	円/kg	
5,688	226	5,546	197	5,561	177	5,893	220	6,154	268	4,818	250	5,299	236	(1)
252	102	208	138	318	129	363	156	416	167	395	111	316	101	(2)
16	155	9	172	4	246	4	225	14	244	17	208	19	160	(3)
365	141	278	155	338	163	226	328	263	298	261	226	361	152	(4)
33	315	36	230	30	230	65	216	83	212	82	235	68	369	(5)
4	217	0	323	0	408	0	502	0	483	0	636	2	594	(6)
6	1,290	6	1,074	28	638	55	533	67	564	52	533	95	605	(7)
366	81	349	52	333	52	654	88	912	141	470	150	419	93	(8)
27	266	28	350	28	252	22	509	17	826	28	470	28	444	(9)
44	235	48	235	40	187	43	489	30	658	31	469	32	386	(10)
0	417	-	-	0	130	0	86	1	111	15	112	12	245	(11)
22	216	19	234	16	177	17	350	17	422	15	360	16	346	(12)
924	109	1,277	70	1,229	66	1,275	95	1,170	168	653	192	726	118	(13)
28	554	26	667	21	712	26	933	45	897	46	677	89	520	(14)
90	580	84	567	104	404	129	438	138	488	118	423	123	392	(15)
2	233	0	180	-	-	-	-	0	362	1	225	1	268	(16)
1	637	0	1,144	0	1,148	0	1,053	0	1,134	0	1,296	0	1,034	(17)
4	473	4	689	3	807	4	1,104	5	1,432	5	660	9	1,488	(18)
1	505	2	633	1	657	1	1,641	3	1,027	5	656	6	827	(19)
14	438	13	564	13	676	13	707	13	1,002	15	879	15	1,042	(20)
57	281	56	206	48	164	45	223	53	371	49	340	57	221	(21)
24	1,290	10	1,541	10	938	7	1,001	2	1,079	1	1,089	1	1,243	(22)
0	2,145	1	4,291	0	2,069	0	1,119	1	1,097	1	1,089	1	1,199	(23)
11	319	28	310	23	296	15	309	12	398	6	329	12	312	(24)
47	498	33	501	22	581	34	660	49	608	33	500	50	398	(25)
2	395	3	415	3	404	5	440	4	478	3	417	4	411	(26)
712	137	685	108	702	133	637	227	390	425	335	253	378	197	(27)
2	1,549	3	1,651	3	1,245	2	2,375	2	3,623	2	2,336	2	3,769	(28)
405	257	237	290	344	180	314	313	301	508	205	464	165	475	(29)
153	226	148	203	116	197	86	207	106	214	85	277	129	243	(30)
69	147	13	123	3	170	1	184	5	250	47	280	88	206	(31)
150	398	98	373	120	219	74	328	71	397	58	482	41	543	(32)
393	254	210	265	180	227	144	298	104	517	98	598	104	571	(33)
84	575	64	583	44	560	54	542	44	975	41	1,048	55	911	(34)
75	427	73	420	87	275	62	426	49	549	36	643	50	583	(35)
2	1,488	2	1,408	2	1,181	2	1,295	2	2,314	1	1,981	1	2,634	(36)
127	271	310	222	77	237	6	170	0	83	-	-	-	-	(37)
8	925	12	716	10	662	5	875	3	1,291	4	1,065	3	1,053	(38)
2	1,634	1	1,619	1	1,892	0	4,535	0	3,200	2	1,576	12	1,186	(39)
0	756	0	756	0	945	0	756	0	1,175	-	-	-	-	(40)
-	-	-	-	-	-	-	-	-	-	-	-	0	300	(41)
1	583	0	813	-	-	-	-	-	-	-	-	0	687	(42)
21	838	38	661	20	576	3	725	0	744	-	-	-	-	(43)
53	263	54	219	102	224	156	201	140	216	170	216	173	205	(44)
414	216	249	175	187	147	171	181	286	163	220	168	224	210	(45)
3	560	2	535	4	495	14	466	18	381	26	268	42	356	(46)
29	337	40	408	39	426	51	395	67	411	118	291	204	278	(47)
408	130	502	144	620	176	829	136	926	83	833	71	939	71	(48)
12	122	28	118	20	148	15	120	11	115	13	94	9	133	(49)
8	735	6	750	8	747	6	782	7	982	7	854	9	818	(50)
4	342	5	369	5	382	5	383	4	394	5	396	7	387	(51)
50	910	47	812	32	751	22	748	23	620	24	749	21	735	(52)
3	289	3	322	3	249	3	321	6	114	3	197	3	322	(53)
11	925	11	786	11	892	12	1,058	11	1,189	10	1,118	13	1,153	(54)
0	678	0	658	-	-	0	820	0	653	0	641	0	676	(55)
12	383	10	377	10	356	13	460	17	540	13	569	14	494	(56)
55	198	53	184	53	158	91	193	134	232	115	301	126	288	(57)
17	343	17	331	18	335	30	446	32	479	25	567	28	537	(58)
155	552	160	520	163	432	110	858	114	927	92	507	109	571	(59)
105	205	68	283	55	312	50	665	59	590	90	322	128	272	(60)
15	443	16	438	21	466	22	1,196	27	975	17	544	16	569	(61)

3　卸売市場別の月別野菜の卸売数量・価額・価格（続き）
(41)　岐阜市中央卸売市場

品目		計			1月		2月		3月		4月		5月	
		数量	価額	価格	数量	価格	数量	価格	数量	価格	数量	価格	数量	価格
		t	千円	円／kg	t	円／kg	t	円／kg	t	円／kg	t	円／kg	t	円／kg
野菜計	(1)	**182,045**	**41,375,501**	**227**	**13,647**	**204**	**14,260**	**219**	**16,619**	**216**	**15,632**	**225**	**17,307**	**213**
根菜類														
だいこん	(2)	25,848	2,703,330	105	1,591	63	1,953	80	2,084	90	1,752	100	1,937	91
かぶ	(3)	750	87,908	117	164	80	89	114	68	137	76	116	8	118
にんじん	(4)	11,985	1,943,502	162	929	79	975	84	1,057	107	851	157	1,185	161
ごぼう	(5)	2,067	536,233	259	161	219	181	229	171	245	166	267	117	311
たけのこ	(6)	163	78,684	484	1	934	4	1,357	37	818	115	347	4	236
れんこん	(7)	950	484,787	510	87	465	102	541	88	565	58	623	35	735
葉茎菜類														
はくさい	(8)	12,600	1,252,379	99	1,183	62	1,191	80	835	117	685	105	671	85
みずな	(9)	538	189,609	352	42	429	42	391	48	309	53	266	66	217
こまつな	(10)	1,251	552,621	442	115	442	102	514	104	382	106	346	93	364
その他の菜類	(11)	1	327	466	-	-	-	-	0	29	0	21	-	-
ちんげんさい	(12)	534	186,669	350	42	290	39	381	51	315	47	313	48	298
キャベツ	(13)	22,005	2,234,716	102	1,718	57	1,953	65	2,280	81	2,179	110	1,966	108
ほうれんそう	(14)	2,179	1,475,257	677	195	628	218	644	180	622	204	585	207	596
ねぎ	(15)	4,727	2,012,916	426	442	383	379	385	379	373	366	409	365	485
ふき	(16)	227	72,731	320	25	257	23	359	39	350	65	348	23	302
うど	(17)	12	9,305	780	1	1,110	3	846	4	751	3	730	0	714
みつば	(18)	160	104,194	652	16	808	16	696	17	586	13	427	13	390
しゅんぎく	(19)	133	87,465	658	33	610	18	545	12	387	3	407	1	803
にら	(20)	741	480,332	648	65	776	52	946	95	521	69	481	94	385
洋菜類														
セルリー	(21)	300	86,506	288	23	296	25	274	22	296	41	312	25	359
アスパラガス	(22)	295	375,451	1,273	3	1,745	9	1,224	26	1,284	39	1,570	44	1,520
うち輸入	(23)	35	38,918	1,110	3	1,685	6	961	8	825	2	1,000	0	1,924
カリフラワー	(24)	278	71,681	258	24	240	19	351	31	220	40	217	33	175
ブロッコリー	(25)	1,936	885,602	457	149	337	151	464	151	475	175	448	271	369
うち輸入	(26)	90	34,906	386	-	-	-	-	12	381	24	393	17	330
レタス	(27)	9,072	2,053,497	226	592	268	552	300	701	275	733	214	840	185
パセリ	(28)	148	240,060	1,624	11	970	11	974	16	812	13	867	13	1,098
果菜類														
きゅうり	(29)	7,272	2,497,924	344	564	440	652	421	823	315	867	259	936	250
かぼちゃ	(30)	3,840	846,032	220	280	218	284	206	288	168	330	169	344	199
うち輸入	(31)	1,777	263,329	148	212	148	247	150	251	117	275	106	264	122
なす	(32)	5,615	1,963,396	350	219	453	342	472	510	370	550	379	641	375
トマト	(33)	7,558	2,657,532	352	434	393	509	383	533	436	760	348	1,059	258
ミニトマト	(34)	1,248	937,329	751	77	795	66	941	85	1,025	135	636	155	452
ピーマン	(35)	2,330	1,131,654	486	205	588	184	770	258	619	281	422	267	370
ししとうがらし	(36)	246	270,475	1,100	8	1,781	10	1,571	11	1,545	17	1,369	28	1,206
スイートコーン	(37)	1,410	359,391	255	-	-	-	-	-	-	3	680	87	383
豆類														
さやいんげん	(38)	328	322,033	981	23	1,067	25	1,099	25	1,156	31	1,040	41	856
さやえんどう	(39)	253	317,278	1,255	60	874	18	1,654	30	1,358	38	1,188	13	1,486
うち輸入	(40)	7	5,530	794	0	755	1	803	2	794	1	792	0	698
実えんどう	(41)	61	62,941	1,032	8	694	9	1,168	9	1,364	16	1,025	8	1,082
そらまめ	(42)	123	64,204	521	22	422	1	914	1	2,299	36	623	41	435
えだまめ	(43)	418	341,187	817	-	-	-	-	1	544	6	1,436	26	1,360
土物類														
かんしょ	(44)	2,229	527,908	237	212	229	221	235	206	244	185	234	126	260
ばれいしょ	(45)	11,553	2,132,897	185	916	123	915	196	1,429	220	969	263	1,264	200
さといも	(46)	1,520	449,830	296	123	289	139	324	120	286	64	291	46	422
やまのいも	(47)	1,667	705,315	423	113	385	132	374	159	376	141	387	145	405
たまねぎ	(48)	27,373	2,679,909	98	2,050	76	2,095	86	3,055	86	2,783	76	3,373	78
うち輸入	(49)	488	65,874	135	32	140	33	146	39	141	33	174	34	142
にんにく	(50)	275	376,070	1,369	22	1,299	32	1,342	23	1,284	21	1,431	23	1,399
うち輸入	(51)	78	30,449	389	6	333	5	373	6	366	6	368	5	365
しょうが	(52)	315	230,276	730	10	689	14	685	35	653	36	658	27	906
うち輸入	(53)	51	18,587	365	4	383	5	372	6	370	10	348	4	360
きのこ類														
生しいたけ	(54)	402	403,646	1,003	37	1,142	32	1,082	32	1,021	32	913	28	910
うち輸入	(55)	30	16,806	554	2	514	3	531	3	568	3	560	2	530
なめこ	(56)	168	76,698	458	12	459	13	496	17	453	15	421	13	427
えのきだけ	(57)	1,781	444,690	250	231	267	166	287	169	204	141	196	105	221
しめじ	(58)	814	351,473	432	77	462	63	519	68	398	72	346	61	347
その他の野菜	(59)	4,349	3,019,647	694	332	612	228	766	236	804	249	797	391	750
輸入野菜計	(60)	3,829	1,062,655	278	340	240	373	242	443	223	441	204	405	192
その他の輸入野菜	(61)	1,272	588,256	463	82	442	73	500	116	386	88	409	77	387

	6月		7月		8月		9月		10月		11月		12月		
	数量	価格	数量	価格	数量	価格	数量	価格	数量	価格	数量	価格	数量	価格	
	t	円/kg	t	円/kg	t	円/kg	t	円/kg	t	円/kg	t	円/kg	t	円/kg	
	14,668	234	12,922	236	15,372	207	15,488	232	16,323	260	14,799	250	15,008	232	(1)
	1,560	93	1,729	116	2,680	105	3,302	120	2,904	139	2,374	127	1,982	90	(2)
	1	234	2	169	1	202	1	405	42	165	190	116	106	143	(3)
	1,090	141	979	157	1,058	140	798	313	1,101	277	1,028	213	934	130	(4)
	133	327	107	258	102	241	180	224	260	231	242	263	246	313	(5)
	0	89	-	-	-	-	0	280	0	1,369	0	547	1	888	(6)
	10	1,311	12	1,004	54	506	110	435	123	433	114	416	158	489	(7)
	771	80	729	52	802	51	1,274	88	1,886	147	1,443	147	1,129	101	(8)
	51	292	52	310	48	254	35	431	24	710	36	489	39	463	(9)
	99	376	112	348	99	277	89	584	100	733	115	508	118	441	(10)
	-	-	-	-	-	-	-	-	0	575	0	566	0	477	(11)
	51	314	45	321	38	277	37	439	45	517	48	410	43	336	(12)
	1,643	105	1,500	76	1,699	73	1,461	101	1,774	177	1,683	168	2,146	102	(13)
	182	648	147	732	137	746	126	949	141	980	205	704	237	540	(14)
	283	486	309	443	380	373	398	438	496	480	476	436	455	426	(15)
	2	381	0	199	0	161	-	-	12	319	22	253	15	303	(16)
	0	596	0	413	-	-	-	-	0	1,247	-	-	0	1,215	(17)
	12	361	12	548	11	514	15	619	11	1,184	10	648	14	1,027	(18)
	1	950	1	1,132	2	1,176	3	1,022	7	957	21	657	31	748	(19)
	65	446	43	619	52	611	44	755	45	922	59	837	57	878	(20)
	23	315	24	225	36	165	23	239	17	404	18	406	23	276	(21)
	34	1,390	46	1,206	45	923	26	1,037	12	1,071	5	1,160	5	1,331	(22)
	0	2,598	0	1,881	0	1,835	0	1,347	6	1,069	5	1,161	5	1,333	(23)
	14	298	15	347	14	336	12	345	23	291	24	263	28	229	(24)
	144	526	181	460	107	537	104	632	132	579	195	466	175	374	(25)
	7	337	7	354	6	326	6	446	9	500	3	530	-	-	(26)
	864	149	946	133	970	152	831	233	588	407	653	301	802	241	(27)
	11	1,293	11	1,551	15	1,541	9	1,950	9	3,619	11	2,616	19	2,575	(28)
	560	262	478	302	529	231	514	369	441	547	468	448	440	462	(29)
	475	237	380	209	317	229	456	214	231	260	155	334	300	267	(30)
	183	152	23	124	1	157	-	-	7	235	100	283	214	203	(31)
	692	334	505	303	771	205	449	300	415	374	276	464	245	430	(32)
	926	262	563	314	910	279	610	370	509	538	371	476	371	466	(33)
	102	610	79	706	151	584	145	747	91	1,094	67	1,089	93	891	(34)
	233	327	123	405	128	327	117	435	100	620	206	498	228	479	(35)
	36	1,025	33	878	36	660	20	805	18	1,155	15	1,234	14	1,557	(36)
	366	292	387	238	352	249	216	175	0	135	0	130	-	-	(37)
	40	800	21	992	26	790	11	1,393	15	1,302	36	931	34	927	(38)
	9	1,822	8	1,636	4	2,708	2	4,980	2	3,772	15	1,244	55	1,010	(39)
	0	702	0	365	-	-	0	1,051	0	958	2	803	-	-	(40)
	4	897	0	654	0	491	0	767	-	-	0	1,723	6	826	(41)
	20	530	2	271	-	-	-	-	-	-	-	-	1	1,054	(42)
	100	795	121	750	103	732	40	830	16	830	4	837	0	1,591	(43)
	112	268	97	263	144	244	219	222	260	225	227	228	222	233	(44)
	831	201	419	188	841	141	976	164	1,092	148	904	169	997	178	(45)
	34	516	27	481	50	414	109	416	189	320	272	250	348	208	(46)
	162	415	148	437	147	436	138	442	131	442	104	467	146	517	(47)
	2,127	135	1,657	178	1,644	175	1,946	119	2,445	80	2,128	71	2,069	75	(48)
	87	98	37	141	39	139	37	133	45	140	34	139	39	143	(49)
	14	1,377	19	1,304	29	1,297	23	1,153	25	1,158	21	1,720	23	1,731	(50)
	5	340	5	405	5	421	10	345	15	438	6	426	4	444	(51)
	43	893	52	812	40	698	18	607	13	572	18	527	9	682	(52)
	3	383	3	385	4	377	3	371	4	304	3	388	3	374	(53)
	25	881	22	894	22	858	26	1,000	40	937	58	1,060	49	1,110	(54)
	2	553	1	547	1	537	2	549	3	560	4	579	4	570	(55)
	15	421	16	382	13	378	11	481	11	562	12	594	19	468	(56)
	105	211	99	200	84	177	148	237	180	264	167	308	187	318	(57)
	59	342	64	314	61	263	70	434	82	506	65	622	73	570	(58)
	533	658	598	575	619	513	344	756	265	923	237	828	318	777	(59)
	357	182	151	322	139	399	163	517	299	478	319	364	398	281	(60)
	69	310	74	457	84	522	105	674	211	545	163	420	129	399	(61)

3 卸売市場別の月別野菜の卸売数量・価額・価格（続き）
(42) 静岡市中央卸売市場

品目	計 数量	計 価額	計 価格	1月 数量	1月 価格	2月 数量	2月 価格	3月 数量	3月 価格	4月 数量	4月 価格	5月 数量	5月 価格
	t	千円	円／kg	t	円／kg	t	円／kg	t	円／kg	t	円／kg	t	円／kg
野菜計 (1)	**64,369**	**14,241,529**	**221**	**5,049**	**174**	**5,946**	**197**	**5,841**	**210**	**6,052**	**214**	**5,151**	**227**
根菜類													
だいこん (2)	5,928	630,468	106	627	53	695	76	532	101	307	115	301	108
かぶ (3)	273	48,082	176	28	160	31	178	21	184	17	183	19	172
にんじん (4)	5,198	868,273	167	389	89	451	106	530	127	532	159	582	159
ごぼう (5)	248	90,282	363	24	394	29	393	28	395	15	394	15	393
たけのこ (6)	30	13,040	432	1	913	2	1,112	7	714	16	238	2	130
れんこん (7)	792	502,377	635	56	498	71	577	56	662	39	792	34	742
葉茎菜類													
はくさい (8)	4,476	435,125	97	442	52	417	71	256	127	161	118	175	82
みずな (9)	188	72,564	387	13	418	17	396	22	314	20	318	21	245
こまつな (10)	435	186,026	428	30	439	32	514	41	393	48	374	43	356
その他の菜類 (11)	0	196	567	0	529	0	467	0	536	0	553	0	600
ちんげんさい (12)	231	89,264	386	17	340	17	428	18	352	26	345	20	343
キャベツ (13)	11,550	1,161,012	101	821	55	913	72	919	92	1,046	119	1,075	107
ほうれんそう (14)	484	313,794	648	44	608	65	698	53	707	47	557	49	481
ねぎ (15)	1,841	873,446	475	154	403	150	399	136	390	111	453	101	585
ふき (16)	13	4,479	334	1	389	1	526	2	431	5	293	1	270
うど (17)	5	3,481	720	0	934	1	699	2	716	1	670	0	687
みつば (18)	75	59,629	797	5	772	6	718	6	705	6	664	6	653
しゅんぎく (19)	19	13,385	699	4	513	3	414	2	437	1	624	0	788
にら (20)	134	97,401	726	16	840	16	912	16	537	13	540	14	408
洋菜類													
セルリー (21)	252	77,474	308	16	256	17	274	19	321	30	300	22	318
アスパラガス (22)	153	186,544	1,218	3	1,454	6	989	19	1,174	16	1,496	18	1,486
うち輸入 (23)	29	28,751	976	3	1,454	6	910	7	740	2	882	0	1,179
カリフラワー (24)	39	12,147	312	4	256	5	353	4	304	1	365	2	227
ブロッコリー (25)	261	130,922	502	28	300	17	393	12	475	13	468	14	449
うち輸入 (26)	19	8,671	461	–	–	1	452	3	445	3	490	2	414
レタス (27)	2,340	565,239	242	218	277	225	287	215	260	150	220	121	206
パセリ (28)	20	34,250	1,720	1	1,077	1	1,025	2	893	2	976	2	1,180
果菜類													
きゅうり (29)	1,445	536,151	371	55	491	101	475	147	331	129	279	163	275
かぼちゃ (30)	1,459	296,867	203	110	185	163	261	155	201	140	110	121	126
うち輸入 (31)	661	92,600	140	96	154	105	150	120	120	139	105	120	122
なす (32)	1,937	660,588	341	65	465	113	488	143	391	135	400	203	374
トマト (33)	1,598	662,405	414	80	498	97	606	81	660	106	432	179	327
ミニトマト (34)	362	298,747	826	30	815	27	1,022	28	1,002	36	728	48	561
ピーマン (35)	638	323,599	508	32	745	33	904	52	646	83	396	78	382
ししとうがらし (36)	24	38,919	1,633	1	2,363	2	1,881	2	2,124	2	1,958	2	1,850
スイートコーン (37)	410	119,760	292	–	–	–	–	–	–	–	–	19	429
豆類													
さやいんげん (38)	58	50,884	882	3	1,060	3	1,153	5	1,007	5	1,031	4	827
さやえんどう (39)	21	34,294	1,629	2	1,456	2	2,184	3	1,739	3	1,396	3	1,012
うち輸入 (40)	1	1,192	1,099	0	864	0	1,296	0	1,323	0	1,080	–	–
実えんどう (41)	8	7,786	1,017	1	676	0	1,964	0	1,484	3	1,111	2	1,034
そらまめ (42)	17	9,644	583	2	466	0	929	0	2,534	9	623	4	478
えだまめ (43)	91	79,158	871	0	1,851	0	1,931	1	1,147	2	1,023	11	1,183
土物類													
かんしょ (44)	854	183,339	215	88	198	89	201	81	208	79	209	55	228
ばれいしょ (45)	6,946	1,363,871	196	594	119	710	167	732	211	1,098	245	708	235
さといも (46)	357	141,471	397	27	379	26	384	19	438	11	417	11	496
やまのいも (47)	327	214,152	655	19	613	24	558	26	563	23	611	22	620
たまねぎ (48)	9,874	988,419	100	781	85	1,165	90	1,201	85	1,353	89	639	89
うち輸入 (49)	160	16,345	102	1	139	1	148	2	166	2	188	3	142
にんにく (50)	75	83,986	1,115	6	1,110	8	1,132	7	1,024	8	1,107	6	1,249
うち輸入 (51)	45	19,738	438	3	361	4	376	4	371	4	362	3	435
しょうが (52)	247	186,454	754	10	678	13	702	22	827	30	862	33	862
うち輸入 (53)	45	15,403	342	3	376	3	375	4	376	4	378	3	370
きのこ類													
生しいたけ (54)	148	194,274	1,311	12	1,441	12	1,405	12	1,224	10	1,304	9	1,467
うち輸入 (55)	1	684	625	0	747	0	662	0	642	0	622	0	605
なめこ (56)	80	37,288	466	6	494	6	513	7	470	6	474	6	490
えのきだけ (57)	689	187,426	272	70	272	59	303	51	218	39	211	34	235
しめじ (58)	603	275,085	456	52	499	46	528	47	441	51	387	54	399
その他の野菜 (59)	1,117	798,060	714	58	945	57	935	102	655	66	831	99	703
輸入野菜計 (60)	1,306	360,230	276	122	276	139	275	168	244	183	204	182	186
その他の輸入野菜 (61)	345	176,847	512	16	754	19	743	28	602	28	564	50	305

	6月		7月		8月		9月		10月		11月		12月		
	数量	価格	数量	価格	数量	価格	数量	価格	数量	価格	数量	価格	数量	価格	
	t	円/kg	t	円/kg	t	円/kg	t	円/kg	t	円/kg	t	円/kg	t	円/kg	
	4,292	249	4,853	217	5,481	191	5,843	231	5,763	262	4,905	253	5,194	237	(1)
	243	106	393	124	542	109	620	132	589	165	469	125	609	85	(2)
	14	216	15	232	11	256	8	263	34	145	44	139	30	169	(3)
	351	137	296	163	405	151	309	311	403	299	384	225	566	143	(4)
	13	349	19	194	11	328	25	297	21	328	19	386	30	443	(5)
	0	97	-	-	-	-	-	-	-	-	0	1,927	0	777	(6)
	11	1,585	16	1,058	46	705	109	581	117	597	100	561	137	619	(7)
	229	70	345	55	365	61	497	100	622	154	501	138	466	97	(8)
	12	324	13	357	12	304	11	483	11	668	14	468	21	487	(9)
	42	383	42	377	34	346	25	568	26	630	38	461	34	447	(10)
	0	607	0	670	0	635	0	765	0	684	0	639	0	584	(11)
	21	372	23	348	19	307	16	472	18	558	18	443	19	370	(12)
	766	108	1,216	77	1,382	67	1,110	98	988	157	642	183	671	117	(13)
	42	532	30	640	22	701	20	954	28	885	39	681	43	594	(14)
	86	581	100	552	156	429	201	503	239	499	193	495	214	473	(15)
	0	119	0	37	0	324	-	-	1	344	2	316	1	318	(16)
	0	791	0	1,107	0	648	0	211	0	984	0	824	0	845	(17)
	6	596	7	619	5	659	4	713	5	773	5	723	15	1,243	(18)
	0	744	1	826	0	938	0	2,424	1	1,313	2	756	5	849	(19)
	12	500	10	740	10	682	8	917	3	1,040	8	1,036	9	1,089	(20)
	20	327	22	240	23	195	21	251	19	460	22	474	20	280	(21)
	26	1,295	20	1,173	19	957	14	1,065	5	1,059	4	929	2	1,223	(22)
	0	1,088	0	980	0	972	1	1,016	4	1,046	4	929	2	1,210	(23)
	5	383	8	276	2	339	1	357	1	364	2	350	4	287	(24)
	38	569	33	515	15	653	24	686	24	676	21	450	22	328	(25)
	1	456	1	408	1	387	3	485	2	508	2	446	1	460	(26)
	154	168	263	156	263	161	231	240	98	560	146	313	256	239	(27)
	2	1,536	2	1,711	2	1,555	2	2,370	1	3,904	1	2,310	2	2,798	(28)
	177	275	100	357	104	285	170	384	141	548	91	471	67	482	(29)
	123	200	110	199	73	256	164	207	130	217	111	266	59	262	(30)
	22	154	0	205	-	-	-	-	-	-	9	334	48	247	(31)
	249	345	216	283	250	158	187	270	182	344	108	469	86	452	(32)
	179	292	198	324	201	306	181	351	106	527	71	638	118	534	(33)
	34	671	21	741	39	715	19	858	17	1,160	30	1,088	32	944	(34)
	69	375	53	444	39	427	56	404	55	624	52	594	37	553	(35)
	3	1,163	3	1,253	3	931	2	1,293	2	1,889	2	1,585	2	2,655	(36)
	137	288	120	308	92	286	41	206	1	179	0	151	-	-	(37)
	6	707	5	576	5	660	7	846	5	1,152	4	918	6	882	(38)
	1	1,479	1	1,677	1	2,724	1	3,360	0	2,975	1	1,751	4	1,236	(39)
	0	1,058	0	1,026	0	1,148	0	1,149	0	1,130	0	805	-	-	(40)
	0	797	-	-	0	2,189	0	1,080	-	-	0	1,350	1	735	(41)
	1	745	0	1,166	-	-	-	-	-	-	-	-	0	1,029	(42)
	28	865	20	761	15	680	6	745	4	947	2	1,209	1	1,716	(43)
	44	238	67	277	75	225	77	184	66	218	63	227	70	192	(44)
	262	240	275	218	381	171	472	193	677	168	546	177	490	196	(45)
	14	456	11	433	17	485	74	450	42	381	43	334	61	320	(46)
	25	629	33	594	33	607	26	664	28	800	30	772	38	754	(47)
	568	151	438	175	525	180	847	121	819	82	863	71	675	73	(48)
	12	95	31	99	61	102	38	92	3	105	3	108	4	124	(49)
	7	1,173	5	920	6	997	6	1,060	5	1,300	5	1,166	6	1,160	(50)
	3	397	4	407	4	468	4	495	3	608	4	478	4	508	(51)
	31	821	29	732	30	594	15	690	11	682	11	687	12	675	(52)
	3	374	4	375	8	203	3	373	3	368	3	350	3	375	(53)
	10	1,247	10	1,188	10	1,320	14	1,374	17	1,280	17	1,163	16	1,380	(54)
	0	605	0	605	0	605	0	605	0	605	0	605	0	592	(55)
	6	468	8	349	12	236	6	552	6	614	5	668	6	564	(56)
	36	229	33	225	36	199	63	258	77	285	80	332	110	321	(57)
	61	359	54	316	48	306	54	481	46	561	39	698	51	590	(58)
	128	603	167	494	144	548	98	722	73	927	57	960	68	977	(59)
	68	276	66	290	94	263	82	331	54	525	62	409	87	379	(60)
	26	424	26	484	20	717	33	535	38	503	38	393	25	567	(61)

3 卸売市場別の月別野菜の卸売数量・価額・価格（続き）
(43) 浜松市中央卸売市場

品目		計			1月		2月		3月		4月		5月	
		数量	価額	価格	数量	価格	数量	価格	数量	価格	数量	価格	数量	価格
		t	千円	円／kg	t	円／kg	t	円／kg	t	円／kg	t	円／kg	t	円／kg
野菜計	(1)	**76,621**	**18,571,242**	**242**	**5,941**	**198**	**6,320**	**219**	**6,197**	**237**	**6,188**	**244**	**6,259**	**244**
根菜類														
だいこん	(2)	7,515	728,796	97	666	55	819	61	683	78	446	105	515	93
かぶ	(3)	239	47,779	200	29	177	30	187	21	199	24	191	26	163
にんじん	(4)	5,283	905,261	171	467	89	477	96	472	115	472	160	455	183
ごぼう	(5)	664	245,213	369	62	356	66	367	57	375	54	388	52	394
たけのこ	(6)	66	24,621	373	0	1,726	1	1,629	11	872	50	259	4	157
れんこん	(7)	468	317,628	679	45	567	52	640	43	725	25	894	15	874
葉茎菜類														
はくさい	(8)	5,406	534,510	99	737	53	602	78	319	134	257	117	255	82
みずな	(9)	356	146,454	412	27	441	30	400	37	295	29	313	28	267
こまつな	(10)	606	229,997	380	43	396	42	483	59	324	61	320	58	299
その他の菜類	(11)	5	2,540	548	0	543	0	549	1	476	0	518	0	551
ちんげんさい	(12)	334	118,108	354	23	320	24	377	29	328	29	309	30	305
キャベツ	(13)	10,086	1,012,075	100	698	52	741	58	815	69	812	101	771	115
ほうれんそう	(14)	695	431,290	621	54	635	68	630	67	561	82	551	77	557
ねぎ	(15)	2,235	981,789	439	228	335	211	375	183	357	149	429	136	577
ふき	(16)	23	7,997	349	2	383	2	534	4	364	6	340	2	255
うど	(17)	2	1,866	939	0	711	0	840	1	890	0	949	0	1,176
みつば	(18)	69	62,816	909	4	1,028	6	909	6	866	5	842	5	848
しゅんぎく	(19)	52	37,223	721	8	709	8	619	5	452	2	776	1	882
にら	(20)	271	204,155	754	20	836	19	1,113	26	534	27	515	27	388
洋菜類														
セルリー	(21)	331	91,642	277	23	273	28	253	34	269	40	251	32	277
アスパラガス	(22)	183	233,675	1,276	3	1,587	6	1,311	18	1,275	22	1,640	32	1,492
うち輸入	(23)	22	21,934	1,014	1	1,383	3	934	4	788	0	866	0	1,261
カリフラワー	(24)	97	27,710	285	12	224	12	359	7	279	7	325	10	215
ブロッコリー	(25)	913	426,789	467	89	290	67	401	59	457	48	520	48	477
うち輸入	(26)	41	19,001	462	-	-	0	547	2	508	6	491	3	443
レタス	(27)	3,978	901,858	227	228	272	198	315	269	302	336	227	345	193
パセリ	(28)	35	62,386	1,802	3	906	3	821	4	736	4	800	3	1,228
果菜類														
きゅうり	(29)	4,002	1,428,325	357	186	452	223	456	318	342	403	276	461	270
かぼちゃ	(30)	1,765	348,632	197	105	206	115	191	126	158	147	118	132	162
うち輸入	(31)	539	81,278	151	36	162	56	153	84	133	107	105	87	131
なす	(32)	1,391	514,628	370	61	460	75	500	105	420	117	410	136	396
トマト	(33)	3,241	1,241,462	383	145	468	156	495	174	549	238	415	352	299
ミニトマト	(34)	753	645,630	857	47	908	39	1,128	50	1,143	67	790	77	592
ピーマン	(35)	934	478,016	512	40	699	46	894	73	661	96	536	120	438
ししとうがらし	(36)	23	31,895	1,403	1	2,725	1	2,056	1	2,385	1	1,965	1	1,747
スイートコーン	(37)	355	96,905	273	-	-	-	-	-	-	-	-	13	439
豆類														
さやいんげん	(38)	84	96,738	1,151	4	1,407	5	1,563	6	1,495	6	1,263	11	892
さやえんどう	(39)	85	131,716	1,545	11	1,230	12	1,808	15	1,647	16	1,382	8	1,315
うち輸入	(40)	0	361	914	-	-	-	-	-	-	-	-	-	-
実えんどう	(41)	10	12,043	1,229	1	922	0	1,975	1	2,169	3	1,393	2	1,326
そらまめ	(42)	30	17,521	582	2	527	-	-	0	1,980	8	682	14	514
えだまめ	(43)	80	69,871	871	0	2,430	0	2,430	0	2,374	1	2,144	4	1,356
土物類														
かんしょ	(44)	1,568	315,415	201	126	204	144	199	135	207	113	195	83	244
ばれいしょ	(45)	5,388	1,034,751	192	485	118	557	169	500	237	495	261	578	230
さといも	(46)	522	209,921	402	29	393	29	399	25	297	14	345	12	347
やまのいも	(47)	783	364,204	465	41	440	63	414	62	418	72	418	64	435
たまねぎ	(48)	9,928	1,004,543	101	752	88	903	96	924	87	930	74	779	79
うち輸入	(49)	27	4,966	184	0	301	0	390	1	350	2	327	1	361
にんにく	(50)	127	108,546	853	10	797	14	921	12	873	14	950	11	888
うち輸入	(51)	38	13,927	370	3	361	3	349	3	357	3	362	3	354
しょうが	(52)	332	271,422	818	14	808	21	805	28	857	43	844	39	882
うち輸入	(53)	23	8,598	371	2	402	3	398	2	397	2	398	2	396
きのこ類														
生しいたけ	(54)	170	181,814	1,067	15	1,205	13	1,194	13	1,068	13	1,026	12	1,057
うち輸入	(55)	1	443	571	-	-	-	-	-	-	-	-	-	-
なめこ	(56)	180	94,805	526	13	524	16	525	16	497	17	466	14	484
えのきだけ	(57)	1,203	317,039	263	118	280	107	297	116	221	101	204	68	227
しめじ	(58)	946	460,828	487	76	535	75	561	75	459	75	407	67	392
その他の野菜	(59)	2,809	1,310,392	467	187	524	195	493	196	490	210	465	274	466
輸入野菜計	(60)	1,209	293,006	242	68	276	89	251	115	230	144	187	143	201
その他の輸入野菜	(61)	519	142,497	274	26	356	25	368	19	465	24	422	48	294

6月		7月		8月		9月		10月		11月		12月		
数量	価格	数量	価格	数量	価格	数量	価格	数量	価格	数量	価格	数量	価格	
t	円/kg	t	円/kg	t	円/kg	t	円/kg	t	円/kg	t	円/kg	t	円/kg	
5,896	245	5,495	248	6,564	220	7,149	261	7,098	294	6,679	258	6,834	231	(1)
430	96	330	144	447	124	488	151	775	147	1,000	98	918	71	(2)
20	163	7	268	6	284	4	301	19	264	27	218	27	193	(3)
417	148	316	174	457	162	439	301	474	271	399	223	436	148	(4)
50	375	38	340	33	357	47	363	73	333	60	382	73	394	(5)
-	-	0	1,404	-	-	-	-	-	-	0	1,026	0	815	(6)
5	1,921	8	1,187	33	687	56	610	65	596	56	598	66	675	(7)
210	78	225	57	258	57	508	88	647	152	592	155	796	95	(8)
24	325	34	363	35	356	24	550	21	940	25	500	42	414	(9)
62	302	51	337	46	314	45	497	47	587	46	433	46	360	(10)
0	527	0	517	0	573	0	634	0	605	0	599	0	575	(11)
32	311	27	332	26	305	24	419	27	499	35	402	27	352	(12)
736	109	951	78	1,085	74	1,013	98	895	172	784	172	785	105	(13)
76	562	46	671	37	605	25	989	36	969	65	627	62	521	(14)
140	524	140	478	162	392	174	524	221	524	226	457	265	395	(15)
0	30	0	62	-	-	-	-	2	393	4	302	2	317	(16)
0	1,304	0	1,196	0	969	0	1,211	0	909	0	1,106	0	1,235	(17)
5	816	6	862	5	827	6	824	7	857	6	878	8	1,231	(18)
1	667	1	648	1	883	1	1,854	3	968	8	684	13	764	(19)
24	464	19	731	18	661	21	877	22	1,189	22	966	24	1,009	(20)
26	320	25	252	26	186	22	256	18	416	25	381	32	253	(21)
27	1,354	21	1,184	23	905	16	1,026	7	1,058	6	1,052	5	1,143	(22)
-	-	0	1,318	0	1,108	0	1,157	5	1,066	5	1,045	3	1,100	(23)
7	258	3	417	3	372	4	333	6	339	9	299	17	238	(24)
47	600	116	446	68	576	82	597	88	616	93	442	108	332	(25)
4	440	4	422	4	380	11	470	5	511	1	486	0	434	(26)
405	150	451	135	471	150	429	235	272	418	297	280	278	231	(27)
2	1,557	3	2,202	3	1,704	2	3,314	2	4,926	2	2,505	3	2,899	(28)
364	277	289	337	423	238	446	354	368	561	308	449	213	455	(29)
170	184	169	189	156	212	194	204	202	216	122	278	126	259	(30)
45	140	17	129	-	-	-	-	-	-	26	293	82	210	(31)
149	407	148	321	177	202	153	335	125	361	79	426	66	443	(32)
345	295	281	328	562	259	426	347	267	514	146	573	148	595	(33)
62	689	65	711	82	655	74	785	77	1,055	58	1,131	56	1,017	(34)
117	374	88	438	80	330	83	404	70	656	65	577	55	556	(35)
2	1,263	4	985	4	818	3	853	2	1,569	2	1,485	1	2,262	(36)
109	315	142	231	75	273	16	208	-	-	1	375	-	-	(37)
10	870	6	1,125	8	981	5	1,654	4	1,697	11	978	8	1,003	(38)
4	1,468	2	1,957	2	2,479	1	4,954	1	3,190	3	1,645	12	1,242	(39)
-	-	-	-	0	1,143	-	-	0	875	0	869	-	-	(40)
2	748	-	-	-	-	-	-	-	-	-	-	1	837	(41)
5	586	1	597	0	638	-	-	-	-	-	-	0	970	(42)
22	911	22	774	15	772	10	751	4	880	1	1,064	1	1,710	(43)
83	258	108	234	113	200	157	187	204	189	164	187	138	165	(44)
453	209	290	198	336	156	430	177	452	163	413	172	397	195	(45)
6	617	6	624	35	501	204	464	62	333	42	269	58	323	(46)
71	462	74	464	76	469	73	485	69	495	48	549	70	538	(47)
676	123	460	195	688	188	944	119	965	81	960	73	946	82	(48)
2	257	5	181	8	161	7	126	2	108	0	189	0	222	(49)
9	857	9	769	10	783	11	795	9	879	10	826	11	814	(50)
3	368	3	370	3	377	4	375	3	376	3	386	4	390	(51)
39	856	37	807	36	747	23	750	17	796	16	797	18	790	(52)
2	393	2	357	2	350	2	335	2	336	2	351	2	338	(53)
11	991	13	923	13	870	12	1,145	16	1,180	22	988	18	1,136	(54)
-	-	0	602	0	594	0	592	1	561	-	-	0	540	(55)
15	472	14	463	14	475	16	558	15	613	15	647	15	590	(56)
74	214	73	200	66	195	94	255	115	295	118	335	154	325	(57)
63	385	74	349	72	325	90	475	101	572	91	647	89	616	(58)
288	399	299	381	279	404	253	483	225	536	203	513	199	532	(59)
104	222	85	223	69	251	82	281	79	311	97	289	135	259	(60)
49	265	54	227	52	240	59	253	61	233	60	212	43	270	(61)

3　卸売市場別の月別野菜の卸売数量・価額・価格（続き）
(44)　沼津市青果市場

品目	計			1月		2月		3月		4月		5月	
	数量	価額	価格	数量	価格	数量	価格	数量	価格	数量	価格	数量	価格
	t	千円	円／kg	t	円／kg	t	円／kg	t	円／kg	t	円／kg	t	円／kg
野菜計 (1)	**25,361**	**6,913,147**	**273**	**1,917**	**226**	**2,078**	**244**	**2,082**	**269**	**2,156**	**273**	**2,149**	**264**
根菜類													
だいこん (2)	2,645	327,467	124	193	59	192	88	187	108	217	127	209	113
かぶ (3)	287	52,666	184	19	171	27	145	17	220	31	175	39	145
にんじん (4)	1,358	260,040	192	104	105	109	114	102	143	144	165	104	205
ごぼう (5)	227	95,286	419	15	476	29	279	15	476	21	305	13	492
たけのこ (6)	24	8,830	368	0	1,018	0	1,613	5	765	17	254	2	190
れんこん (7)	154	98,230	640	11	510	12	594	10	654	6	765	5	768
葉茎菜類													
はくさい (8)	1,943	180,929	93	231	43	203	62	116	101	106	99	102	66
みずな (9)	108	49,048	456	9	469	11	445	12	359	11	326	10	266
こまつな (10)	305	108,255	355	21	339	20	413	25	339	20	349	27	261
その他の菜類 (11)	61	22,818	375	2	412	2	430	4	401	5	341	7	335
ちんげんさい (12)	41	16,554	402	4	317	3	429	4	398	5	294	4	305
キャベツ (13)	3,684	382,537	104	287	57	397	62	364	81	302	123	311	109
ほうれんそう (14)	631	340,682	540	71	417	75	483	61	506	62	512	65	475
ねぎ (15)	1,133	480,013	424	114	318	105	364	93	358	65	465	63	554
ふき (16)	6	2,983	505	0	500	0	725	0	563	4	590	2	315
うど (17)	3	2,211	783	0	902	1	876	1	853	1	668	0	855
みつば (18)	26	19,681	757	2	839	2	732	2	697	2	590	2	546
しゅんぎく (19)	29	17,947	614	5	557	5	530	4	457	2	592	1	610
にら (20)	178	114,899	644	13	819	18	588	18	553	16	528	21	386
洋菜類													
セルリー (21)	85	26,749	316	7	214	9	279	8	352	9	377	3	466
アスパラガス (22)	63	70,366	1,120	1	1,614	2	1,270	5	1,141	5	1,425	9	1,295
うち輸入 (23)	18	18,160	984	1	1,537	1	981	2	761	1	1,010	1	860
カリフラワー (24)	45	12,573	281	8	174	8	231	7	260	3	342	3	275
ブロッコリー (25)	476	176,444	370	52	278	52	331	47	362	34	427	39	329
うち輸入 (26)	16	7,666	471	0	509	1	507	2	391	2	424	1	435
レタス (27)	1,280	324,596	254	66	297	66	383	110	329	127	254	125	203
パセリ (28)	7	12,405	1,664	1	1,007	1	879	1	902	1	836	1	1,039
果菜類													
きゅうり (29)	922	314,241	341	41	520	41	523	63	393	91	295	180	197
かぼちゃ (30)	370	92,925	251	27	288	27	265	21	229	26	183	30	206
うち輸入 (31)	152	29,145	192	15	197	20	181	14	160	24	145	24	156
なす (32)	521	181,394	348	8	683	22	464	40	436	69	342	72	336
トマト (33)	1,021	426,733	418	60	459	62	508	69	597	90	467	96	369
ミニトマト (34)	471	380,730	809	33	794	28	1,003	31	1,007	41	777	48	590
ピーマン (35)	303	164,913	545	18	713	15	906	21	721	28	568	29	455
ししとうがらし (36)	7	11,494	1,619	0	2,450	0	1,720	1	1,889	1	1,720	1	1,596
スイートコーン (37)	345	91,322	264	0	282	0	338	0	583	1	643	17	402
豆類													
さやいんげん (38)	41	35,701	881	2	1,038	2	1,268	2	1,169	2	1,234	3	1,007
さやえんどう (39)	17	25,449	1,512	3	1,124	1	2,049	2	1,706	3	1,322	2	1,193
うち輸入 (40)	0	150	858	-	-	-	-	-	-	0	832	0	566
実えんどう (41)	3	3,398	1,196	1	708	0	1,103	0	1,761	0	1,482	1	1,401
そらまめ (42)	12	8,208	712	1	516	0	2,142	0	3,040	3	829	6	489
えだまめ (43)	97	55,583	571	-	-	0	1,692	0	1,980	0	1,577	1	1,080
土物類													
かんしょ (44)	311	73,648	237	26	247	27	261	30	228	23	226	19	256
ばれいしょ (45)	1,288	289,663	225	123	157	122	206	118	266	122	292	127	251
さといも (46)	182	54,487	300	14	263	14	309	13	294	11	250	4	372
やまのいも (47)	106	61,040	575	4	650	6	656	6	659	11	420	7	710
たまねぎ (48)	2,966	337,674	114	210	92	247	94	287	95	286	90	205	110
うち輸入 (49)	42	6,783	163	3	161	3	162	4	197	4	210	3	176
にんにく (50)	52	44,962	862	4	986	5	690	5	873	5	907	4	956
うち輸入 (51)	34	8,950	263	2	239	2	256	3	258	3	259	3	237
しょうが (52)	138	96,171	696	4	661	5	676	10	645	15	848	11	941
うち輸入 (53)	29	9,972	349	2	382	2	377	2	381	3	373	2	359
きのこ類													
生しいたけ (54)	171	172,515	1,008	8	1,239	11	1,167	14	939	13	1,008	12	1,030
うち輸入 (55)	-	-	-	-	-	-	-	-	-	-	-	-	-
なめこ (56)	41	21,051	513	3	466	3	511	4	449	4	471	3	464
えのきだけ (57)	269	79,169	295	28	329	26	327	25	260	22	231	20	240
しめじ (58)	300	149,270	498	26	567	27	586	28	459	30	419	23	407
その他の野菜 (59)	609	537,198	881	40	836	37	999	71	579	47	895	65	830
輸入野菜計 (60)	418	141,007	337	28	350	36	330	34	342	45	288	44	276
その他の輸入野菜 (61)	127	60,181	473	5	713	6	724	7	666	9	572	9	506

	6月		7月		8月		9月		10月		11月		12月		
	数量	価格	数量	価格	数量	価格	数量	価格	数量	価格	数量	価格	数量	価格	
	t	円/kg	t	円/kg	t	円/kg	t	円/kg	t	円/kg	t	円/kg	t	円/kg	
	2,070	268	2,040	261	2,054	258	2,071	294	2,209	331	2,264	292	2,272	283	(1)
	212	106	221	141	212	138	242	156	266	173	277	146	218	96	(2)
	30	156	16	171	9	223	10	322	24	248	34	202	32	171	(3)
	119	153	125	175	94	222	87	363	100	297	124	239	146	173	(4)
	13	467	11	480	10	483	22	385	27	380	19	536	31	459	(5)
	0	151	-	-	-	-	-	-	-	-	-	-	-	-	(6)
	1	1,904	4	1,048	11	682	22	553	20	580	21	601	31	653	(7)
	112	69	97	49	73	60	138	103	207	150	299	138	261	100	(8)
	8	344	8	389	8	347	7	678	6	1,039	8	564	9	547	(9)
	26	247	24	274	26	253	26	439	30	541	28	409	31	362	(10)
	7	291	5	335	5	385	5	392	7	468	6	401	6	385	(11)
	3	365	3	373	3	354	3	570	3	675	3	452	3	412	(12)
	261	102	311	78	339	74	305	106	270	175	278	192	259	123	(13)
	55	497	38	551	24	700	17	971	34	883	52	595	80	506	(14)
	75	481	75	482	90	395	81	454	108	523	119	422	145	387	(15)
	0	267	0	157	-	-	-	-	-	-	0	697	0	558	(16)
	0	905	-	-	-	-	-	-	-	-	-	-	0	488	(17)
	2	512	2	550	2	601	2	806	2	1,037	2	717	3	1,290	(18)
	1	555	1	583	1	606	0	1,684	2	965	4	611	5	682	(19)
	15	470	19	338	11	625	10	854	10	1,117	14	952	13	1,040	(20)
	5	400	7	290	7	213	7	284	7	455	5	423	11	229	(21)
	7	1,343	8	1,131	8	802	7	929	5	981	3	936	3	1,046	(22)
	1	1,125	0	1,228	0	1,246	2	950	4	993	3	934	3	1,034	(23)
	1	401	1	482	1	459	1	457	1	490	3	354	7	296	(24)
	55	263	28	412	18	505	22	545	33	516	40	435	56	335	(25)
	1	490	1	478	2	474	2	476	2	477	1	538	1	530	(26)
	106	157	176	82	105	179	87	301	93	518	105	317	112	248	(27)
	1	1,058	1	1,912	1	1,892	0	3,283	0	4,989	0	2,453	1	3,678	(28)
	115	228	60	323	90	239	80	392	60	566	50	514	51	513	(29)
	43	212	50	203	32	261	26	303	30	281	25	362	32	283	(30)
	18	177	2	158	0	282	-	-	0	314	11	340	24	241	(31)
	66	352	49	287	64	182	41	313	49	353	23	488	16	579	(32)
	110	354	101	331	149	261	120	315	77	580	41	652	46	624	(33)
	40	685	29	708	46	651	53	719	48	973	35	1,041	39	928	(34)
	36	409	30	476	26	363	29	430	24	647	24	623	22	569	(35)
	1	1,542	1	1,241	1	992	0	1,391	0	2,109	1	1,565	1	2,339	(36)
	125	261	124	250	62	271	17	222	0	231	0	313	-	-	(37)
	8	559	4	595	4	679	5	1,033	3	1,064	2	1,168	3	853	(38)
	1	1,671	1	1,922	0	2,925	0	2,448	0	3,748	1	1,767	3	1,308	(39)
	-	-	-	-	-	-	0	965	0	976	0	1,148	0	924	(40)
	0	1,282	-	-	-	-	-	-	-	-	-	-	1	968	(41)
	1	611	0	695	-	-	-	-	-	-	-	-	0	1,158	(42)
	21	662	42	552	20	582	12	377	0	713	0	1,247	-	-	(43)
	16	269	11	280	19	256	33	214	40	237	40	210	27	227	(44)
	87	245	82	231	91	180	104	218	102	189	97	220	113	235	(45)
	2	649	2	385	3	370	25	389	27	332	20	279	47	238	(46)
	7	669	9	656	12	494	12	483	11	543	11	492	11	711	(47)
	131	178	131	214	231	210	282	142	347	88	331	79	277	82	(48)
	5	151	4	166	4	169	4	150	4	145	3	129	2	129	(49)
	4	918	4	900	5	882	5	832	5	655	3	985	4	889	(50)
	2	272	3	269	3	256	3	254	4	241	2	303	3	317	(51)
	12	934	20	785	26	569	16	569	10	502	6	538	5	552	(52)
	2	340	3	349	3	341	2	324	2	328	2	321	3	315	(53)
	12	881	14	788	14	854	17	988	17	1,142	21	941	18	1,185	(54)
	-	-	-	-	-	-	-	-	-	-	-	-	-	-	(55)
	3	447	4	424	3	454	3	593	4	632	3	685	4	542	(56)
	16	239	14	243	15	225	21	288	26	327	28	367	29	347	(57)
	22	368	20	333	19	350	24	518	30	569	24	692	27	614	(58)
	78	674	55	942	62	844	46	1,041	42	1,022	31	1,209	34	1,267	(59)
	38	260	25	314	21	413	31	412	33	380	37	376	44	366	(60)
	9	392	13	359	9	595	18	441	18	328	15	339	9	562	(61)

3　卸売市場別の月別野菜の卸売数量・価額・価格（続き）
(45)　名古屋市中央卸売市場計

品目		計			1月		2月		3月		4月		5月	
		数量	価額	価格	数量	価格	数量	価格	数量	価格	数量	価格	数量	価格
		t	千円	円/kg	t	円/kg	t	円/kg	t	円/kg	t	円/kg	t	円/kg
野菜計	(1)	**390,481**	**95,486,768**	**245**	**31,002**	**217**	**32,275**	**236**	**33,628**	**242**	**34,128**	**240**	**34,040**	**240**
根菜類														
だいこん	(2)	20,290	2,281,336	112	1,670	66	1,774	80	1,596	103	2,060	109	1,777	102
かぶ	(3)	1,246	188,862	152	210	126	154	143	130	155	132	139	29	189
にんじん	(4)	21,431	3,557,350	166	1,938	85	1,961	97	1,822	122	1,839	174	2,269	165
ごぼう	(5)	6,064	1,782,550	294	502	260	516	276	470	310	441	352	345	367
たけのこ	(6)	499	253,800	509	10	819	20	1,041	117	815	312	351	29	327
れんこん	(7)	2,490	1,268,236	509	246	459	271	521	231	562	148	637	82	771
葉茎菜類														
はくさい	(8)	26,278	2,595,635	99	2,389	64	2,299	85	1,898	116	1,721	102	1,476	82
みずな	(9)	1,558	606,952	390	139	390	152	379	156	326	149	300	145	272
こまつな	(10)	2,839	1,062,516	374	209	403	182	479	206	361	256	308	265	258
その他の菜類	(11)	16	10,098	626	2	559	2	763	3	678	2	581	0	501
ちんげんさい	(12)	1,125	378,922	337	76	278	90	358	118	304	117	302	114	295
キャベツ	(13)	47,351	4,809,125	102	3,848	57	3,907	63	4,619	76	4,001	110	3,422	113
ほうれんそう	(14)	3,054	1,850,377	606	305	538	294	581	301	545	297	504	272	578
ねぎ	(15)	10,206	4,362,453	427	976	380	906	395	817	391	671	443	584	559
ふき	(16)	509	151,278	297	44	264	40	399	93	335	141	323	67	216
うど	(17)	30	19,140	637	2	824	8	666	12	604	8	603	0	706
みつば	(18)	494	344,944	699	41	909	40	721	46	540	44	434	42	437
しゅんぎく	(19)	229	161,861	706	50	668	31	622	18	438	5	504	2	749
にら	(20)	2,303	1,536,096	667	180	814	164	987	241	541	217	498	229	398
洋菜類														
セルリー	(21)	1,578	438,682	278	113	269	145	255	133	295	149	307	108	339
アスパラガス	(22)	1,135	1,391,778	1,227	16	1,556	44	1,074	110	1,272	126	1,572	168	1,449
うち輸入	(23)	196	194,488	991	13	1,434	37	899	34	762	11	1,009	5	1,115
カリフラワー	(24)	626	166,341	266	68	201	62	283	53	263	53	252	85	190
ブロッコリー	(25)	5,294	2,436,124	460	531	311	446	418	356	471	385	488	618	412
うち輸入	(26)	103	43,806	424	-	-	2	403	9	383	13	403	9	385
レタス	(27)	21,802	5,035,130	231	1,323	286	1,279	327	1,625	294	1,889	220	1,745	189
パセリ	(28)	139	211,450	1,522	14	692	12	818	15	639	16	654	12	995
果菜類														
きゅうり	(29)	15,593	5,287,630	339	1,100	421	1,158	412	1,445	309	1,560	264	1,807	259
かぼちゃ	(30)	10,886	1,924,096	177	731	182	736	168	872	134	1,057	112	971	142
うち輸入	(31)	5,459	734,912	135	601	141	646	137	811	110	1,026	97	887	113
なす	(32)	8,434	3,008,814	357	290	465	425	487	703	391	785	378	1,020	370
トマト	(33)	15,214	5,865,037	386	866	444	977	437	1,055	494	1,464	390	1,879	284
ミニトマト	(34)	4,943	3,876,424	784	369	808	332	932	378	989	503	744	577	565
ピーマン	(35)	6,598	3,131,393	475	449	594	416	775	604	618	745	420	836	357
ししとうがらし	(36)	363	442,734	1,221	17	1,776	22	1,484	24	1,501	35	1,223	35	1,157
スイートコーン	(37)	2,207	575,374	261	0	508	2	681	1	596	5	624	171	359
豆類														
さやいんげん	(38)	410	425,302	1,038	31	986	28	1,266	38	1,193	39	1,100	53	877
さやえんどう	(39)	471	618,112	1,312	83	958	60	1,541	72	1,377	73	1,219	29	1,352
うち輸入	(40)	8	5,274	698	1	549	1	932	0	999	1	762	0	763
実えんどう	(41)	96	96,593	1,009	12	789	15	1,159	15	1,331	30	936	13	965
そらまめ	(42)	206	103,515	502	17	451	0	921	0	2,342	63	571	78	448
えだまめ	(43)	811	585,307	721	0	2,488	0	2,551	3	658	8	655	43	1,083
土物類														
かんしょ	(44)	6,983	1,713,484	245	763	241	884	242	749	238	649	235	364	263
ばれいしょ	(45)	31,683	5,889,393	186	2,746	122	3,040	189	2,687	238	2,640	268	3,446	205
さといも	(46)	1,915	629,229	329	204	300	201	332	136	305	118	296	80	405
やまのいも	(47)	6,480	2,743,432	423	458	378	507	371	569	375	589	382	566	406
たまねぎ	(48)	69,853	6,327,380	91	5,510	72	6,440	86	6,710	84	6,377	76	5,752	75
うち輸入	(49)	671	66,708	99	12	125	13	129	19	128	19	170	23	151
にんにく	(50)	825	862,648	1,045	73	1,098	77	1,089	70	1,029	71	1,078	70	1,060
うち輸入	(51)	419	143,426	342	28	300	30	306	33	317	36	316	34	319
しょうが	(52)	1,241	996,814	803	59	756	72	788	88	811	100	881	124	919
うち輸入	(53)	94	40,795	433	9	379	7	458	8	443	10	374	10	381
きのこ類														
生しいたけ	(54)	2,369	2,266,481	957	221	1,053	188	1,100	197	941	192	888	178	914
うち輸入	(55)	119	64,144	539	14	353	11	575	12	549	12	543	9	575
なめこ	(56)	666	325,516	489	59	488	67	487	60	475	56	463	49	469
えのきだけ	(57)	5,882	1,534,901	261	729	282	601	285	525	213	424	209	353	220
しめじ	(58)	3,967	1,759,136	443	399	463	334	494	369	405	373	348	288	374
その他の野菜	(59)	13,797	7,596,991	551	915	536	895	554	1,071	504	994	505	1,373	561
輸入野菜計	(60)	9,750	2,522,170	259	835	229	941	247	1,164	212	1,367	177	1,236	184
その他の輸入野菜	(61)	2,681	1,228,618	458	157	438	195	458	237	442	240	417	257	365

注：名古屋市中央卸売市場計とは、名古屋市において開設されている中央卸売市場（本場及び北部）の計である。

	6月		7月		8月		9月		10月		11月		12月		
	数量	価格	数量	価格	数量	価格	数量	価格	数量	価格	数量	価格	数量	価格	
	t	円/kg	t	円/kg	t	円/kg	t	円/kg	t	円/kg	t	円/kg	t	円/kg	
	30,179	253	28,557	251	31,273	229	34,793	245	33,825	282	31,491	265	35,290	235	(1)
	1,565	98	1,352	124	1,438	117	1,707	136	1,788	170	1,836	147	1,727	96	(2)
	23	180	31	180	21	169	13	293	85	197	200	142	218	158	(3)
	1,447	151	1,484	165	1,749	154	1,263	336	2,027	266	1,702	195	1,929	133	(4)
	426	354	441	262	338	264	609	258	623	257	713	275	640	334	(5)
	1	1,500	1	1,317	1	445	0	307	1	1,237	2	1,433	6	864	(6)
	24	1,417	34	901	106	519	284	431	360	430	311	425	392	502	(7)
	1,666	77	1,674	54	1,692	56	2,199	91	2,901	152	3,133	144	3,232	101	(8)
	121	331	125	362	123	295	107	497	97	729	123	479	123	459	(9)
	252	286	243	313	251	231	218	503	229	619	237	459	291	353	(10)
	0	542	0	756	0	564	0	809	1	495	2	673	3	576	(11)
	109	303	85	320	71	268	72	416	88	504	95	397	90	328	(12)
	3,569	108	4,180	78	4,476	77	4,524	99	4,146	175	3,171	180	3,488	105	(13)
	248	619	178	707	174	692	149	903	186	896	296	595	354	472	(14)
	584	500	592	467	736	392	859	406	1,135	450	1,149	423	1,196	408	(15)
	3	251	0	177	-	-	-	-	22	332	58	236	42	263	(16)
	-	-	-	-	-	-	-	-	-	-	-	-	-	-	(17)
	40	421	41	684	34	677	37	819	40	1,162	40	595	48	995	(18)
	2	611	1	731	2	872	3	1,393	16	879	43	695	57	801	(19)
	222	400	181	560	173	615	173	780	177	890	168	866	181	915	(20)
	145	307	158	230	149	178	142	225	101	369	103	383	132	257	(21)
	127	1,385	157	1,176	156	925	106	1,024	69	937	31	995	25	1,190	(22)
	1	1,466	1	1,601	1	1,489	4	776	36	999	31	995	24	1,152	(23)
	31	329	28	309	30	304	26	295	55	301	53	328	83	271	(24)
	442	523	535	443	346	537	346	587	362	604	432	492	495	376	(25)
	8	425	5	390	7	388	15	436	21	481	9	451	5	396	(26)
	2,124	145	2,390	135	2,435	155	2,090	233	1,484	422	1,615	291	1,803	236	(27)
	9	1,510	9	1,837	9	1,708	9	2,587	8	4,011	9	2,150	17	2,425	(28)
	1,395	275	1,316	325	1,643	239	1,382	351	880	545	876	448	1,031	446	(29)
	961	183	753	195	860	198	1,232	171	1,031	187	836	252	846	222	(30)
	585	130	94	127	-	-	-	-	24	229	283	278	501	200	(31)
	1,030	353	889	318	1,110	216	734	321	678	370	428	453	342	442	(32)
	1,523	297	1,307	335	1,949	275	1,578	350	1,033	550	763	573	819	542	(33)
	473	651	384	701	500	607	462	700	361	1,053	275	1,123	330	917	(34)
	703	334	508	413	511	317	498	413	378	633	450	582	501	489	(35)
	44	1,083	42	1,007	40	792	29	958	26	1,387	26	1,271	23	1,873	(36)
	562	287	676	241	503	263	284	183	2	289	2	292	1	126	(37)
	47	838	30	1,000	31	877	25	1,391	22	1,415	34	955	31	925	(38)
	17	1,601	15	1,588	7	2,252	3	4,280	6	2,755	40	1,097	66	1,176	(39)
	1	728	1	592	0	282	0	907	0	844	1	579	-	-	(40)
	5	812	-	-	-	-	-	-	-	-	1	1,143	6	901	(41)
	41	503	5	320	1	726	-	-	-	-	-	-	1	1,100	(42)
	155	775	190	733	273	619	107	716	29	770	1	1,257	1	1,390	(43)
	302	305	291	275	379	255	706	226	657	251	542	257	697	223	(44)
	2,224	213	1,403	188	2,480	147	2,783	163	3,218	146	2,442	171	2,572	188	(45)
	98	451	72	386	103	372	208	381	188	318	233	289	275	277	(46)
	622	421	631	434	580	445	576	454	536	452	370	468	476	511	(47)
	4,147	116	3,532	160	3,452	177	6,609	113	6,476	76	6,393	68	8,452	67	(48)
	72	93	205	87	168	98	89	93	23	96	16	101	13	109	(49)
	60	934	64	939	64	934	66	1,000	67	1,106	67	1,136	76	1,100	(50)
	32	323	37	339	38	356	38	355	36	365	36	381	41	400	(51)
	167	888	183	817	147	725	100	692	70	733	60	765	70	721	(52)
	7	453	7	454	7	506	7	442	7	449	7	452	8	454	(53)
	175	824	172	761	163	790	177	1,003	215	1,071	239	949	254	1,068	(54)
	8	586	6	600	6	607	7	588	8	570	11	537	14	546	(55)
	49	457	54	417	52	402	55	511	57	572	58	578	49	534	(56)
	326	218	302	217	335	194	459	253	594	279	603	320	631	322	(57)
	293	348	255	358	258	339	333	439	383	513	353	593	329	578	(58)
	1,577	534	1,563	506	1,323	531	1,451	491	916	690	878	628	841	674	(59)
	935	187	558	258	407	372	390	492	429	531	638	380	850	294	(60)
	219	310	202	449	180	614	230	666	275	559	245	426	244	374	(61)

3 卸売市場別の月別野菜の卸売数量・価額・価格（続き）
(46) 名古屋市中央卸売市場 本場

品　目		計			1月		2月		3月		4月		5月	
		数量	価額	価格	数量	価格	数量	価格	数量	価格	数量	価格	数量	価格
		t	千円	円/kg	t	円/kg	t	円/kg	t	円/kg	t	円/kg	t	円/kg
野　菜　計	(1)	161,320	41,682,704	258	12,292	235	13,558	248	13,775	259	13,685	261	13,980	258
根　菜　類														
だいこん	(2)	10,427	1,125,603	108	786	63	859	76	942	98	1,065	111	887	100
かぶ	(3)	448	62,416	139	75	133	64	138	45	152	55	135	6	252
にんじん	(4)	8,087	1,423,040	176	701	90	736	101	667	123	726	178	822	168
ごぼう	(5)	1,908	599,163	314	148	302	144	305	127	314	139	364	93	396
たけのこ	(6)	182	87,660	481	2	837	5	1,307	42	840	130	329	2	237
れんこん	(7)	1,203	611,890	509	122	476	124	536	105	580	70	666	34	764
葉茎菜類														
はくさい	(8)	12,555	1,275,051	102	1,183	62	1,214	84	831	119	725	107	770	81
みずな	(9)	831	321,720	387	86	370	86	369	83	325	78	298	72	288
こまつな	(10)	1,164	421,289	362	71	381	77	461	87	349	113	299	115	248
その他の菜類	(11)	3	2,022	653	0	706	0	830	1	737	1	378	-	-
ちんげんさい	(12)	720	236,469	329	51	270	65	348	78	292	75	295	69	285
キャベツ	(13)	19,106	2,023,337	106	1,296	56	1,335	63	1,669	78	1,447	115	1,577	112
ほうれんそう	(14)	1,228	757,440	617	108	532	110	581	115	563	120	511	130	575
ねぎ	(15)	4,432	1,903,725	430	450	373	422	383	378	376	313	444	259	566
ふき	(16)	225	69,355	308	14	313	14	452	39	356	64	335	30	213
うど	(17)	29	18,315	637	2	828	8	665	11	603	7	601	0	778
みつば	(18)	212	152,848	719	18	963	17	758	19	546	18	434	19	430
しゅんぎく	(19)	88	62,887	717	19	649	13	598	6	431	2	532	1	756
にら	(20)	980	653,948	668	74	823	67	973	99	537	93	499	93	402
洋菜類														
セルリー	(21)	504	140,695	279	42	272	48	267	44	310	65	301	38	338
アスパラガス	(22)	359	434,718	1,209	6	1,502	18	1,064	34	1,207	40	1,446	74	1,355
うち輸入	(23)	75	74,852	994	5	1,437	15	920	13	743	6	949	3	1,026
カリフラワー	(24)	98	26,091	265	10	258	9	280	10	228	6	276	12	180
ブロッコリー	(25)	1,869	890,603	477	144	328	137	460	115	514	154	492	252	422
うち輸入	(26)	89	36,818	412	-	-	1	385	9	382	12	399	9	377
レタス	(27)	8,905	2,046,477	230	523	279	525	317	713	291	818	210	728	187
パセリ	(28)	74	121,014	1,626	8	722	7	909	8	710	9	717	5	1,171
果菜類														
きゅうり	(29)	8,195	2,733,363	334	556	412	598	402	756	300	819	256	930	257
かぼちゃ	(30)	4,401	751,114	171	279	154	250	151	331	115	400	105	358	129
うち輸入	(31)	2,144	287,723	134	259	138	244	140	322	107	393	96	341	113
なす	(32)	3,989	1,406,742	353	146	459	219	487	352	382	401	368	482	359
トマト	(33)	7,952	3,021,391	380	436	441	526	432	554	482	778	385	1,029	284
ミニトマト	(34)	2,932	2,303,026	785	222	803	194	929	219	983	302	747	363	580
ピーマン	(35)	2,772	1,323,509	477	202	578	189	763	268	616	302	419	390	356
ししとうがらし	(36)	136	170,758	1,258	6	1,813	9	1,482	10	1,473	16	1,174	14	1,081
スイートコーン	(37)	845	206,150	244	-	-	1	718	0	540	1	712	38	356
豆類														
さやいんげん	(38)	207	200,948	973	14	862	13	1,075	16	1,110	22	1,109	27	875
さやえんどう	(39)	249	330,146	1,327	37	991	32	1,586	39	1,425	44	1,250	13	1,415
うち輸入	(40)	2	1,461	697	0	648	0	958	0	1,080	-	-	0	702
実えんどう	(41)	44	41,714	959	4	771	7	1,069	6	1,274	13	910	8	892
そらまめ	(42)	88	47,087	537	6	473	0	879	0	2,519	24	626	42	476
えだまめ	(43)	382	281,766	738	0	2,488	0	2,551	2	714	4	741	24	1,113
土物類														
かんしょ	(44)	4,238	1,065,900	252	465	248	552	245	452	237	383	243	213	274
ばれいしょ	(45)	12,046	2,269,684	188	997	126	1,243	188	962	241	879	276	1,292	213
さといも	(46)	747	281,868	377	85	312	72	367	52	346	48	319	27	530
やまのいも	(47)	3,227	1,362,682	422	243	377	240	368	286	371	296	381	301	411
たまねぎ	(48)	22,846	2,251,609	99	1,824	72	2,505	90	2,361	92	1,820	80	1,443	81
うち輸入	(49)	103	17,076	165	6	141	6	148	8	182	8	223	9	197
にんにく	(50)	458	436,863	955	36	1,041	42	1,045	39	1,059	42	942	42	964
うち輸入	(51)	255	82,028	322	17	281	19	292	18	299	24	290	21	296
しょうが	(52)	814	672,785	827	39	807	52	811	64	801	69	863	81	923
うち輸入	(53)	34	15,701	464	2	481	3	489	3	500	5	314	3	493
きのこ類														
生しいたけ	(54)	428	420,999	983	37	1,085	34	1,101	31	1,016	27	938	28	929
うち輸入	(55)	11	7,023	619	1	605	1	605	1	605	1	605	1	616
なめこ	(56)	186	93,189	500	15	507	16	516	15	500	16	470	14	482
えのきだけ	(57)	1,834	515,071	281	208	303	166	317	179	233	152	220	119	241
しめじ	(58)	1,998	949,455	475	200	511	170	530	176	463	186	367	147	406
その他の野菜	(59)	4,669	3,077,108	659	295	778	323	680	334	700	309	688	465	679
輸入野菜計	(60)	3,575	928,269	260	340	225	352	260	459	214	529	180	476	192
その他の輸入野菜	(61)	861	405,587	471	50	526	63	542	86	486	80	455	90	415

6月		7月		8月		9月		10月		11月		12月		
数量	価格	数量	価格	数量	価格	数量	価格	数量	価格	数量	価格	数量	価格	
t	円/kg	t	円/kg	t	円/kg	t	円/kg	t	円/kg	t	円/kg	t	円/kg	
12,482	266	11,898	258	13,035	234	14,204	255	14,867	292	13,471	275	14,071	255	(1)
784	95	727	117	633	111	846	121	979	161	950	139	969	92	(2)
4	202	4	166	4	147	0	275	31	156	84	120	77	142	(3)
598	157	620	169	663	167	506	341	675	304	637	224	734	145	(4)
116	372	133	260	102	303	194	281	236	281	277	297	199	361	(5)
0	153	-	-	-	-	-	-	0	1,412	0	942	1	929	(6)
8	1,395	14	896	48	501	144	428	177	435	163	427	193	505	(7)
729	78	675	56	640	56	1,009	92	1,469	153	1,620	151	1,689	100	(8)
59	355	66	365	65	316	55	493	52	677	63	471	68	450	(9)
106	275	105	310	105	224	98	471	100	614	88	449	100	340	(10)
0	756	-	-	0	1,380	0	1,197	0	418	0	853	0	763	(11)
69	290	53	308	43	248	47	405	59	499	60	398	51	318	(12)
1,577	110	1,817	77	1,960	79	1,820	102	1,872	181	1,394	180	1,341	111	(13)
117	599	83	691	83	678	66	885	78	898	103	638	117	502	(14)
255	499	243	476	270	397	312	455	441	482	508	419	580	394	(15)
0	168	-	-	-	-	-	-	14	328	29	236	20	258	(16)
-	-	-	-	-	-	-	-	-	-	-	-	-	-	(17)
19	404	18	711	14	738	16	844	18	1,247	18	585	20	1,003	(18)
1	611	1	728	1	954	1	878	6	930	15	738	22	846	(19)
94	407	74	593	70	587	72	757	81	891	80	843	82	893	(20)
38	301	41	228	48	160	38	231	27	376	29	385	45	257	(21)
43	1,369	40	1,157	43	911	24	978	17	992	11	1,016	9	1,220	(22)
0	963	0	2,970	0	2,851	1	1,113	13	1,007	11	1,016	9	1,198	(23)
6	283	6	282	4	309	2	325	6	326	13	291	14	267	(24)
150	526	211	450	134	559	124	596	135	602	137	509	173	371	(25)
6	389	4	383	5	378	12	417	17	473	8	442	5	392	(26)
903	145	945	137	940	158	788	240	656	413	659	285	708	229	(27)
4	1,609	4	1,961	5	1,827	5	2,398	4	4,053	5	2,256	10	2,642	(28)
702	271	688	326	927	226	738	348	496	555	453	444	531	437	(29)
357	174	286	202	331	200	535	171	535	191	358	239	381	206	(30)
233	128	28	120	-	-	-	-	10	228	114	279	197	200	(31)
472	354	411	300	475	196	333	318	329	376	206	455	163	436	(32)
825	295	663	323	960	262	817	330	525	544	390	591	450	553	(33)
295	651	219	676	277	613	261	712	215	1,068	168	1,122	198	908	(34)
296	334	184	398	174	333	178	421	163	640	206	574	221	474	(35)
15	1,077	13	1,123	12	884	11	990	11	1,403	11	1,302	8	1,976	(36)
139	296	229	223	234	258	200	189	0	150	-	-	-	-	(37)
29	789	14	944	15	821	10	1,336	12	1,344	19	920	15	879	(38)
10	1,564	8	1,600	4	1,937	1	4,466	4	2,330	23	1,074	34	1,138	(39)
0	702	0	589	0	230	-	-	-	-	1	670	-	-	(40)
2	715	-	-	-	-	-	-	-	-	0	1,106	2	873	(41)
11	573	2	403	1	726	-	-	-	-	-	-	0	1,092	(42)
66	787	89	725	132	643	49	724	13	785	1	1,368	1	1,705	(43)
187	292	163	268	220	275	461	235	417	260	288	278	436	233	(44)
855	219	528	187	891	148	993	169	1,381	150	973	173	1,054	188	(45)
36	569	23	541	35	493	117	436	77	350	80	313	96	299	(46)
291	420	326	434	293	443	291	452	280	447	171	472	209	521	(47)
1,211	135	1,239	190	1,318	183	2,162	125	2,402	78	2,351	69	2,210	71	(48)
10	179	11	162	15	173	14	163	7	125	6	111	6	121	(49)
34	880	36	876	33	843	39	904	37	921	37	991	40	953	(50)
19	305	22	322	22	346	24	329	24	341	21	362	24	380	(51)
111	887	120	818	95	766	56	756	40	797	43	809	45	809	(52)
3	486	3	486	3	484	3	488	3	483	3	488	3	491	(53)
31	822	29	774	25	881	24	1,086	45	1,072	60	944	56	1,046	(54)
1	626	1	626	1	626	1	622	1	626	1	626	1	626	(55)
13	459	14	410	14	405	17	506	19	574	18	578	15	546	(56)
109	238	97	238	93	224	135	272	187	299	188	336	201	349	(57)
135	401	127	388	126	381	164	462	200	534	188	584	180	578	(58)
568	637	514	594	476	566	441	552	347	696	295	702	302	786	(59)
354	202	138	326	102	444	120	439	141	515	241	377	324	301	(60)
81	362	68	422	56	555	65	530	66	581	76	440	79	426	(61)

3 卸売市場別の月別野菜の卸売数量・価額・価格（続き）
(47) 名古屋市中央卸売市場　北部市場

品目		計			1月		2月		3月		4月		5月	
		数量	価額	価格	数量	価格	数量	価格	数量	価格	数量	価格	数量	価格
		t	千円	円/kg	t	円/kg	t	円/kg	t	円/kg	t	円/kg	t	円/kg
野菜計	(1)	229,161	53,804,064	235	18,709	205	18,717	227	19,853	231	20,442	227	20,060	227
根菜類														
だいこん	(2)	9,862	1,155,732	117	884	69	915	84	654	109	995	106	890	104
かぶ	(3)	797	126,446	159	135	121	90	147	85	156	77	141	23	173
にんじん	(4)	13,344	2,134,310	160	1,237	83	1,225	95	1,155	122	1,113	171	1,447	163
ごぼう	(5)	4,156	1,183,387	285	354	242	372	264	343	309	302	347	252	356
たけのこ	(6)	317	166,140	525	8	815	15	963	75	801	182	367	27	335
れんこん	(7)	1,287	656,346	510	124	443	146	508	125	546	78	611	48	777
葉茎菜類														
はくさい	(8)	13,723	1,320,584	96	1,206	65	1,084	86	1,068	114	996	98	705	83
みずな	(9)	727	285,231	392	53	421	66	392	73	327	71	302	73	257
こまつな	(10)	1,675	641,227	383	138	414	105	492	119	370	143	316	150	266
その他の菜類	(11)	13	8,075	619	2	529	2	746	2	665	1	677	0	501
ちんげんさい	(12)	405	142,453	352	25	295	24	383	40	329	42	316	45	311
キャベツ	(13)	28,245	2,785,788	99	2,552	57	2,572	63	2,949	76	2,554	106	1,845	113
ほうれんそう	(14)	1,826	1,092,937	598	197	541	184	581	186	534	177	499	142	582
ねぎ	(15)	5,774	2,458,728	426	526	387	484	405	439	403	358	441	326	554
ふき	(16)	284	81,923	289	30	241	26	370	53	320	77	313	37	219
うど	(17)	1	824	630	0	81	0	815	1	631	1	629	0	626
みつば	(18)	281	192,096	683	23	866	23	693	27	536	26	435	23	442
しゅんぎく	(19)	141	98,975	700	30	680	18	639	12	441	3	488	1	744
にら	(20)	1,324	882,148	666	106	808	97	996	142	544	124	497	136	396
洋菜類														
セルリー	(21)	1,073	297,987	278	71	268	97	249	89	287	84	313	70	339
アスパラガス	(22)	775	957,059	1,235	11	1,585	26	1,081	76	1,301	85	1,633	94	1,524
うち輸入	(23)	121	119,637	989	8	1,432	21	884	21	774	5	1,076	2	1,209
カリフラワー	(24)	527	140,249	266	58	191	53	283	43	271	47	249	73	192
ブロッコリー	(25)	3,425	1,545,521	451	387	304	310	400	241	450	231	485	365	404
うち輸入	(26)	14	6,988	496	-	-	0	478	0	428	1	462	1	466
レタス	(27)	12,897	2,988,653	232	800	291	754	334	912	297	1,071	227	1,017	191
パセリ	(28)	64	90,436	1,402	6	655	5	697	7	555	8	584	6	846
果菜類														
きゅうり	(29)	7,398	2,554,268	345	543	430	560	423	688	319	741	272	877	263
かぼちゃ	(30)	6,486	1,172,983	181	452	199	485	176	542	146	657	116	613	149
うち輸入	(31)	3,315	447,190	135	342	144	402	135	489	112	632	98	546	113
なす	(32)	4,445	1,602,071	360	144	472	207	488	351	400	383	390	538	380
トマト	(33)	7,261	2,843,646	392	431	446	452	443	501	508	686	395	850	284
ミニトマト	(34)	2,011	1,573,397	782	148	817	139	937	159	997	201	738	214	540
ピーマン	(35)	3,825	1,807,884	473	246	606	228	784	336	619	443	420	446	357
ししとうがらし	(36)	227	271,975	1,199	10	1,753	13	1,485	14	1,521	20	1,261	21	1,210
スイートコーン	(37)	1,363	369,224	271	0	508	0	547	1	596	3	589	132	360
豆類														
さやいんげん	(38)	203	224,354	1,103	17	1,088	15	1,437	22	1,255	17	1,088	26	880
さやえんどう	(39)	222	287,966	1,294	46	932	28	1,488	33	1,320	29	1,172	16	1,299
うち輸入	(40)	5	3,813	698	1	540	0	906	0	906	1	762	0	768
実えんどう	(41)	52	54,879	1,051	7	800	8	1,233	8	1,374	16	958	5	1,070
そらまめ	(42)	119	56,427	475	11	440	0	941	0	2,212	39	536	35	415
えだまめ	(43)	430	303,541	707	-	-	-	-	1	516	4	562	19	1,044
土物類														
かんしょ	(44)	2,745	647,584	236	297	232	331	238	297	240	266	224	150	248
ばれいしょ	(45)	19,637	3,619,709	184	1,749	120	1,798	189	1,726	236	1,762	264	2,154	201
さといも	(46)	1,168	347,361	297	119	292	129	313	84	280	71	280	53	343
やまのいも	(47)	3,253	1,380,750	424	215	378	267	374	283	378	293	384	264	400
たまねぎ	(48)	47,007	4,075,771	87	3,686	72	3,936	83	4,349	80	4,557	74	4,309	73
うち輸入	(49)	568	49,631	87	6	109	7	112	12	94	11	132	15	123
にんにく	(50)	367	425,786	1,159	37	1,154	35	1,144	31	990	28	1,281	28	1,200
うち輸入	(51)	164	61,398	374	11	330	12	330	15	337	12	369	12	360
しょうが	(52)	428	324,029	758	20	656	20	728	24	836	31	920	44	912
うち輸入	(53)	60	25,094	415	7	343	4	439	5	411	5	427	8	342
きのこ類														
生しいたけ	(54)	1,941	1,845,483	951	184	1,047	154	1,100	166	927	165	879	150	911
うち輸入	(55)	108	57,121	531	14	339	10	572	11	545	11	538	8	571
なめこ	(56)	480	232,326	485	44	482	51	478	45	466	39	461	35	465
えのきだけ	(57)	4,048	1,019,830	252	521	274	435	273	346	203	272	203	235	209
しめじ	(58)	1,969	809,681	411	199	415	164	457	193	351	187	329	141	342
その他の野菜	(59)	9,129	4,519,883	495	620	421	572	484	737	415	685	422	908	501
輸入野菜計	(60)	6,175	1,593,901	258	495	232	589	239	705	211	839	174	760	178
その他の輸入野菜	(61)	1,820	823,031	452	107	397	132	418	151	417	160	397	167	339

6月		7月		8月		9月		10月		11月		12月		
数量	価格	数量	価格	数量	価格	数量	価格	数量	価格	数量	価格	数量	価格	
t	円/kg	t	円/kg	t	円/kg	t	円/kg	t	円/kg	t	円/kg	t	円/kg	
17,697	**244**	**16,659**	**246**	**18,238**	**225**	**20,589**	**238**	**18,958**	**273**	**18,019**	**257**	**21,219**	**221**	(1)
780	101	625	133	804	121	861	150	809	181	886	155	758	100	(2)
19	175	27	183	17	173	12	294	54	220	116	158	141	167	(3)
849	147	863	162	1,086	146	757	332	1,352	246	1,065	178	1,195	126	(4)
310	348	308	263	236	247	414	248	387	242	436	261	441	322	(5)
1	1,785	1	1,317	1	445	0	307	0	1,169	1	1,500	4	843	(6)
16	1,429	20	905	59	534	140	434	183	425	148	422	199	499	(7)
936	76	999	52	1,051	56	1,190	90	1,431	150	1,513	137	1,543	103	(8)
62	307	59	359	58	273	52	500	46	788	60	487	55	471	(9)
146	294	138	316	145	236	119	528	130	623	150	465	191	360	(10)
0	541	0	756	0	519	0	740	1	548	2	644	2	543	(11)
40	324	32	340	29	297	25	435	29	514	36	396	39	342	(12)
1,992	107	2,364	79	2,516	76	2,704	97	2,274	170	1,776	179	2,147	101	(13)
131	637	96	722	91	706	83	918	108	895	194	573	237	457	(14)
329	501	350	460	466	390	547	378	694	430	640	425	616	421	(15)
3	259	0	177	-	-	-	-	8	340	29	236	22	268	(16)
-	-	-	-	-	-	-	-	-	-	-	-	-	-	(17)
22	436	24	663	20	634	21	800	22	1,095	23	603	28	989	(18)
1	612	1	733	1	832	2	1,771	10	846	28	670	35	773	(19)
128	395	107	537	103	634	100	796	95	889	88	886	98	934	(20)
107	309	117	231	100	187	104	222	74	366	74	382	87	257	(21)
84	1,393	116	1,182	113	930	82	1,038	52	919	20	983	16	1,173	(22)
1	1,587	1	1,588	1	1,477	3	694	23	995	20	983	15	1,127	(23)
25	341	22	316	26	303	23	292	49	298	39	341	69	272	(24)
291	522	324	439	212	523	222	582	226	605	294	485	322	379	(25)
2	522	1	436	2	425	2	534	3	521	1	515	1	426	(26)
1,222	145	1,445	134	1,495	153	1,302	229	829	429	956	295	1,096	239	(27)
5	1,426	5	1,731	4	1,579	4	2,814	4	3,963	4	2,026	6	2,056	(28)
694	278	628	325	716	256	644	354	384	531	423	452	500	457	(29)
604	188	468	191	529	197	697	171	497	182	478	261	465	235	(30)
352	132	66	130	-	-	-	-	13	229	169	278	304	200	(31)
559	353	478	333	635	230	401	323	349	364	222	452	179	448	(32)
699	301	643	347	989	287	761	372	509	556	372	554	368	529	(33)
178	651	165	735	223	599	201	684	145	1,030	106	1,125	132	930	(34)
406	335	324	421	336	309	320	409	216	628	245	589	279	501	(35)
29	1,087	29	954	28	752	18	939	15	1,374	15	1,249	14	1,814	(36)
423	284	446	251	268	267	84	169	2	301	2	292	1	126	(37)
17	921	15	1,053	17	926	14	1,432	11	1,491	16	998	16	967	(38)
8	1,649	7	1,576	3	2,641	2	4,141	2	3,402	17	1,128	32	1,216	(39)
1	731	0	595	0	427	0	907	0	844	1	489	-	-	(40)
3	884	-	-	-	-	-	-	-	-	0	1,172	4	919	(41)
30	476	3	263	-	-	-	-	-	-	-	-	1	1,104	(42)
89	767	101	741	141	596	58	709	16	759	0	935	1	951	(43)
115	325	129	285	159	228	245	208	240	237	254	233	261	208	(44)
1,370	209	875	189	1,589	146	1,791	159	1,837	143	1,469	170	1,518	188	(45)
62	383	49	313	68	309	91	310	111	296	153	276	179	265	(46)
330	423	306	435	288	446	285	455	257	458	199	465	267	503	(47)
2,936	108	2,293	144	2,135	174	4,447	107	4,074	75	4,042	67	6,242	66	(48)
62	79	194	83	153	90	75	80	16	83	10	95	7	100	(49)
27	1,003	29	1,017	31	1,030	27	1,139	30	1,339	30	1,318	35	1,269	(50)
13	350	15	363	16	370	15	397	12	411	14	410	17	431	(51)
57	890	63	814	52	648	44	610	31	650	17	658	25	565	(52)
5	434	5	435	5	519	5	417	4	428	5	430	5	432	(53)
144	825	142	758	137	773	152	990	170	1,071	179	951	198	1,075	(54)
7	579	5	595	5	603	6	582	7	563	10	528	13	539	(55)
36	456	39	419	38	401	38	513	38	571	41	578	34	529	(56)
217	208	206	208	242	182	324	245	406	270	415	313	430	310	(57)
158	302	128	328	132	298	168	416	183	489	165	602	149	579	(58)
1,009	476	1,049	462	848	511	1,010	465	569	687	582	590	539	612	(59)
581	178	420	235	305	348	271	515	288	540	397	382	526	290	(60)
138	280	134	463	124	641	165	720	209	553	168	420	165	349	(61)

3　卸売市場別の月別野菜の卸売数量・価額・価格（続き）
(48)　豊橋市青果市場

品目		計 数量	計 価額	計 価格	1月 数量	1月 価格	2月 数量	2月 価格	3月 数量	3月 価格	4月 数量	4月 価格	5月 数量	5月 価格
		t	千円	円／kg	t	円／kg	t	円／kg	t	円／kg	t	円／kg	t	円／kg
野菜計	(1)	23,776	4,779,465	201	2,510	151	2,845	159	2,820	161	2,255	186	1,895	199
根菜類														
だいこん	(2)	1,179	144,029	122	101	69	114	92	116	106	129	113	104	105
かぶ	(3)	77	9,608	124	11	93	7	127	8	150	12	118	6	99
にんじん	(4)	1,026	171,824	168	88	71	98	80	95	98	64	188	58	194
ごぼう	(5)	65	19,447	300	7	285	7	252	6	252	4	366	3	478
たけのこ	(6)	17	4,285	258	0	1,048	0	909	1	808	13	197	2	195
れんこん	(7)	67	36,841	548	6	474	6	526	5	590	3	707	3	777
葉茎菜類														
はくさい	(8)	1,662	156,011	94	301	52	304	71	105	118	82	115	64	95
みずな	(9)	51	21,799	431	5	401	5	425	4	390	5	347	5	265
こまつな	(10)	151	54,835	364	10	413	10	470	13	343	14	312	16	248
その他の菜類	(11)	1	604	604	0	667	0	696	0	611	0	558	0	400
ちんげんさい	(12)	104	29,784	287	10	223	11	328	11	252	12	245	9	260
キャベツ	(13)	8,472	663,537	78	1,094	39	1,398	42	1,573	55	981	78	646	92
ほうれんそう	(14)	296	161,152	544	30	560	35	546	34	513	37	433	25	542
ねぎ	(15)	458	225,848	493	54	364	47	427	39	368	36	417	31	572
ふき	(16)	8	2,384	306	0	330	1	448	2	366	3	293	1	222
うど	(17)	0	284	1,457	0	818	0	890	0	1,594	0	1,742	0	2,020
みつば	(18)	24	20,350	853	2	984	2	905	2	754	2	620	2	570
しゅんぎく	(19)	14	6,046	428	3	439	3	368	2	260	0	258	0	203
にら	(20)	52	42,159	811	4	882	4	1,180	5	601	5	569	5	445
洋菜類														
セルリー	(21)	57	14,220	251	7	223	9	226	11	289	3	318	3	286
アスパラガス	(22)	29	36,242	1,261	0	1,722	0	1,450	3	1,414	4	1,634	5	1,285
うち輸入	(23)	3	3,167	1,156	0	1,692	0	1,161	0	923	0	951	0	1,073
カリフラワー	(24)	69	13,151	190	18	147	14	225	7	194	1	354	1	153
ブロッコリー	(25)	413	151,451	367	87	307	69	374	49	379	25	407	22	338
うち輸入	(26)	26	8,458	327	-	-	-	-	0	348	4	328	3	308
レタス	(27)	897	210,657	235	115	300	88	424	68	310	81	189	74	179
パセリ	(28)	7	11,061	1,535	1	773	1	337	1	783	1	604	0	1,420
果菜類														
きゅうり	(29)	933	305,787	328	62	420	67	434	75	317	83	270	101	245
かぼちゃ	(30)	271	47,202	174	18	170	19	157	23	139	24	129	29	138
うち輸入	(31)	140	22,042	158	17	162	18	153	23	131	23	118	24	131
なす	(32)	968	304,703	315	39	439	46	460	70	366	84	343	108	312
トマト	(33)	1,100	407,062	370	77	366	75	414	75	505	83	408	113	269
ミニトマト	(34)	189	162,169	860	14	853	13	1,081	15	1,120	19	814	19	585
ピーマン	(35)	230	119,762	520	15	711	16	860	19	648	23	500	25	438
ししとうがらし	(36)	10	13,034	1,349	0	2,560	0	1,927	1	2,058	1	1,953	1	1,679
スイートコーン	(37)	186	41,236	222	0	618	0	612	0	601	0	597	5	417
豆類														
さやいんげん	(38)	18	19,097	1,065	1	1,205	1	1,589	1	1,562	1	1,325	4	826
さやえんどう	(39)	71	93,020	1,312	11	1,044	12	1,904	17	1,330	15	1,145	4	1,029
うち輸入	(40)	0	4	891	-	-	-	-	0	891	-	-	-	-
実えんどう	(41)	2	2,323	1,430	0	573	0	1,560	0	1,754	0	1,575	1	1,540
そらまめ	(42)	4	1,871	451	0	461	0	1,296	-	-	1	592	2	358
えだまめ	(43)	15	7,578	519	-	-	-	-	-	-	0	2,685	1	790
土物類														
かんしょ	(44)	264	57,424	218	17	240	21	234	20	202	15	215	10	215
ばれいしょ	(45)	823	154,982	188	75	116	79	158	79	198	82	239	82	253
さといも	(46)	129	36,124	280	8	255	9	262	10	252	5	249	3	272
やまのいも	(47)	119	55,328	464	7	433	8	416	10	423	11	432	10	450
たまねぎ	(48)	2,042	198,693	97	140	87	176	101	167	91	222	76	220	71
うち輸入	(49)	91	8,714	96	2	141	1	156	1	173	2	168	1	191
にんにく	(50)	36	21,101	584	3	513	3	526	3	503	4	581	4	502
うち輸入	(51)	30	11,446	381	2	349	3	359	3	357	3	361	3	360
しょうが	(52)	70	53,597	761	4	715	5	722	6	722	7	751	6	823
うち輸入	(53)	16	7,484	462	1	462	1	465	2	463	1	464	1	456
きのこ類														
生しいたけ	(54)	68	78,786	1,151	6	1,284	5	1,345	7	1,151	6	1,095	5	1,110
うち輸入	(55)	1	1,112	786	0	681	0	840	0	842	0	841	0	825
なめこ	(56)	21	9,077	431	2	410	2	446	3	384	2	394	2	414
えのきだけ	(57)	139	39,323	283	15	325	15	331	14	237	12	218	10	241
しめじ	(58)	154	73,658	479	14	535	14	542	15	450	13	393	12	395
その他の野菜	(59)	720	268,917	373	25	644	26	677	31	661	27	624	33	632
輸入野菜計	(60)	471	124,288	264	30	323	32	323	38	273	44	252	45	241
その他の輸入野菜	(61)	165	61,862	375	7	676	8	635	8	572	10	430	13	370

	6月		7月		8月		9月		10月		11月		12月		
	数量	価格	数量	価格	数量	価格	数量	価格	数量	価格	数量	価格	数量	価格	
	t	円/kg	t	円/kg	t	円/kg	t	円/kg	t	円/kg	t	円/kg	t	円/kg	
	1,703	213	1,390	214	1,249	217	1,261	270	1,404	318	1,970	249	2,472	197	(1)
	99	111	85	154	77	152	89	169	93	177	82	151	90	101	(2)
	2	99	1	65	0	88	1	174	4	164	11	143	13	132	(3)
	68	134	70	161	89	164	87	315	128	260	76	216	105	124	(4)
	3	463	2	443	3	351	5	240	8	211	8	284	8	314	(5)
	0	486	0	3,780	0	609	-	-	-	-	-	-	0	831	(6)
	1	1,227	2	1,023	3	590	5	489	7	470	11	423	15	515	(7)
	64	86	43	50	49	54	111	103	132	159	166	150	240	97	(8)
	4	330	4	352	4	294	3	630	3	1,042	3	629	6	443	(9)
	12	283	12	272	12	207	10	558	11	655	14	439	16	323	(10)
	0	555	-	-	-	-	-	-	0	540	0	543	0	618	(11)
	10	246	6	226	5	211	5	376	7	419	9	384	8	308	(12)
	299	107	153	83	138	75	150	113	237	220	745	146	1,058	100	(13)
	18	553	11	663	9	707	6	1,071	11	916	38	514	44	453	(14)
	36	456	40	365	34	458	31	683	31	872	31	643	47	507	(15)
	0	258	-	-	-	-	-	-	0	308	0	234	0	303	(16)
	-	-	-	-	-	-	-	-	-	-	-	-	-	-	(17)
	2	584	2	719	2	774	2	910	2	1,188	2	848	2	1,304	(18)
	0	313	0	287	0	450	0	1,163	0	678	2	465	4	507	(19)
	4	503	4	774	4	727	4	937	4	1,164	4	988	4	1,050	(20)
	7	229	2	240	3	205	3	213	2	314	2	343	5	213	(21)
	4	1,401	3	1,146	3	845	3	1,012	1	1,038	0	1,121	0	1,344	(22)
	-	-	-	-	-	-	-	-	0	1,162	0	1,121	0	1,344	(23)
	3	168	1	127	1	122	0	210	4	170	8	224	13	206	(24)
	10	405	7	431	8	454	8	527	18	458	44	429	66	315	(25)
	3	308	3	284	4	270	4	376	4	388	1	393	-	-	(26)
	71	128	67	110	62	137	46	216	26	369	85	252	113	203	(27)
	1	1,214	1	2,139	1	1,702	0	2,656	0	4,315	0	2,352	0	4,137	(28)
	94	232	89	278	94	199	75	320	71	521	63	435	61	442	(29)
	31	166	31	173	26	160	27	195	18	226	13	297	13	248	(30)
	15	179	3	141	-	-	-	-	-	-	6	314	12	242	(31)
	122	301	118	220	106	185	90	285	76	328	61	415	49	420	(32)
	132	245	96	248	93	265	91	365	104	495	91	497	70	498	(33)
	17	613	12	683	14	689	15	806	18	1,041	16	1,101	17	972	(34)
	27	361	25	387	22	307	16	485	14	665	13	639	16	588	(35)
	2	1,000	2	783	1	730	1	1,083	0	2,005	0	1,882	0	2,399	(36)
	103	225	59	189	12	265	6	208	0	461	0	630	0	615	(37)
	3	769	2	867	2	921	1	1,685	1	1,924	1	1,298	1	1,238	(38)
	1	1,370	0	1,914	0	3,167	0	4,857	0	2,712	3	1,219	8	1,164	(39)
	-	-	-	-	-	-	-	-	-	-	-	-	-	-	(40)
	0	1,700	-	-	-	-	-	-	-	-	-	-	0	760	(41)
	0	542	0	756	-	-	-	-	-	-	-	-	0	1,728	(42)
	6	471	3	508	3	471	2	611	0	651	-	-	-	-	(43)
	10	268	15	264	28	211	39	202	38	212	30	214	22	198	(44)
	70	208	60	169	40	171	61	193	51	168	73	170	71	191	(45)
	2	276	2	269	9	439	19	386	16	279	23	199	22	245	(46)
	9	460	11	486	16	482	8	515	10	486	12	421	9	566	(47)
	219	104	142	150	120	177	136	122	164	85	157	75	179	76	(48)
	5	114	13	91	19	92	19	89	15	82	10	84	3	129	(49)
	3	572	3	604	3	638	3	665	3	655	2	720	3	598	(50)
	2	370	2	393	3	394	2	390	3	405	2	416	2	432	(51)
	8	861	9	802	8	765	5	707	4	662	4	713	5	734	(52)
	2	466	2	462	1	464	1	461	1	463	1	463	1	459	(53)
	5	963	5	871	5	1,066	4	1,310	5	1,293	7	1,105	7	1,227	(54)
	0	795	0	795	0	800	0	840	0	842	0	842	0	654	(55)
	2	404	1	396	1	344	1	439	1	535	1	612	2	497	(56)
	9	242	6	230	7	178	10	235	11	310	14	356	15	353	(57)
	12	376	11	336	9	319	11	459	14	579	14	655	15	583	(58)
	98	308	170	190	124	218	74	363	52	469	31	587	30	611	(59)
	37	252	36	223	42	225	45	248	47	255	43	259	34	331	(60)
	11	333	13	300	15	332	18	350	24	306	23	275	15	385	(61)

3 卸売市場別の月別野菜の卸売数量・価額・価格（続き）
(49) 北勢青果市場

品　　目		計			1月		2月		3月		4月		5月	
		数量	価額	価格	数量	価格	数量	価格	数量	価格	数量	価格	数量	価格
		t	千円	円/kg	t	円/kg	t	円/kg	t	円/kg	t	円/kg	t	円/kg
野　菜　計	(1)	30,371	6,090,072	201	2,652	164	2,548	195	2,579	203	2,555	195	2,609	189
根菜類														
だ い こ ん	(2)	2,127	219,428	103	201	55	169	71	118	100	106	110	138	98
か　ぶ	(3)	72	7,802	108	6	85	3	70	1	103	3	101	7	90
に ん じ ん	(4)	883	149,590	169	80	87	69	96	74	103	84	155	82	144
ご ぼ う	(5)	140	43,321	310	12	211	19	239	18	230	6	408	6	469
た け の こ	(6)	42	12,212	291	0	741	1	1,083	7	632	31	199	2	70
れ ん こ ん	(7)	244	119,277	489	24	451	28	504	24	550	11	587	3	805
葉茎菜類														
は く さ い	(8)	3,605	314,508	87	571	54	485	64	336	93	213	104	155	87
み　ず　な	(9)	26	9,023	345	3	356	3	347	3	287	3	262	3	185
こ ま つ な	(10)	170	63,526	374	14	350	13	412	14	345	14	322	15	299
その他の菜類	(11)	0	68	272	-	-	-	-	0	261	0	188	-	-
ち ん げ ん さ い	(12)	74	28,536	387	5	347	7	392	7	353	8	336	8	355
キ ャ ベ ツ	(13)	8,020	750,552	94	535	59	563	65	673	73	769	96	865	97
ほ う れ ん そ う	(14)	347	184,177	531	42	504	45	514	42	457	30	444	21	490
ね　ぎ	(15)	742	297,290	401	82	363	69	373	58	368	48	399	44	469
ふ　き	(16)	13	3,358	267	0	328	1	400	2	314	3	316	3	208
う ど	(17)	0	137	468	-	-	-	-	0	1,483	0	488	0	435
み つ ば	(18)	24	13,275	551	2	575	2	660	2	533	2	312	2	350
し ゅ ん ぎ く	(19)	10	5,428	522	3	440	2	483	0	403	0	228	-	-
に　ら	(20)	86	64,081	742	7	815	8	1,005	8	620	9	532	8	467
洋菜類														
セ ル リ ー	(21)	59	14,550	247	5	237	7	214	6	304	4	305	3	357
ア ス パ ラ ガ ス	(22)	113	111,473	990	4	1,374	13	848	19	711	12	1,061	13	1,185
う ち 輸 入	(23)	62	55,058	882	4	1,374	13	848	19	687	6	804	0	929
カ リ フ ラ ワ ー	(24)	26	6,479	246	3	156	3	207	1	274	1	312	1	232
ブ ロ ッ コ リ ー	(25)	361	155,183	430	49	304	44	393	28	423	24	429	23	357
う ち 輸 入	(26)	9	2,853	333	0	468	0	426	1	431	0	394	0	334
レ タ ス	(27)	2,080	470,119	226	100	292	145	327	192	291	200	194	176	172
パ セ リ	(28)	6	8,735	1,438	1	296	0	567	1	469	1	473	1	682
果菜類														
き ゅ う り	(29)	1,522	456,533	300	59	411	88	384	135	272	165	221	177	217
か ぼ ち ゃ	(30)	537	81,274	151	36	143	47	145	52	120	68	97	49	119
う ち 輸 入	(31)	327	41,817	128	32	131	45	143	51	116	67	95	48	113
な　す	(32)	333	102,625	308	11	418	14	453	20	363	27	351	37	297
ト マ ト	(33)	1,883	642,748	341	170	347	127	375	151	423	205	340	258	243
ミ ニ ト マ ト	(34)	176	121,244	691	11	718	12	876	12	947	17	577	19	438
ピ ー マ ン	(35)	380	180,886	477	18	588	26	674	35	602	47	447	43	386
し し と う が ら し	(36)	12	12,322	1,067	1	1,612	1	1,294	1	1,280	1	1,508	1	1,350
ス イ ー ト コ ー ン	(37)	263	59,781	227	-	-	-	-	-	-	0	811	6	335
豆類														
さ や い ん げ ん	(38)	18	18,040	1,018	1	1,283	1	1,623	1	1,316	2	1,094	2	806
さ や え ん ど う	(39)	17	18,161	1,095	4	924	2	1,255	2	1,210	3	910	2	903
う ち 輸 入	(40)	0	36	750	-	-	-	-	-	-	0	750	-	-
実 え ん ど う	(41)	5	4,286	855	1	932	0	1,135	0	1,186	1	893	2	709
そ ら ま め	(42)	11	4,003	357	0	480	-	-	-	-	2	429	9	339
え だ ま め	(43)	18	8,641	469	-	-	-	-	-	-	-	-	0	616
土物類														
か ん し ょ	(44)	415	84,850	204	33	194	40	211	41	216	32	204	23	263
ば れ い し ょ	(45)	1,650	293,611	178	176	117	164	193	135	234	102	261	168	218
さ と い も	(46)	90	27,499	305	12	278	14	288	8	248	3	311	1	484
や ま の い も	(47)	145	55,972	385	7	354	14	341	14	335	12	351	12	368
た ま ね ぎ	(48)	2,302	212,578	92	212	68	202	73	237	78	199	73	130	81
う ち 輸 入	(49)	55	10,117	185	2	143	3	198	3	199	4	202	4	203
に ん に く	(50)	24	25,781	1,095	2	918	3	1,081	2	779	1	1,066	1	778
う ち 輸 入	(51)	9	2,724	310	1	254	1	280	1	279	1	292	1	300
し ょ う が	(52)	83	56,833	687	3	843	4	850	4	843	6	781	5	871
う ち 輸 入	(53)	6	3,202	514	0	526	1	512	1	528	1	536	1	496
きのこ類														
生 し い た け	(54)	77	74,888	975	7	1,060	7	1,040	7	894	6	910	5	988
う ち 輸 入	(55)	18	8,869	496	1	496	2	497	2	497	1	499	1	498
な め こ	(56)	23	11,385	486	2	493	2	508	2	465	2	365	2	436
え の き だ け	(57)	377	92,697	246	32	257	27	280	30	178	29	191	21	207
し め じ	(58)	298	139,359	468	24	455	29	500	28	385	23	354	18	391
その他の野菜	(59)	442	251,948	570	78	324	27	606	29	587	19	643	40	749
輸入野菜計	(60)	727	235,148	323	51	309	74	342	95	314	100	235	74	224
その他の輸入野菜	(61)	242	110,474	457	10	515	11	573	17	489	20	497	19	461

6月		7月		8月		9月		10月		11月		12月		
数量	価格	数量	価格	数量	価格	数量	価格	数量	価格	数量	価格	数量	価格	
t	円/kg	t	円/kg	t	円/kg	t	円/kg	t	円/kg	t	円/kg	t	円/kg	
2,314	193	2,160	185	2,484	171	2,497	204	2,652	251	2,633	240	2,689	210	(1)
113	105	144	120	204	118	182	108	275	143	241	115	237	82	(2)
1	12	-	-	-	-	-	-	0	183	20	109	31	120	(3)
87	133	73	137	75	150	70	345	65	314	69	264	55	141	(4)
8	500	4	493	4	407	10	381	14	329	16	314	22	263	(5)
0	65	-	-	-	-	-	-	-	-	-	-	0	919	(6)
1	1,497	2	934	7	531	28	454	36	434	34	428	46	477	(7)
129	73	124	54	146	55	170	86	241	146	462	131	575	89	(8)
3	267	2	383	2	296	1	543	1	936	2	574	1	463	(9)
15	316	13	338	13	286	13	467	12	615	12	444	20	355	(10)
-	-	-	-	-	-	-	-	0	363	0	473	0	71	(11)
7	355	5	361	5	325	5	449	6	597	6	426	6	379	(12)
754	94	742	72	739	71	705	87	691	152	503	166	479	103	(13)
15	535	15	639	14	649	12	935	13	960	33	560	62	428	(14)
44	406	43	375	45	395	53	419	57	487	85	427	115	375	(15)
1	133	0	99	-	-	-	-	1	255	1	204	1	229	(16)
-	-	-	-	-	-	-	-	-	-	-	-	0	2,500	(17)
2	252	2	545	2	489	2	684	2	982	2	438	2	747	(18)
0	300	0	285	-	-	-	-	0	791	2	603	3	603	(19)
7	442	7	634	6	679	7	824	8	1,001	6	981	7	985	(20)
5	302	5	197	7	126	6	191	4	346	3	357	5	190	(21)
10	1,327	7	1,105	11	809	5	966	7	958	7	1,036	6	1,065	(22)
0	972	0	1,036	0	1,206	0	1,134	7	955	7	1,036	6	1,065	(23)
2	337	3	215	3	203	2	241	2	360	2	346	3	267	(24)
21	523	28	458	23	537	20	568	24	622	35	468	43	333	(25)
2	300	1	295	1	299	2	335	2	333	-	-	-	-	(26)
173	134	162	122	189	139	222	216	179	366	202	263	140	235	(27)
0	1,725	0	2,170	0	2,080	0	2,490	0	4,450	0	2,911	0	2,553	(28)
128	227	113	309	227	191	138	335	128	503	105	426	59	412	(29)
33	142	68	144	42	168	28	177	27	183	43	211	44	227	(30)
26	132	27	110	-	-	-	-	1	236	10	255	21	216	(31)
39	287	38	289	47	173	39	283	28	289	16	439	17	429	(32)
229	254	164	254	104	262	98	345	102	487	128	493	145	451	(33)
14	536	12	607	22	545	18	653	12	926	12	975	14	821	(34)
48	370	30	423	30	362	32	440	26	597	17	590	28	487	(35)
1	1,099	1	1,114	1	784	2	345	1	1,761	1	1,184	1	1,234	(36)
52	248	73	224	89	235	42	178	2	147	-	-	-	-	(37)
3	711	2	791	1	774	1	1,587	1	1,536	1	936	1	983	(38)
0	1,909	0	1,895	0	3,009	0	5,598	0	5,434	1	1,347	2	1,011	(39)
-	-	-	-	-	-	-	-	-	-	-	-	-	-	(40)
0	975	-	-	-	-	-	-	-	-	0	350	0	586	(41)
0	359	-	-	-	-	-	-	-	-	-	-	-	-	(42)
8	488	5	465	4	394	1	669	0	564	0	110	-	-	(43)
19	282	23	221	27	190	49	170	60	194	44	195	24	186	(44)
111	214	63	185	149	132	151	152	159	146	137	154	135	180	(45)
1	621	1	588	2	452	11	372	13	345	13	240	12	256	(46)
11	386	9	407	17	402	11	412	19	397	10	403	10	479	(47)
121	119	70	181	120	189	247	132	316	82	242	70	205	72	(48)
4	198	5	191	8	173	8	173	6	169	4	197	5	198	(49)
1	698	3	547	2	1,322	1	1,240	1	2,159	3	1,551	2	1,435	(50)
1	302	2	330	0	330	0	341	0	350	0	369	0	396	(51)
7	828	10	746	14	574	12	450	8	571	4	774	5	705	(52)
1	545	1	490	1	490	1	485	0	531	0	517	0	529	(53)
5	916	4	905	4	982	5	961	9	948	10	986	9	1,037	(54)
1	499	1	496	1	521	1	497	2	486	2	497	2	486	(55)
2	397	2	391	1	453	2	532	2	651	1	691	2	489	(56)
23	191	16	186	15	185	36	248	41	259	50	291	58	307	(57)
15	423	15	371	16	346	25	431	37	511	35	591	34	610	(58)
45	666	57	557	55	446	33	613	22	756	18	734	21	750	(59)
60	278	60	252	31	368	37	403	43	508	41	477	60	404	(60)
27	409	23	399	21	431	25	469	25	487	18	436	26	432	(61)

3 卸売市場別の月別野菜の卸売数量・価額・価格（続き）
(50) 三重県青果市場

品目		計			1月		2月		3月		4月		5月	
		数量	価額	価格	数量	価格	数量	価格	数量	価格	数量	価格	数量	価格
		t	千円	円/kg	t	円/kg	t	円/kg	t	円/kg	t	円/kg	t	円/kg
野　菜　計	(1)	29,846	6,628,402	222	2,363	199	2,586	214	2,644	222	2,945	216	2,938	216
根　菜　類														
だ　い　こ　ん	(2)	6,011	680,613	113	344	67	351	96	372	111	391	113	396	99
か　ぶ	(3)	50	7,147	144	11	99	8	115	4	144	2	145	0	317
に　ん　じ　ん	(4)	1,900	327,720	173	152	95	200	99	213	132	290	169	264	179
ご　ぼ　う	(5)	658	184,204	280	63	232	79	240	68	246	56	282	16	444
た　け　の　こ	(6)	23	6,480	279	0	843	1	900	3	669	18	181	1	224
れ　ん　こ　ん	(7)	149	75,531	508	15	477	17	542	16	572	5	583	2	755
葉　茎　菜　類														
は　く　さ　い	(8)	1,771	177,110	100	200	60	182	91	94	126	117	106	127	82
み　ず　な	(9)	70	31,586	449	-	-	-	-	-	-	-	-	-	-
こ　ま　つ　な	(10)	153	57,625	376	9	420	8	480	11	409	14	338	17	296
その他の菜類	(11)	3	1,068	415	0	179	0	243	0	289	-	-	-	-
ち　ん　げ　ん　さ　い	(12)	265	82,556	311	23	239	21	341	25	297	24	301	23	303
キ　ャ　ベ　ツ	(13)	5,094	527,817	104	392	59	463	63	560	80	652	106	577	107
ほ　う　れ　ん　そ　う	(14)	250	148,525	595	32	582	31	569	34	569	26	518	24	480
ね　ぎ	(15)	479	235,555	492	49	383	47	450	52	395	45	431	34	603
ふ　き	(16)	10	4,013	383	1	362	1	574	2	398	4	439	2	303
う　ど	(17)	4	2,658	668	0	681	1	650	1	648	1	752	1	523
み　つ　ば	(18)	39	26,947	690	3	985	4	788	4	573	4	427	4	415
し　ゅ　ん　ぎ　く	(19)	15	13,282	865	3	851	3	752	2	623	1	628	1	626
に　ら	(20)	135	92,096	680	15	817	12	914	20	573	17	520	16	403
洋　菜　類														
セ　ル　リ　ー	(21)	68	21,137	310	7	274	6	242	6	347	7	364	6	408
ア　ス　パ　ラ　ガ　ス	(22)	57	64,780	1,128	1	1,499	2	985	5	1,100	6	1,460	10	1,254
う　ち　輸　入	(23)	14	15,664	1,099	1	1,499	2	956	3	829	2	954	0	1,233
カ　リ　フ　ラ　ワ　ー	(24)	36	8,142	228	14	201	13	213	2	267	0	289	1	203
ブ　ロ　ッ　コ　リ　ー	(25)	265	128,482	485	41	351	27	452	22	519	18	500	27	447
う　ち　輸　入	(26)	-	-	-	-	-	-	-	-	-	-	-	-	-
レ　タ　ス	(27)	1,350	280,421	208	94	207	103	240	122	246	141	188	177	175
パ　セ　リ	(28)	13	21,305	1,642	1	945	1	966	1	854	1	820	1	1,136
果　菜　類														
き　ゅ　う　り	(29)	884	312,486	353	71	466	79	474	93	350	131	296	141	287
か　ぼ　ち　ゃ	(30)	309	51,905	168	21	143	17	160	20	131	29	109	34	118
う　ち　輸　入	(31)	139	17,212	124	21	133	16	142	20	117	28	92	32	91
な　す	(32)	506	169,205	334	21	456	25	491	35	412	45	380	66	375
ト　マ　ト	(33)	970	344,332	355	91	421	82	455	92	504	124	382	184	266
ミ　ニ　ト　マ　ト	(34)	122	94,038	769	9	854	8	1,025	12	1,018	16	715	18	562
ピ　ー　マ　ン	(35)	383	188,581	492	22	670	29	804	31	671	36	536	46	473
し　し　と　う　が　ら　し	(36)	18	24,410	1,332	1	2,208	1	1,741	1	1,846	2	1,643	2	1,556
ス　イ　ー　ト　コ　ー　ン	(37)	123	35,302	286	-	-	-	-	-	-	-	-	2	458
豆　類														
さ　や　い　ん　げ　ん	(38)	16	18,065	1,114	1	1,521	1	1,909	1	1,468	3	1,202	3	859
さ　や　え　ん　ど　う	(39)	23	32,359	1,412	4	978	2	1,421	4	1,334	5	1,312	2	1,449
う　ち　輸　入	(40)	0	130	648	0	600	0	1,080	-	-	-	-	-	-
実　え　ん　ど　う	(41)	12	11,829	1,005	2	833	2	1,095	2	1,224	3	942	2	997
そ　ら　ま　め	(42)	19	9,901	524	0	563	0	1,389	0	2,119	5	487	5	367
え　だ　ま　め	(43)	11	8,468	739	-	-	-	-	-	-	-	-	0	1,156
土　物　類														
か　ん　し　ょ	(44)	438	99,328	227	38	198	49	235	54	242	43	241	27	307
ば　れ　い　し　ょ	(45)	1,015	199,070	196	98	128	112	214	52	244	93	285	128	218
さ　と　い　も	(46)	111	36,771	333	8	276	10	249	10	275	8	351	4	545
や　ま　の　い　も	(47)	709	301,497	425	51	380	56	372	63	379	70	384	64	401
た　ま　ね　ぎ	(48)	3,232	343,355	106	281	75	358	82	345	84	322	79	302	83
う　ち　輸　入	(49)	53	5,693	107	4	113	4	112	5	115	4	119	6	115
に　ん　に　く	(50)	62	89,639	1,435	5	1,342	6	1,355	6	1,191	8	1,273	5	1,456
う　ち　輸　入	(51)	20	8,192	416	1	379	1	385	2	363	3	383	1	385
し　ょ　う　が	(52)	99	76,065	768	3	724	4	704	7	669	7	698	10	934
う　ち　輸　入	(53)	0	244	572	0	657	0	591	0	655	0	624	0	646
き　の　こ　類														
生　し　い　た　け	(54)	119	125,674	1,054	11	1,069	11	1,123	11	1,055	11	1,002	9	1,036
う　ち　輸　入	(55)	-	-	-	-	-	-	-	-	-	-	-	-	-
な　め　こ	(56)	46	21,833	479	3	456	4	467	4	456	4	449	4	452
え　の　き　だ　け	(57)	502	130,464	260	50	274	49	294	50	205	35	205	30	229
し　め　じ	(58)	394	170,662	433	37	465	38	497	41	408	38	377	32	362
その他の野菜	(59)	854	526,364	616	61	576	68	551	68	570	66	557	92	596
輸入野菜計	(60)	373	143,622	385	37	286	33	308	40	278	49	232	51	180
その他の輸入野菜	(61)	146	96,489	659	9	533	9	525	10	488	11	463	12	412

6月		7月		8月		9月		10月		11月		12月		
数量	価格	数量	価格	数量	価格	数量	価格	数量	価格	数量	価格	数量	価格	
t	円/kg	t	円/kg	t	円/kg	t	円/kg	t	円/kg	t	円/kg	t	円/kg	
2,573	235	2,240	229	2,428	203	2,464	226	2,674	247	2,119	239	1,873	221	(1)
533	102	454	124	596	109	747	121	829	149	556	124	442	92	(2)
0	262	0	259	0	259	0	610	1	205	9	166	14	168	(3)
141	172	153	167	84	173	97	318	133	300	73	272	99	143	(4)
17	468	9	411	17	280	56	249	68	246	108	276	100	337	(5)
0	137	-	-	-	-	-	-	-	-	-	-	0	820	(6)
1	1,478	1	1,050	5	532	14	464	27	452	19	437	25	489	(7)
101	83	94	55	115	56	146	90	232	151	208	156	156	84	(8)
-	-	13	381	13	313	11	472	10	622	13	471	9	499	(9)
16	315	14	312	18	223	19	468	10	580	11	470	7	384	(10)
-	-	0	212	-	-	0	353	0	293	0	189	1	554	(11)
25	264	19	288	16	243	21	324	24	399	23	402	22	313	(12)
335	110	346	83	381	77	396	97	428	180	299	191	267	120	(13)
21	509	8	729	10	750	10	1,000	14	899	20	593	19	462	(14)
32	547	33	455	36	508	38	551	51	641	36	509	27	479	(15)
0	260	-	-	-	-	-	-	-	-	1	229	1	296	(16)
0	581	-	-	-	-	-	-	-	-	-	-	-	-	(17)
3	417	4	582	3	634	3	729	3	1,027	3	698	3	1,108	(18)
0	734	0	997	0	1,066	0	1,807	1	1,215	2	841	3	983	(19)
14	431	9	696	9	679	6	907	6	1,136	5	1,012	6	1,010	(20)
8	300	5	275	6	192	4	250	3	410	6	405	5	269	(21)
8	1,143	6	1,047	8	728	4	1,028	3	1,124	2	1,194	1	1,409	(22)
0	2,673	0	1,312	0	2,499	0	2,961	3	1,123	2	1,194	1	1,409	(23)
1	229	2	340	1	279	1	290	0	446	-	-	1	341	(24)
20	547	30	528	18	548	8	696	13	631	24	522	16	382	(25)
-	-	-	-	-	-	-	-	-	-	-	-	-	-	(26)
173	149	132	139	133	151	101	229	87	405	57	295	29	319	(27)
1	1,390	1	1,623	1	1,523	1	2,229	1	3,266	1	1,783	1	3,029	(28)
96	280	60	310	68	247	46	396	23	601	34	464	42	477	(29)
23	198	66	189	52	167	13	178	16	231	9	309	9	220	(30)
8	120	-	-	-	-	-	-	-	-	5	309	8	211	(31)
71	407	48	315	83	177	66	265	35	292	8	402	3	504	(32)
164	288	62	278	89	263	54	350	4	715	12	700	13	670	(33)
15	655	11	735	13	653	7	697	4	811	5	1,161	4	954	(34)
42	400	39	387	47	303	41	341	23	529	14	624	13	584	(35)
5	836	2	1,167	1	864	1	953	1	1,661	1	1,462	1	1,898	(36)
52	306	55	262	14	287	0	181	-	-	-	-	-	-	(37)
3	811	2	936	2	779	1	1,709	0	2,037	0	1,106	0	1,077	(38)
3	1,554	1	1,878	0	2,911	0	5,492	0	6,101	0	1,603	0	1,448	(39)
-	-	-	-	-	-	-	-	-	-	-	-	-	-	(40)
0	1,163	-	-	-	-	-	-	-	-	-	-	-	-	(41)
7	668	2	358	-	-	-	-	-	-	-	-	-	-	(42)
2	993	3	874	5	547	1	972	1	583	0	329	-	-	(43)
29	294	18	258	29	213	50	197	50	202	31	195	19	160	(44)
58	204	47	169	125	135	78	192	83	186	76	196	66	206	(45)
2	886	2	700	6	506	17	432	16	274	14	238	13	241	(46)
62	423	59	444	70	449	65	452	55	466	47	461	47	517	(47)
289	141	250	211	177	217	166	138	249	87	250	75	243	76	(48)
4	98	4	108	4	109	5	99	5	97	5	97	4	100	(49)
6	1,575	3	1,153	3	1,446	4	1,540	5	1,626	5	1,636	5	1,650	(50)
1	384	2	389	1	377	1	385	2	539	2	487	1	509	(51)
17	893	19	786	15	713	6	644	4	688	4	668	4	706	(52)
0	539	0	489	0	490	0	657	0	459	0	497	0	607	(53)
8	1,025	8	954	8	952	10	1,088	11	1,175	9	1,052	12	1,064	(54)
-	-	-	-	-	-	-	-	-	-	-	-	-	-	(55)
4	432	4	406	4	415	3	508	4	596	4	601	4	526	(56)
32	223	26	222	26	198	47	249	54	281	49	325	54	318	(57)
30	359	28	335	27	279	38	413	36	509	27	622	22	610	(58)
105	625	94	616	90	588	68	764	56	713	45	583	43	693	(59)
27	256	24	431	20	813	21	978	23	775	25	427	24	388	(60)
13	376	18	515	15	1,016	14	1,369	13	972	11	491	11	486	(61)

3 卸売市場別の月別野菜の卸売数量・価額・価格（続き）
(51) 大津市青果市場

品目		計 数量	計 価額	計 価格	1月 数量	1月 価格	2月 数量	2月 価格	3月 数量	3月 価格	4月 数量	4月 価格	5月 数量	5月 価格
		t	千円	円／kg	t	円／kg	t	円／kg	t	円／kg	t	円／kg	t	円／kg
野菜計	(1)	**20,679**	**4,644,650**	**225**	**1,504**	**196**	**1,786**	**202**	**2,012**	**206**	**1,852**	**213**	**1,631**	**228**
根菜類														
だいこん	(2)	2,505	262,567	105	180	66	298	79	247	91	169	97	152	102
かぶ	(3)	33	6,110	188	9	171	5	200	2	232	1	229	1	196
にんじん	(4)	1,090	200,996	184	83	87	100	104	115	115	87	182	88	180
ごぼう	(5)	210	69,356	330	24	226	22	255	13	310	10	315	9	453
たけのこ	(6)	16	5,630	344	0	635	0	847	1	751	13	290	1	224
れんこん	(7)	93	68,403	736	7	731	7	788	7	915	6	910	6	814
葉茎菜類														
はくさい	(8)	1,420	135,823	96	157	61	137	78	91	129	91	119	100	85
みずな	(9)	478	206,548	432	45	374	57	339	56	308	43	318	36	370
こまつな	(10)	380	153,023	403	24	427	26	469	33	381	31	341	35	283
その他の菜類	(11)	12	6,398	530	1	481	0	343	2	522	2	512	1	515
ちんげんさい	(12)	52	17,851	342	4	302	7	357	6	295	7	315	7	304
キャベツ	(13)	1,987	188,717	95	159	51	158	66	236	74	141	108	138	123
ほうれんそう	(14)	315	192,246	610	39	582	39	585	44	564	37	525	24	529
ねぎ	(15)	529	237,795	449	46	398	48	461	56	389	47	394	43	492
ふき	(16)	6	2,936	476	0	431	0	495	1	534	2	524	1	419
うど	(17)	0	112	559	0	617	0	551	0	503	0	483	-	-
みつば	(18)	33	28,937	886	3	1,103	4	903	3	734	3	682	3	704
しゅんぎく	(19)	56	32,552	586	13	622	11	587	8	341	2	473	1	601
にら	(20)	21	14,389	685	1	908	2	631	2	621	2	582	2	349
洋菜類														
セルリー	(21)	12	4,148	336	1	321	1	317	1	343	1	363	1	411
アスパラガス	(22)	10	13,496	1,304	0	1,643	1	1,211	1	1,244	1	1,426	3	1,425
うち輸入	(23)	2	2,472	1,199	0	1,643	0	1,079	0	874	0	881	-	-
カリフラワー	(24)	10	3,905	380	1	302	1	411	1	391	1	394	2	221
ブロッコリー	(25)	137	64,017	466	14	392	14	500	16	510	11	561	15	417
うち輸入	(26)	1	670	609	-	-	1	609	-	-	-	-	-	-
レタス	(27)	947	209,186	221	35	320	33	387	57	291	82	216	79	167
パセリ	(28)	5	7,539	1,666	1	597	1	467	1	496	1	570	0	1,156
果菜類														
きゅうり	(29)	597	190,044	318	21	460	30	461	50	323	94	257	123	253
かぼちゃ	(30)	1,002	151,517	151	78	147	82	145	108	111	114	98	93	130
うち輸入	(31)	710	94,957	134	72	141	79	139	106	107	111	92	85	95
なす	(32)	258	109,011	422	5	722	9	571	15	556	19	508	19	512
トマト	(33)	546	206,541	378	24	443	20	434	24	527	44	381	72	302
ミニトマト	(34)	216	161,448	747	13	820	15	875	13	952	19	652	24	456
ピーマン	(35)	101	53,729	534	8	675	7	880	10	640	9	490	12	450
ししとうがらし	(36)	13	14,510	1,118	0	2,483	0	1,797	0	2,088	0	1,704	1	1,390
スイートコーン	(37)	25	8,139	321	0	443	0	450	0	447	0	450	0	444
豆類														
さやいんげん	(38)	19	18,394	945	1	1,038	1	936	2	867	2	1,179	3	924
さやえんどう	(39)	6	8,641	1,510	1	1,124	0	1,863	0	1,898	1	1,529	2	1,120
うち輸入	(40)	-	-	-	-	-	-	-	-	-	-	-	-	-
実えんどう	(41)	2	2,951	1,229	0	1,063	0	1,124	1	1,506	1	1,180	1	1,147
そらまめ	(42)	2	1,177	731	0	432	0	2,835	0	3,248	0	766	1	529
えだまめ	(43)	4	3,293	748	-	-	-	-	0	574	0	947	0	1,592
土物類														
かんしょ	(44)	345	98,660	286	22	271	32	247	27	272	23	285	16	319
ばれいしょ	(45)	2,225	434,431	195	143	130	227	173	266	229	221	265	202	221
さといも	(46)	47	14,747	313	2	286	3	317	2	341	1	394	1	497
やまのいも	(47)	129	54,382	422	8	412	9	390	9	389	10	396	9	397
たまねぎ	(48)	3,841	390,105	102	259	75	310	76	412	88	434	79	235	94
うち輸入	(49)	1	148	251	-	-	0	119	0	256	0	269	-	-
にんにく	(50)	6	6,046	1,037	0	1,042	0	859	0	943	1	588	2	895
うち輸入	(51)	2	978	392	0	365	0	375	0	383	0	387	0	372
しょうが	(52)	59	48,691	827	4	821	4	832	5	836	5	834	5	848
うち輸入	(53)	-	-	-	-	-	-	-	-	-	-	-	-	-
きのこ類														
生しいたけ	(54)	142	135,700	954	11	1,061	10	1,137	11	999	11	876	12	848
うち輸入	(55)	-	-	-	-	-	-	-	-	-	-	-	-	-
なめこ	(56)	14	8,766	615	1	608	1	605	1	621	1	549	1	579
えのきだけ	(57)	247	65,036	263	24	292	21	319	23	224	18	222	16	232
しめじ	(58)	191	100,547	527	16	552	13	625	16	528	14	468	15	432
その他の野菜	(59)	282	225,466	800	19	681	17	820	18	835	19	769	19	819
輸入野菜計	(60)	750	141,238	188	75	165	83	173	111	129	115	105	88	108
その他の輸入野菜	(61)	34	42,013	1,219	2	758	3	768	4	652	2	623	2	532

	6月		7月		8月		9月		10月		11月		12月		
	数量	価格	数量	価格	数量	価格	数量	価格	数量	価格	数量	価格	数量	価格	
	t	円/kg	t	円/kg	t	円/kg	t	円/kg	t	円/kg	t	円/kg	t	円/kg	
	1,412	231	1,465	222	1,740	212	1,744	249	1,856	258	1,726	249	1,951	229	(1)
	179	94	188	111	136	101	202	117	252	142	250	140	254	106	(2)
	1	165	0	213	0	198	1	161	3	196	4	173	5	188	(3)
	59	133	73	145	91	170	110	336	103	310	74	261	107	153	(4)
	13	493	14	318	21	269	18	302	15	378	15	396	36	374	(5)
	-	-	-	-	-	-	-	-	-	-	-	-	0	759	(6)
	2	1,248	1	1,537	7	620	10	678	12	632	11	583	17	697	(7)
	98	74	46	60	72	57	103	91	156	135	171	133	199	88	(8)
	31	355	27	405	35	376	35	562	33	829	37	574	44	518	(9)
	34	290	31	367	35	264	39	492	34	641	33	525	26	344	(10)
	0	482	1	552	1	583	1	675	1	602	2	517	1	496	(11)
	4	297	4	334	2	332	3	423	2	493	3	468	3	395	(12)
	123	118	214	72	233	68	188	94	131	157	113	174	153	111	(13)
	18	616	11	723	7	772	9	987	18	908	25	689	44	517	(14)
	40	406	43	394	36	427	42	486	34	631	35	515	59	466	(15)
	0	479	-	-	-	-	-	-	0	485	0	383	1	400	(16)
	-	-	-	-	-	-	-	-	-	-	-	-	0	1,080	(17)
	2	623	2	743	2	753	3	1,063	2	1,368	3	796	3	1,118	(18)
	1	604	0	946	0	826	0	1,746	1	1,406	6	682	12	579	(19)
	3	473	3	554	2	701	-	-	2	1,264	1	1,071	1	1,084	(20)
	2	360	1	245	1	206	1	263	1	404	1	520	1	326	(21)
	1	1,363	1	1,158	1	1,085	1	1,198	0	1,257	1	1,162	0	1,273	(22)
	-	-	-	-	0	1,685	-	-	0	1,171	1	1,162	0	1,273	(23)
	0	466	0	414	0	368	1	382	1	557	1	492	1	399	(24)
	8	453	18	341	9	440	8	471	7	591	11	562	8	488	(25)
	-	-	-	-	-	-	-	-	-	-	-	-	-	-	(26)
	97	119	110	129	119	143	86	238	68	388	89	301	93	228	(27)
	0	1,486	0	2,110	0	1,876	0	3,507	0	5,035	0	3,830	0	3,760	(28)
	82	254	33	298	43	258	29	341	29	489	33	454	29	482	(29)
	73	151	89	155	116	162	88	151	42	187	33	281	87	219	(30)
	65	129	63	126	21	145	-	-	-	-	24	295	83	212	(31)
	26	446	40	377	49	270	37	358	20	429	12	547	8	585	(32)
	69	317	55	325	97	310	64	363	27	574	26	563	24	529	(33)
	20	591	16	664	24	651	24	629	16	1,008	15	1,134	17	918	(34)
	9	394	9	443	10	332	7	455	6	667	5	643	8	546	(35)
	3	805	3	693	2	653	1	915	1	1,977	1	1,633	1	2,420	(36)
	2	327	12	323	9	296	0	307	0	449	0	560	0	450	(37)
	4	806	2	846	1	916	0	1,436	1	1,525	1	994	2	819	(38)
	0	2,366	0	1,638	0	1,877	0	5,093	0	5,401	0	1,828	1	1,380	(39)
	-	-	-	-	-	-	-	-	-	-	-	-	-	-	(40)
	0	1,320	-	-	-	-	-	-	-	-	0	1,087	0	1,040	(41)
	0	560	0	523	-	-	-	-	-	-	-	-	0	1,485	(42)
	2	781	2	570	1	847	0	813	0	774	-	-	-	-	(43)
	11	337	16	308	36	302	42	312	43	309	34	297	43	226	(44)
	180	214	139	177	198	153	205	188	159	179	130	177	154	185	(45)
	1	473	1	541	1	535	3	469	5	315	8	287	20	256	(46)
	9	409	15	420	15	420	13	435	16	420	6	500	11	484	(47)
	130	180	167	202	243	203	286	140	530	84	455	74	379	79	(48)
	0	243	0	243	-	-	-	-	-	-	-	-	-	-	(49)
	0	795	0	1,243	0	813	0	1,063	0	1,689	0	1,519	1	1,441	(50)
	0	366	0	388	0	370	0	404	0	383	0	420	0	483	(51)
	6	830	8	832	6	798	4	817	4	823	5	822	4	827	(52)
	-	-	-	-	-	-	-	-	-	-	-	-	-	-	(53)
	11	835	10	769	12	754	12	980	13	1,061	13	1,032	16	1,035	(54)
	-	-	-	-	-	-	-	-	-	-	-	-	-	-	(55)
	1	578	1	565	1	580	1	600	2	658	2	702	1	640	(56)
	16	226	14	217	16	154	16	247	24	275	26	328	33	308	(57)
	14	388	15	342	14	319	18	533	18	609	16	749	20	690	(58)
	26	634	30	715	36	606	29	833	23	1,135	19	1,053	25	872	(59)
	67	142	66	199	25	354	2	2,291	4	2,200	27	465	88	236	(60)
	2	531	3	1,793	4	1,496	2	2,446	3	2,331	2	1,958	4	629	(61)

3 卸売市場別の月別野菜の卸売数量・価額・価格（続き）
(52) 京都市中央卸売市場

品目		計			1月		2月		3月		4月		5月	
		数量	価額	価格	数量	価格	数量	価格	数量	価格	数量	価格	数量	価格
		t	千円	円/kg	t	円/kg	t	円/kg	t	円/kg	t	円/kg	t	円/kg
野菜計	(1)	220,375	56,909,056	258	15,930	228	17,112	245	17,938	267	18,690	264	18,926	252
根菜類														
だいこん	(2)	31,815	2,793,841	88	2,235	56	2,710	64	2,463	80	2,450	76	2,159	74
かぶ	(3)	2,329	335,124	144	392	86	258	128	56	211	62	138	34	162
にんじん	(4)	10,645	1,807,580	170	851	84	910	96	920	116	837	165	1,076	157
ごぼう	(5)	1,958	650,289	332	145	312	212	279	173	305	135	356	123	412
たけのこ	(6)	534	334,425	626	8	1,181	18	1,423	137	879	320	467	42	392
れんこん	(7)	562	419,016	745	46	702	58	776	47	833	36	955	26	938
葉茎菜類														
はくさい	(8)	20,861	1,987,346	95	1,830	60	1,768	74	1,390	102	1,200	104	1,200	76
みずな	(9)	1,278	606,710	475	123	402	131	419	130	359	125	333	102	362
こまつな	(10)	1,474	502,888	341	106	356	112	401	127	326	142	313	173	245
その他の菜類	(11)	178	77,311	435	19	393	25	384	21	402	22	444	15	415
ちんげんさい	(12)	493	169,138	343	35	310	33	398	57	296	54	320	49	285
キャベツ	(13)	19,568	2,102,105	107	1,592	59	1,606	67	1,560	86	1,920	114	1,819	104
ほうれんそう	(14)	1,791	1,101,067	615	163	561	204	524	196	524	187	508	156	564
ねぎ	(15)	3,506	1,749,576	499	360	435	338	521	304	429	239	460	209	573
ふき	(16)	102	58,435	572	5	414	4	685	10	598	35	603	30	614
うど	(17)	20	15,917	777	1	672	3	605	6	682	5	782	2	1,048
みつば	(18)	240	208,434	868	22	1,022	22	847	22	680	20	537	18	634
しゅんぎく	(19)	296	189,031	638	53	627	48	566	39	422	15	546	6	756
にら	(20)	689	465,565	676	52	803	54	1,011	68	527	73	467	70	366
洋菜類														
セルリー	(21)	315	88,541	281	23	267	27	265	25	319	30	302	20	381
アスパラガス	(22)	393	501,647	1,277	4	1,956	11	1,475	53	1,350	48	1,592	59	1,456
うち輸入	(23)	42	46,103	1,095	3	1,764	5	968	9	756	3	1,035	2	1,329
カリフラワー	(24)	155	45,688	296	16	259	17	304	16	293	15	291	15	221
ブロッコリー	(25)	2,101	1,017,134	484	192	384	165	509	161	515	166	526	282	417
うち輸入	(26)	186	78,166	419	-	-	2	458	17	419	26	417	7	389
レタス	(27)	13,032	2,874,242	221	551	298	584	345	759	277	941	204	1,034	190
パセリ	(28)	47	67,054	1,428	5	929	4	878	6	691	5	654	4	1,115
果菜類														
きゅうり	(29)	6,886	2,424,793	352	468	471	474	473	600	333	674	266	740	256
かぼちゃ	(30)	4,713	799,383	170	338	153	412	152	456	121	395	112	421	127
うち輸入	(31)	2,667	322,047	121	294	129	386	129	429	99	376	90	384	97
なす	(32)	5,699	2,111,005	370	186	516	278	454	401	407	558	376	720	391
トマト	(33)	17,073	6,584,579	386	729	432	937	424	1,150	452	1,612	381	2,090	309
ミニトマト	(34)	4,312	3,014,059	699	294	701	291	843	366	875	515	630	578	464
ピーマン	(35)	3,694	1,660,401	449	179	617	168	776	291	593	391	433	425	371
ししとうがらし	(36)	862	713,111	827	21	1,344	20	1,328	26	1,379	39	1,202	57	1,167
スイートコーン	(37)	1,101	272,469	247	0	396	0	799	0	650	2	569	71	355
豆類														
さやいんげん	(38)	302	297,593	985	26	799	26	1,039	28	1,016	24	1,140	35	843
さやえんどう	(39)	225	320,805	1,428	18	1,123	18	1,840	37	1,536	46	1,246	52	1,108
うち輸入	(40)	2	1,100	673	0	360	0	799	0	1,038	0	863	0	864
実えんどう	(41)	245	249,886	1,020	17	880	45	1,013	57	1,252	94	938	21	935
そらまめ	(42)	81	55,720	690	9	504	1	3,142	2	3,729	31	658	33	516
えだまめ	(43)	432	335,256	776	-	-	-	-	7	513	11	635	30	795
土物類														
かんしょ	(44)	3,363	924,251	275	319	262	379	264	333	268	225	267	226	297
ばれいしょ	(45)	15,321	2,761,882	180	1,109	128	1,212	172	1,509	219	1,699	243	1,469	208
さといも	(46)	1,591	577,206	363	107	330	99	386	111	331	67	324	43	516
やまのいも	(47)	2,541	1,071,502	422	153	396	164	363	210	372	182	381	220	390
たまねぎ	(48)	23,729	2,598,471	110	1,931	85	2,129	94	2,506	94	2,036	88	1,913	101
うち輸入	(49)	433	43,272	100	14	120	23	119	23	136	22	161	26	114
にんにく	(50)	222	216,052	973	15	977	17	1,019	24	882	16	962	22	1,064
うち輸入	(51)	128	41,353	324	8	279	9	302	13	301	8	336	10	309
しょうが	(52)	905	735,298	813	46	781	57	828	56	836	55	866	94	909
うち輸入	(53)	92	33,627	365	7	401	8	404	8	407	8	407	7	400
きのこ類														
生しいたけ	(54)	1,627	1,641,737	1,009	135	1,161	134	1,130	131	957	126	891	122	943
うち輸入	(55)	5	3,187	604	0	605	0	605	0	605	0	605	0	605
なめこ	(56)	110	53,576	487	9	463	9	511	10	449	11	432	9	454
えのきだけ	(57)	3,715	999,611	269	435	289	354	287	323	221	266	210	190	233
しめじ	(58)	2,875	1,181,052	411	258	432	295	417	260	383	245	338	215	339
その他の野菜	(59)	4,368	5,141,255	1,177	298	1,252	271	1,206	300	1,372	290	1,378	406	1,048
輸入野菜計	(60)	4,953	1,674,208	338	405	233	530	233	636	219	572	210	572	190
その他の輸入野菜	(61)	1,399	1,105,352	790	78	564	97	611	136	532	129	488	135	419

6月		7月		8月		9月		10月		11月		12月		
数量	価格	数量	価格	数量	価格	数量	価格	数量	価格	数量	価格	数量	価格	
t	円/kg	t	円/kg	t	円/kg	t	円/kg	t	円/kg	t	円/kg	t	円/kg	
18,056	254	17,346	253	19,289	233	19,781	258	20,541	298	17,829	281	18,935	258	(1)
2,066	75	2,103	92	2,346	88	3,221	97	4,182	114	3,030	115	2,850	91	(2)
29	128	5	196	17	108	54	205	168	217	508	158	745	145	(3)
1,086	134	642	158	892	157	799	334	922	286	746	221	964	158	(4)
127	434	127	325	101	318	138	294	208	284	198	307	271	390	(5)
3	201	-	-	-	-	-	-	0	1,274	0	2,850	7	1,824	(6)
17	1,202	14	1,300	31	625	59	663	71	618	65	595	92	697	(7)
1,266	76	1,437	57	1,566	56	2,176	87	2,689	149	2,147	152	2,194	95	(8)
80	425	87	466	85	411	72	810	88	852	115	582	140	482	(9)
137	269	108	308	119	231	118	463	109	524	115	416	109	322	(10)
7	426	5	571	5	518	3	839	7	579	23	429	26	416	(11)
49	301	46	317	36	281	37	427	34	496	32	433	31	354	(12)
1,467	113	1,541	77	1,664	75	1,609	101	1,670	184	1,616	188	1,504	115	(13)
130	610	97	748	82	788	80	938	120	930	173	672	203	481	(14)
220	483	205	478	241	435	252	534	337	651	355	512	446	477	(15)
4	546	0	466	0	324	0	135	2	430	3	368	8	423	(16)
0	1,179	0	925	0	1,003	0	1,439	0	949	0	916	1	886	(17)
17	553	19	658	17	747	17	975	18	1,503	18	884	30	1,197	(18)
3	708	2	997	2	736	4	2,129	15	1,056	43	705	67	597	(19)
62	377	48	596	47	627	56	782	53	988	57	910	48	898	(20)
23	313	28	231	31	172	31	229	28	327	21	403	25	247	(21)
53	1,321	52	1,139	54	943	28	1,001	15	1,095	8	1,109	7	1,260	(22)
0	1,817	0	1,937	0	1,927	1	1,214	5	1,072	8	1,096	7	1,227	(23)
6	407	7	359	6	391	6	393	10	347	20	277	22	264	(24)
156	494	191	468	141	493	118	593	144	577	182	525	204	429	(25)
15	411	16	394	25	333	26	441	20	488	16	445	17	451	(26)
1,583	145	1,796	138	1,905	155	1,461	238	834	446	802	299	780	227	(27)
4	1,307	3	1,713	4	1,661	3	2,519	3	3,324	3	2,658	4	1,997	(28)
597	266	579	318	762	236	676	344	428	578	418	455	468	465	(29)
552	156	343	176	368	200	392	172	329	218	340	264	368	227	(30)
415	124	99	99	-	-	-	-	4	274	84	288	196	173	(31)
784	364	598	353	720	232	488	330	460	378	297	455	209	475	(32)
1,751	319	1,790	340	2,458	309	1,794	359	1,191	547	753	587	817	524	(33)
497	541	292	655	317	599	358	591	289	1,009	201	1,127	315	856	(34)
414	330	291	387	357	281	372	384	300	562	267	539	240	481	(35)
117	942	150	741	168	493	121	525	72	838	43	962	27	1,417	(36)
260	255	332	244	321	232	111	207	1	279	2	264	1	153	(37)
37	779	19	1,022	21	885	17	1,424	21	1,435	25	999	24	798	(38)
13	1,495	6	1,668	3	2,530	2	5,789	2	4,798	9	1,654	19	1,307	(39)
0	810	0	734	0	530	-	-	0	913	0	727	0	350	(40)
1	879	-	-	-	-	-	-	-	-	3	1,012	6	868	(41)
5	791	0	950	-	-	-	-	-	-	-	-	1	1,396	(42)
71	779	110	685	112	713	60	973	29	1,052	2	504	-	-	(43)
169	354	193	319	239	281	304	261	326	275	325	272	325	242	(44)
1,230	198	1,094	178	1,070	153	1,286	158	1,386	148	1,152	149	1,105	164	(45)
36	546	39	495	72	433	156	394	235	363	260	331	367	328	(46)
309	399	302	411	246	437	235	457	191	443	138	507	191	530	(47)
1,469	163	1,464	182	1,567	193	1,946	127	2,310	91	2,149	81	2,309	80	(48)
50	94	76	91	54	93	71	85	27	80	25	84	21	106	(49)
17	908	19	1,030	19	935	19	952	15	964	18	1,014	21	976	(50)
10	305	11	335	11	330	12	330	10	346	12	345	14	355	(51)
136	851	144	734	104	769	62	792	50	807	48	814	53	807	(52)
8	351	7	332	7	337	7	332	7	336	8	335	10	337	(53)
115	890	113	830	122	868	142	1,061	154	1,108	154	1,003	181	1,133	(54)
0	605	0	605	0	605	0	605	0	605	0	605	1	599	(55)
10	425	9	420	8	438	8	570	8	668	9	621	10	439	(56)
173	230	161	224	170	192	302	249	422	282	416	320	503	327	(57)
190	343	177	329	171	300	263	389	298	483	251	563	251	513	(58)
510	839	557	843	506	928	326	1,441	291	1,913	266	1,465	348	1,214	(59)
578	178	299	343	189	706	228	918	257	966	310	560	378	315	(60)
80	422	89	818	91	1,249	110	1,671	183	1,221	157	791	113	518	(61)

3 卸売市場別の月別野菜の卸売数量・価額・価格（続き）

(53) 大阪府計

品目		計 数量	計 価額	計 価格	1月 数量	1月 価格	2月 数量	2月 価格	3月 数量	3月 価格	4月 数量	4月 価格	5月 数量	5月 価格
		t	千円	円／kg	t	円／kg	t	円／kg	t	円／kg	t	円／kg	t	円／kg
野菜計	(1)	719,273	171,143,659	238	54,966	201	58,641	223	60,914	236	62,831	233	62,363	229
根菜類														
だいこん	(2)	64,920	6,637,391	102	6,070	56	6,040	70	4,772	91	4,653	87	4,487	90
かぶ	(3)	2,171	388,840	179	428	124	312	159	141	190	137	145	76	163
にんじん	(4)	41,976	6,787,512	162	3,126	81	3,226	92	3,641	114	3,545	164	3,972	161
ごぼう	(5)	7,829	2,207,744	282	682	248	818	264	754	283	674	288	394	347
たけのこ	(6)	1,865	799,272	429	28	862	52	1,180	355	731	1,226	299	143	253
れんこん	(7)	2,750	1,883,949	685	184	685	232	762	199	825	157	862	142	828
葉茎菜類														
はくさい	(8)	72,407	7,075,896	98	6,455	61	6,362	81	5,237	115	4,822	105	4,410	80
みずな	(9)	3,373	1,145,759	340	364	293	308	327	331	260	313	218	295	205
こまつな	(10)	6,530	1,994,211	305	359	344	400	400	564	308	646	263	680	188
その他の菜類	(11)	890	273,137	307	69	305	68	365	78	302	83	278	87	242
ちんげんさい	(12)	2,481	791,446	319	165	292	162	373	218	315	217	311	272	258
キャベツ	(13)	90,778	8,967,353	99	7,541	56	8,126	62	8,350	76	7,280	105	7,421	107
ほうれんそう	(14)	8,531	5,059,698	593	701	529	819	547	792	516	822	471	785	534
ねぎ	(15)	15,436	7,398,440	479	1,571	410	1,501	457	1,273	424	1,011	466	800	613
ふき	(16)	686	230,950	337	45	304	44	366	111	350	179	373	93	362
うど	(17)	70	47,377	672	6	817	18	631	22	670	14	716	4	713
みつば	(18)	1,035	744,170	719	90	900	93	796	91	580	85	448	81	454
しゅんぎく	(19)	1,480	735,508	497	260	453	174	473	143	379	92	361	62	462
にら	(20)	3,185	2,018,602	634	234	737	240	961	314	475	319	423	332	340
洋菜類														
セルリー	(21)	2,224	608,508	274	150	268	158	262	161	300	205	305	182	316
アスパラガス	(22)	2,328	2,604,513	1,119	41	1,364	113	1,167	297	1,186	235	1,370	215	1,437
うち輸入	(23)	528	451,109	854	37	1,249	74	783	84	643	41	731	16	924
カリフラワー	(24)	731	221,186	303	108	232	100	317	71	285	51	299	67	217
ブロッコリー	(25)	8,299	3,982,218	480	820	369	708	493	703	490	602	537	950	422
うち輸入	(26)	1,007	411,608	409	29	419	51	490	85	413	74	457	56	422
レタス	(27)	34,718	7,360,467	212	1,682	280	1,827	328	2,278	275	2,886	204	3,382	175
パセリ	(28)	230	354,183	1,540	19	775	16	856	28	584	25	629	21	1,010
果菜類														
きゅうり	(29)	26,282	8,707,378	331	1,514	426	1,681	424	2,274	322	2,554	260	2,947	255
かぼちゃ	(30)	25,338	3,649,016	144	1,694	133	1,953	128	2,634	99	3,062	91	2,576	102
うち輸入	(31)	16,583	1,764,578	106	1,602	122	1,865	116	2,555	88	2,958	81	2,420	87
なす	(32)	16,472	5,595,144	340	415	485	624	470	1,008	423	1,507	388	1,909	380
トマト	(33)	28,974	11,098,891	383	1,373	456	1,854	442	1,805	497	2,543	392	3,530	295
ミニトマト	(34)	9,372	6,823,005	728	684	751	658	886	744	920	1,079	636	1,243	482
ピーマン	(35)	10,169	4,396,644	432	570	590	556	749	799	586	912	412	1,067	352
ししとうがらし	(36)	999	992,634	993	40	1,561	45	1,323	55	1,302	73	1,161	87	1,102
スイートコーン	(37)	3,952	952,019	241	0	445	0	428	0	513	14	558	255	348
豆類														
さやいんげん	(38)	1,137	1,134,275	998	84	929	80	1,075	92	1,116	98	1,110	132	849
さやえんどう	(39)	671	901,742	1,343	76	993	60	1,659	87	1,434	128	1,109	72	1,182
うち輸入	(40)	35	21,848	630	3	477	2	691	4	752	2	704	3	581
実えんどう	(41)	1,029	963,483	937	84	876	143	1,025	159	1,187	429	832	141	926
そらまめ	(42)	393	193,537	493	26	496	2	1,625	4	2,211	122	555	165	402
えだまめ	(43)	1,707	1,239,014	726	0	2,585	0	2,694	26	523	46	617	117	872
土物類														
かんしょ	(44)	13,289	3,479,044	262	1,356	250	1,498	249	1,317	262	989	257	683	298
ばれいしょ	(45)	57,222	10,562,672	185	4,867	127	5,405	177	5,560	227	5,608	244	5,694	212
さといも	(46)	2,864	911,945	318	221	303	225	319	186	291	129	285	91	431
やまのいも	(47)	9,974	4,063,224	407	714	366	776	358	811	362	928	373	821	395
たまねぎ	(48)	89,095	9,558,921	107	6,795	86	8,046	91	9,075	90	9,221	81	8,019	92
うち輸入	(49)	2,270	245,868	108	61	134	130	121	177	124	103	162	109	135
にんにく	(50)	968	1,130,222	1,167	73	1,087	95	1,086	84	1,069	91	1,198	89	1,090
うち輸入	(51)	425	149,808	352	30	301	35	312	34	338	39	334	36	348
しょうが	(52)	2,168	1,672,710	771	80	744	100	757	129	799	130	819	227	862
うち輸入	(53)	294	100,818	343	18	351	22	343	23	351	23	361	24	359
きのこ類														
生しいたけ	(54)	4,724	4,541,276	961	402	1,042	389	1,080	418	900	365	856	318	922
うち輸入	(55)	52	33,679	645	7	645	9	655	6	670	4	652	4	676
なめこ	(56)	590	274,361	465	47	469	50	476	54	457	49	446	49	451
えのきだけ	(57)	7,869	1,982,581	252	799	279	725	294	720	209	572	197	477	212
しめじ	(58)	6,165	2,514,032	408	508	441	456	495	574	357	575	313	469	322
その他の野菜	(59)	20,924	13,487,559	645	1,344	663	1,300	648	1,375	683	1,331	653	1,829	640
輸入野菜計	(60)	26,263	5,962,240	227	2,047	204	2,484	203	3,350	163	3,653	143	3,114	146
その他の輸入野菜	(61)	5,068	2,782,924	549	258	521	297	553	381	485	409	432	447	376

注：　大阪府計とは、大阪府において開設されている中央卸売市場（大阪府中央卸売市場及び大阪市中央卸売市場（本場及び東部））及び大阪府内青果市場の計である。

	6月		7月		8月		9月		10月		11月		12月		
	数量	価格	数量	価格	数量	価格	数量	価格	数量	価格	数量	価格	数量	価格	
	t	円/kg	t	円/kg	t	円/kg	t	円/kg	t	円/kg	t	円/kg	t	円/kg	
	57,905	241	58,598	231	62,037	214	60,899	249	61,397	280	56,745	273	61,976	243	(1)
	4,192	96	4,637	116	4,949	111	5,544	126	6,926	142	5,827	138	6,825	98	(2)
	54	205	49	215	46	195	9	310	90	301	302	225	528	187	(3)
	3,762	129	3,388	149	3,526	139	2,980	300	3,642	264	3,320	216	3,846	142	(4)
	475	368	493	273	429	250	678	240	715	260	779	274	937	320	(5)
	18	111	0	400	0	509	0	475	18	1,300	5	1,154	20	1,025	(6)
	98	1,035	72	1,273	191	612	289	587	346	559	340	540	499	615	(7)
	4,859	80	4,551	54	4,618	56	6,523	86	8,531	147	7,947	151	8,092	99	(8)
	218	260	211	387	203	273	187	561	219	706	290	456	433	317	(9)
	623	213	536	255	605	177	565	400	509	510	540	418	502	301	(10)
	74	265	64	327	63	303	63	338	71	375	80	328	89	287	(11)
	263	265	214	295	201	241	205	360	217	436	180	392	167	337	(12)
	6,594	108	8,265	75	8,634	73	8,297	98	7,353	169	6,337	176	6,580	109	(13)
	661	585	568	677	575	688	497	877	556	860	799	616	956	472	(14)
	876	500	905	469	1,040	447	1,311	488	1,649	538	1,585	518	1,914	466	(15)
	20	312	0	408	-	-	-	-	33	322	85	256	75	305	(16)
	1	574	1	373	1	402	1	439	0	660	0	973	1	708	(17)
	74	464	79	612	73	633	75	787	80	961	79	686	135	1,055	(18)
	56	459	30	718	31	683	32	1,103	95	765	189	551	316	440	(19)
	289	356	230	589	224	569	233	777	254	921	260	836	255	862	(20)
	200	294	225	218	215	171	194	230	165	363	173	359	197	241	(21)
	267	1,249	334	1,047	316	874	218	886	138	911	90	958	64	1,092	(22)
	4	448	3	335	4	510	37	620	78	889	88	955	63	1,079	(23)
	30	358	34	366	35	341	38	345	47	374	58	371	92	297	(24)
	667	520	712	458	476	500	487	583	512	597	687	521	975	414	(25)
	62	419	95	369	107	352	124	402	114	433	107	416	103	383	(26)
	4,065	134	4,248	121	4,216	139	3,366	221	1,998	421	2,064	318	2,706	220	(27)
	18	1,302	16	1,811	20	1,489	17	2,451	13	3,879	15	2,617	21	2,730	(28)
	2,533	256	2,504	311	3,050	223	2,417	346	1,683	515	1,513	444	1,612	447	(29)
	2,403	128	2,413	130	1,731	195	2,045	175	1,867	203	1,383	268	1,578	195	(30)
	1,775	99	1,162	72	296	123	32	144	36	208	578	261	1,304	171	(31)
	2,274	338	2,323	298	2,636	199	1,466	296	1,122	351	679	463	510	464	(32)
	3,111	307	2,733	343	4,413	273	3,224	345	1,865	553	1,150	621	1,373	555	(33)
	866	595	593	701	886	570	811	649	596	1,029	513	1,104	699	879	(34)
	967	331	954	380	1,239	247	958	346	734	528	737	537	677	473	(35)
	131	873	148	726	124	612	100	718	74	1,152	64	1,193	57	1,507	(36)
	1,020	249	1,157	225	1,013	240	491	196	1	334	1	312	1	210	(37)
	126	791	90	977	104	833	66	1,471	64	1,492	93	996	108	814	(38)
	41	1,480	29	1,356	17	2,184	9	3,815	12	2,665	49	1,317	91	1,180	(39)
	3	624	4	476	2	489	2	843	3	955	5	579	2	406	(40)
	26	892	0	766	-	-	-	-	2	836	17	1,004	28	901	(41)
	64	457	8	350	1	532	-	-	-	-	-	-	2	1,316	(42)
	347	780	426	660	401	692	241	721	93	881	11	931	0	1,914	(43)
	629	313	737	303	920	263	1,231	241	1,306	263	1,219	264	1,403	243	(44)
	4,129	207	3,475	181	3,962	148	5,141	181	4,708	148	4,495	165	4,179	171	(45)
	86	443	81	422	110	402	224	358	392	324	457	294	662	280	(46)
	949	402	944	407	948	418	759	443	671	447	845	458	807	465	(47)
	5,587	157	5,963	177	5,896	191	6,592	136	8,504	88	7,745	80	7,651	80	(48)
	200	105	375	103	395	106	268	93	178	87	140	87	133	109	(49)
	74	1,112	68	1,140	86	1,063	73	1,197	71	1,473	73	1,393	90	1,171	(50)
	32	342	32	380	43	350	35	373	32	379	32	392	45	373	(51)
	463	830	395	709	216	727	124	724	103	713	98	725	103	745	(52)
	25	341	26	340	26	339	27	332	27	329	25	345	28	333	(53)
	334	855	312	820	318	819	329	1,048	416	1,079	547	938	577	1,061	(54)
	3	670	3	642	3	646	2	628	3	645	3	628	5	566	(55)
	48	441	48	413	48	413	48	469	50	513	48	546	51	488	(56)
	423	210	399	196	427	167	597	242	792	268	872	317	1,066	292	(57)
	453	316	446	290	472	256	514	412	569	501	530	596	598	539	(58)
	2,366	578	2,490	547	2,331	546	1,632	770	1,526	853	1,573	637	1,829	663	(59)
	2,452	151	2,089	195	1,250	361	965	546	1,053	567	1,569	368	2,237	261	(60)
	347	353	388	581	376	817	438	913	582	739	591	441	553	378	(61)

3　卸売市場別の月別野菜の卸売数量・価額・価格（続き）
(54)　大阪府中央卸売市場計

品目	計			1月		2月		3月		4月		5月	
	数量	価額	価格	数量	価格	数量	価格	数量	価格	数量	価格	数量	価格
	t	千円	円／kg	t	円／kg	t	円／kg	t	円／kg	t	円／kg	t	円／kg
野菜計 (1)	**597,847**	**145,474,382**	**243**	**45,579**	**206**	**49,133**	**228**	**51,590**	**240**	**52,157**	**238**	**51,808**	**233**
根菜類													
だいこん (2)	51,001	5,197,238	102	4,769	56	4,742	70	3,753	91	3,647	86	3,638	87
かぶ (3)	1,619	299,740	185	306	126	206	163	93	198	86	156	63	177
にんじん (4)	36,014	5,878,462	163	2,740	81	2,832	91	3,107	112	2,913	164	3,309	161
ごぼう (5)	7,246	2,041,694	282	636	248	759	262	706	284	630	289	357	353
たけのこ (6)	1,442	690,287	479	27	868	50	1,187	316	740	873	337	117	257
れんこん (7)	2,321	1,577,814	680	159	676	202	754	170	821	132	868	120	825
葉茎菜類													
はくさい (8)	55,950	5,528,029	99	4,860	62	4,949	81	4,219	115	3,783	106	3,326	81
みずな (9)	2,829	995,358	352	280	315	254	341	282	262	264	224	256	210
こまつな (10)	5,085	1,625,668	320	271	363	311	417	453	316	502	275	517	195
その他の菜類 (11)	641	206,795	323	49	321	54	359	55	331	60	292	57	266
ちんげんさい (12)	1,995	653,010	327	139	296	140	370	188	310	184	310	214	266
キャベツ (13)	72,654	7,253,423	100	5,908	56	6,369	63	6,720	77	5,816	107	6,076	107
ほうれんそう (14)	6,792	4,216,075	621	559	561	663	570	629	548	602	515	596	564
ねぎ (15)	12,831	6,162,243	480	1,309	411	1,266	450	1,053	422	843	468	665	616
ふき (16)	440	160,382	365	30	327	29	428	76	377	112	415	58	363
うど (17)	69	46,505	672	6	817	18	630	21	670	14	716	4	714
みつば (18)	880	630,248	716	78	878	77	778	77	567	72	444	68	454
しゅんぎく (19)	906	476,113	526	156	469	100	520	87	390	61	363	39	476
にら (20)	2,682	1,706,047	636	193	734	207	954	261	472	268	420	275	337
洋菜類													
セルリー (21)	2,052	558,920	272	135	273	145	262	147	301	195	303	169	310
アスパラガス (22)	2,148	2,403,483	1,119	38	1,337	108	1,166	279	1,191	209	1,405	182	1,453
うち輸入 (23)	493	413,043	838	34	1,219	70	773	77	623	39	711	15	915
カリフラワー (24)	614	193,077	315	76	246	82	327	58	298	45	302	62	218
ブロッコリー (25)	6,822	3,271,129	479	663	381	584	492	586	492	521	544	822	420
うち輸入 (26)	964	393,757	408	29	419	51	490	84	412	68	457	54	423
レタス (27)	28,113	6,093,708	217	1,428	278	1,592	322	1,997	272	2,485	204	2,695	181
パセリ (28)	206	319,487	1,554	18	768	15	855	26	580	23	630	18	1,047
果菜類													
きゅうり (29)	21,784	7,230,774	332	1,231	427	1,409	423	1,946	323	2,133	261	2,417	256
かぼちゃ (30)	23,301	3,322,508	143	1,575	132	1,821	127	2,475	98	2,868	91	2,412	101
うち輸入 (31)	15,722	1,662,920	106	1,503	122	1,761	116	2,413	87	2,816	80	2,291	86
なす (32)	11,475	4,062,861	354	363	476	521	471	842	415	1,106	391	1,252	386
トマト (33)	25,334	9,847,081	389	1,203	460	1,629	446	1,611	500	2,208	397	3,067	300
ミニトマト (34)	8,352	6,112,763	732	596	763	581	892	667	924	965	641	1,097	482
ピーマン (35)	9,054	3,884,558	429	507	587	492	743	717	584	812	406	937	350
ししとうがらし (36)	885	890,075	1,005	36	1,551	42	1,310	51	1,291	67	1,145	79	1,094
スイートコーン (37)	3,341	818,627	245	0	445	0	477	0	513	14	559	233	349
豆類													
さやいんげん (38)	976	988,523	1,013	77	898	74	1,041	84	1,100	87	1,114	109	875
さやえんどう (39)	583	806,028	1,383	68	1,003	54	1,681	77	1,453	98	1,173	62	1,230
うち輸入 (40)	32	19,852	617	3	461	2	680	4	738	2	689	3	581
実えんどう (41)	810	767,260	947	75	872	119	1,009	122	1,183	317	864	111	929
そらまめ (42)	327	167,929	514	23	510	2	1,642	4	2,246	101	576	126	423
えだまめ (43)	1,498	1,102,741	736	0	2,585	0	2,694	25	523	44	622	103	865
土物類													
かんしょ (44)	11,831	3,078,884	260	1,209	247	1,339	245	1,185	262	887	257	605	297
ばれいしょ (45)	49,904	9,293,948	186	4,230	127	4,670	179	4,808	229	4,719	252	5,019	213
さといも (46)	2,447	795,174	325	194	304	188	338	158	296	116	287	80	441
やまのいも (47)	8,946	3,678,185	411	647	370	700	359	728	364	817	379	724	402
たまねぎ (48)	78,448	8,488,040	108	6,081	86	7,227	91	8,052	90	7,931	83	6,775	95
うち輸入 (49)	1,626	191,441	118	47	139	114	121	159	123	89	164	90	141
にんにく (50)	884	1,037,900	1,174	66	1,085	89	1,086	77	1,074	83	1,206	80	1,105
うち輸入 (51)	389	135,926	350	28	297	32	308	31	337	36	333	33	348
しょうが (52)	1,774	1,413,377	797	66	754	82	767	105	822	106	866	192	902
うち輸入 (53)	222	71,823	324	16	344	18	336	18	342	17	343	18	332
きのこ類													
生しいたけ (54)	3,976	3,844,522	967	321	1,056	321	1,090	350	901	306	865	276	925
うち輸入 (55)	44	28,871	656	6	655	8	662	5	683	3	668	3	688
なめこ (56)	503	237,951	473	40	479	43	479	45	467	42	451	42	454
えのきだけ (57)	5,459	1,389,691	255	565	277	515	293	494	208	393	198	330	212
しめじ (58)	4,707	1,953,294	415	395	442	351	502	433	362	436	320	349	326
その他の野菜 (59)	17,894	12,076,754	675	1,173	693	1,109	687	1,179	721	1,160	677	1,625	652
輸入野菜計 (60)	23,556	5,379,331	228	1,899	204	2,323	202	3,132	161	3,424	140	2,896	146
その他の輸入野菜 (61)	4,064	2,461,699	606	232	535	267	562	341	495	353	452	390	393

注：　大阪府中央卸売市場計とは、大阪府において開設されている中央卸売市場（大阪府中央卸売市場及び大阪市中央卸売市場（本場及び東部））の計である。

6月		7月		8月		9月		10月		11月		12月		
数量	価格	数量	価格	数量	価格	数量	価格	数量	価格	数量	価格	数量	価格	
t	円/kg	t	円/kg	t	円/kg	t	円/kg	t	円/kg	t	円/kg	t	円/kg	
47,754	**247**	**48,153**	**239**	**51,529**	**221**	**50,653**	**254**	**51,568**	**284**	**46,703**	**279**	**51,220**	**249**	(1)
3,329	95	3,586	116	3,936	110	4,208	125	5,565	141	4,505	139	5,321	98	(2)
52	209	48	215	46	195	9	308	72	315	223	232	416	186	(3)
3,312	130	3,066	151	3,036	141	2,533	309	3,110	273	2,752	223	3,304	144	(4)
419	364	462	273	400	250	616	241	662	260	727	272	871	320	(5)
17	102	0	438	0	509	0	475	17	1,304	4	1,145	19	1,032	(6)
87	1,016	60	1,279	161	605	245	577	292	553	285	531	410	609	(7)
3,566	81	3,506	55	3,526	56	5,145	88	6,872	148	6,050	152	6,147	99	(8)
193	266	189	391	181	273	165	572	174	778	247	467	345	331	(9)
471	225	422	265	478	179	446	421	390	545	426	438	397	314	(10)
52	289	49	343	46	328	49	335	52	376	55	345	63	301	(11)
207	273	167	306	151	258	154	375	168	453	146	409	138	347	(12)
5,428	108	6,508	76	6,855	74	6,744	99	5,991	170	4,952	178	5,288	109	(13)
528	600	461	686	465	695	407	892	467	887	648	647	769	498	(14)
719	508	736	478	854	451	1,098	488	1,374	538	1,318	520	1,596	466	(15)
11	280	0	268	-	-	-	-	20	345	52	287	52	330	(16)
1	574	1	373	1	402	1	439	0	660	0	973	1	708	(17)
62	462	67	608	63	632	64	783	67	972	67	695	117	1,059	(18)
33	497	22	744	20	705	20	1,196	60	828	113	597	194	453	(19)
242	351	199	592	192	573	201	774	211	958	219	836	215	861	(20)
180	292	209	217	201	170	180	229	151	358	162	353	178	245	(21)
245	1,250	314	1,051	299	875	203	885	129	907	83	948	57	1,071	(22)
4	436	3	335	4	502	34	590	73	883	82	946	57	1,061	(23)
26	367	31	369	32	345	34	350	44	376	50	385	74	319	(24)
515	514	571	458	394	500	375	579	408	593	559	519	823	415	(25)
59	419	92	369	103	351	116	399	107	434	102	417	100	384	(26)
3,117	139	3,274	124	3,286	140	2,606	229	1,691	422	1,728	319	2,213	220	(27)
15	1,319	14	1,860	17	1,597	15	2,507	12	3,900	14	2,593	20	2,699	(28)
2,097	258	2,097	318	2,589	225	2,000	347	1,337	518	1,207	444	1,321	448	(29)
2,156	126	2,191	127	1,557	195	1,873	173	1,665	204	1,274	268	1,434	192	(30)
1,696	98	1,136	71	281	122	27	142	36	208	539	260	1,223	170	(31)
1,414	353	1,288	322	1,758	197	1,027	304	856	372	592	470	457	460	(32)
2,677	315	2,436	349	3,870	276	2,773	351	1,632	559	1,014	629	1,216	561	(33)
762	599	536	709	829	567	728	644	536	1,042	452	1,116	604	894	(34)
856	330	843	381	1,133	245	858	341	655	525	655	535	588	470	(35)
115	890	126	759	105	629	86	724	66	1,154	59	1,177	53	1,472	(36)
857	252	952	235	872	240	410	195	0	310	1	308	1	210	(37)
94	863	78	1,001	89	842	55	1,525	53	1,541	78	1,014	96	806	(38)
36	1,502	27	1,371	16	2,196	9	3,814	11	2,687	44	1,328	81	1,188	(39)
3	621	4	455	2	473	2	842	3	959	4	540	2	390	(40)
24	888	0	766	-	-	-	-	2	835	16	995	24	887	(41)
61	453	7	344	1	532	-	-	-	-	-	-	2	1,326	(42)
294	794	356	684	362	705	228	726	80	869	5	861	0	1,914	(43)
559	312	636	303	790	263	1,103	238	1,181	261	1,090	262	1,245	242	(44)
3,633	211	3,080	182	3,583	148	4,594	181	4,091	148	3,898	166	3,580	174	(45)
77	450	73	430	91	412	180	359	332	327	388	297	570	290	(46)
860	407	842	413	853	421	676	448	598	449	778	459	723	465	(47)
4,885	160	5,274	181	5,246	193	5,867	134	7,590	87	6,778	80	6,742	80	(48)
164	109	288	111	302	114	170	102	93	102	51	111	59	127	(49)
68	1,124	63	1,149	77	1,093	68	1,181	64	1,527	67	1,384	83	1,152	(50)
29	346	29	385	37	364	32	364	29	372	29	380	43	359	(51)
383	856	319	739	181	733	98	742	81	724	78	750	82	769	(52)
18	314	19	316	19	316	20	311	21	306	18	320	20	315	(53)
295	852	272	821	276	821	282	1,059	354	1,083	452	941	471	1,086	(54)
3	682	2	654	2	656	2	635	2	666	2	645	4	568	(55)
42	445	41	419	41	424	41	477	43	521	41	554	42	504	(56)
302	210	273	196	294	164	418	241	573	266	616	321	685	315	(57)
345	322	335	298	367	257	396	420	443	509	409	608	447	551	(58)
2,032	600	2,045	585	1,910	585	1,365	817	1,326	866	1,325	681	1,644	674	(59)
2,282	151	1,881	195	1,029	383	723	635	787	660	1,248	411	1,932	270	(60)
305	369	309	643	280	948	319	1,099	424	874	420	539	424	429	(61)

3 卸売市場別の月別野菜の卸売数量・価額・価格（続き）
(55) 大阪市中央卸売市場計

品目		計 数量	計 価額	計 価格	1月 数量	1月 価格	2月 数量	2月 価格	3月 数量	3月 価格	4月 数量	4月 価格	5月 数量	5月 価格
		t	千円	円/kg	t	円/kg	t	円/kg	t	円/kg	t	円/kg	t	円/kg
野菜計	(1)	464,628	114,401,994	246	34,876	209	37,833	230	39,603	241	40,212	243	39,811	238
根菜類														
だいこん	(2)	40,964	4,150,849	101	3,732	57	3,633	70	2,875	90	2,960	84	2,882	84
かぶ	(3)	1,304	234,936	180	237	122	154	156	62	193	66	162	58	171
にんじん	(4)	29,410	4,782,842	163	2,209	81	2,270	90	2,519	112	2,391	164	2,735	161
ごぼう	(5)	6,357	1,796,516	283	573	249	688	258	620	283	538	297	320	358
たけのこ	(6)	1,204	601,136	499	25	875	46	1,199	282	739	742	336	67	295
れんこん	(7)	1,639	1,138,500	695	109	694	148	762	122	813	91	883	79	869
葉茎菜類														
はくさい	(8)	41,617	4,112,679	99	3,595	62	3,479	79	2,924	114	2,732	106	2,334	82
みずな	(9)	2,167	793,922	366	187	367	186	365	229	262	211	227	211	210
こまつな	(10)	3,919	1,269,742	324	210	364	236	414	351	314	398	277	405	199
その他の菜類	(11)	543	171,029	315	40	333	46	342	46	317	48	297	48	270
ちんげんさい	(12)	1,454	489,069	336	105	302	105	372	139	314	135	319	154	272
キャベツ	(13)	54,757	5,414,312	99	4,450	56	4,874	63	5,144	76	4,385	106	4,384	106
ほうれんそう	(14)	5,657	3,580,020	633	443	568	539	571	501	559	484	535	506	574
ねぎ	(15)	10,255	4,939,766	482	1,045	414	1,009	445	817	420	656	467	531	616
ふき	(16)	376	132,656	353	26	327	26	426	67	369	88	393	48	337
うど	(17)	65	43,494	673	6	817	17	625	19	669	13	721	4	720
みつば	(18)	637	481,772	756	58	936	55	813	54	612	51	474	47	496
しゅんぎく	(19)	625	325,872	521	106	460	64	501	61	372	44	354	25	476
にら	(20)	1,926	1,235,091	641	143	739	150	938	190	468	189	423	188	348
洋菜類														
セルリー	(21)	1,806	486,555	269	122	270	129	259	130	298	177	301	157	306
アスパラガス	(22)	1,465	1,642,685	1,121	32	1,276	78	1,091	192	1,161	156	1,372	145	1,461
うち輸入	(23)	410	333,333	814	30	1,177	55	750	59	590	31	644	12	880
カリフラワー	(24)	415	132,803	320	44	262	53	324	36	300	33	302	44	216
ブロッコリー	(25)	5,433	2,618,560	482	513	391	454	497	447	499	412	543	629	426
うち輸入	(26)	897	367,787	410	29	419	50	490	81	412	58	469	47	439
レタス	(27)	22,130	4,789,211	216	1,076	277	1,218	322	1,555	274	1,895	207	2,135	180
パセリ	(28)	161	256,358	1,597	14	780	12	862	20	597	17	666	14	1,066
果菜類														
きゅうり	(29)	15,244	5,034,395	330	902	427	1,022	424	1,265	319	1,406	261	1,576	257
かぼちゃ	(30)	16,703	2,469,980	148	1,082	137	1,323	129	1,726	101	1,959	94	1,658	105
うち輸入	(31)	10,723	1,116,682	104	1,018	122	1,266	114	1,666	87	1,910	79	1,552	85
なす	(32)	8,713	3,111,774	357	285	466	396	472	618	406	859	389	984	388
トマト	(33)	20,312	7,925,767	390	939	466	1,258	448	1,227	494	1,715	395	2,428	300
ミニトマト	(34)	7,186	5,241,833	729	516	761	506	889	545	927	844	644	939	488
ピーマン	(35)	6,711	2,883,476	430	356	596	343	752	480	595	589	417	702	362
ししとうがらし	(36)	729	767,861	1,053	32	1,543	37	1,309	45	1,290	59	1,187	69	1,121
スイートコーン	(37)	2,540	634,365	250	0	445	0	477	0	513	11	569	200	348
豆類														
さやいんげん	(38)	825	843,704	1,022	64	920	62	1,056	71	1,118	75	1,119	93	880
さやえんどう	(39)	517	725,603	1,404	62	1,008	49	1,698	69	1,460	84	1,188	53	1,271
うち輸入	(40)	20	13,096	650	2	445	1	846	2	728	1	722	1	656
実えんどう	(41)	724	692,372	957	72	873	114	1,012	111	1,191	274	873	91	945
そらまめ	(42)	281	146,298	520	20	515	2	1,655	4	2,246	87	577	103	429
えだまめ	(43)	1,303	968,784	744	0	2,585	0	2,694	19	521	38	635	85	888
土物類														
かんしょ	(44)	8,428	2,172,823	258	791	241	928	245	824	253	662	256	478	293
ばれいしょ	(45)	39,506	7,372,214	187	3,200	125	3,723	180	3,920	229	3,815	252	3,859	213
さといも	(46)	1,850	640,654	346	138	329	134	371	107	323	79	317	54	515
やまのいも	(47)	7,225	2,991,547	414	490	375	543	361	578	365	652	381	583	406
たまねぎ	(48)	62,929	6,789,324	108	4,836	88	5,806	91	6,628	89	6,247	83	5,494	95
うち輸入	(49)	1,017	123,475	121	30	141	98	119	122	120	44	192	41	181
にんにく	(50)	650	874,035	1,344	49	1,254	70	1,212	57	1,228	62	1,393	59	1,274
うち輸入	(51)	211	76,110	360	14	313	18	314	16	362	20	343	17	371
しょうが	(52)	1,353	1,103,935	816	46	762	58	770	74	847	79	901	157	925
うち輸入	(53)	168	55,336	329	13	340	15	334	14	341	14	342	13	334
きのこ類														
生しいたけ	(54)	2,842	2,743,149	965	229	1,051	220	1,100	243	894	211	861	188	913
うち輸入	(55)	38	25,300	665	4	679	6	681	5	693	3	672	3	691
なめこ	(56)	345	163,243	474	28	478	29	476	30	464	28	452	28	453
えのきだけ	(57)	4,283	1,120,499	262	438	284	418	296	378	213	301	203	251	219
しめじ	(58)	2,845	1,303,261	458	262	472	242	512	235	419	233	376	208	368
その他の野菜	(59)	14,300	10,060,725	704	938	708	883	726	946	762	931	709	1,321	672
輸入野菜計	(60)	16,549	4,099,132	248	1,320	215	1,714	206	2,224	169	2,346	148	1,993	154
その他の輸入野菜	(61)	3,064	1,988,014	649	180	536	205	568	259	514	265	471	307	399

注：大阪市中央卸売市場計とは、大阪市において開設されている中央卸売市場（本場及び東部）の計である。

6月		7月		8月		9月		10月		11月		12月		
数量	価格	数量	価格	数量	価格	数量	価格	数量	価格	数量	価格	数量	価格	
t	円/kg	t	円/kg	t	円/kg	t	円/kg	t	円/kg	t	円/kg	t	円/kg	
37,134	251	37,875	241	40,292	223	40,066	256	40,817	284	36,415	283	39,694	252	(1)
2,765	94	2,995	116	3,327	110	3,512	125	4,478	138	3,508	138	4,299	98	(2)
50	209	47	216	45	196	9	308	65	312	172	214	339	178	(3)
2,765	130	2,615	150	2,499	139	2,071	307	2,518	269	2,163	225	2,654	146	(4)
363	366	384	272	356	249	534	241	576	263	637	273	768	321	(5)
1	233	0	466	0	528	0	475	16	1,302	4	1,147	18	1,051	(6)
63	1,065	44	1,301	111	627	175	591	211	566	202	542	283	619	(7)
2,670	81	2,690	54	2,663	55	4,055	87	5,525	148	4,352	153	4,597	100	(8)
156	270	155	395	142	280	134	573	143	773	180	492	234	369	(9)
354	234	322	273	355	189	346	426	308	544	330	439	306	319	(10)
44	286	43	333	40	325	43	318	45	345	47	330	54	293	(11)
151	280	120	319	104	272	102	397	121	468	112	414	105	352	(12)
3,942	109	4,847	76	5,255	74	5,192	99	4,511	164	3,689	176	4,084	108	(13)
454	610	408	691	408	702	360	888	404	894	540	657	611	509	(14)
546	520	543	498	672	453	868	495	1,106	539	1,123	517	1,340	461	(15)
9	256	0	211	-	-	-	-	20	345	46	288	47	328	(16)
1	577	1	373	1	413	1	468	0	751	0	973	1	718	(17)
44	496	49	630	44	659	48	811	51	1,007	50	730	86	1,088	(18)
23	501	16	742	14	734	16	1,207	39	858	83	590	134	442	(19)
176	355	137	596	131	581	144	777	154	960	162	840	161	856	(20)
158	287	186	217	173	170	155	228	123	350	137	354	159	242	(21)
165	1,256	183	1,076	164	880	133	859	100	889	68	946	48	1,052	(22)
4	436	3	335	4	502	33	565	64	861	68	945	47	1,042	(23)
19	372	22	371	23	346	26	353	33	376	33	403	48	323	(24)
413	520	488	453	345	491	325	571	334	589	427	517	644	416	(25)
52	424	84	367	92	349	103	397	102	431	101	415	97	390	(26)
2,519	136	2,622	123	2,627	141	2,174	225	1,354	427	1,352	321	1,603	224	(27)
12	1,310	11	1,821	13	1,589	10	2,859	10	3,830	11	2,621	17	2,761	(28)
1,417	260	1,587	314	1,968	218	1,427	344	923	511	837	440	916	452	(29)
1,520	128	1,489	134	1,157	199	1,418	176	1,319	206	1,000	268	1,051	195	(30)
1,192	96	716	70	163	115	7	61	22	191	333	255	879	169	(31)
1,059	361	955	326	1,293	202	797	308	668	375	455	474	344	461	(32)
2,066	320	2,009	354	3,210	276	2,270	355	1,353	565	854	623	985	564	(33)
655	599	453	692	715	555	633	639	464	1,033	397	1,111	520	896	(34)
658	327	634	390	895	248	676	339	509	525	467	542	403	484	(35)
91	924	96	795	79	672	67	770	56	1,194	52	1,208	47	1,514	(36)
680	253	719	238	616	248	310	197	0	326	1	308	1	210	(37)
76	904	69	1,000	79	821	48	1,497	45	1,540	66	1,025	80	827	(38)
33	1,504	23	1,401	15	2,210	8	3,940	10	2,754	39	1,351	73	1,199	(39)
2	652	2	446	1	552	2	857	2	998	2	489	1	436	(40)
22	880	0	766	-	-	-	-	1	1,093	15	1,031	24	885	(41)
57	451	7	346	1	532	-	-	-	-	-	-	1	1,354	(42)
255	803	303	698	321	713	204	722	72	851	4	886	0	1,914	(43)
435	312	470	300	530	267	834	233	874	257	820	259	781	239	(44)
2,867	211	2,534	182	2,719	148	3,640	180	3,252	148	3,172	166	2,805	174	(45)
53	504	54	469	70	443	131	386	261	341	313	310	457	304	(46)
697	409	688	409	696	420	543	451	493	451	674	464	587	472	(47)
3,953	161	4,328	181	4,100	194	4,611	132	6,077	86	5,529	80	5,320	79	(48)
106	116	141	109	196	117	112	101	52	108	35	121	42	131	(49)
50	1,322	40	1,348	57	1,240	47	1,390	47	1,739	51	1,534	61	1,308	(50)
15	365	15	413	22	374	16	369	16	376	18	378	25	348	(51)
313	864	250	749	138	745	70	765	54	765	56	776	59	796	(52)
14	321	14	319	14	321	14	314	14	320	14	330	15	328	(53)
211	842	188	812	197	809	204	1,056	265	1,086	337	940	349	1,090	(54)
3	683	2	655	2	656	2	635	2	668	2	678	3	562	(55)
28	442	28	417	27	427	29	482	30	520	30	554	28	508	(56)
228	217	215	203	222	176	337	246	462	270	491	327	541	323	(57)
210	355	191	335	199	291	245	452	283	543	264	647	273	592	(58)
1,637	615	1,619	601	1,475	616	1,085	854	1,054	911	1,061	722	1,350	699	(59)
1,614	156	1,207	224	709	439	535	717	593	717	860	451	1,434	281	(60)
226	391	230	698	215	1,025	246	1,217	319	946	287	624	325	448	(61)

3 卸売市場別の月別野菜の卸売数量・価額・価格（続き）
(56) 大阪市中央卸売市場　本場

品　目		計			1月		2月		3月		4月		5月	
		数量	価額	価格	数量	価格	数量	価格	数量	価格	数量	価格	数量	価格
		t	千円	円/kg	t	円/kg	t	円/kg	t	円/kg	t	円/kg	t	円/kg
野　菜　計	(1)	341,337	87,881,742	257	25,195	221	27,447	242	29,263	250	29,111	255	29,128	248
根菜類														
だいこん	(2)	25,066	2,716,258	108	2,145	60	2,052	73	1,530	100	1,533	91	1,641	90
かぶ	(3)	980	185,276	189	163	127	109	163	47	186	50	174	53	177
にんじん	(4)	22,540	3,742,002	166	1,647	81	1,779	90	1,862	112	1,784	168	2,167	160
ごぼう	(5)	5,913	1,673,076	283	536	247	637	250	567	269	498	295	298	364
たけのこ	(6)	1,040	526,834	507	23	879	43	1,199	250	736	637	337	51	306
れんこん	(7)	1,355	946,864	699	89	704	117	796	100	843	73	920	65	887
葉茎菜類														
はくさい	(8)	25,121	2,520,593	100	2,224	61	2,091	78	1,739	113	1,530	106	1,277	82
みずな	(9)	1,770	659,296	372	137	412	149	378	193	257	181	226	186	206
こまつな	(10)	3,050	997,488	327	158	386	179	420	278	316	324	282	318	201
その他の菜類	(11)	350	127,690	365	26	390	28	393	29	373	29	370	30	341
ちんげんさい	(12)	1,033	358,443	347	75	315	76	392	105	320	102	326	102	289
キャベツ	(13)	37,363	3,710,175	99	3,063	57	3,448	63	3,479	76	2,805	111	2,803	113
ほうれんそう	(14)	4,445	2,887,051	649	315	587	379	591	356	577	371	561	414	583
ねぎ	(15)	6,714	3,325,684	495	669	429	654	458	538	434	432	476	334	634
ふき	(16)	324	111,686	344	22	322	23	415	59	362	74	382	40	327
うど	(17)	58	38,747	667	5	804	16	607	16	662	11	731	4	739
みつば	(18)	456	356,967	784	42	960	41	837	39	623	34	504	32	509
しゅんぎく	(19)	427	244,737	574	67	502	42	555	41	396	31	372	18	501
にら	(20)	1,473	961,995	653	108	742	114	957	142	468	138	457	145	350
洋菜類														
セルリー	(21)	1,298	366,443	282	90	276	96	262	91	311	132	312	108	335
アスパラガス	(22)	1,020	1,199,991	1,176	17	1,539	44	1,248	136	1,229	103	1,524	105	1,494
う　ち　輸　入	(23)	229	216,555	947	16	1,452	29	876	36	667	13	958	6	1,060
カリフラワー	(24)	318	97,270	306	36	249	43	308	29	285	27	285	35	210
ブロッコリー	(25)	3,631	1,829,927	504	390	397	320	508	280	531	278	568	450	430
う　ち　輸　入	(26)	64	25,177	392	0	621	1	456	3	411	5	408	5	368
レタス	(27)	15,924	3,411,921	214	768	274	797	331	1,048	279	1,366	210	1,593	175
パセリ	(28)	93	154,015	1,656	8	829	7	880	12	613	10	717	9	1,141
果菜類														
きゅうり	(29)	11,717	3,882,762	331	710	426	795	421	1,023	318	1,108	263	1,205	260
かぼちゃ	(30)	14,160	2,114,937	149	942	137	1,151	130	1,507	103	1,718	95	1,420	107
う　ち　輸　入	(31)	9,132	954,921	105	880	122	1,097	114	1,449	87	1,673	79	1,326	86
なす	(32)	5,797	2,081,422	359	186	487	263	481	380	415	506	398	586	398
トマト	(33)	15,714	6,224,059	396	728	472	970	457	933	503	1,299	401	1,854	309
ミニトマト	(34)	5,924	4,336,395	732	397	784	400	913	421	942	677	651	760	488
ピーマン	(35)	5,598	2,387,899	427	284	599	270	776	385	600	472	424	569	368
ししとうがらし	(36)	446	506,420	1,136	24	1,531	26	1,297	31	1,237	36	1,181	44	1,113
スイートコーン	(37)	2,019	514,234	255	0	445	0	477	0	513	11	569	182	352
豆類														
さやいんげん	(38)	502	504,730	1,005	43	839	43	995	48	1,049	51	1,123	56	875
さやえんどう	(39)	320	458,084	1,432	35	1,060	32	1,753	44	1,478	58	1,203	35	1,326
う　ち　輸　入	(40)	16	10,466	641	1	385	1	866	2	655	1	722	1	656
実えんどう	(41)	384	373,175	972	37	895	61	1,021	62	1,184	139	877	53	985
そらまめ	(42)	214	115,150	538	12	533	2	1,694	3	2,250	67	596	75	440
えだまめ	(43)	957	714,948	747	0	2,585	0	2,694	15	536	26	662	50	921
土物類														
かんしょ	(44)	7,266	1,880,352	259	703	241	807	245	719	253	571	259	420	298
ばれいしょ	(45)	33,376	6,265,545	188	2,627	127	3,042	184	3,363	233	3,176	253	3,179	213
さといも	(46)	1,413	518,972	367	100	365	95	407	80	346	59	343	36	612
やまのいも	(47)	6,451	2,678,610	415	440	373	476	357	509	365	574	381	508	408
たまねぎ	(48)	47,425	5,190,443	109	3,602	91	4,273	93	5,299	89	4,612	84	4,139	95
う　ち　輸　入	(49)	393	51,544	131	2	228	5	188	11	179	22	210	16	227
にんにく	(50)	472	719,758	1,525	38	1,381	54	1,335	41	1,387	46	1,556	43	1,398
う　ち　輸　入	(51)	117	45,265	387	8	337	9	333	9	377	12	367	9	382
しょうが	(52)	1,076	881,546	819	36	766	43	774	58	866	61	923	132	933
う　ち　輸　入	(53)	128	41,922	327	10	341	12	334	11	342	10	345	10	334
きのこ類														
生しいたけ	(54)	2,145	2,132,736	994	176	1,107	169	1,155	189	925	162	892	142	951
う　ち　輸　入	(55)	18	10,761	603	2	596	2	603	2	615	1	589	1	588
なめこ	(56)	258	120,838	469	22	471	22	473	22	460	21	447	21	450
えのきだけ	(57)	3,400	876,961	258	351	278	334	292	301	211	243	200	192	217
しめじ	(58)	2,409	1,114,521	463	228	475	204	515	199	426	202	382	180	373
その他の野菜	(59)	10,133	8,136,813	803	652	820	630	819	663	878	665	806	967	724
輸入野菜計	(60)	11,556	2,695,197	233	1,008	191	1,260	184	1,663	149	1,872	123	1,534	130
その他の輸入野菜	(61)	1,459	1,338,588	917	90	610	105	680	142	603	134	513	159	402

	6月		7月		8月		9月		10月		11月		12月		
	数量	価格	数量	価格	数量	価格	数量	価格	数量	価格	数量	価格	数量	価格	
	t	円/kg	t	円/kg	t	円/kg	t	円/kg	t	円/kg	t	円/kg	t	円/kg	
	27,235	262	28,237	253	30,103	233	30,127	266	30,252	295	26,701	295	28,539	267	(1)
	1,653	99	1,914	118	2,351	111	2,377	128	3,115	143	2,257	145	2,498	108	(2)
	48	210	46	219	45	196	9	308	58	321	128	217	223	188	(3)
	2,123	130	2,101	153	1,868	143	1,597	318	1,961	276	1,661	231	1,991	148	(4)
	338	369	366	274	335	251	505	242	535	268	594	281	704	330	(5)
	1	272	0	480	0	528	0	475	15	1,302	4	1,154	16	1,068	(6)
	52	1,058	36	1,273	92	625	152	587	179	556	168	536	230	623	(7)
	1,612	81	1,496	52	1,431	54	2,468	89	3,570	151	2,804	151	2,879	100	(8)
	132	274	137	392	128	271	112	579	113	792	145	513	156	412	(9)
	270	242	261	270	280	191	255	438	226	543	264	442	238	326	(10)
	29	342	31	363	29	354	28	371	28	382	29	368	34	345	(11)
	102	293	85	328	73	277	70	409	82	483	84	413	78	360	(12)
	2,510	110	3,389	77	3,761	73	3,777	98	3,168	166	2,350	177	2,809	108	(13)
	378	612	346	687	350	694	310	887	335	915	431	674	459	519	(14)
	358	539	359	521	458	478	596	507	735	550	730	526	850	468	(15)
	7	245	0	211	-	-	-	-	16	341	40	280	42	321	(16)
	1	581	1	373	1	422	1	468	0	751	0	973	1	720	(17)
	31	497	35	635	32	661	37	837	37	1,071	34	771	63	1,117	(18)
	18	532	13	796	12	767	13	1,311	28	931	57	652	88	485	(19)
	129	387	109	597	102	578	114	780	120	970	128	844	124	850	(20)
	107	305	131	222	127	169	115	234	84	388	97	391	121	251	(21)
	120	1,292	141	1,089	127	876	85	962	61	946	47	913	34	1,051	(22)
	1	1,678	0	2,960	1	1,654	11	995	36	939	46	911	34	1,043	(23)
	16	361	16	383	16	345	18	351	25	360	22	375	36	306	(24)
	290	531	338	481	211	556	190	659	187	664	259	548	438	427	(25)
	11	324	5	378	9	325	10	400	6	478	7	463	3	430	(26)
	1,836	133	1,899	118	1,890	135	1,604	223	962	431	998	318	1,164	228	(27)
	7	1,351	6	1,870	6	1,821	5	2,951	5	3,842	7	2,674	10	2,916	(28)
	1,052	268	1,255	317	1,596	215	1,088	349	634	535	570	460	683	459	(29)
	1,295	128	1,229	136	906	206	1,171	178	1,105	212	828	276	888	197	(30)
	1,024	96	582	70	101	122	-	-	11	265	263	270	727	170	(31)
	652	364	679	338	964	201	567	312	468	373	319	478	227	475	(32)
	1,538	334	1,575	360	2,573	276	1,792	357	999	573	663	633	790	571	(33)
	552	602	394	679	622	548	551	635	406	1,029	327	1,111	418	909	(34)
	520	333	533	390	792	238	588	325	448	514	399	540	336	481	(35)
	53	979	53	876	46	764	37	910	31	1,434	33	1,308	31	1,642	(36)
	579	255	575	241	431	254	238	200	0	305	1	308	1	210	(37)
	49	875	36	1,105	38	885	21	1,657	26	1,491	38	988	53	787	(38)
	22	1,597	15	1,360	8	2,282	5	3,793	5	2,919	20	1,392	41	1,203	(39)
	1	646	2	339	0	512	1	878	2	998	2	489	1	436	(40)
	10	973	0	774	-	-	-	-	1	1,078	8	1,040	13	875	(41)
	46	447	6	325	0	638	-	-	-	-	-	-	1	1,345	(42)
	170	817	207	724	255	717	168	695	60	822	4	886	0	1,914	(43)
	376	311	402	300	437	273	712	232	744	258	708	258	666	242	(44)
	2,420	210	2,261	182	2,353	148	3,206	181	2,751	149	2,689	168	2,310	174	(45)
	37	568	37	509	48	479	94	421	204	361	250	323	372	313	(46)
	630	410	597	411	611	422	474	455	446	453	650	464	537	471	(47)
	2,997	158	3,234	188	2,983	201	3,479	134	4,650	88	4,182	81	3,977	79	(48)
	37	141	78	114	126	124	64	94	18	98	7	163	7	188	(49)
	37	1,465	27	1,554	37	1,487	32	1,648	35	2,034	40	1,710	42	1,508	(50)
	8	394	8	443	9	389	9	398	10	394	12	394	14	419	(51)
	249	862	206	748	113	740	54	767	40	770	41	774	43	808	(52)
	11	320	11	315	11	316	11	309	11	316	10	330	11	327	(53)
	147	883	144	827	148	845	150	1,082	198	1,104	259	946	263	1,103	(54)
	1	587	1	583	2	583	2	611	2	631	2	640	1	592	(55)
	21	438	21	407	21	420	21	481	22	522	22	560	20	497	(56)
	179	216	175	201	178	172	265	240	367	266	391	325	422	319	(57)
	182	359	161	342	172	296	204	461	239	552	215	656	221	601	(58)
	1,252	649	1,160	673	1,044	699	774	983	726	1,105	704	881	897	849	(59)
	1,197	136	796	218	373	568	198	1,305	212	1,302	462	532	981	269	(60)
	103	455	109	1,039	115	1,495	89	2,549	117	1,924	114	1,040	183	501	(61)

3 卸売市場別の月別野菜の卸売数量・価額・価格（続き）
(57) 大阪市中央卸売市場　東部市場

品　目		計			1月		2月		3月		4月		5月	
		数量	価額	価格	数量	価格	数量	価格	数量	価格	数量	価格	数量	価格
		t	千円	円/kg	t	円/kg	t	円/kg	t	円/kg	t	円/kg	t	円/kg
野　菜　計	(1)	123,291	26,520,252	215	9,681	176	10,386	199	10,341	216	11,101	211	10,683	210
根　菜　類														
だ　い　こ　ん	(2)	15,897	1,434,591	90	1,587	53	1,580	66	1,345	79	1,427	76	1,242	75
か　ぶ	(3)	324	49,660	153	74	112	45	140	15	216	16	123	5	114
に　ん　じ　ん	(4)	6,870	1,040,840	152	563	80	491	88	658	112	607	153	568	165
ご　ぼ　う	(5)	444	123,441	278	37	276	51	364	53	434	40	325	23	276
た　け　の　こ	(6)	164	74,302	453	2	833	4	1,197	33	767	105	329	16	261
れ　ん　こ　ん	(7)	285	191,636	673	20	647	31	629	22	675	18	731	14	786
葉　茎　菜　類														
は　く　さ　い	(8)	16,496	1,592,086	97	1,371	62	1,389	81	1,185	115	1,202	106	1,057	81
み　ず　な	(9)	397	134,626	339	50	246	36	310	36	287	30	231	24	242
こ　ま　つ　な	(10)	869	272,254	313	52	294	56	393	73	308	74	258	87	191
その他の菜類	(11)	193	43,339	224	14	232	18	263	17	223	19	189	18	150
ちんげんさい	(12)	421	130,626	310	30	270	30	322	34	297	33	296	52	238
キ　ャ　ベ　ツ	(13)	17,394	1,704,137	98	1,387	56	1,426	63	1,665	77	1,580	97	1,581	94
ほ　う　れ　ん　そ　う	(14)	1,211	692,969	572	128	523	160	522	145	517	113	450	92	536
ね　ぎ	(15)	3,541	1,614,082	456	376	389	355	420	280	393	225	449	197	586
ふ　き	(16)	52	20,970	406	4	355	3	512	8	421	14	456	8	388
う　ど	(17)	7	4,748	728	1	885	1	823	3	707	1	613	0	347
み　つ　ば	(18)	181	124,805	688	16	873	14	741	15	581	17	415	14	467
し　ゅ　ん　ぎ　く	(19)	198	81,136	409	39	388	23	401	20	321	12	308	7	413
に　ら	(20)	453	273,096	603	36	731	36	878	48	469	51	334	43	342
洋　菜　類														
セ　ル　リ　ー	(21)	508	120,112	237	32	252	33	253	39	268	45	267	48	241
ア　ス　パ　ラ　ガ　ス	(22)	445	442,694	994	15	973	34	885	56	998	53	1,078	40	1,373
う　ち　輸　入	(23)	181	116,778	645	14	862	26	607	23	466	18	415	6	696
カリフラワー	(24)	97	35,533	368	8	317	10	391	6	368	7	372	9	237
ブ　ロ　ッ　コ　リ　ー	(25)	1,801	788,633	438	123	370	134	472	167	446	134	490	180	417
う　ち　輸　入	(26)	832	342,610	412	29	418	49	491	78	412	54	474	42	447
レ　タ　ス	(27)	6,206	1,377,289	222	308	285	421	306	507	264	529	198	542	193
パ　セ　リ	(28)	68	102,343	1,516	6	714	5	834	9	576	7	595	5	936
果　菜　類														
き　ゅ　う　り	(29)	3,527	1,151,633	327	192	430	226	431	243	326	298	256	371	246
か　ぼ　ち　ゃ	(30)	2,543	355,043	140	141	132	172	121	219	89	241	88	238	93
う　ち　輸　入	(31)	1,591	161,761	102	139	122	169	110	217	85	237	79	226	78
な　す	(32)	2,916	1,030,351	353	99	426	134	455	238	392	353	376	398	374
ト　マ　ト	(33)	4,598	1,701,708	370	210	444	288	415	293	467	416	376	574	273
ミ　ニ　ト　マ　ト	(34)	1,262	905,437	718	119	684	106	801	124	874	167	615	179	487
ピ　ー　マ　ン	(35)	1,114	495,576	445	72	583	72	662	95	573	117	391	133	337
ししとうがらし	(36)	283	261,441	923	9	1,575	10	1,339	14	1,409	23	1,196	24	1,134
スイートコーン	(37)	521	120,131	230	-	-	-	-	-	-	-	-	18	313
豆　類														
さ　や　い　ん　げ　ん	(38)	323	338,974	1,049	20	1,092	18	1,201	23	1,261	24	1,110	37	889
さ　や　え　ん　ど　う	(39)	197	267,519	1,359	27	940	17	1,595	25	1,428	27	1,157	18	1,163
う　ち　輸　入	(40)	4	2,630	690	0	591	0	756	1	972	-	-	-	-
実　え　ん　ど　う	(41)	340	319,196	939	35	848	52	1,001	49	1,199	135	868	38	888
そ　ら　ま　め	(42)	67	31,147	462	8	491	0	833	0	2,142	20	510	28	399
え　だ　ま　め	(43)	346	253,835	735	-	-	-	-	4	470	12	578	35	841
土　物　類														
か　ん　し　ょ	(44)	1,163	292,471	252	88	242	121	245	106	254	91	233	58	256
ば　れ　い　し　ょ	(45)	6,130	1,106,669	181	573	120	681	162	557	205	640	251	680	213
さ　と　い　も	(46)	437	121,682	279	38	232	39	285	26	251	20	241	18	316
や　ま　の　い　も	(47)	774	312,937	404	50	388	67	385	69	371	77	384	75	394
た　ま　ね　ぎ	(48)	15,503	1,598,882	103	1,235	78	1,532	85	1,329	91	1,635	81	1,354	94
う　ち　輸　入	(49)	625	71,931	115	28	136	92	115	111	114	22	174	25	151
に　ん　に　く	(50)	178	154,277	865	11	800	16	798	16	823	16	916	16	947
う　ち　輸　入	(51)	94	30,845	326	6	281	9	294	8	346	8	307	8	356
し　ょ　う　が	(52)	277	222,389	802	10	749	15	758	16	774	17	824	25	882
う　ち　輸　入	(53)	40	13,414	333	3	334	3	335	4	336	4	335	3	334
き　の　こ　類														
生　し　い　た　け	(54)	697	610,413	876	53	865	52	923	54	787	49	757	46	792
う　ち　輸　入	(55)	20	14,539	721	3	724	4	715	3	734	2	728	2	750
な　め　こ	(56)	87	42,405	487	6	502	7	485	8	475	7	468	7	463
え　の　き　だ　け	(57)	883	243,538	276	86	307	84	314	76	222	59	217	59	224
し　め　じ	(58)	436	188,741	433	34	454	37	499	36	380	31	336	27	331
その他の野菜	(59)	4,168	1,923,911	462	286	452	253	494	283	489	267	467	354	530
輸　入　野　菜　計	(60)	4,993	1,403,936	281	312	293	454	267	561	228	474	246	460	235
その他の輸入野菜	(61)	1,605	649,426	405	91	462	101	451	117	406	131	428	148	395

	6月		7月		8月		9月		10月		11月		12月		
	数量	価格	数量	価格	数量	価格	数量	価格	数量	価格	数量	価格	数量	価格	
	t	円/kg	t	円/kg	t	円/kg	t	円/kg	t	円/kg	t	円/kg	t	円/kg	
	9,899	222	9,638	206	10,189	195	9,939	225	10,565	254	9,714	252	11,155	215	(1)
	1,112	88	1,080	112	976	108	1,135	117	1,363	127	1,250	126	1,801	85	(2)
	2	184	1	73	0	91	-	-	7	235	44	205	115	159	(3)
	642	129	514	138	632	127	473	268	557	243	502	205	663	141	(4)
	24	318	18	226	21	216	29	212	41	195	42	173	64	224	(5)
	1	207	0	108	-	-	-	-	2	1,300	0	1,009	2	903	(6)
	10	1,099	8	1,424	19	636	24	616	32	621	35	567	53	602	(7)
	1,058	81	1,194	56	1,231	58	1,587	84	1,955	141	1,548	156	1,719	99	(8)
	23	249	18	420	14	364	21	538	31	707	35	404	78	283	(9)
	84	209	61	285	76	180	91	394	81	548	65	423	69	295	(10)
	14	170	12	258	11	253	15	217	17	284	18	271	19	200	(11)
	50	254	35	298	32	263	32	370	39	435	27	417	27	331	(12)
	1,432	107	1,457	75	1,494	77	1,415	99	1,342	161	1,339	174	1,275	109	(13)
	75	596	62	710	57	753	50	893	68	788	108	593	152	477	(14)
	188	482	184	453	213	401	273	468	370	516	392	499	489	448	(15)
	2	310	-	-	-	-	-	-	4	365	6	340	5	387	(16)
	0	277	-	-	0	183	-	-	-	-	-	-	0	324	(17)
	14	493	14	617	12	653	12	732	14	843	16	641	24	1,014	(18)
	5	401	3	548	3	577	4	837	11	668	26	452	46	360	(19)
	46	266	28	591	29	590	29	763	33	927	35	825	37	873	(20)
	51	248	55	204	46	171	40	210	39	268	41	264	38	214	(21)
	45	1,162	43	1,034	37	897	48	676	39	797	22	1,016	14	1,054	(22)
	4	223	3	143	3	194	22	338	29	765	22	1,017	13	1,037	(23)
	3	425	6	339	7	350	8	357	7	432	12	455	13	370	(24)
	123	494	151	388	134	390	135	446	147	495	168	470	206	395	(25)
	42	450	79	366	83	352	93	396	95	428	94	412	94	389	(26)
	683	144	723	136	737	155	570	232	393	416	354	330	439	214	(27)
	5	1,247	4	1,751	7	1,361	5	2,771	4	3,814	4	2,524	7	2,525	(28)
	365	238	332	304	372	231	338	329	289	458	267	398	232	434	(29)
	225	127	260	124	251	176	248	170	214	172	172	231	163	178	(30)
	168	93	134	68	62	103	7	61	11	114	71	200	152	162	(31)
	407	357	276	298	329	204	230	297	200	381	136	466	117	433	(32)
	527	278	434	329	637	273	478	350	353	542	192	588	196	534	(33)
	103	580	59	775	93	603	82	660	58	1,061	71	1,112	102	841	(34)
	138	304	101	391	102	321	88	437	61	609	68	553	66	502	(35)
	38	847	42	693	33	544	31	602	25	899	19	1,028	16	1,263	(36)
	101	244	144	227	185	235	72	186	0	390	-	-	-	-	(37)
	26	960	33	887	41	760	26	1,368	19	1,609	28	1,077	28	903	(38)
	11	1,320	8	1,479	7	2,134	3	4,150	5	2,558	19	1,307	31	1,193	(39)
	1	661	1	654	1	581	0	689	-	-	-	-	-	-	(40)
	13	810	0	432	-	-	-	-	0	1,178	7	1,021	11	898	(41)
	11	469	0	743	1	445	-	-	-	-	-	-	0	1,436	(42)
	84	774	96	644	66	697	36	848	12	993	-	-	-	-	(43)
	58	318	68	303	93	242	122	240	131	252	112	266	115	217	(44)
	447	213	273	182	366	146	434	177	501	145	483	152	495	176	(45)
	16	359	17	382	22	364	37	296	57	267	63	258	85	264	(46)
	67	396	92	399	85	406	70	420	47	433	24	458	50	484	(47)
	957	170	1,094	159	1,117	173	1,132	125	1,427	82	1,347	75	1,343	77	(48)
	68	102	63	103	70	106	48	111	34	113	28	111	35	120	(49)
	13	916	13	905	20	779	15	837	13	923	11	905	19	871	(50)
	6	327	6	374	13	363	7	330	6	347	6	351	11	261	(51)
	64	871	44	754	24	772	16	759	15	751	15	781	16	766	(52)
	3	324	3	332	3	337	3	330	3	332	3	332	4	331	(53)
	65	749	44	762	49	702	54	985	67	1,032	79	920	86	1,049	(54)
	2	746	1	757	1	795	0	831	0	915	0	876	2	539	(55)
	7	452	7	448	6	454	8	485	9	516	8	535	8	537	(56)
	49	221	40	214	44	189	72	267	95	284	100	338	119	338	(57)
	28	330	30	301	27	259	41	403	44	494	49	607	52	552	(58)
	385	505	459	420	431	415	312	535	329	483	356	406	452	402	(59)
	417	212	411	235	336	295	337	371	381	391	398	358	454	305	(60)
	123	336	121	390	100	485	156	455	203	382	173	351	142	380	(61)

3 卸売市場別の月別野菜の卸売数量・価額・価格（続き）
(58) 大阪府中央卸売市場

品目		計 数量(t)	計 価額(千円)	計 価格(円/kg)	1月 数量(t)	1月 価格(円/kg)	2月 数量(t)	2月 価格(円/kg)	3月 数量(t)	3月 価格(円/kg)	4月 数量(t)	4月 価格(円/kg)	5月 数量(t)	5月 価格(円/kg)
野菜計	(1)	133,219	31,072,388	233	10,703	196	11,300	219	11,987	238	11,945	223	11,997	215
根菜類														
だいこん	(2)	10,037	1,046,389	104	1,037	55	1,110	69	878	93	687	95	756	102
かぶ	(3)	315	64,804	206	69	138	52	183	31	208	20	137	4	252
にんじん	(4)	6,604	1,095,620	166	531	81	563	96	587	113	523	165	573	162
ごぼう	(5)	889	245,178	276	63	238	71	301	86	293	91	241	37	304
たけのこ	(6)	238	89,151	375	2	780	4	1,045	33	745	131	346	50	206
れんこん	(7)	682	439,314	644	50	639	54	732	48	844	41	834	41	740
葉茎菜類														
はくさい	(8)	14,333	1,415,350	99	1,265	64	1,470	85	1,295	116	1,051	105	992	79
みずな	(9)	662	201,436	304	92	210	68	275	53	265	53	214	45	209
こまつな	(10)	1,166	355,926	305	62	359	76	429	102	323	104	269	113	182
その他の菜類	(11)	98	35,766	365	9	270	8	453	9	400	11	269	10	248
ちんげんさい	(12)	541	163,941	303	34	275	35	361	49	301	49	287	60	250
キャベツ	(13)	17,897	1,839,112	103	1,459	56	1,495	64	1,576	78	1,431	110	1,692	108
ほうれんそう	(14)	1,135	636,055	560	115	535	124	569	127	504	118	432	90	504
ねぎ	(15)	2,576	1,222,477	475	264	398	257	470	236	429	187	473	134	614
ふき	(16)	64	27,726	436	4	327	3	451	9	433	24	496	11	480
うど	(17)	5	3,011	658	-	-	1	744	2	687	2	671	0	295
みつば	(18)	243	148,476	612	21	718	22	689	23	463	21	371	21	362
しゅんぎく	(19)	281	150,241	535	51	486	36	553	26	432	18	384	14	477
にら	(20)	757	470,955	622	50	719	56	999	70	482	79	413	87	314
洋菜類														
セルリー	(21)	247	72,365	293	13	302	17	282	17	327	18	322	13	362
アスパラガス	(22)	682	760,798	1,115	6	1,663	30	1,359	87	1,258	53	1,504	37	1,425
うち輸入	(23)	83	79,710	957	5	1,467	15	853	18	729	8	975	3	1,048
カリフラワー	(24)	199	60,274	303	32	224	28	333	22	296	12	300	18	224
ブロッコリー	(25)	1,390	652,569	470	150	345	130	475	139	468	109	548	193	399
うち輸入	(26)	68	25,970	384	-	-	0	438	3	409	10	393	7	304
レタス	(27)	5,983	1,304,497	218	352	280	374	323	442	263	589	195	560	185
パセリ	(28)	45	63,129	1,403	4	721	3	830	6	520	6	523	4	979
果菜類														
きゅうり	(29)	6,540	2,196,380	336	329	426	387	421	680	329	727	259	841	253
かぼちゃ	(30)	6,598	852,528	129	493	123	499	123	748	89	909	84	754	93
うち輸入	(31)	4,999	546,237	109	485	122	495	121	747	89	906	83	739	89
なす	(32)	2,762	951,088	344	78	511	124	468	224	440	248	398	267	379
トマト	(33)	5,022	1,921,314	383	264	438	371	439	384	518	493	404	639	298
ミニトマト	(34)	1,166	870,931	747	79	779	76	908	122	911	120	618	158	443
ピーマン	(35)	2,343	1,001,083	427	152	565	149	723	237	562	223	376	235	315
ししとうがらし	(36)	157	122,213	781	4	1,614	5	1,317	6	1,295	9	862	10	910
スイートコーン	(37)	801	184,262	230	-	-	-	-	-	-	3	520	34	353
豆類														
さやいんげん	(38)	151	144,818	962	13	795	12	962	14	1,009	13	1,085	17	843
さやえんどう	(39)	66	80,425	1,223	7	951	5	1,508	8	1,391	14	1,082	9	980
うち輸入	(40)	12	6,756	561	1	487	1	490	1	760	1	641	1	510
実えんどう	(41)	87	74,888	865	3	851	6	962	10	1,104	43	811	20	855
そらまめ	(42)	45	21,631	476	3	476	0	1,428	0	2,237	14	573	23	400
えだまめ	(43)	195	133,957	685	-	-	-	-	6	528	6	541	18	754
土物類														
かんしょ	(44)	3,403	906,061	266	418	259	412	247	361	282	224	259	127	311
ばれいしょ	(45)	10,398	1,921,734	185	1,030	132	947	175	887	230	904	250	1,161	214
さといも	(46)	597	154,520	259	56	242	55	258	51	240	37	224	26	289
やまのいも	(47)	1,721	686,638	399	157	353	157	354	150	360	165	371	141	388
たまねぎ	(48)	15,520	1,698,716	109	1,245	82	1,421	89	1,424	93	1,684	83	1,282	95
うち輸入	(49)	608	67,965	112	17	134	16	131	37	133	45	136	49	107
にんにく	(50)	234	163,865	700	17	599	19	628	20	626	21	644	21	627
うち輸入	(51)	177	59,816	337	13	280	14	300	15	309	16	321	16	326
しょうが	(52)	420	309,441	736	20	735	24	760	31	764	27	763	35	801
うち輸入	(53)	53	16,488	308	3	363	3	347	4	347	4	344	4	326
きのこ類														
生しいたけ	(54)	1,134	1,101,373	971	92	1,068	101	1,067	107	917	95	873	89	951
うち輸入	(55)	6	3,571	596	2	605	2	605	1	605	0	605	0	605
なめこ	(56)	159	74,708	471	12	481	14	483	15	473	14	449	14	456
えのきだけ	(57)	1,175	269,192	229	127	253	96	280	117	189	92	179	79	192
しめじ	(58)	1,863	650,032	349	133	382	109	479	198	293	204	256	141	266
その他の野菜	(59)	3,594	2,016,030	561	235	635	226	533	233	556	229	549	304	563
輸入野菜計	(60)	7,007	1,280,199	183	578	178	609	190	908	142	1,077	124	903	127
その他の輸入野菜	(61)	1,000	473,685	474	52	530	61	544	82	436	87	393	83	373

	6月		7月		8月		9月		10月		11月		12月		
	数量	価格	数量	価格	数量	価格	数量	価格	数量	価格	数量	価格	数量	価格	
	t	円/kg	t	円/kg	t	円/kg	t	円/kg	t	円/kg	t	円/kg	t	円/kg	
	10,620	233	10,278	233	11,237	214	10,587	249	10,751	281	10,288	266	11,526	237	(1)
	564	98	592	119	610	110	696	125	1,087	155	998	142	1,022	96	(2)
	2	208	1	172	0	97	-	-	7	347	51	295	77	223	(3)
	547	129	452	153	536	154	462	318	592	289	589	214	650	135	(4)
	56	353	78	281	43	258	82	247	86	242	91	264	104	311	(5)
	15	90	0	81	0	227	-	-	1	1,344	0	968	1	597	(6)
	24	889	16	1,220	50	556	70	544	80	517	82	504	127	587	(7)
	897	79	816	57	864	59	1,090	90	1,347	151	1,698	148	1,549	97	(8)
	38	245	35	370	38	247	31	569	31	798	67	402	111	252	(9)
	117	200	101	238	123	152	100	402	82	548	96	434	91	294	(10)
	8	304	6	415	6	347	7	441	7	578	8	432	9	349	(11)
	56	256	46	272	47	225	52	332	46	416	35	391	33	331	(12)
	1,485	106	1,662	75	1,600	71	1,553	102	1,480	185	1,262	186	1,204	111	(13)
	74	539	53	648	57	640	47	917	64	844	109	593	157	454	(14)
	174	471	193	421	183	442	229	459	269	537	196	539	256	491	(15)
	3	359	0	391	-	-	-	-	-	-	6	285	5	347	(16)
	0	270	-	-	0	290	0	256	0	254	-	-	0	374	(17)
	18	379	18	550	19	568	16	695	17	863	17	592	30	975	(18)
	10	486	6	748	6	632	4	1,154	21	773	30	618	60	477	(19)
	66	338	62	583	60	556	57	768	57	953	56	825	54	878	(20)
	22	325	23	223	28	174	25	238	28	394	25	351	19	270	(21)
	80	1,237	131	1,016	134	869	70	933	29	971	15	957	10	1,164	(22)
	-	-	-	-	-	-	1	1,185	8	1,050	14	947	10	1,154	(23)
	7	355	9	364	9	341	8	341	11	375	17	349	25	312	(24)
	102	493	82	492	49	566	51	628	74	608	132	525	179	408	(25)
	7	380	8	388	11	366	13	417	5	494	1	525	3	190	(26)
	598	149	652	125	659	139	433	245	337	405	376	312	611	210	(27)
	3	1,348	3	2,003	4	1,628	5	1,806	2	4,233	3	2,480	3	2,361	(28)
	681	255	510	331	621	249	574	355	415	534	370	452	405	439	(29)
	636	124	702	114	400	182	454	161	346	197	275	268	383	186	(30)
	504	104	420	73	117	133	20	169	14	233	205	268	344	172	(31)
	355	327	333	309	465	185	230	293	189	361	136	456	113	458	(32)
	612	298	427	329	660	279	503	331	279	534	159	660	230	550	(33)
	107	603	83	800	115	636	94	680	72	1,099	55	1,150	84	879	(34)
	198	342	209	353	239	235	182	347	146	526	188	516	186	440	(35)
	24	758	30	647	26	496	19	560	10	939	7	943	6	1,143	(36)
	177	246	232	224	256	220	100	192	0	168	-	-	-	-	(37)
	18	691	10	1,008	10	1,005	7	1,709	8	1,543	12	952	16	700	(38)
	4	1,483	4	1,183	2	2,066	1	2,738	1	2,144	5	1,153	8	1,091	(39)
	1	568	2	470	0	208	0	791	1	849	2	611	1	346	(40)
	2	996	-	-	-	-	-	-	1	326	1	627	1	935	(41)
	4	481	0	301	-	-	-	-	-	-	-	-	0	1,002	(42)
	39	739	54	606	41	642	24	760	8	1,035	0	623	-	-	(43)
	124	312	166	311	260	255	269	252	307	272	270	271	464	249	(44)
	765	211	546	181	864	148	954	183	839	146	726	167	776	174	(45)
	24	330	20	320	21	311	49	286	71	278	75	242	114	233	(46)
	163	400	154	430	158	422	133	440	104	439	103	432	136	436	(47)
	931	154	946	182	1,146	191	1,256	141	1,513	92	1,249	84	1,422	83	(48)
	59	98	147	113	106	108	58	105	41	95	16	92	17	117	(49)
	18	579	23	799	20	685	20	690	17	926	16	900	23	736	(50)
	15	326	15	356	16	349	16	358	13	366	11	382	18	373	(51)
	70	819	70	702	43	692	28	684	26	639	21	682	24	702	(52)
	4	293	4	305	5	302	6	305	7	276	4	286	5	275	(53)
	84	878	84	841	79	851	78	1,067	89	1,076	114	947	122	1,073	(54)
	0	605	0	605	-	-	0	605	0	605	0	271	1	605	(55)
	13	451	13	423	14	417	12	463	12	522	11	553	14	497	(56)
	73	185	58	170	72	127	81	222	111	250	125	298	144	283	(57)
	135	270	144	248	168	218	151	369	160	449	145	536	174	487	(58)
	395	536	426	524	435	478	279	673	272	691	264	518	294	556	(59)
	669	137	674	142	320	259	188	405	193	487	388	322	498	237	(60)
	79	307	79	482	65	692	73	706	105	656	133	357	99	366	(61)

3　卸売市場別の月別野菜の卸売数量・価額・価格（続き）
(59)　大阪府内青果市場

品目		計			1月		2月		3月		4月		5月	
		数量	価額	価格	数量	価格	数量	価格	数量	価格	数量	価格	数量	価格
		t	千円	円／kg	t	円／kg	t	円／kg	t	円／kg	t	円／kg	t	円／kg
野菜計	(1)	**121,426**	**25,669,277**	**211**	**9,388**	**176**	**9,508**	**199**	**9,323**	**215**	**10,675**	**206**	**10,554**	**210**
根菜類														
だいこん	(2)	13,920	1,440,152	103	1,300	57	1,298	68	1,019	90	1,006	90	848	99
かぶ	(3)	552	89,099	161	121	121	106	151	49	175	52	127	14	98
にんじん	(4)	5,962	909,050	152	386	86	394	99	534	127	632	162	664	162
ごぼう	(5)	583	166,050	285	45	254	59	290	48	260	44	272	37	295
たけのこ	(6)	423	108,985	258	1	662	2	991	40	656	352	204	25	232
れんこん	(7)	429	306,136	714	26	740	30	816	29	848	26	830	22	847
葉茎菜類														
はくさい	(8)	16,457	1,547,867	94	1,595	58	1,413	80	1,018	115	1,038	102	1,084	79
みずな	(9)	544	150,401	276	85	217	54	264	49	247	48	185	40	175
こまつな	(10)	1,445	368,543	255	88	286	89	339	111	276	144	218	163	166
その他の菜類	(11)	249	66,342	266	20	264	14	385	23	235	23	244	30	194
ちんげんさい	(12)	486	138,437	285	26	271	23	397	30	341	33	317	58	230
キャベツ	(13)	18,124	1,713,930	95	1,633	53	1,756	58	1,630	72	1,465	99	1,345	107
ほうれんそう	(14)	1,739	843,624	485	143	403	156	447	164	395	220	352	190	440
ねぎ	(15)	2,604	1,236,197	475	262	404	235	493	220	435	168	457	135	601
ふき	(16)	247	70,568	286	16	262	15	251	35	290	67	303	34	360
うど	(17)	1	872	683	0	808	0	697	1	654	0	721	0	680
みつば	(18)	155	113,922	734	12	1,046	16	887	14	651	13	473	13	452
しゅんぎく	(19)	574	259,395	452	104	430	74	409	56	363	31	357	23	437
にら	(20)	503	312,555	622	41	752	34	1,000	54	490	51	437	57	353
洋菜類														
セルリー	(21)	172	49,588	289	15	221	13	259	14	291	10	360	12	404
アスパラガス	(22)	180	201,030	1,116	3	1,707	5	1,187	18	1,106	26	1,088	33	1,345
うち輸入	(23)	35	38,067	1,080	3	1,659	4	972	7	859	2	1,055	0	1,281
カリフラワー	(24)	117	28,108	240	32	197	18	270	13	223	6	276	5	199
ブロッコリー	(25)	1,477	711,089	482	157	321	123	498	117	482	81	496	127	435
うち輸入	(26)	43	17,852	415	-	-	-	-	1	497	5	452	3	415
レタス	(27)	6,605	1,266,759	192	254	292	235	365	281	301	401	205	687	154
パセリ	(28)	24	34,696	1,422	1	859	1	872	2	646	2	616	3	794
果菜類														
きゅうり	(29)	4,498	1,476,604	328	283	420	272	431	328	317	421	255	531	254
かぼちゃ	(30)	2,037	326,507	160	118	134	131	137	160	119	194	95	164	115
うち輸入	(31)	861	101,658	118	98	120	103	117	142	97	142	86	129	94
なす	(32)	4,998	1,532,282	307	52	549	103	464	166	459	400	380	658	369
トマト	(33)	3,640	1,251,811	344	170	428	226	417	194	470	335	357	463	268
ミニトマト	(34)	1,020	710,242	696	89	670	77	840	78	887	114	601	146	481
ピーマン	(35)	1,115	512,086	459	63	616	64	794	81	610	99	458	130	369
ししとうがらし	(36)	114	102,559	900	4	1,662	4	1,481	4	1,442	6	1,341	8	1,176
スイートコーン	(37)	611	133,392	218	-	-	0	380	-	-	0	456	21	344
豆類														
さやいんげん	(38)	161	145,753	906	7	1,290	6	1,491	8	1,283	10	1,076	23	725
さやえんどう	(39)	89	95,713	1,079	8	909	6	1,449	10	1,288	30	899	11	904
うち輸入	(40)	3	1,996	794	0	691	0	796	0	872	0	871	-	-
実えんどう	(41)	219	196,222	898	9	911	24	1,103	37	1,199	112	742	30	913
そらまめ	(42)	66	25,609	387	3	389	0	1,039	0	1,598	21	453	39	333
えだまめ	(43)	208	136,274	654	-	-	-	-	1	523	1	456	14	921
土物類														
かんしょ	(44)	1,458	400,160	274	147	270	159	283	132	264	103	256	78	305
ばれいしょ	(45)	7,318	1,268,723	173	637	126	735	163	753	214	889	204	675	202
さといも	(46)	417	116,771	280	27	296	37	223	28	263	13	263	11	352
やまのいも	(47)	1,028	385,038	374	67	335	76	342	83	337	111	329	97	341
たまねぎ	(48)	10,647	1,070,881	101	714	87	820	92	1,023	93	1,289	69	1,243	74
うち輸入	(49)	644	54,427	84	14	120	16	122	18	136	14	154	19	104
にんにく	(50)	84	92,322	1,097	7	1,107	7	1,084	8	1,019	8	1,107	9	957
うち輸入	(51)	37	13,882	380	3	340	3	357	3	352	3	340	3	348
しょうが	(52)	395	259,333	657	14	699	18	711	24	694	24	615	35	635
うち輸入	(53)	72	28,995	402	3	391	4	375	5	383	6	412	6	435
きのこ類														
生しいたけ	(54)	748	696,754	931	81	984	69	1,031	68	893	59	812	42	907
うち輸入	(55)	8	4,808	584	1	572	1	594	1	579	1	584	1	610
なめこ	(56)	86	36,410	422	7	413	7	460	8	401	7	414	7	431
えのきだけ	(57)	2,410	592,890	246	235	284	210	295	225	211	179	195	147	212
しめじ	(58)	1,457	560,738	385	113	439	105	470	141	341	139	293	120	311
その他の野菜	(59)	3,030	1,410,805	466	171	459	191	426	196	451	170	486	204	545
輸入野菜計	(60)	2,707	582,909	215	148	209	161	218	218	195	230	177	218	158
その他の輸入野菜	(61)	1,004	321,225	320	26	403	31	468	40	395	56	309	57	257

6月		7月		8月		9月		10月		11月		12月		
数量	価格	数量	価格	数量	価格	数量	価格	数量	価格	数量	価格	数量	価格	
t	円/kg	t	円/kg	t	円/kg	t	円/kg	t	円/kg	t	円/kg	t	円/kg	
10,150	212	10,446	194	10,508	181	10,247	224	9,829	262	10,042	244	10,756	215	(1)
863	97	1,051	115	1,013	114	1,335	129	1,361	145	1,322	132	1,504	97	(2)
2	96	0	133	0	152	0	485	18	241	79	206	112	190	(3)
450	121	322	135	490	125	447	251	533	213	568	185	541	128	(4)
56	397	31	274	30	250	62	228	53	254	52	292	66	320	(5)
1	243	0	326	-	-	-	-	1	1,244	0	1,318	1	840	(6)
11	1,186	12	1,241	30	649	44	639	54	595	56	589	89	639	(7)
1,292	79	1,045	54	1,092	55	1,378	82	1,659	141	1,897	147	1,945	98	(8)
25	215	22	359	22	277	23	480	45	428	43	391	89	263	(9)
152	174	114	219	127	168	119	322	119	397	114	344	105	253	(10)
22	209	15	272	17	235	13	351	20	371	26	290	27	254	(11)
56	235	47	256	50	190	51	314	49	377	34	320	29	287	(12)
1,167	107	1,756	71	1,779	70	1,553	94	1,362	166	1,386	169	1,292	107	(13)
134	529	107	637	110	662	90	813	88	720	151	486	187	368	(14)
156	465	169	430	186	429	213	492	274	537	267	509	318	465	(15)
9	349	0	448	-	-	-	-	13	288	33	206	24	251	(16)
-	-	-	-	0	454	-	-	-	-	-	-	-	-	(17)
11	477	12	632	10	638	11	816	13	903	12	637	18	1,027	(18)
23	405	9	652	10	642	11	939	36	659	75	480	122	419	(19)
47	385	32	575	32	546	32	797	43	739	41	834	40	864	(20)
19	319	16	220	14	185	15	242	14	412	11	445	19	202	(21)
22	1,233	19	971	18	845	15	901	9	968	7	1,072	6	1,290	(22)
0	992	-	-	0	1,276	2	1,058	5	977	6	1,089	6	1,261	(23)
4	305	3	333	3	302	3	300	3	349	8	287	19	209	(24)
152	537	141	456	82	495	111	598	104	615	127	529	152	408	(25)
3	418	3	363	4	363	8	449	8	426	5	394	3	363	(26)
947	118	974	114	930	135	760	194	307	410	336	312	493	218	(27)
3	1,215	3	1,576	3	904	2	2,089	1	3,699	1	2,936	1	3,283	(28)
436	247	406	274	461	211	416	337	346	502	306	444	292	439	(29)
246	139	222	154	174	192	172	197	202	195	108	269	144	222	(30)
79	109	26	103	16	140	5	158	-	-	39	275	82	180	(31)
860	315	1,035	268	878	201	439	276	265	285	88	420	53	500	(32)
434	261	297	289	543	248	451	312	233	509	136	565	158	509	(33)
104	562	57	631	57	625	83	693	60	913	61	1,018	95	784	(34)
111	341	111	373	106	264	99	394	79	553	82	560	88	490	(35)
16	754	22	534	19	519	13	679	8	1,137	5	1,372	4	1,924	(36)
163	237	206	183	140	241	81	198	0	371	0	722	-	-	(37)
32	578	12	821	14	775	11	1,207	11	1,249	15	901	12	876	(38)
5	1,325	2	1,147	1	1,998	0	3,863	1	2,185	5	1,211	11	1,117	(39)
0	699	0	664	0	758	0	886	0	867	1	872	0	708	(40)
2	940	-	-	-	-	-	-	0	1,452	1	1,188	3	1,004	(41)
3	540	1	430	-	-	-	-	-	-	-	-	0	366	(42)
53	703	69	532	39	570	13	636	12	963	6	985	-	-	(43)
70	317	101	300	130	262	128	270	125	280	129	280	157	246	(44)
496	182	396	173	379	144	547	177	617	151	597	160	598	153	(45)
9	384	8	352	19	353	45	353	60	303	69	275	91	220	(46)
89	352	102	356	95	396	83	400	73	428	68	445	84	464	(47)
702	136	689	147	650	176	726	150	915	95	967	81	909	81	(48)
35	85	87	75	93	79	98	78	85	70	89	73	75	95	(49)
6	976	6	1,048	9	806	6	1,380	7	1,016	6	1,490	6	1,422	(50)
3	307	3	343	6	261	2	499	3	467	2	541	2	631	(51)
80	708	76	583	34	695	26	658	22	673	20	634	20	644	(52)
6	418	8	400	7	402	7	394	6	402	6	416	7	384	(53)
39	877	40	816	42	806	47	983	62	1,053	95	923	106	951	(54)
0	595	1	590	1	601	0	600	1	581	1	582	1	556	(55)
7	419	7	381	7	344	6	421	7	467	7	501	9	417	(56)
121	211	125	197	134	175	179	244	219	275	256	305	381	250	(57)
108	299	111	265	105	251	118	383	127	471	122	555	150	503	(58)
333	445	445	374	420	369	267	531	200	766	248	405	185	563	(59)
170	158	208	203	221	259	242	279	266	293	321	202	304	204	(60)
42	234	79	339	96	435	119	412	158	376	171	200	129	212	(61)

3 卸売市場別の月別野菜の卸売数量・価額・価格（続き）
(60) 神戸市中央卸売市場計

品目		計 数量	計 価額	計 価格	1月 数量	1月 価格	2月 数量	2月 価格	3月 数量	3月 価格	4月 数量	4月 価格	5月 数量	5月 価格
		t	千円	円/kg	t	円/kg	t	円/kg	t	円/kg	t	円/kg	t	円/kg
野菜計	(1)	129,470	30,758,582	238	9,931	208	10,265	228	10,480	241	10,672	232	11,470	220
根菜類														
だいこん	(2)	9,414	940,403	100	1,000	60	1,029	67	864	89	871	90	717	94
かぶ	(3)	217	38,580	178	50	137	30	184	18	187	9	146	2	193
にんじん	(4)	4,962	858,452	173	302	83	375	89	365	124	511	166	568	163
ごぼう	(5)	686	168,941	246	62	229	64	234	60	253	49	266	41	326
たけのこ	(6)	180	77,777	433	2	566	4	1,016	34	726	131	336	7	312
れんこん	(7)	654	454,769	696	43	667	50	779	48	842	45	862	31	841
葉茎菜類														
はくさい	(8)	17,470	1,689,996	97	1,537	59	1,500	80	1,170	116	981	108	900	80
みずな	(9)	525	257,187	490	51	408	46	454	54	384	44	404	40	401
こまつな	(10)	1,004	435,555	434	61	496	68	528	95	359	108	350	100	304
その他の菜類	(11)	24	11,385	476	2	525	4	487	4	447	3	497	2	498
ちんげんさい	(12)	698	252,748	362	52	330	53	401	64	341	63	332	61	325
キャベツ	(13)	25,660	2,465,476	96	2,119	54	2,182	60	2,354	75	1,967	105	2,408	102
ほうれんそう	(14)	1,247	813,005	652	161	614	167	612	145	598	119	562	104	624
ねぎ	(15)	2,613	1,293,714	495	234	441	243	484	231	440	194	479	170	557
ふき	(16)	98	32,923	336	10	274	17	307	14	358	24	381	13	357
うど	(17)	5	3,560	701	0	773	1	707	2	737	1	732	1	496
みつば	(18)	193	126,471	656	19	818	17	747	18	501	15	394	14	404
しゅんぎく	(19)	172	118,844	690	20	759	17	694	19	445	13	471	9	670
にら	(20)	246	161,987	659	22	811	21	997	26	497	26	435	24	374
洋菜類														
セルリー	(21)	472	139,254	295	29	287	32	269	42	323	39	323	30	361
アスパラガス	(22)	353	436,619	1,236	7	1,600	12	1,695	40	1,360	45	1,551	40	1,522
うち輸入	(23)	25	26,061	1,050	4	1,285	3	857	4	631	1	855	1	908
カリフラワー	(24)	186	60,425	325	17	246	21	358	15	355	14	315	20	216
ブロッコリー	(25)	2,211	1,075,778	486	231	394	214	513	224	524	204	541	324	420
うち輸入	(26)	14	6,781	476	0	541	0	538	0	414	1	470	0	486
レタス	(27)	11,029	2,494,465	226	512	294	470	342	675	287	901	215	1,010	186
パセリ	(28)	62	111,124	1,798	5	775	4	808	7	567	6	518	5	1,001
果菜類														
きゅうり	(29)	6,295	2,158,338	343	409	434	435	440	519	325	580	267	665	266
かぼちゃ	(30)	2,180	375,183	172	167	157	162	155	174	116	221	100	194	120
うち輸入	(31)	1,289	160,504	125	150	131	155	129	165	97	213	83	181	90
なす	(32)	3,587	1,204,081	336	93	542	150	450	213	399	284	352	371	366
トマト	(33)	4,814	1,832,039	381	236	441	294	434	321	497	443	388	578	283
ミニトマト	(34)	845	604,494	715	65	740	58	839	68	867	89	630	99	462
ピーマン	(35)	1,954	886,166	454	99	657	98	789	169	604	162	426	181	372
ししとうがらし	(36)	115	112,667	976	3	1,800	4	1,445	6	1,269	7	1,294	10	1,087
スイートコーン	(37)	686	162,637	237	0	412	0	468	0	540	1	540	46	328
豆類														
さやいんげん	(38)	102	112,054	1,094	9	910	10	1,081	10	1,049	8	1,140	9	909
さやえんどう	(39)	80	110,649	1,383	10	908	8	1,576	12	1,433	13	1,131	5	1,441
うち輸入	(40)	3	1,974	588	0	356	1	699	0	443	-	-	-	-
実えんどう	(41)	69	59,660	866	3	824	7	950	11	1,111	26	781	14	868
そらまめ	(42)	48	23,325	486	4	452	0	1,521	0	1,785	15	547	22	404
えだまめ	(43)	103	79,996	779	-	-	-	-	2	493	6	529	8	794
土物類														
かんしょ	(44)	3,769	933,112	248	399	248	457	248	362	249	268	232	165	262
ばれいしょ	(45)	4,658	842,020	181	418	122	468	157	512	192	483	224	440	208
さといも	(46)	670	194,650	291	56	254	50	316	41	287	33	253	22	304
やまのいも	(47)	1,255	510,604	407	95	337	104	342	113	344	102	359	100	392
たまねぎ	(48)	11,487	1,543,822	134	821	114	825	109	848	107	1,103	90	1,394	96
うち輸入	(49)	214	21,526	101	4	130	16	141	11	155	8	181	10	146
にんにく	(50)	134	114,659	857	9	760	11	812	11	756	12	657	12	809
うち輸入	(51)	92	30,591	332	6	310	7	311	8	320	9	318	9	324
しょうが	(52)	300	218,360	729	12	677	23	667	48	669	15	707	22	798
うち輸入	(53)	63	17,177	271	4	284	6	287	11	272	4	270	5	269
きのこ類														
生しいたけ	(54)	1,470	1,604,904	1,092	121	1,221	124	1,208	118	1,031	114	960	108	1,034
うち輸入	(55)	2	972	640	0	626	0	626	0	626	0	626	0	626
なめこ	(56)	144	66,369	461	10	425	12	431	14	443	13	427	11	446
えのきだけ	(57)	821	218,732	266	100	279	80	307	78	214	57	216	46	230
しめじ	(58)	767	314,613	410	70	448	64	465	61	366	62	322	57	321
その他の野菜	(59)	2,737	1,956,008	715	172	673	179	695	179	753	172	703	250	692
輸入野菜計	(60)	2,386	599,215	251	207	239	228	239	249	202	291	150	246	174
その他の輸入野菜	(61)	684	333,628	487	38	544	39	626	49	496	55	350	39	501

注：神戸市中央卸売市場計とは、神戸市において開設されている中央卸売市場（本場及び東部）の計である。

	6月		7月		8月		9月		10月		11月		12月		
	数量	価格	数量	価格	数量	価格	数量	価格	数量	価格	数量	価格	数量	価格	
	t	円/kg	t	円/kg	t	円/kg	t	円/kg	t	円/kg	t	円/kg	t	円/kg	
	10,487	231	10,790	224	11,449	204	11,149	242	11,091	298	10,112	280	11,573	243	(1)
	460	102	382	130	514	114	668	118	802	147	994	134	1,113	94	(2)
	2	217	2	188	2	199	1	220	11	270	26	226	65	172	(3)
	431	147	335	148	406	164	368	324	325	282	411	224	564	168	(4)
	46	298	34	213	35	195	61	212	76	206	70	217	88	305	(5)
	0	324	-	-	-	-	-	-	1	1,370	0	953	2	674	(6)
	22	1,170	17	1,310	47	600	73	596	87	564	80	546	109	626	(7)
	956	78	1,037	58	1,095	59	1,870	86	2,551	133	1,923	146	1,949	95	(8)
	36	399	35	537	34	400	39	655	38	977	40	596	70	406	(9)
	103	303	84	402	68	327	73	596	86	649	90	558	66	443	(10)
	1	527	1	335	1	289	2	349	1	462	1	774	2	572	(11)
	71	298	57	335	51	298	51	412	64	484	58	431	53	366	(12)
	2,064	103	2,174	74	2,224	68	2,159	91	2,024	174	1,759	165	2,225	100	(13)
	83	653	61	771	59	782	48	1,041	61	997	94	645	145	514	(14)
	186	479	189	465	179	462	196	511	253	565	236	549	303	501	(15)
	1	264	-	-	-	-	-	-	3	340	6	280	9	318	(16)
	0	448	0	567	0	837	-	-	0	991	0	1,080	0	801	(17)
	13	395	15	571	13	546	13	668	15	878	14	586	28	989	(18)
	5	840	3	918	3	804	5	1,262	9	1,279	21	741	48	585	(19)
	24	414	16	628	19	540	17	817	18	929	17	873	15	905	(20)
	47	310	47	240	50	188	48	247	42	364	36	405	29	283	(21)
	44	1,322	49	1,084	55	853	36	939	15	1,053	5	1,059	4	1,252	(22)
	0	1,512	0	1,404	0	1,404	0	1,703	3	1,165	5	1,052	4	1,253	(23)
	6	356	10	340	13	308	16	337	19	435	17	333	17	325	(24)
	157	501	178	427	114	505	92	605	106	616	152	540	215	445	(25)
	1	486	1	479	1	412	2	468	3	486	2	486	2	490	(26)
	1,222	138	1,187	123	1,269	143	1,137	221	886	440	882	304	878	232	(27)
	4	1,258	4	1,990	6	1,324	5	3,152	5	4,123	4	3,010	7	3,108	(28)
	578	272	667	298	722	220	563	362	366	570	379	459	410	456	(29)
	215	174	244	181	224	200	156	196	120	235	113	289	191	214	(30)
	126	113	66	94	-	-	-	-	11	222	76	275	145	188	(31)
	436	315	491	322	623	205	380	322	287	348	154	455	106	470	(32)
	528	311	480	330	644	274	530	343	319	566	200	600	242	516	(33)
	77	569	59	633	73	597	83	666	59	1,025	52	1,025	62	845	(34)
	239	312	177	381	213	250	200	384	160	601	142	563	114	505	(35)
	21	808	23	644	15	633	9	845	7	1,402	5	1,370	5	1,584	(36)
	189	234	251	234	147	234	51	179	1	383	-	-	0	397	(37)
	8	977	8	1,216	10	1,053	5	1,771	6	1,759	9	918	9	895	(38)
	4	1,954	4	1,568	2	2,250	1	4,318	2	2,615	7	1,045	11	1,217	(39)
	0	640	1	513	1	538	0	771	0	864	1	665	0	519	(40)
	4	672	-	-	-	-	-	-	-	-	1	844	3	773	(41)
	5	496	0	161	-	-	-	-	-	-	-	-	0	898	(42)
	19	707	26	759	21	771	11	896	9	1,077	-	-	-	-	(43)
	174	275	230	279	247	247	335	227	350	239	326	244	454	247	(44)
	273	225	219	207	226	166	376	184	410	158	446	165	388	175	(45)
	14	515	11	440	15	345	39	341	105	287	112	246	173	288	(46)
	124	399	113	407	135	432	97	445	87	456	81	491	102	502	(47)
	1,020	164	1,295	185	1,277	203	795	170	786	112	606	112	717	111	(48)
	41	87	13	88	33	88	43	84	17	74	8	76	8	108	(49)
	11	873	11	836	14	866	12	806	12	902	8	1,322	12	988	(50)
	7	362	8	371	9	358	7	334	9	302	5	344	8	332	(51)
	53	858	38	770	26	709	16	684	14	655	15	648	18	661	(52)
	4	267	4	271	5	265	4	269	5	265	5	264	6	265	(53)
	92	955	97	883	96	911	119	1,079	137	1,252	157	1,066	185	1,269	(54)
	0	626	0	626	0	626	0	686	0	648	0	629	0	723	(55)
	11	442	9	443	10	451	13	474	15	512	13	519	12	490	(56)
	44	225	40	215	44	191	68	246	77	283	85	330	102	324	(57)
	56	332	50	308	55	284	68	399	77	469	81	554	66	529	(58)
	307	669	324	655	354	591	242	788	185	978	183	798	190	750	(59)
	224	169	140	286	92	482	103	484	128	483	220	283	259	243	(60)
	45	353	46	595	43	833	46	896	80	609	119	265	85	288	(61)

3 卸売市場別の月別野菜の卸売数量・価額・価格（続き）
(61) 神戸市中央卸売市場 本場

品目		計 数量	計 価額	計 価格	1月 数量	1月 価格	2月 数量	2月 価格	3月 数量	3月 価格	4月 数量	4月 価格	5月 数量	5月 価格
		t	千円	円／kg	t	円／kg	t	円／kg	t	円／kg	t	円／kg	t	円／kg
野菜計	(1)	**107,334**	**24,590,893**	**229**	**8,152**	**199**	**8,525**	**216**	**8,637**	**235**	**8,951**	**224**	**9,489**	**211**
根菜類														
だいこん	(2)	7,970	801,363	101	716	59	798	66	648	93	703	89	643	91
かぶ	(3)	176	31,036	176	40	136	23	182	14	189	8	134	1	173
にんじん	(4)	3,745	654,064	175	248	79	298	84	260	119	309	166	387	162
ごぼう	(5)	641	150,744	235	59	222	60	220	55	235	44	239	37	310
たけのこ	(6)	163	71,728	440	2	589	4	1,009	32	722	117	340	6	303
れんこん	(7)	526	351,896	669	33	653	41	767	40	835	36	847	25	826
葉茎菜類														
はくさい	(8)	15,695	1,504,058	96	1,366	58	1,320	78	1,014	115	915	107	855	81
みずな	(9)	466	234,145	502	44	419	41	454	43	413	39	417	37	406
こまつな	(10)	709	304,612	430	41	482	49	524	67	361	76	351	66	304
その他の菜類	(11)	22	10,026	458	2	488	3	441	4	418	3	483	2	513
ちんげんさい	(12)	486	170,990	352	34	340	35	387	44	334	46	322	43	313
キャベツ	(13)	22,456	2,161,669	96	1,929	55	1,999	61	2,106	76	1,757	106	2,049	103
ほうれんそう	(14)	901	600,208	666	108	629	104	617	92	606	86	569	84	619
ねぎ	(15)	2,223	1,050,935	473	196	430	202	458	192	427	166	449	147	533
ふき	(16)	87	29,319	338	9	280	14	308	13	357	22	377	11	369
うど	(17)	5	3,294	709	0	807	1	725	2	751	1	737	1	496
みつば	(18)	154	103,880	677	16	803	13	748	14	512	12	412	11	424
しゅんぎく	(19)	136	97,214	713	13	788	14	695	16	440	12	472	9	670
にら	(20)	231	151,852	658	20	816	20	999	24	494	25	431	23	371
洋菜類														
セルリー	(21)	306	91,028	297	21	297	21	281	28	337	26	318	19	355
アスパラガス	(22)	260	321,465	1,235	3	1,842	6	1,718	28	1,374	33	1,529	27	1,524
うち輸入	(23)	18	20,391	1,143	2	1,566	2	1,013	2	776	1	937	1	908
カリフラワー	(24)	87	27,655	317	9	257	7	341	8	403	6	315	10	225
ブロッコリー	(25)	1,586	766,087	483	146	406	150	514	164	529	151	536	240	414
うち輸入	(26)	12	6,018	485	-	-	0	486	0	486	1	470	0	486
レタス	(27)	8,212	1,843,645	225	368	281	336	325	525	275	717	210	708	184
パセリ	(28)	37	58,248	1,594	3	809	3	794	4	604	4	534	3	960
果菜類														
きゅうり	(29)	4,448	1,575,857	354	300	445	324	447	388	325	439	266	480	268
かぼちゃ	(30)	1,970	333,613	169	150	151	155	154	164	117	213	99	185	118
うち輸入	(31)	1,238	154,657	125	144	133	149	129	155	97	206	83	173	90
なす	(32)	2,360	809,295	343	76	534	119	445	165	394	212	349	259	352
トマト	(33)	4,105	1,547,023	377	207	434	254	432	289	488	389	386	495	280
ミニトマト	(34)	739	521,246	706	60	736	55	831	63	854	83	623	94	456
ピーマン	(35)	1,746	796,097	456	85	658	89	777	154	602	150	420	168	368
ししとうがらし	(36)	86	91,170	1,056	3	1,778	3	1,449	5	1,435	6	1,363	7	1,210
スイートコーン	(37)	596	140,531	236	-	-	0	596	-	-	0	711	40	329
豆類														
さやいんげん	(38)	81	89,730	1,112	7	908	7	1,120	8	1,059	7	1,131	8	917
さやえんどう	(39)	63	88,485	1,412	7	921	7	1,617	9	1,405	11	1,112	4	1,453
うち輸入	(40)	3	1,590	576	0	356	0	639	0	378	-	-	-	-
実えんどう	(41)	60	51,784	862	3	821	7	934	10	1,084	24	772	11	892
そらまめ	(42)	34	16,368	478	3	420	0	1,570	0	1,819	11	512	14	396
えだまめ	(43)	85	67,085	785	-	-	-	-	2	487	6	526	8	805
土物類														
かんしょ	(44)	3,552	868,380	244	380	246	439	247	349	247	259	230	161	260
ばれいしょ	(45)	3,843	698,026	182	323	131	363	153	435	192	428	217	373	206
さといも	(46)	478	136,335	285	37	255	39	305	28	272	23	244	17	296
やまのいも	(47)	903	365,685	405	66	328	76	333	79	335	71	348	66	391
たまねぎ	(48)	10,230	1,386,106	135	674	119	671	112	682	108	983	88	1,274	94
うち輸入	(49)	183	16,731	91	2	132	6	135	5	156	6	178	8	138
にんにく	(50)	117	85,143	729	8	661	9	613	10	659	11	630	10	611
うち輸入	(51)	87	28,626	328	6	307	7	310	7	316	9	313	8	322
しょうが	(52)	270	191,927	712	11	658	22	654	46	659	14	693	19	773
うち輸入	(53)	63	17,151	271	4	284	6	286	11	272	4	270	5	269
きのこ類														
生しいたけ	(54)	1,028	1,141,984	1,111	87	1,231	88	1,204	81	1,051	79	977	80	1,039
うち輸入	(55)	2	972	640	0	626	0	626	0	626	0	626	0	626
なめこ	(56)	130	60,266	464	9	444	11	432	13	454	11	434	10	443
えのきだけ	(57)	683	182,706	267	78	282	67	307	63	219	47	218	40	229
しめじ	(58)	665	265,280	399	59	438	55	452	55	359	55	313	50	311
その他の野菜	(59)	1,784	1,489,606	835	96	853	103	865	102	972	106	866	173	802
輸入野菜計	(60)	2,160	501,183	232	188	216	202	218	219	182	271	135	222	154
その他の輸入野菜	(61)	554	255,046	461	30	499	31	575	37	453	44	306	26	483

	6月		7月		8月		9月		10月		11月		12月		
	数量	価格	数量	価格	数量	価格	数量	価格	数量	価格	数量	価格	数量	価格	
	t	円/kg	t	円/kg	t	円/kg	t	円/kg	t	円/kg	t	円/kg	t	円/kg	
	8,625	224	8,763	216	9,335	202	9,449	231	9,362	285	8,466	271	9,581	234	(1)
	435	100	360	127	482	111	651	116	731	146	846	132	958	92	(2)
	2	215	2	186	2	199	0	299	6	312	23	222	54	169	(3)
	312	145	209	151	361	168	328	335	281	288	365	219	387	146	(4)
	37	281	32	208	34	192	57	206	73	199	68	211	85	301	(5)
	-	-	-	-	-	-	-	-	1	1,370	0	953	1	666	(6)
	17	1,076	13	1,273	40	588	63	578	71	539	64	521	84	584	(7)
	860	80	957	59	1,023	60	1,735	86	2,234	131	1,719	146	1,696	93	(8)
	33	406	33	533	31	411	36	659	35	982	36	604	58	419	(9)
	75	301	59	393	45	332	53	578	62	634	67	538	49	443	(10)
	1	526	1	332	1	289	1	340	1	462	1	774	1	584	(11)
	52	285	38	315	34	285	35	388	48	464	41	415	35	376	(12)
	1,820	104	1,900	74	1,861	68	1,903	92	1,759	175	1,456	164	1,916	102	(13)
	68	646	52	765	52	769	43	1,027	48	1,017	66	650	96	529	(14)
	156	468	157	458	156	436	169	479	222	518	199	522	259	485	(15)
	1	274	-	-	-	-	-	-	3	343	5	290	8	318	(16)
	0	448	0	567	0	837	-	-	0	991	0	1,080	0	801	(17)
	10	414	12	588	10	581	10	683	12	873	11	634	23	1,021	(18)
	5	840	3	918	3	804	5	1,265	9	1,283	17	762	31	608	(19)
	22	409	15	627	17	550	17	814	18	920	16	865	15	899	(20)
	29	299	30	246	30	203	28	248	27	352	25	381	22	285	(21)
	34	1,303	38	1,084	42	904	27	1,005	13	1,027	4	1,126	3	1,286	(22)
	0	1,512	0	1,404	0	1,404	0	1,298	3	1,092	4	1,122	3	1,286	(23)
	4	335	7	330	6	277	5	304	7	411	8	333	10	327	(24)
	117	496	127	405	81	482	56	587	80	605	118	540	154	442	(25)
	1	486	1	486	1	486	2	486	3	486	2	486	2	486	(26)
	897	140	849	125	924	144	825	220	723	430	686	291	654	226	(27)
	3	1,186	3	1,892	4	1,167	3	2,368	2	4,174	2	2,912	4	2,732	(28)
	401	271	412	303	421	249	376	373	262	581	314	457	329	460	(29)
	186	167	191	173	169	205	148	190	116	232	109	289	183	214	(30)
	122	114	66	94	-	-	-	-	11	222	75	275	137	186	(31)
	275	310	279	325	363	209	238	327	181	373	110	461	83	455	(32)
	436	306	388	328	552	274	475	339	261	556	161	604	199	517	(33)
	70	555	48	623	58	594	65	641	44	1,033	41	1,071	58	841	(34)
	213	313	142	396	182	249	174	386	147	602	133	564	107	502	(35)
	11	938	17	650	12	668	7	882	5	1,488	5	1,342	5	1,543	(36)
	148	244	223	232	133	225	50	179	0	397	-	-	0	374	(37)
	6	965	7	1,217	9	1,045	4	1,856	4	2,041	7	962	7	887	(38)
	3	1,928	3	1,585	2	2,256	1	4,530	2	2,657	6	1,058	8	1,246	(39)
	0	648	0	586	1	534	0	741	0	864	0	655	0	496	(40)
	3	617	-	-	-	-	-	-	-	-	1	876	2	787	(41)
	4	478	0	130	-	-	-	-	-	-	-	-	0	883	(42)
	14	666	21	762	18	773	9	941	7	1,223	-	-	-	-	(43)
	171	273	197	265	210	239	315	224	334	237	308	243	430	245	(44)
	219	221	181	204	190	165	336	183	325	162	357	169	314	176	(45)
	10	451	9	405	13	325	27	332	74	283	79	245	121	288	(46)
	98	396	83	403	100	433	68	442	52	445	65	505	80	504	(47)
	925	161	1,230	184	1,219	201	719	170	701	111	531	112	622	113	(48)
	40	85	12	82	32	83	41	80	16	67	7	67	6	90	(49)
	9	693	10	719	12	740	11	731	10	772	7	1,138	10	893	(50)
	7	355	7	369	8	355	7	330	8	300	4	340	8	324	(51)
	47	847	33	762	23	688	13	658	13	631	14	625	16	640	(52)
	4	267	4	271	5	265	4	269	5	265	5	264	6	265	(53)
	64	957	66	905	63	926	78	1,170	93	1,241	113	1,090	135	1,282	(54)
	0	626	0	626	0	626	0	686	0	648	0	629	0	723	(55)
	10	450	9	446	9	457	12	473	14	501	12	504	11	502	(56)
	39	225	35	216	35	203	57	247	65	283	70	325	88	324	(57)
	50	318	42	306	47	280	59	380	66	455	70	541	56	525	(58)
	221	741	236	734	257	662	153	962	117	1,155	108	930	112	882	(59)
	198	152	121	271	81	468	94	464	118	433	209	266	238	231	(60)
	24	356	30	703	35	869	38	917	72	542	111	235	75	256	(61)

3　卸売市場別の月別野菜の卸売数量・価額・価格（続き）
(62)　神戸市中央卸売市場　東部市場

品目		計			1月		2月		3月		4月		5月	
		数量	価額	価格	数量	価格	数量	価格	数量	価格	数量	価格	数量	価格
		t	千円	円／kg	t	円／kg	t	円／kg	t	円／kg	t	円／kg	t	円／kg
野菜計	(1)	22,136	6,167,689	279	1,779	250	1,740	286	1,844	270	1,721	276	1,981	261
根菜類														
だいこん	(2)	1,445	139,040	96	284	63	231	70	217	77	168	96	74	115
かぶ	(3)	41	7,544	186	10	144	7	190	4	177	1	250	0	247
にんじん	(4)	1,217	204,388	168	54	100	77	107	105	135	202	166	181	165
ごぼう	(5)	45	18,197	402	3	344	4	432	5	473	5	536	4	487
たけのこ	(6)	17	6,049	366	0	391	0	1,434	2	806	14	302	0	452
れんこん	(7)	128	102,873	803	10	712	10	825	8	874	9	925	6	902
葉茎菜類														
はくさい	(8)	1,775	185,939	105	171	68	180	95	156	121	66	114	45	72
みずな	(9)	59	23,042	390	8	348	4	454	10	263	6	313	3	332
こまつな	(10)	295	130,943	444	21	526	19	541	28	353	32	346	34	304
その他の菜類	(11)	2	1,360	677	0	659	0	1,036	0	1,275	0	586	0	374
ちんげんさい	(12)	212	81,758	386	18	312	18	429	20	357	17	360	18	353
キャベツ	(13)	3,204	303,806	95	190	48	183	54	249	66	210	102	359	97
ほうれんそう	(14)	347	212,797	614	53	585	62	602	53	585	33	545	21	646
ねぎ	(15)	390	242,779	622	38	500	41	612	40	503	28	658	22	720
ふき	(16)	11	3,604	318	1	231	2	304	2	361	3	415	2	281
うど	(17)	0	266	613	0	516	0	582	0	639	0	634	-	-
みつば	(18)	39	22,590	574	3	890	4	744	4	462	3	331	3	331
しゅんぎく	(19)	36	21,630	602	7	706	3	686	3	470	0	461	0	566
にら	(20)	15	10,134	677	2	747	1	964	2	536	2	504	1	436
洋菜類														
セルリー	(21)	165	48,226	292	8	261	11	246	14	296	13	333	11	372
アスパラガス	(22)	93	115,154	1,238	4	1,379	6	1,671	13	1,329	12	1,612	13	1,517
うち輸入	(23)	7	5,670	812	2	947	1	648	2	491	0	497	-	-
カリフラワー	(24)	99	32,770	332	8	233	14	366	7	306	9	315	10	208
ブロッコリー	(25)	625	309,691	495	85	373	63	511	60	509	53	555	84	438
うち輸入	(26)	2	763	411	0	541	0	562	0	192	-	-	-	-
レタス	(27)	2,818	650,821	231	145	326	134	385	149	329	185	238	302	191
パセリ	(28)	25	52,876	2,093	2	731	1	832	3	514	2	492	2	1,076
果菜類														
きゅうり	(29)	1,847	582,481	315	110	403	111	420	131	323	141	271	184	262
かぼちゃ	(30)	210	41,570	198	17	205	6	168	10	100	8	129	9	144
うち輸入	(31)	51	5,848	115	6	96	6	118	10	86	7	82	8	83
なす	(32)	1,227	394,786	322	17	578	30	468	48	417	72	362	112	401
トマト	(33)	709	285,016	402	29	493	40	445	32	579	54	404	83	306
ミニトマト	(34)	106	83,248	783	5	784	3	977	5	1,038	6	732	5	562
ピーマン	(35)	208	90,069	433	13	654	8	912	15	626	13	498	13	430
ししとうがらし	(36)	29	21,497	738	0	2,252	0	1,327	2	824	1	977	4	846
スイートコーン	(37)	91	22,107	243	0	412	0	428	0	540	0	385	6	319
豆類														
さやいんげん	(38)	22	22,324	1,028	2	917	3	978	2	1,011	1	1,185	2	873
さやえんどう	(39)	17	22,164	1,275	3	878	2	1,427	3	1,517	3	1,208	1	1,398
うち輸入	(40)	1	384	640	-	-	0	931	0	878	-	-	-	-
実えんどう	(41)	9	7,875	890	0	845	1	1,143	1	1,412	2	878	3	780
そらまめ	(42)	14	6,957	507	1	545	0	821	0	1,269	4	658	8	419
えだまめ	(43)	17	12,911	747	-	-	-	-	0	573	0	586	0	600
土物類														
かんしょ	(44)	216	64,731	299	20	285	18	279	13	293	9	300	5	340
ばれいしょ	(45)	814	143,994	177	95	94	105	169	77	192	55	279	67	219
さといも	(46)	192	58,314	304	19	250	11	355	12	321	10	274	5	333
やまのいも	(47)	351	144,919	412	29	355	28	368	34	364	31	381	35	394
たまねぎ	(48)	1,257	157,716	125	147	92	154	93	166	101	120	111	120	113
うち輸入	(49)	30	4,795	158	2	128	10	145	6	153	1	193	2	184
にんにく	(50)	17	29,516	1,739	1	1,649	2	1,836	1	1,636	1	1,027	2	1,778
うち輸入	(51)	5	1,965	397	0	364	0	343	0	393	0	441	0	359
しょうが	(52)	30	26,433	884	1	884	1	879	2	885	1	854	3	986
うち輸入	(53)	0	26	324	-	-	0	324	0	324	-	-	-	-
きのこ類														
生しいたけ	(54)	441	462,920	1,049	35	1,195	36	1,216	38	986	35	921	28	1,018
うち輸入	(55)	-	-	-	-	-	-	-	-	-	-	-	-	-
なめこ	(56)	14	6,103	435	1	310	1	426	2	364	1	367	1	488
えのきだけ	(57)	138	36,027	261	22	269	14	309	14	193	9	204	6	230
しめじ	(58)	102	49,333	484	11	503	9	544	7	429	6	403	7	387
その他の野菜	(59)	953	466,401	490	75	443	76	467	77	463	65	440	78	450
輸入野菜計	(60)	226	98,032	433	19	461	26	397	30	347	20	348	24	351
その他の輸入野菜	(61)	131	78,582	602	8	709	9	805	12	631	11	531	14	536

	6月		7月		8月		9月		10月		11月		12月		
	数量	価格	数量	価格	数量	価格	数量	価格	数量	価格	数量	価格	数量	価格	
	t	円/kg	t	円/kg	t	円/kg	t	円/kg	t	円/kg	t	円/kg	t	円/kg	
	1,862	264	2,027	258	2,114	217	1,700	302	1,728	369	1,646	328	1,992	287	(1)
	24	132	23	186	31	153	18	184	71	151	148	141	155	107	(2)
	0	301	0	371	-	-	0	180	5	216	3	254	11	183	(3)
	119	152	126	143	45	138	41	241	45	243	46	263	177	215	(4)
	9	370	2	303	1	276	4	311	4	345	3	377	3	414	(5)
	0	324	-	-	-	-	-	-	-	-	-	-	0	810	(6)
	5	1,470	4	1,429	7	665	11	707	16	680	16	643	25	766	(7)
	96	56	80	44	72	51	135	81	317	147	203	143	253	112	(8)
	3	313	2	627	3	260	3	597	3	916	4	526	11	341	(9)
	28	307	25	424	23	319	20	647	25	687	24	616	17	441	(10)
	0	540	0	403	-	-	0	575	-	-	0	749	0	519	(11)
	19	332	18	376	17	323	16	465	17	538	17	469	17	347	(12)
	244	97	274	72	363	67	256	82	265	167	303	170	309	89	(13)
	15	685	9	806	7	881	5	1,161	12	919	28	633	48	484	(14)
	30	541	32	498	23	645	27	706	30	911	37	696	43	593	(15)
	0	200	-	-	-	-	-	-	0	245	1	225	1	317	(16)
															(17)
	3	329	3	510	3	414	3	614	3	902	3	423	5	821	(18)
	-	-	-	-	-	-	0	1,137	0	1,202	4	651	17	544	(19)
	1	497	1	634	2	428	1	864	1	1,217	1	1,004	1	1,009	(20)
	18	328	17	230	20	167	21	246	15	386	11	461	7	278	(21)
	10	1,389	10	1,081	13	684	9	743	2	1,187	1	771	0	909	(22)
	-	-	-	-	-	-	0	1,891	0	1,738	1	719	0	902	(23)
	2	397	3	360	7	334	11	352	13	448	8	333	7	322	(24)
	40	518	51	481	33	562	36	634	25	650	34	540	61	453	(25)
	-	-	0	394	0	242	0	54	-	-	-	-	1	502	(26)
	325	130	338	115	345	138	311	224	163	485	196	347	225	248	(27)
	2	1,368	1	2,174	2	1,659	2	4,156	3	4,073	2	3,124	3	3,543	(28)
	177	274	255	291	301	181	187	339	105	540	65	470	81	437	(29)
	29	220	52	208	55	183	8	319	4	316	3	289	8	211	(30)
	5	95	0	119	-	-	-	-	-	-	1	291	8	209	(31)
	162	323	212	318	260	200	142	314	106	304	44	441	23	520	(32)
	92	335	92	337	92	271	56	379	58	609	38	584	43	511	(33)
	7	703	12	676	15	609	18	757	15	1,001	11	858	4	907	(34)
	26	304	35	317	31	258	25	370	13	589	9	542	7	558	(35)
	9	646	6	630	3	504	2	682	1	972	1	1,575	0	2,204	(36)
	41	199	28	253	14	319	1	200	0	327	-	-	0	518	(37)
	1	1,031	2	1,212	1	1,107	1	1,481	2	1,168	2	791	2	924	(38)
	1	2,034	1	1,481	0	2,195	0	851	0	1,910	1	975	3	1,122	(39)
	0	616	0	385	0	648	0	851	0	864	0	783	0	702	(40)
	1	802	-	-	-	-	-	-	-	-	0	758	0	693	(41)
	1	553	0	423	-	-	-	-	-	-	-	-	0	1,071	(42)
	4	838	5	746	3	762	1	618	3	702	-	-	-	-	(43)
	4	372	33	359	38	295	20	280	15	293	18	259	24	285	(44)
	54	239	38	222	36	174	40	187	85	140	89	148	74	169	(45)
	4	703	2	613	2	478	12	363	31	297	33	248	52	291	(46)
	26	406	31	419	35	429	29	452	35	474	16	435	22	494	(47)
	95	191	64	214	58	243	76	167	85	114	75	106	95	101	(48)
	1	189	1	175	1	184	2	164	1	195	1	145	2	157	(49)
	2	1,859	2	1,527	2	1,787	1	1,781	1	1,826	2	1,945	1	1,755	(50)
	0	518	1	384	0	412	0	419	1	322	0	381	0	452	(51)
	6	940	5	820	3	858	2	849	1	872	1	875	2	849	(52)
	-	-	-	-	-	-	-	-	-	-	-	-	-	-	(53)
	28	951	31	836	33	882	40	903	45	1,273	44	1,002	50	1,234	(54)
	-	-	-	-	-	-	-	-	-	-	-	-	-	-	(55)
	1	360	1	408	1	381	1	482	1	631	1	671	1	389	(56)
	5	229	5	211	10	146	11	243	12	281	15	352	14	324	(57)
	6	463	8	319	8	311	9	529	11	550	11	638	10	552	(58)
	86	484	88	444	97	403	88	486	68	674	75	607	78	559	(59)
	26	302	19	382	11	592	10	677	10	1,091	11	609	21	375	(60)
	20	349	16	398	8	685	7	780	8	1,236	8	708	9	547	(61)

3 卸売市場別の月別野菜の卸売数量・価額・価格（続き）
(63) 姫路市青果市場

品目	計			1月		2月		3月		4月		5月	
	数量	価額	価格	数量	価格	数量	価格	数量	価格	数量	価格	数量	価格
	t	千円	円/kg	t	円/kg	t	円/kg	t	円/kg	t	円/kg	t	円/kg
野菜計 (1)	**32,549**	**7,335,740**	**225**	**2,556**	**191**	**2,967**	**197**	**3,075**	**213**	**3,067**	**217**	**2,774**	**227**
根菜類													
だいこん (2)	2,078	258,999	125	146	73	154	80	154	93	134	102	141	110
かぶ (3)	45	8,584	193	12	109	7	183	2	231	1	193	0	193
にんじん (4)	2,493	426,682	171	242	85	223	101	183	121	207	181	270	168
ごぼう (5)	829	237,536	286	73	268	100	267	108	242	121	265	57	331
たけのこ (6)	57	27,351	483	0	623	1	902	13	732	41	388	1	267
れんこん (7)	156	111,397	714	14	717	17	690	14	853	12	790	5	1,074
葉茎菜類													
はくさい (8)	3,222	340,098	106	312	64	340	85	267	116	238	110	209	81
みずな (9)	87	31,104	358	7	391	7	343	8	230	8	238	5	260
こまつな (10)	147	62,351	425	8	500	8	525	11	377	12	309	12	258
その他の菜類 (11)	46	16,121	348	3	380	4	370	5	285	5	276	3	332
ちんげんさい (12)	57	21,801	385	4	396	3	503	5	309	4	339	6	320
キャベツ (13)	6,488	748,827	115	521	64	641	69	604	94	566	135	540	125
ほうれんそう (14)	278	184,822	664	23	706	25	572	31	527	31	536	26	560
ねぎ (15)	541	274,742	508	52	465	46	509	52	446	41	462	41	575
ふき (16)	21	8,429	405	1	300	1	377	3	345	7	491	4	371
うど (17)	1	581	856	-	-	0	942	0	874	0	739	-	-
みつば (18)	46	30,323	662	4	780	4	708	4	567	3	530	3	561
しゅんぎく (19)	40	19,744	493	8	394	4	502	4	419	2	371	1	578
にら (20)	350	245,485	702	24	814	32	949	27	589	34	480	30	464
洋菜類													
セルリー (21)	27	9,839	366	2	318	1	340	2	361	2	337	6	408
アスパラガス (22)	48	54,568	1,134	1	1,706	2	1,559	6	1,243	5	1,496	5	1,592
うち輸入 (23)	3	3,848	1,175	1	1,544	0	976	0	757	0	952	-	-
カリフラワー (24)	29	9,013	309	3	243	4	350	4	252	3	301	2	233
ブロッコリー (25)	215	105,043	488	24	417	23	505	23	478	18	551	31	437
うち輸入 (26)	21	9,097	427	0	467	0	481	1	404	2	408	2	374
レタス (27)	1,088	277,950	255	70	369	74	415	138	312	147	251	102	196
パセリ (28)	13	23,830	1,863	1	516	1	653	2	304	1	452	1	1,456
果菜類													
きゅうり (29)	1,251	474,668	380	100	478	108	480	136	350	143	288	160	288
かぼちゃ (30)	980	133,334	136	84	121	109	121	143	91	130	87	117	91
うち輸入 (31)	755	89,217	118	84	118	108	117	142	89	129	83	115	87
なす (32)	628	240,335	382	17	502	22	514	38	422	57	412	85	410
トマト (33)	821	312,563	381	41	447	76	415	54	499	94	403	121	311
ミニトマト (34)	84	74,661	885	6	886	6	1,066	7	1,108	9	731	10	535
ピーマン (35)	314	160,901	512	16	689	18	830	29	619	32	440	36	373
ししとうがらし (36)	44	44,280	1,011	1	2,064	1	1,709	2	1,766	2	1,668	3	1,222
スイートコーン (37)	173	42,094	243	-	-	-	-	-	-	-	-	4	395
豆類													
さやいんげん (38)	22	24,348	1,131	1	1,128	2	1,308	2	1,260	2	1,298	3	1,047
さやえんどう (39)	49	52,004	1,071	8	699	6	1,318	7	1,311	7	998	2	1,174
うち輸入 (40)	0	167	674	-	-	-	-	-	-	0	702	0	662
実えんどう (41)	9	9,940	1,154	0	1,198	1	1,149	2	1,362	3	1,064	2	1,115
そらまめ (42)	8	3,444	434	0	393	-	-	0	1,404	3	468	4	374
えだまめ (43)	16	10,342	665	-	-	-	-	0	547	0	563	1	865
土物類													
かんしょ (44)	1,102	262,135	238	88	223	129	230	114	239	92	228	79	259
ばれいしょ (45)	2,363	470,284	199	205	127	233	155	237	227	173	262	253	247
さといも (46)	159	52,258	329	9	305	12	335	12	310	9	290	8	341
やまのいも (47)	746	302,234	405	57	362	53	353	65	362	57	371	59	381
たまねぎ (48)	4,719	549,871	117	318	90	424	89	505	99	573	96	270	111
うち輸入 (49)	290	28,033	97	17	107	24	111	29	114	13	154	15	101
にんにく (50)	34	29,622	878	3	954	3	619	3	955	4	990	3	782
うち輸入 (51)	25	9,525	384	2	324	2	332	2	333	2	355	2	365
しょうが (52)	115	92,914	805	4	735	5	733	9	813	6	881	14	937
うち輸入 (53)	13	4,390	336	1	355	1	355	1	342	1	342	1	335
きのこ類													
生しいたけ (54)	88	84,579	958	7	1,070	7	1,146	8	899	6	883	5	981
うち輸入 (55)	2	1,113	560	0	531	0	524	0	560	0	605	0	605
なめこ (56)	0	248	585	-	-	-	-	-	-	-	-	-	-
えのきだけ (57)	89	23,558	265	12	282	10	316	8	236	4	227	5	236
しめじ (58)	45	19,858	441	4	504	5	554	4	382	2	357	2	341
その他の野菜 (59)	292	330,046	1,131	18	1,705	15	1,177	18	1,178	14	1,233	29	944
輸入野菜計 (60)	1,423	281,304	198	116	160	150	154	191	125	168	126	157	129
その他の輸入野菜 (61)	314	135,914	433	11	438	14	423	16	395	20	309	22	310

	6月		7月		8月		9月		10月		11月		12月		
	数量	価格	数量	価格	数量	価格	数量	価格	数量	価格	数量	価格	数量	価格	
	t	円/kg	t	円/kg	t	円/kg	t	円/kg	t	円/kg	t	円/kg	t	円/kg	
	2,374	244	2,146	223	2,543	209	2,600	239	2,813	270	2,791	250	2,843	227	(1)
	131	109	183	130	188	144	210	148	203	187	235	161	199	103	(2)
	0	173	-	-	0	95	1	113	2	221	5	235	15	244	(3)
	267	169	150	166	188	171	176	313	198	265	190	207	200	148	(4)
	36	384	27	264	30	246	57	244	79	255	57	297	84	414	(5)
	-	-	-	-	-	-	-	-	0	1,359	0	1,166	0	803	(6)
	2	1,867	4	1,247	7	739	15	573	20	627	18	507	28	666	(7)
	151	78	145	47	152	51	253	100	300	166	392	168	463	107	(8)
	5	208	6	323	7	243	8	440	7	740	9	454	10	348	(9)
	12	280	11	360	13	293	15	524	14	650	17	557	13	398	(10)
	5	302	3	337	3	312	4	394	4	489	4	412	3	321	(11)
	6	319	5	334	4	299	5	506	5	643	6	363	5	333	(12)
	411	122	521	80	594	73	513	108	539	200	524	202	512	129	(13)
	24	595	15	803	15	931	13	1,115	18	1,038	26	703	31	474	(14)
	33	529	34	428	37	468	43	519	55	574	53	575	53	516	(15)
	1	200	-	-	-	-	-	-	0	422	1	382	2	441	(16)
	-	-	-	-	-	-	-	-	-	-	-	-	-	-	(17)
	3	599	4	535	3	577	3	733	4	765	3	506	7	841	(18)
	1	529	1	710	1	819	1	1,211	3	891	5	576	10	351	(19)
	25	467	28	567	31	612	31	792	30	928	25	894	31	874	(20)
	2	370	2	298	1	279	2	315	2	485	2	428	2	277	(21)
	6	1,292	6	1,086	6	730	7	593	2	848	1	1,112	1	1,251	(22)
	-	-	0	338	-	-	0	826	0	1,126	1	1,112	1	1,251	(23)
	2	356	2	388	0	358	0	428	1	352	3	350	5	295	(24)
	17	461	10	467	9	567	9	586	11	574	19	518	20	459	(25)
	2	402	2	394	2	365	4	472	4	460	1	430	0	450	(26)
	72	123	94	112	108	138	64	225	48	490	75	331	96	254	(27)
	1	1,835	1	2,324	1	1,370	1	3,305	1	5,883	1	3,376	1	3,206	(28)
	102	292	67	328	84	262	67	385	76	580	101	458	106	471	(29)
	75	141	37	154	48	211	62	168	66	200	47	262	62	207	(30)
	58	132	10	101	1	140	-	-	3	224	44	261	60	201	(31)
	103	400	72	356	94	247	48	345	43	385	28	457	21	472	(32)
	103	286	49	331	102	287	80	352	48	522	23	650	29	584	(33)
	9	680	5	933	6	913	6	927	6	1,206	6	1,179	7	880	(34)
	33	366	25	456	25	394	30	501	26	625	23	602	22	521	(35)
	6	961	7	762	8	689	6	756	5	934	2	1,215	1	2,032	(36)
	39	267	56	285	69	191	5	192	-	-	-	-	-	-	(37)
	3	713	1	790	1	874	1	1,451	1	1,616	2	1,212	2	1,169	(38)
	1	1,723	1	1,623	1	2,639	0	4,968	1	2,049	8	738	8	1,063	(39)
	0	708	0	638	-	-	-	-	-	-	-	-	-	-	(40)
	0	617	-	-	-	-	-	-	-	-	0	1,168	0	842	(41)
	1	517	0	752	-	-	-	-	-	-	-	-	0	810	(42)
	5	678	5	516	2	858	1	639	1	798	0	810	0	880	(43)
	105	260	62	258	68	241	94	235	100	250	87	242	84	195	(44)
	177	248	69	248	136	165	229	208	247	163	208	179	196	194	(45)
	5	572	4	526	12	480	14	374	21	283	16	276	36	277	(46)
	69	388	66	410	75	422	68	421	54	430	65	467	58	484	(47)
	234	175	288	193	346	199	411	148	523	98	461	82	367	90	(48)
	29	85	38	82	36	91	35	93	22	77	17	79	15	111	(49)
	2	766	3	949	3	879	3	759	3	1,008	3	797	2	1,102	(50)
	2	388	2	397	2	415	3	396	2	416	3	404	2	479	(51)
	21	896	23	767	15	740	6	709	4	681	4	712	4	709	(52)
	1	338	1	276	1	322	1	329	1	338	1	367	1	345	(53)
	7	731	6	691	7	763	5	1,278	8	1,064	11	850	11	1,135	(54)
	0	605	0	605	0	605	0	605	0	589	0	578	0	532	(55)
	0	597	0	512	0	562	0	582	0	613	0	645	0	605	(56)
	7	221	5	202	5	173	8	251	10	288	7	325	9	308	(57)
	4	342	3	298	3	249	4	431	4	510	4	622	5	514	(58)
	49	709	40	909	36	948	22	1,558	18	2,071	15	1,254	18	1,137	(59)
	108	156	77	252	67	343	83	363	87	396	113	237	106	226	(60)
	16	294	24	560	24	721	39	587	54	525	46	237	27	291	(61)

3 卸売市場別の月別野菜の卸売数量・価額・価格（続き）
(64) 奈良県中央卸売市場

品目		計 数量	計 価額	計 価格	1月 数量	1月 価格	2月 数量	2月 価格	3月 数量	3月 価格	4月 数量	4月 価格	5月 数量	5月 価格
		t	千円	円/kg	t	円/kg	t	円/kg	t	円/kg	t	円/kg	t	円/kg
野菜計	(1)	112,106	23,071,328	206	8,616	177	9,697	190	9,771	204	10,018	200	9,348	203
根菜類														
だいこん	(2)	12,892	1,233,974	96	1,163	55	1,188	69	1,094	82	978	85	920	90
かぶ	(3)	344	60,762	177	84	114	58	161	41	195	22	136	6	196
にんじん	(4)	9,563	1,558,596	163	711	80	805	89	881	108	996	155	838	161
ごぼう	(5)	1,326	370,563	280	77	255	83	261	110	261	131	286	65	331
たけのこ	(6)	81	34,051	419	2	579	2	1,091	16	753	58	295	2	149
れんこん	(7)	421	274,144	651	26	611	33	761	29	813	24	828	25	700
葉茎菜類														
はくさい	(8)	10,445	964,153	92	877	56	874	72	624	108	638	100	672	76
みずな	(9)	266	94,552	356	30	303	28	338	25	254	28	227	17	252
こまつな	(10)	820	275,787	336	56	374	57	424	69	309	84	266	81	202
その他の菜類	(11)	90	29,649	330	7	336	9	371	6	367	11	316	11	276
ちんげんさい	(12)	416	137,107	330	29	277	31	361	42	311	43	296	39	286
キャベツ	(13)	17,867	1,643,962	92	1,352	57	1,620	61	1,464	70	1,511	90	1,381	98
ほうれんそう	(14)	1,093	605,865	554	111	555	143	531	144	501	125	466	84	521
ねぎ	(15)	1,811	814,660	450	194	410	188	427	168	388	118	415	96	549
ふき	(16)	71	28,344	397	6	358	5	492	12	397	23	432	9	398
うど	(17)	4	2,569	571	0	664	1	690	1	683	1	643	1	444
みつば	(18)	172	119,761	695	13	925	15	812	16	523	15	414	14	417
しゅんぎく	(19)	196	112,716	576	31	523	22	536	19	456	13	445	8	497
にら	(20)	458	299,774	655	34	773	36	987	47	482	45	438	47	344
洋菜類														
セルリー	(21)	189	58,427	310	11	312	14	271	20	315	17	355	12	372
アスパラガス	(22)	196	225,151	1,151	5	1,341	10	986	20	1,013	22	1,454	31	1,381
うち輸入	(23)	52	48,694	931	5	1,325	8	845	12	731	6	967	2	1,040
カリフラワー	(24)	88	23,052	261	16	187	16	267	9	249	6	279	9	183
ブロッコリー	(25)	1,177	579,171	492	126	379	118	509	110	520	83	547	149	399
うち輸入	(26)	104	37,605	361	-	-	-	-	3	361	11	340	12	297
レタス	(27)	3,638	870,619	239	266	319	252	358	239	305	326	217	374	188
パセリ	(28)	16	31,810	1,997	1	1,080	1	1,027	2	840	1	1,001	1	1,310
果菜類														
きゅうり	(29)	3,608	1,263,219	350	267	456	280	448	360	338	387	275	411	275
かぼちゃ	(30)	2,753	421,551	153	177	144	209	143	251	110	287	96	281	103
うち輸入	(31)	1,822	224,430	123	167	132	200	129	245	101	282	88	273	90
なす	(32)	2,324	729,448	314	45	567	77	461	108	413	152	379	216	377
トマト	(33)	2,946	1,009,659	343	151	398	193	392	189	465	281	360	452	249
ミニトマト	(34)	567	415,971	733	31	769	28	905	35	959	57	629	70	460
ピーマン	(35)	1,462	673,801	461	105	599	91	760	134	602	164	424	182	355
ししとうがらし	(36)	115	111,418	966	5	1,416	7	1,229	9	1,174	10	1,050	12	988
スイートコーン	(37)	676	164,169	243	2	456	0	339	-	-	1	567	25	396
豆類														
さやいんげん	(38)	98	90,860	926	8	756	8	857	10	897	10	1,137	13	843
さやえんどう	(39)	35	46,112	1,334	5	972	3	1,558	4	1,531	4	1,182	5	1,086
うち輸入	(40)	8	6,042	750	0	490	0	829	0	852	1	804	1	792
実えんどう	(41)	69	68,081	980	4	851	7	1,062	14	1,230	27	910	15	867
そらまめ	(42)	36	15,296	430	2	434	0	788	0	1,735	10	537	8	332
えだまめ	(43)	84	53,745	642	-	-	-	-	1	518	2	585	5	765
土物類														
かんしょ	(44)	3,052	726,207	238	299	225	310	232	306	240	236	241	183	276
ばれいしょ	(45)	8,175	1,624,171	199	610	125	779	191	989	250	911	261	895	219
さといも	(46)	426	118,442	278	40	234	46	251	34	247	24	240	17	312
やまのいも	(47)	1,683	673,726	400	114	365	154	354	158	358	154	372	150	388
たまねぎ	(48)	15,537	1,507,469	97	1,124	70	1,489	74	1,580	87	1,643	77	1,168	90
うち輸入	(49)	129	11,846	92	4	112	10	133	10	143	4	182	15	92
にんにく	(50)	225	269,094	1,196	17	1,072	22	1,175	25	1,146	17	1,152	22	1,011
うち輸入	(51)	98	30,213	309	7	257	8	263	10	267	8	281	11	272
しょうが	(52)	389	294,812	757	17	757	22	753	27	767	25	784	35	817
うち輸入	(53)	56	16,167	287	4	291	4	284	6	289	5	292	5	298
きのこ類														
生しいたけ	(54)	522	483,612	927	40	1,075	38	1,078	44	865	43	790	40	879
うち輸入	(55)	15	8,126	534	2	453	2	541	2	547	2	550	1	550
なめこ	(56)	53	27,359	517	4	528	4	545	5	483	5	458	4	440
えのきだけ	(57)	1,225	331,946	271	142	292	136	305	107	206	82	212	64	222
しめじ	(58)	631	294,674	467	62	511	68	551	50	429	50	385	45	380
その他の野菜	(59)	1,776	1,207,264	680	117	699	115	675	120	698	120	684	141	656
輸入野菜計	(60)	3,369	760,407	226	227	219	283	221	452	214	369	167	371	147
その他の輸入野菜	(61)	1,083	377,286	348	41	436	52	466	164	336	50	422	53	336

6月		7月		8月		9月		10月		11月		12月		
数量	価格	数量	価格	数量	価格	数量	価格	数量	価格	数量	価格	数量	価格	
t	円/kg	t	円/kg	t	円/kg	t	円/kg	t	円/kg	t	円/kg	t	円/kg	
8,319	**210**	**8,243**	**203**	**9,502**	**185**	**10,282**	**212**	**10,078**	**240**	**8,682**	**238**	**9,549**	**206**	(1)
907	91	933	103	1,154	105	1,046	111	1,223	138	1,063	128	1,223	92	(2)
11	221	7	246	4	270	1	265	12	265	34	247	62	198	(3)
736	131	755	156	795	148	737	306	863	273	653	213	793	144	(4)
49	371	39	297	42	274	171	259	193	261	166	277	199	300	(5)
0	87	-	-	-	-	-	-	0	1,283	0	824	1	717	(6)
14	910	12	1,030	24	559	47	601	51	547	52	545	85	587	(7)
686	78	788	52	777	50	1,008	79	1,265	142	1,075	156	1,162	94	(8)
21	222	11	421	13	369	14	585	16	789	25	486	38	312	(9)
74	227	61	302	74	194	74	452	66	592	63	464	61	319	(10)
8	299	5	325	7	271	4	349	6	394	8	380	8	322	(11)
42	284	36	302	29	272	31	406	32	461	35	408	26	317	(12)
1,463	98	1,679	72	1,665	69	1,774	87	1,526	150	1,112	170	1,320	107	(13)
66	557	36	755	29	801	35	888	72	716	111	549	138	465	(14)
106	473	105	420	125	415	149	476	190	486	166	504	206	461	(15)
1	406	0	215	-	-	-	-	5	366	6	291	4	330	(16)
0	394	0	262	0	240	0	242	0	280	0	1,620	0	320	(17)
14	423	15	600	13	628	13	851	14	1,004	13	638	16	1,111	(18)
7	528	6	651	6	611	7	1,046	16	941	24	619	37	483	(19)
41	361	32	616	33	592	36	796	38	977	34	837	34	899	(20)
18	325	18	229	17	182	17	243	17	424	13	456	14	281	(21)
20	1,377	23	1,097	26	862	16	1,011	10	1,027	8	967	6	940	(22)
-	-	-	-	-	-	1	832	6	1,040	8	967	6	940	(23)
4	343	3	398	3	340	3	361	4	338	5	303	11	252	(24)
80	483	81	496	63	551	64	630	72	610	103	544	127	433	(25)
9	347	9	310	9	287	14	402	20	444	12	368	4	332	(26)
385	139	411	124	393	147	335	263	207	495	211	341	241	237	(27)
2	1,539	2	1,693	1	1,664	1	3,648	1	4,537	1	3,197	1	3,203	(28)
289	280	265	325	400	211	286	355	198	556	206	450	258	460	(29)
269	132	214	142	201	184	280	165	225	212	176	278	184	199	(30)
205	107	88	92	71	138	31	165	2	251	95	284	165	183	(31)
258	330	341	290	478	188	271	278	218	294	98	435	61	474	(32)
395	244	305	284	310	277	258	334	170	504	122	563	121	523	(33)
56	604	53	731	61	612	56	711	43	1,008	37	992	41	873	(34)
143	357	117	372	138	261	95	408	77	624	105	546	112	469	(35)
13	860	12	814	12	631	12	630	8	1,112	8	1,187	8	1,103	(36)
134	288	140	258	193	253	182	161	-	-	-	-	-	-	(37)
12	786	6	999	5	1,079	4	1,443	4	1,317	8	902	10	763	(38)
2	1,623	2	1,230	1	2,130	1	3,417	1	2,244	2	1,190	6	1,090	(39)
1	731	1	731	0	740	0	994	1	912	1	671	1	529	(40)
1	747	0	1,080	-	-	-	-	0	810	0	1,096	1	1,013	(41)
13	388	2	266	-	-	-	-	-	-	-	-	0	1,107	(42)
19	712	26	594	15	618	9	640	6	629	0	837	-	-	(43)
148	293	234	272	262	227	280	222	268	240	260	234	266	197	(44)
670	211	328	192	571	149	590	195	679	156	577	176	576	182	(45)
11	409	9	484	18	462	39	328	56	271	48	257	84	244	(46)
155	407	140	408	145	423	143	434	154	431	115	425	101	462	(47)
543	172	552	186	958	184	1,793	130	1,677	79	1,541	67	1,470	73	(48)
23	74	16	77	13	79	12	79	11	62	5	73	5	97	(49)
17	1,087	16	1,250	19	1,303	17	1,142	15	1,276	17	1,294	21	1,458	(50)
8	302	7	324	7	340	9	339	8	345	8	354	8	378	(51)
68	833	78	729	45	733	20	707	16	703	17	673	19	675	(52)
4	294	4	285	4	283	5	280	5	286	5	281	6	281	(53)
38	848	36	758	40	773	41	978	51	1,083	53	923	58	998	(54)
1	550	1	550	1	550	1	547	2	546	1	532	2	526	(55)
6	496	4	400	3	468	4	576	4	613	4	675	5	511	(56)
59	220	50	218	58	186	103	256	122	288	137	333	163	326	(57)
49	355	40	322	47	270	62	450	54	548	55	681	47	615	(58)
200	578	213	607	226	581	154	779	132	880	115	755	123	733	(59)
291	151	184	239	167	346	210	306	259	310	289	274	266	250	(60)
41	305	58	467	62	649	136	341	204	285	152	222	70	329	(61)

3　卸売市場別の月別野菜の卸売数量・価額・価格（続き）

(65)　和歌山市中央卸売市場

品目		計			1月		2月		3月		4月		5月	
		数量	価額	価格	数量	価格	数量	価格	数量	価格	数量	価格	数量	価格
		t	千円	円／kg	t	円／kg	t	円／kg	t	円／kg	t	円／kg	t	円／kg
野菜計	(1)	**46,787**	**10,560,817**	**226**	**3,606**	**195**	**3,935**	**207**	**4,240**	**207**	**3,916**	**225**	**3,733**	**239**
根菜類														
だいこん	(2)	3,266	373,709	114	254	69	281	76	231	93	196	114	259	103
かぶ	(3)	44	8,173	186	6	157	6	177	8	211	5	150	0	174
にんじん	(4)	2,907	518,337	178	260	96	279	104	243	128	187	181	218	181
ごぼう	(5)	473	143,109	302	33	273	55	260	43	283	45	273	22	397
たけのこ	(6)	29	8,710	298	0	844	1	1,004	4	707	21	200	2	126
れんこん	(7)	147	106,189	720	10	759	10	847	10	872	10	867	8	846
葉茎菜類														
はくさい	(8)	3,121	332,978	107	351	70	252	97	234	130	228	117	175	101
みずな	(9)	110	51,000	463	9	435	9	426	11	377	10	326	9	343
こまつな	(10)	395	156,464	396	25	419	29	434	25	363	33	334	32	268
その他の菜類	(11)	4	1,739	495	0	578	0	408	-	-	-	-	-	-
ちんげんさい	(12)	206	64,755	314	13	286	17	311	22	291	22	294	23	250
キャベツ	(13)	6,797	684,374	101	310	62	427	66	661	70	700	97	478	114
ほうれんそう	(14)	514	306,430	597	45	541	53	575	53	522	66	436	41	525
ねぎ	(15)	838	404,277	482	114	352	88	414	69	406	46	513	43	666
ふき	(16)	15	6,587	427	1	377	1	504	3	498	4	438	2	347
うど	(17)	1	748	547	0	356	0	724	0	790	1	397	0	340
みつば	(18)	34	30,187	894	3	1,013	4	1,077	3	764	2	653	2	647
しゅんぎく	(19)	121	49,894	413	35	332	14	449	8	416	5	409	4	484
にら	(20)	178	122,849	692	15	808	12	1,109	20	550	16	524	18	387
洋菜類														
セルリー	(21)	76	23,710	311	4	274	6	274	6	345	7	341	5	394
アスパラガス	(22)	69	85,129	1,231	2	1,368	4	1,084	10	1,061	8	1,426	9	1,469
うち輸入	(23)	17	15,974	954	2	1,315	3	905	4	745	2	959	1	934
カリフラワー	(24)	38	10,589	282	5	200	4	284	4	283	4	326	5	233
ブロッコリー	(25)	259	134,697	520	28	429	26	566	17	586	20	502	29	440
うち輸入	(26)	73	30,124	413	-	-	-	-	1	386	8	417	9	354
レタス	(27)	1,259	318,774	253	58	348	58	409	71	375	104	266	123	201
パセリ	(28)	16	29,522	1,874	1	1,024	1	906	1	801	1	804	2	1,248
果菜類														
きゅうり	(29)	1,711	552,911	323	97	410	114	430	133	321	185	269	220	250
かぼちゃ	(30)	795	136,203	171	55	158	60	166	66	122	74	111	58	146
うち輸入	(31)	361	45,219	125	43	130	50	131	61	102	71	93	49	111
なす	(32)	637	233,767	367	15	577	29	469	40	440	63	403	93	364
トマト	(33)	1,152	422,278	367	47	455	57	447	63	541	85	380	144	262
ミニトマト	(34)	219	169,742	775	16	714	14	838	20	915	27	709	30	537
ピーマン	(35)	374	189,277	506	23	649	24	798	38	646	40	499	45	450
ししとうがらし	(36)	27	31,329	1,167	1	1,889	1	1,563	2	1,791	2	1,271	2	1,275
スイートコーン	(37)	191	51,785	272	1	443	1	426	1	482	2	465	9	389
豆類														
さやいんげん	(38)	38	34,833	919	2	1,070	2	1,083	4	972	1	1,511	5	729
さやえんどう	(39)	27	34,906	1,299	3	943	3	1,371	4	1,433	4	1,083	2	1,337
うち輸入	(40)	0	9	432	-	-	-	-	-	-	-	-	0	432
実えんどう	(41)	59	55,935	956	3	822	6	1,064	9	1,307	23	805	13	954
そらまめ	(42)	17	8,116	479	2	472	0	1,451	0	2,292	6	525	7	301
えだまめ	(43)	44	27,723	633	-	-	-	-	1	545	2	568	4	762
土物類														
かんしょ	(44)	843	239,269	284	75	285	91	274	81	281	76	272	51	322
ばれいしょ	(45)	4,099	770,106	188	401	125	354	182	414	230	465	236	417	221
さといも	(46)	140	46,999	337	12	325	12	341	9	345	8	331	7	360
やまのいも	(47)	1,166	442,931	380	80	348	100	346	113	343	157	348	127	371
たまねぎ	(48)	7,164	772,007	108	601	85	847	87	913	86	643	82	408	103
うち輸入	(49)	25	3,998	157	0	401	0	285	3	226	1	333	1	341
にんにく	(50)	41	46,828	1,153	3	1,260	3	1,254	4	1,181	5	1,217	4	1,021
うち輸入	(51)	22	9,572	427	2	375	2	402	2	410	2	433	2	434
しょうが	(52)	487	377,445	775	15	843	20	852	27	830	24	898	44	828
うち輸入	(53)	6	2,232	393	0	387	0	395	0	409	1	383	1	394
きのこ類														
生しいたけ	(54)	174	168,271	969	14	1,178	11	1,226	13	931	12	889	11	972
うち輸入	(55)	-	-	-	-	-	-	-	-	-	-	-	-	-
なめこ	(56)	28	14,990	536	2	544	2	551	2	542	2	521	2	502
えのきだけ	(57)	670	166,736	249	67	294	74	278	72	194	67	186	50	225
しめじ	(58)	817	379,750	465	77	524	73	520	69	387	59	376	55	363
その他の野菜	(59)	4,952	1,213,752	245	413	211	396	215	383	223	142	417	414	281
輸入野菜計	(60)	668	208,758	313	54	233	65	246	86	227	98	208	77	226
その他の輸入野菜	(61)	163	101,631	622	8	545	10	600	15	558	13	535	15	438

6月		7月		8月		9月		10月		11月		12月		
数量	価格	数量	価格	数量	価格	数量	価格	数量	価格	数量	価格	数量	価格	
t	円/kg	t	円/kg	t	円/kg	t	円/kg	t	円/kg	t	円/kg	t	円/kg	
3,022	266	3,442	226	4,679	188	4,324	230	4,163	262	3,877	248	3,850	230	(1)
192	102	251	120	361	113	394	129	342	161	268	159	237	107	(2)
0	277	-	-	-	-	0	688	2	302	8	176	8	188	(3)
196	131	138	177	364	142	200	315	270	299	299	241	252	167	(4)
22	421	22	329	32	270	38	285	46	288	55	295	61	352	(5)
0	84	-	-	-	-	-	-	-	-	0	864	0	795	(6)
3	1,242	1	1,899	7	629	18	642	20	616	19	573	31	657	(7)
156	86	137	52	190	47	239	85	334	156	423	164	402	94	(8)
8	386	6	626	9	350	7	645	9	706	11	509	11	505	(9)
29	290	28	338	29	244	49	446	54	558	34	517	28	372	(10)
0	324	-	-	-	-	0	468	0	725	0	650	3	493	(11)
23	265	16	297	14	233	16	380	16	460	15	402	11	376	(12)
368	118	738	77	876	75	866	96	654	160	372	197	348	122	(13)
27	647	20	820	20	772	26	921	44	827	65	590	54	476	(14)
51	533	48	500	52	488	61	525	77	602	73	546	115	454	(15)
0	314	-	-	-	-	-	-	1	401	1	388	1	386	(16)
-	-	-	-	-	-	-	-	-	-	-	-	-	-	(17)
2	625	3	788	2	797	2	977	3	1,038	3	768	4	1,205	(18)
2	573	1	738	0	946	1	1,002	4	819	12	544	36	347	(19)
24	296	12	695	13	646	12	915	13	1,091	11	960	11	1,017	(20)
8	334	7	252	9	177	7	271	7	419	6	404	5	266	(21)
9	1,339	7	1,221	6	1,113	6	1,089	4	1,129	2	1,037	2	1,114	(22)
0	1,296	0	586	0	393	0	726	1	1,023	2	1,012	2	1,114	(23)
2	348	1	372	2	283	2	303	2	389	3	319	4	262	(24)
17	512	21	479	14	520	18	557	23	596	24	586	21	516	(25)
9	406	9	366	6	359	10	449	12	492	7	423	3	400	(26)
128	144	156	137	173	144	148	242	82	524	79	400	78	260	(27)
2	1,549	2	1,939	2	1,611	1	2,808	1	4,575	1	2,751	1	3,296	(28)
162	236	138	292	213	212	169	334	113	535	91	454	76	456	(29)
85	162	63	163	80	187	88	188	76	208	37	252	54	228	(30)
39	120	4	124	1	200	-	-	-	-	9	301	35	197	(31)
97	324	82	305	70	248	53	342	46	389	28	503	19	534	(32)
114	293	88	342	220	252	169	360	65	583	53	560	47	523	(33)
19	650	17	598	15	857	17	881	15	1,019	13	1,031	16	883	(34)
41	394	36	374	28	316	31	424	25	585	20	615	24	523	(35)
3	1,009	3	813	3	724	3	829	2	1,226	2	1,306	1	1,893	(36)
33	255	57	263	53	292	32	201	2	291	1	545	0	540	(37)
5	591	3	949	5	695	3	1,124	3	1,299	2	986	2	1,028	(38)
1	2,324	0	1,909	1	2,546	0	4,606	1	2,094	4	1,045	4	1,031	(39)
-	-	-	-	-	-	-	-	-	-	-	-	-	-	(40)
2	912	-	-	-	-	-	-	-	-	0	1,124	1	949	(41)
1	542	-	-	-	-	-	-	-	-	-	-	0	896	(42)
10	631	14	578	7	641	4	678	2	848	-	-	0	1,649	(43)
38	352	66	283	77	241	76	291	87	314	63	286	62	241	(44)
265	206	171	183	257	152	292	190	323	159	357	169	383	172	(45)
2	479	3	459	6	530	16	393	13	333	18	262	33	293	(46)
143	378	110	389	93	403	82	419	51	431	42	436	70	452	(47)
304	170	313	193	387	220	587	150	754	94	711	83	695	85	(48)
0	275	6	100	12	114	1	259	-	-	0	89	0	117	(49)
2	1,103	3	998	3	835	4	1,117	3	1,216	3	1,305	4	1,301	(50)
2	437	2	439	2	437	2	435	2	414	2	450	2	454	(51)
84	774	106	684	68	715	32	767	24	823	22	851	20	871	(52)
0	419	0	442	1	424	1	325	1	340	0	445	0	413	(53)
12	865	13	733	12	775	12	1,119	17	1,093	22	884	25	985	(54)
-	-	-	-	-	-	-	-	-	-	-	-	-	-	(55)
2	493	2	489	2	470	3	512	3	577	3	600	2	600	(56)
46	211	31	211	38	178	54	238	55	265	54	331	61	332	(57)
64	341	58	322	56	310	71	445	79	547	72	647	84	631	(58)
215	534	449	243	806	174	415	252	398	270	478	207	442	238	(59)
59	212	30	459	32	508	34	646	34	644	39	452	58	319	(60)
9	360	10	845	10	1,113	19	803	19	748	19	476	15	464	(61)

3　卸売市場別の月別野菜の卸売数量・価額・価格（続き）
(66)　鳥取市青果市場

品目		計			1月		2月		3月		4月		5月	
		数量	価額	価格	数量	価格	数量	価格	数量	価格	数量	価格	数量	価格
		t	千円	円／kg	t	円／kg	t	円／kg	t	円／kg	t	円／kg	t	円／kg
野菜計	(1)	**15,239**	**4,058,311**	**266**	**1,100**	**228**	**1,279**	**242**	**1,223**	**264**	**1,342**	**260**	**1,374**	**275**
根菜類														
だいこん	(2)	965	112,245	116	78	68	81	91	63	106	73	113	67	117
かぶ	(3)	56	9,088	163	12	112	11	136	2	145	0	263	0	215
にんじん	(4)	971	216,735	223	66	107	79	118	62	150	83	191	93	217
ごぼう	(5)	116	35,943	309	14	252	25	235	18	254	4	366	1	733
たけのこ	(6)	15	4,426	294	−	−	0	639	2	673	11	224	1	191
れんこん	(7)	36	23,121	643	3	677	4	697	4	731	2	734	1	775
葉茎菜類														
はくさい	(8)	1,351	157,062	116	119	81	122	101	100	131	83	128	67	102
みずな	(9)	44	21,844	500	−	−	5	401	5	342	4	387	4	370
こまつな	(10)	184	68,941	375	15	391	16	429	18	348	18	327	16	301
その他の菜類	(11)	8	3,309	397	6	432	0	311	0	262	1	247	0	246
ちんげんさい	(12)	51	18,924	369	4	326	5	374	4	372	5	300	5	322
キャベツ	(13)	2,456	273,118	111	171	64	207	68	175	88	184	119	193	124
ほうれんそう	(14)	258	165,968	644	24	588	28	638	29	569	25	583	20	590
ねぎ	(15)	435	230,493	529	40	449	44	487	34	493	41	428	25	649
ふき	(16)	5	2,221	424	−	−	−	−	−	−	2	353	2	441
うど	(17)	4	2,330	532	0	481	1	473	1	577	2	535	1	491
みつば	(18)	11	11,684	1,037	1	1,351	1	1,191	1	983	1	885	1	865
しゅんぎく	(19)	20	11,840	580	5	526	3	574	3	477	1	391	0	474
にら	(20)	79	52,312	665	8	588	6	995	8	669	12	353	11	295
洋菜類														
セルリー	(21)	41	13,397	323	3	344	3	333	4	342	4	334	4	334
アスパラガス	(22)	33	39,770	1,222	0	1,566	1	1,216	2	1,153	3	1,476	5	1,490
うち輸入	(23)	6	5,890	1,034	0	1,548	1	1,076	1	779	1	838	0	970
カリフラワー	(24)	9	3,135	330	1	416	1	429	1	373	0	405	0	319
ブロッコリー	(25)	286	129,615	454	18	424	24	505	25	501	24	502	29	421
うち輸入	(26)	6	2,854	455	−	−	−	−	−	−	0	443	0	439
レタス	(27)	1,155	257,110	223	47	324	55	372	67	332	107	230	115	190
パセリ	(28)	4	10,224	2,749	0	1,988	0	1,697	0	1,550	1	826	0	1,334
果菜類														
きゅうり	(29)	496	196,809	397	25	538	29	560	41	427	59	318	86	267
かぼちゃ	(30)	460	72,127	157	32	144	48	142	61	128	69	110	64	113
うち輸入	(31)	204	26,199	129	20	128	29	135	38	120	39	105	43	107
なす	(32)	216	97,896	452	6	604	9	594	15	492	22	484	26	493
トマト	(33)	540	227,546	421	19	499	21	543	28	596	44	480	88	343
ミニトマト	(34)	124	105,603	851	9	918	10	1,120	9	1,288	14	911	16	626
ピーマン	(35)	191	99,420	520	9	782	9	853	15	678	21	520	22	518
ししとうがらし	(36)	15	15,544	1,022	0	2,052	0	1,681	1	1,693	1	1,395	1	1,496
スイートコーン	(37)	82	24,893	303	0	278	0	454	−	−	−	−	2	381
豆類														
さやいんげん	(38)	18	14,006	790	0	797	0	1,318	0	992	1	733	3	1,040
さやえんどう	(39)	8	8,117	1,040	1	644	0	1,052	1	1,377	2	902	2	1,027
うち輸入	(40)	−	−	−	−	−	−	−	−	−	−	−	−	−
実えんどう	(41)	3	2,967	1,074	0	785	0	727	0	985	1	983	1	1,150
そらまめ	(42)	8	2,491	297	0	813	0	771	0	1,354	0	885	7	278
えだまめ	(43)	6	3,446	582	−	−	−	−	0	400	0	514	0	518
土物類														
かんしょ	(44)	184	62,148	337	14	360	23	328	23	319	15	343	11	419
ばれいしょ	(45)	958	207,144	216	89	123	113	152	91	226	106	292	121	286
さといも	(46)	68	17,548	259	5	270	5	311	5	323	5	287	2	284
やまのいも	(47)	219	96,389	439	8	414	13	412	15	397	18	435	17	422
たまねぎ	(48)	1,842	211,095	115	163	79	181	83	200	91	187	98	129	125
うち輸入	(49)	2	495	282	−	−	−	−	−	−	0	272	0	284
にんにく	(50)	16	12,073	740	1	736	1	725	1	742	1	761	2	851
うち輸入	(51)	11	4,636	404	1	417	1	359	1	361	1	389	1	367
しょうが	(52)	51	39,316	773	2	705	3	724	3	712	4	682	4	837
うち輸入	(53)	4	1,960	533	0	540	0	540	0	546	0	540	0	461
きのこ類														
生しいたけ	(54)	77	89,183	1,153	8	1,260	7	1,294	8	1,092	6	1,006	5	1,026
うち輸入	(55)	−	−	−	−	−	−	−	−	−	−	−	−	−
なめこ	(56)	53	35,374	672	4	684	4	708	4	676	4	641	4	615
えのきだけ	(57)	285	99,431	349	30	398	30	374	24	333	21	303	19	291
しめじ	(58)	152	72,989	482	12	573	13	545	12	476	12	430	12	415
その他の野菜	(59)	571	369,902	648	29	688	36	566	35	617	37	573	67	602
輸入野菜計	(60)	303	75,890	250	25	230	36	229	46	190	50	188	54	171
その他の輸入野菜	(61)	71	33,856	480	4	537	4	635	5	516	8	502	9	381

6月		7月		8月		9月		10月		11月		12月		
数量	価格	数量	価格	数量	価格	数量	価格	数量	価格	数量	価格	数量	価格	
t	円／kg	t	円／kg	t	円／kg	t	円／kg	t	円／kg	t	円／kg	t	円／kg	
1,339	280	1,096	248	1,229	241	1,346	273	1,466	302	1,193	292	1,251	279	(1)
58	109	55	124	85	118	113	124	117	151	94	148	81	98	(2)
1	215	-	-	-	-	0	180	3	161	10	198	16	195	(3)
85	179	55	210	91	187	105	355	115	339	62	316	75	204	(4)
4	498	3	440	3	412	8	367	12	332	13	314	12	359	(5)
0	183	-	-	-	-	-	-	0	194	-	-	0	541	(6)
0	947	0	791	2	454	3	557	4	552	4	577	8	655	(7)
86	86	102	56	64	64	118	110	210	167	144	168	135	113	(8)
3	382	3	578	3	503	3	727	4	790	5	555	5	544	(9)
13	320	18	316	17	252	15	499	14	572	12	484	13	316	(10)
0	437	0	401	0	352	0	507	0	521	0	473	0	330	(11)
4	338	4	384	3	282	5	424	4	510	5	422	4	379	(12)
211	108	194	81	226	81	256	107	284	171	187	181	168	120	(13)
18	527	14	655	11	699	15	913	26	807	24	673	25	590	(14)
26	591	25	591	35	524	26	639	40	630	40	553	57	472	(15)
0	308	0	188	0	116	-	-	-	-	0	963	0	815	(16)
0	445	0	1,337	0	1,002	0	270	0	373	-	-	0	540	(17)
1	802	1	825	1	852	1	857	1	1,086	1	1,106	2	1,384	(18)
0	525	0	404	0	399	0	897	1	896	2	690	4	615	(19)
5	567	4	777	5	665	5	942	5	1,047	4	967	6	960	(20)
4	327	4	299	4	275	4	283	4	335	3	372	3	316	(21)
4	1,475	6	1,033	5	900	3	1,112	2	1,089	1	1,080	1	1,177	(22)
0	948	-	-	-	-	-	-	1	973	1	1,080	1	1,177	(23)
0	381	1	243	1	262	1	292	1	322	1	341	1	318	(24)
26	379	15	399	13	506	15	456	28	485	27	513	40	392	(25)
0	410	2	392	1	397	2	544	1	528	0	514	0	410	(26)
132	135	160	123	167	151	128	234	47	484	67	311	65	261	(27)
0	2,307	0	2,750	0	2,464	0	4,416	0	7,249	0	5,156	0	5,130	(28)
63	288	26	431	29	428	46	429	36	523	28	474	28	511	(29)
38	156	30	170	24	181	26	208	23	233	19	291	27	244	(30)
15	147	5	171	-	-	-	-	0	248	3	268	11	227	(31)
31	475	24	373	33	284	20	362	12	594	11	594	10	515	(32)
88	343	56	359	83	296	50	413	26	653	16	730	21	682	(33)
16	660	9	705	11	651	10	717	7	1,004	5	1,053	8	991	(34)
23	408	18	412	23	260	16	457	12	636	9	664	14	610	(35)
3	908	4	662	2	612	2	714	1	1,493	1	1,633	1	2,232	(36)
9	335	42	298	23	302	6	264	-	-	-	-	-	-	(37)
6	736	2	616	2	596	1	846	1	911	0	965	1	744	(38)
1	1,398	0	971	0	952	0	1,653	0	1,183	0	874	0	1,049	(39)
-	-	-	-	-	-	-	-	-	-	-	-	-	-	(40)
0	1,584	-	-	-	-	-	-	-	-	0	1,290	0	854	(41)
1	188	0	578	-	-	-	-	-	-	0	495	0	982	(42)
0	674	1	497	2	612	1	609	0	640	0	405	-	-	(43)
8	456	7	479	10	417	20	301	23	276	15	278	16	321	(44)
84	243	29	208	31	233	54	245	73	191	76	187	93	196	(45)
2	301	1	352	2	359	10	280	14	230	9	198	8	206	(46)
16	438	23	477	22	455	17	436	16	461	19	447	35	439	(47)
88	149	81	208	114	225	152	162	200	101	181	87	167	87	(48)
0	302	0	270	0	283	0	302	-	-	-	-	-	-	(49)
2	622	1	674	1	680	1	796	1	753	1	753	1	745	(50)
1	392	1	422	1	422	1	417	1	439	1	450	1	428	(51)
5	919	6	841	6	804	4	790	4	738	4	640	3	728	(52)
0	540	0	540	0	540	0	540	0	540	0	539	0	540	(53)
5	915	5	911	4	1,116	6	1,205	8	1,221	8	1,171	8	1,381	(54)
-	-	-	-	-	-	-	-	-	-	-	-	-	-	(55)
4	556	3	603	3	611	4	702	5	760	6	759	6	638	(56)
17	258	16	264	15	285	25	339	29	378	28	404	33	407	(57)
11	386	10	335	11	301	14	448	16	566	13	613	14	585	(58)
138	611	39	665	42	636	37	673	38	892	37	636	37	750	(59)
23	241	15	322	9	449	8	530	8	549	10	473	20	369	(60)
7	413	7	397	5	477	5	558	5	531	5	474	6	500	(61)

3 卸売市場別の月別野菜の卸売数量・価額・価格（続き）
(67) 松江市青果市場

品目		計			1月		2月		3月		4月		5月	
		数量	価額	価格	数量	価格	数量	価格	数量	価格	数量	価格	数量	価格
		t	千円	円/kg	t	円/kg	t	円/kg	t	円/kg	t	円/kg	t	円/kg
野　菜　計	(1)	10,472	2,836,447	271	806	239	935	249	965	254	986	255	943	267
根　菜　類														
だ い こ ん	(2)	715	94,023	132	57	86	77	106	74	123	66	121	61	120
か ぶ	(3)	77	12,379	162	11	120	9	119	2	221	1	175	0	279
に ん じ ん	(4)	755	155,796	206	66	110	76	126	74	139	67	191	55	213
ご ぼ う	(5)	79	42,177	533	7	526	7	535	7	565	8	482	8	464
た け の こ	(6)	33	4,415	133	0	1,280	0	1,577	1	776	24	116	8	84
れ ん こ ん	(7)	15	11,832	793	1	816	2	781	2	872	1	905	1	954
葉茎菜類														
は く さ い	(8)	692	90,995	132	70	83	64	116	51	151	44	148	42	110
み ず な	(9)	32	15,173	473	3	470	3	495	3	411	3	357	3	367
こ ま つ な	(10)	83	32,363	391	6	450	8	418	7	344	7	352	8	348
その他の菜類	(11)	18	8,273	456	2	429	2	543	3	336	3	299	1	546
ちんげんさい	(12)	25	10,645	418	2	411	2	474	2	405	3	392	3	351
キ ャ ベ ツ	(13)	1,306	136,380	104	102	65	131	65	142	73	113	107	110	121
ほうれんそう	(14)	206	108,662	528	19	516	27	476	31	416	21	490	21	456
ね ぎ	(15)	224	115,648	517	24	445	26	459	23	449	18	400	14	533
ふ き	(16)	7	2,678	399	0	355	0	398	1	678	3	373	1	267
う ど	(17)	1	707	757	0	896	0	672	0	763	0	797	0	1,008
み つ ば	(18)	7	8,914	1,368	0	1,755	1	1,856	1	1,482	1	964	1	1,054
し ゅ ん ぎ く	(19)	28	12,687	461	4	510	4	492	3	390	1	423	1	342
に ら	(20)	48	34,887	734	5	763	4	899	5	619	4	552	4	474
洋　菜　類														
セ ル リ ー	(21)	29	11,254	387	2	309	3	340	3	394	3	410	3	429
ア ス パ ラ ガ ス	(22)	20	25,731	1,319	0	1,715	1	1,249	2	1,156	3	1,302	3	1,637
う ち 輸 入	(23)	4	4,744	1,105	0	1,669	1	1,078	1	904	0	940	-	-
カ リ フ ラ ワ ー	(24)	12	3,952	328	1	382	1	401	3	328	2	310	1	235
ブ ロ ッ コ リ ー	(25)	114	57,758	507	12	451	12	562	11	465	9	489	9	467
う ち 輸 入	(26)	4	1,905	431	-	-	0	308	2	457	2	421	0	396
レ タ ス	(27)	509	137,862	271	31	315	30	397	32	380	48	273	45	229
パ セ リ	(28)	5	7,246	1,554	0	984	1	664	1	487	0	397	0	1,109
果　菜　類														
き ゅ う り	(29)	452	155,395	344	21	501	26	503	32	401	42	316	57	291
か ぼ ち ゃ	(30)	319	54,702	171	21	168	31	165	37	140	47	123	40	145
う ち 輸 入	(31)	206	29,537	143	18	145	30	148	36	131	46	113	36	123
な す	(32)	171	61,357	359	3	537	4	504	6	459	12	429	21	426
ト マ ト	(33)	301	116,555	387	13	489	14	514	17	591	24	470	44	321
ミ ニ ト マ ト	(34)	75	54,297	719	4	834	5	984	5	1,065	8	808	13	501
ピ ー マ ン	(35)	171	90,816	531	8	750	9	859	14	639	19	527	23	494
ししとうがらし	(36)	5	7,802	1,507	0	2,631	0	1,974	0	2,341	0	2,030	0	1,930
ス イ ー ト コ ー ン	(37)	40	12,695	317	-	-	-	-	-	-	0	582	2	451
豆　　　類														
さ や い ん げ ん	(38)	19	15,821	854	0	1,564	0	2,153	0	1,729	0	1,442	2	1,150
さ や え ん ど う	(39)	6	10,208	1,658	0	1,386	0	1,812	1	1,988	1	1,450	1	1,446
う ち 輸 入	(40)	0	13	1,081	-	-	-	-	-	-	-	-	-	-
実 え ん ど う	(41)	3	3,920	1,158	0	920	0	1,549	0	1,736	0	1,182	2	1,129
そ ら ま め	(42)	3	1,361	450	0	515	0	1,134	0	1,900	0	699	2	378
え だ ま め	(43)	7	4,424	664	-	-	-	-	-	-	0	1,566	0	1,172
土　物　類														
か ん し ょ	(44)	156	48,493	311	13	286	20	274	17	304	13	313	11	362
ば れ い し ょ	(45)	681	152,676	224	65	154	67	214	73	265	78	308	88	246
さ と い も	(46)	88	30,432	347	8	354	9	348	10	333	8	314	2	231
や ま の い も	(47)	144	60,511	421	10	338	10	366	13	372	13	391	11	445
た ま ね ぎ	(48)	1,594	187,740	118	119	85	148	92	158	95	176	95	128	111
う ち 輸 入	(49)	7	1,506	220	0	265	0	303	1	289	0	268	1	303
に ん に く	(50)	25	13,624	554	2	566	2	523	3	475	2	685	2	642
う ち 輸 入	(51)	7	2,966	451	1	420	1	371	1	379	1	442	1	450
し ょ う が	(52)	67	54,016	810	3	809	4	839	4	880	4	910	6	954
う ち 輸 入	(53)	5	1,985	394	0	414	0	398	1	396	0	409	0	399
きのこ類														
生 し い た け	(54)	63	61,841	985	5	1,178	5	1,145	6	928	5	922	6	885
う ち 輸 入	(55)	-	-	-	-	-	-	-	-	-	-	-	-	-
な め こ	(56)	32	18,743	578	2	553	3	521	3	527	3	540	3	533
え の き だ け	(57)	216	63,897	295	24	312	22	328	20	244	16	230	14	256
し め じ	(58)	175	106,240	608	14	719	15	650	15	572	12	544	13	494
その他の野菜	(59)	622	306,441	493	46	470	47	453	50	479	48	482	51	468
輸 入 野 菜 計	(60)	330	96,588	292	24	281	38	255	53	255	61	212	49	229
その他の輸入野菜	(61)	97	53,932	557	4	726	6	669	11	510	11	543	12	517

	6月		7月		8月		9月		10月		11月		12月		
	数量	価格	数量	価格	数量	価格	数量	価格	数量	価格	数量	価格	数量	価格	
	t	円/kg	t	円/kg	t	円/kg	t	円/kg	t	円/kg	t	円/kg	t	円/kg	
	837	266	736	266	797	259	860	299	918	321	812	303	876	273	(1)
	43	111	33	151	42	162	58	151	83	185	62	159	59	100	(2)
	0	181	-	-	0	96	0	212	6	241	21	166	26	166	(3)
	44	188	47	214	70	199	68	323	73	323	57	289	58	169	(4)
	7	447	5	518	5	508	6	579	6	588	7	531	8	651	(5)
	0	124	0	100	-	-	-	-	0	750	-	-	0	3,888	(6)
	0	1,231	0	1,944	0	976	1	653	1	677	1	680	4	723	(7)
	45	90	37	65	37	75	61	142	99	204	76	185	65	104	(8)
	2	358	2	466	2	406	2	707	2	803	3	540	3	379	(9)
	7	326	8	275	7	281	6	541	6	611	6	467	7	369	(10)
	0	649	0	989	1	571	1	736	1	726	2	484	2	362	(11)
	2	418	2	432	2	350	2	481	2	575	3	361	2	397	(12)
	97	87	101	80	104	80	106	118	102	191	88	191	111	107	(13)
	19	406	9	640	7	807	7	976	15	687	14	644	17	492	(14)
	12	532	15	535	13	582	17	641	18	737	19	561	25	462	(15)
	0	187	0	106	-	-	-	-	-	-	0	239	1	350	(16)
	0	824	0	743	0	559	0	633	0	478	-	-	0	440	(17)
	0	1,251	0	1,299	1	1,249	1	1,480	1	989	0	745	1	2,102	(18)
	0	285	0	321	0	301	1	798	4	568	4	453	5	386	(19)
	3	514	3	754	3	623	4	857	4	967	4	871	4	870	(20)
	3	417	3	337	2	306	2	345	2	497	2	578	3	343	(21)
	2	1,481	2	1,228	2	1,160	2	1,231	1	1,313	1	1,156	1	1,272	(22)
	-	-	-	-	-	-	-	-	0	1,221	1	1,134	1	1,272	(23)
	0	254	0	509	0	588	1	298	1	398	1	329	2	274	(24)
	12	384	5	588	6	586	4	754	8	620	13	505	13	474	(25)
	-	-	-	-	-	-	-	-	0	578	-	-	-	-	(26)
	50	165	59	152	66	179	50	284	22	658	36	357	40	253	(27)
	0	1,491	0	1,769	0	1,886	0	2,888	0	3,396	0	2,730	0	3,386	(28)
	56	243	45	221	52	210	45	352	33	518	18	536	24	492	(29)
	33	178	26	152	16	196	18	218	19	212	13	292	19	246	(30)
	16	153	4	148	-	-	-	-	0	250	5	290	16	234	(31)
	29	384	32	289	26	245	16	323	11	389	6	431	5	446	(32)
	65	295	30	314	35	241	23	387	16	548	8	700	12	603	(33)
	10	504	8	541	5	611	5	728	4	911	5	872	4	1,017	(34)
	23	384	20	394	14	398	12	498	9	710	8	656	11	582	(35)
	0	1,373	1	875	1	742	1	913	0	1,970	0	1,792	0	2,433	(36)
	6	367	20	283	10	300	2	477	-	-	-	-	-	-	(37)
	6	627	3	551	1	718	2	935	2	1,041	1	900	1	934	(38)
	0	1,875	0	1,612	0	2,519	0	4,316	0	5,275	0	1,706	1	1,688	(39)
	-	-	-	-	-	-	0	1,000	0	1,144	0	1,100	-	-	(40)
	1	1,111	0	1,000	-	-	-	-	-	-	0	1,575	0	915	(41)
	0	524	0	369	-	-	-	-	-	-	-	-	-	-	(42)
	1	948	3	600	2	682	1	487	0	216	-	-	-	-	(43)
	9	343	7	371	10	327	18	318	14	321	10	291	14	284	(44)
	54	228	23	208	30	194	45	212	60	170	50	203	48	215	(45)
	1	221	2	446	4	413	10	379	13	350	10	334	12	347	(46)
	12	426	13	416	13	433	11	448	12	440	11	450	15	508	(47)
	80	156	75	196	109	222	151	174	153	101	147	83	149	85	(48)
	0	327	0	355	1	269	0	313	0	269	0	288	2	93	(49)
	2	611	1	863	2	469	2	428	2	451	2	667	3	508	(50)
	0	486	0	472	0	472	0	493	0	465	1	497	1	518	(51)
	7	927	8	794	12	686	5	773	5	755	5	776	4	745	(52)
	0	403	0	404	0	405	0	404	0	399	0	379	1	349	(53)
	5	865	4	802	5	826	5	1,044	6	1,094	6	993	5	1,140	(54)
															(55)
	2	556	2	551	2	562	3	601	3	663	3	681	2	668	(56)
	12	244	9	248	10	231	19	292	25	309	22	364	23	361	(57)
	11	461	11	439	11	440	18	567	20	662	18	764	17	772	(58)
	61	464	58	480	55	488	52	522	53	536	49	507	52	564	(59)
	26	259	15	333	8	527	7	662	6	721	14	513	29	355	(60)
	9	422	10	405	7	562	6	712	5	772	7	605	9	576	(61)

3　卸売市場別の月別野菜の卸売数量・価額・価格（続き）
(68)　岡山市中央卸売市場

品目	計 数量	計 価額	計 価格	1月 数量	1月 価格	2月 数量	2月 価格	3月 数量	3月 価格	4月 数量	4月 価格	5月 数量	5月 価格
	t	千円	円／kg	t	円／kg	t	円／kg	t	円／kg	t	円／kg	t	円／kg
野菜計 (1)	**60,451**	**14,998,930**	**248**	**4,699**	**213**	**5,201**	**224**	**5,333**	**236**	**5,614**	**231**	**5,652**	**233**
根菜類													
だいこん (2)	6,432	654,676	102	523	56	564	72	519	92	574	86	513	82
かぶ (3)	127	25,267	199	26	129	17	170	6	293	4	254	2	224
にんじん (4)	4,437	751,634	169	323	84	358	92	372	119	380	167	428	158
ごぼう (5)	801	318,940	398	62	395	77	407	51	377	57	374	60	448
たけのこ (6)	59	22,018	376	1	764	2	946	11	737	40	252	4	228
れんこん (7)	435	244,154	561	34	579	40	592	42	621	31	627	23	700
葉茎菜類													
はくさい (8)	3,546	362,621	102	488	60	363	84	336	117	246	114	243	70
みずな (9)	261	110,256	423	23	441	26	410	32	294	29	239	25	274
こまつな (10)	569	226,456	398	37	459	40	473	51	322	54	311	56	279
その他の菜類 (11)	45	16,316	363	3	314	4	383	5	304	6	262	5	292
ちんげんさい (12)	308	106,469	346	24	318	25	357	31	256	32	288	31	304
キャベツ (13)	7,009	743,153	106	538	57	656	57	643	76	719	112	750	108
ほうれんそう (14)	552	357,647	648	68	585	71	592	64	531	56	541	37	644
ねぎ (15)	1,348	776,423	576	145	456	136	543	121	467	94	547	92	675
ふき (16)	22	7,328	332	2	318	2	343	4	372	5	378	3	245
うど (17)	3	2,953	951	0	878	1	864	1	944	1	1,026	0	957
みつば (18)	57	53,480	939	5	1,342	5	1,114	5	643	5	561	5	514
しゅんぎく (19)	62	51,035	823	11	882	9	704	9	410	4	580	2	704
にら (20)	409	313,989	768	31	927	31	1,163	38	613	35	577	40	474
洋菜類													
セルリー (21)	153	43,625	285	15	251	29	203	16	278	14	346	15	320
アスパラガス (22)	155	179,355	1,154	3	1,910	5	1,492	12	1,309	18	1,469	19	1,385
うち輸入 (23)	15	17,468	1,155	2	1,709	2	1,130	1	945	0	906	0	3,024
カリフラワー (24)	107	22,275	208	13	223	13	226	11	189	6	234	11	165
ブロッコリー (25)	827	426,950	517	66	458	67	570	65	589	78	580	108	421
うち輸入 (26)	32	11,636	368	-	-	0	352	2	315	2	348	1	376
レタス (27)	3,307	757,221	229	209	260	229	292	266	274	368	201	300	178
パセリ (28)	14	40,826	2,828	1	1,439	1	1,806	1	1,496	1	1,063	1	1,973
果菜類													
きゅうり (29)	2,702	843,185	312	152	440	164	407	242	291	292	231	365	232
かぼちゃ (30)	1,686	269,659	160	104	152	114	159	135	135	175	110	170	117
うち輸入 (31)	935	121,071	129	98	140	105	140	127	118	168	97	159	100
なす (32)	1,229	456,947	372	39	535	59	492	94	406	85	397	124	388
トマト (33)	3,301	1,183,553	359	155	415	200	393	231	472	346	369	420	281
ミニトマト (34)	582	445,883	767	40	753	38	899	43	927	67	628	87	448
ピーマン (35)	719	326,372	454	39	672	39	849	57	629	65	442	77	407
ししとうがらし (36)	44	62,381	1,414	2	2,011	2	1,666	3	1,810	4	1,382	3	1,423
スイートコーン (37)	339	70,809	209	0	433	0	404	0	425	0	432	9	381
豆類													
さやいんげん (38)	68	82,739	1,220	4	1,400	3	1,731	5	1,470	6	1,258	8	1,021
さやえんどう (39)	54	88,309	1,621	8	1,123	3	2,308	5	2,122	11	1,469	8	1,347
うち輸入 (40)	4	4,042	910	1	906	1	1,121	1	1,078	0	432	0	900
実えんどう (41)	25	23,081	932	2	687	2	1,073	1	1,542	7	1,093	11	853
そらまめ (42)	30	12,754	429	3	415	0	601	0	1,620	8	601	16	317
えだまめ (43)	55	36,043	658	-	-	-	-	0	394	0	586	3	922
土物類													
かんしょ (44)	1,303	326,967	251	129	241	154	239	143	241	109	248	82	274
ばれいしょ (45)	4,553	875,476	192	411	127	485	158	440	214	379	274	594	210
さといも (46)	265	87,450	330	27	344	28	347	20	299	14	275	4	419
やまのいも (47)	914	366,545	401	58	363	68	358	75	363	70	370	84	392
たまねぎ (48)	8,350	858,998	103	633	71	830	77	877	82	887	78	544	106
うち輸入 (49)	297	32,520	109	12	101	36	105	27	149	12	150	21	129
にんにく (50)	101	84,394	838	8	744	8	899	10	804	9	986	10	826
うち輸入 (51)	70	29,402	418	6	333	5	375	7	343	5	477	5	418
しょうが (52)	303	223,105	736	14	742	20	748	26	737	23	796	26	752
うち輸入 (53)	40	12,877	324	2	343	3	333	4	356	3	323	3	316
きのこ類													
生しいたけ (54)	177	187,096	1,059	14	1,207	15	1,184	16	1,038	14	950	13	996
うち輸入 (55)	6	3,643	637	0	637	0	636	0	637	0	636	1	640
なめこ (56)	71	37,012	521	5	553	5	558	6	521	6	490	6	521
えのきだけ (57)	479	134,763	282	55	307	55	328	40	244	38	223	32	233
しめじ (58)	297	110,526	372	27	422	27	423	27	338	27	283	24	288
その他の野菜 (59)	1,762	1,189,812	675	117	703	109	666	122	732	115	688	158	663
輸入野菜計 (60)	1,951	425,874	218	153	217	192	206	212	197	227	158	232	155
その他の輸入野菜 (61)	552	193,214	350	32	356	39	373	42	385	35	367	42	321

6月		7月		8月		9月		10月		11月		12月		
数量	価格	数量	価格	数量	価格	数量	価格	数量	価格	数量	価格	数量	価格	
t	円/kg	t	円/kg	t	円/kg	t	円/kg	t	円/kg	t	円/kg	t	円/kg	
4,839	247	4,139	253	5,095	228	5,177	268	5,137	312	4,692	279	4,874	258	(1)
439	90	525	108	507	118	576	126	601	158	526	132	566	93	(2)
1	241	1	178	1	128	0	468	5	312	18	214	46	212	(3)
373	131	268	162	380	158	352	310	448	278	355	215	397	133	(4)
68	435	53	380	40	372	69	366	88	356	87	358	90	485	(5)
0	54	-	-	-	-	-	-	-	-	0	972	0	1,114	(6)
9	1,354	5	1,105	25	553	47	447	56	465	52	474	73	506	(7)
181	85	129	61	194	45	298	101	384	171	329	167	355	101	(8)
24	229	14	587	13	440	12	663	19	831	19	622	25	459	(9)
54	290	44	357	50	244	42	544	55	634	47	542	38	387	(10)
3	358	3	383	2	438	3	499	4	499	4	372	2	418	(11)
26	320	23	319	22	259	24	520	27	491	22	439	20	310	(12)
466	111	612	77	615	78	630	117	501	207	445	200	434	120	(13)
32	727	21	913	18	904	13	1,268	21	1,077	51	697	100	543	(14)
91	531	87	635	98	646	96	691	116	727	124	591	148	514	(15)
0	195	0	97	-	-	-	-	1	323	2	302	2	306	(16)
0	1,227	0	743	0	1,117	0	989	0	1,485	0	774	0	1,004	(17)
4	597	5	1,015	4	763	4	1,111	5	1,630	4	841	6	1,145	(18)
2	622	1	804	1	1,017	1	1,720	3	1,519	7	841	12	1,011	(19)
36	455	30	674	29	647	33	827	37	927	36	946	32	1,085	(20)
11	342	9	256	10	219	9	287	8	439	6	467	12	249	(21)
18	1,231	24	969	24	843	15	922	10	1,047	5	975	4	1,163	(22)
-	-	-	-	-	-	0	982	1	1,231	5	947	4	1,163	(23)
5	200	2	346	2	352	3	272	11	201	15	197	16	189	(24)
70	368	29	577	26	680	30	641	78	594	98	546	112	450	(25)
1	364	1	342	1	335	12	375	8	384	1	389	1	360	(26)
263	139	268	132	323	151	224	263	223	455	297	279	338	213	(27)
1	2,033	1	2,573	2	2,257	1	4,344	1	6,505	1	4,906	1	5,770	(28)
271	243	269	283	337	229	205	369	139	543	136	423	132	451	(29)
208	138	187	146	109	196	156	176	131	191	78	287	119	218	(30)
117	122	44	108	2	268	-	-	-	-	27	307	87	199	(31)
148	371	140	356	188	261	141	337	106	361	57	462	46	442	(32)
408	277	214	315	478	251	340	359	229	518	144	532	135	503	(33)
50	630	42	800	60	734	46	860	39	1,075	33	1,105	38	913	(34)
104	325	76	360	74	222	63	413	47	540	43	536	36	530	(35)
4	1,322	5	1,106	5	811	5	960	4	1,712	4	1,488	3	2,296	(36)
196	180	61	253	58	237	14	176	0	295	-	-	0	511	(37)
8	1,065	7	929	8	860	6	1,466	5	1,819	5	1,223	5	1,153	(38)
3	1,918	2	1,761	1	2,329	1	6,195	1	3,573	4	1,421	8	1,246	(39)
0	756	0	540	0	378	0	945	0	1,049	1	738	1	1,074	(40)
1	711	-	-	0	22	-	-	-	-	-	-	1	646	(41)
1	616	-	-	0	173	-	-	-	-	-	-	0	787	(42)
16	680	16	552	11	585	3	835	5	867	0	965	-	-	(43)
65	277	63	280	80	243	106	252	123	271	125	255	123	227	(44)
309	219	134	226	309	160	441	206	414	163	324	180	313	191	(45)
7	432	5	375	8	358	20	368	32	367	40	310	59	292	(46)
83	401	92	405	96	415	92	431	67	426	56	438	73	441	(47)
442	167	369	203	596	194	798	136	846	82	841	69	687	74	(48)
31	104	33	107	39	104	37	100	24	91	14	91	11	92	(49)
8	778	8	833	7	846	9	783	11	719	6	1,058	7	900	(50)
5	414	5	445	5	443	7	417	10	400	4	538	6	493	(51)
32	829	38	738	36	707	27	707	23	696	23	615	16	740	(52)
3	324	4	315	4	317	3	313	3	317	3	320	4	317	(53)
11	953	11	927	11	891	13	1,096	17	1,141	19	1,075	21	1,102	(54)
0	638	1	637	0	632	0	637	1	638	1	636	1	638	(55)
6	493	6	496	6	513	6	518	6	551	6	538	6	503	(56)
22	239	22	223	24	193	40	261	45	300	48	334	57	337	(57)
23	270	19	259	19	253	26	366	26	453	26	526	24	521	(58)
234	583	200	556	187	507	137	676	123	1,114	124	714	134	744	(59)
196	168	120	206	84	280	117	287	120	343	125	304	174	261	(60)
38	312	33	378	33	454	57	371	73	395	69	278	60	280	(61)

3　卸売市場別の月別野菜の卸売数量・価額・価格（続き）
(69)　広島市中央卸売市場計

品目		計 数量	計 価額	計 価格	1月 数量	1月 価格	2月 数量	2月 価格	3月 数量	3月 価格	4月 数量	4月 価格	5月 数量	5月 価格
		t	千円	円/kg	t	円/kg	t	円/kg	t	円/kg	t	円/kg	t	円/kg
野菜計	(1)	131,867	31,945,097	242	10,581	212	11,469	224	11,596	232	11,754	224	11,470	231
根菜類														
だいこん	(2)	12,360	1,195,769	97	1,089	54	1,145	65	1,043	83	1,140	79	997	75
かぶ	(3)	584	82,632	142	138	78	71	123	12	266	7	226	8	162
にんじん	(4)	7,630	1,340,135	176	693	93	663	102	560	124	634	167	660	161
ごぼう	(5)	1,270	449,440	354	124	325	120	330	117	340	81	390	74	405
たけのこ	(6)	148	60,709	410	2	817	3	955	22	763	106	315	12	283
れんこん	(7)	821	397,649	484	68	606	65	651	58	710	43	736	30	892
葉茎菜類														
はくさい	(8)	11,146	1,117,774	100	1,144	64	1,050	82	940	113	884	101	752	66
みずな	(9)	730	306,173	419	62	479	47	501	65	338	94	231	51	279
こまつな	(10)	1,848	661,617	358	93	473	119	463	144	323	176	283	171	273
その他の菜類	(11)	38	7,994	209	3	176	2	247	2	362	2	398	1	380
ちんげんさい	(12)	340	135,978	400	20	418	26	499	32	360	33	324	35	318
キャベツ	(13)	20,035	2,070,040	103	1,605	64	1,756	70	1,840	83	1,889	102	2,006	99
ほうれんそう	(14)	1,375	847,631	616	127	619	168	564	193	484	167	499	127	559
ねぎ	(15)	3,164	1,689,033	534	336	468	311	524	282	473	224	467	216	567
ふき	(16)	126	39,680	315	13	307	19	329	26	341	31	333	21	236
うど	(17)	4	3,447	798	0	958	1	679	1	841	1	799	0	869
みつば	(18)	157	109,001	692	11	953	12	859	21	353	13	456	12	447
しゅんぎく	(19)	212	136,385	643	44	600	31	645	14	525	12	368	7	468
にら	(20)	714	488,115	684	54	805	54	1,036	67	510	64	470	68	375
洋菜類														
セルリー	(21)	450	131,749	293	44	286	52	254	62	287	40	342	35	338
アスパラガス	(22)	330	415,820	1,261	3	1,654	9	1,526	33	1,301	41	1,536	41	1,581
うち輸入	(23)	35	36,637	1,045	3	1,565	4	989	6	762	3	860	1	1,009
カリフラワー	(24)	167	42,431	254	18	298	24	260	23	178	13	250	14	171
ブロッコリー	(25)	1,458	713,419	489	163	454	146	500	165	479	117	527	152	440
うち輸入	(26)	75	28,926	387	-	-	1	296	4	320	14	360	5	258
レタス	(27)	7,075	1,528,098	216	431	241	443	292	562	235	648	179	675	184
パセリ	(28)	52	99,333	1,899	4	1,029	4	1,004	6	746	4	850	4	1,827
果菜類														
きゅうり	(29)	6,373	2,125,948	334	416	430	450	419	611	313	667	253	760	245
かぼちゃ	(30)	3,419	592,651	173	240	155	268	149	289	112	269	105	280	130
うち輸入	(31)	1,802	238,823	133	218	134	252	132	284	105	264	97	257	107
なす	(32)	2,688	974,482	363	71	552	120	459	190	385	229	402	302	380
トマト	(33)	4,288	1,595,390	372	207	424	269	430	294	502	393	389	577	301
ミニトマト	(34)	1,374	1,000,184	728	91	712	87	871	94	907	133	638	162	468
ピーマン	(35)	2,039	940,803	461	118	625	131	798	211	609	226	399	245	370
ししとうがらし	(36)	58	89,585	1,536	3	2,073	4	1,621	5	1,657	5	1,487	5	1,501
スイートコーン	(37)	829	237,473	287	0	399	1	419	1	626	4	594	39	403
豆類														
さやいんげん	(38)	125	145,402	1,165	5	1,215	7	1,504	8	1,338	10	1,263	17	929
さやえんどう	(39)	112	172,867	1,546	17	1,088	8	2,006	14	1,612	20	1,252	11	1,244
うち輸入	(40)	3	2,151	739	0	744	0	968	0	835	0	779	0	689
実えんどう	(41)	47	47,621	1,010	4	627	3	1,440	7	1,272	12	1,058	18	925
そらまめ	(42)	58	28,063	480	7	420	0	2,050	0	2,285	23	550	24	365
えだまめ	(43)	136	90,240	664	-	-	-	-	0	551	1	537	5	967
土物類														
かんしょ	(44)	2,535	664,114	262	293	260	317	254	265	265	194	262	136	286
ばれいしょ	(45)	8,800	1,682,465	191	801	126	953	166	816	217	745	259	901	212
さといも	(46)	679	207,435	306	68	289	68	281	52	268	35	269	13	392
やまのいも	(47)	1,574	643,194	409	103	375	158	365	141	366	153	374	126	394
たまねぎ	(48)	15,890	1,577,263	99	1,192	71	1,614	73	1,671	81	1,575	84	962	107
うち輸入	(49)	803	90,689	113	49	116	59	126	87	136	46	146	47	112
にんにく	(50)	158	121,848	772	10	744	17	772	14	762	13	721	17	763
うち輸入	(51)	123	57,923	469	8	360	15	539	11	432	10	434	9	457
しょうが	(52)	356	273,120	767	19	766	24	770	27	811	29	831	35	825
うち輸入	(53)	53	17,558	331	4	356	4	355	4	345	4	343	4	336
きのこ類														
生しいたけ	(54)	824	745,898	905	71	1,040	70	1,013	75	898	69	837	66	835
うち輸入	(55)	6	3,748	637	0	609	1	648	0	648	0	648	0	648
なめこ	(56)	344	123,676	359	30	347	37	345	33	346	27	346	26	341
えのきだけ	(57)	2,192	586,965	268	216	315	214	304	169	242	139	226	120	232
しめじ	(58)	1,207	630,287	522	98	599	99	594	93	516	91	444	86	431
その他の野菜	(59)	3,525	2,578,072	731	210	819	209	738	227	739	230	723	365	717
輸入野菜計	(60)	4,020	893,760	222	340	192	406	206	468	178	422	176	419	171
その他の輸入野菜	(61)	1,119	417,304	373	58	373	69	410	70	405	81	349	96	327

注：広島市中央卸売市場計とは、広島市において開設されている中央卸売市場（中央及び東部）の計である。

	6月		7月		8月		9月		10月		11月		12月		
	数量	価格	数量	価格	数量	価格	数量	価格	数量	価格	数量	価格	数量	価格	
	t	円/kg	t	円/kg	t	円/kg	t	円/kg	t	円/kg	t	円/kg	t	円/kg	
	10,375	242	9,380	248	10,425	223	10,967	258	11,343	296	10,800	276	11,706	240	(1)
	835	83	806	112	825	127	1,047	120	1,184	150	1,123	131	1,125	85	(2)
	2	200	3	219	3	185	4	262	25	285	83	152	228	152	(3)
	631	128	506	166	579	156	572	352	620	307	685	237	827	142	(4)
	76	407	60	351	53	320	102	338	156	305	146	323	160	436	(5)
	1	170	0	73	0	1,183	0	1,400	1	890	0	1,308	1	827	(6)
	14	1,332	18	734	52	406	89	364	120	349	118	323	146	337	(7)
	570	88	428	66	527	60	866	100	1,267	157	1,216	153	1,504	88	(8)
	61	305	59	414	57	337	49	588	54	746	54	590	77	412	(9)
	184	261	179	294	157	226	173	431	175	513	142	508	136	347	(10)
	0	335	0	313	8	111	6	122	6	242	4	299	4	191	(11)
	33	331	27	407	23	324	29	452	34	520	25	497	24	381	(12)
	1,654	101	1,706	75	1,611	76	1,568	106	1,528	184	1,467	185	1,405	116	(13)
	110	538	60	737	44	873	48	1,023	81	888	113	735	138	586	(14)
	204	514	197	571	220	529	260	569	281	666	280	597	354	489	(15)
	2	197	0	81	-	-	-	-	1	471	5	369	9	342	(16)
	0	828	0	819	0	559	0	891	0	1,080	0	634	0	1,172	(17)
	10	458	10	655	15	586	14	681	10	928	10	721	18	1,236	(18)
	3	552	2	798	1	880	4	1,290	10	1,106	25	776	58	597	(19)
	58	391	52	613	58	569	56	769	60	978	64	860	58	927	(20)
	28	332	36	234	38	184	27	251	23	410	22	411	43	292	(21)
	31	1,456	53	1,141	53	867	34	1,136	17	1,163	8	1,080	7	1,128	(22)
	0	1,734	0	1,755	0	1,790	0	1,050	4	1,094	8	1,079	7	1,128	(23)
	7	260	5	381	4	386	4	315	15	224	14	262	25	287	(24)
	101	517	104	454	78	504	65	561	88	594	112	557	166	411	(25)
	5	380	5	388	7	343	13	438	14	439	5	480	1	231	(26)
	681	149	719	144	822	161	685	241	399	440	480	288	531	199	(27)
	4	1,725	4	1,897	5	1,840	4	2,616	4	4,171	5	3,018	5	2,586	(28)
	607	242	461	315	621	223	546	364	375	549	408	450	450	427	(29)
	307	175	312	186	293	205	379	186	327	197	257	259	199	224	(30)
	177	128	56	110	-	-	-	-	19	235	111	264	165	190	(31)
	357	341	335	330	371	226	253	316	196	418	159	477	103	449	(32)
	527	320	353	326	563	253	401	339	302	479	195	538	206	514	(33)
	132	557	101	728	138	610	130	763	123	935	81	1,019	102	840	(34)
	222	328	182	369	166	259	149	419	129	583	135	530	128	487	(35)
	4	1,469	6	1,283	7	1,035	6	1,081	5	1,881	4	1,727	4	2,392	(36)
	247	259	238	275	232	308	66	263	1	284	-	-	0	481	(37)
	19	850	9	1,496	9	1,115	8	1,646	9	1,458	12	1,019	11	973	(38)
	5	2,093	4	1,726	4	2,354	2	4,607	2	3,427	6	1,718	20	1,337	(39)
	0	726	0	693	0	469	0	807	0	912	0	723	0	603	(40)
	1	575	-	-	0	1,620	-	-	-	-	-	-	1	813	(41)
	3	508	0	526	-	-	-	-	-	-	0	32	0	1,073	(42)
	37	577	48	650	35	713	9	725	1	759	0	795	0	2,160	(43)
	127	291	132	279	147	243	180	252	225	279	220	277	299	231	(44)
	687	227	382	220	631	155	702	193	727	169	729	175	728	190	(45)
	14	482	14	498	20	399	70	370	107	317	93	272	124	266	(46)
	159	394	172	403	173	421	122	454	115	452	58	514	94	492	(47)
	818	162	842	183	1,036	174	1,542	125	1,763	79	1,477	69	1,398	74	(48)
	94	105	151	121	85	105	64	91	46	84	39	83	36	106	(49)
	11	720	13	784	13	759	11	690	12	817	12	874	15	836	(50)
	9	431	9	450	9	450	10	451	10	472	10	501	13	564	(51)
	40	821	42	779	38	724	29	687	23	696	24	714	25	724	(52)
	4	336	5	332	5	320	5	320	5	317	5	313	5	324	(53)
	59	802	57	776	57	762	63	930	74	959	78	930	84	987	(54)
	0	648	0	635	0	629	1	622	1	635	1	637	1	644	(55)
	21	352	20	355	20	345	26	352	37	373	38	400	28	387	(56)
	114	217	114	193	126	164	179	237	260	274	267	314	273	324	(57)
	86	409	85	386	81	368	108	484	130	558	129	653	123	661	(58)
	473	638	423	595	409	571	279	758	242	1,108	217	856	242	846	(59)
	374	171	302	214	187	302	204	323	243	371	328	277	327	256	(60)
	83	284	75	426	81	483	112	428	145	447	150	271	99	315	(61)

3　卸売市場別の月別野菜の卸売数量・価額・価格（続き）

(70)　広島市中央卸売市場　中央市場

品目	計			1月		2月		3月		4月		5月	
	数量	価額	価格	数量	価格	数量	価格	数量	価格	数量	価格	数量	価格
	t	千円	円／kg	t	円／kg	t	円／kg	t	円／kg	t	円／kg	t	円／kg
野菜計 (1)	**86,211**	**22,621,228**	**262**	**7,094**	**230**	**7,418**	**247**	**7,468**	**255**	**7,648**	**242**	**7,582**	**245**
根菜類													
だいこん (2)	8,621	851,418	99	729	56	787	67	712	84	751	83	675	79
かぶ (3)	473	65,025	138	114	75	55	123	9	268	5	240	6	178
にんじん (4)	5,215	971,039	186	485	99	458	108	390	132	424	178	449	170
ごぼう (5)	869	333,234	383	90	339	85	358	85	362	55	419	44	464
たけのこ (6)	109	48,323	442	2	837	3	972	19	780	77	341	7	292
れんこん (7)	410	229,770	560	34	677	35	723	32	774	27	795	19	963
葉茎菜類													
はくさい (8)	7,612	762,835	100	817	66	737	82	648	115	594	100	504	65
みずな (9)	496	223,256	450	37	548	36	515	44	358	69	216	19	355
こまつな (10)	1,057	427,110	404	61	500	73	499	79	360	92	323	95	303
その他の菜類 (11)	35	6,808	197	3	167	2	239	2	358	1	420	1	325
ちんげんさい (12)	273	111,567	409	16	424	21	500	25	369	26	331	28	331
キャベツ (13)	13,415	1,402,920	105	1,072	67	1,146	73	1,203	88	1,257	106	1,350	101
ほうれんそう (14)	976	621,883	637	90	643	121	577	138	497	119	515	85	604
ねぎ (15)	2,151	1,121,962	522	239	450	215	505	196	447	158	458	147	561
ふき (16)	91	29,569	326	9	312	13	330	19	351	22	346	15	252
うど (17)	3	2,896	838	0	1,027	1	708	1	887	1	838	0	893
みつば (18)	107	82,861	773	8	1,057	8	935	9	590	9	508	9	490
しゅんぎく (19)	112	78,903	702	20	694	14	710	9	569	9	370	5	486
にら (20)	562	383,363	682	42	798	41	1,038	51	512	49	475	53	379
洋菜類													
セルリー (21)	408	118,675	291	41	284	49	253	57	285	37	342	32	338
アスパラガス (22)	210	277,619	1,319	2	1,712	7	1,639	24	1,367	25	1,615	24	1,687
うち輸入 (23)	21	23,160	1,094	2	1,591	2	1,009	3	782	1	868	0	1,101
カリフラワー (24)	122	33,083	271	13	329	17	292	16	179	9	269	10	176
ブロッコリー (25)	1,002	494,872	494	124	462	104	506	119	488	82	522	107	444
うち輸入 (26)	28	9,506	342	-	-	1	298	4	321	13	364	4	272
レタス (27)	4,769	1,037,382	218	281	241	300	282	381	234	440	175	445	189
パセリ (28)	45	84,848	1,868	4	949	4	908	6	692	4	816	3	1,865
果菜類													
きゅうり (29)	4,528	1,540,563	340	302	429	335	419	454	312	470	256	538	245
かぼちゃ (30)	2,065	397,896	193	133	180	154	170	155	123	148	115	169	144
うち輸入 (31)	949	132,620	140	114	144	139	144	151	112	144	102	150	111
なす (32)	1,571	583,021	371	46	569	75	465	109	397	129	398	172	389
トマト (33)	2,866	1,069,701	373	138	425	171	419	186	500	263	366	401	274
ミニトマト (34)	1,136	840,217	740	74	720	73	882	75	917	108	650	133	473
ピーマン (35)	1,532	725,432	474	92	627	107	797	178	609	185	393	190	369
ししとうがらし (36)	41	65,732	1,597	3	2,039	3	1,643	3	1,737	3	1,537	3	1,551
スイートコーン (37)	591	176,066	298	0	399	1	423	1	626	4	618	34	411
豆類													
さやいんげん (38)	97	118,188	1,223	4	1,238	4	1,832	5	1,541	9	1,265	13	959
さやえんどう (39)	92	145,306	1,571	15	1,084	7	1,991	12	1,625	16	1,281	9	1,307
うち輸入 (40)	1	743	693	-	-	0	905	0	655	0	777	0	680
実えんどう (41)	38	39,918	1,038	4	643	3	1,452	7	1,285	10	1,066	13	956
そらまめ (42)	46	23,214	510	6	417	0	2,104	0	2,285	17	602	20	379
えだまめ (43)	96	70,058	728	-	-	-	-	0	551	0	525	3	1,017
土物類													
かんしょ (44)	1,669	438,345	263	162	265	191	254	171	263	129	255	84	292
ばれいしょ (45)	4,598	928,581	202	472	131	523	174	470	230	482	264	479	220
さといも (46)	524	163,658	312	52	297	52	279	41	276	28	274	11	393
やまのいも (47)	1,069	435,670	408	60	375	103	367	86	360	105	371	83	394
たまねぎ (48)	7,469	793,274	106	644	71	722	76	720	83	709	91	514	116
うち輸入 (49)	465	54,246	117	27	119	31	132	50	144	28	152	29	118
にんにく (50)	117	94,541	810	6	807	14	791	10	805	9	767	12	799
うち輸入 (51)	92	46,928	508	5	386	12	582	8	474	8	467	7	497
しょうが (52)	261	203,308	780	14	777	17	793	19	839	21	842	26	841
うち輸入 (53)	34	11,333	334	2	363	2	362	2	350	2	338	3	333
きのこ類													
生しいたけ (54)	715	646,059	904	61	1,045	61	1,014	64	903	59	838	57	830
うち輸入 (55)	6	3,746	640	0	648	1	648	0	648	0	648	0	648
なめこ (56)	333	118,260	355	29	341	36	339	32	340	26	340	25	335
えのきだけ (57)	1,866	500,430	268	186	317	184	303	141	242	115	229	98	233
しめじ (58)	1,060	556,057	525	91	604	88	596	81	511	81	438	71	438
その他の野菜 (59)	2,685	2,146,512	799	166	908	160	809	173	805	179	768	293	751
輸入野菜計 (60)	2,249	552,982	246	187	216	229	234	259	199	247	196	238	182
その他の輸入野菜 (61)	654	270,699	414	37	403	39	461	39	465	49	378	44	385

6月		7月		8月		9月		10月		11月		12月		
数量	価格	数量	価格	数量	価格	数量	価格	数量	価格	数量	価格	数量	価格	
t	円/kg	t	円/kg	t	円/kg	t	円/kg	t	円/kg	t	円/kg	t	円/kg	
7,005	253	6,371	258	6,705	239	7,112	281	7,178	332	6,889	307	7,742	262	(1)
624	85	622	111	590	127	753	120	803	154	781	132	794	86	(2)
2	199	3	219	3	185	4	259	19	261	70	150	183	147	(3)
433	135	378	172	373	164	435	362	415	315	460	250	515	159	(4)
52	453	41	375	33	351	64	380	96	331	99	346	126	455	(5)
1	104	0	53	-	-	-	-	1	475	0	822	1	868	(6)
6	1,659	8	867	26	436	47	402	59	398	53	365	63	418	(7)
419	89	291	67	345	60	618	99	860	158	765	155	1,013	88	(8)
40	334	39	448	39	351	35	626	42	767	39	608	56	436	(9)
104	313	83	362	82	270	104	465	111	544	93	525	81	385	(10)
0	244	0	291	8	110	6	115	6	235	3	290	3	191	(11)
27	336	21	420	18	337	23	452	28	530	20	501	19	397	(12)
1,134	102	1,179	76	1,064	75	1,053	105	1,017	182	952	184	987	116	(13)
77	556	43	742	33	897	37	1,025	58	897	81	751	95	618	(14)
137	503	134	545	143	506	170	559	187	663	187	600	239	495	(15)
1	226	0	208	-	-	-	-	1	471	5	367	7	340	(16)
0	828	0	825	0	405	0	891	0	1,080	0	582	0	1,296	(17)
7	503	8	696	12	623	11	684	7	930	7	809	13	1,265	(18)
2	594	1	812	1	873	2	1,434	7	1,109	15	809	27	663	(19)
47	383	43	607	47	569	44	755	49	971	51	874	46	916	(20)
25	326	33	231	34	183	23	245	19	417	19	414	39	296	(21)
20	1,490	31	1,181	30	918	24	1,147	13	1,179	5	1,129	4	1,181	(22)
0	1,734	0	1,755	0	1,790	0	984	3	1,109	5	1,128	4	1,181	(23)
6	264	5	374	4	382	3	314	10	233	8	274	19	300	(24)
65	533	66	453	53	522	40	582	45	647	73	567	125	408	(25)
2	370	1	374	1	357	1	422	-	-	-	-	-	-	(26)
456	155	499	147	562	163	459	248	263	451	328	290	356	202	(27)
3	1,804	3	1,873	4	1,825	3	2,612	3	4,143	4	3,046	4	2,504	(28)
420	246	289	332	420	229	377	379	276	557	312	449	335	431	(29)
177	204	183	215	186	219	214	211	256	198	174	262	116	255	(30)
87	143	23	135	-	-	-	-	7	241	48	272	86	206	(31)
198	351	194	346	231	237	157	336	107	435	92	465	61	445	(32)
350	301	245	330	355	274	262	352	199	510	135	587	160	521	(33)
112	560	82	738	112	628	108	784	103	958	68	1,029	88	839	(34)
155	334	123	379	109	268	100	441	94	613	103	536	96	488	(35)
3	1,523	5	1,322	5	1,119	4	1,165	4	1,995	3	1,673	3	2,497	(36)
161	265	159	285	176	319	55	269	0	206	-	-	0	511	(37)
14	946	8	1,577	7	1,179	7	1,670	7	1,458	10	1,023	9	970	(38)
3	2,242	3	1,838	3	2,482	1	5,148	1	3,866	4	1,834	17	1,353	(39)
0	770	0	657	-	-	-	-	0	1,011	0	738	0	526	(40)
1	576	-	-	-	-	-	-	-	-	-	-	1	848	(41)
2	526	0	514	-	-	-	-	-	-	-	-	0	1,176	(42)
21	810	36	668	29	719	7	722	0	764	-	-	-	-	(43)
100	307	89	267	98	237	133	248	165	279	142	287	204	230	(44)
346	238	205	233	250	167	355	209	335	179	310	187	371	192	(45)
10	498	10	530	14	443	53	377	84	316	71	280	97	281	(46)
111	392	125	397	118	411	82	450	88	446	44	530	63	494	(47)
494	166	501	186	505	179	666	132	686	84	652	74	655	76	(48)
49	102	77	117	59	113	36	101	29	91	24	91	25	112	(49)
8	774	10	847	10	779	8	736	9	882	8	857	12	872	(50)
6	466	7	492	7	490	7	482	7	505	7	534	10	600	(51)
30	824	31	780	29	732	21	702	17	725	18	737	18	735	(52)
3	334	3	326	3	323	3	324	3	326	3	320	3	324	(53)
51	800	49	778	49	767	55	928	65	951	69	927	73	973	(54)
0	648	0	635	0	629	1	622	1	635	1	637	1	644	(55)
20	346	19	348	19	340	25	349	36	371	37	399	27	386	(56)
93	215	95	190	107	161	153	236	225	271	233	314	236	327	(57)
71	412	69	387	68	369	95	485	117	555	117	649	110	656	(58)
366	683	310	659	301	632	213	835	186	1,232	166	940	173	939	(59)
185	191	153	246	113	337	114	372	142	404	189	278	192	272	(60)
38	345	41	491	43	618	67	502	94	484	100	260	63	306	(61)

3　卸売市場別の月別野菜の卸売数量・価額・価格（続き）
(71)　広島市中央卸売市場　東部市場

品目		計 数量	計 価額	計 価格	1月 数量	1月 価格	2月 数量	2月 価格	3月 数量	3月 価格	4月 数量	4月 価格	5月 数量	5月 価格
		t	千円	円／kg	t	円／kg	t	円／kg	t	円／kg	t	円／kg	t	円／kg
野菜計	(1)	**45,656**	**9,323,869**	**204**	**3,488**	**177**	**4,052**	**183**	**4,128**	**191**	**4,106**	**191**	**3,888**	**204**
根菜類														
だいこん	(2)	3,739	344,351	92	359	50	358	61	332	81	389	73	322	66
かぶ	(3)	111	17,608	159	23	97	16	121	3	259	2	190	2	112
にんじん	(4)	2,414	369,097	153	208	79	205	90	170	105	210	144	211	142
ごぼう	(5)	401	116,206	290	34	285	36	263	32	278	26	329	31	319
たけのこ	(6)	39	12,386	320	0	552	0	780	3	665	29	245	5	271
れんこん	(7)	411	167,879	408	34	534	30	568	26	633	16	641	11	768
葉茎菜類														
はくさい	(8)	3,533	354,939	100	326	61	313	80	291	108	290	105	247	67
みずな	(9)	234	82,916	354	25	378	10	449	21	298	25	274	32	234
こまつな	(10)	791	234,507	296	32	420	45	405	65	280	84	240	76	235
その他の菜類	(11)	4	1,187	320	0	297	0	405	0	401	0	317	0	589
ちんげんさい	(12)	67	24,411	363	4	387	5	495	7	327	7	296	7	267
キャベツ	(13)	6,620	667,119	101	533	58	609	64	637	76	632	93	655	93
ほうれんそう	(14)	400	225,748	565	37	561	47	531	55	452	47	459	43	470
ねぎ	(15)	1,012	567,071	560	96	511	96	568	86	534	66	489	69	578
ふき	(16)	35	10,110	287	4	295	6	325	7	314	9	300	6	198
うど	(17)	1	550	641	0	691	0	596	0	662	0	616	0	568
みつば	(18)	50	26,140	519	4	742	4	699	12	180	4	344	4	353
しゅんぎく	(19)	100	57,482	577	23	517	17	591	5	452	3	362	2	422
にら	(20)	152	104,752	689	12	828	13	1,026	16	506	15	453	15	358
洋菜類														
セルリー	(21)	42	13,073	310	3	308	3	264	5	319	4	348	3	343
アスパラガス	(22)	119	138,201	1,158	1	1,547	2	1,156	8	1,104	15	1,405	17	1,433
うち輸入	(23)	14	13,477	970	1	1,519	2	961	3	740	1	853	0	976
カリフラワー	(24)	45	9,348	207	5	206	7	187	7	176	4	202	4	159
ブロッコリー	(25)	456	218,547	479	39	429	41	484	46	456	35	539	45	431
うち輸入	(26)	47	19,420	413	-	-	0	185	0	170	1	300	1	181
レタス	(27)	2,306	490,716	213	150	241	143	312	181	237	208	188	230	176
パセリ	(28)	7	14,485	2,104	0	1,781	0	1,856	1	1,335	1	1,082	1	1,691
果菜類														
きゅうり	(29)	1,845	585,385	317	115	434	115	418	157	317	198	248	222	243
かぼちゃ	(30)	1,354	194,755	144	107	125	114	121	134	100	120	93	112	110
うち輸入	(31)	854	106,204	124	104	123	113	117	133	97	120	90	107	100
なす	(32)	1,117	391,460	350	25	521	45	448	81	368	100	406	130	369
トマト	(33)	1,422	525,689	370	69	422	98	448	108	506	129	436	176	361
ミニトマト	(34)	238	159,967	671	18	683	14	811	19	869	25	587	29	443
ピーマン	(35)	508	215,372	424	25	617	24	800	32	609	40	426	55	375
ししとうがらし	(36)	17	23,853	1,390	1	2,170	1	1,559	1	1,470	2	1,385	1	1,375
スイートコーン	(37)	238	61,407	258	-	-	0	360	-	-	0	266	5	344
豆類														
さやいんげん	(38)	28	27,214	968	1	1,157	3	1,027	3	984	2	1,255	4	836
さやえんどう	(39)	19	27,561	1,425	2	1,117	1	2,126	2	1,541	3	1,103	2	1,011
うち輸入	(40)	2	1,408	766	0	744	0	978	0	1,050	0	781	0	702
実えんどう	(41)	9	7,703	885	1	512	0	1,139	1	1,131	2	1,019	5	846
そらまめ	(42)	13	4,849	376	1	432	0	733	-	-	6	407	5	305
えだまめ	(43)	40	20,182	509	-	-	-	-	-	-	0	568	2	899
土物類														
かんしょ	(44)	866	225,769	261	131	254	126	254	94	268	65	277	52	276
ばれいしょ	(45)	4,203	753,884	179	330	120	429	157	346	200	263	252	422	204
さといも	(46)	155	43,777	282	16	261	16	288	11	241	6	249	2	390
やまのいも	(47)	505	207,523	411	43	375	55	361	54	377	48	381	44	394
たまねぎ	(48)	8,421	783,989	93	548	71	892	70	950	80	866	79	448	97
うち輸入	(49)	339	36,443	108	22	113	28	119	37	124	17	136	18	101
にんにく	(50)	41	27,308	663	3	619	3	697	4	645	4	618	5	673
うち輸入	(51)	31	10,995	354	3	306	3	330	3	314	3	339	2	332
しょうが	(52)	95	69,812	731	5	739	7	713	8	741	9	802	9	781
うち輸入	(53)	19	6,225	327	1	339	2	345	2	336	1	351	1	343
きのこ類														
生しいたけ	(54)	109	99,839	913	10	1,010	9	1,005	10	870	10	832	9	867
うち輸入	(55)	0	2	58	0	58	-	-	-	-	-	-	-	-
なめこ	(56)	11	5,416	497	1	526	1	543	1	553	1	511	1	504
えのきだけ	(57)	326	86,535	265	30	305	30	313	28	242	25	216	22	227
しめじ	(58)	147	74,230	504	7	535	11	578	12	544	10	492	14	394
その他の野菜	(59)	839	431,560	514	44	488	49	505	54	528	51	563	72	577
輸入野菜計	(60)	1,770	340,778	192	153	164	177	169	209	152	175	147	181	158
その他の輸入野菜	(61)	465	146,604	315	21	319	30	344	31	330	32	305	52	277

	6月		7月		8月		9月		10月		11月		12月		
	数量	価格	数量	価格	数量	価格	数量	価格	数量	価格	数量	価格	数量	価格	
	t	円/kg	t	円/kg	t	円/kg	t	円/kg	t	円/kg	t	円/kg	t	円/kg	
	3,370	219	3,010	227	3,720	194	3,855	216	4,164	234	3,912	223	3,964	196	(1)
	211	77	184	117	236	128	294	120	381	141	342	129	331	80	(2)
	0	271	0	238	0	184	1	275	6	365	13	163	45	170	(3)
	198	114	128	147	207	141	136	318	205	289	224	211	312	115	(4)
	24	306	19	299	20	267	39	268	60	263	48	274	35	367	(5)
	0	311	0	420	0	1,183	0	1,400	1	1,316	0	1,359	0	652	(6)
	8	1,063	10	622	26	376	42	320	60	302	65	289	83	276	(7)
	151	84	137	63	182	60	247	103	407	154	451	150	490	88	(8)
	21	251	20	348	17	305	14	492	13	674	15	542	21	347	(9)
	80	195	96	236	75	177	70	380	64	458	49	475	54	290	(10)
	0	406	0	356	0	333	0	484	0	426	1	322	1	192	(11)
	6	308	6	361	5	278	5	453	6	473	5	481	5	324	(12)
	520	98	527	73	547	77	515	109	511	187	514	187	418	117	(13)
	33	498	17	725	11	802	11	1,019	22	865	32	695	44	519	(14)
	67	536	63	626	77	572	90	586	94	671	93	593	115	478	(15)
	1	172	0	42	-	-	-	-	-	-	0	395	2	349	(16)
	-	-	0	810	0	790	-	-	-	-	0	747	0	675	(17)
	3	362	3	549	3	448	2	665	3	922	4	562	5	1,150	(18)
	1	493	1	776	0	911	2	1,083	3	1,098	10	726	31	540	(19)
	11	422	9	643	12	570	12	820	11	1,005	13	808	13	963	(20)
	3	375	3	259	4	197	4	291	4	378	3	394	4	244	(21)
	11	1,395	22	1,084	23	800	10	1,110	4	1,115	3	982	2	1,037	(22)
	-	-	-	-	-	-	0	1,296	1	1,058	3	982	2	1,037	(23)
	1	225	0	471	0	668	0	328	5	206	6	244	6	244	(24)
	36	489	38	456	26	468	26	528	44	541	39	538	41	420	(25)
	3	388	4	392	6	339	13	439	14	439	5	480	1	231	(26)
	225	138	219	136	260	159	226	228	137	420	152	282	175	192	(27)
	1	1,462	1	2,020	1	1,939	1	2,644	0	4,396	0	2,758	1	3,100	(28)
	187	232	172	286	201	212	169	331	100	529	95	452	115	415	(29)
	129	135	129	145	107	181	164	153	72	194	83	253	82	181	(30)
	91	114	33	94	-	-	-	-	12	232	62	257	79	173	(31)
	160	328	141	307	141	207	97	284	89	398	67	495	42	455	(32)
	176	360	108	318	208	217	139	313	103	419	60	428	46	488	(33)
	20	536	19	684	26	535	21	653	20	814	13	966	15	848	(34)
	67	316	59	347	57	240	49	374	35	502	32	509	32	484	(35)
	1	1,330	2	1,189	2	847	2	915	1	1,561	1	1,877	1	2,156	(36)
	86	247	79	255	57	275	10	234	1	340	-	-	0	452	(37)
	5	596	2	1,120	2	832	1	1,507	2	1,455	2	997	2	993	(38)
	1	1,647	1	1,507	1	1,892	1	3,331	1	2,453	1	1,373	2	1,215	(39)
	0	720	0	713	0	469	0	807	0	875	0	690	0	873	(40)
	0	458	-	-	0	1,620	-	-	-	-	-	-	0	574	(41)
	1	460	0	563	-	-	-	-	-	-	0	32	0	557	(42)
	16	272	12	593	7	688	2	732	1	756	0	795	0	2,160	(43)
	27	233	42	303	49	256	47	264	61	277	77	260	94	232	(44)
	341	216	176	204	381	147	347	176	392	159	419	166	356	188	(45)
	4	441	4	418	7	310	17	349	22	320	22	248	27	211	(46)
	47	400	47	421	55	442	40	463	27	470	14	462	30	487	(47)
	324	155	340	179	531	170	877	119	1,077	76	825	66	743	72	(48)
	45	108	74	124	26	89	29	77	17	71	15	70	11	92	(49)
	3	564	3	591	3	691	3	564	3	629	3	914	3	712	(50)
	2	329	3	340	2	343	3	369	3	380	3	412	3	437	(51)
	10	813	11	777	9	698	7	647	6	621	7	652	7	693	(52)
	1	339	1	346	2	314	2	313	2	305	2	303	2	322	(53)
	8	815	8	761	8	732	8	942	9	1,021	9	950	11	1,073	(54)
	-	-	-	-	-	-	-	-	-	-	-	-	-	-	(55)
	1	489	1	510	1	468	1	439	1	467	1	465	1	443	(56)
	21	227	19	210	19	182	26	239	35	293	34	315	38	308	(57)
	15	395	16	380	12	362	13	480	12	588	12	693	13	705	(58)
	107	485	113	420	107	400	66	508	56	696	51	580	69	613	(59)
	189	152	149	182	74	250	90	261	100	323	139	275	134	234	(60)
	46	235	34	345	38	334	45	317	51	379	49	292	36	331	(61)

3　卸売市場別の月別野菜の卸売数量・価額・価格（続き）

(72)　福山市青果市場

品目	計			1月		2月		3月		4月		5月	
	数量	価額	価格	数量	価格	数量	価格	数量	価格	数量	価格	数量	価格
	t	千円	円/kg	t	円/kg	t	円/kg	t	円/kg	t	円/kg	t	円/kg
野菜計 (1)	**54,699**	**13,191,713**	**241**	**4,251**	**212**	**4,796**	**231**	**4,922**	**236**	**5,000**	**229**	**5,091**	**221**
根菜類													
だいこん (2)	4,728	511,085	108	442	61	472	71	446	96	484	94	428	87
かぶ (3)	170	23,934	141	35	91	24	107	3	169	3	156	3	128
にんじん (4)	3,406	519,482	153	307	80	367	89	297	109	289	154	294	151
ごぼう (5)	471	163,231	347	38	363	50	359	46	343	37	371	39	405
たけのこ (6)	38	12,384	325	0	572	1	790	7	674	24	230	5	136
れんこん (7)	500	255,534	511	45	518	50	542	41	590	38	622	28	703
葉茎菜類													
はくさい (8)	3,841	374,801	98	400	65	397	80	327	116	240	108	253	65
みずな (9)	243	112,619	464	-	-	25	462	31	322	26	311	22	319
こまつな (10)	512	195,845	383	31	442	34	505	48	338	53	304	50	272
その他の菜類 (11)	27	13,040	491	24	499	0	439	1	412	0	316	0	101
ちんげんさい (12)	129	47,194	365	10	325	10	410	13	315	11	348	11	321
キャベツ (13)	7,777	814,985	105	582	56	679	66	706	84	708	109	768	98
ほうれんそう (14)	462	274,601	595	51	567	66	563	63	496	49	506	30	573
ねぎ (15)	935	513,742	550	94	477	80	573	74	506	61	550	53	687
ふき (16)	31	8,834	288	3	286	4	306	5	350	10	310	7	180
うど (17)	1	748	857	-	-	0	1,004	0	846	0	879	0	383
みつば (18)	85	64,023	758	4	1,402	8	914	9	613	12	558	9	551
しゅんぎく (19)	87	54,308	627	17	619	15	602	10	414	5	360	3	410
にら (20)	322	215,591	670	24	740	25	1,008	31	595	27	483	30	439
洋菜類													
セルリー (21)	113	31,361	278	10	251	14	228	13	276	7	377	7	388
アスパラガス (22)	136	156,279	1,146	2	1,579	7	1,299	15	1,263	17	1,428	12	1,506
うち輸入 (23)	15	16,808	1,145	2	1,539	4	1,078	0	819	-	-	-	-
カリフラワー (24)	52	14,439	278	4	270	4	341	6	278	5	288	5	168
ブロッコリー (25)	814	372,077	457	84	378	88	473	89	464	67	509	93	389
うち輸入 (26)	109	45,344	418	5	585	6	467	11	423	9	394	10	382
レタス (27)	3,108	663,849	214	174	274	181	325	245	252	321	174	308	174
パセリ (28)	11	21,107	1,845	1	1,049	1	1,010	1	877	1	729	1	1,420
果菜類													
きゅうり (29)	2,470	816,897	331	139	423	167	427	246	311	310	247	319	251
かぼちゃ (30)	1,360	209,563	154	95	150	98	141	128	116	169	100	141	112
うち輸入 (31)	883	120,373	136	95	150	97	141	127	115	168	98	136	105
なす (32)	1,129	428,557	380	35	517	56	482	88	398	105	399	131	402
トマト (33)	2,848	1,036,117	364	116	441	161	420	182	474	264	380	374	276
ミニトマト (34)	614	454,966	742	44	734	43	913	54	927	80	637	96	450
ピーマン (35)	987	468,517	475	68	601	75	790	98	620	118	409	140	364
ししとうがらし (36)	21	28,062	1,347	1	1,730	1	1,491	2	1,566	2	1,369	2	1,398
スイートコーン (37)	285	77,089	271	0	440	0	413	0	422	0	419	13	348
豆類													
さやいんげん (38)	40	42,103	1,057	2	1,307	3	1,458	3	1,403	3	1,134	5	985
さやえんどう (39)	40	57,249	1,425	4	1,056	3	2,149	5	1,843	10	1,238	6	986
うち輸入 (40)	0	256	981	0	324	0	1,836	0	1,161	-	-	0	648
実えんどう (41)	20	11,668	590	1	583	0	1,276	1	1,188	6	616	5	557
そらまめ (42)	29	11,912	406	2	441	0	802	0	1,821	8	521	16	302
えだまめ (43)	46	25,479	558	-	-	-	-	0	572	0	570	2	883
土物類													
かんしょ (44)	1,017	256,740	252	116	257	139	236	101	237	65	246	45	281
ばれいしょ (45)	3,080	583,067	189	272	118	315	152	278	213	254	288	367	215
さといも (46)	186	53,704	288	24	235	24	258	12	271	9	262	4	263
やまのいも (47)	623	252,166	404	35	368	49	369	62	373	48	379	59	394
たまねぎ (48)	6,035	634,086	105	438	73	531	81	640	86	602	84	454	101
うち輸入 (49)	253	28,957	114	19	132	18	130	18	144	12	183	19	132
にんにく (50)	76	58,128	767	6	726	6	717	7	728	7	785	8	711
うち輸入 (51)	54	20,013	374	4	320	4	335	5	321	5	359	5	375
しょうが (52)	251	156,841	624	16	596	20	602	18	618	21	657	22	643
うち輸入 (53)	12	4,832	387	1	410	1	427	1	403	1	381	1	386
きのこ類													
生しいたけ (54)	201	203,922	1,015	17	1,147	18	1,152	18	1,004	18	907	15	959
うち輸入 (55)	0	298	648	0	648	0	648	0	648	-	-	-	-
なめこ (56)	61	29,164	477	5	539	5	560	6	518	5	439	4	476
えのきだけ (57)	1,228	331,089	270	125	295	144	286	106	229	85	207	69	211
しめじ (58)	1,243	513,166	413	101	473	111	458	119	383	98	335	91	328
その他の野菜 (59)	2,815	1,016,368	361	206	331	221	323	220	328	215	301	247	365
輸入野菜計 (60)	1,746	361,158	207	141	214	149	223	185	176	227	150	203	161
その他の輸入野菜 (61)	420	124,277	296	15	398	19	434	22	374	32	299	32	305

	6月		7月		8月		9月		10月		11月		12月		
	数量	価格	数量	価格	数量	価格	数量	価格	数量	価格	数量	価格	数量	価格	
	t	円/kg	t	円/kg	t	円/kg	t	円/kg	t	円/kg	t	円/kg	t	円/kg	
	4,229	234	3,739	233	4,244	213	4,381	252	4,571	300	4,450	283	5,026	249	(1)
	290	103	254	131	255	140	381	141	415	175	402	145	457	90	(2)
	0	107	-	-	1	216	0	162	10	231	31	142	60	167	(3)
	238	132	203	160	259	145	214	286	268	265	313	207	359	119	(4)
	26	382	25	345	27	314	30	326	65	288	42	279	46	413	(5)
	0	69	-	-	-	-	-	-	0	973	-	-	0	842	(6)
	5	1,325	8	813	28	452	48	448	60	426	60	412	86	450	(7)
	187	76	221	49	225	52	302	103	429	156	413	148	445	92	(8)
	21	309	16	526	16	409	16	591	18	798	21	688	31	528	(9)
	50	273	35	364	45	268	45	486	45	583	38	491	38	366	(10)
	0	238	0	270	-	-	-	-	0	387	0	599	0	437	(11)
	11	352	9	380	10	303	10	420	12	477	10	429	12	312	(12)
	575	102	612	78	771	84	703	113	589	189	502	192	583	117	(13)
	25	614	18	782	15	774	12	1,082	23	919	42	629	68	498	(14)
	52	552	50	654	63	605	70	654	95	598	113	475	130	462	(15)
	0	113	0	132	-	-	-	-	-	-	1	330	2	345	(16)
	-	-	-	-	-	-	-	-	-	-	-	-	0	859	(17)
	8	550	6	818	5	874	5	961	7	769	6	676	5	1,106	(18)
	2	402	1	512	1	671	1	1,166	4	1,325	10	762	17	652	(19)
	27	410	25	548	24	579	26	740	27	846	28	825	27	879	(20)
	7	330	9	207	10	178	9	218	9	372	7	415	11	242	(21)
	18	1,233	22	982	18	758	15	953	7	966	2	1,148	1	1,197	(22)
	-	-	-	-	-	-	3	1,080	2	1,049	2	1,159	1	1,197	(23)
	2	313	3	291	2	319	3	312	7	262	5	296	8	274	(24)
	59	407	51	413	34	509	32	537	51	566	74	524	91	433	(25)
	12	282	11	397	9	396	11	435	10	477	7	488	9	437	(26)
	274	150	324	120	341	141	278	240	150	465	202	301	311	196	(27)
	1	1,484	1	2,105	1	1,796	1	3,565	1	4,348	1	2,514	1	3,511	(28)
	232	245	166	312	213	221	193	336	138	566	153	467	193	434	(29)
	126	136	138	126	85	214	111	188	120	202	67	285	82	209	(30)
	83	125	47	103	-	-	0	185	1	246	53	293	75	214	(31)
	163	369	103	337	126	248	94	322	97	393	72	469	59	431	(32)
	387	283	287	289	328	269	266	356	221	511	133	523	126	543	(33)
	58	558	28	791	38	686	35	839	42	1,041	41	997	55	817	(34)
	98	291	66	381	62	270	58	420	55	649	73	568	77	477	(35)
	2	1,267	2	1,149	3	919	3	796	1	1,806	1	1,522	1	2,132	(36)
	130	261	71	251	46	317	23	243	0	313	0	432	0	432	(37)
	6	750	4	854	3	1,024	3	1,024	2	1,455	3	943	3	930	(38)
	1	1,975	1	1,893	1	2,529	0	4,215	1	2,032	3	1,526	5	1,116	(39)
	0	1,037	0	374	-	-	0	972	0	972	-	-	0	810	(40)
	3	408	1	270	0	270	0	269	0	294	0	294	1	640	(41)
	3	346	-	-	-	-	-	-	-	-	-	-	0	1,099	(42)
	11	672	14	503	11	514	4	450	2	339	0	296	0	1,021	(43)
	37	271	51	290	72	253	92	247	90	281	90	273	118	219	(44)
	224	221	129	220	176	160	235	183	308	161	279	175	243	184	(45)
	5	291	5	342	5	347	15	354	24	337	25	292	34	278	(46)
	56	406	55	415	79	419	59	437	38	437	30	439	54	421	(47)
	361	157	305	198	409	189	508	138	589	87	592	76	604	77	(48)
	21	102	26	104	29	103	26	95	22	90	22	93	21	116	(49)
	6	815	6	756	6	676	6	762	6	870	6	836	7	833	(50)
	4	374	4	378	5	380	5	385	5	401	4	402	5	436	(51)
	25	670	31	662	28	630	18	580	17	593	16	585	19	592	(52)
	1	381	1	357	1	361	1	354	1	406	1	408	1	406	(53)
	15	905	15	831	15	792	14	1,051	16	1,180	19	1,087	20	1,094	(54)
	-	-	-	-	-	-	-	-	-	-	-	-	0	648	(55)
	5	418	5	374	5	380	5	459	5	518	5	542	5	499	(56)
	61	220	53	210	60	188	102	230	132	290	139	333	151	348	(57)
	89	298	74	289	76	269	107	370	129	469	127	540	121	574	(58)
	248	352	236	369	243	324	228	361	245	430	252	393	255	431	(59)
	146	175	116	193	76	245	100	268	109	278	150	259	144	250	(60)
	26	313	26	323	32	305	54	260	68	274	61	226	32	295	(61)

3 卸売市場別の月別野菜の卸売数量・価額・価格（続き）

(73) 宇部市中央卸売市場

品目		計			1月		2月		3月		4月		5月	
		数量	価額	価格	数量	価格	数量	価格	数量	価格	数量	価格	数量	価格
		t	千円	円／kg	t	円／kg	t	円／kg	t	円／kg	t	円／kg	t	円／kg
野菜計	(1)	**28,292**	**7,495,011**	**265**	**2,172**	**235**	**2,268**	**264**	**2,483**	**252**	**2,511**	**247**	**2,692**	**246**
根菜類														
だいこん	(2)	2,387	280,836	118	167	81	153	94	188	95	154	118	166	113
かぶ	(3)	135	21,167	156	32	99	21	120	5	170	5	164	3	125
にんじん	(4)	1,489	276,010	185	115	98	132	110	154	116	151	167	148	174
ごぼう	(5)	234	112,146	479	24	392	25	420	17	524	20	519	21	516
たけのこ	(6)	27	11,563	435	0	1,127	1	1,302	7	745	17	273	2	173
れんこん	(7)	174	90,057	519	13	778	12	772	10	809	10	720	11	783
葉茎菜類														
はくさい	(8)	2,019	257,227	127	241	82	171	103	154	130	115	125	134	77
みずな	(9)	135	62,649	465	11	525	14	461	15	298	13	285	13	304
こまつな	(10)	282	107,562	381	18	491	20	512	25	293	26	310	29	273
その他の菜類	(11)	18	6,133	339	1	316	2	328	2	272	2	290	2	304
ちんげんさい	(12)	92	41,382	449	6	410	8	495	9	369	9	402	10	365
キャベツ	(13)	3,711	412,168	111	299	66	307	73	295	88	335	114	415	100
ほうれんそう	(14)	294	193,982	661	27	651	38	561	39	553	31	555	25	616
ねぎ	(15)	583	384,488	660	59	598	59	616	58	502	48	506	43	690
ふき	(16)	23	8,597	376	3	344	3	360	4	435	7	384	4	344
うど	(17)	1	1,090	858	0	833	0	883	0	903	0	824	0	797
みつば	(18)	36	27,612	762	3	1,011	3	865	4	647	4	437	4	390
しゅんぎく	(19)	40	33,488	829	7	887	6	799	5	567	2	447	1	541
にら	(20)	148	95,319	646	12	720	11	1,169	14	504	12	412	14	383
洋菜類														
セルリー	(21)	70	22,530	323	5	341	6	321	6	336	7	319	7	319
アスパラガス	(22)	95	109,965	1,155	2	1,862	3	1,421	10	1,290	10	1,367	8	1,667
うち輸入	(23)	11	13,688	1,263	2	1,863	2	1,189	1	924	-	-	-	-
カリフラワー	(24)	33	8,643	265	3	312	3	396	4	253	3	258	2	233
ブロッコリー	(25)	445	192,237	432	42	363	32	445	37	434	38	411	44	367
うち輸入	(26)	40	16,357	413	-	-	1	237	3	406	4	408	4	409
レタス	(27)	1,990	431,504	217	126	235	130	290	158	212	205	159	205	161
パセリ	(28)	7	18,000	2,413	1	1,496	1	1,584	1	1,474	1	1,254	1	1,630
果菜類														
きゅうり	(29)	1,520	503,893	332	101	430	124	405	170	286	162	249	177	258
かぼちゃ	(30)	927	166,855	180	48	175	70	152	100	115	119	100	111	119
うち輸入	(31)	592	81,116	137	41	159	69	144	99	110	118	94	106	107
なす	(32)	713	251,469	353	26	515	37	466	59	351	61	371	73	377
トマト	(33)	1,230	489,803	398	48	469	84	425	95	521	112	417	152	341
ミニトマト	(34)	243	189,575	781	20	727	19	906	16	1,081	27	653	35	490
ピーマン	(35)	506	260,437	514	33	605	40	808	56	610	65	438	68	419
ししとうがらし	(36)	8	11,971	1,558	0	2,489	0	2,061	0	2,060	0	1,872	0	1,756
スイートコーン	(37)	164	43,875	268	1	417	1	386	0	415	0	530	14	389
豆類														
さやいんげん	(38)	18	22,809	1,236	1	1,384	1	1,895	1	1,697	1	1,323	2	983
さやえんどう	(39)	14	26,038	1,806	2	1,012	1	2,763	1	1,874	3	1,308	2	1,927
うち輸入	(40)	0	5	648	0	648	-	-	-	-	-	-	-	-
実えんどう	(41)	11	11,403	1,080	1	670	0	1,518	1	1,358	4	1,170	4	1,112
そらまめ	(42)	11	5,024	445	1	430	0	1,378	0	2,700	3	600	6	328
えだまめ	(43)	19	14,490	760	-	-	-	-	-	-	-	-	1	1,244
土物類														
かんしょ	(44)	482	127,880	266	46	229	62	256	52	280	37	311	29	347
ばれいしょ	(45)	1,902	413,768	218	149	154	140	226	163	291	211	298	234	236
さといも	(46)	115	40,355	352	12	251	13	366	9	337	7	369	4	340
やまのいも	(47)	390	173,720	446	28	398	31	398	35	404	30	419	36	426
たまねぎ	(48)	3,456	408,339	118	284	73	330	80	351	89	297	87	256	118
うち輸入	(49)	95	10,295	109	0	174	0	194	0	259	1	290	4	130
にんにく	(50)	29	30,702	1,043	2	1,000	2	1,096	2	1,035	2	1,054	4	963
うち輸入	(51)	17	6,206	370	1	330	1	331	1	332	1	323	1	334
しょうが	(52)	122	96,417	793	7	745	9	751	10	770	10	824	11	846
うち輸入	(53)	3	1,225	450	0	486	0	486	0	389	0	478	0	461
きのこ類														
生しいたけ	(54)	169	162,737	960	12	1,142	12	1,118	14	881	13	872	13	915
うち輸入	(55)	-	-	-	-	-	-	-	-	-	-	-	-	-
なめこ	(56)	46	21,160	458	3	460	3	485	3	455	4	459	4	467
えのきだけ	(57)	489	125,959	257	51	331	42	345	41	221	33	187	34	214
しめじ	(58)	314	170,183	542	25	643	25	629	23	522	20	444	22	466
その他の野菜	(59)	926	519,794	561	55	563	59	523	60	530	65	506	90	568
輸入野菜計	(60)	949	221,572	233	53	297	86	240	118	177	136	148	133	157
その他の輸入野菜	(61)	193	92,680	481	10	611	12	637	13	551	12	567	17	394

	6月		7月		8月		9月		10月		11月		12月		
	数量	価格	数量	価格	数量	価格	数量	価格	数量	価格	数量	価格	数量	価格	
	t	円/kg	t	円/kg	t	円/kg	t	円/kg	t	円/kg	t	円/kg	t	円/kg	
	2,419	255	2,174	264	2,225	253	2,398	286	2,455	316	2,155	300	2,341	262	(1)
	199	78	207	108	164	163	266	129	308	146	256	142	162	112	(2)
	0	97	0	65	-	-	0	195	3	273	26	160	41	207	(3)
	132	147	87	206	106	201	94	356	114	343	119	249	137	150	(4)
	16	489	16	457	14	477	19	488	20	465	19	466	24	552	(5)
	-	-	-	-	-	-	-	-	0	945	-	-	0	794	(6)
	4	1,610	5	861	11	400	17	387	23	357	25	308	35	315	(7)
	135	104	93	82	97	75	178	136	275	209	211	196	214	108	(8)
	11	278	9	549	9	448	9	659	9	916	9	685	12	475	(9)
	25	254	26	344	27	235	24	497	20	628	21	537	21	363	(10)
	1	242	0	377	0	458	1	452	2	445	2	409	3	330	(11)
	9	383	8	440	7	404	8	539	7	682	6	584	6	398	(12)
	283	114	339	89	317	83	305	125	317	183	237	210	261	115	(13)
	23	593	15	826	14	791	12	1,116	20	919	23	769	27	548	(14)
	39	665	38	765	41	677	39	800	38	1,007	49	707	69	597	(15)
	0	542	-	-	-	-	-	-	-	-	-	-	2	343	(16)
	0	1,229	-	-	-	-	-	-	-	-	0	419	0	810	(17)
	3	378	3	681	2	1,108	2	960	3	1,125	2	936	4	941	(18)
	1	518	1	702	0	700	0	1,487	3	1,320	5	1,055	9	827	(19)
	15	300	11	579	10	625	10	832	10	968	14	731	14	759	(20)
	6	339	6	306	7	232	6	289	4	476	5	434	7	265	(21)
	13	871	12	1,058	12	906	11	961	7	1,165	3	1,267	4	1,176	(22)
	-	-	-	-	-	-	-	-	0	1,004	3	1,224	4	1,176	(23)
	1	245	1	348	1	255	1	273	4	196	3	267	6	231	(24)
	34	422	30	497	27	528	27	575	29	515	48	420	57	359	(25)
	3	406	5	397	5	329	9	466	6	451	0	486	0	356	(26)
	171	168	183	162	187	186	174	280	127	460	128	272	196	153	(27)
	1	1,711	1	2,212	1	2,143	1	2,949	1	4,470	1	3,635	1	4,759	(28)
	130	262	91	340	143	208	152	330	98	530	66	491	106	437	(29)
	87	170	83	226	43	242	59	253	80	219	56	291	72	258	(30)
	68	140	10	115	-	-	1	205	0	292	33	301	47	224	(31)
	98	322	80	322	96	220	66	338	47	385	39	448	31	443	(32)
	180	331	139	300	155	303	115	392	76	566	37	668	37	604	(33)
	23	621	16	833	18	823	16	904	21	951	13	986	20	849	(34)
	43	429	43	416	30	364	30	511	27	600	33	571	38	504	(35)
	1	1,599	1	1,068	1	1,039	1	1,146	1	1,553	1	1,907	1	2,203	(36)
	56	248	51	251	31	266	10	260	-	-	-	-	0	482	(37)
	2	856	2	1,192	2	1,255	2	1,603	1	1,624	2	946	2	1,016	(38)
	1	2,368	1	1,885	1	2,739	0	6,058	0	4,964	1	1,619	3	1,448	(39)
	-	-	-	-	-	-	-	-	-	-	-	-	-	-	(40)
	-	-	-	-	-	-	-	-	-	-	-	-	1	742	(41)
	0	692	0	548	-	-	-	-	-	-	-	-	0	1,100	(42)
	4	809	7	567	5	778	2	865	1	1,171	-	-	-	-	(43)
	31	307	38	273	27	215	40	235	45	263	35	263	41	236	(44)
	151	219	88	211	113	184	150	202	166	167	180	182	158	195	(45)
	4	466	6	320	7	368	12	401	15	390	11	371	15	309	(46)
	37	430	40	433	37	465	32	482	32	461	25	521	28	540	(47)
	252	165	221	204	279	221	325	162	302	94	264	80	294	79	(48)
	12	91	24	112	23	117	12	103	5	99	7	71	4	85	(49)
	2	970	2	859	2	1,102	3	1,018	2	1,134	2	1,185	3	1,138	(50)
	1	334	2	370	1	387	2	403	1	409	1	422	2	425	(51)
	12	867	15	846	14	768	10	777	10	742	8	728	8	786	(52)
	0	446	0	448	0	446	0	444	0	448	0	451	0	452	(53)
	13	834	12	804	14	798	13	1,058	15	1,144	19	929	19	1,006	(54)
	-	-	-	-	-	-	-	-	-	-	-	-	-	-	(55)
	3	463	4	454	4	450	4	446	5	457	5	453	4	450	(56)
	26	197	27	173	32	115	43	233	54	251	51	333	56	326	(57)
	22	424	21	409	22	377	30	514	37	558	33	713	34	627	(58)
	120	571	100	559	97	505	78	592	78	630	63	596	62	585	(59)
	97	175	56	211	42	257	44	377	38	410	73	369	73	339	(60)
	12	366	15	357	13	468	20	499	25	458	28	443	16	548	(61)

3 卸売市場別の月別野菜の卸売数量・価額・価格（続き）
(74) 徳島市中央卸売市場

品目		計 数量	計 価額	計 価格	1月 数量	1月 価格	2月 数量	2月 価格	3月 数量	3月 価格	4月 数量	4月 価格	5月 数量	5月 価格
		t	千円	円/kg	t	円/kg	t	円/kg	t	円/kg	t	円/kg	t	円/kg
野　菜　計	(1)	54,511	13,496,772	248	3,905	215	4,150	237	4,955	230	5,586	227	5,375	237
根　菜　類														
だ　い　こ　ん	(2)	4,174	457,770	110	387	52	441	65	391	83	329	97	269	103
か　ぶ	(3)	193	25,521	133	46	74	37	106	10	185	8	93	3	85
に　ん　じ　ん	(4)	9,278	1,499,532	162	457	77	362	98	1,095	115	2,021	150	1,513	158
ご　ぼ　う	(5)	431	136,374	316	37	264	35	308	36	317	33	324	30	365
た　け　の　こ	(6)	65	26,683	410	1	856	1	948	10	955	50	287	2	160
れ　ん　こ　ん	(7)	344	224,719	653	27	670	27	727	23	857	22	826	19	823
葉　茎　菜　類														
は　く　さ　い	(8)	2,934	305,592	104	398	56	274	79	222	119	188	110	158	94
み　ず　な	(9)	146	52,841	362	12	359	10	371	12	325	11	286	12	291
こ　ま　つ　な	(10)	447	175,389	392	27	410	28	503	27	414	33	380	47	247
その他の菜類	(11)	2	1,160	560	0	385	0	459	0	496	0	354	-	-
ち　ん　げ　ん　さ　い	(12)	123	50,689	411	8	362	8	499	10	386	11	402	9	385
キ　ャ　ベ　ツ	(13)	6,002	610,298	102	377	60	451	60	457	66	469	104	619	90
ほ　う　れ　ん　そ　う	(14)	581	327,554	563	56	555	71	539	69	542	59	456	40	491
ね　ぎ	(15)	766	426,903	557	78	456	75	532	65	427	51	529	46	701
ふ　き	(16)	33	12,423	375	2	376	3	401	5	428	9	411	5	314
う　ど	(17)	2	1,618	845	0	835	0	746	1	855	1	804	0	1,077
み　つ　ば	(18)	47	48,993	1,052	4	1,347	4	1,184	4	901	4	803	3	841
し　ゅ　ん　ぎ　く	(19)	48	28,686	593	9	642	7	594	4	645	3	444	1	619
に　ら	(20)	115	75,454	655	9	752	9	931	12	500	10	464	11	347
洋　菜　類														
セ　ル　リ　ー	(21)	36	12,457	348	2	330	2	340	3	403	4	347	3	423
ア　ス　パ　ラ　ガ　ス	(22)	114	141,580	1,245	2	1,802	5	1,489	18	1,363	14	1,539	8	1,552
う　ち　輸　入	(23)	10	11,635	1,178	1	1,702	2	1,057	0	1,037	-	-	-	-
カ　リ　フ　ラ　ワ　ー	(24)	76	22,522	295	11	248	8	370	11	288	7	307	9	214
ブ　ロ　ッ　コ　リ　ー	(25)	1,579	711,074	450	162	361	190	451	169	496	131	509	218	393
う　ち　輸　入	(26)	47	17,375	373	-	-	0	386	1	372	5	374	6	337
レ　タ　ス	(27)	2,247	486,392	217	141	261	148	311	142	279	166	203	177	188
パ　セ　リ	(28)	16	27,921	1,758	2	586	2	475	2	453	1	454	1	1,562
果　菜　類														
き　ゅ　う　り	(29)	1,954	588,327	301	147	369	143	421	194	302	234	245	260	226
か　ぼ　ち　ゃ	(30)	1,336	223,360	167	63	144	86	140	114	116	116	100	107	137
う　ち　輸　入	(31)	608	85,703	141	61	140	84	136	113	114	116	95	74	111
な　す	(32)	1,887	607,818	322	71	548	89	421	128	365	169	343	192	342
ト　マ　ト	(33)	1,892	698,814	369	112	356	127	361	126	480	184	384	265	281
ミ　ニ　ト　マ　ト	(34)	394	314,450	798	26	782	24	938	27	1,016	38	687	45	516
ピ　ー　マ　ン	(35)	410	201,427	492	21	692	21	878	31	665	48	462	48	417
し　し　と　う　が　ら　し	(36)	28	36,515	1,327	1	2,284	1	1,723	2	2,077	2	1,723	2	1,625
ス　イ　ー　ト　コ　ー　ン	(37)	392	87,770	224	-	-	-	-	-	-	0	446	46	301
豆　類														
さ　や　い　ん　げ　ん	(38)	68	61,425	898	4	1,055	4	1,183	4	1,181	3	1,601	3	1,267
さ　や　え　ん　ど　う	(39)	44	65,371	1,479	2	1,433	2	2,056	3	1,980	15	1,063	10	1,315
う　ち　輸　入	(40)	0	142	823	-	-	0	747	-	-	-	-	-	-
実　え　ん　ど　う	(41)	51	37,743	742	1	1,095	1	1,259	2	1,600	6	924	35	694
そ　ら　ま　め	(42)	28	10,887	390	1	679	0	2,079	0	2,870	5	583	21	325
え　だ　ま　め	(43)	142	91,111	642	-	-	-	-	1	462	2	536	15	812
土　物　類														
か　ん　し　ょ	(44)	2,327	657,982	283	193	253	199	254	182	287	152	295	134	325
ば　れ　い　し　ょ	(45)	3,054	574,347	188	221	128	318	162	304	210	206	280	294	215
さ　と　い　も	(46)	140	38,755	277	10	280	10	309	6	331	4	365	2	518
や　ま　の　い　も	(47)	736	293,375	399	58	368	66	343	74	359	77	366	75	389
た　ま　ね　ぎ	(48)	6,154	605,949	98	442	70	579	76	668	80	424	84	311	98
う　ち　輸　入	(49)	94	12,688	136	2	164	3	171	3	187	1	219	2	195
に　ん　に　く	(50)	61	39,736	651	5	576	5	603	5	647	6	644	11	565
う　ち　輸　入	(51)	43	15,723	362	4	314	4	326	4	338	4	345	3	367
し　ょ　う　が	(52)	233	179,634	772	8	692	10	674	12	776	13	788	15	857
う　ち　輸　入	(53)	23	7,840	341	1	347	2	345	2	344	2	338	2	339
き　の　こ　類														
生　し　い　た　け	(54)	1,031	905,883	879	82	965	79	1,007	85	857	78	798	71	850
う　ち　輸　入	(55)	-	-	-	-	-	-	-	-	-	-	-	-	-
な　め　こ	(56)	11	6,489	586	1	707	1	595	2	569	1	544	1	475
え　の　き　だ　け	(57)	484	135,685	280	53	305	46	312	43	247	34	235	32	235
し　め　じ	(58)	446	259,850	583	35	671	34	668	33	578	37	503	30	474
その他の野菜	(59)	1,409	883,924	628	99	576	105	614	110	634	96	583	145	621
輸入野菜計	(60)	1,173	307,690	262	86	250	112	234	145	190	150	171	108	199
その他の輸入野菜	(61)	349	156,584	449	16	519	18	576	22	529	20	489	21	429

6月		7月		8月		9月		10月		11月		12月		
数量	価格	数量	価格	数量	価格	数量	価格	数量	価格	数量	価格	数量	価格	
t	円/kg	t	円/kg	t	円/kg	t	円/kg	t	円/kg	t	円/kg	t	円/kg	
4,095	250	4,130	236	4,203	228	4,406	276	4,589	312	4,402	277	4,715	248	(1)
224	104	263	134	319	127	407	128	425	180	352	150	368	100	(2)
1	133	1	125	1	112	1	131	5	153	21	204	59	166	(3)
578	128	531	149	446	152	426	367	693	280	543	218	614	116	(4)
34	361	30	308	26	279	39	294	48	295	41	314	42	366	(5)
0	37	-	-	-	-	-	-	0	270	-	-	1	901	(6)
13	908	10	1,193	23	556	38	524	40	554	36	524	64	536	(7)
161	100	127	61	144	61	193	116	291	180	354	158	423	86	(8)
11	231	10	472	13	224	11	492	11	753	16	356	16	269	(9)
52	266	45	338	47	259	40	526	37	658	34	515	30	358	(10)
0	642	0	952	0	1,080	0	1,044	0	1,090	0	1,006	0	629	(11)
13	323	12	345	11	295	12	503	12	598	10	452	8	396	(12)
405	94	638	76	631	74	591	111	478	201	470	179	417	113	(13)
30	607	24	793	17	868	14	1,143	26	1,000	75	515	101	418	(14)
45	526	50	535	67	561	70	571	80	716	60	619	79	531	(15)
3	252	-	-	-	-	-	-	1	437	2	385	3	359	(16)
0	965	0	882	0	1,208	0	1,458	0	1,215	0	1,253	0	1,010	(17)
3	879	4	931	3	912	4	1,144	4	1,401	3	1,026	5	1,130	(18)
1	478	1	465	1	544	1	1,254	3	772	6	624	11	487	(19)
10	435	8	631	9	551	9	749	8	981	10	825	9	900	(20)
4	366	4	287	3	229	3	304	3	441	2	515	3	267	(21)
15	1,308	16	1,066	14	904	10	998	6	1,108	3	1,117	3	1,074	(22)
-	-	-	-	-	-	0	1,103	1	1,218	2	1,111	3	1,052	(23)
3	302	1	326	1	347	2	278	9	289	5	371	9	325	(24)
71	455	78	379	64	473	60	518	117	513	155	512	163	414	(25)
5	337	6	368	6	343	9	377	4	420	3	465	1	485	(26)
259	142	255	145	269	162	231	227	120	425	125	305	216	180	(27)
1	1,836	1	1,482	2	1,620	1	2,892	1	4,234	1	3,325	1	4,145	(28)
199	205	161	213	162	174	138	340	120	505	90	463	104	444	(29)
164	144	96	148	103	198	142	179	116	205	118	267	111	216	(30)
42	148	10	134	-	-	-	-	-	-	45	274	63	218	(31)
205	310	233	303	299	169	194	283	150	315	90	442	67	514	(32)
244	276	142	304	187	327	183	355	129	516	94	557	101	522	(33)
38	626	34	716	36	729	37	834	33	1,071	28	1,056	29	882	(34)
38	349	42	385	37	307	39	417	31	602	26	591	27	523	(35)
4	937	6	750	3	881	3	1,010	2	1,806	1	1,703	1	2,756	(36)
164	237	99	181	50	229	32	168	0	330	-	-	0	413	(37)
10	624	10	524	11	522	6	1,089	6	1,182	4	1,137	4	1,075	(38)
2	1,646	2	1,618	1	2,305	1	5,139	1	3,171	2	1,501	3	1,411	(39)
0	864	0	864	-	-	-	-	-	-	-	-	-	-	(40)
6	443	0	864	-	-	-	-	-	-	0	972	1	809	(41)
1	322	0	941	-	-	-	-	-	-	-	-	0	659	(42)
45	707	49	581	26	575	4	540	0	559	0	1,890	0	222	(43)
104	319	157	330	235	278	229	290	219	294	227	267	296	259	(44)
257	200	98	206	198	162	314	184	290	160	296	177	258	191	(45)
1	611	2	544	2	545	13	374	29	258	29	173	33	255	(46)
72	400	70	418	67	412	59	434	34	444	28	513	56	441	(47)
281	168	517	141	381	182	567	131	667	82	713	69	603	73	(48)
5	132	17	136	32	130	22	119	2	142	3	136	3	147	(49)
4	605	4	851	4	634	4	652	5	743	4	694	5	732	(50)
3	348	3	369	4	369	4	363	4	380	4	372	4	448	(51)
34	870	39	805	40	765	26	756	16	660	11	669	9	661	(52)
2	338	2	336	2	338	2	345	2	338	2	344	2	340	(53)
75	785	69	741	68	773	71	981	95	968	122	806	138	948	(54)
-	-	-	-	-	-	-	-	-	-	-	-	-	-	(55)
1	481	1	438	0	291	1	566	1	700	1	690	1	650	(56)
26	245	28	221	27	212	38	278	48	295	51	336	58	324	(57)
28	442	32	422	28	407	41	538	68	630	39	748	39	755	(58)
155	599	131	575	126	565	104	736	112	817	103	643	123	594	(59)
72	223	58	277	70	292	84	351	65	501	104	343	118	294	(60)
16	368	21	415	26	466	48	451	52	523	46	373	42	345	(61)

3 卸売市場別の月別野菜の卸売数量・価額・価格（続き）
(75) 高松市中央卸売市場

品目		計 数量 (t)	計 価額 (千円)	計 価格 (円/kg)	1月 数量 (t)	1月 価格 (円/kg)	2月 数量 (t)	2月 価格 (円/kg)	3月 数量 (t)	3月 価格 (円/kg)	4月 数量 (t)	4月 価格 (円/kg)	5月 数量 (t)	5月 価格 (円/kg)
野菜計	(1)	50,276	12,411,918	247	4,080	218	4,525	230	4,697	233	4,609	234	4,398	246
根菜類														
だいこん	(2)	3,960	488,694	123	286	66	321	69	279	100	288	100	281	101
かぶ	(3)	92	22,786	248	15	206	13	246	8	239	5	197	2	191
にんじん	(4)	2,778	463,391	167	257	93	310	98	296	115	174	177	226	178
ごぼう	(5)	609	158,208	260	36	255	48	233	47	221	57	277	45	344
たけのこ	(6)	174	31,424	180	1	934	1	961	9	744	155	130	6	240
れんこん	(7)	277	137,374	497	22	545	26	604	27	609	20	595	10	633
葉茎菜類														
はくさい	(8)	3,378	364,477	108	478	62	381	83	296	128	222	112	174	80
みずな	(9)	141	67,945	482	12	455	12	479	15	389	13	332	13	352
こまつな	(10)	334	145,024	435	19	514	24	536	21	469	29	365	38	270
その他の菜類	(11)	101	40,631	401	13	408	12	445	11	292	11	257	6	333
ちんげんさい	(12)	123	46,419	377	8	333	9	363	9	336	10	392	13	360
キャベツ	(13)	6,304	612,439	97	484	55	566	63	616	71	676	105	657	90
ほうれんそう	(14)	472	323,884	686	34	744	49	662	64	638	60	576	48	639
ねぎ	(15)	1,421	706,613	497	187	431	157	454	139	401	89	484	70	622
ふき	(16)	18	5,829	330	1	384	1	605	3	457	5	331	3	193
うど	(17)	2	1,289	660	0	546	1	485	1	706	0	971	0	1,391
みつば	(18)	38	34,261	903	3	1,459	3	1,230	4	545	4	630	4	491
しゅんぎく	(19)	51	28,212	557	10	494	9	510	6	357	2	662	1	370
にら	(20)	248	145,518	587	22	695	22	910	28	403	26	383	24	296
洋菜類														
セルリー	(21)	110	34,583	314	7	209	9	290	13	317	11	348	11	320
アスパラガス	(22)	139	163,258	1,179	5	1,452	7	1,430	15	1,328	18	1,418	15	1,423
うち輸入	(23)	27	28,224	1,035	4	1,314	3	979	0	4,320	0	429	0	304
カリフラワー	(24)	59	11,528	197	4	219	10	201	8	183	3	267	6	168
ブロッコリー	(25)	649	301,202	464	57	430	57	514	64	511	62	485	60	415
うち輸入	(26)	146	54,558	375	-	-	0	306	1	407	12	424	9	375
レタス	(27)	2,419	499,576	207	153	256	182	290	166	290	184	193	207	175
パセリ	(28)	18	28,059	1,574	1	945	2	810	2	639	2	539	1	1,254
果菜類														
きゅうり	(29)	2,199	739,679	336	113	473	159	450	205	319	251	246	319	244
かぼちゃ	(30)	1,616	273,600	169	120	154	140	147	152	117	163	102	161	107
うち輸入	(31)	1,085	150,978	139	119	151	138	141	150	112	160	94	147	93
なす	(32)	1,275	435,083	341	45	529	67	403	87	393	138	341	169	404
トマト	(33)	1,630	672,646	413	81	465	98	471	126	529	163	412	208	310
ミニトマト	(34)	270	245,424	908	17	923	15	1,204	19	1,139	26	836	34	607
ピーマン	(35)	1,062	518,836	489	55	656	72	783	102	575	116	456	146	379
ししとうがらし	(36)	37	46,585	1,253	2	1,741	2	1,339	3	1,382	4	1,144	4	1,107
スイートコーン	(37)	150	43,833	293							4	556	6	524
豆類														
さやいんげん	(38)	59	67,030	1,131	4	1,221	4	1,507	6	1,294	6	1,143	7	873
さやえんどう	(39)	27	39,785	1,451	3	957	1	2,603	3	1,881	4	1,247	6	1,007
うち輸入	(40)	2	1,083	491	1	338	0	1,014	0	915	0	1,100	0	540
実えんどう	(41)	16	15,954	1,002	1	446	0	1,650	2	1,714	4	1,075	6	929
そらまめ	(42)	42	17,128	405	3	434	0	1,545	0	2,102	8	600	28	301
えだまめ	(43)	44	25,269	570	-	-	-	-	-	-	1	484	4	539
土物類														
かんしょ	(44)	1,136	243,927	215	130	172	117	219	99	218	82	223	56	262
ばれいしょ	(45)	3,959	779,618	197	302	147	370	183	452	217	424	260	534	187
さといも	(46)	175	56,890	326	12	359	16	357	9	347	5	344	3	327
やまいも	(47)	664	290,179	437	46	393	53	394	58	388	78	386	64	416
たまねぎ	(48)	7,863	806,300	103	625	80	817	75	881	75	686	80	356	100
うち輸入	(49)	384	39,301	102	11	129	20	119	28	132	7	158	16	118
にんにく	(50)	137	110,753	810	7	879	9	816	9	906	10	918	37	726
うち輸入	(51)	51	21,733	430	4	402	5	349	5	382	6	406	4	402
しょうが	(52)	231	162,043	702	12	713	15	714	19	812	24	758	27	701
うち輸入	(53)	64	26,226	413	4	435	5	431	5	434	6	405	5	402
きのこ類														
生しいたけ	(54)	217	220,011	1,014	19	1,155	20	1,031	18	939	18	855	15	998
うち輸入	(55)	8	5,401	676	1	671	1	674	1	672	1	673	1	670
なめこ	(56)	49	25,246	515	4	573	3	565	4	519	4	434	4	438
えのきだけ	(57)	1,194	294,705	247	170	251	120	280	93	192	87	174	59	205
しめじ	(58)	1,182	536,749	454	109	508	115	505	102	392	92	339	89	345
その他の野菜	(59)	1,130	882,021	781	87	751	79	803	99	732	86	704	131	754
輸入野菜計	(60)	2,757	703,680	255	196	253	242	259	269	217	275	212	260	205
その他の輸入野菜	(61)	992	376,176	379	52	399	70	474	78	413	84	380	78	386

	6月		7月		8月		9月		10月		11月		12月		
	数量	価格	数量	価格	数量	価格	数量	価格	数量	価格	数量	価格	数量	価格	
	t	円/kg	t	円/kg	t	円/kg	t	円/kg	t	円/kg	t	円/kg	t	円/kg	
	3,680	250	3,286	254	3,856	239	4,221	266	4,399	293	4,139	265	4,385	238	(1)
	280	100	317	123	354	144	410	151	440	189	329	176	374	110	(2)
	2	139	1	115	0	231	0	377	4	379	14	272	26	274	(3)
	219	153	155	181	250	149	148	336	213	271	236	224	296	153	(4)
	54	313	39	212	36	201	50	231	65	245	63	252	70	295	(5)
	1	174	-	-	-	-	0	335	1	989	0	1,052	1	1,058	(6)
	4	1,558	7	874	19	455	34	420	36	408	28	411	44	305	(7)
	139	83	146	53	41	247	300	105	386	168	400	160	415	88	(8)
	12	344	11	503	10	418	10	649	10	858	11	577	13	555	(9)
	37	312	33	399	32	343	28	642	28	673	25	486	19	347	(10)
	5	376	4	525	3	562	4	603	7	600	13	443	13	323	(11)
	12	316	11	355	10	308	10	402	14	486	8	464	6	395	(12)
	479	89	399	73	504	72	511	107	455	188	434	175	523	98	(13)
	36	639	26	789	18	862	19	1,043	30	945	36	725	51	512	(14)
	71	546	73	557	85	573	93	597	124	563	128	532	206	443	(15)
	0	184	-	-	-	-	-	-	0	430	1	293	3	289	(16)
	0	740	0	1,050	0	1,163	0	846	0	1,215	0	1,080	0	1,021	(17)
	3	433	3	854	3	832	3	1,020	2	1,624	3	809	4	1,401	(18)
	1	624	0	476	0	343	0	1,216	2	957	6	721	13	587	(19)
	20	357	17	506	17	476	16	721	17	891	18	774	20	849	(20)
	9	390	10	253	9	231	8	275	7	384	8	511	9	248	(21)
	15	1,225	14	1,011	13	861	11	899	9	996	7	1,086	9	934	(22)
	-	-	0	1,570	-	-	0	628	4	1,056	7	1,083	9	934	(23)
	3	173	1	291	1	254	3	172	7	183	5	253	9	175	(24)
	45	407	48	430	49	417	59	485	52	546	48	477	46	429	(25)
	14	380	19	366	25	312	38	390	23	396	4	367	-	-	(26)
	250	123	271	112	337	138	221	238	120	489	160	273	167	149	(27)
	1	1,539	1	1,453	1	1,560	1	2,339	1	3,762	1	2,606	1	2,901	(28)
	205	251	192	257	213	241	187	389	139	665	119	433	96	426	(29)
	173	144	97	210	100	248	134	212	161	209	102	281	111	196	(30)
	130	126	27	113	8	192	16	193	4	173	81	282	106	193	(31)
	158	319	128	292	152	196	98	325	104	327	72	378	57	425	(32)
	201	314	132	311	190	320	160	432	118	584	77	594	76	553	(33)
	30	733	24	764	27	818	24	1,007	23	1,225	16	1,134	15	991	(34)
	125	313	85	400	83	396	73	544	69	629	68	566	66	470	(35)
	3	1,116	5	944	4	711	3	1,019	3	1,744	2	1,480	2	2,062	(36)
	51	233	38	251	38	346	11	270	3	487	-	-	-	-	(37)
	6	811	5	928	5	910	4	1,517	3	1,960	3	1,266	5	951	(38)
	2	1,342	2	1,395	2	1,647	1	2,868	0	3,612	1	1,822	3	1,434	(39)
	0	752	0	339	0	306	0	563	0	849	-	-	-	-	(40)
	0	1,018	-	-	-	-	-	-	-	-	-	-	2	639	(41)
	2	329	0	458	-	-	-	-	-	-	-	-	1	903	(42)
	9	614	13	511	8	684	4	465	1	296	0	270	0	979	(43)
	47	276	64	271	95	199	114	207	110	246	112	204	113	170	(44)
	227	215	161	202	206	185	324	195	346	172	297	186	317	196	(45)
	3	481	2	409	13	223	27	345	28	339	26	322	31	284	(46)
	63	436	69	446	79	447	52	482	34	472	28	515	39	582	(47)
	360	177	367	196	549	196	746	138	860	84	882	68	736	82	(48)
	44	99	52	101	66	103	53	92	30	78	28	79	29	103	(49)
	8	919	23	770	9	787	9	882	5	893	5	814	6	768	(50)
	3	445	4	413	4	470	4	454	4	471	4	499	5	504	(51)
	31	705	27	647	22	676	15	680	12	673	11	650	15	666	(52)
	5	402	6	407	6	409	5	410	5	409	5	412	6	407	(53)
	14	916	14	797	16	752	17	1,168	19	1,230	24	969	24	1,200	(54)
	1	670	1	668	1	647	1	665	1	667	1	668	1	729	(55)
	4	430	4	334	4	282	4	490	3	559	5	705	7	675	(56)
	44	202	51	186	58	139	100	238	125	244	137	315	149	331	(57)
	71	341	82	314	81	306	98	451	128	512	106	623	108	654	(58)
	141	701	114	735	107	661	77	863	75	962	65	967	67	975	(59)
	268	207	185	263	191	280	216	292	186	339	225	313	245	275	(60)
	71	358	76	380	82	399	99	358	114	372	95	338	90	333	(61)

3　卸売市場別の月別野菜の卸売数量・価額・価格（続き）
(76)　松山市中央卸売市場

品目		計			1月		2月		3月		4月		5月	
		数量	価額	価格	数量	価格	数量	価格	数量	価格	数量	価格	数量	価格
		t	千円	円／kg	t	円／kg	t	円／kg	t	円／kg	t	円／kg	t	円／kg
野菜計	(1)	59,730	14,040,337	235	4,529	205	5,023	216	5,175	227	4,982	232	4,901	238
根菜類														
だいこん	(2)	3,891	492,051	126	290	66	264	78	265	106	262	105	275	102
かぶ	(3)	91	27,748	306	20	220	12	265	5	290	2	315	1	312
にんじん	(4)	4,676	831,350	178	326	96	345	103	349	120	353	163	403	162
ごぼう	(5)	914	294,974	323	82	300	84	296	81	300	65	319	55	358
たけのこ	(6)	401	63,605	159	1	889	2	902	27	492	247	132	121	105
れんこん	(7)	382	196,450	515	34	482	39	518	34	596	21	758	12	929
葉茎菜類														
はくさい	(8)	4,322	444,412	103	497	64	463	65	295	116	244	120	223	76
みずな	(9)	178	88,309	495	24	458	15	550	15	370	15	312	13	322
こまつな	(10)	435	157,440	362	27	407	30	458	37	309	38	269	44	253
その他の菜類	(11)	14	3,067	227	2	189	2	254	3	190	2	149	0	162
ちんげんさい	(12)	209	72,500	347	11	322	14	435	16	361	14	319	21	313
キャベツ	(13)	6,718	711,944	106	483	66	568	66	564	74	557	111	526	104
ほうれんそう	(14)	537	330,289	615	45	574	54	553	58	524	57	476	44	499
ねぎ	(15)	1,218	582,312	478	142	401	122	462	107	409	82	475	74	604
ふき	(16)	11	4,126	389	1	378	1	547	2	464	4	386	1	273
うど	(17)	3	3,081	945	0	1,153	1	944	1	924	1	915	0	521
みつば	(18)	80	59,461	740	8	806	7	787	10	542	7	492	7	500
しゅんぎく	(19)	94	52,950	561	20	473	14	485	10	353	4	390	2	454
にら	(20)	208	148,754	716	18	821	18	1,023	23	493	19	474	19	389
洋菜類														
セルリー	(21)	123	35,412	288	9	263	13	219	8	260	7	381	8	413
アスパラガス	(22)	258	333,655	1,296	4	1,904	11	1,718	32	1,439	30	1,527	21	1,603
うち輸入	(23)	18	21,204	1,206	3	1,531	3	1,118	1	920	0	945	-	-
カリフラワー	(24)	56	13,291	238	9	192	10	202	7	185	3	277	2	257
ブロッコリー	(25)	934	436,842	468	77	397	84	481	86	475	91	467	107	402
うち輸入	(26)	141	54,670	389	1	666	0	420	9	358	24	367	11	335
レタス	(27)	3,442	757,926	220	235	227	195	295	218	270	282	199	308	184
パセリ	(28)	17	26,757	1,577	2	1,014	1	1,060	2	838	2	750	1	1,299
果菜類														
きゅうり	(29)	1,649	553,275	335	99	465	117	467	140	335	169	278	201	258
かぼちゃ	(30)	1,853	281,763	152	129	143	166	141	197	114	221	101	218	112
うち輸入	(31)	1,224	155,558	127	117	139	163	135	196	111	219	99	203	104
なす	(32)	1,197	385,071	322	29	581	42	513	69	396	81	399	111	369
トマト	(33)	2,118	857,580	405	106	441	120	472	129	545	165	451	275	305
ミニトマト	(34)	560	421,787	753	34	728	35	916	41	1,064	55	686	61	505
ピーマン	(35)	691	304,736	441	32	690	40	851	61	613	69	419	73	373
ししとうがらし	(36)	26	29,922	1,157	1	2,112	1	1,713	1	1,932	1	1,709	3	1,016
スイートコーン	(37)	380	109,713	289	0	356	0	370	1	596	3	554	29	384
豆類														
さやいんげん	(38)	58	48,967	845	2	1,356	2	1,653	2	1,702	2	1,540	4	1,080
さやえんどう	(39)	34	49,324	1,453	3	1,106	3	1,726	5	1,660	8	1,104	6	1,079
うち輸入	(40)	4	2,817	701	1	589	1	858	1	890	0	854	0	702
実えんどう	(41)	17	19,839	1,184	1	1,177	1	1,535	2	1,984	4	1,260	8	1,021
そらまめ	(42)	81	25,356	314	2	511	0	1,337	0	1,546	17	441	59	262
えだまめ	(43)	82	41,729	508	-	-	-	-	1	534	1	551	4	639
土物類														
かんしょ	(44)	1,302	297,365	228	138	215	167	217	124	216	86	245	61	264
ばれいしょ	(45)	5,394	1,033,495	192	448	129	564	162	471	238	496	281	691	210
さといも	(46)	362	106,248	293	29	263	25	286	24	254	14	216	5	306
やまのいも	(47)	1,375	561,403	408	116	356	130	359	125	366	122	373	117	395
たまねぎ	(48)	10,434	948,094	91	753	76	1,006	83	1,302	79	855	69	429	75
うち輸入	(49)	522	57,689	110	53	117	45	118	55	137	19	171	49	114
にんにく	(50)	123	97,850	795	10	718	13	929	12	738	11	796	10	782
うち輸入	(51)	85	32,193	380	6	319	7	340	8	339	8	358	7	372
しょうが	(52)	199	153,720	774	10	700	14	716	17	761	13	859	17	929
うち輸入	(53)	35	14,330	406	2	447	3	429	3	403	3	407	3	387
きのこ類														
生しいたけ	(54)	173	171,301	989	15	1,074	14	1,073	17	900	14	852	11	929
うち輸入	(55)	-	-	-	-	-	-	-	-	-	-	-	-	-
なめこ	(56)	20	10,665	531	1	562	2	547	2	539	2	503	2	504
えのきだけ	(57)	720	182,249	253	80	264	70	292	56	258	45	225	43	204
しめじ	(58)	603	339,737	563	52	605	51	640	50	572	48	515	47	484
その他の野菜	(59)	1,068	840,442	787	75	924	71	761	74	774	75	721	132	764
輸入野菜計	(60)	2,707	526,868	195	217	186	258	181	314	162	320	159	325	151
その他の輸入野菜	(61)	679	188,408	277	35	295	36	317	40	307	48	272	53	280

6月		7月		8月		9月		10月		11月		12月		
数量	価格	数量	価格	数量	価格	数量	価格	数量	価格	数量	価格	数量	価格	
t	円/kg	t	円/kg	t	円/kg	t	円/kg	t	円/kg	t	円/kg	t	円/kg	
4,220	248	4,245	238	5,267	212	5,671	243	5,442	280	4,875	258	5,399	222	(1)
270	105	321	134	363	141	446	143	455	192	347	165	333	112	(2)
0	190	0	251	0	255	0	355	3	409	16	381	32	332	(3)
309	148	343	160	485	146	381	337	485	282	448	222	449	141	(4)
54	362	45	338	47	314	82	310	124	298	101	333	93	375	(5)
1	57	0	301	0	117	-	-	2	1,217	0	1,080	0	802	(6)
8	1,173	7	781	17	472	40	451	54	427	51	419	67	429	(7)
207	90	179	57	200	59	320	109	557	163	514	169	622	78	(8)
11	403	11	634	12	491	12	601	15	852	14	559	23	445	(9)
45	254	33	361	34	275	45	433	41	603	35	441	26	296	(10)
0	181	0	216	0	130	-	-	0	362	2	363	3	238	(11)
24	251	21	272	20	251	19	312	25	480	12	527	11	410	(12)
464	90	648	80	716	77	651	113	559	199	487	188	496	121	(13)
41	645	32	830	30	866	26	1,099	30	1,004	49	641	72	362	(14)
74	473	83	444	89	454	101	495	118	556	99	509	125	500	(15)
0	143	0	223	-	-	-	-	0	324	0	230	2	328	(16)
-	-	-	-	-	-	-	-	-	-	-	-	-	-	(17)
6	502	5	643	5	870	4	873	5	1,121	5	820	11	1,023	(18)
2	532	1	812	1	875	2	1,187	4	1,011	14	625	21	647	(19)
15	459	14	699	17	566	16	898	15	1,117	18	870	18	914	(20)
11	354	12	261	17	200	11	242	7	389	7	424	11	256	(21)
35	1,408	38	1,144	34	938	27	1,052	16	1,094	5	1,149	5	1,199	(22)
0	1,458	-	-	-	-	-	-	1	1,295	4	1,155	5	1,200	(23)
1	289	2	375	2	318	1	419	5	306	6	267	8	215	(24)
59	489	77	437	67	479	60	510	61	572	81	520	86	443	(25)
11	400	14	395	15	328	32	403	18	470	4	390	1	375	(26)
355	150	383	136	403	158	343	235	211	466	219	315	290	201	(27)
1	1,422	2	1,839	2	1,300	1	2,778	1	4,886	1	2,484	1	2,302	(28)
163	235	144	273	179	193	135	338	104	561	95	456	104	457	(29)
169	130	133	141	100	194	136	179	155	189	111	261	118	238	(30)
133	123	70	124	4	140	0	140	3	243	36	279	80	204	(31)
166	345	185	275	228	174	113	272	77	343	52	417	44	435	(32)
245	310	187	310	259	314	226	370	183	507	112	604	110	599	(33)
58	581	53	622	62	598	51	829	37	1,048	31	1,033	42	850	(34)
69	319	83	391	91	198	54	373	41	558	34	562	42	474	(35)
3	1,016	4	767	3	695	3	724	2	1,336	1	1,465	1	2,082	(36)
99	274	97	260	115	294	33	278	2	355	1	332	0	368	(37)
12	603	7	664	8	618	7	808	7	776	4	765	2	1,095	(38)
1	1,817	1	1,718	1	1,686	0	5,890	1	4,041	2	1,495	4	1,424	(39)
0	742	0	439	0	84	0	864	0	1,020	0	778	0	776	(40)
1	838	-	-	-	-	-	-	0	1,677	0	1,536	1	1,033	(41)
3	235	0	419	-	-	-	-	-	-	-	-	0	1,205	(42)
18	591	31	474	21	452	6	519	1	482	-	-	-	-	(43)
54	280	68	297	99	212	102	245	116	254	125	227	162	177	(44)
367	215	218	210	322	160	479	177	463	162	470	166	405	181	(45)
4	532	8	418	38	372	54	379	54	288	45	227	64	243	(46)
121	412	105	426	131	432	107	447	127	450	80	438	94	478	(47)
402	125	433	135	821	134	1,345	124	1,029	80	938	72	1,120	68	(48)
49	104	51	104	64	99	62	94	33	87	26	92	16	123	(49)
9	725	9	659	10	704	10	767	9	748	9	945	13	943	(50)
6	367	6	401	7	400	7	396	7	411	7	420	8	437	(51)
24	847	26	802	21	777	16	705	14	724	13	692	13	648	(52)
3	402	3	395	3	403	3	410	3	419	3	399	3	391	(53)
13	887	14	853	12	864	14	1,067	15	1,150	16	1,037	19	1,095	(54)
-	-	-	-	-	-	-	-	-	-	-	-	-	-	(55)
1	508	2	503	2	503	2	522	2	551	2	558	2	555	(56)
41	170	36	165	40	152	65	206	76	264	77	317	93	332	(57)
47	451	42	434	43	397	51	516	57	602	56	728	59	704	(58)
135	651	102	731	99	731	76	909	78	961	68	847	81	834	(59)
243	169	195	198	152	235	184	249	151	272	167	247	178	251	(60)
42	283	50	303	57	341	80	290	87	271	87	207	65	239	(61)

3 卸売市場別の月別野菜の卸売数量・価額・価格（続き）
(77) 高知市中央卸売市場

品目		計			1月		2月		3月		4月		5月	
		数量	価額	価格	数量	価格	数量	価格	数量	価格	数量	価格	数量	価格
		t	千円	円/kg	t	円/kg	t	円/kg	t	円/kg	t	円/kg	t	円/kg
野　菜　計	(1)	35,574	10,068,543	283	2,392	263	2,880	281	3,063	280	3,107	275	3,080	286
根菜類														
だ　い　こ　ん	(2)	3,870	419,102	108	199	63	232	71	263	91	296	94	306	91
か　ぶ	(3)	30	6,782	226	6	149	2	199	1	292	1	215	0	424
に　ん　じ　ん	(4)	1,878	345,904	184	120	110	141	118	149	128	145	185	161	179
ご　ぼ　う	(5)	405	131,091	323	23	327	36	321	39	317	34	319	23	358
た　け　の　こ	(6)	30	24,217	802	0	1,106	1	987	5	515	8	219	0	27
れ　ん　こ　ん	(7)	53	45,470	853	6	701	7	787	5	901	4	974	2	1,091
葉茎菜類														
は　く　さ　い	(8)	2,498	282,567	113	236	75	219	97	225	123	207	112	150	86
み　ず　な	(9)	144	50,595	351	11	273	13	283	14	213	12	215	13	192
こ　ま　つ　な	(10)	27	9,289	349	1	387	1	486	1	251	2	297	3	253
その他の菜類	(11)	229	71,209	311	12	353	15	391	23	193	19	258	21	276
ち　ん　げ　ん　さ　い	(12)	106	32,750	308	5	261	7	352	9	257	7	311	9	272
キ　ャ　ベ　ツ	(13)	3,714	421,838	114	212	66	285	68	279	88	351	113	332	95
ほ　う　れ　ん　そ　う	(14)	238	149,752	629	16	595	24	480	28	364	23	442	21	533
ね　ぎ	(15)	770	526,261	684	64	514	74	656	61	591	54	619	58	716
ふ　き	(16)	1	143	263	0	135	0	764	0	548	0	260	0	129
う　ど	(17)	5	3,992	727	0	1,015	2	639	2	742	1	708	0	740
み　つ　ば	(18)	19	10,803	565	1	781	2	641	2	525	2	366	2	415
し　ゅ　ん　ぎ　く	(19)	101	46,741	462	12	401	13	376	12	290	10	229	6	451
に　ら	(20)	722	451,770	625	54	719	62	886	73	434	65	417	68	347
洋菜類														
セ　ル　リ　ー	(21)	77	24,317	316	3	386	9	257	6	329	6	373	5	385
ア　ス　パ　ラ　ガ　ス	(22)	102	124,768	1,229	2	1,728	5	1,526	12	1,305	12	1,427	11	1,494
う　ち　輸　入	(23)	13	15,746	1,195	1	1,593	2	1,101	1	842	1	955	0	1,128
カ　リ　フ　ラ　ワ　ー	(24)	15	5,934	392	1	401	2	361	1	455	1	619	1	410
ブ　ロ　ッ　コ　リ　ー	(25)	469	246,836	527	35	487	41	528	38	525	45	554	43	468
う　ち　輸　入	(26)	27	7,394	274	-	-	0	297	0	276	0	276	0	169
レ　タ　ス	(27)	1,512	364,466	241	49	291	66	338	83	320	91	229	143	195
パ　セ　リ	(28)	12	26,088	2,141	1	1,166	1	1,084	1	1,051	1	870	1	1,331
果菜類														
き　ゅ　う　り	(29)	2,587	873,946	338	244	450	275	395	279	286	274	231	274	228
か　ぼ　ち　ゃ	(30)	717	131,490	183	48	176	58	158	83	131	78	125	78	136
う　ち　輸　入	(31)	412	58,657	142	44	160	56	146	79	115	75	107	67	116
な　す	(32)	1,581	586,003	371	78	538	128	423	165	404	193	347	200	335
ト　マ　ト	(33)	1,904	968,647	509	102	561	137	596	162	753	198	604	226	426
ミ　ニ　ト　マ　ト	(34)	198	169,500	857	17	714	15	939	18	868	19	784	22	576
ピ　ー　マ　ン	(35)	610	299,939	491	35	628	44	760	53	604	60	448	73	397
し　し　と　う　が　ら　し	(36)	130	161,780	1,244	7	1,696	9	1,335	10	1,539	11	1,233	12	1,134
ス　イ　ー　ト　コ　ー　ン	(37)	213	58,647	276	0	562	0	605	0	660	0	660	24	354
豆類														
さ　や　い　ん　げ　ん	(38)	84	85,945	1,020	6	1,183	6	1,436	9	1,252	10	1,110	13	726
さ　や　え　ん　ど　う	(39)	26	38,263	1,462	3	1,120	3	1,728	4	1,595	5	1,244	2	1,368
う　ち　輸　入	(40)	2	1,244	698	0	503	0	221	-	-	0	778	0	702
実　え　ん　ど　う	(41)	7	13,370	1,896	0	1,028	0	1,504	1	2,551	2	1,999	2	1,938
そ　ら　ま　め	(42)	5	3,097	606	0	711	0	1,505	0	1,135	2	580	1	448
え　だ　ま　め	(43)	31	24,380	778	-	-	-	-	0	448	0	784	3	1,125
土物類														
か　ん　し　ょ	(44)	549	133,139	242	36	257	44	243	42	252	42	240	47	250
ば　れ　い　し　ょ	(45)	2,249	434,062	193	190	130	208	166	212	226	192	286	203	235
さ　と　い　も	(46)	93	40,489	433	6	431	8	406	6	426	5	409	5	408
や　ま　の　い　も	(47)	367	148,343	404	20	356	26	363	39	354	36	359	32	370
た　ま　ね　ぎ	(48)	4,824	500,910	104	397	72	496	77	476	80	398	79	219	102
う　ち　輸　入	(49)	24	4,491	190	1	200	1	224	2	227	3	195	2	191
に　ん　に　く	(50)	98	76,238	781	5	803	8	826	10	871	12	803	13	592
う　ち　輸　入	(51)	65	28,353	433	3	403	6	400	6	405	6	420	5	421
し　ょ　う　が	(52)	186	136,724	736	2	651	4	925	9	958	20	838	39	834
う　ち　輸　入	(53)	12	4,615	379	0	351	0	351	1	382	1	379	1	381
きのこ類														
生　し　い　た　け	(54)	95	105,411	1,114	6	1,313	7	1,382	8	1,074	6	1,130	6	1,116
う　ち　輸　入	(55)	-	-	-	-	-	-	-	-	-	-	-	-	-
な　め　こ	(56)	18	10,608	578	1	601	2	600	2	591	2	594	2	557
え　の　き　だ　け	(57)	300	90,113	301	34	316	31	347	27	260	22	241	15	255
し　め　じ	(58)	550	200,502	365	39	430	50	421	50	346	47	286	44	287
その他の野菜	(59)	1,124	954,312	849	46	807	61	819	66	866	75	876	144	894
輸入野菜計	(60)	667	192,474	289	56	261	73	253	100	195	95	188	85	185
その他の輸入野菜	(61)	111	71,974	646	6	670	8	687	10	594	9	572	8	543

6月		7月		8月		9月		10月		11月		12月		
数 量	価 格	数 量	価 格	数 量	価 格	数 量	価 格	数 量	価 格	数 量	価 格	数 量	価 格	
t	円／kg	t	円／kg	t	円／kg	t	円／kg	t	円／kg	t	円／kg	t	円／kg	
2,775	276	2,804	273	3,021	245	3,046	273	3,252	325	2,943	319	3,211	291	(1)
298	92	352	112	381	113	420	113	430	156	332	151	361	100	(2)
0	402	1	310	0	321	0	385	1	371	4	228	12	229	(3)
165	135	180	171	195	158	129	334	163	301	156	259	174	144	(4)
24	371	20	296	21	287	30	283	48	291	46	325	61	364	(5)
-	-	-	-	-	-	0	1,485	15	1,142	2	1,199	0	1,216	(6)
1	1,839	1	1,513	2	987	5	768	7	790	6	749	9	768	(7)
153	95	138	71	143	73	206	116	266	169	268	183	286	95	(8)
9	341	10	419	11	334	9	578	10	689	13	394	19	391	(9)
3	308	4	321	3	300	3	391	3	557	2	331	1	303	(10)
20	291	21	256	21	260	22	374	19	554	20	315	17	267	(11)
12	235	13	278	9	241	11	332	10	452	7	409	7	324	(12)
222	113	362	87	384	80	376	113	366	195	268	205	277	131	(13)
22	614	16	880	13	955	10	1,263	16	1,093	21	620	28	493	(14)
52	643	48	791	57	735	64	746	70	853	71	750	96	616	(15)
0	58	-	-	-	-	-	-	-	-	0	263	0	508	(16)
0	698	0	675	0	594	0	617	0	648	0	1,534	0	1,023	(17)
2	388	2	495	2	483	1	720	1	1,064	2	433	2	660	(18)
4	563	3	669	2	892	2	2,051	4	1,054	11	479	21	417	(19)
57	372	46	538	43	470	53	699	64	884	75	821	64	862	(20)
7	321	8	260	8	210	8	272	7	393	5	448	6	325	(21)
12	1,226	14	1,058	13	966	10	997	6	1,169	3	1,177	3	1,317	(22)
0	1,598	0	1,544	0	1,557	0	1,434	1	1,302	3	1,173	3	1,286	(23)
1	414	2	322	1	310	2	292	2	366	1	551	1	456	(24)
33	534	39	472	35	471	34	569	38	621	41	579	46	512	(25)
0	235	0	225	5	197	10	274	9	322	1	332	-	-	(26)
184	157	218	147	200	183	164	272	118	491	94	332	101	210	(27)
1	1,540	1	1,675	1	1,817	1	3,271	1	4,591	1	3,284	2	3,388	(28)
181	243	150	280	136	208	148	303	147	570	227	411	252	451	(29)
58	174	59	180	48	231	50	226	66	221	42	307	49	245	(30)
27	143	6	90	-	-	-	-	0	2,592	15	288	43	230	(31)
189	302	85	293	96	199	92	366	116	394	125	441	114	472	(32)
182	363	130	391	192	344	170	384	144	548	118	623	142	641	(33)
15	642	13	843	20	813	21	911	15	1,150	11	1,226	11	1,144	(34)
57	327	46	418	45	330	46	460	47	623	49	544	55	485	(35)
12	1,068	11	1,039	11	781	11	957	12	1,491	13	1,211	10	1,727	(36)
67	260	53	265	46	289	21	220	0	247	-	-	-	-	(37)
9	695	4	943	3	865	2	1,424	3	1,489	8	1,094	11	888	(38)
2	1,490	1	1,479	1	2,053	0	3,843	1	2,108	1	1,381	3	1,242	(39)
1	710	0	621	0	648	0	850	0	892	0	893	-	-	(40)
1	904	-	-	-	-	-	-	-	-	0	1,242	0	1,009	(41)
1	603	0	387	-	-	-	-	-	-	-	-	-	-	(42)
11	689	9	764	5	870	3	719	0	721	-	-	0	1,912	(43)
55	305	54	228	40	236	46	227	53	212	46	236	44	219	(44)
113	230	102	195	157	163	204	182	237	161	208	175	221	185	(45)
3	507	3	530	4	503	10	511	14	436	14	408	14	377	(46)
34	407	36	407	41	408	24	447	24	469	24	471	29	482	(47)
250	161	287	180	402	183	452	136	522	87	440	76	486	76	(48)
2	171	2	180	6	151	2	156	1	294	1	290	1	287	(49)
6	646	7	618	8	725	7	812	7	873	7	884	9	963	(50)
4	429	5	424	6	439	5	439	6	446	5	464	7	491	(51)
35	721	36	656	25	649	5	504	4	611	4	586	4	578	(52)
1	382	1	383	1	380	1	374	1	382	1	380	1	386	(53)
7	934	8	881	7	1,003	8	1,067	9	1,194	12	1,059	11	1,235	(54)
-	-	-	-	-	-	-	-	-	-	-	-	-	-	(55)
1	550	1	555	1	563	1	571	2	613	2	545	2	600	(56)
16	258	14	263	14	249	20	277	32	304	31	345	43	347	(57)
44	266	45	255	36	267	50	332	52	432	50	484	44	540	(58)
144	790	151	903	133	746	95	866	81	895	60	859	66	881	(59)
44	256	25	346	28	363	27	533	30	621	37	500	67	371	(60)
8	515	9	491	9	533	9	963	12	888	11	648	13	592	(61)

3　卸売市場別の月別野菜の卸売数量・価額・価格（続き）
(78)　北九州市中央卸売市場

品目	計			1月		2月		3月		4月		5月	
	数量	価額	価格	数量	価格	数量	価格	数量	価格	数量	価格	数量	価格
	t	千円	円／kg	t	円／kg	t	円／kg	t	円／kg	t	円／kg	t	円／kg
野菜計 (1)	**128,484**	**27,220,110**	**212**	**9,599**	**187**	**11,221**	**189**	**11,473**	**190**	**10,133**	**204**	**9,960**	**206**
根菜類													
だいこん (2)	13,212	1,069,332	81	1,619	46	1,925	58	1,973	64	1,161	63	940	61
かぶ (3)	188	32,603	173	32	176	25	142	12	161	5	205	2	175
にんじん (4)	5,907	942,546	160	441	84	523	88	627	97	420	154	450	159
ごぼう (5)	1,253	387,163	309	93	295	112	293	93	312	92	338	85	309
たけのこ (6)	232	70,804	306	2	1,088	4	1,167	25	765	62	288	131	161
れんこん (7)	733	330,892	452	44	636	80	531	54	602	32	752	20	903
葉茎菜類													
はくさい (8)	12,937	1,144,974	89	868	63	760	74	727	94	755	86	825	55
みずな (9)	501	213,622	427	39	517	41	415	54	256	54	214	42	292
こまつな (10)	1,075	346,472	322	54	428	64	417	103	252	122	242	113	227
その他の菜類 (11)	27	3,770	140	1	181	3	144	12	58	1	141	2	187
ちんげんさい (12)	296	113,951	386	14	396	19	472	22	323	32	326	32	289
キャベツ (13)	15,045	1,517,218	101	1,102	68	1,263	72	1,299	81	1,223	94	1,322	91
ほうれんそう (14)	935	511,389	547	92	532	113	473	128	437	91	464	83	498
ねぎ (15)	2,531	1,365,447	540	266	478	247	491	203	441	180	427	144	605
ふき (16)	43	24,812	570	3	536	4	452	12	681	17	575	7	466
うど (17)	5	3,106	605	1	559	1	569	2	628	1	634	0	600
みつば (18)	114	70,619	618	10	676	11	705	10	470	11	361	10	375
しゅんぎく (19)	156	107,354	689	27	911	20	722	16	401	9	441	8	403
にら (20)	527	300,876	571	44	671	40	919	73	417	60	381	62	364
洋菜類													
セルリー (21)	589	152,154	258	48	248	50	246	42	280	39	294	33	294
アスパラガス (22)	201	234,007	1,162	4	1,845	9	1,447	22	1,325	22	1,394	17	1,560
うち輸入 (23)	18	21,306	1,216	3	1,565	3	1,105	1	752	0	2,052	0	2,052
カリフラワー (24)	151	29,387	195	16	251	32	224	34	145	17	168	11	151
ブロッコリー (25)	1,061	455,843	430	96	396	91	455	125	394	80	469	84	399
うち輸入 (26)	128	43,114	337	0	434	3	358	4	336	11	359	11	346
レタス (27)	11,418	2,062,961	181	640	171	745	213	781	158	749	124	541	176
パセリ (28)	36	50,859	1,401	2	471	2	762	4	524	4	376	4	1,023
果菜類													
きゅうり (29)	3,498	1,108,023	317	252	421	268	392	317	284	327	243	441	228
かぼちゃ (30)	2,885	460,379	160	184	141	323	147	372	109	377	106	316	114
うち輸入 (31)	1,839	223,053	121	176	134	280	130	349	95	363	94	297	101
なす (32)	3,220	1,116,742	347	103	516	149	452	260	345	297	354	354	354
トマト (33)	4,026	1,471,345	365	210	379	220	391	218	530	306	384	414	274
ミニトマト (34)	821	589,592	718	46	711	39	861	57	956	79	641	103	436
ピーマン (35)	1,700	773,042	455	83	628	92	808	122	613	191	442	228	372
ししとうがらし (36)	93	112,555	1,207	5	1,701	5	1,383	7	1,438	9	1,022	9	1,109
スイートコーン (37)	450	126,574	281	0	368	0	605	0	697	1	691	38	342
豆類													
さやいんげん (38)	96	98,941	1,031	6	1,190	5	1,595	6	1,252	9	1,089	11	815
さやえんどう (39)	50	80,468	1,613	8	1,050	5	2,104	7	1,617	9	1,475	3	2,029
うち輸入 (40)	0	375	1,196	-	-	0	1,080	0	1,186	0	1,188	-	-
実えんどう (41)	33	30,185	927	4	687	3	1,145	4	952	13	985	7	988
そらまめ (42)	42	18,286	432	4	513	1	976	0	2,424	14	438	21	323
えだまめ (43)	81	41,591	512	-	-	-	-	-	-	0	1,099	1	1,082
土物類													
かんしょ (44)	2,177	513,582	236	232	226	301	227	222	230	184	215	96	258
ばれいしょ (45)	7,237	1,485,137	205	500	128	668	169	672	245	757	292	800	211
さといも (46)	372	131,431	354	28	292	31	345	23	334	13	327	16	422
やまのいも (47)	1,731	737,350	426	130	380	137	384	161	382	151	391	147	398
たまねぎ (48)	20,273	2,046,067	101	1,444	75	1,980	79	1,773	86	1,421	85	1,222	95
うち輸入 (49)	786	80,065	102	41	106	36	113	32	126	27	159	47	124
にんにく (50)	179	120,219	673	12	638	15	583	18	625	17	649	16	626
うち輸入 (51)	132	39,856	302	9	255	11	264	13	283	11	280	10	302
しょうが (52)	681	428,672	630	37	515	46	542	51	586	53	745	62	762
うち輸入 (53)	52	16,967	324	3	334	4	330	4	333	5	314	4	330
きのこ類													
生しいたけ (54)	464	385,307	830	37	1,003	39	905	47	693	40	642	30	748
うち輸入 (55)	1	657	564	0	575	0	641	0	715	0	756	0	756
なめこ (56)	196	73,487	375	14	351	17	364	15	356	14	366	14	366
えのきだけ (57)	3,351	800,852	239	305	303	284	302	282	230	232	185	200	188
しめじ (58)	1,487	613,642	413	132	438	125	481	106	435	113	354	95	369
その他の野菜 (59)	4,169	2,314,478	555	263	561	284	502	280	531	268	545	350	621
輸入野菜計 (60)	4,273	795,087	186	292	197	408	179	481	144	515	150	469	159
その他の輸入野菜 (61)	1,318	369,694	281	59	365	72	334	79	320	98	308	101	302

	6月		7月		8月		9月		10月		11月		12月		
	数量	価格	数量	価格	数量	価格	数量	価格	数量	価格	数量	価格	数量	価格	
	t	円/kg	t	円/kg	t	円/kg	t	円/kg	t	円/kg	t	円/kg	t	円/kg	
	8,941	226	10,420	213	11,560	193	11,877	230	11,362	262	9,903	242	12,034	202	(1)
	385	90	594	130	757	126	695	115	664	144	838	135	1,662	79	(2)
	0	147	1	151	0	262	0	762	4	306	20	234	88	162	(3)
	513	135	426	172	474	146	486	254	525	282	461	214	561	144	(4)
	64	299	69	292	87	284	128	296	149	279	125	287	156	393	(5)
	3	88	-	-	-	-	-	-	3	1,288	1	1,310	1	1,136	(6)
	6	1,488	20	693	67	397	88	338	100	352	88	310	135	335	(7)
	675	80	1,297	48	1,583	45	1,698	91	1,726	167	942	147	1,082	79	(8)
	40	230	25	539	28	389	38	579	42	818	47	583	49	426	(9)
	103	215	72	298	79	169	91	420	105	484	101	459	68	340	(10)
	1	211	1	217	1	202	1	411	1	376	3	182	1	226	(11)
	30	282	28	362	25	329	24	466	27	580	24	482	18	393	(12)
	1,281	99	1,412	81	1,383	81	1,346	106	1,268	156	1,098	177	1,049	116	(13)
	80	481	38	692	37	733	35	922	48	869	77	654	113	473	(14)
	135	543	132	587	186	498	308	572	280	654	176	644	273	538	(15)
	0	202	0	173	-	-	0	1,059	0	1,069	0	1,067	1	403	(16)
	0	858	0	519	0	666	0	540	0	623	0	399	0	420	(17)
	9	368	9	669	8	771	9	894	8	897	9	662	10	706	(18)
	6	425	3	675	4	418	4	1,134	8	1,017	22	747	29	666	(19)
	47	345	34	518	33	557	29	748	29	828	39	747	38	845	(20)
	40	309	74	237	80	165	73	253	37	351	31	337	42	235	(21)
	27	1,218	32	993	23	825	21	838	14	981	5	1,102	4	1,321	(22)
	0	2,160	0	1,836	0	1,283	0	929	2	1,112	5	1,112	4	1,320	(23)
	1	253	3	340	2	311	2	325	9	200	9	204	14	172	(24)
	60	473	114	401	56	454	49	460	59	481	95	490	151	389	(25)
	20	362	16	370	10	297	19	301	22	311	4	346	8	348	(26)
	1,140	146	1,707	134	1,877	150	1,261	240	595	426	542	253	838	135	(27)
	3	1,145	4	1,298	4	1,303	3	1,873	3	2,694	2	3,364	2	3,805	(28)
	302	219	269	339	359	210	295	332	245	494	170	441	253	396	(29)
	252	151	172	177	169	214	224	197	212	226	136	291	148	233	(30)
	203	132	14	153	5	233	2	232	1	258	52	307	99	199	(31)
	374	333	359	324	414	205	298	332	273	386	194	427	146	437	(32)
	415	294	507	299	547	287	407	346	313	473	209	545	260	484	(33)
	89	561	71	700	82	664	69	738	75	914	53	999	60	803	(34)
	213	329	173	380	145	286	136	400	125	546	97	557	93	508	(35)
	8	1,090	8	1,085	11	790	10	832	6	1,469	6	1,298	8	1,961	(36)
	158	263	109	294	94	301	49	214	0	189	-	-	-	-	(37)
	12	704	5	1,056	8	867	9	1,219	9	1,167	8	923	8	1,026	(38)
	1	2,339	1	1,628	1	2,702	1	4,385	1	4,437	2	1,615	10	1,022	(39)
	0	1,188	-	-	0	1,188	0	1,584	0	2,376	-	-	-	-	(40)
	1	446	0	432	-	-	-	-	-	-	0	1,126	2	573	(41)
	1	360	-	-	-	-	-	-	-	-	0	792	1	921	(42)
	18	599	34	404	20	516	6	669	1	675	0	723	-	-	(43)
	76	255	83	295	92	226	153	238	227	258	227	261	285	207	(44)
	388	233	493	218	536	175	570	210	645	183	579	180	631	192	(45)
	14	398	12	476	19	482	32	380	47	374	54	311	84	326	(46)
	168	416	160	439	165	457	158	451	124	462	94	473	135	499	(47)
	891	136	986	150	1,169	193	2,152	148	2,405	88	2,359	76	2,472	76	(48)
	61	112	133	96	157	93	149	93	48	89	28	91	29	104	(49)
	13	707	14	640	15	619	15	782	15	883	13	589	17	726	(50)
	9	308	10	310	11	294	11	324	11	323	11	333	13	333	(51)
	77	752	90	654	80	598	60	543	42	575	31	587	50	548	(52)
	5	320	4	323	4	325	4	326	4	320	4	319	5	321	(53)
	29	681	34	622	31	681	41	882	38	1,003	46	941	51	1,019	(54)
	0	378	-	-	0	667	-	-	0	378	0	368	0	555	(55)
	14	376	13	372	13	363	20	368	23	402	21	411	17	370	(56)
	188	183	200	167	258	118	327	200	325	245	340	320	410	305	(57)
	91	346	97	340	112	268	129	393	164	427	155	531	168	456	(58)
	500	564	435	609	427	557	326	592	343	594	354	469	341	488	(59)
	377	175	274	194	309	188	356	187	249	271	273	247	271	240	(60)
	79	264	97	288	122	285	170	242	161	307	169	219	111	246	(61)

3 卸売市場別の月別野菜の卸売数量・価額・価格（続き）
(79) 福岡市中央卸売市場

品目		計 数量 (t)	計 価額 (千円)	計 価格 (円/kg)	1月 数量 (t)	1月 価格 (円/kg)	2月 数量 (t)	2月 価格 (円/kg)	3月 数量 (t)	3月 価格 (円/kg)	4月 数量 (t)	4月 価格 (円/kg)	5月 数量 (t)	5月 価格 (円/kg)
野　菜　計	(1)	258,134	50,236,521	195	19,223	171	19,393	183	20,406	191	20,955	186	21,463	182
根　菜　類														
だいこん	(2)	17,209	1,408,426	82	1,435	55	1,423	58	1,571	60	1,338	66	1,304	70
かぶ	(3)	696	75,532	109	154	70	81	91	13	106	1	449	2	277
にんじん	(4)	11,162	1,735,378	155	776	84	746	95	904	100	890	150	988	154
ごぼう	(5)	2,222	567,701	256	163	244	193	252	170	274	163	285	144	281
たけのこ	(6)	318	73,958	232	3	805	5	1,174	24	761	267	142	11	61
れんこん	(7)	1,247	535,049	429	82	570	95	542	79	584	57	713	27	937
葉茎菜類														
はくさい	(8)	43,056	3,214,892	75	4,744	51	4,113	54	2,369	82	3,040	75	3,171	49
みずな	(9)	737	337,625	458	55	525	66	409	85	277	76	262	64	338
こまつな	(10)	1,210	419,103	346	68	475	73	452	98	285	104	280	109	246
その他の菜類	(11)	16	5,771	360	2	248	1	467	3	251	2	296	1	346
ちんげんさい	(12)	315	120,471	383	22	414	20	457	27	294	29	338	31	291
キャベツ	(13)	39,611	3,857,370	97	2,396	64	2,700	64	2,975	74	3,200	84	3,244	82
ほうれんそう	(14)	1,081	679,206	628	124	537	134	515	130	464	112	501	91	605
ねぎ	(15)	3,658	2,038,876	557	367	498	352	499	323	422	293	443	257	633
ふき	(16)	93	35,024	376	10	333	13	313	22	478	29	403	13	296
うど	(17)	11	8,220	730	1	685	2	601	3	750	3	732	1	1,027
みつば	(18)	188	122,039	648	14	755	13	823	18	390	20	299	19	317
しゅんぎく	(19)	464	266,503	574	62	649	57	539	59	291	43	303	28	436
にら	(20)	1,541	889,469	577	125	684	117	908	157	394	150	368	137	335
洋菜類														
セルリー	(21)	727	192,251	264	52	240	59	234	61	265	65	298	68	281
アスパラガス	(22)	619	726,665	1,174	13	1,829	25	1,465	89	1,297	71	1,534	51	1,533
うち輸入	(23)	69	79,749	1,164	10	1,654	10	973	9	788	0	1,679	0	1,568
カリフラワー	(24)	319	55,334	174	43	176	38	186	51	142	34	160	16	149
ブロッコリー	(25)	1,754	811,315	463	195	445	213	421	252	436	139	514	162	409
うち輸入	(26)	171	66,942	391	1	607	5	450	5	366	14	386	22	346
レタス	(27)	15,848	3,284,271	207	1,067	201	1,071	236	1,325	190	1,348	153	1,205	168
パセリ	(28)	93	159,958	1,722	7	726	7	833	8	645	8	647	8	1,142
果菜類														
きゅうり	(29)	7,436	2,378,980	320	400	430	422	418	636	287	744	240	853	228
かぼちゃ	(30)	6,139	1,042,918	170	374	156	362	174	592	123	728	113	619	111
うち輸入	(31)	3,861	479,267	124	346	140	322	140	557	99	697	90	581	97
なす	(32)	4,170	1,424,964	342	159	465	194	455	343	360	387	372	539	344
トマト	(33)	9,000	3,159,161	351	427	387	465	390	541	486	819	344	1,013	252
ミニトマト	(34)	1,595	1,140,427	715	115	693	100	855	99	948	147	631	179	431
ピーマン	(35)	2,921	1,354,487	464	164	623	166	784	238	607	291	440	347	375
ししとうがらし	(36)	99	133,897	1,355	6	1,867	5	1,464	7	1,522	8	1,214	9	1,275
スイートコーン	(37)	654	172,971	265	-	-	0	458	0	464	5	638	69	353
豆類														
さやいんげん	(38)	150	149,079	994	11	1,098	9	1,413	10	1,226	13	1,048	17	801
さやえんどう	(39)	89	125,398	1,408	9	967	7	1,883	12	1,601	19	1,138	11	1,529
うち輸入	(40)	13	9,980	761	2	725	2	743	2	776	1	767	1	715
実えんどう	(41)	30	32,742	1,075	4	658	1	1,822	3	1,589	10	1,057	10	1,112
そらまめ	(42)	49	29,329	596	3	509	1	2,256	1	3,006	16	533	23	387
えだまめ	(43)	90	57,214	633	-	-	-	-	-	-	0	1,072	4	1,045
土物類														
かんしょ	(44)	3,460	789,094	228	394	217	425	239	371	225	237	228	215	247
ばれいしょ	(45)	13,477	2,734,640	203	1,076	124	1,198	169	1,149	248	1,186	296	1,397	228
さといも	(46)	734	214,931	293	69	265	67	304	56	274	42	271	30	344
やまのいも	(47)	2,952	1,283,186	435	168	404	206	391	302	396	240	387	307	409
たまねぎ	(48)	44,230	4,658,401	105	2,557	82	2,941	84	3,980	86	3,323	85	3,228	97
うち輸入	(49)	3,176	311,542	98	205	102	100	117	87	130	181	119	231	109
にんにく	(50)	319	299,907	939	21	846	21	813	29	999	26	1,019	27	883
うち輸入	(51)	197	72,134	366	13	323	13	341	15	372	15	354	15	356
しょうが	(52)	662	407,190	615	34	590	42	581	48	599	51	621	61	655
うち輸入	(53)	147	46,044	313	9	351	13	336	12	344	13	333	12	326
きのこ類														
生しいたけ	(54)	904	851,130	942	81	1,090	77	970	84	758	80	797	71	859
うち輸入	(55)	10	6,698	670	1	614	1	656	1	644	1	699	1	693
なめこ	(56)	277	114,489	414	26	366	26	420	25	411	25	374	24	415
えのきだけ	(57)	2,510	615,071	245	256	312	218	317	216	214	195	189	174	206
しめじ	(58)	1,662	716,684	431	142	445	130	468	114	428	117	344	104	360
その他の野菜	(59)	10,331	4,729,823	458	750	483	690	480	733	444	762	424	980	438
輸入野菜計	(60)	11,609	2,207,309	190	880	196	782	215	994	174	1,191	151	1,101	157
その他の輸入野菜	(61)	3,966	1,134,953	286	294	265	317	282	307	284	270	294	239	303

6月		7月		8月		9月		10月		11月		12月		
数量	価格	数量	価格	数量	価格	数量	価格	数量	価格	数量	価格	数量	価格	
t	円/kg	t	円/kg	t	円/kg	t	円/kg	t	円/kg	t	円/kg	t	円/kg	
19,952	190	20,828	199	22,033	185	22,824	211	22,631	240	23,212	214	25,215	177	(1)
988	81	1,124	106	1,187	111	1,407	98	1,696	110	1,832	102	1,904	69	(2)
1	150	0	524	1	385	1	799	64	118	159	106	220	133	(3)
845	133	1,281	156	830	144	806	285	923	259	983	194	1,188	110	(4)
149	282	119	271	136	227	205	219	270	209	240	239	269	304	(5)
0	129	0	358	0	224	0	151	4	1,257	1	1,271	3	869	(6)
12	1,163	35	624	101	378	165	336	180	347	172	314	240	324	(7)
3,076	65	2,953	65	2,885	72	3,566	86	4,176	118	4,154	117	4,810	59	(8)
61	322	55	545	54	437	48	691	52	799	53	697	68	466	(9)
119	220	108	302	115	204	99	437	107	553	106	471	104	340	(10)
1	335	1	456	1	513	0	641	1	648	1	603	1	429	(11)
30	276	25	407	24	316	28	483	26	562	27	452	26	346	(12)
3,151	92	3,621	80	4,112	75	4,184	98	3,594	158	3,370	174	3,063	105	(13)
92	569	62	845	48	867	46	1,092	59	1,025	76	744	108	549	(14)
265	541	266	594	258	570	262	667	293	724	318	600	406	558	(15)
1	201	0	315	0	300	0	396	0	657	0	665	5	290	(16)
0	877	0	511	0	638	0	797	0	905	0	598	0	848	(17)
17	327	15	777	12	788	14	1,028	14	893	13	637	20	1,010	(18)
16	598	12	1,047	11	1,010	13	1,433	27	951	57	633	79	501	(19)
133	333	117	505	106	554	106	741	117	780	140	673	136	802	(20)
57	299	66	239	78	154	65	224	52	372	48	401	56	236	(21)
73	1,154	82	967	78	784	60	902	44	1,070	18	1,128	15	1,202	(22)
0	1,535	0	1,323	0	1,521	1	1,247	7	1,141	15	1,130	15	1,201	(23)
5	233	3	281	3	407	3	407	32	131	27	196	63	182	(24)
86	546	93	478	83	490	81	595	92	589	123	540	234	368	(25)
22	419	22	383	28	278	35	450	17	470	0	83	-	-	(26)
1,266	170	1,564	164	1,744	183	1,550	235	1,205	404	1,102	269	1,399	156	(27)
7	1,322	7	1,797	9	1,763	8	2,187	8	3,155	6	2,774	11	3,194	(28)
738	218	652	323	757	214	739	349	549	523	429	445	516	398	(29)
565	161	626	167	357	234	422	203	426	221	421	281	647	187	(30)
411	129	238	93	4	136	-	-	4	251	164	258	537	173	(31)
577	303	418	310	489	203	327	320	270	390	246	442	222	399	(32)
970	275	956	291	1,212	276	871	361	763	461	492	502	473	465	(33)
142	513	127	666	167	631	167	787	133	914	100	961	118	842	(34)
288	350	286	384	277	303	250	427	199	543	202	528	212	486	(35)
9	1,184	11	1,008	11	934	11	1,021	9	1,990	8	1,431	6	2,209	(36)
179	241	151	236	163	283	81	234	2	222	2	272	0	461	(37)
19	708	10	1,148	13	938	13	1,012	13	1,171	12	879	11	889	(38)
4	1,977	4	1,355	3	2,106	2	2,457	2	2,121	4	1,364	13	1,054	(39)
1	768	1	627	1	757	1	829	1	659	1	777	1	909	(40)
0	1,067	-	-	-	-	-	-	-	-	0	555	2	665	(41)
3	767	0	515	-	-	-	-	-	-	-	-	1	855	(42)
21	619	30	580	26	657	8	613	1	536	-	-	-	-	(43)
164	235	156	264	223	227	264	214	272	238	294	236	444	203	(44)
1,034	223	769	221	943	186	938	213	1,165	180	1,260	177	1,361	173	(45)
34	313	31	305	52	326	57	320	80	324	89	272	126	267	(46)
253	421	338	438	280	463	251	470	226	457	177	466	205	531	(47)
2,952	124	3,123	149	3,601	133	4,373	136	4,167	112	5,075	100	4,910	79	(48)
293	104	464	108	517	108	302	102	240	72	314	59	243	73	(49)
21	741	26	809	32	1,138	33	1,084	25	993	24	869	35	916	(50)
15	373	17	357	17	362	18	371	18	373	19	387	24	393	(51)
63	680	59	671	73	626	67	588	62	572	49	576	53	586	(52)
13	323	13	291	11	289	12	285	12	295	13	294	14	304	(53)
70	770	68	749	65	810	69	1,041	71	1,195	85	1,031	84	1,181	(54)
1	690	1	685	1	687	1	696	1	698	1	691	1	618	(55)
21	425	20	435	19	408	22	412	25	423	21	475	24	415	(56)
157	191	156	170	179	122	199	239	241	250	246	329	273	293	(57)
102	341	126	355	123	311	159	439	189	469	177	555	180	511	(58)
1,114	424	1,077	452	1,093	421	783	507	707	540	773	455	868	470	(59)
983	170	964	167	822	191	729	216	804	255	1,074	217	1,285	203	(60)
227	279	208	329	242	335	360	273	504	316	548	260	449	258	(61)

3　卸売市場別の月別野菜の卸売数量・価額・価格（続き）
(80)　久留米市中央卸売市場

品目		計			1月		2月		3月		4月		5月	
		数量	価額	価格	数量	価格	数量	価格	数量	価格	数量	価格	数量	価格
		t	千円	円／kg	t	円／kg	t	円／kg	t	円／kg	t	円／kg	t	円／kg
野菜計	(1)	**26,528**	**6,137,152**	**231**	**2,140**	**205**	**2,363**	**214**	**2,362**	**211**	**2,156**	**217**	**2,025**	**215**
根菜類														
だいこん	(2)	2,846	229,509	81	293	53	359	56	369	58	175	71	131	77
かぶ	(3)	50	7,809	155	11	111	5	128	0	135	0	544	0	197
にんじん	(4)	1,283	237,233	185	91	92	97	96	97	104	100	153	89	167
ごぼう	(5)	372	121,414	326	29	298	32	294	30	309	26	335	26	323
たけのこ	(6)	21	8,934	430	1	1,020	1	1,068	6	656	13	254	1	191
れんこん	(7)	223	98,315	440	15	650	19	527	20	593	12	715	4	915
葉茎菜類														
はくさい	(8)	2,004	181,863	91	230	62	221	59	160	98	141	87	124	63
みずな	(9)	217	86,027	397	17	432	24	351	20	228	18	208	16	299
こまつな	(10)	343	126,776	370	19	575	29	470	22	319	26	274	33	247
その他の菜類	(11)	32	3,781	117	3	76	1	141	18	97	6	61	-	-
ちんげんさい	(12)	121	72,027	596	9	602	9	651	12	532	10	507	8	370
キャベツ	(13)	2,905	312,575	108	183	64	218	65	205	77	229	105	251	89
ほうれんそう	(14)	400	213,274	533	58	498	80	472	62	381	35	417	22	501
ねぎ	(15)	483	264,856	548	45	490	48	506	43	393	40	420	33	572
ふき	(16)	44	7,512	172	7	178	7	198	9	216	14	138	6	132
うど	(17)	1	1,065	888	0	827	0	511	0	931	0	831	0	1,260
みつば	(18)	18	12,563	702	1	860	1	981	2	299	2	392	1	352
しゅんぎく	(19)	84	50,656	602	12	748	10	620	10	280	8	265	4	520
にら	(20)	108	72,452	668	10	768	9	1,063	11	493	12	442	9	282
洋菜類														
セルリー	(21)	103	29,337	284	8	281	9	297	9	313	10	310	11	270
アスパラガス	(22)	51	55,656	1,098	1	2,053	2	1,617	4	1,270	4	1,538	3	1,673
うち輸入	(23)	6	7,405	1,323	1	1,898	1	1,419	-	-	0	1,289	0	2,295
カリフラワー	(24)	34	6,385	188	13	137	4	192	5	139	1	316	1	256
ブロッコリー	(25)	152	67,958	448	13	491	15	430	14	418	9	546	13	393
うち輸入	(26)	36	18,762	519	-	-	0	554	-	-	0	670	3	481
レタス	(27)	1,588	362,967	229	100	234	109	312	124	219	151	165	155	166
パセリ	(28)	14	26,547	1,886	1	1,067	1	1,123	1	803	1	676	1	1,269
果菜類														
きゅうり	(29)	1,070	337,031	315	66	437	74	408	93	270	101	240	119	239
かぼちゃ	(30)	763	126,139	165	49	151	62	166	85	120	101	97	90	111
うち輸入	(31)	440	54,582	124	48	147	58	142	81	103	100	91	84	101
なす	(32)	536	153,835	287	14	504	25	365	37	292	48	298	56	271
トマト	(33)	970	354,789	366	34	449	52	384	61	476	76	372	96	267
ミニトマト	(34)	223	165,338	742	18	664	16	782	17	956	22	646	25	489
ピーマン	(35)	512	229,537	448	34	567	29	794	52	572	59	394	43	379
ししとうがらし	(36)	7	9,719	1,348	0	2,121	0	1,652	0	1,431	1	1,246	1	1,421
スイートコーン	(37)	207	44,696	216	-	-	-	-	-	-	-	-	16	321
豆類														
さやいんげん	(38)	38	32,557	850	2	1,229	1	1,654	2	1,281	2	1,329	4	785
さやえんどう	(39)	8	12,582	1,520	1	1,087	0	2,201	1	2,101	1	1,583	1	1,720
うち輸入	(40)	0	210	923	-	-	0	986	0	1,041	-	-	-	-
実えんどう	(41)	7	7,166	1,055	1	649	0	1,493	0	1,435	3	1,131	2	1,196
そらまめ	(42)	11	4,513	414	1	513	0	3,613	0	4,320	3	542	6	287
えだまめ	(43)	23	9,004	388	-	-	-	-	-	-	-	-	0	781
土物類														
かんしょ	(44)	719	157,752	219	96	214	100	215	71	210	42	214	34	216
ばれいしょ	(45)	2,117	429,476	203	191	123	236	163	188	263	200	314	194	212
さといも	(46)	170	46,327	272	15	272	17	269	12	228	9	187	9	309
やまのいも	(47)	297	125,412	422	17	378	21	369	24	400	20	403	22	409
たまねぎ	(48)	3,743	440,819	118	317	90	313	92	352	95	314	85	235	110
うち輸入	(49)	24	3,717	153	-	-	-	-	1	273	1	255	1	208
にんにく	(50)	62	65,686	1,068	5	962	6	1,177	6	1,065	7	1,039	6	1,092
うち輸入	(51)	34	12,589	366	2	304	3	309	3	313	3	314	3	337
しょうが	(52)	160	96,046	601	10	446	12	588	12	620	11	649	12	645
うち輸入	(53)	36	12,492	349	2	329	4	338	4	356	3	373	2	377
きのこ類														
生しいたけ	(54)	101	92,491	916	8	1,136	8	1,042	12	773	8	819	6	1,018
うち輸入	(55)	-	-	-	-	-	-	-	-	-	-	-	-	-
なめこ	(56)	15	8,268	535	1	540	1	537	1	512	1	499	1	506
えのきだけ	(57)	361	85,711	238	34	281	24	325	30	214	28	177	25	184
しめじ	(58)	274	112,220	410	24	451	23	472	21	429	20	346	18	362
その他の野菜	(59)	635	332,546	524	32	654	32	610	31	662	34	606	61	561
輸入野菜計	(60)	729	178,621	245	63	219	77	212	100	158	120	145	103	164
その他の輸入野菜	(61)	153	68,863	451	10	425	12	435	11	440	12	449	11	483

6月		7月		8月		9月		10月		11月		12月		
数量	価格	数量	価格	数量	価格	数量	価格	数量	価格	数量	価格	数量	価格	
t	円/kg	t	円/kg	t	円/kg	t	円/kg	t	円/kg	t	円/kg	t	円/kg	
1,926	222	2,088	235	2,233	225	2,148	268	2,389	285	2,240	257	2,460	218	(1)
130	82	184	102	176	113	201	94	243	128	248	101	338	76	(2)
0	273	0	437	0	383	1	512	1	249	7	205	24	149	(3)
94	140	123	195	142	173	114	351	121	321	111	234	105	124	(4)
24	353	19	319	19	290	25	290	50	296	41	350	51	401	(5)
0	159	-	-	-	-	0	513	-	-	-	-	0	898	(6)
2	623	3	784	20	352	23	333	28	353	29	295	47	357	(7)
129	80	95	73	114	64	132	108	170	176	217	133	270	78	(8)
15	282	14	434	16	357	15	537	17	752	18	563	25	379	(9)
35	228	30	334	29	187	31	432	31	555	34	509	23	357	(10)
0	120	-	-	0	1,814	0	532	1	332	1	313	1	297	(11)
12	563	8	543	10	572	11	765	12	829	10	534	10	607	(12)
232	94	286	84	278	80	294	110	330	189	194	200	204	112	(13)
21	529	14	740	9	911	11	983	18	950	27	674	43	500	(14)
35	446	33	540	32	560	37	691	39	859	44	621	55	526	(15)
0	607	-	-	-	-	-	-	-	-	-	-	1	210	(16)
0	1,050	0	516	0	887	0	1,009	0	1,145	0	1,000	0	1,211	(17)
1	448	1	1,124	2	779	1	1,302	2	865	1	822	2	673	(18)
4	572	2	1,105	2	684	2	1,271	4	1,238	9	755	17	468	(19)
9	389	8	659	8	584	8	845	8	901	8	831	9	922	(20)
9	313	7	287	7	202	7	266	4	440	8	307	14	227	(21)
5	1,175	8	940	8	718	6	797	5	935	3	1,050	2	1,453	(22)
0	1,620	-	-	-	-	0	324	0	1,300	2	1,070	2	1,471	(23)
1	299	0	408	0	651	0	491	1	226	5	170	2	303	(24)
8	510	9	481	11	455	9	599	10	583	13	482	28	303	(25)
6	532	6	495	10	439	8	588	3	623	-	-	-	-	(26)
133	167	159	165	179	198	154	290	85	523	106	322	133	155	(27)
1	1,530	1	1,729	2	1,310	1	2,126	1	3,599	1	2,549	1	3,867	(28)
88	227	103	306	130	190	96	354	78	502	55	465	66	380	(29)
69	148	64	165	49	233	43	235	49	229	54	261	48	224	(30)
18	102	3	176	1	123	-	-	0	1,944	8	281	39	218	(31)
66	234	70	270	73	181	51	310	42	335	30	376	23	359	(32)
97	325	131	275	159	287	106	374	84	482	40	603	36	559	(33)
20	595	18	659	22	685	21	854	16	984	12	1,020	16	857	(34)
32	324	54	377	50	244	39	410	29	504	45	523	47	443	(35)
1	1,296	1	1,126	1	891	1	852	1	1,763	0	1,772	0	2,239	(36)
62	195	76	196	40	243	12	213	1	258	1	299	-	-	(37)
5	614	6	709	5	557	5	715	2	1,148	3	924	2	1,047	(38)
0	2,133	0	1,600	0	3,154	0	5,387	0	5,033	0	1,472	2	972	(39)
0	1,053	0	882	-	-	0	774	-	-	0	795	-	-	(40)
0	1,126	-	-	-	-	-	-	-	-	0	1,080	1	669	(41)
1	670	0	470	0	929	-	-	-	-	-	-	0	795	(42)
6	412	10	303	5	471	1	496	0	446	-	-	-	-	(43)
34	182	31	209	34	200	57	205	78	266	72	247	72	211	(44)
125	193	116	221	124	187	136	230	215	183	214	180	178	181	(45)
8	326	8	344	11	358	14	307	17	274	20	255	30	237	(46)
24	427	36	427	46	418	30	446	24	447	15	464	18	469	(47)
194	174	216	177	264	232	322	162	435	98	415	87	368	91	(48)
6	118	5	134	5	176	4	155	1	69	0	58	-	-	(49)
4	818	5	978	6	834	4	897	3	978	4	1,589	5	1,363	(50)
3	352	3	371	4	373	3	393	3	424	2	469	3	464	(51)
14	722	14	717	20	632	16	572	13	555	14	458	13	570	(52)
3	375	3	351	3	367	3	351	3	359	3	305	4	325	(53)
6	858	7	789	8	738	7	1,039	9	984	12	819	10	1,044	(54)
-	-	-	-	-	-	-	-	-	-	-	-	-	-	(55)
1	505	1	522	1	509	1	546	2	551	2	580	2	576	(56)
23	180	22	180	25	137	29	238	39	243	36	327	45	279	(57)
18	334	17	341	19	293	27	364	32	409	26	518	29	497	(58)
128	376	78	471	81	385	46	564	36	754	34	648	41	617	(59)
42	251	28	405	30	445	39	384	33	422	29	465	64	321	(60)
8	407	8	597	7	754	22	354	23	402	13	519	16	424	(61)

3　卸売市場別の月別野菜の卸売数量・価額・価格（続き）
(81)　佐賀市青果市場

品目		計			1月		2月		3月		4月		5月	
		数量	価額	価格	数量	価格	数量	価格	数量	価格	数量	価格	数量	価格
		t	千円	円／kg	t	円／kg	t	円／kg	t	円／kg	t	円／kg	t	円／kg
野菜計	(1)	**36,047**	**6,827,905**	**189**	**2,578**	**165**	**2,976**	**169**	**2,856**	**184**	**3,165**	**178**	**3,325**	**171**
根菜類														
だいこん	(2)	1,912	184,207	96	122	73	160	68	148	75	154	82	163	78
かぶ	(3)	16	3,327	209	3	208	2	179	0	138	0	222	0	70
にんじん	(4)	2,284	429,553	188	113	89	138	98	118	119	157	157	167	156
ごぼう	(5)	562	180,068	321	43	293	58	301	53	317	73	257	20	414
たけのこ	(6)	52	14,235	273	0	612	0	632	1	731	8	183	0	22
れんこん	(7)	278	130,992	471	27	671	30	592	24	704	11	729	4	855
葉茎菜類														
はくさい	(8)	1,732	169,081	98	162	68	158	71	161	105	133	95	111	68
みずな	(9)	114	46,430	409	9	501	9	438	11	283	11	261	12	303
こまつな	(10)	85	29,217	343	1	605	7	473	8	289	9	262	10	229
その他の菜類	(11)	25	10,036	407	4	575	1	356	3	88	2	190	1	244
ちんげんさい	(12)	56	23,358	419	3	481	4	518	4	306	5	360	6	305
キャベツ	(13)	4,340	395,017	91	328	64	294	69	326	84	314	93	353	86
ほうれんそう	(14)	190	113,266	596	12	679	16	601	22	437	17	506	16	600
ねぎ	(15)	424	245,137	578	29	593	36	525	36	419	34	460	26	630
ふき	(16)	10	1,992	209	0	200	2	198	3	292	4	180	1	131
うど	(17)	1	392	545	0	633	0	463	0	587	0	675	0	963
みつば	(18)	14	11,343	787	1	903	1	872	1	591	1	480	1	455
しゅんぎく	(19)	21	13,943	668	3	841	2	755	2	387	2	423	2	440
にら	(20)	64	42,288	664	4	908	4	1,248	6	428	5	411	8	336
洋菜類														
セルリー	(21)	36	12,066	335	2	311	3	325	3	326	3	374	3	348
アスパラガス	(22)	47	53,791	1,142	1	2,155	2	1,663	6	1,239	5	1,437	5	1,444
うち輸入	(23)	2	3,119	1,381	0	1,769	0	1,446	0	957	-	-	-	-
カリフラワー	(24)	9	1,739	191	1	196	2	202	2	152	1	178	0	148
ブロッコリー	(25)	173	69,793	404	18	372	14	440	12	398	15	309	11	410
うち輸入	(26)	45	20,231	446	-	-	0	433	1	443	7	447	7	409
レタス	(27)	1,126	254,538	226	97	209	86	265	103	224	77	181	84	224
パセリ	(28)	7	15,812	2,124	1	735	1	1,089	1	853	1	674	1	1,471
果菜類														
きゅうり	(29)	1,569	556,080	354	53	486	79	458	159	314	178	264	227	254
かぼちゃ	(30)	900	143,238	159	38	148	61	138	71	104	79	95	81	105
うち輸入	(31)	485	63,170	130	37	150	61	138	71	104	78	95	77	105
なす	(32)	475	161,823	341	17	542	24	460	35	374	41	364	56	331
トマト	(33)	733	253,018	345	43	381	42	420	52	504	68	412	102	281
ミニトマト	(34)	180	129,331	717	15	681	12	734	12	922	20	659	27	471
ピーマン	(35)	311	166,757	536	23	539	21	858	27	651	28	534	34	489
ししとうがらし	(36)	2	3,623	1,967	0	2,735	0	2,317	0	2,422	0	2,017	0	2,060
スイートコーン	(37)	115	26,805	233	-	-	-	-	-	-	0	375	10	260
豆類														
さやいんげん	(38)	11	12,800	1,200	1	1,529	0	2,220	1	1,805	1	1,405	1	1,093
さやえんどう	(39)	3	4,709	1,752	1	1,212	0	5,244	0	3,055	0	1,463	0	1,298
うち輸入	(40)	-	-	-	-	-	-	-	-	-	-	-	-	-
実えんどう	(41)	7	8,594	1,175	2	1,036	0	1,885	1	1,580	2	1,234	1	1,122
そらまめ	(42)	4	1,713	382	0	317	-	-	-	-	2	547	3	275
えだまめ	(43)	3	1,267	405	-	-	-	-	-	-	-	-	0	665
土物類														
かんしょ	(44)	366	87,556	239	34	229	52	237	43	235	26	232	22	265
ばれいしょ	(45)	2,526	485,620	192	139	123	215	164	191	259	188	322	187	210
さといも	(46)	88	23,784	270	10	208	12	196	5	234	3	246	3	286
やまのいも	(47)	913	388,328	425	53	374	69	377	71	380	93	391	68	404
たまねぎ	(48)	12,272	1,085,147	88	1,032	70	1,227	75	985	72	1,239	80	1,343	85
うち輸入	(49)	12	1,107	93	-	-	-	-	-	-	-	-	-	-
にんにく	(50)	41	42,427	1,043	2	782	4	1,118	3	1,056	4	958	6	1,060
うち輸入	(51)	22	6,631	296	1	247	2	242	1	249	2	283	2	289
しょうが	(52)	139	88,046	633	4	551	5	554	6	698	8	781	11	717
うち輸入	(53)	17	3,268	190	1	244	2	223	1	213	2	199	1	159
きのこ類														
生しいたけ	(54)	127	127,111	1,003	9	1,202	10	1,118	11	837	10	868	10	949
うち輸入	(55)	-	-	-	-	-	-	-	-	-	-	-	-	-
なめこ	(56)	25	10,818	431	2	371	2	448	2	410	2	395	2	478
えのきだけ	(57)	388	85,254	220	32	285	31	327	36	176	34	148	32	179
しめじ	(58)	299	114,931	384	28	425	25	458	23	426	26	326	21	339
その他の野菜	(59)	972	367,505	378	57	568	56	402	71	384	72	370	73	489
輸入野菜計	(60)	776	197,954	255	55	234	77	229	90	193	103	192	104	201
その他の輸入野菜	(61)	192	100,429	522	15	402	13	640	15	590	14	587	16	558

	6月		7月		8月		9月		10月		11月		12月		
	数量	価格	数量	価格	数量	価格	数量	価格	数量	価格	数量	価格	数量	価格	
	t	円/kg	t	円/kg	t	円/kg	t	円/kg	t	円/kg	t	円/kg	t	円/kg	
	2,684	194	2,431	202	2,844	198	2,981	231	3,531	221	3,243	194	3,431	165	(1)
	144	88	164	126	193	110	163	113	204	128	141	114	156	82	(2)
	-	-	0	972	-	-	-	-	1	276	5	167	5	263	(3)
	132	139	202	179	337	153	212	339	307	303	252	211	148	116	(4)
	30	397	36	320	38	272	43	266	22	286	69	336	77	412	(5)
	-	-	-	-	-	-	-	-	44	279	-	-	0	702	(6)
	1	1,378	5	552	18	308	21	311	34	344	46	407	59	362	(7)
	84	78	105	64	129	63	159	111	188	189	138	149	204	72	(8)
	11	301	9	466	8	404	8	543	8	837	4	564	14	326	(9)
	10	266	7	383	9	176	7	491	8	617	1	498	7	325	(10)
	0	225	0	324	0	357	1	370	2	494	9	502	3	369	(11)
	6	315	5	483	4	325	4	595	5	622	5	482	4	334	(12)
	396	85	410	86	493	80	454	100	332	133	279	123	359	95	(13)
	18	565	32	360	13	668	10	1,052	9	1,088	12	795	13	558	(14)
	25	553	25	646	32	608	40	640	61	630	40	626	38	579	(15)
	-	-	-	-	-	-	-	-	-	-	-	-	0	405	(16)
	-	-	-	-	-	-	-	-	-	-	-	-	-	-	(17)
	1	414	1	826	1	948	1	1,165	1	1,183	1	858	1	970	(18)
	1	455	1	879	1	609	1	1,079	2	1,072	2	851	3	513	(19)
	7	345	6	542	5	595	5	894	4	1,043	4	912	5	1,013	(20)
	2	409	3	335	3	220	4	282	3	470	3	432	4	250	(21)
	6	1,118	7	915	5	753	5	842	3	946	1	1,193	1	1,408	(22)
	-	-	-	-	-	-	-	-	0	1,179	1	1,223	1	1,408	(23)
	0	260	1	288	0	405	0	482	0	218	1	252	2	132	(24)
	8	457	17	428	11	453	8	511	12	455	20	476	26	297	(25)
	6	442	6	428	6	401	8	495	4	506	-	-	-	-	(26)
	86	185	121	149	117	197	87	294	63	446	69	306	135	178	(27)
	1	1,502	1	1,825	1	1,894	1	3,166	1	4,472	1	3,534	1	4,469	(28)
	163	248	99	371	127	261	155	395	140	568	119	477	70	453	(29)
	81	130	85	124	66	210	153	208	90	187	47	276	47	195	(30)
	58	124	35	102	0	123	-	-	-	-	25	295	43	194	(31)
	71	272	50	319	65	187	42	381	35	405	26	442	13	455	(32)
	103	234	94	235	92	269	58	361	38	535	22	594	20	553	(33)
	18	517	13	765	19	684	12	842	9	1,017	9	1,040	14	867	(34)
	31	422	34	374	27	392	27	524	22	620	20	628	18	592	(35)
	0	1,761	0	1,265	0	1,133	0	1,605	0	1,926	0	2,374	0	3,193	(36)
	31	207	25	243	36	248	12	207	0	334	0	318	-	-	(37)
	2	755	1	1,073	1	997	0	1,589	0	1,888	1	930	1	1,061	(38)
	0	2,449	0	1,630	0	2,421	0	5,854	0	4,428	0	1,715	1	1,324	(39)
	-	-	-	-	-	-	-	-	-	-	-	-	-	-	(40)
	0	3,024	-	-	-	-	-	-	-	-	0	1,805	2	814	(41)
	0	414	-	-	-	-	-	-	-	-	-	-	0	709	(42)
	0	555	2	390	1	353	-	-	0	296	-	-	-	-	(43)
	17	284	20	252	22	236	30	231	36	255	31	264	33	185	(44)
	115	210	101	216	244	160	286	194	396	155	273	172	192	184	(45)
	2	445	2	444	4	439	6	388	14	282	13	257	13	241	(46)
	89	417	68	433	90	448	102	465	107	443	49	455	54	512	(47)
	798	131	486	125	428	189	690	125	1,165	78	1,364	71	1,514	77	(48)
	5	78	3	140	4	84	-	-	-	-	-	-	-	-	(49)
	3	1,138	2	874	4	1,091	3	1,015	3	983	3	1,377	4	958	(50)
	2	294	1	310	2	276	2	311	2	300	2	380	3	348	(51)
	16	741	13	767	19	615	18	566	15	543	14	523	10	557	(52)
	1	163	1	173	1	186	1	192	2	162	1	186	2	181	(53)
	10	798	10	825	10	869	10	1,103	11	1,194	13	1,054	12	1,196	(54)
	-	-	-	-	-	-	-	-	-	-	-	-	-	-	(55)
	2	476	2	455	2	412	3	408	2	469	2	473	3	410	(56)
	27	183	29	165	33	96	35	232	33	241	31	344	34	266	(57)
	22	304	21	316	23	249	26	375	30	396	26	496	29	446	(58)
	110	350	117	310	109	301	79	354	72	389	77	394	79	365	(59)
	87	214	61	241	30	429	29	474	29	441	47	375	64	297	(60)
	14	536	14	516	16	566	19	497	21	460	19	458	16	515	(61)

3　卸売市場別の月別野菜の卸売数量・価額・価格（続き）

(82)　長崎市中央卸売市場

品目		計			1月		2月		3月		4月		5月	
		数量	価額	価格	数量	価格	数量	価格	数量	価格	数量	価格	数量	価格
		t	千円	円/kg	t	円/kg	t	円/kg	t	円/kg	t	円/kg	t	円/kg
野菜計	(1)	**50,926**	**10,958,416**	**215**	**3,871**	**184**	**4,028**	**205**	**4,158**	**202**	**4,520**	**192**	**4,271**	**196**
根菜類														
だいこん	(2)	4,131	408,260	99	327	56	367	65	334	77	417	74	328	83
かぶ	(3)	125	20,196	161	24	135	21	126	8	86	3	122	1	59
にんじん	(4)	4,182	689,243	165	296	81	347	88	370	101	375	147	384	152
ごぼう	(5)	832	249,441	300	75	255	70	286	72	301	79	287	56	281
たけのこ	(6)	35	6,093	176	0	918	1	987	2	499	30	105	1	567
れんこん	(7)	235	107,621	458	13	631	20	574	16	640	16	742	9	888
葉茎菜類														
はくさい	(8)	4,824	476,334	99	395	65	379	87	507	104	425	92	250	62
みずな	(9)	113	51,085	454	9	515	11	415	13	255	11	240	10	321
こまつな	(10)	207	71,489	345	12	503	15	417	22	241	20	238	20	254
その他の菜類	(11)	15	3,358	221	1	278	1	305	2	184	2	150	1	283
ちんげんさい	(12)	88	38,372	438	6	485	8	550	7	367	7	382	10	309
キャベツ	(13)	5,653	601,005	106	326	58	375	64	362	82	471	86	507	86
ほうれんそう	(14)	347	205,193	592	36	533	40	474	35	430	33	429	23	616
ねぎ	(15)	769	410,585	534	69	466	71	496	68	351	60	406	53	575
ふき	(16)	4	1,077	282	0	408	0	443	1	309	2	215	0	298
うど	(17)	1	1,299	1,007	0	931	0	728	0	985	0	1,151	0	1,281
みつば	(18)	28	22,409	789	2	841	2	1,097	3	499	3	409	2	453
しゅんぎく	(19)	18	14,931	833	3	1,062	3	779	2	386	1	436	0	587
にら	(20)	179	105,878	591	14	667	17	959	18	380	18	325	15	306
洋菜類														
セルリー	(21)	134	36,022	269	8	252	8	264	12	240	10	271	12	267
アスパラガス	(22)	72	82,213	1,149	1	1,924	3	1,692	9	1,165	10	1,405	7	1,514
うち輸入	(23)	5	7,771	1,422	1	1,815	1	1,342	0	997	0	2,307	0	2,726
カリフラワー	(24)	22	6,289	287	4	354	2	307	3	368	1	264	1	212
ブロッコリー	(25)	636	271,278	426	58	360	62	457	60	472	80	469	65	369
うち輸入	(26)	117	49,605	424	0	431	0	466	3	482	7	495	7	444
レタス	(27)	3,807	742,264	195	259	204	257	242	341	187	370	125	260	166
パセリ	(28)	14	29,316	2,119	1	1,007	1	1,123	1	863	1	712	1	1,434
果菜類														
きゅうり	(29)	2,319	730,756	315	117	478	145	414	188	277	149	254	176	237
かぼちゃ	(30)	1,862	285,744	153	138	134	174	129	171	101	227	89	191	114
うち輸入	(31)	1,085	142,166	131	131	133	170	127	170	99	224	86	161	102
なす	(32)	602	205,933	342	16	710	21	497	31	370	48	362	72	322
トマト	(33)	2,190	798,873	365	153	353	182	366	166	505	198	375	269	261
ミニトマト	(34)	624	430,790	690	45	668	37	825	41	908	64	595	75	417
ピーマン	(35)	540	271,427	503	29	718	30	922	37	684	51	504	58	435
ししとうがらし	(36)	7	12,706	1,813	0	2,548	0	2,062	1	2,191	0	2,054	1	2,072
スイートコーン	(37)	346	66,404	192	0	485	0	404	0	427	0	416	42	262
豆類														
さやいんげん	(38)	56	58,080	1,037	4	1,170	4	1,411	4	1,193	5	1,003	6	752
さやえんどう	(39)	18	30,424	1,728	2	1,223	2	2,035	3	1,506	3	1,256	2	1,816
うち輸入	(40)	0	106	985	-	-	0	999	0	432	-	-	-	-
実えんどう	(41)	13	14,359	1,139	2	815	1	1,416	2	1,249	4	1,183	2	1,184
そらまめ	(42)	11	5,617	505	0	475	0	1,744	0	1,990	4	478	6	409
えだまめ	(43)	10	5,260	549	-	-	-	-	0	4,087	0	3,309	0	849
土物類														
かんしょ	(44)	861	173,932	202	82	187	96	196	87	208	71	209	53	239
ばれいしょ	(45)	4,419	825,699	187	355	121	340	177	281	255	382	286	573	187
さといも	(46)	168	63,230	377	13	359	13	315	11	314	8	324	6	365
やまのいも	(47)	690	284,488	412	45	364	57	365	55	375	61	368	66	380
たまねぎ	(48)	7,153	770,914	108	740	71	659	80	624	81	620	70	471	94
うち輸入	(49)	226	24,231	107	6	120	7	123	7	143	7	187	18	102
にんにく	(50)	59	75,551	1,285	4	1,121	5	1,163	5	1,122	5	1,225	5	1,240
うち輸入	(51)	30	13,305	440	2	384	3	397	3	387	3	398	3	409
しょうが	(52)	254	129,140	509	13	380	16	421	17	445	18	489	17	513
うち輸入	(53)	13	6,001	475	1	498	1	467	1	477	1	491	1	493
きのこ類														
生しいたけ	(54)	293	236,346	805	21	1,023	20	1,007	26	666	22	669	21	731
うち輸入	(55)	1	515	617	0	548	0	575	0	605	-	-	-	-
なめこ	(56)	47	21,771	459	4	394	4	461	4	426	4	414	4	468
えのきだけ	(57)	674	178,896	266	67	314	58	352	55	243	53	201	48	227
しめじ	(58)	370	165,236	447	33	493	31	509	27	473	26	416	24	418
その他の野菜	(59)	870	465,590	535	48	672	51	600	53	588	54	551	66	630
輸入野菜計	(60)	1,811	370,393	205	152	191	196	183	201	155	264	133	209	154
その他の輸入野菜	(61)	333	126,691	380	11	693	15	700	16	611	22	441	19	476

	6月		7月		8月		9月		10月		11月		12月		
	数量	価格	数量	価格	数量	価格	数量	価格	数量	価格	数量	価格	数量	価格	
	t	円/kg	t	円/kg	t	円/kg	t	円/kg	t	円/kg	t	円/kg	t	円/kg	
	4,010	203	4,137	210	4,478	209	4,375	245	4,606	271	4,150	248	4,323	210	(1)
	234	96	282	137	352	138	329	110	397	139	403	118	362	92	(2)
	0	432	0	934	0	981	2	214	9	175	21	216	36	182	(3)
	368	133	342	173	369	168	306	320	369	288	329	224	328	109	(4)
	54	333	56	283	49	241	55	267	78	305	88	317	99	382	(5)
	0	924	-	-	-	-	-	-	-	-	0	864	0	788	(6)
	4	1,103	6	644	22	332	29	330	29	326	27	311	44	340	(7)
	259	86	331	62	345	62	449	110	582	171	384	153	520	75	(8)
	9	291	8	568	9	401	8	633	8	885	8	708	9	512	(9)
	21	253	16	361	20	212	16	450	16	573	15	499	14	345	(10)
	0	528	0	593	1	245	0	419	1	358	2	178	3	143	(11)
	9	319	7	475	8	343	7	549	7	633	7	544	6	378	(12)
	440	99	580	91	631	86	574	119	490	182	477	182	421	116	(13)
	25	541	21	760	17	829	19	914	31	800	31	684	36	468	(14)
	47	541	51	617	56	561	55	675	72	687	75	580	91	502	(15)
	0	308	0	1,368	-	-	-	-	-	-	-	-	0	410	(16)
	0	1,151	0	1,077	0	1,028	0	921	0	1,245	0	1,346	0	1,257	(17)
	2	425	2	846	2	925	2	1,293	2	1,151	2	760	3	881	(18)
	0	650	0	1,097	0	1,000	0	1,192	1	1,255	2	961	4	905	(19)
	16	338	13	563	15	551	11	798	14	844	14	719	15	789	(20)
	12	293	12	247	12	203	14	213	13	369	12	364	9	222	(21)
	9	1,102	10	924	8	753	6	914	5	963	2	1,192	2	1,388	(22)
	0	3,074	-	-	-	-	0	1,373	0	1,448	2	1,239	2	1,388	(23)
	1	360	0	437	0	509	0	588	2	211	3	246	5	212	(24)
	31	403	28	453	30	429	33	466	49	475	55	435	85	370	(25)
	17	436	21	416	20	384	25	435	11	437	3	343	2	261	(26)
	390	155	387	140	390	173	270	249	242	413	278	258	362	144	(27)
	1	1,581	1	1,961	2	1,730	1	2,673	1	4,251	1	3,417	1	4,671	(28)
	214	210	236	280	240	195	308	287	251	430	146	459	149	416	(29)
	165	142	155	142	118	210	119	212	149	214	108	277	147	193	(30)
	7	116	-	-	3	156	-	-	19	268	74	283	126	185	(31)
	87	281	76	322	79	222	62	340	50	375	34	427	28	420	(32)
	184	264	199	269	287	304	203	388	161	507	86	574	102	498	(33)
	61	492	57	609	58	698	52	795	46	882	40	933	48	813	(34)
	57	329	56	381	52	334	54	458	41	565	35	545	39	556	(35)
	1	1,327	1	1,157	1	1,109	1	1,256	1	2,174	1	1,999	1	2,553	(36)
	125	194	124	152	36	221	16	230	1	212	1	226	0	421	(37)
	7	569	4	1,179	4	1,188	3	1,636	3	1,585	5	808	6	838	(38)
	1	2,283	1	2,058	1	2,955	0	4,744	0	4,453	1	1,604	2	1,316	(39)
	-	-	-	-	-	-	0	1,146	-	-	-	-	-	-	(40)
	0	1,240	0	1,551	0	2,088	0	1,466	0	873	0	1,620	2	856	(41)
	0	737	-	-	0	594	-	-	-	-	-	-	0	1,057	(42)
	5	445	3	489	1	826	0	1,195	0	1,149	-	-	-	-	(43)
	49	220	49	237	59	215	69	189	71	213	81	199	95	158	(44)
	439	178	260	175	292	161	331	211	430	163	440	167	296	170	(45)
	5	428	5	449	13	473	14	456	23	425	21	343	37	345	(46)
	68	404	65	429	70	443	67	441	53	446	41	445	41	506	(47)
	398	156	447	174	580	214	649	150	679	92	647	81	640	82	(48)
	28	96	33	108	40	101	39	96	16	103	14	105	12	119	(49)
	4	1,176	5	1,273	5	1,157	4	1,155	5	1,642	4	1,700	5	1,473	(50)
	2	411	3	463	3	465	3	468	2	475	2	512	3	517	(51)
	21	650	28	598	35	540	27	528	22	515	22	450	18	428	(52)
	1	487	1	487	1	436	1	450	1	464	1	489	1	487	(53)
	20	671	25	583	23	664	27	769	24	968	31	876	32	994	(54)
	-	-	-	-	-	-	-	-	-	-	0	701	0	607	(55)
	3	517	3	506	4	478	4	457	4	485	5	495	4	426	(56)
	44	224	44	197	45	160	55	258	62	254	70	345	73	312	(57)
	23	396	22	388	22	346	31	423	41	445	42	504	47	457	(58)
	98	518	115	460	116	359	89	473	69	636	54	612	57	628	(59)
	73	261	76	283	90	264	124	254	112	272	146	276	168	240	(60)
	18	379	19	404	23	419	56	268	62	273	49	265	22	473	(61)

3 卸売市場別の月別野菜の卸売数量・価額・価格（続き）
(83) 佐世保市青果市場

品目		計 数量	計 価額	計 価格	1月 数量	1月 価格	2月 数量	2月 価格	3月 数量	3月 価格	4月 数量	4月 価格	5月 数量	5月 価格
		t	千円	円/kg	t	円/kg	t	円/kg	t	円/kg	t	円/kg	t	円/kg
野菜計	(1)	14,253	3,692,127	259	1,157	225	1,223	237	1,192	259	1,164	260	1,172	252
根菜類														
だいこん	(2)	878	95,899	109	63	68	94	59	53	83	51	83	46	107
かぶ	(3)	60	8,743	146	9	93	7	111	2	86	2	128	1	101
にんじん	(4)	516	98,600	191	38	117	48	115	36	126	34	145	45	166
ごぼう	(5)	126	42,581	338	11	279	10	338	8	375	11	348	10	342
たけのこ	(6)	5	2,698	541	0	808	0	1,033	1	518	1	278	2	612
れんこん	(7)	72	29,963	419	5	421	6	496	6	546	5	559	3	1,017
葉茎菜類														
はくさい	(8)	664	66,455	100	118	57	59	85	38	122	20	129	19	95
みずな	(9)	50	21,471	429	4	550	5	450	5	274	4	248	5	265
こまつな	(10)	83	31,700	382	5	452	5	465	6	313	6	291	7	286
その他の菜類	(11)	4	256	58	0	88	1	50	1	56	1	33	0	92
ちんげんさい	(12)	31	14,728	479	2	461	2	574	3	395	2	403	3	383
キャベツ	(13)	1,860	172,511	93	147	52	173	57	180	62	135	81	157	81
ほうれんそう	(14)	134	79,695	595	9	587	16	521	20	423	15	404	10	614
ねぎ	(15)	242	152,076	629	27	506	26	536	22	466	17	489	18	624
ふき	(16)	1	164	145	-	-	0	630	1	138	0	136	0	117
うど	(17)	0	274	900	0	513	0	674	0	942	0	993	0	1,291
みつば	(18)	9	7,462	842	1	791	1	1,017	1	491	1	332	1	630
しゅんぎく	(19)	16	9,602	607	3	734	3	601	2	317	1	375	1	614
にら	(20)	61	37,642	616	5	711	4	1,023	7	432	7	348	7	328
洋菜類														
セルリー	(21)	234	47,927	205	26	185	22	224	22	234	21	210	14	201
アスパラガス	(22)	49	55,003	1,112	1	1,818	1	1,467	6	1,209	6	1,308	3	1,754
うち輸入	(23)	4	6,310	1,485	1	1,820	1	1,342	0	1,038	-	-	-	-
カリフラワー	(24)	56	8,612	154	3	218	5	213	11	127	4	138	5	125
ブロッコリー	(25)	161	56,917	354	21	199	15	400	13	407	7	444	24	167
うち輸入	(26)	53	23,093	433	-	-	-	-	8	404	1	425	2	390
レタス	(27)	658	149,163	227	41	226	53	273	93	203	93	155	57	195
パセリ	(28)	15	29,040	1,943	1	1,348	1	1,255	1	1,081	1	840	1	1,294
果菜類														
きゅうり	(29)	653	186,896	286	37	458	50	370	66	268	59	235	72	201
かぼちゃ	(30)	425	73,703	174	27	192	36	158	27	133	33	115	41	123
うち輸入	(31)	195	30,245	155	23	165	33	148	26	125	33	107	35	117
なす	(32)	396	145,177	367	16	556	18	473	31	357	40	346	43	351
トマト	(33)	1,109	392,579	354	47	368	58	389	82	487	131	417	169	284
ミニトマト	(34)	227	170,577	751	17	715	17	787	18	1,002	22	665	28	518
ピーマン	(35)	193	110,226	572	9	828	13	874	18	721	15	580	17	523
ししとうがらし	(36)	5	7,717	1,552	0	2,354	0	1,875	0	1,981	0	1,646	0	1,522
スイートコーン	(37)	32	7,955	247	-	-	-	-	-	-	-	-	4	270
豆類														
さやいんげん	(38)	17	18,345	1,059	1	1,057	1	1,319	1	1,223	1	1,205	2	876
さやえんどう	(39)	8	12,725	1,678	1	1,085	1	2,006	1	1,675	1	1,249	1	2,109
うち輸入	(40)	-	-	-	-	-	-	-	-	-	-	-	-	-
実えんどう	(41)	5	7,065	1,331	0	517	0	1,232	1	1,499	1	1,549	2	1,550
そらまめ	(42)	5	1,641	363	0	364	0	4,064	0	4,083	1	597	3	218
えだまめ	(43)	4	1,965	548	-	-	-	-	0	540	-	-	0	906
土物類														
かんしょ	(44)	205	45,319	221	25	221	22	222	21	221	15	201	10	277
ばれいしょ	(45)	1,387	287,337	207	128	137	146	178	86	283	91	320	103	232
さといも	(46)	63	19,738	313	5	250	6	286	5	282	3	255	1	365
やまのいも	(47)	82	38,662	470	4	438	5	441	6	440	9	444	6	442
たまねぎ	(48)	1,958	209,326	107	180	75	178	80	178	86	180	74	127	101
うち輸入	(49)	30	6,249	205	1	275	1	280	2	281	2	263	1	272
にんにく	(50)	22	16,568	744	1	670	2	726	2	961	2	833	2	672
うち輸入	(51)	19	11,538	595	1	520	1	597	2	848	1	558	2	581
しょうが	(52)	152	86,770	572	6	693	14	433	13	494	16	505	15	595
うち輸入	(53)	51	11,715	231	2	298	10	220	5	234	6	212	6	207
きのこ類														
生しいたけ	(54)	60	55,644	933	5	1,178	5	1,085	5	860	5	911	4	889
うち輸入	(55)	0	3	562	-	-	0	562	-	-	-	-	-	-
なめこ	(56)	27	12,617	476	3	415	2	458	2	462	2	457	2	489
えのきだけ	(57)	495	135,084	273	52	311	44	353	45	261	37	216	30	236
しめじ	(58)	144	91,285	636	13	731	13	699	9	633	14	569	10	542
その他の野菜	(59)	597	338,026	566	38	772	34	630	36	618	37	602	42	607
輸入野菜計	(60)	698	214,973	308	62	308	80	307	79	328	72	242	67	238
その他の輸入野菜	(61)	344	125,819	365	33	353	33	454	36	444	29	374	22	393

6月		7月		8月		9月		10月		11月		12月		
数量	価格	数量	価格	数量	価格	数量	価格	数量	価格	数量	価格	数量	価格	
t	円/kg	t	円/kg	t	円/kg	t	円/kg	t	円/kg	t	円/kg	t	円/kg	
1,237	**240**	**1,133**	**256**	**1,139**	**256**	**1,202**	**293**	**1,240**	**305**	**1,172**	**270**	**1,223**	**254**	(1)
67	107	64	139	47	165	58	139	127	131	124	120	83	108	(2)
0	63	0	2,012	0	122	0	363	3	199	13	142	22	183	(3)
33	146	46	168	54	199	55	308	53	330	36	235	38	147	(4)
7	378	8	348	11	314	12	282	14	290	11	358	12	436	(5)
0	537	-	-	-	-	-	-	-	-	-	-	0	1,127	(6)
2	1,291	3	645	7	324	8	269	9	296	8	276	11	287	(7)
20	112	20	72	22	77	39	128	50	214	113	124	145	73	(8)
4	226	3	516	3	420	2	590	4	790	4	573	7	441	(9)
7	302	8	399	9	253	8	440	7	549	7	516	8	366	(10)
0	38	0	43	-	-	-	-	0	216	0	140	0	162	(11)
3	386	2	618	2	425	2	766	3	679	3	503	5	324	(12)
192	83	167	87	191	85	196	119	128	170	92	179	103	116	(13)
13	555	7	819	7	737	6	1,020	8	947	11	714	13	485	(14)
17	555	15	711	16	762	16	881	18	923	21	731	29	575	(15)
-	-	-	-	-	-	-	-	-	-	-	-	0	783	(16)
0	1,485	-	-	-	-	0	216	-	-	-	-	0	1,170	(17)
1	621	1	1,132	1	1,316	1	1,253	1	1,445	1	540	1	731	(18)
0	530	0	846	0	922	0	1,401	1	992	2	665	3	546	(19)
6	340	5	612	4	586	4	881	4	982	4	826	5	931	(20)
24	182	21	187	14	179	14	207	22	232	18	225	16	183	(21)
5	1,094	8	925	7	781	6	870	4	979	1	1,313	1	1,490	(22)
-	-	-	-	-	-	-	-	0	1,256	1	1,364	1	1,467	(23)
7	153	1	450	1	481	0	469	1	189	5	143	13	109	(24)
14	406	12	439	12	404	11	463	11	492	9	449	12	337	(25)
10	415	9	447	8	408	9	462	6	493	1	439	-	-	(26)
50	185	52	167	51	205	45	303	36	467	38	340	49	185	(27)
2	1,386	1	2,034	1	2,347	1	2,421	1	2,640	1	2,551	2	3,859	(28)
62	182	58	262	82	157	57	309	46	445	28	496	35	389	(29)
54	136	57	123	27	207	37	234	30	243	21	280	35	252	(30)
6	144	-	-	-	-	-	-	0	2,160	13	293	27	224	(31)
48	337	44	345	49	234	38	368	27	426	21	471	21	466	(32)
146	254	95	273	132	285	103	352	69	491	36	515	42	509	(33)
21	604	15	728	21	718	21	775	19	918	12	963	17	856	(34)
22	440	21	441	16	429	17	519	17	588	15	581	13	590	(35)
0	1,366	0	1,365	1	1,033	1	966	0	1,281	0	1,822	0	2,373	(36)
12	225	9	230	3	262	3	330	0	288	-	-	0	416	(37)
2	626	1	1,225	2	981	1	1,350	1	1,726	1	860	1	925	(38)
0	2,137	0	1,865	0	2,923	0	5,398	0	4,635	1	1,357	1	1,194	(39)
-	-	-	-	-	-	-	-	-	-	-	-	-	-	(40)
0	1,034	0	405	0	432	0	432	0	432	0	432	0	713	(41)
0	193	0	324	0	270	-	-	-	-	-	-	0	486	(42)
1	401	1	300	0	826	1	904	0	302	0	972	-	-	(43)
9	283	10	256	12	191	17	207	19	223	21	226	25	191	(44)
112	195	77	205	78	203	130	229	163	189	151	188	123	196	(45)
2	386	3	342	5	339	5	386	7	370	8	294	12	302	(46)
6	454	11	465	11	463	7	480	5	494	3	549	7	575	(47)
121	160	141	157	106	205	149	168	192	99	214	82	193	81	(48)
3	194	4	195	6	174	6	141	2	247	1	228	1	281	(49)
2	865	2	836	2	647	2	624	2	654	2	761	3	671	(50)
1	546	1	555	2	527	1	542	2	559	2	669	2	569	(51)
17	609	16	693	15	689	11	592	14	443	9	534	6	659	(52)
7	205	4	237	3	251	3	230	4	209	1	403	1	393	(53)
6	571	4	784	4	809	5	903	5	1,051	5	990	5	1,149	(54)
-	-	-	-	-	-	-	-	-	-	-	-	-	-	(55)
2	563	2	521	2	493	3	455	2	470	2	524	3	463	(56)
29	229	33	204	37	165	42	247	51	263	43	365	52	340	(57)
11	552	10	508	10	534	13	617	17	672	14	747	10	743	(58)
79	440	77	446	64	458	55	552	49	634	43	654	42	687	(59)
60	288	49	317	38	340	42	343	45	341	48	371	55	337	(60)
33	291	31	294	20	361	22	356	32	320	29	358	23	382	(61)

3 卸売市場別の月別野菜の卸売数量・価額・価格（続き）
(84) 熊本市青果市場

品目		計 数量	計 価額	計 価格	1月 数量	1月 価格	2月 数量	2月 価格	3月 数量	3月 価格	4月 数量	4月 価格	5月 数量	5月 価格
		t	千円	円/kg	t	円/kg	t	円/kg	t	円/kg	t	円/kg	t	円/kg
野菜計	(1)	161,840	35,585,572	220	11,866	203	13,731	214	14,612	222	14,225	204	15,953	189
根菜類														
だいこん	(2)	12,619	1,058,467	84	678	66	957	62	951	71	888	73	1,309	68
かぶ	(3)	117	30,120	257	23	193	10	245	2	199	1	194	0	190
にんじん	(4)	14,431	1,890,194	131	1,185	60	1,250	70	1,049	87	1,460	126	2,142	123
ごぼう	(5)	2,687	862,222	321	204	298	222	317	176	354	183	417	204	407
たけのこ	(6)	421	110,595	263	3	1,026	6	1,159	48	596	330	199	30	75
れんこん	(7)	796	284,357	357	47	410	60	469	43	560	22	696	10	1,191
葉茎菜類														
はくさい	(8)	9,104	819,991	90	954	63	808	72	662	99	591	83	542	52
みずな	(9)	458	178,177	389	38	387	40	394	49	256	42	196	35	289
こまつな	(10)	907	295,498	326	51	455	66	414	89	275	80	232	82	228
その他の菜類	(11)	66	7,738	118	4	271	10	125	20	82	11	73	4	95
ちんげんさい	(12)	288	121,776	423	20	436	25	459	25	344	21	333	30	355
キャベツ	(13)	17,142	1,620,098	95	1,201	53	1,453	58	1,498	70	1,280	79	1,451	76
ほうれんそう	(14)	1,002	518,801	518	124	486	145	445	118	434	79	373	56	568
ねぎ	(15)	2,414	1,180,010	489	231	421	222	475	228	352	164	386	173	503
ふき	(16)	11	4,610	434	0	316	0	374	3	626	6	346	1	387
うど	(17)	2	1,367	640	0	550	0	533	1	665	0	680	0	980
みつば	(18)	63	41,455	662	5	680	5	801	6	516	4	466	5	484
しゅんぎく	(19)	141	75,284	535	20	603	20	514	21	271	11	299	6	359
にら	(20)	454	245,986	542	34	663	32	969	46	357	34	310	39	282
洋菜類														
セルリー	(21)	332	81,320	245	36	208	43	218	38	245	21	281	20	308
アスパラガス	(22)	400	437,408	1,093	2	1,744	10	1,496	54	1,322	77	1,327	36	1,427
うち輸入	(23)	14	14,503	1,071	1	1,741	1	1,210	0	792	-	-	0	1,957
カリフラワー	(24)	435	78,641	181	48	207	47	216	71	200	40	186	37	119
ブロッコリー	(25)	1,645	569,926	346	134	367	142	398	183	361	117	355	137	292
うち輸入	(26)	472	113,997	242	-	-	1	230	31	292	50	265	52	235
レタス	(27)	10,571	1,973,724	187	922	183	986	215	1,107	171	919	129	820	141
パセリ	(28)	38	62,545	1,641	3	600	4	665	4	539	3	496	3	1,113
果菜類														
きゅうり	(29)	6,559	1,864,387	284	463	370	530	339	681	237	672	175	713	203
かぼちゃ	(30)	3,734	554,514	149	261	127	334	130	482	101	431	105	395	115
うち輸入	(31)	2,296	271,759	118	252	124	330	126	469	92	397	85	350	98
なす	(32)	8,310	2,381,032	287	334	413	512	357	864	288	939	291	1,149	273
トマト	(33)	15,909	5,228,818	329	1,078	345	1,266	324	1,294	435	1,547	280	2,075	198
ミニトマト	(34)	3,652	2,421,343	663	314	655	345	791	334	838	407	567	525	380
ピーマン	(35)	1,861	811,465	436	101	624	108	827	150	619	171	442	179	411
ししとうがらし	(36)	32	39,533	1,254	2	1,934	2	1,544	2	1,763	2	1,349	2	1,349
スイートコーン	(37)	929	205,260	221	0	386	0	423	0	432	7	357	103	302
豆類														
さやいんげん	(38)	167	150,396	899	8	1,325	8	1,491	11	1,219	13	1,023	17	737
さやえんどう	(39)	29	43,204	1,503	7	1,047	4	1,754	4	1,631	2	1,146	2	1,440
うち輸入	(40)	1	478	794	0	709	0	799	-	-	-	-	0	702
実えんどう	(41)	114	124,419	1,092	13	867	11	1,604	17	1,405	35	996	20	966
そらまめ	(42)	33	15,600	471	4	540	1	2,088	1	2,512	8	516	19	226
えだまめ	(43)	49	23,339	477	-	-	-	-	-	-	-	-	2	730
土物類														
かんしょ	(44)	2,357	454,608	193	234	177	259	194	240	197	176	181	131	216
ばれいしょ	(45)	10,810	1,935,839	179	765	115	1,080	153	872	212	920	259	1,074	190
さといも	(46)	892	233,434	262	93	224	99	248	71	247	46	225	39	302
やまのいも	(47)	1,910	762,228	399	125	350	180	355	151	363	148	367	156	382
たまねぎ	(48)	19,831	2,018,340	102	1,546	74	1,846	81	2,280	87	1,784	75	1,435	89
うち輸入	(49)	709	79,971	113	11	105	7	114	17	119	8	185	14	121
にんにく	(50)	312	279,346	896	26	798	25	971	29	1,026	21	992	32	686
うち輸入	(51)	137	38,670	283	15	191	12	236	12	280	9	285	11	257
しょうが	(52)	1,228	650,690	530	75	358	103	406	99	459	70	539	101	634
うち輸入	(53)	49	19,893	404	3	429	4	415	4	425	3	411	3	386
きのこ類														
生しいたけ	(54)	325	260,889	802	25	904	28	815	39	625	26	646	21	814
うち輸入	(55)	1	446	804	0	475	-	-	-	-	-	-	-	-
なめこ	(56)	168	61,405	365	13	344	15	373	14	352	12	322	13	361
えのきだけ	(57)	1,899	442,916	233	157	288	151	314	176	195	122	161	131	202
しめじ	(58)	337	152,685	453	34	500	33	512	26	431	20	345	22	385
その他の野菜	(59)	3,853	1,919,574	498	220	600	229	586	283	505	260	424	423	443
輸入野菜計	(60)	4,569	774,004	169	320	162	400	164	580	134	499	129	465	139
その他の輸入野菜	(61)	892	234,287	263	37	352	46	378	47	381	33	380	35	353

6月		7月		8月		9月		10月		11月		12月		
数量	価格	数量	価格	数量	価格	数量	価格	数量	価格	数量	価格	数量	価格	
t	円/kg	t	円/kg	t	円/kg	t	円/kg	t	円/kg	t	円/kg	t	円/kg	
13,034	201	11,564	218	12,195	202	11,969	240	13,391	270	13,634	261	15,665	220	(1)
995	69	857	106	707	121	1,064	93	1,543	106	1,505	99	1,166	65	(2)
0	170	0	242	0	375	0	1,014	8	290	27	255	46	283	(3)
1,229	102	933	163	1,018	139	713	294	921	267	1,025	182	1,505	88	(4)
207	335	194	257	206	193	204	245	270	284	290	314	327	407	(5)
0	456	-	-	-	-	-	-	0	1,610	0	1,499	3	1,267	(6)
11	1,485	41	508	86	252	124	230	112	247	100	282	138	302	(7)
441	74	471	66	589	64	591	107	795	175	1,160	128	1,500	71	(8)
33	248	25	504	26	404	27	609	34	718	40	513	68	348	(9)
80	230	83	283	82	172	75	457	74	535	75	433	71	298	(10)
1	96	1	98	0	198	3	251	3	138	5	150	4	120	(11)
30	329	24	447	24	318	21	606	23	648	23	507	22	359	(12)
1,310	86	1,520	77	1,592	70	1,539	96	1,481	177	1,406	183	1,409	104	(13)
56	537	44	680	41	622	33	837	71	753	101	589	135	412	(14)
166	444	153	562	182	527	174	652	213	636	237	509	271	449	(15)
-	-	0	36	-	-	-	-	-	-	-	-	0	621	(16)
0	653	0	434	0	369	-	-	0	648	0	540	0	497	(17)
5	405	5	764	5	697	6	818	6	778	5	644	6	765	(18)
5	386	2	603	2	484	4	1,122	6	1,013	14	708	29	593	(19)
38	292	38	460	37	504	35	673	38	745	42	629	41	710	(20)
17	308	21	271	30	173	27	228	13	423	22	320	44	183	(21)
45	1,134	56	889	59	672	35	823	15	886	6	1,023	5	913	(22)
0	760	0	1,724	0	2,244	0	1,497	2	1,196	4	1,029	5	876	(23)
6	125	1	325	1	407	1	325	53	154	48	172	83	175	(24)
93	288	162	303	145	303	98	322	121	343	133	432	179	369	(25)
60	244	72	226	70	183	72	252	52	270	5	316	7	242	(26)
753	153	829	146	868	167	697	232	706	383	660	239	1,302	152	(27)
3	1,339	3	1,738	4	1,413	3	2,175	3	3,389	2	3,136	3	4,646	(28)
474	220	413	305	542	184	569	301	546	444	433	386	521	341	(29)
294	133	252	148	244	190	303	186	306	203	182	276	250	190	(30)
153	111	19	127	28	109	19	170	1	242	77	294	203	192	(31)
1,236	235	442	279	604	172	526	275	599	308	585	352	521	328	(32)
1,567	226	1,241	286	1,357	287	1,024	368	1,086	416	1,077	484	1,296	455	(33)
298	447	133	546	125	524	117	656	299	816	334	923	421	788	(34)
171	312	166	345	192	206	169	359	162	428	141	471	149	468	(35)
3	1,164	4	907	5	687	3	982	3	1,497	3	1,169	2	2,020	(36)
256	222	319	178	147	241	84	233	12	242	2	254	-	-	(37)
17	554	12	879	13	761	13	919	18	866	20	799	15	894	(38)
1	2,018	1	2,001	1	2,494	0	3,697	0	3,281	1	1,814	4	1,276	(39)
0	711	-	-	0	1,350	0	864	0	864	-	-	-	-	(40)
1	1,226	0	1,732	0	2,160	-	-	0	1,710	2	1,375	14	855	(41)
0	888	0	540	0	2,700	-	-	-	-	-	-	0	812	(42)
20	469	15	463	9	435	2	581	1	227	-	-	0	180	(43)
102	201	116	234	145	185	235	186	230	211	231	201	258	165	(44)
836	192	804	160	680	160	855	200	917	163	986	169	1,022	168	(45)
25	353	30	322	39	374	68	322	91	299	125	221	164	232	(46)
159	401	195	414	204	404	195	421	167	418	112	442	120	487	(47)
1,250	130	1,192	159	1,451	188	1,669	143	1,790	83	1,726	79	1,861	78	(48)
80	120	146	125	219	115	151	101	21	92	18	72	16	77	(49)
22	582	32	668	35	820	28	900	17	1,190	19	1,279	27	1,118	(50)
8	305	11	240	10	336	17	230	11	363	10	362	12	386	(51)
109	678	120	658	120	584	87	603	57	537	175	485	111	389	(52)
4	417	4	394	5	403	4	408	5	391	4	399	6	386	(53)
20	748	22	635	22	671	20	954	26	1,089	44	729	32	1,055	(54)
-	-	-	-	-	-	-	-	-	-	-	-	1	810	(55)
12	376	12	369	12	358	15	358	17	380	18	406	15	366	(56)
117	201	136	163	142	110	154	224	201	235	199	333	214	284	(57)
24	377	26	360	27	345	40	367	31	547	29	638	26	573	(58)
498	445	415	483	374	418	318	508	304	561	265	583	265	560	(59)
345	164	328	181	409	168	403	180	250	222	254	250	316	233	(60)
40	274	76	241	78	288	140	213	158	200	135	206	68	302	(61)

— 195 —

3　卸売市場別の月別野菜の卸売数量・価額・価格（続き）
(85)　大分市青果市場

品目		計			1月		2月		3月		4月		5月	
		数量	価額	価格	数量	価格	数量	価格	数量	価格	数量	価格	数量	価格
		t	千円	円／kg	t	円／kg	t	円／kg	t	円／kg	t	円／kg	t	円／kg
野菜計	(1)	38,629	8,585,899	222	2,732	225	3,054	218	3,232	213	3,208	210	3,108	208
根菜類														
だいこん	(2)	2,577	266,428	103	143	78	157	76	159	88	146	95	198	86
かぶ	(3)	56	6,783	121	14	69	8	95	0	293	0	5,832	0	5,832
にんじん	(4)	2,021	343,765	170	120	85	142	100	159	108	190	158	172	155
ごぼう	(5)	865	162,258	188	60	170	80	189	67	151	54	164	81	251
たけのこ	(6)	67	16,117	240	1	1,189	2	947	5	688	50	136	7	204
れんこん	(7)	188	82,258	437	9	668	15	548	13	600	10	732	5	823
葉茎菜類														
はくさい	(8)	2,196	217,001	99	184	71	152	80	183	111	156	102	121	60
みずな	(9)	166	60,982	368	15	406	18	329	20	194	17	199	14	257
こまつな	(10)	219	67,986	311	11	390	14	385	19	238	19	241	20	216
その他の菜類	(11)	10	2,030	213	1	210	1	193	2	144	1	226	0	314
ちんげんさい	(12)	50	24,071	477	4	465	4	540	4	381	4	395	5	381
キャベツ	(13)	3,954	410,851	104	278	63	294	68	307	84	349	99	309	93
ほうれんそう	(14)	258	131,181	509	35	452	37	446	28	390	31	349	13	488
ねぎ	(15)	842	443,358	527	95	450	106	439	87	394	67	425	60	575
ふき	(16)	17	6,605	384	1	545	0	589	4	557	8	316	3	257
うど	(17)	2	1,010	504	0	711	1	413	1	476	1	590	0	722
みつば	(18)	73	50,650	691	7	708	8	705	7	497	5	421	5	433
しゅんぎく	(19)	43	25,864	596	5	678	4	628	4	336	3	359	2	478
にら	(20)	273	162,747	597	19	752	18	972	29	440	25	378	29	319
洋菜類														
セルリー	(21)	148	39,477	266	15	221	15	237	15	248	12	289	14	279
アスパラガス	(22)	115	120,893	1,048	1	1,514	1	1,435	7	1,306	17	1,377	13	1,156
うち輸入	(23)	6	7,683	1,266	1	1,514	1	1,326	1	853	0	1,350	-	-
カリフラワー	(24)	36	7,385	205	4	212	4	205	6	170	2	232	2	187
ブロッコリー	(25)	453	193,561	428	35	403	39	421	55	388	41	441	48	344
うち輸入	(26)	41	16,730	411	1	575	-	-	2	461	3	428	3	393
レタス	(27)	1,914	419,349	219	96	247	147	279	156	201	205	162	171	173
パセリ	(28)	24	34,152	1,448	2	554	2	710	3	529	3	434	2	927
果菜類														
きゅうり	(29)	1,005	305,773	304	50	430	63	381	88	274	104	226	109	222
かぼちゃ	(30)	966	150,682	156	57	153	88	144	101	113	128	96	125	106
うち輸入	(31)	588	75,214	128	56	148	86	139	98	108	126	92	119	101
なす	(32)	489	167,037	341	15	527	23	474	31	369	35	374	41	367
トマト	(33)	1,572	543,290	346	88	374	90	388	62	485	92	342	152	252
ミニトマト	(34)	200	139,058	696	13	706	10	860	14	960	18	610	20	435
ピーマン	(35)	838	317,778	379	46	531	32	790	42	626	52	439	89	320
ししとうがらし	(36)	9	11,221	1,184	0	1,839	0	1,501	1	1,418	1	1,053	1	1,230
スイートコーン	(37)	184	46,308	251	0	446	0	413	0	538	0	347	10	374
豆類														
さやいんげん	(38)	31	35,113	1,116	2	1,017	3	1,467	3	1,286	4	1,076	4	851
さやえんどう	(39)	15	22,061	1,444	2	1,065	1	1,640	2	1,401	4	1,068	3	1,232
うち輸入	(40)	0	12	495	-	-	-	-	-	-	-	-	0	1,080
実えんどう	(41)	26	30,266	1,149	3	924	4	1,319	5	1,307	9	1,095	3	1,239
そらまめ	(42)	6	3,114	502	0	617	-	-	0	5,130	3	533	2	397
えだまめ	(43)	31	13,727	450	-	-	-	-	-	-	-	-	1	448
土物類														
かんしょ	(44)	763	183,389	240	108	263	136	279	123	239	37	259	27	223
ばれいしょ	(45)	3,061	590,514	193	214	137	206	202	228	278	264	300	279	220
さといも	(46)	306	80,652	264	32	253	35	246	33	203	15	273	12	340
やまのいも	(47)	387	159,300	412	16	405	23	393	23	387	35	375	23	400
たまねぎ	(48)	8,472	837,924	99	616	79	799	83	770	87	734	86	633	94
うち輸入	(49)	2,984	267,484	90	209	87	266	86	293	86	165	91	203	94
にんにく	(50)	810	297,422	367	55	317	41	329	140	287	57	321	64	352
うち輸入	(51)	743	233,946	315	53	260	39	269	136	262	53	262	57	269
しょうが	(52)	161	110,913	688	7	642	10	654	11	709	15	781	14	743
うち輸入	(53)	14	5,614	391	1	378	1	384	1	394	1	366	1	389
きのこ類														
生しいたけ	(54)	195	175,543	900	15	1,003	18	883	17	796	14	849	13	927
うち輸入	(55)	-	-	-	-	-	-	-	-	-	-	-	-	-
なめこ	(56)	66	22,904	348	5	292	5	361	6	335	6	314	6	319
えのきだけ	(57)	889	248,604	280	100	316	87	326	82	256	50	248	49	269
しめじ	(58)	299	141,977	474	30	514	24	552	21	506	24	404	21	402
その他の野菜	(59)	1,280	654,568	512	100	842	87	481	92	486	90	473	113	509
輸入野菜計	(60)	5,154	765,843	149	361	143	447	135	585	149	414	135	430	137
その他の輸入野菜	(61)	778	159,160	205	41	228	53	244	53	252	65	208	47	235

6月		7月		8月		9月		10月		11月		12月		
数量	価格	数量	価格	数量	価格	数量	価格	数量	価格	数量	価格	数量	価格	
t	円/kg	t	円/kg	t	円/kg	t	円/kg	t	円/kg	t	円/kg	t	円/kg	
3,035	209	3,132	227	3,572	210	3,376	243	3,563	246	3,101	244	3,516	213	(1)
192	84	272	115	367	105	314	111	246	134	166	142	216	95	(2)
0	5,616	0	404	0	404	0	1,355	2	267	6	161	26	127	(3)
168	133	125	173	207	155	152	299	168	280	231	228	185	132	(4)
105	220	92	176	43	159	71	143	55	180	72	185	85	214	(5)
1	252	-	-	-	-	-	-	0	1,232	0	1,241	0	2,190	(6)
2	1,255	5	627	16	347	22	323	24	346	22	316	44	339	(7)
147	83	153	77	198	67	222	113	224	171	150	164	307	76	(8)
13	215	9	597	10	397	9	512	10	757	12	531	19	388	(9)
21	213	21	281	25	156	18	461	18	531	18	460	15	304	(10)
1	311	0	332	0	400	0	412	0	540	1	205	1	196	(11)
4	359	4	544	4	391	4	584	4	690	5	552	4	451	(12)
328	97	394	74	339	76	330	106	342	183	369	176	316	111	(13)
10	567	10	766	9	783	8	995	13	904	24	613	40	397	(14)
52	550	50	613	57	591	49	757	47	759	75	567	99	502	(15)
0	145	0	97	-	-	-	-	-	-	-	-	1	493	(16)
-	-	0	1,242	-	-	-	-	0	702	0	594	0	527	(17)
5	394	5	629	5	716	5	826	5	816	5	664	11	1,068	(18)
2	501	1	901	1	1,015	1	1,393	3	905	7	565	10	512	(19)
25	297	22	538	20	549	22	762	21	871	22	761	20	839	(20)
10	328	11	269	11	194	11	287	12	334	12	301	12	239	(21)
15	1,130	21	917	21	759	12	839	5	995	2	1,183	2	1,275	(22)
-	-	0	1,026	-	-	-	-	0	1,234	1	1,204	2	1,297	(23)
0	513	0	388	0	359	0	349	5	180	4	230	6	200	(24)
17	477	28	413	21	506	20	612	26	554	49	462	74	374	(25)
6	419	6	411	6	299	8	470	6	425	1	334	-	-	(26)
184	169	165	170	199	201	177	250	137	420	112	290	165	163	(27)
2	979	2	1,577	2	1,720	1	2,915	1	3,497	2	2,227	2	3,170	(28)
87	204	105	273	122	195	86	384	58	566	66	436	66	354	(29)
68	168	77	146	64	179	61	222	72	209	61	273	66	201	(30)
24	164	-	-	2	126	-	-	5	255	15	296	57	190	(31)
48	310	60	325	79	185	55	337	48	379	32	425	23	415	(32)
157	282	207	308	262	297	181	378	137	423	80	444	62	435	(33)
19	508	24	564	23	636	19	799	15	944	12	878	13	837	(34)
117	256	114	352	123	229	82	401	54	449	39	431	49	377	(35)
1	967	1	907	1	861	1	810	1	1,583	1	1,402	1	2,136	(36)
57	246	72	223	38	264	6	319	-	-	-	-	-	-	(37)
4	778	2	1,264	2	1,187	1	1,498	2	1,681	3	957	2	969	(38)
0	2,607	1	1,849	0	2,775	0	4,206	0	3,591	1	1,619	1	1,209	(39)
0	378	-	-	-	-	-	-	-	-	-	-	-	-	(40)
0	1,323	-	-	0	3,240	-	-	-	-	0	1,177	2	800	(41)
0	593	0	1,458	0	216	-	-	-	-	-	-	0	810	(42)
10	372	14	420	5	559	1	945	0	1,167	0	954	-	-	(43)
27	194	34	143	33	168	33	215	32	258	38	220	134	242	(44)
155	203	153	195	248	159	383	172	444	147	256	166	230	178	(45)
5	480	5	445	7	429	18	334	31	308	42	257	71	215	(46)
30	421	40	420	36	437	41	427	59	416	39	382	22	484	(47)
622	120	507	130	650	160	658	130	931	86	762	81	790	79	(48)
305	98	295	99	308	101	221	97	259	81	243	74	216	76	(49)
75	318	76	406	69	474	66	405	51	388	60	406	58	480	(50)
62	278	56	356	62	383	61	352	49	360	60	374	55	405	(51)
16	792	16	773	24	646	17	595	14	577	9	575	8	738	(52)
1	407	1	392	1	388	1	395	1	396	1	396	1	406	(53)
13	819	13	831	13	847	17	912	19	925	20	944	21	993	(54)
-	-	-	-	-	-	-	-	-	-	-	-	-	-	(55)
6	319	6	324	6	332	5	369	6	401	5	423	5	398	(56)
51	246	51	216	52	174	70	284	90	270	99	326	108	306	(57)
20	389	21	369	20	333	26	437	35	488	27	641	31	550	(58)
144	457	141	467	138	410	103	509	97	560	85	493	93	523	(59)
459	141	438	150	432	159	406	163	394	151	403	157	387	165	(60)
60	179	80	170	52	214	114	168	74	221	81	197	56	208	(61)

3　卸売市場別の月別野菜の卸売数量・価額・価格（続き）
(86)　宮崎市中央卸売市場

品目	計			1月		2月		3月		4月		5月	
	数量	価額	価格	数量	価格	数量	価格	数量	価格	数量	価格	数量	価格
	t	千円	円／kg	t	円／kg	t	円／kg	t	円／kg	t	円／kg	t	円／kg
野菜計 (1)	**100, 278**	**24, 433, 119**	**244**	**8, 855**	**270**	**9, 072**	**273**	**9, 419**	**238**	**9, 658**	**205**	**10, 649**	**203**
根菜類													
だいこん (2)	6, 121	603, 232	99	521	60	764	60	577	74	470	86	427	87
かぶ (3)	149	16, 443	110	27	114	23	93	8	107	0	153	0	135
にんじん (4)	3, 991	559, 632	140	351	61	349	71	378	82	622	131	366	137
ごぼう (5)	2, 927	672, 500	230	106	235	137	237	107	268	77	282	160	330
たけのこ (6)	68	19, 179	284	1	1, 412	1	1, 402	6	705	42	183	13	147
れんこん (7)	126	49, 089	389	8	617	8	509	8	562	6	694	2	928
葉茎菜類													
はくさい (8)	5, 393	445, 249	83	763	43	629	65	500	99	458	82	395	53
みずな (9)	148	56, 562	383	13	340	10	395	12	260	11	263	13	258
こまつな (10)	209	75, 601	362	12	451	10	461	14	327	17	292	19	273
その他の菜類 (11)	37	10, 830	295	3	310	2	302	5	224	4	270	3	283
ちんげんさい (12)	42	18, 269	433	3	379	4	431	4	390	4	388	4	416
キャベツ (13)	10, 512	932, 159	89	857	44	809	59	891	78	1, 018	86	1, 267	61
ほうれんそう (14)	217	118, 363	547	26	456	28	440	25	391	22	432	16	603
ねぎ (15)	1, 031	529, 985	514	100	443	87	485	82	361	73	419	65	607
ふき (16)	7	5, 065	728	0	997	0	1, 226	2	849	3	655	1	568
うど (17)	1	1, 126	881	0	1, 245	0	856	0	930	0	999	0	559
みつば (18)	60	38, 072	637	6	607	5	572	5	544	4	588	4	491
しゅんぎく (19)	27	17, 668	647	5	697	5	552	3	431	1	460	1	392
にら (20)	339	165, 254	487	36	585	30	841	38	320	37	275	32	241
洋菜類													
セルリー (21)	122	34, 932	287	8	274	9	248	10	296	9	301	12	299
アスパラガス (22)	82	88, 063	1, 069	2	1, 770	3	1, 364	5	1, 243	13	933	8	1, 482
うち輸入 (23)	13	16, 228	1, 291	2	1, 706	2	1, 264	1	1, 051	0	2, 004	0	2, 251
カリフラワー (24)	45	9, 468	209	4	252	7	196	8	161	2	194	1	213
ブロッコリー (25)	497	182, 335	367	57	318	48	362	38	397	35	380	47	306
うち輸入 (26)	82	29, 908	366	-	-	0	340	5	387	9	387	8	357
レタス (27)	3, 816	701, 891	184	274	165	355	202	375	163	397	119	292	138
パセリ (28)	30	53, 817	1, 823	2	463	2	659	3	530	3	463	3	940
果菜類													
きゅうり (29)	23, 725	7, 087, 282	299	2, 761	394	2, 581	373	2, 873	250	2, 696	189	2, 800	184
かぼちゃ (30)	2, 482	504, 284	203	163	238	219	247	204	178	261	161	296	160
うち輸入 (31)	927	121, 972	132	73	139	118	137	153	113	213	98	182	98
なす (32)	1, 125	361, 326	321	31	550	52	388	73	325	99	358	141	310
トマト (33)	3, 623	1, 210, 442	334	216	374	316	302	353	442	461	285	514	199
ミニトマト (34)	1, 619	1, 055, 454	652	185	607	140	730	164	780	227	562	209	392
ピーマン (35)	7, 085	2, 931, 092	414	737	564	694	712	859	472	924	338	883	284
ししとうがらし (36)	26	26, 722	1, 042	2	1, 443	2	1, 095	2	1, 096	3	816	3	882
スイートコーン (37)	1, 611	468, 632	291	-	-	-	-	0	538	9	458	829	321
豆類													
さやいんげん (38)	25	24, 579	996	1	1, 508	1	1, 831	3	961	3	867	4	662
さやえんどう (39)	11	17, 413	1, 521	2	1, 129	2	1, 873	2	1, 705	3	1, 061	1	1, 652
うち輸入 (40)	-	-	-	-	-	-	-	-	-	-	-	-	-
実えんどう (41)	15	16, 153	1, 085	0	1, 469	0	2, 977	1	1, 897	10	931	3	1, 201
そらまめ (42)	8	5, 901	771	0	929	0	2, 543	0	2, 707	4	590	2	376
えだまめ (43)	30	20, 227	668	-	-	-	-	-	-	0	953	4	772
土物類													
かんしょ (44)	1, 732	308, 331	178	116	186	140	186	115	198	111	199	95	218
ばれいしょ (45)	3, 928	704, 386	179	274	143	319	172	309	248	477	236	497	172
さといも (46)	4, 070	1, 055, 369	259	136	179	209	188	280	226	66	245	46	346
やまのいも (47)	446	176, 506	396	30	354	47	348	29	359	49	361	40	376
たまねぎ (48)	7, 562	780, 598	103	705	73	714	77	709	78	548	73	554	97
うち輸入 (49)	333	38, 446	115	5	135	5	138	6	142	9	146	31	104
にんにく (50)	143	150, 316	1, 052	10	1, 046	14	1, 055	13	1, 065	13	1, 122	13	1, 031
うち輸入 (51)	68	23, 031	339	4	281	5	282	4	298	5	289	5	362
しょうが (52)	399	272, 266	683	16	813	20	790	24	743	29	777	34	874
うち輸入 (53)	31	12, 109	388	3	405	3	402	3	398	3	396	3	392
きのこ類													
生しいたけ (54)	254	226, 709	894	26	1, 007	25	957	26	775	20	798	20	772
うち輸入 (55)	2	1, 229	676	0	660	0	717	0	660	0	660	0	660
なめこ (56)	82	30, 736	373	6	379	7	377	7	360	7	355	6	355
えのきだけ (57)	1, 057	229, 130	217	93	273	90	295	97	191	83	160	68	181
しめじ (58)	448	237, 283	529	40	571	35	603	33	525	39	449	33	447
その他の野菜 (59)	2, 775	1, 127, 200	406	120	506	119	449	138	429	184	416	401	435
輸入野菜計 (60)	1, 806	338, 262	187	97	228	144	202	182	159	250	135	242	133
その他の輸入野菜 (61)	350	95, 339	272	10	576	11	636	9	598	11	470	12	418

	6月		7月		8月		9月		10月		11月		12月		
	数量	価格	数量	価格	数量	価格	数量	価格	数量	価格	数量	価格	数量	価格	
	t	円/kg	t	円/kg	t	円/kg	t	円/kg	t	円/kg	t	円/kg	t	円/kg	
	8,285	215	6,600	230	6,992	195	6,436	235	6,731	314	7,834	292	9,747	266	(1)
	316	100	294	145	513	134	575	108	616	153	486	123	562	83	(2)
	0	238	0	1,958	0	3,888	0	827	0	344	24	121	67	109	(3)
	262	132	301	172	267	159	211	300	242	277	278	199	364	99	(4)
	477	276	592	191	491	183	267	193	185	210	162	245	167	288	(5)
	2	186	1	532	0	1,031	0	963	0	1,085	0	1,540	1	1,324	(6)
	1	1,206	2	584	8	300	16	300	15	307	18	283	32	275	(7)
	268	73	199	60	212	56	269	113	428	163	509	132	764	69	(8)
	10	287	9	500	9	376	9	653	12	724	14	447	25	277	(9)
	21	282	20	345	23	219	21	455	18	568	18	466	17	310	(10)
	2	338	3	296	3	293	3	365	3	411	3	319	3	206	(11)
	4	435	4	443	4	359	3	518	2	677	3	474	3	386	(12)
	818	82	855	83	850	80	750	113	699	169	850	149	849	90	(13)
	18	583	9	905	8	871	8	1,258	8	1,097	17	572	33	367	(14)
	59	519	73	612	77	466	76	598	95	711	104	523	141	467	(15)
	0	381	-	-	0	373	-	-	-	-	0	599	0	259	(16)
	0	1,680	0	1,056	0	1,222	0	1,891	0	3,348	0	300	0	686	(17)
	4	470	5	527	5	665	4	1,064	5	640	5	483	8	856	(18)
	0	437	0	818	0	725	0	976	1	1,360	3	806	7	720	(19)
	27	258	23	396	21	444	22	539	22	616	25	707	26	783	(20)
	12	298	12	278	13	194	12	262	8	398	8	450	9	225	(21)
	8	1,081	10	991	12	765	8	966	7	1,014	4	1,109	3	1,329	(22)
	0	1,337	0	1,463	0	1,780	0	1,260	1	1,234	3	1,111	3	1,329	(23)
	1	288	1	389	2	339	1	364	3	244	5	204	10	169	(24)
	30	404	34	401	29	426	24	489	31	456	51	363	74	297	(25)
	12	376	15	361	13	295	14	406	6	416	-	-	1	44	(26)
	259	152	285	146	298	175	247	286	275	403	335	220	425	113	(27)
	2	1,187	3	1,763	3	1,880	3	2,770	2	3,440	2	3,208	3	4,614	(28)
	1,383	185	680	221	825	122	761	242	1,060	577	2,140	385	3,167	369	(29)
	381	190	268	156	118	211	129	210	161	245	122	322	160	255	(30)
	33	106	-	-	-	-	-	-	9	238	65	270	81	205	(31)
	148	269	148	290	156	189	96	372	74	437	55	394	53	371	(32)
	336	266	327	286	362	282	247	368	192	510	137	661	161	497	(33)
	98	487	60	600	57	694	63	764	91	832	115	909	209	724	(34)
	749	188	329	307	181	234	166	375	249	628	594	462	721	384	(35)
	2	822	2	771	2	711	2	900	2	1,425	2	1,179	2	1,983	(36)
	703	257	45	248	17	274	8	244	0	179	0	400	-	-	(37)
	2	759	2	1,058	3	788	2	1,500	1	2,094	1	884	1	1,033	(38)
	0	2,484	0	2,002	0	2,713	0	6,149	0	4,547	0	1,968	1	1,097	(39)
	-	-	-	-	-	-	-	-	-	-	-	-	-	-	(40)
	0	1,903	-	-	-	-	-	-	-	-	0	2,000	0	1,448	(41)
	0	972	0	1,106	0	1,175	-	-	-	-	-	-	0	2,115	(42)
	11	609	10	587	4	801	1	953	0	950	0	648	0	520	(43)
	55	244	117	207	253	133	249	145	207	182	162	185	112	181	(44)
	376	153	245	166	239	150	307	178	341	156	261	172	282	173	(45)
	255	350	553	331	857	256	758	263	370	250	256	216	283	202	(46)
	41	392	41	426	43	409	36	409	38	419	16	478	35	476	(47)
	478	144	494	188	537	209	652	134	845	77	704	74	623	76	(48)
	56	107	88	123	66	115	40	108	11	103	7	103	8	123	(49)
	10	971	14	951	13	903	13	905	10	1,169	10	1,423	12	1,083	(50)
	5	307	6	342	7	338	8	349	7	376	5	392	5	406	(51)
	55	765	67	706	50	622	34	550	35	463	21	461	14	600	(52)
	4	340	3	399	3	392	1	357	1	384	1	386	2	393	(53)
	16	747	16	741	16	725	17	948	20	1,033	25	970	25	1,075	(54)
	0	660	0	660	0	660	0	660	0	660	0	660	0	760	(55)
	6	358	6	359	6	354	7	371	8	394	8	418	7	383	(56)
	62	171	68	160	75	104	97	190	109	212	105	307	112	273	(57)
	31	430	36	425	35	393	44	512	43	573	38	703	41	666	(58)
	483	406	342	375	294	289	219	396	202	418	139	433	133	463	(59)
	126	177	137	188	126	205	121	201	101	224	157	242	124	271	(60)
	16	338	25	246	36	292	57	186	65	187	74	178	23	373	(61)

3　卸売市場別の月別野菜の卸売数量・価額・価格（続き）
(87)　鹿児島市中央卸売市場

品目		計			1月		2月		3月		4月		5月	
		数量	価額	価格	数量	価格	数量	価格	数量	価格	数量	価格	数量	価格
		t	千円	円／kg	t	円／kg	t	円／kg	t	円／kg	t	円／kg	t	円／kg
野菜計	(1)	**147,118**	**27,950,288**	**190**	**12,903**	**151**	**14,828**	**154**	**14,635**	**165**	**12,612**	**177**	**13,095**	**167**
根菜類														
だいこん	(2)	18,384	1,553,290	84	2,049	52	2,405	59	2,869	66	1,645	88	1,420	85
かぶ	(3)	83	15,754	189	19	153	13	182	4	256	1	233	4	84
にんじん	(4)	9,728	1,410,364	145	772	69	1,385	68	1,499	71	763	149	797	163
ごぼう	(5)	1,266	385,762	305	78	319	87	340	89	344	72	363	54	374
たけのこ	(6)	53	21,079	395	2	842	3	1,082	7	752	28	234	8	276
れんこん	(7)	156	67,265	432	10	577	14	499	10	576	7	719	3	1,029
葉茎菜類														
はくさい	(8)	14,606	1,312,827	90	1,868	52	1,764	66	939	112	1,157	87	884	68
みずな	(9)	494	218,003	441	38	466	47	413	54	252	49	251	48	320
こまつな	(10)	804	314,889	391	43	505	52	476	66	320	68	320	71	278
その他の菜類	(11)	15	2,335	156	2	108	2	144	3	122	1	170	1	133
ちんげんさい	(12)	259	116,766	451	17	399	18	502	23	294	24	388	25	370
キャベツ	(13)	30,199	2,645,709	88	2,658	47	3,188	56	2,786	75	2,811	80	3,692	65
ほうれんそう	(14)	616	393,798	639	47	629	68	543	81	479	63	534	60	576
ねぎ	(15)	2,607	1,323,259	508	294	421	267	445	262	352	211	375	201	543
ふき	(16)	19	11,202	581	1	601	0	953	6	651	8	619	2	346
うど	(17)	0	407	853	0	615	0	994	0	899	0	885	0	648
みつば	(18)	80	60,312	751	6	885	6	864	7	557	7	476	7	497
しゅんぎく	(19)	109	61,491	567	21	647	18	506	11	284	5	378	3	417
にら	(20)	610	362,355	594	54	690	48	978	67	414	62	344	57	307
洋菜類														
セルリー	(21)	283	64,747	228	14	279	17	263	24	264	26	250	27	242
アスパラガス	(22)	260	295,605	1,137	4	1,540	7	1,276	26	1,224	37	1,475	21	1,491
うち輸入	(23)	25	32,703	1,283	4	1,528	6	1,168	3	881	0	1,871	0	1,859
カリフラワー	(24)	101	27,398	272	12	271	12	241	16	233	6	325	5	350
ブロッコリー	(25)	2,136	955,188	447	188	391	180	433	224	460	235	455	223	391
うち輸入	(26)	466	194,998	418	3	839	16	508	33	436	52	393	54	370
レタス	(27)	10,397	2,034,552	196	1,022	168	892	219	993	173	922	133	807	155
パセリ	(28)	40	74,978	1,860	3	809	3	1,062	4	666	4	604	3	1,282
果菜類														
きゅうり	(29)	5,209	1,573,847	302	448	367	475	348	461	263	477	217	547	209
かぼちゃ	(30)	1,932	354,093	183	109	172	153	157	175	122	199	115	266	150
うち輸入	(31)	975	143,081	147	82	160	144	148	173	118	189	105	171	117
なす	(32)	1,690	558,790	331	46	577	68	429	94	310	120	335	158	305
トマト	(33)	5,125	1,931,078	377	240	409	302	379	310	470	421	348	443	281
ミニトマト	(34)	1,008	720,536	715	76	681	61	799	73	882	97	601	101	426
ピーマン	(35)	2,676	1,233,005	461	187	558	194	738	280	566	277	400	268	360
ししとうがらし	(36)	15	20,892	1,396	1	1,895	1	1,498	1	1,738	1	1,236	1	1,232
スイートコーン	(37)	400	102,190	255	0	372	0	445	0	477	1	581	54	296
豆類														
さやいんげん	(38)	97	107,219	1,104	9	1,348	6	1,905	9	1,408	11	1,035	17	685
さやえんどう	(39)	180	201,168	1,117	63	866	16	1,493	24	1,254	19	1,230	12	1,251
うち輸入	(40)	-	-	-	-	-	-	-	-	-	-	-	-	-
実えんどう	(41)	13	16,666	1,257	2	864	1	1,392	3	1,509	3	1,279	2	1,260
そらまめ	(42)	35	32,423	935	6	869	4	1,765	3	2,568	16	682	6	367
えだまめ	(43)	25	18,835	762	-	-	-	-	-	-	0	648	1	691
土物類														
かんしょ	(44)	3,087	476,555	154	216	155	226	195	210	201	134	208	152	194
ばれいしょ	(45)	8,178	1,491,608	182	469	145	501	212	598	261	782	242	816	182
さといも	(46)	276	85,779	310	16	376	23	380	65	169	13	326	9	499
やまのいも	(47)	770	321,393	417	53	386	51	384	57	378	69	379	57	389
たまねぎ	(48)	15,850	1,596,100	101	1,222	72	1,595	75	1,520	82	1,223	82	1,185	97
うち輸入	(49)	1,159	126,798	109	4	193	5	184	6	173	11	181	71	115
にんにく	(50)	252	229,241	909	19	833	24	771	24	794	22	858	20	855
うち輸入	(51)	169	57,258	338	13	275	16	266	16	272	15	295	14	298
しょうが	(52)	302	177,295	588	17	594	27	568	27	570	31	534	24	614
うち輸入	(53)	100	31,316	312	5	339	10	315	11	312	14	263	8	313
きのこ類														
生しいたけ	(54)	389	350,922	901	32	1,073	33	988	37	785	32	743	31	772
うち輸入	(55)	1	351	423	0	551	0	540	0	171	-	-	-	-
なめこ	(56)	120	49,858	416	13	346	10	425	11	394	10	382	8	459
えのきだけ	(57)	1,604	356,827	222	160	280	135	311	129	202	121	161	104	186
しめじ	(58)	498	270,997	544	44	609	41	624	36	565	36	476	37	473
その他の野菜	(59)	4,081	1,943,639	476	237	500	385	369	413	390	283	513	350	590
輸入野菜計	(60)	3,737	868,469	232	132	321	231	278	277	241	325	218	373	203
その他の輸入野菜	(61)	840	281,964	335	22	680	35	577	35	591	43	472	56	378

6月		7月		8月		9月		10月		11月		12月		
数量	価格	数量	価格	数量	価格	数量	価格	数量	価格	数量	価格	数量	価格	
t	円/kg	t	円/kg	t	円/kg	t	円/kg	t	円/kg	t	円/kg	t	円/kg	
10,542	190	9,817	219	10,059	207	10,200	249	10,795	271	11,887	218	15,746	165	(1)
761	97	755	135	713	137	767	132	1,079	136	1,433	109	2,488	69	(2)
0	75	0	117	-	-	0	1,645	2	231	11	228	28	203	(3)
659	132	594	182	719	158	570	347	647	294	589	221	733	117	(4)
117	293	157	249	135	223	102	241	99	286	119	317	157	384	(5)
3	246	0	410	0	602	-	-	-	-	0	794	2	772	(6)
2	1,507	4	762	14	294	19	296	21	329	21	316	31	366	(7)
648	94	619	68	532	68	694	129	920	197	1,816	123	2,767	73	(8)
40	302	34	555	34	414	34	626	34	854	35	669	48	445	(9)
79	283	68	373	76	250	74	509	73	613	70	463	64	375	(10)
1	185	0	144	0	314	0	327	0	402	2	201	3	134	(11)
25	338	23	528	22	317	21	533	23	788	18	613	20	401	(12)
2,356	82	2,085	85	1,871	80	2,019	113	1,911	172	2,065	167	2,758	91	(13)
58	551	37	795	35	831	30	1,050	39	930	47	716	52	555	(14)
188	478	136	693	161	579	167	661	205	728	199	610	316	450	(15)
1	221	0	188	-	-	-	-	0	194	-	-	0	697	(16)
-	-	-	-	0	1,026	-	-	0	1,296	-	-	0	432	(17)
6	507	6	704	5	677	6	861	6	826	6	772	13	1,094	(18)
2	429	1	592	2	333	2	978	5	1,020	11	575	26	623	(19)
47	313	40	514	41	507	39	719	46	862	53	746	57	859	(20)
27	238	24	221	27	167	27	200	17	268	21	229	31	180	(21)
28	1,165	32	930	36	783	35	949	20	1,028	7	1,245	6	1,463	(22)
0	1,811	0	1,884	0	1,936	0	722	1	1,238	6	1,259	6	1,463	(23)
4	374	2	438	2	421	1	388	11	236	9	287	21	246	(24)
135	419	143	419	122	493	132	552	129	573	154	500	270	393	(25)
49	405	54	385	53	357	79	421	53	491	12	548	9	493	(26)
700	154	753	155	748	183	681	294	767	417	883	235	1,227	130	(27)
3	1,399	3	2,124	4	1,937	3	2,854	3	3,437	2	3,014	4	3,645	(28)
370	226	439	294	519	203	435	322	248	559	242	446	549	366	(29)
213	177	153	180	124	240	131	230	147	232	116	292	146	234	(30)
61	152	4	161	7	181	6	171	4	251	60	299	73	235	(31)
197	271	180	342	252	224	194	337	162	404	125	384	95	377	(32)
399	310	615	286	802	305	650	374	477	510	241	596	226	566	(33)
74	591	94	676	104	682	93	792	77	893	66	942	90	784	(34)
224	328	221	364	181	285	202	407	200	568	222	533	220	454	(35)
2	1,136	1	1,312	2	885	1	988	1	2,166	1	1,477	1	1,946	(36)
126	222	93	246	80	281	30	236	3	125	10	388	2	311	(37)
9	799	5	1,116	6	1,052	5	1,099	5	1,775	6	942	8	924	(38)
4	1,428	1	2,505	1	2,604	0	6,541	0	4,595	4	1,568	36	959	(39)
-	-	-	-	-	-	-	-	-	-	-	-	-	-	(40)
0	1,092	0	1,350	-	-	-	-	-	-	0	1,759	1	1,006	(41)
0	722	0	540	-	-	-	-	-	-	0	976	0	1,804	(42)
9	743	8	779	4	751	2	798	0	1,181	0	662	0	292	(43)
159	186	152	164	176	116	192	150	344	159	595	133	531	117	(44)
1,054	135	528	169	671	161	852	182	735	156	678	176	493	193	(45)
8	508	8	427	23	402	28	301	16	445	29	297	38	272	(46)
79	419	92	424	71	428	70	427	82	439	42	449	46	518	(47)
1,031	139	1,038	170	980	192	1,292	135	1,753	82	1,456	75	1,554	73	(48)
215	107	302	108	308	109	180	104	32	91	17	91	8	200	(49)
18	836	19	944	22	948	20	990	22	1,082	20	1,067	22	951	(50)
12	307	13	374	14	376	14	387	14	385	14	393	16	433	(51)
28	644	28	635	29	617	25	599	22	562	21	542	22	569	(52)
8	311	9	321	8	328	7	326	6	326	6	321	8	316	(53)
30	729	29	729	30	758	31	887	34	1,016	33	1,033	37	1,211	(54)
-	-	-	-	-	-	-	-	-	-	-	-	1	529	(55)
7	484	8	464	8	438	11	412	10	436	10	462	14	374	(56)
98	185	108	165	126	84	136	209	155	227	158	282	173	291	(57)
37	423	38	411	42	358	42	521	50	585	46	732	49	660	(58)
476	530	439	573	506	367	333	460	193	592	193	482	271	439	(59)
387	191	452	181	452	184	401	227	256	285	258	297	193	355	(60)
42	372	71	289	62	350	114	262	146	237	143	248	72	375	(61)

3 卸売市場別の月別野菜の卸売数量・価額・価格（続き）
(88) 沖縄県中央卸売市場

品目	計			1月		2月		3月		4月		5月	
	数量	価額	価格	数量	価格	数量	価格	数量	価格	数量	価格	数量	価格
	t	千円	円／kg	t	円／kg	t	円／kg	t	円／kg	t	円／kg	t	円／kg
野菜計 (1)	**45,296**	**10,076,854**	**222**	**3,836**	**210**	**3,918**	**246**	**4,344**	**219**	**4,311**	**208**	**4,216**	**206**
根菜類													
だいこん (2)	2,563	309,228	121	318	71	309	94	297	89	237	121	175	130
かぶ (3)	5	1,729	330	1	268	0	314	0	375	0	349	0	333
にんじん (4)	3,863	561,350	145	363	108	451	112	410	109	342	131	294	150
ごぼう (5)	289	62,292	216	23	203	31	208	22	212	27	233	23	223
たけのこ (6)	0	157	714	-	-	-	-	0	854	0	671	-	-
れんこん (7)	1	723	504	0	602	0	621	0	1,085	0	1,015	0	1,193
葉茎菜類													
はくさい (8)	2,269	275,119	121	306	82	228	109	260	119	123	138	150	94
みずな (9)	46	25,989	563	4	637	5	569	6	411	5	409	4	478
こまつな (10)	303	107,346	354	22	393	26	421	33	233	29	307	34	238
その他の菜類 (11)	247	95,914	389	20	454	20	462	28	294	24	313	24	283
ちんげんさい (12)	182	67,843	372	13	457	15	488	21	253	18	284	20	246
キャベツ (13)	7,763	986,463	127	623	95	566	109	633	111	746	101	721	102
ほうれんそう (14)	181	71,811	397	32	411	29	473	43	280	19	356	6	556
ねぎ (15)	545	239,300	439	56	434	50	392	43	410	47	422	45	509
ふき (16)	-	-	-	-	-	-	-	-	-	-	-	-	-
うど (17)	-	-	-	-	-	-	-	-	-	-	-	-	-
みつば (18)	7	7,725	1,032	1	909	0	1,080	1	905	1	865	1	788
しゅんぎく (19)	13	4,039	308	3	366	3	325	2	150	0	132	-	-
にら (20)	118	83,405	704	8	922	10	1,304	12	491	13	436	12	338
洋菜類													
セルリー (21)	261	50,098	192	32	100	28	179	29	181	31	163	13	228
アスパラガス (22)	4	5,262	1,245	0	1,816	0	1,544	0	1,089	1	1,468	1	1,263
うち輸入 (23)	1	1,718	1,277	0	1,816	0	1,532	0	1,092	0	1,096	0	1,135
カリフラワー (24)	58	17,277	298	8	262	15	260	11	270	6	307	4	344
ブロッコリー (25)	218	85,870	394	15	366	18	351	24	337	18	425	18	378
うち輸入 (26)	142	57,753	407	5	435	5	433	15	386	12	406	13	362
レタス (27)	4,572	891,228	195	389	188	407	208	559	160	557	106	392	164
パセリ (28)	7	15,320	2,195	1	670	1	974	1	580	1	760	1	1,523
果菜類													
きゅうり (29)	1,796	630,818	351	126	449	138	414	176	333	171	242	163	257
かぼちゃ (30)	1,176	231,210	197	172	186	290	228	238	170	66	192	143	195
うち輸入 (31)	313	51,380	164	44	160	37	154	40	124	35	113	32	113
なす (32)	546	184,935	339	34	519	41	474	62	289	63	293	62	292
トマト (33)	1,477	544,339	368	94	433	140	358	168	431	207	283	179	226
ミニトマト (34)	189	145,784	770	14	859	17	806	19	853	26	601	20	491
ピーマン (35)	1,546	610,714	395	130	466	152	572	190	371	189	289	184	257
ししとうがらし (36)	6	6,968	1,149	0	2,173	0	1,356	0	1,574	1	1,270	1	1,039
スイートコーン (37)	133	36,487	275	22	204	12	252	15	305	43	330	24	256
豆類													
さやいんげん (38)	407	290,548	714	63	675	65	1,002	77	827	86	589	21	435
さやえんどう (39)	0	385	1,241	0	1,698	0	1,057	0	1,240	0	1,644	-	-
うち輸入 (40)	0	14	991	-	-	-	-	-	-	-	-	-	-
実えんどう (41)	1	355	523	-	-	0	482	0	600	0	311	-	-
そらまめ (42)	0	34	513	-	-	-	-	0	524	-	-	-	-
えだまめ (43)	5	1,251	242	-	-	-	-	-	-	0	601	3	225
土物類													
かんしょ (44)	729	152,278	209	46	273	55	231	50	280	40	262	40	297
ばれいしょ (45)	2,351	529,619	225	277	181	166	270	181	274	215	261	220	226
さといも (46)	23	4,854	207	2	177	4	168	3	128	1	87	1	269
やまのいも (47)	98	49,385	502	7	443	6	453	7	458	7	465	9	469
たまねぎ (48)	5,140	595,630	116	351	100	314	100	369	101	440	100	444	119
うち輸入 (49)	1,707	194,176	114	40	137	35	149	46	154	40	169	59	152
にんにく (50)	176	90,799	517	14	446	14	464	25	559	22	522	13	466
うち輸入 (51)	150	64,768	431	13	370	13	378	14	380	13	390	13	405
しょうが (52)	83	51,682	626	7	515	9	636	8	638	7	723	5	676
うち輸入 (53)	25	11,369	447	2	470	2	447	2	434	2	439	2	439
きのこ類													
生しいたけ (54)	35	37,544	1,060	4	1,026	5	1,047	3	1,001	3	989	3	1,075
うち輸入 (55)	12	8,559	714	2	694	2	715	1	716	1	752	1	799
なめこ (56)	8	5,127	655	1	470	0	752	1	693	1	697	1	702
えのきだけ (57)	90	27,848	311	8	403	7	429	5	278	7	202	5	301
しめじ (58)	155	83,473	539	16	579	13	612	12	602	11	521	10	480
その他の野菜 (59)	5,607	1,799,298	321	212	478	259	503	298	423	461	402	729	329
輸入野菜計 (60)	4,917	881,740	179	236	213	250	221	257	217	270	209	314	208
その他の輸入野菜 (61)	2,566	492,002	192	128	215	155	221	139	221	166	204	195	213

6月 数量	6月 価格	7月 数量	7月 価格	8月 数量	8月 価格	9月 数量	9月 価格	10月 数量	10月 価格	11月 数量	11月 価格	12月 数量	12月 価格	
t	円／kg	t	円／kg	t	円／kg	t	円／kg	t	円／kg	t	円／kg	t	円／kg	
3,397	217	3,583	193	3,534	185	3,312	242	3,286	279	3,427	262	4,132	215	(1)
145	122	84	177	106	167	131	172	209	178	219	164	333	101	(2)
0	370	0	414	0	428	0	504	0	469	1	295	1	319	(3)
224	163	196	141	273	146	325	196	328	196	327	172	332	151	(4)
21	244	22	243	25	275	23	226	16	189	21	158	33	176	(5)
-	-	-	-	-	-	-	-	-	-	-	-	-	-	(6)
-	-	-	-	0	242	0	324	0	569	0	540	0	513	(7)
120	119	120	71	143	90	167	133	168	207	191	214	291	101	(8)
4	435	2	794	2	645	2	1,007	2	1,040	6	421	4	604	(9)
27	336	21	334	18	366	22	512	19	580	28	367	25	328	(10)
17	421	14	296	15	559	19	426	20	461	24	419	20	367	(11)
13	342	13	382	12	351	14	471	12	593	13	496	19	310	(12)
554	132	589	98	742	90	654	131	679	209	590	226	666	132	(13)
5	617	1	1,189	0	1,271	1	1,020	1	1,210	10	477	35	355	(14)
33	461	30	498	39	369	39	400	47	507	57	449	60	429	(15)
-	-	-	-	-	-	-	-	-	-	-	-	-	-	(16)
-	-	-	-	-	-	-	-	-	-	-	-	-	-	(17)
1	834	1	799	1	949	1	1,260	1	1,444	1	1,115	1	1,419	(18)
-	-	-	-	-	-	-	-	-	-	0	575	5	317	(19)
10	471	9	626	9	623	8	773	8	927	9	1,008	10	857	(20)
15	224	15	216	15	222	17	219	22	233	24	228	19	222	(21)
1	1,263	1	1,037	0	1,041	0	885	0	1,184	0	1,159	0	1,425	(22)
0	1,185	0	904	0	1,188	-	-	0	1,150	0	1,159	0	1,425	(23)
2	452	1	569	1	405	1	488	2	322	3	255	4	320	(24)
16	367	15	430	21	424	13	426	22	456	18	464	21	326	(25)
13	349	10	432	12	425	11	416	19	455	14	461	13	348	(26)
255	200	335	175	305	198	297	317	181	523	316	262	580	137	(27)
0	1,861	1	2,726	1	2,520	1	2,944	0	5,319	0	4,272	1	4,910	(28)
164	286	191	258	149	263	133	444	112	640	109	491	164	341	(29)
80	133	43	161	20	207	28	225	21	238	27	322	48	221	(30)
29	146	34	167	8	192	2	202	0	242	21	321	30	249	(31)
48	290	44	314	46	208	37	395	31	456	32	412	46	310	(32)
140	328	134	310	126	282	85	420	56	651	63	651	86	536	(33)
18	633	17	807	14	682	15	760	9	1,168	9	1,233	13	915	(34)
119	290	76	375	85	277	77	480	79	611	112	459	153	441	(35)
1	867	1	653	1	605	0	1,190	0	2,042	0	1,396	0	1,652	(36)
2	328	0	16	1	465	2	258	0	309	2	323	9	180	(37)
4	840	1	1,278	2	1,041	1	1,349	1	1,258	15	682	72	566	(38)
-	-	-	-	-	-	-	-	-	-	0	991	-	-	(39)
-	-	-	-	-	-	-	-	-	-	0	991	-	-	(40)
-	-	-	-	-	-	-	-	-	-	0	486	-	-	(41)
0	432	-	-	-	-	-	-	-	-	-	-	-	-	(42)
2	256	0	199	0	1,170	-	-	-	-	-	-	-	-	(43)
40	238	89	145	85	129	68	206	65	207	71	213	80	183	(44)
172	223	234	203	180	218	163	233	205	192	181	206	156	252	(45)
2	268	2	183	1	540	1	299	2	338	3	167	3	218	(46)
10	480	7	504	11	517	9	521	8	535	8	516	9	622	(47)
406	137	403	152	431	169	474	131	527	98	501	94	479	92	(48)
207	110	275	119	276	118	264	108	172	100	144	94	148	90	(49)
11	481	12	493	11	524	12	608	13	558	15	539	14	510	(50)
11	422	12	447	11	479	11	483	13	480	14	484	14	466	(51)
6	723	4	657	7	714	6	637	7	561	7	543	9	541	(52)
2	442	2	436	2	455	3	452	2	450	2	448	2	450	(53)
3	1,008	2	1,003	2	1,052	2	1,291	2	1,356	4	996	4	1,093	(54)
0	804	0	805	0	815	0	817	0	818	1	728	1	573	(55)
1	713	0	695	0	722	1	686	1	608	1	701	1	557	(56)
5	264	4	262	7	153	6	324	9	277	14	345	14	366	(57)
11	452	11	434	10	373	16	438	14	560	15	662	15	646	(58)
691	270	834	200	614	198	443	313	386	357	380	354	298	434	(59)
414	174	492	168	508	158	610	154	562	190	561	160	444	166	(60)
150	228	158	211	198	175	318	169	356	207	364	148	237	170	(61)

II 果実の卸売数量・価額・価格

1　全国及び主要都市の果実の卸売数量・価額・価格

年次・品目・品種		総数 数量 (t)	総数 価額 (千円)	総数 価格 (円/kg)	対前年比 数量 (%)	対前年比 価格 (%)
果実計						
平成23年	(1)	3,809,734	1,042,524,375	274	96	101
24	(2)	3,821,218	1,051,147,278	275	100	101
25	(3)	3,679,200	1,028,479,912	280	96	102
26	(4)	3,644,087	1,045,942,542	287	99	103
27	(5)	3,242,000	1,034,714,738	319	89	111
28	(6)	3,084,260	1,057,035,947	343	95	108
国産果実計	(7)	2,385,290	893,714,581	375	94	109
みかん	(8)	533,559	143,889,478	270	90	119
ネーブルオレンジ（国産）	(9)	3,287	760,845	231	75	113
甘なつみかん	(10)	32,756	5,959,602	182	82	119
いよかん	(11)	48,708	9,820,571	202	107	110
はっさく	(12)	26,528	4,560,548	172	97	109
その他の雑かん	(13)	159,495	60,628,207	380	86	118
りんご	(14)	454,505	136,813,400	301	94	107
つがる	(15)	42,476	11,036,156	260	86	106
ジョナゴールド	(16)	33,680	11,151,875	331	93	98
王林	(17)	29,515	8,134,597	276	99	99
ふじ	(18)	281,699	87,437,189	310	95	108
その他のりんご	(19)	67,135	19,053,583	284	95	110
日本なし	(20)	140,329	40,893,229	291	101	98
幸水	(21)	48,738	15,333,049	315	101	91
豊水	(22)	43,780	10,940,903	250	102	98
二十世紀	(23)	12,193	3,741,874	307	94	103
新高	(24)	12,263	3,256,306	266	103	112
その他のなし	(25)	23,354	7,621,097	326	99	112
西洋なし	(26)	16,104	4,923,119	306	104	104
かき	(27)	151,597	37,449,576	247	94	119
甘がき	(28)	63,180	16,013,318	253	90	117
渋がき（脱渋を含む。）	(29)	88,416	21,436,258	242	96	120
びわ	(30)	1,210	1,793,167	1,482	59	121
もも	(31)	79,511	39,007,883	491	103	99
すもも	(32)	17,252	8,118,086	471	110	98
おうとう	(33)	9,427	14,240,822	1,511	129	87
うめ	(34)	15,012	5,499,981	366	91	122
ぶどう	(35)	88,115	77,400,529	878	96	108
デラウェア	(36)	17,491	12,490,410	714	104	98
巨峰	(37)	26,853	22,169,698	826	94	103
その他のぶどう	(38)	43,772	42,740,421	976	96	114
くり	(39)	5,271	3,926,101	745	90	137
いちご	(40)	124,693	149,621,458	1,200	92	106
メロン	(41)	132,068	62,812,363	476	95	104
温室メロン	(42)	25,987	19,537,349	752	98	99
アンデスメロン	(43)	17,043	7,150,704	420	90	105
その他のメロン（まくわうりを含む。）	(44)	89,038	36,124,310	406	95	106
すいか	(45)	303,626	57,154,201	188	100	106
キウイフルーツ	(46)	21,630	11,003,618	509	82	121
その他の国産果実	(47)	20,606	17,437,799	846	91	105
輸入果実計	(48)	698,970	163,321,367	234	100	102
バナナ	(49)	379,168	66,256,047	175	96	101
パインアップル	(50)	59,022	11,451,914	194	95	104
レモン	(51)	35,300	10,856,185	308	101	91
グレープフルーツ	(52)	46,829	9,226,907	197	85	112
オレンジ	(53)	70,930	16,282,901	230	129	94
輸入おうとう	(54)	1,695	2,219,411	1,309	91	100
輸入キウイフルーツ	(55)	46,587	22,474,813	482	109	101
輸入メロン	(56)	11,907	1,713,162	144	110	86
その他の輸入果実	(57)	47,532	22,840,027	481	113	96

注：1　総数は、平成23年から平成26年は平成22年の数量及び価額のシェアを基に、主要都市の市場計から推計している。
　　　　また、平成27年以降は食料産業局が保有する前年度の地方卸売市場の果実総量及び卸売価額を基に主要都市の市場計から推計している。
　　2　主要都市とは、①中央卸売市場が開設されている都市、②県庁が所在する都市、③人口20万人以上で、かつ青果物の年間取扱量がおおむね6万t以上の都市をいう。

主要都市の市場計			対前年比		
数量	価額	価格	数量	価格	
t	千円	円/kg	%	%	
2,619,517	770,555,688	294	96	101	(1)
2,581,154	763,354,862	296	100	101	(2)
2,485,224	746,893,568	301	96	102	(3)
2,461,505	759,575,124	309	99	103	(4)
2,296,017	781,778,214	340	93	110	(5)
2,177,719	795,661,233	365	95	107	(6)
1,684,194	672,724,562	399	94	109	(7)
376,733	108,309,731	287	89	119	(8)
2,321	572,710	247	75	114	(9)
23,128	4,485,963	194	81	119	(10)
34,391	7,392,225	215	106	110	(11)
18,730	3,432,855	183	97	109	(12)
112,616	45,636,588	405	85	118	(13)
320,915	102,983,364	321	94	107	(14)
29,991	8,307,231	277	86	106	(15)
23,781	8,394,336	353	92	98	(16)
20,840	6,123,144	294	99	99	(17)
198,901	65,816,476	331	95	108	(18)
47,402	14,342,177	303	94	110	(19)
99,083	30,781,505	311	100	99	(20)
34,413	11,541,625	335	101	90	(21)
30,912	8,235,531	266	102	97	(22)
8,609	2,816,616	327	94	103	(23)
8,659	2,451,114	283	103	112	(24)
16,490	5,736,618	348	99	112	(25)
11,371	3,705,772	326	103	104	(26)
107,039	28,189,368	263	93	119	(27)
44,610	12,053,683	270	90	117	(28)
62,429	16,135,685	258	96	121	(29)
854	1,349,768	1,580	59	121	(30)
56,141	29,362,351	523	102	99	(31)
12,182	6,110,716	502	110	98	(32)
6,656	10,719,474	1,611	128	87	(33)
10,600	4,139,993	391	91	122	(34)
62,216	58,261,595	936	96	108	(35)
12,350	9,401,890	761	104	98	(36)
18,960	16,687,767	880	93	103	(37)
30,906	32,171,939	1,041	95	114	(38)
3,722	2,955,289	794	90	137	(39)
88,043	112,624,357	1,279	91	106	(40)
93,250	47,280,664	507	95	104	(41)
18,349	14,706,322	801	97	99	(42)
12,034	5,382,540	447	90	105	(43)
62,868	27,191,803	433	95	106	(44)
214,383	43,021,604	201	100	106	(45)
15,272	8,282,738	542	82	120	(46)
14,549	13,125,931	902	91	105	(47)
493,525	122,936,670	249	100	102	(48)
267,721	49,872,824	186	96	101	(49)
41,674	8,620,184	207	95	104	(50)
24,924	8,171,761	328	101	91	(51)
33,065	6,945,357	210	85	112	(52)
50,082	12,256,606	245	129	94	(53)
1,197	1,670,614	1,396	91	100	(54)
32,894	16,917,435	514	108	101	(55)
8,407	1,289,546	153	109	86	(56)
33,561	17,192,343	512	113	96	(57)

2 主要都市の月別果実の卸売数量・価額・価格

品　目		1月			2月			3月		
		数量	価額	価格	数量	価額	価格	数量	価額	価格
		t	千円	円/kg	t	千円	円/kg	t	千円	円/kg
果　実　計	(1)	155,188	58,732,369	378	167,535	65,742,591	392	159,304	67,274,708	422
国 産 果 実 計	(2)	124,748	51,881,850	416	134,140	58,022,003	433	116,996	57,466,239	491
みかん	(3)	48,983	13,528,318	276	28,453	8,540,235	300	5,908	2,083,535	353
ネーブルオレンジ（国産）	(4)	646	148,928	231	740	167,117	226	553	147,945	268
甘なつみかん	(5)	550	123,712	225	1,253	252,343	201	5,556	1,051,741	189
いよかん	(6)	10,230	2,345,750	229	16,321	3,342,151	205	7,055	1,521,845	216
はっさく	(7)	2,965	575,706	194	5,440	924,769	170	6,360	1,147,099	180
その他の雑かん	(8)	13,389	5,475,639	409	26,667	10,439,712	391	30,091	11,053,275	367
りんご	(9)	28,728	8,252,225	287	34,993	10,198,511	291	33,899	10,673,820	315
つがる	(10)	25	6,794	275	15	4,197	276	11	1,790	161
ジョナゴールド	(11)	1,545	490,355	317	1,893	603,631	319	2,031	700,342	345
王林	(12)	2,571	729,032	284	3,202	894,371	279	3,214	918,897	286
ふじ	(13)	23,056	6,518,721	283	28,530	8,318,481	292	27,548	8,703,309	316
その他のりんご	(14)	1,531	507,323	331	1,354	377,831	279	1,095	349,483	319
日本なし	(15)	208	63,558	306	68	18,029	264	16	3,865	237
幸水	(16)	0	5	108	-	-	-	-	-	-
豊水	(17)	-	-	-	-	-	-	-	-	-
二十世紀	(18)	-	-	-	-	-	-	-	-	-
新高	(19)	14	6,160	429	1	378	260	-	-	-
その他のなし	(20)	193	57,393	297	67	17,650	264	16	3,865	237
西洋なし	(21)	275	87,066	317	37	10,366	283	2	790	351
かき	(22)	1,548	663,324	428	192	90,700	473	18	6,959	379
甘がき	(23)	1,478	644,437	436	186	87,982	474	18	6,888	381
渋がき（脱渋を含む。）	(24)	70	18,887	270	6	2,718	455	0	70	252
びわ	(25)	0	1,515	5,117	4	16,067	3,928	83	187,781	2,262
もも	(26)	-	-	-	-	-	-	-	-	-
すもも	(27)	-	-	-	0	5	1,296	0	5	1,296
おうとう	(28)	0	2,238	18,496	1	8,552	7,825	5	44,009	9,384
うめ	(29)	0	4	3,500	0	8	594	0	9	648
ぶどう	(30)	273	144,269	528	97	50,387	519	37	21,110	571
デラウェア	(31)	-	-	-	-	-	-	-	-	-
巨峰	(32)	1	425	773	1	475	651	0	46	1,361
その他のぶどう	(33)	272	143,843	528	96	49,912	518	37	21,064	571
くり	(34)	0	125	1,986	2	761	498	-	-	-
いちご	(35)	11,535	16,963,316	1,471	13,984	20,202,280	1,445	20,922	25,048,691	1,197
メロン	(36)	1,282	1,460,366	1,139	1,321	1,373,132	1,040	1,470	1,667,590	1,134
温室メロン	(37)	727	1,009,912	1,389	748	962,540	1,287	872	1,220,242	1,400
アンデスメロン	(38)	203	133,113	655	287	183,704	640	209	149,928	719
その他のメロン（まくわうりを含む。）	(39)	352	317,341	902	286	226,888	794	390	297,420	763
すいか	(40)	275	80,364	293	316	121,339	384	1,192	481,453	404
キウイフルーツ	(41)	3,527	1,818,222	516	3,940	2,122,177	539	3,479	1,933,453	556
その他の国産果実	(42)	334	147,204	441	310	143,362	462	350	391,263	1,118
輸 入 果 実 計	(43)	30,440	6,850,519	225	33,394	7,720,588	231	42,308	9,808,470	232
バナナ	(44)	19,601	3,596,831	184	20,716	3,951,520	191	23,452	4,550,577	194
パインアップル	(45)	2,516	529,016	210	2,879	606,482	211	3,892	778,854	200
レモン	(46)	1,634	573,293	351	1,696	583,270	344	2,042	666,542	326
グレープフルーツ	(47)	2,209	522,712	237	2,404	556,712	232	3,173	705,563	222
オレンジ	(48)	1,831	469,691	257	2,899	796,239	275	5,009	1,339,463	267
輸入おうとう	(49)	2	2,911	1,710	0	35	1,733	-	-	-
輸入キウイフルーツ	(50)	244	110,781	453	139	67,176	483	181	93,280	516
輸入メロン	(51)	293	77,688	265	622	99,567	160	1,355	151,667	112
その他の輸入果実	(52)	2,110	967,596	459	2,040	1,059,589	519	3,204	1,522,524	475

	4月			5月			6月			
	数量	価額	価格	数量	価額	価格	数量	価額	価格	
	t	千円	円/kg	t	千円	円/kg	t	千円	円/kg	
	139,867	57,395,132	410	142,298	56,782,137	399	168,360	64,438,424	383	(1)
	93,267	45,662,385	490	89,343	41,688,466	467	118,328	50,526,593	427	(2)
	268	226,057	843	907	1,288,296	1,420	2,315	2,481,519	1,072	(3)
	107	28,016	262	26	8,539	326	18	5,702	315	(4)
	9,095	1,725,820	190	5,439	1,113,733	205	1,113	195,968	176	(5)
	211	34,005	161	1	107	114	-	-	-	(6)
	3,067	599,646	195	372	67,332	181	11	2,267	208	(7)
	17,746	6,734,080	379	6,283	2,394,470	381	1,048	620,089	592	(8)
	26,720	9,061,801	339	20,470	7,910,828	386	15,340	5,986,410	390	(9)
	6	970	166	5	581	124	2	173	108	(10)
	2,307	801,845	348	2,861	1,075,681	376	2,798	1,053,419	377	(11)
	2,454	743,685	303	2,296	703,534	306	1,567	479,692	306	(12)
	20,978	7,194,163	343	14,403	5,812,960	404	10,063	4,136,253	411	(13)
	975	321,137	329	906	318,073	351	911	316,872	348	(14)
	4	494	131	0	81	324	26	33,318	1,289	(15)
	-	-	-	-	-	-	26	33,262	1,289	(16)
	-	-	-	-	-	-	-	-	-	(17)
	-	-	-	-	-	-	-	-	-	(18)
	-	-	-	-	-	-	-	-	-	(19)
	4	494	131	0	81	324	0	56	1,054	(20)
	-	-	-	-	-	-	0	104	2,087	(21)
	-	-	-	-	-	-	1	1,279	1,000	(22)
	-	-	-	-	-	-	0	218	1,649	(23)
	-	-	-	-	-	-	1	1,062	925	(24)
	265	459,526	1,734	264	397,978	1,508	237	285,483	1,207	(25)
	1	3,567	3,306	199	385,185	1,937	6,100	3,652,414	599	(26)
	-	-	-	68	71,523	1,054	2,533	1,486,393	587	(27)
	66	405,977	6,170	245	978,717	3,996	4,819	7,405,756	1,537	(28)
	0	154	463	2,325	1,045,324	450	7,416	2,826,117	381	(29)
	19	54,274	2,816	554	1,179,974	2,130	2,876	3,970,733	1,381	(30)
	10	34,954	3,498	411	693,807	1,687	2,175	2,406,694	1,107	(31)
	1	3,704	5,088	69	192,235	2,798	407	682,159	1,675	(32)
	9	15,615	1,825	74	293,932	3,977	294	881,880	3,001	(33)
	-	-	-	-	-	-	0	41	508	(34)
	20,167	18,288,863	907	8,707	7,949,321	913	1,247	1,246,794	1,000	(35)
	4,172	3,139,730	753	15,788	7,820,956	495	22,055	8,967,727	407	(36)
	1,075	1,257,272	1,170	1,315	1,060,024	806	1,461	1,072,132	734	(37)
	757	468,559	619	3,724	1,852,415	497	3,849	1,496,404	389	(38)
	2,341	1,413,898	604	10,748	4,908,518	457	16,746	6,399,191	382	(39)
	9,564	3,143,026	329	26,746	7,504,877	281	49,855	9,439,992	189	(40)
	1,196	676,516	566	40	18,690	470	6	3,413	613	(41)
	598	1,080,834	1,808	909	1,552,535	1,708	1,312	1,915,074	1,460	(42)
	46,601	11,732,747	252	52,955	15,093,670	285	50,032	13,911,831	278	(43)
	23,984	4,725,197	197	24,344	4,926,807	202	23,934	4,860,968	203	(44)
	4,134	848,378	205	4,073	899,728	221	3,912	878,455	225	(45)
	1,963	655,958	334	2,171	734,340	338	2,248	778,073	346	(46)
	3,144	704,599	224	3,523	773,884	220	3,349	666,983	199	(47)
	6,301	1,643,114	261	7,694	1,941,669	252	7,032	1,667,520	237	(48)
	47	87,101	1,852	599	866,530	1,446	413	564,527	1,367	(49)
	2,093	1,198,469	573	5,670	3,055,953	539	5,412	2,859,178	528	(50)
	1,124	163,994	146	1,122	154,089	137	1,031	119,402	116	(51)
	3,810	1,705,937	448	3,757	1,740,670	463	2,701	1,516,724	562	(52)

2 主要都市の月別果実の卸売数量・価額・価格（続き）

品　目		7月			8月			9月		
		数量	価額	価格	数量	価額	価格	数量	価額	価格
		t	千円	円/kg	t	千円	円/kg	t	千円	円/kg
果　実　計	(1)	189,144	72,739,356	385	211,971	77,579,238	366	182,506	63,191,478	346
国産果実計	(2)	144,135	60,631,441	421	170,303	66,688,843	392	144,950	53,711,191	371
み か ん	(3)	4,593	4,371,947	952	4,288	3,689,678	860	15,757	4,470,032	284
ネーブルオレンジ（国産）	(4)	-	-	-	-	-	-	-	-	-
甘 な つ み か ん	(5)	54	6,751	124	3	263	95	-	-	-
い よ か ん	(6)	-	-	-	-	-	-	-	-	-
は っ さ く	(7)	-	-	-	-	-	-	-	-	-
その他の雑かん	(8)	577	482,656	836	781	475,771	609	1,076	451,861	420
り ん ご	(9)	11,347	4,594,159	405	12,648	4,518,630	357	28,770	7,832,330	272
つ が る	(10)	15	3,994	273	6,336	1,946,659	307	20,851	5,640,789	271
ジョナゴールド	(11)	2,720	1,060,850	390	1,773	747,012	421	64	19,992	310
王 林	(12)	735	245,390	334	203	72,587	357	3	626	200
ふ じ	(13)	7,116	3,010,743	423	2,815	1,242,660	441	853	284,986	334
その他のりんご	(14)	761	273,181	359	1,521	509,713	335	6,999	1,885,938	269
日 本 な し	(15)	2,963	1,536,719	519	37,915	12,589,649	332	41,740	11,184,945	268
幸 水	(16)	2,751	1,452,752	528	28,211	9,256,226	328	3,406	794,976	233
豊 水	(17)	20	12,107	605	6,013	1,792,309	298	24,285	6,260,205	258
二 十 世 紀	(18)	5	2,339	514	2,695	1,195,410	444	5,736	1,575,025	275
新 高	(19)	-	-	-	2	894	376	2,810	716,175	255
その他のなし	(20)	187	69,521	371	994	344,810	347	5,503	1,838,564	334
西 洋 な し	(21)	0	32	227	363	80,506	222	1,408	325,788	231
か き	(22)	82	81,683	992	276	198,446	720	12,213	4,093,279	335
甘 が き	(23)	5	5,850	1,093	13	10,461	779	1,869	565,585	303
渋がき（脱渋を含む。）	(24)	77	75,833	985	262	187,985	717	10,344	3,527,694	341
び わ	(25)	1	1,361	1,023	0	57	272	-	-	-
も も	(26)	24,470	13,912,270	569	21,562	9,685,244	449	3,724	1,685,902	453
す も も	(27)	4,847	2,417,062	499	3,175	1,398,338	440	1,294	607,283	469
お う と う	(28)	1,499	1,841,688	1,229	21	32,474	1,551	-	-	-
う め	(29)	829	263,104	317	29	5,228	180	0	45	543
ぶ ど う	(30)	7,348	8,267,579	1,125	19,696	16,502,291	838	20,161	16,009,531	794
デ ラ ウ ェ ア	(31)	4,123	3,162,367	767	4,448	2,458,752	553	1,083	587,247	542
巨 峰	(32)	1,630	2,056,253	1,262	6,847	5,771,357	843	6,849	4,996,000	729
その他のぶどう	(33)	1,595	3,048,959	1,911	8,401	8,272,182	985	12,228	10,426,283	853
く り	(34)	0	2	918	198	145,118	734	2,543	1,941,837	764
い ち ご	(35)	152	298,568	1,959	134	242,167	1,802	79	173,594	2,210
メ ロ ン	(36)	18,380	8,462,656	460	13,308	5,846,343	439	6,624	2,438,652	368
温 室 メ ロ ン	(37)	2,496	1,631,441	654	2,988	1,626,066	544	2,116	987,198	467
アンデスメロン	(38)	2,175	761,881	350	398	126,195	317	56	17,562	316
その他のメロン（まくわうりを含む。）	(39)	13,709	6,069,334	443	9,922	4,094,082	413	4,453	1,433,891	322
す い か	(40)	65,312	11,965,993	183	52,513	9,039,052	172	7,001	817,456	117
キウイフルーツ	(41)	4	1,895	468	2	1,038	467	15	7,332	497
その他の国産果実	(42)	1,673	2,125,316	1,270	3,390	2,238,550	660	2,546	1,671,323	656
輸入果実計	(43)	45,009	12,107,915	269	41,669	10,890,394	261	37,556	9,480,287	252
バ ナ ナ	(44)	23,513	4,747,645	202	21,647	4,293,045	198	19,937	3,739,296	188
パ イ ン ア ッ プ ル	(45)	3,726	825,546	222	3,440	777,131	226	3,020	649,578	215
レ モ ン	(46)	2,308	806,289	349	2,400	788,863	329	2,223	658,403	296
グ レ ー プ フ ル ー ツ	(47)	3,301	617,150	187	3,410	629,598	185	2,441	437,121	179
オ レ ン ジ	(48)	4,390	1,055,715	240	3,848	884,653	230	3,492	743,214	213
輸 入 お う と う	(49)	129	140,982	1,089	4	4,252	966	-	-	-
輸入キウイフルーツ	(50)	4,767	2,451,459	514	4,238	2,165,320	511	3,536	1,749,337	495
輸 入 メ ロ ン	(51)	453	66,292	146	396	83,098	210	535	96,491	180
その他の輸入果実	(52)	2,421	1,396,838	577	2,285	1,264,434	553	2,371	1,406,848	593

	10月			11月			12月			
	数量	価額	価格	数量	価額	価格	数量	価額	価格	
	t	千円	円/kg	t	千円	円/kg	t	千円	円/kg	
	207,136	63,440,481	306	209,662	62,203,793	297	244,748	86,141,525	352	(1)
	168,700	54,359,778	322	172,415	53,888,540	313	206,871	78,197,232	378	(2)
	56,642	13,133,049	232	82,671	21,725,177	263	125,947	32,771,888	260	(3)
	-	-	-	1	546	924	230	65,917	286	(4)
	-	-	-	-	-	-	66	15,631	238	(5)
	-	-	-	0	53	188	573	148,315	259	(6)
	-	-	-	1	162	150	514	115,874	226	(7)
	1,219	570,114	468	2,248	1,220,001	543	11,490	5,718,920	498	(8)
	38,902	11,972,946	308	36,533	11,463,464	314	32,563	10,518,240	323	(9)
	2,593	662,742	256	110	32,374	295	23	6,168	270	(10)
	1,777	537,327	302	2,323	732,021	315	1,690	571,859	338	(11)
	437	93,684	214	1,924	545,157	283	2,233	696,488	312	(12)
	13,351	4,402,712	330	23,907	7,729,558	323	26,280	8,461,930	322	(13)
	20,744	6,276,480	303	8,269	2,424,353	293	2,337	781,794	334	(14)
	12,878	4,145,025	322	2,455	860,235	350	809	345,586	427	(15)
	18	4,303	235	0	81	339	0	20	513	(16)
	583	167,547	287	9	2,463	269	1	900	707	(17)
	174	43,830	252	0	11	26	-	-	-	(18)
	5,744	1,701,724	296	80	23,194	288	7	2,588	387	(19)
	6,359	2,227,620	350	2,364	834,485	353	801	342,079	427	(20)
	2,587	850,526	329	3,907	1,365,764	350	2,792	984,830	353	(21)
	39,804	9,986,394	251	36,692	8,969,520	244	16,212	4,097,785	253	(22)
	7,091	2,073,016	292	20,684	5,296,001	256	13,265	3,363,245	254	(23)
	32,712	7,913,377	242	16,008	3,673,520	229	2,947	734,540	249	(24)
	-	-	-	-	-	-	-	-	-	(25)
	57	24,764	433	24	7,833	326	3	5,172	1,991	(26)
	256	126,444	494	8	2,975	378	1	687	502	(27)
	-	-	-	-	-	-	0	62	31,050	(28)
										(29)
	8,474	8,845,431	1,044	1,882	2,245,895	1,193	798	970,122	1,216	(30)
	97	56,932	589	2	1,135	507	-	-	-	(31)
	2,765	2,547,308	921	376	421,712	1,123	15	16,091	1,102	(32)
	5,612	6,241,191	1,112	1,505	1,823,047	1,212	783	954,031	1,218	(33)
	888	775,852	874	72	78,243	1,093	20	13,310	671	(34)
	110	298,854	2,728	1,818	3,524,037	1,939	9,189	18,387,872	2,001	(35)
	3,936	1,950,437	496	2,222	1,563,378	704	2,692	2,589,697	962	(36)
	1,644	969,825	590	1,381	1,121,266	812	1,526	1,788,403	1,172	(37)
	100	36,611	366	83	40,765	494	194	115,403	593	(38)
	2,192	944,000	431	758	401,348	529	972	685,891	706	(39)
	645	148,888	231	549	146,504	267	415	132,661	320	(40)
	573	390,867	682	674	314,993	467	1,817	994,141	547	(41)
	1,730	1,140,188	659	658	399,761	608	739	320,521	433	(42)
	38,436	9,080,703	236	37,248	8,315,253	223	37,878	7,944,293	210	(43)
	22,057	3,829,631	174	22,688	3,536,241	156	21,848	3,115,065	143	(44)
	3,332	615,446	185	3,163	559,537	177	3,586	652,033	182	(45)
	2,158	592,560	275	1,977	581,845	294	2,105	752,327	357	(46)
	1,854	336,932	182	1,604	362,294	226	2,653	631,811	238	(47)
	3,133	658,778	210	2,341	527,040	225	2,110	529,509	251	(48)
	-	-	-	0	101	1,122	2	4,175	2,088	(49)
	2,716	1,309,200	482	2,151	1,036,740	482	1,745	820,544	470	(50)
	549	101,309	184	425	85,341	201	502	90,608	180	(51)
	2,636	1,636,847	621	2,898	1,626,115	561	3,327	1,348,221	405	(52)

3 卸売市場別の月別果実の卸売数量・価額・価格
(1) 札幌市中央卸売市場

品目		計 数量	計 価額	計 価格	1月 数量	1月 価格	2月 数量	2月 価格	3月 数量	3月 価格	4月 数量	4月 価格	5月 数量	5月 価格
		t	千円	円/kg	t	円/kg	t	円/kg	t	円/kg	t	円/kg	t	円/kg
果 実 計	(1)	52,994	19,593,014	370	2,974	361	3,472	392	3,196	413	3,002	405	3,066	434
国 産 果 実 計	(2)	38,627	15,709,865	407	2,071	416	2,428	458	2,004	513	1,555	524	1,406	577
み か ん	(3)	7,367	2,520,389	342	725	290	533	338	25	425	1	2,401	32	1,654
ネーブルオレンジ(国産)	(4)	3	592	174	1	165	1	148	0	151	-	-	-	-
甘 な つ み か ん	(5)	442	83,303	188	50	166	71	166	142	178	132	197	31	259
い よ か ん	(6)	764	185,706	243	267	250	346	232	92	255	0	547	-	-
は っ さ く	(7)	312	58,434	187	68	193	115	174	105	180	15	260	0	54
その他の雑かん	(8)	1,505	632,107	420	138	443	345	434	479	377	308	385	71	447
り ん ご	(9)	6,236	1,846,918	296	479	263	594	259	678	294	579	322	499	371
つ が る	(10)	568	143,960	253	-	-	-	-	-	-	-	-	-	-
ジョナゴールド	(11)	336	111,956	333	29	275	28	349	35	341	46	273	44	366
王 林	(12)	356	97,741	274	40	256	49	253	63	264	54	289	47	272
ふ じ	(13)	3,782	1,216,585	322	385	265	489	256	563	294	470	330	402	384
その他のりんご	(14)	1,193	276,677	232	25	242	28	248	17	301	10	353	6	378
日 本 な し	(15)	1,339	375,048	280	8	301	6	270	-	-	-	-	-	-
幸 水	(16)	373	109,124	293	-	-	-	-	-	-	-	-	-	-
豊 水	(17)	307	84,182	274	-	-	-	-	-	-	-	-	-	-
二 十 世 紀	(18)	16	4,228	267	-	-	-	-	-	-	-	-	-	-
新 高	(19)	166	45,805	276	-	-	-	-	-	-	-	-	-	-
その他のなし	(20)	477	131,708	276	8	301	6	270	-	-	-	-	-	-
西 洋 な し	(21)	475	117,449	248	12	293	5	293	-	-	-	-	-	-
か き	(22)	3,281	939,519	286	9	471	1	640	0	889	-	-	-	-
甘 が き	(23)	128	44,741	349	8	467	1	640	0	889	-	-	-	-
渋がき(脱渋を含む。)	(24)	3,152	894,778	284	1	499	-	-	-	-	-	-	-	-
び わ	(25)	4	7,284	1,772	-	-	0	2,736	1	1,306	2	1,884	1	1,923
も も	(26)	1,057	521,430	493	-	-	-	-	-	-	0	2,754	1	1,974
す も も	(27)	408	179,273	440	-	-	-	-	-	-	-	-	0	1,612
お う と う	(28)	178	262,896	1,476	0	32,400	-	-	0	6,234	1	4,826	2	4,330
う め	(29)	241	95,229	394	-	-	-	-	-	-	-	-	4	677
ぶ ど う	(30)	930	697,084	749	13	517	3	559	-	-	0	19,940	7	2,140
デラウェア	(31)	159	123,338	777	-	-	-	-	-	-	-	-	6	1,673
巨 峰	(32)	188	174,227	927	-	-	-	-	-	-	-	-	0	3,178
その他のぶどう	(33)	584	399,519	685	13	517	3	559	-	-	0	19,940	1	5,576
く り	(34)	12	8,086	667	-	-	-	-	-	-	-	-	-	-
い ち ご	(35)	1,750	2,402,051	1,373	216	1,444	308	1,451	391	1,291	339	1,085	201	1,197
メ ロ ン	(36)	6,319	3,339,123	528	9	1,071	11	1,117	8	1,326	56	688	266	593
温 室 メ ロ ン	(37)	39	42,537	1,092	4	1,334	4	1,309	4	1,477	3	1,546	2	969
アンデスメロン	(38)	114	52,923	465	0	941	2	662	1	1,052	6	625	47	517
その他のメロン(まくわうりを含む。)	(39)	6,167	3,243,664	526	5	874	5	1,168	4	1,261	47	638	216	606
す い か	(40)	5,393	1,105,296	205	2	400	2	542	5	623	84	433	283	329
キウイフルーツ	(41)	320	179,751	561	70	502	83	567	72	588	34	603	0	721
その他の国産果実	(42)	290	152,898	528	2	720	3	615	3	1,622	4	1,733	8	1,431
輸 入 果 実 計	(43)	14,367	3,883,148	270	904	235	1,044	240	1,193	246	1,446	276	1,660	314
バ ナ ナ	(44)	8,391	1,737,613	207	623	203	719	202	751	212	769	218	793	223
パインアップル	(45)	1,552	351,949	227	98	240	111	240	139	221	158	219	157	231
レ モ ン	(46)	430	142,339	331	42	297	33	351	29	334	31	339	37	328
グレープフルーツ	(47)	728	157,217	216	33	251	42	231	70	239	95	230	115	208
オ レ ン ジ	(48)	715	174,941	245	40	237	57	273	64	277	92	272	81	266
輸 入 お う と う	(49)	16	21,818	1,401	0	1,573	-	-	-	-	0	1,643	9	1,478
輸入キウイフルーツ	(50)	1,548	817,908	528	10	561	5	548	8	602	117	606	309	571
輸 入 メ ロ ン	(51)	58	10,432	178	1	297	3	232	7	167	18	173	10	161
その他の輸入果実	(52)	930	468,931	504	57	466	73	529	126	426	166	391	150	390

	6月		7月		8月		9月		10月		11月		12月		
	数量	価格	数量	価格	数量	価格	数量	価格	数量	価格	数量	価格	数量	価格	
	t	円/kg	t	円/kg	t	円/kg	t	円/kg	t	円/kg	t	円/kg	t	円/kg	
	4,033	448	6,901	450	6,433	356	4,915	307	5,120	282	4,849	279	5,031	353	(1)
	2,596	523	5,618	485	5,263	371	3,828	316	4,084	288	3,789	292	3,984	390	(2)
	96	1,097	181	985	193	951	231	477	981	272	1,636	282	2,735	278	(3)
	-	-	-	-	-	-	-	-	-	-	-	-	1	203	(4)
	7	265	-	-	-	-	-	-	-	-	-	-	8	224	(5)
	-	-	-	-	-	-	-	-	-	-	-	-	58	259	(6)
	-	-	-	-	-	-	-	-	-	-	-	-	10	259	(7)
	20	799	4	1,016	2	904	4	840	7	602	28	558	100	457	(8)
	363	366	224	397	234	365	639	247	808	251	640	252	500	333	(9)
	-	-	3	213	75	333	400	256	87	178	2	130	-	-	(10)
	41	365	25	383	20	413	3	366	4	345	43	279	19	351	(11)
	29	276	10	304	3	334	-	-	3	172	29	312	28	288	(12)
	286	374	176	410	92	427	9	391	248	296	272	309	391	347	(13)
	7	393	9	348	43	268	227	225	465	240	294	191	62	265	(14)
	0	2,613	13	576	359	284	458	279	377	253	93	312	25	369	(15)
	0	2,613	11	600	349	283	12	270	-	-	-	-	-	-	(16)
	-	-	-	-	5	277	296	273	6	327	0	374	-	-	(17)
	-	-	-	-	0	428	16	267	-	-	-	-	-	-	(18)
	-	-	-	-	-	-	14	267	151	277	0	320	-	-	(19)
	-	-	1	352	5	344	119	299	219	235	93	312	25	369	(20)
	0	3,294	-	-	46	207	134	174	108	232	99	306	70	343	(21)
	-	-	7	1,016	23	836	594	350	1,272	257	1,176	249	199	404	(22)
	-	-	0	1,883	0	1,966	0	440	9	400	48	302	61	352	(23)
	-	-	7	995	23	833	594	350	1,262	256	1,128	247	138	427	(24)
	0	1,885	-	-	-	-	-	-	-	-	-	-	-	-	(25)
	55	694	408	512	466	431	127	559	0	1,015	0	3,780	-	-	(26)
	52	657	82	581	134	401	85	322	49	285	4	333	-	-	(27)
	58	1,543	110	1,361	8	1,493	-	-	-	-	-	-	-	-	(28)
	141	453	96	298	1	213	-	-	-	-	-	-	-	-	(29)
	30	1,382	62	1,049	282	794	307	596	162	668	41	820	22	774	(30)
	25	1,177	45	792	45	634	32	518	6	627	-	-	-	-	(31)
	2	1,960	5	1,496	88	934	58	749	26	1,033	7	1,104	1	825	(32)
	4	2,475	12	1,843	148	759	217	567	130	597	34	760	22	772	(33)
	-	-	-	-	0	248	8	531	3	891	1	1,259	0	763	(34)
	68	979	8	1,550	9	1,293	6	1,432	5	1,986	25	2,181	173	2,111	(35)
	824	681	2,529	581	1,585	448	697	316	282	383	24	664	29	859	(36)
	1	853	0	527	0	1,387	0	853	0	1,687	4	845	16	895	(37)
	50	400	5	202	1	434	-	-	-	-	-	-	2	517	(38)
	773	699	2,524	582	1,583	448	697	316	281	382	20	629	11	853	(39)
	812	208	1,804	234	1,863	171	507	107	18	172	7	354	5	367	(40)
	0	578	-	-	-	-	-	-	5	908	13	396	42	581	(41)
	70	556	91	429	60	336	32	318	9	423	3	1,008	7	1,867	(42)
	1,437	311	1,283	295	1,171	291	1,087	277	1,036	259	1,060	232	1,047	216	(43)
	761	227	719	224	635	224	632	211	669	200	672	171	647	161	(44)
	148	244	123	244	119	240	109	242	105	224	128	191	155	199	(45)
	41	349	42	359	39	349	38	304	34	280	33	293	33	394	(46)
	58	198	87	195	58	192	51	181	37	192	38	246	44	261	(47)
	66	240	53	250	67	217	70	197	48	194	32	225	46	256	(48)
	6	1,271	0	1,223	-	-	-	-	-	-	-	-	-	-	(49)
	260	560	219	517	217	488	143	511	97	498	105	435	60	437	(50)
	3	175	3	162	1	239	1	247	2	261	5	193	6	153	(51)
	93	459	37	747	35	709	44	764	45	789	47	711	55	507	(52)

3　卸売市場別の月別果実の卸売数量・価額・価格（続き）
(2)　旭川市青果市場

品目		計 数量	計 価額	計 価格	1月 数量	1月 価格	2月 数量	2月 価格	3月 数量	3月 価格	4月 数量	4月 価格	5月 数量	5月 価格
		t	千円	円／kg	t	円／kg	t	円／kg	t	円／kg	t	円／kg	t	円／kg
果実計	(1)	**19,606**	**7,223,842**	**368**	**892**	**341**	**1,559**	**352**	**1,338**	**382**	**1,212**	**406**	**925**	**432**
国産果実計	(2)	**15,415**	**5,952,976**	**386**	**724**	**363**	**1,316**	**367**	**1,047**	**419**	**810**	**450**	**442**	**526**
みかん	(3)	1,970	605,383	307	117	257	67	326	18	409	0	1,776	5	1,523
ネーブルオレンジ（国産）	(4)	0	67	175	0	272	0	224	0	121	－	－	－	－
甘なつみかん	(5)	228	39,462	173	4	146	27	130	44	145	106	175	38	216
いよかん	(6)	814	178,182	219	207	239	452	208	146	220	－	－	－	－
はっさく	(7)	61	11,217	184	6	204	23	185	14	157	16	178	0	272
その他の雑かん	(8)	403	164,908	409	13	515	69	451	194	336	77	369	19	415
りんご	(9)	3,460	1,131,197	327	231	287	449	315	414	298	413	336	183	407
つがる	(10)	404	113,405	281	－	－	－	－	－	－	－	－	－	－
ジョナゴールド	(11)	217	86,184	397	15	364	27	379	25	353	30	387	17	437
王林	(12)	194	65,371	338	17	321	48	348	29	317	35	315	15	316
ふじ	(13)	2,149	723,654	337	189	278	355	307	335	295	321	328	140	411
その他のりんご	(14)	495	142,583	288	9	274	19	281	25	250	27	403	11	422
日本なし	(15)	363	98,549	271	1	276	0	445	－	－	－	－	－	－
幸水	(16)	130	38,430	295	－	－	－	－	－	－	－	－	－	－
豊水	(17)	108	27,452	254	－	－	－	－	－	－	－	－	－	－
二十世紀	(18)	8	2,603	330	－	－	－	－	－	－	－	－	－	－
新高	(19)	24	6,248	260	－	－	－	－	－	－	－	－	－	－
その他のなし	(20)	93	23,816	256	1	276	0	445	－	－	－	－	－	－
西洋なし	(21)	97	21,794	224	9	307	－	－	－	－	－	－	－	－
かき	(22)	1,330	394,199	296	0	1,809	1	845	0	1,196	－	－	－	－
甘がき	(23)	10	5,025	486	0	1,809	1	845	0	1,196	－	－	－	－
渋がき（脱渋を含む。）	(24)	1,320	389,174	295	－	－	－	－	－	－	－	－	－	－
びわ	(25)	0	569	2,061	－	－	－	－	－	－	0	2,415	0	2,064
もも	(26)	432	203,444	471	－	－	－	－	－	－	－	－	0	1,896
すもも	(27)	183	85,631	468	－	－	－	－	－	－	－	－	0	1,389
おうとう	(28)	99	121,370	1,226	－	－	－	－	－	－	0	4,044	1	3,230
うめ	(29)	48	23,400	486	－	－	－	－	－	－	－	－	0	434
ぶどう	(30)	524	347,302	663	3	542	0	588	－	－	－	－	3	1,881
デラウェア	(31)	78	61,231	786	－	－	－	－	－	－	－	－	2	1,639
巨峰	(32)	81	75,633	938	－	－	－	－	－	－	－	－	0	2,833
その他のぶどう	(33)	365	210,438	576	3	542	0	588	－	－	－	－	0	3,098
くり	(34)	4	1,530	425	－	－	－	－	－	－	－	－	－	－
いちご	(35)	535	731,697	1,367	42	1,391	81	1,386	119	1,261	123	1,037	49	1,247
メロン	(36)	2,054	1,061,202	517	1	938	1	843	0	1,462	8	700	53	605
温室メロン	(37)	5	4,874	1,019	0	1,571	1	708	0	1,648	0	1,565	1	1,054
アンデスメロン	(38)	38	17,033	452	0	825	0	714	0	1,188	0	653	16	546
その他のメロン（まくわうりを含む。）	(39)	2,012	1,039,295	517	0	825	1	1,055	0	1,099	7	650	37	624
すいか	(40)	2,300	456,440	198	2	311	3	322	2	398	6	424	86	298
キウイフルーツ	(41)	446	241,013	540	86	512	140	506	94	510	58	606	2	543
その他の国産果実	(42)	61	34,421	560	2	403	1	654	1	1,346	2	1,355	2	2,410
輸入果実計	(43)	**4,191**	**1,270,866**	**303**	**169**	**247**	**244**	**266**	**291**	**250**	**402**	**317**	**483**	**347**
バナナ	(44)	1,347	274,302	204	77	213	96	217	112	217	115	220	122	219
パインアップル	(45)	1,001	208,678	208	42	186	80	206	85	171	108	193	108	212
レモン	(46)	108	37,234	343	5	379	7	360	9	319	7	359	8	357
グレープフルーツ	(47)	322	73,935	229	13	247	20	249	24	243	35	237	40	245
オレンジ	(48)	260	68,771	264	11	267	17	323	23	302	28	298	29	288
輸入おうとう	(49)	5	7,235	1,506	－	－	－	－	－	－	1	1,663	3	1,464
輸入キウイフルーツ	(50)	826	447,728	542	－	－	－	－	－	－	65	633	121	567
輸入メロン	(51)	16	2,433	157	1	236	2	177	2	106	3	126	2	124
その他の輸入果実	(52)	305	150,550	493	20	467	21	678	37	492	40	485	49	478

6月		7月		8月		9月		10月		11月		12月		
数量	価格	数量	価格	数量	価格	数量	価格	数量	価格	数量	価格	数量	価格	
t	円/kg	t	円/kg	t	円/kg	t	円/kg	t	円/kg	t	円/kg	t	円/kg	
1,397	434	2,658	436	2,641	359	2,000	334	1,683	300	1,497	300	1,801	352	(1)
859	507	2,297	454	2,284	366	1,614	333	1,357	300	1,183	305	1,483	373	(2)
20	1,213	20	1,099	21	1,048	50	236	261	244	425	288	965	281	(3)
-	-	-	-	-	-	-	-	-	-	-	-	0	259	(4)
9	244	-	-	-	-	-	-	-	-	-	-	-	-	(5)
-	-	-	-	-	-	-	-	-	-	-	-	9	299	(6)
0	270	-	-	-	-	-	-	-	-	-	-	2	294	(7)
4	809	3	1,471	1	1,190	2	1,248	3	670	6	642	11	659	(8)
204	399	102	425	128	370	468	287	291	293	306	315	271	367	(9)
-	-	-	-	16	387	322	291	61	199	5	263	-	-	(10)
17	448	17	489	19	454	1	151	3	280	25	375	20	369	(11)
11	363	4	381	2	386	-	-	0	388	13	367	20	365	(12)
163	397	75	416	69	355	8	273	120	368	166	344	211	367	(13)
13	396	7	398	22	331	136	279	108	262	98	248	19	367	(14)
-	-	6	557	98	304	180	262	60	178	5	294	13	457	(15)
-	-	6	557	97	303	27	206	-	-	-	-	-	-	(16)
-	-	-	-	1	322	102	254	5	257	0	365	-	-	(17)
-	-	-	-	-	-	8	331	0	315	-	-	-	-	(18)
-	-	-	-	-	-	12	237	10	290	1	303	0	78	(19)
-	-	-	-	0	702	31	327	45	142	3	290	12	471	(20)
-	-	-	-	10	258	33	143	26	195	11	307	8	401	(21)
-	-	3	973	12	802	298	373	540	257	394	256	82	363	(22)
-	-	-	-	-	-	0	548	1	457	3	360	5	411	(23)
-	-	3	973	12	802	298	372	539	256	391	255	77	360	(24)
0	1,464	-	-	-	-	-	-	-	-	-	-	-	-	(25)
11	581	181	476	217	460	23	467	0	457	0	5,265	-	-	(26)
31	655	42	574	60	396	29	345	18	336	2	393	1	502	(27)
12	1,732	81	1,113	5	1,228	-	-	-	-	-	-	-	-	(28)
42	500	6	381	0	567	-	-	-	-	-	-	-	-	(29)
20	1,329	26	1,305	143	774	224	485	81	547	12	878	13	540	(30)
14	1,198	11	886	24	721	28	533	0	656	-	-	-	-	(31)
2	1,884	3	1,564	38	986	26	671	9	981	2	1,083	0	1,908	(32)
4	1,471	12	1,603	81	690	170	449	72	493	9	824	13	540	(33)
-	-	-	-	-	-	3	322	1	872	0	1,377	-	-	(34)
21	1,565	16	1,595	17	1,386	10	1,882	10	2,266	8	2,064	39	2,124	(35)
207	608	920	547	635	478	166	373	58	393	2	675	2	991	(36)
0	1,231	0	404	0	1,080	0	2,160	0	950	1	793	1	1,092	(37)
18	394	3	161	-	-	-	-	-	-	0	583	0	817	(38)
189	629	917	548	635	478	166	373	58	391	1	606	0	814	(39)
275	240	867	223	918	162	125	98	3	341	8	305	5	356	(40)
-	-	-	-	-	-	0	649	2	744	4	477	59	640	(41)
3	1,647	24	297	20	317	3	1,046	1	1,557	0	1,477	2	181	(42)
539	319	361	323	356	315	386	335	326	302	315	277	318	254	(43)
127	223	112	228	96	222	102	212	117	202	137	156	132	143	(44)
147	217	80	234	93	237	77	212	60	209	46	205	75	202	(45)
13	358	12	344	9	349	10	325	10	287	8	308	10	396	(46)
44	217	29	202	35	201	26	202	16	204	14	273	27	269	(47)
29	269	23	255	23	241	21	228	24	201	18	229	13	261	(48)
1	1,533	-	-	-	-	-	-	-	-	-	-	-	-	(49)
124	560	92	544	87	535	136	524	85	504	73	493	43	508	(50)
2	128	1	80	1	236	0	281	1	278	1	210	1	226	(51)
52	351	11	546	12	511	13	513	15	597	18	549	17	586	(52)

3 卸売市場別の月別果実の卸売数量・価額・価格（続き）
(3) 函館市青果市場

品目		計 数量	計 価額	計 価格	1月 数量	1月 価格	2月 数量	2月 価格	3月 数量	3月 価格	4月 数量	4月 価格	5月 数量	5月 価格
		t	千円	円/kg	t	円/kg	t	円/kg	t	円/kg	t	円/kg	t	円/kg
果 実 計	(1)	11,470	4,163,009	363	521	315	709	332	673	378	628	378	538	490
国 産 果 実 計	(2)	9,754	3,686,156	378	418	326	578	343	518	410	450	408	350	584
み か ん	(3)	1,753	572,001	326	127	237	55	315	22	335	0	1,997	7	1,484
ネーブルオレンジ（国産）	(4)	3	826	287	1	253	1	344	1	333	0	108	-	-
甘なつみかん	(5)	155	34,688	224	1	270	6	223	57	215	86	226	5	279
い よ か ん	(6)	298	67,559	227	81	242	164	219	45	220	0	108	-	-
は っ さ く	(7)	63	13,184	208	9	248	24	172	23	214	5	250	-	-
その他の雑かん	(8)	296	129,095	436	10	623	69	402	110	417	67	413	4	534
り ん ご	(9)	1,828	513,919	281	138	237	206	235	195	271	210	282	189	336
つ が る	(10)	122	32,589	266	-	-	-	-	-	-	-	-	-	-
ジョナゴールド	(11)	47	12,358	265	2	107	4	162	6	241	12	197	2	405
王 林	(12)	123	30,568	248	12	220	20	220	16	266	15	254	7	265
ふ じ	(13)	1,148	354,997	309	106	251	158	246	160	280	175	293	176	339
その他のりんご	(14)	387	83,407	215	18	178	24	183	13	172	8	220	3	257
日 本 な し	(15)	289	87,680	303	2	302	1	356	-	-	-	-	-	-
幸 水	(16)	80	24,202	302	-	-	-	-	-	-	-	-	-	-
豊 水	(17)	90	26,068	291	-	-	-	-	-	-	-	-	-	-
二 十 世 紀	(18)	7	1,969	296	-	-	-	-	-	-	-	-	-	-
新 高	(19)	30	8,624	291	-	-	-	-	-	-	-	-	-	-
その他のなし	(20)	83	26,817	323	2	302	1	356	-	-	-	-	-	-
西 洋 な し	(21)	113	31,514	279	4	330	0	364	-	-	-	-	-	-
か き	(22)	1,273	348,422	274	2	318	0	468	-	-	-	-	-	-
甘 が き	(23)	46	15,705	342	1	280	0	468	-	-	-	-	-	-
渋がき（脱渋を含む。）	(24)	1,227	332,716	271	1	353	-	-	-	-	-	-	-	-
び わ	(25)	1	779	1,311	-	-	0	1,626	0	1,475	0	1,133	0	2,808
も も	(26)	376	166,484	443	-	-	-	-	-	-	-	-	1	1,560
す も も	(27)	110	49,926	455	-	-	-	-	-	-	-	-	0	1,512
お う と う	(28)	50	75,596	1,499	-	-	-	-	-	-	0	5,328	1	3,253
う め	(29)	20	9,261	474	-	-	-	-	-	-	-	-	0	590
ぶ ど う	(30)	315	203,783	646	9	464	3	557	1	541	-	-	1	2,075
デ ラ ウ ェ ア	(31)	38	26,891	706	-	-	-	-	-	-	-	-	1	1,847
巨 峰	(32)	39	35,866	932	-	-	-	-	-	-	-	-	0	2,619
その他のぶどう	(33)	239	141,026	591	9	464	3	557	1	541	-	-	0	3,563
く り	(34)	2	1,788	783	-	-	-	-	-	-	-	-	-	-
い ち ご	(35)	269	387,330	1,438	19	1,545	31	1,570	49	1,381	47	1,223	62	1,288
メ ロ ン	(36)	1,355	729,488	538	1	1,298	2	1,252	1	1,453	9	684	36	685
温 室 メ ロ ン	(37)	5	5,746	1,118	1	1,496	0	1,603	0	1,513	0	1,232	0	806
アンデスメロン	(38)	14	7,501	546	0	852	0	770	0	1,024	0	609	7	581
その他のメロン（まくわうりを含む。）	(39)	1,336	716,241	536	0	1,455	1	1,334	1	1,521	8	661	29	709
す い か	(40)	1,129	224,561	199	1	327	1	450	2	473	21	356	43	333
キウイフルーツ	(41)	48	28,162	583	10	559	15	587	11	634	3	699	-	-
その他の国産果実	(42)	7	10,113	1,390	0	2,809	0	2,855	0	3,116	0	2,635	1	1,994
輸 入 果 実 計	(43)	1,716	476,852	278	103	273	131	285	155	272	178	302	188	314
バ ナ ナ	(44)	1,017	233,605	230	66	233	79	233	94	231	96	232	99	236
パインアップル	(45)	112	30,548	274	8	285	8	279	10	272	11	278	11	286
レ モ ン	(46)	54	23,920	441	2	501	4	455	4	413	4	440	5	440
グレープフルーツ	(47)	179	46,910	261	15	302	19	296	14	285	17	299	13	290
オ レ ン ジ	(48)	158	42,899	272	7	331	10	312	13	296	16	283	22	276
輸入おうとう	(49)	3	4,498	1,612	-	-	-	-	-	-	0	2,086	2	1,615
輸入キウイフルーツ	(50)	101	53,649	530	2	384	-	-	2	578	14	592	20	556
輸入メロン	(51)	24	5,613	234	1	336	2	260	6	149	3	253	3	207
その他の輸入果実	(52)	68	35,209	518	2	719	7	706	12	512	17	444	14	448

	6月		7月		8月		9月		10月		11月		12月		
	数量	価格	数量	価格	数量	価格	数量	価格	数量	価格	数量	価格	数量	価格	
	t	円/kg	t	円/kg	t	円/kg	t	円/kg	t	円/kg	t	円/kg	t	円/kg	
	641	527	1,473	453	1,501	383	1,037	323	1,295	279	1,193	277	1,261	320	(1)
	470	615	1,310	475	1,358	394	906	332	1,174	281	1,079	279	1,143	327	(2)
	26	1,096	40	1,083	61	1,105	33	349	139	241	400	256	840	259	(3)
	-	-	-	-	-	-	-	-	-	-	-	-	0	432	(4)
	-	-	-	-	-	-	-	-	-	-	-	-	0	281	(5)
	-	-	-	-	-	-	-	-	-	-	-	-	7	257	(6)
	-	-	-	-	-	-	-	-	-	-	-	-	2	275	(7)
	0	1,498	0	3,519	0	1,298	0	976	0	815	6	522	28	530	(8)
	88	402	28	460	50	286	166	240	220	267	207	261	130	322	(9)
	-	-	-	-	15	332	93	262	14	221	-	-	-	-	(10)
	5	408	5	403	1	422	-	-	2	279	5	236	3	250	(11)
	6	339	2	195	-	-	-	-	4	193	22	255	20	248	(12)
	76	405	21	493	9	405	6	362	95	308	75	346	91	345	(13)
	1	433	1	471	25	212	67	200	106	238	105	204	16	300	(14)
	0	776	3	543	77	295	104	289	67	300	28	335	6	393	(15)
	0	776	2	673	73	293	4	239	-	-	-	-	-	-	(16)
	-	-	-	-	0	238	85	289	4	330	-	-	-	-	(17)
	-	-	-	-	1	357	6	290	-	-	-	-	-	-	(18)
	-	-	-	-	-	-	1	298	29	290	-	-	-	-	(19)
	-	-	1	182	3	326	8	318	34	305	28	335	6	393	(20)
	-	-	-	-	13	246	45	164	17	340	21	379	13	444	(21)
	-	-	8	908	15	689	187	340	598	239	391	249	71	366	(22)
	-	-	-	-	-	-	-	-	0	420	18	305	26	370	(23)
	-	-	8	908	15	689	187	340	598	239	373	246	45	365	(24)
	0	1,350	0	864	-	-	-	-	-	-	-	-	-	-	(25)
	10	643	161	496	176	372	28	475	-	-	-	-	-	-	(26)
	14	592	23	497	31	435	24	384	18	432	0	188	-	-	(27)
	18	1,403	29	1,472	2	1,761	-	-	-	-	-	-	-	-	(28)
	15	526	5	325	0	220	-	-	-	-	-	-	-	-	(29)
	4	2,054	16	1,168	73	747	139	489	46	601	11	818	12	719	(30)
	2	1,312	10	813	20	584	5	553	-	-	-	-	-	-	(31)
	1	1,747	2	1,391	15	1,020	14	678	6	934	1	1,112	0	957	(32)
	1	3,535	4	2,016	38	725	120	465	40	554	10	783	12	718	(33)
	-	-	-	-	0	416	2	861	0	626	-	-	-	-	(34)
	31	1,191	3	2,155	1	2,081	1	2,931	1	3,135	4	2,228	21	2,114	(35)
	165	665	537	563	401	484	130	378	63	456	6	849	4	979	(36)
	0	1,780	0	358	0	1,680	0	1,920	0	785	1	856	2	981	(37)
	5	418	0	421	-	-	-	-	-	-	-	-	0	818	(38)
	161	672	536	564	401	484	130	377	63	455	5	848	1	1,007	(39)
	98	210	456	203	456	181	47	89	1	333	1	399	1	505	(40)
	-	-	-	-	-	-	-	-	1	697	3	513	6	488	(41)
	0	2,449	1	1,384	0	2,092	0	2,026	3	286	0	1,896	0	2,197	(42)
	172	288	163	274	143	270	131	261	121	255	114	257	117	251	(43)
	96	240	99	238	86	237	82	233	78	228	72	208	70	193	(44)
	12	292	11	287	7	281	8	274	9	260	7	252	11	234	(45)
	5	454	5	464	6	436	6	410	5	409	3	406	5	487	(46)
	21	222	17	213	17	218	12	223	7	213	13	278	15	286	(47)
	15	283	17	259	15	274	14	227	11	205	9	248	9	298	(48)
	1	1,517	-	-	-	-	-	-	-	-	-	-	-	-	(49)
	16	535	13	540	10	522	7	509	9	382	6	525	3	579	(50)
	2	84	-	-	2	303	3	363	-	-	1	385	1	423	(51)
	2	459	1	483	1	384	1	666	2	776	4	609	5	493	(52)

3　卸売市場別の月別果実の卸売数量・価額・価格（続き）
(4)　青森市中央卸売市場

品目	計 数量	計 価額	計 価格	1月 数量	1月 価格	2月 数量	2月 価格	3月 数量	3月 価格	4月 数量	4月 価格	5月 数量	5月 価格
	t	千円	円／kg	t	円／kg	t	円／kg	t	円／kg	t	円／kg	t	円／kg
果実計 (1)	**10,999**	**3,369,999**	**306**	**902**	**324**	**980**	**333**	**773**	**391**	**685**	**389**	**621**	**419**
国産果実計 (2)	**8,275**	**2,695,618**	**326**	**734**	**345**	**793**	**354**	**542**	**452**	**435**	**459**	**332**	**494**
みかん (3)	1,915	482,344	252	419	239	352	259	16	347	0	2,025	3	1,560
ネーブルオレンジ（国産） (4)	3	690	237	1	235	0	228	1	242	–	–	–	–
甘なつみかん (5)	71	14,611	207	2	182	6	164	18	201	37	216	5	222
いよかん (6)	204	42,439	208	56	223	105	193	37	232	–	–	–	–
はっさく (7)	71	14,017	199	10	205	20	189	34	196	4	213	–	–
その他の雑かん (8)	254	110,119	434	23	516	49	445	81	365	49	412	22	437
りんご (9)	1,808	473,933	262	104	216	163	238	245	277	198	288	140	355
つがる (10)	108	21,007	195	–	–	–	–	–	–	–	–	–	–
ジョナゴールド (11)	69	16,911	245	–	–	–	–	0	427	5	191	14	292
王林 (12)	78	17,078	219	4	180	7	198	5	267	3	320	2	379
ふじ (13)	1,283	362,308	282	95	219	155	240	238	277	190	289	122	361
その他のりんご (14)	270	56,629	210	5	178	0	177	2	257	–	–	2	388
日本なし (15)	241	70,120	291	0	268	1	182	–	–	2	138	–	–
幸水 (16)	114	35,300	309	–	–	–	–	–	–	–	–	–	–
豊水 (17)	70	17,421	250	–	–	–	–	–	–	–	–	–	–
二十世紀 (18)	2	446	272	–	–	–	–	–	–	–	–	–	–
新高 (19)	16	4,801	291	–	–	–	–	–	–	–	–	–	–
その他のなし (20)	39	12,151	313	0	268	1	182	–	–	2	138	–	–
西洋なし (21)	89	21,024	237	8	256	4	248	–	–	–	–	–	–
かき (22)	528	143,762	272	9	329	1	507	–	–	–	–	–	–
甘がき (23)	81	23,727	295	9	329	1	507	–	–	–	–	–	–
渋がき（脱渋を含む。） (24)	447	120,035	268	–	–	–	–	–	–	–	–	–	–
びわ (25)	0	445	1,808	–	–	–	–	0	1,825	0	1,703	0	1,998
もも (26)	295	127,606	432	–	–	–	–	–	–	–	–	0	2,367
すもも (27)	74	33,364	450	–	–	–	–	–	–	–	–	–	–
おうとう (28)	21	32,003	1,491	–	–	–	–	–	–	0	5,276	0	3,727
うめ (29)	3	1,104	355	–	–	–	–	–	–	–	–	0	555
ぶどう (30)	320	157,183	492	29	392	7	420	0	351	–	–	0	2,502
デラウェア (31)	30	17,016	558	–	–	–	–	–	–	–	–	0	2,117
巨峰 (32)	35	29,542	853	–	–	–	–	–	–	–	–	0	3,215
その他のぶどう (33)	254	110,626	435	29	392	7	420	0	351	–	–	0	2,904
くり (34)	2	1,296	548	–	–	–	–	–	–	–	–	–	–
いちご (35)	425	518,477	1,220	59	1,355	66	1,358	90	1,233	89	944	65	892
メロン (36)	663	233,935	353	0	1,809	1	1,154	0	1,878	31	624	49	507
温室メロン (37)	14	11,913	834	0	1,935	1	1,328	0	1,972	0	1,754	1	846
アンデスメロン (38)	20	7,412	375	0	1,015	0	972	0	1,102	0	555	6	435
その他のメロン（まくわうりを含む。） (39)	629	214,610	341	0	134	0	496	0	1,080	31	612	42	505
すいか (40)	1,198	172,504	144	0	454	0	429	1	372	22	286	48	286
キウイフルーツ (41)	86	40,288	467	13	510	17	508	19	545	3	722	–	–
その他の国産果実 (42)	4	4,354	985	0	1,410	0	1,502	0	2,169	0	1,988	0	1,233
輸入果実計 (43)	**2,724**	**674,380**	**248**	**168**	**231**	**187**	**243**	**232**	**248**	**250**	**266**	**289**	**332**
バナナ (44)	2,067	427,515	207	134	212	152	223	176	226	180	227	185	233
パインアップル (45)	103	23,211	226	9	233	8	218	11	218	8	222	10	232
レモン (46)	65	23,174	354	5	408	6	360	6	353	8	339	5	375
グレープフルーツ (47)	113	23,874	211	8	226	6	247	7	260	8	250	11	226
オレンジ (48)	100	25,822	259	6	238	6	304	8	299	9	311	8	300
輸入おうとう (49)	14	22,219	1,564	–	–	–	–	–	–	1	2,105	10	1,551
輸入キウイフルーツ (50)	117	64,012	549	–	–	–	–	–	–	10	584	35	539
輸入メロン (51)	20	3,167	155	0	357	1	190	3	114	7	147	3	171
その他の輸入果実 (52)	125	61,387	492	5	563	7	537	22	407	19	406	20	401

	6月		7月		8月		9月		10月		11月		12月		
	数量	価格	数量	価格	数量	価格	数量	価格	数量	価格	数量	価格	数量	価格	
	t	円/kg	t	円/kg	t	円/kg	t	円/kg	t	円/kg	t	円/kg	t	円/kg	
	653	331	783	339	1,551	251	797	236	887	243	1,017	266	1,351	280	(1)
	397	356	557	374	1,317	253	595	236	678	248	790	288	1,104	303	(2)
	3	1,129	7	1,069	16	1,179	21	238	84	228	263	250	731	221	(3)
	-	-	-	-	-	-	-	-	-	-	-	-	0	240	(4)
	3	208	-	-	-	-	-	-	-	-	-	-	0	216	(5)
	-	-	-	-	-	-	-	-	-	-	-	-	6	197	(6)
	-	-	-	-	-	-	-	-	-	-	-	-	3	253	(7)
	2	472	0	828	0	983	0	855	0	822	5	543	22	584	(8)
	77	436	35	385	37	263	126	182	250	204	284	237	149	270	(9)
	-	-	-	-	5	196	79	185	24	229	-	-	-	-	(10)
	2	167	13	294	3	410	-	-	16	208	15	185	1	264	(11)
	-	-	-	-	-	-	-	-	2	164	45	207	9	236	(12)
	74	445	21	444	14	407	10	223	87	234	156	253	121	242	(13)
	1	367	1	271	15	125	38	163	120	179	67	230	19	467	(14)
	-	-	4	488	71	358	122	234	28	320	13	358	0	490	(15)
	-	-	3	538	70	359	41	208	1	165	-	-	-	-	(16)
	-	-	-	-	1	300	68	249	0	245	-	-	-	-	(17)
	-	-	-	-	0	784	1	221	0	254	-	-	-	-	(18)
	-	-	-	-	-	-	7	303	9	281	0	315	-	-	(19)
	-	-	1	293	0	99	4	135	18	347	12	359	0	490	(20)
	-	-	-	-	12	81	17	108	16	246	19	334	12	391	(21)
	-	-	2	1,036	9	838	60	378	245	240	140	247	61	237	(22)
	-	-	-	-	-	-	0	454	1	465	29	280	41	289	(23)
	-	-	2	1,036	9	838	60	378	244	239	111	238	21	135	(24)
	0	1,961	-	-	-	-	-	-	-	-	-	-	-	-	(25)
	9	581	122	478	136	380	28	420	0	336	-	-	-	-	(26)
	8	492	38	488	15	439	13	341	1	231	-	-	-	-	(27)
	14	1,490	7	1,274	0	1,240	-	-	-	-	-	-	-	-	(28)
	1	396	1	274	-	-	-	-	-	-	-	-	-	-	(29)
	1	2,029	12	962	69	610	57	402	39	529	43	467	61	367	(30)
	1	1,287	7	771	22	467	1	304	-	-	-	-	-	-	(31)
	0	2,612	4	1,120	15	899	11	613	4	902	0	939	0	668	(32)
	0	3,701	1	1,810	32	571	46	355	35	489	42	462	61	366	(33)
	-	-	-	-	0	756	2	622	1	334	-	-	-	-	(34)
	14	803	0	1,228	0	796	-	-	0	3,348	10	2,052	33	1,970	(35)
	116	278	117	365	269	332	64	239	11	342	2	705	3	954	(36)
	0	1,102	0	922	1	849	3	402	3	555	1	794	3	962	(37)
	14	346	0	403	-	-	-	-	-	-	-	-	-	-	(38)
	102	266	116	363	268	330	62	232	9	274	0	486	0	648	(39)
	150	182	212	199	681	116	84	41	0	331	0	346	0	432	(40)
	-	-	-	-	-	-	-	-	3	417	11	356	21	368	(41)
	0	2,829	1	1,209	0	1,062	1	354	1	488	0	1,018	0	574	(42)
	256	291	225	255	234	240	202	234	208	227	228	190	246	181	(43)
	177	229	174	222	167	216	160	212	168	195	189	155	205	147	(44)
	11	243	5	248	11	250	9	235	7	222	7	184	8	194	(45)
	7	374	4	373	5	344	4	312	5	293	4	316	6	379	(46)
	12	208	13	182	21	173	7	180	6	178	5	232	9	248	(47)
	11	262	9	237	16	233	10	213	7	234	5	228	5	287	(48)
	3	1,496	0	1,143	-	-	-	-	-	-	-	-	0	1,080	(49)
	24	568	14	564	10	530	6	516	7	528	6	530	3	538	(50)
	3	112	0	65	-	-	0	294	1	305	1	115	1	254	(51)
	8	586	5	629	5	609	6	567	8	640	10	561	9	514	(52)

3 卸売市場別の月別果実の卸売数量・価額・価格（続き）
(5) 八戸市中央卸売市場

品目		計			1月		2月		3月		4月		5月	
		数量	価額	価格	数量	価格	数量	価格	数量	価格	数量	価格	数量	価格
		t	千円	円/kg	t	円/kg	t	円/kg	t	円/kg	t	円/kg	t	円/kg
果 実 計	(1)	18,157	4,914,236	271	1,148	256	1,758	255	1,369	313	1,248	310	1,000	371
国 産 果 実 計	(2)	15,005	4,067,842	271	985	259	1,539	256	1,055	333	912	320	628	393
み か ん	(3)	2,006	440,438	220	211	205	176	236	30	199	0	1,827	3	1,422
ネーブルオレンジ（国産）	(4)	6	944	170	0	272	0	185	3	148	1	130	-	-
甘 な つ み か ん	(5)	164	29,962	182	3	133	6	236	49	182	80	168	23	214
い よ か ん	(6)	249	48,878	196	61	194	135	184	49	228	-	-	-	-
は っ さ く	(7)	102	20,413	199	24	219	27	216	36	178	10	150	1	246
そ の 他 の 雑 か ん	(8)	344	123,636	360	40	364	77	367	83	366	75	294	39	225
り ん ご	(9)	6,908	1,361,641	197	532	164	1,000	176	652	202	578	191	346	262
つ が る	(10)	475	82,760	174	-	-	-	-	-	-	-	-	-	-
ジ ョ ナ ゴ ー ル ド	(11)	355	59,383	167	19	124	53	163	54	166	48	173	28	177
王 林	(12)	391	67,439	172	54	136	60	152	75	161	36	147	3	246
ふ じ	(13)	4,694	983,972	210	435	168	847	180	487	215	461	199	291	274
そ の 他 の り ん ご	(14)	992	168,087	169	24	194	40	156	37	172	32	164	24	217
日 本 な し	(15)	298	78,341	263	1	315	0	299	1	114	-	-	-	-
幸 水	(16)	135	38,361	284	-	-	-	-	-	-	-	-	-	-
豊 水	(17)	69	18,503	268	-	-	-	-	-	-	-	-	-	-
二 十 世 紀	(18)	1	492	359	-	-	-	-	-	-	-	-	-	-
新 高	(19)	27	7,681	285	-	-	-	-	-	-	-	-	-	-
そ の 他 の な し	(20)	66	13,303	203	1	315	0	299	1	114	-	-	-	-
西 洋 な し	(21)	227	50,489	223	13	244	3	214	-	-	-	-	-	-
か き	(22)	611	151,329	248	0	395	-	-	-	-	-	-	-	-
甘 が き	(23)	45	12,038	270	0	395	-	-	-	-	-	-	-	-
渋がき（脱渋を含む。）	(24)	566	139,291	246	-	-	-	-	-	-	-	-	-	-
び わ	(25)	1	1,949	1,550	-	-	-	-	0	1,738	0	1,603	0	1,724
も も	(26)	435	136,878	315	-	-	-	-	-	-	-	-	0	1,542
す も も	(27)	134	48,013	359	-	-	-	-	-	-	-	-	-	-
お う と う	(28)	97	104,034	1,077	-	-	-	-	-	-	0	5,271	1	3,819
う め	(29)	91	21,624	238	-	-	-	-	-	-	-	-	1	415
ぶ ど う	(30)	489	232,265	475	26	415	19	518	13	566	0	411	1	1,368
デ ラ ウ ェ ア	(31)	23	12,405	549	-	-	-	-	-	-	-	-	0	2,433
巨 峰	(32)	24	20,338	854	-	-	-	-	-	-	-	-	0	3,750
そ の 他 の ぶ ど う	(33)	443	199,522	451	26	415	19	518	13	566	0	411	1	617
く り	(34)	24	12,063	504	-	-	-	-	-	-	-	-	-	-
い ち ご	(35)	530	620,466	1,171	51	1,292	72	1,293	115	1,156	126	925	82	978
メ ロ ン	(36)	714	297,630	417	2	1,458	2	1,200	2	1,513	22	613	58	512
温 室 メ ロ ン	(37)	30	25,076	847	1	1,633	1	1,221	1	1,693	1	1,227	2	1,010
ア ン デ ス メ ロ ン	(38)	84	32,885	393	0	860	0	944	0	1,177	8	512	18	491
その他のメロン（まくわうりを含む。）	(39)	600	239,669	399	0	2,056	0	1,768	1	1,329	12	613	38	502
す い か	(40)	1,420	207,586	146	0	422	0	486	1	470	9	457	72	301
キ ウ イ フ ル ー ツ	(41)	99	52,291	526	20	466	21	490	21	550	10	619	0	120
そ の 他 の 国 産 果 実	(42)	57	26,974	476	0	1,002	0	2,811	0	3,399	1	1,819	0	2,829
輸 入 果 実 計	(43)	3,152	846,394	268	163	234	219	250	314	245	336	280	371	333
バ ナ ナ	(44)	1,579	311,682	197	103	191	117	199	144	198	142	205	164	205
パ イ ン ア ッ プ ル	(45)	352	72,267	205	16	238	26	207	40	191	45	191	31	236
レ モ ン	(46)	110	37,396	339	6	393	8	360	10	275	8	346	11	307
グ レ ー プ フ ル ー ツ	(47)	287	63,094	220	14	233	22	228	29	232	27	231	29	233
オ レ ン ジ	(48)	281	77,070	274	10	260	15	275	27	325	41	292	38	307
輸 入 お う と う	(49)	13	19,720	1,478	-	-	-	-	-	-	1	2,038	9	1,506
輸 入 キ ウ イ フ ル ー ツ	(50)	233	132,262	567	0	245	1	495	1	558	20	648	52	579
輸 入 メ ロ ン	(51)	33	4,459	136	1	273	6	151	6	129	5	153	2	177
そ の 他 の 輸 入 果 実	(52)	263	128,445	488	12	486	25	515	56	376	47	434	35	477

6月		7月		8月		9月		10月		11月		12月		
数量	価格	数量	価格	数量	価格	数量	価格	数量	価格	数量	価格	数量	価格	
t	円/kg	t	円/kg	t	円/kg	t	円/kg	t	円/kg	t	円/kg	t	円/kg	
1,114	327	1,205	342	2,045	244	1,452	224	1,802	208	2,008	235	2,009	268	(1)
780	340	924	365	1,756	241	1,210	219	1,593	202	1,811	234	1,812	271	(2)
6	1,229	9	1,011	16	1,096	66	208	230	174	419	204	838	204	(3)
-	-	-	-	-	-	-	-	-	-	-	-	2	193	(4)
3	259	-	-	-	-	-	-	-	-	-	-	-	-	(5)
-	-	-	-	-	-	-	-	-	-	-	-	3	276	(6)
-	-	-	-	-	-	-	-	-	-	-	-	5	253	(7)
2	302	0	1,317	0	1,607	0	818	1	651	5	648	21	684	(8)
308	247	135	297	215	264	484	160	875	166	1,025	205	759	209	(9)
-	-	-	-	104	242	346	157	24	128	0	243	-	-	(10)
30	188	13	226	8	202	0	58	30	162	39	153	32	152	(11)
7	195	1	359	0	290	-	-	6	143	77	207	72	198	(12)
257	254	110	307	45	385	38	240	400	184	729	214	593	214	(13)
14	274	10	274	57	215	99	138	415	153	179	179	62	203	(14)
0	2,592	4	498	78	319	161	230	47	243	6	393	1	678	(15)
0	2,592	2	618	64	341	69	222	0	27	-	-	-	-	(16)
-	-	1	475	5	332	61	261	3	232	-	-	-	-	(17)
-	-	-	-	0	933	1	300	0	124	-	-	-	-	(18)
-	-	-	-	-	-	10	273	17	291	-	-	0	189	(19)
-	-	1	284	9	144	20	136	27	214	6	393	1	693	(20)
-	-	-	-	27	125	63	118	45	221	40	313	36	372	(21)
-	-	0	635	1	786	85	368	280	227	225	225	20	271	(22)
-	-	-	-	0	961	2	447	17	216	10	317	15	271	(23)
-	-	0	635	0	771	83	366	263	227	215	221	5	271	(24)
0	1,367	0	873	-	-	-	-	-	-	-	-	-	-	(25)
55	401	126	390	152	269	100	238	2	301	-	-	-	-	(26)
12	508	57	381	33	345	29	263	3	424	-	-	-	-	(27)
51	1,123	45	952	-	-	-	-	-	-	-	-	-	-	(28)
19	298	71	219	0	54	-	-	-	-	-	-	-	-	(29)
2	1,209	13	779	109	551	104	376	79	428	64	485	59	440	(30)
1	1,135	6	679	13	421	2	196	-	-	-	-	-	-	(31)
0	1,847	4	1,055	14	773	5	784	1	1,245	0	1,021	-	-	(32)
1	1,142	4	637	82	534	98	359	78	419	64	484	59	440	(33)
-	-	-	-	0	1,080	13	497	3	503	4	599	3	410	(34)
20	755	4	1,331	3	1,161	2	1,966	2	2,194	9	1,881	45	1,890	(35)
109	350	156	457	287	377	49	281	19	376	4	892	4	1,131	(36)
2	802	3	659	5	644	4	470	4	532	3	919	3	1,286	(37)
32	319	22	324	0	245	-	-	0	375	1	699	1	714	(38)
75	353	131	475	282	372	45	265	14	330	0	1,070	1	1,029	(39)
192	165	261	201	832	113	52	52	0	378	1	295	1	344	(40)
-	-	-	-	-	-	-	-	4	577	9	534	14	539	(41)
1	1,529	43	416	3	441	3	278	3	296	1	531	1	756	(42)
334	298	281	266	289	266	241	254	210	253	197	242	198	233	(43)
166	208	159	206	140	201	119	201	118	192	110	172	98	172	(44)
28	227	21	240	42	237	28	207	27	172	24	156	25	163	(45)
11	310	9	377	11	361	10	331	9	326	8	315	10	402	(46)
29	226	27	205	32	204	30	179	12	190	12	230	23	251	(47)
33	285	26	269	28	240	25	213	17	236	12	260	12	266	(48)
4	1,344	0	1,090	-	-	-	-	-	-	-	-	-	-	(49)
41	605	29	522	28	583	20	549	14	507	17	511	10	503	(50)
6	73	-	-	-	-	0	260	1	250	1	221	5	105	(51)
17	544	9	610	10	601	10	663	13	720	13	594	16	443	(52)

3 卸売市場別の月別果実の卸売数量・価額・価格（続き）
(6) 盛岡市中央卸売市場

品目		計 数量	計 価額	計 価格	1月 数量	1月 価格	2月 数量	2月 価格	3月 数量	3月 価格	4月 数量	4月 価格	5月 数量	5月 価格
		t	千円	円/kg	t	円/kg	t	円/kg	t	円/kg	t	円/kg	t	円/kg
果実計	(1)	18,152	6,146,172	339	1,737	344	1,855	340	1,242	450	965	451	975	427
国産果実計	(2)	14,132	5,085,294	360	1,514	360	1,600	355	900	531	571	578	442	570
みかん	(3)	3,294	873,581	265	754	266	514	265	4	328	0	2,527	1	1,839
ネーブルオレンジ（国産）	(4)	14	3,139	218	1	238	1	335	6	227	3	176	-	-
甘なつみかん	(5)	185	35,062	190	13	201	20	169	49	188	89	190	14	213
いよかん	(6)	346	73,469	212	77	226	201	205	55	217	-	-	-	-
はっさく	(7)	93	19,116	205	20	210	26	191	41	203	1	258	-	-
その他の雑かん	(8)	658	262,609	399	82	383	168	395	190	373	105	342	32	344
りんご	(9)	3,387	754,669	223	360	169	468	179	261	224	82	292	39	463
つがる	(10)	154	26,402	171	-	-	-	-	-	-	-	-	-	-
ジョナゴールド	(11)	119	23,077	194	-	-	-	-	1	240	0	45	0	342
王林	(12)	157	23,336	149	19	118	23	121	3	213	4	239	1	308
ふじ	(13)	2,167	513,645	237	307	174	417	181	208	213	68	290	37	469
その他のりんご	(14)	790	168,210	213	34	152	29	189	50	268	10	332	1	460
日本なし	(15)	610	163,349	268	5	234	2	253	3	213	-	-	-	-
幸水	(16)	270	80,097	296	-	-	-	-	-	-	-	-	-	-
豊水	(17)	227	53,731	236	-	-	-	-	-	-	-	-	-	-
二十世紀	(18)	4	1,139	270	-	-	-	-	-	-	-	-	-	-
新高	(19)	35	8,942	256	-	-	-	-	-	-	-	-	-	-
その他のなし	(20)	73	19,439	265	5	234	2	253	3	213	-	-	-	-
西洋なし	(21)	212	46,304	219	5	245	1	236	-	-	-	-	-	-
かき	(22)	783	175,014	224	-	-	-	-	-	-	-	-	-	-
甘がき	(23)	117	30,553	262	-	-	-	-	-	-	-	-	-	-
渋がき（脱渋を含む。）	(24)	666	144,461	217	-	-	-	-	-	-	-	-	-	-
びわ	(25)	0	846	2,245	-	-	-	-	0	2,790	0	2,026	0	2,303
もも	(26)	550	229,573	418	-	-	-	-	-	-	-	-	1	2,290
すもも	(27)	125	48,509	388	-	-	-	-	-	-	-	-	0	1,123
おうとう	(28)	32	50,468	1,599	-	-	-	-	-	-	0	8,056	0	5,450
うめ	(29)	46	16,054	350	-	-	-	-	-	-	-	-	4	416
ぶどう	(30)	655	353,650	540	11	456	2	500	-	-	-	-	1	1,762
デラウェア	(31)	58	35,655	613	-	-	-	-	-	-	-	-	1	1,756
巨峰	(32)	118	97,574	830	-	-	-	-	-	-	-	-	-	-
その他のぶどう	(33)	479	220,421	460	11	456	2	500	-	-	-	-	0	3,060
くり	(34)	8	4,527	541	-	-	-	-	-	-	-	-	-	-
いちご	(35)	1,112	1,319,661	1,186	158	1,300	159	1,325	258	1,144	233	911	153	792
メロン	(36)	881	370,120	420	4	1,182	6	1,028	6	1,106	21	687	122	528
温室メロン	(37)	96	51,151	531	1	1,745	2	1,606	2	1,478	2	1,286	2	910
アンデスメロン	(38)	254	114,643	451	2	796	4	770	3	836	6	677	68	522
その他のメロン（まくわうりを含む。）	(39)	531	204,327	385	0	1,591	0	1,033	1	1,196	13	598	53	524
すいか	(40)	893	169,235	189	0	368	0	918	0	601	3	451	74	308
キウイフルーツ	(41)	121	61,757	508	14	530	18	525	25	556	32	534	-	-
その他の国産果実	(42)	125	54,581	437	11	241	14	249	3	341	2	3,199	1	3,815
輸入果実計	(43)	4,021	1,060,878	264	224	236	256	246	342	239	394	267	533	309
バナナ	(44)	2,067	395,027	191	140	187	156	191	205	192	201	193	223	196
パインアップル	(45)	443	96,653	218	28	230	29	232	36	227	39	229	50	230
レモン	(46)	164	56,184	343	10	382	10	408	13	345	12	337	13	340
グレープフルーツ	(47)	342	77,265	226	16	248	19	250	29	244	29	252	44	235
オレンジ	(48)	362	90,374	249	13	252	20	300	29	281	48	272	57	268
輸入おうとう	(49)	12	17,421	1,417	-	-	-	-	-	-	1	1,858	7	1,460
輸入キウイフルーツ	(50)	346	193,412	559	1	536	2	540	3	540	29	613	91	564
輸入メロン	(51)	61	9,939	163	2	305	4	161	4	167	9	157	14	143
その他の輸入果実	(52)	223	124,603	558	14	568	17	593	24	530	28	478	35	451

	6月		7月		8月		9月		10月		11月		12月		
	数量	価格	数量	価格	数量	価格	数量	価格	数量	価格	数量	価格	数量	価格	
	t	円/kg	t	円/kg	t	円/kg	t	円/kg	t	円/kg	t	円/kg	t	円/kg	
	1,189	364	1,168	362	1,688	331	1,491	259	1,649	238	1,884	279	2,307	341	(1)
	754	407	812	401	1,346	346	1,184	260	1,357	237	1,615	287	2,036	353	(2)
	2	1,251	8	837	11	839	78	278	298	221	558	267	1,066	260	(3)
	-	-	-	-	-	-	-	-	-	-	-	-	2	186	(4)
	-	-	-	-	-	-	-	-	-	-	-	-	-	-	(5)
	-	-	-	-	-	-	-	-	-	-	-	-	13	222	(6)
	-	-	-	-	-	-	-	-	-	-	-	-	6	257	(7)
	0	2,269	0	2,908	0	1,319	2	686	1	1,178	12	645	66	541	(8)
	46	461	32	424	85	292	283	173	454	197	698	248	580	240	(9)
	-	-	-	-	11	263	141	164	3	166	-	-	-	-	(10)
	0	508	-	-	0	142	0	113	95	203	22	153	0	31	(11)
	-	-	-	-	-	-	-	-	14	146	64	161	30	139	(12)
	42	462	32	424	23	391	13	208	116	209	453	271	451	247	(13)
	3	446	0	385	51	253	129	178	226	191	159	229	99	239	(14)
	0	1,027	11	539	205	320	330	222	45	285	3	408	6	364	(15)
	0	1,027	11	540	184	330	75	176	-	-	-	-	-	-	(16)
	-	-	-	-	13	275	201	233	14	244	-	-	-	-	(17)
	-	-	-	-	0	460	3	273	1	191	-	-	-	-	(18)
	-	-	-	-	-	-	27	249	8	279	-	-	-	-	(19)
	-	-	0	390	8	144	25	229	22	315	3	408	6	364	(20)
	-	-	-	-	36	144	50	151	34	259	47	304	37	233	(21)
	-	-	4	839	10	574	88	282	385	194	214	215	82	249	(22)
	-	-	-	-	-	-	0	408	5	272	48	273	63	252	(23)
	-	-	4	839	10	574	88	281	380	193	166	198	18	238	(24)
	0	2,317	-	-	-	-	-	-	-	-	-	-	-	-	(25)
	52	515	239	445	244	374	14	237	0	216	-	-	-	-	(26)
	18	537	69	371	28	378	10	266	0	414	-	-	-	-	(27)
	18	1,552	13	1,491	-	-	-	-	-	-	-	-	-	-	(28)
	33	373	9	231	-	-	-	-	-	-	-	-	-	-	(29)
	12	1,710	34	1,036	201	562	241	415	105	488	24	626	25	475	(30)
	3	1,138	15	752	39	506	1	456	-	-	-	-	-	-	(31)
	7	1,682	10	1,239	45	816	33	596	17	748	6	813	1	923	(32)
	2	2,460	9	1,266	117	484	207	386	88	437	18	570	24	466	(33)
	-	-	-	-	0	735	5	483	3	606	0	739	0	577	(34)
	18	923	2	2,145	4	1,610	2	1,751	2	2,130	22	1,960	101	1,950	(35)
	304	385	143	341	187	389	51	305	22	371	6	754	9	827	(36)
	1	909	11	523	25	427	28	341	17	356	3	818	2	1,415	(37)
	116	407	41	358	9	288	-	-	0	284	2	660	4	640	(38)
	187	368	92	312	153	389	24	263	4	440	1	704	3	583	(39)
	245	190	216	183	330	175	24	40	0	274	1	301	1	350	(40)
	-	-	-	-	-	-	-	-	-	-	16	340	17	517	(41)
	7	892	32	437	5	675	6	533	7	524	14	270	25	247	(42)
	435	289	357	273	341	272	307	255	292	244	269	231	271	244	(43)
	201	202	176	203	158	202	160	188	168	183	150	175	129	171	(44)
	44	221	41	224	45	240	34	201	29	199	31	187	39	186	(45)
	15	368	13	376	16	353	17	325	17	301	16	249	14	383	(46)
	44	213	38	208	37	210	21	207	20	203	19	209	26	246	(47)
	45	263	30	247	32	238	31	193	22	197	19	191	18	236	(48)
	3	1,340	1	1,027	-	-	-	-	-	-	-	-	0	2,710	(49)
	61	573	42	562	37	558	29	545	19	531	16	528	17	487	(50)
	7	129	3	154	2	189	2	190	3	209	4	195	7	160	(51)
	15	585	13	586	15	547	14	665	13	777	15	634	20	539	(52)

3 卸売市場別の月別果実の卸売数量・価額・価格（続き）
(7) 仙台市中央卸売市場

品目		計			1月		2月		3月		4月		5月	
		数量	価額	価格	数量	価格	数量	価格	数量	価格	数量	価格	数量	価格
		t	千円	円/kg	t	円/kg	t	円/kg	t	円/kg	t	円/kg	t	円/kg
果実計	(1)	47,314	16,414,135	347	3,297	364	3,909	375	3,386	404	2,617	421	3,035	428
国産果実計	(2)	37,042	13,477,035	364	2,672	391	3,228	400	2,548	450	1,585	499	1,822	491
みかん	(3)	11,482	3,417,836	298	1,428	289	981	312	72	606	5	1,482	12	1,390
ネーブルオレンジ（国産）	(4)	4	1,080	245	-	-	4	241	0	354	-	-	-	-
甘なつみかん	(5)	488	94,796	194	9	226	40	198	135	187	220	197	77	196
いよかん	(6)	1,384	312,908	226	300	240	720	217	353	232	0	410	-	-
はっさく	(7)	280	59,482	213	47	194	55	196	137	215	19	258	1	274
その他の雑かん	(8)	3,169	1,386,184	437	332	451	820	442	1,069	366	473	409	115	513
りんご	(9)	2,504	776,372	310	210	273	270	264	319	311	237	336	187	405
つがる	(10)	278	63,472	228	10	259	-	-	-	-	-	-	-	-
ジョナゴールド	(11)	38	11,851	310	4	186	2	266	2	196	0	270	0	273
王林	(12)	100	25,660	257	11	247	16	282	15	294	20	249	13	248
ふじ	(13)	1,806	593,315	329	177	278	246	262	286	309	206	344	159	420
その他のりんご	(14)	282	82,075	291	9	261	6	276	17	368	10	362	15	387
日本なし	(15)	2,350	677,826	288	-	-	0	24	-	-	-	-	-	-
幸水	(16)	997	340,980	342	-	-	-	-	-	-	-	-	-	-
豊水	(17)	729	186,412	256	-	-	-	-	-	-	-	-	-	-
二十世紀	(18)	2	1,286	543	-	-	-	-	-	-	-	-	-	-
新高	(19)	364	93,408	256	-	-	0	24	-	-	-	-	-	-
その他のなし	(20)	257	55,741	217	-	-	-	-	-	-	-	-	-	-
西洋なし	(21)	218	64,688	297	4	140	-	-	-	-	-	-	-	-
かき	(22)	2,786	717,712	258	7	405	-	-	-	-	-	-	-	-
甘がき	(23)	637	177,212	278	7	405	-	-	-	-	-	-	-	-
渋がき（脱渋を含む。）	(24)	2,149	540,500	251	-	-	-	-	-	-	-	-	-	-
びわ	(25)	2	2,810	1,666	-	-	-	-	0	2,188	1	1,436	0	1,779
もも	(26)	1,229	519,802	423	-	-	-	-	-	-	-	-	1	2,664
すもも	(27)	196	92,551	472	-	-	-	-	-	-	-	-	2	967
おうとう	(28)	126	170,549	1,354	0	17,496	-	-	0	6,759	1	5,727	3	3,946
うめ	(29)	165	59,967	363	-	-	-	-	-	-	-	-	9	446
ぶどう	(30)	1,063	701,896	660	12	426	4	453	-	-	-	-	8	1,639
デラウェア	(31)	277	202,267	731	-	-	-	-	-	-	-	-	7	1,525
巨峰	(32)	223	196,127	881	-	-	-	-	-	-	-	-	0	4,029
その他のぶどう	(33)	564	303,502	539	12	426	4	453	-	-	-	-	0	4,007
くり	(34)	77	45,994	597	-	-	-	-	-	-	-	-	-	-
いちご	(35)	1,479	1,860,347	1,258	207	1,325	233	1,346	327	1,193	284	976	175	925
メロン	(36)	2,765	1,269,569	459	11	1,193	10	1,257	12	1,319	150	676	672	534
温室メロン	(37)	383	224,251	585	8	1,311	7	1,430	10	1,391	13	1,140	27	720
アンデスメロン	(38)	670	307,806	459	3	811	2	807	2	864	58	616	202	527
その他のメロン（まくわうりを含む。）	(39)	1,711	737,512	431	0	1,208	1	960	0	1,283	79	641	443	526
すいか	(40)	4,590	908,773	198	1	363	1	443	11	346	158	330	551	299
キウイフルーツ	(41)	306	178,464	583	69	558	80	532	100	585	24	681	-	-
その他の国産果実	(42)	379	157,428	415	34	177	10	502	11	483	12	476	7	1,023
輸入果実計	(43)	10,272	2,937,100	286	625	250	681	257	838	267	1,033	301	1,214	332
バナナ	(44)	4,762	971,154	204	384	198	410	206	397	217	429	219	435	217
パインアップル	(45)	907	254,090	280	65	269	63	284	79	279	99	270	96	282
レモン	(46)	495	175,726	355	32	395	30	368	39	348	40	358	44	366
グレープフルーツ	(47)	1,192	243,960	205	62	251	67	236	123	209	130	217	148	209
オレンジ	(48)	1,004	256,118	255	38	278	53	296	86	284	104	290	126	280
輸入おうとう	(49)	21	32,419	1,558	0	1,890	-	-	-	-	1	2,171	15	1,565
輸入キウイフルーツ	(50)	989	541,677	548	2	379	2	447	8	456	88	619	198	575
輸入メロン	(51)	94	16,458	174	5	293	9	200	12	150	10	184	12	154
その他の輸入果実	(52)	807	445,499	552	36	593	47	583	92	496	133	451	139	434

	6月		7月		8月		9月		10月		11月		12月		
	数量	価格	数量	価格	数量	価格	数量	価格	数量	価格	数量	価格	数量	価格	
	t	円/kg	t	円/kg	t	円/kg	t	円/kg	t	円/kg	t	円/kg	t	円/kg	
	3,806	371	3,944	330	4,220	345	3,854	304	5,053	255	4,253	309	5,938	343	(1)
	2,744	393	3,024	337	3,330	359	3,083	310	4,292	253	3,534	318	5,180	357	(2)
	42	1,097	94	855	86	873	379	315	2,004	244	2,468	300	3,912	277	(3)
	-	-	-	-	-	-	-	-	-	-	-	-	-	-	(4)
	7	172	-	-	-	-	-	-	-	-	-	-	-	-	(5)
	-	-	-	-	-	-	-	-	-	-	-	-	11	250	(6)
	-	-	-	-	-	-	-	-	-	-	-	-	20	240	(7)
	14	402	2	1,598	2	1,223	3	865	9	647	31	711	299	631	(8)
	106	454	113	449	134	320	239	259	216	254	239	273	233	296	(9)
	-	-	-	-	73	200	165	239	28	221	2	304	0	302	(10)
	-	-	1	540	3	551	1	482	11	265	9	294	5	333	(11)
	6	246	1	314	0	272	-	-	2	103	12	211	4	340	(12)
	89	478	102	455	38	490	28	370	95	294	171	273	210	294	(13)
	11	378	9	378	20	401	45	258	79	220	46	286	14	311	(14)
	-	-	45	577	823	346	1,115	243	361	258	4	325	1	539	(15)
	-	-	43	587	760	355	194	237	-	-	-	-	-	-	(16)
	-	-	-	-	42	273	659	255	28	228	-	-	0	844	(17)
	-	-	-	-	1	780	1	296	1	276	-	-	-	-	(18)
	-	-	-	-	-	-	88	239	276	262	0	275	-	-	(19)
	-	-	2	399	21	152	173	205	56	255	4	325	1	459	(20)
	-	-	-	-	2	268	20	203	43	325	100	318	49	283	(21)
	0	1,465	2	1,029	24	362	447	333	1,402	227	563	263	340	260	(22)
	0	1,465	0	1,240	0	963	5	374	20	309	273	288	331	262	(23)
	-	-	2	988	23	351	442	333	1,382	226	291	240	9	188	(24)
	0	2,722	-	-	-	-	-	-	-	-	-	-	-	-	(25)
	122	555	468	463	594	370	44	307	0	130	-	-	0	512	(26)
	55	583	95	448	34	343	9	405	-	-	-	-	-	-	(27)
	98	1,355	23	766	1	53	-	-	-	-	-	-	-	-	(28)
	145	370	11	189	-	-	-	-	-	-	-	-	-	-	(29)
	82	1,121	115	921	381	657	343	499	82	509	23	665	14	416	(30)
	58	1,077	77	766	131	516	4	610	-	-	-	-	-	-	(31)
	22	1,036	26	1,184	88	906	65	677	14	809	6	916	0	907	(32)
	2	2,984	12	1,330	162	636	274	456	67	445	17	569	13	411	(33)
	-	-	-	-	3	561	69	590	6	694	0	2,176	-	-	(34)
	46	810	4	1,792	1	1,759	2	1,135	3	2,287	30	2,070	166	1,950	(35)
	771	414	453	387	282	394	223	301	83	392	52	579	45	716	(36)
	32	645	39	540	84	450	80	344	39	402	22	621	21	861	(37)
	247	416	102	356	30	312	3	345	7	365	11	550	5	549	(38)
	493	397	312	378	168	380	140	276	38	387	19	548	19	600	(39)
	1,247	188	1,582	171	939	177	90	142	1	386	3	291	4	345	(40)
	-	-	-	-	-	-	-	-	1	602	4	491	28	715	(41)
	8	952	16	1,051	25	772	100	373	82	330	16	386	59	246	(42)
	1,063	314	920	306	890	293	772	280	760	265	719	261	758	246	(43)
	396	226	396	221	349	216	363	209	406	190	403	168	394	160	(44)
	82	282	80	285	83	303	61	300	65	274	60	271	75	262	(45)
	47	365	45	390	54	347	46	312	46	274	33	347	38	416	(46)
	167	191	100	181	126	173	77	173	48	177	40	246	101	235	(47)
	117	264	102	245	99	228	91	207	81	199	60	235	48	264	(48)
	4	1,463	1	1,158	-	-	-	-	-	-	-	-	0	1,944	(49)
	175	553	142	551	126	537	77	515	67	508	65	499	37	497	(50)
	14	99	6	117	4	235	3	222	4	215	6	200	9	203	(51)
	60	601	49	640	49	587	53	662	43	796	53	661	54	567	(52)

3 卸売市場別の月別果実の卸売数量・価額・価格（続き）
(8) 秋田市青果市場

品目		計			1月		2月		3月		4月		5月	
		数量	価額	価格	数量	価格	数量	価格	数量	価格	数量	価格	数量	価格
		t	千円	円/kg	t	円/kg	t	円/kg	t	円/kg	t	円/kg	t	円/kg
果　実　計	(1)	13,475	4,402,812	327	841	339	1,070	318	943	365	859	367	832	373
国産果実計	(2)	9,561	3,337,803	349	602	372	806	340	607	430	452	453	356	472
み か ん	(3)	1,585	442,224	279	186	288	163	300	16	421	2	821	2	1,719
ネーブルオレンジ（国産）	(4)	2	472	266	1	282	0	278	-	-	-	-	-	-
甘なつみかん	(5)	144	30,144	209	6	179	7	179	37	190	59	211	27	233
い よ か ん	(6)	220	50,176	228	49	229	139	221	29	258	-	-	-	-
は っ さ く	(7)	64	12,871	200	10	220	13	184	26	191	10	203	0	137
その他の雑かん	(8)	324	137,279	423	36	410	80	398	99	391	60	393	18	387
り ん ご	(9)	2,689	697,745	260	219	203	318	203	282	267	197	329	122	378
つ が る	(10)	103	20,755	201	-	-	-	-	-	-	-	-	-	-
ジョナゴールド	(11)	32	11,417	357	0	94	0	261	0	277	2	326	3	361
王　林	(12)	137	30,835	225	21	152	17	195	16	224	15	303	8	332
ふ じ	(13)	1,654	457,545	277	188	208	291	201	255	271	168	336	103	388
その他のりんご	(14)	763	177,193	232	10	221	10	249	11	233	11	267	8	307
日 本 な し	(15)	565	168,473	298	1	312	0	270	-	-	-	-	-	-
幸　水	(16)	271	73,907	273	-	-	-	-	-	-	-	-	-	-
豊　水	(17)	145	39,465	273	-	-	-	-	-	-	-	-	-	-
二 十 世 紀	(18)	-	-	-	-	-	-	-	-	-	-	-	-	-
新　高	(19)	5	1,694	312	-	-	-	-	-	-	-	-	-	-
その他のなし	(20)	144	53,407	371	1	312	0	270	-	-	-	-	-	-
西 洋 な し	(21)	145	35,039	242	2	287	-	-	0	151	-	-	-	-
か き	(22)	437	116,608	267	3	277	1	538	-	-	-	-	-	-
甘 が き	(23)	66	18,098	276	3	277	1	538	-	-	-	-	-	-
渋がき（脱渋を含む。）	(24)	371	98,510	265	0	270	-	-	-	-	-	-	-	-
び わ	(25)	1	1,502	1,540	-	-	-	-	0	2,283	0	1,923	0	1,798
も も	(26)	294	131,494	447	-	-	-	-	-	-	-	-	0	2,084
す も も	(27)	61	30,051	489	-	-	-	-	-	-	-	-	0	1,137
お う と う	(28)	78	121,793	1,571	-	-	-	-	-	-	0	6,210	0	5,215
う め	(29)	41	16,987	416	-	-	-	-	-	-	-	-	1	606
ぶ ど う	(30)	306	165,741	542	5	428	2	490	-	-	-	-	1	1,932
デラウェア	(31)	18	15,349	855	-	-	-	-	-	-	-	-	1	1,786
巨　峰	(32)	50	38,154	765	-	-	-	-	-	-	-	-	0	2,323
その他のぶどう	(33)	238	112,237	472	5	428	2	490	-	-	-	-	0	4,882
く り	(34)	2	1,295	629	-	-	-	-	-	-	-	-	-	-
い ち ご	(35)	411	519,076	1,262	62	1,350	59	1,404	86	1,218	79	990	54	870
メ ロ ン	(36)	694	301,254	434	1	1,356	1	1,209	3	812	10	717	67	500
温 室 メ ロ ン	(37)	7	7,000	943	0	1,771	0	1,609	1	1,723	0	1,526	1	980
アンデスメロン	(38)	27	12,337	451	0	780	0	571	0	770	1	715	15	458
その他のメロン（まくわうりを含む。）	(39)	659	281,917	428	1	1,316	0	1,453	2	476	9	672	51	503
す い か	(40)	1,273	266,349	209	0	270	0	427	2	473	21	399	63	335
キウイフルーツ	(41)	77	42,217	549	13	524	14	542	24	558	7	633	-	-
その他の国産果実	(42)	150	49,013	328	7	70	8	93	5	95	6	245	0	2,656
輸 入 果 実 計	(43)	3,914	1,065,009	272	239	257	264	251	336	248	408	272	476	299
バ ナ ナ	(44)	2,509	561,784	224	171	221	198	223	227	223	249	224	273	228
パインアップル	(45)	189	45,131	239	9	257	10	259	18	236	19	234	19	250
レ モ ン	(46)	143	55,192	386	9	436	9	427	10	406	11	384	12	387
グレープフルーツ	(47)	284	64,365	227	22	247	20	252	27	225	33	235	39	226
オ レ ン ジ	(48)	329	88,580	269	10	287	16	306	34	280	46	293	57	286
輸入おうとう	(49)	11	17,258	1,589	-	-	-	-	-	-	1	1,975	6	1,555
輸入キウイフルーツ	(50)	262	142,124	543	7	467	1	622	1	672	18	626	42	561
輸 入 メ ロ ン	(51)	20	3,945	199	1	304	3	197	2	147	4	191	4	199
その他の輸入果実	(52)	168	86,629	516	11	531	7	659	18	448	28	442	24	457

6月		7月		8月		9月		10月		11月		12月		
数量	価格	数量	価格	数量	価格	数量	価格	数量	価格	数量	価格	数量	価格	
t	円/kg	t	円/kg	t	円/kg	t	円/kg	t	円/kg	t	円/kg	t	円/kg	
887	424	1,246	365	1,547	303	1,197	283	1,319	264	1,269	275	1,465	321	(1)
471	533	894	398	1,197	312	895	290	1,048	267	1,023	278	1,210	332	(2)
6	1,262	8	1,058	7	1,074	25	316	160	246	315	278	694	244	(3)
-	-	-	-	-	-	-	-	-	-	-	-	0	181	(4)
7	260	-	-	-	-	-	-	-	-	-	-	-	-	(5)
-	-	-	-	-	-	-	-	-	-	-	-	4	274	(6)
-	-	-	-	-	-	-	-	-	-	-	-	4	258	(7)
0	1,305	0	2,473	0	591	1	707	1	773	5	600	24	691	(8)
80	402	58	445	60	330	145	207	353	209	506	257	347	262	(9)
-	-	-	-	18	265	84	189	1	79	-	-	-	-	(10)
6	340	10	438	6	400	0	343	2	308	3	155	0	180	(11)
6	405	3	443	0	497	-	-	3	155	24	186	23	200	(12)
62	421	42	453	14	528	12	308	19	258	198	271	301	264	(13)
7	273	4	385	22	233	49	211	329	206	281	254	22	310	(14)
-	-	2	500	92	320	308	260	137	360	23	304	1	721	(15)
-	-	2	500	86	328	182	244	1	202	-	-	-	-	(16)
-	-	-	-	1	240	108	272	33	285	3	181	-	-	(17)
-	-	-	-	-	-	-	-	-	-	-	-	-	-	(18)
-	-	-	-	-	-	0	286	5	314	-	-	-	-	(19)
-	-	-	-	5	191	19	349	98	388	20	322	1	721	(20)
-	-	-	-	15	214	57	202	33	264	22	269	16	328	(21)
-	-	1	862	3	661	64	361	201	248	118	224	46	280	(22)
-	-	0	1,008	-	-	0	522	2	376	23	298	37	250	(23)
-	-	1	859	3	661	64	360	199	247	94	205	9	397	(24)
1	1,210	-	-	-	-	-	-	-	-	-	-	-	-	(25)
9	647	57	529	156	398	71	464	2	446	-	-	-	-	(26)
14	620	27	472	14	440	5	367	0	324	1	242	-	-	(27)
50	1,750	27	1,235	-	-	-	-	-	-	-	-	-	-	(28)
16	457	24	385	-	-	-	-	-	-	-	-	-	-	(29)
6	1,376	12	1,001	85	582	117	411	62	518	8	668	9	661	(30)
4	1,135	6	832	7	624	0	751	0	1,473	-	-	-	-	(31)
2	1,641	4	1,029	20	774	16	646	7	598	1	940	-	-	(32)
0	3,070	2	1,446	58	513	101	373	54	507	8	639	9	661	(33)
-	-	-	-	-	-	1	639	0	600	0	497	0	1,215	(34)
13	944	2	1,171	1	1,345	1	1,120	3	1,081	7	1,865	44	2,011	(35)
114	364	251	448	213	410	23	341	6	436	2	779	2	1,001	(36)
1	887	1	679	1	300	1	436	1	456	1	962	0	1,359	(37)
9	374	0	416	0	411	0	508	-	-	1	493	0	695	(38)
105	359	250	447	212	411	22	336	6	435	1	819	1	969	(39)
153	227	388	230	547	188	58	82	38	87	0	317	1	352	(40)
-	-	-	-	-	-	-	-	4	390	5	496	11	592	(41)
3	871	34	460	3	448	18	474	46	304	11	171	8	116	(42)
415	301	352	283	350	273	302	264	271	254	246	260	255	268	(43)
258	229	234	224	202	224	187	224	185	226	166	220	160	215	(44)
14	261	12	262	23	251	15	255	16	217	15	197	19	213	(45)
14	390	13	402	16	376	13	340	12	328	11	355	13	426	(46)
27	225	21	207	34	196	16	181	11	196	12	270	23	262	(47)
32	266	20	270	32	257	37	226	18	242	18	228	12	274	(48)
3	1,670	1	1,238	0	988	-	-	-	-	-	-	0	2,332	(49)
47	589	37	575	35	535	26	505	19	398	13	516	16	496	(50)
2	123	-	-	0	4,140	0	260	1	246	1	233	1	289	(51)
19	499	14	470	8	563	9	631	8	641	10	616	11	615	(52)

3 卸売市場別の月別果実の卸売数量・価額・価格（続き）
(9) 山形市青果市場

品目		計			1月		2月		3月		4月		5月	
		数量	価額	価格	数量	価格	数量	価格	数量	価格	数量	価格	数量	価格
		t	千円	円/kg	t	円/kg	t	円/kg	t	円/kg	t	円/kg	t	円/kg
果実計	(1)	8,688	2,651,738	305	338	373	429	331	397	355	389	352	374	376
国産果実計	(2)	6,762	2,201,355	326	256	414	312	364	258	414	176	491	129	599
みかん	(3)	967	258,476	267	77	327	40	245	1	579	0	1,861	1	1,463
ネーブルオレンジ(国産)	(4)	9	2,640	287	-	-	-	-	5	342	0	518	-	-
甘なつみかん	(5)	108	22,255	206	3	261	7	240	29	207	44	201	24	196
いよかん	(6)	65	16,067	246	17	263	36	234	12	253	-	-	-	-
はっさく	(7)	104	21,129	203	14	215	39	183	30	207	16	216	-	-
その他の雑かん	(8)	292	111,780	383	32	439	93	353	105	337	28	383	9	275
りんご	(9)	1,737	332,235	191	64	171	57	185	28	232	13	253	3	455
つがる	(10)	158	22,186	140	-	-	-	-	-	-	-	-	-	-
ジョナゴールド	(11)	9	1,711	184	-	-	-	-	-	-	-	-	-	-
王林	(12)	63	8,785	139	0	32	0	43	0	302	-	-	-	-
ふじ	(13)	1,264	257,810	204	63	172	57	185	28	232	12	261	3	455
その他のりんご	(14)	242	41,744	173	1	119	0	155	0	43	0	22	-	-
日本なし	(15)	156	35,362	227	-	-	0	430	-	-	-	-	-	-
幸水	(16)	71	17,250	241	-	-	-	-	-	-	-	-	-	-
豊水	(17)	52	10,707	206	-	-	-	-	-	-	-	-	-	-
二十世紀	(18)	7	1,464	200	-	-	-	-	-	-	-	-	-	-
新高	(19)	12	3,109	269	-	-	-	-	-	-	-	-	-	-
その他のなし	(20)	13	2,833	214	-	-	0	430	-	-	-	-	-	-
西洋なし	(21)	233	66,546	286	4	476	0	108	-	-	-	-	-	-
かき	(22)	366	91,810	251	1	551	0	486	-	-	-	-	-	-
甘がき	(23)	40	13,904	347	1	504	0	486	-	-	-	-	-	-
渋がき(脱渋を含む。)	(24)	326	77,906	239	0	1,048	-	-	-	-	-	-	-	-
びわ	(25)	0	541	1,967	-	-	-	-	0	2,391	0	1,912	0	1,947
もも	(26)	112	33,722	301	-	-	-	-	-	-	-	-	0	1,084
すもも	(27)	67	20,749	312	-	-	-	-	-	-	-	-	-	-
おうとう	(28)	241	423,354	1,757	0	23,760	-	-	-	-	1	4,407	8	2,619
うめ	(29)	42	8,485	202	-	-	-	-	-	-	-	-	0	584
ぶどう	(30)	434	183,634	423	1	1,305	0	498	-	-	-	-	0	3,072
デラウェア	(31)	169	82,756	490	-	-	-	-	-	-	-	-	-	-
巨峰	(32)	4	3,317	763	-	-	-	-	-	-	-	-	0	3,209
その他のぶどう	(33)	261	97,561	374	1	1,305	0	498	-	-	-	-	0	2,592
くり	(34)	5	3,084	598	-	-	-	-	-	-	-	-	-	-
いちご	(35)	226	228,655	1,012	33	1,178	31	1,203	41	1,031	58	767	41	689
メロン	(36)	181	80,141	443	2	1,175	2	1,160	1	1,467	5	904	18	564
温室メロン	(37)	20	17,402	852	1	1,287	1	1,380	1	1,599	2	1,297	1	1,033
アンデスメロン	(38)	59	23,645	399	0	838	1	806	0	658	0	692	2	582
その他のメロン(まくわうりを含む。)	(39)	101	39,093	385	-	-	0	1,740	0	1,106	3	683	15	529
すいか	(40)	1,352	227,308	168	0	255	0	251	1	391	10	387	23	308
キウイフルーツ	(41)	25	12,941	521	8	469	6	562	5	584	1	720	-	-
その他の国産果実	(42)	40	20,441	508	2	328	1	378	1	660	0	2,427	1	225
輸入果実計	(43)	1,926	450,383	234	82	248	116	241	139	244	213	236	244	259
バナナ	(44)	1,260	251,169	199	57	213	80	211	91	219	142	206	160	215
パインアップル	(45)	179	34,331	191	6	222	9	223	11	220	24	183	22	211
レモン	(46)	93	33,125	355	6	392	7	362	7	358	7	358	7	369
グレープフルーツ	(47)	101	22,538	223	4	280	8	253	10	233	12	237	13	224
オレンジ	(48)	151	41,539	275	6	319	9	308	14	295	15	288	17	293
輸入おうとう	(49)	-	-	-	-	-	-	-	-	-	-	-	-	-
輸入キウイフルーツ	(50)	93	44,192	476	-	-	-	-	0	2,670	6	655	19	570
輸入メロン	(51)	2	178	104	0	356	0	239	-	-	-	-	-	-
その他の輸入果実	(52)	46	23,311	503	2	548	4	505	6	454	7	446	7	445

	6月		7月		8月		9月		10月		11月		12月		
	数量	価格	数量	価格	数量	価格	数量	価格	数量	価格	数量	価格	数量	価格	
	t	円/kg	t	円/kg	t	円/kg	t	円/kg	t	円/kg	t	円/kg	t	円/kg	
	595	784	758	321	1,470	209	736	252	1,005	224	1,285	231	912	264	(1)
	348	1,162	595	339	1,314	204	594	259	844	230	1,161	234	775	279	(2)
	2	1,155	3	962	4	1,188	15	403	166	241	276	256	381	248	(3)
	-	-	-	-	-	-	-	-	-	-	-	-	4	195	(4)
	-	-	-	-	-	-	-	-	-	-	-	-	-	-	(5)
	-	-	-	-	-	-	-	-	-	-	-	-	1	294	(6)
	-	-	-	-	-	-	-	-	-	-	-	-	6	256	(7)
	1	499	0	3,349	0	1,344	1	717	1	1,080	3	787	18	620	(8)
	-	-	0	172	80	164	160	156	380	179	643	209	309	192	(9)
	-	-	-	-	74	160	84	123	0	26	-	-	-	-	(10)
	-	-	-	-	-	-	0	215	8	186	1	167	-	-	(11)
	-	-	-	-	-	-	-	-	42	145	21	127	0	75	(12)
	-	-	-	-	-	-	33	228	169	191	597	213	303	194	(13)
	-	-	0	172	6	211	43	164	161	176	24	172	5	123	(14)
	-	-	0	871	53	251	87	203	12	264	3	317	0	432	(15)
	-	-	0	871	52	253	19	206	-	-	-	-	-	-	(16)
	-	-	-	-	0	7	51	205	1	273	-	-	-	-	(17)
	-	-	-	-	0	799	7	196	-	-	-	-	-	-	(18)
	-	-	-	-	-	-	-	-	11	267	1	306	-	-	(19)
	-	-	-	-	0	73	10	192	1	224	2	321	0	432	(20)
	-	-	-	-	4	204	17	161	92	253	106	319	11	393	(21)
	-	-	-	-	0	629	90	341	143	236	116	179	15	372	(22)
	-	-	-	-	0	629	11	402	5	273	8	323	14	328	(23)
	-	-	-	-	-	-	80	333	137	235	108	167	1	865	(24)
	0	2,066	-	-	-	-	-	-	-	-	-	-	-	-	(25)
	2	563	27	412	70	255	13	270	-	-	-	-	-	-	(26)
	2	477	23	336	27	286	15	304	-	-	-	-	-	-	(27)
	210	1,709	21	1,724	-	-	-	-	-	-	-	-	-	-	(28)
	15	264	27	165	0	378	-	-	-	-	-	-	-	-	(29)
	6	872	77	604	181	361	128	347	36	530	4	371	1	833	(30)
	6	858	76	601	83	373	4	231	-	-	-	-	-	-	(31)
	0	2,276	0	1,346	2	1,017	1	498	1	516	0	363	-	-	(32)
	0	3,538	1	730	96	337	123	349	35	530	4	372	1	833	(33)
	-	-	-	-	0	574	4	593	1	647	-	-	-	-	(34)
	2	909	1	2,091	1	1,866	0	1,617	0	1,750	3	1,583	17	1,756	(35)
	36	431	49	376	48	303	8	379	4	449	4	601	5	832	(36)
	1	888	1	547	0	445	3	430	1	550	3	616	4	868	(37)
	17	446	29	368	8	294	0	389	1	416	0	367	0	250	(38)
	18	391	18	379	40	303	5	350	2	385	0	302	1	827	(39)
	72	188	364	192	844	151	39	145	-	-	0	428	-	-	(40)
	-	-	-	-	-	-	-	-	0	403	0	229	5	461	(41)
	0	1,304	3	753	3	947	15	451	9	359	2	445	2	608	(42)
	247	251	163	256	156	248	143	224	162	193	124	197	136	180	(43)
	171	214	105	215	84	204	91	196	114	173	90	159	75	139	(44)
	18	211	12	206	23	190	18	183	19	142	7	172	10	163	(45)
	8	377	9	354	10	345	8	322	9	304	7	348	9	387	(46)
	11	194	9	185	10	181	6	186	4	183	5	236	9	293	(47)
	18	278	14	261	15	252	12	242	11	237	9	239	9	313	(48)
	-	-	-	-	-	-	-	-	-	-	-	-	-	-	(49)
	17	553	11	585	10	603	4	585	3	539	4	522	20	99	(50)
	-	-	-	-	-	-	-	-	-	-	-	-	1	43	(51)
	3	565	3	607	3	527	3	555	3	544	2	596	3	476	(52)

3　卸売市場別の月別果実の卸売数量・価額・価格（続き）
(10)　福島市青果市場

品目		計 数量	計 価額	計 価格	1月 数量	1月 価格	2月 数量	2月 価格	3月 数量	3月 価格	4月 数量	4月 価格	5月 数量	5月 価格
		t	千円	円／kg	t	円／kg	t	円／kg	t	円／kg	t	円／kg	t	円／kg
果実計	(1)	**12,834**	**4,297,128**	**335**	**1,017**	**355**	**1,105**	**363**	**1,083**	**354**	**640**	**396**	**532**	**382**
国産果実計	(2)	**10,228**	**3,562,804**	**348**	**879**	**374**	**937**	**384**	**873**	**380**	**397**	**471**	**248**	**449**
みかん	(3)	2,764	768,448	278	572	282	327	283	14	344	-	-	0	509
ネーブルオレンジ(国産)	(4)	4	1,164	272	4	265	0	321	0	359	-	-	-	-
甘なつみかん	(5)	193	38,402	199	3	256	10	202	90	192	52	188	38	224
いよかん	(6)	251	55,226	220	50	246	119	217	70	205	1	55	-	-
はっさく	(7)	147	31,759	215	24	217	34	203	74	215	12	235	-	-
その他の雑かん	(8)	1,247	529,031	424	118	530	308	451	464	359	167	433	59	345
りんご	(9)	993	220,472	222	34	237	62	226	71	259	65	251	31	372
つがる	(10)	30	6,396	213	-	-	-	-	-	-	-	-	-	-
ジョナゴールド	(11)	1	32	46	-	-	-	-	-	-	-	-	-	-
王林	(12)	12	1,818	146	0	223	2	188	0	486	0	508	-	-
ふじ	(13)	870	197,152	227	34	237	60	227	71	259	65	250	31	372
その他のりんご	(14)	80	15,074	188	0	41	-	-	0	1,512	0	425	-	-
日本なし	(15)	1,140	236,592	208	0	276	6	205	2	253	-	-	-	-
幸水	(16)	301	58,246	193	-	-	-	-	-	-	-	-	-	-
豊水	(17)	557	114,018	205	-	-	-	-	-	-	-	-	-	-
二十世紀	(18)	33	6,329	192	-	-	-	-	-	-	-	-	-	-
新高	(19)	77	17,048	220	-	-	-	-	-	-	-	-	-	-
その他のなし	(20)	171	40,951	239	0	276	6	205	2	253	-	-	-	-
西洋なし	(21)	47	13,731	291	-	-	-	-	-	-	-	-	-	-
かき	(22)	253	68,380	271	-	-	0	964	-	-	-	-	-	-
甘がき	(23)	26	8,043	304	-	-	0	964	-	-	-	-	-	-
渋がき（脱渋を含む。）	(24)	226	60,337	267	-	-	-	-	-	-	-	-	-	-
びわ	(25)	0	776	1,843	-	-	-	-	0	2,170	0	1,705	0	2,376
もも	(26)	1,577	615,222	390	-	-	-	-	-	-	-	-	0	2,447
すもも	(27)	43	16,425	383	-	-	-	-	-	-	-	-	-	-
おうとう	(28)	58	96,674	1,665	0	20,142	-	-	0	6,480	0	6,569	2	3,470
うめ	(29)	66	22,560	340	-	-	-	-	-	-	-	-	8	440
ぶどう	(30)	281	188,241	670	9	444	3	442	2	378	-	-	1	1,648
デラウェア	(31)	59	35,686	609	-	-	-	-	-	-	-	-	1	1,648
巨峰	(32)	89	68,009	765	-	-	-	-	-	-	-	-	-	-
その他のぶどう	(33)	133	84,547	634	9	444	3	442	2	378	-	-	-	-
くり	(34)	6	4,492	709	-	-	-	-	-	-	-	-	-	-
いちご	(35)	356	422,075	1,185	51	1,296	52	1,298	76	1,127	82	864	39	802
メロン	(36)	153	73,574	481	1	1,334	1	1,122	2	1,272	5	845	21	570
温室メロン	(37)	33	20,440	628	1	1,668	1	1,569	1	1,700	1	1,430	2	836
アンデスメロン	(38)	43	19,044	439	1	887	1	866	1	911	1	658	7	542
その他のメロン（まくわうりを含む。）	(39)	77	34,090	443	-	-	-	-	0	992	3	680	12	534
すいか	(40)	506	98,633	195	0	311	0	407	-	-	5	323	49	294
キウイフルーツ	(41)	47	25,729	551	12	429	13	499	8	607	7	621	0	596
その他の国産果実	(42)	94	35,198	374	-	-	0	275	0	7,756	1	1,987	1	3,345
輸入果実計	(43)	**2,605**	**734,324**	**282**	**138**	**234**	**168**	**250**	**210**	**242**	**244**	**274**	**284**	**324**
バナナ	(44)	1,205	250,425	208	88	193	105	217	107	214	101	221	111	222
パインアップル	(45)	347	67,861	196	15	212	18	209	38	200	39	183	36	211
レモン	(46)	176	56,937	323	6	381	9	360	11	341	28	303	10	345
グレープフルーツ	(47)	176	37,263	212	12	247	13	240	15	241	15	210	17	215
オレンジ	(48)	210	49,347	235	7	243	9	258	23	255	26	238	29	243
輸入おうとう	(49)	1	1,414	1,645	-	-	-	-	-	-	0	1,890	1	1,642
輸入キウイフルーツ	(50)	344	187,940	546	1	430	1	477	1	584	22	608	64	564
輸入メロン	(51)	22	3,924	175	1	291	3	155	4	148	4	150	2	128
その他の輸入果実	(52)	124	79,211	637	10	507	10	586	10	575	9	581	14	586

	6月		7月		8月		9月		10月		11月		12月		
	数量	価格	数量	価格	数量	価格	数量	価格	数量	価格	数量	価格	数量	価格	
	t	円/kg	t	円/kg	t	円/kg	t	円/kg	t	円/kg	t	円/kg	t	円/kg	
	683	393	1,116	368	1,531	348	1,442	275	1,065	272	1,139	289	1,479	316	(1)
	392	443	848	385	1,301	357	1,258	274	867	271	948	293	1,279	330	(2)
	1	950	6	793	4	778	131	285	418	263	546	284	746	266	(3)
	-	-	-	-	-	-	-	-	-	-	-	-	-	-	(4)
	1	248	-	-	-	-	-	-	-	-	-	-	0	279	(5)
	-	-	-	-	-	-	-	-	-	-	-	-	12	228	(6)
	-	-	-	-	-	-	-	-	-	-	-	-	3	267	(7)
	1	330	2	420	1	690	1	581	3	511	4	656	121	516	(8)
	24	296	7	388	15	193	36	201	74	212	265	216	309	193	(9)
	-	-	2	196	10	152	18	247	0	271	-	-	-	-	(10)
	-	-	-	-	-	-	-	-	1	46	-	-	-	-	(11)
	-	-	-	-	-	-	-	-	5	135	5	132	-	-	(12)
	19	311	4	478	2	509	3	226	27	252	247	219	308	192	(13)
	5	235	1	332	4	142	15	142	41	197	13	188	2	240	(14)
	-	-	-	-	231	207	723	203	167	225	8	230	3	242	(15)
	-	-	-	-	227	202	74	165	-	-	-	-	-	-	(16)
	-	-	-	-	1	199	541	205	15	207	-	-	-	-	(17)
	-	-	-	-	2	718	27	161	4	142	-	-	-	-	(18)
	-	-	-	-	-	-	-	-	72	220	5	224	-	-	(19)
	-	-	-	-	1	182	80	243	76	237	3	243	3	242	(20)
	-	-	-	-	0	193	3	259	13	261	17	263	13	367	(21)
	-	-	-	-	1	536	51	364	112	233	76	256	13	291	(22)
	-	-	-	-	-	-	0	449	2	402	16	289	9	309	(23)
	-	-	-	-	1	536	51	364	110	231	60	247	4	253	(24)
	-	-	-	-	-	-	-	-	-	-	-	-	-	-	(25)
	24	442	542	418	853	376	152	360	3	347	2	418	0	389	(26)
	14	446	25	354	3	323	1	408	0	773	-	-	-	-	(27)
	49	1,574	7	1,481	-	-	-	-	-	-	-	-	-	-	(28)
	58	327	0	185	-	-	-	-	-	-	-	-	-	-	(29)
	2	1,253	21	826	91	667	90	603	36	757	16	844	9	563	(30)
	2	1,223	16	687	40	539	0	245	-	-	-	-	-	-	(31)
	0	1,474	3	1,287	19	831	45	619	12	839	7	1,047	2	1,039	(32)
	-	-	1	1,427	32	727	45	587	24	715	9	677	7	437	(33)
	-	-	-	-	1	558	5	714	0	995	0	1,836	-	-	(34)
	7	564	0	674	-	-	-	-	0	3,338	11	1,944	38	1,964	(35)
	36	416	45	412	21	408	11	349	3	390	3	653	4	752	(36)
	2	729	3	557	5	465	8	326	3	384	3	652	4	738	(37)
	10	437	18	376	5	326	0	176	-	-	-	-	-	-	(38)
	24	385	24	423	11	421	2	473	1	408	0	1,012	0	914	(39)
	176	175	191	189	75	190	8	103	2	223	0	253	0	260	(40)
	-	-	-	-	-	-	0	475	-	-	0	152	7	733	(41)
	1	1,209	2	447	5	645	47	345	36	267	1	322	1	334	(42)
	290	324	268	311	230	299	184	284	198	278	191	270	200	226	(43)
	109	231	125	219	90	216	88	211	90	205	95	178	96	154	(44)
	34	212	24	208	37	213	26	201	27	163	20	166	33	167	(45)
	25	355	21	327	22	297	8	297	15	272	13	283	10	385	(46)
	20	211	16	195	15	178	14	168	11	173	9	228	19	237	(47)
	28	233	18	236	17	230	13	220	16	200	12	227	13	238	(48)
	0	1,683	0	1,485	-	-	-	-	-	-	-	-	-	-	(49)
	60	546	53	551	38	569	23	548	28	532	34	507	18	447	(50)
	2	132	0	178	1	205	1	201	2	215	1	245	2	223	(51)
	13	675	11	668	9	686	12	688	10	821	7	726	9	563	(52)

3 卸売市場別の月別果実の卸売数量・価額・価格（続き）
(11) いわき市中央卸売市場

品目		計			1月		2月		3月		4月		5月	
		数量	価額	価格	数量	価格	数量	価格	数量	価格	数量	価格	数量	価格
		t	千円	円/kg	t	円/kg	t	円/kg	t	円/kg	t	円/kg	t	円/kg
果実計	(1)	24,750	8,282,482	335	1,337	414	1,559	430	1,672	443	1,181	470	1,453	394
国産果実計	(2)	21,413	7,534,640	352	1,117	456	1,324	467	1,332	495	863	552	1,141	429
みかん	(3)	4,530	1,384,748	306	489	296	325	331	45	416	5	1,809	18	1,414
ネーブルオレンジ(国産)	(4)	5	1,047	194	-	-	0	276	1	323	-	-	-	-
甘なつみかん	(5)	82	17,200	209	2	282	8	202	36	185	21	210	16	257
いよかん	(6)	235	50,414	215	70	218	128	209	26	225	-	-	-	-
はっさく	(7)	231	49,284	214	34	219	52	203	83	205	42	222	-	-
その他の雑かん	(8)	1,580	738,296	467	156	555	401	455	658	400	225	528	32	507
りんご	(9)	2,535	745,010	294	154	261	208	299	212	316	204	333	195	387
つがる	(10)	242	56,123	232	-	-	1	132	-	-	-	-	-	-
ジョナゴールド	(11)	39	7,049	181	-	-	2	219	1	238	-	-	-	-
王林	(12)	65	20,242	311	12	306	8	284	9	299	15	319	7	304
ふじ	(13)	1,867	600,161	321	141	257	196	301	197	314	188	334	188	391
その他のりんご	(14)	322	61,435	191	1	234	2	251	5	447	0	548	0	367
日本なし	(15)	1,461	397,498	272	3	264	2	270	-	-	-	-	-	-
幸水	(16)	656	190,965	291	-	-	-	-	-	-	-	-	-	-
豊水	(17)	603	150,403	250	-	-	-	-	-	-	-	-	-	-
二十世紀	(18)	63	14,824	235	-	-	-	-	-	-	-	-	-	-
新高	(19)	49	13,360	272	-	-	-	-	-	-	-	-	-	-
その他のなし	(20)	90	27,946	309	3	264	2	270	-	-	-	-	-	-
西洋なし	(21)	85	29,010	342	2	422	-	-	-	-	-	-	-	-
かき	(22)	2,040	550,430	270	22	479	6	482	-	-	-	-	-	-
甘がき	(23)	474	138,944	293	22	479	6	482	-	-	-	-	-	-
渋がき（脱渋を含む。）	(24)	1,566	411,487	263	-	-	-	-	-	-	-	-	-	-
びわ	(25)	1	1,490	2,392	-	-	0	3,873	0	3,129	0	2,065	0	2,862
もも	(26)	1,038	440,644	425	-	-	-	-	-	-	-	-	1	2,768
すもも	(27)	54	27,423	505	-	-	-	-	-	-	-	-	-	-
おうとう	(28)	144	193,101	1,345	0	19,440	-	-	-	-	0	6,264	1	4,561
うめ	(29)	66	26,411	401	-	-	-	-	-	-	-	-	12	474
ぶどう	(30)	286	226,410	792	3	441	0	486	-	-	0	3,089	1	2,910
デラウェア	(31)	63	41,674	657	-	-	-	-	-	-	0	3,089	0	2,688
巨峰	(32)	79	64,859	821	-	-	-	-	-	-	-	-	0	3,240
その他のぶどう	(33)	143	119,876	836	3	441	0	486	-	-	-	-	0	3,485
くり	(34)	6	3,708	621	-	-	-	-	-	-	-	-	-	-
いちご	(35)	916	1,086,146	1,186	133	1,323	147	1,344	214	1,165	203	925	118	829
メロン	(36)	968	420,645	435	4	1,219	6	1,021	4	1,153	42	735	167	530
温室メロン	(37)	283	132,153	467	3	1,454	6	1,021	4	1,195	6	1,000	12	680
アンデスメロン	(38)	187	84,154	449	2	805	-	-	0	672	17	684	51	534
その他のメロン（まくわうりを含む。）	(39)	497	204,338	411	-	-	-	-	-	-	19	695	103	510
すいか	(40)	4,938	1,015,410	206	9	217	9	262	20	344	115	353	580	284
キウイフルーツ	(41)	121	64,383	530	36	479	32	558	32	590	5	626	-	-
その他の国産果実	(42)	93	65,933	709	0	1,512	0	535	0	4,703	1	3,254	1	2,688
輸入果実計	(43)	3,337	747,842	224	219	202	236	221	341	239	318	247	312	266
バナナ	(44)	2,489	452,318	182	179	174	191	194	240	200	231	201	231	213
パインアップル	(45)	202	49,983	247	10	260	12	246	35	223	19	238	14	257
レモン	(46)	135	51,509	382	9	388	10	396	11	400	11	407	11	406
グレープフルーツ	(47)	165	37,903	230	10	265	11	265	10	260	9	264	11	269
オレンジ	(48)	189	63,766	337	6	270	8	384	28	426	29	411	21	441
輸入おうとう	(49)	2	2,866	1,880	0	2,592	-	-	-	-	0	2,070	1	1,884
輸入キウイフルーツ	(50)	33	18,617	567	-	-	-	-	2	413	2	693	5	632
輸入メロン	(51)	12	1,949	162	-	-	-	-	2	167	2	165	1	176
その他の輸入果実	(52)	111	68,931	623	5	539	4	559	11	457	13	505	17	476

	6月		7月		8月		9月		10月		11月		12月		
	数量	価格	数量	価格	数量	価格	数量	価格	数量	価格	数量	価格	数量	価格	
	t	円/kg	t	円/kg	t	円/kg	t	円/kg	t	円/kg	t	円/kg	t	円/kg	
	2,660	309	2,289	323	3,023	309	2,171	293	2,397	255	2,319	267	2,689	309	(1)
	2,370	316	2,030	333	2,757	316	1,928	301	2,142	260	2,011	282	2,399	325	(2)
	60	1,030	80	853	78	761	184	349	800	243	911	267	1,533	253	(3)
	-	-	-	-	-	-	-	-	-	-	-	-	4	152	(4)
	-	-	-	-	-	-	-	-	-	-	-	-	-	-	(5)
	-	-	-	-	-	-	-	-	-	-	-	-	11	238	(6)
	-	-	-	-	-	-	-	-	-	-	-	-	19	248	(7)
	0	2,831	0	2,247	0	838	1	553	3	498	10	727	93	651	(8)
	108	445	89	458	137	356	222	224	304	258	336	255	364	220	(9)
	-	-	-	-	56	250	180	224	6	318	1	86	-	-	(10)
	0	459	-	-	3	407	3	170	30	156	1	191	-	-	(11)
	7	331	3	425	1	490	-	-	1	188	2	205	1	357	(12)
	101	453	87	458	72	445	27	220	147	302	258	283	265	249	(13)
	0	324	0	684	6	252	13	239	121	227	74	160	99	142	(14)
	0	1,074	13	586	559	295	762	247	105	280	11	363	5	344	(15)
	0	1,074	13	586	546	296	96	225	-	-	-	-	-	-	(16)
	-	-	-	-	12	264	581	249	9	248	-	-	-	-	(17)
	-	-	-	-	0	821	51	235	12	234	-	-	-	-	(18)
	-	-	-	-	-	-	0	257	49	272	-	-	-	-	(19)
	-	-	-	-	-	-	34	286	35	316	11	363	5	344	(20)
	-	-	-	-	1	263	1	291	19	329	44	342	19	352	(21)
	-	-	1	1,044	4	783	330	319	805	246	642	248	230	307	(22)
	-	-	-	-	-	-	33	215	39	316	189	280	185	287	(23)
	-	-	1	1,044	4	783	297	331	766	242	453	235	44	389	(24)
	-	-	-	-	-	-	-	-	-	-	-	-	-	-	(25)
	32	547	414	450	538	394	52	436	1	610	-	-	-	-	(26)
	12	567	22	495	19	483	2	427	-	-	-	-	-	-	(27)
	101	1,362	41	1,174	-	-	-	-	-	-	-	-	-	-	(28)
	51	399	3	137	-	-	-	-	-	-	-	-	-	-	(29)
	2	2,460	33	850	101	799	109	720	18	923	13	936	7	471	(30)
	1	1,771	26	745	35	541	0	461	-	-	-	-	-	-	(31)
	0	2,355	4	1,018	36	895	29	668	7	858	3	953	0	943	(32)
	1	3,222	2	1,976	30	993	80	740	11	960	10	931	7	455	(33)
	-	-	-	-	-	-	5	639	1	484	-	-	-	-	(34)
	16	696	-	-	-	-	-	-	0	2,351	12	2,018	72	1,963	(35)
	371	383	142	368	79	404	70	305	41	346	25	499	18	687	(36)
	8	609	32	475	70	404	67	303	40	343	21	502	13	768	(37)
	88	384	26	333	2	350	-	-	-	-	0	634	-	-	(38)
	274	376	83	337	6	420	3	359	1	512	4	469	5	459	(39)
	1,616	184	1,192	194	1,206	197	157	152	26	218	2	409	7	235	(40)
	-	-	-	-	-	-	-	-	1	569	0	261	16	434	(41)
	1	2,364	1	1,720	35	638	31	667	18	643	4	600	1	292	(42)
	290	251	259	242	266	241	243	227	255	206	308	165	291	175	(43)
	222	210	193	203	161	200	165	187	191	163	259	123	226	127	(44)
	15	263	14	254	29	240	18	249	12	265	10	269	13	267	(45)
	12	389	13	380	13	375	11	335	11	328	13	359	10	436	(46)
	12	239	12	195	28	187	18	179	18	192	6	248	20	292	(47)
	15	326	15	273	18	254	19	227	13	209	9	249	8	372	(48)
	0	1,742	0	1,339	-	-	-	-	-	-	-	-	0	2,448	(49)
	5	613	4	535	4	512	4	531	3	562	3	534	1	722	(50)
	1	135	0	518	0	216	0	216	-	-	-	-	5	157	(51)
	8	759	8	823	13	630	9	769	7	969	9	751	8	506	(52)

3 卸売市場別の月別果実の卸売数量・価額・価格（続き）
(12) 水戸市青果市場

品目		計			1月		2月		3月		4月		5月	
		数量	価額	価格	数量	価格	数量	価格	数量	価格	数量	価格	数量	価格
		t	千円	円/kg	t	円/kg	t	円/kg	t	円/kg	t	円/kg	t	円/kg
果実計	(1)	27,319	10,089,396	369	1,699	439	1,985	424	1,901	447	1,852	426	2,509	417
国産果実計	(2)	21,440	8,681,111	405	1,353	495	1,620	468	1,388	531	1,194	528	1,838	467
みかん	(3)	4,550	1,348,173	296	463	295	354	332	48	471	2	1,330	10	1,305
ネーブルオレンジ（国産）	(4)	2	545	230	-	-	-	-	1	278	-	-	-	-
甘なつみかん	(5)	244	52,309	214	9	260	21	210	85	195	85	223	41	228
いよかん	(6)	516	120,694	234	147	239	258	221	107	256	-	-	-	-
はっさく	(7)	219	43,412	198	24	222	60	178	65	192	57	206	4	233
その他の雑かん	(8)	1,323	529,688	400	183	393	357	367	400	390	188	398	69	364
りんご	(9)	2,534	823,964	325	231	296	271	317	268	338	238	339	177	374
つがる	(10)	216	57,091	265	-	-	-	-	-	-	-	-	-	-
ジョナゴールド	(11)	83	24,666	298	6	279	5	285	5	313	6	385	8	382
王林	(12)	168	46,929	279	12	276	23	267	25	279	22	291	24	276
ふじ	(13)	1,659	575,028	347	195	296	222	328	219	348	191	350	134	399
その他のりんご	(14)	408	120,250	294	17	320	21	264	19	306	19	267	10	270
日本なし	(15)	1,897	554,717	292	0	324	0	226	0	439	-	-	-	-
幸水	(16)	823	284,846	346	-	-	-	-	-	-	-	-	-	-
豊水	(17)	660	155,638	236	-	-	-	-	-	-	-	-	-	-
二十世紀	(18)	7	1,540	232	-	-	-	-	-	-	-	-	-	-
新高	(19)	196	42,926	219	-	-	-	-	-	-	-	-	-	-
その他のなし	(20)	212	69,767	328	0	324	0	226	0	439	-	-	-	-
西洋なし	(21)	91	28,052	309	0	283	-	-	-	-	-	-	-	-
かき	(22)	1,012	259,818	257	7	433	1	533	-	-	-	-	-	-
甘がき	(23)	561	139,982	249	7	433	1	533	-	-	-	-	-	-
渋がき（脱渋を含む。）	(24)	451	119,836	266	-	-	-	-	-	-	-	-	-	-
びわ	(25)	5	9,720	1,850	-	-	0	4,401	1	2,313	2	1,687	1	1,915
もも	(26)	454	223,035	491	-	-	-	-	-	-	-	-	1	2,313
すもも	(27)	89	43,799	492	-	-	-	-	-	-	-	-	0	1,306
おうとう	(28)	80	120,292	1,500	0	14,321	-	-	0	4,209	1	6,794	3	3,833
うめ	(29)	154	61,039	397	-	-	-	-	-	-	-	-	24	401
ぶどう	(30)	566	445,536	787	2	479	0	449	-	-	-	-	1	1,849
デラウェア	(31)	182	118,210	650	-	-	-	-	-	-	-	-	1	1,700
巨峰	(32)	129	105,618	820	-	-	-	-	-	-	-	-	0	2,718
その他のぶどう	(33)	255	221,708	868	2	479	0	449	-	-	-	-	0	6,081
くり	(34)	216	146,998	680	-	-	-	-	-	-	-	-	-	-
いちご	(35)	1,408	1,741,467	1,237	244	1,311	250	1,290	331	1,078	261	895	112	789
メロン	(36)	3,322	1,425,065	429	3	1,563	3	1,305	9	1,095	188	669	1,022	498
温室メロン	(37)	412	185,507	451	3	1,563	3	1,306	4	1,584	5	1,155	6	812
アンデスメロン	(38)	907	379,942	419	-	-	0	821	1	599	15	639	407	488
その他のメロン（まくわうりを含む。）	(39)	2,003	859,617	429	0	1,620	0	1,325	5	775	168	657	609	502
すいか	(40)	2,545	566,439	223	2	329	3	446	32	496	149	370	371	311
キウイフルーツ	(41)	147	85,551	583	38	546	42	551	40	598	23	661	0	715
その他の国産果実	(42)	64	50,799	791	0	733	0	664	1	1,577	1	2,967	2	2,314
輸入果実計	(43)	5,878	1,408,285	240	347	221	364	229	512	222	658	243	671	282
バナナ	(44)	2,633	430,444	163	192	163	186	176	245	172	264	179	234	201
パインアップル	(45)	579	129,520	224	43	183	37	227	48	227	56	228	57	233
レモン	(46)	534	152,961	286	35	340	37	309	46	277	42	321	43	337
グレープフルーツ	(47)	794	169,925	214	39	280	49	227	66	232	101	208	110	229
オレンジ	(48)	741	166,100	224	22	252	37	278	81	261	126	243	127	234
輸入おうとう	(49)	19	24,546	1,303	0	2,562	-	-	-	-	1	1,720	9	1,385
輸入キウイフルーツ	(50)	257	138,136	538	0	383	0	461	0	399	20	610	44	577
輸入メロン	(51)	-	-	-	-	-	-	-	-	-	-	-	-	-
その他の輸入果実	(52)	322	196,653	610	15	598	18	526	26	446	48	430	46	460

	6月		7月		8月		9月		10月		11月		12月		
	数量	価格	数量	価格	数量	価格	数量	価格	数量	価格	数量	価格	数量	価格	
	t	円/kg	t	円/kg	t	円/kg	t	円/kg	t	円/kg	t	円/kg	t	円/kg	
	3,078	351	1,990	346	2,604	345	2,301	308	2,346	295	2,222	297	2,831	384	(1)
	2,585	362	1,533	366	2,141	367	1,849	326	1,848	316	1,751	323	2,339	424	(2)
	19	945	35	830	48	781	166	315	810	252	985	288	1,611	268	(3)
	-	-	-	-	-	-	-	-	-	-	-	-	1	197	(4)
	4	196	-	-	-	-	-	-	-	-	-	-	-	-	(5)
	-	-	-	-	-	-	-	-	-	-	-	-	4	313	(6)
	-	-	-	-	-	-	-	-	-	-	-	-	9	242	(7)
	2	475	1	1,644	2	1,123	2	923	5	553	15	515	98	548	(8)
	107	389	94	381	121	343	253	261	298	302	246	330	231	331	(9)
	-	-	0	216	28	288	174	259	13	296	0	189	-	-	(10)
	10	345	12	335	5	407	2	48	14	146	5	295	4	323	(11)
	14	279	7	307	5	361	-	-	7	209	15	255	13	303	(12)
	72	430	69	403	60	385	15	323	130	343	162	336	189	328	(13)
	11	298	7	320	23	283	62	258	133	283	63	336	24	374	(14)
	-	-	43	594	822	328	856	246	151	267	22	317	2	375	(15)
	-	-	43	594	770	335	9	152	0	108	-	-	-	-	(16)
	-	-	-	-	51	237	609	236	0	152	-	-	-	-	(17)
	-	-	-	-	-	-	7	232	0	216	-	-	-	-	(18)
	-	-	-	-	-	-	106	220	90	217	0	11	-	-	(19)
	-	-	-	-	2	190	126	325	61	341	22	317	2	375	(20)
	-	-	-	-	0	335	23	272	21	326	26	313	20	327	(21)
	-	-	0	738	1	790	124	301	338	261	382	238	160	246	(22)
	-	-	0	1,239	-	-	41	230	91	296	274	235	148	244	(23)
	-	-	0	712	1	790	83	336	247	248	109	248	12	270	(24)
	1	1,555	-	-	-	-	-	-	-	-	-	-	-	-	(25)
	46	516	204	535	175	442	28	397	0	509	-	-	-	-	(26)
	20	584	42	466	21	445	6	498	0	359	-	-	-	-	(27)
	68	1,392	9	1,150	0	1,890	-	-	-	-	-	-	-	-	(28)
	129	397	0	276	-	-	-	-	-	-	-	-	-	-	(29)
	12	1,416	104	876	224	698	147	720	56	956	14	907	7	1,007	(30)
	8	1,192	79	724	84	524	8	528	1	625	-	-	-	-	(31)
	2	1,666	15	1,173	56	766	43	681	9	919	4	987	0	977	(32)
	1	2,570	10	1,655	84	827	96	754	45	973	10	878	7	1,007	(33)
	-	-	-	-	10	537	97	642	95	721	10	746	3	858	(34)
	7	730	0	2,820	0	2,484	0	2,536	1	2,757	26	2,104	177	2,027	(35)
	1,408	370	327	339	164	409	111	312	60	333	19	498	8	983	(36)
	6	643	69	479	126	432	106	309	60	332	17	510	8	992	(37)
	433	364	47	271	5	299	-	-	-	-	-	-	-	-	(38)
	970	372	211	308	33	337	5	374	0	435	2	364	0	581	(39)
	759	188	669	184	527	199	26	191	2	392	1	477	3	420	(40)
	-	-	-	-	-	-	-	-	0	616	0	556	4	669	(41)
	4	1,583	5	1,226	24	503	11	649	10	687	4	444	2	801	(42)
	493	295	457	277	464	244	451	235	498	216	471	200	492	189	(43)
	178	221	165	199	167	172	186	159	249	146	286	121	281	102	(44)
	46	245	55	226	54	239	48	237	47	221	37	219	51	194	(45)
	45	338	49	301	56	240	61	182	43	224	37	290	39	354	(46)
	83	199	69	202	79	189	61	177	51	164	35	235	49	269	(47)
	74	244	54	235	54	199	43	175	57	141	33	141	32	215	(48)
	7	1,202	2	925	-	-	-	-	-	-	-	-	0	2,598	(49)
	34	575	38	553	34	522	28	504	25	486	18	489	16	466	(50)
	-	-	-	-	-	-	-	-	-	-	-	-	-	-	(51)
	27	648	25	680	20	744	23	910	25	879	25	770	24	543	(52)

3　卸売市場別の月別果実の卸売数量・価額・価格（続き）
(13)　宇都宮市中央卸売市場

品目		計			1月		2月		3月		4月		5月	
		数量	価額	価格	数量	価格	数量	価格	数量	価格	数量	価格	数量	価格
		t	千円	円/kg	t	円/kg	t	円/kg	t	円/kg	t	円/kg	t	円/kg
果実計	(1)	**28,565**	**11,198,273**	**392**	**2,178**	**447**	**2,276**	**463**	**2,161**	**469**	**1,903**	**438**	**1,741**	**424**
国産果実計	(2)	**22,500**	**9,573,058**	**425**	**1,830**	**485**	**1,893**	**508**	**1,607**	**546**	**1,213**	**531**	**1,083**	**491**
みかん	(3)	6,462	1,943,799	301	696	283	373	345	43	430	4	1,829	16	1,506
ネーブルオレンジ（国産）	(4)	36	9,161	257	11	254	11	239	7	321	-	-	-	-
甘なつみかん	(5)	408	81,393	199	17	222	33	223	122	195	172	193	63	204
いよかん	(6)	526	110,119	209	184	213	265	201	62	228	-	-	-	-
はっさく	(7)	264	52,350	198	55	199	75	179	96	208	20	201	0	70
その他の雑かん	(8)	1,283	506,951	395	146	443	346	380	421	348	181	387	54	313
りんご	(9)	3,253	1,003,623	309	291	263	357	300	355	323	285	347	176	389
つがる	(10)	275	68,035	248	-	-	-	-	-	-	-	-	-	-
ジョナゴールド	(11)	104	26,976	260	5	177	7	239	12	204	10	231	2	254
王林	(12)	221	57,453	260	24	263	38	240	34	271	31	266	23	272
ふじ	(13)	2,252	747,520	332	251	266	300	313	297	336	238	364	141	416
その他のりんご	(14)	402	103,640	258	10	241	12	197	12	254	6	297	9	312
日本なし	(15)	1,480	435,769	294	2	360	-	-	-	-	-	-	-	-
幸水	(16)	497	159,028	320	-	-	-	-	-	-	-	-	-	-
豊水	(17)	492	121,254	247	-	-	-	-	-	-	-	-	-	-
二十世紀	(18)	2	598	293	-	-	-	-	-	-	-	-	-	-
新高	(19)	146	34,604	237	-	-	-	-	-	-	-	-	-	-
その他のなし	(20)	344	120,286	350	2	360	-	-	-	-	-	-	-	-
西洋なし	(21)	78	25,830	333	0	494	-	-	-	-	-	-	-	-
かき	(22)	841	226,590	270	5	470	0	810	-	-	-	-	-	-
甘がき	(23)	356	102,142	287	5	470	0	473	-	-	-	-	-	-
渋がき（脱渋を含む。）	(24)	485	124,448	257	-	-	0	1,417	-	-	-	-	-	-
びわ	(25)	4	6,020	1,597	-	-	-	-	0	2,213	1	1,892	1	2,166
もも	(26)	698	328,376	470	-	-	-	-	-	-	0	3,332	2	2,236
すもも	(27)	160	75,251	470	-	-	-	-	-	-	-	-	0	1,359
おうとう	(28)	137	181,413	1,325	0	19,440	-	-	0	24,840	1	3,930	4	3,021
うめ	(29)	397	135,320	341	-	-	-	-	-	-	-	-	70	396
ぶどう	(30)	730	591,412	811	7	468	2	527	0	585	0	3,549	4	1,921
デラウェア	(31)	102	73,630	722	-	-	-	-	-	-	0	3,549	3	1,606
巨峰	(32)	237	205,521	867	-	-	-	-	-	-	-	-	1	2,589
その他のぶどう	(33)	390	312,260	800	7	468	2	527	0	585	-	-	0	3,555
くり	(34)	50	28,507	573	-	-	-	-	-	-	-	-	-	-
いちご	(35)	2,059	2,597,217	1,262	338	1,288	358	1,301	415	1,143	354	902	220	767
メロン	(36)	1,239	623,423	503	22	1,151	27	1,001	24	1,278	52	820	167	526
温室メロン	(37)	346	256,370	740	8	1,644	10	1,410	14	1,521	16	1,289	18	856
アンデスメロン	(38)	214	101,683	476	9	735	16	725	8	885	22	556	39	487
その他のメロン（まくわうりを含む。）	(39)	679	265,370	391	5	1,144	1	1,172	2	1,114	13	687	109	485
すいか	(40)	2,109	449,111	213	2	413	0	677	16	490	126	366	295	304
キウイフルーツ	(41)	195	90,577	465	41	466	42	481	42	519	10	669	-	-
その他の国産果実	(42)	94	70,846	754	13	384	3	420	4	793	7	1,199	11	960
輸入果実計	(43)	**6,064**	**1,625,216**	**268**	**348**	**246**	**383**	**244**	**554**	**246**	**690**	**277**	**657**	**312**
バナナ	(44)	2,953	588,330	199	213	203	222	201	262	200	283	212	276	218
パインアップル	(45)	394	94,463	240	24	250	25	247	36	243	35	241	31	255
レモン	(46)	273	100,618	368	18	367	17	391	21	388	25	354	25	366
グレープフルーツ	(47)	683	145,145	213	28	260	36	251	74	239	76	223	69	235
オレンジ	(48)	765	188,148	246	20	284	36	299	94	269	141	244	112	271
輸入おうとう	(49)	16	24,187	1,467	-	-	-	-	-	-	1	1,924	9	1,523
輸入キウイフルーツ	(50)	381	212,638	559	1	379	0	818	0	301	57	597	75	570
輸入メロン	(51)	182	28,632	157	8	266	16	124	32	119	29	134	20	141
その他の輸入果実	(52)	417	243,055	584	35	406	31	452	35	579	44	514	40	554

6月		7月		8月		9月		10月		11月		12月		
数量	価格	数量	価格	数量	価格	数量	価格	数量	価格	数量	価格	数量	価格	
t	円/kg	t	円/kg	t	円/kg	t	円/kg	t	円/kg	t	円/kg	t	円/kg	
2,150	391	2,069	385	2,521	366	2,188	330	2,554	286	2,803	344	4,020	400	(1)
1,574	424	1,563	413	1,996	393	1,736	347	2,070	293	2,349	366	3,587	420	(2)
39	1,088	73	899	68	950	221	275	871	250	1,394	281	2,663	272	(3)
-	-	-	-	-	-	-	-	-	-	-	-	7	229	(4)
0	294	-	-	-	-	-	-	-	-	-	-	1	256	(5)
-	-	-	-	-	-	-	-	-	-	-	-	15	231	(6)
-	-	-	-	-	-	-	-	-	-	-	-	17	229	(7)
1	1,250	0	2,154	1	1,270	2	649	6	519	15	743	109	539	(8)
142	390	101	421	131	367	320	252	455	279	355	290	286	286	(9)
-	-	-	-	55	278	215	241	4	178	-	-	-	-	(10)
4	269	3	341	9	491	1	225	34	227	12	281	3	301	(11)
7	285	5	326	2	419	-	-	2	223	30	231	25	255	(12)
130	398	91	423	58	434	38	315	224	303	247	310	236	295	(13)
2	391	1	846	7	346	65	249	190	262	66	245	21	215	(14)
0	1,596	10	563	518	310	610	254	257	305	73	427	9	404	(15)
0	1,596	10	563	482	317	5	150	-	-	-	-	-	-	(16)
-	-	-	-	22	252	470	246	0	229	-	-	-	-	(17)
-	-	-	-	0	572	2	263	-	-	-	-	-	-	(18)
-	-	-	-	-	-	41	225	105	242	-	-	-	-	(19)
-	-	-	-	15	187	93	311	151	350	73	427	9	404	(20)
-	-	-	-	0	214	10	252	21	353	28	335	18	351	(21)
-	-	1	1,099	3	790	82	347	336	252	309	250	104	291	(22)
-	-	-	-	-	-	12	320	51	313	188	267	99	297	(23)
-	-	1	1,099	3	790	70	351	285	240	121	224	5	183	(24)
2	1,332	-	-	-	-	-	-	-	-	-	-	-	-	(25)
78	541	308	497	255	407	56	449	0	439	-	-	-	-	(26)
37	504	86	461	29	414	7	578	1	599	-	-	-	-	(27)
107	1,299	25	1,019	-	-	-	-	-	-	-	-	-	-	(28)
326	329	0	432	-	-	-	-	-	-	-	-	-	-	(29)
20	1,611	73	1,068	292	764	235	728	59	877	20	754	18	482	(30)
8	1,192	38	734	48	574	4	762	0	760	-	-	-	-	(31)
10	1,707	27	1,311	99	826	79	649	18	856	3	900	-	-	(32)
2	2,929	7	1,895	144	786	152	768	41	887	16	724	18	482	(33)
-	-	-	-	2	506	46	575	2	607	-	-	-	-	(34)
12	660	2	1,628	2	1,376	1	1,493	3	2,331	90	2,027	262	2,010	(35)
304	383	252	405	188	398	104	360	44	532	23	927	32	1,053	(36)
17	866	33	741	88	474	66	408	39	535	21	958	17	1,389	(37)
70	364	39	373	3	273	-	-	-	-	0	396	7	610	(38)
217	353	180	352	98	334	38	276	5	514	2	742	9	748	(39)
497	183	623	192	498	168	38	121	4	409	6	387	5	397	(40)
-	-	-	-	-	-	-	-	-	-	27	347	33	410	(41)
7	1,397	9	960	9	601	4	784	12	360	8	628	8	863	(42)
576	300	506	299	526	267	453	264	484	253	454	234	433	234	(43)
253	221	245	214	201	214	219	204	283	182	275	166	221	158	(44)
34	251	33	242	35	262	34	245	32	233	30	216	44	202	(45)
24	390	24	373	26	370	27	338	24	311	20	384	22	404	(46)
81	194	58	189	123	172	53	184	31	184	20	271	35	271	(47)
63	251	51	250	62	218	59	218	47	197	49	193	30	250	(48)
5	1,332	1	1,078	-	-	-	-	-	-	-	-	0	2,048	(49)
61	569	60	565	45	539	28	526	25	523	16	511	12	530	(50)
23	88	5	238	5	240	9	219	10	219	10	235	14	206	(51)
32	745	29	766	28	643	24	773	32	802	34	620	54	400	(52)

3 卸売市場別の月別果実の卸売数量・価額・価格（続き）
（14） 前橋市青果市場

品目		計			1月		2月		3月		4月		5月	
		数量	価額	価格	数量	価格	数量	価格	数量	価格	数量	価格	数量	価格
		t	千円	円/kg	t	円/kg	t	円/kg	t	円/kg	t	円/kg	t	円/kg
果実計	(1)	9,725	3,294,470	339	521	416	676	409	719	436	736	391	694	384
国産果実計	(2)	6,808	2,529,756	372	379	474	486	471	427	563	374	511	357	473
みかん	(3)	1,718	483,820	282	116	299	62	336	8	429	0	2,519	3	1,602
ネーブルオレンジ（国産）	(4)	2	636	337	0	315	0	293	1	350	-	-	-	-
甘なつみかん	(5)	103	20,864	203	2	237	7	214	35	202	47	187	11	264
いよかん	(6)	151	28,920	191	36	194	93	179	19	224	-	-	-	-
はっさく	(7)	82	15,991	196	10	191	28	187	31	197	6	213	0	166
その他の雑かん	(8)	359	136,342	380	57	362	101	379	96	377	55	321	23	264
りんご	(9)	958	310,949	325	86	272	100	299	101	321	85	362	70	423
つがる	(10)	45	12,601	279	-	-	-	-	-	-	-	-	-	-
ジョナゴールド	(11)	5	1,494	309	0	432	-	-	0	138	1	139	-	-
王林	(12)	30	7,654	252	7	240	5	219	5	223	4	268	3	293
ふじ	(13)	685	240,442	351	76	276	92	305	92	330	77	375	65	430
その他のりんご	(14)	192	48,758	254	3	250	3	250	3	244	4	256	1	328
日本なし	(15)	466	123,603	265	0	367	-	-	0	108	-	-	-	-
幸水	(16)	169	52,373	310	-	-	-	-	-	-	-	-	-	-
豊水	(17)	184	43,446	236	-	-	-	-	-	-	-	-	-	-
二十世紀	(18)	4	996	258	-	-	-	-	-	-	-	-	-	-
新高	(19)	77	17,330	225	-	-	-	-	-	-	-	-	-	-
その他のなし	(20)	32	9,459	292	0	367	-	-	0	108	-	-	-	-
西洋なし	(21)	21	6,656	314	0	347	-	-	-	-	-	-	-	-
かき	(22)	188	51,100	271	1	381	-	-	-	-	-	-	-	-
甘がき	(23)	63	16,923	267	1	381	-	-	-	-	-	-	-	-
渋がき（脱渋を含む。）	(24)	125	34,177	273	-	-	-	-	-	-	-	-	-	-
びわ	(25)	0	845	1,930	-	-	-	-	0	2,671	0	1,950	0	1,830
もも	(26)	149	74,424	501	-	-	-	-	-	-	-	-	1	2,028
すもも	(27)	83	38,583	467	-	-	-	-	-	-	-	-	0	1,396
おうとう	(28)	23	31,674	1,386	-	-	-	-	0	17,820	0	6,686	0	4,714
うめ	(29)	69	18,294	265	-	-	-	-	-	-	-	-	17	141
ぶどう	(30)	217	165,006	760	1	571	0	582	-	-	-	-	0	1,719
デラウェア	(31)	46	27,913	603	-	-	-	-	-	-	-	-	0	1,666
巨峰	(32)	76	57,014	754	-	-	-	-	-	-	-	-	0	3,791
その他のぶどう	(33)	95	80,079	841	1	571	0	582	-	-	-	-	-	-
くり	(34)	14	8,358	609	-	-	-	-	-	-	-	-	-	-
いちご	(35)	432	526,084	1,217	57	1,426	73	1,407	102	1,251	103	872	54	857
メロン	(36)	365	179,837	493	4	951	7	852	6	1,072	21	656	59	523
温室メロン	(37)	62	43,649	699	1	1,286	1	1,203	2	1,434	2	1,184	4	723
アンデスメロン	(38)	61	31,328	513	3	775	4	770	1	942	3	652	10	477
その他のメロン（まくわうりを含む。）	(39)	242	104,860	434	0	1,472	1	676	2	806	16	584	45	514
すいか	(40)	1,327	262,349	198	1	449	1	613	14	624	49	467	118	358
キウイフルーツ	(41)	53	26,964	505	8	501	13	514	14	539	7	539	1	442
その他の国産果実	(42)	27	18,457	682	0	622	0	472	0	1,444	0	2,195	0	1,799
輸入果実計	(43)	2,918	764,715	262	142	263	190	249	292	249	362	267	337	290
バナナ	(44)	910	171,154	188	56	188	61	192	77	193	82	198	85	208
パインアップル	(45)	122	28,661	235	7	243	10	227	11	246	15	213	8	270
レモン	(46)	266	91,204	342	18	378	21	345	20	342	23	352	23	369
グレープフルーツ	(47)	636	135,724	213	32	226	44	218	84	236	90	228	82	217
オレンジ	(48)	382	89,353	234	11	316	18	289	32	286	48	269	44	266
輸入おうとう	(49)	8	11,748	1,389	-	-	-	-	-	-	0	1,715	5	1,460
輸入キウイフルーツ	(50)	127	66,163	523	0	435	0	432	0	537	12	513	24	530
輸入メロン	(51)	136	18,384	135	6	216	12	122	26	97	23	157	25	129
その他の輸入果実	(52)	329	152,323	462	13	508	24	416	41	405	68	367	41	415

	6月		7月		8月		9月		10月		11月		12月		
	数量	価格	数量	価格	数量	価格	数量	価格	数量	価格	数量	価格	数量	価格	
	t	円/kg	t	円/kg	t	円/kg	t	円/kg	t	円/kg	t	円/kg	t	円/kg	
	880	320	976	288	951	311	752	313	812	295	822	290	1,187	305	(1)
	593	337	742	291	723	328	527	345	592	311	627	299	979	321	(2)
	7	1,213	13	965	15	899	31	399	283	244	415	269	766	252	(3)
	-	-	-	-	-	-	-	-	-	-	-	-	-	-	(4)
	-	-	-	-	-	-	-	-	-	-	-	-	1	236	(5)
	-	-	-	-	-	-	-	-	-	-	-	-	4	285	(6)
	-	-	-	-	-	-	-	-	-	-	-	-	7	218	(7)
	0	2,250	0	2,501	0	1,466	1	725	2	568	3	549	19	581	(8)
	49	435	36	452	24	364	79	255	128	287	106	322	94	293	(9)
	-	-	-	-	11	268	34	282	0	270	-	-	-	-	(10)
	0	410	2	452	0	432	-	-	1	323	0	201	0	259	(11)
	2	313	1	430	-	-	-	-	0	302	2	213	1	310	(12)
	46	442	33	454	7	554	5	297	52	331	56	372	84	300	(13)
	1	340	1	340	6	300	39	225	75	256	48	270	9	229	(14)
	0	1,629	3	611	162	307	244	235	53	246	3	344	0	277	(15)
	0	1,629	3	611	140	319	26	220	-	-	-	-	-	-	(16)
	-	-	-	-	21	229	161	237	2	236	-	-	-	-	(17)
	-	-	-	-	0	629	3	259	1	231	-	-	-	-	(18)
	-	-	-	-	-	-	46	223	30	226	1	336	-	-	(19)
	-	-	-	-	1	256	8	312	20	279	2	347	0	277	(20)
	-	-	-	-	1	209	4	234	6	322	5	334	5	366	(21)
	-	-	0	765	0	832	19	351	61	270	72	253	36	261	(22)
	-	-	-	-	-	-	3	193	10	265	29	269	20	274	(23)
	-	-	0	765	0	832	16	386	51	271	43	243	16	245	(24)
	0	1,614	0	2,916	-	-	-	-	-	-	-	-	-	-	(25)
	30	538	75	504	34	457	9	396	0	458	-	-	-	-	(26)
	11	526	31	506	32	407	9	471	0	406	-	-	-	-	(27)
	18	1,393	5	1,076	0	1,284	-	-	-	-	-	-	-	-	(28)
	49	308	3	278	-	-	-	-	-	-	-	-	-	-	(29)
	3	1,243	17	870	88	705	71	709	30	929	3	933	3	552	(30)
	3	1,109	13	757	23	484	7	456	0	699	-	-	-	-	(31)
	0	2,530	3	1,251	25	775	30	657	17	775	1	1,313	-	-	(32)
	0	3,238	1	1,272	39	789	34	806	13	1,126	3	824	3	552	(33)
	-	-	-	-	1	444	11	582	2	818	0	890	-	-	(34)
	8	1,082	1	1,636	1	1,514	1	1,805	2	2,081	3	2,139	27	1,979	(35)
	87	426	54	434	50	404	40	358	17	464	10	677	11	903	(36)
	5	722	5	647	8	544	8	446	11	472	8	687	6	979	(37)
	22	453	11	416	4	319	-	-	-	-	1	613	3	752	(38)
	60	392	39	414	38	384	32	336	6	448	1	666	2	844	(39)
	331	173	499	162	307	155	3	87	2	387	2	385	1	464	(40)
	0	617	0	526	-	-	-	-	1	409	2	268	5	493	(41)
	2	962	5	1,009	9	479	4	541	5	611	1	648	1	561	(42)
	287	284	234	276	228	258	224	238	220	252	195	261	208	233	(43)
	73	212	71	202	68	211	82	181	88	180	85	162	83	140	(44)
	10	269	11	256	11	255	9	245	12	188	9	210	8	227	(45)
	23	358	23	347	24	319	23	288	21	282	23	359	25	371	(46)
	63	206	53	187	54	166	41	173	20	202	24	262	48	232	(47)
	44	256	34	221	33	182	36	152	43	162	21	229	19	273	(48)
	3	1,277	0	824	-	-	-	-	-	-	-	-	0	1,383	(49)
	22	532	20	517	15	524	10	513	13	512	8	532	3	536	(50)
	26	96	2	238	4	246	3	186	3	193	2	227	3	170	(51)
	23	561	19	577	20	534	20	581	19	678	23	487	20	379	(52)

3 卸売市場別の月別果実の卸売数量・価額・価格（続き）
(15) さいたま市青果市場

品目		計			1月		2月		3月		4月		5月	
		数量	価額	価格	数量	価格	数量	価格	数量	価格	数量	価格	数量	価格
		t	千円	円/kg	t	円/kg	t	円/kg	t	円/kg	t	円/kg	t	円/kg
果実計	(1)	38,464	13,001,486	338	3,156	355	3,301	389	2,860	423	2,478	402	2,147	376
国産果実計	(2)	29,163	10,892,044	373	2,420	407	2,703	423	2,132	491	1,676	477	1,350	441
みかん	(3)	7,097	2,109,994	297	877	265	524	295	147	338	1	405	12	1,567
ネーブルオレンジ(国産)	(4)	29	8,071	282	6	235	3	192	3	330	3	421	5	437
甘なつみかん	(5)	257	50,582	197	5	266	13	227	58	188	121	179	59	228
いよかん	(6)	801	186,494	233	220	251	409	225	166	224	0	109	-	-
はっさく	(7)	383	69,140	180	55	194	106	174	118	174	90	187	4	185
その他の雑かん	(8)	2,015	802,259	398	349	375	597	389	496	423	267	399	143	283
りんご	(9)	5,863	1,888,490	322	564	278	684	305	645	316	618	339	405	377
つがる	(10)	513	140,535	274	-	-	-	-	-	-	-	-	-	-
ジョナゴールド	(11)	301	91,128	303	15	269	15	263	17	208	8	336	14	347
王林	(12)	254	73,620	290	24	273	38	279	35	263	24	329	31	309
ふじ	(13)	4,246	1,427,248	336	505	278	610	309	578	323	577	341	356	384
その他のりんご	(14)	549	155,959	284	19	310	20	284	15	290	9	286	5	374
日本なし	(15)	2,205	606,568	275	-	-	-	-	-	-	-	-	-	-
幸水	(16)	972	292,735	301	-	-	-	-	-	-	-	-	-	-
豊水	(17)	816	196,318	241	-	-	-	-	-	-	-	-	-	-
二十世紀	(18)	6	2,154	372	-	-	-	-	-	-	-	-	-	-
新高	(19)	221	53,007	240	-	-	-	-	-	-	-	-	-	-
その他のなし	(20)	190	62,354	328	-	-	-	-	-	-	-	-	-	-
西洋なし	(21)	130	37,748	290	1	150	-	-	-	-	-	-	-	-
かき	(22)	1,274	352,918	277	6	453	-	-	-	-	-	-	-	-
甘がき	(23)	458	129,876	284	6	453	-	-	-	-	-	-	-	-
渋がき(脱渋を含む。)	(24)	816	223,043	273	-	-	-	-	-	-	-	-	-	-
びわ	(25)	6	9,789	1,613	-	-	-	-	1	2,043	3	1,658	1	1,636
もも	(26)	818	380,589	465	-	-	-	-	-	-	0	3,195	1	2,701
すもも	(27)	251	107,564	428	-	-	-	-	-	-	-	-	0	1,272
おうとう	(28)	109	146,503	1,342	0	9,936	-	-	0	3,888	0	3,721	1	3,480
うめ	(29)	49	20,978	425	-	-	-	-	-	-	-	-	10	480
ぶどう	(30)	819	675,179	824	0	826	-	-	-	-	0	1,512	3	1,666
デラウェア	(31)	164	116,505	712	-	-	-	-	-	-	-	-	3	1,506
巨峰	(32)	298	243,085	817	-	-	-	-	-	-	-	-	0	3,557
その他のぶどう	(33)	358	315,590	882	0	826	-	-	-	-	0	1,512	0	2,649
くり	(34)	23	16,018	682	-	-	-	-	-	-	-	-	-	-
いちご	(35)	1,704	2,037,832	1,196	270	1,334	287	1,362	395	1,154	389	899	167	805
メロン	(36)	912	390,692	429	11	806	21	708	16	758	39	567	165	501
温室メロン	(37)	58	36,021	621	2	1,212	4	1,015	2	1,483	2	1,169	2	803
アンデスメロン	(38)	174	81,318	467	6	637	15	672	4	782	17	572	40	518
その他のメロン(まくわうりを含む。)	(39)	680	273,353	402	3	850	3	476	10	601	20	516	123	492
すいか	(40)	4,045	807,107	200	0	303	1	448	30	496	112	391	353	335
キウイフルーツ	(41)	141	79,524	562	39	527	39	552	38	600	10	663	0	545
その他の国産果実	(42)	231	108,005	467	16	211	18	227	22	328	22	602	22	664
輸入果実計	(43)	9,301	2,109,442	227	736	184	599	236	728	223	802	245	797	265
バナナ	(44)	3,711	609,335	164	275	151	280	163	294	169	302	177	325	183
パインアップル	(45)	531	101,472	191	33	199	35	205	41	203	58	201	57	209
レモン	(46)	635	179,411	283	31	339	33	321	43	287	48	301	52	293
グレープフルーツ	(47)	926	177,964	192	47	230	49	221	79	204	95	202	87	196
オレンジ	(48)	842	189,350	225	27	278	50	254	104	221	137	215	103	227
輸入おうとう	(49)	11	16,793	1,579	-	-	-	-	-	-	1	2,061	5	1,684
輸入キウイフルーツ	(50)	372	194,996	525	4	536	5	614	6	652	31	572	55	532
輸入メロン	(51)	47	8,128	172	2	335	5	171	5	112	9	159	4	166
その他の輸入果実	(52)	2,227	631,994	284	318	175	143	356	157	310	122	395	109	419

	6月		7月		8月		9月		10月		11月		12月		
	数量	価格	数量	価格	数量	価格	数量	価格	数量	価格	数量	価格	数量	価格	
	t	円/kg	t	円/kg	t	円/kg	t	円/kg	t	円/kg	t	円/kg	t	円/kg	
	2,900	334	3,221	310	3,784	310	3,271	307	3,448	280	3,378	289	4,519	331	(1)
	2,031	369	2,382	334	2,993	335	2,503	332	2,680	297	2,636	310	3,657	364	(2)
	31	1,233	51	1,024	71	976	217	311	1,015	253	1,464	287	2,686	279	(3)
	-	-	-	-	-	-	-	-	-	-	-	-	9	204	(4)
	1	249	0	138	-	-	-	-	-	-	-	-	-	-	(5)
	-	-	-	-	-	-	-	-	-	-	-	-	6	336	(6)
	-	-	-	-	-	-	-	-	-	-	-	-	11	187	(7)
	8	370	2	919	1	798	3	646	5	518	14	678	130	482	(8)
	325	387	210	399	140	399	542	273	706	308	626	314	396	325	(9)
	-	-	-	-	50	297	437	275	26	219	-	-	-	-	(10)
	17	348	18	352	4	434	-	-	104	291	60	307	28	326	(11)
	28	266	16	310	1	246	-	-	3	176	30	303	24	310	(12)
	259	408	161	423	79	467	9	330	364	336	424	323	323	327	(13)
	21	320	16	303	6	342	97	258	208	280	112	287	21	314	(14)
	1	1,277	38	532	866	300	1,049	241	226	283	25	327	-	-	(15)
	1	1,277	38	532	790	305	143	215	0	216	-	-	-	-	(16)
	-	-	-	-	65	233	740	241	11	269	-	-	-	-	(17)
	-	-	-	-	0	485	5	361	0	432	-	-	-	-	(18)
	-	-	-	-	-	-	106	236	114	243	1	265	-	-	(19)
	-	-	-	-	11	377	55	315	101	329	24	329	-	-	(20)
	-	-	-	-	2	180	11	259	20	328	48	335	48	245	(21)
	-	-	0	1,068	0	1,096	141	358	571	248	386	276	169	298	(22)
	-	-	0	988	-	-	7	258	61	269	227	276	156	295	(23)
	-	-	0	1,117	0	1,096	134	364	510	246	158	276	13	336	(24)
	1	1,171	-	-	-	-	-	-	-	-	-	-	-	-	(25)
	92	537	342	526	336	386	47	391	-	-	-	-	-	-	(26)
	36	577	118	405	72	380	23	452	3	456	-	-	-	-	(27)
	84	1,389	23	1,001	-	-	-	-	-	-	-	-	-	-	(28)
	40	411	0	196	-	-	-	-	-	-	-	-	-	-	(29)
	33	1,241	82	895	297	733	303	781	83	997	14	1,047	4	901	(30)
	30	1,083	64	731	65	488	1	516	0	1,188	-	-	-	-	(31)
	1	2,618	11	1,158	120	794	122	737	40	950	3	1,101	-	-	(32)
	2	2,798	6	2,058	112	811	180	813	42	1,039	11	1,031	4	901	(33)
	-	-	-	-	2	290	16	674	6	796	-	-	-	-	(34)
	14	660	2	1,491	3	1,264	2	1,467	0	1,664	19	1,761	155	1,893	(35)
	332	363	162	351	104	409	20	312	13	380	8	505	20	724	(36)
	2	590	8	545	14	455	9	372	7	452	4	534	3	919	(37)
	40	351	39	325	4	316	-	-	-	-	-	-	8	659	(38)
	290	363	115	346	86	406	11	265	7	308	4	480	9	710	(39)
	1,010	189	1,344	181	1,077	169	113	102	2	387	4	336	1	347	(40)
	-	-	-	-	-	-	0	568	2	517	4	451	9	550	(41)
	23	630	7	1,268	21	562	16	673	29	419	24	225	12	230	(42)
	869	251	840	243	791	215	768	224	768	222	741	215	862	195	(43)
	349	180	316	182	313	172	315	164	320	153	323	140	297	132	(44)
	46	220	45	214	37	210	37	194	58	142	40	142	45	163	(45)
	56	316	52	319	58	258	62	204	71	199	62	261	67	360	(46)
	96	185	113	175	110	172	86	164	59	144	47	226	61	244	(47)
	72	244	67	230	58	229	68	204	70	197	50	202	37	258	(48)
	4	1,510	1	1,010	-	-	-	-	-	-	-	-	-	-	(49)
	54	539	52	520	46	508	35	495	43	491	27	516	14	518	(50)
	7	123	4	162	2	257	3	241	1	243	3	199	3	162	(51)
	186	307	190	300	168	223	161	338	144	380	191	299	337	192	(52)

3 卸売市場別の月別果実の卸売数量・価額・価格（続き）
(16) 上尾市青果市場

品目		計			1月		2月		3月		4月		5月	
		数量	価額	価格	数量	価格	数量	価格	数量	価格	数量	価格	数量	価格
		t	千円	円/kg	t	円/kg	t	円/kg	t	円/kg	t	円/kg	t	円/kg
果　実　計	(1)	7,699	2,863,524	372	542	379	568	384	540	406	486	394	455	408
国　産　果　実　計	(2)	5,881	2,447,532	416	424	420	441	428	375	477	293	486	282	482
み　か　ん	(3)	1,245	346,501	278	148	306	118	335	38	379	0	2,604	2	1,772
ネーブルオレンジ(国産)	(4)	1	156	191	-	-	-	-	-	-	-	-	-	-
甘なつみかん	(5)	165	36,344	220	6	258	16	231	49	202	47	212	48	237
い　よ　か　ん	(6)	127	25,218	199	50	214	58	186	16	186	-	-	-	-
は　っ　さ　く	(7)	49	9,640	195	13	202	15	187	14	190	3	179	-	-
その他の雑かん	(8)	450	174,251	388	75	376	100	394	134	372	95	365	17	476
り　ん　ご	(9)	828	270,312	326	68	285	68	283	49	364	50	368	39	453
つ　が　る	(10)	37	9,636	262	-	-	-	-	-	-	-	-	-	-
ジョナゴールド	(11)	9	2,523	293	0	301	2	231	1	256	2	274	-	-
王　　林	(12)	12	3,036	254	3	239	1	304	3	195	2	273	1	322
ふ　　じ	(13)	643	213,173	331	61	258	63	285	45	376	45	378	39	455
その他のりんご	(14)	127	41,944	330	4	714	1	202	-	-	0	232	-	-
日　本　な　し	(15)	593	165,966	280	1	497	0	234	-	-	-	-	-	-
幸　　水	(16)	275	92,341	336	-	-	-	-	-	-	-	-	-	-
豊　　水	(17)	182	38,773	213	-	-	-	-	-	-	-	-	-	-
二　十　世　紀	(18)	-	-	-	-	-	-	-	-	-	-	-	-	-
新　　高	(19)	67	12,691	191	-	-	-	-	-	-	-	-	-	-
その他のなし	(20)	70	22,160	319	1	497	0	234	-	-	-	-	-	-
西　洋　な　し	(21)	41	15,001	368	-	-	-	-	-	-	-	-	-	-
か　　き	(22)	323	87,901	273	3	468	0	58	-	-	-	-	-	-
甘　が　き	(23)	107	31,456	294	3	468	-	-	-	-	-	-	-	-
渋がき(脱渋を含む。)	(24)	215	56,445	262	-	-	0	58	-	-	-	-	-	-
び　　わ	(25)	1	2,425	1,778	-	-	-	-	0	2,268	0	1,712	0	2,185
も　　も	(26)	361	191,459	530	-	-	-	-	-	-	0	2,457	0	1,759
す　も　も	(27)	49	19,429	396	-	-	-	-	-	-	-	-	-	-
お　う　と　う	(28)	20	30,688	1,508	0	19,440	-	-	0	11,372	0	6,215	1	4,108
う　　め	(29)	47	16,761	355	-	-	-	-	-	-	-	-	13	362
ぶ　ど　う	(30)	263	312,498	1,187	2	470	1	545	-	-	-	-	2	1,664
デラウェア	(31)	49	38,078	784	-	-	-	-	-	-	-	-	1	1,408
巨　　峰	(32)	103	97,224	947	-	-	-	-	-	-	-	-	0	3,595
その他のぶどう	(33)	112	177,196	1,582	2	470	1	545	-	-	-	-	0	3,866
く　　り	(34)	10	5,899	604	-	-	-	-	-	-	-	-	-	-
い　ち　ご	(35)	202	261,049	1,295	31	1,374	33	1,390	40	1,212	43	873	20	810
メ　ロ　ン	(36)	420	281,538	670	9	1,692	9	1,422	12	1,566	23	1,019	60	608
温室メロン	(37)	137	157,552	1,148	8	1,765	8	1,472	11	1,621	11	1,350	12	1,004
アンデスメロン	(38)	80	35,678	445	1	758	1	745	1	822	5	700	18	529
その他のメロン(まくわうりを含む。)	(39)	203	88,307	435	0	1,372	0	1,499	1	1,184	7	687	30	496
す　い　か	(40)	579	128,714	222	0	222	0	461	7	535	24	430	75	356
キウイフルーツ	(41)	72	41,468	575	17	551	22	598	16	614	6	657	0	591
その他の国産果実	(42)	34	24,315	709	1	584	1	680	0	1,201	2	758	2	981
輸　入　果　実　計	(43)	1,819	415,992	229	118	231	127	228	165	245	194	255	173	286
バ　ナ　ナ	(44)	1,292	235,553	182	86	189	95	195	99	207	126	207	111	212
パインアップル	(45)	76	20,772	272	6	256	5	286	9	274	10	259	4	352
レ　モ　ン	(46)	53	18,992	357	5	389	3	382	3	379	3	408	3	397
グレープフルーツ	(47)	158	34,932	222	11	251	9	243	23	252	15	250	16	261
オ　レ　ン　ジ	(48)	115	32,932	287	5	451	10	307	24	269	23	262	18	270
輸入おうとう	(49)	4	4,799	1,345	-	-	-	-	-	-	0	1,922	2	1,545
輸入キウイフルーツ	(50)	40	24,257	613	-	-	0	592	0	715	5	661	10	623
輸入メロン	(51)	4	1,343	374	0	642	0	438	1	284	1	314	0	356
その他の輸入果実	(52)	78	42,413	546	4	548	4	568	6	628	11	540	8	579

	6月		7月		8月		9月		10月		11月		12月		
	数量	価格	数量	価格	数量	価格	数量	価格	数量	価格	数量	価格	数量	価格	
	t	円/kg	t	円/kg	t	円/kg	t	円/kg	t	円/kg	t	円/kg	t	円/kg	
	558	407	690	415	810	373	655	360	746	333	731	328	918	332	(1)
	406	463	541	461	678	402	535	390	602	367	552	381	751	365	(2)
	4	1,240	5	1,042	4	761	23	274	205	240	272	261	425	243	(3)
	-	-	-	-	-	-	-	-	-	-	-	-	1	191	(4)
	-	-	-	-	-	-	-	-	-	-	-	-	-	-	(5)
	-	-	-	-	-	-	-	-	-	-	-	-	2	292	(6)
	-	-	-	-	-	-	-	-	-	-	-	-	5	229	(7)
	0	896	0	2,311	0	1,309	0	521	1	620	2	372	25	498	(8)
	39	435	26	415	8	362	56	276	128	330	117	332	180	281	(9)
	-	-	-	-	1	187	36	263	-	-	-	-	-	-	(10)
	1	331	1	378	-	-	1	372	-	-	-	-	0	178	(11)
	1	140	1	289	-	-	-	-	-	-	0	373	0	413	(12)
	37	444	24	421	0	522	4	379	48	323	102	340	174	282	(13)
	-	-	-	-	7	372	15	273	80	334	15	278	5	253	(14)
	0	1,083	8	568	297	323	238	223	46	235	3	345	0	341	(15)
	0	1,083	8	571	262	332	5	116	-	-	-	-	-	-	(16)
	-	-	-	-	22	207	160	214	0	324	-	-	-	-	(17)
	-	-	-	-	-	-	-	-	-	-	-	-	-	-	(18)
	-	-	-	-	-	-	34	195	31	183	2	263	-	-	(19)
	-	-	0	347	13	326	39	300	15	345	1	450	0	341	(20)
	-	-	-	-	0	281	0	300	13	358	19	326	9	468	(21)
	-	-	0	1,066	3	732	34	342	136	236	94	270	52	286	(22)
	-	-	-	-	-	-	0	192	3	242	53	291	48	291	(23)
	-	-	0	1,066	3	732	33	343	133	235	40	243	5	236	(24)
	1	1,501	-	-	-	-	-	-	-	-	-	-	-	-	(25)
	37	480	173	572	108	470	44	539	-	-	-	-	-	-	(26)
	7	538	20	373	19	364	3	388	0	668	0	880	-	-	(27)
	16	1,473	3	807	0	4,752	-	-	-	-	-	-	-	-	(28)
	34	352	-	-	-	-	-	-	-	-	-	-	-	-	(29)
	16	1,642	32	1,129	61	942	70	943	47	1,294	24	1,676	9	2,365	(30)
	14	1,064	22	722	11	484	-	-	-	-	-	-	-	-	(31)
	1	3,625	6	1,087	27	842	37	802	24	1,066	7	1,267	0	1,435	(32)
	2	5,539	4	3,283	22	1,302	33	1,105	22	1,540	17	1,851	9	2,372	(33)
	-	-	-	-	2	422	7	639	1	768	0	1,548	-	-	(34)
	1	1,695	2	2,279	1	1,985	1	2,577	1	2,978	5	2,324	22	1,937	(35)
	85	493	97	481	44	511	41	481	19	732	11	1,193	11	1,672	(36)
	10	1,094	17	886	16	675	15	725	10	999	10	1,265	10	1,763	(37)
	23	426	33	358	0	458	-	-	-	-	0	30	0	1,037	(38)
	52	408	48	425	28	421	25	331	10	453	1	588	1	730	(39)
	162	206	171	167	125	187	13	157	1	291	1	271	0	278	(40)
	-	-	-	-	-	-	0	96	1	267	2	417	8	507	(41)
	4	935	4	1,144	6	676	6	517	3	572	2	316	3	374	(42)
	152	258	149	246	133	227	119	226	144	193	179	163	166	183	(43)
	105	210	98	208	89	195	87	187	118	162	149	127	128	129	(44)
	5	314	6	311	6	276	6	264	6	232	6	230	6	256	(45)
	5	363	7	357	6	362	7	289	5	302	3	362	3	387	(46)
	15	185	20	178	19	177	6	190	5	189	9	247	9	235	(47)
	10	305	7	293	5	293	5	287	4	291	3	276	3	299	(48)
	1	935	0	785	-	-	-	-	-	-	-	-	-	-	(49)
	5	585	5	587	3	589	3	610	2	588	2	584	5	643	(50)
	0	326	0	393	0	350	0	413	0	482	0	422	0	460	(51)
	6	617	7	531	5	536	5	577	4	628	6	565	13	413	(52)

3 卸売市場別の月別果実の卸売数量・価額・価格（続き）
(17) 千葉市青果市場

品目		計 数量	計 価額	計 価格	1月 数量	1月 価格	2月 数量	2月 価格	3月 数量	3月 価格	4月 数量	4月 価格	5月 数量	5月 価格
		t	千円	円／kg	t	円／kg	t	円／kg	t	円／kg	t	円／kg	t	円／kg
果実計	(1)	25,206	8,498,095	337	1,749	354	1,704	385	1,674	402	1,658	380	1,737	401
国産果実計	(2)	18,000	6,673,495	371	1,389	386	1,283	440	1,066	506	860	491	879	467
みかん	(3)	3,922	1,067,496	272	566	259	287	287	48	338	0	2,295	3	1,351
ネーブルオレンジ（国産）	(4)	21	5,430	253	2	236	7	219	10	264	2	198	-	-
甘なつみかん	(5)	253	48,595	192	8	215	19	180	63	190	98	189	62	199
いよかん	(6)	306	67,567	221	97	226	141	218	68	217	-	-	-	-
はっさく	(7)	254	45,834	181	48	188	67	170	76	175	53	188	-	-
その他の雑かん	(8)	1,077	390,068	362	217	326	276	356	273	361	150	381	95	329
りんご	(9)	2,274	684,583	301	237	259	245	290	207	297	132	329	119	379
つがる	(10)	279	74,120	265	-	-	-	-	-	-	-	-	-	-
ジョナゴールド	(11)	48	13,349	280	7	279	3	273	7	276	5	248	2	213
王林	(12)	150	40,568	271	24	240	22	270	21	272	14	296	17	323
ふじ	(13)	1,459	455,233	312	198	262	215	292	172	300	112	336	100	391
その他のりんご	(14)	339	101,314	299	8	199	4	307	7	317	1	323	0	785
日本なし	(15)	1,821	519,773	285	8	250	-	-	-	-	-	-	-	-
幸水	(16)	871	287,810	330	-	-	-	-	-	-	-	-	-	-
豊水	(17)	592	135,905	230	-	-	-	-	-	-	-	-	-	-
二十世紀	(18)	16	3,640	226	-	-	-	-	-	-	-	-	-	-
新高	(19)	172	36,813	214	-	-	-	-	-	-	-	-	-	-
その他のなし	(20)	170	55,604	326	8	250	-	-	-	-	-	-	-	-
西洋なし	(21)	150	43,892	292	-	-	-	-	-	-	-	-	-	-
かき	(22)	1,525	418,089	274	6	369	-	-	-	-	-	-	-	-
甘がき	(23)	478	143,590	300	6	369	-	-	-	-	-	-	-	-
渋がき（脱渋を含む。）	(24)	1,047	274,499	262	-	-	-	-	-	-	-	-	-	-
びわ	(25)	24	40,778	1,682	-	-	0	2,960	1	1,893	4	2,002	10	1,986
もも	(26)	690	276,461	401	-	-	-	-	-	-	0	4,100	2	2,634
すもも	(27)	144	63,246	439	-	-	-	-	-	-	-	-	0	1,011
おうとう	(28)	104	137,655	1,324	0	10,267	-	-	0	1,674	1	5,262	3	2,929
うめ	(29)	31	12,896	413	-	-	-	-	-	-	-	-	5	505
ぶどう	(30)	683	544,223	796	3	589	1	561	-	-	0	5,122	3	2,473
デラウェア	(31)	179	111,749	625	-	-	-	-	-	-	0	3,893	2	1,679
巨峰	(32)	238	178,087	747	-	-	-	-	-	-	0	5,200	1	3,686
その他のぶどう	(33)	266	254,387	955	3	589	1	561	-	-	0	7,750	0	6,497
くり	(34)	21	13,342	649	0	2,580	-	-	-	-	-	-	-	-
いちご	(35)	1,079	1,214,404	1,126	145	1,301	182	1,270	249	1,101	252	817	130	768
メロン	(36)	1,260	512,372	407	5	1,208	7	932	6	1,296	44	627	181	498
温室メロン	(37)	127	82,284	646	3	1,545	2	1,302	3	1,612	4	1,275	5	853
アンデスメロン	(38)	137	66,981	489	2	718	4	706	2	839	17	629	57	510
その他のメロン（まくわうりを含む。）	(39)	996	363,107	365	-	-	0	1,500	0	963	24	528	119	477
すいか	(40)	2,079	374,647	180	3	258	3	461	11	412	104	305	262	280
キウイフルーツ	(41)	196	108,375	554	43	535	48	553	55	575	19	573	-	-
その他の国産果実	(42)	85	83,769	982	0	1,775	1	468	0	3,435	2	1,946	6	2,090
輸入果実計	(43)	7,206	1,824,600	253	360	228	420	216	608	221	797	260	858	333
バナナ	(44)	2,195	341,543	156	124	175	151	164	159	175	159	178	158	203
パインアップル	(45)	605	112,339	186	37	199	42	196	69	176	63	186	68	227
レモン	(46)	302	93,633	310	32	289	23	309	22	302	22	301	32	330
グレープフルーツ	(47)	897	169,959	189	53	217	54	192	79	190	93	198	88	216
オレンジ	(48)	762	175,332	230	26	252	47	228	51	232	90	230	95	267
輸入おうとう	(49)	43	58,140	1,356	-	-	-	-	-	-	2	1,422	27	1,454
輸入キウイフルーツ	(50)	692	353,951	511	1	579	3	316	0	342	55	554	110	575
輸入メロン	(51)	296	35,292	119	6	211	32	95	56	89	44	133	49	122
その他の輸入果実	(52)	1,414	484,410	343	82	293	70	371	170	325	270	306	231	328

6月		7月		8月		9月		10月		11月		12月		
数量	価格	数量	価格	数量	価格	数量	価格	数量	価格	数量	価格	数量	価格	
t	円/kg	t	円/kg	t	円/kg	t	円/kg	t	円/kg	t	円/kg	t	円/kg	
2,051	364	2,198	318	2,636	309	2,375	306	2,443	296	2,360	291	2,621	316	(1)
1,323	393	1,628	331	2,102	324	1,815	327	1,879	315	1,752	321	2,024	351	(2)
9	1,135	15	941	16	879	163	280	623	255	868	282	1,322	249	(3)
-	-	-	-	-	-	-	-	-	-	-	-	0	827	(4)
4	227	-	-	-	-	-	-	-	-	-	-	-	-	(5)
-	-	-	-	-	-	-	-	-	-	-	-	1	316	(6)
-	-	-	-	-	-	-	-	-	-	-	-	10	228	(7)
3	385	0	540	0	1,197	1	730	5	547	9	557	47	502	(8)
82	369	61	400	104	293	223	260	315	313	291	310	259	273	(9)
-	-	-	-	70	276	179	257	31	292	-	-	-	-	(10)
1	194	0	314	2	250	-	-	7	274	9	322	3	324	(11)
13	331	9	261	2	239	-	-	5	199	9	206	14	251	(12)
64	383	49	432	24	342	7	258	88	334	199	322	230	273	(13)
3	305	3	319	5	329	37	275	184	311	74	289	12	288	(14)
0	1,842	48	468	922	313	718	236	110	284	9	334	5	503	(15)
0	1,842	42	494	770	329	59	222	-	-	-	-	-	-	(16)
-	-	-	-	145	229	446	230	0	262	-	-	-	-	(17)
-	-	-	-	1	332	15	222	0	108	-	-	-	-	(18)
-	-	-	-	-	-	117	200	53	242	2	308	-	-	(19)
-	-	6	289	5	238	82	331	56	324	8	340	5	503	(20)
-	-	-	-	1	111	28	240	45	322	45	306	31	284	(21)
-	-	0	1,215	1	780	227	324	633	255	462	272	195	273	(22)
-	-	0	1,200	-	-	13	338	66	311	239	299	154	291	(23)
-	-	0	1,216	1	780	214	324	567	249	223	243	41	206	(24)
9	1,183	-	-	-	-	-	-	-	-	-	-	-	-	(25)
50	542	313	416	295	347	29	407	1	432	-	-	0	1,008	(26)
31	537	68	423	31	381	14	409	-	-	-	-	-	-	(27)
83	1,325	17	816	-	-	-	-	-	-	-	-	-	-	(28)
27	398	-	-	-	-	-	-	-	-	-	-	-	-	(29)
23	1,360	76	844	180	650	264	678	98	996	24	1,315	11	1,288	(30)
21	1,079	63	706	63	449	27	438	3	540	-	-	-	-	(31)
1	2,940	8	1,222	55	717	128	654	40	838	6	1,079	-	-	(32)
2	3,819	5	2,018	63	793	108	767	55	1,138	18	1,388	11	1,288	(33)
-	-	-	-	2	308	16	627	3	877	0	2,999	0	970	(34)
6	667	1	215	-	-	-	-	0	2,822	18	1,896	96	1,833	(35)
393	388	415	318	101	372	46	350	29	414	15	660	18	772	(36)
5	764	30	568	17	507	19	382	22	400	7	792	9	941	(37)
30	379	15	360	5	318	0	426	0	446	2	555	3	582	(38)
357	384	370	296	79	347	26	326	7	459	6	539	7	629	(39)
593	163	603	156	425	151	68	85	3	354	3	342	3	316	(40)
-	-	-	-	-	-	1	289	2	650	3	436	24	545	(41)
10	1,655	10	1,405	23	579	17	627	12	722	4	666	0	1,853	(42)
728	311	569	281	535	250	560	237	564	233	608	202	597	196	(43)
159	199	152	178	148	168	197	143	254	133	291	115	242	115	(44)
53	237	38	214	29	213	29	199	55	152	64	121	59	149	(45)
25	363	23	339	23	288	29	249	23	271	20	297	27	380	(46)
114	193	89	169	106	154	69	159	56	185	55	201	42	242	(47)
120	250	78	222	60	208	77	163	44	228	44	221	29	268	(48)
11	1,249	3	876	-	-	-	-	-	-	-	-	-	-	(49)
106	546	105	495	82	500	85	442	67	479	52	462	27	538	(50)
45	99	4	75	4	239	6	212	17	156	9	239	24	106	(51)
95	472	76	387	83	305	68	424	49	570	72	400	146	239	(52)

3 卸売市場別の月別果実の卸売数量・価額・価格（続き）
(18) 船橋市青果市場

品目		計			1月		2月		3月		4月		5月	
		数量	価額	価格	数量	価格	数量	価格	数量	価格	数量	価格	数量	価格
		t	千円	円/kg	t	円/kg	t	円/kg	t	円/kg	t	円/kg	t	円/kg
果 実 計	(1)	9,032	3,264,095	361	892	393	794	435	602	506	499	491	454	435
国 産 果 実 計	(2)	8,255	3,085,706	374	850	401	746	448	540	536	428	530	369	482
み か ん	(3)	2,218	620,485	280	466	308	256	325	16	417	0	2,515	5	1,422
ネーブルオレンジ(国産)	(4)	2	505	219	0	356	2	202	0	259	-	-	-	-
甘 な つ み か ん	(5)	114	23,754	208	6	204	9	208	32	177	44	215	23	237
い よ か ん	(6)	127	29,209	230	70	237	46	221	6	220	-	-	-	-
は っ さ く	(7)	101	18,635	185	20	199	33	168	34	172	11	233	-	-
そ の 他 の 雑 か ん	(8)	613	222,040	362	81	360	186	357	185	361	87	368	30	306
り ん ご	(9)	1,003	262,770	262	106	249	106	284	101	298	85	292	34	347
つ が る	(10)	86	20,334	237	-	-	-	-	-	-	-	-	-	-
ジョナゴールド	(11)	49	12,421	256	5	253	6	257	8	247	8	233	1	196
王 林	(12)	80	17,395	217	10	242	11	213	16	226	20	191	8	233
ふ じ	(13)	637	176,935	278	84	251	84	298	74	320	55	338	24	397
そ の 他 の り ん ご	(14)	151	35,686	237	7	228	5	229	3	260	2	248	1	244
日 本 な し	(15)	759	212,918	281	-	-	-	-	-	-	-	-	-	-
幸 水	(16)	361	114,034	316	-	-	-	-	-	-	-	-	-	-
豊 水	(17)	256	60,509	237	-	-	-	-	-	-	-	-	-	-
二 十 世 紀	(18)	3	907	287	-	-	-	-	-	-	-	-	-	-
新 高	(19)	89	20,819	234	-	-	-	-	-	-	-	-	-	-
そ の 他 の な し	(20)	50	16,649	331	-	-	-	-	-	-	-	-	-	-
西 洋 な し	(21)	47	15,286	324	1	344	1	377	-	-	-	-	-	-
か き	(22)	562	144,808	258	3	448	0	477	-	-	-	-	-	-
甘 が き	(23)	252	65,065	258	3	448	0	477	-	-	-	-	-	-
渋がき（脱渋を含む。）	(24)	310	79,743	257	-	-	-	-	-	-	-	-	-	-
び わ	(25)	10	17,578	1,800	-	-	0	3,645	0	1,860	1	2,259	4	2,080
も も	(26)	202	81,985	405	-	-	-	-	-	-	-	-	0	1,902
す も も	(27)	82	30,934	377	-	-	-	-	-	-	-	-	-	-
お う と う	(28)	19	18,312	968	0	7,072	-	-	0	19,440	0	8,217	0	2,390
う め	(29)	67	27,913	414	-	-	-	-	-	-	-	-	12	411
ぶ ど う	(30)	294	232,388	792	0	529	-	-	-	-	0	5,587	1	2,192
デ ラ ウ ェ ア	(31)	51	27,482	539	-	-	-	-	-	-	-	-	0	1,742
巨 峰	(32)	82	67,225	823	0	698	-	-	-	-	0	5,587	0	2,266
そ の 他 の ぶ ど う	(33)	161	137,681	856	0	445	-	-	-	-	-	-	0	2,146
く り	(34)	19	12,727	673	-	-	-	-	-	-	-	-	-	-
い ち ご	(35)	589	710,401	1,206	80	1,371	96	1,340	139	1,143	140	893	65	858
メ ロ ン	(36)	279	127,788	459	1	1,583	2	993	3	915	11	709	57	507
温 室 メ ロ ン	(37)	41	29,585	719	1	1,583	1	1,296	2	1,044	2	1,334	3	763
アンデスメロン	(38)	45	21,268	469	-	-	1	644	1	677	2	675	15	523
その他のメロン（まくわうりを含む。）	(39)	192	76,935	400	-	-	0	389	0	846	7	587	38	478
す い か	(40)	1,016	213,305	210	-	-	0	636	8	492	38	381	136	308
キ ウ イ フ ル ー ツ	(41)	50	25,764	512	11	543	9	558	12	550	9	510	0	508
その他の国産果実	(42)	82	36,201	442	6	146	0	1,060	5	133	1	2,044	1	1,665
輸 入 果 実 計	(43)	777	178,390	230	42	235	48	241	62	246	71	259	85	234
バ ナ ナ	(44)	535	98,365	184	28	195	32	204	42	210	41	216	40	215
パ イ ン ア ッ プ ル	(45)	30	6,023	198	1	250	2	239	1	227	2	232	1	271
レ モ ン	(46)	42	15,837	377	4	382	4	364	5	361	4	381	3	372
グ レ ー プ フ ル ー ツ	(47)	59	14,963	253	6	248	6	247	7	257	10	237	12	222
オ レ ン ジ	(48)	7	1,735	256	1	304	0	365	-	-	2	233	3	242
輸 入 お う と う	(49)	-	-	-	-	-	-	-	-	-	-	-	-	-
輸入キウイフルーツ	(50)	32	17,480	553	-	-	0	500	0	864	3	547	6	571
輸 入 メ ロ ン	(51)	10	1,371	133	-	-	1	118	1	138	3	155	2	141
その他の輸入果実	(52)	61	22,616	368	2	388	3	509	6	410	6	427	18	158

6月 数量	6月 価格	7月 数量	7月 価格	8月 数量	8月 価格	9月 数量	9月 価格	10月 数量	10月 価格	11月 数量	11月 価格	12月 数量	12月 価格	
t	円/kg	t	円/kg	t	円/kg	t	円/kg	t	円/kg	t	円/kg	t	円/kg	
544	340	586	326	1,062	301	713	339	906	309	894	273	1,085	330	(1)
485	346	530	332	1,001	306	636	356	830	319	813	282	1,027	337	(2)
18	733	15	950	9	1,065	51	306	330	231	417	242	636	236	(3)
-	-	-	-	-	-	-	-	-	-	-	-	0	223	(4)
-	-	-	-	-	-	-	-	-	-	-	-	0	279	(5)
-	-	-	-	-	-	-	-	-	-	-	-	5	231	(6)
-	-	-	-	-	-	-	-	-	-	-	-	4	224	(7)
2	540	-	-	0	493	1	381	3	460	2	445	33	406	(8)
18	355	10	350	33	256	79	222	143	262	147	227	141	232	(9)
-	-	-	-	21	284	61	225	5	173	-	-	-	-	(10)
1	270	-	-	1	32	-	-	4	210	7	312	8	290	(11)
3	261	0	189	-	-	-	-	1	141	7	167	5	273	(12)
13	390	10	351	5	314	4	235	58	290	107	225	118	225	(13)
1	276	-	-	6	143	14	205	75	251	27	231	10	246	(14)
-	-	8	459	453	295	261	247	33	295	4	357	0	385	(15)
-	-	8	461	350	314	3	176	-	-	-	-	-	-	(16)
-	-	-	-	99	229	157	242	-	-	-	-	-	-	(17)
-	-	-	-	0	293	3	286	-	-	-	-	-	-	(18)
-	-	-	-	-	-	70	228	19	256	-	-	-	-	(19)
-	-	0	282	4	272	28	329	14	346	4	357	0	385	(20)
-	-	-	-	2	299	7	280	9	341	15	336	13	318	(21)
-	-	0	1,279	0	656	44	360	213	244	186	247	116	254	(22)
-	-	-	-	-	-	6	327	25	303	104	249	113	249	(23)
-	-	0	1,279	0	656	38	366	188	237	81	244	3	463	(24)
4	1,426	-	-	-	-	-	-	-	-	-	-	-	-	(25)
18	457	74	432	94	360	16	462	1	587	-	-	-	-	(26)
10	523	36	398	29	306	7	351	0	495	-	-	-	-	(27)
17	925	1	898	-	-	-	-	-	-	-	-	-	-	(28)
56	415	0	108	-	-	-	-	-	-	-	-	-	-	(29)
5	1,265	28	759	62	611	107	727	73	967	15	968	3	1,034	(30)
4	951	22	668	17	391	9	332	-	-	-	-	-	-	(31)
1	2,280	5	996	16	744	32	682	23	942	5	1,041	-	-	(32)
1	2,384	1	1,346	30	663	66	803	49	979	10	934	3	1,034	(33)
-	-	-	-	1	544	13	653	5	750	-	-	-	-	(34)
2	1,442	1	2,402	1	2,372	0	3,053	0	2,876	10	1,981	55	1,913	(35)
58	428	63	395	48	370	19	346	7	527	6	671	3	882	(36)
5	572	6	591	5	539	4	509	3	622	5	684	3	882	(37)
11	448	11	398	4	319	-	-	-	-	0	481	-	-	(38)
42	405	46	368	39	352	15	308	4	449	0	687	0	906	(39)
274	188	289	191	249	177	21	84	0	384	0	274	-	-	(40)
-	-	-	-	-	-	-	-	3	220	3	438	4	465	(41)
3	1,073	5	816	19	443	10	536	10	576	9	189	13	77	(42)
59	291	56	268	61	220	77	203	77	199	81	189	58	200	(43)
37	217	40	202	49	176	63	162	58	156	63	152	43	156	(44)
1	273	2	230	1	253	3	248	7	150	6	145	3	196	(45)
2	379	3	403	3	362	3	344	3	359	3	390	4	433	(46)
5	222	3	346	2	332	2	328	1	303	2	266	3	272	(47)
0	281	-	-	-	-	0	256	1	326	0	225	-	-	(48)
-	-	-	-	-	-	-	-	-	-	-	-	-	-	(49)
6	561	3	551	3	556	3	547	4	535	2	531	1	551	(50)
3	88	0	211	-	-	-	-	-	-	-	-	0	228	(51)
5	658	5	469	3	399	3	474	2	604	4	445	4	310	(52)

3 卸売市場別の月別果実の卸売数量・価額・価格（続き）
(19) 松戸市青果市場

品　目		計 数量	計 価額	計 価格	1月 数量	1月 価格	2月 数量	2月 価格	3月 数量	3月 価格	4月 数量	4月 価格	5月 数量	5月 価格
		t	千円	円/kg	t	円/kg	t	円/kg	t	円/kg	t	円/kg	t	円/kg
果　実　計	(1)	15,072	5,009,436	332	1,130	377	1,187	382	933	439	721	447	879	385
国産果実計	(2)	13,501	4,580,964	339	1,031	388	1,079	394	792	471	556	500	715	404
み　か　ん	(3)	3,216	861,278	268	385	273	190	308	23	378	1	1,937	4	1,405
ネーブルオレンジ(国産)	(4)	9	1,700	190	2	160	3	191	4	208	-	-	-	-
甘なつみかん	(5)	171	31,791	186	5	252	6	231	47	174	60	179	48	193
い　よ　か　ん	(6)	396	81,768	206	127	213	217	198	51	223	-	-	-	-
は　っ　さ　く	(7)	262	40,456	155	38	184	77	142	94	147	39	165	4	111
その他の雑かん	(8)	665	244,837	368	110	331	210	330	166	354	65	382	43	330
り　ん　ご	(9)	1,960	608,648	311	202	284	230	310	225	317	135	349	112	386
つ　が　る	(10)	187	48,478	259	-	-	-	-	-	-	-	-	-	-
ジョナゴールド	(11)	33	11,100	337	2	336	1	336	2	338	1	402	2	390
王　　　　林	(12)	93	25,348	273	16	252	14	280	15	271	7	301	9	271
ふ　　　じ	(13)	1,429	458,946	321	182	285	210	312	201	321	124	352	100	395
その他のりんご	(14)	218	64,776	297	2	346	4	290	6	304	3	322	2	417
日　本　な　し	(15)	1,474	380,287	258	-	-	-	-	-	-	-	-	-	-
幸　　　水	(16)	633	186,504	295	-	-	-	-	-	-	-	-	-	-
豊　　　水	(17)	527	117,614	223	-	-	-	-	-	-	-	-	-	-
二　十　世　紀	(18)	5	1,304	264	-	-	-	-	-	-	-	-	-	-
新　　　高	(19)	198	38,971	197	-	-	-	-	-	-	-	-	-	-
その他のなし	(20)	111	35,894	322	-	-	-	-	-	-	-	-	-	-
西　洋　な　し	(21)	60	18,849	317	-	-	-	-	-	-	-	-	-	-
か　　　き	(22)	1,004	271,122	270	28	423	18	420	-	-	-	-	-	-
甘　が　き	(23)	436	122,861	282	28	423	18	420	-	-	-	-	-	-
渋がき（脱渋を含む。）	(24)	567	148,260	261	-	-	-	-	-	-	-	-	-	-
び　　わ	(25)	2	3,345	2,063	-	-	-	-	0	2,420	0	2,068	1	2,144
も　　　も	(26)	305	133,182	437	-	-	-	-	-	-	0	2,916	0	2,458
す　も　も	(27)	71	33,679	474	-	-	-	-	-	-	-	-	0	883
お　う　と　う	(28)	38	50,765	1,323	0	12,960	-	-	-	-	0	5,356	1	3,805
う　　め	(29)	50	23,161	461	-	-	-	-	-	-	-	-	13	461
ぶ　ど　う	(30)	294	244,845	832	1	569	0	587	0	754	-	-	4	1,431
デラウェア	(31)	91	70,491	771	-	-	-	-	-	-	-	-	4	1,397
巨　　　峰	(32)	113	89,350	793	-	-	-	-	-	-	-	-	0	3,515
その他のぶどう	(33)	90	85,004	942	1	569	0	587	0	754	-	-	0	4,418
く　　　り	(34)	16	9,632	620	-	-	-	-	-	-	-	-	-	-
い　ち　ご	(35)	705	837,401	1,188	100	1,383	110	1,409	159	1,179	173	851	90	791
メ　ロ　ン	(36)	610	227,475	373	1	1,657	1	1,575	1	1,514	27	585	93	436
温室メロン	(37)	71	39,855	560	1	1,825	1	1,663	1	1,738	1	1,477	2	1,143
アンデスメロン	(38)	59	23,517	400	0	573	0	275	-	-	1	576	20	479
その他のメロン（まくわうりを含む。）	(39)	480	164,103	342	-	-	-	-	0	851	24	530	71	407
す　い　か	(40)	2,048	397,080	194	1	246	0	311	4	526	49	348	300	280
キウイフルーツ	(41)	60	32,986	553	25	494	13	546	12	610	5	692	-	-
その他の国産果実	(42)	85	46,678	549	5	115	5	63	4	186	2	1,257	2	2,163
輸入果実計	(43)	1,571	428,472	273	99	261	108	262	141	255	165	266	164	303
バ　ナ　ナ	(44)	677	144,547	213	56	208	53	219	65	219	63	218	56	230
パインアップル	(45)	88	22,900	261	7	260	7	269	7	277	9	255	8	280
レ　モ　ン	(46)	206	72,092	350	15	382	13	373	17	357	21	365	19	359
グレープフルーツ	(47)	184	39,298	214	9	263	17	235	21	220	17	199	15	206
オ　レ　ン　ジ	(48)	211	52,676	250	6	282	11	268	18	257	30	251	34	264
輸入おうとう	(49)	3	4,787	1,830	-	-	-	-	-	-	-	-	1	1,965
輸入キウイフルーツ	(50)	66	36,817	556	-	-	-	-	-	-	4	587	11	576
輸入メロン	(51)	43	8,408	195	2	261	3	189	5	115	7	152	7	174
その他の輸入果実	(52)	94	46,947	501	5	460	4	609	8	498	12	426	14	420

6月		7月		8月		9月		10月		11月		12月		
数量	価格	数量	価格	数量	価格	数量	価格	数量	価格	数量	価格	数量	価格	
t	円/kg	t	円/kg	t	円/kg	t	円/kg	t	円/kg	t	円/kg	t	円/kg	
1,237	323	1,212	296	1,606	301	1,406	297	1,447	274	1,548	288	1,767	317	(1)
1,097	325	1,085	298	1,482	303	1,277	299	1,311	276	1,428	290	1,649	321	(2)
13	1,116	15	1,019	11	926	117	239	552	232	785	265	1,122	248	(3)
-	-	-	-	-	-	-	-	-	-	-	-	-	-	(4)
4	173	-	-	-	-	-	-	-	-	-	-	-	-	(5)
-	-	-	-	-	-	-	-	-	-	-	-	0	364	(6)
-	-	-	-	-	-	-	-	-	-	-	-	9	196	(7)
1	857	1	1,657	3	677	4	359	4	642	8	598	50	567	(8)
82	383	49	431	71	338	189	267	214	307	268	285	183	270	(9)
-	-	-	-	40	260	139	259	9	256	-	-	-	-	(10)
2	330	1	386	2	381	0	380	10	335	8	288	1	429	(11)
9	252	4	304	2	334	0	361	3	193	8	279	5	309	(12)
69	403	43	444	20	503	3	344	83	331	221	283	173	264	(13)
2	326	1	369	7	288	47	287	108	293	32	301	4	405	(14)
0	2,232	15	466	718	281	624	230	108	228	10	319	1	193	(15)
0	2,232	14	470	591	293	27	236	0	191	-	-	-	-	(16)
-	-	-	-	122	225	402	221	3	386	-	-	-	-	(17)
-	-	-	-	1	442	4	240	0	143	-	-	-	-	(18)
-	-	-	-	-	-	118	198	81	194	-	-	-	-	(19)
-	-	0	294	5	218	73	330	23	323	10	319	1	193	(20)
-	-	-	-	1	290	9	300	13	333	25	310	12	327	(21)
-	-	1	1,129	3	758	100	315	355	247	305	263	195	255	(22)
-	-	-	-	-	-	3	381	29	306	188	264	171	257	(23)
-	-	1	1,129	3	758	97	313	326	242	117	260	24	239	(24)
0	1,741	-	-	-	-	-	-	-	-	-	-	-	-	(25)
43	526	131	471	111	367	19	378	1	479	-	-	-	-	(26)
12	615	34	455	18	409	6	454	1	538	-	-	-	-	(27)
28	1,361	9	865	0	1,195	-	-	-	-	-	-	-	-	(28)
37	461	-	-	-	-	-	-	-	-	-	-	-	-	(29)
26	1,057	31	890	92	721	104	772	32	1,002	3	1,491	2	471	(30)
26	1,033	24	781	28	510	9	525	0	648	-	-	-	-	(31)
0	3,036	4	1,054	37	779	54	728	17	924	1	1,229	0	977	(32)
0	4,704	3	1,617	27	864	41	883	15	1,089	2	1,653	2	458	(33)
-	-	-	-	1	378	11	623	4	651	-	-	-	-	(34)
7	765	0	1,946	-	-	0	2,226	0	2,456	12	2,037	55	1,988	(35)
213	353	153	293	66	359	35	322	16	419	3	685	2	1,144	(36)
1	987	10	540	19	452	18	333	12	425	2	682	2	1,174	(37)
19	367	16	336	2	234	-	-	-	-	0	540	0	628	(38)
192	347	127	268	45	325	17	311	4	403	0	771	0	871	(39)
625	174	641	179	373	162	48	168	3	213	2	274	2	222	(40)
-	-	-	-	-	-	-	-	0	810	1	499	4	604	(41)
5	1,262	5	1,138	16	606	12	697	9	599	7	324	14	178	(42)
140	306	128	284	124	279	129	270	136	253	120	257	117	264	(43)
52	235	56	229	54	221	54	208	63	198	58	190	48	184	(44)
8	289	7	285	7	270	6	268	7	239	6	219	7	217	(45)
16	362	17	356	18	321	17	312	17	297	16	344	21	369	(46)
16	197	16	200	15	203	15	197	13	187	13	217	17	251	(47)
24	264	14	255	12	212	19	215	19	208	14	249	11	292	(48)
1	1,711	0	1,305	-	-	-	-	-	-	-	-	-	-	(49)
9	571	10	525	11	509	7	564	6	571	4	629	4	539	(50)
5	204	3	236	2	241	4	251	3	237	2	241	2	225	(51)
9	549	5	555	4	691	8	604	10	523	8	496	7	397	(52)

3 卸売市場別の月別果実の卸売数量・価額・価格（続き）
(20) 東京都計

品目		計 数量	計 価額	計 価格	1月 数量	1月 価格	2月 数量	2月 価格	3月 数量	3月 価格	4月 数量	4月 価格	5月 数量	5月 価格
		t	千円	円/kg	t	円/kg	t	円/kg	t	円/kg	t	円/kg	t	円/kg
果　実　計	(1)	508,421	203,665,028	401	40,350	421	39,729	447	36,740	488	30,819	471	30,435	440
国産果実計	(2)	439,877	188,096,442	428	35,812	448	34,817	479	30,675	541	24,272	534	23,204	494
みかん	(3)	108,876	33,699,676	310	15,092	315	7,610	340	1,473	403	43	990	229	1,531
ネーブルオレンジ(国産)	(4)	521	147,113	282	163	241	177	256	114	355	8	404	2	366
甘なつみかん	(5)	5,489	1,134,008	207	203	238	412	217	1,341	197	1,886	200	1,428	217
いよかん	(6)	8,885	2,056,478	231	2,972	242	4,033	218	1,676	239	42	216	1	114
はっさく	(7)	4,367	834,925	191	784	198	1,164	177	1,506	189	671	202	39	181
その他の雑かん	(8)	30,836	13,884,868	450	3,892	458	7,143	432	8,648	409	5,242	417	1,695	412
りんご	(9)	74,676	24,707,269	331	7,183	295	8,350	303	8,065	327	6,293	350	4,493	396
つがる	(10)	6,662	1,834,307	275	14	292	12	308	-	-	-	-	-	-
ジョナゴールド	(11)	3,032	1,072,053	354	215	326	252	329	292	362	317	341	274	389
王林	(12)	4,278	1,252,318	293	554	281	700	279	699	287	500	299	461	299
ふじ	(13)	49,611	16,979,429	342	5,981	291	7,050	302	6,760	328	5,158	356	3,476	411
その他のりんご	(14)	11,093	3,569,163	322	420	356	336	334	315	348	318	356	282	383
日本なし	(15)	27,578	8,403,063	305	55	327	16	280	5	255	-	-	0	324
幸水	(16)	11,385	3,840,993	337										
豊水	(17)	8,686	2,207,642	254										
二十世紀	(18)	678	215,368	318										
新高	(19)	2,701	698,301	259										
その他のなし	(20)	4,129	1,440,761	349	55	327	16	280	5	255	-	-	0	324
西洋なし	(21)	3,733	1,207,143	323	106	353	12	299	1	341	-	-	-	-
かき	(22)	25,954	7,389,354	285	373	444	51	582	0	466	-	-	-	-
甘がき	(23)	10,476	3,206,352	306	370	444	51	581	0	818	-	-	-	-
渋がき(脱渋を含む。)	(24)	15,479	4,183,002	270	3	462	0	1,350	0	252	-	-	-	-
びわ	(25)	285	524,058	1,840	0	5,564	2	4,723	31	2,420	90	1,970	77	1,877
もも	(26)	16,545	8,465,905	512	-	-	-	-	-	-	1	3,982	55	2,074
すもも	(27)	4,170	2,153,800	517	-	-	-	-	-	-	-	-	22	1,156
おうとう	(28)	2,369	3,986,876	1,683	0	21,761	0	34,928	3	10,143	28	6,546	94	4,558
うめ	(29)	2,275	981,310	431	-	-	-	-	-	-	-	-	447	501
ぶどう	(30)	15,822	15,523,793	981	86	581	38	534	15	595	9	1,698	128	2,360
デラウェア	(31)	3,396	2,471,977	728	-	-	-	-	-	-	2	3,801	91	1,691
巨峰	(32)	5,016	4,309,044	859	0	640	1	651	0	1,361	0	5,051	16	3,069
その他のぶどう	(33)	7,409	8,742,772	1,180	86	580	37	532	15	594	7	852	22	4,597
くり	(34)	858	680,587	793	0	1,080	-	-	-	-	-	-	-	-
いちご	(35)	25,567	33,684,566	1,317	3,578	1,465	4,252	1,450	6,001	1,241	5,584	946	2,494	878
メロン	(36)	22,556	11,832,482	525	339	1,229	345	1,134	371	1,254	1,083	791	4,032	525
温室メロン	(37)	4,706	4,164,176	885	215	1,476	209	1,372	233	1,518	271	1,250	326	870
アンデスメロン	(38)	3,982	1,798,424	452	73	673	89	687	55	777	235	607	1,202	515
その他のメロン(まくわうりを含む。)	(39)	13,868	5,869,882	423	51	986	48	923	82	825	577	649	2,505	486
すいか	(40)	51,474	10,952,161	213	98	250	114	369	441	409	2,825	328	7,700	289
キウイフルーツ	(41)	3,880	2,081,483	536	837	508	1,040	536	901	548	289	549	16	364
その他の国産果実	(42)	3,160	3,765,525	1,191	51	819	57	723	82	1,620	177	2,166	251	2,115
輸入果実計	(43)	68,543	15,568,586	227	4,538	204	4,912	215	6,064	220	6,547	241	7,231	267
バナナ	(44)	38,198	6,390,122	167	2,969	161	3,090	175	3,285	180	3,393	185	3,459	184
パインアップル	(45)	4,363	789,045	181	246	193	301	191	417	184	448	187	421	195
レモン	(46)	4,291	1,339,915	312	281	350	292	333	354	309	342	325	392	326
グレープフルーツ	(47)	6,811	1,373,880	202	478	228	562	225	787	213	698	214	676	207
オレンジ	(48)	5,346	1,209,105	226	246	222	306	256	541	255	648	257	809	244
輸入おうとう	(49)	207	272,052	1,317	0	2,525	-	-	-	-	6	1,791	114	1,322
輸入キウイフルーツ	(50)	3,423	1,607,665	470	41	260	12	471	19	304	257	533	572	510
輸入メロン	(51)	901	130,657	145	34	233	74	152	157	109	111	145	127	133
その他の輸入果実	(52)	5,005	2,456,145	491	243	490	276	504	505	457	643	429	661	436

注：東京都計は、東京都において開設されている中央卸売市場（築地、大田、北足立、葛西、豊島、淀橋、世田谷、板橋及び多摩）及び東京都内青果市場の計である。

	6月		7月		8月		9月		10月		11月		12月		
	数量	価格	数量	価格	数量	価格	数量	価格	数量	価格	数量	価格	数量	価格	
	t	円/kg	t	円/kg	t	円/kg	t	円/kg	t	円/kg	t	円/kg	t	円/kg	
	36,600	434	40,448	412	47,020	373	42,593	363	49,976	324	51,436	327	62,275	394	(1)
	29,685	477	34,635	440	41,676	392	37,406	383	44,330	339	46,165	341	57,201	411	(2)
	590	1,144	973	1,029	857	927	4,019	292	15,373	242	24,246	288	38,371	288	(3)
	-	-	-	-	-	-	-	-	-	-	1	930	57	308	(4)
	186	194	2	182	0	187	-	-	-	-	-	-	31	245	(5)
	-	-	-	-	-	-	-	-	-	-	-	-	161	277	(6)
	2	126	-	-	-	-	-	-	-	-	1	150	202	229	(7)
	203	699	89	1,101	143	739	251	506	330	554	588	633	2,611	600	(8)
	3,309	412	2,527	416	2,991	366	6,730	275	8,987	320	8,572	325	7,174	337	(9)
	-	-	2	283	1,572	309	4,623	267	432	244	4	229	4	108	(10)
	290	391	231	374	106	433	5	355	369	314	402	336	279	358	(11)
	298	300	182	329	59	351	0	270	75	203	337	290	413	316	(12)
	2,461	433	1,880	437	878	469	280	351	3,656	345	6,146	328	5,885	330	(13)
	259	370	232	361	377	345	1,822	283	4,455	309	1,683	317	593	409	(14)
	19	1,237	947	556	10,444	324	11,518	261	3,799	308	650	344	125	401	(15)
	19	1,236	937	557	9,450	325	976	229	3	160	-	-	0	513	(16)
	-	-	-	-	739	266	7,848	253	98	253	0	302	0	529	(17)
	-	-	-	-	164	473	494	270	20	222	-	-	-	-	(18)
	-	-	-	-	-	-	890	235	1,784	271	26	255	0	207	(19)
	0	2,036	10	372	91	374	1,310	347	1,893	347	624	347	124	401	(20)
	-	-	-	-	88	259	455	260	835	328	1,322	343	914	325	(21)
	0	1,736	15	1,120	54	839	3,192	348	10,384	264	8,573	270	3,311	292	(22)
	0	1,833	1	1,043	3	896	418	387	1,791	341	4,914	281	2,928	293	(23)
	0	1,647	15	1,124	51	836	2,774	342	8,593	247	3,660	256	383	290	(24)
	84	1,396	0	1,555	0	272	-	-	-	-	-	-	-	-	(25)
	1,803	605	7,246	554	6,223	431	1,195	460	20	469	1	777	1	2,147	(26)
	771	606	1,709	507	1,099	461	475	490	91	597	1	526	0	405	(27)
	1,781	1,565	460	1,191	3	2,487	-	-	-	-	-	-	-	-	(28)
	1,816	414	13	450	0	486	-	-	-	-	-	-	-	-	(29)
	619	1,520	1,574	1,180	4,657	854	5,397	841	2,447	1,076	608	1,321	243	1,547	(30)
	488	1,143	1,055	770	1,267	540	438	520	54	543	1	536	-	-	(31)
	57	1,972	260	1,434	1,646	829	2,045	726	855	903	133	1,121	3	1,044	(32)
	73	3,671	260	2,588	1,743	1,106	2,915	971	1,537	1,191	474	1,379	240	1,554	(33)
	-	-	0	918	50	562	514	701	258	955	33	1,273	2	1,397	(34)
	325	1,078	49	2,068	32	2,038	19	2,416	36	2,841	510	2,094	2,687	2,091	(35)
	5,904	412	4,171	429	2,470	439	1,614	379	1,037	503	527	814	662	1,090	(36)
	408	790	624	735	536	599	563	492	509	600	380	899	433	1,290	(37)
	1,280	393	695	347	190	313	32	305	37	364	28	548	66	626	(38)
	4,217	381	2,853	381	1,744	403	1,020	318	491	413	119	605	163	746	(39)
	11,931	198	14,479	193	11,893	174	1,518	129	143	259	201	248	130	263	(40)
	2	470	2	523	1	489	4	516	198	713	167	464	424	514	(41)
	339	1,821	377	1,493	670	715	505	807	394	895	162	820	95	873	(42)
	6,916	250	5,813	243	5,344	229	5,187	218	5,646	207	5,271	204	5,074	199	(43)
	3,431	178	2,982	179	2,963	167	2,962	163	3,371	154	3,268	144	3,025	134	(44)
	416	197	391	188	340	195	307	180	348	153	351	151	376	154	(45)
	393	332	366	333	366	313	364	278	399	247	378	280	362	339	(46)
	817	191	664	178	547	174	419	169	370	168	315	208	478	236	(47)
	649	237	450	216	350	202	405	178	417	175	297	197	227	217	(48)
	64	1,346	21	1,070	1	1,006	-	-	-	-	0	1,122	0	2,335	(49)
	584	447	486	474	407	490	337	468	295	425	248	440	166	444	(50)
	126	107	67	146	43	192	42	180	46	177	33	199	41	183	(51)
	435	537	386	523	326	520	351	524	400	570	380	545	399	448	(52)

3 卸売市場別の月別果実の卸売数量・価額・価格（続き）
(21) 東京都中央卸売市場計

品目		計			1月		2月		3月		4月		5月	
		数量	価額	価格	数量	価格	数量	価格	数量	価格	数量	価格	数量	価格
		t	千円	円/kg	t	円/kg	t	円/kg	t	円/kg	t	円/kg	t	円/kg
果 実 計	(1)	434,262	177,118,089	408	34,210	430	33,325	457	30,566	503	26,290	479	26,092	447
国 産 果 実 計	(2)	380,944	165,074,824	433	30,755	455	29,387	489	25,924	553	21,160	537	20,451	497
み か ん	(3)	93,685	29,106,895	311	13,084	314	6,276	340	1,157	414	38	934	195	1,542
ネーブルオレンジ(国産)	(4)	446	128,975	289	128	245	158	259	107	357	8	407	2	366
甘 な つ み か ん	(5)	4,805	992,489	207	185	237	348	216	1,147	199	1,675	199	1,270	216
い よ か ん	(6)	6,968	1,622,272	233	2,228	245	3,158	219	1,407	240	42	218	1	114
は っ さ く	(7)	3,726	707,142	190	658	197	990	175	1,276	188	597	201	38	180
その他の雑かん	(8)	25,660	11,764,006	458	3,166	469	5,832	439	7,019	415	4,420	419	1,486	419
り ん ご	(9)	65,384	21,710,794	332	6,380	297	7,377	303	6,909	328	5,464	352	3,866	399
つ が る	(10)	5,892	1,625,272	276	14	292	12	308	-	-	-	-	-	-
ジョナゴールド	(11)	2,680	961,700	359	197	334	221	335	253	368	282	349	233	398
王 林	(12)	3,784	1,119,708	296	498	284	620	282	623	291	434	303	412	301
ふ じ	(13)	43,055	14,763,344	343	5,276	292	6,206	303	5,747	330	4,449	356	2,969	414
その他のりんご	(14)	9,972	3,240,769	325	395	363	319	338	286	351	299	359	253	387
日 本 な し	(15)	23,892	7,299,989	306	50	334	15	279	4	263	-	-	0	324
幸 水	(16)	9,712	3,292,785	339										
豊 水	(17)	7,567	1,923,685	254										
二 十 世 紀	(18)	586	187,703	321										
新 高	(19)	2,336	603,719	258										
その他のなし	(20)	3,692	1,292,096	350	50	334	15	279	4	263	-	-	0	324
西 洋 な し	(21)	3,340	1,089,594	326	99	357	11	299	-	-	-	-	-	-
か き	(22)	22,022	6,289,090	286	307	449	46	594	0	818	-	-	-	-
甘 が き	(23)	8,789	2,704,910	308	304	449	46	593	0	818	-	-	-	-
渋がき (脱渋を含む。)	(24)	13,232	3,584,181	271	3	462	0	1,350	-	-	-	-	-	-
び わ	(25)	258	480,289	1,859	0	5,564	2	4,727	29	2,436	84	1,975	71	1,874
も も	(26)	15,000	7,699,427	513	-	-	-	-	-	-	1	4,100	50	2,104
す も も	(27)	3,575	1,859,794	520	-	-	-	-	-	-	-	-	21	1,149
お う と う	(28)	2,156	3,641,047	1,689	0	21,379	0	34,928	3	10,176	25	6,614	88	4,587
う め	(29)	2,021	873,536	432	-	-	-	-	-	-	-	-	400	506
ぶ ど う	(30)	14,010	13,860,454	989	78	558	38	535	15	594	9	1,582	116	2,360
デ ラ ウ ェ ア	(31)	2,936	2,144,840	731	-	-	-	-	-	-	2	3,824	82	1,678
巨 峰	(32)	4,439	3,798,725	856	0	640	1	651	-	-	0	5,099	14	3,081
その他のぶどう	(33)	6,636	7,916,888	1,193	78	558	37	533	15	594	7	831	20	4,611
く り	(34)	763	612,991	804	0	1,080	-	-	-	-	-	-	-	-
い ち ご	(35)	22,888	30,207,261	1,320	3,216	1,460	3,810	1,445	5,340	1,238	4,927	949	2,241	883
メ ロ ン	(36)	19,874	10,554,307	531	311	1,244	316	1,139	333	1,288	951	800	3,489	523
温 室 メ ロ ン	(37)	4,182	3,819,192	913	194	1,509	191	1,378	216	1,531	250	1,258	298	881
アンデスメロン	(38)	3,443	1,544,112	448	68	678	79	689	50	798	210	602	974	510
その他のメロン (まくわうりを含む。)	(39)	12,249	5,191,004	424	49	975	45	916	67	863	490	651	2,217	481
す い か	(40)	44,561	9,496,325	213	93	252	107	372	386	408	2,515	327	6,883	287
キウイフルーツ	(41)	3,254	1,741,933	535	739	505	880	534	740	548	245	546	14	344
その他の国産果実	(42)	2,658	3,336,213	1,255	32	1,155	24	1,284	51	2,310	159	2,167	221	2,193
輸 入 果 実 計	(43)	53,318	12,043,265	226	3,455	212	3,938	217	4,643	223	5,131	240	5,641	267
バ ナ ナ	(44)	30,473	5,098,341	167	2,247	169	2,495	176	2,597	183	2,729	185	2,781	186
パインアップル	(45)	3,297	581,977	177	187	186	226	189	311	179	326	183	325	191
レ モ ン	(46)	3,400	1,088,080	320	228	353	230	339	272	316	275	324	312	334
グレープフルーツ	(47)	5,178	1,045,893	202	340	229	443	226	553	214	532	212	552	205
オ レ ン ジ	(48)	3,819	879,687	230	180	221	239	261	366	261	457	263	545	252
輸 入 お う と う	(49)	174	226,970	1,307	0	2,525	-	-	-	-	5	1,778	100	1,295
輸入キウイフルーツ	(50)	2,254	991,017	440	41	259	12	472	13	260	174	501	393	483
輸 入 メ ロ ン	(51)	725	104,472	144	30	229	62	149	132	110	88	145	105	131
その他の輸入果実	(52)	3,998	2,026,829	507	202	501	232	500	399	470	544	436	528	447

注： 東京都中央卸売市場計は、東京都において開設されている中央卸売市場（築地、大田、北足立、葛西、豊島、淀橋、世田谷、板橋及び多摩）の計である。

	6月		7月		8月		9月		10月		11月		12月		
	数量	価格	数量	価格	数量	価格	数量	価格	数量	価格	数量	価格	数量	価格	
	t	円/kg	t	円/kg	t	円/kg	t	円/kg	t	円/kg	t	円/kg	t	円/kg	
	31,274	443	34,650	420	40,182	380	36,667	368	42,587	329	44,514	330	53,905	401	(1)
	25,988	483	30,166	447	36,075	398	32,647	387	38,184	343	40,303	344	49,907	418	(2)
	512	1,152	847	1,045	748	937	3,372	293	13,182	242	21,121	289	33,152	290	(3)
	-	-	-	-	-	-	-	-	-	-	1	930	42	334	(4)
	149	200	2	182	0	187	-	-	-	-	-	-	28	246	(5)
	-	-	-	-	-	-	-	-	-	-	-	-	133	281	(6)
	2	126	-	-	-	-	-	-	-	-	1	150	165	230	(7)
	180	740	84	1,095	132	736	229	498	297	557	519	634	2,295	610	(8)
	2,840	415	2,121	423	2,571	369	6,022	276	7,830	320	7,567	327	6,436	339	(9)
	-	-	2	283	1,354	309	4,098	268	406	245	4	229	4	108	(10)
	258	398	188	394	94	438	2	373	337	313	365	336	251	363	(11)
	261	304	138	333	48	357	0	270	71	202	307	293	373	321	(12)
	2,089	436	1,570	443	751	477	211	349	3,129	344	5,413	329	5,246	332	(13)
	233	370	223	364	325	351	1,712	284	3,888	310	1,478	323	561	412	(14)
	19	1,240	831	557	8,964	324	10,002	262	3,323	308	564	347	120	398	(15)
	19	1,239	822	559	8,075	326	797	226	0	430	-	-	0	513	(16)
	-	-	-	-	667	266	6,816	253	83	244	0	302	0	529	(17)
	-	-	-	-	144	471	427	273	15	233	-	-	-	-	(18)
	-	-	-	-	-	-	796	235	1,518	271	22	249	0	207	(19)
	0	2,036	9	373	79	394	1,166	350	1,707	345	542	351	120	398	(20)
	-	-	-	-	77	258	376	261	756	329	1,192	345	829	330	(21)
	0	1,736	14	1,118	48	844	2,676	350	8,684	265	7,353	270	2,894	292	(22)
	0	1,833	1	1,043	3	896	363	394	1,475	345	4,071	282	2,527	292	(23)
	0	1,647	13	1,123	45	841	2,313	343	7,209	248	3,281	256	368	292	(24)
	71	1,408	0	1,555	0	272	-	-	-	-	-	-	-	-	(25)
	1,618	610	6,504	558	5,666	430	1,142	460	18	472	0	1,876	1	2,147	(26)
	670	610	1,472	512	940	462	385	487	85	597	1	526	0	405	(27)
	1,615	1,565	423	1,198	2	2,392	-	-	-	-	-	-	-	-	(28)
	1,611	414	10	451	0	486	-	-	-	-	-	-	-	-	(29)
	554	1,522	1,334	1,202	4,116	861	4,825	850	2,175	1,081	532	1,341	219	1,561	(30)
	438	1,143	884	774	1,092	538	385	519	52	541	1	536	-	-	(31)
	49	1,963	216	1,431	1,490	829	1,804	725	741	899	121	1,120	3	1,042	(32)
	67	3,681	234	2,609	1,534	1,122	2,636	984	1,383	1,199	410	1,409	216	1,569	(33)
	-	-	0	918	44	583	453	706	232	966	31	1,292	2	1,413	(34)
	307	1,102	48	2,085	32	2,080	19	2,416	35	2,839	471	2,085	2,442	2,093	(35)
	5,104	413	3,682	436	2,231	441	1,430	384	943	510	480	827	607	1,106	(36)
	345	843	543	770	469	611	486	511	461	614	342	919	387	1,328	(37)
	1,088	389	639	352	180	314	32	305	37	363	25	551	61	636	(38)
	3,671	379	2,500	386	1,582	405	912	318	446	416	112	609	159	746	(39)
	10,434	197	12,459	193	9,955	174	1,304	125	124	266	180	248	121	264	(40)
	2	467	2	524	1	490	2	516	156	736	143	463	331	515	(41)
	300	1,877	333	1,516	548	735	409	831	344	901	148	830	90	883	(42)
	5,287	249	4,484	241	4,107	225	4,020	215	4,403	206	4,212	195	3,998	195	(43)
	2,682	181	2,337	181	2,313	167	2,331	161	2,723	152	2,760	136	2,478	130	(44)
	324	190	310	181	259	187	235	173	269	148	249	150	275	155	(45)
	304	339	291	337	302	320	287	289	294	266	295	291	311	340	(46)
	639	194	512	181	419	176	339	171	274	171	239	207	336	236	(47)
	458	241	334	219	255	198	300	181	304	184	215	201	165	222	(48)
	52	1,341	15	1,118	1	1,006	-	-	-	-	0	1,122	0	2,335	(49)
	386	413	320	452	258	441	228	425	187	403	134	434	107	426	(50)
	99	108	57	149	33	194	32	180	34	181	26	196	29	174	(51)
	342	561	308	544	266	543	268	559	318	591	294	565	297	475	(52)

3 卸売市場別の月別果実の卸売数量・価額・価格（続き）
(22) 東京都中央卸売市場　築地市場

品目		計 数量 (t)	計 価額 (千円)	計 価格 (円/kg)	1月 数量 (t)	1月 価格 (円/kg)	2月 数量 (t)	2月 価格 (円/kg)	3月 数量 (t)	3月 価格 (円/kg)	4月 数量 (t)	4月 価格 (円/kg)	5月 数量 (t)	5月 価格 (円/kg)
果実計	(1)	56,497	23,922,165	423	4,517	445	4,634	458	4,291	499	3,235	505	3,162	477
国産果実計	(2)	47,768	21,612,006	452	3,955	471	4,026	490	3,440	561	2,350	592	2,247	542
みかん	(3)	11,740	3,763,941	321	1,993	309	993	353	197	420	10	745	29	1,514
ネーブルオレンジ（国産）	(4)	47	13,067	281	17	265	15	280	6	361	-	-	-	-
甘なつみかん	(5)	520	110,648	213	15	242	34	216	157	197	129	215	173	220
いよかん	(6)	1,099	252,516	230	351	234	524	214	211	257	2	345	-	-
はっさく	(7)	447	90,805	203	81	214	109	206	159	186	64	217	10	168
その他の雑かん	(8)	3,576	1,910,835	534	392	611	812	486	874	444	532	483	265	538
りんご	(9)	7,214	2,345,372	325	495	285	898	291	934	301	599	331	356	403
つがる	(10)	584	167,263	287	-	-	-	-	-	-	-	-	-	-
ジョナゴールド	(11)	223	75,449	338	16	327	22	330	23	318	14	344	12	430
王林	(12)	485	140,280	289	45	255	70	275	126	297	55	282	45	289
ふじ	(13)	4,899	1,624,541	332	412	284	795	290	777	301	507	337	287	423
その他のりんご	(14)	1,023	337,838	330	22	331	12	389	8	322	24	315	13	332
日本なし	(15)	3,124	899,714	288	0	511	1	259	-	-	-	-	-	-
幸水	(16)	1,088	329,725	303	-	-	-	-	-	-	-	-	-	-
豊水	(17)	1,059	267,264	252	-	-	-	-	-	-	-	-	-	-
二十世紀	(18)	69	23,120	335	-	-	-	-	-	-	-	-	-	-
新高	(19)	336	87,121	260	-	-	-	-	-	-	-	-	-	-
その他のなし	(20)	572	192,484	336	0	511	1	259	-	-	-	-	-	-
西洋なし	(21)	317	100,732	318	4	281	1	296	-	-	-	-	-	-
かき	(22)	2,801	793,006	283	18	449	-	-	-	-	-	-	-	-
甘がき	(23)	848	265,102	313	18	448	-	-	-	-	-	-	-	-
渋がき（脱渋を含む。）	(24)	1,953	527,904	270	1	482	-	-	-	-	-	-	-	-
びわ	(25)	30	55,645	1,881	-	-	0	1,872	3	2,382	10	1,935	9	1,960
もも	(26)	2,109	1,059,426	502	-	-	-	-	-	-	0	2,497	4	2,278
すもも	(27)	391	201,051	514	-	-	-	-	-	-	-	-	0	1,287
おうとう	(28)	234	430,034	1,837	0	27,360	0	38,325	1	9,492	3	7,325	10	6,014
うめ	(29)	155	71,098	459	-	-	-	-	-	-	-	-	39	551
ぶどう	(30)	1,863	1,853,489	995	9	542	5	556	1	562	0	6,392	14	2,182
デラウェア	(31)	353	264,349	750	-	-	-	-	-	-	0	3,983	10	1,463
巨峰	(32)	673	570,674	848	0	640	1	651	-	-	0	5,059	3	2,868
その他のぶどう	(33)	838	1,018,466	1,216	9	539	4	540	1	562	0	9,486	2	5,313
くり	(34)	117	102,266	876	0	1,080	-	-	-	-	-	-	-	-
いちご	(35)	2,852	3,968,658	1,392	391	1,532	445	1,501	665	1,284	572	987	290	921
メロン	(36)	2,707	1,620,710	599	48	1,473	49	1,318	57	1,433	124	967	349	560
温室メロン	(37)	711	748,106	1,053	39	1,589	40	1,454	45	1,565	55	1,354	53	1,005
アンデスメロン	(38)	337	140,956	418	3	768	6	658	7	853	13	658	98	475
その他のメロン（まくわうりを含む。）	(39)	1,660	731,648	441	6	1,053	3	883	6	1,061	56	663	199	482
すいか	(40)	5,521	1,125,565	204	12	284	8	470	38	471	236	336	666	276
キウイフルーツ	(41)	518	273,555	528	120	494	125	547	130	548	50	580	1	541
その他の国産果実	(42)	388	569,874	1,470	10	1,321	6	1,454	9	2,480	19	2,623	29	2,106
輸入果実計	(43)	8,729	2,310,159	265	561	261	608	251	851	248	885	274	915	318
バナナ	(44)	3,162	584,276	185	221	189	251	192	280	196	288	204	280	216
パインアップル	(45)	1,077	210,017	195	60	207	77	196	99	193	111	203	104	222
レモン	(46)	1,146	343,661	300	82	338	73	322	104	289	95	300	120	315
グレープフルーツ	(47)	1,348	284,392	211	88	240	91	239	172	230	164	231	154	221
オレンジ	(48)	834	181,977	218	59	206	61	246	71	268	98	258	82	249
輸入おうとう	(49)	46	69,966	1,537	-	-	-	-	-	-	2	1,921	27	1,544
輸入キウイフルーツ	(50)	283	153,803	544	4	487	8	480	3	372	35	586	55	560
輸入メロン	(51)	147	21,032	143	9	232	20	161	49	100	9	147	15	131
その他の輸入果実	(52)	686	461,036	672	38	716	28	799	74	570	84	527	78	525

6月		7月		8月		9月		10月		11月		12月		
数量	価格	数量	価格	数量	価格	数量	価格	数量	価格	数量	価格	数量	価格	
t	円/kg	t	円/kg	t	円/kg	t	円/kg	t	円/kg	t	円/kg	t	円/kg	
3,722	473	4,527	448	5,666	375	4,923	383	5,196	352	5,576	345	7,048	419	(1)
2,859	524	3,754	483	5,056	388	4,268	406	4,529	369	4,933	359	6,352	439	(2)
81	1,148	143	1,025	107	928	342	309	1,234	258	2,439	290	4,172	286	(3)
-	-	-	-	-	-	-	-	-	-	-	-	9	262	(4)
12	250	-	-	-	-	-	-	-	-	-	-	-	-	(5)
-	-	-	-	-	-	-	-	-	-	-	-	13	277	(6)
-	-	-	-	-	-	-	-	-	-	-	-	24	243	(7)
21	1,451	17	1,489	36	717	55	504	53	696	93	707	424	651	(8)
330	415	167	453	271	369	571	287	819	318	963	326	810	331	(9)
-	-	-	-	154	314	386	282	43	233	1	194	-	-	(10)
11	380	9	393	15	418	0	99	14	289	55	315	33	322	(11)
30	278	12	283	5	350	-	-	2	221	43	293	52	327	(12)
279	434	141	478	81	473	6	361	295	321	655	328	664	319	(13)
10	331	6	290	16	325	179	295	464	326	209	333	60	463	(14)
1	1,756	65	542	979	296	1,449	260	510	305	108	337	11	366	(15)
1	1,756	62	551	881	296	144	235	0	774	-	-	-	-	(16)
-	-	-	-	70	246	981	253	9	260	0	302	-	-	(17)
-	-	-	-	19	427	48	302	3	270	-	-	-	-	(18)
-	-	-	-	-	-	100	236	228	271	7	219	0	108	(19)
-	-	3	354	10	425	176	326	271	335	101	346	10	368	(20)
-	-	-	-	8	238	31	259	83	308	126	316	64	375	(21)
0	1,833	2	1,202	7	818	404	347	1,204	258	903	271	263	308	(22)
0	1,833	0	1,423	0	916	18	496	99	386	476	284	237	312	(23)
-	-	2	1,140	7	812	386	340	1,105	246	427	257	26	277	(24)
7	1,480	0	1,636	-	-	-	-	-	-	-	-	-	-	(25)
250	573	923	538	814	438	115	454	2	446	0	555	0	1,335	(26)
66	553	178	511	106	477	27	555	14	545	1	494	-	-	(27)
177	1,538	42	1,515	1	3,527	-	-	-	-	-	-	-	-	(28)
116	428	0	671	-	-	-	-	-	-	-	-	-	-	(29)
77	1,399	172	1,202	546	905	654	879	277	1,070	69	1,265	40	1,212	(30)
62	1,059	119	825	126	541	34	511	2	565	0	606	-	-	(31)
8	1,937	24	1,398	272	873	261	718	84	814	19	990	0	957	(32)
7	3,761	28	2,622	148	1,276	359	1,030	190	1,191	50	1,368	40	1,214	(33)
-	-	0	918	2	707	69	719	35	1,044	9	1,359	2	1,415	(34)
68	1,269	18	2,145	10	2,032	6	2,325	9	2,721	58	2,174	317	2,213	(35)
593	429	479	545	347	462	278	396	204	538	78	973	100	1,160	(36)
52	982	81	893	70	682	77	608	78	730	55	1,124	63	1,437	(37)
134	354	72	344	4	339	0	324	-	-	-	-	1	714	(38)
407	382	326	502	272	406	201	314	125	417	23	602	35	678	(39)
1,024	194	1,497	194	1,766	170	220	144	8	372	27	290	20	247	(40)
-	-	-	-	-	-	-	-	13	511	21	387	58	519	(41)
36	2,001	51	1,550	54	971	48	1,323	63	1,246	39	1,127	24	1,084	(42)
862	304	774	279	611	266	656	235	667	237	643	238	696	231	(43)
264	217	251	204	211	200	254	169	297	158	284	146	283	138	(44)
112	224	92	212	80	213	77	193	87	160	81	144	98	159	(45)
109	322	88	324	81	297	95	252	86	242	107	269	107	329	(46)
148	199	158	178	98	173	91	166	47	167	49	232	88	242	(47)
97	231	70	209	65	195	75	162	67	155	47	195	42	208	(48)
14	1,529	3	1,303	-	-	-	-	-	-	-	-	-	-	(49)
48	555	50	548	28	539	16	510	16	513	14	524	6	513	(50)
18	105	4	201	4	235	5	201	7	182	4	228	3	223	(51)
53	820	57	730	44	765	44	832	60	813	58	741	68	540	(52)

3 卸売市場別の月別果実の卸売数量・価額・価格（続き）
(23) 東京都中央卸売市場　大田市場

品目		計 数量	計 価額	計 価格	1月 数量	1月 価格	2月 数量	2月 価格	3月 数量	3月 価格	4月 数量	4月 価格	5月 数量	5月 価格
		t	千円	円/kg	t	円/kg	t	円/kg	t	円/kg	t	円/kg	t	円/kg
果実計	(1)	221,936	100,236,624	452	17,418	478	16,539	517	15,025	579	13,303	538	12,395	509
国産果実計	(2)	219,192	99,815,286	455	17,245	481	16,345	521	14,818	585	13,096	544	12,154	516
みかん	(3)	53,099	16,936,396	319	6,550	330	2,954	351	490	449	15	1,566	119	1,571
ネーブルオレンジ(国産)	(4)	250	75,879	304	76	232	88	254	50	435	7	417	1	424
甘なつみかん	(5)	2,668	554,599	208	104	231	205	218	591	201	1,003	198	652	219
いよかん	(6)	3,674	863,080	235	1,341	247	1,596	217	636	246	19	245	-	-
はっさく	(7)	2,152	415,974	193	374	201	524	173	739	193	401	203	20	190
その他の雑かん	(8)	14,772	6,789,448	460	1,909	458	3,359	446	4,018	421	2,637	422	739	410
りんご	(9)	39,513	13,574,805	344	3,842	310	4,264	311	3,940	341	3,375	361	2,540	406
つがる	(10)	3,677	1,046,327	285	-	-	-	-	-	-	-	-	-	-
ジョナゴールド	(11)	1,935	715,008	370	128	344	135	354	168	396	205	360	177	409
王林	(12)	2,268	706,246	311	286	307	404	288	327	303	269	319	251	314
ふじ	(13)	25,428	9,013,083	354	3,160	301	3,500	309	3,236	340	2,711	365	1,924	418
その他のりんご	(14)	6,205	2,094,141	337	268	399	224	355	208	365	190	368	188	405
日本なし	(15)	12,476	3,990,057	320	32	299	5	265	4	262	-	-	0	216
幸水	(16)	5,340	1,908,211	357	-	-	-	-	-	-	-	-	-	-
豊水	(17)	3,712	961,496	259	-	-	-	-	-	-	-	-	-	-
二十世紀	(18)	385	127,024	330	-	-	-	-	-	-	-	-	-	-
新高	(19)	1,001	257,010	257	-	-	-	-	-	-	-	-	-	-
その他のなし	(20)	2,038	736,317	361	32	299	5	265	4	262	-	-	0	216
西洋なし	(21)	2,209	736,029	333	81	366	8	301	-	-	-	-	-	-
かき	(22)	12,567	3,616,230	288	174	461	34	649	0	818	-	-	-	-
甘がき	(23)	4,977	1,543,066	310	173	462	34	649	0	818	-	-	-	-
渋がき(脱渋を含む。)	(24)	7,589	2,073,163	273	1	234	-	-	-	-	-	-	-	-
びわ	(25)	176	335,358	1,910	0	6,324	1	5,321	19	2,530	59	2,042	49	1,906
もも	(26)	8,555	4,663,998	545	-	-	-	-	-	-	0	4,460	30	2,216
すもも	(27)	2,093	1,140,981	545	-	-	-	-	-	-	-	-	20	1,136
おうとう	(28)	1,130	2,010,792	1,780	0	21,448	0	34,030	2	10,526	14	6,797	53	4,475
うめ	(29)	1,196	505,954	423	-	-	-	-	-	-	-	-	258	495
ぶどう	(30)	8,383	8,797,669	1,050	51	526	27	536	13	604	3	3,727	78	2,525
デラウェア	(31)	1,324	1,022,618	772	-	-	-	-	-	-	1	3,836	53	1,742
巨峰	(32)	2,681	2,299,270	857	-	-	-	-	-	-	0	5,149	9	3,114
その他のぶどう	(33)	4,377	5,475,780	1,251	51	526	27	536	13	604	1	3,179	16	4,753
くり	(34)	442	361,211	816	-	-	-	-	-	-	-	-	-	-
いちご	(35)	14,686	19,500,670	1,328	2,051	1,461	2,468	1,442	3,414	1,232	3,104	943	1,380	883
メロン	(36)	11,908	6,522,003	548	192	1,286	197	1,153	207	1,351	599	808	2,183	523
温室メロン	(37)	2,601	2,488,617	957	124	1,553	114	1,417	138	1,569	152	1,282	198	872
アンデスメロン	(38)	2,052	936,894	457	48	694	54	703	30	832	141	605	559	514
その他のメロン(まくわうりを含む。)	(39)	7,256	3,096,492	427	20	1,043	29	956	39	976	306	667	1,425	478
すいか	(40)	23,720	5,149,732	217	67	241	83	355	252	394	1,645	323	3,876	287
キウイフルーツ	(41)	1,823	989,177	543	387	507	522	531	416	548	105	560	1	428
その他の国産果実	(42)	1,700	2,285,244	1,344	15	1,179	11	1,409	26	3,121	111	2,254	155	2,437
輸入果実計	(43)	2,744	421,337	154	173	139	194	158	207	163	207	168	241	169
バナナ	(44)	2,470	341,882	138	164	128	178	145	189	149	175	150	215	149
パインアップル	(45)	61	10,965	180	2	208	3	203	4	192	4	208	2	201
レモン	(46)	82	27,451	336	3	425	4	358	4	347	4	456	3	430
グレープフルーツ	(47)	27	5,394	198	1	247	2	261	2	230	6	168	5	119
オレンジ	(48)	3	1,132	328	1	342	1	373	1	348	0	318	0	299
輸入おうとう	(49)	1	1,164	1,711	-	-	-	-	-	-	-	-	1	1,763
輸入キウイフルーツ	(50)	5	2,247	479	-	-	0	378	-	-	-	-	0	481
輸入メロン	(51)	1	141	121	0	248	1	94	-	-	-	-	0	151
その他の輸入果実	(52)	95	30,963	327	2	363	6	354	8	344	17	284	15	339

	6月		7月		8月		9月		10月		11月		12月		
	数量	価格	数量	価格	数量	価格	数量	価格	数量	価格	数量	価格	数量	価格	
	t	円/kg	t	円/kg	t	円/kg	t	円/kg	t	円/kg	t	円/kg	t	円/kg	
	15,148	497	16,657	483	20,346	420	18,777	402	23,115	350	23,923	355	29,290	442	(1)
	14,941	502	16,493	486	20,076	424	18,543	405	22,818	353	23,602	358	29,061	444	(2)
	314	1,156	530	1,064	486	943	2,034	297	8,097	241	12,569	294	18,943	299	(3)
	-	-	-	-	-	-	-	-	-	-	1	930	27	373	(4)
	90	217	0	597	-	-	-	-	-	-	-	-	23	245	(5)
	-	-	-	-	-	-	-	-	-	-	-	-	81	292	(6)
	-	-	-	-	-	-	-	-	-	-	-	-	95	235	(7)
	102	671	47	1,007	74	749	128	501	192	499	311	645	1,257	618	(8)
	1,821	423	1,398	424	1,623	383	3,769	280	4,766	329	4,290	341	3,886	359	(9)
	-	-	2	283	848	324	2,613	274	211	259	2	261	-	-	(10)
	206	403	142	401	65	449	-	-	303	318	247	342	160	382	(11)
	164	332	91	372	36	377	-	-	39	195	174	306	227	332	(12)
	1,272	445	978	444	467	489	143	360	1,865	354	3,048	344	3,125	351	(13)
	179	378	185	366	206	361	1,013	286	2,349	318	820	337	374	435	(14)
	16	1,192	549	558	4,968	339	4,878	267	1,650	318	281	361	95	397	(15)
	16	1,192	546	559	4,448	340	330	221	-	-	-	-	-	-	(16)
	-	-	-	-	378	289	3,297	256	37	243	-	-	0	529	(17)
	-	-	-	-	99	494	279	273	8	231	-	-	-	-	(18)
	-	-	-	-	-	-	387	235	610	271	4	227	0	177	(19)
	-	-	3	445	43	391	586	376	995	350	277	362	95	397	(20)
	-	-	-	-	52	262	269	264	521	330	749	352	529	347	(21)
	-	-	8	1,108	30	865	1,578	348	4,982	268	4,125	272	1,636	289	(22)
	-	-	-	-	1	1,224	222	406	858	350	2,286	283	1,403	286	(23)
	-	-	8	1,108	29	852	1,356	338	4,123	251	1,840	257	233	303	(24)
	47	1,406	-	-	-	-	-	-	-	-	-	-	-	-	(25)
	926	644	3,849	588	3,101	458	642	479	6	509	0	3,078	1	3,311	(26)
	417	635	826	541	525	475	241	491	62	614	0	600	-	-	(27)
	843	1,624	217	1,323	1	1,580	-	-	-	-	-	-	-	-	(28)
	931	403	7	464	-	-	-	-	-	-	-	-	-	-	(29)
	323	1,686	683	1,396	2,363	909	2,941	879	1,417	1,109	340	1,434	143	1,744	(30)
	238	1,200	385	775	484	529	145	522	18	531	0	540	-	-	(31)
	35	1,925	133	1,506	838	826	1,126	717	470	895	69	1,169	1	1,095	(32)
	50	3,812	166	2,752	1,041	1,152	1,670	1,020	928	1,228	271	1,501	142	1,750	(33)
	-	-	-	-	33	587	265	727	128	1,000	16	1,303	0	1,296	(34)
	193	1,076	29	2,055	20	2,119	12	2,478	25	2,892	344	2,098	1,647	2,101	(35)
	2,990	422	2,089	445	1,381	451	823	390	556	528	303	841	388	1,174	(36)
	233	861	343	803	281	634	273	541	248	676	220	933	277	1,358	(37)
	644	392	340	349	102	303	27	298	34	357	25	551	48	666	(38)
	2,112	383	1,406	381	999	415	524	317	275	416	58	620	64	754	(39)
	5,718	199	6,051	197	5,057	172	692	126	92	253	105	252	81	259	(40)
	-	-	-	-	-	-	0	482	119	795	90	458	183	509	(41)
	210	2,041	211	1,710	361	749	271	792	204	855	78	713	47	826	(42)
	207	176	164	175	270	157	234	144	297	143	321	135	229	134	(43)
	185	149	140	146	244	143	215	137	261	133	294	124	209	119	(44)
	5	246	3	228	3	228	4	184	12	143	11	145	8	170	(45)
	4	397	8	343	17	288	9	222	13	266	9	374	6	498	(46)
	2	251	4	221	2	190	1	174	0	216	0	311	1	330	(47)
	0	295	0	278	0	249	0	198	0	228	-	-	-	-	(48)
	0	1,520	-	-	-	-	-	-	-	-	-	-	-	-	(49)
	0	481	1	509	1	464	1	464	1	464	-	-	-	-	(50)
	0	324	-	-	-	-	-	-	-	-	-	-	-	-	(51)
	10	504	7	439	3	313	3	274	10	208	6	277	6	231	(52)

3　卸売市場別の月別果実の卸売数量・価額・価格（続き）
(24)　東京都中央卸売市場　北足立市場

品目		計			1月		2月		3月		4月		5月	
		数量	価額	価格	数量	価格	数量	価格	数量	価格	数量	価格	数量	価格
		t	千円	円／kg	t	円／kg	t	円／kg	t	円／kg	t	円／kg	t	円／kg
果実計	(1)	**38,861**	**13,698,791**	**353**	**3,031**	**383**	**3,102**	**401**	**2,896**	**432**	**2,395**	**418**	**2,879**	**377**
国産果実計	(2)	**30,307**	**11,510,394**	**380**	**2,545**	**410**	**2,488**	**438**	**2,097**	**503**	**1,530**	**502**	**1,814**	**425**
みかん	(3)	7,566	2,145,089	284	1,267	309	523	354	85	433	0	3,168	8	1,451
ネーブルオレンジ（国産）	(4)	45	12,794	283	12	273	14	269	18	302	0	265	-	-
甘なつみかん	(5)	423	84,997	201	11	258	11	235	97	205	161	196	122	205
いよかん	(6)	893	206,190	231	200	252	454	224	227	223	1	132	-	-
はっさく	(7)	279	49,447	178	49	168	107	169	96	182	8	199	3	203
その他の雑かん	(8)	2,027	844,874	417	206	428	470	406	626	408	356	364	133	324
りんご	(9)	4,098	1,215,380	297	446	259	565	283	462	302	365	321	206	329
つがる	(10)	331	85,756	259	-	-	-	-	-	-	-	-	-	-
ジョナゴールド	(11)	82	21,522	263	6	354	9	281	10	253	17	235	7	246
王林	(12)	258	63,336	246	38	245	37	271	61	252	26	254	12	247
ふじ	(13)	2,993	927,794	310	395	259	508	284	385	311	314	332	170	342
その他のりんご	(14)	434	116,972	269	8	293	11	283	6	299	8	306	16	293
日本なし	(15)	2,199	621,819	283	8	536	5	268	1	291	-	-	-	-
幸水	(16)	871	266,012	305	-	-	-	-	-	-	-	-	-	-
豊水	(17)	790	190,017	241	-	-	-	-	-	-	-	-	-	-
二十世紀	(18)	34	11,364	331	-	-	-	-	-	-	-	-	-	-
新高	(19)	230	57,231	249	-	-	-	-	-	-	-	-	-	-
その他のなし	(20)	273	97,196	356	8	536	5	268	1	291	-	-	-	-
西洋なし	(21)	289	88,725	307	2	312	-	-	-	-	-	-	-	-
かき	(22)	1,864	485,643	261	21	399	3	454	-	-	-	-	-	-
甘がき	(23)	743	211,801	285	21	399	3	454	-	-	-	-	-	-
渋がき（脱渋を含む。）	(24)	1,121	273,843	244	-	-	-	-	-	-	-	-	-	-
びわ	(25)	22	39,427	1,787	0	3,287	0	3,468	4	2,320	8	1,621	7	1,684
もも	(26)	943	438,096	465	-	-	-	-	-	-	-	-	7	1,428
すもも	(27)	297	144,394	485	-	-	-	-	-	-	-	-	1	1,261
おうとう	(28)	260	384,221	1,479	0	18,576	-	-	0	9,298	3	5,494	8	4,129
うめ	(29)	144	54,741	379	-	-	-	-	-	-	-	-	33	451
ぶどう	(30)	946	767,907	812	6	513	2	474	-	-	0	4,050	7	1,806
デラウェア	(31)	455	306,863	675	-	-	-	-	-	-	0	3,909	6	1,614
巨峰	(32)	209	177,638	850	-	-	-	-	-	-	-	-	0	3,597
その他のぶどう	(33)	282	283,406	1,004	6	513	2	474	-	-	0	4,320	1	3,313
くり	(34)	73	49,635	684	-	-	-	-	-	-	-	-	-	-
いちご	(35)	1,489	1,897,966	1,275	214	1,431	253	1,436	362	1,236	344	941	142	858
メロン	(36)	1,710	880,698	515	42	899	43	918	41	830	68	764	381	532
温室メロン	(37)	308	219,176	712	13	1,197	20	1,093	15	1,236	21	995	19	772
アンデスメロン	(38)	431	212,081	492	15	607	15	658	11	681	11	654	161	520
その他のメロン（まくわうりを含む。）	(39)	971	449,441	463	14	923	8	959	15	539	35	660	201	518
すいか	(40)	4,463	907,538	203	9	255	7	413	35	346	186	314	753	274
キウイフルーツ	(41)	171	85,841	503	51	423	31	526	43	523	25	511	-	-
その他の国産果実	(42)	108	104,973	975	0	624	0	304	1	3,303	4	3,026	3	3,224
輸入果実計	(43)	**8,554**	**2,188,397**	**256**	**486**	**239**	**614**	**249**	**798**	**245**	**865**	**269**	**1,066**	**294**
バナナ	(44)	2,348	447,539	191	168	195	168	218	187	210	199	201	207	206
パインアップル	(45)	361	76,642	212	21	237	25	224	32	227	39	221	33	249
レモン	(46)	681	218,219	321	42	371	45	343	51	323	55	337	62	353
グレープフルーツ	(47)	2,354	453,760	193	158	212	229	216	246	200	220	202	234	198
オレンジ	(48)	1,451	330,578	228	63	213	98	253	171	243	175	250	269	238
輸入おうとう	(49)	28	35,734	1,273	-	-	-	-	-	-	0	1,766	14	1,292
輸入キウイフルーツ	(50)	429	234,407	546	3	522	-	-	-	-	36	596	74	600
輸入メロン	(51)	76	12,653	167	2	253	8	142	18	129	8	159	6	157
その他の輸入果実	(52)	825	378,864	459	29	463	41	488	94	419	134	405	165	400

	6月		7月		8月		9月		10月		11月		12月		
	数量	価格	数量	価格	数量	価格	数量	価格	数量	価格	数量	価格	数量	価格	
	t	円/kg	t	円/kg	t	円/kg	t	円/kg	t	円/kg	t	円/kg	t	円/kg	
	3,311	383	3,230	342	3,443	323	3,056	317	3,299	288	3,917	278	4,303	342	(1)
	2,346	430	2,546	363	2,788	339	2,441	334	2,636	300	3,336	287	3,740	358	(2)
	28	1,067	30	1,002	28	974	230	266	948	231	1,772	263	2,646	259	(3)
	-	-	-	-	-	-	-	-	-	-	-	-	-	-	(4)
	22	151	-	-	-	-	-	-	-	-	-	-	-	-	(5)
	-	-	-	-	-	-	-	-	-	-	-	-	10	291	(6)
	-	-	-	-	-	-	-	-	-	-	-	-	16	220	(7)
	15	645	7	906	4	694	14	460	11	633	28	512	155	582	(8)
	152	359	156	374	161	351	314	247	490	297	469	273	312	303	(9)
	-	-	-	-	82	289	227	252	23	225	-	-	-	-	(10)
	3	347	9	211	-	-	-	-	6	311	9	277	6	249	(11)
	21	181	11	191	2	228	0	270	4	169	18	228	28	284	(12)
	126	390	134	401	71	440	14	318	275	315	344	276	257	308	(13)
	3	316	2	272	7	196	73	220	181	282	99	272	21	280	(14)
	0	1,524	50	551	778	299	1,044	247	269	296	38	404	6	390	(15)
	0	1,524	50	552	707	302	114	211	-	-	-	-	-	-	(16)
	-	-	-	-	62	229	705	242	23	222	-	-	-	-	(17)
	-	-	-	-	7	484	26	293	1	250	-	-	-	-	(18)
	-	-	-	-	-	-	109	239	122	257	0	359	-	-	(19)
	-	-	0	409	2	437	91	331	124	349	38	404	6	390	(20)
	-	-	-	-	4	245	17	233	48	347	140	330	78	259	(21)
	0	1,647	3	1,137	6	770	129	382	657	236	775	244	270	277	(22)
	-	-	-	-	-	-	34	376	109	308	363	262	212	285	(23)
	0	1,647	3	1,137	6	770	95	384	548	222	411	227	57	249	(24)
	2	1,527	-	-	-	-	-	-	-	-	-	-	-	-	(25)
	106	568	408	489	346	398	73	398	2	380	-	-	-	-	(26)
	52	641	135	456	73	429	34	463	3	556	-	-	-	-	(27)
	194	1,505	55	787	-	-	-	-	-	-	-	-	-	-	(28)
	110	356	2	509	-	-	-	-	-	-	-	-	-	-	(29)
	43	1,217	151	861	298	686	287	752	112	951	28	1,027	12	1,109	(30)
	39	1,090	135	772	179	559	83	519	12	540	-	-	-	-	(31)
	0	2,596	8	1,185	60	813	88	774	43	923	9	1,091	1	962	(32)
	3	2,880	8	2,040	58	946	116	902	58	1,055	19	999	11	1,117	(33)
	-	-	-	-	2	546	47	634	23	793	1	841	-	-	(34)
	9	773	1	2,337	1	1,905	0	2,116	0	2,495	17	1,878	144	2,005	(35)
	497	431	248	428	138	425	100	359	45	502	41	644	67	768	(36)
	19	679	30	690	50	526	53	390	33	514	20	712	15	1,017	(37)
	144	446	56	402	8	345	-	-	-	-	-	-	11	513	(38)
	334	411	163	389	81	371	47	326	12	471	21	578	40	744	(39)
	1,107	177	1,285	185	921	182	129	123	6	310	17	228	8	278	(40)
	-	-	-	-	-	-	0	492	3	786	5	568	12	593	(41)
	9	1,572	15	1,094	28	600	23	693	17	782	6	685	3	599	(42)
	965	269	684	264	654	254	615	246	663	237	581	226	563	234	(43)
	208	205	187	207	187	200	191	191	218	171	228	150	201	147	(44)
	32	243	29	227	30	232	32	191	37	153	27	164	24	188	(45)
	60	352	65	326	56	323	52	308	60	261	59	258	73	310	(46)
	326	192	189	173	204	170	150	165	155	163	113	183	132	230	(47)
	196	239	106	219	70	198	83	183	94	188	72	200	55	222	(48)
	12	1,273	2	1,080	-	-	-	-	-	-	-	-	0	2,160	(49)
	57	576	54	550	60	526	48	512	38	499	32	500	27	491	(50)
	10	107	4	233	3	248	6	194	4	222	3	265	3	259	(51)
	64	471	49	519	44	523	53	514	58	616	48	548	47	387	(52)

3　卸売市場別の月別果実の卸売数量・価額・価格（続き）
(25)　東京都中央卸売市場　葛西市場

品目		計			1月		2月		3月		4月		5月	
		数量	価額	価格	数量	価格	数量	価格	数量	価格	数量	価格	数量	価格
		t	千円	円／kg	t	円／kg	t	円／kg	t	円／kg	t	円／kg	t	円／kg
果実計	(1)	**24,965**	**8,299,996**	**332**	**2,157**	**336**	**2,031**	**360**	**1,856**	**392**	**1,725**	**366**	**1,912**	**354**
国産果実計	(2)	**15,563**	**6,087,268**	**391**	**1,510**	**393**	**1,319**	**440**	**1,052**	**522**	**760**	**523**	**796**	**469**
みかん	(3)	4,061	1,192,571	294	845	251	401	277	62	321	3	305	13	1,436
ネーブルオレンジ(国産)	(4)	10	3,266	314	3	319	4	325	2	301	-	-	0	205
甘なつみかん	(5)	127	24,051	190	4	250	5	218	33	192	50	176	25	201
いよかん	(6)	103	20,671	200	21	236	57	190	24	197	0	188	1	107
はっさく	(7)	128	20,800	163	24	172	56	150	35	171	-	-	-	-
その他の雑かん	(8)	1,098	395,444	360	130	376	276	347	351	343	178	349	67	347
りんご	(9)	2,417	823,863	341	267	314	300	327	261	346	197	372	158	419
つがる	(10)	151	38,801	256	14	292	12	308	-	-	-	-	-	-
ジョナゴールド	(11)	19	4,922	254	1	292	12	226	-	-	3	295	2	288
王林	(12)	37	9,778	263	8	252	10	256	3	274	2	258	3	366
ふじ	(13)	1,614	579,020	359	232	315	253	337	245	346	178	374	139	427
その他のりんご	(14)	595	191,342	321	13	355	14	303	13	350	14	375	14	376
日本なし	(15)	1,140	348,166	305	1	509	2	331	0	126	-	-	-	-
幸水	(16)	467	169,410	362	-	-	-	-	-	-	-	-	-	-
豊水	(17)	418	104,540	250	-	-	-	-	-	-	-	-	-	-
二十世紀	(18)	5	1,099	207	-	-	-	-	-	-	-	-	-	-
新高	(19)	110	25,569	232	-	-	-	-	-	-	-	-	-	-
その他のなし	(20)	139	47,548	342	1	509	2	331	0	126	-	-	-	-
西洋なし	(21)	73	23,241	321	5	351	1	247	-	-	-	-	-	-
かき	(22)	1,040	309,115	297	17	454	6	486	-	-	-	-	-	-
甘がき	(23)	629	212,987	339	17	456	6	486	-	-	-	-	-	-
渋がき（脱渋を含む。）	(24)	412	96,128	233	0	151	-	-	-	-	-	-	-	-
びわ	(25)	9	12,028	1,330	0	2,808	0	2,445	1	1,190	2	1,453	2	1,519
もも	(26)	499	247,289	496	-	-	-	-	-	-	-	-	1	1,244
すもも	(27)	114	53,098	467	-	-	-	-	-	-	-	-	0	1,428
おうとう	(28)	75	120,370	1,610	0	19,440	-	-	0	6,147	1	4,685	2	3,393
うめ	(29)	39	23,563	598	-	-	-	-	-	-	-	-	9	736
ぶどう	(30)	567	455,149	802	4	524	1	530	1	405	5	324	2	1,545
デラウェア	(31)	123	78,518	636	-	-	-	-	-	-	-	-	2	1,673
巨峰	(32)	197	158,093	804	-	-	-	-	-	-	-	-	0	1,115
その他のぶどう	(33)	247	218,537	884	4	524	1	530	1	405	5	324	0	1,102
くり	(34)	18	10,208	570	-	-	-	-	-	-	-	-	-	-
いちご	(35)	883	1,101,552	1,248	141	1,414	161	1,404	219	1,225	193	973	91	940
メロン	(36)	804	331,950	413	7	912	5	954	6	931	37	615	137	505
温室メロン	(37)	69	44,040	634	2	1,304	2	1,364	2	1,368	2	1,145	3	873
アンデスメロン	(38)	79	32,840	418	1	688	1	703	1	825	1	614	19	540
その他のメロン（まくわうりを含む。）	(39)	656	255,070	389	4	696	3	728	4	692	34	580	115	491
すいか	(40)	2,055	412,546	201	0	394	1	421	8	373	61	312	275	277
キウイフルーツ	(41)	192	79,261	413	39	450	42	421	43	437	28	375	8	283
その他の国産果実	(42)	110	79,066	719	2	788	1	922	6	620	3	1,268	3	1,219
輸入果実計	(43)	**9,402**	**2,212,727**	**235**	**647**	**204**	**713**	**213**	**804**	**223**	**966**	**242**	**1,116**	**272**
バナナ	(44)	5,636	967,539	172	470	165	506	171	524	175	556	172	573	171
パインアップル	(45)	416	87,443	210	28	223	31	246	46	210	47	207	36	230
レモン	(46)	382	117,242	307	28	313	26	310	30	306	31	313	37	306
グレープフルーツ	(47)	377	80,117	212	22	269	34	235	32	196	52	187	57	188
オレンジ	(48)	345	82,447	239	9	267	18	282	30	272	42	287	52	288
輸入おうとう	(49)	50	50,167	998	-	-	-	-	-	-	2	1,436	36	930
輸入キウイフルーツ	(50)	984	321,251	327	23	267	3	439	9	204	69	386	177	376
輸入メロン	(51)	63	11,626	184	2	207	7	122	13	156	12	235	14	171
その他の輸入果実	(52)	1,148	494,896	431	65	384	89	386	119	425	154	418	134	436

	6月		7月		8月		9月		10月		11月		12月		
	数量	価格	数量	価格	数量	価格	数量	価格	数量	価格	数量	価格	数量	価格	
	t	円/kg	t	円/kg	t	円/kg	t	円/kg	t	円/kg	t	円/kg	t	円/kg	
	2,076	339	2,305	301	2,201	327	2,068	324	2,194	292	2,142	289	2,297	330	(1)
	1,086	426	1,481	336	1,450	372	1,393	368	1,495	321	1,511	314	1,711	367	(2)
	20	1,136	27	1,070	21	1,071	107	323	550	247	809	289	1,201	292	(3)
	-	-	-	-	-	-	-	-	-	-	-	-	-	-	(4)
	7	186	1	162	-	-	-	-	-	-	-	-	-	-	(5)
	-	-	-	-	-	-	-	-	-	-	-	-	-	-	(6)
	-	-	-	-	-	-	-	-	-	-	1	150	12	183	(7)
	11	376	2	792	3	421	5	451	4	600	10	456	62	479	(8)
	141	417	65	435	67	352	265	294	315	312	222	335	158	319	(9)
	-	-	-	-	20	233	104	250	2	281	-	-	-	-	(10)
	1	343	-	-	-	-	-	-	-	-	1	281	-	-	(11)
	2	297	-	-	-	-	-	-	2	156	6	267	0	246	(12)
	123	425	55	444	22	433	7	344	89	354	143	343	129	317	(13)
	15	372	10	385	24	375	154	322	222	297	72	326	29	329	(14)
	0	967	42	542	450	342	503	256	120	289	20	299	1	398	(15)
	0	950	42	542	383	356	42	234	0	258	-	-	0	513	(16)
	-	-	-	-	62	248	349	249	7	308	-	-	-	-	(17)
	-	-	-	-	0	605	5	196	0	292	-	-	-	-	(18)
	-	-	-	-	-	-	55	228	55	236	-	-	-	-	(19)
	0	2,036	0	439	4	424	52	354	58	337	20	299	1	394	(20)
	-	-	-	-	4	241	11	283	12	360	23	325	17	323	(21)
	-	-	0	610	2	660	103	357	380	283	377	273	156	319	(22)
	-	-	0	493	2	651	41	407	178	352	240	311	145	327	(23)
	-	-	0	1,169	0	687	62	324	201	223	136	207	12	224	(24)
	4	1,199	0	441	-	-	-	-	-	-	-	-	-	-	(25)
	46	572	227	553	168	426	56	401	1	388	-	-	0	551	(26)
	19	637	48	430	33	420	14	461	1	703	-	-	-	-	(27)
	63	1,571	9	1,175	-	-	-	-	-	-	-	-	-	-	(28)
	30	555	0	559	-	-	-	-	-	-	-	-	-	-	(29)
	15	1,201	47	841	184	698	207	772	76	1,022	21	923	4	1,008	(30)
	13	1,110	35	698	57	502	15	467	2	654	0	1,296	-	-	(31)
	1	1,269	5	1,231	65	728	91	748	29	1,013	5	1,110	0	1,053	(32)
	1	2,071	7	1,313	62	848	101	839	45	1,042	16	861	4	1,006	(33)
	-	-	-	-	2	590	12	561	3	592	0	607	-	-	(34)
	8	875	-	-	-	-	0	2,646	0	2,192	6	1,901	64	1,811	(35)
	255	366	205	320	75	373	39	338	20	411	8	758	10	833	(36)
	3	698	9	594	13	458	13	353	11	385	5	779	5	954	(37)
	32	387	23	328	2	309	-	-	-	-	-	-	0	699	(38)
	220	359	173	305	61	357	26	331	10	440	3	728	5	704	(39)
	451	196	793	181	410	179	54	146	3	219	0	479	0	608	(40)
	1	238	0	238	-	-	0	727	3	455	8	361	19	401	(41)
	15	611	17	684	31	630	16	757	8	808	4	927	5	615	(42)
	990	244	824	237	751	241	675	232	699	231	632	230	586	222	(43)
	532	173	458	176	429	184	402	172	421	172	401	166	366	160	(44)
	26	227	36	203	33	221	23	204	29	159	37	211	45	190	(45)
	36	309	36	335	36	322	28	284	32	251	28	300	33	330	(46)
	44	199	36	217	29	228	23	233	17	226	15	223	17	232	(47)
	41	263	43	190	35	182	26	182	25	182	15	196	9	232	(48)
	11	1,138	2	1,097	0	1,185	-	-	-	-	-	-	-	-	(49)
	200	274	134	334	113	342	96	334	76	304	48	305	35	298	(50)
	9	156	3	221	1	261	1	331	1	337	1	322	0	328	(51)
	93	482	76	421	76	419	75	426	99	453	88	470	80	441	(52)

3 卸売市場別の月別果実の卸売数量・価額・価格（続き）
(26) 東京都中央卸売市場　豊島市場

品目		計			1月		2月		3月		4月		5月	
		数量	価額	価格	数量	価格	数量	価格	数量	価格	数量	価格	数量	価格
		t	千円	円/kg	t	円/kg	t	円/kg	t	円/kg	t	円/kg	t	円/kg
果　実　計	(1)	10,312	3,873,440	376	930	377	818	412	720	445	565	438	512	398
国産果実計	(2)	8,196	3,292,274	402	777	404	661	447	548	507	362	533	320	461
みかん	(3)	2,629	845,356	322	439	337	219	338	46	440	3	415	2	1,529
ネーブルオレンジ(国産)	(4)	5	1,556	332	-	-	3	344	1	391	0	527	-	-
甘なつみかん	(5)	136	27,848	204	5	254	10	228	23	207	59	192	37	208
いよかん	(6)	326	76,962	236	80	258	119	227	115	228	4	221	0	324
はっさく	(7)	42	7,846	185	14	178	13	179	10	206	5	178	-	-
その他の雑かん	(8)	638	290,791	456	71	456	120	478	184	425	128	397	42	352
りんご	(9)	607	182,703	301	94	254	93	307	60	341	27	400	23	388
つがる	(10)	49	11,321	232	-	-	-	-	-	-	-	-	-	-
ジョナゴールド	(11)	20	5,059	247	1	214	1	220	1	260	1	240	0	194
王林	(12)	23	5,493	236	8	204	3	235	4	257	1	321	2	293
ふじ	(13)	386	123,784	321	84	260	83	316	52	349	24	410	21	399
その他のりんご	(14)	129	37,046	288	2	228	5	226	3	321	1	320	0	324
日本なし	(15)	460	132,585	289	0	216	-	-	-	-	-	-	-	-
幸水	(16)	171	54,410	317	-	-	-	-	-	-	-	-	-	-
豊水	(17)	153	36,450	238	-	-	-	-	-	-	-	-	-	-
二十世紀	(18)	22	7,996	362	-	-	-	-	-	-	-	-	-	-
新高	(19)	51	12,578	246	-	-	-	-	-	-	-	-	-	-
その他のなし	(20)	62	21,151	343	0	216	-	-	-	-	-	-	-	-
西洋なし	(21)	25	7,540	307	-	-	-	-	-	-	-	-	-	-
かき	(22)	658	195,851	297	3	538	0	373	-	-	-	-	-	-
甘がき	(23)	148	42,299	286	3	476	0	373	-	-	-	-	-	-
渋がき(脱渋を含む。)	(24)	511	153,552	301	0	1,113	-	-	-	-	-	-	-	-
びわ	(25)	3	4,368	1,712	-	-	-	-	0	2,322	0	1,665	0	1,659
もも	(26)	264	138,627	526	-	-	-	-	-	-	-	-	2	2,476
すもも	(27)	138	69,671	504	-	-	-	-	-	-	-	-	-	-
おうとう	(28)	31	41,472	1,355	-	-	-	-	-	-	0	5,422	1	2,665
うめ	(29)	70	30,509	436	-	-	-	-	-	-	-	-	11	510
ぶどう	(30)	355	320,656	903	1	491	0	531	-	-	-	-	2	1,824
デラウェア	(31)	76	58,828	769	-	-	-	-	-	-	-	-	2	1,570
巨峰	(32)	128	116,308	906	-	-	-	-	-	-	-	-	0	3,685
その他のぶどう	(33)	150	145,519	969	1	491	0	531	-	-	-	-	0	2,400
くり	(34)	30	21,197	700	-	-	-	-	-	-	-	-	-	-
いちご	(35)	370	451,326	1,221	50	1,360	61	1,412	88	1,243	94	964	39	794
メロン	(36)	322	174,008	540	6	1,162	6	1,118	5	1,262	19	780	71	498
温室メロン	(37)	117	81,047	692	5	1,170	5	1,156	5	1,282	6	1,076	6	759
アンデスメロン	(38)	28	13,480	482	-	-	0	734	0	864	1	672	15	561
その他のメロン(まくわうりを含む。)	(39)	177	79,481	448	0	770	0	718	0	832	12	638	50	446
すいか	(40)	991	203,903	206	0	506	0	864	4	447	18	370	87	299
キウイフルーツ	(41)	50	28,859	575	15	558	16	571	11	622	4	718	1	242
その他の国産果実	(42)	47	38,643	814	0	2,547	1	984	0	3,443	1	1,060	1	2,001
輸入果実計	(43)	2,115	581,166	275	152	239	157	263	172	250	204	271	193	293
バナナ	(44)	898	160,663	179	69	171	68	181	90	184	90	191	85	200
パインアップル	(45)	89	18,821	212	5	219	12	204	10	212	12	210	10	193
レモン	(46)	309	103,958	336	21	370	26	358	18	359	22	338	21	356
グレープフルーツ	(47)	153	33,121	216	13	255	18	228	11	225	14	243	9	256
オレンジ	(48)	234	57,860	247	15	224	16	298	17	298	32	278	22	275
輸入おうとう	(49)	9	12,427	1,430	0	3,024	-	-	-	-	0	2,230	1	1,824
輸入キウイフルーツ	(50)	99	48,280	487	9	17	-	-	-	-	5	572	16	465
輸入メロン	(51)	51	5,346	106	-	-	2	171	6	82	1	112	3	139
その他の輸入果実	(52)	274	140,690	514	19	461	16	531	19	505	27	460	25	450

	6月		7月		8月		9月		10月		11月		12月		
	数量	価格	数量	価格	数量	価格	数量	価格	数量	価格	数量	価格	数量	価格	
	t	円/kg	t	円/kg	t	円/kg	t	円/kg	t	円/kg	t	円/kg	t	円/kg	
	775	396	995	363	753	413	815	384	1,093	315	989	315	1,347	347	(1)
	574	430	781	378	586	446	647	414	909	326	826	325	1,207	356	(2)
	12	1,222	25	1,087	30	964	77	305	326	252	504	300	945	287	(3)
	-	-	-	-	-	-	-	-	-	-	-	-	1	208	(4)
	2	197	-	-	-	-	-	-	-	-	-	-	-	-	(5)
	-	-	-	-	-	-	-	-	-	-	-	-	8	265	(6)
	-	-	-	-	-	-	-	-	-	-	-	-	-	-	(7)
	2	815	2	1,312	2	680	3	495	3	735	11	587	69	603	(8)
	6	473	6	432	8	328	49	230	97	300	67	302	78	281	(9)
	-	-	-	-	5	268	34	239	6	243	0	178	4	108	(10)
	0	417	0	378	-	-	-	-	8	240	5	243	3	295	(11)
	0	378	0	378	0	359	-	-	-	-	2	234	4	225	(12)
	6	477	5	465	2	464	0	410	13	264	36	331	60	300	(13)
	-	-	1	240	1	341	15	210	70	318	24	277	7	238	(14)
	0	1,699	7	537	176	313	204	251	59	294	12	362	0	336	(15)
	0	1,699	7	564	158	309	7	217	-	-	-	-	-	-	(16)
	-	-	-	-	8	237	145	238	0	250	-	-	-	-	(17)
	-	-	-	-	10	430	12	310	-	-	-	-	-	-	(18)
	-	-	-	-	-	-	17	240	34	249	-	-	0	302	(19)
	-	-	1	248	0	244	23	325	26	354	12	362	0	346	(20)
	-	-	-	-	-	-	3	102	6	270	10	318	5	447	(21)
	-	-	-	-	0	1,260	91	355	328	271	184	302	53	324	(22)
	-	-	-	-	-	-	2	221	26	284	73	279	43	291	(23)
	-	-	-	-	0	1,260	89	358	301	270	110	317	9	476	(24)
	2	1,684	-	-	-	-	-	-	-	-	-	-	-	-	(25)
	45	600	133	558	68	382	16	441	0	701	-	-	-	-	(26)
	29	562	63	510	35	450	12	482	-	-	-	-	-	-	(27)
	27	1,282	2	1,046	-	-	-	-	-	-	-	-	-	-	(28)
	59	423	0	356	-	-	-	-	-	-	-	-	-	-	(29)
	19	1,210	35	1,089	108	825	131	806	53	1,004	6	1,188	0	504	(30)
	18	1,085	21	794	28	552	8	529	0	504	-	-	-	-	(31)
	1	3,143	10	1,327	46	895	46	751	23	944	3	1,158	-	-	(32)
	1	3,306	4	2,005	34	954	77	866	30	1,050	3	1,226	0	504	(33)
	-	-	-	-	1	615	20	670	10	766	-	-	-	-	(34)
	3	559	-	-	-	-	-	-	-	-	4	1,827	32	1,839	(35)
	63	442	54	465	31	452	27	371	15	458	13	604	14	953	(36)
	10	649	25	573	17	492	11	450	8	508	13	605	5	919	(37)
	5	428	7	314	0	216	-	-	-	-	-	-	0	627	(38)
	48	400	22	389	13	400	16	319	7	400	0	348	8	979	(39)
	301	211	450	185	113	178	6	106	2	211	11	152	0	477	(40)
	-	-	-	-	-	-	-	-	1	256	1	521	1	600	(41)
	4	1,260	6	973	15	540	7	652	9	739	3	894	1	1,394	(42)
	201	297	214	305	167	300	168	267	185	263	163	264	139	265	(43)
	83	204	77	201	68	183	62	176	76	158	70	140	57	134	(44)
	5	228	8	219	4	227	5	223	6	225	7	207	4	202	(45)
	30	353	25	365	35	341	29	316	30	287	29	287	22	338	(46)
	10	217	18	187	15	185	15	177	9	180	9	231	11	237	(47)
	19	248	19	248	9	235	29	211	32	214	14	214	10	211	(48)
	2	1,533	3	1,320	1	1,004	-	-	-	-	-	-	-	-	(49)
	13	580	13	575	11	553	6	579	8	542	9	475	8	525	(50)
	13	108	17	84	0	257	2	144	0	130	1	173	5	124	(51)
	25	454	33	519	23	539	18	594	23	588	24	582	22	520	(52)

3　卸売市場別の月別果実の卸売数量・価額・価格（続き）
(27)　東京都中央卸売市場　淀橋市場

品目		計			1月		2月		3月		4月		5月	
		数量	価額	価格	数量	価格	数量	価格	数量	価格	数量	価格	数量	価格
		t	千円	円／kg	t	円／kg	t	円／kg	t	円／kg	t	円／kg	t	円／kg
果実計	(1)	**46,650**	**16,946,030**	**363**	**3,527**	**378**	**3,555**	**391**	**3,394**	**405**	**2,829**	**415**	**2,962**	**398**
国産果実計	(2)	**38,874**	**15,102,935**	**389**	**3,029**	**404**	**2,978**	**423**	**2,704**	**451**	**2,069**	**478**	**2,152**	**444**
みかん	(3)	8,706	2,640,840	303	1,169	305	709	334	157	380	0	349	16	1,612
ネーブルオレンジ（国産）	(4)	55	*14,651	267	13	259	24	254	16	295	-	-	-	-
甘なつみかん	(5)	635	134,707	212	41	238	61	208	175	197	175	205	177	228
いよかん	(6)	546	130,784	239	141	245	259	233	135	246	1	108	-	-
はっさく	(7)	360	69,485	193	46	214	89	197	145	181	69	192	-	-
その他の雑かん	(8)	2,375	1,082,986	456	321	458	529	428	618	417	379	429	163	436
りんご	(9)	8,801	2,752,056	313	885	277	935	293	1,007	312	706	336	441	394
つがる	(10)	801	204,537	255	-	-	-	-	-	-	-	-	-	-
ジョナゴールド	(11)	350	125,746	360	40	320	32	342	41	337	38	369	34	371
王林	(12)	538	149,253	277	75	253	70	277	76	272	61	286	76	283
ふじ	(13)	5,894	1,912,714	325	699	279	790	292	853	315	586	339	314	424
その他のりんご	(14)	1,219	359,805	295	71	265	44	281	37	309	22	340	17	372
日本なし	(15)	3,103	931,247	300	9	257	-	-	-	-	-	-	-	-
幸水	(16)	1,206	401,180	333	-	-	-	-	-	-	-	-	-	-
豊水	(17)	977	254,776	261	-	-	-	-	-	-	-	-	-	-
二十世紀	(18)	48	11,267	233	-	-	-	-	-	-	-	-	-	-
新高	(19)	464	126,985	274	-	-	-	-	-	-	-	-	-	-
その他のなし	(20)	409	137,040	335	9	257	-	-	-	-	-	-	-	-
西洋なし	(21)	302	95,532	317	2	340	1	324	-	-	-	-	-	-
かき	(22)	1,695	504,768	298	68	429	4	366	-	-	-	-	-	-
甘がき	(23)	825	257,237	312	68	429	4	366	-	-	-	-	-	-
渋がき（脱渋を含む。）	(24)	870	247,530	284	-	-	-	-	-	-	-	-	-	-
びわ	(25)	12	23,070	2,003	-	-	0	3,309	1	2,409	4	2,132	3	2,154
もも	(26)	1,941	869,377	448	-	-	-	-	-	-	0	2,181	3	2,486
すもも	(27)	322	158,215	492	-	-	-	-	-	-	-	-	0	1,422
おうとう	(28)	290	466,348	1,607	0	22,950	-	-	0	10,502	3	6,657	10	4,944
うめ	(29)	163	80,131	491	-	-	-	-	-	-	-	-	25	524
ぶどう	(30)	1,155	1,070,864	927	1	2,541	-	-	-	-	0	3,935	6	2,697
デラウェア	(31)	399	272,352	683	-	-	-	-	-	-	0	3,733	4	1,991
巨峰	(32)	288	257,830	894	-	-	-	-	-	-	0	4,770	1	3,532
その他のぶどう	(33)	467	540,682	1,157	1	2,541	-	-	-	-	-	-	1	3,650
くり	(34)	48	42,809	895	-	-	-	-	-	-	-	-	-	-
いちご	(35)	1,534	1,970,172	1,284	222	1,424	247	1,427	329	1,244	355	955	190	860
メロン	(36)	1,212	545,747	450	9	1,223	5	1,474	8	1,403	42	770	191	493
温室メロン	(37)	264	169,204	641	5	1,427	5	1,477	7	1,509	8	1,251	10	906
アンデスメロン	(38)	245	101,095	413	-	-	-	-	1	796	23	669	59	506
その他のメロン（まくわうりを含む。）	(39)	704	275,448	392	4	951	0	515	0	1,500	12	646	122	455
すいか	(40)	5,099	1,158,656	227	4	289	8	418	43	474	297	340	913	302
キウイフルーツ	(41)	350	202,448	578	95	549	106	573	64	596	27	623	2	460
その他の国産果実	(42)	171	158,043	926	2	924	2	1,333	5	606	10	1,880	12	1,485
輸入果実計	(43)	**7,776**	**1,843,095**	**237**	**498**	**219**	**577**	**224**	**690**	**225**	**760**	**244**	**809**	**276**
バナナ	(44)	4,234	807,253	191	323	183	374	193	373	194	388	204	381	217
パインアップル	(45)	1,069	135,028	126	57	121	64	134	98	127	99	126	118	134
レモン	(46)	355	125,079	352	22	381	23	376	30	350	34	344	32	367
グレープフルーツ	(47)	504	102,952	204	35	234	41	232	55	223	42	209	52	199
オレンジ	(48)	378	91,529	242	10	259	18	276	35	293	48	281	47	281
輸入おうとう	(49)	22	33,644	1,502	0	2,503	-	-	-	-	1	2,015	12	1,580
輸入キウイフルーツ	(50)	258	129,898	503	2	398	0	558	1	461	22	546	44	571
輸入メロン	(51)	240	27,766	116	10	193	14	142	30	99	35	105	40	93
その他の輸入果実	(52)	716	389,945	545	39	533	41	552	68	504	90	468	82	496

6月		7月		8月		9月		10月		11月		12月		
数量	価格	数量	価格	数量	価格	数量	価格	数量	価格	数量	価格	数量	価格	
t	円/kg	t	円/kg	t	円/kg	t	円/kg	t	円/kg	t	円/kg	t	円/kg	
3,408	409	3,946	375	4,611	346	4,174	329	4,280	308	4,524	314	5,441	352	(1)
2,601	456	3,250	403	3,967	365	3,578	346	3,692	321	3,968	327	4,886	367	(2)
35	1,220	57	1,060	43	859	342	283	1,212	245	1,874	290	3,092	286	(3)
-	-	-	-	-	-	-	-	-	-	-	-	1	235	(4)
2	250	-	-	-	-	-	-	-	-	-	-	5	250	(5)
-	-	-	-	-	-	-	-	-	-	-	-	10	254	(6)
-	-	-	-	-	-	-	-	-	-	-	-	11	232	(7)
21	735	7	1,196	11	815	20	495	27	643	52	525	227	577	(8)
311	403	273	434	326	344	801	265	1,021	301	1,190	304	904	299	(9)
-	-	-	-	165	271	543	256	92	225	-	-	-	-	(10)
36	381	27	423	14	413	2	426	2	170	43	356	41	351	(11)
40	279	23	274	5	269	-	-	17	246	47	288	49	306	(12)
215	436	205	458	84	473	26	320	454	338	905	303	764	293	(13)
20	329	18	376	59	351	230	280	455	282	196	301	51	348	(14)
1	1,430	85	609	1,092	315	1,321	266	509	300	80	311	7	457	(15)
1	1,430	83	612	1,011	318	111	248	-	-	-	-	-	-	(16)
-	-	-	-	61	244	916	262	0	225	-	-	-	-	(17)
-	-	-	-	6	283	41	225	1	229	-	-	-	-	(18)
-	-	-	-	-	-	85	239	371	282	8	280	-	-	(19)
-	-	1	403	14	447	169	323	137	348	72	314	7	457	(20)
-	-	-	-	6	270	31	259	59	342	103	351	99	287	(21)
-	-	0	1,646	1	1,341	214	344	568	273	534	289	307	294	(22)
-	-	-	-	-	-	26	297	92	371	336	290	299	293	(23)
-	-	0	1,646	1	1,341	188	351	475	254	198	288	8	346	(24)
3	1,587	-	-	-	-	-	-	-	-	-	-	-	-	(25)
165	597	668	508	888	367	210	452	7	485	-	-	-	-	(26)
46	564	123	516	109	447	40	448	4	513	-	-	-	-	(27)
203	1,551	74	1,025	-	-	-	-	-	-	-	-	-	-	(28)
138	486	1	396	-	-	-	-	-	-	-	-	-	-	(29)
42	1,401	153	1,024	375	833	385	779	144	1,052	37	1,378	10	1,874	(30)
35	1,093	121	768	151	572	74	536	14	535	1	535	-	-	(31)
3	2,378	17	1,498	109	876	107	734	43	888	7	1,046	0	1,029	(32)
5	3,139	15	2,531	115	1,132	204	891	87	1,216	29	1,491	10	1,915	(33)
-	-	-	-	1	562	23	716	20	1,032	5	1,225	-	-	(34)
20	1,205	1	1,534	0	1,404	0	1,712	0	2,774	25	2,029	145	2,156	(35)
339	375	317	373	110	437	72	376	73	406	26	752	19	984	(36)
16	689	35	598	26	560	49	408	70	407	19	797	13	1,085	(37)
71	340	69	341	21	336	-	-	0	292	-	-	-	-	(38)
251	365	213	346	63	419	23	310	3	376	6	609	6	776	(39)
1,258	203	1,469	200	974	193	92	109	11	294	19	226	11	295	(40)
1	696	1	548	1	488	2	520	9	510	12	683	31	597	(41)
16	1,363	23	1,000	32	615	25	697	28	690	11	750	5	974	(42)
807	260	696	242	643	229	595	230	588	227	556	222	555	217	(43)
400	203	358	196	368	185	319	187	327	180	324	170	297	162	(44)
121	131	121	132	89	130	80	128	73	117	70	110	78	112	(45)
30	363	30	359	35	346	36	323	30	314	26	351	26	378	(46)
64	183	47	182	31	173	29	158	22	187	31	220	55	233	(47)
38	269	27	261	27	200	43	170	39	179	27	205	18	228	(48)
7	1,389	2	933	-	-	-	-	-	-	-	-	0	2,349	(49)
39	559	36	517	24	481	23	460	32	385	18	500	17	437	(50)
32	85	16	116	15	144	10	142	14	142	11	148	12	135	(51)
76	593	58	586	54	569	56	566	50	626	49	588	52	531	(52)

3 卸売市場別の月別果実の卸売数量・価額・価格（続き）
(28) 東京都中央卸売市場　世田谷市場

品目		計 数量	計 価額	計 価格	1月 数量	1月 価格	2月 数量	2月 価格	3月 数量	3月 価格	4月 数量	4月 価格	5月 数量	5月 価格
		t	千円	円/kg	t	円/kg	t	円/kg	t	円/kg	t	円/kg	t	円/kg
果実計	(1)	4,971	1,726,652	347	422	322	428	358	358	413	273	431	295	421
国産果実計	(2)	4,243	1,516,622	357	384	332	387	370	300	449	207	482	203	431
みかん	(3)	1,171	323,581	276	207	262	146	301	48	325	0	2,230	1	1,507
ネーブルオレンジ(国産)	(4)	19	3,919	211	3	192	7	190	8	233	0	390	-	-
甘なつみかん	(5)	85	16,546	195	2	247	9	201	21	197	21	213	23	206
いよかん	(6)	55	11,811	214	20	240	28	189	7	242	-	-	-	-
はっさく	(7)	91	15,008	166	18	178	25	155	28	157	15	182	4	153
その他の雑かん	(8)	286	117,758	412	27	467	60	382	87	366	56	389	23	371
りんご	(9)	542	165,063	305	73	258	71	278	38	351	34	368	24	398
つがる	(10)	49	11,670	239	-	-	-	-	-	-	-	-	-	-
ジョナゴールド	(11)	10	2,695	265	1	202	2	190	0	396	-	-	1	310
王林	(12)	22	5,596	255	6	223	6	235	2	340	-	-	1	249
ふじ	(13)	348	109,853	315	64	260	61	280	34	351	-	-	22	408
その他のりんご	(14)	113	35,249	313	3	300	3	372	1	373	34	368	0	358
日本なし	(15)	272	79,968	294	-	-	-	-	-	-	-	-	-	-
幸水	(16)	91	30,523	337	-	-	-	-	-	-	-	-	-	-
豊水	(17)	86	20,331	238	-	-	-	-	-	-	-	-	-	-
二十世紀	(18)	6	1,574	267	-	-	-	-	-	-	-	-	-	-
新高	(19)	37	9,896	265	-	-	-	-	-	-	-	-	-	-
その他のなし	(20)	53	17,643	333	-	-	-	-	-	-	-	-	-	-
西洋なし	(21)	15	5,307	363	0	327	0	305	-	-	-	-	-	-
かき	(22)	251	67,753	270	2	456	0	436	-	-	-	-	-	-
甘がき	(23)	120	31,992	268	2	456	0	436	-	-	-	-	-	-
渋がき（脱渋を含む。）	(24)	131	35,761	273	-	-	-	-	-	-	-	-	-	-
びわ	(25)	1	1,228	1,990	-	-	-	-	0	2,537	0	1,989	0	2,212
もも	(26)	117	47,088	402	-	-	-	-	-	-	-	-	0	2,075
すもも	(27)	49	18,953	385	-	-	-	-	-	-	-	-	0	1,166
おうとう	(28)	13	20,817	1,639	-	-	-	-	-	-	0	6,386	1	3,000
うめ	(29)	85	37,528	440	-	-	-	-	-	-	-	-	9	567
ぶどう	(30)	158	129,916	822	4	626	1	556	-	-	-	-	1	1,915
デラウェア	(31)	31	21,007	672	-	-	-	-	-	-	-	-	0	1,440
巨峰	(32)	40	32,306	812	-	-	-	-	-	-	-	-	0	2,664
その他のぶどう	(33)	87	76,604	881	4	626	1	556	-	-	-	-	0	2,972
くり	(34)	12	10,524	891	-	-	-	-	-	-	-	-	-	-
いちご	(35)	185	194,675	1,054	17	1,311	29	1,265	49	1,045	51	793	20	680
メロン	(36)	186	80,109	431	1	1,243	1	1,463	1	1,535	19	452	37	490
温室メロン	(37)	24	15,221	627	1	1,346	1	1,477	1	1,557	1	895	3	546
アンデスメロン	(38)	58	24,184	414	0	553	0	545	0	1,058	15	396	13	518
その他のメロン（まくわうりを含む。）	(39)	103	40,705	395	0	1,167	-	-	0	1,728	3	570	20	463
すいか	(40)	553	103,676	187	0	257	0	505	1	607	0	3,221	46	296
キウイフルーツ	(41)	28	15,941	570	7	596	6	574	8	599	-	-	0	934
その他の国産果実	(42)	71	49,453	694	2	794	3	665	4	827	10	651	14	567
輸入果実計	(43)	727	210,030	289	39	231	41	243	59	231	66	271	93	398
バナナ	(44)	298	55,959	188	21	189	22	193	25	205	27	211	25	212
パインアップル	(45)	67	9,945	149	6	133	4	133	7	139	-	-	9	147
レモン	(46)	63	23,545	375	3	374	3	352	2	337	4	312	6	353
グレープフルーツ	(47)	59	12,975	221	3	263	3	261	2	228	3	226	8	231
オレンジ	(48)	100	27,233	271	4	315	6	314	14	285	8	312	18	281
輸入おうとう	(49)	10	15,380	1,510	-	-	-	-	-	-	0	1,884	7	1,544
輸入キウイフルーツ	(50)	54	35,792	657	-	-	-	-	0	487	-	-	10	643
輸入メロン	(51)	15	1,645	113	0	179	1	140	5	88	2	102	3	108
その他の輸入果実	(52)	61	27,556	452	3	504	2	559	4	502	23	322	7	499

	6月		7月		8月		9月		10月		11月		12月		
	数量	価格	数量	価格	数量	価格	数量	価格	数量	価格	数量	価格	数量	価格	
	t	円/kg	t	円/kg	t	円/kg	t	円/kg	t	円/kg	t	円/kg	t	円/kg	
	379	404	425	331	447	306	424	319	436	331	480	308	604	315	(1)
	294	423	360	337	392	307	369	323	380	341	427	315	542	324	(2)
	4	1,195	5	1,086	5	1,010	35	285	127	239	216	263	376	252	(3)
	-	-	-	-	-	-	-	-	-	-	-	-	0	251	(4)
	9	106	-	-	-	-	-	-	-	-	-	-	0	264	(5)
	-	-	-	-	-	-	-	-	-	-	-	-	1	263	(6)
	-	-	-	-	-	-	-	-	-	-	-	-	1	248	(7)
	4	255	1	930	1	1,067	2	501	2	539	3	755	19	672	(8)
	19	387	15	404	19	279	48	232	68	302	72	311	61	303	(9)
	-	-	-	-	11	235	36	239	2	256	-	-	-	-	(10)
	1	325	0	329	0	296	-	-	1	339	2	283	1	230	(11)
	1	308	1	292	0	269	-	-	1	264	3	261	2	272	(12)
	16	397	12	425	6	364	2	303	25	316	54	317	52	304	(13)
	2	364	1	321	1	257	11	200	39	294	13	299	5	317	(14)
	0	994	8	587	78	318	124	255	52	299	9	300	0	609	(15)
	0	994	8	592	70	328	13	214	-	-	-	-	-	-	(16)
	-	-	-	-	7	230	75	238	4	240	-	-	-	-	(17)
	-	-	-	-	0	321	6	267	0	256	-	-	-	-	(18)
	-	-	-	-	-	-	6	222	29	275	2	263	-	-	(19)
	-	-	0	238	1	254	25	330	19	349	7	308	0	609	(20)
	-	-	-	-	0	236	2	286	3	382	4	397	4	358	(21)
	-	-	-	-	0	975	14	330	83	255	100	263	51	287	(22)
	-	-	-	-	-	-	1	220	17	253	56	245	44	296	(23)
	-	-	-	-	0	975	13	343	66	255	45	285	8	229	(24)
	0	1,740	-	-	-	-	-	-	-	-	-	-	-	-	(25)
	16	448	48	438	41	329	12	399	0	516	-	-	-	-	(26)
	12	434	20	386	14	325	3	435	0	594	-	-	-	-	(27)
	10	1,642	2	1,123	-	-	-	-	-	-	-	-	-	-	(28)
	76	424	-	-	0	486	-	-	-	-	-	-	-	-	(29)
	5	1,267	16	1,009	43	662	51	702	24	1,056	10	1,137	4	654	(30)
	4	1,123	10	764	10	469	5	471	2	520	0	513	-	-	(31)
	0	2,375	3	1,306	11	627	15	692	8	972	2	1,111	0	1,045	(32)
	0	2,846	3	1,531	22	767	31	742	14	1,163	8	1,159	4	638	(33)
	-	-	-	-	0	269	6	790	5	942	1	1,378	-	-	(34)
	1	723	0	1,555	-	-	-	-	0	2,198	3	1,702	14	1,723	(35)
	50	403	36	397	18	328	14	334	6	393	2	724	2	771	(36)
	3	626	3	540	3	375	3	427	3	478	2	743	2	772	(37)
	12	394	14	392	2	263	1	270	1	270	-	-	-	-	(38)
	35	388	19	378	13	328	10	308	3	336	0	622	0	762	(39)
	85	215	202	185	167	171	50	71	0	341	0	291	0	322	(40)
	-	-	0	772	0	589	0	398	0	631	2	404	5	525	(41)
	3	1,409	6	737	6	654	8	658	8	755	5	605	3	662	(42)
	85	340	65	295	54	295	55	292	56	260	53	252	62	236	(43)
	25	218	21	212	21	201	21	195	27	172	30	152	34	128	(44)
	12	148	8	145	4	131	3	184	5	169	5	170	5	154	(45)
	3	369	5	375	8	383	9	361	7	362	5	416	8	440	(46)
	9	210	8	194	6	192	6	190	3	196	3	276	6	263	(47)
	14	260	11	244	6	247	6	246	7	238	4	242	3	271	(48)
	3	1,423	0	1,168	-	-	-	-	-	-	0	1,122	-	-	(49)
	12	656	8	659	7	646	7	611	4	703	3	719	3	704	(50)
	2	81	0	172	0	161	0	158	1	169	0	187	0	180	(51)
	6	530	4	521	2	540	2	555	2	691	3	585	3	471	(52)

3 卸売市場別の月別果実の卸売数量・価額・価格（続き）
(29) 東京都中央卸売市場　板橋市場

品目		計			1月		2月		3月		4月		5月	
		数量	価額	価格	数量	価格	数量	価格	数量	価格	数量	価格	数量	価格
		t	千円	円/kg	t	円/kg	t	円/kg	t	円/kg	t	円/kg	t	円/kg
果実計	(1)	27,034	7,212,501	267	1,997	295	2,069	301	1,844	327	1,826	304	1,829	278
国産果実計	(2)	14,093	5,030,338	357	1,110	390	1,049	419	807	500	668	491	646	429
みかん	(3)	4,014	1,065,907	266	541	265	321	286	71	330	6	234	6	1,355
ネーブルオレンジ(国産)	(4)	11	2,444	224	2	221	1	190	5	183	0	393	1	340
甘なつみかん	(5)	185	33,302	180	4	252	6	225	39	167	72	189	59	171
いよかん	(6)	228	49,636	217	65	216	114	227	37	203	5	85	-	-
はっさく	(7)	180	27,718	154	38	156	56	134	49	166	30	167	1	144
その他の雑かん	(8)	745	272,756	366	91	346	165	356	219	340	132	361	49	282
りんご	(9)	1,912	559,114	292	222	270	237	282	198	321	152	333	105	351
つがる	(10)	224	52,704	236	-	-	-	-	-	-	-	-	-	-
ジョナゴールド	(11)	38	10,539	277	3	239	7	252	8	250	4	200	1	268
王林	(12)	123	31,499	256	22	248	16	247	22	254	17	291	18	268
ふじ	(13)	1,310	406,628	310	189	274	208	286	159	336	123	346	82	376
その他のりんご	(14)	216	57,744	267	8	264	6	272	9	269	7	282	4	246
日本なし	(15)	923	236,045	256	0	411	2	303	-	-	-	-	0	367
幸水	(16)	373	98,627	265	-	-	-	-	-	-	-	-	-	-
豊水	(17)	315	74,161	235	-	-	-	-	-	-	-	-	-	-
二十世紀	(18)	10	2,588	251	-	-	-	-	-	-	-	-	-	-
新高	(19)	99	25,080	253	-	-	-	-	-	-	-	-	-	-
その他のなし	(20)	126	35,590	283	0	411	2	303	-	-	-	-	0	367
西洋なし	(21)	87	25,756	295	3	276	-	-	-	-	-	-	-	-
かき	(22)	902	247,442	274	3	446	0	1,350	-	-	-	-	-	-
甘がき	(23)	403	110,825	275	1	437	-	-	-	-	-	-	-	-
渋がき（脱渋を含む。）	(24)	500	136,618	273	2	454	0	1,350	-	-	-	-	-	-
びわ	(25)	6	6,477	1,160	-	-	0	1,777	0	1,684	1	1,648	1	702
もも	(26)	489	195,375	400	-	-	-	-	-	-	-	-	2	2,148
すもも	(27)	120	48,226	402	-	-	-	-	-	-	-	-	-	-
おうとう	(28)	95	125,389	1,320	0	19,440	-	-	0	9,335	1	6,334	2	3,806
うめ	(29)	162	67,579	417	-	-	-	-	-	-	-	-	15	493
ぶどう	(30)	484	387,387	800	2	447	2	521	-	-	-	-	5	1,357
デラウェア	(31)	136	98,159	723	-	-	-	-	-	-	-	-	5	1,350
巨峰	(32)	188	157,739	840	-	-	-	-	-	-	-	-	0	2,700
その他のぶどう	(33)	161	131,489	818	2	447	2	521	-	-	-	-	0	2,441
くり	(34)	19	13,441	714	-	-	-	-	-	-	-	-	-	-
いちご	(35)	694	873,921	1,259	107	1,443	115	1,447	164	1,221	166	931	63	856
メロン	(36)	882	339,238	385	5	949	6	889	6	1,119	37	600	109	481
温室メロン	(37)	67	42,839	643	3	1,064	3	1,132	4	1,310	4	945	5	626
アンデスメロン	(38)	182	68,809	378	1	680	2	623	0	483	5	550	37	459
その他のメロン（まくわうりを含む。）	(39)	633	227,590	360	0	790	1	830	2	773	28	555	68	483
すいか	(40)	1,829	374,529	205	0	412	-	-	4	490	62	365	228	317
キウイフルーツ	(41)	93	51,053	551	24	545	25	563	15	617	4	519	-	-
その他の国産果実	(42)	33	27,602	837	0	669	0	1,458	0	5,213	1	3,829	1	2,049
輸入果実計	(43)	12,942	2,182,162	169	887	176	1,019	179	1,037	191	1,157	195	1,182	195
バナナ	(44)	11,312	1,712,963	151	803	162	920	166	921	180	998	182	1,006	177
パインアップル	(45)	140	29,236	208	8	227	10	219	11	215	13	208	12	227
レモン	(46)	368	123,646	336	27	364	28	347	31	336	29	342	30	344
グレープフルーツ	(47)	320	65,231	204	19	241	24	231	27	226	27	211	30	217
オレンジ	(48)	438	98,460	225	17	216	20	271	26	257	51	258	53	248
輸入おうとう	(49)	2	2,657	1,230	-	-	-	-	-	-	0	1,738	1	1,533
輸入キウイフルーツ	(50)	90	40,836	456	-	-	0	500	-	-	7	535	14	528
輸入メロン	(51)	123	22,836	186	5	295	8	163	10	129	20	157	21	166
その他の輸入果実	(52)	149	86,297	578	8	551	9	549	11	525	11	514	17	492

	6月		7月		8月		9月		10月		11月		12月		
	数量	価格	数量	価格	数量	価格	数量	価格	数量	価格	数量	価格	数量	価格	
	t	円/kg	t	円/kg	t	円/kg	t	円/kg	t	円/kg	t	円/kg	t	円/kg	
	2,265	290	2,271	264	2,346	251	2,151	246	2,650	225	2,686	217	3,102	252	(1)
	1,125	400	1,259	326	1,415	310	1,171	319	1,434	290	1,447	292	1,960	326	(2)
	16	1,040	28	747	24	807	167	239	598	219	820	260	1,415	252	(3)
	-	-	-	-	-	-	-	-	-	-	-	-	2	289	(4)
	5	158	0	205	0	187	-	-	-	-	-	-	-	-	(5)
	-	-	-	-	-	-	-	-	-	-	-	-	7	241	(6)
	2	126	-	-	-	-	-	-	-	-	-	-	4	189	(7)
	2	559	3	446	1	775	2	487	5	521	9	630	68	508	(8)
	57	353	26	368	81	270	174	234	215	290	240	286	207	284	(9)
	-	-	-	-	64	254	132	226	25	245	1	202	-	-	(10)
	0	373	1	385	0	293	0	248	2	265	5	352	7	341	(11)
	4	261	0	108	-	-	-	-	6	151	10	244	7	290	(12)
	49	363	25	370	11	394	13	316	91	329	183	291	178	281	(13)
	3	323	0	259	6	213	28	236	91	272	40	268	14	297	(14)
	0	1,736	21	434	354	253	398	240	134	277	13	295	-	-	(15)
	0	1,736	20	443	330	258	23	202	-	-	-	-	-	-	(16)
	-	-	-	-	19	167	294	239	3	264	-	-	-	-	(17)
	-	-	-	-	1	498	7	247	2	189	-	-	-	-	(18)
	-	-	-	-	-	-	36	230	62	266	1	289	-	-	(19)
	-	-	1	294	4	182	39	274	66	291	12	295	-	-	(20)
	-	-	-	-	1	193	8	242	20	296	31	364	24	232	(21)
	-	-	0	1,162	1	824	112	357	358	259	291	255	137	277	(22)
	-	-	0	1,080	-	-	16	331	76	295	186	257	122	282	(23)
	-	-	0	1,166	1	824	96	361	282	250	105	253	14	237	(24)
	4	1,194	-	-	0	272	-	-	-	-	-	-	-	-	(25)
	61	452	208	417	201	350	18	420	-	-	-	-	-	-	(26)
	25	486	59	345	27	421	8	497	0	629	-	-	0	405	(27)
	77	1,259	15	1,024	-	-	-	-	-	-	-	-	-	-	(28)
	146	410	1	326	-	-	-	-	-	-	-	-	-	-	(29)
	28	1,049	69	800	146	707	142	739	66	952	20	982	4	744	(30)
	28	1,042	52	714	34	482	14	487	2	574	-	-	-	-	(31)
	0	1,625	14	1,024	68	744	60	780	39	984	7	1,083	0	1,084	(32)
	0	3,629	3	1,317	44	826	68	753	25	933	13	924	4	725	(33)
	-	-	-	-	2	507	8	653	8	828	0	1,095	-	-	(34)
	3	710	0	1,478	0	1,088	-	-	0	3,030	9	1,975	67	1,851	(35)
	273	329	222	343	116	348	72	340	21	350	9	537	5	931	(36)
	5	625	11	475	7	425	5	363	9	315	7	556	5	1,012	(37)
	34	342	54	351	41	324	5	352	2	489	-	-	1	403	(38)
	234	321	157	331	69	356	63	337	9	353	1	441	0	715	(39)
	420	196	605	188	453	166	55	98	1	360	1	450	0	540	(40)
	-	-	-	-	-	-	-	-	2	746	3	388	19	497	(41)
	5	944	2	1,053	6	515	6	484	5	754	3	742	2	646	(42)
	1,140	181	1,012	187	931	162	980	159	1,215	149	1,238	130	1,142	127	(43)
	976	163	835	167	776	139	857	141	1,080	134	1,117	112	1,023	105	(44)
	12	246	13	237	14	219	10	199	16	167	9	168	11	172	(45)
	30	358	33	349	32	319	29	309	34	268	32	332	33	372	(46)
	33	189	45	180	32	173	22	171	18	176	18	223	24	246	(47)
	49	220	48	214	41	198	34	195	38	196	34	201	26	234	(48)
	1	1,309	0	445	0	778	-	-	-	-	-	-	-	-	(49)
	12	448	11	457	13	417	10	392	10	402	8	459	4	477	(50)
	14	143	13	222	9	235	7	217	6	226	5	219	5	218	(51)
	13	602	13	645	13	647	13	649	13	688	14	565	15	507	(52)

3 卸売市場別の月別果実の卸売数量・価額・価格（続き）
(30) 東京都中央卸売市場　多摩ニュータウン市場

品目		計			1月		2月		3月		4月		5月	
		数量	価額	価格	数量	価格	数量	価格	数量	価格	数量	価格	数量	価格
		t	千円	円/kg	t	円/kg	t	円/kg	t	円/kg	t	円/kg	t	円/kg
果実計	(1)	3,035	1,201,892	396	210	435	149	566	183	597	139	573	146	490
国産果実計	(2)	2,707	1,107,700	409	199	447	135	603	158	654	118	628	121	535
みかん	(3)	699	193,213	276	73	261	10	392	2	455	0	2,014	2	1,251
ネーブルオレンジ(国産)	(4)	5	1,400	302	2	275	2	287	1	397	-	-	-	-
甘なつみかん	(5)	26	5,789	224	0	242	7	221	11	212	5	236	2	279
いよかん	(6)	43	10,624	246	9	280	7	255	14	241	10	227	-	-
はっさく	(7)	48	10,060	211	14	234	12	217	14	195	6	188	-	-
その他の雑かん	(8)	144	59,116	410	18	482	42	370	41	388	21	377	4	461
りんご	(9)	280	92,438	331	54	319	14	289	10	312	10	299	13	333
つがる	(10)	28	6,894	250										
ジョナゴールド	(11)	3	759	271	0	131	0	251	2	306	0	183	0	369
王林	(12)	29	8,227	281	10	313	3	271	2	248	4	219	3	254
ふじ	(13)	183	65,926	361	42	323	10	294	5	331	6	350	10	353
その他のりんご	(14)	37	10,631	286	1	276	1	327	2	335	1	342	0	258
日本なし	(15)	194	60,388	311	-	-	-	-	-	-	-	-	-	-
幸水	(16)	105	34,688	330	-	-	-	-	-	-	-	-	-	-
豊水	(17)	56	14,651	262	-	-	-	-	-	-	-	-	-	-
二十世紀	(18)	5	1,672	351	-	-	-	-	-	-	-	-	-	-
新高	(19)	8	2,250	296	-	-	-	-	-	-	-	-	-	-
その他のなし	(20)	20	7,128	350	-	-	-	-	-	-	-	-	-	-
西洋なし	(21)	24	6,731	276	1	361	-	-	-	-	-	-	-	-
かき	(22)	244	69,282	284	2	470	0	492	-	-	-	-	-	-
甘がき	(23)	99	29,601	300	2	470	0	492	-	-	-	-	-	-
渋がき(脱渋を含む。)	(24)	145	39,680	274										
びわ	(25)	2	2,689	1,523	-	-	-	-	0	1,904	0	1,769	0	1,963
もも	(26)	84	40,150	478	-	-	-	-	-	-	-	-	0	1,187
すもも	(27)	51	25,205	499	-	-	-	-	-	-	-	-	0	1,100
おうとう	(28)	29	41,604	1,449	-	-	-	-	-	-	0	6,400	0	4,446
うめ	(29)	6	2,433	406	-	-	-	-	-	-	-	-	1	313
ぶどう	(30)	99	77,417	779	0	744	-	-	-	-	0	3,060	0	2,064
デラウェア	(31)	38	22,146	578	-	-	-	-	-	-	0	3,060	0	1,842
巨峰	(32)	35	28,867	824	-	-	-	-	-	-	-	-	0	3,073
その他のぶどう	(33)	26	26,404	1,017	0	744	-	-	-	-	-	-	0	3,132
くり	(34)	4	1,701	400										
いちご	(35)	195	248,321	1,275	24	1,445	31	1,495	51	1,295	47	998	25	916
メロン	(36)	142	59,846	423	1	1,005	3	588	1	897	5	667	31	531
温室メロン	(37)	21	10,942	516	1	1,241	1	907	0	1,711	0	1,164	1	961
アンデスメロン	(38)	32	13,772	430	0	681	0	683	0	1,188	0	686	14	528
その他のメロン(まくわうりを含む。)	(39)	88	35,131	398	0	1,121	1	346	1	769	4	610	17	516
すいか	(40)	329	60,180	183	0	297	0	268	1	486	9	353	39	271
キウイフルーツ	(41)	30	15,798	526	1	565	7	510	11	561	2	524	-	-
その他の国産果実	(42)	30	23,316	769	0	1,773	-	-	0	4,639	1	1,991	2	943
輸入果実計	(43)	329	94,191	287	11	223	14	214	25	237	22	275	26	279
バナナ	(44)	114	20,267	177	7	174	8	180	9	183	9	191	10	195
パインアップル	(45)	17	3,880	235	1	320	1	299	3	218	1	301	1	338
レモン	(46)	15	5,278	342	1	372	1	361	1	360	1	351	1	331
グレープフルーツ	(47)	36	7,951	222	2	248	2	237	7	233	3	251	2	255
オレンジ	(48)	35	8,471	244	1	254	1	205	2	293	2	323	3	266
輸入おうとう	(49)	6	5,830	1,025	-	-	-	-	-	-	-	-	0	1,427
輸入キウイフルーツ	(50)	52	24,504	473	-	-	-	-	-	-	1	669	1	618
輸入メロン	(51)	10	1,429	138	0	216	1	116	1	116	0	202	3	148
その他の輸入果実	(52)	44	16,582	378	0	726	0	397	2	414	3	361	3	383

6月		7月		8月		9月		10月		11月		12月		
数量	価格	数量	価格	数量	価格	数量	価格	数量	価格	数量	価格	数量	価格	
t	円/kg	t	円/kg	t	円/kg	t	円/kg	t	円/kg	t	円/kg	t	円/kg	
190	472	294	355	370	365	279	344	323	285	277	330	474	331	(1)
161	493	243	360	344	372	236	347	292	290	253	336	448	333	(2)
2	1,098	1	842	4	750	38	268	88	226	118	266	362	275	(3)
-	-	-	-	-	-	-	-	-	-	-	-	0	209	(4)
0	54	-	-	-	-	-	-	-	-	-	-	-	-	(5)
-	-	-	-	-	-	-	-	-	-	-	-	4	213	(6)
-	-	-	-	-	-	-	-	-	-	-	-	1	228	(7)
1	369	0	1,225	0	358	0	512	0	573	2	849	14	453	(8)
4	384	16	362	15	376	30	246	39	317	53	391	20	339	(9)
-	-	-	-	4	319	22	248	2	102	-	-	-	-	(10)
0	432	0	204	-	-	-	-	-	-	0	234	-	-	(11)
-	-	-	-	-	-	-	-	-	-	4	327	4	257	(12)
4	383	16	363	5	495	0	404	21	357	45	401	17	357	(13)
0	378	-	-	5	303	8	235	16	286	4	340	0	378	(14)
-	-	5	488	89	340	79	262	18	342	2	313	-	-	(15)
-	-	5	488	88	338	13	217	-	-	-	-	-	-	(16)
-	-	-	-	0	237	56	262	0	270	-	-	-	-	(17)
-	-	-	-	2	432	3	312	-	-	-	-	-	-	(18)
-	-	-	-	-	-	1	266	6	301	-	-	-	-	(19)
-	-	-	-	-	-	6	335	12	366	2	313	-	-	(20)
-	-	-	-	1	315	4	251	4	330	6	310	8	229	(21)
-	-	0	1,123	0	1,001	30	356	125	259	64	288	22	293	(22)
-	-	-	-	-	-	1	229	19	315	55	292	22	294	(23)
-	-	0	1,123	0	1,001	29	363	106	249	10	262	0	168	(24)
1	1,104	-	-	-	-	-	-	-	-	-	-	-	-	(25)
2	657	41	539	40	405	0	487	-	-	-	-	-	-	(26)
6	571	19	492	19	470	6	521	0	702	-	-	-	-	(27)
21	1,550	7	962	-	-	-	-	-	-	-	-	-	-	(28)
5	423	-	-	-	-	-	-	-	-	-	-	-	-	(29)
2	1,384	8	977	55	691	26	743	6	1,053	2	1,270	1	999	(30)
1	1,139	5	776	23	502	8	529	-	-	-	-	-	-	(31)
0	1,804	3	1,240	21	748	8	785	2	969	0	1,342	-	-	(32)
0	3,404	0	2,056	10	998	9	899	4	1,094	2	1,253	1	999	(33)
-	-	-	-	1	249	3	407	0	624	-	-	-	-	(34)
2	810	-	-	-	-	-	-	0	2,520	3	2,067	12	2,024	(35)
44	354	33	336	14	370	5	362	3	389	1	803	1	791	(36)
4	370	6	340	2	558	3	368	1	414	1	816	1	783	(37)
11	364	6	270	1	284	-	-	-	-	-	-	0	952	(38)
30	349	21	352	11	340	2	351	2	372	0	709	0	729	(39)
71	207	109	161	93	135	6	150	0	142	0	259	0	319	(40)
-	-	-	-	-	-	-	-	4	583	1	366	3	426	(41)
1	1,159	3	923	13	592	6	737	3	720	0	436	0	434	(42)
29	354	52	334	25	257	43	329	32	234	24	268	26	289	(43)
9	198	9	197	9	190	9	178	16	153	11	154	9	154	(44)
1	347	1	314	2	231	1	301	3	126	2	171	1	284	(45)
1	365	2	348	1	309	1	296	1	275	1	347	2	374	(46)
3	228	7	186	2	193	2	196	2	168	1	257	3	270	(47)
4	286	9	229	3	249	4	193	2	224	1	212	2	211	(48)
2	1,094	3	916	-	-	-	-	-	-	-	-	-	-	(49)
4	521	12	460	2	503	21	449	3	523	3	479	6	445	(50)
2	101	1	194	0	77	1	116	1	189	-	-	-	-	(51)
2	450	10	340	6	299	4	363	4	486	5	440	4	374	(52)

3 卸売市場別の月別果実の卸売数量・価額・価格（続き）
(31) 東京都内青果市場

品目		計			1月		2月		3月		4月		5月	
		数量	価額	価格	数量	価格	数量	価格	数量	価格	数量	価格	数量	価格
		t	千円	円/kg	t	円/kg	t	円/kg	t	円/kg	t	円/kg	t	円/kg
果実計	(1)	74,159	26,546,939	358	6,141	367	6,404	391	6,173	414	4,528	426	4,343	397
国産果実計	(2)	58,933	23,021,618	391	5,058	407	5,430	424	4,752	475	3,112	510	2,753	470
みかん	(3)	15,191	4,592,781	302	2,008	322	1,334	339	316	365	5	1,382	35	1,469
ネーブルオレンジ（国産）	(4)	76	18,138	240	34	227	19	232	7	329	0	276	-	-
甘なつみかん	(5)	684	141,519	207	18	249	64	220	193	189	211	207	158	226
いよかん	(6)	1,917	434,206	227	744	235	876	216	270	234	1	102	-	-
はっさく	(7)	642	127,783	199	126	203	174	190	230	196	74	211	1	231
その他の雑かん	(8)	5,176	2,120,862	410	726	413	1,311	400	1,629	382	822	407	210	365
りんご	(9)	9,292	2,996,475	322	804	281	972	297	1,156	316	829	343	627	380
つがる	(10)	770	209,035	271	-	-	-	-	-	-	-	-	-	-
ジョナゴールド	(11)	352	110,353	313	18	242	31	290	39	323	34	278	41	339
王林	(12)	493	132,610	269	55	260	80	252	76	259	66	270	49	277
ふじ	(13)	6,555	2,216,084	338	705	284	844	302	1,013	320	709	353	507	396
その他のりんご	(14)	1,121	328,394	293	25	249	17	266	28	319	19	308	29	342
日本なし	(15)	3,687	1,103,074	299	5	255	2	283	0	182	-	-	-	-
幸水	(16)	1,673	548,208	328	-	-	-	-	-	-	-	-	-	-
豊水	(17)	1,119	283,956	254	-	-	-	-	-	-	-	-	-	-
二十世紀	(18)	93	27,664	299	-	-	-	-	-	-	-	-	-	-
新高	(19)	365	94,581	259	-	-	-	-	-	-	-	-	-	-
その他のなし	(20)	437	148,665	340	5	255	2	283	0	182	-	-	-	-
西洋なし	(21)	394	117,549	298	7	299	2	301	1	341	-	-	-	-
かき	(22)	3,933	1,100,263	280	66	421	5	463	0	252	-	-	-	-
甘がき	(23)	1,686	501,442	297	66	421	5	463	-	-	-	-	-	-
渋がき（脱渋を含む。）	(24)	2,246	598,821	267	-	-	-	-	0	252	-	-	-	-
びわ	(25)	27	43,769	1,651	-	-	0	3,564	2	2,237	6	1,889	5	1,918
もも	(26)	1,545	766,478	496	-	-	-	-	-	-	0	2,484	5	1,799
すもも	(27)	595	294,006	494	-	-	-	-	-	-	-	-	1	1,291
おうとう	(28)	213	345,829	1,621	0	27,360	-	-	0	8,121	3	5,894	6	4,125
うめ	(29)	254	107,774	424	-	-	-	-	-	-	-	-	47	456
ぶどう	(30)	1,811	1,663,339	918	8	795	0	159	0	866	0	4,117	12	2,364
デラウェア	(31)	461	327,137	710	-	-	-	-	-	-	0	3,688	9	1,808
巨峰	(32)	577	510,319	885	-	-	-	-	0	1,361	0	4,787	2	2,997
その他のぶどう	(33)	774	825,883	1,067	8	795	0	159	0	576	0	11,465	2	4,421
くり	(34)	95	67,597	710	-	-	-	-	-	-	-	-	-	-
いちご	(35)	2,680	3,477,305	1,298	362	1,514	442	1,499	661	1,266	657	926	253	840
メロン	(36)	2,682	1,278,174	477	28	1,068	30	1,081	38	960	133	722	544	539
温室メロン	(37)	524	344,984	659	21	1,177	17	1,316	17	1,359	21	1,159	28	752
アンデスメロン	(38)	538	254,312	472	6	610	10	675	5	578	25	649	227	535
その他のメロン（まくわうりを含む。）	(39)	1,620	678,878	419	2	1,288	3	1,037	16	666	87	637	288	520
すいか	(40)	6,913	1,455,837	211	6	212	7	323	56	414	310	342	817	298
キウイフルーツ	(41)	625	339,549	543	98	534	160	545	161	548	43	566	2	494
その他の国産果実	(42)	503	429,312	854	19	257	33	320	31	504	18	2,158	30	1,532
輸入果実計	(43)	15,226	3,525,321	232	1,083	178	974	207	1,421	211	1,416	243	1,590	270
バナナ	(44)	7,725	1,291,781	167	722	135	595	169	687	167	664	182	678	177
パインアップル	(45)	1,066	207,068	194	59	217	75	197	106	198	122	196	96	208
レモン	(46)	891	251,835	283	53	336	62	314	83	289	67	326	80	293
グレープフルーツ	(47)	1,633	327,987	201	138	225	119	222	233	212	166	222	124	216
オレンジ	(48)	1,527	329,418	216	66	226	66	236	175	244	191	243	264	226
輸入おうとう	(49)	33	45,082	1,370	-	-	-	-	-	-	1	1,854	15	1,504
輸入キウイフルーツ	(50)	1,169	616,648	527	0	513	0	453	6	407	83	599	179	569
輸入メロン	(51)	176	26,185	149	5	258	12	167	25	105	23	145	22	145
その他の輸入果実	(52)	1,006	429,316	427	41	438	44	523	106	407	99	396	133	391

	6月		7月		8月		9月		10月		11月		12月		
	数量	価格	数量	価格	数量	価格	数量	価格	数量	価格	数量	価格	数量	価格	
	t	円/kg	t	円/kg	t	円/kg	t	円/kg	t	円/kg	t	円/kg	t	円/kg	
	5,326	381	5,798	362	6,838	334	5,927	329	7,389	300	6,922	306	8,370	344	(1)
	3,697	437	4,469	396	5,601	355	4,760	354	6,145	317	5,863	317	7,293	364	(2)
	78	1,093	127	920	109	865	646	290	2,191	242	3,124	278	5,218	275	(3)
	-	-	-	-	-	-	-	-	-	-	-	-	15	237	(4)
	36	171	-	-	-	-	-	-	-	-	-	-	3	236	(5)
	-	-	-	-	-	-	-	-	-	-	-	-	28	257	(6)
	-	-	-	-	-	-	-	-	-	-	-	-	37	229	(7)
	23	382	5	1,204	11	771	22	596	32	527	69	626	316	526	(8)
	469	397	407	383	420	348	708	266	1,157	321	1,005	311	739	317	(9)
	-	-	-	-	218	312	526	256	27	237	-	-	-	-	(10)
	33	335	44	290	12	401	3	344	32	321	37	329	28	320	(11)
	37	273	44	315	11	324	-	-	4	226	30	255	40	267	(12)
	372	417	309	408	127	423	69	357	527	351	733	323	638	318	(13)
	26	369	9	289	52	308	110	253	567	298	205	272	32	355	(14)
	0	1,116	116	542	1,480	320	1,515	256	476	308	87	321	5	486	(15)
	0	1,116	116	543	1,375	321	179	242	3	156	-	-	-	-	(16)
	-	-	-	-	73	269	1,031	252	15	304	-	-	-	-	(17)
	-	-	-	-	20	489	67	250	6	194	-	-	-	-	(18)
	-	-	-	-	-	-	94	229	266	269	5	281	-	-	(19)
	-	-	0	319	13	247	144	321	187	369	82	323	5	486	(20)
	-	-	-	-	12	265	78	258	79	322	130	324	85	279	(21)
	-	-	2	1,130	6	799	516	339	1,699	256	1,221	269	417	298	(22)
	-	-	-	-	-	-	55	337	316	321	842	274	402	300	(23)
	-	-	2	1,130	6	799	461	339	1,383	242	378	257	16	251	(24)
	13	1,331	-	-	-	-	-	-	-	-	-	-	-	-	(25)
	185	558	742	522	557	433	53	446	2	441	1	271	-	-	(26)
	101	578	237	477	159	453	90	502	6	594	-	-	-	-	(27)
	166	1,568	37	1,115	1	2,665	-	-	-	-	-	-	-	-	(28)
	205	416	2	445	-	-	-	-	-	-	-	-	-	-	(29)
	65	1,503	240	1,053	541	797	572	766	272	1,038	76	1,178	24	1,421	(30)
	50	1,136	171	747	176	553	53	522	3	578	-	-	-	-	(31)
	9	2,025	43	1,452	156	822	241	727	114	934	12	1,132	0	1,103	(32)
	7	3,566	26	2,396	210	982	278	846	155	1,124	64	1,187	24	1,423	(33)
	-	-	-	-	6	407	61	666	26	855	2	1,019	0	956	(34)
	19	691	1	633	1	499	-	-	1	3,020	40	2,197	244	2,073	(35)
	801	406	489	370	239	414	185	341	94	432	47	672	55	915	(36)
	63	501	81	502	67	517	76	369	49	472	37	708	46	971	(37)
	192	416	56	298	9	298	0	351	1	433	2	515	5	506	(38)
	546	392	352	351	162	378	108	321	45	389	7	533	4	780	(39)
	1,497	209	2,020	193	1,938	172	214	152	19	213	22	248	9	249	(40)
	0	601	0	507	0	486	1	516	43	630	25	472	93	509	(41)
	40	1,398	43	1,310	123	627	97	703	50	855	14	708	5	710	(42)
	1,629	253	1,329	249	1,237	242	1,167	230	1,244	211	1,059	241	1,076	214	(43)
	749	170	645	173	651	168	631	170	648	161	508	186	547	153	(44)
	92	222	81	216	81	220	72	205	79	171	102	153	101	149	(45)
	89	306	75	318	65	280	77	237	105	193	83	242	52	335	(46)
	178	181	152	171	127	168	79	162	96	158	77	214	143	234	(47)
	191	225	115	210	95	211	105	168	114	151	83	185	62	206	(48)
	11	1,368	6	944	-	-	-	-	-	-	-	-	-	-	(49)
	198	514	166	517	150	575	109	558	107	463	113	447	58	478	(50)
	27	104	10	124	9	186	10	182	12	169	7	208	12	204	(51)
	93	451	79	440	59	416	84	413	82	491	85	476	102	369	(52)

3 卸売市場別の月別果実の卸売数量・価額・価格（続き）
(32) 横浜市中央卸売市場　本場

品目		計 数量	計 価額	計 価格	1月 数量	1月 価格	2月 数量	2月 価格	3月 数量	3月 価格	4月 数量	4月 価格	5月 数量	5月 価格
		t	千円	円/kg	t	円/kg	t	円/kg	t	円/kg	t	円/kg	t	円/kg
果実計	(1)	65,023	23,347,141	359	4,765	386	4,867	405	4,521	427	3,843	419	4,050	408
国産果実計	(2)	51,330	19,949,371	389	4,006	413	3,981	445	3,410	491	2,597	496	2,633	466
みかん	(3)	9,782	2,950,363	302	1,618	311	906	339	166	406	5	2,092	16	1,578
ネーブルオレンジ(国産)	(4)	88	23,309	265	28	255	34	256	15	333	0	199	-	-
甘なつみかん	(5)	779	154,003	198	57	224	72	204	176	181	269	189	176	223
いよかん	(6)	851	203,409	239	171	244	386	243	272	229	6	195	-	-
はっさく	(7)	574	107,423	187	136	194	182	178	171	178	53	210	-	-
その他の雑かん	(8)	2,450	1,079,589	441	315	434	600	429	700	408	361	406	132	374
りんご	(9)	11,034	3,512,639	318	1,123	283	1,207	296	1,116	318	866	339	714	364
つがる	(10)	938	257,684	275	-	-	-	-	-	-	-	-	-	-
ジョナゴールド	(11)	478	156,435	327	19	321	27	339	30	342	42	308	37	342
王林	(12)	680	185,313	272	72	252	98	254	83	259	69	270	68	288
ふじ	(13)	7,140	2,369,822	332	961	283	1,029	299	958	321	713	349	583	376
その他のりんご	(14)	1,798	543,384	302	71	310	53	288	45	329	41	316	26	330
日本なし	(15)	3,724	1,097,033	295	15	285	1	225	-	-	-	-	-	-
幸水	(16)	1,486	481,529	324	-	-	-	-	-	-	-	-	-	-
豊水	(17)	1,198	312,563	261	-	-	-	-	-	-	-	-	-	-
二十世紀	(18)	80	26,213	326	-	-	-	-	-	-	-	-	-	-
新高	(19)	204	49,449	242	-	-	-	-	-	-	-	-	-	-
その他のなし	(20)	755	227,279	301	15	285	1	225	-	-	-	-	-	-
西洋なし	(21)	520	162,022	312	14	283	1	275	0	738	-	-	-	-
かき	(22)	4,496	1,185,330	264	19	239	-	-	-	-	-	-	-	-
甘がき	(23)	2,159	592,726	274	19	239	-	-	-	-	-	-	-	-
渋がき(脱渋を含む。)	(24)	2,337	592,604	254	-	-	-	-	-	-	-	-	-	-
びわ	(25)	10	18,354	1,882	-	-	0	2,551	2	2,078	4	1,842	2	2,230
もも	(26)	1,416	680,207	480	-	-	-	-	-	-	-	-	2	2,466
すもも	(27)	483	210,759	436	-	-	-	-	-	-	-	-	1	1,301
おうとう	(28)	303	492,640	1,627	0	17,415	-	-	0	10,972	4	5,904	10	4,365
うめ	(29)	294	124,897	425	-	-	-	-	-	-	-	-	62	494
ぶどう	(30)	1,768	1,530,195	865	-	-	-	-	0	492	0	3,650	16	1,992
デラウェア	(31)	499	336,810	675	-	-	-	-	-	-	0	3,650	13	1,674
巨峰	(32)	620	516,919	834	-	-	-	-	-	-	-	-	2	3,329
その他のぶどう	(33)	650	676,466	1,041	-	-	-	-	0	492	-	-	1	3,247
くり	(34)	89	71,083	803	-	-	-	-	-	-	-	-	-	-
いちご	(35)	2,772	3,403,900	1,228	373	1,374	437	1,383	615	1,166	599	895	345	811
メロン	(36)	2,261	1,066,628	472	27	1,141	33	957	27	1,202	86	771	452	503
温室メロン	(37)	445	337,058	757	18	1,342	18	1,214	18	1,427	21	1,250	48	699
アンデスメロン	(38)	442	199,106	450	8	677	12	599	1	664	16	648	150	508
その他のメロン(まくわうりを含む。)	(39)	1,374	530,464	386	1	1,101	3	739	7	758	49	608	254	464
すいか	(40)	6,980	1,402,982	201	18	274	25	321	37	382	292	328	693	297
キウイフルーツ	(41)	399	219,490	549	89	534	91	564	107	555	42	551	-	-
その他の国産果実	(42)	258	253,116	980	2	867	6	528	6	1,121	9	2,018	14	1,768
輸入果実計	(43)	13,693	3,397,770	248	760	239	886	224	1,110	231	1,246	259	1,417	301
バナナ	(44)	6,615	1,140,413	172	362	181	483	177	558	185	548	184	526	201
パインアップル	(45)	1,455	298,446	205	87	212	98	203	125	205	146	203	150	221
レモン	(46)	648	209,223	323	42	352	33	344	52	325	49	338	55	342
グレープフルーツ	(47)	1,263	261,763	207	123	227	106	225	127	232	128	233	140	220
オレンジ	(48)	1,204	281,369	234	47	248	49	265	92	271	123	265	141	260
輸入おうとう	(49)	39	55,297	1,409	0	2,268	0	2,268	-	-	1	2,084	18	1,495
輸入キウイフルーツ	(50)	928	496,860	535	7	517	8	490	8	495	80	588	188	536
輸入メロン	(51)	321	47,972	149	12	253	37	113	52	94	48	127	57	119
その他の輸入果実	(52)	1,219	606,428	497	79	465	72	508	97	492	124	475	141	469

	6月		7月		8月		9月		10月		11月		12月		
	数量	価格	数量	価格	数量	価格	数量	価格	数量	価格	数量	価格	数量	価格	
	t	円/kg	t	円/kg	t	円/kg	t	円/kg	t	円/kg	t	円/kg	t	円/kg	
	5,053	393	5,517	344	6,388	328	5,928	334	6,896	302	6,249	311	6,947	340	(1)
	3,750	425	4,237	364	5,232	343	4,914	353	5,810	316	5,123	332	5,638	378	(2)
	36	1,160	53	1,068	53	895	378	294	1,359	259	2,037	289	3,156	266	(3)
	-	-	-	-	-	-	-	-	-	-	-	-	11	227	(4)
	23	142	-	-	-	-	-	-	-	-	-	-	7	250	(5)
	-	-	-	-	-	-	-	-	-	-	-	-	16	272	(6)
	-	-	-	-	-	-	-	-	-	-	-	-	32	222	(7)
	7	987	5	1,289	11	732	21	483	23	570	42	654	234	568	(8)
	545	374	406	373	344	356	1,040	272	1,311	315	1,261	320	1,099	319	(9)
	-	-	-	-	180	308	696	267	61	262	1	229	-	-	(10)
	38	317	48	331	16	411	-	-	88	313	107	323	25	339	(11)
	72	287	31	298	11	353	-	-	17	275	85	280	74	273	(12)
	417	397	310	391	98	438	30	353	366	345	758	335	915	320	(13)
	18	308	17	294	39	352	314	274	779	307	310	295	84	338	(14)
	0	1,094	111	573	1,273	310	1,638	263	602	291	62	318	21	345	(15)
	0	1,094	111	574	1,127	314	235	257	13	259	-	-	-	-	(16)
	-	-	-	-	90	252	1,021	258	86	295	-	-	1	744	(17)
	-	-	-	-	20	440	58	291	2	221	-	-	-	-	(18)
	-	-	-	-	-	-	50	241	155	242	-	-	-	-	(19)
	-	-	0	296	36	270	274	284	346	314	62	318	21	332	(20)
	-	-	-	-	6	274	81	263	117	341	169	346	132	277	(21)
	-	-	1	949	8	735	563	328	1,982	240	1,368	264	554	272	(22)
	-	-	0	958	-	-	164	349	614	255	835	276	528	272	(23)
	-	-	1	947	8	735	400	319	1,368	234	533	246	27	274	(24)
	2	1,498	-	-	-	-	-	-	-	-	-	-	-	-	(25)
	149	578	579	521	577	417	108	428	0	484	-	-	-	-	(26)
	88	524	184	433	150	392	58	417	2	443	-	-	-	-	(27)
	217	1,638	71	912	0	4,694	-	-	-	-	-	-	-	-	(28)
	232	406	1	368	-	-	-	-	-	-	-	-	-	-	(29)
	62	1,365	207	1,003	582	746	608	773	237	1,008	44	1,156	12	977	(30)
	53	1,133	145	751	213	505	68	508	7	559	-	-	-	-	(31)
	3	2,308	30	1,330	222	824	253	732	103	857	6	1,120	-	-	(32)
	5	3,047	32	1,841	148	976	287	873	127	1,157	38	1,162	12	977	(33)
	-	-	-	-	2	689	56	748	27	889	4	1,104	0	1,296	(34)
	70	851	8	2,279	13	1,303	3	2,374	6	3,194	62	2,191	241	2,060	(35)
	683	381	419	392	233	394	133	338	89	474	35	826	45	1,035	(36)
	48	619	60	607	53	513	52	423	42	554	31	859	36	1,113	(37)
	131	408	82	371	28	330	1	247	9	354	1	447	4	695	(38)
	503	351	277	352	152	364	80	285	39	414	4	629	5	718	(39)
	1,609	194	2,169	182	1,922	172	180	146	10	298	11	276	13	273	(40)
	0	756	-	-	-	-	-	-	10	595	11	417	49	554	(41)
	26	1,354	23	1,440	57	652	46	739	36	882	17	785	16	840	(42)
	1,303	299	1,280	280	1,156	262	1,014	238	1,086	229	1,126	212	1,309	177	(43)
	552	204	518	204	511	192	541	166	524	160	697	147	794	110	(44)
	125	225	133	224	113	227	98	209	144	178	115	178	122	180	(45)
	62	329	70	346	71	317	53	304	61	251	53	287	48	359	(46)
	121	179	123	176	108	178	56	174	81	169	50	206	100	238	(47)
	128	226	178	278	127	197	87	167	108	173	60	193	64	222	(48)
	16	1,388	3	1,031	1	792	-	-	-	-	-	-	0	2,131	(49)
	158	564	121	545	107	554	76	502	72	511	51	533	52	401	(50)
	35	120	12	207	15	227	12	262	13	290	11	250	16	182	(51)
	106	591	120	455	103	472	91	544	81	629	89	548	114	386	(52)

3　卸売市場別の月別果実の卸売数量・価額・価格（続き）
(33)　川崎市中央卸売市場

品目		計			1月		2月		3月		4月		5月	
		数量	価額	価格	数量	価格	数量	価格	数量	価格	数量	価格	数量	価格
		t	千円	円/kg	t	円/kg	t	円/kg	t	円/kg	t	円/kg	t	円/kg
果実計	(1)	**17,440**	**5,955,537**	**341**	**1,578**	**369**	**1,694**	**377**	**1,506**	**410**	**1,213**	**417**	**980**	**391**
国産果実計	(2)	**16,414**	**5,730,828**	**349**	**1,515**	**376**	**1,621**	**385**	**1,415**	**423**	**1,095**	**438**	**866**	**409**
みかん	(3)	3,198	897,683	281	613	318	366	348	58	340	0	1,862	2	1,552
ネーブルオレンジ（国産）	(4)	60	14,456	242	18	256	22	226	19	240	2	321	-	-
甘なつみかん	(5)	296	55,033	186	8	206	21	197	102	171	94	185	67	203
いよかん	(6)	348	77,618	223	119	232	162	210	66	236	-	-	-	-
はっさく	(7)	121	22,573	186	24	196	36	190	52	173	5	186	-	-
その他の雑かん	(8)	1,187	453,983	383	148	368	275	369	292	353	218	356	90	329
りんご	(9)	4,431	1,358,057	307	395	267	576	276	570	291	448	325	282	373
つがる	(10)	326	82,263	253	-	-	-	-	-	-	-	-	-	-
ジョナゴールド	(11)	69	22,731	331	4	361	4	359	4	397	8	258	4	368
王林	(12)	117	31,381	268	13	291	18	244	14	259	14	274	6	268
ふじ	(13)	3,084	974,091	316	342	267	508	274	529	291	404	327	224	382
その他のりんご	(14)	835	247,591	296	36	252	45	298	23	305	23	357	48	346
日本なし	(15)	1,028	293,719	286	2	253	-	-	0	500	-	-	-	-
幸水	(16)	493	156,387	317	-	-	-	-	-	-	-	-	-	-
豊水	(17)	354	84,475	238	-	-	-	-	-	-	-	-	-	-
二十世紀	(18)	9	3,348	354	-	-	-	-	-	-	-	-	-	-
新高	(19)	66	15,195	230	-	-	-	-	-	-	-	-	-	-
その他のなし	(20)	106	34,315	325	2	253	-	-	0	500	-	-	-	-
西洋なし	(21)	97	28,897	299	-	-	-	-	-	-	-	-	-	-
かき	(22)	826	214,331	260	26	419	-	-	-	-	-	-	-	-
甘がき	(23)	480	123,409	257	26	419	-	-	-	-	-	-	-	-
渋がき（脱渋を含む。）	(24)	345	90,921	263	-	-	-	-	-	-	-	-	-	-
びわ	(25)	5	7,705	1,490	-	-	0	6,000	0	1,797	2	1,487	2	1,469
もも	(26)	431	178,272	414	-	-	-	-	-	-	-	-	1	1,339
すもも	(27)	142	58,008	408	-	-	-	-	-	-	-	-	0	1,302
おうとう	(28)	66	88,940	1,348	0	12,000	-	-	0	10,014	1	5,354	2	3,743
うめ	(29)	107	43,947	412	0	3,500	-	-	-	-	-	-	29	462
ぶどう	(30)	329	275,588	839	1	464	0	509	0	581	-	-	5	1,491
デラウェア	(31)	85	63,917	753	-	-	-	-	-	-	-	-	5	1,443
巨峰	(32)	101	78,898	781	-	-	-	-	-	-	-	-	0	3,850
その他のぶどう	(33)	143	132,773	931	1	464	0	509	0	581	-	-	0	3,963
くり	(34)	21	13,858	655	-	-	-	-	-	-	-	-	-	-
いちご	(35)	827	950,151	1,149	96	1,379	114	1,393	204	1,136	234	821	93	748
メロン	(36)	568	226,631	399	2	1,428	2	1,411	3	1,404	16	664	129	440
温室メロン	(37)	50	37,722	750	2	1,433	2	1,447	3	1,483	3	1,301	2	979
アンデスメロン	(38)	97	37,598	386	0	730	0	664	0	840	3	616	20	475
その他のメロン（まくわうりを含む。）	(39)	420	151,311	360	0	1,446	0	1,448	0	1,014	11	523	107	421
すいか	(40)	2,108	350,967	166	0	147	0	507	2	478	60	308	164	267
キウイフルーツ	(41)	193	95,095	492	62	453	47	499	45	534	15	556	-	-
その他の国産果実	(42)	25	25,317	996	0	426	0	1,587	0	2,488	1	1,344	1	2,495
輸入果実計	(43)	**1,026**	**224,710**	**219**	**63**	**207**	**72**	**212**	**91**	**204**	**118**	**220**	**114**	**261**
バナナ	(44)	580	97,807	169	38	174	42	176	52	179	62	182	63	184
パインアップル	(45)	88	16,195	184	6	193	7	184	8	180	10	178	7	187
レモン	(46)	73	22,488	310	4	344	6	333	6	280	6	324	6	340
グレープフルーツ	(47)	85	16,158	191	8	231	7	208	10	205	10	200	6	193
オレンジ	(48)	110	22,649	205	5	245	8	244	11	212	18	209	14	206
輸入おうとう	(49)	4	6,215	1,439	-	-	-	-	-	-	0	1,620	3	1,463
輸入キウイフルーツ	(50)	46	21,392	466	-	-	-	-	-	-	5	494	9	468
輸入メロン	(51)	4	685	154	0	255	1	158	0	146	1	134	1	137
その他の輸入果実	(52)	35	21,120	600	1	537	2	592	3	477	5	459	6	424

6月		7月		8月		9月		10月		11月		12月		
数量	価格	数量	価格	数量	価格	数量	価格	数量	価格	数量	価格	数量	価格	
t	円/kg	t	円/kg	t	円/kg	t	円/kg	t	円/kg	t	円/kg	t	円/kg	
1,169	**359**	**1,582**	**282**	**1,606**	**288**	**1,319**	**302**	**1,504**	**299**	**1,532**	**291**	**1,757**	**345**	(1)
1,059	371	1,491	285	1,528	291	1,250	306	1,426	305	1,461	296	1,687	351	(2)
3	1,157	6	1,090	6	990	96	244	352	226	650	269	1,047	248	(3)
-	-	-	-	-	-	-	-	-	-	-	-	0	253	(4)
1	162	-	-	-	-	-	-	-	-	-	-	2	222	(5)
-	-	-	-	-	-	-	-	-	-	-	-	1	299	(6)
-	-	-	-	-	-	-	-	-	-	-	-	5	238	(7)
14	674	3	866	8	872	11	565	13	368	31	409	85	537	(8)
221	391	179	389	154	366	339	248	575	296	430	312	261	291	(9)
-	-	-	-	74	298	248	239	3	281	-	-	-	-	(10)
4	396	1	452	0	497	-	-	26	308	7	332	6	346	(11)
14	315	2	247	0	348	-	-	4	202	11	216	20	287	(12)
168	401	122	409	43	457	16	345	214	333	298	322	215	289	(13)
35	370	54	347	37	396	75	259	327	271	113	293	20	297	(14)
0	1,383	42	482	440	302	445	248	90	299	7	282	2	395	(15)
0	1,383	42	482	417	305	34	266	-	-	-	-	-	-	(16)
-	-	-	-	19	227	335	239	0	272	-	-	-	-	(17)
-	-	-	-	3	424	7	326	-	-	-	-	-	-	(18)
-	-	-	-	-	-	21	205	44	243	1	179	-	-	(19)
-	-	0	225	2	179	47	303	46	363	6	308	2	395	(20)
-	-	-	-	0	242	13	274	31	306	27	301	25	303	(21)
-	-	1	1,002	3	780	65	323	277	244	288	233	165	266	(22)
-	-	-	-	-	-	10	297	53	260	229	229	162	267	(23)
-	-	1	1,002	3	780	55	328	224	241	59	246	3	249	(24)
2	1,464	0	3,500	-	-	-	-	-	-	-	-	-	-	(25)
37	492	183	441	181	369	29	400	0	400	-	-	-	-	(26)
23	485	67	336	36	458	15	474	1	625	-	-	-	-	(27)
46	1,335	17	921	-	-	-	-	-	-	-	-	0	13,500	(28)
78	394	0	375	-	-	-	-	-	-	-	-	-	-	(29)
21	1,150	31	795	72	729	122	745	66	970	9	1,124	0	2,033	(30)
20	1,088	24	683	15	524	14	513	6	496	1	457	-	-	(31)
0	2,430	6	1,002	25	726	45	705	22	939	2	718	-	-	(32)
0	4,652	1	2,108	32	828	63	825	38	1,060	6	1,356	0	2,033	(33)
-	-	-	-	1	441	16	610	5	816	0	1,282	-	-	(34)
4	706	0	1,288	0	1,227	0	1,047	0	1,697	10	1,844	72	1,995	(35)
172	348	143	340	61	361	24	302	9	468	2	1,004	3	1,197	(36)
5	667	8	527	9	421	7	396	6	531	2	1,182	3	1,211	(37)
24	396	50	333	1	329	-	-	-	-	-	-	0	747	(38)
143	330	85	327	51	351	17	263	3	357	1	524	0	1,146	(39)
427	170	816	157	563	143	74	86	1	288	0	354	0	276	(40)
-	-	-	-	-	-	0	481	3	425	4	416	18	473	(41)
10	936	3	1,571	2	863	1	1,047	3	646	2	467	1	521	(42)
110	**245**	**91**	**228**	**78**	**219**	**69**	**222**	**78**	**198**	**72**	**187**	**70**	**190**	(43)
62	177	53	172	38	168	37	167	48	154	47	136	38	136	(44)
9	190	7	194	8	183	8	177	7	178	5	187	6	186	(45)
8	324	5	326	7	294	6	270	8	245	6	325	6	345	(46)
6	163	9	156	7	157	4	159	2	156	3	207	11	206	(47)
12	216	7	204	11	184	6	169	9	164	5	194	5	231	(48)
1	1,469	0	1,070	0	875	-	-	-	-	-	-	-	-	(49)
9	463	7	480	5	467	4	443	4	453	3	449	0	451	(50)
1	120	0	167	-	-	-	-	-	-	0	190	1	186	(51)
3	757	2	968	2	1,017	3	884	2	854	2	502	3	404	(52)

3 卸売市場別の月別果実の卸売数量・価額・価格（続き）
(34) 新潟市中央卸売市場

品目		計			1月		2月		3月		4月		5月	
		数量	価額	価格	数量	価格	数量	価格	数量	価格	数量	価格	数量	価格
		t	千円	円/kg	t	円/kg	t	円/kg	t	円/kg	t	円/kg	t	円/kg
果実計	(1)	28,140	8,977,812	319	1,889	331	1,966	354	1,763	381	1,488	416	1,449	405
国産果実計	(2)	22,395	7,457,324	333	1,544	348	1,567	382	1,258	435	891	515	759	504
みかん	(3)	5,425	1,421,041	262	951	244	702	281	87	334	1	1,598	5	1,234
ネーブルオレンジ(国産)	(4)	4	1,225	289	0	320	0	216	-	-	-	-	-	-
甘なつみかん	(5)	345	71,079	206	4	235	25	207	127	195	135	203	53	238
いよかん	(6)	192	43,237	225	70	228	95	205	25	281	-	-	-	-
はっさく	(7)	120	26,067	217	12	214	20	206	54	219	27	227	-	-
その他の雑かん	(8)	1,055	386,122	366	95	403	220	374	379	327	187	344	51	346
りんご	(9)	2,818	799,260	284	215	257	317	257	371	291	225	312	167	345
つがる	(10)	243	57,275	235	-	-	-	-	-	-	-	-	-	-
ジョナゴールド	(11)	22	7,590	340	-	-	-	-	5	228	1	271	2	271
王林	(12)	79	18,451	233	14	227	18	212	15	200	3	300	0	356
ふじ	(13)	2,035	615,829	303	192	262	293	260	331	297	210	314	160	348
その他のりんご	(14)	438	100,115	229	9	199	7	237	19	285	11	277	5	254
日本なし	(15)	2,002	524,800	262	6	206	2	478	-	-	-	-	-	-
幸水	(16)	573	153,956	269	-	-	-	-	-	-	-	-	-	-
豊水	(17)	367	92,861	253	-	-	-	-	-	-	-	-	-	-
二十世紀	(18)	100	20,985	209	-	-	-	-	-	-	-	-	-	-
新高	(19)	392	101,567	259	-	-	-	-	-	-	-	-	-	-
その他のなし	(20)	571	155,430	272	6	206	2	478	-	-	-	-	-	-
西洋なし	(21)	423	267,576	633	1	523	-	-	-	-	-	-	-	-
かき	(22)	1,815	395,841	218	2	482	1	534	-	-	-	-	-	-
甘がき	(23)	91	26,180	288	1	446	1	534	-	-	-	-	-	-
渋がき(脱渋を含む。)	(24)	1,724	369,661	214	1	574	-	-	-	-	-	-	-	-
びわ	(25)	2	2,747	1,616	-	-	-	-	0	2,166	1	1,735	0	1,933
もも	(26)	844	345,081	409	-	-	-	-	-	-	-	-	0	2,153
すもも	(27)	119	53,942	454	-	-	-	-	-	-	-	-	0	1,555
おうとう	(28)	82	107,762	1,320	-	-	-	-	0	8,359	0	6,730	1	3,841
うめ	(29)	139	47,553	342	-	-	-	-	-	-	-	-	0	785
ぶどう	(30)	772	528,184	684	5	370	0	979	-	-	-	-	1	1,973
デラウェア	(31)	243	130,173	535	-	-	-	-	-	-	-	-	1	1,911
巨峰	(32)	347	259,455	749	-	-	-	-	-	-	-	-	0	3,569
その他のぶどう	(33)	182	138,556	761	5	370	0	979	-	-	-	-	0	2,408
くり	(34)	21	16,118	782	-	-	-	-	-	-	-	-	-	-
いちご	(35)	774	1,034,199	1,336	90	1,631	114	1,517	154	1,291	195	1,120	124	996
メロン	(36)	1,243	541,031	435	13	1,191	14	1,029	15	1,176	58	736	183	538
温室メロン	(37)	202	158,883	786	11	1,261	9	1,251	10	1,359	11	1,082	31	687
アンデスメロン	(38)	112	51,258	457	2	756	5	647	3	853	3	537	33	513
その他のメロン(まくわうりを含む。)	(39)	928	330,890	356	0	1,110	0	1,200	2	793	44	657	119	506
すいか	(40)	3,616	608,538	168	4	387	5	518	17	505	54	355	167	321
キウイフルーツ	(41)	107	58,281	543	31	550	26	552	19	612	5	664	-	-
その他の国産果実	(42)	478	177,640	372	47	182	25	103	9	436	4	1,129	6	1,217
輸入果実計	(43)	5,745	1,520,488	265	344	253	399	245	505	246	597	268	690	296
バナナ	(44)	3,563	740,733	208	240	214	294	209	322	215	348	218	380	215
パインアップル	(45)	447	108,191	242	29	241	34	258	53	238	46	246	45	255
レモン	(46)	282	92,141	327	18	364	16	346	23	331	23	333	28	333
グレープフルーツ	(47)	371	77,933	210	17	241	14	241	33	231	38	215	46	237
オレンジ	(48)	308	70,887	230	13	220	16	262	31	252	36	252	45	254
輸入おうとう	(49)	11	19,363	1,696	0	2,138	-	-	-	-	0	1,966	8	1,688
輸入キウイフルーツ	(50)	370	199,401	538	0	513	0	541	3	509	40	581	78	554
輸入メロン	(51)	52	9,885	190	1	337	2	206	9	153	13	174	8	189
その他の輸入果実	(52)	340	201,953	594	27	548	24	599	31	529	52	407	50	405

6月		7月		8月		9月		10月		11月		12月		
数量	価格	数量	価格	数量	価格	数量	価格	数量	価格	数量	価格	数量	価格	
t	円/kg	t	円/kg	t	円/kg	t	円/kg	t	円/kg	t	円/kg	t	円/kg	
2,584	304	3,208	255	2,568	351	1,881	320	2,931	267	3,188	274	3,225	315	(1)
2,010	310	2,704	252	2,129	367	1,462	334	2,499	269	2,770	278	2,799	327	(2)
23	1,006	30	918	49	701	85	304	536	257	1,164	260	1,791	225	(3)
-	-	-	-	-	-	-	-	-	-	-	-	3	295	(4)
0	292	-	-	-	-	-	-	-	-	-	-	0	320	(5)
-	-	-	-	-	-	-	-	-	-	-	-	3	299	(6)
-	-	-	-	-	-	-	-	-	-	-	-	7	197	(7)
3	564	0	1,543	1	576	2	523	12	425	8	657	97	467	(8)
162	354	77	364	65	292	267	236	358	266	291	298	302	254	(9)
-	-	-	-	37	230	183	231	23	283	-	-	-	-	(10)
2	392	5	439	6	434	-	-	1	142	1	169	-	-	(11)
3	181	-	-	-	-	-	-	1	148	17	288	8	244	(12)
153	360	65	378	9	410	7	373	145	270	229	309	241	304	(13)
4	252	8	206	13	318	77	238	187	262	45	247	54	35	(14)
-	-	6	552	588	267	615	255	510	260	240	260	35	281	(15)
-	-	6	556	546	269	20	164	-	-	-	-	-	-	(16)
-	-	-	-	15	273	351	252	1	136	-	-	-	-	(17)
-	-	-	-	7	217	91	210	3	169	-	-	-	-	(18)
-	-	-	-	-	-	7	396	376	258	8	232	0	135	(19)
-	-	0	438	20	214	146	297	130	270	232	261	35	282	(20)
-	-	-	-	0	96	9	333	30	362	131	644	252	670	(21)
-	-	0	796	1	814	28	345	867	225	844	199	73	299	(22)
-	-	-	-	0	341	7	312	4	309	23	289	55	274	(23)
-	-	0	796	0	1,019	21	355	863	224	821	196	19	373	(24)
1	1,358	0	928	-	-	-	-	-	-	-	-	-	-	(25)
32	544	449	412	312	391	51	397	0	441	-	-	-	-	(26)
35	641	54	410	22	316	8	326	-	-	-	-	-	-	(27)
67	1,348	14	1,018	-	-	-	-	-	-	-	-	-	-	(28)
137	344	2	169	-	-	-	-	-	-	-	-	-	-	(29)
7	992	82	782	382	718	218	581	59	706	13	662	6	514	(30)
7	1,012	66	682	121	474	43	403	6	424	-	-	-	-	(31)
0	346	13	1,178	199	827	108	547	24	756	2	982	-	-	(32)
0	2,398	3	1,265	62	844	67	749	29	724	11	599	6	514	(33)
-	-	-	-	1	732	12	704	5	874	2	1,022	1	811	(34)
29	963	0	1,870	0	1,592	0	2,714	0	3,302	8	1,994	58	2,167	(35)
390	351	218	311	201	340	80	346	31	484	19	797	21	1,011	(36)
15	692	13	725	23	568	29	407	18	562	17	841	16	1,148	(37)
52	410	11	253	1	229	-	-	-	-	-	-	3	559	(38)
323	326	193	286	177	311	51	311	13	377	3	535	2	650	(39)
1,118	164	1,751	146	462	160	23	138	2	461	5	445	9	433	(40)
-	-	-	-	-	-	-	-	0	722	3	404	24	456	(41)
7	1,240	21	553	45	493	65	613	89	374	42	375	117	161	(42)
574	283	504	271	438	275	419	270	432	257	418	243	426	239	(43)
330	216	303	214	242	220	250	211	294	202	286	181	275	173	(44)
47	233	40	256	38	251	32	227	23	248	27	227	34	215	(45)
26	343	22	352	27	333	26	294	25	252	21	312	28	344	(46)
40	221	53	177	46	179	29	173	15	169	17	238	24	247	(47)
42	249	24	239	30	215	21	152	24	166	15	218	11	227	(48)
2	1,735	0	1,285	-	-	-	-	-	-	-	-	-	-	(49)
58	554	44	537	38	528	41	509	29	504	24	496	15	533	(50)
8	141	1	276	1	270	3	234	2	220	1	303	2	315	(51)
21	688	17	845	16	867	17	918	20	926	27	646	37	551	(52)

3 卸売市場別の月別果実の卸売数量・価額・価格（続き）
(35) 富山市青果市場

品　目		計			1月		2月		3月		4月		5月	
		数量	価額	価格	数量	価格	数量	価格	数量	価格	数量	価格	数量	価格
		t	千円	円/kg	t	円/kg	t	円/kg	t	円/kg	t	円/kg	t	円/kg
果　実　計	(1)	15,075	5,113,022	339	1,056	335	1,093	353	1,165	352	1,217	341	1,196	367
国　産　果　実　計	(2)	7,768	3,147,842	405	642	391	635	429	521	477	376	506	327	524
み　か　ん	(3)	2,591	770,239	297	359	281	175	330	45	364	1	2,141	6	1,451
ネーブルオレンジ（国産）	(4)	-	-	-	-	-	-	-	-	-	-	-	-	-
甘なつみかん	(5)	83	17,221	207	-	-	2	263	9	257	46	189	25	216
い　よ　か　ん	(6)	294	66,002	224	69	237	126	213	96	229	1	248	-	-
は　っ　さ　く	(7)	106	20,452	194	13	203	37	188	35	189	21	207	-	-
その他の雑かん	(8)	426	199,557	469	39	528	112	463	128	400	50	456	23	369
り　ん　ご	(9)	1,238	440,944	356	88	301	112	330	107	350	132	346	105	436
つ　が　る	(10)	97	28,903	297	-	-	-	-	-	-	1	408	-	-
ジョナゴールド	(11)	68	25,002	367	4	295	10	310	5	352	5	364	10	393
王　林	(12)	74	24,491	332	7	328	10	320	9	329	17	285	14	341
ふ　じ	(13)	848	314,246	370	76	299	90	333	92	351	109	354	80	459
その他のりんご	(14)	151	48,302	320	1	294	1	392	1	441	1	401	0	562
日　本　な　し	(15)	728	220,893	303	-	-	-	-	-	-	-	-	-	-
幸　水	(16)	499	159,017	318	-	-	-	-	-	-	-	-	-	-
豊　水	(17)	105	25,789	246	-	-	-	-	-	-	-	-	-	-
二　十　世　紀	(18)	1	244	287	-	-	-	-	-	-	-	-	-	-
新　高	(19)	74	16,426	221	-	-	-	-	-	-	-	-	-	-
その他のなし	(20)	49	19,417	397	-	-	-	-	-	-	-	-	-	-
西　洋　な　し	(21)	45	14,660	323	0	324	-	-	-	-	-	-	-	-
か　き	(22)	209	58,537	279	9	445	-	-	-	-	-	-	-	-
甘　が　き	(23)	60	18,893	315	9	445	-	-	-	-	-	-	-	-
渋がき（脱渋を含む。）	(24)	150	39,644	265	-	-	-	-	-	-	-	-	-	-
び　わ	(25)	0	985	2,613	-	-	-	-	0	3,053	0	2,672	0	1,334
も　も	(26)	186	107,276	578	-	-	-	-	-	-	-	-	1	2,028
す　も　も	(27)	29	15,002	526	-	-	-	-	-	-	-	-	0	1,138
お　う　と　う	(28)	52	81,203	1,573	0	6,480	-	-	-	-	0	6,272	1	4,682
う　め	(29)	87	36,269	417	-	-	0	594	0	648	-	-	14	494
ぶ　ど　う	(30)	286	267,761	935	0	1,296	-	-	-	-	-	-	7	1,525
デラウェア	(31)	117	96,000	823	-	-	-	-	-	-	-	-	7	1,453
巨　峰	(32)	110	103,540	938	-	-	-	-	-	-	-	-	0	3,735
その他のぶどう	(33)	59	68,221	1,150	0	1,296	-	-	-	-	-	-	0	3,054
く　り	(34)	10	8,008	812	-	-	-	-	-	-	-	-	-	-
い　ち　ご	(35)	289	390,740	1,354	39	1,542	48	1,516	71	1,231	67	990	23	1,003
メ　ロ　ン	(36)	297	195,769	659	8	1,139	8	1,133	10	1,273	17	1,073	38	639
温室メロン	(37)	136	123,473	909	7	1,236	7	1,194	8	1,324	9	1,364	10	936
アンデスメロン	(38)	23	11,782	522	0	648	1	731	0	1,088	1	772	10	504
その他のメロン（まくわうりを含む。）	(39)	139	60,514	436	2	802	1	981	2	1,060	7	750	18	546
す　い　か	(40)	677	132,815	196	0	694	0	848	1	492	28	327	80	305
キウイフルーツ	(41)	68	43,281	640	16	607	15	622	20	619	11	647	-	-
その他の国産果実	(42)	68	60,228	888	0	1,195	0	931	0	5,122	1	2,766	2	2,059
輸　入　果　実　計	(43)	7,306	1,965,180	269	414	248	458	248	644	251	841	267	869	308
バ　ナ　ナ	(44)	3,686	794,949	216	257	219	272	220	319	220	370	218	393	221
パインアップル	(45)	1,172	231,081	197	74	207	79	209	100	193	114	192	109	205
レ　モ　ン	(46)	197	64,018	325	13	318	14	286	16	246	16	290	19	263
グレープフルーツ	(47)	415	102,496	247	20	261	24	260	42	268	93	249	52	265
オ　レ　ン　ジ	(48)	814	240,343	295	20	280	28	311	86	328	152	320	139	318
輸入おうとう	(49)	27	38,596	1,430	-	-	-	-	-	-	1	1,809	12	1,599
輸入キウイフルーツ	(50)	507	279,751	552	2	442	4	444	11	544	32	606	91	602
輸入メロン	(51)	178	29,204	164	3	327	10	183	37	109	29	133	20	145
その他の輸入果実	(52)	310	184,742	596	26	558	26	546	34	569	33	583	34	552

	6月		7月		8月		9月		10月		11月		12月		
	数量	価格	数量	価格	数量	価格	数量	価格	数量	価格	数量	価格	数量	価格	
	t	円/kg	t	円/kg	t	円/kg	t	円/kg	t	円/kg	t	円/kg	t	円/kg	
	1,238	408	1,254	348	1,400	364	1,091	324	1,340	292	1,236	289	1,790	312	(1)
	465	573	623	415	862	420	535	396	783	318	723	318	1,276	342	(2)
	20	1,084	33	1,023	30	1,007	49	398	372	232	472	269	1,029	259	(3)
	-	-	-	-	-	-	-	-	-	-	-	-	-	-	(4)
	1	277	-	-	-	-	-	-	-	-	-	-	-	-	(5)
	-	-	-	-	-	-	-	-	-	-	-	-	1	293	(6)
	-	-	-	-	-	-	-	-	-	-	-	-	-	-	(7)
	2	773	0	1,711	1	923	1	558	2	620	7	704	60	577	(8)
	72	454	57	490	40	408	106	304	174	328	152	329	93	346	(9)
	-	-	-	-	8	247	88	300	1	227	-	-	-	-	(10)
	7	434	6	466	10	371	0	162	-	-	5	322	5	357	(11)
	8	375	2	470	0	540	0	167	1	143	1	269	4	439	(12)
	56	468	49	493	22	484	0	467	68	331	127	333	78	354	(13)
	0	609	-	-	0	344	17	325	105	328	19	306	6	174	(14)
	-	-	6	735	449	338	222	237	50	235	1	291	0	470	(15)
	-	-	6	738	446	332	47	142	-	-	-	-	-	-	(16)
	-	-	-	-	1	156	104	247	0	79	-	-	-	-	(17)
	-	-	-	-	-	-	1	287	-	-	-	-	-	-	(18)
	-	-	-	-	-	-	31	220	43	222	0	240	-	-	(19)
	-	-	0	402	3	1,381	39	340	6	334	1	292	0	470	(20)
	-	-	-	-	-	-	1	273	8	379	22	322	14	294	(21)
	-	-	-	-	-	-	21	331	111	258	45	263	23	305	(22)
	-	-	-	-	-	-	2	316	11	303	15	269	23	301	(23)
	-	-	-	-	-	-	18	333	101	254	30	260	0	512	(24)
	0	1,166	-	-	-	-	-	-	-	-	-	-	-	-	(25)
	37	583	89	577	53	566	6	516	-	-	-	-	-	-	(26)
	6	659	12	546	7	371	3	509	0	864	-	-	-	-	(27)
	37	1,608	13	1,009	-	-	-	-	-	-	-	-	-	-	(28)
	73	402	0	123	-	-	-	-	-	-	-	-	-	-	(29)
	36	1,088	41	973	86	857	75	798	38	1,050	2	1,366	1	1,808	(30)
	35	1,049	34	806	37	560	5	408	-	-	-	-	-	-	(31)
	1	2,312	6	1,586	31	1,074	44	726	27	944	1	1,028	-	-	(32)
	0	4,236	1	2,418	19	1,084	26	987	11	1,318	1	1,638	1	1,808	(33)
	-	-	-	-	0	695	7	803	2	840	0	1,836	0	346	(34)
	0	2,286	-	-	-	-	-	-	-	-	7	1,948	34	1,995	(35)
	51	524	64	427	44	461	16	586	13	733	13	849	14	1,193	(36)
	10	858	16	743	25	578	12	641	10	786	11	915	11	1,325	(37)
	6	455	3	434	-	-	0	36	-	-	0	580	2	665	(38)
	35	438	44	309	18	298	4	408	3	559	3	589	2	940	(39)
	128	205	304	162	133	170	2	88	-	-	-	-	0	185	(40)
	-	-	-	-	-	-	0	108	0	137	0	761	5	880	(41)
	2	1,627	3	1,311	19	720	27	746	11	835	1	608	1	510	(42)
	773	308	631	281	538	274	556	254	557	256	513	248	513	239	(43)
	353	231	306	227	260	227	286	213	320	202	300	193	249	193	(44)
	108	209	108	194	97	201	99	198	91	200	84	186	109	176	(45)
	23	296	20	364	18	385	16	355	15	364	11	359	15	394	(46)
	36	233	27	210	28	210	23	231	13	253	15	276	41	243	(47)
	112	304	73	271	48	253	48	247	47	243	31	245	31	268	(48)
	11	1,331	3	963	-	-	-	-	-	-	-	-	0	1,944	(49)
	91	590	64	584	56	515	53	448	40	539	36	508	27	500	(50)
	17	126	10	163	7	224	12	198	10	229	10	244	13	233	(51)
	22	655	19	624	23	559	18	635	21	748	26	670	27	531	(52)

3　卸売市場別の月別果実の卸売数量・価額・価格（続き）
(36)　金沢市中央卸売市場

品目		計			1月		2月		3月		4月		5月	
		数量	価額	価格	数量	価格	数量	価格	数量	価格	数量	価格	数量	価格
		t	千円	円／kg	t	円／kg	t	円／kg	t	円／kg	t	円／kg	t	円／kg
果実計	(1)	**30,319**	**9,161,189**	**302**	**2,002**	**293**	**2,395**	**306**	**2,492**	**322**	**2,185**	**322**	**2,234**	**332**
国産果実計	(2)	**15,232**	**6,185,985**	**406**	**1,012**	**429**	**1,349**	**413**	**1,209**	**466**	**812**	**524**	**829**	**454**
みかん	(3)	4,113	1,104,877	269	468	261	349	247	103	254	1	2,101	10	1,497
ネーブルオレンジ(国産)	(4)	9	2,482	265	-	-	2	285	4	221	2	297	1	292
甘なつみかん	(5)	278	59,784	215	-	-	11	215	70	204	119	214	77	224
いよかん	(6)	605	137,611	228	112	245	305	215	186	238	-	-	-	-
はっさく	(7)	209	36,206	173	62	169	79	154	59	196	9	216	-	-
その他の雑かん	(8)	1,213	610,460	503	117	597	295	493	346	411	181	439	56	514
りんご	(9)	1,668	540,143	324	83	275	145	291	211	313	155	358	133	392
つがる	(10)	143	37,492	262	-	-	-	-	0	259	-	-	-	-
ジョナゴールド	(11)	59	21,795	369	3	244	3	252	8	313	5	355	7	391
王林	(12)	48	13,955	294	3	303	10	276	10	292	4	345	6	359
ふ・じ	(13)	1,219	405,006	332	76	275	130	292	190	314	145	358	119	394
その他のりんご	(14)	199	61,895	310	1	345	2	389	3	290	1	391	0	284
日本なし	(15)	788	233,027	296	0	170	-	-	-	-	-	-	-	-
幸水	(16)	392	122,406	312	-	-	-	-	-	-	-	-	-	-
豊水	(17)	188	44,898	238	-	-	-	-	-	-	-	-	-	-
二十世紀	(18)	32	7,527	232	-	-	-	-	-	-	-	-	-	-
新高	(19)	19	5,752	308	-	-	-	-	-	-	-	-	-	-
その他のなし	(20)	157	52,444	335	0	170	-	-	-	-	-	-	-	-
西洋なし	(21)	120	40,672	339	-	-	-	-	-	-	-	-	-	-
かき	(22)	660	192,066	291	26	408	1	176	2	173	-	-	-	-
甘がき	(23)	255	80,561	316	24	429	1	176	2	173	-	-	-	-
渋がき（脱渋を含む。）	(24)	405	111,505	275	2	184	-	-	-	-	-	-	-	-
びわ	(25)	9	18,117	1,933	-	-	0	5,685	1	2,417	4	1,724	4	2,061
もも	(26)	320	177,233	554	-	-	-	-	-	-	-	-	1	2,037
すもも	(27)	57	28,351	494	-	-	-	-	-	-	-	-	0	1,115
おうとう	(28)	55	90,600	1,658	-	-	-	-	0	13,116	1	5,560	2	4,401
うめ	(29)	109	47,309	433	-	-	-	-	-	-	-	-	21	576
ぶどう	(30)	640	699,030	1,092	-	-	-	-	-	-	0	3,132	6	1,673
デラウェア	(31)	199	166,271	837	-	-	-	-	-	-	0	3,132	6	1,506
巨峰	(32)	232	213,262	920	-	-	-	-	-	-	-	-	0	2,954
その他のぶどう	(33)	209	319,497	1,525	-	-	-	-	-	-	-	-	0	2,818
くり	(34)	25	19,608	789	-	-	-	-	-	-	-	-	-	-
いちご	(35)	641	847,639	1,323	76	1,570	104	1,487	156	1,231	154	949	55	918
メロン	(36)	1,041	659,095	633	35	1,117	34	1,053	37	1,216	60	989	147	576
温室メロン	(37)	469	405,813	865	29	1,188	27	1,145	29	1,311	31	1,239	32	938
アンデスメロン	(38)	109	54,895	503	4	672	6	651	2	802	11	781	28	537
その他のメロン（まくわうりを含む。）	(39)	463	198,386	429	2	939	2	982	5	833	18	698	87	456
すいか	(40)	2,381	434,943	183	2	635	2	704	7	569	115	284	308	239
キウイフルーツ	(41)	82	45,653	554	18	493	15	548	24	550	7	524	-	-
その他の国産果実	(42)	207	161,081	777	13	159	7	260	5	599	4	1,776	8	1,408
輸入果実計	(43)	**15,087**	**2,975,204**	**197**	**990**	**155**	**1,045**	**168**	**1,282**	**186**	**1,373**	**202**	**1,406**	**260**
バナナ	(44)	11,564	1,629,338	141	857	127	889	137	997	150	1,035	155	954	168
パインアップル	(45)	559	116,076	208	22	174	28	171	51	214	45	169	48	191
レモン	(46)	285	95,285	334	15	376	17	366	21	342	20	344	20	342
グレープフルーツ	(47)	514	97,922	191	29	224	33	213	42	189	45	224	24	228
オレンジ	(48)	656	149,804	228	15	265	20	299	63	272	73	249	112	239
輸入おうとう	(49)	161	212,195	1,316	-	-	-	-	-	-	7	1,944	52	1,447
輸入キウイフルーツ	(50)	336	164,670	490	2	464	0	518	8	611	38	487	75	463
輸入メロン	(51)	254	42,839	169	7	283	15	169	34	128	37	130	42	143
その他の輸入果実	(52)	758	467,077	616	42	509	44	614	68	554	73	508	79	529

6月		7月		8月		9月		10月		11月		12月		
数量	価格	数量	価格	数量	価格	数量	価格	数量	価格	数量	価格	数量	価格	
t	円/kg	t	円/kg	t	円/kg	t	円/kg	t	円/kg	t	円/kg	t	円/kg	
2,537	333	2,905	300	2,185	371	2,272	311	2,644	265	2,944	239	3,524	271	(1)
1,122	422	1,645	352	1,224	482	1,173	407	1,381	342	1,518	327	1,959	379	(2)
31	1,022	37	938	34	877	189	245	608	227	918	257	1,364	247	(3)
-	-	-	-	-	-	-	-	-	-	-	-	1	336	(4)
1	271	-	-	-	-	-	-	-	-	-	-	-	-	(5)
-	-	-	-	-	-	-	-	-	-	-	-	2	313	(6)
-	-	-	-	-	-	-	-	-	-	-	-	-	-	(7)
3	1,859	3	1,582	4	987	8	497	9	828	20	735	172	611	(8)
74	430	59	418	62	313	132	275	239	333	206	301	168	281	(9)
-	-	0	255	36	255	103	269	5	159	-	-	-	-	(10)
6	417	10	409	4	375	0	358	8	441	5	332	1	356	(11)
2	322	1	323	-	-	-	-	1	168	8	214	3	341	(12)
66	436	42	440	19	431	5	387	102	342	165	308	158	278	(13)
0	271	6	290	4	222	24	278	124	326	28	281	6	318	(14)
0	1,199	21	512	362	332	361	244	37	318	6	368	1	510	(15)
0	1,199	3	710	343	334	46	128	-	-	-	-	-	-	(16)
-	-	0	865	3	241	185	237	-	-	-	-	-	-	(17)
-	-	-	-	1	543	28	228	3	167	-	-	-	-	(18)
-	-	-	-	-	-	1	272	18	310	-	-	-	-	(19)
-	-	18	471	16	287	101	313	16	359	6	368	1	510	(20)
-	-	-	-	1	302	6	307	40	333	51	340	22	357	(21)
-	-	1	1,163	1	807	75	367	261	267	216	277	78	288	(22)
-	-	1	1,163	1	807	10	382	31	330	111	295	76	286	(23)
-	-	-	-	-	-	65	365	230	258	105	258	3	329	(24)
0	1,559	-	-	-	-	-	-	-	-	-	-	-	-	(25)
46	639	169	601	86	441	18	361	-	-	-	-	-	-	(26)
14	583	24	498	14	380	4	504	-	-	-	-	-	-	(27)
45	1,491	7	1,340	-	-	-	-	-	-	-	-	-	-	(28)
85	398	4	423	-	-	-	-	-	-	-	-	-	-	(29)
48	1,186	104	1,192	210	1,126	181	907	67	1,124	20	1,290	5	1,476	(30)
45	1,090	80	893	55	536	13	595	0	540	-	-	-	-	(31)
1	2,212	16	1,385	88	914	78	755	40	988	9	1,106	-	-	(32)
2	2,731	8	3,954	68	1,877	90	1,084	26	1,336	11	1,444	5	1,476	(33)
-	-	-	-	0	685	17	744	7	879	0	1,476	-	-	(34)
2	1,348	0	942	-	-	-	-	-	-	18	1,783	76	1,988	(35)
195	443	138	537	111	497	109	432	72	565	52	755	52	1,024	(36)
27	959	48	805	64	570	60	497	47	616	38	832	38	1,142	(37)
29	386	20	367	3	315	0	451	1	353	1	513	4	648	(38)
140	353	70	399	44	404	49	351	24	477	13	547	10	731	(39)
567	185	1,069	156	286	158	19	117	1	700	2	614	3	509	(40)
-	-	-	-	-	-	-	-	5	758	1	764	13	574	(41)
10	1,464	9	1,554	52	677	54	717	35	736	8	720	3	874	(42)
1,415	262	1,260	232	961	230	1,099	209	1,263	182	1,427	145	1,566	137	(43)
986	163	921	165	693	174	766	154	982	133	1,186	105	1,300	94	(44)
44	200	60	230	55	229	69	256	38	212	40	192	59	192	(45)
24	356	25	355	30	338	32	302	27	298	30	266	24	382	(46)
54	182	61	181	39	182	56	136	43	159	46	187	43	234	(47)
80	227	54	220	45	210	56	168	56	171	39	210	43	258	(48)
70	1,317	32	971	1	1,105	-	-	-	-	-	-	-	-	(49)
53	495	43	497	33	513	35	513	21	439	14	505	14	498	(50)
38	107	13	205	11	271	17	236	15	207	9	243	17	257	(51)
65	646	52	767	56	730	69	667	81	664	63	640	66	597	(52)

3 卸売市場別の月別果実の卸売数量・価額・価格（続き）
(37) 福井市中央卸売市場

品目		計 数量	計 価額	計 価格	1月 数量	1月 価格	2月 数量	2月 価格	3月 数量	3月 価格	4月 数量	4月 価格	5月 数量	5月 価格
		t	千円	円／kg	t	円／kg	t	円／kg	t	円／kg	t	円／kg	t	円／kg
果実計	(1)	**5,337**	**2,026,095**	**380**	**315**	**424**	**353**	**432**	**362**	**492**	**347**	**472**	**305**	**432**
国産果実計	(2)	**4,390**	**1,728,526**	**394**	**269**	**451**	**306**	**457**	**294**	**543**	**254**	**532**	**187**	**477**
みかん	(3)	748	209,923	281	82	349	37	356	8	468	0	2,233	2	1,429
ネーブルオレンジ（国産）	(4)	-	-	-	-	-	-	-	-	-	-	-	-	-
甘なつみかん	(5)	48	9,964	209	6	255	6	233	11	205	23	187	2	255
いよかん	(6)	76	16,851	223	35	246	25	192	9	167	-	-	-	-
はっさく	(7)	40	7,366	184	7	188	13	199	18	173	1	163	-	-
その他の雑かん	(8)	206	99,821	484	13	599	40	533	78	398	37	381	5	455
りんご	(9)	1,038	321,999	310	75	260	137	249	87	308	91	342	63	393
つがる	(10)	79	21,445	272	-	-	-	-	-	-	-	-	-	-
ジョナゴールド	(11)	113	40,704	359	3	329	8	351	7	371	12	354	18	354
王林	(12)	79	22,552	286	12	288	16	250	7	297	9	345	7	317
ふじ	(13)	616	192,980	313	55	255	108	244	73	303	69	337	38	427
その他のりんご	(14)	151	44,318	294	5	197	5	205	1	348	2	457	0	324
日本なし	(15)	332	96,585	291	0	410	-	-	-	-	-	-	-	-
幸水	(16)	139	47,157	338	-	-	-	-	-	-	-	-	-	-
豊水	(17)	156	37,720	242	-	-	-	-	-	-	-	-	-	-
二十世紀	(18)	6	1,088	186	-	-	-	-	-	-	-	-	-	-
新高	(19)	0	150	356	-	-	-	-	-	-	-	-	-	-
その他のなし	(20)	31	10,470	342	0	410	-	-	-	-	-	-	-	-
西洋なし	(21)	11	4,252	392	1	162	-	-	-	-	-	-	-	-
かき	(22)	264	68,235	258	9	448	-	-	-	-	-	-	-	-
甘がき	(23)	60	19,846	332	9	448	-	-	-	-	-	-	-	-
渋がき（脱渋を含む。）	(24)	205	48,389	237	-	-	-	-	-	-	-	-	-	-
びわ	(25)	1	1,924	1,816	-	-	0	4,838	0	2,420	0	1,753	0	1,635
もも	(26)	119	62,409	525	-	-	-	-	-	-	-	-	1	1,447
すもも	(27)	40	19,870	502	-	-	-	-	-	-	-	-	-	-
おうとう	(28)	18	25,542	1,458	-	-	-	-	-	-	0	6,588	0	4,073
うめ	(29)	53	21,042	396	-	-	-	-	-	-	-	-	1	569
ぶどう	(30)	173	161,073	932	-	-	-	-	-	-	-	-	2	1,556
デラウェア	(31)	56	41,789	752	-	-	-	-	-	-	-	-	2	1,435
巨峰	(32)	59	56,385	949	-	-	-	-	-	-	-	-	0	2,730
その他のぶどう	(33)	58	62,899	1,086	-	-	-	-	-	-	-	-	0	3,421
くり	(34)	2	1,789	1,028	-	-	-	-	-	-	-	-	-	-
いちご	(35)	264	318,710	1,205	29	1,449	39	1,451	74	1,141	77	882	15	948
メロン	(36)	353	153,192	434	6	755	3	838	3	990	9	820	39	521
温室メロン	(37)	83	45,042	542	1	1,358	1	1,292	1	1,326	1	1,268	2	908
アンデスメロン	(38)	56	19,510	349	0	627	0	655	0	951	0	701	7	479
その他のメロン（まくわうりを含む。）	(39)	214	88,641	414	5	669	1	683	1	794	8	748	30	507
すいか	(40)	564	97,634	173	0	281	-	-	-	-	10	327	55	275
キウイフルーツ	(41)	34	18,787	560	7	526	7	564	6	581	4	625	-	-
その他の国産果実	(42)	7	11,558	1,682	-	-	-	-	0	4,242	1	3,129	1	2,905
輸入果実計	(43)	**947**	**297,569**	**314**	**46**	**272**	**48**	**271**	**68**	**270**	**93**	**309**	**118**	**359**
バナナ	(44)	445	97,767	220	23	216	26	219	35	222	43	220	51	220
パインアップル	(45)	64	15,126	237	4	222	4	222	6	223	7	217	8	231
レモン	(46)	98	33,098	339	5	375	5	376	8	346	9	314	7	333
グレープフルーツ	(47)	59	13,421	226	4	268	3	290	2	285	3	284	4	255
オレンジ	(48)	122	33,242	273	7	283	6	288	11	300	11	304	14	295
輸入おうとう	(49)	6	9,917	1,604	-	-	-	-	-	-	0	1,786	4	1,451
輸入キウイフルーツ	(50)	91	50,638	556	-	-	-	-	-	-	11	607	23	574
輸入メロン	(51)	12	2,270	190	1	349	1	174	2	130	2	168	1	196
その他の輸入果実	(52)	51	42,089	832	3	569	2	722	4	591	7	487	6	502

6月		7月		8月		9月		10月		11月		12月		
数量	価格	数量	価格	数量	価格	数量	価格	数量	価格	数量	価格	数量	価格	
t	円/kg	t	円/kg	t	円/kg	t	円/kg	t	円/kg	t	円/kg	t	円/kg	
544	**389**	**594**	**318**	**493**	**418**	**461**	**340**	**532**	**295**	**459**	**299**	**571**	**364**	(1)
437	**397**	**498**	**316**	**398**	**443**	**386**	**345**	**459**	**292**	**391**	**299**	**509**	**376**	(2)
11	1,017	8	1,061	3	1,077	38	222	131	204	158	230	272	253	(3)
-	-	-	-	-	-	-	-	-	-	-	-	-	-	(4)
-	-	-	-	-	-	-	-	-	-	-	-	0	284	(5)
-	-	-	-	-	-	-	-	-	-	-	-	7	290	(6)
-	-	-	-	-	-	-	-	-	-	-	-	1	210	(7)
0	1,900	0	1,749	1	1,367	1	781	1	969	3	900	25	597	(8)
41	425	25	429	27	381	90	276	147	299	123	321	131	295	(9)
-	-	-	-	17	317	62	260	-	-	-	-	-	-	(10)
14	441	7	444	8	516	-	-	-	-	22	283	14	279	(11)
2	440	0	456	-	-	-	-	-	-	11	275	14	250	(12)
24	417	16	432	3	378	1	398	58	291	73	350	99	307	(13)
1	343	1	270	-	-	27	310	89	303	17	278	4	215	(14)
-	-	4	585	158	320	141	240	26	318	3	412	0	912	(15)
-	-	4	585	135	331	-	-	-	-	-	-	-	-	(16)
-	-	-	-	23	256	127	232	7	368	-	-	-	-	(17)
-	-	-	-	-	-	6	186	-	-	-	-	-	-	(18)
-	-	-	-	-	-	-	-	0	356	-	-	-	-	(19)
-	-	-	-	0	907	8	397	19	299	3	412	0	912	(20)
-	-	-	-	-	-	1	389	4	391	5	401	1	462	(21)
-	-	-	-	1	766	25	405	120	229	83	224	27	284	(22)
-	-	-	-	1	766	1	706	4	365	19	308	27	284	(23)
-	-	-	-	-	-	24	393	116	225	64	199	0	298	(24)
0	1,480	-	-	-	-	-	-	-	-	-	-	-	-	(25)
12	613	41	560	56	495	8	366	-	-	-	-	-	-	(26)
7	572	19	519	11	410	2	543	1	692	-	-	-	-	(27)
15	1,350	1	1,168	-	-	-	-	-	-	-	-	-	-	(28)
52	391	-	-	-	-	-	-	-	-	-	-	-	-	(29)
12	1,181	23	1,115	69	814	45	816	17	1,128	4	1,298	1	1,218	(30)
11	1,055	17	846	23	535	4	491	-	-	-	-	-	-	(31)
1	2,015	4	1,485	21	928	20	777	11	983	2	1,211	-	-	(32)
0	2,399	3	2,105	25	970	21	914	5	1,438	2	1,372	1	1,218	(33)
-	-	-	-	-	-	1	1,018	0	997	0	2,214	-	-	(34)
0	1,011	-	-	-	-	-	-	-	-	4	1,718	26	1,765	(35)
123	364	77	384	36	445	32	358	13	442	7	576	6	780	(36)
4	622	24	523	15	512	21	373	9	446	3	669	2	1,030	(37)
14	332	33	311	0	475	-	-	0	462	0	601	1	713	(38)
105	357	20	338	21	399	11	328	4	431	4	518	3	615	(39)
162	186	298	145	35	143	1	238	0	180	1	260	1	253	(40)
-	-	-	-	-	-	-	-	-	-	-	-	10	544	(41)
1	2,922	1	2,092	1	1,111	1	736	0	755	1	304	0	328	(42)
107	**356**	**96**	**332**	**95**	**312**	**74**	**316**	**73**	**312**	**68**	**300**	**62**	**269**	(43)
49	232	45	227	43	222	36	224	33	218	33	203	28	199	(44)
6	261	6	260	6	279	5	239	5	217	3	223	3	240	(45)
8	358	10	362	12	347	8	319	8	278	7	309	10	356	(46)
5	227	8	209	9	191	5	166	6	167	5	271	5	256	(47)
14	308	10	290	13	256	10	215	9	221	9	238	9	252	(48)
2	1,722	0	3,002	-	-	-	-	-	-	-	-	-	-	(49)
18	560	12	541	8	537	6	532	6	519	6	510	1	525	(50)
1	126	0	248	0	270	0	225	0	253	1	281	1	233	(51)
4	933	3	1,278	3	1,406	4	1,303	5	1,175	5	840	4	540	(52)

3 卸売市場別の月別果実の卸売数量・価額・価格（続き）
(38) 甲府市青果市場

品目		計 数量	計 価額	計 価格	1月 数量	1月 価格	2月 数量	2月 価格	3月 数量	3月 価格	4月 数量	4月 価格	5月 数量	5月 価格
		t	千円	円/kg	t	円/kg	t	円/kg	t	円/kg	t	円/kg	t	円/kg
果 実 計	(1)	9,424	3,571,933	379	680	368	660	392	659	414	640	414	603	421
国 産 果 実 計	(2)	6,488	2,692,101	415	511	404	468	443	426	491	350	498	276	534
み か ん	(3)	1,991	621,036	312	310	286	162	301	24	393	1	1,697	7	1,376
ネーブルオレンジ(国産)	(4)	1	279	268	0	111	-	-	-	-	-	-	-	-
甘 な つ み か ん	(5)	191	46,129	241	4	284	7	263	32	244	83	218	50	263
い よ か ん	(6)	68	19,836	293	16	301	29	273	22	312	-	-	-	-
は っ さ く	(7)	163	34,393	211	23	216	48	199	64	209	20	226	2	235
そ の 他 の 雑 か ん	(8)	363	155,365	428	43	444	87	407	117	384	63	456	16	551
り ん ご	(9)	889	335,788	378	56	362	75	369	86	378	81	394	59	451
つ が る	(10)	66	21,199	323	-	-	-	-	-	-	-	-	-	-
ジ ョ ナ ゴ ー ル ド	(11)	7	2,911	414	0	429	0	438	2	323	1	355	1	384
王 林	(12)	19	6,976	370	2	410	2	417	3	401	2	380	2	392
ふ じ	(13)	681	265,820	390	54	359	72	369	81	378	78	395	55	456
そ の 他 の り ん ご	(14)	117	38,882	333	0	497	1	178	0	447	0	446	1	295
日 本 な し	(15)	231	72,546	314	0	327	0	458	0	423	0	351	0	324
幸 水	(16)	69	21,934	318	-	-	-	-	-	-	-	-	-	-
豊 水	(17)	76	20,221	265	-	-	-	-	-	-	-	-	-	-
二 十 世 紀	(18)	4	1,267	332	-	-	-	-	-	-	-	-	-	-
新 高	(19)	30	9,236	311	-	-	-	-	-	-	-	-	-	-
そ の 他 の な し	(20)	52	19,888	381	0	327	0	458	0	423	0	351	0	324
西 洋 な し	(21)	13	4,497	358	-	-	-	-	-	-	-	-	-	-
か き	(22)	357	81,825	229	2	412	-	-	-	-	-	-	-	-
甘 が き	(23)	194	54,518	281	2	412	-	-	-	-	-	-	-	-
渋がき(脱渋を含む。)	(24)	163	27,306	168	-	-	-	-	-	-	-	-	-	-
び わ	(25)	1	2,257	2,133	-	-	-	-	0	3,449	1	2,231	0	2,181
も も	(26)	305	134,546	442	-	-	-	-	-	-	0	2,182	1	1,839
す も も	(27)	117	46,786	400	-	-	-	-	-	-	-	-	0	1,222
お う と う	(28)	31	56,170	1,841	-	-	-	-	0	8,863	0	7,438	5	2,325
う め	(29)	22	7,355	333	-	-	-	-	-	-	-	-	12	319
ぶ ど う	(30)	507	374,647	739	3	503	0	618	0	676	0	2,910	1	3,780
デ ラ ウ ェ ア	(31)	83	54,390	653	-	-	-	-	-	-	0	4,271	1	3,035
巨 峰	(32)	77	54,272	705	-	-	-	-	-	-	0	5,846	0	3,890
そ の 他 の ぶ ど う	(33)	347	265,984	767	3	503	0	618	0	676	0	1,384	0	6,374
く り	(34)	9	5,519	584	-	-	-	-	-	-	-	-	-	-
い ち ご	(35)	246	329,662	1,341	31	1,618	41	1,511	60	1,260	64	925	16	936
メ ロ ン	(36)	401	217,541	542	6	1,223	6	1,286	8	1,242	22	789	78	511
温 室 メ ロ ン	(37)	108	79,915	740	5	1,303	3	1,511	4	1,663	3	1,658	5	762
ア ン デ ス メ ロ ン	(38)	107	50,160	468	1	827	1	815	2	715	14	620	36	466
その他のメロン(まくわうりを含む。)	(39)	186	87,467	470	1	1,452	1	1,199	3	1,000	5	794	37	520
す い か	(40)	515	104,816	203	0	276	1	399	2	518	9	402	28	343
キ ウ イ フ ル ー ツ	(41)	53	27,722	520	16	440	13	546	10	615	5	608	-	-
そ の 他 の 国 産 果 実	(42)	13	13,384	993	0	507	0	1,413	0	2,471	0	2,828	1	2,587
輸 入 果 実 計	(43)	2,936	879,831	300	169	261	192	268	233	273	290	313	327	326
バ ナ ナ	(44)	1,021	249,670	245	75	223	82	231	96	237	104	242	107	248
パ イ ン ア ッ プ ル	(45)	334	65,473	196	20	186	23	187	28	196	30	202	28	214
レ モ ン	(46)	397	119,104	300	23	335	26	327	26	336	30	328	41	264
グ レ ー プ フ ル ー ツ	(47)	291	71,042	244	17	266	22	252	21	256	26	261	26	264
オ レ ン ジ	(48)	381	103,554	272	16	247	19	308	35	285	44	320	49	300
輸 入 お う と う	(49)	2	2,883	1,353	0	2,767	-	-	-	-	0	2,308	1	1,249
輸 入 キ ウ イ フ ル ー ツ	(50)	257	142,371	554	1	439	1	539	2	573	28	599	47	583
輸 入 メ ロ ン	(51)	50	9,574	190	3	288	5	191	7	169	5	192	4	180
そ の 他 の 輸 入 果 実	(52)	203	116,161	572	11	473	14	479	19	496	22	488	23	523

	6月		7月		8月		9月		10月		11月		12月		
	数量	価格	数量	価格	数量	価格	数量	価格	数量	価格	数量	価格	数量	価格	
	t	円/kg	t	円/kg	t	円/kg	t	円/kg	t	円/kg	t	円/kg	t	円/kg	
	678	420	879	397	968	412	704	418	830	342	937	298	1,186	321	(1)
	359	501	600	434	708	449	476	478	602	364	734	300	978	330	(2)
	19	1,103	35	937	43	892	82	428	200	282	370	278	738	239	(3)
	-	-	-	-	-	-	-	-	-	-	-	-	1	312	(4)
	15	269	-	-	-	-	-	-	-	-	-	-	-	-	(5)
	-	-	-	-	-	-	-	-	-	-	-	-	0	390	(6)
	-	-	-	-	-	-	-	-	-	-	-	-	6	259	(7)
	1	1,047	0	2,653	1	1,105	1	721	2	501	8	410	25	479	(8)
	47	460	42	446	36	339	64	325	129	353	108	378	106	349	(9)
	-	-	-	-	16	347	47	326	3	150	0	397	-	-	(10)
	1	502	1	479	0	452	0	378	0	459	0	467	0	450	(11)
	1	438	1	300	0	447	0	356	0	341	4	288	1	408	(12)
	45	459	39	449	19	332	4	380	52	387	81	391	101	351	(13)
	0	407	0	403	1	248	13	303	74	338	23	348	3	250	(14)
	0	1,696	2	475	66	312	101	276	50	366	12	379	1	455	(15)
	0	1,696	1	614	60	319	7	224	-	-	-	-	-	-	(16)
	-	-	-	-	5	218	70	268	1	275	-	-	-	-	(17)
	-	-	-	-	0	686	4	323	0	231	-	-	-	-	(18)
	-	-	-	-	-	-	7	260	22	327	1	332	-	-	(19)
	-	-	1	115	0	264	13	348	27	401	11	382	1	455	(20)
	-	-	-	-	0	446	1	358	5	347	4	345	3	395	(21)
	-	-	-	-	0	318	14	347	127	256	190	190	23	318	(22)
	-	-	-	-	0	1,335	4	295	60	304	107	254	21	338	(23)
	-	-	-	-	0	251	10	368	67	212	83	109	2	123	(24)
	0	1,693	-	-	-	-	-	-	-	-	-	-	-	-	(25)
	56	366	166	430	71	512	10	379	0	206	0	1,200	0	1,080	(26)
	21	446	57	395	35	375	4	418	-	-	-	-	-	-	(27)
	24	1,682	1	1,477	0	107	-	-	-	-	-	-	-	-	(28)
	10	350	0	273	-	-	-	-	-	-	-	-	-	-	(29)
	4	2,173	55	794	195	702	162	719	63	767	12	554	11	570	(30)
	3	1,796	40	646	40	517	0	631	-	-	-	-	-	-	(31)
	0	3,027	7	920	38	608	26	674	6	1,009	0	756	-	-	(32)
	1	2,872	9	1,376	117	796	136	728	57	743	12	554	11	570	(33)
	-	-	-	-	1	326	7	545	1	902	0	1,890	-	-	(34)
	1	1,114	0	3,155	0	2,054	0	1,800	0	4,811	4	2,107	29	2,015	(35)
	66	425	82	418	42	472	21	426	19	527	21	647	30	672	(36)
	8	569	13	556	10	652	11	456	11	531	13	693	20	726	(37)
	29	403	16	356	0	392	0	520	-	-	5	514	3	464	(38)
	29	405	52	403	31	413	10	390	7	520	3	656	7	596	(39)
	94	201	159	204	217	175	7	173	0	265	0	259	0	299	(40)
	0	249	-	-	-	-	0	503	3	524	3	445	3	442	(41)
	2	1,228	1	1,301	2	780	2	916	3	930	2	478	1	389	(42)
	318	327	279	317	260	312	228	294	228	285	204	290	209	282	(43)
	101	259	87	254	78	256	73	255	80	253	73	241	65	230	(44)
	30	208	36	193	31	211	26	201	31	183	25	186	27	175	(45)
	50	235	41	315	42	318	35	291	29	285	27	284	27	350	(46)
	28	240	26	234	29	228	24	212	22	196	17	258	33	263	(47)
	40	283	34	292	34	265	32	222	28	214	25	229	24	239	(48)
	1	1,445	0	901	-	-	-	-	-	-	-	-	0	2,105	(49)
	48	586	36	548	27	533	19	498	20	487	16	505	12	543	(50)
	4	167	5	152	3	224	2	226	3	184	4	195	4	175	(51)
	16	721	15	688	18	620	18	623	15	678	17	618	16	485	(52)

3 卸売市場別の月別果実の卸売数量・価額・価格（続き）
(39) 長野市青果市場

品目		計			1月		2月		3月		4月		5月	
		数量	価額	価格	数量	価格	数量	価格	数量	価格	数量	価格	数量	価格
		t	千円	円/kg	t	円/kg	t	円/kg	t	円/kg	t	円/kg	t	円/kg
果実計	(1)	36,984	12,838,105	347	2,203	328	2,697	331	2,803	340	2,418	347	2,101	388
国産果実計	(2)	30,588	11,122,449	364	1,858	345	2,335	345	2,228	367	1,773	372	1,393	424
みかん	(3)	5,990	1,844,162	308	544	270	385	326	139	395	3	1,048	22	1,485
ネーブルオレンジ（国産）	(4)	5	1,305	250	-	-	0	234	5	252	-	-	-	-
甘なつみかん	(5)	1,228	245,549	200	16	219	33	221	255	186	477	189	338	215
いよかん	(6)	971	227,960	235	244	242	407	225	284	242	29	233	0	194
はっさく	(7)	435	88,793	204	19	261	77	199	169	199	156	206	8	166
その他の雑かん	(8)	2,853	1,057,390	371	313	386	602	380	774	336	581	356	360	366
りんご	(9)	7,927	2,025,005	255	558	210	665	203	351	239	198	278	59	351
つがる	(10)	643	126,225	196	-	-	-	-	-	-	-	-	-	-
ジョナゴールド	(11)	3	1,136	329	-	-	-	-	0	603	-	-	-	-
王林	(12)	51	9,106	178	-	-	2	88	1	306	0	562	0	432
ふじ	(13)	4,880	1,290,764	264	530	209	636	197	343	239	193	279	57	358
その他のりんご	(14)	2,349	597,774	254	28	239	28	341	7	215	5	223	2	182
日本なし	(15)	764	233,359	305	-	-	-	-	-	-	-	-	-	-
幸水	(16)	298	99,127	333	-	-	-	-	-	-	-	-	-	-
豊水	(17)	163	41,847	257	-	-	-	-	-	-	-	-	-	-
二十世紀	(18)	84	20,984	251	-	-	-	-	-	-	-	-	-	-
新高	(19)	26	7,491	292	-	-	-	-	-	-	-	-	-	-
その他のなし	(20)	194	63,911	329	-	-	-	-	-	-	-	-	-	-
西洋なし	(21)	82	22,211	271	0	363	0	481	-	-	-	-	-	-
かき	(22)	1,364	351,651	258	17	398	1	551	-	-	-	-	-	-
甘がき	(23)	689	177,128	257	17	399	1	551	-	-	-	-	-	-
渋がき（脱渋を含む。）	(24)	674	174,523	259	0	131	-	-	-	-	-	-	-	-
びわ	(25)	9	11,651	1,335	-	-	-	-	0	2,838	1	1,974	0	1,915
もも	(26)	1,568	667,579	426	-	-	-	-	-	-	0	858	2	1,691
すもも	(27)	230	106,720	464	-	-	-	-	-	-	-	-	0	1,324
おうとう	(28)	43	86,535	2,002	-	-	-	-	0	6,442	1	6,116	4	3,453
うめ	(29)	134	58,584	439	-	-	-	-	-	-	-	-	30	424
ぶどう	(30)	1,717	1,654,142	964	6	598	1	566	-	-	0	5,502	3	2,407
デラウェア	(31)	135	95,162	706	-	-	-	-	-	-	-	-	2	1,481
巨峰	(32)	816	632,454	775	-	-	-	-	-	-	0	4,807	1	3,317
その他のぶどう	(33)	766	926,525	1,210	6	598	1	566	-	-	0	9,874	0	4,800
くり	(34)	23	19,013	838	0	108	-	-	-	-	-	-	-	-
いちご	(35)	809	1,018,174	1,258	111	1,420	128	1,382	183	1,235	204	941	89	965
メロン	(36)	1,469	655,514	446	5	1,192	7	1,021	6	1,278	41	730	247	535
温室メロン	(37)	245	120,821	493	3	1,338	3	1,309	4	1,326	5	1,103	7	669
アンデスメロン	(38)	434	188,922	435	2	817	3	649	1	961	6	595	102	530
その他のメロン（まくわうりを含む。）	(39)	791	345,772	437	1	1,456	1	1,363	1	1,388	30	700	138	532
すいか	(40)	2,639	564,399	214	1	465	1	741	15	524	56	381	226	302
キウイフルーツ	(41)	155	74,488	480	24	539	28	569	46	518	24	525	0	410
その他の国産果実	(42)	173	108,264	628	0	680	1	205	0	1,047	1	2,165	2	3,186
輸入果実計	(43)	6,396	1,715,656	268	346	238	362	242	575	238	646	279	708	316
バナナ	(44)	3,570	719,917	202	223	201	235	205	317	200	330	207	327	206
パインアップル	(45)	697	152,131	218	43	218	41	235	59	225	76	213	76	221
レモン	(46)	186	68,135	366	13	369	12	399	19	371	13	408	13	407
グレープフルーツ	(47)	388	79,357	205	21	233	23	257	62	197	30	251	33	227
オレンジ	(48)	652	164,433	252	22	255	26	254	74	271	106	284	105	247
輸入おうとう	(49)	38	52,788	1,397	0	2,592	-	-	-	-	2	1,931	17	1,565
輸入キウイフルーツ	(50)	454	256,789	566	1	538	-	-	-	-	34	606	90	566
輸入メロン	(51)	73	15,388	210	3	368	4	269	10	169	12	194	9	202
その他の輸入果実	(52)	338	206,720	612	20	569	21	555	34	559	44	607	38	577

	6月		7月		8月		9月		10月		11月		12月		
	数量	価格	数量	価格	数量	価格	数量	価格	数量	価格	数量	価格	数量	価格	
	t	円/kg	t	円/kg	t	円/kg	t	円/kg	t	円/kg	t	円/kg	t	円/kg	
	2,259	389	3,056	369	3,258	390	3,163	409	3,990	336	4,429	294	4,607	305	(1)
	1,583	424	2,418	390	2,689	413	2,674	437	3,488	350	3,992	301	4,156	311	(2)
	61	1,079	84	1,006	133	1,009	200	366	899	235	1,339	269	2,181	253	(3)
	-	-	-	-	-	-	-	-	-	-	-	-	-	-	(4)
	102	226	6	182	-	-	-	-	-	-	-	-	0	274	(5)
	-	-	-	-	-	-	-	-	-	-	-	-	8	273	(6)
	-	-	-	-	-	-	-	-	-	-	-	-	6	240	(7)
	83	383	15	427	2	739	3	741	5	680	9	551	107	550	(8)
	18	399	22	362	304	226	838	230	1,464	248	2,025	286	1,424	277	(9)
	-	-	7	321	246	209	389	187	0	54	-	-	-	-	(10)
	-	-	-	-	2	458	-	-	1	160	0	108	-	-	(11)
	0	378	0	673	0	673	-	-	19	167	30	178	0	72	(12)
	18	399	9	443	1	397	-	-	12	258	1,715	294	1,365	278	(13)
	-	-	5	263	54	291	448	267	1,431	249	281	251	59	255	(14)
	-	-	10	525	246	336	361	262	106	356	38	316	4	359	(15)
	-	-	10	537	238	343	50	244	-	-	-	-	-	-	(16)
	-	-	-	-	1	66	161	259	1	195	-	-	-	-	(17)
	-	-	-	-	0	128	81	252	2	197	-	-	-	-	(18)
	-	-	-	-	-	-	2	227	23	298	0	349	-	-	(19)
	-	-	1	311	6	141	66	295	80	378	38	315	4	359	(20)
	-	-	-	-	8	182	15	206	33	251	15	279	11	473	(21)
	-	-	0	1,069	1	891	112	316	489	251	459	260	284	231	(22)
	-	-	-	-	-	-	53	253	130	284	216	263	273	231	(23)
	-	-	0	1,069	1	891	60	372	358	239	243	257	12	252	(24)
	7	1,239	1	558	-	-	-	-	-	-	-	-	-	-	(25)
	51	623	724	449	733	387	58	410	0	43	-	-	-	-	(26)
	26	494	106	484	68	399	28	500	1	649	-	-	-	-	(27)
	33	1,864	6	1,427	-	-	-	-	-	-	-	-	-	-	(28)
	103	444	0	95	-	-	-	-	-	-	-	-	-	-	(29)
	16	1,754	78	1,365	284	961	827	811	418	1,044	56	1,447	28	1,681	(30)
	13	1,159	46	772	59	582	13	499	1	321	-	-	-	-	(31)
	1	2,639	19	1,590	116	899	454	650	202	837	22	1,179	2	1,228	(32)
	2	5,696	13	3,225	109	1,236	360	1,025	215	1,242	34	1,619	26	1,707	(33)
	-	-	-	-	0	531	11	752	11	926	-	-	-	-	(34)
	8	869	0	2,581	0	3,076	0	3,078	0	2,939	11	1,941	72	2,024	(35)
	437	413	319	382	212	412	111	339	54	407	14	649	16	814	(36)
	22	432	37	439	61	441	54	325	27	406	12	643	10	824	(37)
	141	433	143	372	31	334	-	-	3	321	0	444	2	689	(38)
	274	402	140	378	119	418	57	352	24	421	2	717	4	838	(39)
	528	199	1,021	201	682	210	106	104	0	520	1	506	2	478	(40)
	-	-	-	-	-	-	0	310	3	350	20	257	10	311	(41)
	110	563	26	733	17	449	5	535	5	735	4	764	2	644	(42)
	676	306	638	291	569	276	488	253	501	241	437	229	451	247	(43)
	313	217	339	215	298	216	305	196	326	191	304	179	253	182	(44)
	65	224	62	238	57	244	47	219	57	192	43	188	73	202	(45)
	16	379	18	365	20	351	16	335	14	360	13	348	20	328	(46)
	58	121	36	205	48	197	23	194	17	206	11	263	25	256	(47)
	77	246	70	240	66	231	33	219	31	218	21	241	22	286	(48)
	12	1,333	7	968	-	-	-	-	-	-	-	-	0	2,484	(49)
	96	573	72	559	52	576	39	541	29	526	20	516	22	610	(50)
	10	182	4	157	3	273	3	239	3	203	4	246	7	219	(51)
	28	683	30	652	25	657	23	641	25	670	21	657	30	549	(52)

3　卸売市場別の月別果実の卸売数量・価額・価格（続き）
(40)　松本市青果市場

品目		計			1月		2月		3月		4月		5月	
		数量	価額	価格	数量	価格	数量	価格	数量	価格	数量	価格	数量	価格
		t	千円	円／kg	t	円／kg	t	円／kg	t	円／kg	t	円／kg	t	円／kg
果実計	(1)	**18,088**	**6,375,723**	**352**	**1,082**	**391**	**1,170**	**384**	**1,252**	**378**	**1,190**	**366**	**1,163**	**384**
国産果実計	(2)	**14,791**	**5,440,113**	**368**	**916**	**417**	**976**	**408**	**955**	**415**	**799**	**409**	**734**	**419**
みかん	(3)	3,408	954,519	280	493	287	294	288	27	281	0	1,922	7	1,451
ネーブルオレンジ(国産)	(4)	2	451	241	–	–	1	209	1	253	–	–	–	–
甘なつみかん	(5)	714	154,067	216	30	243	41	219	147	205	259	206	205	232
いよかん	(6)	283	67,196	237	70	232	124	223	76	257	10	273	–	–
はっさく	(7)	210	42,094	201	9	269	38	207	103	178	52	222	7	245
その他の雑かん	(8)	1,119	397,085	355	96	363	213	363	317	311	211	309	118	338
りんご	(9)	2,147	715,087	333	93	251	141	201	108	219	66	302	73	343
つがる	(10)	267	77,764	292	–	–	–	–	–	–	–	–	–	–
ジョナゴールド	(11)	3	324	101	1	99	–	–	–	–	1	99	0	99
王林	(12)	8	1,372	173	1	99	–	–	1	261	2	117	2	171
ふじ	(13)	1,295	456,560	352	78	247	133	198	100	215	60	313	69	350
その他のりんご	(14)	574	179,067	312	13	299	8	259	7	264	2	293	2	314
日本なし	(15)	482	152,797	317	0	353	–	–	–	–	–	–	–	–
幸水	(16)	163	56,852	348	–	–	–	–	–	–	–	–	–	–
豊水	(17)	150	41,464	276	–	–	–	–	–	–	–	–	–	–
二十世紀	(18)	39	9,999	257	–	–	–	–	–	–	–	–	–	–
新高	(19)	8	2,437	312	–	–	–	–	–	–	–	–	–	–
その他のなし	(20)	121	42,045	346	0	353	–	–	–	–	–	–	–	–
西洋なし	(21)	78	20,706	267	0	343	0	325	–	–	–	–	–	–
かき	(22)	974	243,326	250	11	455	1	570	–	–	–	–	–	–
甘がき	(23)	483	123,551	256	11	458	1	570	–	–	–	–	–	–
渋がき（脱渋を含む。）	(24)	491	119,775	244	0	262	–	–	–	–	–	–	–	–
びわ	(25)	1	2,365	1,974	–	–	–	–	0	2,198	1	1,912	0	2,117
もも	(26)	439	190,281	434	–	–	–	–	–	–	–	–	1	1,579
すもも	(27)	146	73,461	503	–	–	–	–	–	–	–	–	0	1,072
おうとう	(28)	27	45,126	1,674	–	–	–	–	0	7,560	0	5,083	2	3,028
うめ	(29)	113	50,564	448	–	–	–	–	–	–	–	–	25	473
ぶどう	(30)	734	549,835	749	5	462	1	738	–	–	–	–	1	2,980
デラウェア	(31)	137	114,424	835	–	–	–	–	–	–	–	–	0	1,589
巨峰	(32)	128	111,996	875	–	–	–	–	–	–	–	–	0	2,578
その他のぶどう	(33)	469	323,415	690	5	462	1	738	–	–	–	–	0	7,312
くり	(34)	16	12,351	790	–	–	–	–	–	–	–	–	–	–
いちご	(35)	633	833,357	1,316	98	1,419	103	1,451	145	1,219	130	1,013	69	963
メロン	(36)	741	350,900	473	6	1,138	7	984	7	1,096	25	775	117	496
温室メロン	(37)	142	89,851	631	3	1,299	3	1,156	4	1,211	5	1,068	6	729
アンデスメロン	(38)	142	62,615	442	2	800	2	705	2	859	6	638	43	479
その他のメロン（まくわうりを含む。）	(39)	457	198,434	434	0	1,197	1	1,021	1	1,109	13	726	69	489
すいか	(40)	2,432	517,013	213	0	305	2	658	11	523	39	390	109	329
キウイフルーツ	(41)	38	20,680	547	6	570	10	488	11	553	5	677	–	–
その他の国産果実	(42)	55	46,853	850	0	1,301	0	1,851	0	3,024	0	2,553	1	2,215
輸入果実計	(43)	**3,297**	**935,611**	**284**	**165**	**249**	**194**	**264**	**297**	**262**	**391**	**278**	**429**	**322**
バナナ	(44)	1,855	421,297	227	115	219	125	224	157	230	188	232	205	238
パインアップル	(45)	146	37,904	260	7	283	10	270	11	264	26	231	16	285
レモン	(46)	162	64,255	397	8	421	9	421	13	367	12	402	15	382
グレープフルーツ	(47)	403	81,441	202	16	206	17	217	40	184	76	215	71	209
オレンジ	(48)	349	101,906	292	12	289	21	319	59	313	48	332	44	295
輸入おうとう	(49)	20	32,273	1,632	0	2,160	–	–	–	–	1	3,022	9	1,664
輸入キウイフルーツ	(50)	188	107,982	575	0	500	0	688	1	495	17	614	45	584
輸入メロン	(51)	36	8,108	222	0	242	2	198	6	209	8	211	6	209
その他の輸入果実	(52)	138	80,445	582	6	565	9	603	11	594	15	540	17	545

6月		7月		8月		9月		10月		11月		12月		
数量	価格	数量	価格	数量	価格	数量	価格	数量	価格	数量	価格	数量	価格	
t	円/kg	t	円/kg	t	円/kg	t	円/kg	t	円/kg	t	円/kg	t	円/kg	
1,132	403	1,906	312	1,999	347	1,469	364	1,579	328	1,802	310	2,344	338	(1)
766	435	1,581	317	1,705	360	1,233	382	1,365	337	1,617	316	2,144	345	(2)
18	1,207	34	932	36	906	104	336	339	222	669	249	1,388	251	(3)
-	-	-	-	-	-	-	-	-	-	-	-	-	-	(4)
29	213	-	-	-	-	-	-	-	-	-	-	2	260	(5)
-	-	-	-	-	-	-	-	-	-	-	-	2	356	(6)
-	-	-	-	-	-	-	-	-	-	-	-	1	257	(7)
72	439	22	452	6	532	1	765	2	884	9	599	51	541	(8)
39	445	22	473	186	318	187	298	352	308	533	387	346	396	(9)
-	-	-	-	143	303	116	281	7	236	-	-	-	-	(10)
-	-	-	-	-	-	-	-	0	140	-	-	-	-	(11)
0	542	-	-	-	-	-	-	0	90	1	105	0	249	(12)
38	450	19	499	10	398	1	282	6	335	446	404	334	399	(13)
1	264	4	334	33	358	69	326	339	309	86	304	11	305	(14)
-	-	6	621	129	351	242	278	85	352	17	320	2	357	(15)
-	-	6	622	124	354	33	278	1	138	-	-	-	-	(16)
-	-	-	-	0	346	142	276	9	272	-	-	-	-	(17)
-	-	-	-	-	-	38	258	1	177	-	-	-	-	(18)
-	-	-	-	-	-	-	-	8	313	0	288	-	-	(19)
-	-	0	432	5	297	29	315	67	370	17	320	2	357	(20)
-	-	0	227	17	202	14	150	23	316	19	323	4	371	(21)
-	-	1	1,061	3	790	111	316	376	230	241	250	230	230	(22)
-	-	-	-	-	-	32	255	54	282	165	263	220	233	(23)
-	-	1	1,061	3	790	79	341	323	221	76	222	10	139	(24)
0	1,900	-	-	-	-	-	-	-	-	-	-	-	-	(25)
40	379	211	439	182	435	5	446	0	875	-	-	-	-	(26)
32	587	75	465	29	489	10	536	0	899	-	-	-	-	(27)
22	1,562	3	984	-	-	-	-	-	-	-	-	-	-	(28)
87	444	1	70	-	-	-	-	-	-	-	-	-	-	(29)
8	1,482	32	1,285	143	909	306	671	125	942	101	322	13	556	(30)
7	1,300	23	1,114	76	752	31	718	0	740	-	-	-	-	(31)
1	2,470	6	1,350	18	1,073	62	728	38	896	4	1,070	-	-	(32)
0	4,493	3	2,397	49	1,090	213	648	87	963	98	294	13	556	(33)
-	-	-	-	0	350	8	655	6	1,008	0	508	-	-	(34)
8	1,287	2	2,544	1	3,003	1	2,484	1	2,906	9	1,891	68	1,959	(35)
149	402	110	424	125	466	103	321	46	430	14	674	31	794	(36)
7	580	13	497	40	462	17	366	13	500	11	680	20	881	(37)
41	394	37	376	7	353	0	389	1	342	0	583	1	666	(38)
101	393	61	438	78	478	87	313	32	404	3	656	10	635	(39)
243	217	1,049	199	843	213	133	125	0	276	1	294	0	369	(40)
-	-	-	-	-	-	-	-	1	312	2	346	3	605	(41)
19	821	12	1,057	5	754	7	703	8	551	2	669	1	1,181	(42)
367	334	325	285	293	272	236	272	214	270	186	260	201	267	(43)
203	243	185	229	161	232	145	223	132	219	124	209	115	205	(44)
12	298	12	270	10	282	9	273	9	263	8	254	16	205	(45)
13	392	16	396	18	408	16	399	15	389	12	368	15	417	(46)
38	199	35	176	44	176	22	176	18	194	10	307	17	253	(47)
35	290	30	261	32	254	22	264	20	252	13	263	14	310	(48)
9	1,594	2	1,294	-	-	-	-	-	-	-	-	-	-	(49)
36	597	24	596	18	579	15	564	13	529	9	460	9	513	(50)
5	191	2	216	2	293	1	231	1	270	2	278	2	304	(51)
17	628	18	507	9	618	7	676	7	770	8	620	13	509	(52)

3 卸売市場別の月別果実の卸売数量・価額・価格（続き）
（41） 岐阜市中央卸売市場

品　目		計			1月		2月		3月		4月		5月	
		数量	価額	価格	数量	価格	数量	価格	数量	価格	数量	価格	数量	価格
		t	千円	円/kg	t	円/kg	t	円/kg	t	円/kg	t	円/kg	t	円/kg
果　実　計	(1)	27,933	9,858,663	353	2,181	365	2,040	370	1,936	414	1,606	413	1,697	391
国 産 果 実 計	(2)	24,856	8,993,668	362	1,989	374	1,826	382	1,688	436	1,308	444	1,371	416
み　か　ん	(3)	5,904	1,657,755	281	1,027	286	405	297	68	438	3	1,486	17	1,246
ネーブルオレンジ(国産)	(4)	12	3,619	298	3	237	1	226	6	364	-	-	-	-
甘なつみかん	(5)	360	75,202	209	1	238	14	228	96	217	159	196	90	220
い よ か ん	(6)	297	67,324	226	85	233	162	217	46	246	-	-	-	-
は っ さ く	(7)	169	27,651	164	35	200	74	147	51	160	7	147	-	-
その他の雑かん	(8)	865	357,947	414	54	549	190	418	284	364	113	422	36	311
り　ん　ご	(9)	7,188	2,345,905	326	587	293	800	301	850	307	611	339	498	386
つ が る	(10)	770	222,655	289	-	-	2	128	8	124	5	114	5	124
ジョナゴールド	(11)	413	146,169	354	49	290	38	293	38	324	39	338	50	349
王 林	(12)	444	128,262	289	57	288	63	291	73	259	51	311	59	279
ふ じ	(13)	4,593	1,550,885	338	464	295	671	305	712	314	497	346	360	420
その他のりんご	(14)	968	297,935	308	18	288	27	239	20	283	20	307	24	271
日 本 な し	(15)	782	259,511	332	-	-	-	-	-	-	-	-	-	-
幸 水	(16)	424	152,800	360	-	-	-	-	-	-	-	-	-	-
豊 水	(17)	206	56,135	273	-	-	-	-	-	-	-	-	-	-
二 十 世 紀	(18)	21	5,480	258	-	-	-	-	-	-	-	-	-	-
新 高	(19)	46	12,429	273	-	-	-	-	-	-	-	-	-	-
その他のなし	(20)	85	32,667	384	-	-	-	-	-	-	-	-	-	-
西 洋 な し	(21)	116	37,826	325	5	292	-	-	-	-	-	-	-	-
か き	(22)	1,274	214,123	168	0	378	-	-	-	-	-	-	-	-
甘 が き	(23)	1,022	165,797	162	0	378	-	-	-	-	-	-	-	-
渋がき(脱渋を含む。)	(24)	252	48,327	192	-	-	-	-	-	-	-	-	-	-
び わ	(25)	2	3,303	1,731	-	-	0	4,320	0	2,222	1	1,754	0	1,974
も も	(26)	610	313,407	514	-	-	-	-	-	-	0	1,046	2	1,778
す も も	(27)	116	60,549	524	-	-	-	-	-	-	-	-	0	1,323
お う と う	(28)	38	66,402	1,763	0	16,848	-	-	0	10,368	0	4,761	2	4,200
う め	(29)	327	91,210	279	-	-	-	-	-	-	-	-	74	395
ぶ ど う	(30)	790	736,948	933	1	579	0	540	-	-	-	-	5	1,742
デラウェア	(31)	279	211,214	758	-	-	-	-	-	-	-	-	4	1,241
巨 峰	(32)	252	233,160	925	-	-	-	-	-	-	-	-	1	3,354
その他のぶどう	(33)	259	292,574	1,131	1	579	0	540	-	-	-	-	0	3,651
く り	(34)	73	66,248	910	-	-	-	-	-	-	-	-	-	-
い ち ご	(35)	828	1,002,535	1,211	129	1,324	109	1,454	208	1,139	183	865	53	810
メ ロ ン	(36)	1,052	568,199	540	28	1,037	23	1,009	25	1,201	50	937	169	541
温 室 メ ロ ン	(37)	425	304,903	717	19	1,161	16	1,138	19	1,304	34	1,023	46	692
アンデスメロン	(38)	29	16,710	579	1	562	3	675	2	900	5	799	12	534
その他のメロン(まくわうりを含む。)	(39)	598	246,587	413	8	815	4	732	4	859	11	728	111	479
す い か	(40)	3,663	756,056	206	5	549	7	712	12	520	170	390	413	301
キウイフルーツ	(41)	122	62,049	509	26	482	39	490	41	536	7	581	1	442
その他の国産果実	(42)	270	219,898	813	3	636	1	465	2	2,032	4	2,656	11	1,580
輸 入 果 実 計	(43)	3,076	864,995	281	192	273	214	269	248	267	298	273	326	283
バ ナ ナ	(44)	733	161,639	221	50	226	57	223	67	221	67	224	72	224
パインアップル	(45)	621	132,448	213	33	218	43	216	48	215	60	215	72	216
レ モ ン	(46)	290	104,626	361	22	364	21	360	23	348	24	351	26	352
グレープフルーツ	(47)	404	88,918	220	38	235	35	248	30	247	35	225	32	230
オ レ ン ジ	(48)	542	151,639	280	31	283	35	297	44	289	63	280	63	286
輸入おうとう	(49)	4	6,072	1,654	-	-	-	-	-	-	0	1,859	2	1,736
輸入キウイフルーツ	(50)	112	57,500	512	-	-	-	-	-	-	6	555	15	526
輸 入 メ ロ ン	(51)	174	33,089	190	7	294	11	181	18	153	21	173	26	156
その他の輸入果実	(52)	195	129,063	660	11	561	12	590	18	562	22	537	19	571

	6月		7月		8月		9月		10月		11月		12月		
	数量	価格	数量	価格	数量	価格	数量	価格	数量	価格	数量	価格	数量	価格	
	t	円/kg	t	円/kg	t	円/kg	t	円/kg	t	円/kg	t	円/kg	t	円/kg	
	2,204	346	2,060	389	2,932	367	2,166	365	2,412	335	3,255	274	3,444	305	(1)
	1,897	355	1,786	404	2,677	374	1,923	373	2,167	339	3,017	274	3,208	308	(2)
	43	1,068	80	1,006	74	932	280	273	668	227	1,311	241	1,929	233	(3)
	-	-	-	-	-	-	-	-	-	-	-	-	3	239	(4)
	0	113	-	-	-	-	-	-	-	-	-	-	0	79	(5)
	-	-	-	-	-	-	-	-	-	-	-	-	5	243	(6)
	-	-	-	-	-	-	-	-	-	-	-	-	3	246	(7)
	1	1,631	2	1,176	6	649	15	424	12	568	14	648	137	406	(8)
	329	386	200	405	241	352	692	290	948	325	805	333	628	323	(9)
	2	108	-	-	157	325	534	287	58	270	-	-	-	-	(10)
	56	375	46	416	39	448	3	186	12	335	26	350	19	375	(11)
	29	263	14	268	4	199	-	-	-	-	51	303	44	339	(12)
	220	418	130	416	26	431	39	344	406	326	538	351	533	323	(13)
	23	272	10	404	15	299	117	286	473	331	191	288	32	273	(14)
	0	1,183	44	455	355	354	317	282	59	367	6	378	0	425	(15)
	0	1,242	41	460	323	364	60	272	-	-	-	-	-	-	(16)
	-	-	0	943	27	256	178	274	1	314	0	216	-	-	(17)
	-	-	-	-	0	734	21	255	0	301	-	-	-	-	(18)
	-	-	-	-	-	-	19	252	25	289	1	262	-	-	(19)
	0	974	3	358	5	249	39	362	33	427	4	416	0	425	(20)
	-	-	-	-	8	251	16	273	25	363	41	350	21	307	(21)
	-	-	-	-	-	-	29	303	238	225	722	173	285	93	(22)
	-	-	-	-	-	-	10	199	125	208	617	183	270	92	(23)
	-	-	-	-	-	-	19	357	113	243	105	117	15	114	(24)
	0	770	-	-	-	-	-	-	-	-	-	-	-	-	(25)
	35	597	224	554	304	491	45	352	0	520	-	-	-	-	(26)
	27	623	44	531	29	429	14	516	2	364	-	-	-	-	(27)
	31	1,629	5	1,227	-	-	-	-	-	-	-	-	-	-	(28)
	252	245	1	106	-	-	-	-	-	-	-	-	-	-	(29)
	57	1,165	120	1,039	275	839	214	818	93	1,074	18	1,202	6	1,472	(30)
	52	992	86	779	115	639	22	651	0	757	-	-	-	-	(31)
	3	2,272	18	1,375	96	888	86	758	44	981	5	1,194	-	-	(32)
	2	4,399	16	2,033	65	1,118	106	900	48	1,162	14	1,205	6	1,472	(33)
	-	-	-	-	5	949	54	906	14	916	-	-	-	-	(34)
	2	1,133	4	1,728	5	1,641	3	2,130	2	2,503	14	1,607	116	1,588	(35)
	216	418	147	443	186	413	87	355	38	580	39	622	43	868	(36)
	46	611	54	568	77	507	42	445	18	662	24	681	27	964	(37)
	0	348	4	246	-	-	-	-	-	-	1	323	0	561	(38)
	169	366	89	376	109	346	45	272	19	502	14	530	15	706	(39)
	890	189	900	185	1,120	171	104	103	11	354	18	281	12	433	(40)
	-	-	-	-	-	-	0	648	3	505	2	449	3	506	(41)
	14	1,558	16	1,419	70	609	51	713	53	725	27	607	18	459	(42)
	307	293	274	286	256	294	243	294	245	294	237	276	236	266	(43)
	66	219	58	219	55	227	56	222	63	222	64	211	57	209	(44)
	76	224	69	216	49	222	46	223	41	202	41	191	44	184	(45)
	25	374	27	370	28	370	24	362	23	351	22	353	25	375	(46)
	27	211	33	201	38	195	30	193	30	194	36	222	39	235	(47)
	59	288	45	284	42	273	44	267	47	271	37	263	32	264	(48)
	1	1,561	0	1,225	-	-	-	-	-	-	-	-	-	-	(49)
	16	526	16	522	19	506	12	497	11	486	9	492	7	496	(50)
	20	147	12	172	10	253	14	209	13	233	12	238	12	209	(51)
	16	787	14	770	15	708	17	806	17	874	15	726	20	495	(52)

3 卸売市場別の月別果実の卸売数量・価額・価格（続き）
(42) 静岡市中央卸売市場

品　目		計			1月		2月		3月		4月		5月	
		数量	価額	価格	数量	価格	数量	価格	数量	価格	数量	価格	数量	価格
		t	千円	円/kg	t	円/kg	t	円/kg	t	円/kg	t	円/kg	t	円/kg
果　実　計	(1)	22,224	6,711,518	302	2,195	277	1,711	325	1,910	317	1,697	278	1,043	296
国 産 果 実 計	(2)	10,850	4,412,097	407	690	450	750	477	755	495	519	498	398	464
み か ん	(3)	3,603	1,043,233	290	245	291	159	292	19	260	1	352	3	1,479
ネーブルオレンジ(国産)	(4)	27	8,627	324	4	275	10	243	9	295	0	428	-	-
甘 な つ み か ん	(5)	348	64,489	186	2	223	6	178	133	205	113	191	55	167
い よ か ん	(6)	23	5,997	265	5	283	7	255	10	263	0	140	-	-
は っ さ く	(7)	52	9,362	181	14	185	17	178	19	176	1	263	-	-
その他の雑かん	(8)	454	160,877	354	97	326	164	354	106	344	40	368	11	408
り ん ご	(9)	1,873	634,951	339	175	307	227	328	244	339	154	370	73	468
つ が る	(10)	214	59,640	278	-	-	-	-	-	-	-	-	-	-
ジョナゴールド	(11)	88	34,572	392	9	319	6	329	10	390	10	410	8	499
王 林	(12)	150	46,434	310	18	307	29	285	25	285	13	348	11	380
ふ じ	(13)	1,229	434,536	354	147	307	188	336	205	344	128	370	53	489
その他のりんご	(14)	192	59,769	311	1	256	3	259	5	315	3	310	1	202
日 本 な し	(15)	588	180,194	307	-	-	-	-	-	-	-	-	-	-
幸 水	(16)	219	78,687	359	-	-	-	-	-	-	-	-	-	-
豊 水	(17)	196	52,037	265	-	-	-	-	-	-	-	-	-	-
二 十 世 紀	(18)	12	3,233	263	-	-	-	-	-	-	-	-	-	-
新 高	(19)	97	23,982	246	-	-	-	-	-	-	-	-	-	-
その他のなし	(20)	62	22,256	357	-	-	-	-	-	-	-	-	-	-
西 洋 な し	(21)	65	19,294	297	-	-	-	-	-	-	-	-	-	-
か き	(22)	354	86,318	244	-	-	-	-	-	-	-	-	-	-
甘 が き	(23)	267	63,111	237	-	-	-	-	-	-	-	-	-	-
渋がき(脱渋を含む。)	(24)	87	23,207	266	-	-	-	-	-	-	-	-	-	-
び わ	(25)	2	2,802	1,368	-	-	-	-	-	-	1	1,657	0	1,234
も も	(26)	247	118,371	479	-	-	-	-	-	-	-	-	1	2,387
す も も	(27)	85	40,030	473	-	-	-	-	-	-	-	-	0	1,424
お う と う	(28)	45	72,867	1,612	-	-	-	-	-	-	0	5,572	2	3,365
う め	(29)	37	15,724	423	-	-	-	-	-	-	-	-	12	472
ぶ ど う	(30)	543	511,484	942	3	497	-	-	-	-	0	3,683	4	1,469
デ ラ ウ ェ ア	(31)	123	96,551	788	-	-	-	-	-	-	0	3,683	3	1,371
巨 峰	(32)	182	173,024	951	-	-	-	-	-	-	-	-	0	3,554
その他のぶどう	(33)	238	241,908	1,014	3	497	-	-	-	-	-	-	0	2,154
く り	(34)	18	14,220	770	-	-	-	-	-	-	-	-	-	-
い ち ご	(35)	583	760,929	1,305	74	1,492	90	1,505	144	1,212	126	933	50	860
メ ロ ン	(36)	320	240,871	753	8	1,374	7	1,295	7	1,402	15	1,012	32	646
温 室 メ ロ ン	(37)	193	183,360	951	6	1,483	6	1,342	7	1,404	7	1,390	10	1,037
アンデスメロン	(38)	21	10,759	515	0	696	1	774	0	1,098	5	636	4	480
その他のメロン (まくわうりを含む。)	(39)	106	46,752	441	1	941	0	978	0	1,328	3	699	18	461
す い か	(40)	1,247	239,057	192	1	227	2	405	3	349	47	343	152	284
キウイフルーツ	(41)	120	59,936	500	34	446	27	492	24	512	6	531	-	-
その他の国産果実	(42)	218	122,464	561	30	379	33	366	39	442	15	596	2	2,479
輸 入 果 実 計	(43)	11,373	2,299,421	202	1,504	197	962	206	1,155	201	1,177	181	645	193
バ ナ ナ	(44)	10,579	2,017,572	191	1,325	181	783	181	974	180	1,068	166	629	181
パインアップル	(45)	77	13,897	180	15	145	12	152	14	149	14	202	1	271
レ モ ン	(46)	210	78,459	374	50	374	55	368	52	362	20	331	3	452
グレープフルーツ	(47)	152	41,234	272	51	276	45	270	43	275	2	297	1	279
オ レ ン ジ	(48)	289	90,227	313	57	324	62	326	65	308	68	306	5	325
輸入おうとう	(49)	3	5,392	1,891	-	-	-	-	-	-	0	2,202	2	1,807
輸入キウイフルーツ	(50)	24	12,079	502	1	528	-	-	-	-	3	601	2	521
輸 入 メ ロ ン	(51)	8	1,555	188	3	301	3	166	3	114	-	-	-	-
その他の輸入果実	(52)	32	39,006	1,201	3	809	3	860	4	827	2	1,206	2	1,380

6月		7月		8月		9月		10月		11月		12月		
数量	価格	数量	価格	数量	価格	数量	価格	数量	価格	数量	価格	数量	価格	
t	円/kg	t	円/kg	t	円/kg	t	円/kg	t	円/kg	t	円/kg	t	円/kg	
1,928	273	3,111	261	3,230	272	970	392	964	382	1,558	307	1,908	376	(1)
659	408	788	427	976	426	947	391	939	380	1,540	304	1,889	375	(2)
6	1,166	27	1,008	29	850	132	288	357	241	1,100	273	1,526	284	(3)
-	-	-	-	-	-	-	-	-	-	-	-	3	709	(4)
25	149	13	91	1	78	-	-	-	-	-	-	-	-	(5)
-	-	-	-	-	-	-	-	-	-	-	-	0	335	(6)
-	-	-	-	-	-	-	-	-	-	-	-	0	296	(7)
2	489	1	563	1	915	1	734	1	762	3	637	28	367	(8)
69	438	61	446	84	362	214	280	244	324	196	321	132	324	(9)
-	-	-	-	52	297	162	272	0	278	-	-	-	-	(10)
10	438	10	420	5	493	-	-	8	289	7	336	5	391	(11)
10	338	7	407	4	417	-	-	12	237	13	277	8	326	(12)
48	458	42	458	18	488	19	338	119	349	148	324	115	321	(13)
0	502	2	463	6	405	32	287	105	309	29	321	4	325	(14)
0	1,472	14	550	228	338	275	269	66	291	2	427	3	430	(15)
0	1,472	10	620	204	346	4	254	-	-	-	-	-	-	(16)
-	-	0	868	20	272	176	264	0	153	-	-	-	-	(17)
-	-	-	-	-	-	12	263	-	-	-	-	-	-	(18)
-	-	-	-	-	-	53	245	44	248	-	-	-	-	(19)
-	-	4	339	4	257	29	344	22	381	2	427	3	430	(20)
-	-	-	-	1	276	8	243	14	345	27	297	16	279	(21)
-	-	-	-	0	324	26	347	118	266	163	212	47	243	(22)
-	-	-	-	0	324	11	286	65	272	148	216	43	243	(23)
-	-	-	-	-	-	15	389	53	259	15	168	3	250	(24)
1	1,177	-	-	-	-	-	-	-	-	-	-	-	-	(25)
50	544	103	497	71	428	23	357	0	380	-	-	-	-	(26)
11	568	36	479	30	415	7	527	0	583	-	-	-	-	(27)
33	1,549	10	1,286	-	-	-	-	-	-	-	-	-	-	(28)
25	400	-	-	-	-	-	-	-	-	-	-	-	-	(29)
19	1,225	79	954	178	871	151	840	87	1,125	17	1,315	6	691	(30)
17	1,138	54	764	46	636	2	835	0	648	-	-	-	-	(31)
1	1,661	21	1,202	72	902	54	817	30	1,053	5	1,266	0	1,687	(32)
1	2,948	4	2,404	60	1,012	95	852	58	1,162	12	1,333	6	677	(33)
-	-	-	-	0	637	13	738	5	849	0	2,484	-	-	(34)
7	838	0	1,793	0	1,677	0	2,975	0	2,210	7	2,102	85	1,875	(35)
57	510	65	627	45	610	25	594	18	777	19	1,035	22	1,361	(36)
18	776	40	739	32	669	15	749	14	860	16	1,107	20	1,438	(37)
6	438	3	467	1	423	-	-	1	450	0	558	0	774	(38)
34	381	21	437	12	464	10	361	3	485	2	485	2	757	(39)
350	191	373	182	270	131	44	132	3	310	1	218	1	263	(40)
-	-	-	-	0	377	-	-	9	666	2	681	19	486	(41)
4	1,651	5	1,226	39	567	29	614	16	668	4	689	1	750	(42)
1,269	203	2,323	205	2,254	205	23	461	25	447	17	510	19	448	(43)
1,251	198	2,303	203	2,233	202	3	263	5	267	2	265	2	249	(44)
0	284	3	239	3	256	3	244	4	204	3	211	5	205	(45)
4	453	5	421	5	422	5	403	4	402	4	447	4	475	(46)
1	246	2	217	1	218	2	213	1	243	1	290	1	293	(47)
7	303	4	295	5	272	5	262	4	278	3	268	4	340	(48)
1	2,125	0	1,158	-	-	-	-	-	-	-	-	-	-	(49)
2	513	3	508	3	507	3	504	4	411	1	508	1	509	(50)
-	-	-	-	-	-	-	-	-	-	-	-	-	-	(51)
3	1,321	3	1,230	3	1,250	3	1,364	3	1,385	3	1,371	1	1,923	(52)

3 卸売市場別の月別果実の卸売数量・価額・価格（続き）
(43) 浜松市中央卸売市場

品目		計			1月		2月		3月		4月		5月	
		数量	価額	価格	数量	価格	数量	価格	数量	価格	数量	価格	数量	価格
		t	千円	円/kg	t	円/kg	t	円/kg	t	円/kg	t	円/kg	t	円/kg
果 実 計	(1)	30,925	11,296,958	365	1,977	363	2,061	402	2,122	421	2,048	380	1,988	384
国 産 果 実 計	(2)	22,921	9,387,072	410	1,518	409	1,520	470	1,450	516	1,195	477	1,095	488
み か ん	(3)	6,854	1,987,083	290	625	295	298	322	36	377	1	2,027	5	1,494
ネーブルオレンジ(国産)	(4)	124	36,143	292	38	281	50	267	22	292	1	220	-	-
甘 な つ み か ん	(5)	339	60,006	177	3	220	17	188	100	194	120	174	74	167
い よ か ん	(6)	183	43,147	236	46	255	70	234	64	222	0	116	-	-
は っ さ く	(7)	188	33,540	178	34	197	50	171	66	169	24	168	1	148
その他の雑かん	(8)	967	331,943	343	139	314	265	343	232	361	124	360	36	330
り ん ご	(9)	5,080	1,741,777	343	444	301	521	327	569	332	537	349	361	405
つ が る	(10)	558	170,938	307	-	-	-	-	-	-	-	-	-	-
ジョナゴールド	(11)	379	135,735	358	17	304	22	319	26	372	32	336	56	361
王 林	(12)	395	117,936	299	42	308	56	291	75	284	41	303	29	317
ふ じ	(13)	3,196	1,136,447	356	379	301	427	334	462	338	454	354	270	425
その他のりんご	(14)	553	180,721	327	6	278	17	292	6	316	9	362	6	380
日 本 な し	(15)	1,273	401,199	315	-	-	1	545	-	-	-	-	-	-
幸 水	(16)	588	194,767	331	-	-	-	-	-	-	-	-	-	-
豊 水	(17)	383	103,578	271	-	-	-	-	-	-	-	-	-	-
二 十 世 紀	(18)	29	7,023	241	-	-	-	-	-	-	-	-	-	-
新 高	(19)	40	11,707	291	-	-	-	-	-	-	-	-	-	-
その他のなし	(20)	233	84,125	362	-	-	1	545	-	-	-	-	-	-
西 洋 な し	(21)	102	32,062	316	-	-	-	-	-	-	-	-	-	-
か き	(22)	659	168,490	256	3	494	-	-	-	-	-	-	-	-
甘 が き	(23)	579	142,985	247	3	494	-	-	-	-	-	-	-	-
渋がき (脱渋を含む。)	(24)	80	25,504	319	-	-	-	-	-	-	-	-	-	-
び わ	(25)	3	3,655	1,331	-	-	-	-	0	2,395	0	1,783	1	1,272
も も	(26)	554	260,714	471	-	-	-	-	-	-	-	-	1	2,583
す も も	(27)	96	47,471	492	-	-	-	-	-	-	-	-	-	-
お う と う	(28)	87	141,915	1,623	-	-	-	-	-	-	0	6,134	15	1,857
う め	(29)	88	33,674	383	-	-	-	-	-	-	-	-	51	418
ぶ ど う	(30)	1,110	1,107,097	997	1	476	1	705	2	496	0	3,468	13	1,250
デラウェア	(31)	286	233,000	816	-	-	-	-	-	-	0	3,468	7	1,871
巨 峰	(32)	348	330,664	951	-	-	-	-	-	-	-	-	0	3,201
その他のぶどう	(33)	477	543,433	1,139	1	476	1	705	2	496	-	-	6	458
く り	(34)	29	20,187	690	-	-	-	-	-	-	-	-	-	-
い ち ご	(35)	1,069	1,481,351	1,386	115	1,478	167	1,521	279	1,233	200	971	102	933
メ ロ ン	(36)	1,019	714,208	701	21	1,545	22	1,431	25	1,473	50	1,097	174	585
温 室 メ ロ ン	(37)	490	509,280	1,040	18	1,681	20	1,494	23	1,508	29	1,381	37	1,010
アンデスメロン	(38)	151	61,318	407	1	732	1	750	1	956	10	699	42	474
その他のメロン(まくわうりを含む。)	(39)	379	143,609	379	1	380	1	948	1	911	10	666	95	467
す い か	(40)	2,705	498,177	184	1	283	1	315	3	352	119	360	242	287
キウイフルーツ	(41)	213	111,046	522	39	525	47	521	39	531	5	425	3	763
その他の国産果実	(42)	177	132,188	749	9	440	10	427	13	513	14	976	14	1,110
輸 入 果 実 計	(43)	8,004	1,909,886	239	459	214	541	213	672	217	853	244	893	257
バ ナ ナ	(44)	4,692	854,396	182	319	181	354	183	398	188	489	186	482	185
パインアップル	(45)	876	199,705	228	51	227	57	231	74	228	98	228	89	230
レ モ ン	(46)	238	85,795	360	16	379	17	344	23	293	21	373	22	350
グレープフルーツ	(47)	210	44,798	213	9	226	18	234	21	208	23	233	19	220
オ レ ン ジ	(48)	712	190,934	268	28	260	37	295	59	313	83	303	93	286
輸入おうとう	(49)	5	7,607	1,612	-	-	-	-	-	-	2	1,827	2	1,594
輸入キウイフルーツ	(50)	506	263,644	521	-	-	-	-	0	481	31	672	90	583
輸 入 メ ロ ン	(51)	428	68,653	160	18	245	39	139	61	110	58	147	63	136
その他の輸入果実	(52)	338	194,353	575	17	523	19	568	35	501	48	487	34	516

	6月		7月		8月		9月		10月		11月		12月		
	数量	価格	数量	価格	数量	価格	数量	価格	数量	価格	数量	価格	数量	価格	
	t	円/kg	t	円/kg	t	円/kg	t	円/kg	t	円/kg	t	円/kg	t	円/kg	
	2,359	365	2,472	376	2,860	364	2,689	362	2,897	347	3,491	309	3,960	359	(1)
	1,581	417	1,798	414	2,225	394	2,035	400	2,201	387	2,921	329	3,383	383	(2)
	29	1,133	95	936	82	789	287	258	974	243	1,880	264	2,541	271	(3)
	-	-	-	-	-	-	-	-	-	-	-	-	13	423	(4)
	24	136	-	-	-	-	-	-	-	-	-	-	0	270	(5)
	-	-	-	-	-	-	-	-	-	-	-	-	2	318	(6)
	-	-	-	-	-	-	-	-	-	-	-	-	14	218	(7)
	27	283	26	245	29	242	21	272	3	584	24	330	42	498	(8)
	272	412	184	392	210	334	485	300	618	339	446	349	433	344	(9)
	-	-	-	-	139	322	402	302	16	280	-	-	-	-	(10)
	61	377	85	379	21	358	1	478	9	301	25	343	24	352	(11)
	22	274	4	230	0	232	-	-	54	296	39	304	32	336	(12)
	179	443	80	425	14	395	5	342	288	357	281	361	358	345	(13)
	11	365	15	327	35	344	77	285	251	333	101	334	20	335	(14)
	0	1,571	36	544	496	334	577	273	136	351	16	349	10	414	(15)
	0	1,571	18	702	462	338	108	237	-	-	-	-	-	-	(16)
	-	-	1	652	29	277	342	270	11	255	-	-	-	-	(17)
	-	-	-	-	0	300	29	240	-	-	-	-	-	-	(18)
	-	-	-	-	-	-	16	240	24	324	-	-	-	-	(19)
	-	-	17	377	4	313	83	349	101	367	16	349	10	414	(20)
	-	-	-	-	4	259	9	268	27	343	43	310	19	325	(21)
	-	-	-	-	0	908	32	465	179	280	366	219	80	275	(22)
	-	-	-	-	0	2,490	10	506	125	281	362	220	80	274	(23)
	-	-	-	-	0	640	22	446	54	277	4	141	0	1,224	(24)
	1	1,135	-	-	-	-	-	-	-	-	-	-	-	-	(25)
	90	479	235	466	170	462	57	458	0	507					(26)
	20	520	45	508	24	434	6	499	1	620					(27)
	63	1,593	9	1,255	-	-	-	-	-	-					(28)
	37	334	-	-	-	-	-	-	-	-					(29)
	36	1,462	119	1,148	343	841	353	886	188	1,167	44	1,386	10	1,724	(30)
	32	1,265	80	896	137	624	29	733	0	822	-	-	-	-	(31)
	1	2,402	23	1,353	100	903	128	827	79	1,002	13	1,211	2	1,536	(32)
	3	3,179	16	2,121	105	1,066	196	947	108	1,288	30	1,465	8	1,763	(33)
	-	-	-	-	1	705	22	665	6	768	-	-	-	-	(34)
	18	866	1	1,135	1	1,933	0	3,260	7	3,545	36	2,392	144	2,063	(35)
	291	450	180	590	109	603	54	620	34	852	30	1,293	30	1,763	(36)
	63	899	95	829	77	698	40	719	28	933	30	1,308	28	1,852	(37)
	66	337	25	302	2	295	-	-	0	297	-	-	1	643	(38)
	162	322	60	332	30	379	14	324	6	471	1	494	1	694	(39)
	641	179	858	179	728	144	109	88	0	366	2	239	1	292	(40)
	1	836	-	-	-	-	0	335	14	620	23	401	41	530	(41)
	31	683	10	1,513	28	623	21	683	13	802	12	506	2	1,704	(42)
	779	259	674	275	635	262	655	243	696	221	570	211	577	220	(43)
	426	191	377	195	342	190	375	179	422	175	372	161	336	167	(44)
	89	239	72	245	67	238	71	221	71	218	64	213	73	214	(45)
	18	379	19	424	21	396	19	350	25	302	11	353	26	397	(46)
	12	197	16	190	16	204	20	179	18	182	12	255	26	233	(47)
	78	275	68	257	66	236	61	231	59	223	38	234	40	286	(48)
	0	1,364	1	1,088	-	-	-	-	-	-	-	-	-	-	(49)
	81	566	75	528	65	504	54	468	50	433	35	432	25	409	(50)
	47	128	17	185	27	218	30	197	31	201	15	225	22	205	(51)
	27	578	29	765	32	611	24	859	19	656	24	517	29	436	(52)

3 卸売市場別の月別果実の卸売数量・価額・価格（続き）
(44) 沼津市青果市場

品目		計 数量	計 価額	計 価格	1月 数量	1月 価格	2月 数量	2月 価格	3月 数量	3月 価格	4月 数量	4月 価格	5月 数量	5月 価格
		t	千円	円/kg	t	円/kg	t	円/kg	t	円/kg	t	円/kg	t	円/kg
果実計	(1)	8,401	3,395,834	404	523	458	682	465	642	500	580	483	495	463
国産果実計	(2)	7,145	3,014,398	422	466	477	612	481	526	549	431	550	370	500
みかん	(3)	1,748	496,086	284	151	259	179	355	50	326	5	414	1	1,678
ネーブルオレンジ(国産)	(4)	8	2,318	280	2	280	1	242	2	273	1	332	-	-
甘なつみかん	(5)	148	30,198	204	8	285	9	216	29	230	54	200	36	179
いよかん	(6)	39	10,391	265	11	276	17	260	12	260	-	-	-	-
はっさく	(7)	41	8,712	214	11	208	13	200	11	232	1	189	-	-
その他の雑かん	(8)	200	72,404	362	27	324	63	345	48	358	25	386	11	427
りんご	(9)	1,959	715,529	365	168	340	239	336	248	369	195	399	124	481
つがる	(10)	177	53,790	304	-	-	-	-	-	-	-	-	-	-
ジョナゴールド	(11)	73	31,125	425	2	401	6	402	8	436	10	415	11	472
王林	(12)	147	51,494	350	11	341	19	335	29	308	23	348	17	362
ふじ	(13)	1,169	458,419	392	140	345	205	337	209	374	157	407	94	505
その他のりんご	(14)	392	120,702	308	15	289	9	282	3	449	4	356	3	401
日本なし	(15)	312	104,489	335	-	-	-	-	-	-	-	-	-	-
幸水	(16)	122	43,031	353	-	-	-	-	-	-	-	-	-	-
豊水	(17)	137	42,853	312	-	-	-	-	-	-	-	-	-	-
二十世紀	(18)	2	624	349	-	-	-	-	-	-	-	-	-	-
新高	(19)	-	-	-	-	-	-	-	-	-	-	-	-	-
その他のなし	(20)	51	17,981	353	-	-	-	-	-	-	-	-	-	-
西洋なし	(21)	25	8,250	335	1	296	-	-	-	-	-	-	-	-
かき	(22)	292	84,723	291	8	300	4	430	0	841	-	-	-	-
甘がき	(23)	205	59,155	289	8	299	4	430	0	841	-	-	-	-
渋がき(脱渋を含む。)	(24)	87	25,568	294	0	500	-	-	-	-	-	-	-	-
びわ	(25)	3	3,071	1,212	-	-	-	-	0	1,845	1	1,683	1	1,132
もも	(26)	217	107,766	498	-	-	-	-	-	-	-	-	0	2,231
すもも	(27)	50	26,301	528	-	-	-	-	-	-	-	-	0	1,440
おうとう	(28)	32	49,391	1,566	-	-	-	-	0	9,739	1	4,779	1	3,920
うめ	(29)	30	12,856	435	-	-	-	-	-	-	-	-	6	474
ぶどう	(30)	306	253,788	830	4	476	3	487	1	741	0	782	1	2,260
デラウェア	(31)	82	69,495	851	-	-	-	-	-	-	-	-	1	2,194
巨峰	(32)	144	118,265	820	-	-	-	-	-	-	-	-	0	2,554
その他のぶどう	(33)	80	66,028	826	4	476	3	487	1	741	0	782	0	2,307
くり	(34)	9	5,953	631	-	-	-	-	-	-	-	-	-	-
いちご	(35)	478	607,844	1,273	59	1,533	66	1,537	107	1,235	116	943	63	828
メロン	(36)	280	147,729	528	5	958	6	891	4	1,136	10	819	40	515
温室メロン	(37)	92	65,432	713	3	1,112	3	1,124	2	1,362	2	1,559	4	846
アンデスメロン	(38)	76	34,739	455	2	773	3	719	2	829	7	647	22	477
その他のメロン(まくわうりを含む。)	(39)	112	47,558	425	0	1,140	0	716	0	1,070	1	698	14	478
すいか	(40)	877	170,696	195	0	283	0	645	1	360	15	382	83	310
キウイフルーツ	(41)	41	23,733	586	8	558	9	544	10	590	5	611	-	-
その他の国産果実	(42)	53	72,169	1,357	2	1,902	2	2,208	3	2,428	2	2,015	2	1,742
輸入果実計	(43)	1,256	381,436	304	57	307	70	321	116	277	149	290	125	352
バナナ	(44)	343	81,640	238	23	259	26	261	27	267	31	252	30	262
パインアップル	(45)	113	28,676	253	8	226	8	254	10	256	10	245	12	248
レモン	(46)	73	26,479	363	5	334	5	352	5	394	6	319	6	386
グレープフルーツ	(47)	123	26,849	218	6	293	8	283	10	261	9	255	18	143
オレンジ	(48)	316	78,909	250	6	242	6	315	22	234	52	245	27	296
輸入おうとう	(49)	7	11,921	1,791	-	-	-	-	-	-	1	1,930	4	1,864
輸入キウイフルーツ	(50)	66	37,215	562	0	570	-	-	-	-	4	615	10	590
輸入メロン	(51)	83	14,695	178	2	324	5	194	24	138	21	160	7	186
その他の輸入果実	(52)	132	75,052	568	7	599	12	562	18	512	16	559	11	551

	6月		7月		8月		9月		10月		11月		12月		
	数量	価格	数量	価格	数量	価格	数量	価格	数量	価格	数量	価格	数量	価格	
	t	円/kg	t	円/kg	t	円/kg	t	円/kg	t	円/kg	t	円/kg	t	円/kg	
	623	399	731	378	799	369	781	372	765	343	767	324	1,014	383	(1)
	494	418	597	394	671	383	689	382	679	347	683	329	928	394	(2)
	4	1,215	12	911	14	882	117	247	289	251	360	263	566	264	(3)
	-	-	-	-	-	-	-	-	-	-	-	-	1	274	(4)
	9	172	2	156	0	92	-	-	-	-	-	-	-	-	(5)
	-	-	-	-	-	-	-	-	-	-	-	-	-	-	(6)
	-	-	-	-	-	-	-	-	-	-	-	-	4	229	(7)
	3	472	0	720	0	1,053	0	665	0	934	3	437	19	356	(8)
	101	470	81	469	71	416	170	272	190	332	170	329	202	340	(9)
	-	-	-	-	17	342	112	294	26	294	17	363	5	257	(10)
	8	495	7	488	13	407	1	368	4	283	2	259	1	397	(11)
	14	400	9	398	6	388	0	346	0	288	6	285	12	388	(12)
	78	481	64	478	28	504	0	297	0	346	40	382	153	350	(13)
	1	356	1	438	6	259	57	228	159	339	105	308	31	284	(14)
	0	1,710	8	607	112	364	150	290	27	378	7	370	8	287	(15)
	0	1,710	6	533	97	372	18	182	-	-	-	-	-	-	(16)
	-	-	2	846	14	311	120	303	1	380	-	-	-	-	(17)
	-	-	-	-	0	530	2	330	-	-	-	-	-	-	(18)
	-	-	-	-	-	-	-	-	-	-	-	-	-	-	(19)
	-	-	0	626	0	549	10	327	26	378	7	370	8	287	(20)
	-	-	-	-	0	356	5	293	8	308	6	369	4	403	(21)
	-	-	-	-	-	-	23	373	98	294	106	264	53	288	(22)
	-	-	-	-	-	-	12	341	38	300	93	268	50	294	(23)
	-	-	-	-	-	-	12	406	59	291	13	234	2	168	(24)
	1	1,034	-	-	-	-	-	-	-	-	-	-	-	-	(25)
	37	512	105	478	51	504	23	514	-	-	-	-	-	-	(26)
	9	620	25	513	7	518	8	481	1	412	-	-	-	-	(27)
	24	1,474	6	1,138	-	-	-	-	-	-	-	-	-	-	(28)
	23	424	0	680	-	-	-	-	-	-	-	-	-	-	(29)
	4	1,491	25	1,047	98	705	112	795	41	982	11	1,158	5	603	(30)
	4	1,401	17	893	42	593	12	1,214	6	1,224	-	-	-	-	(31)
	0	2,028	7	1,289	35	771	70	720	27	923	5	1,187	-	-	(32)
	0	2,629	2	1,523	21	822	29	797	8	995	6	1,135	5	603	(33)
	-	-	-	-	1	692	8	622	1	670	-	-	-	-	(34)
	5	916	0	3,634	0	3,614	0	4,036	1	2,967	7	2,173	53	1,858	(35)
	69	375	55	487	45	492	20	445	11	547	6	819	9	1,102	(36)
	10	571	24	599	15	596	8	553	10	536	5	821	6	1,164	(37)
	26	322	12	344	1	360	0	621	0	432	0	777	2	895	(38)
	33	354	19	435	30	442	12	374	1	629	0	838	1	1,037	(39)
	201	197	272	184	258	158	44	166	3	334	0	296	0	387	(40)
	-	-	-	-	0	378	-	-	3	676	3	582	2	674	(41)
	2	1,543	5	1,601	14	858	10	845	6	874	3	1,380	2	3,426	(42)
	130	325	134	304	128	291	91	302	86	316	84	285	86	271	(43)
	26	273	28	250	23	244	28	230	29	223	37	198	35	171	(44)
	11	256	13	259	11	277	7	276	8	253	8	239	8	236	(45)
	5	425	6	395	8	354	6	363	7	313	6	378	7	357	(46)
	9	212	16	202	15	208	12	197	7	197	5	243	7	266	(47)
	55	257	46	255	49	227	18	238	15	233	11	230	10	265	(48)
	2	1,636	0	1,272	-	-	-	-	-	-	-	-	0	3,186	(49)
	12	566	10	540	9	522	6	590	7	577	4	556	4	518	(50)
	4	179	2	165	2	263	3	231	4	217	3	248	4	249	(51)
	4	674	12	562	10	591	10	571	10	716	11	553	10	502	(52)

3 卸売市場別の月別果実の卸売数量・価額・価格（続き）
(45) 名古屋市中央卸売市場計

品目		計 数量	計 価額	計 価格	1月 数量	1月 価格	2月 数量	2月 価格	3月 数量	3月 価格	4月 数量	4月 価格	5月 数量	5月 価格
		t	千円	円/kg	t	円/kg	t	円/kg	t	円/kg	t	円/kg	t	円/kg
果実計	(1)	104,312	41,126,180	394	7,422	412	7,708	423	7,331	455	6,796	436	7,181	422
国産果実計	(2)	81,036	34,957,771	431	6,047	453	6,167	472	5,413	537	4,594	520	4,517	493
みかん	(3)	18,352	5,767,480	314	2,203	313	993	314	213	444	12	1,451	47	1,493
ネーブルオレンジ(国産)	(4)	36	9,587	264	4	237	3	166	22	285	-	-	1	303
甘なつみかん	(5)	939	186,973	199	35	214	60	187	245	188	438	195	150	228
いよかん	(6)	1,522	366,451	241	345	261	785	224	373	257	3	161	-	-
はっさく	(7)	705	122,333	174	142	188	258	153	234	183	69	187	-	-
その他の雑かん	(8)	4,274	1,973,143	462	448	458	1,101	448	1,150	396	690	466	196	525
りんご	(9)	15,760	5,541,607	352	1,748	331	1,876	322	1,752	342	1,471	357	933	425
つがる	(10)	1,703	520,849	306	-	-	-	-	-	-	-	-	-	-
ジョナゴールド	(11)	1,123	425,854	379	76	339	75	352	61	421	110	394	142	390
王林	(12)	1,164	383,108	329	204	329	175	323	181	309	139	336	112	308
ふじ	(13)	9,245	3,334,876	361	1,374	327	1,545	322	1,463	341	1,157	356	614	462
その他のりんご	(14)	2,526	876,920	347	94	378	81	293	47	383	65	346	65	344
日本なし	(15)	4,773	1,652,883	346	1	293	0	299	0	302	-	-	-	-
幸水	(16)	2,346	891,625	380	0	108	-	-	-	-	-	-	-	-
豊水	(17)	1,165	329,367	283	-	-	-	-	-	-	-	-	-	-
二十世紀	(18)	237	58,614	248	-	-	-	-	-	-	-	-	-	-
新高	(19)	239	66,340	277	-	-	-	-	-	-	-	-	-	-
その他のなし	(20)	786	306,937	390	1	311	0	299	0	302	-	-	-	-
西洋なし	(21)	463	162,840	352	3	317	-	-	-	-	-	-	-	-
かき	(22)	6,404	1,787,596	279	207	401	36	519	4	462	-	-	-	-
甘がき	(23)	4,269	1,219,567	286	207	401	36	519	4	462	-	-	-	-
渋がき(脱渋を含む。)	(24)	2,134	568,029	266	-	-	0	1,503	-	-	-	-	-	-
びわ	(25)	20	35,148	1,778	-	-	0	3,852	4	2,333	10	1,786	4	1,578
もも	(26)	2,387	1,370,620	574	-	-	-	-	-	-	-	-	10	1,677
すもも	(27)	416	224,046	539	-	-	-	-	-	-	-	-	1	1,255
おうとう	(28)	362	622,095	1,720	0	23,652	1	4,822	0	11,871	3	7,190	15	3,792
うめ	(29)	809	311,912	385	-	-	-	-	-	-	-	-	226	453
ぶどう	(30)	2,736	2,762,651	1,010	1	792	1	522	-	-	1	3,846	45	1,879
デラウェア	(31)	766	632,424	826	-	-	-	-	-	-	1	3,481	39	1,601
巨峰	(32)	1,014	902,311	890	-	-	-	-	-	-	0	4,578	2	3,400
その他のぶどう	(33)	956	1,227,915	1,285	1	792	1	522	-	-	0	8,013	3	4,400
くり	(34)	525	508,951	969	-	-	-	-	-	-	-	-	-	-
いちご	(35)	4,366	5,650,897	1,294	560	1,479	682	1,465	1,080	1,200	956	910	417	892
メロン	(36)	4,643	2,542,510	548	101	1,095	92	1,083	90	1,243	220	833	929	515
温室メロン	(37)	1,231	1,078,002	876	49	1,475	50	1,392	66	1,396	75	1,226	103	834
アンデスメロン	(38)	557	266,051	478	29	649	33	626	12	714	50	635	191	502
その他のメロン(まくわうりを含む。)	(39)	2,855	1,198,457	420	23	867	8	1,025	13	936	95	625	635	467
すいか	(40)	9,959	2,096,693	211	27	265	28	357	81	361	653	340	1,496	278
キウイフルーツ	(41)	761	433,886	570	217	508	245	567	155	590	37	623	-	-
その他の国産果実	(42)	825	827,467	1,003	5	532	6	403	10	2,718	31	2,738	48	1,889
輸入果実計	(43)	23,276	6,168,409	265	1,375	232	1,541	228	1,918	224	2,202	261	2,665	301
バナナ	(44)	11,311	2,195,073	194	862	195	931	202	1,013	206	1,006	210	1,121	207
パインアップル	(45)	3,293	666,034	202	212	201	216	201	303	190	352	202	316	218
レモン	(46)	789	287,150	364	56	361	49	368	64	365	57	373	65	374
グレープフルーツ	(47)	1,126	245,946	218	82	251	90	250	119	241	122	236	136	221
オレンジ	(48)	1,941	500,086	258	73	292	117	276	186	276	223	270	260	270
輸入おうとう	(49)	38	57,909	1,521	0	1,286	-	-	-	-	2	1,913	17	1,535
輸入キウイフルーツ	(50)	3,013	1,558,668	517	21	425	2	548	3	501	182	552	543	540
輸入メロン	(51)	931	127,868	137	26	236	91	131	162	91	120	130	146	116
その他の輸入果実	(52)	834	529,674	635	43	710	46	764	69	654	138	459	60	674

注：名古屋市中央卸売市場計とは、名古屋市において開設されている中央卸売市場（本場及び北部）の計である。

	6月		7月		8月		9月		10月		11月		12月		
	数量	価格	数量	価格	数量	価格	数量	価格	数量	価格	数量	価格	数量	価格	
	t	円/kg	t	円/kg	t	円/kg	t	円/kg	t	円/kg	t	円/kg	t	円/kg	
	8,211	413	8,403	431	9,776	402	9,436	382	10,581	332	10,382	316	11,085	372	(1)
	5,766	459	6,295	476	7,864	430	7,596	407	8,729	349	8,679	332	9,369	399	(2)
	154	1,099	425	984	390	897	1,348	316	3,360	261	4,076	259	5,129	251	(3)
	-	-	-	-	-	-	-	-	-	-	-	-	7	249	(4)
	3	144	1	86	0	76	-	-	-	-	-	-	8	252	(5)
	-	-	-	-	-	-	-	-	-	-	-	-	16	291	(6)
	-	-	-	-	-	-	-	-	-	-	-	-	1	225	(7)
	23	928	15	908	21	751	30	570	47	495	97	633	456	532	(8)
	734	409	479	440	599	370	1,447	301	1,840	339	1,450	359	1,432	368	(9)
	-	-	-	-	418	329	1,175	300	110	281	-	-	-	-	(10)
	174	383	155	406	80	444	0	92	94	317	90	342	67	361	(11)
	74	330	41	383	12	417	0	194	3	241	98	331	124	352	(12)
	422	445	265	471	47	497	1	254	370	355	853	371	1,135	359	(13)
	64	338	19	414	42	481	271	303	1,264	342	409	344	105	481	(14)
	1	1,531	284	565	1,913	364	1,873	291	591	353	84	372	26	397	(15)
	1	1,531	253	584	1,841	366	251	277	-	-	-	-	-	-	(16)
	-	-	-	-	61	319	1,023	279	81	305	-	-	-	-	(17)
	-	-	-	-	0	151	236	248	0	202	-	-	-	-	(18)
	-	-	-	-	0	108	40	267	198	279	2	299	-	-	(19)
	-	-	31	408	11	355	323	373	312	411	82	373	26	397	(20)
	0	1,858	-	-	6	271	38	289	140	351	169	363	107	362	(21)
	-	-	2	1,170	5	980	509	346	1,900	263	2,378	277	1,364	251	(22)
	-	-	0	1,186	1	934	56	383	464	320	2,140	282	1,361	251	(23)
	-	-	1	1,167	4	988	453	342	1,435	245	238	235	3	224	(24)
	2	955	0	1,774	-	-	-	-	-	-	-	-	-	-	(25)
	366	586	1,112	594	766	537	133	508	-	-	-	-	-	-	(26)
	105	591	149	538	100	469	48	562	13	531	-	-	-	-	(27)
	262	1,598	80	1,493	1	1,209	-	-	-	-	-	-	-	-	(28)
	583	359	0	490	-	-	-	-	-	-	-	-	-	-	(29)
	214	1,269	345	1,053	820	832	821	886	382	1,162	73	1,515	33	2,265	(30)
	198	1,150	253	764	264	532	10	473	-	-	-	-	-	-	(31)
	9	2,110	62	1,426	349	878	414	763	161	908	16	1,121	0	1,544	(32)
	7	3,729	30	2,739	206	1,138	397	1,024	221	1,347	57	1,626	33	2,268	(33)
	-	-	-	-	46	1,056	413	932	66	1,134	0	2,916	-	-	(34)
	45	1,043	9	2,102	9	1,985	5	2,648	7	3,045	123	1,851	473	1,986	(35)
	962	394	721	471	692	457	315	374	223	529	130	828	168	1,069	(36)
	112	784	180	673	231	569	93	557	103	674	89	956	80	1,502	(37)
	83	326	99	346	19	332	-	-	7	341	3	458	31	608	(38)
	767	345	442	417	442	404	221	296	113	408	39	559	58	718	(39)
	2,253	192	2,603	192	2,256	183	464	90	18	266	36	259	43	252	(40)
	-	-	-	-	0	357	-	-	11	725	13	374	83	691	(41)
	59	1,991	70	1,570	239	660	153	671	131	664	49	638	24	603	(42)
	2,445	304	2,108	295	1,912	286	1,840	279	1,852	254	1,703	236	1,716	230	(43)
	1,069	203	961	206	835	201	807	189	910	183	902	167	894	152	(44)
	283	232	275	222	257	223	247	211	293	167	266	172	273	190	(45)
	68	382	83	367	71	381	76	341	61	326	62	336	77	388	(46)
	96	207	84	178	106	175	88	170	50	199	66	230	87	251	(47)
	215	267	169	257	179	226	159	232	157	221	114	239	91	271	(48)
	15	1,501	3	1,307	0	1,451	-	-	-	-	-	-	1	1,863	(49)
	531	521	432	514	372	514	356	511	264	494	172	496	135	490	(50)
	108	109	42	165	37	215	62	185	55	182	39	196	44	155	(51)
	61	748	58	710	54	670	45	830	63	797	83	598	115	485	(52)

3 卸売市場別の月別果実の卸売数量・価額・価格（続き）
(46) 名古屋市中央卸売市場 本場

品目		計			1月		2月		3月		4月		5月	
		数量	価額	価格	数量	価格	数量	価格	数量	価格	数量	価格	数量	価格
		t	千円	円/kg	t	円/kg	t	円/kg	t	円/kg	t	円/kg	t	円/kg
果 実 計	(1)	47,413	17,449,177	368	3,150	398	3,473	403	3,252	428	3,262	405	3,376	388
国 産 果 実 計	(2)	33,818	14,131,852	418	2,341	459	2,548	472	2,133	543	1,990	507	1,800	484
み か ん	(3)	7,166	2,140,753	299	720	320	300	339	28	465	5	1,049	4	1,527
ネーブルオレンジ(国産)	(4)	3	1,417	413	0	317	0	261	3	446	-	-	1	303
甘なつみかん	(5)	379	75,170	198	0	86	7	180	91	187	232	200	45	222
い よ か ん	(6)	645	160,439	249	126	274	380	225	136	291	2	230	-	-
は っ さ く	(7)	314	59,238	189	50	206	105	163	127	198	31	212	-	-
その他の雑かん	(8)	1,625	729,807	449	123	484	436	426	448	408	331	461	82	447
り ん ご	(9)	6,686	2,322,262	347	764	318	798	312	703	339	667	353	402	410
つ が る	(10)	743	237,326	319	-	-	-	-	-	-	-	-	-	-
ジョナゴールド	(11)	524	184,566	352	36	322	36	317	25	376	49	362	53	367
王 林	(12)	488	151,385	311	71	299	76	297	86	284	64	321	47	319
ふ じ	(13)	3,766	1,353,943	360	606	322	640	316	569	345	519	358	263	448
その他のりんご	(14)	1,166	395,042	339	51	295	46	275	23	352	35	320	39	321
日 本 な し	(15)	1,953	710,919	364	-	-	-	-	-	-	-	-	-	-
幸 水	(16)	989	403,018	408	-	-	-	-	-	-	-	-	-	-
豊 水	(17)	470	137,880	294	-	-	-	-	-	-	-	-	-	-
二 十 世 紀	(18)	147	36,759	250	-	-	-	-	-	-	-	-	-	-
新 高	(19)	80	21,466	267	-	-	-	-	-	-	-	-	-	-
その他のなし	(20)	267	111,797	418	-	-	-	-	-	-	-	-	-	-
西 洋 な し	(21)	240	84,123	350	3	317	-	-	-	-	-	-	-	-
か き	(22)	3,134	859,771	274	149	391	17	583	-	-	-	-	-	-
甘 が き	(23)	2,045	572,656	280	149	391	17	581	-	-	-	-	-	-
渋がき(脱渋を含む。)	(24)	1,089	287,115	264	-	-	0	1,503	-	-	-	-	-	-
び わ	(25)	4	6,468	1,828	-	-	-	-	1	2,260	2	1,709	1	1,746
も も	(26)	1,022	576,215	564	-	-	-	-	-	-	-	-	7	1,543
す も も	(27)	213	112,560	529	-	-	-	-	-	-	-	-	0	1,212
お う と う	(28)	177	305,561	1,731	-	-	0	26,260	0	12,447	1	6,669	9	3,606
う め	(29)	460	186,624	406	-	-	-	-	-	-	-	-	124	469
ぶ ど う	(30)	818	810,259	991	1	769	1	522	-	-	0	3,720	9	2,072
デラウェア	(31)	238	174,181	733	-	-	-	-	-	-	0	3,493	8	1,738
巨 峰	(32)	297	277,872	936	-	-	-	-	-	-	-	-	1	3,339
その他のぶどう	(33)	283	358,206	1,264	1	769	1	522	-	-	0	9,874	1	4,652
く り	(34)	236	236,884	1,002	-	-	-	-	-	-	-	-	-	-
い ち ご	(35)	1,824	2,306,519	1,264	224	1,441	290	1,417	452	1,177	425	902	161	880
メ ロ ン	(36)	1,864	1,030,443	553	39	1,121	37	1,100	31	1,275	89	823	375	529
温 室 メ ロ ン	(37)	515	447,560	870	22	1,446	22	1,396	27	1,351	30	1,266	36	879
アンデスメロン	(38)	177	97,134	550	13	645	14	653	3	874	22	636	94	511
その他のメロン(まくわうりを含む。)	(39)	1,172	485,749	414	4	888	2	990	2	769	37	579	246	485
す い か	(40)	4,314	871,054	202	17	224	14	317	26	331	181	367	564	283
キウイフルーツ	(41)	448	264,362	590	123	533	162	591	86	609	18	668	-	-
その他の国産果実	(42)	293	281,005	959	1	583	0	572	1	3,620	6	2,396	16	1,886
輸 入 果 実 計	(43)	13,594	3,317,325	244	809	219	926	212	1,119	208	1,272	245	1,576	278
バ ナ ナ	(44)	8,128	1,571,345	193	595	197	658	201	717	205	710	208	819	205
パインアップル	(45)	1,432	273,179	191	96	201	88	208	127	193	145	191	139	202
レ モ ン	(46)	332	117,977	356	22	392	20	363	25	359	23	354	25	374
グレープフルーツ	(47)	328	70,244	214	26	245	22	233	34	216	33	238	38	233
オ レ ン ジ	(48)	782	191,336	245	26	295	46	266	74	263	83	262	101	256
輸入おうとう	(49)	5	7,005	1,470	0	2,765	-	-	-	-	0	2,047	2	1,582
輸入キウイフルーツ	(50)	1,645	823,914	501	14	388	1	569	2	455	102	538	313	532
輸入メロン	(51)	599	69,004	115	17	196	74	122	112	81	87	118	114	108
その他の輸入果実	(52)	344	193,321	561	14	668	17	657	28	562	87	380	24	642

	6月		7月		8月		9月		10月		11月		12月		
	数量	価格	数量	価格	数量	価格	数量	価格	数量	価格	数量	価格	数量	価格	
	t	円/kg	t	円/kg	t	円/kg	t	円/kg	t	円/kg	t	円/kg	t	円/kg	
	3,988	380	3,856	374	4,167	387	4,250	347	5,003	313	4,769	301	4,868	357	(1)
	2,582	437	2,666	419	3,083	430	3,179	378	3,852	338	3,753	322	3,891	395	(2)
	43	1,011	76	999	73	1,090	449	311	1,692	273	1,801	262	1,974	259	(3)
	-	-	-	-	-	-	-	-	-	-	-	-	-	-	(4)
	3	144	1	86	-	-	-	-	-	-	-	-	-	-	(5)
	-	-	-	-	-	-	-	-	-	-	-	-	2	203	(6)
	-	-	-	-	-	-	-	-	-	-	-	-	0	280	(7)
	1	2,441	7	853	6	871	5	504	7	706	21	622	157	493	(8)
	321	405	219	430	333	369	598	307	723	345	615	362	542	349	(9)
	-	-	-	-	248	345	469	308	26	278	-	-	-	-	(10)
	61	367	59	395	29	422	-	-	73	309	61	331	41	342	(11)
	34	333	20	383	6	417	-	-	0	281	31	319	52	309	(12)
	194	441	130	459	21	507	1	258	103	368	306	379	415	355	(13)
	33	338	11	350	28	416	129	302	521	349	217	353	35	351	(14)
	1	1,472	170	556	781	387	796	294	182	375	20	445	4	428	(15)
	1	1,472	144	583	739	390	105	284	-	-	-	-	-	-	(16)
	-	-	-	-	33	328	427	291	10	306	-	-	-	-	(17)
	-	-	-	-	-	-	147	250	-	-	-	-	-	-	(18)
	-	-	-	-	-	-	21	274	59	264	-	-	-	-	(19)
	-	-	26	407	9	372	95	396	113	438	20	445	4	428	(20)
	-	-	-	-	5	269	12	287	63	387	97	368	59	303	(21)
	-	-	1	1,160	3	967	246	336	869	253	1,050	277	798	243	(22)
	-	-	0	1,289	0	1,294	12	390	158	311	912	282	797	243	(23)
	-	-	1	1,145	3	958	234	333	711	240	138	247	1	173	(24)
	0	1,047	0	1,774	-	-	-	-	-	-	-	-	-	-	(25)
	170	584	476	559	298	550	72	506	-	-	-	-	-	-	(26)
	49	556	79	523	48	494	29	545	7	531	-	-	-	-	(27)
	132	1,596	34	1,473	0	1,404	-	-	-	-	-	-	-	-	(28)
	336	382	0	490	-	-	-	-	-	-	-	-	-	-	(29)
	46	1,325	112	979	300	800	234	946	93	1,249	12	1,553	11	2,227	(30)
	41	1,177	83	714	103	504	4	448	-	-	-	-	-	-	(31)
	4	2,001	22	1,466	141	876	92	792	34	1,039	2	1,238	0	1,555	(32)
	1	3,875	7	2,595	56	1,155	138	1,061	59	1,371	10	1,618	11	2,228	(33)
	-	-	-	-	22	1,070	168	939	47	1,192	-	-	-	-	(34)
	18	877	2	2,608	2	2,332	1	2,552	1	3,044	49	1,752	200	1,999	(35)
	383	416	207	495	284	465	175	338	119	470	56	837	69	1,149	(36)
	48	777	59	711	93	541	49	482	56	565	35	1,045	40	1,493	(37)
	14	362	1	318	-	-	-	-	0	396	1	433	15	632	(38)
	321	364	147	410	191	428	126	282	63	386	20	490	14	716	(39)
	1,056	195	1,255	184	819	191	340	74	6	262	13	232	23	234	(40)
	-	-	-	-	0	364	-	-	6	760	8	390	44	689	(41)
	21	1,918	28	1,444	110	625	55	683	36	794	13	823	6	769	(42)
	1,406	275	1,190	275	1,084	263	1,070	257	1,150	229	1,016	220	977	206	(43)
	757	204	688	203	602	198	593	190	679	183	662	165	646	154	(44)
	129	218	124	204	107	205	111	188	160	147	108	162	98	184	(45)
	26	370	31	381	31	367	32	330	30	308	30	316	37	369	(46)
	34	213	19	178	36	171	38	168	11	181	14	256	24	258	(47)
	73	262	58	240	82	209	76	228	84	207	46	230	33	270	(48)
	2	1,376	1	1,089	0	1,080	-	-	-	-	-	-	0	2,322	(49)
	282	502	233	500	189	489	183	496	147	465	105	488	73	473	(50)
	83	95	17	160	15	203	20	141	19	159	15	160	26	116	(51)
	19	807	19	709	21	640	19	759	21	762	35	545	41	423	(52)

3　卸売市場別の月別果実の卸売数量・価額・価格（続き）
(47)　名古屋市中央卸売市場　北部市場

品目		計 数量	計 価額	計 価格	1月 数量	1月 価格	2月 数量	2月 価格	3月 数量	3月 価格	4月 数量	4月 価格	5月 数量	5月 価格
		t	千円	円／kg	t	円／kg	t	円／kg	t	円／kg	t	円／kg	t	円／kg
果実計	(1)	**56,900**	**23,677,002**	**416**	**4,272**	**423**	**4,235**	**440**	**4,079**	**478**	**3,534**	**464**	**3,806**	**452**
国産果実計	(2)	**47,218**	**20,825,919**	**441**	**3,707**	**450**	**3,619**	**472**	**3,280**	**534**	**2,603**	**529**	**2,716**	**499**
みかん	(3)	11,185	3,626,728	324	1,483	309	693	303	185	441	7	1,759	43	1,489
ネーブルオレンジ(国産)	(4)	33	8,170	248	4	237	3	159	19	263	-	-	-	-
甘なつみかん	(5)	560	111,804	200	35	215	52	187	154	190	206	190	106	231
いよかん	(6)	877	206,012	235	220	253	405	222	237	237	2	99	-	-
はっさく	(7)	391	63,095	161	92	179	153	147	107	165	39	167	-	-
その他の雑かん	(8)	2,648	1,243,336	469	325	448	665	463	701	388	359	470	113	582
りんご	(9)	9,074	3,219,345	355	984	340	1,079	330	1,049	344	803	360	531	436
つがる	(10)	960	283,522	295	-	-	-	-	-	-	-	-	-	-
ジョナゴールド	(11)	599	241,288	403	40	354	38	387	36	454	61	419	89	404
王林	(12)	677	231,723	343	133	344	99	344	95	332	75	349	65	300
ふじ	(13)	5,479	1,980,933	362	768	331	905	327	893	339	638	355	351	474
その他のりんご	(14)	1,360	481,878	354	43	477	36	316	24	412	30	376	26	378
日本なし	(15)	2,820	941,963	334	1	293	0	299	0	302	-	-	-	-
幸水	(16)	1,357	488,608	360	0	108	-	-	-	-	-	-	-	-
豊水	(17)	695	191,487	275	-	-	-	-	-	-	-	-	-	-
二十世紀	(18)	90	21,855	244	-	-	-	-	-	-	-	-	-	-
新高	(19)	159	44,874	283	-	-	-	-	-	-	-	-	-	-
その他のなし	(20)	519	195,140	376	1	311	0	299	0	302	-	-	-	-
西洋なし	(21)	223	78,717	353	-	-	-	-	-	-	-	-	-	-
かき	(22)	3,270	927,825	284	58	425	19	465	4	462	-	-	-	-
甘がき	(23)	2,224	646,911	291	58	425	19	465	4	462	-	-	-	-
渋がき（脱渋を含む。）	(24)	1,046	280,914	269	-	-	-	-	-	-	-	-	-	-
びわ	(25)	16	28,680	1,767	-	-	0	3,852	3	2,357	8	1,804	4	1,551
もも	(26)	1,365	794,405	582	-	-	-	-	-	-	-	-	3	2,028
すもも	(27)	203	111,487	550	-	-	-	-	-	-	-	-	1	1,293
おうとう	(28)	185	316,535	1,708	0	23,652	1	4,368	0	10,757	1	7,793	5	4,113
うめ	(29)	349	125,288	359	-	-	-	-	-	-	-	-	102	434
ぶどう	(30)	1,918	1,952,392	1,018	1	806	-	-	-	-	1	3,883	36	1,830
デラウェア	(31)	528	458,243	867	-	-	-	-	-	-	1	3,478	32	1,569
巨峰	(32)	717	624,439	871	-	-	-	-	-	-	0	4,578	1	3,438
その他のぶどう	(33)	672	869,710	1,294	1	806	-	-	-	-	0	7,752	2	4,343
くり	(34)	289	272,067	942	-	-	-	-	-	-	-	-	-	-
いちご	(35)	2,541	3,344,378	1,316	335	1,505	393	1,501	628	1,216	531	917	256	900
メロン	(36)	2,780	1,512,067	544	62	1,079	55	1,071	59	1,226	132	839	554	506
温室メロン	(37)	716	630,442	880	26	1,499	29	1,388	39	1,427	46	1,199	68	811
アンデスメロン	(38)	380	168,917	444	16	652	19	607	9	670	28	634	98	494
その他のメロン（まくわうりを含む。）	(39)	1,683	712,708	423	19	863	7	1,034	11	966	58	655	389	455
すいか	(40)	5,645	1,225,639	217	11	330	14	397	55	375	471	329	932	276
キウイフルーツ	(41)	314	169,524	541	94	475	82	518	69	566	19	579	-	-
その他の国産果実	(42)	532	546,462	1,028	4	518	6	392	9	2,595	25	2,822	32	1,891
輸入果実計	(43)	**9,682**	**2,851,084**	**294**	**565**	**251**	**615**	**254**	**799**	**247**	**931**	**282**	**1,089**	**335**
バナナ	(44)	3,183	623,728	196	266	189	273	204	296	206	296	214	302	215
パインアップル	(45)	1,861	392,856	211	116	201	128	196	176	188	207	210	178	229
レモン	(46)	457	169,173	370	34	342	30	372	39	368	34	386	40	374
グレープフルーツ	(47)	799	175,702	220	56	253	69	255	85	251	89	235	98	216
オレンジ	(48)	1,160	308,750	266	47	291	70	283	112	285	139	275	159	279
輸入おうとう	(49)	33	50,904	1,528	0	1,266	-	-	-	-	1	1,893	15	1,529
輸入キウイフルーツ	(50)	1,368	734,754	537	7	497	1	502	0	820	80	570	230	551
輸入メロン	(51)	332	58,863	177	9	315	17	174	50	114	33	160	33	142
その他の輸入果実	(52)	489	336,353	688	30	729	29	826	41	716	51	596	35	696

	6月		7月		8月		9月		10月		11月		12月		
	数量	価格	数量	価格	数量	価格	数量	価格	数量	価格	数量	価格	数量	価格	
	t	円/kg	t	円/kg	t	円/kg	t	円/kg	t	円/kg	t	円/kg	t	円/kg	
	4,223	444	4,547	479	5,609	414	5,186	411	5,578	350	5,613	330	6,218	385	(1)
	3,184	477	3,629	518	4,781	430	4,417	428	4,876	358	4,926	340	5,478	401	(2)
	110	1,133	350	980	318	853	899	318	1,668	248	2,275	257	3,155	246	(3)
	-	-	-	-	-	-	-	-	-	-	-	-	7	249	(4)
	-	-	-	-	0	76	-	-	-	-	-	-	8	252	(5)
	-	-	-	-	-	-	-	-	-	-	-	-	13	308	(6)
	-	-	-	-	-	-	-	-	-	-	-	-	1	195	(7)
	22	829	8	951	15	699	25	584	40	459	76	637	298	552	(8)
	412	413	260	449	266	370	849	296	1,117	336	835	357	889	379	(9)
	-	-	-	-	170	305	706	295	84	282	-	-	-	-	(10)
	114	391	96	413	50	456	0	92	20	344	29	366	26	391	(11)
	40	327	21	384	6	417	0	194	3	239	67	336	72	383	(12)
	228	449	135	482	26	489	0	231	267	350	547	367	720	362	(13)
	31	338	8	503	14	615	142	305	743	337	192	334	70	546	(14)
	0	1,684	114	578	1,132	348	1,078	288	409	343	64	349	22	392	(15)
	0	1,684	109	586	1,102	349	146	273	-	-	-	-	-	-	(16)
	-	-	-	-	28	308	596	270	71	305	-	-	-	-	(17)
	-	-	-	-	0	151	89	244	0	202	-	-	-	-	(18)
	-	-	-	-	0	108	18	259	139	286	2	299	-	-	(19)
	-	-	5	413	2	295	227	364	199	396	62	350	22	392	(20)
	0	1,858	-	-	1	281	26	290	76	321	71	356	48	435	(21)
	-	-	0	1,259	2	1,003	263	357	1,031	271	1,328	277	566	263	(22)
	-	-	0	1,012	1	891	44	381	306	324	1,229	282	564	263	(23)
	-	-	0	1,573	1	1,074	219	352	725	249	99	217	2	254	(24)
	2	946	-	-	-	-	-	-	-	-	-	-	-	-	(25)
	196	587	636	621	468	528	61	510	-	-	-	-	-	-	(26)
	56	622	70	556	52	446	18	590	6	531	-	-	-	-	(27)
	130	1,600	47	1,508	1	1,173	-	-	-	-	-	-	-	-	(28)
	247	328	-	-	-	-	-	-	-	-	-	-	-	-	(29)
	168	1,254	233	1,088	520	850	587	862	289	1,134	62	1,508	23	2,283	(30)
	158	1,143	170	789	161	549	7	486	-	-	-	-	-	-	(31)
	5	2,188	40	1,404	208	880	322	755	127	873	14	1,104	0	1,543	(32)
	5	3,690	23	2,783	151	1,131	258	1,005	162	1,339	47	1,628	23	2,286	(33)
	-	-	-	-	25	1,044	245	928	19	991	0	2,916	-	-	(34)
	27	1,156	7	1,964	7	1,903	5	2,660	5	3,045	75	1,916	273	1,977	(35)
	579	380	514	462	408	452	140	419	104	597	74	821	99	1,014	(36)
	64	788	121	655	138	587	45	640	48	801	54	898	40	1,511	(37)
	69	319	98	346	19	332	-	-	7	340	2	469	16	587	(38)
	446	331	295	421	251	386	95	315	49	435	19	634	44	719	(39)
	1,197	190	1,348	200	1,437	178	124	134	12	268	24	274	20	273	(40)
	-	-	-	-	0	185	-	-	5	679	6	351	39	693	(41)
	37	2,032	42	1,654	129	690	98	664	95	615	36	572	18	552	(42)
	1,039	342	918	321	828	316	770	310	702	294	687	259	739	261	(43)
	313	199	273	213	232	209	214	188	231	183	240	171	248	148	(44)
	153	243	151	238	150	235	136	229	134	191	158	179	175	193	(45)
	42	389	53	359	40	393	44	349	31	345	32	354	40	406	(46)
	61	204	65	177	70	178	51	171	39	204	52	222	63	248	(47)
	142	270	111	266	97	240	83	235	73	238	68	246	58	271	(48)
	13	1,518	2	1,355	0	1,823	-	-	-	-	-	-	1	1,829	(49)
	249	543	199	532	183	540	173	526	117	530	67	508	62	510	(50)
	25	156	25	169	22	224	42	206	36	194	24	218	18	212	(51)
	42	720	39	711	33	689	27	878	42	815	47	638	74	519	(52)

3 卸売市場別の月別果実の卸売数量・価額・価格（続き）
(48) 豊橋市青果市場

品　目		計			1月		2月		3月		4月		5月	
		数量	価額	価格	数量	価格	数量	価格	数量	価格	数量	価格	数量	価格
		t	千円	円/kg	t	円/kg	t	円/kg	t	円/kg	t	円/kg	t	円/kg
果　実　計	(1)	6,340	2,085,566	329	411	363	411	404	352	476	323	409	493	363
国 産 果 実 計	(2)	5,292	1,812,607	343	346	383	342	433	272	541	233	461	383	382
み か ん	(3)	1,494	383,124	256	231	203	152	213	37	315	13	373	1	1,056
ネーブルオレンジ（国産）	(4)	16	4,965	311	2	213	3	193	10	383	0	157	-	-
甘 な つ み か ん	(5)	94	13,142	140	0	296	1	148	13	161	51	141	23	127
い よ か ん	(6)	13	2,819	210	3	254	8	197	2	196	-	-	-	-
は っ さ く	(7)	12	2,025	165	2	216	5	142	3	158	2	168	-	-
そ の 他 の 雑 か ん	(8)	129	39,423	305	11	317	44	290	39	306	22	297	6	278
り ん ご	(9)	555	199,108	359	50	316	76	339	82	337	62	365	34	477
つ が る	(10)	50	15,494	310	-	-	-	-	-	-	-	-	-	-
ジ ョ ナ ゴ ー ル ド	(11)	12	4,788	389	2	226	1	327	1	482	0	520	1	492
王 林	(12)	23	7,524	321	3	377	4	328	3	288	4	377	4	294
ふ じ	(13)	373	138,311	371	43	317	66	346	76	340	57	365	25	519
そ の 他 の り ん ご	(14)	97	32,991	342	2	312	6	270	2	282	2	298	3	392
日 本 な し	(15)	178	45,614	256	-	-	-	-	-	-	-	-	-	-
幸 水	(16)	51	14,239	279	-	-	-	-	-	-	-	-	-	-
豊 水	(17)	60	12,973	217	-	-	-	-	-	-	-	-	-	-
二 十 世 紀	(18)	0	124	263	-	-	-	-	-	-	-	-	-	-
新 高	(19)	21	4,773	232	-	-	-	-	-	-	-	-	-	-
そ の 他 の な し	(20)	46	13,504	290	-	-	-	-	-	-	-	-	-	-
西 洋 な し	(21)	5	1,327	265	0	340	-	-	-	-	-	-	-	-
か き	(22)	429	67,157	156	0	253	0	31	-	-	-	-	-	-
甘 が き	(23)	429	66,914	156	0	253	0	31	-	-	-	-	-	-
渋がき（脱渋を含む。）	(24)	1	242	302	-	-	-	-	-	-	-	-	-	-
び わ	(25)	0	56	653	-	-	-	-	-	-	0	1,114	0	782
も も	(26)	108	49,345	458	-	-	-	-	-	-	-	-	0	2,293
す も も	(27)	8	2,898	365	-	-	0	1,296	0	1,296	-	-	-	-
お う と う	(28)	6	9,172	1,552	-	-	-	-	0	5,076	0	3,672	0	3,527
う め	(29)	12	3,434	286	-	-	-	-	-	-	-	-	5	341
ぶ ど う	(30)	174	152,945	878	-	-	-	-	-	-	0	3,316	1	1,864
デ ラ ウ ェ ア	(31)	38	28,653	764	-	-	-	-	-	-	0	3,316	1	1,696
巨 峰	(32)	62	51,521	830	-	-	-	-	-	-	-	-	0	2,552
そ の 他 の ぶ ど う	(33)	75	72,771	975	-	-	-	-	-	-	-	-	0	2,074
く り	(34)	5	3,287	646	-	-	-	-	-	-	-	-	-	-
い ち ご	(35)	312	372,312	1,195	40	1,492	46	1,491	80	1,045	58	885	35	820
メ ロ ン	(36)	560	235,847	421	2	1,586	2	1,486	2	1,493	7	841	96	444
温 室 メ ロ ン	(37)	250	126,835	507	2	1,782	1	1,551	1	1,575	2	1,292	5	862
ア ン デ ス メ ロ ン	(38)	10	5,687	548	0	863	0	950	0	1,193	0	909	4	596
その他のメロン（まくわうりを含む。）	(39)	299	103,325	345	0	1,080	0	1,153	0	782	5	673	87	413
す い か	(40)	1,134	196,373	173	0	420	0	474	0	608	14	410	180	255
キ ウ イ フ ル ー ツ	(41)	20	10,775	537	5	476	3	605	5	558	3	584	0	605
そ の 他 の 国 産 果 実	(42)	26	17,458	659	0	490	-	-	0	1,059	0	2,874	1	1,884
輸 入 果 実 計	(43)	1,048	272,959	260	64	259	69	260	80	258	90	275	110	297
バ ナ ナ	(44)	673	146,805	218	42	237	44	244	50	235	55	235	64	236
パ イ ン ア ッ プ ル	(45)	140	32,541	233	11	234	12	228	11	229	12	236	14	236
レ モ ン	(46)	45	15,864	356	3	384	2	406	3	407	3	400	4	371
グ レ ー プ フ ル ー ツ	(47)	34	8,616	255	2	277	3	264	3	267	3	268	4	256
オ レ ン ジ	(48)	59	20,158	342	4	300	4	318	5	356	8	370	10	369
輸 入 お う と う	(49)	2	2,470	1,515	-	-	-	-	-	-	0	1,643	1	1,528
輸 入 キ ウ イ フ ル ー ツ	(50)	46	25,539	556	0	372	0	365	0	340	2	593	6	610
輸 入 メ ロ ン	(51)	30	6,254	208	1	394	3	200	4	126	4	201	4	200
そ の 他 の 輸 入 果 実	(52)	21	14,713	701	1	620	1	887	2	639	2	692	3	649

	6月		7月		8月		9月		10月		11月		12月		
	数量	価格	数量	価格	数量	価格	数量	価格	数量	価格	数量	価格	数量	価格	
	t	円/kg	t	円/kg	t	円/kg	t	円/kg	t	円/kg	t	円/kg	t	円/kg	
	789	254	735	317	539	381	368	346	529	267	647	237	744	311	(1)
	690	248	648	320	462	396	280	374	431	275	555	242	649	328	(2)
	8	936	24	957	19	1,009	58	313	162	230	285	251	504	217	(3)
	-	-	-	-	-	-	-	-	-	-	-	-	0	141	(4)
	5	127	1	94									-	-	(5)
													0	432	(6)
															(7)
	0	2,793	0	2,452	0	1,319	1	515	1	465	1	395	5	308	(8)
	20	470	11	473	10	320	58	308	55	362	41	359	56	368	(9)
	-	-	-	-	6	283	43	313	1	321	-	-	-	-	(10)
	2	458	3	423	0	519	-	-	-	-	2	352	0	344	(11)
	2	278	-	-	-	-	-	-	0	203	3	257	2	371	(12)
	15	507	8	509	0	492	-	-	14	385	19	351	49	370	(13)
	2	331	1	252	3	348	15	295	39	355	17	387	4	347	(14)
	-	-	13	290	86	243	59	236	19	340	1	347	0	394	(15)
	-	-	3	349	48	275	1	300	-	-	-	-	-	-	(16)
					32	207	28	227							(17)
					0	108	0	283	0	254					(18)
							13	217	7	264	0	187			(19)
	-	-	10	275	6	181	16	264	12	385	1	385	0	394	(20)
					0	221	2	185	3	289	0	408	0	273	(21)
	-	-	-	-	0	481	19	216	163	168	213	139	34	168	(22)
	-	-	-	-	0	481	19	213	163	168	213	139	34	168	(23)
					-	-	0	443	0	224	0	270	0	65	(24)
	0	361	-	-	-	-	-	-	-	-	-	-	-	-	(25)
	10	424	61	453	33	469	4	447	-	-	-	-	-	-	(26)
	3	298	2	450	3	371	1	368							(27)
	4	1,485	1	1,248											(28)
	7	251													(29)
	4	1,598	27	1,013	77	716	43	816	18	1,123	4	1,531	0	2,184	(30)
	3	1,419	14	760	17	564	3	1,022	0	675	-	-	-	-	(31)
	1	1,702	6	1,138	35	711	12	800	7	1,046	1	1,292	0	1,697	(32)
	1	2,080	7	1,416	25	831	28	804	11	1,174	3	1,619	0	2,210	(33)
	-	-	-	-	1	495	4	674	0	823	-	-	-	-	(34)
	7	751	0	638	-	-	-	-	0	2,715	4	1,637	40	1,667	(35)
	143	347	180	365	108	440	8	495	5	658	3	1,045	5	1,296	(36)
	16	597	102	428	105	438	6	524	4	678	3	1,063	4	1,342	(37)
	5	448	0	359	-	-	-	-	-	-	-	-	0	697	(38)
	122	311	78	283	3	504	2	403	1	545	0	928	0	1,121	(39)
	477	160	327	153	115	129	17	125	2	190	0	383	0	414	(40)
	-	-	-	-	-	-	-	-	0	496	2	495	3	523	(41)
	1	2,039	2	1,119	11	489	8	563	3	579	1	585	0	621	(42)
	99	298	86	294	77	292	87	256	98	232	92	210	96	195	(43)
	59	243	51	246	46	248	56	220	69	191	68	177	69	155	(44)
	13	254	13	246	12	243	10	242	11	210	10	211	12	213	(45)
	4	365	3	404	4	401	7	252	4	270	3	302	3	436	(46)
	3	233	3	230	3	235	3	227	2	243	3	276	3	282	(47)
	7	368	4	337	4	331	5	286	4	307	3	332	3	342	(48)
	0	1,480	0	1,026	-	-	-	-	-	-	-	-	-	-	(49)
	8	571	8	559	6	546	5	536	5	515	3	541	2	546	(50)
	2	174	2	156	2	290	2	273	2	264	2	206	2	200	(51)
	2	725	2	694	1	785	1	806	2	959	1	869	2	391	(52)

3 卸売市場別の月別果実の卸売数量・価額・価格（続き）
(49) 北勢青果市場

品目		計			1月		2月		3月		4月		5月	
		数量	価額	価格	数量	価格	数量	価格	数量	価格	数量	価格	数量	価格
		t	千円	円/kg	t	円/kg	t	円/kg	t	円/kg	t	円/kg	t	円/kg
果実計	(1)	6,496	2,353,381	362	359	447	406	441	381	504	367	444	348	403
国産果実計	(2)	5,570	2,084,032	374	319	469	354	467	308	562	281	492	242	440
みかん	(3)	1,528	356,122	233	112	206	86	202	29	310	0	1,140	2	1,296
ネーブルオレンジ(国産)	(4)	9	1,844	200	1	179	1	189	2	259	-	-	-	-
甘なつみかん	(5)	89	16,720	188	0	49	2	166	16	193	63	185	5	213
いよかん	(6)	66	12,972	198	23	210	27	196	12	195	-	-	-	-
はっさく	(7)	38	4,934	131	13	139	15	131	10	121	-	-	-	-
その他の雑かん	(8)	169	64,853	384	24	393	50	376	53	370	22	425	3	339
りんご	(9)	696	220,091	316	64	285	91	285	77	292	72	342	38	376
つがる	(10)	88	25,233	288	-	-	-	-	-	-	-	-	-	-
ジョナゴールド	(11)	51	17,077	337	2	310	6	276	5	287	12	348	6	300
王林	(12)	57	16,292	288	9	277	8	252	13	266	8	292	4	317
ふじ	(13)	415	135,654	327	52	286	76	290	59	299	52	349	28	402
その他のりんご	(14)	86	25,835	300	-	-	1	212	1	218	1	314	-	-
日本なし	(15)	309	96,595	313	-	-	-	-	-	-	-	-	-	-
幸水	(16)	174	60,225	346	-	-	-	-	-	-	-	-	-	-
豊水	(17)	85	21,019	248	-	-	-	-	-	-	-	-	-	-
二十世紀	(18)	6	1,485	238	-	-	-	-	-	-	-	-	-	-
新高	(19)	7	1,982	279	-	-	-	-	-	-	-	-	-	-
その他のなし	(20)	36	11,884	326	-	-	-	-	-	-	-	-	-	-
西洋なし	(21)	24	7,017	290	0	57	-	-	-	-	-	-	-	-
かき	(22)	376	81,016	216	0	444	-	-	-	-	-	-	-	-
甘がき	(23)	231	44,531	193	0	444	-	-	-	-	-	-	-	-
渋がき(脱渋を含む。)	(24)	145	36,485	252	-	-	-	-	-	-	-	-	-	-
びわ	(25)	0	356	1,390	-	-	-	-	0	2,010	0	1,357	0	1,484
もも	(26)	161	77,239	479	-	-	-	-	-	-	-	-	0	1,420
すもも	(27)	62	23,158	373	-	-	-	-	-	-	-	-	-	-
おうとう	(28)	12	16,441	1,412	-	-	-	-	0	5,508	0	4,929	1	2,152
うめ	(29)	98	30,695	312	-	-	-	-	-	-	-	-	36	372
ぶどう	(30)	315	250,537	795	0	580	-	-	-	-	0	3,022	1	1,559
デラウェア	(31)	109	75,912	694	-	-	-	-	-	-	0	3,022	1	1,502
巨峰	(32)	94	78,724	839	-	-	-	-	-	-	-	-	0	2,785
その他のぶどう	(33)	112	95,901	856	0	580	-	-	-	-	-	-	0	3,161
くり	(34)	3	1,432	539	-	-	-	-	-	-	-	-	-	-
いちご	(35)	370	450,036	1,216	63	1,268	60	1,349	83	1,168	73	882	26	885
メロン	(36)	434	199,519	460	6	1,017	6	1,059	7	1,166	24	675	64	473
温室メロン	(37)	126	85,816	680	5	1,052	4	1,143	7	1,180	7	1,051	11	697
アンデスメロン	(38)	56	20,124	357	0	610	1	546	0	1,200	1	648	18	423
その他のメロン(まくわうりを含む。)	(39)	251	93,580	373	1	1,002	1	932	1	1,021	15	493	35	429
すいか	(40)	719	118,089	164	0	235	0	310	1	355	19	312	63	232
キウイフルーツ	(41)	65	32,406	501	13	492	16	512	19	488	7	547	-	-
その他の国産果実	(42)	27	21,959	806	0	465	-	-	0	5,407	0	2,715	1	1,511
輸入果実計	(43)	926	269,349	291	40	268	53	264	73	258	86	285	107	320
バナナ	(44)	124	24,385	196	8	204	9	208	9	218	9	218	11	217
パインアップル	(45)	161	28,356	176	7	175	10	167	17	161	14	174	16	190
レモン	(46)	130	42,346	327	8	328	11	321	12	319	13	304	11	337
グレープフルーツ	(47)	84	17,837	211	5	236	4	239	6	234	8	246	9	223
オレンジ	(48)	224	60,445	270	7	254	10	282	18	293	22	293	28	291
輸入おうとう	(49)	3	4,252	1,300	-	-	-	-	-	-	0	1,378	2	1,358
輸入キウイフルーツ	(50)	82	41,527	507	-	-	-	-	-	-	6	537	12	513
輸入メロン	(51)	32	4,491	140	1	241	3	131	5	108	6	121	6	127
その他の輸入果実	(52)	86	45,711	534	5	463	5	492	7	488	7	470	10	460

	6月		7月		8月		9月		10月		11月		12月		
	数量	価格	数量	価格	数量	価格	数量	価格	数量	価格	数量	価格	数量	価格	
	t	円/kg	t	円/kg	t	円/kg	t	円/kg	t	円/kg	t	円/kg	t	円/kg	
	624	303	659	339	637	406	595	359	796	291	678	260	645	350	(1)
	527	300	573	343	555	422	516	370	715	292	607	258	573	360	(2)
	5	1,002	9	862	12	818	167	289	403	230	333	208	371	193	(3)
	-	-	-	-	-	-	-	-	-	-	-	-	5	186	(4)
	3	206	-	-	-	-	-	-	-	-	-	-	-	-	(5)
	-	-	-	-	-	-	-	-	-	-	-	-	3	144	(6)
	-	-	-	-	-	-	-	-	-	-	-	-	-	-	(7)
	-	-	0	2,763	0	414	0	419	2	342	1	691	15	366	(8)
	25	360	16	406	40	346	65	271	90	317	71	327	48	329	(9)
	-	-	-	-	31	314	52	275	5	244	-	-	-	-	(10)
	6	352	2	462	2	444	-	-	1	333	5	346	3	379	(11)
	3	366	2	341	1	437	-	-	-	-	2	281	6	297	(12)
	16	361	12	408	5	487	-	-	29	328	48	344	39	329	(13)
	-	-	-	-	1	356	13	252	56	318	15	277	0	436	(14)
	0	800	13	499	148	336	118	259	26	335	3	344	0	380	(15)
	0	800	13	501	137	345	24	268	-	-	-	-	-	-	(16)
	-	-	-	-	9	226	74	251	1	261	-	-	-	-	(17)
	-	-	-	-	-	-	6	238	-	-	-	-	-	-	(18)
	-	-	-	-	-	-	1	163	6	297	-	-	-	-	(19)
	-	-	0	325	1	77	13	306	19	352	3	344	0	380	(20)
	-	-	-	-	1	233	5	221	8	322	7	299	3	324	(21)
	-	-	-	-	-	-	21	350	133	243	163	186	58	187	(22)
	-	-	-	-	-	-	2	330	32	239	140	182	57	188	(23)
	-	-	-	-	-	-	20	351	101	244	23	211	1	120	(24)
	0	335	-	-	-	-	-	-	-	-	-	-	-	-	(25)
	25	439	84	493	42	474	10	472	0	485	-	-	-	-	(26)
	19	416	31	370	11	301	0	531	0	502	-	-	-	-	(27)
	9	1,329	2	1,340	0	1,893	-	-	-	-	-	-	-	-	(28)
	62	277	-	-	-	-	-	-	-	-	-	-	-	-	(29)
	16	1,008	55	791	115	739	85	751	39	919	3	1,076	1	1,077	(30)
	16	982	38	666	45	594	10	684	0	500	-	-	-	-	(31)
	0	2,106	15	1,032	36	813	26	728	17	873	0	1,569	-	-	(32)
	0	2,922	2	1,284	35	850	49	777	22	955	2	998	1	1,077	(33)
	-	-	-	-	-	-	2	545	1	530	-	-	-	-	(34)
	0	508	-	-	-	-	-	-	0	2,808	11	1,615	54	1,626	(35)
	122	359	90	363	59	425	25	374	11	503	10	719	9	945	(36)
	9	613	17	510	27	512	12	440	10	502	9	725	7	961	(37)
	29	312	7	274	-	-	-	-	-	-	-	-	0	741	(38)
	83	347	66	333	32	354	13	315	1	514	1	680	1	860	(39)
	240	147	272	155	114	161	8	120	0	358	1	193	0	158	(40)
	-	-	-	-	-	-	-	-	1	533	3	414	5	530	(41)
	1	1,451	1	1,537	13	681	9	690	2	688	0	668	0	507	(42)
	98	322	85	309	83	299	80	286	80	285	71	278	72	272	(43)
	10	224	10	219	9	219	11	181	14	178	12	156	12	148	(44)
	14	197	16	199	14	201	12	185	14	151	14	144	14	162	(45)
	12	333	11	359	12	334	11	313	10	302	9	319	11	355	(46)
	8	192	9	194	8	187	8	180	7	181	6	223	7	237	(47)
	28	280	21	268	23	250	20	253	17	256	15	249	14	239	(48)
	1	1,279	0	468	-	-	-	-	-	-	-	-	-	-	(49)
	14	519	12	507	11	508	9	497	7	486	6	495	6	489	(50)
	3	123	1	210	2	203	2	183	2	170	1	190	1	194	(51)
	7	608	5	611	6	566	8	505	10	611	8	616	7	502	(52)

3　卸売市場別の月別果実の卸売数量・価額・価格（続き）

(50)　三重県青果市場

品目		計			1月		2月		3月		4月		5月	
		数量	価額	価格	数量	価格	数量	価格	数量	価格	数量	価格	数量	価格
		t	千円	円／kg	t	円／kg	t	円／kg	t	円／kg	t	円／kg	t	円／kg
果実計	(1)	**4,324**	**1,561,272**	**361**	**384**	**423**	**432**	**426**	**397**	**455**	**357**	**407**	**452**	**359**
国産果実計	(2)	**3,152**	**1,290,709**	**409**	**308**	**476**	**329**	**484**	**260**	**583**	**241**	**495**	**328**	**398**
みかん	(3)	570	183,075	321	152	234	101	252	30	301	0	1,776	2	1,593
ネーブルオレンジ(国産)	(4)	1	212	174	1	197	0	60	0	162	-	-	-	-
甘なつみかん	(5)	90	18,533	206	-	-	0	53	21	208	68	206	0	134
いよかん	(6)	33	8,462	257	13	263	15	234	5	316	-	-	-	-
はっさく	(7)	44	6,666	151	12	155	20	151	10	139	2	176	-	-
その他の雑かん	(8)	156	64,664	415	22	451	56	345	49	407	18	552	3	324
りんご	(9)	417	152,975	367	38	313	74	314	59	359	44	393	28	451
つがる	(10)	37	11,850	322	-	-	0	410	-	-	-	-	-	-
ジョナゴールド	(11)	50	20,811	417	1	388	3	399	8	374	6	421	3	509
王林	(12)	40	14,498	366	5	339	8	318	5	397	4	415	2	419
ふじ	(13)	259	94,250	364	30	301	60	307	46	347	34	386	22	454
その他のりんご	(14)	32	11,566	364	2	391	3	364	1	770	0	417	1	297
日本なし	(15)	157	52,621	334	-	-	-	-	-	-	-	-	-	-
幸水	(16)	104	37,898	364	-	-	-	-	-	-	-	-	-	-
豊水	(17)	40	10,340	256	-	-	-	-	-	-	-	-	-	-
二十世紀	(18)	1	434	789	-	-	-	-	-	-	-	-	-	-
新高	(19)	1	193	340	-	-	-	-	-	-	-	-	-	-
その他のなし	(20)	12	3,756	314	-	-	-	-	-	-	-	-	-	-
西洋なし	(21)	4	1,306	301	-	-	-	-	-	-	-	-	-	-
かき	(22)	198	28,828	146	1	599	-	-	-	-	-	-	-	-
甘がき	(23)	126	13,140	104	1	599	-	-	-	-	-	-	-	-
渋がき（脱渋を含む。）	(24)	72	15,689	218	-	-	-	-	-	-	-	-	-	-
びわ	(25)	1	1,666	1,477	-	-	-	-	0	2,514	0	1,930	0	1,709
もも	(26)	81	48,100	596	-	-	-	-	-	-	-	-	0	2,814
すもも	(27)	16	8,789	554	-	-	-	-	-	-	-	-	0	1,542
おうとう	(28)	7	12,595	1,753	-	-	-	-	0	4,925	0	4,847	0	3,052
うめ	(29)	86	19,114	222	-	-	-	-	-	-	-	-	27	346
ぶどう	(30)	68	68,934	1,009	0	540	-	-	-	-	0	3,348	5	1,368
デラウェア	(31)	41	40,023	986	-	-	-	-	-	-	0	3,348	5	1,362
巨峰	(32)	20	19,230	981	-	-	-	-	-	-	-	-	0	2,903
その他のぶどう	(33)	8	9,681	1,194	0	540	-	-	-	-	-	-	0	2,430
くり	(34)	5	2,690	497	-	-	-	-	-	-	-	-	-	-
いちご	(35)	273	315,404	1,156	57	1,310	55	1,426	74	1,165	67	854	19	927
メロン	(36)	261	123,105	472	4	1,027	4	1,036	4	1,065	11	746	76	457
温室メロン	(37)	49	33,214	675	2	1,489	1	1,533	1	1,544	1	1,529	1	866
アンデスメロン	(38)	41	20,013	491	2	759	2	801	1	1,018	2	841	11	525
その他のメロン（まくわうりを含む。）	(39)	171	69,877	409	1	779	1	830	1	688	8	629	63	436
すいか	(40)	629	131,285	209	0	863	0	717	5	429	30	357	168	254
キウイフルーツ	(41)	13	6,892	535	6	497	3	538	3	595	0	720	-	-
その他の国産果実	(42)	41	34,795	851	0	1,045	0	964	0	2,301	0	2,072	0	2,092
輸入果実計	(43)	**1,172**	**270,563**	**231**	**76**	**213**	**104**	**244**	**137**	**211**	**116**	**223**	**123**	**257**
バナナ	(44)	819	157,673	193	61	195	70	197	97	176	84	191	78	208
パインアップル	(45)	53	11,560	220	3	224	4	222	7	218	6	219	6	218
レモン	(46)	106	36,822	348	2	385	20	367	17	337	7	334	21	344
グレープフルーツ	(47)	54	12,153	223	4	221	2	242	3	260	3	250	4	247
オレンジ	(48)	80	20,410	257	4	221	4	265	7	250	8	278	8	266
輸入おうとう	(49)	1	1,035	1,449	-	-	-	-	-	-	0	1,358	0	1,565
輸入キウイフルーツ	(50)	16	8,408	531	-	-	-	-	-	-	2	536	4	557
輸入メロン	(51)	6	1,650	277	-	-	-	-	-	-	-	-	-	-
その他の輸入果実	(52)	38	20,852	544	2	468	4	472	6	328	6	359	3	441

	6月		7月		8月		9月		10月		11月		12月		
	数量	価格	数量	価格	数量	価格	数量	価格	数量	価格	数量	価格	数量	価格	
	t	円/kg	t	円/kg	t	円/kg	t	円/kg	t	円/kg	t	円/kg	t	円/kg	
	464	357	425	360	437	368	214	347	290	265	233	192	240	213	(1)
	359	383	329	388	353	395	135	415	215	279	159	185	135	247	(2)
	11	1,098	21	981	26	933	12	469	77	221	54	224	85	216	(3)
	-	-	-	-	-	-	-	-	-	-	-	-	0	24	(4)
	0	54	-	-	-	-	-	-	-	-	-	-	-	-	(5)
	-	-	-	-	-	-	-	-	-	-	-	-	-	-	(6)
	-	-	-	-	-	-	-	-	-	-	-	-	-	-	(7)
	0	993	0	1,865	1	672	2	218	1	682	1	918	3	602	(8)
	17	470	20	463	20	407	32	310	46	370	20	371	18	371	(9)
	-	-	-	-	6	371	28	311	3	315	-	-	-	-	(10)
	5	484	6	429	4	504	-	-	0	359	9	376	5	371	(11)
	2	391	2	428	1	341	-	-	-	-	5	360	6	360	(12)
	10	480	12	485	8	401	-	-	26	377	4	379	7	379	(13)
	-	-	0	270	1	370	4	309	18	367	2	359	-	-	(14)
	0	1,936	12	501	103	337	42	276	1	407	-	-	0	446	(15)
	0	1,936	11	511	91	347	2	301	-	-	-	-	-	-	(16)
	-	-	-	-	11	238	30	263	-	-	-	-	-	-	(17)
	-	-	-	-	1	789	-	-	-	-	-	-	-	-	(18)
	-	-	-	-	-	-	0	225	0	423	-	-	-	-	(19)
	-	-	1	329	1	280	10	313	0	385	-	-	0	446	(20)
	-	-	-	-	-	-	0	115	0	295	1	246	3	347	(21)
	-	-	-	-	-	-	14	307	78	173	82	93	23	123	(22)
	-	-	-	-	-	-	0	128	36	105	69	90	20	126	(23)
	-	-	-	-	-	-	14	311	42	230	13	109	3	102	(24)
	1	908	-	-	-	-	-	-	-	-	-	-	-	-	(25)
	21	539	39	652	19	522	3	505	-	-	-	-	-	-	(26)
	13	563	3	500	0	522	-	-	-	-	-	-	-	-	(27)
	6	1,658	1	1,424	-	-	-	-	-	-	-	-	-	-	(28)
	38	225	22	65	-	-	-	-	-	-	-	-	-	-	(29)
	19	995	12	959	11	1,045	10	932	9	1,031	1	828	1	625	(30)
	19	992	11	896	6	835	-	-	-	-	-	-	-	-	(31)
	0	2,160	1	1,207	4	1,250	8	817	7	981	0	1,038	-	-	(32)
	0	2,825	0	1,976	2	1,347	3	1,279	2	1,251	1	727	1	625	(33)
	-	-	-	-	1	377	4	518	1	482	-	-	-	-	(34)
	1	1,993	0	3,200	0	3,309	-	-	-	-	0	1,278	0	1,236	(35)
	76	376	52	401	32	519	2	371	0	655	-	-	0	1,504	(36)
	2	741	16	545	23	564	1	416	0	655	-	-	0	1,504	(37)
	15	370	7	305	-	-	-	-	-	-	-	-	-	-	(38)
	58	366	29	345	9	400	0	245	-	-	-	-	-	-	(39)
	156	185	146	185	122	158	1	135	-	-	-	-	0	821	(40)
	-	-	-	-	-	-	-	-	-	-	0	247	1	576	(41)
	1	2,102	3	1,368	18	754	14	766	2	818	1	619	1	955	(42)
	105	270	95	263	83	254	79	231	74	225	74	207	106	170	(43)
	71	224	64	222	54	231	56	203	53	188	56	173	76	123	(44)
	5	235	4	232	5	237	4	215	3	173	3	219	3	218	(45)
	10	370	9	375	3	333	4	293	4	317	4	306	4	338	(46)
	5	233	4	207	7	199	5	190	5	189	3	259	10	234	(47)
	8	270	9	265	10	227	7	234	5	246	4	247	6	299	(48)
	0	1,393	0	1,102	-	-	-	-	-	-	-	-	-	-	(49)
	3	517	2	481	1	556	1	575	2	492	1	495	1	552	(50)
	-	-	0	302	1	302	1	306	1	293	1	297	2	243	(51)
	4	676	3	757	2	949	2	914	2	903	2	703	3	416	(52)

3 卸売市場別の月別果実の卸売数量・価額・価格（続き）
(51) 大津市青果市場

品　目		計			1月		2月		3月		4月		5月	
		数量	価額	価格	数量	価格	数量	価格	数量	価格	数量	価格	数量	価格
		t	千円	円/kg	t	円/kg	t	円/kg	t	円/kg	t	円/kg	t	円/kg
果　実　計	(1)	4,443	1,302,636	293	426	259	268	300	274	290	247	313	270	316
国　産　果　実　計	(2)	2,907	864,792	298	346	257	179	322	155	323	121	346	110	296
み　か　ん	(3)	1,254	269,892	215	212	214	46	254	22	172	0	261	0	1,146
ネーブルオレンジ（国産）	(4)	0	6	254	0	254	-	-	-	-	-	-	-	-
甘なつみかん	(5)	43	7,161	165	0	320	1	237	5	218	20	161	18	150
い　よ　か　ん	(6)	83	12,663	152	24	169	31	154	25	140	4	100	-	-
は　っ　さ　く	(7)	42	7,224	173	6	192	9	162	17	180	9	157	0	251
その他の雑かん	(8)	206	53,390	259	12	310	39	285	47	244	50	234	39	222
り　ん　ご	(9)	492	128,194	261	76	211	34	213	17	289	7	331	11	357
つ　が　る	(10)	51	10,743	209	-	-	-	-	-	-	-	-	-	-
ジョナゴールド	(11)	20	6,189	302	2	290	2	233	2	229	4	324	3	360
王　林	(12)	21	4,379	211	6	188	1	217	3	186	-	-	2	216
ふ　じ	(13)	273	77,188	282	68	211	24	252	11	341	3	339	6	404
その他のりんご	(14)	126	29,695	236	0	302	8	98	1	183	-	-	-	-
日　本　な　し	(15)	94	30,257	320	1	395	0	387	0	354	-	-	-	-
幸　水	(16)	9	3,229	344	-	-	-	-	-	-	-	-	-	-
豊　水	(17)	13	3,535	273	-	-	-	-	-	-	-	-	-	-
二　十　世　紀	(18)	17	3,741	216	-	-	-	-	-	-	-	-	-	-
新　高	(19)	-	-	-	-	-	-	-	-	-	-	-	-	-
その他のなし	(20)	55	19,751	361	1	395	0	387	0	354	-	-	-	-
西　洋　な　し	(21)	5	1,232	257	-	-	-	-	-	-	-	-	-	-
か　き	(22)	115	22,128	193	1	352	-	-	-	-	-	-	-	-
甘　が　き	(23)	82	15,104	185	1	352	-	-	-	-	-	-	-	-
渋がき（脱渋を含む。）	(24)	33	7,024	211	-	-	-	-	-	-	-	-	-	-
び　わ	(25)	0	201	1,118	-	-	-	-	0	2,916	0	1,296	0	1,212
も　も	(26)	73	30,199	415	-	-	-	-	-	-	-	-	0	2,363
す　も　も	(27)	9	4,790	535	-	-	-	-	-	-	-	-	-	-
お　う　と　う	(28)	5	6,490	1,225	-	-	-	-	-	-	0	5,141	0	5,104
う　め	(29)	25	9,618	392	-	-	-	-	-	-	-	-	4	398
ぶ　ど　う	(30)	104	82,167	793	0	384	-	-	-	-	-	-	0	1,621
デラウェア	(31)	14	9,823	705	-	-	-	-	-	-	-	-	0	1,611
巨　峰	(32)	56	47,569	852	-	-	-	-	-	-	-	-	-	-
その他のぶどう	(33)	34	24,776	732	0	384	-	-	-	-	-	-	0	1,800
く　り	(34)	0	135	1,932	-	-	-	-	-	-	-	-	-	-
い　ち　ご	(35)	65	80,240	1,228	10	1,430	11	1,318	15	1,122	16	837	3	956
メ　ロ　ン	(36)	107	52,054	486	1	1,405	2	1,469	2	1,496	2	1,204	9	507
温室メロン	(37)	19	19,256	994	1	1,403	2	1,476	1	1,702	2	1,288	1	982
アンデスメロン	(38)	2	1,096	452	-	-	-	-	-	-	-	-	1	490
その他のメロン（まくわうりを含む。）	(39)	85	31,701	371	0	1,444	0	1,385	1	1,390	0	827	7	420
す　い　か	(40)	126	25,929	206	-	-	0	721	0	500	6	352	26	281
キウイフルーツ	(41)	24	15,566	640	3	663	7	598	6	611	7	659	0	929
その他の国産果実	(42)	35	25,255	728	-	-	-	-	0	6,527	0	4,063	0	2,768
輸　入　果　実　計	(43)	1,536	437,843	285	80	269	89	254	119	246	126	281	159	331
バ　ナ　ナ	(44)	720	138,130	192	38	200	48	204	59	197	51	215	55	223
パインアップル	(45)	95	22,249	235	7	230	8	250	13	206	12	228	12	261
レ　モ　ン	(46)	99	37,757	382	6	407	7	402	9	381	8	372	10	384
グレープフルーツ	(47)	123	27,431	223	6	257	8	246	10	227	13	222	12	240
オ　レ　ン　ジ	(48)	216	56,490	262	10	259	12	281	16	295	20	274	24	276
輸入おうとう	(49)	2	2,893	1,440	-	-	-	-	-	-	-	-	2	1,443
輸入キウイフルーツ	(50)	132	72,374	547	3	475	0	825	-	-	8	585	25	569
輸入メロン	(51)	40	6,859	171	1	329	2	197	5	116	5	160	10	153
その他の輸入果実	(52)	110	73,660	672	8	455	4	568	6	579	9	570	10	567

	6月		7月		8月		9月		10月		11月		12月		
	数量	価格	数量	価格	数量	価格	数量	価格	数量	価格	数量	価格	数量	価格	
	t	円/kg	t	円/kg	t	円/kg	t	円/kg	t	円/kg	t	円/kg	t	円/kg	
	243	362	241	361	276	379	333	338	455	286	521	251	889	243	(1)
	102	392	110	400	148	435	204	368	313	294	384	248	734	249	(2)
	2	1,078	1	938	1	903	30	180	134	199	230	219	576	213	(3)
	-	-	-	-	-	-	-	-	-	-	-	-	-	-	(4)
	-	-	-	-	-	-	-	-	-	-	-	-	-	-	(5)
	-	-	-	-	-	-	-	-	-	-	-	-	1	215	(6)
	-	-	-	-	-	-	-	-	-	-	-	-	-	-	(7)
	9	266	3	254	1	232	1	802	0	581	0	620	4	503	(8)
	4	223	2	466	14	327	40	191	93	274	97	265	98	293	(9)
	-	-	-	-	10	314	39	189	2	79	-	-	-	-	(10)
	1	409	1	486	1	397	-	-	-	-	6	250	1	356	(11)
	2	150	-	-	-	-	-	-	-	-	2	245	5	267	(12)
	1	281	2	460	1	491	-	-	7	349	65	299	87	306	(13)
	-	-	0	432	2	248	1	313	84	274	24	180	6	118	(14)
	-	-	0	460	10	361	55	288	27	362	0	659	1	462	(15)
	-	-	0	460	8	343	1	285	-	-	-	-	-	-	(16)
	-	-	-	-	0	288	13	273	-	-	-	-	-	-	(17)
	-	-	-	-	1	477	16	195	0	242	-	-	-	-	(18)
	-	-	-	-	-	-	-	-	-	-	-	-	-	-	(19)
	-	-	-	-	0	631	26	351	27	364	0	659	1	462	(20)
	-	-	-	-	0	414	1	162	1	362	2	286	1	225	(21)
	-	-	-	-	-	-	3	296	30	214	42	223	39	132	(22)
	-	-	-	-	-	-	-	-	7	259	36	222	38	133	(23)
	-	-	-	-	-	-	3	296	23	200	6	225	1	102	(24)
	0	1,010	-	-	-	-	-	-	-	-	-	-	-	-	(25)
	6	461	26	447	24	420	16	351	1	128	-	-	-	-	(26)
	2	575	3	533	2	527	2	511	0	537	-	-	-	-	(27)
	2	1,488	3	766	-	-	-	-	-	-	-	-	-	-	(28)
	20	398	1	188	-	-	-	-	-	-	-	-	-	-	(29)
	3	906	10	905	24	798	39	721	18	953	8	582	0	1,400	(30)
	3	873	6	691	5	586	0	720	-	-	-	-	-	-	(31)
	0	1,605	4	1,123	10	827	24	751	15	912	2	1,231	-	-	(32)
	0	4,255	0	1,691	9	883	15	671	3	1,147	7	429	0	1,400	(33)
	-	-	-	-	-	-	0	1,080	-	-	0	3,726	0	1,750	(34)
	0	1,928	0	1,230	0	1,152	-	-	-	-	1	1,600	11	1,691	(35)
	35	368	25	366	17	362	6	324	3	660	3	910	3	1,299	(36)
	1	892	2	698	3	479	1	554	1	813	2	1,008	2	1,393	(37)
	0	648	2	444	0	389	-	-	-	-	-	-	-	-	(38)
	34	350	22	334	14	333	5	268	1	507	1	608	1	972	(39)
	19	175	34	167	40	179	0	452	-	-	-	-	-	-	(40)
	-	-	-	-	-	-	-	-	0	631	0	556	1	908	(41)
	0	2,206	1	1,595	15	751	12	668	6	621	0	535	0	280	(42)
	141	341	131	328	128	315	128	291	142	269	137	262	155	216	(43)
	53	226	51	219	48	216	61	181	81	173	78	172	97	144	(44)
	11	254	-	-	10	251	5	261	-	-	9	193	8	230	(45)
	8	390	8	411	9	406	8	375	8	332	8	324	8	407	(46)
	11	214	13	200	13	196	11	188	10	205	8	255	9	273	(47)
	25	265	20	261	23	246	20	240	20	228	14	246	11	287	(48)
	-	-	-	-	0	1,231	-	-	-	-	-	-	-	-	(49)
	20	564	18	560	16	558	13	549	12	483	9	519	8	502	(50)
	4	141	2	166	-	-	2	211	3	204	2	210	2	221	(51)
	10	975	18	553	9	719	7	968	8	1,099	8	910	13	352	(52)

3 卸売市場別の月別果実の卸売数量・価額・価格（続き）
(52) 京都市中央卸売市場

品目		計			1月		2月		3月		4月		5月	
		数量	価額	価格	数量	価格	数量	価格	数量	価格	数量	価格	数量	価格
		t	千円	円/kg	t	円/kg	t	円/kg	t	円/kg	t	円/kg	t	円/kg
果 実 計	(1)	38,538	15,634,830	406	2,669	419	2,928	452	3,077	489	2,658	479	2,585	458
国 産 果 実 計	(2)	28,342	12,865,674	454	2,049	474	2,306	510	2,186	592	1,752	586	1,554	542
み か ん	(3)	5,381	1,641,494	305	762	299	489	281	208	266	26	350	23	1,392
ネーブルオレンジ(国産)	(4)	6	1,394	252	0	335	2	214	1	297	0	312	-	-
甘 な つ み か ん	(5)	271	53,928	199	2	232	12	212	57	185	95	200	82	199
い よ か ん	(6)	438	109,136	249	192	250	197	240	41	286	1	229	-	-
は っ さ く	(7)	315	58,621	186	75	195	123	162	80	201	31	214	5	194
その他の雑かん	(8)	1,335	637,018	477	112	569	285	476	357	410	242	389	82	394
り ん ご	(9)	6,513	2,213,204	340	595	312	730	301	720	318	544	342	437	412
つ が る	(10)	631	185,457	294	-	-	-	-	-	-	-	-	-	-
ジョナゴールド	(11)	549	194,360	354	39	336	40	333	44	366	65	358	64	386
王 林	(12)	575	185,844	323	64	324	99	298	91	284	57	312	66	331
ふ じ	(13)	3,888	1,351,090	347	452	288	573	299	570	320	404	342	285	440
その他のりんご	(14)	870	296,452	341	39	548	17	313	15	317	18	379	22	362
日 本 な し	(15)	1,594	527,474	331	3	273	1	311	-	-	-	-	-	-
幸 水	(16)	462	154,890	335	-	-	-	-	-	-	-	-	-	-
豊 水	(17)	334	95,466	286	-	-	-	-	-	-	-	-	-	-
二 十 世 紀	(18)	462	152,040	329	-	-	-	-	-	-	-	-	-	-
新 高	(19)	71	20,107	283	-	-	-	-	-	-	-	-	-	-
その他のなし	(20)	265	104,971	396	3	273	1	311	-	-	-	-	-	-
西 洋 な し	(21)	161	53,212	330	5	350	3	295	0	501	-	-	-	-
か き	(22)	1,350	355,082	263	19	447	-	-	-	-	-	-	-	-
甘 が き	(23)	640	166,184	260	19	447	-	-	-	-	-	-	-	-
渋がき(脱渋を含む。)	(24)	711	188,898	266	-	-	-	-	-	-	-	-	-	-
び わ	(25)	6	12,032	1,852	-	-	-	-	1	2,917	3	2,019	3	1,493
も も	(26)	862	560,148	650	-	-	-	-	-	-	-	-	1	2,726
す も も	(27)	202	107,930	533	-	-	-	-	-	-	-	-	0	1,097
お う と う	(28)	94	172,337	1,835	0	27,540	-	-	0	13,628	1	7,520	5	4,073
う め	(29)	274	116,369	424	-	-	-	-	-	-	-	-	63	483
ぶ ど う	(30)	1,092	1,121,375	1,026	1	381	0	497	-	-	0	5,400	8	2,269
デ ラ ウ ェ ア	(31)	191	142,352	745	-	-	-	-	-	-	-	-	3	1,590
巨 峰	(32)	343	358,525	1,045	-	-	-	-	-	-	0	5,400	3	2,709
その他のぶどう	(33)	558	620,498	1,111	1	381	0	497	-	-	-	-	1	3,296
く り	(34)	109	123,507	1,135	-	-	-	-	-	-	-	-	-	-
い ち ご	(35)	2,286	3,001,459	1,313	229	1,652	345	1,552	571	1,259	611	953	229	998
メ ロ ン	(36)	1,009	560,370	555	11	1,507	13	1,412	15	1,462	41	945	168	548
温 室 メ ロ ン	(37)	270	247,225	915	10	1,511	13	1,412	15	1,461	18	1,303	17	939
アンデスメロン	(38)	252	107,686	428	-	-	-	-	-	-	12	704	58	500
その他のメロン(まくわうりを含む。)	(39)	488	205,459	421	0	1,355	0	1,390	0	1,527	12	636	92	505
す い か	(40)	4,368	889,146	204	0	630	1	590	7	366	140	337	412	282
キウイフルーツ	(41)	351	196,100	559	43	552	105	538	126	556	8	482	-	-
その他の国産果実	(42)	325	354,338	1,090	2	566	1	561	2	4,230	8	3,480	37	1,877
輸 入 果 実 計	(43)	10,195	2,769,156	272	620	236	622	240	891	235	906	272	1,030	331
バ ナ ナ	(44)	5,117	929,838	182	398	176	390	189	520	192	434	195	439	201
パインアップル	(45)	715	151,985	213	38	231	42	217	76	193	76	213	78	239
レ モ ン	(46)	520	184,110	354	30	391	33	385	43	350	35	383	40	386
グレープフルーツ	(47)	860	202,604	235	55	268	50	273	69	256	80	256	85	242
オ レ ン ジ	(48)	986	241,723	245	35	245	53	278	91	274	123	261	118	262
輸入おうとう	(49)	76	94,464	1,245	0	1,069	-	-	-	-	4	1,566	40	1,280
輸入キウイフルーツ	(50)	1,001	504,338	504	22	437	1	368	0	3,021	56	548	136	528
輸 入 メ ロ ン	(51)	180	26,777	149	3	313	15	150	27	97	22	146	18	137
その他の輸入果実	(52)	740	433,319	586	39	567	38	604	64	543	76	525	77	546

6月		7月		8月		9月		10月		11月		12月		
数量	価格	数量	価格	数量	価格	数量	価格	数量	価格	数量	価格	数量	価格	
t	円/kg	t	円/kg	t	円/kg	t	円/kg	t	円/kg	t	円/kg	t	円/kg	
3,318	389	3,905	383	3,657	389	3,221	387	3,271	339	3,165	323	4,083	402	(1)
2,282	423	2,966	408	2,799	423	2,333	426	2,485	365	2,341	353	3,289	447	(2)
41	1,092	43	1,028	37	926	200	267	645	234	996	272	1,913	304	(3)
-	-	-	-	-	-	-	-	-	-	-	-	2	261	(4)
22	223	-	-	-	-	-	-	-	-	-	-	-	-	(5)
-	-	-	-	-	-	-	-	-	-	-	-	7	274	(6)
0	972	-	-	-	-	-	-	-	-	-	-	1	244	(7)
13	949	8	1,447	12	832	19	563	26	590	43	706	137	549	(8)
333	402	247	404	250	338	585	296	802	324	617	358	653	369	(9)
-	-	-	-	142	324	429	290	60	249	-	-	-	-	(10)
61	376	58	393	29	371	-	-	63	307	51	319	35	336	(11)
53	357	14	351	1	417	-	-	3	159	32	338	95	366	(12)
207	425	168	415	53	337	26	445	255	328	398	370	497	373	(13)
12	323	7	306	25	375	130	285	422	335	136	341	27	359	(14)
0	1,730	42	488	674	355	666	289	163	368	34	321	11	307	(15)
0	1,730	41	486	404	325	16	212	-	-	-	-	-	-	(16)
-	-	-	-	93	311	234	275	7	300	-	-	-	-	(17)
-	-	-	-	145	440	315	277	2	414	-	-	-	-	(18)
-	-	-	-	-	-	21	271	50	288	-	-	-	-	(19)
-	-	1	641	32	470	81	394	104	410	34	321	11	307	(20)
-	-	-	-	3	279	12	238	39	367	61	368	37	264	(21)
0	1,743	0	1,554	0	1,267	164	347	489	258	453	244	225	229	(22)
-	-	-	-	0	1,782	22	335	98	281	283	258	219	229	(23)
0	1,743	0	1,554	0	1,243	142	349	392	252	170	222	6	231	(24)
0	1,465	-	-	-	-	-	-	-	-	-	-	-	-	(25)
119	648	454	673	256	612	31	555	0	243	-	-	-	-	(26)
51	571	81	529	47	483	14	577	8	531	-	-	-	-	(27)
57	1,723	31	1,579	0	1,513	-	-	-	-	-	-	-	-	(28)
210	406	1	552	-	-	-	-	-	-	-	-	-	-	(29)
64	1,407	147	1,208	368	905	341	889	139	1,148	19	1,733	4	1,301	(30)
37	985	65	778	80	588	6	527	-	-	-	-	-	-	(31)
20	1,706	60	1,353	117	928	98	810	41	1,004	4	1,174	-	-	(32)
7	2,790	23	2,041	172	1,037	237	930	98	1,209	15	1,884	4	1,301	(33)
-	-	-	-	2	866	73	1,062	33	1,276	1	3,237	-	-	(34)
36	981	2	1,892	1	1,743	1	2,711	1	3,503	41	1,821	220	1,997	(35)
150	492	284	434	141	445	78	402	41	581	37	732	33	1,003	(36)
22	831	40	736	36	695	27	576	17	808	30	782	26	1,075	(37)
46	431	128	373	7	364	-	-	1	392	-	-	-	-	(38)
82	433	116	397	99	361	51	311	23	427	6	483	7	732	(39)
1,165	205	1,595	181	907	183	84	192	46	193	7	264	4	281	(40)
-	-	-	-	-	-	0	663	17	717	16	573	36	574	(41)
19	2,088	30	1,393	99	684	66	760	37	779	17	672	6	590	(42)
1,036	315	939	302	858	281	889	285	786	257	824	238	794	218	(43)
455	202	386	196	381	194	396	180	440	165	465	152	413	139	(44)
78	235	64	235	53	235	56	218	48	182	54	167	53	171	(45)
43	386	47	389	50	362	49	325	41	319	41	318	68	304	(46)
91	228	122	211	102	205	59	200	41	179	45	277	60	270	(47)
103	257	94	240	95	230	90	220	69	212	65	197	51	243	(48)
23	1,222	9	1,006	0	1,021	-	-	-	-	-	-	-	-	(49)
168	530	142	502	111	497	158	505	82	477	70	467	57	446	(50)
27	109	11	145	8	252	16	146	8	225	12	219	12	154	(51)
49	665	65	687	59	629	65	617	58	781	72	596	79	376	(52)

3 卸売市場別の月別果実の卸売数量・価額・価格（続き）
(53) 大阪府計

品　目		計			1月		2月		3月		4月		5月	
		数量	価額	価格	数量	価格	数量	価格	数量	価格	数量	価格	数量	価格
		t	千円	円/kg	t	円/kg	t	円/kg	t	円/kg	t	円/kg	t	円/kg
果実計	(1)	276,533	102,341,431	370	18,276	379	21,543	387	21,575	407	18,897	402	20,486	386
国産果実計	(2)	198,248	83,188,991	420	13,910	424	16,133	438	14,580	493	11,959	493	11,417	478
みかん	(3)	35,775	9,873,627	276	4,611	241	3,263	273	941	333	69	578	117	1,413
ネーブルオレンジ（国産）	(4)	172	37,330	217	78	217	50	197	18	271	1	249	-	-
甘なつみかん	(5)	2,237	420,240	188	0	47	31	221	481	193	970	187	563	191
いよかん	(6)	3,615	792,646	219	1,067	234	1,647	208	830	221	0	174	-	-
はっさく	(7)	2,905	521,854	180	419	187	791	159	984	173	584	208	92	203
その他の雑かん	(8)	12,183	5,002,807	411	1,347	429	2,856	398	3,046	375	2,166	376	596	424
りんご	(9)	46,490	15,166,930	326	4,196	294	5,087	293	5,050	312	3,694	335	3,407	373
つがる	(10)	4,344	1,224,722	282	-	-	-	-	-	-	-	-	-	-
ジョナゴールド	(11)	5,290	1,840,843	348	346	324	388	307	452	341	483	334	700	366
王林	(12)	4,356	1,359,253	312	536	301	627	286	638	315	507	316	510	325
ふじ	(13)	27,127	9,005,917	332	3,021	281	3,856	294	3,827	308	2,607	341	2,092	389
その他のりんご	(14)	5,373	1,736,196	323	294	390	216	256	132	320	96	304	104	333
日本なし	(15)	10,523	3,412,377	324	38	326	7	267	1	223	-	-	-	-
幸水	(16)	2,669	897,247	336	-	-	-	-	-	-	-	-	-	-
豊水	(17)	2,959	820,680	277	-	-	-	-	-	-	-	-	-	-
二十世紀	(18)	2,374	785,150	331	-	-	-	-	-	-	-	-	-	-
新高	(19)	649	203,626	314	10	439	-	-	-	-	-	-	-	-
その他のなし	(20)	1,872	705,675	377	28	286	7	267	1	223	-	-	-	-
西洋なし	(21)	1,470	496,205	338	25	315	-	-	-	-	-	-	-	-
かき	(22)	12,905	3,385,605	262	170	458	21	273	-	-	-	-	-	-
甘がき	(23)	5,252	1,420,950	271	169	458	21	273	-	-	-	-	-	-
渋がき（脱渋を含む。）	(24)	7,653	1,964,655	257	1	400	-	-	-	-	-	-	-	-
びわ	(25)	128	220,754	1,730	0	6,262	1	4,508	18	2,368	46	1,903	34	1,490
もも	(26)	7,417	4,525,638	610	-	-	-	-	-	-	0	4,960	49	2,349
すもも	(27)	1,472	773,613	526	-	-	-	-	-	-	-	-	15	1,003
おうとう	(28)	514	932,164	1,813	0	21,045	0	26,159	0	7,245	7	6,967	26	4,449
うめ	(29)	1,212	482,576	398	-	-	-	-	-	-	-	-	243	441
ぶどう	(30)	9,246	9,470,460	1,024	14	872	3	508	1	765	3	4,449	92	2,613
デラウェア	(31)	1,769	1,311,434	741	-	-	-	-	-	-	2	3,617	55	1,739
巨峰	(32)	2,828	2,536,965	897	-	-	-	-	-	-	0	5,310	13	2,915
その他のぶどう	(33)	4,649	5,622,060	1,209	14	872	3	508	1	765	1	6,713	24	4,480
くり	(34)	215	202,958	942	-	-	-	-	-	-	-	-	-	-
いちご	(35)	10,111	14,074,394	1,392	1,141	1,738	1,564	1,619	2,454	1,278	2,525	954	929	1,087
メロン	(36)	9,177	5,029,186	548	181	1,150	149	1,119	159	1,281	336	858	1,335	510
温室メロン	(37)	2,338	2,005,219	858	104	1,405	110	1,279	126	1,402	139	1,200	156	833
アンデスメロン	(38)	1,035	464,380	448	23	624	20	547	12	711	57	593	326	496
その他のメロン（まくわうりを含む。）	(39)	5,804	2,559,586	441	53	881	19	798	21	879	139	626	853	456
すいか	(40)	26,620	5,557,553	209	23	352	33	348	158	319	1,379	329	3,791	281
キウイフルーツ	(41)	2,229	1,224,552	549	584	520	618	524	418	553	115	585	1	673
その他の国産果実	(42)	1,631	1,585,522	972	16	618	13	807	21	1,843	65	2,108	127	1,935
輸入果実計	(43)	78,285	19,152,441	245	4,366	237	5,409	235	6,995	227	6,938	244	9,069	269
バナナ	(44)	38,618	7,204,718	187	2,553	195	3,001	198	3,489	197	3,106	204	3,493	203
パインアップル	(45)	5,281	1,038,473	197	328	201	378	200	574	178	470	201	524	225
レモン	(46)	4,385	1,241,236	283	282	304	287	296	338	283	329	288	387	301
グレープフルーツ	(47)	4,872	939,660	193	405	214	478	208	466	195	365	207	440	208
オレンジ	(48)	13,231	2,911,254	220	374	228	831	254	1,373	238	1,784	227	2,615	220
輸入おうとう	(49)	145	202,055	1,391	0	1,707	-	-	-	-	2	2,138	71	1,383
輸入キウイフルーツ	(50)	4,294	2,218,873	517	27	547	11	530	12	533	198	587	794	533
輸入メロン	(51)	1,347	183,922	136	54	251	49	164	222	102	147	135	186	129
その他の輸入果実	(52)	6,111	3,212,251	526	342	533	375	507	521	491	537	465	558	510

注：大阪府計とは、大阪府において開設されている中央卸売市場（大阪府中央卸売市場及び大阪市中央卸売市場（本場及び東部））及び大阪府内青果市場の計である。

6月		7月		8月		9月		10月		11月		12月		
数量	価格	数量	価格	数量	価格	数量	価格	数量	価格	数量	価格	数量	価格	
t	円/kg	t	円/kg	t	円/kg	t	円/kg	t	円/kg	t	円/kg	t	円/kg	
23,232	365	25,013	401	26,388	395	22,861	369	26,271	316	24,836	296	27,156	361	(1)
14,477	429	18,332	450	20,510	433	17,050	408	20,296	339	18,667	319	20,915	408	(2)
236	1,086	561	993	380	880	1,425	292	6,080	223	7,579	245	10,515	245	(3)
-	-	-	-	-	-	-	-	-	-	-	-	26	218	(4)
185	168	8	156	-	-	-	-	-	-	-	-	-	-	(5)
-	-	-	-	-	-	-	-	-	-	-	-	71	237	(6)
2	206	-	-	-	-	-	-	-	-	-	-	31	209	(7)
82	899	57	1,009	100	645	157	419	222	376	327	450	1,228	479	(8)
2,596	369	1,987	389	1,916	367	3,845	278	5,314	319	4,545	332	4,852	340	(9)
-	-	-	-	934	320	2,946	279	458	227	5	194	-	-	(10)
571	366	578	381	388	427	12	258	445	333	553	305	375	328	(11)
406	319	198	340	43	356	2	197	75	230	332	325	481	321	(12)
1,533	384	1,132	402	361	415	84	355	2,002	334	2,900	342	3,711	339	(13)
87	354	79	371	189	382	801	269	2,333	324	756	321	285	398	(14)
1	1,861	302	497	4,086	347	4,360	283	1,308	342	329	340	90	387	(15)
1	1,861	293	498	2,169	323	206	233	-	-	-	-	-	-	(16)
-	-	-	-	891	302	2,043	266	25	301	-	-	-	-	(17)
-	-	-	-	840	436	1,503	273	31	278	-	-	-	-	(18)
-	-	-	-	-	-	74	322	556	310	4	294	5	422	(19)
-	-	9	459	186	434	534	389	697	372	326	341	85	384	(20)
-	-	-	-	24	276	97	281	281	375	580	353	463	312	(21)
1	975	11	1,039	32	815	1,815	333	4,845	244	4,329	243	1,682	253	(22)
-	-	1	942	3	997	131	338	751	314	2,658	253	1,517	251	(23)
1	975	10	1,053	29	799	1,683	332	4,094	231	1,671	228	165	266	(24)
29	1,267	-	-	-	-	-	-	-	-	-	-	-	-	(25)
1,087	663	3,340	650	2,535	521	383	500	5	425	19	217	0	4,242	(26)
331	584	577	530	389	452	131	509	29	585	-	-	-	-	(27)
372	1,629	108	1,456	0	3,778	-	-	-	-	-	-	-	-	(28)
631	351	338	456	-	-	-	-	-	-	-	-	-	-	(29)
447	1,459	1,171	1,156	3,057	900	2,971	852	1,212	1,183	210	1,633	65	2,147	(30)
326	1,012	645	721	586	564	154	526	0	304	-	-	-	-	(31)
53	1,797	269	1,212	1,240	867	908	744	311	915	31	1,191	1	1,434	(32)
67	3,370	257	2,189	1,231	1,092	1,908	929	900	1,275	179	1,711	64	2,156	(33)
-	-	-	-	5	910	152	894	57	1,049	2	1,712	0	1,404	(34)
145	1,191	17	2,272	18	2,197	10	2,430	8	2,831	207	1,891	1,091	2,120	(35)
1,875	413	1,631	490	1,453	463	783	391	574	522	330	707	372	1,070	(36)
172	785	274	719	438	552	260	510	189	661	172	849	199	1,348	(37)
316	411	197	350	12	253	17	317	22	366	12	529	22	627	(38)
1,387	367	1,161	460	1,003	427	507	332	363	459	146	553	151	769	(39)
6,341	202	8,070	184	6,031	178	598	150	111	192	58	205	28	397	(40)
-	-	-	-	0	517	0	442	56	773	96	541	342	594	(41)
116	2,004	154	1,549	484	602	324	608	194	603	57	630	59	501	(42)
8,755	259	6,681	266	5,878	265	5,811	252	5,974	236	6,169	224	6,241	203	(43)
3,301	204	3,156	203	2,908	201	3,078	190	3,226	171	3,653	150	3,654	135	(44)
475	227	450	224	389	223	346	203	448	158	435	157	465	168	(45)
372	306	406	303	439	283	403	255	439	233	361	245	343	319	(46)
420	185	455	173	510	173	370	167	312	166	270	198	382	221	(47)
2,796	205	1,054	214	610	213	560	202	479	206	399	219	357	230	(48)
55	1,422	16	1,219	0	1,018	-	-	-	-	-	-	0	2,285	(49)
674	538	649	499	575	519	487	496	341	505	277	497	249	468	(50)
221	104	63	111	55	195	102	151	113	156	64	175	71	155	(51)
441	587	433	601	393	595	464	596	617	555	709	548	720	402	(52)

3 卸売市場別の月別果実の卸売数量・価額・価格（続き）
(54) 大阪府中央卸売市場計

品目		計 数量	計 価額	計 価格	1月 数量	1月 価格	2月 数量	2月 価格	3月 数量	3月 価格	4月 数量	4月 価格	5月 数量	5月 価格
		t	千円	円/kg	t	円/kg	t	円/kg	t	円/kg	t	円/kg	t	円/kg
果　実　計	(1)	254,847	95,686,528	375	16,739	385	19,923	390	20,189	407	17,646	403	19,090	387
国産果実計	(2)	180,181	77,356,284	429	12,635	433	14,783	444	13,485	497	11,005	499	10,346	486
みかん	(3)	31,737	9,087,018	286	4,120	247	2,990	278	891	338	65	590	99	1,473
ネーブルオレンジ(国産)	(4)	158	34,855	220	73	221	46	199	16	275	0	41	-	-
甘なつみかん	(5)	1,925	364,712	189	-	-	28	220	435	194	835	189	459	193
いよかん	(6)	3,386	744,121	220	1,002	234	1,546	208	767	223	0	204	-	-
はっさく	(7)	2,468	453,099	184	351	192	644	163	865	175	507	215	71	199
その他の雑かん	(8)	10,735	4,640,757	432	1,171	459	2,610	408	2,813	382	2,041	382	545	434
りんご	(9)	43,238	14,218,180	329	3,870	298	4,672	295	4,716	314	3,416	338	3,174	375
つがる	(10)	4,041	1,143,134	283	-	-	-	-	-	-	-	-	-	-
ジョナゴールド	(11)	5,009	1,744,418	348	322	325	363	308	426	341	447	333	651	366
王林	(12)	4,176	1,312,721	314	509	303	584	289	616	316	492	317	499	325
ふじ	(13)	25,196	8,412,231	334	2,784	283	3,591	295	3,593	308	2,417	342	1,951	391
その他のりんご	(14)	4,815	1,605,674	333	254	423	134	310	80	407	61	380	72	361
日本なし	(15)	9,500	3,087,560	325	38	326	7	267	1	216	-	-	-	-
幸水	(16)	2,487	831,038	334	-	-	-	-	-	-	-	-	-	-
豊水	(17)	2,691	747,606	278	-	-	-	-	-	-	-	-	-	-
二十世紀	(18)	2,050	687,503	335	-	-	-	-	-	-	-	-	-	-
新高	(19)	617	194,974	316	10	439	-	-	-	-	-	-	-	-
その他のなし	(20)	1,655	626,439	378	28	285	7	267	1	216	-	-	-	-
西洋なし	(21)	1,421	480,855	338	23	322	-	-	-	-	-	-	-	-
かき	(22)	11,711	3,138,851	268	166	459	20	277	-	-	-	-	-	-
甘がき	(23)	4,811	1,320,063	274	165	459	20	277	-	-	-	-	-	-
渋がき(脱渋を含む。)	(24)	6,900	1,818,788	264	1	400	-	-	-	-	-	-	-	-
びわ	(25)	122	213,507	1,749	0	6,262	1	4,508	17	2,375	44	1,916	32	1,508
もも	(26)	6,815	4,236,704	622	-	-	-	-	-	-	0	4,960	48	2,360
すもも	(27)	1,379	734,626	533	-	-	-	-	-	-	-	-	15	1,005
おうとう	(28)	491	896,505	1,828	0	21,045	0	26,159	0	7,582	6	7,224	25	4,453
うめ	(29)	1,109	444,693	401	-	-	-	-	-	-	-	-	223	445
ぶどう	(30)	8,716	9,033,798	1,036	14	871	3	508	1	579	3	4,450	87	2,663
デラウェア	(31)	1,615	1,207,289	748	-	-	-	-	-	-	2	3,620	52	1,750
巨峰	(32)	2,710	2,437,323	899	-	-	-	-	-	-	0	5,310	13	2,911
その他のぶどう	(33)	4,391	5,389,186	1,227	14	871	3	508	1	579	1	7,618	22	4,622
くり	(34)	193	183,884	951	-	-	-	-	-	-	-	-	-	-
いちご	(35)	9,300	13,070,788	1,405	1,038	1,763	1,434	1,632	2,246	1,286	2,308	961	872	1,095
メロン	(36)	8,560	4,731,821	553	172	1,147	140	1,113	150	1,283	317	857	1,208	515
温室メロン	(37)	2,120	1,857,404	876	95	1,421	102	1,276	118	1,402	130	1,201	143	839
アンデスメロン	(38)	992	447,286	451	23	624	19	556	11	722	56	593	315	498
その他のメロン(まくわうりを含む。)	(39)	5,448	2,427,131	445	53	882	19	795	21	888	131	630	750	460
すいか	(40)	23,779	5,011,236	211	22	344	32	339	153	315	1,294	326	3,384	282
キウイフルーツ	(41)	2,154	1,187,376	551	565	521	601	524	399	555	109	585	1	666
その他の国産果実	(42)	1,284	1,361,340	1,060	11	727	8	1,068	15	2,330	59	2,227	105	1,927
輸入果実計	(43)	74,666	18,330,244	245	4,104	238	5,140	235	6,704	227	6,641	244	8,745	269
バナナ	(44)	36,504	6,820,327	187	2,362	196	2,811	199	3,304	197	2,926	204	3,313	203
パインアップル	(45)	5,068	1,000,699	197	315	201	362	200	553	178	454	202	508	226
レモン	(46)	3,896	1,099,553	282	256	300	258	294	304	282	294	287	347	300
グレープフルーツ	(47)	4,752	915,836	193	396	213	469	208	456	194	355	207	429	209
オレンジ	(48)	12,938	2,841,682	220	362	228	817	253	1,352	238	1,755	226	2,583	219
輸入おうとう	(49)	142	196,879	1,391	0	1,707	-	-	-	-	2	2,138	70	1,384
輸入キウイフルーツ	(50)	4,157	2,145,221	516	26	547	11	523	11	520	192	588	773	532
輸入メロン	(51)	1,315	180,096	137	53	250	46	167	215	102	145	134	183	129
その他の輸入果実	(52)	5,895	3,129,951	531	332	536	367	506	509	491	518	466	540	510

注：　大阪府中央卸売市場計とは、大阪府において開設されている中央卸売市場（大阪府中央卸売市場及び大阪市中央卸売市場（本場及び東部））の計である。

	6月		7月		8月		9月		10月		11月		12月		
	数量	価格	数量	価格	数量	価格	数量	価格	数量	価格	数量	価格	数量	価格	
	t	円/kg	t	円/kg	t	円/kg	t	円/kg	t	円/kg	t	円/kg	t	円/kg	
	21,589	368	23,090	409	24,283	400	21,104	374	24,059	324	22,695	302	24,440	373	(1)
	13,144	437	16,708	463	18,692	441	15,560	416	18,463	350	16,819	329	18,541	427	(2)
	216	1,117	544	998	352	893	1,292	297	5,367	230	6,621	256	9,179	255	(3)
	-	-	-	-	-	-	-	-	-	-	-	-	23	224	(4)
	160	165	7	159	-	-	-	-	-	-	-	-	-	-	(5)
	-	-	-	-	-	-	-	-	-	-	-	-	70	237	(6)
	0	108	-	-	-	-	-	-	-	-	-	-	30	209	(7)
	74	969	47	1,165	93	657	136	445	137	503	209	591	860	588	(8)
	2,433	368	1,855	389	1,754	370	3,591	281	5,016	321	4,270	334	4,470	346	(9)
	-	-	-	-	849	320	2,753	280	433	228	5	194	-	-	(10)
	539	365	550	379	381	427	11	257	432	334	529	307	357	329	(11)
	396	321	193	341	42	356	2	197	75	230	309	331	459	324	(12)
	1,433	382	1,046	404	307	433	74	377	1,884	338	2,731	342	3,385	345	(13)
	65	372	66	374	176	389	750	274	2,192	326	696	327	270	410	(14)
	1	1,861	293	500	3,766	345	3,815	283	1,205	342	297	337	77	388	(15)
	1	1,861	286	501	2,010	320	189	227	-	-	-	-	-	-	(16)
	-	-	-	-	827	303	1,842	266	22	294	-	-	-	-	(17)
	-	-	-	-	776	438	1,246	273	28	269	-	-	-	-	(18)
	-	-	-	-	-	-	69	325	531	312	2	242	5	422	(19)
	-	-	7	479	153	443	468	394	625	374	295	338	71	385	(20)
	-	-	-	-	24	277	87	287	265	377	569	353	453	311	(21)
	0	966	10	1,071	30	833	1,661	340	4,344	252	3,951	246	1,529	255	(22)
	-	-	1	1,109	2	1,077	106	380	707	319	2,434	255	1,375	253	(23)
	0	966	9	1,067	27	813	1,555	338	3,637	239	1,518	232	153	269	(24)
	28	1,276	-	-	-	-	-	-	-	-	-	-	-	-	(25)
	962	689	3,068	660	2,374	528	361	504	3	584	0	3,736	0	4,242	(26)
	309	594	538	539	367	455	122	513	27	588	-	-	-	-	(27)
	353	1,642	106	1,467	0	3,778	-	-	-	-	-	-	-	-	(28)
	548	350	338	456	-	-	-	-	-	-	-	-	-	-	(29)
	387	1,543	1,080	1,183	2,867	908	2,840	856	1,169	1,192	202	1,654	64	2,168	(30)
	270	1,051	583	732	553	573	154	526	0	304	-	-	-	-	(31)
	53	1,795	258	1,216	1,179	871	877	745	301	913	30	1,193	1	1,434	(32)
	64	3,415	239	2,248	1,135	1,110	1,810	938	867	1,289	172	1,734	63	2,177	(33)
	-	-	-	-	5	910	136	901	51	1,066	1	1,732	0	1,404	(34)
	143	1,195	17	2,274	18	2,198	10	2,429	8	2,876	192	1,914	1,015	2,144	(35)
	1,699	417	1,537	496	1,370	466	750	392	550	522	313	709	354	1,076	(36)
	156	798	237	756	385	571	242	513	173	669	156	867	183	1,378	(37)
	295	412	190	351	11	262	16	317	22	366	12	530	22	627	(38)
	1,248	371	1,110	466	974	427	492	334	356	460	145	553	150	771	(39)
	5,720	202	7,126	186	5,344	180	512	159	110	190	56	198	26	392	(40)
	-	-	-	-	0	505	0	442	54	788	89	551	336	598	(41)
	112	2,015	143	1,588	327	641	245	635	156	630	47	671	56	502	(42)
	8,445	259	6,381	267	5,592	266	5,544	254	5,596	238	5,876	226	5,899	204	(43)
	3,136	204	2,996	203	2,754	201	2,928	190	3,093	172	3,455	150	3,427	136	(44)
	457	227	437	225	376	224	330	204	421	158	417	158	438	169	(45)
	334	305	362	302	397	282	367	254	336	231	331	240	308	318	(46)
	408	185	442	173	496	173	359	166	306	165	265	198	372	220	(47)
	2,767	204	1,020	214	576	212	530	202	449	205	382	220	344	229	(48)
	54	1,423	15	1,198	0	1,018	-	-	-	-	-	-	0	2,285	(49)
	647	537	629	497	558	519	473	494	329	504	266	497	241	469	(50)
	216	105	59	115	53	198	101	150	112	156	63	174	69	155	(51)
	426	590	421	602	382	600	455	598	551	596	697	549	700	405	(52)

3 卸売市場別の月別果実の卸売数量・価額・価格（続き）

(55) 大阪市中央卸売市場計

品目		計 数量	計 価額	計 価格	1月 数量	1月 価格	2月 数量	2月 価格	3月 数量	3月 価格	4月 数量	4月 価格	5月 数量	5月 価格
		t	千円	円／kg	t	円／kg	t	円／kg	t	円／kg	t	円／kg	t	円／kg
果実計	(1)	**200,293**	**76,636,064**	**383**	**12,735**	**393**	**15,154**	**396**	**15,755**	**405**	**13,822**	**401**	**15,604**	**384**
国産果実計	(2)	**136,339**	**60,619,783**	**445**	**9,338**	**447**	**10,779**	**459**	**10,013**	**506**	**8,219**	**504**	**8,026**	**490**
みかん	(3)	22,316	6,662,828	299	2,965	254	2,070	285	671	343	51	630	77	1,478
ネーブルオレンジ(国産)	(4)	129	28,777	222	65	216	34	215	12	277	-	-	-	-
甘なつみかん	(5)	1,350	264,595	196	-	-	22	219	270	206	564	197	360	194
いよかん	(6)	2,198	502,701	229	707	240	1,024	216	438	237	-	-	-	-
はっさく	(7)	1,812	336,624	186	266	199	509	164	642	178	329	220	40	199
その他の雑かん	(8)	8,130	3,740,015	460	865	493	1,901	436	2,089	404	1,535	399	451	444
りんご	(9)	33,294	11,067,323	332	2,843	303	3,459	299	3,679	315	2,639	341	2,379	379
つがる	(10)	3,184	911,070	286	-	-	-	-	-	-	-	-	-	-
ジョナゴールド	(11)	3,839	1,361,180	355	252	336	260	323	334	351	355	336	488	376
王林	(12)	2,459	757,513	308	301	295	318	280	320	300	261	301	298	310
ふじ	(13)	20,097	6,780,579	337	2,101	288	2,775	298	2,953	310	1,982	346	1,537	393
その他のりんご	(14)	3,716	1,256,980	338	190	434	105	333	72	414	41	413	56	376
日本なし	(15)	6,966	2,312,700	332	34	327	5	299	1	216	-	-	-	-
幸水	(16)	1,705	582,716	342	-	-	-	-	-	-	-	-	-	-
豊水	(17)	1,915	533,778	279	-	-	-	-	-	-	-	-	-	-
二十世紀	(18)	1,578	544,187	345	-	-	-	-	-	-	-	-	-	-
新高	(19)	489	156,296	319	10	439	-	-	-	-	-	-	-	-
その他のなし	(20)	1,280	495,723	387	24	280	5	299	1	216	-	-	-	-
西洋なし	(21)	1,134	390,294	344	22	324	-	-	-	-	-	-	-	-
かき	(22)	9,003	2,462,551	274	126	451	20	277	-	-	-	-	-	-
甘がき	(23)	3,620	1,006,406	278	125	451	20	277	-	-	-	-	-	-
渋がき（脱渋を含む。）	(24)	5,383	1,456,146	271	0	401	-	-	-	-	-	-	-	-
びわ	(25)	95	176,422	1,856	0	6,262	1	4,523	15	2,439	39	1,953	23	1,623
もも	(26)	5,276	3,403,571	645	-	-	-	-	-	-	0	5,041	35	2,503
すもも	(27)	1,069	583,306	545	-	-	-	-	-	-	-	-	14	1,002
おうとう	(28)	387	722,973	1,867	0	21,686	0	26,159	0	7,582	5	7,313	21	4,421
うめ	(29)	1,007	406,659	404	-	-	-	-	-	-	-	-	199	449
ぶどう	(30)	7,261	7,700,903	1,061	13	906	3	498	1	565	3	4,405	77	2,679
デラウェア	(31)	1,278	964,859	755	-	-	-	-	-	-	2	3,609	45	1,761
巨峰	(32)	2,171	1,978,558	911	-	-	-	-	-	-	0	5,310	11	2,918
その他のぶどう	(33)	3,812	4,757,486	1,248	13	906	3	498	1	565	1	7,431	21	4,552
くり	(34)	160	152,684	954	-	-	-	-	-	-	-	-	-	-
いちご	(35)	6,755	9,642,086	1,427	764	1,794	1,062	1,642	1,630	1,288	1,590	968	624	1,089
メロン	(36)	7,057	4,010,365	568	145	1,161	111	1,155	129	1,286	258	884	968	528
温室メロン	(37)	1,750	1,575,812	901	75	1,470	82	1,304	101	1,416	109	1,206	117	845
アンデスメロン	(38)	790	377,241	477	18	670	13	612	10	735	43	648	269	511
その他のメロン（まくわうりを含む。）	(39)	4,517	2,057,312	455	51	886	16	836	19	868	106	650	583	473
すいか	(40)	18,104	3,856,289	213	21	335	25	377	103	370	1,060	323	2,670	280
キウイフルーツ	(41)	1,846	1,014,083	549	495	521	528	519	321	552	97	587	0	683
その他の国産果実	(42)	990	1,182,033	1,194	8	789	6	1,312	12	2,747	48	2,484	88	1,999
輸入果実計	(43)	**63,954**	**16,016,280**	**250**	**3,398**	**243**	**4,374**	**240**	**5,742**	**231**	**5,602**	**249**	**7,578**	**271**
バナナ	(44)	29,805	5,649,101	190	1,864	199	2,250	202	2,711	200	2,281	209	2,686	206
パインアップル	(45)	4,663	930,112	199	298	201	341	201	504	178	425	202	474	227
レモン	(46)	3,321	930,151	280	207	295	215	294	247	285	245	286	292	293
グレープフルーツ	(47)	3,937	753,916	191	324	213	400	207	368	194	267	203	352	204
オレンジ	(48)	11,841	2,597,124	219	323	230	775	252	1,266	237	1,626	226	2,399	218
輸入おうとう	(49)	116	164,088	1,413	0	1,858	-	-	-	-	2	2,138	53	1,416
輸入キウイフルーツ	(50)	3,776	1,949,303	516	23	580	9	547	9	533	165	596	695	534
輸入メロン	(51)	1,087	147,988	136	48	244	36	173	172	106	111	134	149	127
その他の輸入果実	(52)	5,407	2,894,497	535	310	536	348	501	466	490	478	466	478	517

注：大阪市中央卸売市場計とは、大阪市において開設されている中央卸売市場（本場及び東部）の計である。

	6月		7月		8月		9月		10月		11月		12月		
	数量	価格	数量	価格	数量	価格	数量	価格	数量	価格	数量	価格	数量	価格	
	t	円/kg	t	円/kg	t	円/kg	t	円/kg	t	円/kg	t	円/kg	t	円/kg	
	17,596	369	18,332	421	19,187	414	17,066	385	18,541	338	17,602	311	18,898	385	(1)
	10,236	447	12,796	486	14,371	462	12,363	432	13,769	370	12,484	343	13,944	446	(2)
	167	1,121	442	997	274	904	938	304	3,410	237	4,610	262	6,643	266	(3)
	-	-	-	-	-	-	-	-	-	-	-	-	19	221	(4)
	126	176	7	159	-	-	-	-	-	-	-	-	-	-	(5)
	-	-	-	-	-	-	-	-	-	-	-	-	29	273	(6)
	0	108	-	-	-	-	-	-	-	-	-	-	26	208	(7)
	62	1,031	43	1,161	81	687	112	461	112	525	174	615	704	624	(8)
	1,907	374	1,389	396	1,354	380	2,830	284	3,915	323	3,401	337	3,499	350	(9)
	-	-	-	-	691	329	2,187	281	300	225	5	194	-	-	(10)
	424	365	403	386	266	439	10	251	334	339	421	310	291	338	(11)
	265	325	124	362	26	482	-	-	57	225	187	318	302	322	(12)
	1,179	386	813	408	239	448	57	376	1,485	338	2,243	346	2,732	348	(13)
	39	422	49	357	131	386	575	287	1,738	326	545	327	174	444	(14)
	1	1,934	190	497	2,692	357	2,882	290	894	347	208	349	60	392	(15)
	1	1,934	185	496	1,364	331	154	238	-	-	-	-	-	-	(16)
	-	-	-	-	553	298	1,349	271	13	284	-	-	-	-	(17)
	-	-	-	-	633	444	929	278	15	278	-	-	-	-	(18)
	-	-	-	-	-	-	67	327	407	314	0	232	5	422	(19)
	-	-	5	519	141	443	382	401	459	381	207	349	54	389	(20)
	-	-	-	-	19	282	70	291	214	378	459	357	351	321	(21)
	0	966	7	1,084	23	872	1,386	343	3,431	255	2,898	252	1,112	263	(22)
	-	-	1	1,109	2	1,077	65	410	547	324	1,868	255	991	262	(23)
	0	966	6	1,080	20	848	1,321	340	2,884	242	1,030	245	120	273	(24)
	17	1,269	-	-	-	-	-	-	-	-	-	-	-	-	(25)
	725	715	2,329	694	1,876	545	309	513	2	617	0	3,736	0	4,242	(26)
	234	604	406	560	291	463	99	515	27	591	-	-	-	-	(27)
	274	1,658	86	1,512	0	3,818	-	-	-	-	-	-	-	-	(28)
	470	348	338	456	-	-	-	-	-	-	-	-	-	-	(29)
	306	1,604	844	1,222	2,361	933	2,384	871	1,029	1,207	184	1,653	57	2,141	(30)
	212	1,077	449	728	430	578	140	528	-	-	-	-	-	-	(31)
	37	1,858	195	1,241	977	887	678	749	244	928	28	1,192	1	1,434	(32)
	57	3,402	200	2,312	954	1,140	1,567	955	785	1,294	156	1,736	56	2,151	(33)
	-	-	-	-	4	931	110	896	44	1,073	1	1,771	0	1,404	(34)
	109	1,189	17	2,309	18	2,198	10	2,429	8	2,876	155	1,919	767	2,160	(35)
	1,266	436	1,323	510	1,169	471	679	389	442	531	246	747	320	1,091	(36)
	131	816	192	792	314	581	208	521	136	704	125	916	160	1,414	(37)
	217	444	147	373	6	350	16	320	22	366	11	557	19	657	(38)
	918	379	985	476	849	431	455	331	284	461	110	576	141	784	(39)
	4,474	203	5,252	189	3,970	177	374	174	91	197	39	249	25	380	(40)
	-	-	-	-	-	-	-	-	41	799	72	530	292	604	(41)
	98	2,130	124	1,692	238	716	179	696	110	683	36	730	42	558	(42)
	7,360	261	5,536	270	4,815	272	4,703	261	4,773	246	5,119	232	4,954	214	(43)
	2,555	206	2,471	205	2,280	203	2,410	194	2,554	175	2,946	151	2,796	142	(44)
	429	227	402	225	352	225	305	206	364	166	374	162	396	171	(45)
	273	299	319	299	352	283	321	255	297	235	289	240	263	313	(46)
	336	187	376	173	425	173	293	165	268	167	224	195	304	220	(47)
	2,556	202	932	212	495	215	440	207	384	208	336	221	307	228	(48)
	47	1,436	14	1,212	0	1,008	-	-	-	-	-	-	0	2,285	(49)
	583	536	581	495	511	520	424	492	300	507	251	496	224	468	(50)
	189	103	49	114	44	195	88	152	93	155	52	167	55	142	(51)
	392	592	392	595	356	596	422	598	512	595	646	557	608	430	(52)

3 卸売市場別の月別果実の卸売数量・価額・価格（続き）

(56) 大阪市中央卸売市場　本場

品目		計 数量	計 価額	計 価格	1月 数量	1月 価格	2月 数量	2月 価格	3月 数量	3月 価格	4月 数量	4月 価格	5月 数量	5月 価格
		t	千円	円／kg	t	円／kg	t	円／kg	t	円／kg	t	円／kg	t	円／kg
果実計	(1)	**141,588**	**58,590,093**	**414**	**9,110**	**424**	**10,840**	**419**	**11,072**	**434**	**9,433**	**434**	**10,004**	**425**
国産果実計	(2)	**111,227**	**50,705,986**	**456**	**7,547**	**460**	**8,578**	**466**	**8,099**	**507**	**6,521**	**518**	**6,152**	**525**
みかん	(3)	17,983	5,534,225	308	2,405	258	1,681	286	591	348	48	648	72	1,469
ネーブルオレンジ(国産)	(4)	115	25,628	222	57	224	31	207	8	268	-	-	-	-
甘なつみかん	(5)	1,162	229,320	197	-	-	22	219	238	209	499	198	303	193
いよかん	(6)	1,689	393,693	233	564	240	769	220	327	248	-	-	-	-
はっさく	(7)	1,543	283,933	184	218	201	421	160	546	173	299	221	35	200
その他の雑かん	(8)	6,633	3,071,738	463	714	502	1,590	434	1,735	402	1,263	400	345	441
りんご	(9)	26,917	9,358,222	348	2,319	315	2,754	316	2,933	328	1,995	367	1,846	403
つがる	(10)	2,606	780,801	300	-	-	-	-	-	-	-	-	-	-
ジョナゴールド	(11)	3,193	1,181,520	370	205	356	213	341	268	371	276	363	404	397
王林	(12)	2,092	665,054	318	259	298	261	294	278	308	219	314	254	320
ふじ	(13)	15,878	5,638,432	355	1,712	299	2,193	314	2,321	323	1,466	374	1,139	425
その他のりんご	(14)	3,148	1,092,415	347	143	477	88	346	66	412	34	420	50	379
日本なし	(15)	5,948	1,999,414	336	29	333	5	302	-	-	-	-	-	-
幸水	(16)	1,319	464,410	352	-	-	-	-	-	-	-	-	-	-
豊水	(17)	1,589	445,641	280	-	-	-	-	-	-	-	-	-	-
二十世紀	(18)	1,417	486,854	344	-	-	-	-	-	-	-	-	-	-
新高	(19)	426	139,410	327	10	439	-	-	-	-	-	-	-	-
その他のなし	(20)	1,197	463,098	387	19	276	5	302	-	-	-	-	-	-
西洋なし	(21)	989	343,149	347	22	324	-	-	-	-	-	-	-	-
かき	(22)	7,469	2,072,824	278	92	449	20	277	-	-	-	-	-	-
甘がき	(23)	3,185	885,710	278	91	449	20	277	-	-	-	-	-	-
渋がき（脱渋を含む。）	(24)	4,284	1,187,114	277	0	401	-	-	-	-	-	-	-	-
びわ	(25)	88	165,232	1,869	0	6,262	1	4,463	14	2,423	37	1,971	21	1,667
もも	(26)	4,496	2,969,770	661	-	-	-	-	-	-	0	5,041	30	2,653
すもも	(27)	924	502,142	543	-	-	-	-	-	-	-	-	13	992
おうとう	(28)	279	543,107	1,945	0	22,680	0	26,159	0	7,542	4	8,329	16	4,580
うめ	(29)	918	371,491	404	-	-	-	-	-	-	-	-	169	453
ぶどう	(30)	6,087	6,612,707	1,086	12	945	2	491	1	565	3	4,405	72	2,678
デラウェア	(31)	995	782,237	786	-	-	-	-	-	-	2	3,609	44	1,764
巨峰	(32)	1,794	1,619,773	903	-	-	-	-	-	-	0	5,310	9	2,889
その他のぶどう	(33)	3,298	4,210,698	1,277	12	945	2	491	1	565	1	7,431	19	4,664
くり	(34)	138	132,890	964	-	-	-	-	-	-	-	-	-	-
いちご	(35)	5,293	7,634,500	1,442	625	1,839	835	1,664	1,252	1,298	1,239	975	523	1,099
メロン	(36)	6,453	3,699,735	573	137	1,161	103	1,160	119	1,293	213	920	830	532
温室メロン	(37)	1,558	1,452,705	933	69	1,494	76	1,316	93	1,432	100	1,221	105	861
アンデスメロン	(38)	642	310,200	483	18	670	12	603	9	733	32	662	192	523
その他のメロン（まくわうりを含む。）	(39)	4,253	1,936,831	455	51	883	15	828	18	858	82	655	533	471
すいか	(40)	14,002	2,982,307	213	18	343	20	388	74	384	786	325	1,797	284
キウイフルーツ	(41)	1,220	688,336	564	331	544	319	542	247	560	90	579	0	683
その他の国産果実	(42)	879	1,091,625	1,242	6	994	5	1,401	11	2,876	45	2,520	80	2,067
輸入果実計	(43)	**30,362**	**7,884,107**	**260**	**1,563**	**251**	**2,261**	**243**	**2,973**	**234**	**2,912**	**245**	**3,852**	**264**
バナナ	(44)	9,684	1,753,309	181	634	183	823	180	973	179	760	189	846	202
パインアップル	(45)	2,337	482,193	206	168	199	179	210	241	195	212	211	250	234
レモン	(46)	1,788	590,687	330	119	347	131	330	141	326	129	336	163	342
グレープフルーツ	(47)	2,469	481,796	195	216	218	268	207	252	192	177	207	184	206
オレンジ	(48)	8,914	1,987,384	223	222	251	659	258	1,051	241	1,310	229	1,834	221
輸入おうとう	(49)	42	71,515	1,700	0	1,858	-	-	-	-	1	1,972	18	1,545
輸入キウイフルーツ	(50)	1,472	737,598	501	2	392	0	531	0	490	62	555	248	528
輸入メロン	(51)	795	105,161	132	34	246	36	173	105	95	62	126	97	113
その他の輸入果実	(52)	2,861	1,674,465	585	167	532	165	534	209	552	199	510	213	558

6月		7月		8月		9月		10月		11月		12月		
数量	価格	数量	価格	数量	価格	数量	価格	数量	価格	数量	価格	数量	価格	
t	円/kg	t	円/kg	t	円/kg	t	円/kg	t	円/kg	t	円/kg	t	円/kg	
12,460	393	13,207	467	14,066	442	12,117	419	13,301	369	12,567	337	13,412	413	(1)
8,395	462	10,700	510	12,023	468	10,179	443	11,249	386	10,458	351	11,324	445	(2)
154	1,121	412	1,004	250	905	612	336	2,542	242	3,801	262	5,414	270	(3)
-	-	-	-	-	-	-	-	-	-	-	-	19	221	(4)
94	174	5	172	-	-	-	-	-	-	-	-	-	-	(5)
-	-	-	-	-	-	-	-	-	-	-	-	27	275	(6)
0	108	-	-	-	-	-	-	-	-	-	-	25	206	(7)
46	1,080	29	1,247	65	691	92	473	84	550	139	660	533	674	(8)
1,498	395	1,138	415	1,155	384	2,355	296	3,235	338	2,783	350	2,905	361	(9)
-	-	-	-	603	337	1,768	295	229	236	5	194	-	-	(10)
357	381	350	394	206	446	10	251	334	339	342	330	231	355	(11)
217	333	96	392	25	487	-	-	57	225	168	325	258	332	(12)
891	415	646	435	207	445	55	382	1,124	370	1,849	358	2,276	357	(13)
34	408	47	344	114	380	521	289	1,491	334	420	341	140	485	(14)
1	1,934	149	505	2,217	366	2,481	293	819	349	197	345	51	394	(15)
1	1,934	143	504	1,050	342	124	247	-	-	-	-	-	-	(16)
-	-	-	-	461	299	1,116	272	13	285	-	-	-	-	(17)
-	-	-	-	570	445	832	276	15	277	-	-	-	-	(18)
-	-	-	-	-	-	43	371	368	318	0	232	5	422	(19)
-	-	5	519	136	441	366	401	423	381	196	345	46	391	(20)
-	-	-	-	19	282	60	294	177	380	386	364	325	324	(21)
0	750	7	1,072	21	876	1,074	354	2,794	262	2,539	254	922	265	(22)
-	-	1	1,109	2	1,077	60	420	523	322	1,677	254	809	266	(23)
0	750	6	1,065	18	850	1,014	350	2,271	248	861	253	113	263	(24)
16	1,271	-	-	-	-	-	-	-	-	-	-	-	-	(25)
628	723	2,053	702	1,567	559	216	543	2	622	0	3,736	0	4,242	(26)
206	602	345	557	254	459	80	513	27	590	-	-	-	-	(27)
185	1,713	73	1,579	0	3,818	-	-	-	-	-	-	-	-	(28)
412	343	338	456	-	-	-	-	-	-	-	-	-	-	(29)
261	1,655	728	1,252	1,891	951	2,000	882	894	1,215	172	1,698	53	2,144	(30)
177	1,108	372	732	314	579	85	539	-	-	-	-	-	-	(31)
33	1,830	180	1,240	732	870	601	742	211	918	27	1,193	1	1,434	(32)
50	3,479	175	2,371	844	1,160	1,314	967	683	1,306	145	1,792	52	2,155	(33)
-	-	-	-	3	957	95	902	38	1,088	1	1,771	0	1,404	(34)
97	1,209	15	2,332	15	2,224	8	2,402	7	2,896	116	1,978	563	2,195	(35)
1,203	435	1,187	519	1,092	475	653	391	418	536	207	801	291	1,123	(36)
118	841	172	818	287	591	196	527	116	749	89	1,091	139	1,509	(37)
206	447	103	372	3	398	16	320	22	366	11	557	18	660	(38)
879	378	912	479	802	433	442	333	279	461	106	581	134	785	(39)
3,503	206	4,107	192	3,277	178	297	174	73	198	28	265	24	374	(40)
-	-	-	-	-	-	-	-	38	813	59	559	135	597	(41)
92	2,181	117	1,720	198	729	155	690	101	690	32	743	36	560	(42)
4,065	251	2,506	282	2,042	294	1,937	290	2,052	273	2,110	269	2,088	239	(43)
829	203	772	200	726	197	746	187	854	168	870	152	852	141	(44)
223	233	188	227	165	223	152	210	182	180	189	161	188	183	(45)
155	350	163	352	164	345	147	315	154	283	162	291	159	348	(46)
203	190	241	173	269	173	169	164	148	178	140	209	203	229	(47)
2,114	200	664	214	246	229	212	218	213	209	201	230	189	242	(48)
16	1,870	6	1,692	0	1,008	-	-	-	-	-	-	0	2,285	(49)
223	524	230	497	225	504	177	486	120	470	101	462	83	450	(50)
121	94	49	114	44	195	81	149	76	145	46	160	44	129	(51)
182	699	193	719	203	679	253	679	303	667	402	568	370	418	(52)

3 卸売市場別の月別果実の卸売数量・価額・価格（続き）
(57) 大阪市中央卸売市場　東部市場

品目		計			1月		2月		3月		4月		5月	
		数量	価額	価格	数量	価格	数量	価格	数量	価格	数量	価格	数量	価格
		t	千円	円/kg	t	円/kg	t	円/kg	t	円/kg	t	円/kg	t	円/kg
果実計	(1)	58,705	18,045,970	307	3,625	314	4,314	336	4,683	338	4,389	330	5,599	311
国産果実計	(2)	25,113	9,913,797	395	1,790	394	2,201	432	1,914	499	1,699	453	1,874	376
みかん	(3)	4,333	1,128,604	260	559	240	389	280	80	304	3	318	5	1,605
ネーブルオレンジ(国産)	(4)	14	3,149	222	8	160	3	312	4	299	-	-	-	-
甘なつみかん	(5)	189	35,275	187	-	-	-	-	32	182	65	186	57	196
いよかん	(6)	510	109,009	214	142	238	255	204	110	204	-	-	-	-
はっさく	(7)	269	52,691	196	49	192	88	179	96	208	30	210	5	189
その他の雑かん	(8)	1,498	668,277	446	151	450	311	449	354	416	273	397	106	455
りんご	(9)	6,376	1,709,101	268	524	247	704	236	745	261	644	262	533	295
つがる	(10)	578	130,269	225	-	-	-	-	-	-	-	-	-	-
ジョナゴールド	(11)	645	179,660	278	47	248	48	244	66	273	79	242	84	276
王林	(12)	366	92,458	252	41	273	57	215	42	242	42	232	45	253
ふじ	(13)	4,219	1,142,148	271	389	238	582	236	632	260	516	266	399	303
その他のりんご	(14)	568	164,566	290	47	304	17	267	6	427	7	381	6	350
日本なし	(15)	1,018	313,286	308	5	291	0	270	1	216	-	-	-	-
幸水	(16)	385	118,306	307	-	-	-	-	-	-	-	-	-	-
豊水	(17)	325	88,137	271	-	-	-	-	-	-	-	-	-	-
二十世紀	(18)	161	57,332	356	-	-	-	-	-	-	-	-	-	-
新高	(19)	63	16,885	266	-	-	-	-	-	-	-	-	-	-
その他のなし	(20)	83	32,625	394	5	291	0	270	1	216	-	-	-	-
西洋なし	(21)	145	47,144	324	0	497	-	-	-	-	-	-	-	-
かき	(22)	1,534	389,727	254	34	457	-	-	-	-	-	-	-	-
甘がき	(23)	435	120,696	277	34	457	-	-	-	-	-	-	-	-
渋がき(脱渋を含む。)	(24)	1,099	269,031	245	-	-	-	-	-	-	-	-	-	-
びわ	(25)	7	11,190	1,692	-	-	0	5,260	1	2,597	2	1,661	2	1,176
もも	(26)	780	433,801	556	-	-	-	-	-	-	-	-	5	1,509
すもも	(27)	145	81,164	560	-	-	-	-	-	-	-	-	1	1,149
おうとう	(28)	108	179,866	1,667	0	17,712	-	-	0	10,935	2	5,076	5	3,942
うめ	(29)	88	35,169	399	-	-	-	-	-	-	-	-	30	431
ぶどう	(30)	1,174	1,088,196	927	1	493	0	526	-	-	-	-	5	2,703
デラウェア	(31)	283	182,621	646	-	-	-	-	-	-	-	-	1	1,652
巨峰	(32)	377	358,786	952	-	-	-	-	-	-	-	-	2	3,044
その他のぶどう	(33)	514	546,789	1,064	1	493	0	526	-	-	-	-	2	3,207
くり	(34)	22	19,794	891	-	-	-	-	-	-	-	-	-	-
いちご	(35)	1,461	2,007,586	1,374	140	1,590	228	1,560	378	1,255	351	940	100	1,038
メロン	(36)	603	310,630	515	8	1,150	8	1,100	9	1,193	44	711	139	502
温室メロン	(37)	192	123,107	641	6	1,210	7	1,171	8	1,226	9	1,043	12	714
アンデスメロン	(38)	148	67,041	454	1	671	1	703	0	766	11	609	77	480
その他のメロン(まくわうりを含む。)	(39)	264	120,481	457	1	1,076	0	1,148	1	1,105	24	634	50	484
すいか	(40)	4,101	873,983	213	3	286	4	320	29	333	274	317	873	272
キウイフルーツ	(41)	626	325,747	520	164	475	209	485	73	528	7	682	-	-
その他の国産果実	(42)	111	90,408	814	3	336	1	820	1	1,604	3	1,990	7	1,219
輸入果実計	(43)	33,592	8,132,173	242	1,835	237	2,113	237	2,769	227	2,690	253	3,726	278
バナナ	(44)	20,120	3,895,792	194	1,230	207	1,427	214	1,737	211	1,521	219	1,840	208
パインアップル	(45)	2,326	447,919	193	129	203	162	191	263	163	213	193	224	219
レモン	(46)	1,533	339,464	221	88	225	84	237	105	228	117	231	129	230
グレープフルーツ	(47)	1,468	272,121	185	108	202	133	207	116	198	90	196	168	202
オレンジ	(48)	2,927	609,741	208	102	185	116	220	215	218	317	212	565	209
輸入おうとう	(49)	74	92,573	1,250	-	-	-	-	-	-	1	2,478	35	1,348
輸入キウイフルーツ	(50)	2,304	1,211,705	526	20	603	9	547	9	535	104	621	448	538
輸入メロン	(51)	291	42,827	147	14	239	-	-	67	123	49	144	52	153
その他の輸入果実	(52)	2,547	1,220,033	479	143	540	183	471	257	440	279	435	265	485

6月		7月		8月		9月		10月		11月		12月		
数量	価格	数量	価格	数量	価格	数量	価格	数量	価格	数量	価格	数量	価格	
t	円/kg	t	円/kg	t	円/kg	t	円/kg	t	円/kg	t	円/kg	t	円/kg	
5,136	310	5,126	302	5,121	336	4,950	301	5,240	258	5,035	246	5,486	315	(1)
1,841	378	2,096	363	2,348	431	2,184	379	2,519	295	2,026	305	2,620	448	(2)
13	1,121	30	905	23	887	325	244	867	222	809	259	1,228	251	(3)
-	-	-	-	-	-	-	-	-	-	-	-	-	-	(4)
32	183	3	137	-	-	-	-	-	-	-	-	-	-	(5)
-	-	-	-	-	-	-	-	-	-	-	-	2	255	(6)
-	-	-	-	-	-	-	-	-	-	-	-	1	263	(7)
16	894	14	992	17	672	21	409	28	449	35	435	171	469	(8)
410	296	250	307	199	359	475	227	680	248	618	277	594	296	(9)
-	-	-	-	88	267	419	223	71	189	-	-	-	-	(10)
68	281	53	335	60	416	-	-	0	389	80	222	60	269	(11)
48	290	28	256	1	375	-	-	-	-	19	255	44	263	(12)
288	296	167	303	33	464	2	188	361	239	394	288	456	305	(13)
6	498	2	641	18	422	54	259	247	278	125	280	34	276	(14)
-	-	42	468	476	317	401	272	75	328	11	420	8	381	(15)
-	-	42	468	314	296	30	201	-	-	-	-	-	-	(16)
-	-	-	-	92	294	233	262	0	194	-	-	-	-	(17)
-	-	-	-	64	439	97	301	0	304	-	-	-	-	(18)
-	-	-	-	-	-	25	252	39	276	-	-	-	-	(19)
-	-	-	-	5	477	16	413	36	386	11	420	8	381	(20)
-	-	-	-	-	-	9	269	36	368	73	321	26	290	(21)
0	1,314	1	1,192	2	831	312	306	636	226	359	234	189	253	(22)
-	-	-	-	-	-	5	302	24	361	190	264	182	246	(23)
0	1,314	1	1,192	2	831	307	306	613	221	169	200	7	420	(24)
1	1,223	-	-	-	-	-	-	-	-	-	-	-	-	(25)
97	664	276	635	309	471	93	445	0	575	-	-	-	-	(26)
27	615	61	580	37	489	19	524	0	800	-	-	-	-	(27)
89	1,543	12	1,100	-	-	-	-	-	-	-	-	-	-	(28)
58	382	-	-	-	-	-	-	-	-	-	-	-	-	(29)
45	1,310	116	1,030	470	860	385	817	135	1,159	12	996	4	2,101	(30)
34	916	76	707	116	576	55	512	-	-	-	-	-	-	(31)
4	2,097	15	1,256	245	938	77	802	33	992	1	1,180	-	-	(32)
7	2,842	25	1,893	110	985	253	888	102	1,213	11	976	4	2,101	(33)
-	-	-	-	1	833	15	862	6	975	-	-	-	-	(34)
12	1,036	2	2,133	3	2,080	2	2,536	1	2,774	40	1,749	203	2,061	(35)
63	449	136	435	77	415	26	351	24	448	40	468	29	766	(36)
14	605	20	572	27	470	12	426	20	444	35	471	21	774	(37)
10	382	43	375	3	308	-	-	-	-	-	-	1	621	(38)
39	411	73	434	47	390	13	281	4	465	4	448	7	767	(39)
971	196	1,145	179	694	177	77	173	18	193	12	211	1	493	(40)
-	-	-	-	-	-	-	-	3	637	13	402	157	610	(41)
6	1,319	7	1,237	40	653	24	739	9	604	4	625	6	544	(42)
3,295	273	3,030	261	2,773	256	2,766	240	2,721	224	3,009	206	2,866	195	(43)
1,726	208	1,699	207	1,555	206	1,664	198	1,700	178	2,076	151	1,944	142	(44)
207	221	214	223	187	227	153	202	182	152	185	163	209	160	(45)
117	232	155	243	188	228	174	204	143	182	128	176	104	260	(46)
133	183	135	173	156	173	124	166	120	152	85	173	101	202	(47)
442	215	268	207	249	202	228	197	171	206	135	207	118	207	(48)
31	1,218	8	840	-	-	-	-	-	-	-	-	-	-	(49)
360	544	351	494	285	533	246	497	180	531	150	518	141	478	(50)
69	119	-	-	-	-	7	188	17	198	6	215	11	197	(51)
210	498	199	475	153	486	169	478	209	490	243	540	238	448	(52)

3　卸売市場別の月別果実の卸売数量・価額・価格（続き）
(58)　大阪府中央卸売市場

品目		計			1月		2月		3月		4月		5月	
		数量	価額	価格	数量	価格	数量	価格	数量	価格	数量	価格	数量	価格
		t	千円	円／kg	t	円／kg	t	円／kg	t	円／kg	t	円／kg	t	円／kg
果実計	(1)	**54,554**	**19,050,464**	**349**	**4,003**	**361**	**4,769**	**372**	**4,434**	**413**	**3,825**	**412**	**3,487**	**399**
国産果実計	(2)	**43,842**	**16,736,500**	**382**	**3,297**	**393**	**4,004**	**404**	**3,472**	**471**	**2,786**	**483**	**2,319**	**470**
みかん	(3)	9,421	2,424,190	257	1,155	227	921	263	220	325	14	446	22	1,454
ネーブルオレンジ（国産）	(4)	29	6,078	211	8	252	13	156	4	270	0	41	-	-
甘なつみかん	(5)	574	100,117	174	-	-	6	224	165	174	271	174	99	189
いよかん	(6)	1,188	241,420	203	296	219	522	193	329	204	0	204	-	-
はっさく	(7)	656	116,475	178	84	168	135	160	223	166	178	205	31	200
その他の雑かん	(8)	2,605	900,741	346	305	364	709	334	724	320	506	329	94	384
りんご	(9)	9,944	3,150,856	317	1,027	286	1,214	284	1,037	311	777	327	794	361
つがる	(10)	857	232,064	271	-	-	-	-	-	-	-	-	-	-
ジョナゴールド	(11)	1,171	383,238	327	71	286	103	268	93	305	92	320	163	336
王林	(12)	1,718	555,209	323	208	315	266	299	296	334	231	336	200	348
ふじ	(13)	5,100	1,631,652	320	683	267	816	283	639	300	435	325	414	380
その他のりんご	(14)	1,099	348,694	317	64	389	29	228	8	348	20	309	17	310
日本なし	(15)	2,534	774,860	306	4	317	2	186	-	-	-	-	-	-
幸水	(16)	782	248,322	318	-	-	-	-	-	-	-	-	-	-
豊水	(17)	777	213,828	275	-	-	-	-	-	-	-	-	-	-
二十世紀	(18)	472	143,316	304	-	-	-	-	-	-	-	-	-	-
新高	(19)	128	38,678	302	-	-	-	-	-	-	-	-	-	-
その他のなし	(20)	376	130,716	348	4	317	2	186	-	-	-	-	-	-
西洋なし	(21)	287	90,562	316	1	273	-	-	-	-	-	-	-	-
かき	(22)	2,708	676,300	250	40	483	-	-	-	-	-	-	-	-
甘がき	(23)	1,191	313,657	263	40	484	-	-	-	-	-	-	-	-
渋がき（脱渋を含む。）	(24)	1,518	362,642	239	0	396	-	-	-	-	-	-	-	-
びわ	(25)	27	37,085	1,371	-	-	0	2,160	2	1,863	5	1,632	9	1,225
もも	(26)	1,539	833,133	541	-	-	-	-	-	-	0	4,353	13	1,984
すもも	(27)	309	151,321	489	-	-	-	-	-	-	-	-	1	1,041
おうとう	(28)	103	173,532	1,678	0	19,440	-	-	-	-	1	6,723	3	4,656
うめ	(29)	102	38,034	373	-	-	-	-	-	-	-	-	24	406
ぶどう	(30)	1,455	1,332,895	916	1	517	0	583	0	653	0	7,575	10	2,535
デラウェア	(31)	337	242,430	720	-	-	-	-	-	-	0	4,374	6	1,670
巨峰	(32)	539	458,765	850	-	-	-	-	-	-	-	-	2	2,879
その他のぶどう	(33)	579	631,700	1,091	1	517	0	583	0	653	0	17,820	2	5,580
くり	(34)	33	31,200	938	-	-	-	-	-	-	-	-	-	-
いちご	(35)	2,546	3,428,701	1,347	273	1,678	372	1,603	616	1,281	718	947	248	1,108
メロン	(36)	1,504	721,455	480	27	1,073	29	947	21	1,261	59	740	240	461
温室メロン	(37)	370	281,592	761	20	1,244	20	1,156	18	1,321	21	1,179	26	811
アンデスメロン	(38)	202	70,045	347	5	440	6	425	1	613	14	418	47	426
その他のメロン（まくわうりを含む。）	(39)	932	369,819	397	2	786	3	603	2	1,075	25	543	167	417
すいか	(40)	5,676	1,154,946	203	1	475	8	217	50	202	233	339	714	291
キウイフルーツ	(41)	308	173,293	564	70	520	73	555	78	566	12	570	0	594
その他の国産果実	(42)	295	179,308	609	3	544	2	471	3	611	10	1,018	17	1,568
輸入果実計	(43)	**10,712**	**2,313,964**	**216**	**706**	**212**	**765**	**209**	**962**	**206**	**1,039**	**220**	**1,167**	**258**
バナナ	(44)	6,699	1,171,226	175	498	186	560	186	593	184	644	187	626	191
パインアップル	(45)	404	70,587	175	17	203	21	189	49	171	29	193	34	217
レモン	(46)	575	169,402	295	49	322	43	297	57	271	49	294	55	338
グレープフルーツ	(47)	815	161,920	199	72	216	68	214	88	196	88	221	77	231
オレンジ	(48)	1,097	244,557	223	39	206	42	263	86	250	128	238	184	233
輸入おうとう	(49)	25	32,792	1,288	0	1,080	-	-	-	-	-	-	17	1,287
輸入キウイフルーツ	(50)	381	195,919	515	4	342	1	354	2	447	27	540	77	515
輸入メロン	(51)	228	32,107	141	5	313	10	143	44	89	34	134	34	137
その他の輸入果実	(52)	488	235,453	483	22	533	19	600	43	493	40	467	62	455

	6月		7月		8月		9月		10月		11月		12月		
	数量	価格	数量	価格	数量	価格	数量	価格	数量	価格	数量	価格	数量	価格	
	t	円/kg	t	円/kg	t	円/kg	t	円/kg	t	円/kg	t	円/kg	t	円/kg	
	3,993	360	4,758	361	5,097	349	4,038	328	5,518	277	5,093	273	5,542	334	(1)
	2,908	403	3,912	387	4,320	371	3,197	357	4,694	292	4,336	288	4,597	371	(2)
	49	1,106	102	1,002	78	856	354	279	1,958	218	2,011	242	2,536	227	(3)
	-	-	-	-	-	-	-	-	-	-	-	-	4	240	(4)
	33	121	-	-	-	-	-	-	-	-	-	-	-	-	(5)
	-	-	-	-	-	-	-	-	-	-	-	-	41	210	(6)
	-	-	-	-	-	-	-	-	-	-	-	-	5	218	(7)
	12	641	4	1,204	12	448	24	368	26	407	35	474	156	426	(8)
	526	349	466	369	401	339	761	269	1,101	316	869	326	971	332	(9)
	-	-	-	-	158	281	566	277	133	234	-	-	-	-	(10)
	115	366	147	360	115	398	1	333	98	316	108	295	66	291	(11)
	132	313	70	303	16	149	2	197	18	247	122	351	157	329	(12)
	254	365	233	390	67	380	17	382	399	336	488	326	653	335	(13)
	26	296	16	426	44	398	175	232	453	325	151	329	95	347	(14)
	0	912	103	507	1,073	316	934	263	311	328	90	310	17	372	(15)
	0	912	101	509	645	295	35	181	-	-	-	-	-	-	(16)
	-	-	-	-	274	311	494	255	9	309	-	-	-	-	(17)
	-	-	-	-	142	408	317	259	12	259	-	-	-	-	(18)
	-	-	-	-	-	-	2	252	124	304	2	245	-	-	(19)
	-	-	2	351	12	448	86	361	165	353	88	311	17	372	(20)
	-	-	-	-	5	254	17	271	51	369	110	337	102	277	(21)
	-	-	3	1,036	7	708	274	328	913	239	1,054	232	417	232	(22)
	-	-	-	-	-	-	41	331	160	302	566	255	384	230	(23)
	-	-	3	1,036	7	708	234	327	753	226	488	205	33	254	(24)
	11	1,286	-	-	-	-	-	-	-	-	-	-	-	-	(25)
	237	612	739	552	498	464	52	446	0	310	-	-	-	-	(26)
	76	566	132	475	77	427	23	503	0	424	-	-	-	-	(27)
	79	1,589	20	1,275	0	1,836	-	-	-	-	-	-	-	-	(28)
	78	363	-	-	-	-	-	-	-	-	-	-	-	-	(29)
	81	1,313	236	1,045	505	793	456	778	140	1,075	19	1,669	7	2,386	(30)
	59	955	134	746	123	557	14	504	0	304	-	-	-	-	(31)
	15	1,640	62	1,138	202	794	199	732	58	850	2	1,211	-	-	(32)
	7	3,511	39	1,921	180	953	243	831	82	1,235	17	1,718	7	2,386	(33)
	-	-	-	-	0	646	26	920	7	1,021	0	1,128	-	-	(34)
	34	1,214	1	1,141	-	-	-	-	-	-	36	1,890	248	2,095	(35)
	432	362	213	409	201	440	71	415	109	483	67	568	34	936	(36)
	24	700	45	598	71	527	34	465	36	536	31	676	23	1,132	(37)
	78	324	43	278	5	166	0	156	-	-	1	175	2	390	(38)
	330	346	125	386	125	402	37	372	72	456	35	481	9	569	(39)
	1,246	197	1,874	177	1,374	187	137	117	19	157	17	80	1	645	(40)
	-	-	-	-	0	505	0	442	13	751	17	638	43	557	(41)
	14	1,192	19	911	89	440	66	469	46	503	12	492	14	335	(42)
	1,085	247	846	242	776	230	841	214	823	192	757	186	945	155	(43)
	581	195	525	197	474	192	518	173	539	158	509	146	631	108	(44)
	28	230	35	222	24	208	25	184	57	107	44	126	42	153	(45)
	61	333	43	328	46	279	46	253	39	205	42	238	45	347	(46)
	72	175	66	175	71	173	66	171	38	154	40	212	68	222	(47)
	210	230	88	230	81	191	90	174	65	193	46	210	37	231	(48)
	7	1,335	1	1,004	0	1,283	-	-	-	-	-	-	-	-	(49)
	64	542	48	526	47	502	49	511	29	483	15	523	17	486	(50)
	27	120	10	123	9	218	14	134	19	160	10	208	14	206	(51)
	34	572	29	699	25	663	33	597	38	616	51	451	92	238	(52)

3 卸売市場別の月別果実の卸売数量・価額・価格（続き）
(59) 大阪府内青果市場

品目		計 数量	計 価額	計 価格	1月 数量	1月 価格	2月 数量	2月 価格	3月 数量	3月 価格	4月 数量	4月 価格	5月 数量	5月 価格
		t	千円	円/kg	t	円/kg	t	円/kg	t	円/kg	t	円/kg	t	円/kg
果実計	(1)	**21,686**	**6,654,904**	**307**	**1,538**	**312**	**1,620**	**344**	**1,386**	**399**	**1,251**	**384**	**1,396**	**374**
国産果実計	(2)	**18,067**	**5,832,707**	**323**	**1,276**	**332**	**1,350**	**369**	**1,095**	**446**	**954**	**428**	**1,072**	**407**
みかん	(3)	4,038	786,609	195	490	194	272	221	50	237	4	355	18	1,077
ネーブルオレンジ（国産）	(4)	14	2,475	180	5	151	3	171	2	242	1	256	-	-
甘なつみかん	(5)	312	55,528	178	0	47	3	223	45	182	135	170	104	183
いよかん	(6)	229	48,525	212	64	234	101	206	63	198	0	117	-	-
はっさく	(7)	437	68,755	157	69	163	147	143	119	156	78	164	21	215
その他の雑かん	(8)	1,448	362,051	250	176	225	246	290	233	281	125	280	51	318
りんご	(9)	3,253	948,750	292	327	251	415	263	334	290	278	302	234	352
つがる	(10)	303	81,588	269	-	-	-	-	-	-	-	-	-	-
ジョナゴールド	(11)	280	96,424	344	23	311	25	303	26	328	36	354	49	360
王林	(12)	180	46,531	259	27	258	43	247	21	279	16	264	12	307
ふじ	(13)	1,931	593,685	307	237	257	265	291	235	310	190	318	141	372
その他のりんご	(14)	558	130,522	234	40	180	82	168	53	187	36	174	32	270
日本なし	(15)	1,023	324,817	318	0	347	0	243	0	238	-	-	-	-
幸水	(16)	182	66,209	363	-	-	-	-	-	-	-	-	-	-
豊水	(17)	268	73,074	273	-	-	-	-	-	-	-	-	-	-
二十世紀	(18)	325	97,648	301	-	-	-	-	-	-	-	-	-	-
新高	(19)	31	8,652	277	-	-	-	-	-	-	-	-	-	-
その他のなし	(20)	217	79,236	365	0	347	0	243	0	238	-	-	-	-
西洋なし	(21)	49	15,350	312	2	242	-	-	-	-	-	-	-	-
かき	(22)	1,194	246,754	207	4	434	1	192	-	-	-	-	-	-
甘がき	(23)	441	100,887	229	4	434	1	192	-	-	-	-	-	-
渋がき（脱渋を含む。）	(24)	753	145,868	194	-	-	-	-	-	-	-	-	-	-
びわ	(25)	6	7,247	1,308	-	-	-	-	0	2,014	1	1,466	2	1,227
もも	(26)	602	288,934	480	-	-	-	-	-	-	-	-	1	1,748
すもも	(27)	93	38,986	419	-	-	-	-	-	-	-	-	0	731
おうとう	(28)	24	35,659	1,508	-	-	-	-	0	4,197	0	3,392	1	4,326
うめ	(29)	103	37,883	367	-	-	-	-	-	-	-	-	20	395
ぶどう	(30)	530	436,662	824	0	1,105	0	1,152	0	1,489	0	4,434	5	1,825
デラウェア	(31)	154	104,146	674	-	-	-	-	-	-	0	3,150	4	1,581
巨峰	(32)	118	99,642	844	-	-	-	-	-	-	-	-	1	3,031
その他のぶどう	(33)	258	232,874	904	0	1,105	0	1,152	0	1,489	0	4,524	1	2,031
くり	(34)	22	19,074	863	-	-	-	-	-	-	-	-	-	-
いちご	(35)	811	1,003,607	1,238	103	1,489	130	1,474	208	1,184	217	876	57	966
メロン	(36)	617	297,365	482	9	1,215	9	1,228	10	1,249	18	878	127	461
温室メロン	(37)	218	147,816	677	9	1,226	8	1,325	8	1,409	9	1,185	13	772
アンデスメロン	(38)	43	17,094	395	-	-	1	288	1	595	1	584	11	422
その他のメロン（まくわうりを含む。）	(39)	355	132,455	373	0	634	0	927	1	667	8	554	103	425
すいか	(40)	2,841	546,317	192	1	501	1	811	5	435	85	370	408	272
キウイフルーツ	(41)	75	37,176	495	19	486	17	536	18	513	6	595	0	794
その他の国産果実	(42)	347	224,181	646	6	404	5	367	6	566	7	1,046	22	1,973
輸入果実計	(43)	**3,619**	**822,197**	**227**	**262**	**216**	**270**	**222**	**291**	**222**	**297**	**239**	**324**	**266**
バナナ	(44)	2,114	384,391	182	191	182	191	194	185	196	180	202	181	207
パインアップル	(45)	214	37,774	177	13	195	16	186	21	173	16	195	16	198
レモン	(46)	489	141,683	290	26	346	28	315	34	293	35	293	40	309
グレープフルーツ	(47)	120	23,823	199	9	231	9	230	10	214	10	191	11	171
オレンジ	(48)	293	69,572	238	11	249	13	288	21	273	29	248	32	243
輸入おうとう	(49)	4	5,176	1,387	-	-	-	-	-	-	0	2,160	1	1,346
輸入キウイフルーツ	(50)	137	73,651	537	1	554	0	682	1	717	5	550	21	556
輸入メロン	(51)	32	3,826	118	1	385	3	120	7	71	2	211	3	142
その他の輸入果実	(52)	215	82,300	382	11	450	8	531	12	488	20	449	18	508

	6月		7月		8月		9月		10月		11月		12月		
	数量	価格	数量	価格	数量	価格	数量	価格	数量	価格	数量	価格	数量	価格	
	t	円/kg	t	円/kg	t	円/kg	t	円/kg	t	円/kg	t	円/kg	t	円/kg	
	1,642	332	1,923	310	2,105	339	1,757	306	2,212	228	2,141	225	2,716	252	(1)
	1,333	347	1,624	320	1,818	354	1,490	320	1,833	233	1,848	230	2,374	263	(2)
	20	734	17	825	28	714	133	241	713	169	957	172	1,336	175	(3)
	-	-	-	-	-	-	-	-	-	-	-	-	3	174	(4)
	25	189	1	118	-	-	-	-	-	-	-	-	-	-	(5)
	-	-	-	-	-	-	-	-	-	-	-	-	1	290	(6)
	2	207	-	-	-	-	-	-	-	-	-	-	1	195	(7)
	8	297	10	292	7	487	20	242	85	172	118	198	368	224	(8)
	164	377	132	382	161	326	254	238	298	282	275	302	382	268	(9)
	-	-	-	-	86	327	193	251	25	208	-	-	-	-	(10)
	32	381	27	419	8	449	0	273	13	292	23	270	17	317	(11)
	10	213	5	300	1	355	-	-	1	288	23	243	22	257	(12)
	100	409	86	379	55	317	9	177	118	278	168	336	327	269	(13)
	22	300	13	354	13	284	51	202	142	298	60	241	16	198	(14)
	-	-	9	401	320	364	544	280	103	339	32	371	13	380	(15)
	-	-	7	401	160	367	16	305	-	-	-	-	-	-	(16)
	-	-	-	-	64	294	201	266	3	361	-	-	-	-	(17)
	-	-	-	-	64	415	257	272	4	342	-	-	-	-	(18)
	-	-	-	-	-	-	5	270	25	273	1	373	-	-	(19)
	-	-	2	402	32	388	66	353	72	361	30	371	13	380	(20)
	-	-	-	-	0	253	10	228	15	349	11	343	10	325	(21)
	0	998	1	678	2	585	154	251	501	174	377	214	153	236	(22)
	-	-	0	472	0	375	25	159	44	223	224	229	142	236	(23)
	0	998	1	817	2	615	129	269	457	169	153	193	11	232	(24)
	1	1,116	-	-	-	-	-	-	-	-	-	-	-	-	(25)
	125	455	272	540	161	430	23	440	2	252	19	209	-	-	(26)
	22	440	39	403	22	402	9	460	1	528	-	-	-	-	(27)
	19	1,389	3	1,071	-	-	-	-	-	-	-	-	-	-	(28)
	83	361	0	558	-	-	-	-	-	-	-	-	-	-	(29)
	60	911	91	837	190	769	130	749	43	940	8	1,094	1	926	(30)
	56	827	62	619	32	410	0	687	-	-	-	-	-	-	(31)
	1	1,910	12	1,133	62	789	32	716	10	995	2	1,152	-	-	(32)
	3	2,322	18	1,394	96	877	98	760	33	924	6	1,080	1	926	(33)
	-	-	-	-	0	817	15	832	7	923	0	1,410	-	-	(34)
	2	944	0	2,005	0	1,883	0	2,599	0	1,464	16	1,610	77	1,802	(35)
	177	373	94	387	83	411	32	377	23	526	17	666	17	956	(36)
	16	656	37	480	52	416	18	474	16	576	16	673	16	998	(37)
	21	401	7	318	1	158	0	326	0	352	0	432	-	-	(38)
	139	336	51	328	29	412	14	260	7	415	1	558	1	488	(39)
	621	198	944	167	687	160	86	100	1	379	2	434	2	465	(40)
	-	-	-	-	0	540	-	-	2	395	7	406	6	389	(41)
	4	1,746	11	1,040	156	520	79	521	38	491	10	430	3	489	(42)
	309	267	299	255	287	242	266	227	378	204	293	195	342	178	(43)
	165	201	159	197	154	195	150	186	134	158	199	149	227	131	(44)
	18	204	13	192	13	206	16	177	27	150	18	149	27	148	(45)
	38	313	44	314	42	289	36	257	102	237	30	295	35	325	(46)
	12	191	13	179	14	180	11	184	6	192	5	218	10	238	(47)
	29	254	33	220	33	232	30	216	30	207	16	212	13	260	(48)
	1	1,363	1	1,442	-	-	-	-	-	-	-	-	-	-	(49)
	27	563	19	536	17	539	14	546	12	507	11	506	8	440	(50)
	5	66	5	53	2	120	1	252	1	212	1	220	2	184	(51)
	15	496	12	551	11	420	9	471	67	216	12	444	20	303	(52)

3 卸売市場別の月別果実の卸売数量・価額・価格（続き）
(60) 神戸市中央卸売市場計

品目		計			1月		2月		3月		4月		5月	
		数量	価額	価格	数量	価格	数量	価格	数量	価格	数量	価格	数量	価格
		t	千円	円/kg	t	円/kg	t	円/kg	t	円/kg	t	円/kg	t	円/kg
果実計	(1)	37,659	13,875,019	368	2,740	406	2,965	400	2,902	448	2,404	436	2,343	417
国産果実計	(2)	30,605	12,155,399	397	2,330	438	2,546	429	2,245	517	1,787	504	1,554	489
みかん	(3)	5,644	1,406,045	249	665	241	439	262	132	278	8	340	9	1,478
ネーブルオレンジ(国産)	(4)	37	8,969	243	9	243	18	235	7	263	1	283	-	-
甘なつみかん	(5)	557	103,336	185	-	-	16	230	143	171	222	165	138	213
いよかん	(6)	854	174,265	204	311	218	445	191	89	225	5	181	-	-
はっさく	(7)	340	64,162	189	37	187	114	178	124	165	53	265	4	287
その他の雑かん	(8)	1,705	633,423	371	155	386	390	379	481	351	301	317	121	307
りんご	(9)	6,908	2,202,995	319	786	331	735	262	695	303	556	323	482	376
つがる	(10)	531	142,620	269	-	-	-	-	-	-	-	-	-	-
ジョナゴールド	(11)	919	308,145	335	52	319	96	296	93	328	112	346	114	372
王林	(12)	499	143,165	287	54	292	65	254	72	238	55	321	55	338
ふじ	(13)	4,252	1,360,065	320	645	322	568	255	519	300	386	317	305	386
その他のりんご	(14)	707	249,000	352	35	587	6	443	12	651	3	366	7	316
日本なし	(15)	2,198	720,596	328	5	275	-	-	-	-	-	-	-	-
幸水	(16)	367	120,529	329	-	-	-	-	-	-	-	-	-	-
豊水	(17)	649	176,598	272	-	-	-	-	-	-	-	-	-	-
二十世紀	(18)	811	284,665	351	-	-	-	-	-	-	-	-	-	-
新高	(19)	26	8,314	319	-	-	-	-	-	-	-	-	-	-
その他のなし	(20)	346	130,490	378	5	275	-	-	-	-	-	-	-	-
西洋なし	(21)	77	27,413	358	2	606	-	-	-	-	-	-	-	-
かき	(22)	1,833	481,487	263	41	463	6	195	-	-	-	-	-	-
甘がき	(23)	656	171,135	261	35	487	6	195	-	-	-	-	-	-
渋がき(脱渋を含む。)	(24)	1,177	310,352	264	6	314	-	-	-	-	-	-	-	-
びわ	(25)	14	15,933	1,153	-	-	-	-	1	2,435	2	1,706	6	1,151
もも	(26)	1,242	614,014	494	-	-	-	-	-	-	-	-	2	2,321
すもも	(27)	162	83,735	516	-	-	-	-	-	-	-	-	0	909
おうとう	(28)	81	136,531	1,683	0	18,144	-	-	0	17,474	1	7,536	2	5,370
うめ	(29)	90	33,669	374	-	-	-	-	-	-	-	-	20	468
ぶどう	(30)	937	938,273	1,002	1	2,427	-	-	-	-	0	3,367	7	1,993
デラウェア	(31)	132	106,506	804	-	-	-	-	-	-	0	3,367	5	1,683
巨峰	(32)	355	345,413	973	-	-	-	-	-	-	-	-	2	2,590
その他のぶどう	(33)	449	486,354	1,083	1	2,427	-	-	-	-	-	-	0	3,378
くり	(34)	36	35,737	979	-	-	-	-	-	-	-	-	-	-
いちご	(35)	2,080	2,836,000	1,364	226	1,674	297	1,571	493	1,261	502	971	238	1,099
メロン	(36)	940	485,084	516	13	1,329	12	1,201	14	1,242	39	846	157	495
温室メロン	(37)	232	193,999	836	11	1,386	11	1,232	12	1,354	15	1,100	19	764
アンデスメロン	(38)	122	50,265	413	1	681	1	538	1	531	3	710	28	490
その他のメロン(まくわうりを含む。)	(39)	586	240,819	411	1	1,138	0	1,657	1	908	21	688	111	451
すいか	(40)	4,225	779,824	185	1	325	2	374	10	326	82	339	360	264
キウイフルーツ	(41)	271	153,907	568	77	545	70	573	57	587	14	576	0	507
その他の国産果実	(42)	374	220,002	588	1	1,077	1	1,125	0	2,792	2	2,943	9	2,015
輸入果実計	(43)	7,054	1,719,621	244	410	227	419	218	657	211	617	240	789	273
バナナ	(44)	2,364	402,290	170	188	173	188	175	247	165	184	186	197	196
パインアップル	(45)	982	155,309	158	59	161	70	170	113	155	78	154	77	170
レモン	(46)	661	207,757	314	53	340	45	312	67	296	55	300	64	323
グレープフルーツ	(47)	549	115,950	211	41	239	48	229	55	221	52	236	70	224
オレンジ	(48)	1,255	289,539	231	36	259	39	278	112	265	179	249	232	234
輸入おうとう	(49)	13	21,838	1,710	0	1,335	-	-	-	-	1	1,937	7	1,747
輸入キウイフルーツ	(50)	696	323,196	465	11	392	-	-	0	746	19	496	82	474
輸入メロン	(51)	216	28,064	130	8	233	15	174	33	96	17	106	23	122
その他の輸入果実	(52)	319	175,677	550	13	583	13	606	29	530	31	490	37	516

注：神戸市中央卸売市場計とは、神戸市において開設されている中央卸売市場（本場及び東部）の計である。

	6月		7月		8月		9月		10月		11月		12月		
	数量	価格	数量	価格	数量	価格	数量	価格	数量	価格	数量	価格	数量	価格	
	t	円/kg	t	円/kg	t	円/kg	t	円/kg	t	円/kg	t	円/kg	t	円/kg	
	2,878	362	3,508	329	3,744	347	3,522	344	3,714	305	3,313	300	3,626	392	(1)
	2,156	388	2,909	338	3,130	364	2,956	364	3,119	321	2,817	314	3,055	425	(2)
	16	1,178	25	934	35	724	305	239	1,141	221	1,308	242	1,562	237	(3)
	-	-	-	-	-	-	-	-	-	-	-	-	2	232	(4)
	39	241	-	-	-	-	-	-	-	-	-	-	-	-	(5)
	-	-	-	-	-	-	-	-	-	-	-	-	4	195	(6)
	-	-	-	-	-	-	-	-	-	-	-	-	8	147	(7)
	18	428	8	824	19	573	36	315	22	439	32	520	123	502	(8)
	349	347	254	376	169	321	524	268	828	322	732	315	800	339	(9)
	-	-	-	-	79	316	423	262	28	242	-	-	-	-	(10)
	108	350	85	367	38	335	1	256	70	321	83	321	69	304	(11)
	49	321	21	392	2	283	-	-	22	216	63	265	41	280	(12)
	182	351	147	378	46	332	3	443	344	315	458	319	649	341	(13)
	9	350	1	506	4	169	96	290	364	341	127	321	42	412	(14)
	-	-	46	490	760	363	1,162	291	177	359	38	403	10	457	(15)
	-	-	34	536	285	310	47	293	-	-	0	339	-	-	(16)
	-	-	-	-	114	293	490	264	40	301	6	318	-	-	(17)
	-	-	0	834	292	439	512	301	6	304	-	-	-	-	(18)
	-	-	-	-	-	-	8	292	18	332	-	-	-	-	(19)
	-	-	11	332	69	377	104	359	114	386	32	418	10	457	(20)
	-	-	-	-	3	328	5	270	24	365	29	372	13	318	(21)
	0	517	1	569	1	874	324	343	679	257	556	215	225	241	(22)
	-	-	-	-	1	486	1	280	84	298	360	226	169	270	(23)
	0	517	1	569	1	1,205	322	343	594	251	196	196	56	151	(24)
	6	900	0	1,354	-	-	-	-	-	-	-	-	-	-	(25)
	140	564	501	509	531	462	69	446	1	599	-	-	-	-	(26)
	39	566	70	516	45	467	8	536	-	-	-	-	-	-	(27)
	61	1,603	18	1,237	-	-	-	-	-	-	-	-	-	-	(28)
	68	351	1	167	-	-	-	-	-	-	-	-	-	-	(29)
	61	1,312	117	1,161	267	851	305	859	148	1,111	24	1,599	6	2,093	(30)
	40	976	52	764	32	548	4	488	-	-	-	-	-	-	(31)
	16	1,682	37	1,291	102	887	122	816	69	965	7	1,259	-	-	(32)
	4	3,046	28	1,722	133	896	180	895	79	1,239	17	1,738	6	2,093	(33)
	-	-	-	-	2	836	25	948	10	1,080	0	1,138	-	-	(34)
	40	1,045	2	2,529	1	2,530	0	3,071	1	2,746	58	1,954	222	2,054	(35)
	303	373	194	425	102	492	29	492	25	636	19	760	33	1,051	(36)
	21	702	30	668	41	572	18	578	16	730	15	788	23	1,123	(37)
	36	417	51	342	1	337	-	-	0	281	-	-	1	627	(38)
	246	338	113	399	60	439	11	346	9	475	4	649	10	925	(39)
	1,006	195	1,663	171	1,040	154	49	147	5	322	6	270	2	307	(40)
	-	-	-	-	-	-	-	-	2	904	8	562	44	560	(41)
	11	1,937	9	1,475	154	400	116	504	57	510	10	539	2	873	(42)
	722	285	600	282	614	263	566	242	594	220	496	217	571	211	(43)
	190	206	154	201	163	188	168	173	217	158	213	138	255	118	(44)
	93	174	81	174	86	172	73	169	103	134	79	129	69	142	(45)
	61	341	53	360	64	317	62	292	54	257	44	279	39	365	(46)
	44	212	54	178	51	173	44	170	18	182	16	219	55	236	(47)
	141	239	120	225	115	201	104	193	82	182	44	211	52	249	(48)
	3	1,516	2	1,805	0	1,134	-	-	-	-	-	-	-	-	(49)
	126	488	92	491	101	456	76	448	70	449	57	442	60	440	(50)
	33	91	8	125	12	186	18	134	24	140	16	160	7	144	(51)
	30	576	36	549	24	677	22	623	25	618	27	574	33	395	(52)

3 卸売市場別の月別果実の卸売数量・価額・価格（続き）
(61) 神戸市中央卸売市場　本場

品　目		計 数量	計 価額	計 価格	1月 数量	1月 価格	2月 数量	2月 価格	3月 数量	3月 価格	4月 数量	4月 価格	5月 数量	5月 価格
		t	千円	円/kg	t	円/kg	t	円/kg	t	円/kg	t	円/kg	t	円/kg
果　実　計	(1)	28,315	10,070,523	356	2,178	371	2,272	363	2,142	407	1,829	399	1,676	401
国産果実計	(2)	22,625	8,717,142	385	1,806	401	1,899	392	1,608	474	1,387	451	1,124	468
みかん	(3)	4,293	1,036,998	242	492	227	318	248	123	276	8	340	8	1,476
ネーブルオレンジ（国産）	(4)	34	8,292	245	8	247	18	235	7	263	1	283	-	-
甘なつみかん	(5)	310	46,622	150	-	-	1	193	88	135	161	147	58	179
いよかん	(6)	688	135,472	197	250	209	375	185	55	224	5	181	-	-
はっさく	(7)	261	49,376	189	28	185	88	174	80	157	53	265	4	287
その他の雑かん	(8)	1,400	508,832	363	114	364	295	368	386	342	283	316	114	315
りんご	(9)	5,476	1,745,347	319	691	334	566	247	516	291	459	324	360	370
つがる	(10)	462	124,535	270	-	-	-	-	-	-	-	-	-	-
ジョナゴールド	(11)	700	236,477	338	48	317	77	286	63	331	66	372	82	389
王林	(12)	423	123,014	291	47	293	56	248	59	233	54	321	52	338
ふじ	(13)	3,393	1,088,182	321	563	323	432	238	393	294	336	315	224	371
その他のりんご	(14)	498	173,139	348	33	606	1	545	1	261	2	367	2	490
日本なし	(15)	1,242	421,832	340	-	-	-	-	-	-	-	-	-	-
幸水	(16)	227	72,993	321	-	-	-	-	-	-	-	-	-	-
豊水	(17)	264	74,166	280	-	-	-	-	-	-	-	-	-	-
二十世紀	(18)	489	173,970	356	-	-	-	-	-	-	-	-	-	-
新高	(19)	15	4,379	293	-	-	-	-	-	-	-	-	-	-
その他のなし	(20)	246	96,325	391	-	-	-	-	-	-	-	-	-	-
西洋なし	(21)	66	23,107	349	-	-	-	-	-	-	-	-	-	-
かき	(22)	1,530	405,575	265	41	463	-	-	-	-	-	-	-	-
甘がき	(23)	554	143,791	260	35	487	-	-	-	-	-	-	-	-
渋がき（脱渋を含む。）	(24)	976	261,784	268	6	314	-	-	-	-	-	-	-	-
びわ	(25)	12	13,619	1,100	-	-	-	-	0	2,556	1	1,787	5	1,138
もも	(26)	886	458,695	517	-	-	-	-	-	-	-	-	2	2,330
すもも	(27)	112	56,670	506	-	-	-	-	-	-	-	-	0	1,138
おうとう	(28)	63	103,610	1,657	0	19,440	-	-	0	17,474	1	8,172	2	5,531
うめ	(29)	70	27,638	397	-	-	-	-	-	-	-	-	18	473
ぶどう	(30)	818	826,175	1,011	1	2,688	-	-	-	-	0	3,367	5	2,163
デラウェア	(31)	96	76,935	805	-	-	-	-	-	-	0	3,367	3	1,813
巨峰	(32)	320	314,162	981	-	-	-	-	-	-	-	-	2	2,597
その他のぶどう	(33)	402	435,078	1,083	1	2,688	-	-	-	-	-	-	0	3,378
くり	(34)	30	29,501	992	-	-	-	-	-	-	-	-	-	-
いちご	(35)	1,280	1,699,465	1,328	135	1,654	190	1,535	302	1,221	310	912	137	1,060
メロン	(36)	693	366,216	528	12	1,319	11	1,237	14	1,239	31	862	120	477
温室メロン	(37)	207	175,380	849	11	1,371	11	1,236	11	1,356	14	1,095	18	763
アンデスメロン	(38)	39	17,794	462	1	680	0	749	1	531	2	677	16	470
その他のメロン（まくわうりを含む。）	(39)	448	173,042	386	1	1,138	0	1,657	1	908	15	666	87	420
すいか	(40)	2,934	505,753	172	1	325	2	374	10	326	73	338	282	259
キウイフルーツ	(41)	111	66,651	600	31	566	33	608	26	629	2	742	0	507
その他の国産果実	(42)	316	181,697	575	1	1,092	1	1,064	0	3,459	2	3,147	9	2,083
輸入果実計	(43)	5,690	1,353,381	238	373	227	373	215	535	204	442	232	552	267
バナナ	(44)	2,094	356,552	170	171	173	172	174	222	163	167	185	177	197
パインアップル	(45)	857	133,629	156	54	157	64	167	103	151	71	152	70	168
レモン	(46)	598	185,552	310	49	336	43	308	62	293	53	297	57	320
グレープフルーツ	(47)	432	90,289	209	38	239	40	229	41	220	33	239	53	224
オレンジ	(48)	708	157,883	223	31	263	31	282	61	263	63	251	74	236
輸入おうとう	(49)	1	3,028	2,042	0	1,335	-	-	-	-	0	2,025	0	1,565
輸入キウイフルーツ	(50)	601	272,380	453	11	392	-	-	0	790	18	489	76	467
輸入メロン	(51)	185	23,543	127	7	227	14	173	25	88	13	101	17	114
その他の輸入果実	(52)	214	130,523	609	12	583	9	688	22	543	23	486	28	534

	6月		7月		8月		9月		10月		11月		12月		
	数量	価格	数量	価格	数量	価格	数量	価格	数量	価格	数量	価格	数量	価格	
	t	円/kg	t	円/kg	t	円/kg	t	円/kg	t	円/kg	t	円/kg	t	円/kg	
	2,127	367	2,433	339	2,802	344	2,519	361	2,909	308	2,572	285	2,854	370	(1)
	1,548	398	1,955	353	2,303	362	2,053	390	2,412	329	2,149	299	2,381	402	(2)
	15	1,182	25	928	33	687	212	240	801	210	1,016	233	1,244	224	(3)
	-	-	-	-	-	-	-	-	-	-	-	-	-	-	(4)
	1	202	-	-	-	-	-	-	-	-	-	-	-	-	(5)
	-	-	-	-	-	-	-	-	-	-	-	-	4	195	(6)
	-	-	-	-	-	-	-	-	-	-	-	-	8	147	(7)
	17	437	8	782	17	567	35	314	19	443	25	532	87	523	(8)
	294	345	202	363	142	302	437	264	668	320	516	334	624	357	(9)
	-	-	-	-	74	318	363	261	24	243	-	-	-	-	(10)
	85	360	67	359	29	293	-	-	59	340	62	319	61	304	(11)
	46	317	17	415	1	443	-	-	6	195	48	277	38	276	(12)
	153	344	117	356	35	289	3	443	313	312	326	347	498	366	(13)
	9	350	1	506	4	169	71	270	266	336	79	324	28	425	(14)
	-	-	35	476	438	365	598	302	137	367	29	408	5	589	(15)
	-	-	28	524	152	293	47	293	-	-	0	339	-	-	(16)
	-	-	-	-	48	287	173	273	38	303	6	318	-	-	(17)
	-	-	0	834	192	439	294	301	2	349	-	-	-	-	(18)
	-	-	-	-	-	-	4	269	11	303	-	-	-	-	(19)
	-	-	7	270	45	373	79	376	87	403	23	430	5	589	(20)
	-	-	-	-	3	334	5	271	24	364	25	376	9	281	(21)
	0	499	1	596	1	914	287	346	543	262	452	210	205	235	(22)
	-	-	-	-	1	482	1	282	71	293	291	220	155	264	(23)
	0	499	1	596	1	1,294	285	347	472	257	161	193	51	146	(24)
	6	878	-	-	-	-	-	-	-	-	-	-	-	-	(25)
	110	582	367	526	361	491	46	443	1	599	-	-	-	-	(26)
	22	562	48	510	35	458	7	539	-	-	-	-	-	-	(27)
	49	1,577	11	1,076	-	-	-	-	-	-	-	-	-	-	(28)
	51	370	-	-	-	-	-	-	-	-	-	-	-	-	(29)
	44	1,371	90	1,208	236	855	278	865	135	1,120	22	1,615	6	2,315	(30)
	28	960	38	783	23	554	3	490	-	-	-	-	-	-	(31)
	13	1,724	32	1,331	93	897	109	823	65	971	7	1,278	-	-	(32)
	4	3,183	20	1,828	120	880	165	900	70	1,258	15	1,763	6	2,315	(33)
	-	-	-	-	2	832	19	957	9	1,095	0	1,138	-	-	(34)
	29	1,024	1	2,886	1	2,793	0	3,066	0	3,314	26	1,713	148	2,063	(35)
	235	361	103	448	80	461	23	514	21	679	18	771	26	1,079	(36)
	19	712	26	679	36	548	16	605	14	767	14	801	16	1,239	(37)
	8	421	9	401	1	337	-	-	0	281	-	-	1	630	(38)
	207	326	68	365	43	390	7	319	6	476	3	644	9	843	(39)
	664	174	1,056	163	820	135	15	124	5	324	6	270	2	305	(40)
	-	-	-	-	-	-	-	-	1	944	6	588	12	550	(41)
	11	1,918	8	1,394	133	378	93	474	48	477	10	534	2	872	(42)
	580	284	477	279	499	262	466	237	496	207	423	212	473	206	(43)
	166	208	132	202	134	192	149	172	197	155	189	137	220	120	(44)
	85	171	69	171	76	168	61	164	82	136	66	129	55	136	(45)
	52	339	43	361	57	314	58	288	49	248	41	273	37	362	(46)
	31	211	47	175	41	170	38	166	12	173	12	214	47	230	(47)
	80	238	82	220	78	189	67	179	66	170	35	207	40	236	(48)
	0	1,539	0	3,087	-	-	-	-	-	-	-	-	-	-	(49)
	118	483	79	478	87	443	66	433	49	421	45	425	49	425	(50)
	28	84	6	127	11	183	17	130	23	136	15	156	7	137	(51)
	19	656	19	680	15	792	11	847	19	635	20	643	18	451	(52)

3　卸売市場別の月別果実の卸売数量・価額・価格（続き）
(62)　神戸市中央卸売市場　東部市場

品目		計 数量	計 価額	計 価格	1月 数量	1月 価格	2月 数量	2月 価格	3月 数量	3月 価格	4月 数量	4月 価格	5月 数量	5月 価格
		t	千円	円/kg	t	円/kg	t	円/kg	t	円/kg	t	円/kg	t	円/kg
果実計	(1)	**9,344**	**3,804,497**	**407**	**562**	**541**	**692**	**521**	**760**	**565**	**575**	**557**	**667**	**455**
国産果実計	(2)	**7,980**	**3,438,257**	**431**	**525**	**563**	**647**	**540**	**637**	**627**	**399**	**688**	**430**	**546**
みかん	(3)	1,350	369,047	273	173	278	122	300	9	316	-	-	1	1,510
ネーブルオレンジ（国産）	(4)	3	678	223	1	207	-	-	-	-	-	-	-	-
甘なつみかん	(5)	247	56,714	229	-	-	15	233	55	228	61	212	79	237
いよかん	(6)	166	38,793	234	62	253	70	222	34	226	-	-	-	-
はっさく	(7)	79	14,786	186	9	196	26	194	44	180	-	-	-	-
その他の雑かん	(8)	305	124,592	409	41	449	95	412	95	390	18	337	6	174
りんご	(9)	1,432	457,648	320	95	312	169	315	179	338	97	319	122	393
つがる	(10)	69	18,084	263	-	-	-	-	-	-	-	-	-	-
ジョナゴールド	(11)	219	71,669	327	4	339	18	336	29	321	46	310	32	328
王林	(12)	76	20,151	265	7	283	9	290	13	260	1	327	3	341
ふじ	(13)	859	271,883	316	82	312	136	309	126	319	50	328	81	429
その他のりんご	(14)	209	75,860	363	3	355	5	422	11	684	0	270	5	264
日本なし	(15)	956	298,764	313	5	275	-	-	-	-	-	-	-	-
幸水	(16)	139	47,536	341	-	-	-	-	-	-	-	-	-	-
豊水	(17)	384	102,432	267	-	-	-	-	-	-	-	-	-	-
二十世紀	(18)	322	110,695	344	-	-	-	-	-	-	-	-	-	-
新高	(19)	11	3,935	353	-	-	-	-	-	-	-	-	-	-
その他のなし	(20)	99	34,165	344	5	275	-	-	-	-	-	-	-	-
西洋なし	(21)	10	4,305	417	2	606	-	-	-	-	-	-	-	-
かき	(22)	303	75,913	251	-	-	6	195	-	-	-	-	-	-
甘がき	(23)	102	27,344	268	-	-	6	195	-	-	-	-	-	-
渋がき（脱渋を含む。）	(24)	200	48,569	242	-	-	-	-	-	-	-	-	-	-
びわ	(25)	1	2,313	1,601	-	-	-	-	0	1,886	1	1,644	0	1,514
もも	(26)	356	155,319	436	-	-	-	-	-	-	-	-	0	1,919
すもも	(27)	50	27,065	538	-	-	-	-	-	-	-	-	0	872
おうとう	(28)	19	32,921	1,772	0	16,848	-	-	-	-	0	5,824	0	4,823
うめ	(29)	21	6,031	294	-	-	-	-	-	-	-	-	2	408
ぶどう	(30)	119	112,099	942	0	506	-	-	-	-	-	-	2	1,465
デラウェア	(31)	37	29,572	802	-	-	-	-	-	-	-	-	2	1,439
巨峰	(32)	35	31,252	897	-	-	-	-	-	-	-	-	0	2,296
その他のぶどう	(33)	47	51,276	1,085	0	506	-	-	-	-	-	-	-	-
くり	(34)	7	6,236	925	-	-	-	-	-	-	-	-	-	-
いちご	(35)	800	1,136,535	1,421	90	1,703	107	1,636	191	1,325	192	1,066	101	1,152
メロン	(36)	247	118,868	482	0	1,602	1	760	1	1,314	8	784	37	553
温室メロン	(37)	26	18,619	726	0	1,820	0	1,116	1	1,314	1	1,219	1	779
アンデスメロン	(38)	83	32,471	391	0	682	1	477	-	-	1	794	12	517
その他のメロン（まくわうりを含む。）	(39)	138	67,777	491	-	-	-	-	-	-	7	739	24	560
すいか	(40)	1,291	274,071	212	-	-	-	-	-	-	9	348	78	282
キウイフルーツ	(41)	160	87,256	545	46	531	37	541	30	551	13	554	-	-
その他の国産果実	(42)	58	38,305	660	0	866	1	1,176	0	1,301	0	1,731	1	915
輸入果実計	(43)	**1,364**	**366,240**	**268**	**37**	**231**	**45**	**243**	**122**	**244**	**175**	**258**	**237**	**289**
バナナ	(44)	270	45,738	169	18	170	16	192	25	187	16	194	20	188
パインアップル	(45)	125	21,680	174	5	207	6	202	11	196	7	169	7	189
レモン	(46)	63	22,205	352	5	386	2	374	5	319	3	346	7	349
グレープフルーツ	(47)	117	25,661	220	3	245	8	224	14	225	19	230	17	221
オレンジ	(48)	548	131,656	240	5	237	7	264	51	267	116	248	158	233
輸入おうとう	(49)	11	18,810	1,666	-	-	-	-	-	-	1	1,935	7	1,760
輸入キウイフルーツ	(50)	95	50,815	536	-	-	-	-	0	447	1	602	5	580
輸入メロン	(51)	31	4,521	147	1	304	1	189	8	118	4	123	6	143
その他の輸入果実	(52)	105	45,154	431	1	582	4	432	7	485	8	502	9	464

	6月		7月		8月		9月		10月		11月		12月		
	数量	価格	数量	価格	数量	価格	数量	価格	数量	価格	数量	価格	数量	価格	
	t	円/kg	t	円/kg	t	円/kg	t	円/kg	t	円/kg	t	円/kg	t	円/kg	
	750	349	1,076	306	942	356	1,003	302	805	290	741	352	772	473	(1)
	608	363	953	307	827	368	903	306	707	292	669	363	674	507	(2)
	0	1,038	1	1,208	2	1,337	93	235	340	247	292	270	319	290	(3)
	-	-	-	-	-	-	-	-	-	-	-	-	2	232	(4)
	38	242	-	-	-	-	-	-	-	-	-	-	-	-	(5)
	-	-	-	-	-	-	-	-	-	-	-	-	-	-	(6)
	-	-	-	-	-	-	-	-	-	-	-	-	-	-	(7)
	1	197	1	1,409	1	659	1	334	3	418	7	478	36	450	(8)
	55	356	51	428	27	419	86	288	160	326	216	270	175	272	(9)
	-	-	-	-	5	275	60	264	4	232	-	-	-	-	(10)
	22	314	17	396	10	461	1	256	11	222	21	328	8	306	(11)
	4	370	4	292	1	203	-	-	16	223	15	227	3	327	(12)
	29	387	30	464	12	465	-	-	30	339	132	249	151	259	(13)
	-	-	-	-	0	157	25	347	98	355	48	316	13	385	(14)
	-	-	10	534	322	361	564	279	40	332	9	384	5	337	(15)
	-	-	7	589	133	329	-	-	-	-	-	-	-	-	(16)
	-	-	-	-	66	298	317	260	2	278	-	-	-	-	(17)
	-	-	-	-	100	437	218	302	4	283	-	-	-	-	(18)
	-	-	-	-	-	-	4	315	7	376	-	-	-	-	(19)
	-	-	4	442	24	385	25	306	27	332	9	384	5	337	(20)
	-	-	-	-	0	265	0	230	0	475	4	346	4	411	(21)
	0	538	1	531	0	419	37	316	135	238	104	236	19	300	(22)
	-	-	-	-	0	554	0	237	13	327	70	249	14	336	(23)
	0	538	1	531	0	345	37	316	123	229	35	210	5	205	(24)
	0	1,449	0	1,354	-	-	-	-	-	-	-	-	-	-	(25)
	31	497	133	463	170	402	22	451	-	-	-	-	-	-	(26)
	16	571	22	529	10	497	1	516	-	-	-	-	-	-	(27)
	11	1,712	7	1,509	-	-	-	-	-	-	-	-	-	-	(28)
	17	293	1	167	-	-	-	-	-	-	-	-	-	-	(29)
	17	1,153	27	1,005	30	822	28	796	12	1,007	2	1,450	1	435	(30)
	13	1,010	13	708	9	532	0	434	-	-	-	-	-	-	(31)
	3	1,515	5	1,058	9	782	13	755	4	865	0	901	-	-	(32)
	1	2,211	8	1,461	13	1,050	15	836	8	1,080	2	1,549	1	435	(33)
	-	-	-	-	0	870	5	912	1	986	-	-	-	-	(34)
	12	1,097	1	1,821	0	1,850	0	4,007	0	2,021	32	2,154	74	2,035	(35)
	68	414	91	399	22	604	6	403	5	453	1	585	7	955	(36)
	2	611	4	580	5	732	2	398	2	413	1	543	7	853	(37)
	28	416	42	330	-	-	-	-	-	-	-	-	0	592	(38)
	38	402	45	450	17	565	3	407	3	475	0	712	1	2,332	(39)
	342	236	607	186	220	225	35	156	0	243	-	-	0	616	(40)
	-	-	-	-	-	-	-	-	0	762	2	461	33	563	(41)
	0	2,369	1	2,107	21	542	24	617	9	680	0	664	0	884	(42)
	142	289	122	294	115	269	100	265	98	281	72	249	97	237	(43)
	23	191	22	194	29	166	19	177	21	180	24	144	36	105	(44)
	8	202	11	192	10	206	12	193	21	125	13	132	13	170	(45)
	9	350	10	354	7	339	4	360	5	338	4	341	2	437	(46)
	14	217	8	192	9	184	6	194	6	198	3	235	8	269	(47)
	60	240	39	235	37	227	37	216	16	229	8	231	12	292	(48)
	3	1,512	1	1,233	0	1,134	-	-	-	-	-	-	-	-	(49)
	8	559	12	573	14	538	10	546	21	516	12	507	11	508	(50)
	5	137	2	119	1	244	1	214	1	222	1	220	1	240	(51)
	11	443	17	400	8	465	11	412	6	562	7	384	15	326	(52)

3 卸売市場別の月別果実の卸売数量・価額・価格（続き）
(63) 姫路市青果市場

品目		計			1月		2月		3月		4月		5月	
		数量	価額	価格	数量	価格	数量	価格	数量	価格	数量	価格	数量	価格
		t	千円	円/kg	t	円/kg	t	円/kg	t	円/kg	t	円/kg	t	円/kg
果実計	(1)	7,674	2,984,023	389	561	388	565	444	546	474	544	450	528	433
国産果実計	(2)	5,850	2,513,071	430	455	421	440	502	387	572	364	551	329	529
みかん	(3)	1,822	480,799	264	208	227	103	266	14	292	1	1,494	5	1,510
ネーブルオレンジ(国産)	(4)	0	91	230	0	176	-	-	0	253	-	-	-	-
甘なつみかん	(5)	66	13,064	199	-	-	2	239	21	204	31	193	9	194
いよかん	(6)	151	31,036	206	39	260	62	212	47	156	3	123	-	-
はっさく	(7)	49	9,153	186	9	210	19	189	17	166	4	205	-	-
その他の雑かん	(8)	252	101,088	401	32	379	49	395	58	399	53	318	17	281
りんご	(9)	1,249	364,155	292	89	256	122	258	116	297	106	300	93	355
つがる	(10)	81	17,148	213	-	-	-	-	-	-	-	-	-	-
ジョナゴールド	(11)	167	53,497	319	8	353	17	285	12	316	13	356	29	359
王林	(12)	122	28,807	236	12	224	21	213	15	216	18	233	17	268
ふじ	(13)	688	216,463	315	69	250	83	264	89	308	75	306	47	382
その他のりんご	(14)	191	48,241	253	-	-	1	204	1	182	0	274	-	-
日本なし	(15)	302	100,097	331	0	294	-	-	-	-	-	-	-	-
幸水	(16)	25	9,902	402	-	-	-	-	-	-	-	-	-	-
豊水	(17)	59	15,961	270	-	-	-	-	-	-	-	-	-	-
二十世紀	(18)	170	56,568	332	-	-	-	-	-	-	-	-	-	-
新高	(19)	3	1,035	301	-	-	-	-	-	-	-	-	-	-
その他のなし	(20)	45	16,632	369	0	294	-	-	-	-	-	-	-	-
西洋なし	(21)	18	4,918	274	4	173	-	-	-	-	-	-	-	-
かき	(22)	168	50,540	301	4	498	-	-	-	-	-	-	-	-
甘がき	(23)	60	18,806	313	4	501	-	-	-	-	-	-	-	-
渋がき(脱渋を含む。)	(24)	108	31,734	294	0	331	-	-	-	-	-	-	-	-
びわ	(25)	5	5,679	1,207	-	-	-	-	0	1,856	1	1,842	1	1,440
もも	(26)	91	59,062	651	-	-	-	-	-	-	-	-	1	1,851
すもも	(27)	23	14,137	622	-	-	-	-	-	-	-	-	0	1,454
おうとう	(28)	14	20,545	1,495	-	-	-	-	-	-	0	6,371	0	3,007
うめ	(29)	150	70,398	469	-	-	-	-	-	-	-	-	60	539
ぶどう	(30)	268	260,279	970	-	-	-	-	-	-	-	-	2	2,117
デラウェア	(31)	35	26,855	776	-	-	-	-	-	-	-	-	1	1,595
巨峰	(32)	75	82,917	1,099	-	-	-	-	-	-	-	-	1	2,549
その他のぶどう	(33)	158	150,506	951	-	-	-	-	-	-	-	-	0	2,846
くり	(34)	5	3,717	748	-	-	-	-	-	-	-	-	-	-
いちご	(35)	469	612,754	1,306	54	1,483	71	1,585	97	1,322	129	906	52	891
メロン	(36)	197	146,880	746	7	1,488	7	1,367	9	1,284	11	1,113	24	641
温室メロン	(37)	119	116,679	977	7	1,488	7	1,367	9	1,283	10	1,188	12	867
アンデスメロン	(38)	4	1,817	427	-	-	-	-	-	-	0	823	2	386
その他のメロン(まくわうりを含む。)	(39)	73	28,384	387	0	1,492	-	-	0	1,389	1	556	10	426
すいか	(40)	495	118,825	240	2	616	1	817	3	727	22	373	61	296
キウイフルーツ	(41)	22	13,588	619	5	571	3	608	4	592	1	716	-	-
その他の国産果実	(42)	34	32,266	961	0	849	-	-	0	1,384	1	3,614	2	2,303
輸入果実計	(43)	1,824	470,952	258	107	245	125	241	159	235	180	247	200	276
バナナ	(44)	845	165,384	196	58	201	69	195	82	195	82	193	82	207
パインアップル	(45)	111	26,626	241	8	258	8	237	10	237	11	247	12	264
レモン	(46)	144	52,220	363	9	372	10	362	12	366	12	371	12	383
グレープフルーツ	(47)	150	31,617	211	8	247	10	237	12	234	18	225	17	218
オレンジ	(48)	390	102,091	262	19	266	23	305	35	287	42	276	49	267
輸入おうとう	(49)	2	2,523	1,597	-	-	-	-	-	-	0	2,138	1	1,861
輸入キウイフルーツ	(50)	102	52,800	517	-	-	-	-	-	-	6	551	19	526
輸入メロン	(51)	54	11,085	206	3	344	3	231	7	135	7	159	6	192
その他の輸入果実	(52)	27	26,604	995	1	687	1	690	1	665	2	637	3	627

	6月		7月		8月		9月		10月		11月		12月		
	数量	価格	数量	価格	数量	価格	数量	価格	数量	価格	数量	価格	数量	価格	
	t	円/kg	t	円/kg	t	円/kg	t	円/kg	t	円/kg	t	円/kg	t	円/kg	
	608	395	565	414	615	438	542	347	720	315	757	295	1,122	358	(1)
	427	449	403	475	452	499	401	372	584	325	631	302	978	376	(2)
	9	1,060	28	831	5	743	47	252	277	236	421	251	703	247	(3)
	-	-	-	-	-	-	-	-	-	-	-	-	-	-	(4)
	2	228	-	-	-	-	-	-	-	-	-	-	-	-	(5)
	-	-	-	-	-	-	-	-	-	-	-	-	0	305	(6)
	-	-	-	-	-	-	-	-	-	-	-	-	-	-	(7)
	6	383	1	1,317	2	664	3	352	3	605	4	702	24	612	(8)
	88	343	90	340	27	314	90	211	160	274	118	268	149	312	(9)
	-	-	-	-	1	396	78	212	2	112	-	-	-	-	(10)
	29	313	27	316	7	363	-	-	3	330	11	241	12	285	(11)
	7	277	3	228	-	-	-	-	-	-	10	238	20	245	(12)
	52	369	60	356	16	319	-	-	35	249	57	330	106	340	(13)
	0	139	0	483	4	190	12	207	120	283	41	199	11	199	(14)
	-	-	11	447	129	382	136	271	17	330	6	388	3	361	(15)
	-	-	7	433	18	390	-	-	-	-	-	-	-	-	(16)
	-	-	-	-	39	286	20	239	0	351	-	-	-	-	(17)
	-	-	2	515	68	431	100	262	-	-	-	-	-	-	(18)
	-	-	-	-	-	-	2	269	2	330	-	-	-	-	(19)
	-	-	2	436	3	496	15	371	16	330	6	388	3	361	(20)
	-	-	-	-	-	-	1	192	4	340	7	307	2	280	(21)
	0	1,229	0	1,207	0	941	21	388	68	275	50	280	25	281	(22)
	-	-	-	-	-	-	1	358	9	300	32	297	14	295	(23)
	0	1,229	0	1,207	0	941	19	390	59	272	18	248	11	263	(24)
	3	1,023	0	570	-	-	-	-	-	-	-	-	-	-	(25)
	15	742	39	675	36	560	0	548	-	-	-	-	-	-	(26)
	12	598	8	667	2	579	0	498	-	-	0	727	-	-	(27)
	12	1,447	1	912	-	-	-	-	-	-	-	-	-	-	(28)
	91	422	-	-	-	-	-	-	-	-	-	-	-	-	(29)
	16	1,385	40	1,174	114	859	64	783	31	1,182	1	1,557	0	826	(30)
	8	943	14	764	11	614	1	286	-	-	-	-	-	-	(31)
	7	1,734	16	1,305	29	909	17	833	4	1,168	1	1,458	-	-	(32)
	1	2,185	9	1,584	74	874	47	772	27	1,184	0	1,940	0	826	(33)
	-	-	-	-	0	849	4	769	1	669	-	-	-	-	(34)
	1	1,191	0	1,836	-	-	0	1,745	-	-	9	2,152	56	1,939	(35)
	23	571	29	579	36	519	18	546	13	685	12	819	8	1,304	(36)
	11	784	11	916	14	782	13	622	9	783	9	921	8	1,312	(37)
	1	456	1	373	-	-	0	305	-	-	-	-	-	-	(38)
	10	358	17	361	22	361	5	350	4	494	3	461	0	795	(39)
	149	223	154	209	91	196	5	254	2	446	2	643	2	779	(40)
	-	-	-	-	-	-	-	-	2	862	1	635	5	597	(41)
	1	3,905	1	2,342	9	694	12	660	6	676	0	440	1	541	(42)
	181	269	162	264	164	267	141	274	136	269	126	258	144	242	(43)
	77	210	71	198	67	212	62	203	63	192	62	180	70	158	(44)
	8	251	10	255	9	270	8	252	7	215	9	192	10	201	(45)
	12	380	13	373	13	369	13	351	13	326	11	330	14	372	(46)
	15	203	13	182	19	169	10	180	9	176	7	243	11	248	(47)
	46	244	35	241	35	234	31	243	26	264	24	265	26	267	(48)
	1	1,479	0	1,324	0	389	-	-	-	-	-	-	-	-	(49)
	15	523	15	520	15	523	11	509	9	496	7	494	6	492	(50)
	6	186	4	235	3	251	4	231	4	204	4	230	4	239	(51)
	2	983	2	1,158	2	1,095	3	1,307	4	1,288	3	1,219	3	953	(52)

3 卸売市場別の月別果実の卸売数量・価額・価格（続き）
(64) 奈良県中央卸売市場

品目		計			1月		2月		3月		4月		5月	
		数量	価額	価格	数量	価格	数量	価格	数量	価格	数量	価格	数量	価格
		t	千円	円/kg	t	円/kg	t	円/kg	t	円/kg	t	円/kg	t	円/kg
果実計	(1)	29,348	9,273,546	316	2,050	336	2,263	354	1,963	385	1,757	363	1,767	361
国産果実計	(2)	27,151	8,667,182	319	1,899	337	2,126	360	1,791	398	1,566	375	1,540	371
みかん	(3)	4,138	998,940	241	629	197	401	225	83	270	0	1,871	8	1,288
ネーブルオレンジ(国産)	(4)	22	4,937	226	12	231	4	211	1	186	-	-	-	-
甘なつみかん	(5)	542	107,527	198	-	-	5	215	126	191	215	197	154	204
いよかん	(6)	613	122,483	200	196	217	300	188	113	200	1	183	-	-
はっさく	(7)	515	95,754	186	80	195	164	180	164	180	86	196	15	213
その他の雑かん	(8)	1,164	372,041	320	85	352	275	317	270	324	262	282	98	248
りんご	(9)	6,161	1,798,103	292	587	230	685	258	707	290	545	309	432	349
つがる	(10)	620	162,111	262	-	-	-	-	-	-	-	-	-	-
ジョナゴールド	(11)	795	247,542	311	52	275	77	271	90	327	96	304	117	321
王林	(12)	473	121,554	257	52	239	71	246	81	252	66	255	48	274
ふじ	(13)	3,605	1,091,551	303	448	230	512	262	526	290	377	320	264	375
その他のりんご	(14)	668	175,345	262	35	150	25	164	9	232	6	246	3	289
日本なし	(15)	1,417	452,642	319	5	458	-	-	-	-	-	-	-	-
幸水	(16)	303	105,702	349	-	-	-	-	-	-	-	-	-	-
豊水	(17)	416	116,103	279	-	-	-	-	-	-	-	-	-	-
二十世紀	(18)	479	149,757	312	-	-	-	-	-	-	-	-	-	-
新高	(19)	45	14,315	319	-	-	-	-	-	-	-	-	-	-
その他のなし	(20)	175	66,766	382	5	458	-	-	-	-	-	-	-	-
西洋なし	(21)	70	22,448	319	-	-	-	-	-	-	-	-	-	-
かき	(22)	4,227	918,508	217	46	378	-	-	-	-	-	-	-	-
甘がき	(23)	1,825	400,996	220	46	378	-	-	-	-	-	-	-	-
渋がき(脱渋を含む。)	(24)	2,403	517,512	215	-	-	-	-	-	-	-	-	-	-
びわ	(25)	11	14,952	1,312	-	-	0	3,425	0	1,803	2	1,618	6	1,291
もも	(26)	586	316,229	540	-	-	-	-	-	-	-	-	2	1,830
すもも	(27)	131	64,049	489	-	-	-	-	-	-	-	-	0	1,188
おうとう	(28)	26	40,207	1,524	0	7,020	-	-	0	6,561	0	8,615	2	2,605
うめ	(29)	423	115,008	272	-	-	-	-	-	-	-	-	66	463
ぶどう	(30)	675	568,199	842	-	-	-	-	0	732	-	-	14	1,500
デラウェア	(31)	272	205,456	757	-	-	-	-	-	-	-	-	14	1,482
巨峰	(32)	166	143,710	864	-	-	-	-	-	-	-	-	0	2,953
その他のぶどう	(33)	237	219,033	926	-	-	-	-	0	732	-	-	0	3,716
くり	(34)	30	24,680	833	-	-	-	-	-	-	-	-	-	-
いちご	(35)	1,072	1,185,270	1,105	167	1,280	214	1,277	254	1,090	245	768	83	705
メロン	(36)	823	397,478	483	18	1,084	15	928	14	1,072	37	764	164	493
温室メロン	(37)	288	183,262	637	14	1,123	12	980	12	1,089	11	1,100	25	618
アンデスメロン	(38)	128	49,863	389	1	543	0	515	0	697	5	632	34	484
その他のメロン(まくわうりを含む。)	(39)	407	164,354	404	3	1,084	3	759	1	975	20	610	104	465
すいか	(40)	4,035	768,091	190	3	285	6	317	17	327	159	314	488	266
キウイフルーツ	(41)	204	112,310	550	71	527	56	591	43	576	11	535	-	-
その他の国産果実	(42)	266	167,325	630	0	422	0	405	0	3,054	2	3,433	7	2,155
輸入果実計	(43)	2,197	606,364	276	151	317	137	259	172	253	190	263	227	293
バナナ	(44)	887	193,652	218	73	216	75	223	81	226	80	225	83	229
パインアップル	(45)	150	31,139	207	10	205	11	208	14	211	15	203	16	199
レモン	(46)	229	78,690	343	14	378	14	370	16	348	18	355	21	349
グレープフルーツ	(47)	268	59,371	222	25	235	13	237	17	229	20	231	21	237
オレンジ	(48)	429	104,699	244	16	256	17	293	35	260	43	260	55	258
輸入おうとう	(49)	5	7,248	1,333	-	-	-	-	-	-	0	1,676	3	1,397
輸入キウイフルーツ	(50)	111	55,907	502	-	-	-	-	-	-	6	515	20	508
輸入メロン	(51)	25	5,830	238	1	355	1	284	3	178	3	209	3	209
その他の輸入果実	(52)	93	69,828	751	12	1,167	6	512	6	529	6	515	5	561

	6月		7月		8月		9月		10月		11月		12月		
	数量	価格	数量	価格	数量	価格	数量	価格	数量	価格	数量	価格	数量	価格	
	t	円/kg	t	円/kg	t	円/kg	t	円/kg	t	円/kg	t	円/kg	t	円/kg	
	2,040	351	2,722	325	2,988	323	2,491	315	3,281	252	2,867	246	3,160	274	(1)
	1,826	358	2,520	329	2,781	327	2,323	317	3,110	251	2,698	246	2,970	274	(2)
	32	926	61	795	64	700	222	281	670	213	776	224	1,191	209	(3)
	-	-	-	-	-	-	-	-	-	-	-	-	4	241	(4)
	41	203	-	-	-	-	-	-	-	-	-	-	-	-	(5)
	-	-	-	-	-	-	-	-	-	-	-	-	4	232	(6)
	-	-	-	-	-	-	-	-	-	-	-	-	6	183	(7)
	16	337	4	955	9	571	16	323	11	452	10	629	107	358	(8)
	369	343	301	357	255	319	524	258	672	293	553	293	531	289	(9)
	-	-	-	-	116	288	433	261	68	220	3	314	-	-	(10)
	108	314	91	343	62	321	2	249	21	271	42	312	37	317	(11)
	34	265	36	248	7	241	-	-	1	267	39	267	39	286	(12)
	217	373	167	387	61	395	1	209	279	299	328	321	423	290	(13)
	9	275	7	390	9	238	89	244	304	305	141	228	31	242	(14)
	-	-	27	528	583	358	654	266	113	341	22	383	14	451	(15)
	-	-	20	539	261	341	21	274	-	-	-	-	-	-	(16)
	-	-	0	1,040	163	295	252	267	1	237	-	-	-	-	(17)
	-	-	2	515	134	467	329	253	14	209	-	-	-	-	(18)
	-	-	-	-	-	-	12	284	32	332	0	358	-	-	(19)
	-	-	5	436	24	358	39	364	65	377	21	383	14	451	(20)
	-	-	-	-	0	314	2	254	21	372	32	326	14	234	(21)
	-	-	9	744	35	501	435	316	1,495	203	1,244	203	964	190	(22)
	-	-	-	-	1	457	5	258	127	274	727	239	919	189	(23)
	-	-	9	744	34	503	430	317	1,368	197	517	152	45	216	(24)
	3	1,115	0	967	-	-	-	-	-	-	-	-	-	-	(25)
	95	580	296	556	183	485	10	484	-	-	-	-	-	-	(26)
	39	517	53	508	32	414	6	489	1	572	-	-	-	-	(27)
	23	1,417	2	949	-	-	-	-	-	-	-	-	-	-	(28)
	151	341	178	157	28	177	-	-	-	-	-	-	-	-	(29)
	85	1,032	152	831	204	749	171	776	42	972	4	1,105	2	821	(30)
	76	975	109	669	68	525	4	468	-	-	-	-	-	-	(31)
	7	1,352	26	1,120	67	779	51	744	15	955	1	971	-	-	(32)
	3	1,720	16	1,459	68	945	116	802	28	982	4	1,129	2	821	(33)
	-	-	-	-	1	778	19	823	10	851	0	2,225	-	-	(34)
	0	781	0	1,752	0	1,297	-	-	0	2,820	14	1,584	95	1,600	(35)
	225	369	116	381	97	440	56	364	34	516	28	577	20	853	(36)
	21	593	39	487	48	518	36	418	29	523	26	577	14	930	(37)
	64	352	21	272	0	252	-	-	-	-	-	-	1	491	(38)
	139	343	56	350	49	366	20	263	5	478	2	571	4	672	(39)
	737	183	1,303	182	1,169	163	137	105	5	75	4	287	6	289	(40)
	-	-	-	-	-	-	-	-	7	438	7	545	9	471	(41)
	8	1,826	18	1,127	122	474	71	450	29	471	4	574	3	693	(42)
	214	290	201	276	207	271	168	285	171	279	169	250	189	272	(43)
	77	230	70	230	66	229	59	230	77	203	86	176	61	208	(44)
	16	203	14	216	11	208	9	224	11	202	10	210	12	209	(45)
	20	346	24	346	27	340	21	313	18	304	18	316	20	369	(46)
	23	212	26	198	30	196	20	197	12	191	16	260	44	240	(47)
	51	261	47	233	51	225	38	223	33	222	22	225	22	221	(48)
	2	1,279	0	1,231	0	681	-	-	-	-	-	-	-	-	(49)
	19	509	16	510	16	500	10	492	11	488	7	489	6	488	(50)
	2	214	2	250	2	264	2	261	2	255	2	245	3	256	(51)
	5	751	3	986	3	975	9	855	7	1,216	8	780	21	455	(52)

3　卸売市場別の月別果実の卸売数量・価額・価格（続き）

(65)　和歌山市中央卸売市場

品目		計			1月		2月		3月		4月		5月	
		数量	価額	価格	数量	価格	数量	価格	数量	価格	数量	価格	数量	価格
		t	千円	円／kg	t	円／kg	t	円／kg	t	円／kg	t	円／kg	t	円／kg
果実計	(1)	**14,369**	**4,693,270**	**327**	**1,214**	**264**	**970**	**320**	**917**	**381**	**810**	**380**	**749**	**381**
国産果実計	(2)	**12,073**	**4,121,078**	**341**	**1,069**	**269**	**799**	**341**	**703**	**429**	**579**	**435**	**503**	**427**
みかん	(3)	4,747	1,148,008	242	694	160	282	203	61	201	8	517	15	1,224
ネーブルオレンジ（国産）	(4)	48	12,123	252	22	268	9	198	5	239	1	126	-	-
甘なつみかん	(5)	174	29,167	168	-	-	3	183	41	151	64	172	51	169
いよかん	(6)	79	15,538	197	36	210	22	186	15	177	5	177	0	72
はっさく	(7)	326	49,378	151	54	167	90	122	72	156	74	174	32	136
その他の雑かん	(8)	761	249,372	328	63	395	170	322	240	314	146	316	57	294
りんご	(9)	1,249	439,325	352	111	327	130	330	133	354	109	374	91	436
つがる	(10)	114	35,076	307	-	-	-	-	-	-	-	-	-	-
ジョナゴールド	(11)	211	81,098	384	22	346	17	389	26	394	20	395	24	432
王林	(12)	87	28,810	331	15	310	13	303	11	348	9	292	10	357
ふじ	(13)	725	259,094	357	72	322	97	325	95	344	79	380	56	452
その他のりんご	(14)	112	35,248	316	1	466	3	268	1	339	1	298	-	-
日本なし	(15)	492	164,016	333	-	-	-	-	0	470	-	-	-	-
幸水	(16)	110	40,971	373	-	-	-	-	-	-	-	-	-	-
豊水	(17)	180	52,533	293	-	-	-	-	-	-	-	-	-	-
二十世紀	(18)	129	41,237	320	-	-	-	-	-	-	-	-	-	-
新高	(19)	9	2,617	285	-	-	-	-	-	-	-	-	-	-
その他のなし	(20)	65	26,659	410	-	-	-	-	0	470	-	-	-	-
西洋なし	(21)	73	24,108	330	1	327	-	-	-	-	-	-	-	-
かき	(22)	680	178,662	263	1	414	0	407	0	449	-	-	-	-
甘がき	(23)	317	81,562	257	1	426	0	407	0	449	-	-	-	-
渋がき（脱渋を含む。）	(24)	363	97,100	267	0	70	-	-	-	-	-	-	-	-
びわ	(25)	5	5,259	1,130	-	-	-	-	0	1,993	0	1,452	4	1,064
もも	(26)	389	253,878	653	-	-	-	-	-	-	-	-	1	1,078
すもも	(27)	64	30,757	484	-	-	-	-	-	-	-	-	0	1,271
おうとう	(28)	49	82,543	1,698	0	6,480	-	-	-	-	0	4,796	2	4,440
うめ	(29)	47	16,147	341	-	-	-	-	-	-	-	-	9	440
ぶどう	(30)	343	303,724	886	0	642	0	445	-	-	0	2,358	3	1,572
デラウェア	(31)	104	76,851	740	-	-	-	-	-	-	0	2,358	2	1,503
巨峰	(32)	116	97,718	841	-	-	-	-	-	-	-	-	0	2,588
その他のぶどう	(33)	123	129,154	1,052	0	642	0	445	-	-	-	-	0	2,548
くり	(34)	19	13,530	710	-	-	-	-	-	-	-	-	-	-
いちご	(35)	313	427,080	1,364	43	1,546	43	1,601	83	1,326	90	988	19	1,273
メロン	(36)	370	199,616	539	7	1,185	7	1,139	9	1,179	22	806	55	515
温室メロン	(37)	192	126,027	657	6	1,217	6	1,205	9	1,186	15	891	20	640
アンデスメロン	(38)	53	21,688	408	0	516	1	547	0	603	2	516	21	426
その他のメロン（まくわうりを含む。）	(39)	125	51,901	414	0	1,101	1	1,111	0	1,322	5	681	14	474
すいか	(40)	1,474	323,135	219	1	714	2	605	5	591	40	368	159	301
キウイフルーツ	(41)	150	75,975	508	37	477	40	529	39	546	18	529	-	-
その他の国産果実	(42)	222	79,735	360	0	1,051	1	464	0	1,779	1	2,107	6	1,054
輸入果実計	(43)	**2,297**	**572,192**	**249**	**145**	**226**	**171**	**224**	**214**	**223**	**231**	**242**	**246**	**286**
バナナ	(44)	1,393	261,164	188	105	190	120	192	142	191	139	191	137	198
パインアップル	(45)	129	30,962	240	9	245	11	250	13	251	12	247	9	272
レモン	(46)	143	50,491	354	7	359	9	341	13	324	11	336	14	346
グレープフルーツ	(47)	179	37,302	208	10	224	12	217	14	217	18	228	17	226
オレンジ	(48)	232	60,024	259	8	291	11	289	15	288	28	292	30	275
輸入おうとう	(49)	7	10,990	1,621	-	-	-	-	-	-	0	1,857	5	1,511
輸入キウイフルーツ	(50)	90	46,252	513	-	-	-	-	0	227	6	566	19	521
輸入メロン	(51)	30	4,309	143	1	355	3	139	8	104	6	139	4	190
その他の輸入果実	(52)	94	70,698	750	6	594	5	622	8	589	9	552	11	549

6月		7月		8月		9月		10月		11月		12月		
数量	価格	数量	価格	数量	価格	数量	価格	数量	価格	数量	価格	数量	価格	
t	円/kg	t	円/kg	t	円/kg	t	円/kg	t	円/kg	t	円/kg	t	円/kg	
899	431	1,191	410	1,345	357	923	361	1,309	289	1,639	267	2,404	255	(1)
670	482	983	439	1,158	372	743	386	1,141	296	1,475	272	2,250	259	(2)
28	997	44	972	42	920	155	265	589	219	1,033	246	1,796	228	(3)
-	-	-	-	-	-	-	-	-	-	-	-	11	279	(4)
13	187	1	214	0	173	-	-	-	-	-	-	-	-	(5)
-	-	-	-	-	-	-	-	-	-	-	-	2	289	(6)
-	-	-	-	-	-	-	-	-	-	-	-	3	255	(7)
29	293	16	298	2	661	5	270	5	380	6	441	23	494	(8)
66	420	51	444	48	400	105	293	157	337	132	314	116	326	(9)
-	-	-	-	20	349	91	296	3	350	-	-	-	-	(10)
21	387	18	413	19	432	-	-	14	339	13	321	16	327	(11)
11	372	4	411	1	480	-	-	-	-	5	294	8	322	(12)
34	455	29	466	6	488	1	363	68	344	96	318	90	326	(13)
-	-	0	918	2	309	12	257	72	331	18	289	1	302	(14)
-	-	13	470	278	348	178	295	18	343	6	451	0	669	(15)
-	-	10	431	99	368	1	276	-	-	-	-	-	-	(16)
-	-	0	900	115	302	64	270	1	438	-	-	-	-	(17)
-	-	-	-	55	388	73	270	1	241	-	-	-	-	(18)
-	-	-	-	-	-	4	278	5	289	0	439	0	506	(19)
-	-	3	539	9	472	36	390	11	370	6	451	0	688	(20)
-	-	-	-	0	281	4	258	14	399	36	332	17	288	(21)
-	-	0	1,370	1	946	80	334	273	250	232	276	93	190	(22)
-	-	0	1,387	0	1,357	4	273	19	341	201	278	92	189	(23)
-	-	0	1,289	1	907	77	337	254	243	31	262	0	697	(24)
0	1,191	-	-	-	-	-	-	-	-	-	-	-	-	(25)
84	585	233	713	63	548	7	398	-	-	-	-	-	-	(26)
25	518	22	475	11	390	5	470	1	625	-	-	-	-	(27)
42	1,621	4	1,143	-	-	-	-	-	-	-	-	-	-	(28)
38	318	0	700	-	-	-	-	-	-	-	-	-	-	(29)
21	1,094	53	840	111	784	108	853	46	1,115	1	1,295	1	1,510	(30)
17	1,000	37	710	40	636	7	568	0	753	-	-	-	-	(31)
3	1,544	9	1,043	39	792	48	755	17	964	0	977	-	-	(32)
1	1,814	6	1,327	33	954	53	979	29	1,207	1	1,330	1	1,510	(33)
-	-	-	-	1	536	14	683	5	812	0	703	0	459	(34)
1	1,820	-	-	-	-	0	2,263	0	2,502	4	2,023	30	1,950	(35)
70	417	60	435	72	445	25	393	14	492	15	613	15	934	(36)
21	537	25	470	34	520	17	432	12	497	14	610	13	965	(37)
15	384	13	373	1	403	-	-	0	382	0	684	0	491	(38)
35	357	23	432	38	378	7	301	1	449	0	701	1	739	(39)
247	226	479	201	500	195	38	116	1	487	2	506	1	722	(40)
-	-	-	-	-	-	-	-	2	293	1	262	15	439	(41)
6	763	6	1,004	29	598	21	636	16	580	6	540	129	129	(42)
229	281	208	274	187	267	180	259	168	244	163	226	154	205	(43)
125	201	107	201	98	198	102	185	106	178	105	163	106	154	(44)
12	255	11	255	7	271	11	257	10	187	12	189	11	217	(45)
14	370	16	346	16	367	12	363	10	365	10	348	11	378	(46)
21	202	21	187	20	191	15	190	12	195	10	215	9	234	(47)
29	257	29	246	26	234	22	231	15	224	12	229	8	271	(48)
2	1,728	0	2,911	-	-	-	-	-	-	-	-	-	-	(49)
15	529	15	512	12	474	8	507	7	503	6	496	2	529	(50)
2	120	2	69	1	282	1	213	1	188	1	203	1	203	(51)
10	817	7	1,067	8	931	9	914	7	1,024	7	884	6	495	(52)

3 卸売市場別の月別果実の卸売数量・価額・価格（続き）
(66) 鳥取市青果市場

品目		計			1月		2月		3月		4月		5月	
		数量	価額	価格	数量	価格	数量	価格	数量	価格	数量	価格	数量	価格
		t	千円	円/kg	t	円/kg	t	円/kg	t	円/kg	t	円/kg	t	円/kg
果　実　計	(1)	7,932	2,476,354	312	496	297	521	322	518	391	514	370	534	353
国 産 果 実 計	(2)	5,483	1,821,511	332	335	330	368	342	313	479	274	456	262	416
み か ん	(3)	1,072	254,418	237	170	221	125	251	36	309	2	629	2	1,069
ネーブルオレンジ(国産)	(4)	2	359	211	-	-	1	198	0	259	-	-	-	-
甘 な つ み か ん	(5)	63	11,580	184	-	-	1	196	8	184	30	167	20	198
い よ か ん	(6)	94	16,570	176	21	222	32	165	32	155	5	154	-	-
は っ さ く	(7)	61	11,208	183	5	184	12	177	17	175	19	181	5	232
その他の雑かん	(8)	253	67,708	268	20	301	54	289	50	297	45	267	34	223
り ん ご	(9)	916	320,645	350	75	294	88	322	97	346	86	366	68	406
つ が る	(10)	74	22,714	307	-	-	-	-	-	-	-	-	-	-
ジョナゴールド	(11)	187	73,707	394	10	355	15	345	23	364	20	402	23	417
王 林	(12)	70	23,784	338	7	299	11	319	12	326	10	350	8	361
ふ じ	(13)	419	149,109	355	50	290	54	321	56	349	52	363	35	409
その他のりんご	(14)	166	51,331	309	9	237	9	290	6	300	4	274	2	427
日 本 な し	(15)	882	268,317	304	8	276	4	274	1	210	-	-	-	-
幸 水	(16)	12	4,185	346	-	-	-	-	-	-	-	-	-	-
豊 水	(17)	17	4,554	263	-	-	-	-	-	-	-	-	-	-
二 十 世 紀	(18)	576	177,044	307	-	-	-	-	-	-	-	-	-	-
新 高	(19)	23	5,466	243	-	-	-	-	-	-	-	-	-	-
その他のなし	(20)	255	77,067	303	8	276	4	274	1	210	-	-	-	-
西 洋 な し	(21)	13	3,844	302	0	257	0	214	-	-	-	-	-	-
か き	(22)	394	89,972	228	6	174	1	140	-	-	-	-	-	-
甘 が き	(23)	242	51,037	211	2	214	0	136	-	-	-	-	-	-
渋がき(脱渋を含む。)	(24)	152	38,936	256	4	153	1	143	-	-	-	-	-	-
び わ	(25)	2	2,914	1,180	-	-	-	-	0	1,605	0	1,441	1	1,128
も も	(26)	74	39,932	543	-	-	-	-	-	-	-	-	0	950
す も も	(27)	18	9,506	526	-	-	-	-	-	-	-	-	0	906
お う と う	(28)	5	8,621	1,581	-	-	-	-	-	-	0	1,962	0	2,746
う め	(29)	29	9,073	310	-	-	-	-	-	-	-	-	4	464
ぶ ど う	(30)	187	155,813	834	-	-	-	-	-	-	0	2,981	1	1,739
デ ラ ウ ェ ア	(31)	31	27,302	890	-	-	-	-	-	-	0	2,981	1	1,715
巨 峰	(32)	59	46,180	777	-	-	-	-	-	-	-	-	0	2,520
その他のぶどう	(33)	97	82,332	851	-	-	-	-	-	-	-	-	0	3,478
く り	(34)	14	7,287	516	-	-	-	-	-	-	-	-	-	-
い ち ご	(35)	215	264,519	1,232	20	1,548	25	1,432	60	1,239	63	957	22	990
メ ロ ン	(36)	176	79,787	452	1	840	1	879	2	896	4	692	32	566
温 室 メ ロ ン	(37)	20	10,947	559	0	1,232	0	1,087	0	1,437	0	1,165	0	740
アンデスメロン	(38)	19	10,453	549	0	651	0	729	1	691	3	679	11	547
その他のメロン(まくわうりを含む。)	(39)	138	58,386	423	1	763	0	738	1	890	1	636	20	573
す い か	(40)	925	161,881	175	1	135	-	-	1	283	16	328	69	276
キウイフルーツ	(41)	36	14,199	399	8	456	7	538	3	609	1	662	0	595
その他の国産果実	(42)	51	23,359	457	0	391	17	57	4	367	2	532	4	397
輸 入 果 実 計	(43)	2,449	654,842	267	161	227	153	274	205	258	239	272	272	292
バ ナ ナ	(44)	1,454	342,764	236	102	213	93	271	129	243	137	242	144	252
パインアップル	(45)	266	52,930	199	18	176	20	197	25	194	30	194	30	203
レ モ ン	(46)	102	33,325	326	5	343	7	323	7	353	9	315	10	294
グレープフルーツ	(47)	95	20,547	217	5	250	5	259	6	245	9	235	7	237
オ レ ン ジ	(48)	207	59,730	288	6	263	10	360	21	326	27	318	37	274
輸 入 お う と う	(49)	3	4,875	1,660	-	-	-	-	-	-	0	1,924	1	1,664
輸入キウイフルーツ	(50)	132	73,995	562	1	718	0	713	1	1,038	11	610	24	586
輸 入 メ ロ ン	(51)	12	2,744	221	1	347	1	308	2	166	2	160	1	207
その他の輸入果実	(52)	178	63,933	360	23	278	18	303	14	354	14	385	17	323

	6月		7月		8月		9月		10月		11月		12月		
	数量	価格	数量	価格	数量	価格	数量	価格	数量	価格	数量	価格	数量	価格	
	t	円/kg	t	円/kg	t	円/kg	t	円/kg	t	円/kg	t	円/kg	t	円/kg	
	701	295	793	272	821	380	855	296	712	276	716	247	753	292	(1)
	467	292	578	265	610	415	664	304	512	284	542	253	558	313	(2)
	6	947	13	692	10	700	44	239	155	200	192	214	317	209	(3)
	-	-	-	-	-	-	-	-	-	-	-	-	0	244	(4)
	4	234	0	232	-	-	-	-	-	-	-	-	0	36	(5)
	-	-	-	-	-	-	-	-	-	-	-	-	4	220	(6)
	1	264	-	-	-	-	-	-	-	-	-	-	2	159	(7)
	10	189	2	338	1	447	2	365	3	326	19	118	15	359	(8)
	51	419	39	429	47	403	83	299	107	339	82	327	92	350	(9)
	-	-	-	-	12	373	59	296	4	283	0	200	-	-	(10)
	20	441	16	451	19	442	0	330	7	356	15	352	20	360	(11)
	6	376	5	392	2	377	0	113	1	247	4	305	6	342	(12)
	22	417	17	422	10	426	0	384	30	356	35	348	58	358	(13)
	3	368	1	374	5	296	23	305	67	333	28	290	9	272	(14)
	-	-	3	388	279	370	434	259	90	263	41	386	22	375	(15)
	-	-	0	561	12	343	-	-	-	-	-	-	-	-	(16)
	-	-	-	-	3	309	15	255	-	-	-	-	-	-	(17)
	-	-	1	306	217	415	347	243	11	209	-	-	-	-	(18)
	-	-	-	-	-	-	12	251	11	233	-	-	-	-	(19)
	-	-	2	399	47	170	61	354	68	276	41	386	22	375	(20)
	-	-	-	-	0	344	5	275	4	294	2	388	2	317	(21)
	-	-	-	-	-	-	12	190	119	262	189	210	68	232	(22)
	-	-	-	-	-	-	10	171	34	279	130	185	66	232	(23)
	-	-	-	-	-	-	2	290	85	255	59	264	2	238	(24)
	1	1,133	-	-	-	-	-	-	-	-	-	-	-	-	(25)
	9	547	28	542	32	538	4	556	-	-	-	-	-	-	(26)
	5	558	8	535	4	440	1	564	-	-	-	-	-	-	(27)
	4	1,551	1	1,239	0	1,728	-	-	-	-	-	-	-	-	(28)
	25	288	0	110	-	-	-	-	-	-	-	-	-	-	(29)
	7	1,197	29	840	84	843	47	728	14	843	3	802	1	979	(30)
	7	1,139	19	777	4	709	-	-	-	-	-	-	-	-	(31)
	0	2,036	8	822	41	766	9	756	2	788	-	-	-	-	(32)
	0	2,599	2	1,414	40	936	38	722	12	853	3	802	1	979	(33)
	-	-	-	-	0	678	10	500	3	525	0	808	-	-	(34)
	2	1,011	0	1,923	0	1,084	0	1,201	0	2,484	2	1,820	20	1,742	(35)
	55	398	36	363	19	481	11	291	8	423	3	571	4	775	(36)
	0	737	1	704	4	599	5	300	3	367	2	591	3	790	(37)
	3	369	1	463	-	-	-	-	0	409	0	547	0	679	(38)
	52	396	35	355	15	449	7	284	5	458	1	530	0	752	(39)
	286	174	417	158	128	155	6	208	0	333	0	518	0	471	(40)
	-	-	-	-	-	-	-	-	1	422	6	186	9	263	(41)
	1	971	1	1,199	6	824	5	581	6	436	2	616	2	1,657	(42)
	233	300	215	291	211	277	190	269	200	257	174	231	195	232	(43)
	134	250	121	247	116	248	122	237	127	225	117	204	112	193	(44)
	26	217	24	212	24	210	16	213	18	190	15	184	18	187	(45)
	10	297	11	319	12	329	8	322	7	332	7	344	8	366	(46)
	7	219	15	191	17	185	8	191	4	195	4	241	7	252	(47)
	26	286	18	297	20	271	16	250	11	251	8	262	8	271	(48)
	1	1,724	0	1,061	-	-	-	-	-	-	-	-	0	2,052	(49)
	21	579	21	573	15	551	15	482	13	521	2	473	7	557	(50)
	1	205	1	209	0	280	1	238	1	264	1	263	1	253	(51)
	7	601	5	742	5	607	4	757	18	341	18	347	34	272	(52)

3 卸売市場別の月別果実の卸売数量・価額・価格（続き）
(67) 松江市青果市場

品　目		計			1月		2月		3月		4月		5月	
		数量	価額	価格	数量	価格	数量	価格	数量	価格	数量	価格	数量	価格
		t	千円	円/kg	t	円/kg	t	円/kg	t	円/kg	t	円/kg	t	円/kg
果　実　計	(1)	5,404	1,937,081	358	355	320	394	358	417	378	414	364	394	341
国産果実計	(2)	3,155	1,383,619	439	217	374	236	437	218	506	191	507	149	490
み か ん	(3)	623	176,554	283	85	260	35	336	12	428	1	511	1	1,387
ネーブルオレンジ(国産)	(4)	0	114	272	0	320	0	204	0	140	-	-	-	-
甘なつみかん	(5)	41	9,247	228	-	-	1	202	6	240	18	197	11	241
い よ か ん	(6)	64	16,406	254	14	262	34	263	16	222	-	-	-	-
は っ さ く	(7)	25	6,310	253	2	314	4	253	10	239	7	235	2	336
その他の雑かん	(8)	187	71,435	382	22	354	46	411	38	405	35	346	18	305
り ん ご	(9)	772	254,107	329	68	269	85	299	88	298	69	345	55	386
つ が る	(10)	65	18,906	290	-	-	-	-	-	-	-	-	-	-
ジョナゴールド	(11)	121	44,804	371	9	316	10	326	13	349	13	383	15	400
王　　林	(12)	61	19,178	315	9	266	9	319	9	294	7	353	6	362
ふ じ	(13)	432	143,309	331	47	261	63	291	63	288	44	336	30	392
その他のりんご	(14)	93	27,910	300	2	244	2	310	3	285	4	307	4	330
日 本 な し	(15)	433	198,938	460	2	270	3	171	1	166	-	-	-	-
幸　　水	(16)	9	3,190	341	-	-	-	-	-	-	-	-	-	-
豊　　水	(17)	21	5,497	264	-	-	-	-	-	-	-	-	-	-
二 十 世 紀	(18)	296	147,152	497	-	-	-	-	-	-	-	-	-	-
新　　高	(19)	7	2,024	291	-	-	-	-	-	-	-	-	-	-
その他のなし	(20)	100	41,076	412	2	270	3	171	1	166	-	-	-	-
西 洋 な し	(21)	7	2,823	389	1	214	-	-	-	-	-	-	-	-
か き	(22)	164	50,465	307	1	530	1	421	0	617	-	-	-	-
甘 が き	(23)	70	21,418	308	1	530	1	421	0	617	-	-	-	-
渋がき（脱渋を含む。）	(24)	95	29,048	307	-	-	-	-	-	-	-	-	-	-
び わ	(25)	1	1,812	1,538	-	-	-	-	0	2,466	0	1,892	0	1,875
も も	(26)	38	24,068	635	-	-	-	-	-	-	-	-	0	1,571
す も も	(27)	19	10,650	574	-	-	-	-	-	-	-	-	0	1,035
お う と う	(28)	4	8,324	1,878	-	-	-	-	-	-	0	6,452	0	5,783
う め	(29)	18	6,240	346	-	-	-	-	-	-	-	-	2	327
ぶ ど う	(30)	141	159,309	1,130	0	439	0	725	-	-	0	3,388	4	1,809
デラウェア	(31)	41	46,037	1,110	-	-	-	-	-	-	0	3,341	4	1,806
巨　　峰	(32)	41	42,384	1,032	-	-	-	-	-	-	-	-	0	3,456
その他のぶどう	(33)	58	70,888	1,213	0	439	0	725	-	-	0	14,040	0	7,128
く り	(34)	4	2,358	597	-	-	-	-	-	-	-	-	-	-
い ち ご	(35)	163	202,497	1,242	17	1,403	21	1,518	38	1,319	51	931	17	1,009
メ ロ ン	(36)	206	106,758	519	1	1,229	1	1,076	2	931	4	841	17	504
温室メロン	(37)	36	24,222	671	0	1,541	1	1,220	1	982	1	1,085	3	676
アンデスメロン	(38)	6	3,722	646	0	933	0	769	1	826	1	773	2	542
その他のメロン（まくわうりを含む。）	(39)	164	78,814	481	0	1,155	0	1,293	0	952	1	630	12	456
す い か	(40)	208	48,736	235	0	371	0	643	0	421	3	382	22	305
キウイフルーツ	(41)	16	10,164	619	4	575	5	589	4	633	2	698	0	735
その他の国産果実	(42)	20	16,302	797	0	313	0	495	0	1,117	0	1,578	0	2,133
輸 入 果 実 計	(43)	2,249	553,462	246	138	236	158	239	200	238	224	241	245	250
バ ナ ナ	(44)	1,504	328,440	218	103	216	116	216	134	217	139	215	151	216
パインアップル	(45)	148	28,473	192	8	207	10	203	15	194	18	187	14	212
レ モ ン	(46)	72	25,297	352	4	405	4	393	6	354	6	360	6	364
グレープフルーツ	(47)	113	22,705	201	8	214	8	214	9	211	9	210	9	222
オ レ ン ジ	(48)	248	66,689	269	8	269	11	302	22	288	35	276	44	265
輸入おうとう	(49)	1	1,428	1,545	-	-	-	-	-	-	0	2,014	0	1,942
輸入キウイフルーツ	(50)	73	37,425	514	0	553	0	540	1	682	4	550	9	525
輸入メロン	(51)	2	427	217	0	378	0	251	0	192	0	205	0	179
その他の輸入果実	(52)	89	42,577	481	6	498	8	455	12	369	12	387	11	413

6月		7月		8月		9月		10月		11月		12月		
数量	価格	数量	価格	数量	価格	数量	価格	数量	価格	数量	価格	数量	価格	
t	円/kg	t	円/kg	t	円/kg	t	円/kg	t	円/kg	t	円/kg	t	円/kg	
447	379	431	375	530	470	523	375	495	308	480	290	525	328	(1)
227	496	226	484	346	583	348	440	314	345	317	317	366	365	(2)
1	1,338	2	1,216	5	1,300	28	342	108	247	131	250	215	265	(3)
-	-	-	-	-	-	-	-	-	-	-	-	0	320	(4)
4	314	1	296	-	-	-	-	-	-	-	-	-	-	(5)
-	-	-	-	-	-	-	-	-	-	-	-	1	404	(6)
0	326	-	-	-	-	-	-	-	-	-	-	-	-	(7)
2	401	1	335	1	1,038	1	771	1	701	5	336	18	404	(8)
37	399	30	397	30	404	69	280	94	319	79	341	66	358	(9)
-	-	-	-	8	365	48	280	9	282	0	108	0	108	(10)
10	407	10	406	10	441	1	405	9	334	10	325	11	372	(11)
3	331	2	261	0	362	-	-	0	264	6	304	8	330	(12)
22	414	16	402	8	416	4	318	48	323	43	372	43	371	(13)
3	330	2	446	3	350	17	264	28	317	20	292	4	257	(14)
-	-	4	333	175	557	186	419	27	285	16	387	18	380	(15)
-	-	0	821	9	341	-	-	-	-	-	-	-	-	(16)
-	-	-	-	7	336	13	225	0	307	-	-	-	-	(17)
-	-	-	-	133	596	157	424	6	234	-	-	-	-	(18)
-	-	-	-	-	-	1	281	5	294	-	-	-	-	(19)
-	-	4	332	26	493	14	569	16	300	16	387	18	380	(20)
-	-	-	-	-	-	1	236	1	507	1	521	2	415	(21)
-	-	0	1,080	0	1,001	5	443	56	329	73	282	28	289	(22)
-	-	-	-	0	839	1	331	12	296	30	318	24	284	(23)
-	-	0	1,080	0	1,022	4	484	44	338	43	257	4	321	(24)
1	1,311	0	1,000	-	-	-	-	-	-	-	-	-	-	(25)
5	691	16	609	13	668	4	512	0	719	0	702	-	-	(26)
4	707	6	593	4	487	4	512	1	501	-	-	-	-	(27)
3	1,870	1	1,593	-	-	-	-	-	-	-	-	-	-	(28)
16	348	0	350	-	-	-	-	-	-	-	-	-	-	(29)
18	1,231	31	1,139	41	1,092	30	921	12	1,283	3	1,257	1	1,638	(30)
16	1,188	17	910	4	852	0	520	-	-	-	-	-	-	(31)
1	1,337	6	1,185	16	971	12	879	5	1,250	1	1,599	-	-	(32)
1	1,867	7	1,643	21	1,234	18	949	7	1,308	2	1,183	1	1,638	(33)
-	-	-	-	0	749	3	558	1	755	-	-	-	-	(34)
2	956	-	-	-	-	-	-	0	3,180	2	1,852	14	1,782	(35)
79	480	48	508	34	487	5	477	9	483	4	619	3	1,138	(36)
1	633	4	641	15	542	3	527	3	528	2	690	2	1,384	(37)
0	379	0	338	-	-	0	557	0	477	0	450	0	778	(38)
77	478	43	496	19	444	2	401	6	460	2	566	1	690	(39)
54	229	84	204	40	255	3	209	0	323	0	459	0	556	(40)
0	635	0	468	-	-	-	-	0	559	0	516	1	830	(41)
1	1,336	1	1,076	5	815	9	735	3	732	1	477	0	450	(42)
220	260	205	255	184	259	175	245	180	243	163	236	158	242	(43)
143	218	130	221	111	225	120	218	128	218	116	220	112	221	(44)
13	217	12	203	10	220	10	191	12	188	15	137	11	170	(45)
6	370	8	367	8	353	7	318	6	294	6	312	7	367	(46)
8	209	14	183	15	181	10	178	8	178	6	222	9	225	(47)
29	277	25	268	24	260	16	265	13	249	10	249	9	239	(48)
0	1,474	0	1,239	-	-	-	-	-	-	-	-	-	-	(49)
12	501	12	500	11	530	7	517	7	499	5	509	5	503	(50)
0	216	0	238	0	283	0	270	0	254	0	180	0	149	(51)
8	512	5	579	5	597	5	597	6	643	4	584	5	512	(52)

3 卸売市場別の月別果実の卸売数量・価額・価格（続き）
(68) 岡山市中央卸売市場

品　目		計			1月		2月		3月		4月		5月	
		数量	価額	価格	数量	価格	数量	価格	数量	価格	数量	価格	数量	価格
		t	千円	円/kg	t	円/kg	t	円/kg	t	円/kg	t	円/kg	t	円/kg
果実計	(1)	16,913	7,723,158	457	1,109	378	1,270	382	1,302	435	1,091	395	1,099	423
国産果実計	(2)	12,141	6,442,359	531	783	433	937	433	909	518	656	483	604	529
みかん	(3)	2,436	631,787	259	223	239	109	279	21	314	1	1,349	7	1,046
ネーブルオレンジ（国産）	(4)	48	11,107	233	16	243	19	226	11	228	2	202	-	-
甘なつみかん	(5)	209	37,882	181	0	60	0	297	85	189	83	192	29	150
いよかん	(6)	263	53,845	205	75	225	110	203	74	192	4	106	-	-
はっさく	(7)	275	45,710	166	49	173	99	178	75	165	37	135	15	150
その他の雑かん	(8)	901	351,221	390	125	334	205	361	195	355	148	339	61	400
りんご	(9)	1,755	586,743	334	162	290	243	314	169	349	134	384	109	448
つがる	(10)	146	40,002	273	0	18	-	-	-	-	-	-	-	-
ジョナゴールド	(11)	191	69,952	367	20	303	23	335	22	398	17	419	18	412
王林	(12)	126	40,294	319	16	281	26	288	14	303	12	386	14	354
ふじ	(13)	1,111	381,940	344	121	294	190	316	132	346	106	378	77	474
その他のりんご	(14)	181	54,555	301	4	187	3	236	2	305	0	445	0	328
日本なし	(15)	664	280,830	423	3	306	1	382	0	457	2	117	-	-
幸水	(16)	40	15,903	401	-	-	-	-	-	-	-	-	-	-
豊水	(17)	45	13,194	290	-	-	-	-	-	-	-	-	-	-
二十世紀	(18)	248	72,683	293	-	-	-	-	-	-	-	-	-	-
新高	(19)	105	43,912	417	-	-	-	-	-	-	-	-	-	-
その他のなし	(20)	225	135,138	600	3	306	1	382	0	457	2	117	-	-
西洋なし	(21)	45	16,078	356	3	302	0	259	-	-	-	-	-	-
かき	(22)	620	161,557	260	6	456	3	568	-	-	-	-	-	-
甘がき	(23)	241	68,435	284	3	593	0	648	-	-	-	-	-	-
渋がき（脱渋を含む。）	(24)	380	93,121	245	3	323	3	566	-	-	-	-	-	-
びわ	(25)	10	12,124	1,252	-	-	-	-	0	1,953	2	1,710	3	884
もも	(26)	939	1,009,302	1,075	-	-	-	-	-	-	-	-	3	1,530
すもも	(27)	96	56,798	591	-	-	-	-	-	-	-	-	1	1,044
おうとう	(28)	51	72,014	1,419	-	-	-	-	0	8,932	0	5,511	1	3,590
うめ	(29)	60	25,078	418	-	-	-	-	-	-	-	-	18	508
ぶどう	(30)	1,255	1,557,894	1,241	0	617	-	-	-	-	1	4,606	11	3,454
デラウェア	(31)	48	42,559	884	-	-	-	-	-	-	0	3,074	3	1,894
巨峰	(32)	18	21,745	1,231	-	-	-	-	-	-	-	-	1	2,226
その他のぶどう	(33)	1,190	1,493,590	1,255	0	617	-	-	-	-	0	5,910	7	4,203
くり	(34)	10	8,375	803	-	-	-	-	-	-	-	-	-	-
いちご	(35)	677	851,646	1,257	83	1,652	102	1,465	213	1,166	144	882	61	974
メロン	(36)	523	281,985	539	15	1,019	11	910	14	1,037	27	859	113	508
温室メロン	(37)	136	113,276	836	6	1,176	5	1,007	9	1,167	10	1,190	9	943
アンデスメロン	(38)	32	16,609	525	3	686	3	660	3	683	5	673	8	427
その他のメロン（まくわうりを含む。）	(39)	356	152,100	427	6	1,010	3	958	2	924	13	671	96	471
すいか	(40)	1,084	233,832	216	1	385	1	877	8	393	55	336	169	295
キウイフルーツ	(41)	139	72,775	524	23	505	34	520	43	529	14	458	-	-
その他の国産果実	(42)	81	83,775	1,037	0	331	0	304	0	4,964	2	3,325	2	2,778
輸入果実計	(43)	4,772	1,280,799	268	326	245	333	239	393	245	435	262	495	295
バナナ	(44)	2,960	665,445	225	230	219	232	225	254	229	264	232	282	232
パインアップル	(45)	485	98,612	203	31	209	35	201	42	184	51	188	51	220
レモン	(46)	239	76,675	321	17	345	15	358	22	289	20	327	21	305
グレープフルーツ	(47)	162	38,418	238	9	277	11	251	15	232	20	208	20	233
オレンジ	(48)	455	122,253	269	23	206	30	222	40	307	47	320	52	317
輸入おうとう	(49)	5	8,628	1,722	0	2,700	-	-	-	-	0	2,077	2	1,764
輸入キウイフルーツ	(50)	302	172,490	570	7	585	0	633	0	533	13	623	48	609
輸入メロン	(51)	39	8,218	213	1	371	3	195	6	142	7	166	6	182
その他の輸入果実	(52)	126	90,059	717	7	698	7	710	14	512	15	547	13	561

	6月		7月		8月		9月		10月		11月		12月		
	数量	価格	数量	価格	数量	価格	数量	価格	数量	価格	数量	価格	数量	価格	
	t	円/kg	t	円/kg	t	円/kg	t	円/kg	t	円/kg	t	円/kg	t	円/kg	
	1,206	454	1,715	776	1,620	612	1,415	467	1,686	387	1,553	323	1,847	364	(1)
	753	543	1,281	940	1,181	733	1,044	536	1,313	423	1,190	344	1,490	394	(2)
	20	987	32	950	24	781	135	227	495	227	566	239	803	232	(3)
	-	-	-	-	-	-	-	-	-	-	-	-	0	429	(4)
	12	130	-	-	-	-	-	-	-	-	-	-	0	23	(5)
	-	-	-	-	-	-	-	-	-	-	-	-	0	361	(6)
	-	-	-	-	-	-	-	-	-	-	-	-	0	301	(7)
	5	726	3	1,117	3	913	7	507	8	575	17	632	124	509	(8)
	71	430	32	416	54	305	121	281	228	320	215	305	216	330	(9)
	-	-	-	-	40	260	85	282	21	267	-	-	-	-	(10)
	30	399	11	412	5	489	-	-	2	265	25	305	18	336	(11)
	6	381	2	483	1	431	-	-	7	221	13	323	16	329	(12)
	35	465	19	407	8	399	6	343	101	349	150	303	167	327	(13)
	1	420	0	864	0	397	29	264	97	308	28	304	15	357	(14)
	-	-	14	428	134	376	233	275	96	413	66	561	115	713	(15)
	-	-	13	429	26	389	0	135	-	-	-	-	-	-	(16)
	-	-	-	-	22	319	24	264	0	339	-	-	-	-	(17)
	-	-	-	-	72	383	174	254	2	394	-	-	-	-	(18)
	-	-	-	-	-	-	26	401	77	427	3	315	-	-	(19)
	-	-	0	330	14	405	9	356	18	357	63	572	115	713	(20)
	-	-	-	-	-	-	2	324	12	328	18	342	11	428	(21)
	-	-	0	1,008	1	670	37	301	236	251	220	244	117	272	(22)
	-	-	0	912	1	691	5	390	50	316	119	269	63	257	(23)
	-	-	0	1,161	0	508	32	287	187	234	101	216	54	290	(24)
	4	1,208	-	-	-	-	-	-	-	-	-	-	-	-	(25)
	54	618	648	1,142	208	1,035	25	522	-	-	1	2,677	1	2,943	(26)
	37	650	32	599	22	479	3	454	0	783	-	-	-	-	(27)
	43	1,392	7	1,051	-	-	-	-	-	-	-	-	-	-	(28)
	42	378	-	-	-	-	-	-	-	-	-	-	-	-	(29)
	45	2,119	159	1,787	408	1,136	384	942	187	1,231	46	1,334	15	1,414	(30)
	11	1,240	17	852	16	447	0	413	-	-	-	-	-	-	(31)
	4	1,533	5	1,288	8	935	0	886	0	637	-	-	-	-	(32)
	29	2,550	137	1,922	384	1,169	384	942	187	1,231	46	1,334	15	1,414	(33)
	-	-	-	-	0	447	6	784	4	827	0	877	-	-	(34)
	4	1,251	0	1,361	0	1,393	0	3,116	0	2,566	15	1,541	55	1,848	(35)
	139	379	75	470	51	463	24	475	20	586	17	694	17	904	(36)
	10	788	23	673	15	692	9	665	10	666	16	703	13	934	(37)
	7	429	3	357	0	247	-	-	-	-	-	-	1	660	(38)
	122	342	49	380	36	369	15	355	10	513	1	594	3	835	(39)
	274	193	273	198	255	186	39	100	5	270	3	305	2	514	(40)
	-	-	-	-	-	-	-	-	9	785	4	445	12	456	(41)
	4	2,654	7	1,685	20	781	28	678	12	703	2	649	1	652	(42)
	453	305	433	289	439	286	371	274	373	260	363	254	357	241	(43)
	258	235	249	230	250	233	232	226	244	221	245	208	221	201	(44)
	42	222	45	218	41	229	32	207	35	189	35	186	45	183	(45)
	20	325	20	351	22	358	20	308	19	318	20	299	24	285	(46)
	14	245	18	233	19	239	13	232	6	211	5	238	10	286	(47)
	51	275	41	246	48	240	34	277	36	249	26	263	27	236	(48)
	2	1,698	0	1,325	-	-	-	-	-	-	-	-	-	-	(49)
	53	598	48	572	45	544	30	537	22	508	18	539	17	563	(50)
	3	202	2	247	2	315	2	281	2	261	1	299	2	299	(51)
	9	839	9	894	12	756	8	910	10	894	12	856	10	675	(52)

3　卸売市場別の月別果実の卸売数量・価額・価格（続き）
(69)　広島市中央卸売市場計

品目		計 数量	計 価額	計 価格	1月 数量	1月 価格	2月 数量	2月 価格	3月 数量	3月 価格	4月 数量	4月 価格	5月 数量	5月 価格
		t	千円	円／kg	t	円／kg	t	円／kg	t	円／kg	t	円／kg	t	円／kg
果実計	(1)	**40,940**	**16,271,791**	**397**	**3,073**	**369**	**3,431**	**389**	**3,337**	**429**	**2,935**	**407**	**2,831**	**419**
国産果実計	(2)	**33,379**	**14,341,410**	**430**	**2,581**	**395**	**2,883**	**418**	**2,673**	**476**	**2,273**	**450**	**2,056**	**470**
みかん	(3)	5,728	1,567,779	274	673	234	381	284	128	343	2	355	16	1,372
ネーブルオレンジ（国産）	(4)	217	51,226	236	65	197	79	216	42	259	20	315	0	385
甘なつみかん	(5)	439	83,023	189	0	137	4	118	43	169	245	190	114	203
いよかん	(6)	629	104,018	165	193	198	276	163	133	124	14	104	0	45
はっさく	(7)	867	164,897	190	115	231	286	188	259	184	145	186	56	152
その他の雑かん	(8)	2,766	1,027,630	371	427	337	679	364	673	343	423	338	117	376
りんご	(9)	7,598	2,533,619	333	704	289	781	313	772	323	644	344	555	379
つがる	(10)	878	255,310	291	-	-	-	-	-	-	-	-	-	-
ジョナゴールド	(11)	899	321,307	357	70	315	85	333	79	356	95	354	117	376
王林	(12)	575	172,335	300	70	279	84	297	88	282	77	303	86	288
ふじ	(13)	4,327	1,487,030	344	544	288	587	312	584	323	437	351	343	404
その他のりんご	(14)	920	297,636	324	21	272	25	322	21	354	35	319	10	336
日本なし	(15)	1,677	567,471	338	1	336	1	217	-	-	-	-	-	-
幸水	(16)	455	166,808	367	-	-	-	-	-	-	-	-	-	-
豊水	(17)	501	152,975	305	-	-	-	-	-	-	-	-	-	-
二十世紀	(18)	416	130,248	313	-	-	-	-	-	-	-	-	-	-
新高	(19)	60	19,904	334	-	-	-	-	-	-	-	-	-	-
その他のなし	(20)	246	97,536	397	1	336	1	217	-	-	-	-	-	-
西洋なし	(21)	• 175	57,678	330	5	235	0	201	-	-	-	-	-	-
かき	(22)	1,857	522,038	281	57	395	6	419	-	-	-	-	-	-
甘がき	(23)	601	171,351	285	41	453	5	456	-	-	-	-	-	-
渋がき（脱渋を含む。）	(24)	1,256	350,687	279	15	239	1	302	-	-	-	-	-	-
びわ	(25)	15	19,748	1,293	0	4,320	0	3,113	1	2,204	4	1,315	3	1,410
もも	(26)	854	541,889	634	-	-	-	-	-	-	-	-	6	1,336
すもも	(27)	165	97,655	591	-	-	-	-	-	-	-	-	4	959
おうとう	(28)	85	141,117	1,660	0	24,300	0	19,593	0	21,509	2	4,637	4	3,883
うめ	(29)	314	134,847	430	-	-	-	-	-	-	-	-	101	486
ぶどう	(30)	1,919	2,085,788	1,087	0	571	-	-	-	-	1	3,298	25	1,871
デラウェア	(31)	234	219,131	937	-	-	-	-	-	-	1	3,298	19	1,660
巨峰	(32)	284	293,555	1,033	-	-	-	-	-	-	-	-	4	2,436
その他のぶどう	(33)	1,401	1,573,102	1,123	0	571	-	-	-	-	-	-	1	3,001
くり	(34)	29	21,103	737	-	-	-	-	-	-	-	-	-	-
いちご	(35)	1,977	2,518,346	1,274	218	1,530	285	1,458	474	1,213	451	892	229	995
メロン	(36)	1,310	721,973	551	31	1,071	27	1,068	22	1,284	79	840	302	484
温室メロン	(37)	371	310,428	836	21	1,256	18	1,267	19	1,429	34	1,113	44	686
アンデスメロン	(38)	116	52,264	449	4	470	5	518	3	465	13	647	38	399
その他のメロン（まくわうりを含む。）	(39)	822	359,281	437	6	848	3	849	1	864	32	633	220	458
すいか	(40)	3,972	832,783	210	5	264	3	355	20	387	201	311	511	262
キウイフルーツ	(41)	429	224,706	524	85	510	73	549	105	493	35	521	3	590
その他の国産果実	(42)	356	322,077	905	2	592	1	715	1	1,545	6	1,821	9	2,438
輸入果実計	(43)	**7,561**	**1,930,381**	**255**	**492**	**235**	**548**	**238**	**663**	**236**	**662**	**257**	**775**	**284**
バナナ	(44)	5,111	1,070,995	210	371	209	406	210	462	212	442	218	487	219
パインアップル	(45)	633	134,448	212	36	221	43	218	67	192	59	210	64	216
レモン	(46)	239	93,256	390	17	379	18	387	19	379	18	403	20	408
グレープフルーツ	(47)	265	57,744	218	18	233	18	235	23	236	23	235	30	227
オレンジ	(48)	563	157,834	280	30	282	37	290	48	280	47	311	66	292
輸入おうとう	(49)	18	26,429	1,430	0	2,147	-	-	-	-	1	1,790	11	1,459
輸入キウイフルーツ	(50)	355	196,723	554	0	471	-	-	-	-	17	606	54	580
輸入メロン	(51)	103	15,231	148	4	218	8	182	15	122	19	126	10	140
その他の輸入果実	(52)	273	177,721	651	16	641	18	692	30	602	35	560	34	508

注：広島市中央卸売市場計とは、広島市において開設されている中央卸売市場（中央及び東部）の計である。

6月		7月		8月		9月		10月		11月		12月		
数量	価格	数量	価格	数量	価格	数量	価格	数量	価格	数量	価格	数量	価格	
t	円/kg	t	円/kg	t	円/kg	t	円/kg	t	円/kg	t	円/kg	t	円/kg	
3,022	406	3,271	486	4,031	450	3,416	398	3,798	339	3,642	318	4,154	375	(1)
2,315	445	2,592	541	3,384	484	2,833	426	3,173	359	3,032	335	3,583	398	(2)
38	1,063	72	983	53	887	245	243	989	211	1,321	262	1,812	256	(3)
-	-	-	-	-	-	-	-	-	-	-	-	11	370	(4)
32	176	0	44	-	-	-	-	-	-	-	-	0	22	(5)
-	-	-	-	-	-	-	-	-	-	-	-	13	229	(6)
-	-	-	-	-	-	-	-	-	-	-	-	5	268	(7)
34	596	26	716	22	706	30	635	48	452	74	443	213	427	(8)
391	391	296	413	352	354	723	281	883	331	763	349	733	332	(9)
-	-	-	-	236	321	567	282	73	263	1	275	-	-	(10)
120	380	90	393	52	431	1	233	34	301	98	319	59	347	(11)
39	283	14	384	2	407	-	-	1	399	55	333	61	321	(12)
201	426	160	433	49	418	4	340	382	341	454	367	582	332	(13)
31	339	34	385	13	376	151	277	392	336	155	321	32	315	(14)
-	-	61	471	702	361	732	292	124	383	35	423	21	453	(15)
-	-	61	471	322	362	71	301	-	-	-	-	-	-	(16)
-	-	-	-	189	302	306	307	7	313	-	-	-	-	(17)
-	-	-	-	140	428	263	254	12	271	-	-	-	-	(18)
-	-	-	-	-	-	23	274	36	374	1	283	-	-	(19)
-	-	0	270	50	384	69	363	69	414	34	426	21	453	(20)
-	-	-	-	6	277	11	259	32	375	65	341	56	319	(21)
-	-	1	763	0	665	136	319	709	301	574	262	374	239	(22)
-	-	0	1,040	0	60	53	264	102	295	246	271	154	257	(23)
-	-	0	624	0	728	83	354	608	302	328	254	219	226	(24)
7	1,094	-	-	-	-	-	-	-	-	-	-	-	-	(25)
133	627	402	704	279	540	35	491	-	-	-	-	-	-	(26)
45	657	61	569	39	534	15	528	1	606	-	-	-	-	(27)
72	1,509	8	1,292	-	-	-	-	-	-	-	-	-	-	(28)
213	403	0	230	-	-	-	-	-	-	-	-	-	-	(29)
111	1,302	343	1,455	629	1,028	574	846	210	1,097	20	1,177	6	1,222	(30)
74	1,116	80	838	57	595	3	486	-	-	-	-	-	-	(31)
26	1,531	67	1,264	114	862	57	782	11	934	4	1,072	1	1,117	(32)
11	1,989	195	1,775	458	1,123	514	855	199	1,106	15	1,207	5	1,237	(33)
-	-	-	-	1	505	17	704	10	773	1	989	-	-	(34)
51	1,052	2	2,607	2	2,545	1	2,754	1	3,023	56	1,616	207	1,947	(35)
255	404	145	506	148	463	108	388	72	500	53	656	68	908	(36)
31	679	42	675	41	610	34	523	21	652	31	746	36	1,055	(37)
27	441	12	419	7	351	-	-	1	479	2	394	2	535	(38)
197	355	91	439	100	411	73	324	51	439	20	546	29	757	(39)
921	186	1,156	196	1,038	200	75	132	14	230	17	253	10	293	(40)
-	-	-	-	0	576	0	691	32	661	46	501	51	503	(41)
13	1,823	19	1,476	114	852	131	663	47	846	8	658	4	705	(42)
707	278	678	276	647	272	583	261	625	241	610	235	571	231	(43)
458	222	423	222	399	222	385	214	437	197	439	184	402	184	(44)
55	223	57	225	52	222	45	225	56	198	46	204	53	199	(45)
20	424	23	411	27	395	21	381	21	355	18	357	17	401	(46)
24	207	29	201	29	195	23	187	19	190	13	246	16	256	(47)
59	283	61	274	61	263	50	263	42	272	33	262	29	297	(48)
5	1,298	2	1,480	-	-	-	-	-	-	-	-	0	2,220	(49)
55	570	55	558	55	549	37	533	24	543	33	522	26	512	(50)
8	147	8	128	6	161	6	161	6	164	5	163	6	159	(51)
23	587	21	682	18	720	16	858	19	865	24	718	21	636	(52)

3 卸売市場別の月別果実の卸売数量・価額・価格（続き）
(70) 広島市中央卸売市場　中央市場

品目		計			1月		2月		3月		4月		5月	
		数量	価額	価格	数量	価格	数量	価格	数量	価格	数量	価格	数量	価格
		t	千円	円/kg	t	円/kg	t	円/kg	t	円/kg	t	円/kg	t	円/kg
果実計	(1)	30,268	12,848,639	424	2,194	399	2,522	415	2,515	450	2,196	422	2,162	439
国産果実計	(2)	24,081	11,252,897	467	1,776	438	2,049	456	1,943	514	1,638	479	1,509	506
みかん	(3)	4,076	1,219,945	299	461	259	282	298	77	352	0	1,536	12	1,465
ネーブルオレンジ（国産）	(4)	174	42,453	244	52	206	61	224	37	265	18	310	0	385
甘なつみかん	(5)	319	64,043	201	0	15	3	132	27	195	198	195	78	222
いよかん	(6)	232	47,653	205	92	220	114	198	22	180	1	40	-	-
はっさく	(7)	602	124,014	206	87	247	218	200	194	196	80	201	19	197
その他の雑かん	(8)	2,130	858,477	403	329	367	518	393	522	369	310	368	88	403
りんご	(9)	5,428	1,908,907	352	467	312	554	330	581	336	447	364	409	394
つがる	(10)	644	196,296	305	-	-	-	-	-	-	-	-	-	-
ジョナゴールド	(11)	640	239,231	374	49	332	58	357	56	388	65	380	85	393
王林	(12)	377	121,509	322	39	312	54	320	58	302	49	330	65	296
ふじ	(13)	3,118	1,127,430	362	367	309	419	327	447	333	303	369	249	422
その他のりんご	(14)	650	224,441	345	12	332	23	328	19	357	31	328	9	327
日本なし	(15)	1,230	437,044	355	1	369	1	260	-	-	-	-	-	-
幸水	(16)	386	142,957	370	-	-	-	-	-	-	-	-	-	-
豊水	(17)	428	133,511	312	-	-	-	-	-	-	-	-	-	-
二十世紀	(18)	205	73,902	360	-	-	-	-	-	-	-	-	-	-
新高	(19)	42	15,563	367	-	-	-	-	-	-	-	-	-	-
その他のなし	(20)	168	71,111	425	1	369	1	260	-	-	-	-	-	-
西洋なし	(21)	149	48,826	328	4	231	0	253	-	-	-	-	-	-
かき	(22)	1,221	351,866	288	28	458	2	350	-	-	-	-	-	-
甘がき	(23)	409	118,983	291	28	458	0	494	-	-	-	-	-	-
渋がき（脱渋を含む。）	(24)	811	232,883	287	-	-	1	302	-	-	-	-	-	-
びわ	(25)	8	11,393	1,391	0	4,320	0	3,113	1	2,563	2	1,485	2	1,654
もも	(26)	626	417,671	667	-	-	-	-	-	-	-	-	5	1,366
すもも	(27)	109	69,828	640	-	-	-	-	-	-	-	-	4	949
おうとう	(28)	64	111,718	1,758	0	24,300	0	19,593	0	21,509	1	5,276	2	5,318
うめ	(29)	235	105,413	448	-	-	-	-	-	-	-	-	69	533
ぶどう	(30)	1,606	1,807,113	1,125	0	571	-	-	-	-	1	3,301	22	1,866
デラウェア	(31)	193	184,787	957	-	-	-	-	-	-	1	3,301	17	1,644
巨峰	(32)	226	242,120	1,070	-	-	-	-	-	-	-	-	4	2,445
その他のぶどう	(33)	1,187	1,380,206	1,163	0	571	-	-	-	-	-	-	1	3,009
くり	(34)	19	15,041	776	-	-	-	-	-	-	-	-	-	-
いちご	(35)	1,530	1,995,084	1,304	169	1,570	222	1,482	361	1,245	340	903	182	1,023
メロン	(36)	902	552,782	613	24	1,131	19	1,198	18	1,397	66	863	229	525
温室メロン	(37)	290	255,752	881	17	1,244	14	1,318	16	1,460	28	1,131	33	759
アンデスメロン	(38)	85	41,451	487	2	667	3	679	1	686	10	692	27	439
その他のメロン（まくうりを含む。）	(39)	527	255,579	485	5	934	2	1,026	1	977	28	652	168	492
すいか	(40)	2,793	610,436	219	4	287	3	361	19	400	143	334	381	263
キウイフルーツ	(41)	331	177,663	537	56	537	52	575	87	491	28	531	2	573
その他の国産果実	(42)	296	275,528	931	0	883	0	1,541	1	2,448	4	2,538	7	2,676
輸入果実計	(43)	6,187	1,595,742	258	418	233	473	235	572	234	558	254	653	283
バナナ	(44)	4,143	881,089	213	315	207	348	207	395	210	371	216	410	217
パインアップル	(45)	568	119,432	210	33	218	40	215	63	189	55	206	60	211
レモン	(46)	170	64,710	381	13	364	14	382	14	367	13	391	15	401
グレープフルーツ	(47)	216	46,769	216	15	228	15	232	19	237	19	229	26	226
オレンジ	(48)	436	120,594	277	24	278	31	286	38	277	35	313	47	290
輸入おうとう	(49)	18	25,185	1,420	0	2,147	-	-	-	-	1	1,787	10	1,450
輸入キウイフルーツ	(50)	299	164,916	551	0	468	-	-	-	-	14	599	45	576
輸入メロン	(51)	98	13,944	142	4	212	8	176	14	118	18	123	9	132
その他の輸入果実	(52)	239	159,103	665	14	657	16	701	28	602	32	564	32	503

	6月		7月		8月		9月		10月		11月		12月		
	数量	価格	数量	価格	数量	価格	数量	価格	数量	価格	数量	価格	数量	価格	
	t	円/kg	t	円/kg	t	円/kg	t	円/kg	t	円/kg	t	円/kg	t	円/kg	
	2,323	423	2,413	532	3,088	477	2,516	432	2,728	364	2,615	340	2,997	404	(1)
	1,732	474	1,854	609	2,555	520	2,040	472	2,246	388	2,167	357	2,572	430	(2)
	31	1,104	59	1,029	44	911	159	271	643	227	936	284	1,373	279	(3)
	-	-	-	-	-	-	-	-	-	-	-	-	6	453	(4)
	14	195	0	44	-	-	-	-	-	-	-	-	-	-	(5)
	-	-	-	-	-	-	-	-	-	-	-	-	4	242	(6)
	-	-	-	-	-	-	-	-	-	-	-	-	5	266	(7)
	30	642	25	731	21	713	26	682	42	460	64	463	156	471	(8)
	282	407	216	424	275	368	524	297	649	344	553	372	473	359	(9)
	-	-	-	-	197	331	412	295	35	275	-	-	-	-	(10)
	82	394	68	403	35	468	-	-	30	294	76	319	35	373	(11)
	25	298	7	447	2	460	-	-	1	399	40	353	37	356	(12)
	146	446	111	452	32	473	2	389	316	346	347	386	378	360	(13)
	28	343	29	365	10	422	110	302	267	357	89	368	23	327	(14)
	-	-	53	470	552	367	491	315	93	401	24	447	15	440	(15)
	-	-	53	470	273	365	60	305	-	-	-	-	-	-	(16)
	-	-	-	-	165	308	259	314	5	330	-	-	-	-	(17)
	-	-	-	-	83	469	115	286	7	281	-	-	-	-	(18)
	-	-	-	-	-	-	14	326	29	386	-	-	-	-	(19)
	-	-	0	291	31	419	44	404	52	433	24	447	15	440	(20)
	-	-	-	-	4	276	8	260	29	376	56	335	48	317	(21)
	-	-	1	753	0	664	107	320	481	313	379	269	223	228	(22)
	-	-	0	1,040	-	-	44	268	72	311	155	276	109	262	(23)
	-	-	0	601	0	664	63	356	408	314	224	265	114	194	(24)
	4	1,008	-	-	-	-	-	-	-	-	-	-	-	-	(25)
	101	658	299	743	197	558	25	519	-	-	-	-	-	-	(26)
	30	712	39	626	27	568	9	550	0	657	-	-	-	-	(27)
	55	1,572	5	1,373	-	-	-	-	-	-	-	-	-	-	(28)
	166	413	0	230	-	-	-	-	-	-	-	-	-	-	(29)
	91	1,362	296	1,505	515	1,083	491	861	175	1,105	10	1,318	5	1,282	(30)
	59	1,156	65	859	49	595	2	475	-	-	-	-	-	-	(31)
	21	1,611	56	1,272	91	899	44	811	8	866	1	1,073	1	1,086	(32)
	10	2,028	175	1,820	375	1,192	445	867	168	1,115	9	1,358	4	1,312	(33)
	-	-	-	-	0	588	13	759	6	810	0	1,447	-	-	(34)
	44	1,076	2	2,629	2	2,547	1	2,823	1	3,262	44	1,648	161	1,998	(35)
	181	441	98	531	81	512	45	480	44	554	43	681	53	968	(36)
	25	708	33	709	33	636	27	538	16	682	24	788	23	1,233	(37)
	22	457	11	426	6	350	-	-	1	484	2	476	2	670	(38)
	134	389	54	443	42	438	18	394	28	483	18	560	28	764	(39)
	693	189	748	208	737	206	27	178	13	235	17	251	10	291	(40)
	-	-	-	-	0	576	0	697	31	659	35	522	40	505	(41)
	10	2,093	13	1,540	101	870	112	675	39	876	6	658	2	787	(42)
	590	275	558	276	533	273	476	262	482	251	448	254	425	248	(43)
	383	221	350	222	331	222	314	215	331	208	309	202	286	201	(44)
	50	217	50	224	45	221	40	225	45	206	40	205	48	198	(45)
	15	419	16	403	18	391	14	381	15	339	12	337	12	387	(46)
	21	205	24	201	23	196	17	187	15	187	10	239	12	252	(47)
	46	278	47	272	47	257	40	255	33	267	26	256	22	298	(48)
	5	1,282	2	1,480	-	-	-	-	-	-	-	-	0	2,220	(49)
	45	566	46	556	48	550	31	526	19	543	29	521	22	517	(50)
	7	140	7	123	6	157	6	158	6	156	5	158	6	151	(51)
	18	602	17	708	15	746	14	879	17	882	19	777	18	667	(52)

3 卸売市場別の月別果実の卸売数量・価額・価格（続き）
(71) 広島市中央卸売市場　東部市場

品目		計			1月		2月		3月		4月		5月	
		数量	価額	価格	数量	価格	数量	価格	数量	価格	数量	価格	数量	価格
		t	千円	円/kg	t	円/kg	t	円/kg	t	円/kg	t	円/kg	t	円/kg
果実計	(1)	10,671	3,423,152	321	878	296	909	318	822	362	739	361	669	357
国産果実計	(2)	9,297	3,088,513	332	805	300	834	324	730	376	635	375	547	372
みかん	(3)	1,652	347,834	211	212	180	99	243	51	329	1	106	5	1,146
ネーブルオレンジ(国産)	(4)	43	8,773	202	13	159	18	191	5	214	2	351	-	-
甘なつみかん	(5)	120	18,980	159	0	139	2	98	17	127	47	169	36	163
いよかん	(6)	397	56,366	142	100	178	163	138	111	113	14	108	0	45
はっさく	(7)	265	40,883	154	28	180	68	150	65	148	65	167	38	131
その他の雑かん	(8)	637	169,153	266	99	237	160	268	152	254	113	257	29	295
りんご	(9)	2,170	624,712	288	237	243	227	272	191	283	198	298	146	338
つがる	(10)	233	59,014	253	-	-	-	-	-	-	-	-	-	-
ジョナゴールド	(11)	260	82,076	316	21	274	27	282	23	279	30	296	31	330
王林	(12)	198	50,827	257	30	237	30	254	29	242	28	256	20	262
ふじ	(13)	1,209	359,600	297	177	243	168	273	137	291	135	309	94	357
その他のりんご	(14)	270	73,196	271	9	198	2	261	2	332	5	260	1	491
日本なし	(15)	447	130,427	292	1	294	1	175	-	-	-	-	-	-
幸水	(16)	68	23,851	350	-	-	-	-	-	-	-	-	-	-
豊水	(17)	73	19,464	267	-	-	-	-	-	-	-	-	-	-
二十世紀	(18)	211	56,346	268	-	-	-	-	-	-	-	-	-	-
新高	(19)	17	4,341	253	-	-	-	-	-	-	-	-	-	-
その他のなし	(20)	78	26,425	338	1	294	1	175	-	-	-	-	-	-
西洋なし	(21)	26	8,852	338	0	274	0	151	-	-	-	-	-	-
かき	(22)	636	170,172	268	29	334	4	451	-	-	-	-	-	-
甘がき	(23)	191	52,368	274	14	441	4	451	-	-	-	-	-	-
渋がき(脱渋を含む。)	(24)	445	117,804	265	15	239	-	-	-	-	-	-	-	-
びわ	(25)	7	8,355	1,179	-	-	-	-	0	1,490	2	1,113	2	1,170
もも	(26)	228	124,217	545	-	-	-	-	-	-	-	-	1	1,203
すもも	(27)	56	27,827	498	-	-	-	-	-	-	-	-	1	1,020
おうとう	(28)	21	29,399	1,370	-	-	-	-	-	-	0	3,000	2	2,062
うめ	(29)	78	29,434	376	-	-	-	-	-	-	-	-	32	386
ぶどう	(30)	313	278,675	892	-	-	-	-	-	-	0	3,257	2	1,920
デラウェア	(31)	41	34,344	838	-	-	-	-	-	-	0	3,257	2	1,798
巨峰	(32)	58	51,435	887	-	-	-	-	-	-	-	-	0	2,342
その他のぶどう	(33)	214	192,896	903	-	-	-	-	-	-	-	-	0	2,882
くり	(34)	9	6,062	657	-	-	-	-	-	-	-	-	-	-
いちご	(35)	447	523,261	1,170	49	1,391	63	1,374	113	1,111	111	857	47	884
メロン	(36)	407	169,191	415	7	859	8	765	5	853	13	719	74	357
温室メロン	(37)	81	54,676	675	4	1,311	4	1,096	3	1,237	5	1,016	11	467
アンデスメロン	(38)	31	10,813	346	2	305	3	367	2	335	3	496	11	301
その他のメロン(まくわうりを含む。)	(39)	295	103,701	351	1	312	1	500	0	552	4	509	51	346
すいか	(40)	1,179	222,347	189	1	140	0	127	1	200	59	257	130	261
キウイフルーツ	(41)	98	47,043	479	28	457	21	484	18	503	7	483	0	870
その他の国産果実	(42)	60	46,549	774	1	475	1	531	1	929	3	970	2	1,472
輸入果実計	(43)	1,374	334,639	243	73	250	75	255	92	253	104	271	122	288
バナナ	(44)	968	189,906	196	55	220	57	227	67	225	71	229	77	228
パインアップル	(45)	66	15,016	229	3	263	3	267	4	247	5	258	5	281
レモン	(46)	69	28,545	413	4	428	4	405	5	418	5	435	5	428
グレープフルーツ	(47)	49	10,976	225	3	257	3	250	4	233	4	261	4	235
オレンジ	(48)	127	37,240	293	6	295	7	311	10	290	12	307	19	297
輸入おうとう	(49)	1	1,244	1,656	-	-	-	-	-	-	0	2,025	0	1,659
輸入キウイフルーツ	(50)	56	31,807	567	0	475	-	-	-	-	3	635	9	600
輸入メロン	(51)	5	1,287	253	0	304	0	324	0	252	1	230	1	244
その他の輸入果実	(52)	34	18,618	553	2	540	2	610	2	597	3	515	2	572

	6月		7月		8月		9月		10月		11月		12月		
	数量	価格	数量	価格	数量	価格	数量	価格	数量	価格	数量	価格	数量	価格	
	t	円/kg	t	円/kg	t	円/kg	t	円/kg	t	円/kg	t	円/kg	t	円/kg	
	699	347	858	356	944	362	900	301	1,070	277	1,027	263	1,156	298	(1)
	583	358	738	369	829	374	793	308	927	288	866	278	1,010	314	(2)
	7	882	13	769	9	776	86	191	346	181	385	210	438	183	(3)
	-	-	-	-	-	-	-	-	-	-	-	-	5	265	(4)
	18	160	-	-	-	-	-	-	-	-	-	-	0	22	(5)
	-	-	-	-	-	-	-	-	-	-	-	-	9	224	(6)
	-	-	-	-	-	-	-	-	-	-	-	-	0	285	(7)
	4	288	1	321	1	597	4	343	5	390	10	317	57	308	(8)
	109	348	81	383	77	301	199	241	234	294	210	288	260	281	(9)
	-	-	-	-	39	274	155	248	39	252	1	275	-	-	(10)
	38	348	21	360	18	358	1	233	4	350	22	320	23	308	(11)
	13	256	6	314	1	320	-	-	-	-	15	279	24	269	(12)
	55	373	49	390	17	316	2	306	66	318	107	303	204	280	(13)
	3	305	4	515	3	222	41	211	125	293	65	256	9	284	(14)
	-	-	8	476	150	338	241	245	31	326	10	367	6	483	(15)
	-	-	8	477	50	345	11	278	-	-	-	-	-	-	(16)
	-	-	-	-	24	262	47	270	2	262	-	-	-	-	(17)
	-	-	-	-	57	369	148	229	5	259	-	-	-	-	(18)
	-	-	-	-	-	-	10	203	7	321	1	283	-	-	(19)
	-	-	0	40	19	326	25	293	17	355	10	373	6	483	(20)
	-	-	-	-	2	281	3	254	3	363	10	373	8	333	(21)
	-	-	0	1,109	0	669	29	316	229	275	195	247	150	256	(22)
	-	-	-	-	0	60	8	240	29	256	91	264	45	244	(23)
	-	-	0	1,109	0	1,099	20	348	200	278	104	232	105	261	(24)
	3	1,193	-	-	-	-	-	-	-	-	-	-	-	-	(25)
	32	528	103	591	82	498	10	425	-	-	-	-	-	-	(26)
	15	552	22	466	12	456	5	490	1	583	-	-	-	-	(27)
	16	1,292	3	1,173	-	-	-	-	-	-	-	-	-	-	(28)
	46	369	-	-	-	-	-	-	-	-	-	-	-	-	(29)
	20	1,026	46	1,133	115	779	84	763	35	1,057	10	1,027	1	998	(30)
	14	950	16	751	8	593	1	513	-	-	-	-	-	-	(31)
	4	1,139	11	1,225	23	720	13	683	3	1,086	3	1,072	0	1,294	(32)
	1	1,606	20	1,383	83	813	70	781	32	1,054	7	1,008	1	970	(33)
	-	-	-	-	0	363	4	541	3	707	1	953	-	-	(34)
	6	883	0	2,478	0	2,535	0	2,385	0	2,319	12	1,503	46	1,766	(35)
	73	310	47	453	67	404	62	320	28	416	10	542	15	688	(36)
	6	547	9	548	8	501	7	465	5	553	7	607	13	726	(37)
	6	379	2	375	1	358	-	-	0	439	1	203	1	284	(38)
	62	283	36	433	58	392	55	301	23	387	2	404	1	566	(39)
	228	178	408	174	302	185	47	106	1	173	0	344	0	352	(40)
	-	-	-	-	-	-	0	146	1	708	11	431	11	495	(41)
	4	1,091	5	1,317	12	701	19	594	8	699	2	659	2	630	(42)
	116	291	120	277	114	270	107	255	143	205	162	181	146	184	(43)
	75	227	73	223	68	220	71	208	106	164	130	142	117	144	(44)
	5	290	8	235	7	233	5	228	11	166	6	200	6	206	(45)
	5	436	7	429	9	403	7	381	7	389	6	398	6	431	(46)
	3	222	5	199	6	193	6	187	4	200	3	265	4	267	(47)
	13	298	14	280	14	282	10	293	8	290	7	283	7	293	(48)
	0	1,698	0	1,485	-	-	-	-	-	-	-	-	-	-	(49)
	10	591	8	566	7	543	6	573	5	545	4	530	4	480	(50)
	1	208	0	224	0	308	0	292	0	285	0	271	0	265	(51)
	4	524	4	559	3	575	2	693	2	703	5	489	3	473	(52)

3 卸売市場別の月別果実の卸売数量・価額・価格（続き）
(72) 福山市青果市場

品目		計			1月		2月		3月		4月		5月	
		数量	価額	価格	数量	価格	数量	価格	数量	価格	数量	価格	数量	価格
		t	千円	円/kg	t	円/kg	t	円/kg	t	円/kg	t	円/kg	t	円/kg
果実計	(1)	20,538	6,860,960	334	1,512	324	1,640	340	1,705	354	1,686	359	1,724	350
国産果実計	(2)	14,897	5,497,686	369	1,117	363	1,195	385	1,215	404	1,116	417	1,095	387
みかん	(3)	3,849	960,001	249	405	215	223	263	72	271	6	699	21	1,029
ネーブルオレンジ（国産）	(4)	186	46,893	252	47	227	52	205	27	257	15	313	16	319
甘なつみかん	(5)	268	41,482	155	-	-	6	150	29	159	118	163	90	147
いよかん	(6)	274	49,430	180	97	204	91	180	78	150	6	153	-	-
はっさく	(7)	536	87,190	163	56	205	138	173	208	159	121	142	12	127
その他の雑かん	(8)	1,154	357,705	310	177	299	293	313	328	284	171	302	56	286
りんご	(9)	2,319	796,933	344	187	299	248	312	258	346	219	352	197	402
つがる	(10)	167	47,279	282	-	-	-	-	-	-	-	-	-	-
ジョナゴールド	(11)	249	87,343	351	8	354	23	285	12	333	20	352	32	367
王林	(12)	183	53,305	292	14	277	29	288	25	302	27	289	22	306
ふじ	(13)	1,487	539,706	363	163	300	189	322	217	352	166	365	138	425
その他のりんご	(14)	233	69,300	298	2	148	6	248	5	343	6	289	6	407
日本なし	(15)	789	261,131	331	3	312	1	210	-	-	-	-	-	-
幸水	(16)	179	56,809	317	-	-	-	-	-	-	-	-	-	-
豊水	(17)	176	48,005	273	-	-	-	-	-	-	-	-	-	-
二十世紀	(18)	250	85,118	340	-	-	-	-	-	-	-	-	-	-
新高	(19)	32	11,973	375	-	-	-	-	-	-	-	-	-	-
その他のなし	(20)	152	59,225	390	3	312	1	210	-	-	-	-	-	-
西洋なし	(21)	24	8,748	371	0	401	-	-	-	-	-	-	-	-
かき	(22)	618	156,078	252	30	458	3	496	-	-	-	-	-	-
甘がき	(23)	285	71,201	250	24	491	3	492	-	-	-	-	-	-
渋がき（脱渋を含む。）	(24)	333	84,876	255	5	305	0	637	-	-	-	-	-	-
びわ	(25)	14	15,482	1,101	-	-	0	1,145	0	1,692	3	1,539	6	980
もも	(26)	389	186,074	479	-	-	-	-	-	-	-	-	2	1,094
すもも	(27)	51	29,800	584	-	-	-	-	-	-	-	-	0	859
おうとう	(28)	26	34,183	1,325	-	-	-	-	0	6,264	1	3,966	1	3,466
うめ	(29)	65	24,686	378	-	-	-	-	-	-	-	-	22	403
ぶどう	(30)	638	584,198	916	-	-	-	-	-	-	0	3,687	4	1,768
デラウェア	(31)	44	41,783	958	-	-	-	-	-	-	0	3,161	3	1,615
巨峰	(32)	29	31,713	1,108	-	-	-	-	-	-	-	-	1	2,298
その他のぶどう	(33)	566	510,702	903	-	-	-	-	-	-	0	6,432	0	2,744
くり	(34)	11	5,514	524	-	-	-	-	-	-	-	-	-	-
いちご	(35)	697	869,978	1,248	78	1,611	103	1,496	178	1,139	211	822	41	994
メロン	(36)	644	346,273	538	18	961	21	806	18	999	44	745	167	464
温室メロン	(37)	183	149,799	817	14	1,027	17	880	13	1,113	19	940	14	781
アンデスメロン	(38)	68	31,440	466	1	758	1	457	3	707	6	671	19	472
その他のメロン（まくうりを含む。）	(39)	393	165,034	420	3	703	2	441	2	649	19	568	134	430
すいか	(40)	2,087	450,059	216	4	283	1	464	6	365	187	334	453	293
キウイフルーツ	(41)	57	30,413	529	16	586	12	507	9	555	8	599	1	444
その他の国産果実	(42)	201	155,435	774	1	795	1	496	4	1,046	6	1,717	5	1,667
輸入果実計	(43)	5,641	1,363,274	242	395	214	445	218	491	231	570	247	630	285
バナナ	(44)	3,630	688,440	190	324	194	377	202	395	205	412	209	408	221
パインアップル	(45)	410	91,853	224	26	244	32	227	35	220	40	224	37	248
レモン	(46)	215	65,329	304	8	322	8	329	9	325	10	314	15	279
グレープフルーツ	(47)	196	37,960	193	9	204	3	235	6	213	15	185	16	164
オレンジ	(48)	421	102,850	244	11	226	11	275	20	243	36	247	34	276
輸入おうとう	(49)	4	6,175	1,656	-	-	-	-	-	-	0	1,826	3	1,545
輸入キウイフルーツ	(50)	532	251,844	473	1	694	0	821	7	693	36	557	91	505
輸入メロン	(51)	35	7,149	203	3	241	2	248	2	204	4	240	3	201
その他の輸入果実	(52)	198	111,673	565	14	566	12	581	17	586	17	581	23	578

	6月		7月		8月		9月		10月		11月		12月		
	数量	価格	数量	価格	数量	価格	数量	価格	数量	価格	数量	価格	数量	価格	
	t	円/kg	t	円/kg	t	円/kg	t	円/kg	t	円/kg	t	円/kg	t	円/kg	
	1,516	341	1,642	388	1,787	412	1,568	325	1,780	279	1,759	253	2,218	298	(1)
	1,044	361	1,165	431	1,299	470	1,124	357	1,316	304	1,367	270	1,845	321	(2)
	35	942	93	797	75	645	200	233	736	214	785	226	1,199	194	(3)
	18	315	-	-	-	-	-	-	-	-	-	-	11	299	(4)
	23	147	1	78	-	-	-	-	-	-	-	-	-	-	(5)
	-	-	-	-	-	-	-	-	-	-	-	-	2	273	(6)
	1	54	-	-	-	-	-	-	-	-	-	-	1	190	(7)
	5	303	1	641	5	290	7	319	11	340	15	454	85	425	(8)
	162	394	123	389	99	370	151	276	214	345	217	332	244	337	(9)
	-	-	-	-	38	311	117	278	12	233	-	-	0	81	(10)
	40	368	43	351	30	389	-	-	2	342	21	328	18	337	(11)
	14	276	9	296	3	388	-	-	2	257	17	275	21	298	(12)
	99	435	68	424	22	472	4	355	98	379	130	360	194	348	(13)
	9	254	4	395	7	281	30	253	100	329	49	278	10	211	(14)
	0	1,656	11	500	329	361	334	273	66	373	28	391	19	490	(15)
	0	1,656	8	505	124	335	48	237	-	-	-	-	-	-	(16)
	-	-	-	-	80	280	92	266	4	293	-	-	-	-	(17)
	-	-	-	-	92	455	152	272	6	297	-	-	-	-	(18)
	-	-	-	-	-	-	8	316	22	393	2	417	-	-	(19)
	-	-	3	485	33	391	34	341	34	384	26	389	19	490	(20)
	-	-	-	-	1	252	1	234	4	444	8	328	9	404	(21)
	-	-	0	867	0	557	21	323	166	276	256	204	142	253	(22)
	-	-	0	612	0	630	10	270	40	252	129	212	79	226	(23)
	-	-	0	1,003	0	521	11	367	126	283	127	197	63	287	(24)
	5	930	-	-	-	-	-	-	-	-	-	-	-	-	(25)
	51	432	207	497	110	468	19	402							(26)
	14	682	16	577	12	518	9	528							(27)
	20	1,227	4	1,077	-	-									(28)
	43	365													(29)
	24	1,284	90	1,208	236	920	211	702	64	977	7	1,074	1	1,195	(30)
	16	1,074	18	815	6	716	0	798	-	-	-	-	-	-	(31)
	4	1,629	7	1,314	8	766	4	765	5	1,070	0	1,413	-	-	(32)
	4	1,793	65	1,306	222	931	207	701	58	969	7	1,070	1	1,195	(33)
	-	-	-	-	0	378	6	552	5	487	0	324	-	-	(34)
	5	752	0	2,465	0	1,199	0	2,419	0	3,198	9	1,843	72	2,114	(35)
	159	389	72	476	56	473	20	562	20	661	22	711	26	796	(36)
	12	713	18	694	18	593	11	723	14	718	15	793	17	842	(37)
	22	387	11	417	1	295	0	540	2	554	1	413	1	485	(38)
	125	358	44	402	37	418	9	353	5	542	6	555	7	731	(39)
	472	180	537	182	309	175	93	82	15	218	6	277	3	349	(40)
	0	54	-	-	-	-	-	-	2	326	3	408	7	440	(41)
	8	1,459	10	1,743	65	747	52	568	13	819	10	359	27	412	(42)
	472	297	477	282	488	258	444	242	464	208	392	193	373	183	(43)
	260	211	222	198	220	189	221	174	268	156	267	144	256	131	(44)
	36	250	35	249	31	262	28	231	45	156	31	195	34	207	(45)
	21	286	29	320	34	318	29	293	22	300	16	278	14	305	(46)
	16	205	33	194	40	189	23	192	12	215	7	239	16	174	(47)
	25	249	48	256	81	244	69	230	51	228	28	233	8	260	(48)
	1	1,845	0	2,917	-	-	-	-	-	-	-	-	-	-	(49)
	94	509	94	467	63	439	51	450	51	363	22	446	21	433	(50)
	1	197	2	174	2	161	3	194	4	178	5	195	5	191	(51)
	17	624	15	636	18	572	20	518	12	655	16	495	19	441	(52)

3 卸売市場別の月別果実の卸売数量・価額・価格（続き）
(73) 宇部市中央卸売市場

品目		計			1月		2月		3月		4月		5月	
		数量	価額	価格	数量	価格	数量	価格	数量	価格	数量	価格	数量	価格
		t	千円	円/kg	t	円/kg	t	円/kg	t	円/kg	t	円/kg	t	円/kg
果実計	(1)	6,916	2,734,042	395	450	399	483	412	472	455	441	444	482	433
国産果実計	(2)	4,784	2,053,668	429	334	452	349	472	309	553	247	559	238	512
みかん	(3)	1,416	401,911	284	158	264	113	312	26	412	0	2,166	4	1,513
ネーブルオレンジ（国産）	(4)	3	844	261	0	357	1	239	1	253	-	-	-	-
甘なつみかん	(5)	77	15,525	201	-	-	2	175	17	191	33	196	24	221
いよかん	(6)	108	22,086	204	25	236	38	199	38	184	-	-	-	-
はっさく	(7)	35	7,430	212	2	247	14	188	10	216	6	264	2	153
その他の雑かん	(8)	167	67,914	406	28	363	42	356	42	385	23	414	2	632
りんご	(9)	727	270,411	372	59	328	71	347	79	337	67	377	61	408
つがる	(10)	70	23,060	328	-	-	0	358	-	-	-	-	-	-
ジョナゴールド	(11)	134	54,644	407	10	349	10	377	8	430	16	397	19	426
王林	(12)	52	16,776	324	8	296	8	324	8	300	6	334	8	328
ふじ	(13)	402	153,004	381	39	333	52	346	63	331	45	376	34	416
その他のりんご	(14)	68	22,928	335	1	241	2	299	1	290	-	-	-	-
日本なし	(15)	339	133,083	393	1	307	1	284	1	231	-	-	-	-
幸水	(16)	37	13,559	366	-	-	-	-	-	-	-	-	-	-
豊水	(17)	70	20,388	290	-	-	-	-	-	-	-	-	-	-
二十世紀	(18)	174	81,554	469	-	-	-	-	-	-	-	-	-	-
新高	(19)	6	2,137	351	-	-	-	-	-	-	-	-	-	-
その他のなし	(20)	51	15,444	301	1	307	1	284	1	231	-	-	-	-
西洋なし	(21)	20	6,525	322	0	310	0	226	-	-	-	-	-	-
かき	(22)	379	105,754	279	4	498	1	618	-	-	-	-	-	-
甘がき	(23)	94	29,394	314	4	498	1	618	-	-	-	-	-	-
渋がき（脱渋を含む。）	(24)	285	76,361	267	-	-	-	-	-	-	-	-	-	-
びわ	(25)	5	6,934	1,333	-	-	0	1,382	0	1,636	2	1,298	2	1,305
もも	(26)	87	52,132	598	-	-	-	-	-	-	-	-	1	1,288
すもも	(27)	21	12,864	607	-	-	-	-	-	-	-	-	0	1,094
おうとう	(28)	9	10,983	1,224	-	-	-	-	-	-	0	4,931	0	5,422
うめ	(29)	19	9,435	503	-	-	-	-	-	-	-	-	6	509
ぶどう	(30)	246	231,225	942	0	769	-	-	-	-	0	3,483	2	1,838
デラウェア	(31)	25	23,454	943	-	-	-	-	-	-	0	3,483	2	1,801
巨峰	(32)	98	95,790	975	-	-	-	-	-	-	-	-	0	1,976
その他のぶどう	(33)	122	111,981	915	0	769	-	-	-	-	-	-	-	-
くり	(34)	9	8,891	960	-	-	-	-	-	-	-	-	-	-
いちご	(35)	297	359,089	1,207	37	1,504	44	1,410	72	1,175	74	845	30	981
メロン	(36)	309	160,049	518	7	1,067	5	1,301	6	1,419	26	725	60	456
温室メロン	(37)	3	4,609	1,482	0	2,139	0	1,825	0	1,944	0	1,817	0	1,472
アンデスメロン	(38)	17	7,360	433	0	272	0	492	0	555	4	590	9	404
その他のメロン（まくわうりを含む。）	(39)	289	148,080	513	6	1,103	4	1,299	6	1,416	21	736	51	457
すいか	(40)	398	83,278	209	0	400	0	433	0	485	11	411	43	296
キウイフルーツ	(41)	58	38,329	657	13	612	15	601	15	638	4	687	-	-
その他の国産果実	(42)	54	48,975	901	0	1,019	0	671	0	2,535	1	2,934	1	2,709
輸入果実計	(43)	2,132	680,375	319	117	249	134	256	163	270	194	298	245	357
バナナ	(44)	1,106	236,176	214	84	208	90	211	101	216	108	215	110	219
パインアップル	(45)	156	45,914	295	11	284	13	282	14	282	17	283	15	293
レモン	(46)	126	46,140	366	7	424	8	365	10	363	11	350	12	344
グレープフルーツ	(47)	65	15,786	243	3	294	4	281	4	268	4	269	5	258
オレンジ	(48)	226	63,227	280	9	295	12	316	20	304	25	301	31	289
輸入おうとう	(49)	3	2,476	847	-	-	-	-	-	-	0	1,823	1	1,085
輸入キウイフルーツ	(50)	358	217,087	606	0	676	1	711	0	2,808	14	681	61	626
輸入メロン	(51)	2	360	146	-	-	1	136	1	139	0	198	0	198
その他の輸入果実	(52)	90	53,210	588	4	562	5	614	14	535	16	510	8	579

	6月		7月		8月		9月		10月		11月		12月		
	数量	価格	数量	価格	数量	価格	数量	価格	数量	価格	数量	価格	数量	価格	
	t	円/kg	t	円/kg	t	円/kg	t	円/kg	t	円/kg	t	円/kg	t	円/kg	
	490	433	579	425	678	445	620	396	755	326	727	306	740	353	(1)
	260	494	358	463	489	481	447	420	577	328	578	310	598	370	(2)
	8	1,192	14	914	12	918	88	271	264	245	339	259	390	253	(3)
	-	-	-	-	-	-	-	-	-	-	-	-	1	251	(4)
	0	184	1	120	-	-	-	-	-	-	-	-	-	-	(5)
	-	-	-	-	-	-	-	-	-	-	-	-	7	241	(6)
	-	-	-	-	-	-	-	-	-	-	-	-	-	-	(7)
	1	962	1	1,003	2	636	3	305	4	314	3	536	17	562	(8)
	44	451	43	453	35	414	62	321	71	362	69	364	64	383	(9)
	-	-	-	-	11	373	54	322	4	294	-	-	-	-	(10)
	19	428	19	440	14	424	-	-	-	-	11	364	9	364	(11)
	2	324	1	395	2	352	-	-	-	-	3	357	6	334	(12)
	22	483	22	468	7	484	-	-	33	387	38	382	46	398	(13)
	0	454	1	459	1	370	8	315	34	348	17	326	2	298	(14)
	-	-	8	348	142	434	166	366	15	326	2	483	3	424	(15)
	-	-	2	573	35	355	-	-	-	-	-	-	-	-	(16)
	-	-	-	-	29	316	42	271	-	-	-	-	-	-	(17)
	-	-	-	-	68	543	105	422	1	376	-	-	-	-	(18)
	-	-	-	-	-	-	3	298	3	398	-	-	-	-	(19)
	-	-	7	283	11	320	17	261	11	300	2	483	3	424	(20)
	-	-	-	-	0	383	1	243	4	381	8	332	6	287	(21)
	-	-	0	1,014	1	752	10	375	167	258	131	273	65	305	(22)
	-	-	-	-	-	-	3	367	18	279	32	307	36	307	(23)
	-	-	0	1,014	1	752	8	378	149	255	98	262	30	303	(24)
	1	1,335	-	-	-	-	-	-	-	-	-	-	-	-	(25)
	9	720	30	692	40	513	8	443	-	-	-	-	-	-	(26)
	7	651	7	626	4	532	3	565	-	-	-	-	-	-	(27)
	7	1,205	2	664	-	-	-	-	-	-	-	-	-	-	(28)
	13	502	0	278	-	-	-	-	-	-	-	-	-	-	(29)
	14	1,451	40	1,237	98	749	62	781	24	1,178	4	1,341	1	1,343	(30)
	6	1,245	8	955	6	616	3	462	-	-	-	-	-	-	(31)
	7	1,613	17	1,333	40	760	21	813	11	1,034	1	1,210	-	-	(32)
	1	1,560	15	1,271	52	755	37	793	13	1,297	4	1,363	1	1,343	(33)
	-	-	-	-	0	387	4	892	4	1,025	1	1,012	0	436	(34)
	5	992	-	-	-	-	-	-	-	-	8	1,386	28	1,774	(35)
	69	368	40	445	40	447	20	398	13	493	10	532	14	838	(36)
	0	1,399	1	869	0	1,246	0	1,094	0	1,306	0	1,814	0	2,673	(37)
	1	324	2	352	-	-	-	-	-	-	0	234	-	-	(38)
	68	366	38	443	39	440	19	388	13	477	10	521	13	804	(39)
	79	210	168	181	94	196	3	192	-	-	0	290	0	398	(40)
	-	-	-	-	-	-	-	-	6	883	2	748	3	670	(41)
	2	1,573	4	1,398	22	659	18	740	4	913	2	826	0	1,270	(42)
	230	365	221	364	188	352	173	334	178	318	149	290	142	282	(43)
	101	222	94	225	83	223	82	220	93	210	86	197	74	189	(44)
	14	311	17	294	9	336	12	319	11	297	12	288	12	289	(45)
	11	379	12	378	13	370	11	341	11	326	9	364	11	409	(46)
	7	245	8	214	8	218	6	222	3	249	3	279	10	227	(47)
	27	281	22	269	21	269	17	257	16	246	12	258	11	266	(48)
	2	369	0	3,876	-	-	-	-	-	-	-	-	-	-	(49)
	64	618	63	606	48	604	38	594	35	567	17	589	18	552	(50)
	0	238	-	-	0	159	0	124	-	-	-	-	0	141	(51)
	5	707	4	760	5	685	5	622	9	645	9	578	6	518	(52)

3 卸売市場別の月別果実の卸売数量・価額・価格（続き）
(74) 徳島市中央卸売市場

品　目		計			1月		2月		3月		4月		5月	
		数量	価額	価格	数量	価格	数量	価格	数量	価格	数量	価格	数量	価格
		t	千円	円/kg	t	円/kg	t	円/kg	t	円/kg	t	円/kg	t	円/kg
果　実　計	(1)	17,468	6,367,155	365	1,226	340	1,705	347	1,553	412	943	444	843	469
国　産　果　実　計	(2)	15,203	5,776,408	380	1,094	350	1,573	356	1,383	430	770	485	636	522
み　か　ん	(3)	3,938	926,073	235	516	181	693	244	466	305	14	396	16	1,204
ネーブルオレンジ（国産）	(4)	1	116	122	0	107	0	169	0	191	-	-	-	-
甘なつみかん	(5)	85	12,753	151	-	-	0	212	3	185	26	139	33	161
いよかん	(6)	100	17,682	178	20	235	44	174	28	162	5	78	-	-
はっさく	(7)	187	20,941	112	12	144	86	107	52	97	29	131	5	174
その他の雑かん	(8)	1,834	990,582	540	188	385	268	376	264	442	180	442	97	621
り　ん　ご	(9)	3,078	1,063,330	345	253	308	372	322	392	330	303	349	203	409
つ　が　る	(10)	340	97,362	286	-	-	-	-	-	-	-	-	-	-
ジョナゴールド	(11)	470	179,731	383	39	329	47	324	35	350	36	392	65	409
王　林	(12)	158	48,329	306	20	310	19	309	27	313	31	276	35	278
ふ　じ	(13)	1,719	605,189	352	185	304	305	322	319	328	232	352	97	458
その他のりんご	(14)	391	132,719	340	9	295	1	479	11	363	5	360	6	382
日　本　な　し	(15)	1,056	363,699	344	-	-	-	-	-	-	-	-	-	-
幸　水	(16)	410	171,530	418	-	-	-	-	-	-	-	-	-	-
豊　水	(17)	502	140,870	281	-	-	-	-	-	-	-	-	-	-
二十世紀	(18)	8	2,333	283	-	-	-	-	-	-	-	-	-	-
新　高	(19)	49	17,123	349	-	-	-	-	-	-	-	-	-	-
その他のなし	(20)	86	31,844	369	-	-	-	-	-	-	-	-	-	-
西　洋　な　し	(21)	47	15,227	326	3	121	0	284	0	185	-	-	-	-
か　き	(22)	952	188,616	198	10	449	1	482	-	-	-	-	-	-
甘がき	(23)	240	48,314	201	5	542	0	552	-	-	-	-	-	-
渋がき（脱渋を含む。）	(24)	712	140,302	197	4	335	0	426	-	-	-	-	-	-
び　わ	(25)	12	11,809	1,014	-	-	0	1,679	2	1,296	3	1,031	5	913
も　も	(26)	240	129,011	537	-	-	-	-	-	-	-	-	1	1,216
す　も　も	(27)	46	23,078	504	-	-	-	-	-	-	-	-	0	1,036
おうとう	(28)	33	58,144	1,750	-	-	-	-	0	9,118	1	5,752	2	4,500
う　め	(29)	76	24,364	319	-	-	-	-	-	-	-	-	27	364
ぶ　ど　う	(30)	470	465,359	991	0	491	-	-	-	-	0	2,731	6	1,939
デラウェア	(31)	81	71,555	885	-	-	-	-	-	-	0	2,731	6	1,900
巨　峰	(32)	112	117,377	1,045	-	-	-	-	-	-	-	-	0	2,373
その他のぶどう	(33)	276	276,428	1,000	0	491	-	-	-	-	-	-	0	2,677
く　り	(34)	22	11,546	524	-	-	-	-	-	-	-	-	-	-
い　ち　ご	(35)	450	677,330	1,504	52	1,919	70	1,803	127	1,244	110	979	30	1,281
メ　ロ　ン	(36)	526	295,624	562	11	1,303	11	1,303	16	1,149	24	911	65	520
温室メロン	(37)	249	184,602	741	9	1,347	10	1,323	16	1,139	20	938	22	714
アンデスメロン	(38)	32	13,749	426	-	-	0	459	-	-	1	605	5	522
その他のメロン（まくわうりを含む。）	(39)	245	97,273	397	1	977	1	1,412	0	1,537	2	869	38	410
す　い　か	(40)	1,843	364,290	198	3	697	2	832	5	791	53	440	138	341
キウイフルーツ	(41)	112	53,487	476	24	477	21	499	24	500	15	462	4	397
その他の国産果実	(42)	95	63,348	666	1	377	5	199	4	527	4	1,308	5	1,504
輸　入　果　実　計	(43)	2,265	590,747	261	132	260	131	243	170	260	174	263	207	307
バ　ナ　ナ	(44)	1,015	176,290	174	59	164	72	175	74	185	81	185	86	197
パインアップル	(45)	231	46,896	203	18	209	14	227	19	213	19	211	21	225
レ　モ　ン	(46)	143	53,625	375	12	400	9	402	14	368	12	363	13	388
グレープフルーツ	(47)	142	31,391	220	9	280	6	259	11	252	7	248	7	267
オ　レ　ン　ジ	(48)	416	119,160	287	22	320	21	308	34	330	32	308	41	308
輸入おうとう	(49)	8	10,848	1,387	-	-	-	-	-	-	0	1,791	4	1,509
輸入キウイフルーツ	(50)	157	82,263	522	1	388	1	518	1	445	7	590	18	541
輸入メロン	(51)	51	10,020	197	3	329	3	208	7	140	7	167	5	187
その他の輸入果実	(52)	101	60,254	596	9	603	5	670	10	608	9	568	12	515

6月		7月		8月		9月		10月		11月		12月		
数量	価格	数量	価格	数量	価格	数量	価格	数量	価格	数量	価格	数量	価格	
t	円/kg	t	円/kg	t	円/kg	t	円/kg	t	円/kg	t	円/kg	t	円/kg	
1,184	414	1,483	441	1,993	398	1,448	331	1,564	310	1,651	245	1,874	319	(1)
953	438	1,281	466	1,801	412	1,240	343	1,353	320	1,456	248	1,663	334	(2)
23	1,002	58	911	51	764	115	280	482	173	681	175	824	181	(3)
-	-	-	-	-	-	-	-	-	-	-	-	0	70	(4)
20	152	-	-	-	-	-	-	-	-	-	-	3	100	(5)
-	-	-	-	-	-	-	-	-	-	-	-	2	170	(6)
-	-	-	-	-	-	-	-	-	-	-	-	2	114	(7)
78	1,142	133	1,130	188	673	146	327	81	412	57	518	154	548	(8)
149	408	112	404	133	374	264	280	301	346	274	342	321	373	(9)
-	-	-	-	75	328	227	276	39	267	0	173	-	-	(10)
72	409	81	411	35	445	3	312	4	369	16	367	36	331	(11)
5	292	0	239	-	-	-	-	0	390	11	362	11	393	(12)
55	447	18	407	7	443	0	86	64	385	173	350	264	378	(13)
19	325	12	357	16	398	34	304	194	349	73	314	11	360	(14)
0	3,672	86	445	647	352	253	279	65	372	4	480	2	461	(15)
0	3,672	81	451	330	410	-	-	-	-	-	-	-	-	(16)
-	-	-	-	311	294	188	259	3	263	-	-	-	-	(17)
-	-	-	-	1	422	7	262	0	266	-	-	-	-	(18)
-	-	-	-	-	-	15	312	34	365	0	356	-	-	(19)
-	-	5	354	4	194	43	358	28	394	4	482	2	461	(20)
-	-	-	-	1	280	3	205	11	338	12	406	16	325	(21)
-	-	0	864	0	1,030	58	304	268	208	368	149	248	223	(22)
-	-	0	1,141	0	1,005	12	361	54	190	115	178	53	188	(23)
-	-	0	798	0	1,042	46	290	213	212	253	136	194	233	(24)
2	966	-	-	-	-	-	-	-	-	-	-	-	-	(25)
48	493	104	596	72	484	13	488	-	-	1	432	-	-	(26)
10	548	16	524	13	472	6	435	1	463	-	-	-	-	(27)
23	1,504	8	1,432	0	1,467	-	-	-	-	-	-	-	-	(28)
49	294	0	526	-	-	-	-	-	-	-	-	-	-	(29)
23	1,281	62	1,060	150	852	132	888	81	1,147	13	1,356	3	923	(30)
18	1,189	29	727	23	596	5	739	-	-	-	-	-	-	(31)
3	1,794	14	1,313	32	973	34	880	24	1,061	5	1,277	0	1,459	(32)
2	1,420	19	1,395	95	873	93	897	57	1,182	8	1,411	3	891	(33)
-	-	-	-	1	486	18	516	2	613	-	-	0	598	(34)
4	1,351	2	1,934	2	2,464	2	2,874	2	2,939	7	2,643	42	2,430	(35)
94	410	81	468	85	437	51	391	35	510	27	654	27	910	(36)
22	603	30	615	35	519	21	467	18	581	24	641	23	932	(37)
14	412	11	384	1	327	-	-	0	409	-	-	-	-	(38)
58	336	40	378	50	381	30	338	17	438	3	745	4	772	(39)
420	185	605	181	430	173	161	84	11	405	7	382	6	542	(40)
0	610	1	500	1	467	1	574	4	315	4	335	12	511	(41)
9	1,139	11	900	26	479	16	464	9	490	2	375	2	565	(42)
232	317	202	278	193	266	208	257	211	240	195	221	211	204	(43)
90	201	83	195	81	187	83	167	92	160	103	152	111	132	(44)
17	248	21	234	17	236	16	227	18	183	25	146	27	135	(45)
12	383	12	390	13	385	13	357	13	323	9	347	9	399	(46)
7	228	16	203	17	197	21	190	14	187	10	222	16	224	(47)
56	294	41	280	38	275	44	256	41	255	24	260	23	259	(48)
3	1,330	1	1,062	0	654	-	-	-	-	-	-	0	1,296	(49)
32	571	16	543	16	532	25	488	19	449	11	519	11	494	(50)
5	179	4	167	3	255	2	224	5	204	4	216	2	232	(51)
9	573	8	598	6	602	5	690	8	671	8	705	11	497	(52)

3 卸売市場別の月別果実の卸売数量・価額・価格（続き）
(75) 高松市中央卸売市場

品目		計			1月		2月		3月		4月		5月	
		数量	価額	価格	数量	価格	数量	価格	数量	価格	数量	価格	数量	価格
		t	千円	円/kg	t	円/kg	t	円/kg	t	円/kg	t	円/kg	t	円/kg
果実計	(1)	11,500	4,293,813	373	893	341	950	334	813	393	719	391	684	422
国産果実計	(2)	9,591	3,763,184	392	798	350	843	343	673	418	548	424	489	463
みかん	(3)	2,610	646,422	248	329	215	217	209	42	226	1	1,686	10	1,066
ネーブルオレンジ(国産)	(4)	44	7,840	177	9	178	24	181	9	176	1	113	0	259
甘なつみかん	(5)	121	17,897	148	-	-	0	77	4	91	60	147	51	150
いよかん	(6)	211	38,085	180	77	198	102	165	32	186	-	-	-	-
はっさく	(7)	237	44,315	187	25	173	49	151	66	187	60	193	28	231
その他の雑かん	(8)	960	323,022	337	129	290	209	295	242	275	138	281	52	377
りんご	(9)	1,522	508,913	334	139	284	162	302	158	324	119	359	110	390
つがる	(10)	218	63,652	292	1	242	-	-	-	-	-	-	-	-
ジョナゴールド	(11)	130	49,849	385	4	344	12	346	9	377	12	370	22	411
王林	(12)	65	18,503	284	9	277	12	309	10	295	9	306	8	255
ふじ	(13)	981	338,391	345	118	283	134	299	136	322	95	363	77	403
その他のりんご	(14)	127	38,517	302	7	276	5	267	3	320	2	325	3	258
日本なし	(15)	579	199,628	345	0	216	-	-	0	302	-	-	-	-
幸水	(16)	134	56,969	425	-	-	-	-	-	-	-	-	-	-
豊水	(17)	199	55,917	281	-	-	-	-	-	-	-	-	-	-
二十世紀	(18)	92	26,582	289	-	-	-	-	-	-	-	-	-	-
新高	(19)	28	9,757	346	-	-	-	-	-	-	-	-	-	-
その他のなし	(20)	126	50,403	401	0	216	-	-	0	302	-	-	-	-
西洋なし	(21)	22	7,341	340	0	277	-	-	-	-	-	-	-	-
かき	(22)	519	132,199	255	8	389	0	645	-	-	-	-	-	-
甘がき	(23)	280	74,481	266	2	700	0	645	-	-	-	-	-	-
渋がき（脱渋を含む。）	(24)	239	57,718	242	6	307	-	-	-	-	-	-	-	-
びわ	(25)	22	21,126	945	-	-	0	2,346	0	3,018	0	2,229	8	1,082
もも	(26)	379	216,569	571	-	-	-	-	-	-	-	-	2	1,438
すもも	(27)	45	24,917	553	-	-	-	-	-	-	-	-	1	962
おうとう	(28)	29	44,915	1,574	-	-	-	-	0	11,096	0	6,784	1	4,174
うめ	(29)	14	4,750	342	-	-	-	-	-	-	-	-	7	347
ぶどう	(30)	364	426,589	1,170	0	580	0	555	0	756	0	3,098	2	2,078
デラウェア	(31)	31	27,911	898	-	-	-	-	-	-	0	3,098	2	2,013
巨峰	(32)	57	56,608	996	0	1,080	-	-	-	-	-	-	0	3,929
その他のぶどう	(33)	277	342,070	1,237	0	540	0	555	0	756	-	-	0	2,787
くり	(34)	8	7,242	948	-	-	-	-	-	-	-	-	-	-
いちご	(35)	370	508,464	1,376	50	1,625	50	1,598	80	1,298	75	1,027	54	943
メロン	(36)	403	260,161	645	11	1,290	13	1,183	16	1,119	30	888	69	562
温室メロン	(37)	226	180,010	797	9	1,367	12	1,201	16	1,117	19	1,016	22	754
アンデスメロン	(38)	26	13,285	512	1	787	0	655	0	936	8	653	10	474
その他のメロン（まくわうりを含む。）	(39)	151	66,866	442	1	931	1	1,052	0	1,308	3	720	37	474
すいか	(40)	989	210,334	213	6	357	5	383	14	359	60	311	94	267
キウイフルーツ	(41)	78	56,104	719	14	616	13	634	10	659	1	910	0	774
その他の国産果実	(42)	66	56,350	852	0	459	0	258	0	3,287	0	3,569	1	2,742
輸入果実計	(43)	1,909	530,629	278	95	268	107	267	140	272	171	287	195	320
バナナ	(44)	841	175,020	208	53	218	56	218	66	214	64	220	72	217
パインアップル	(45)	161	34,984	217	8	257	9	247	11	241	16	230	13	250
レモン	(46)	166	60,865	368	9	360	9	387	13	395	14	351	15	365
グレープフルーツ	(47)	109	25,761	235	7	257	6	270	5	245	8	213	8	249
オレンジ	(48)	341	89,988	264	11	327	18	283	30	305	40	279	37	270
輸入おうとう	(49)	9	10,743	1,252	0	2,700	-	-	-	-	1	1,684	4	1,250
輸入キウイフルーツ	(50)	129	66,315	513	0	18	0	558	1	535	9	556	26	515
輸入メロン	(51)	47	10,182	216	2	367	4	249	5	172	7	182	7	172
その他の輸入果実	(52)	106	56,773	538	5	494	6	543	8	520	11	471	12	478

	6月		7月		8月		9月		10月		11月		12月		
	数量	価格	数量	価格	数量	価格	数量	価格	数量	価格	数量	価格	数量	価格	
	t	円/kg	t	円/kg	t	円/kg	t	円/kg	t	円/kg	t	円/kg	t	円/kg	
	779	421	924	468	1,061	496	858	374	1,085	314	1,138	294	1,596	313	(1)
	602	452	748	509	886	538	687	400	907	326	984	301	1,426	322	(2)
	27	953	43	1,135	30	957	87	274	376	197	514	214	935	211	(3)
	-	-	-	-	-	-	-	-	-	-	-	-	1	170	(4)
	6	176	-	-	-	-	-	-	-	-	-	-	-	-	(5)
	-	-	-	-	-	-	-	-	-	-	-	-	1	126	(6)
	4	267	-	-	-	-	-	-	-	-	-	-	5	235	(7)
	7	640	2	1,332	8	693	11	412	9	575	33	479	119	511	(8)
	82	400	70	389	58	381	151	291	205	321	140	330	129	358	(9)
	-	-	-	-	27	329	128	290	52	275	10	302	0	390	(10)
	19	396	21	384	14	456	0	375	3	309	8	345	6	336	(11)
	6	261	4	217	1	194	-	-	1	190	1	281	5	328	(12)
	50	431	45	404	15	413	4	341	107	349	89	342	111	365	(13)
	6	311	0	583	2	394	18	286	42	313	31	304	7	288	(14)
	-	-	12	562	265	362	194	275	88	396	15	446	4	443	(15)
	-	-	12	563	119	417	2	116	-	-	-	-	-	-	(16)
	-	-	-	-	112	296	87	263	0	401	-	-	-	-	(17)
	-	-	-	-	27	386	62	244	3	346	-	-	-	-	(18)
	-	-	-	-	-	-	13	340	15	351	-	-	-	-	(19)
	-	-	0	349	7	409	30	359	69	408	15	446	4	443	(20)
	-	-	-	-	1	260	2	223	9	370	7	335	3	360	(21)
	-	-	0	1,538	0	1,586	33	347	130	266	203	228	144	250	(22)
	-	-	0	1,546	0	1,592	16	380	48	263	128	256	85	248	(23)
	-	-	0	1,495	0	1,458	17	316	82	267	75	181	58	254	(24)
	14	810	-	-	-	-	-	-	-	-	-	-	-	-	(25)
	74	550	167	628	119	514	15	455	2	135	0	108	-	-	(26)
	13	564	12	583	10	514	7	479	0	392	0	540	-	-	(27)
	25	1,460	2	1,318	-	-	-	-	-	-	-	-	-	-	(28)
	7	337	-	-	-	-	-	-	-	-	-	-	-	-	(29)
	10	1,398	63	1,468	139	1,256	107	835	35	1,172	7	1,195	2	1,633	(30)
	7	1,199	13	792	7	599	2	581	-	-	-	-	-	-	(31)
	1	1,735	7	1,319	16	1,039	17	789	14	959	2	1,101	0	747	(32)
	2	1,823	43	1,695	116	1,327	88	850	21	1,309	4	1,245	2	1,708	(33)
	-	-	-	-	0	606	5	909	2	1,060	-	-	0	994	(34)
	12	848	1	1,976	1	2,450	1	2,871	1	2,649	12	2,053	33	2,183	(35)
	52	459	52	504	52	540	23	475	25	593	30	627	31	813	(36)
	19	645	34	565	32	615	13	596	11	740	17	730	22	920	(37)
	6	328	0	514	-	-	-	-	0	470	1	500	0	432	(38)
	28	357	18	391	19	417	10	322	13	467	12	489	9	546	(39)
	267	203	323	181	177	198	28	134	3	365	3	420	9	398	(40)
	-	-	-	-	-	-	-	-	12	734	18	814	10	832	(41)
	2	2,694	2	1,731	25	693	23	719	10	748	1	616	1	703	(42)
	177	315	175	290	176	285	170	266	179	252	153	251	170	243	(43)
	69	223	65	218	66	213	75	197	86	197	76	196	92	185	(44)
	15	248	14	245	14	257	11	250	23	131	15	147	12	195	(45)
	16	374	18	387	21	375	13	362	13	307	12	336	13	405	(46)
	11	237	14	210	13	214	9	238	6	231	9	240	13	257	(47)
	30	271	36	236	35	240	38	221	27	254	21	251	18	304	(48)
	3	1,128	1	1,014	-	-	-	-	-	-	-	-	-	-	(49)
	23	547	16	518	16	484	13	472	9	504	8	504	7	491	(50)
	4	164	3	206	3	269	3	256	3	261	3	242	3	225	(51)
	6	559	9	605	7	646	8	690	10	678	9	568	13	326	(52)

3　卸売市場別の月別果実の卸売数量・価額・価格（続き）
(76)　松山市中央卸売市場

品目		計			1月		2月		3月		4月		5月	
		数量	価額	価格	数量	価格	数量	価格	数量	価格	数量	価格	数量	価格
		t	千円	円／kg	t	円／kg	t	円／kg	t	円／kg	t	円／kg	t	円／kg
果実計	(1)	**26,401**	**8,312,693**	**315**	**2,274**	**271**	**3,090**	**258**	**2,616**	**278**	**1,987**	**295**	**1,537**	**331**
国産果実計	(2)	**20,770**	**6,955,790**	**335**	**1,871**	**283**	**2,665**	**264**	**2,132**	**290**	**1,457**	**317**	**980**	**372**
みかん	(3)	4,267	1,116,420	262	188	177	36	231	6	300	0	1,980	3	1,503
ネーブルオレンジ（国産）	(4)	89	21,501	242	38	202	19	234	24	281	8	338	-	-
甘なつみかん	(5)	281	33,295	118	-	-	0	32	9	114	103	118	66	170
いよかん	(6)	2,655	330,937	125	816	157	1,240	118	508	86	60	91	0	26
はっさく	(7)	93	14,203	152	7	165	15	180	36	146	28	150	8	126
その他の雑かん	(8)	4,581	1,539,187	336	520	328	982	333	1,064	259	715	245	319	258
りんご	(9)	2,133	733,192	344	149	306	218	325	275	339	226	347	185	390
つがる	(10)	204	61,117	300	-	-	-	-	3	264	-	-	-	-
ジョナゴールド	(11)	286	107,252	375	11	354	14	379	19	386	29	370	49	379
王林	(12)	240	78,669	328	22	297	31	305	32	312	31	328	37	320
ふじ	(13)	1,232	434,328	352	113	305	170	327	215	341	165	347	99	423
その他のりんご	(14)	171	51,826	302	2	201	4	252	5	298	1	327	1	330
日本なし	(15)	899	306,515	341	1	401	-	-	-	-	-	-	-	-
幸水	(16)	163	62,479	383	-	-	-	-	-	-	-	-	-	-
豊水	(17)	330	98,740	299	-	-	-	-	-	-	-	-	-	-
二十世紀	(18)	51	17,266	340	-	-	-	-	-	-	-	-	-	-
新高	(19)	169	59,591	353	-	-	-	-	-	-	-	-	-	-
その他のなし	(20)	186	68,440	368	1	401	-	-	-	-	-	-	-	-
西洋なし	(21)	20	7,100	351	1	384	1	336	-	-	-	-	-	-
かき	(22)	1,107	251,494	227	7	513	1	544	-	-	-	-	-	-
甘がき	(23)	384	104,781	273	6	535	1	544	-	-	-	-	-	-
渋がき（脱渋を含む。）	(24)	723	146,713	203	1	334	-	-	-	-	-	-	-	-
びわ	(25)	42	36,150	867	-	-	-	-	0	1,876	4	1,146	16	852
もも	(26)	407	215,757	529	-	-	-	-	-	-	-	-	4	1,326
すもも	(27)	48	27,262	573	-	-	-	-	-	-	-	-	1	1,099
おうとう	(28)	31	47,084	1,530	-	-	-	-	0	7,317	0	4,779	1	4,064
うめ	(29)	99	47,396	478	-	-	-	-	-	-	-	-	38	532
ぶどう	(30)	613	583,630	952	-	-	-	-	-	-	0	2,848	5	2,001
デラウェア	(31)	72	69,256	965	-	-	-	-	-	-	0	2,848	4	1,918
巨峰	(32)	141	142,605	1,012	-	-	-	-	-	-	-	-	1	2,347
その他のぶどう	(33)	401	371,769	928	-	-	-	-	-	-	-	-	0	2,698
くり	(34)	273	191,702	702	-	-	0	54	-	-	-	-	-	-
いちご	(35)	540	622,935	1,153	63	1,505	67	1,426	135	1,074	148	759	47	905
メロン	(36)	503	280,267	557	13	1,058	14	1,035	12	1,224	21	912	79	510
温室メロン	(37)	171	121,156	707	6	1,122	7	1,137	8	1,254	10	1,099	11	681
アンデスメロン	(38)	25	12,800	518	0	754	2	598	0	776	2	683	6	522
その他のメロン（まくわうりを含む。）	(39)	307	146,310	476	6	1,016	5	1,058	4	1,202	9	763	62	478
すいか	(40)	1,667	329,483	198	4	197	5	254	14	286	83	283	207	254
キウイフルーツ	(41)	293	126,172	430	67	462	69	475	47	538	60	321	-	-
その他の国産果実	(42)	126	94,109	745	0	666	0	1,404	0	4,074	1	2,399	2	2,522
輸入果実計	(43)	**5,631**	**1,356,903**	**241**	**403**	**218**	**425**	**222**	**485**	**224**	**530**	**236**	**557**	**260**
バナナ	(44)	4,127	816,176	198	330	191	342	196	374	199	390	198	388	204
パインアップル	(45)	527	109,054	207	33	215	38	210	48	196	51	199	53	216
レモン	(46)	182	67,418	371	10	394	10	392	13	378	14	370	15	381
グレープフルーツ	(47)	92	20,905	228	5	286	5	277	6	262	7	253	7	241
オレンジ	(48)	260	66,690	257	11	276	13	281	18	281	25	278	31	272
輸入おうとう	(49)	5	6,675	1,437	0	1,512	-	-	-	-	0	1,737	2	1,493
輸入キウイフルーツ	(50)	204	127,683	626	0	704	0	1,468	0	1,001	15	656	37	632
輸入メロン	(51)	57	12,016	210	1	342	3	229	8	145	8	170	5	185
その他の輸入果実	(52)	178	130,284	734	13	677	14	690	17	672	20	598	19	571

	6月		7月		8月		9月		10月		11月		12月		
	数量	価格	数量	価格	数量	価格	数量	価格	数量	価格	数量	価格	数量	価格	
	t	円/kg	t	円/kg	t	円/kg	t	円/kg	t	円/kg	t	円/kg	t	円/kg	
	1,592	339	1,645	386	1,835	419	1,871	388	1,963	291	2,431	288	3,559	319	(1)
	1,077	377	1,138	442	1,373	473	1,426	431	1,492	307	2,000	301	3,161	331	(2)
	24	1,061	76	1,034	63	904	215	284	627	187	1,157	249	1,873	236	(3)
	-	-	-	-	-	-	-	-	-	-	-	-	0	176	(4)
	102	87	0	70	0	45	-	-	-	-	-	-	-	-	(5)
	-	-	-	-	-	-	-	-	-	-	-	-	32	230	(6)
	0	108	-	-	-	-	-	-	-	-	-	-	-	-	(7)
	96	267	27	299	12	340	13	368	15	265	170	688	648	533	(8)
	150	386	126	403	76	416	199	287	202	331	162	316	164	347	(9)
	-	-	-	-	30	332	165	296	6	265	-	-	-	-	(10)
	50	368	51	391	19	480	0	745	1	378	21	318	22	315	(11)
	31	330	21	380	6	403	0	108	-	-	11	345	17	361	(12)
	66	431	50	428	20	477	1	287	110	333	99	327	124	349	(13)
	4	270	3	367	1	663	33	243	86	333	31	272	2	455	(14)
	-	-	26	426	335	351	338	304	171	372	22	409	8	372	(15)
	-	-	21	459	139	373	2	257	-	-	-	-	-	-	(16)
	-	-	-	-	157	318	170	281	3	311	-	-	-	-	(17)
	-	-	-	-	17	437	34	292	-	-	-	-	-	-	(18)
	-	-	-	-	-	-	60	332	108	364	1	329	-	-	(19)
	-	-	4	252	21	376	72	339	59	389	21	414	8	372	(20)
	-	-	-	-	0	335	2	241	3	398	8	373	5	332	(21)
	-	-	0	1,110	0	995	52	365	306	267	419	199	322	195	(22)
	-	-	0	1,247	-	-	5	389	90	304	193	260	88	242	(23)
	-	-	0	1,096	0	995	47	362	215	252	226	147	234	177	(24)
	22	816	-	-	-	-	-	-	-	-	-	-	-	-	(25)
	53	539	156	564	168	481	27	497	0	536	-	-	-	-	(26)
	16	555	16	589	10	545	5	562	-	-	-	-	-	-	(27)
	23	1,399	6	1,387	-	-	-	-	-	-	-	-	-	-	(28)
	61	444	-	-	-	-	-	-	-	-	-	-	-	-	(29)
	25	1,360	78	1,229	224	929	220	775	53	1,019	7	1,275	2	1,291	(30)
	17	1,197	22	841	22	767	7	798	-	-	-	-	-	-	(31)
	7	1,605	30	1,277	41	982	46	782	15	924	1	1,404	-	-	(32)
	1	2,100	27	1,492	161	938	166	772	38	1,057	6	1,246	2	1,291	(33)
	-	-	-	-	18	735	195	699	59	701	0	208	0	415	(34)
	12	925	1	1,880	1	3,416	0	3,622	1	3,281	13	1,707	53	1,758	(35)
	98	444	81	459	71	452	42	397	28	522	21	668	23	849	(36)
	13	626	26	545	32	513	12	501	13	590	17	660	16	870	(37)
	5	510	4	432	0	414	1	451	3	397	1	558	0	653	(38)
	80	410	51	418	39	401	29	351	11	478	4	728	7	812	(39)
	391	189	533	182	339	194	79	93	4	294	5	232	5	227	(40)
	-	-	-	-	-	-	2	263	11	343	12	271	25	413	(41)
	4	2,605	11	1,390	55	579	36	570	12	554	3	465	2	384	(42)
	516	259	507	261	463	257	445	250	470	239	431	226	398	226	(43)
	363	208	347	207	308	207	316	203	351	191	328	184	289	181	(44)
	49	225	52	209	45	228	40	201	39	198	37	191	41	192	(45)
	17	397	20	390	22	383	17	342	15	304	13	321	15	394	(46)
	7	222	11	201	14	199	9	199	8	198	5	229	8	259	(47)
	31	257	26	243	32	245	25	237	20	237	14	236	14	249	(48)
	2	1,407	0	1,060	-	-	-	-	-	-	-	-	-	-	(49)
	29	612	33	617	25	573	21	599	16	666	14	652	13	678	(50)
	4	192	5	241	5	273	4	220	5	229	4	251	4	227	(51)
	12	774	14	840	12	874	12	999	16	915	16	723	14	645	(52)

3 卸売市場別の月別果実の卸売数量・価額・価格（続き）
(77) 高知市中央卸売市場

品目		計			1月		2月		3月		4月		5月	
		数量	価額	価格	数量	価格	数量	価格	数量	価格	数量	価格	数量	価格
		t	千円	円/kg	t	円/kg	t	円/kg	t	円/kg	t	円/kg	t	円/kg
果実計	(1)	14,418	5,752,275	399	966	355	1,593	325	1,396	345	1,025	452	938	463
国産果実計	(2)	11,388	4,903,071	431	805	376	1,377	335	1,133	364	755	516	636	537
みかん	(3)	2,248	905,885	403	155	344	89	373	20	332	1	1,938	20	1,331
ネーブルオレンジ(国産)	(4)	5	1,405	266	2	305	2	234	1	252	0	259	-	-
甘なつみかん	(5)	13	2,065	155	0	65	0	300	2	127	6	156	3	179
いよかん	(6)	34	7,450	218	11	258	19	197	4	220	-	-	-	-
はっさく	(7)	19	1,348	69	11	39	4	89	2	168	1	150	0	165
その他の雑かん	(8)	3,152	1,039,613	330	415	250	1,000	240	739	232	347	421	183	555
りんご	(9)	1,954	728,626	373	124	333	158	339	187	360	187	364	168	388
つがる	(10)	262	89,828	342	-	-	-	-	-	-	-	-	-	-
ジョナゴールド	(11)	277	108,656	392	13	383	21	369	18	393	22	396	39	404
王林	(12)	139	45,138	325	15	306	15	297	22	345	20	329	29	320
ふじ	(13)	1,062	409,785	386	95	332	118	342	143	358	140	366	98	402
その他のりんご	(14)	214	75,219	352	1	281	4	257	3	339	6	294	1	361
日本なし	(15)	413	196,724	476	0	432	-	-	-	-	-	-	-	-
幸水	(16)	48	16,853	348	-	-	-	-	-	-	-	-	-	-
豊水	(17)	124	41,101	331	-	-	-	-	-	-	-	-	-	-
二十世紀	(18)	6	2,456	382	-	-	-	-	-	-	-	-	-	-
新高	(19)	183	114,850	627	-	-	-	-	-	-	-	-	-	-
その他のなし	(20)	51	21,464	421	0	432	-	-	-	-	-	-	-	-
西洋なし	(21)	22	7,034	326	1	423	-	-	-	-	-	-	-	-
かき	(22)	413	104,017	252	6	452	0	560	-	-	-	-	-	-
甘がき	(23)	153	40,727	266	4	535	0	560	-	-	-	-	-	-
渋がき(脱渋を含む。)	(24)	260	63,290	243	2	247	-	-	-	-	-	-	-	-
びわ	(25)	12	10,991	948	-	-	-	-	0	1,942	5	921	5	929
もも	(26)	213	117,456	553	-	-	-	-	-	-	-	-	0	2,338
すもも	(27)	74	35,503	482	-	-	-	-	-	-	-	-	0	788
おうとう	(28)	19	28,933	1,498	-	-	0	19,872	0	21,384	0	5,475	1	3,750
うめ	(29)	28	13,562	477	-	-	-	-	-	-	-	-	8	445
ぶどう	(30)	386	329,625	854	1	686	0	633	-	-	0	3,550	3	2,129
デラウェア	(31)	90	71,704	795	-	-	-	-	-	-	0	3,550	3	2,076
巨峰	(32)	110	98,917	897	-	-	-	-	-	-	-	-	0	2,802
その他のぶどう	(33)	185	159,004	858	1	686	0	633	-	-	-	-	0	3,033
くり	(34)	20	10,466	511	-	-	2	500	-	-	-	-	-	-
いちご	(35)	443	504,753	1,140	36	1,606	58	1,482	119	943	109	779	50	805
メロン	(36)	659	489,023	742	20	1,254	24	1,232	32	1,167	64	936	63	704
温室メロン	(37)	563	441,780	785	20	1,260	23	1,232	31	1,173	60	945	50	732
アンデスメロン	(38)	7	3,495	509	0	238	0	671	0	651	1	679	2	576
その他のメロン(まくわうりを含む。)	(39)	89	43,748	491	1	1,067	1	1,305	1	1,137	3	843	11	604
すいか	(40)	1,099	265,704	242	3	563	4	952	4	791	19	443	120	313
キウイフルーツ	(41)	69	43,441	627	20	594	18	610	15	577	7	762	-	-
その他の国産果実	(42)	93	59,450	642	1	632	1	482	7	475	7	879	12	593
輸入果実計	(43)	3,030	849,203	280	160	249	215	256	264	259	271	273	302	307
バナナ	(44)	1,800	407,030	226	113	215	147	225	167	227	168	230	165	234
パインアップル	(45)	419	90,285	216	22	223	33	214	40	212	38	217	41	213
レモン	(46)	144	60,573	422	7	429	9	426	11	412	12	433	14	430
グレープフルーツ	(47)	77	19,241	249	3	298	4	293	7	259	5	279	5	273
オレンジ	(48)	211	60,594	288	7	326	12	319	20	303	20	328	22	302
輸入おうとう	(49)	5	8,080	1,542	0	2,074	-	-	-	-	0	1,987	2	1,756
輸入キウイフルーツ	(50)	227	122,494	539	1	468	0	803	1	690	10	544	39	544
輸入メロン	(51)	29	6,627	227	2	348	3	297	4	197	5	163	2	220
その他の輸入果実	(52)	118	74,279	629	5	636	7	689	15	573	13	575	12	533

6月		7月		8月		9月		10月		11月		12月		
数量	価格	数量	価格	数量	価格	数量	価格	数量	価格	数量	価格	数量	価格	
t	円/kg	t	円/kg	t	円/kg	t	円/kg	t	円/kg	t	円/kg	t	円/kg	
952	438	1,046	472	1,303	437	1,088	392	1,271	382	1,184	354	1,656	424	(1)
672	490	768	532	1,028	474	837	424	1,009	413	953	374	1,415	453	(2)
42	1,159	82	1,195	109	952	126	409	400	242	530	310	672	326	(3)
-	-	-	-	-	-	-	-	-	-	-	-	0	297	(4)
1	155	0	86	0	193	-	-	-	-	-	-	-	-	(5)
-	-	-	-	-	-	-	-	-	-	-	-	1	144	(6)
0	41	-	-	-	-	-	-	-	-	-	-	2	97	(7)
52	473	10	871	8	633	32	749	54	809	60	768	253	494	(8)
157	398	118	436	177	421	183	336	201	369	143	369	151	373	(9)
-	-	-	-	71	377	130	333	33	332	17	298	13	321	(10)
34	402	49	408	25	391	7	415	13	377	14	358	21	367	(11)
18	312	0	678	-	-	-	-	0	240	7	361	14	348	(12)
97	418	66	458	64	477	7	475	56	372	81	399	96	392	(13)
8	323	3	370	17	440	39	306	100	378	25	327	8	268	(14)
-	-	3	450	83	364	197	375	120	723	7	469	2	386	(15)
-	-	3	451	45	342	-	-	0	394	-	-	-	-	(16)
-	-	-	-	33	379	87	312	4	368	-	-	-	-	(17)
-	-	-	-	1	461	4	378	1	330	-	-	-	-	(18)
-	-	-	-	-	-	79	439	103	771	1	539	-	-	(19)
-	-	0	446	4	469	27	391	12	460	6	455	2	386	(20)
-	-	-	-	0	315	3	220	4	420	9	316	5	332	(21)
-	-	0	1,326	0	1,212	21	369	108	292	133	258	144	188	(22)
-	-	-	-	-	-	4	293	39	279	63	254	43	240	(23)
-	-	0	1,326	0	1,212	18	386	69	300	70	261	102	166	(24)
1	952	0	1,260	-	-	-	-	-	-	-	-	-	-	(25)
20	578	77	587	71	547	32	493	12	442	0	773	0	1,621	(26)
23	546	22	504	23	372	5	579	1	637	-	-	-	-	(27)
15	1,325	3	1,371	-	-	-	-	-	-	-	-	-	-	(28)
20	486	0	649	-	-	-	-	-	-	-	-	-	-	(29)
16	1,339	71	876	129	791	107	741	49	962	6	1,058	4	986	(30)
13	1,185	27	738	28	680	18	574	2	622	-	-	-	-	(31)
1	1,920	14	1,095	39	825	29	829	24	916	2	910	1	925	(32)
2	1,992	30	899	63	820	60	747	22	1,036	5	1,113	3	1,008	(33)
0	508	-	-	1	447	4	598	2	484	3	489	9	487	(34)
8	921	0	2,685	1	2,838	0	3,243	1	3,328	5	1,964	56	1,794	(35)
94	544	100	572	85	560	31	420	31	541	32	740	83	1,002	(36)
74	575	83	598	73	573	14	514	22	578	32	742	81	1,001	(37)
2	382	1	439	0	389	-	-	0	216	-	-	0	216	(38)
18	436	15	442	12	487	17	340	8	442	0	636	1	1,038	(39)
213	224	267	213	322	203	85	186	21	311	17	394	23	494	(40)
-	-	-	-	-	-	-	-	1	883	3	784	6	661	(41)
10	1,063	13	768	18	512	10	507	6	490	4	493	4	535	(42)
280	313	278	304	275	297	251	286	262	265	231	268	241	259	(43)
147	240	144	243	144	238	141	231	169	216	148	210	148	202	(44)
36	217	39	218	36	219	32	215	33	213	31	214	37	217	(45)
15	425	15	428	17	419	13	420	11	386	9	419	11	435	(46)
6	247	9	221	12	217	9	219	5	235	4	276	7	281	(47)
27	302	24	273	22	262	20	259	15	249	11	254	11	292	(48)
2	1,510	1	1,133	-	-	-	-	-	-	-	-	-	-	(49)
35	554	36	535	35	540	26	537	17	520	14	526	13	520	(50)
3	168	3	192	2	289	1	245	1	270	2	280	2	259	(51)
9	658	7	690	8	599	9	625	11	715	12	714	11	624	(52)

3 卸売市場別の月別果実の卸売数量・価額・価格（続き）
(78) 北九州市中央卸売市場

品目		計 数量	計 価額	計 価格	1月 数量	1月 価格	2月 数量	2月 価格	3月 数量	3月 価格	4月 数量	4月 価格	5月 数量	5月 価格
		t	千円	円/kg	t	円/kg	t	円/kg	t	円/kg	t	円/kg	t	円/kg
果実計	(1)	34,985	11,852,551	339	2,257	326	2,377	347	2,272	384	2,459	358	2,663	366
国産果実計	(2)	21,090	8,173,876	388	1,418	383	1,470	418	1,288	493	1,198	475	1,219	454
みかん	(3)	4,545	1,175,091	259	692	222	290	274	57	303	4	1,925	16	1,449
ネーブルオレンジ（国産）	(4)	41	7,253	178	6	169	12	186	17	175	4	136	0	331
甘なつみかん	(5)	335	63,453	189	14	230	37	174	83	191	98	208	73	172
いよかん	(6)	345	71,428	207	73	250	196	200	72	179	0	87	-	-
はっさく	(7)	208	36,787	177	11	214	54	171	67	179	65	180	11	155
その他の雑かん	(8)	1,019	374,592	368	119	387	218	360	221	334	119	347	46	413
りんご	(9)	4,529	1,590,140	351	298	313	465	321	456	337	368	379	301	414
つがる	(10)	671	200,735	299	-	-	-	-	-	-	-	-	-	-
ジョナゴールド	(11)	442	177,199	401	27	339	26	367	25	408	44	412	52	389
王林	(12)	245	79,392	324	24	314	35	325	42	308	40	334	38	304
ふじ	(13)	2,292	828,526	362	242	311	401	318	387	336	284	380	210	440
その他のりんご	(14)	878	304,289	347	5	257	3	348	3	300	2	384	2	390
日本なし	(15)	1,392	471,007	338	2	273	6	198	-	-	-	-	-	-
幸水	(16)	218	84,851	389	-	-	-	-	-	-	-	-	-	-
豊水	(17)	642	199,955	311	-	-	-	-	-	-	-	-	-	-
二十世紀	(18)	103	34,618	337	-	-	-	-	-	-	-	-	-	-
新高	(19)	153	53,560	349	-	-	1	260	-	-	-	-	-	-
その他のなし	(20)	276	98,023	355	2	273	6	189	-	-	-	-	-	-
西洋なし	(21)	105	37,159	354	8	317	-	-	-	-	-	-	-	-
かき	(22)	1,171	303,248	259	37	378	2	335	10	331	-	-	-	-
甘がき	(23)	794	206,297	260	28	441	2	335	10	331	-	-	-	-
渋がき（脱渋を含む。）	(24)	377	96,951	257	9	171	-	-	-	-	-	-	-	-
びわ	(25)	11	16,512	1,570	0	3,024	0	5,007	1	2,390	3	1,595	4	1,544
もも	(26)	839	444,420	530	-	-	-	-	-	-	-	-	3	1,243
すもも	(27)	101	66,232	658	-	-	-	-	-	-	-	-	2	848
おうとう	(28)	42	66,347	1,579	-	-	-	-	-	-	0	5,395	1	3,579
うめ	(29)	179	75,431	422	-	-	-	-	-	-	-	-	47	507
ぶどう	(30)	626	616,450	985	-	-	-	-	-	-	0	3,735	15	1,891
デラウェア	(31)	102	120,019	1,172	-	-	-	-	-	-	0	3,735	14	1,858
巨峰	(32)	200	185,147	925	-	-	-	-	-	-	-	-	1	2,234
その他のぶどう	(33)	323	311,285	964	-	-	-	-	-	-	-	-	0	5,431
くり	(34)	84	71,362	853	-	-	-	-	-	-	-	-	-	-
いちご	(35)	977	1,230,597	1,260	108	1,608	139	1,527	230	1,240	269	790	95	851
メロン	(36)	1,071	534,307	499	9	1,404	10	1,240	17	1,160	68	646	229	461
温室メロン	(37)	340	235,163	692	9	1,432	9	1,302	11	1,494	15	1,165	24	740
アンデスメロン	(38)	26	10,884	419	-	-	0	509	1	549	2	685	17	378
その他のメロン（まくわうりを含む。）	(39)	705	288,260	409	0	405	0	727	6	612	50	488	188	433
すいか	(40)	2,956	555,949	188	2	410	1	595	8	473	177	286	342	246
キウイフルーツ	(41)	190	106,563	560	37	548	37	552	47	551	13	541	0	576
その他の国産果実	(42)	327	259,549	793	2	578	2	621	3	1,945	9	2,918	33	968
輸入果実計	(43)	13,896	3,678,675	265	839	230	907	233	983	242	1,261	247	1,444	292
バナナ	(44)	8,607	1,770,944	206	598	195	650	198	637	202	783	201	802	206
パインアップル	(45)	832	173,052	208	64	186	65	198	66	222	100	197	78	221
レモン	(46)	549	197,776	360	28	402	31	397	42	371	43	367	48	369
グレープフルーツ	(47)	461	106,585	231	32	230	24	257	24	273	31	264	32	245
オレンジ	(48)	990	277,269	280	39	272	54	303	90	297	124	280	140	296
輸入おうとう	(49)	22	31,943	1,452	0	1,861	-	-	-	-	1	1,906	10	1,574
輸入キウイフルーツ	(50)	1,330	656,444	494	11	487	4	495	7	433	42	538	193	516
輸入メロン	(51)	230	41,046	178	7	339	18	197	41	133	36	170	28	160
その他の輸入果実	(52)	875	423,615	484	59	465	61	485	76	483	101	445	112	460

6月		7月		8月		9月		10月		11月		12月		
数量	価格	数量	価格	数量	価格	数量	価格	数量	価格	数量	価格	数量	価格	
t	円/kg	t	円/kg	t	円/kg	t	円/kg	t	円/kg	t	円/kg	t	円/kg	
3,019	351	3,056	364	3,844	340	3,152	330	3,009	307	3,368	284	3,509	333	(1)
1,559	411	1,644	438	2,546	367	1,976	363	1,987	331	2,307	295	2,478	368	(2)
20	1,068	49	949	60	844	199	289	671	222	1,131	227	1,355	231	(3)
-	-	-	-	-	-	-	-	-	-	-	-	2	227	(4)
25	167	4	140	-	-	-	-	-	-	-	-	1	257	(5)
-	-	-	-	-	-	-	-	-	-	-	-	5	263	(6)
0	64	-	-	-	-	-	-	-	-	-	-	-	-	(7)
7	724	10	486	12	385	32	188	22	235	21	464	192	420	(8)
218	401	161	425	211	385	512	287	543	349	534	357	462	359	(9)
-	-	-	-	122	353	431	286	110	293	6	245	1	318	(10)
72	383	65	468	65	453	2	196	2	402	27	336	37	355	(11)
8	236	1	200	0	283	-	-	-	-	17	363	41	356	(12)
120	424	76	414	6	378	5	415	46	361	167	386	347	367	(13)
18	393	19	335	17	355	73	285	384	363	316	346	37	297	(14)
-	-	39	415	491	358	578	303	230	365	28	401	17	380	(15)
-	-	35	434	183	381	0	216	-	-	-	-	-	-	(16)
-	-	-	-	270	330	336	292	37	355	0	216	-	-	(17)
-	-	-	-	28	484	64	285	10	265	-	-	-	-	(18)
-	-	-	-	-	-	47	322	105	362	-	-	-	-	(19)
-	-	5	278	10	351	131	333	78	388	28	402	17	380	(20)
-	-	-	-	1	312	4	309	35	375	38	333	19	387	(21)
-	-	-	-	1	680	111	279	299	270	464	243	247	245	(22)
-	-	-	-	-	-	98	266	162	265	333	246	160	242	(23)
-	-	-	-	1	680	13	381	137	276	131	234	87	251	(24)
2	1,289	-	-	-	-	-	-	-	-	-	-	-	-	(25)
69	768	295	590	422	443	47	545	2	293	-	-	0	3,240	(26)
28	758	31	684	25	532	14	604	1	624	-	-	-	-	(27)
23	1,481	18	1,484	0	1,882	-	-	-	-	-	-	-	-	(28)
132	392	0	481	-	-	-	-	-	-	-	-	-	-	(29)
58	1,379	100	1,183	215	803	183	816	42	1,227	9	1,255	3	1,088	(30)
41	1,255	40	922	7	615	-	-	-	-	-	-	-	-	(31)
12	1,518	29	1,211	82	817	59	742	13	1,056	3	1,252	0	795	(32)
5	2,032	31	1,498	126	804	124	852	28	1,307	6	1,257	3	1,130	(33)
-	-	-	-	2	854	53	803	23	919	6	1,043	-	-	(34)
11	717	-	-	-	-	0	3,564	0	3,960	18	2,051	105	2,079	(35)
256	393	160	446	134	467	60	395	54	530	36	562	38	861	(36)
18	783	52	518	69	513	36	431	28	593	32	584	37	863	(37)
3	405	2	428	-	-	-	-	-	-	-	-	-	-	(38)
234	362	106	410	65	418	24	341	26	464	4	384	1	813	(39)
643	193	751	186	894	152	122	84	6	265	6	380	4	532	(40)
0	620	0	334	-	-	1	351	25	548	6	580	23	640	(41)
65	726	27	1,208	78	599	61	639	34	553	8	640	4	617	(42)
1,460	287	1,413	277	1,298	287	1,176	274	1,022	260	1,061	259	1,032	250	(43)
855	205	860	208	736	217	744	212	672	210	688	214	581	196	(44)
89	212	80	215	63	231	45	231	59	212	59	194	65	185	(45)
51	401	50	412	52	399	36	382	35	338	63	256	70	309	(46)
38	236	53	221	62	218	40	221	32	209	23	242	69	219	(47)
117	294	92	277	99	268	68	256	60	245	52	258	55	282	(48)
8	1,383	3	1,081	0	445	-	-	-	-	-	-	-	-	(49)
211	507	201	503	216	491	165	486	90	471	92	465	95	455	(50)
18	148	17	155	10	244	17	190	13	210	12	226	15	198	(51)
73	552	56	556	59	490	61	499	61	536	73	496	81	406	(52)

3 卸売市場別の月別果実の卸売数量・価額・価格（続き）
(79) 福岡市中央卸売市場

品　目		計 数量	計 価額	計 価格	1月 数量	1月 価格	2月 数量	2月 価格	3月 数量	3月 価格	4月 数量	4月 価格	5月 数量	5月 価格
		t	千円	円/kg	t	円/kg	t	円/kg	t	円/kg	t	円/kg	t	円/kg
果　実　計	(1)	64,410	21,604,510	335	4,206	387	4,183	395	4,579	394	4,510	350	4,533	336
国 産 果 実 計	(2)	36,536	15,140,666	414	2,554	502	2,510	515	2,382	557	2,194	480	2,006	436
み か ん	(3)	6,103	1,687,363	276	668	254	357	320	82	382	6	1,078	30	1,388
ネーブルオレンジ（国産）	(4)	56	12,556	225	23	216	20	214	9	199	0	107	-	-
甘 な つ み か ん	(5)	515	87,485	170	0	62	11	172	67	157	204	190	156	169
い よ か ん	(6)	469	95,189	203	121	228	255	188	85	204	0	116	-	-
は っ さ く	(7)	267	43,881	164	11	182	91	165	92	169	68	155	5	142
その他の雑かん	(8)	1,725	626,015	363	250	402	349	372	364	342	232	355	83	341
り ん ご	(9)	8,236	2,806,797	341	830	306	858	314	961	322	648	350	545	382
つ が る	(10)	912	273,059	299	-	-	-	-	-	-	-	-	-	-
ジョナゴールド	(11)	1,124	434,591	386	100	323	95	366	108	373	95	389	139	388
王 林	(12)	767	234,638	306	104	291	132	303	140	288	80	324	93	295
ふ じ	(13)	3,836	1,321,304	344	585	307	607	309	682	321	437	345	289	406
その他のりんご	(14)	1,596	543,205	340	41	288	24	301	30	313	35	366	23	395
日 本 な し	(15)	2,544	910,391	358	10	269	0	278	-	-	-	-	-	-
幸 水	(16)	652	283,676	435	-	-	-	-	-	-	-	-	-	-
豊 水	(17)	1,024	330,032	322	-	-	-	-	-	-	-	-	-	-
二 十 世 紀	(18)	154	53,788	349	-	-	-	-	-	-	-	-	-	-
新 高	(19)	265	84,484	318	4	410	0	317	-	-	-	-	-	-
その他のなし	(20)	449	158,410	353	6	164	0	146	-	-	-	-	-	-
西 洋 な し	(21)	204	70,385	344	7	256	0	410	-	-	-	-	-	-
か き	(22)	2,869	769,810	268	122	439	2	336	-	-	-	-	-	-
甘 が き	(23)	1,924	532,610	277	121	439	2	336	-	-	-	-	-	-
渋がき（脱渋を含む。）	(24)	945	237,200	251	0	248	-	-	-	-	-	-	-	-
び わ	(25)	22	39,712	1,805	0	2,160	0	4,428	4	2,813	9	1,643	6	1,517
も も	(26)	1,183	676,363	572	-	-	-	-	-	-	-	-	14	1,637
す も も	(27)	209	131,944	630	-	-	-	-	-	-	-	-	9	924
お う と う	(28)	74	113,673	1,526	-	-	0	40,320	0	12,213	0	6,568	2	5,006
う め	(29)	230	101,346	441	-	-	-	-	-	-	-	-	52	433
ぶ ど う	(30)	1,248	1,284,913	1,029	-	-	-	-	-	-	1	3,435	37	1,992
デ ラ ウ ェ ア	(31)	191	224,872	1,177	-	-	-	-	-	-	1	3,435	27	1,753
巨 峰	(32)	532	520,730	979	-	-	-	-	-	-	-	-	8	2,553
その他のぶどう	(33)	525	539,311	1,027	-	-	-	-	-	-	-	-	1	3,828
く り	(34)	184	101,787	554	-	-	-	-	-	-	-	-	-	-
い ち ご	(35)	2,412	3,211,381	1,332	326	1,697	356	1,625	518	1,299	671	747	193	757
メ ロ ン	(36)	1,473	777,117	527	29	1,182	32	1,106	33	1,269	87	726	295	432
温 室 メ ロ ン	(37)	459	347,785	757	12	1,429	22	1,160	26	1,394	25	1,188	38	722
アンデスメロン	(38)	119	45,220	382	0	267	1	187	1	305	19	559	65	389
その他のメロン（まくわうりを含む。）	(39)	895	384,112	429	16	1,022	9	1,051	6	903	43	535	192	389
す い か	(40)	5,553	926,904	167	2	274	3	352	17	357	243	263	566	217
キウイフルーツ	(41)	682	370,902	544	148	501	171	519	148	509	13	558	1	511
その他の国産果実	(42)	276	294,751	1,067	7	615	4	602	3	2,921	11	2,752	13	2,147
輸 入 果 実 計	(43)	27,874	6,463,844	232	1,652	208	1,672	216	2,198	217	2,316	226	2,526	257
バ ナ ナ	(44)	16,567	2,652,152	160	1,111	163	1,110	165	1,344	167	1,424	169	1,393	176
パインアップル	(45)	2,194	445,341	203	120	202	135	204	161	202	190	206	227	222
レ モ ン	(46)	1,571	522,670	333	100	333	120	330	121	318	117	335	129	346
グレープフルーツ	(47)	1,184	250,616	212	91	241	57	258	83	238	55	245	52	241
オ レ ン ジ	(48)	1,901	475,801	250	73	237	86	273	177	287	211	284	238	284
輸入おうとう	(49)	32	45,548	1,446	0	1,282	-	-	-	-	1	1,943	14	1,495
輸入キウイフルーツ	(50)	1,614	793,111	491	9	506	10	471	7	504	72	523	216	517
輸 入 メ ロ ン	(51)	743	85,814	116	18	191	36	145	109	88	75	116	75	116
その他の輸入果実	(52)	2,069	1,192,792	576	130	449	118	536	197	497	171	487	183	483

6月		7月		8月		9月		10月		11月		12月		
数量	価格	数量	価格	数量	価格	数量	価格	数量	価格	数量	価格	数量	価格	
t	円/kg	t	円/kg	t	円/kg	t	円/kg	t	円/kg	t	円/kg	t	円/kg	
5,103	**339**	**6,074**	**337**	**6,745**	**337**	**5,672**	**313**	**6,271**	**284**	**6,295**	**266**	**6,239**	**343**	(1)
2,518	**416**	**3,431**	**399**	**4,400**	**379**	**3,237**	**371**	**3,728**	**326**	**3,869**	**296**	**3,707**	**449**	(2)
55	1,040	129	822	126	769	423	285	1,169	210	1,497	227	1,560	229	(3)
-	-	-	-	-	-	-	-	-	-	-	-	4	377	(4)
71	131	6	83	1	41	-	-	-	-	-	-	-	-	(5)
-	-	-	-	-	-	-	-	-	-	-	-	8	278	(6)
1	101	-	-	-	-	-	-	-	-	-	-	-	-	(7)
10	647	10	653	18	448	35	253	23	359	75	314	276	359	(8)
385	396	358	428	372	420	771	288	923	345	786	331	800	347	(9)
-	-	-	-	151	364	581	287	180	286	-	-	-	-	(10)
110	410	158	400	122	462	2	659	18	388	76	352	100	358	(11)
72	272	6	373	1	412	0	108	8	189	43	343	88	366	(12)
166	442	140	481	48	526	-	-	53	341	285	344	542	340	(13)
36	394	54	379	49	384	188	289	663	362	381	315	70	354	(14)
0	1,022	194	524	1,039	373	811	305	377	349	74	362	38	317	(15)
0	1,022	188	528	463	397	0	436	-	-	-	-	-	-	(16)
-	-	0	527	496	347	517	299	10	321	0	864	-	-	(17)
-	-	-	-	60	414	89	311	5	239	-	-	-	-	(18)
-	-	-	-	2	379	91	293	155	328	11	338	1	464	(19)
-	-	5	347	18	358	113	340	207	368	63	366	38	314	(20)
-	-	-	-	3	370	9	342	53	362	85	336	48	351	(21)
-	-	1	1,118	3	737	272	308	811	277	1,160	240	498	252	(22)
-	-	-	-	1	50	168	278	389	286	805	258	437	258	(23)
-	-	1	1,118	3	881	104	358	422	269	355	198	60	206	(24)
3	1,331	-	-	-	-	-	-	-	-	-	-	-	-	(25)
101	818	463	608	508	475	96	494	1	648	-	-	-	-	(26)
67	692	76	613	40	520	18	570	0	938	-	-	-	-	(27)
53	1,437	19	1,282	0	1,458	-	-	-	-	-	-	0	48,600	(28)
177	443	1	686	-	-	-	-	-	-	-	-	-	-	(29)
141	1,430	193	1,216	420	842	325	831	107	1,067	19	1,354	6	1,308	(30)
91	1,202	55	920	14	742	3	821	-	-	-	-	-	-	(31)
39	1,627	95	1,270	233	821	122	723	27	1,027	7	1,039	0	860	(32)
11	2,604	43	1,475	173	879	200	897	80	1,081	12	1,529	6	1,323	(33)
-	-	-	-	3	662	118	595	62	462	1	1,376	0	4,374	(34)
11	771	0	695	-	-	-	-	-	-	46	2,114	291	2,248	(35)
279	367	204	486	200	473	99	429	81	548	67	556	66	821	(36)
32	646	56	636	62	554	51	466	43	617	48	586	44	959	(37)
22	245	6	401	0	414	-	-	0	756	1	120	2	181	(38)
224	338	143	431	138	437	48	390	38	470	18	510	20	569	(39)
1,141	157	1,753	156	1,592	156	198	122	19	175	13	228	6	240	(40)
-	-	-	-	-	-	3	778	67	783	31	551	100	532	(41)
22	1,882	24	1,635	77	719	59	794	35	740	16	575	5	623	(42)
2,585	**263**	**2,643**	**256**	**2,345**	**258**	**2,436**	**237**	**2,543**	**222**	**2,426**	**219**	**2,533**	**186**	(43)
1,372	178	1,464	176	1,237	174	1,370	167	1,653	150	1,581	129	1,509	120	(44)
236	223	220	216	198	213	154	217	150	202	174	169	227	156	(45)
157	349	174	354	131	340	154	299	111	302	115	311	143	361	(46)
69	218	125	190	148	192	157	173	83	200	54	222	210	214	(47)
251	257	169	243	162	236	164	195	156	195	103	229	112	243	(48)
11	1,388	4	1,275	0	1,159	-	-	-	-	-	-	0	2,143	(49)
240	510	254	497	258	497	205	460	145	468	116	467	81	465	(50)
73	107	69	88	58	125	72	121	54	119	55	134	49	133	(51)
176	588	162	656	153	666	159	674	191	690	227	718	202	435	(52)

3 卸売市場別の月別果実の卸売数量・価額・価格（続き）
(80) 久留米市中央卸売市場

品目		計			1月		2月		3月		4月		5月	
		数量	価額	価格	数量	価格	数量	価格	数量	価格	数量	価格	数量	価格
		t	千円	円/kg	t	円/kg	t	円/kg	t	円/kg	t	円/kg	t	円/kg
果 実 計	(1)	8,830	2,682,474	304	562	323	630	336	614	349	576	334	632	309
国 産 果 実 計	(2)	6,005	1,991,822	332	381	368	428	387	373	415	314	398	356	336
み か ん	(3)	1,314	265,337	202	174	195	118	221	33	229	0	2,940	1	1,506
ネーブルオレンジ（国産）	(4)	23	6,926	301	2	233	8	305	10	270	0	410	-	-
甘 な つ み か ん	(5)	79	13,798	174	-	-	1	146	10	171	32	176	34	164
い よ か ん	(6)	43	8,003	186	7	180	20	188	14	186	1	189	-	-
は っ さ く	(7)	50	8,383	167	4	167	18	142	16	176	11	197	0	175
その他の雑かん	(8)	360	107,380	298	30	354	87	306	103	278	55	246	21	214
り ん ご	(9)	1,382	452,801	328	99	287	114	306	121	301	101	323	71	344
つ が る	(10)	116	35,234	304	-	-	-	-	-	-	-	-	-	-
ジョナゴールド	(11)	143	46,852	327	10	253	12	262	11	264	13	351	14	358
王 林	(12)	80	21,717	271	8	292	15	274	10	263	8	302	6	297
ふ じ	(13)	727	246,327	339	77	293	81	325	93	315	76	328	50	345
その他のりんご	(14)	316	102,670	325	3	236	5	210	7	227	4	192	1	357
日 本 な し	(15)	265	82,398	310	0	317	-	-	-	-	-	-	-	-
幸 水	(16)	34	9,973	292	-	-	-	-	-	-	-	-	-	-
豊 水	(17)	84	24,459	291	-	-	-	-	-	-	-	-	-	-
二 十 世 紀	(18)	4	1,122	264	-	-	-	-	-	-	-	-	-	-
新 高	(19)	54	17,399	323	-	-	-	-	-	-	-	-	-	-
その他のなし	(20)	89	29,445	331	0	317	-	-	-	-	-	-	-	-
西 洋 な し	(21)	36	11,025	304	1	273	1	318	1	243	-	-	-	-
か き	(22)	314	65,352	208	17	443	3	485	0	334	-	-	-	-
甘 が き	(23)	261	56,365	216	17	443	3	485	0	334	-	-	-	-
渋がき（脱渋を含む。）	(24)	53	8,987	168	-	-	-	-	-	-	-	-	-	-
び わ	(25)	2	2,804	1,143	0	1,890	0	720	0	2,749	1	1,042	1	1,310
も も	(26)	191	106,624	559	-	-	-	-	-	-	-	-	3	750
す も も	(27)	29	16,316	561	-	-	-	-	-	-	-	-	0	1,220
お う と う	(28)	10	13,816	1,416	-	-	-	-	0	5,275	0	5,530	0	3,578
う め	(29)	33	14,054	422	-	-	-	-	-	-	-	-	16	447
ぶ ど う	(30)	212	171,069	809	0	1,014	-	-	-	-	-	-	2	1,869
デ ラ ウ ェ ア	(31)	19	20,391	1,100	-	-	-	-	-	-	-	-	1	1,797
巨 峰	(32)	107	87,315	813	0	1,014	-	-	-	-	-	-	0	2,783
その他のぶどう	(33)	86	63,363	740	-	-	-	-	-	-	-	-	1	2,060
く り	(34)	15	11,416	778	-	-	-	-	-	-	-	-	-	-
い ち ご	(35)	205	265,102	1,292	29	1,600	35	1,572	49	1,256	56	796	11	1,010
メ ロ ン	(36)	230	109,575	476	2	1,288	2	1,418	3	1,131	13	608	43	472
温 室 メ ロ ン	(37)	76	44,992	593	2	1,243	2	1,389	2	1,517	2	1,326	2	910
アンデスメロン	(38)	3	1,105	407	-	-	-	-	0	541	0	675	1	452
その他のメロン（まくわうりを含む。）	(39)	152	63,478	418	0	1,590	0	1,982	1	672	11	494	40	449
す い か	(40)	1,090	160,068	147	-	-	-	-	1	323	35	233	150	193
キウイフルーツ	(41)	66	33,064	499	16	470	20	487	12	517	7	559	0	303
その他の国産果実	(42)	53	66,512	1,250	0	1,159	0	1,012	0	2,917	1	3,365	4	2,212
輸 入 果 実 計	(43)	2,825	690,652	245	180	227	202	227	241	246	262	258	276	274
バ ナ ナ	(44)	1,808	357,135	198	123	199	143	203	161	207	165	212	165	212
パインアップル	(45)	201	46,959	234	13	235	13	237	19	236	17	226	18	235
レ モ ン	(46)	152	52,398	345	10	337	11	287	12	358	13	354	13	359
グレープフルーツ	(47)	120	25,583	213	13	190	8	183	7	245	7	250	7	229
オ レ ン ジ	(48)	315	84,892	270	14	262	18	295	28	305	38	309	43	303
輸 入 お う と う	(49)	3	3,627	1,384	-	-	-	-	-	-	0	1,845	1	1,594
輸入キウイフルーツ	(50)	95	54,975	578	0	603	0	521	0	543	6	617	15	602
輸 入 メ ロ ン	(51)	32	5,636	176	1	363	3	155	4	157	5	181	3	149
その他の輸入果実	(52)	100	59,448	596	6	570	6	538	10	598	12	531	11	567

6月		7月		8月		9月		10月		11月		12月		
数量	価格	数量	価格	数量	価格	数量	価格	数量	価格	数量	価格	数量	価格	
t	円/kg	t	円/kg	t	円/kg	t	円/kg	t	円/kg	t	円/kg	t	円/kg	
755	280	825	332	824	316	679	324	914	270	896	231	924	291	(1)
508	286	589	357	594	339	455	360	679	283	658	238	670	324	(2)
3	1,063	6	881	8	599	70	197	281	170	294	177	327	214	(3)
-	-	-	-	-	-	-	-	-	-	0	792	3	451	(4)
3	287	-	-	-	-	-	-	-	-	-	-	-	-	(5)
-	-	-	-	-	-	-	-	-	-	-	-	0	232	(6)
-	-	-	-	-	-	-	-	-	-	-	-	1	149	(7)
1	754	0	1,127	2	348	5	199	4	220	8	264	43	415	(8)
66	339	54	357	53	359	147	309	204	348	180	334	174	341	(9)
-	-	-	-	14	313	93	303	8	300	1	276	-	-	(10)
20	324	24	379	11	375	1	328	1	282	17	316	8	327	(11)
4	233	2	282	0	213	-	-	3	263	11	241	12	271	(12)
40	361	26	349	8	400	2	376	35	371	105	364	135	354	(13)
2	259	3	282	20	368	52	318	157	348	46	296	18	296	(14)
-	-	3	374	74	288	96	313	76	334	8	325	7	225	(15)
-	-	3	371	31	285	-	-	-	-	-	-	-	-	(16)
-	-	-	-	38	291	46	291	0	292	0	141	-	-	(17)
-	-	-	-	1	365	3	239	0	239	-	-	-	-	(18)
-	-	-	-	-	-	19	316	34	327	0	531	-	-	(19)
-	-	0	511	4	265	28	354	41	342	8	322	7	225	(20)
-	-	-	-	2	269	3	265	13	349	8	281	7	280	(21)
-	-	0	734	0	775	20	214	61	209	139	173	74	203	(22)
-	-	-	-	0	713	19	205	50	208	101	184	72	204	(23)
-	-	0	734	0	1,242	1	349	11	218	39	146	3	187	(24)
0	995	-	-	-	-	-	-	-	-	-	-	-	-	(25)
29	514	89	633	63	479	7	451	0	360	-	-	-	-	(26)
10	529	13	629	4	501	3	438	0	601	-	-	-	-	(27)
8	1,407	2	1,263	-	-	-	-	-	-	-	-	-	-	(28)
17	398	-	-	-	-	-	-	-	-	-	-	-	-	(29)
8	1,397	30	1,064	89	677	64	745	18	889	1	773	0	497	(30)
5	1,288	10	963	2	832	0	835	-	-	-	-	-	-	(31)
2	1,613	14	1,190	43	722	42	730	6	959	0	848	0	497	(32)
1	1,543	6	955	44	626	22	775	12	852	0	758	-	-	(33)
-	-	-	-	0	655	9	708	5	920	0	927	0	928	(34)
1	678	0	345	-	-	-	-	0	2,422	3	1,615	22	1,925	(35)
45	399	38	446	49	395	13	366	10	561	7	514	5	848	(36)
2	788	17	470	23	433	8	401	5	624	7	511	5	878	(37)
1	293	1	317	-	-	-	-	-	-	-	-	0	265	(38)
42	385	21	428	26	362	5	310	5	491	0	586	0	467	(39)
312	129	337	135	239	146	12	87	1	244	3	227	1	192	(40)
0	554	-	-	-	-	0	360	1	585	3	442	6	520	(41)
7	1,644	17	1,376	11	768	5	819	4	651	3	526	1	591	(42)
247	268	236	270	230	256	224	249	235	230	238	215	254	203	(43)
154	219	139	219	127	201	136	201	159	187	168	169	169	152	(44)
19	249	19	235	17	242	16	258	16	237	18	205	16	218	(45)
14	350	15	359	16	340	12	336	12	310	10	361	13	374	(46)
9	220	14	206	16	202	11	205	6	204	4	269	18	217	(47)
28	281	25	259	30	236	27	224	24	229	21	217	20	274	(48)
1	1,197	0	1,342	-	-	-	-	-	-	-	-	-	-	(49)
12	585	15	584	15	577	10	543	9	544	7	572	6	567	(50)
4	91	3	131	1	251	2	225	2	214	2	212	3	232	(51)
7	690	7	679	8	599	9	647	7	749	8	639	10	448	(52)

3 卸売市場別の月別果実の卸売数量・価額・価格（続き）

(81) 佐賀市青果市場

品目		計			1月		2月		3月		4月		5月	
		数量	価額	価格	数量	価格	数量	価格	数量	価格	数量	価格	数量	価格
		t	千円	円/kg	t	円/kg	t	円/kg	t	円/kg	t	円/kg	t	円/kg
果実計	(1)	7,496	2,815,780	376	441	440	549	424	588	406	572	392	520	405
国産果実計	(2)	5,354	2,169,678	405	341	488	433	465	430	457	388	445	300	468
みかん	(3)	696	198,918	286	79	253	96	282	45	320	0	123	4	1,429
ネーブルオレンジ（国産）	(4)	3	554	204	1	212	1	167	-	-	0	262	-	-
甘なつみかん	(5)	108	19,138	177	-	-	0	281	10	152	59	205	26	155
いよかん	(6)	66	13,134	198	27	200	25	184	5	213	0	197	0	137
はっさく	(7)	39	6,433	163	6	203	22	156	9	154	2	167	-	-
その他の雑かん	(8)	177	68,977	390	21	418	36	401	44	342	32	415	9	303
りんご	(9)	1,777	614,299	346	133	316	171	325	223	286	163	353	107	427
つがる	(10)	249	73,761	297	-	-	-	-	-	-	-	-	-	-
ジョナゴールド	(11)	290	112,523	389	23	331	16	362	25	305	21	418	34	411
王林	(12)	109	32,273	297	16	289	28	298	31	280	14	332	15	312
ふじ	(13)	944	334,500	354	92	318	126	326	164	284	128	344	59	465
その他のりんご	(14)	185	61,242	330	1	232	2	281	4	289	0	704	0	758
日本なし	(15)	245	93,031	379	0	270	0	241	0	199	-	-	-	-
幸水	(16)	72	30,920	430	-	-	-	-	-	-	-	-	-	-
豊水	(17)	94	32,408	345	-	-	-	-	-	-	-	-	-	-
二十世紀	(18)	4	1,097	288	-	-	-	-	-	-	-	-	-	-
新高	(19)	33	11,912	359	-	-	-	-	-	-	-	-	-	-
その他のなし	(20)	43	16,695	391	0	270	0	241	0	199	-	-	-	-
西洋なし	(21)	30	9,887	334	-	-	-	-	-	-	-	-	-	-
かき	(22)	458	117,341	256	4	509	2	488	-	-	-	-	-	-
甘がき	(23)	211	57,923	274	4	509	2	488	-	-	-	-	-	-
渋がき（脱渋を含む。）	(24)	247	59,419	241	-	-	-	-	-	-	-	-	-	-
びわ	(25)	1	1,594	1,652	0	2,430	0	2,445	0	1,841	0	1,837	0	2,050
もも	(26)	133	73,837	555	-	-	-	-	-	-	-	-	2	1,360
すもも	(27)	36	21,041	581	-	-	-	-	-	-	-	-	0	1,120
おうとう	(28)	11	17,479	1,527	-	-	-	-	-	-	0	6,538	0	4,838
うめ	(29)	14	4,934	361	-	-	-	-	-	-	-	-	4	571
ぶどう	(30)	173	161,650	934	-	-	-	-	-	-	-	-	1	1,893
デラウェア	(31)	21	22,086	1,063	-	-	-	-	-	-	-	-	1	1,893
巨峰	(32)	96	87,119	912	-	-	-	-	-	-	-	-	-	-
その他のぶどう	(33)	57	52,445	923	-	-	-	-	-	-	-	-	-	-
くり	(34)	6	4,725	739	-	-	-	-	-	-	-	-	-	-
いちご	(35)	358	424,249	1,184	50	1,483	62	1,346	77	1,136	81	744	32	902
メロン	(36)	289	126,647	439	2	1,219	3	1,085	5	860	24	589	47	418
温室メロン	(37)	7	8,681	1,248	0	1,681	0	1,505	1	1,669	1	1,541	1	933
アンデスメロン	(38)	8	3,421	428	-	-	1	613	1	584	-	-	2	454
その他のメロン（まくわうりを含む。）	(39)	274	114,544	419	2	1,139	2	1,128	3	730	23	550	45	409
すいか	(40)	617	117,672	191	0	399	0	562	1	491	18	345	61	286
キウイフルーツ	(41)	49	29,729	611	16	543	12	618	7	718	4	755	-	-
その他の国産果実	(42)	67	44,407	659	1	675	2	418	3	426	4	1,257	4	1,346
輸入果実計	(43)	2,143	646,102	302	101	278	116	270	158	269	184	281	220	320
バナナ	(44)	876	198,418	227	60	231	68	223	79	225	81	227	85	238
パインアップル	(45)	237	47,022	199	10	201	12	201	21	202	24	203	26	209
レモン	(46)	124	42,413	341	8	421	6	411	10	370	9	330	12	335
グレープフルーツ	(47)	152	35,698	235	5	284	6	298	10	274	9	257	11	261
オレンジ	(48)	335	87,636	261	9	305	16	306	25	327	33	287	41	278
輸入おうとう	(49)	4	6,927	1,540	0	2,111	-	-	-	-	0	1,587	2	1,460
輸入キウイフルーツ	(50)	274	149,623	547	0	270	-	-	0	236	10	565	29	578
輸入メロン	(51)	18	3,631	200	0	335	1	318	3	130	4	185	0	188
その他の輸入果実	(52)	123	74,733	610	8	532	8	577	11	527	13	522	14	510

	6月		7月		8月		9月		10月		11月		12月		
	数量	価格	数量	価格	数量	価格	数量	価格	数量	価格	数量	価格	数量	価格	
	t	円/kg	t	円/kg	t	円/kg	t	円/kg	t	円/kg	t	円/kg	t	円/kg	
	561	400	583	389	845	367	740	333	724	324	650	313	723	373	(1)
	342	434	386	413	625	384	545	335	543	326	486	329	535	422	(2)
	9	1,078	15	918	11	838	28	271	113	222	130	210	166	233	(3)
	-	-	-	-	-	-	-	-	-	-	-	-	0	215	(4)
	8	144	5	47	-	-							-	-	(5)
	-	-	-	-	-	-							9	228	(6)
															(7)
	2	200	0	58	-	-	0	505	1	481	2	363	29	438	(8)
	79	441	64	420	105	406	234	295	183	353	139	342	174	365	(9)
	-	-	-	-	20	320	205	294	24	302	-	-	-	-	(10)
	27	411	32	405	74	423	0	328	1	423	9	352	26	353	(11)
	5	284	-	-	-	-	-	-	-	-	1	298	-	-	(12)
	47	475	32	432	10	432	1	239	71	394	70	348	145	369	(13)
	0	758	0	821	1	530	27	307	87	334	59	333	3	329	(14)
	-	-	25	522	100	386	81	320	33	392	4	418	2	383	(15)
	-	-	25	522	45	388	2	269	-	-	-	-	-	-	(16)
	-	-	-	-	50	384	44	302	0	324	-	-	-	-	(17)
	-	-	-	-	1	298	3	293	0	164	-	-	-	-	(18)
	-	-	-	-	-	-	15	327	18	386	-	-	-	-	(19)
	-	-	-	-	5	404	16	376	15	401	4	418	2	383	(20)
	-	-	-	-	-	-	4	254	10	372	11	343	5	295	(21)
	-	-	-	-	-	-	33	308	166	234	163	246	89	281	(22)
	-	-	-	-	-	-	9	217	19	220	94	264	83	286	(23)
	-	-	-	-	-	-	24	342	147	235	69	221	5	197	(24)
	0	1,091	-	-	-	-	-	-	-	-	-	-	-	-	(25)
	18	679	31	634	54	493	27	439	0	542	-	-	-	-	(26)
	7	652	11	631	14	493	5	586	-	-	-	-	-	-	(27)
	9	1,495	2	1,122	-	-	-	-	-	-	-	-	-	-	(28)
	10	274	-	-	-	-	-	-	-	-	-	-	-	-	(29)
	13	1,245	25	1,071	60	773	45	783	21	1,107	9	1,397	0	1,625	(30)
	10	1,210	6	964	4	564	-	-	-	-	-	-	-	-	(31)
	2	1,320	12	1,182	37	837	29	801	13	1,010	2	1,094	-	-	(32)
	0	1,983	7	960	20	694	15	748	8	1,253	6	1,520	0	1,625	(33)
	-	-	-	-	0	646	5	728	1	775	0	1,148	-	-	(34)
	2	1,002	-	-	-	-	-	-	-	-	15	1,346	40	1,719	(35)
	57	347	42	414	56	391	28	302	10	485	6	515	9	840	(36)
	1	853	0	1,138	0	1,015	1	672	1	906	0	958	1	1,749	(37)
	3	333	1	404	0	350	-	-	-	-	-	-	-	-	(38)
	54	341	40	410	55	386	27	294	9	463	5	481	9	765	(39)
	123	208	160	166	205	179	48	90	0	464	0	665	0	434	(40)
	1	687	-	-	-	-	-	-	1	672	5	495	4	662	(41)
	4	1,161	6	1,001	20	547	8	380	4	527	3	434	7	250	(42)
	219	346	197	341	220	319	194	325	181	317	164	268	188	236	(43)
	79	249	64	253	65	250	61	247	70	237	78	195	85	162	(44)
	25	219	21	218	22	228	17	202	15	185	18	156	26	153	(45)
	10	377	11	361	14	323	10	305	10	286	13	283	11	360	(46)
	9	255	20	215	28	206	18	194	10	245	10	254	17	233	(47)
	36	258	30	259	41	235	35	226	28	232	17	237	25	241	(48)
	2	1,593	1	1,515	0	1,580	-	-	-	-	-	-	0	2,268	(49)
	46	544	42	560	37	562	44	536	31	516	17	531	16	530	(50)
	3	184	1	172	1	261	-	-	4	235	1	204	0	343	(51)
	9	749	7	750	11	673	10	677	13	709	9	668	8	471	(52)

3 卸売市場別の月別果実の卸売数量・価額・価格（続き）
(82) 長崎市中央卸売市場

品目		計			1月		2月		3月		4月		5月	
		数量	価額	価格	数量	価格	数量	価格	数量	価格	数量	価格	数量	価格
		t	千円	円/kg	t	円/kg	t	円/kg	t	円/kg	t	円/kg	t	円/kg
果実計	(1)	17,442	5,746,573	329	1,215	325	1,389	350	1,081	406	1,099	392	1,266	377
国産果実計	(2)	13,533	4,617,324	341	1,006	337	1,159	365	795	452	760	438	866	397
みかん	(3)	3,065	715,381	233	560	209	414	260	51	293	0	3,223	9	999
ネーブルオレンジ(国産)	(4)	0	50	241	-	-	0	83	-	-	-	-	-	-
甘なつみかん	(5)	100	12,752	128	-	-	0	54	15	123	51	126	26	136
いよかん	(6)	88	17,847	203	26	231	39	190	21	184	1	165	-	-
はっさく	(7)	135	19,702	146	20	148	39	133	40	152	35	152	1	146
その他の雑かん	(8)	748	214,826	287	47	359	259	271	190	259	124	265	48	334
りんご	(9)	2,670	899,094	337	230	298	283	310	261	323	213	338	204	387
つがる	(10)	242	75,258	311	-	-	-	-	-	-	-	-	-	-
ジョナゴールド	(11)	514	189,302	369	34	329	51	337	45	358	56	376	80	379
王林	(12)	208	60,526	291	29	275	39	276	29	285	23	318	24	300
ふじ	(13)	1,208	411,751	341	158	297	181	314	182	322	132	327	99	417
その他のりんご	(14)	498	162,256	326	10	276	12	240	5	270	3	289	1	288
日本なし	(15)	707	242,340	343	3	289	2	240	0	225	-	-	-	-
幸水	(16)	45	18,075	400	-	-	-	-	-	-	-	-	-	-
豊水	(17)	353	117,905	334	-	-	-	-	-	-	-	-	-	-
二十世紀	(18)	42	12,101	285	-	-	-	-	-	-	-	-	-	-
新高	(19)	95	31,339	330	-	-	-	-	-	-	-	-	-	-
その他のなし	(20)	171	62,919	368	3	289	2	240	0	225	-	-	-	-
西洋なし	(21)	56	19,297	344	3	348	0	265	-	-	-	-	-	-
かき	(22)	946	243,847	258	22	451	7	462	1	679	-	-	-	-
甘がき	(23)	548	136,367	249	22	447	7	462	1	679	-	-	-	-
渋がき(脱渋を含む。)	(24)	398	107,480	270	0	1,721	-	-	-	-	-	-	-	-
びわ	(25)	75	96,606	1,280	0	4,213	0	3,277	5	1,870	32	1,271	34	1,226
もも	(26)	435	226,636	522	-	-	-	-	-	-	-	-	3	1,472
すもも	(27)	55	31,286	569	-	-	-	-	-	-	-	-	0	1,101
おうとう	(28)	17	28,064	1,650	-	-	-	-	-	-	0	5,450	1	4,133
うめ	(29)	26	11,351	437	-	-	-	-	-	-	-	-	7	374
ぶどう	(30)	332	317,577	957	-	-	-	-	-	-	0	4,108	4	1,912
デラウェア	(31)	47	45,113	964	-	-	-	-	-	-	0	4,108	4	1,910
巨峰	(32)	152	137,046	901	-	-	-	-	-	-	-	-	0	1,900
その他のぶどう	(33)	133	135,418	1,020	-	-	-	-	-	-	-	-	0	3,240
くり	(34)	9	7,637	882	-	-	-	-	-	-	-	-	-	-
いちご	(35)	558	593,997	1,064	61	1,459	84	1,374	159	936	156	626	23	876
メロン	(36)	875	401,223	458	7	1,390	8	1,208	19	942	71	554	181	385
温室メロン	(37)	17	22,372	1,344	1	1,734	1	1,637	2	1,859	2	1,609	2	960
アンデスメロン	(38)	5	2,322	466	-	-	1	681	0	720	0	529	1	548
その他のメロン(まくわうりを含む。)	(39)	854	376,529	441	6	1,335	6	1,172	17	839	69	523	178	379
すいか	(40)	2,489	401,980	161	1	328	1	404	4	453	60	336	323	253
キウイフルーツ	(41)	112	73,642	656	27	640	21	631	29	687	16	769	-	-
その他の国産果実	(42)	34	42,190	1,233	0	333	0	1,384	0	3,636	1	3,445	2	2,580
輸入果実計	(43)	3,909	1,129,249	289	209	265	231	277	286	278	340	290	399	335
バナナ	(44)	1,627	346,699	213	110	215	116	229	134	226	143	227	148	235
パインアップル	(45)	474	103,438	218	29	233	34	229	39	227	51	220	40	241
レモン	(46)	270	99,737	370	16	388	17	391	20	379	20	372	22	399
グレープフルーツ	(47)	220	51,764	236	7	302	10	269	14	255	12	256	20	245
オレンジ	(48)	605	173,416	287	26	299	30	324	47	317	55	314	69	306
輸入おうとう	(49)	7	9,675	1,486	0	2,052	-	-	-	-	1	1,626	4	1,443
輸入キウイフルーツ	(50)	362	185,117	511	2	535	2	401	1	572	17	603	54	581
輸入メロン	(51)	50	11,621	232	1	432	4	294	6	215	7	201	4	187
その他の輸入果実	(52)	295	147,783	500	17	417	18	473	25	496	34	430	40	431

	6月		7月		8月		9月		10月		11月		12月		
	数量	価格	数量	価格	数量	価格	数量	価格	数量	価格	数量	価格	数量	価格	
	t	円/kg	t	円/kg	t	円/kg	t	円/kg	t	円/kg	t	円/kg	t	円/kg	
	1,455	307	1,863	293	1,646	359	1,374	327	1,484	312	1,613	261	1,956	308	(1)
	1,092	301	1,509	287	1,281	373	1,048	337	1,150	321	1,264	267	1,602	326	(2)
	33	632	57	562	52	510	149	186	327	162	497	199	918	227	(3)
	-	-	-	-	-	-	-	-	-	-	0	792	0	567	(4)
	7	123	0	99	-	-	-	-	-	-	-	-	-	-	(5)
	-	-	-	-	-	-	-	-	-	-	-	-	2	291	(6)
	-	-	-	-	-	-	-	-	-	-	-	-	-	-	(7)
	9	370	1	589	2	381	2	380	2	468	7	491	57	348	(8)
	131	390	111	434	105	383	245	306	343	341	258	327	285	321	(9)
	-	-	-	-	45	329	181	306	16	316	-	-	-	-	(10)
	62	382	58	420	30	468	-	-	19	296	38	320	40	333	(11)
	7	270	4	360	3	345	-	-	5	215	16	292	30	307	(12)
	58	414	47	449	17	428	1	418	39	388	102	352	193	318	(13)
	2	353	3	536	10	302	63	304	264	341	103	310	22	349	(14)
	0	914	24	518	226	351	294	306	122	376	26	375	9	350	(15)
	0	914	18	514	26	313	-	-	-	-	-	-	-	-	(16)
	-	-	4	570	172	368	177	296	1	282	-	-	-	-	(17)
	-	-	-	-	8	349	30	262	4	317	-	-	-	-	(18)
	-	-	-	-	-	-	34	293	61	350	-	-	-	-	(19)
	-	-	1	413	19	256	54	372	56	410	26	375	9	350	(20)
	-	-	-	-	1	303	4	243	14	407	20	329	13	339	(21)
	-	-	1	1,081	3	797	85	291	249	270	387	228	192	242	(22)
	-	-	-	-	-	-	54	217	98	256	220	226	146	249	(23)
	-	-	1	1,081	3	797	30	423	150	280	166	230	46	220	(24)
	4	940	-	-	-	-	-	-	-	-	-	-	-	-	(25)
	35	773	143	603	222	421	32	505	-	-	-	-	-	-	(26)
	9	711	21	581	17	454	6	587	0	967	-	-	-	-	(27)
	12	1,463	4	1,317	-	-	-	-	-	-	-	-	-	-	(28)
	19	461	0	794	-	-	-	-	-	-	-	-	-	-	(29)
	15	1,343	44	1,180	122	802	92	830	44	1,159	9	1,171	2	1,092	(30)
	10	1,225	16	938	13	646	4	513	-	-	-	-	-	-	(31)
	4	1,527	18	1,271	65	787	41	774	21	1,065	3	993	0	968	(32)
	1	1,697	11	1,380	43	873	47	907	23	1,244	5	1,286	2	1,112	(33)
	-	-	-	-	1	805	7	831	1	1,098	0	1,405	-	-	(34)
	6	612	1	2,451	0	2,623	0	2,508	0	2,729	6	1,717	63	1,678	(35)
	148	370	128	467	140	370	49	357	34	522	44	495	47	684	(36)
	1	955	2	1,154	2	928	1	911	1	1,090	1	1,386	1	2,196	(37)
	1	363	2	396	0	248	-	-	-	-	-	-	-	-	(38)
	146	365	125	458	138	363	47	340	33	500	43	478	46	654	(39)
	664	160	969	118	381	177	74	92	5	269	5	245	1	300	(40)
	-	-	-	-	-	-	0	496	3	618	3	396	12	598	(41)
	2	2,678	4	1,747	9	894	8	817	5	850	2	755	1	727	(42)
	363	324	353	321	365	311	325	296	334	281	349	239	354	227	(43)
	137	239	123	239	121	238	117	232	135	212	168	163	176	142	(44)
	41	242	45	234	31	246	35	231	40	202	45	162	44	177	(45)
	25	408	25	402	30	372	25	318	23	308	26	304	22	422	(46)
	23	224	24	212	31	208	19	211	23	218	23	252	13	290	(47)
	65	296	63	286	68	275	62	241	48	251	37	254	34	294	(48)
	1	1,689	0	1,003	-	-	-	-	-	-	-	-	-	-	(49)
	52	533	56	512	61	466	44	473	30	482	23	498	23	475	(50)
	3	165	1	220	3	249	5	214	8	233	3	263	5	248	(51)
	17	604	17	670	21	554	18	687	26	627	25	551	37	330	(52)

3　卸売市場別の月別果実の卸売数量・価額・価格（続き）
(83)　佐世保市青果市場

品目		計			1月		2月		3月		4月		5月	
		数量	価額	価格	数量	価格	数量	価格	数量	価格	数量	価格	数量	価格
		t	千円	円／kg	t	円／kg	t	円／kg	t	円／kg	t	円／kg	t	円／kg
果実計	(1)	**7,746**	**2,459,614**	**318**	**618**	**286**	**623**	**320**	**602**	**369**	**547**	**348**	**579**	**347**
国産果実計	(2)	**4,120**	**1,423,335**	**345**	**392**	**313**	**350**	**367**	**287**	**469**	**225**	**446**	**213**	**412**
みかん	(3)	1,085	202,990	187	199	193	97	216	15	273	1	236	1	978
ネーブルオレンジ(国産)	(4)	2	419	175	1	192	1	151	0	198	-	-	-	-
甘なつみかん	(5)	38	4,321	113	-	-	0	36	3	139	20	130	13	85
いよかん	(6)	26	5,084	192	8	226	11	183	5	158	1	135	-	-
はっさく	(7)	27	4,228	157	3	207	9	140	12	143	2	190	-	-
その他の雑かん	(8)	216	51,893	240	22	232	62	247	52	232	26	212	12	284
りんご	(9)	1,046	363,401	347	101	305	113	319	111	349	96	362	63	421
つがる	(10)	83	25,377	307	-	-	-	-	-	-	-	-	-	-
ジョナゴールド	(11)	200	78,146	391	14	350	25	345	19	393	24	378	23	438
王林	(12)	86	28,255	330	12	350	12	327	13	319	11	312	9	324
ふじ	(13)	553	193,386	350	75	290	75	309	79	343	59	367	30	444
その他のりんご	(14)	125	38,236	306	0	320	1	305	0	319	1	267	1	301
日本なし	(15)	130	46,995	362	0	413	-	-	-	-	-	-	-	-
幸水	(16)	15	5,097	332	-	-	-	-	-	-	-	-	-	-
豊水	(17)	61	22,457	367	-	-	-	-	-	-	-	-	-	-
二十世紀	(18)	2	468	269	-	-	-	-	-	-	-	-	-	-
新高	(19)	24	8,131	342	-	-	-	-	-	-	-	-	-	-
その他のなし	(20)	28	10,842	391	0	413	-	-	-	-	-	-	-	-
西洋なし	(21)	19	5,287	285	0	269	1	223	-	-	-	-	-	-
かき	(22)	266	62,638	235	4	448	0	110	-	-	-	-	-	-
甘がき	(23)	163	35,386	217	4	448	0	110	-	-	-	-	-	-
渋がき（脱渋を含む。）	(24)	103	27,252	264	-	-	-	-	-	-	-	-	-	-
びわ	(25)	3	3,339	1,334	-	-	0	2,285	0	1,661	1	1,249	1	1,212
もも	(26)	102	53,127	521	-	-	-	-	-	-	-	-	0	1,180
すもも	(27)	18	9,462	529	-	-	-	-	-	-	-	-	0	956
おうとう	(28)	8	11,227	1,419	-	-	-	-	-	-	0	4,405	0	3,790
うめ	(29)	19	7,454	388	-	-	-	-	-	-	-	-	7	326
ぶどう	(30)	105	97,185	926	-	-	-	-	-	-	-	-	1	1,850
デラウェア	(31)	13	13,857	1,089	-	-	-	-	-	-	-	-	1	1,843
巨峰	(32)	63	57,716	921	-	-	-	-	-	-	-	-	0	2,448
その他のぶどう	(33)	30	25,612	867	-	-	-	-	-	-	-	-	-	-
くり	(34)	3	1,907	582	-	-	-	-	-	-	-	-	-	-
いちご	(35)	158	184,888	1,172	16	1,612	21	1,495	39	1,126	46	777	15	915
メロン	(36)	281	143,894	512	4	1,032	9	814	13	879	18	657	52	424
温室メロン	(37)	10	12,245	1,238	1	1,515	1	1,286	1	1,600	1	1,564	1	1,062
アンデスメロン	(38)	5	2,088	381	-	-	0	361	1	355	2	531	1	203
その他のメロン（まくわうりを含む。）	(39)	266	129,561	488	4	957	8	793	11	860	16	620	50	417
すいか	(40)	435	91,232	209	5	272	9	273	14	388	10	362	48	285
キウイフルーツ	(41)	117	55,651	476	29	441	18	658	22	673	3	786	0	741
その他の国産果実	(42)	15	16,712	1,124	0	404	0	2,301	1	1,000	0	3,664	0	2,958
輸入果実計	(43)	**3,627**	**1,036,279**	**286**	**226**	**239**	**273**	**260**	**315**	**277**	**322**	**279**	**365**	**309**
バナナ	(44)	2,182	493,739	226	169	208	193	213	193	228	199	231	204	240
パインアップル	(45)	393	84,780	216	20	225	32	216	45	210	38	198	33	223
レモン	(46)	133	53,739	403	7	461	8	453	12	425	11	402	12	399
グレープフルーツ	(47)	75	19,724	262	4	314	5	297	8	294	5	286	6	283
オレンジ	(48)	255	72,130	283	13	288	18	313	26	302	23	306	31	295
輸入おうとう	(49)	4	5,685	1,600	-	-	-	-	-	-	0	1,536	1	1,811
輸入キウイフルーツ	(50)	351	174,721	498	0	966	-	-	-	-	16	570	60	509
輸入メロン	(51)	48	10,791	223	2	344	4	296	10	194	5	189	3	185
その他の輸入果実	(52)	186	120,969	652	10	517	13	851	22	774	24	549	16	480

6月		7月		8月		9月		10月		11月		12月		
数量	価格	数量	価格	数量	価格	数量	価格	数量	価格	数量	価格	数量	価格	
t	円/kg	t	円/kg	t	円/kg	t	円/kg	t	円/kg	t	円/kg	t	円/kg	
603	359	597	350	664	358	576	327	720	278	780	238	837	278	(1)
259	405	275	395	348	401	276	361	410	275	507	229	578	291	(2)
5	584	9	477	9	528	34	190	156	131	259	165	302	190	(3)
-	-	-	-	-	-	-	-	-	-	-	-	-	-	(4)
1	92	-	-	-	-	-	-	-	-	-	-	-	-	(5)
-	-	-	-	-	-	-	-	-	-	-	-	2	240	(6)
-	-	-	-	-	-	-	-	-	-	-	-	1	257	(7)
0	924	0	1,045	1	1,016	2	502	1	407	4	396	35	190	(8)
64	401	37	460	53	410	85	301	120	329	93	315	110	340	(9)
-	-	-	-	16	361	62	294	5	304	-	-	-	-	(10)
23	398	15	450	16	491	-	-	3	334	19	327	18	369	(11)
8	375	1	381	1	373	-	-	1	501	8	284	10	326	(12)
32	412	20	473	9	485	2	343	38	379	53	324	80	336	(13)
2	355	1	447	10	295	22	317	72	303	13	286	1	343	(14)
0	734	6	413	51	367	46	345	20	371	5	389	2	292	(15)
0	734	5	402	10	293	-	-	-	-	-	-	-	-	(16)
-	-	0	591	38	391	23	324	0	339	-	-	-	-	(17)
-	-	-	-	0	377	1	258	0	162	-	-	-	-	(18)
-	-	-	-	-	-	10	326	14	353	-	-	-	-	(19)
-	-	-	-	4	326	12	411	6	421	5	389	2	292	(20)
-	-	-	-	1	304	2	201	4	309	4	316	6	284	(21)
-	-	0	918	1	661	25	279	68	257	109	215	59	207	(22)
-	-	-	-	-	-	19	245	30	231	58	201	51	198	(23)
-	-	0	918	1	661	6	392	38	278	50	233	8	259	(24)
0	1,213	-	-	-	-	-	-	-	-	-	-	-	-	(25)
15	561	26	695	46	412	14	494	-	-	-	-	-	-	(26)
3	642	8	508	5	480	2	536	0	864	-	-	-	-	(27)
5	1,447	2	1,222	0	973	-	-	-	-	-	-	-	-	(28)
12	424	-	-	-	-	-	-	-	-	-	-	-	-	(29)
6	1,298	14	1,216	43	770	28	833	12	1,082	1	1,029	0	979	(30)
5	1,232	4	1,057	3	584	0	712	-	-	-	-	-	-	(31)
1	1,506	8	1,281	27	777	17	847	8	1,115	1	1,011	-	-	(32)
0	1,692	2	1,266	13	794	10	812	4	1,008	0	1,114	0	979	(33)
-	-	-	-	0	505	3	588	1	577	-	-	-	-	(34)
3	718	-	-	-	-	-	-	-	-	2	1,799	17	1,825	(35)
48	439	36	464	38	423	17	371	14	510	10	538	20	677	(36)
1	932	1	1,185	1	1,081	1	913	1	1,001	1	1,070	1	1,814	(37)
0	273	1	408	0	342	-	-	-	-	-	-	0	229	(38)
47	428	35	448	37	409	17	343	14	483	10	489	19	638	(39)
93	206	132	160	99	204	15	114	8	254	3	236	1	201	(40)
-	-	-	-	-	-	-	-	3	381	18	285	23	300	(41)
0	1,997	3	1,447	3	947	4	730	2	1,015	1	856	1	1,087	(42)
344	325	322	312	316	311	300	295	311	281	273	255	260	250	(43)
186	244	168	247	167	244	178	238	189	223	175	198	160	198	(44)
34	232	41	229	32	241	29	233	33	205	28	184	28	193	(45)
13	408	13	414	14	419	11	364	11	337	9	346	12	426	(46)
4	250	8	225	13	225	8	226	6	237	4	292	4	308	(47)
30	261	24	265	23	267	17	291	20	261	16	263	13	290	(48)
1	1,538	1	1,330	-	-	-	-	-	-	-	-	-	-	(49)
55	499	54	493	55	500	44	469	31	484	21	484	15	513	(50)
4	226	3	176	4	234	3	212	6	227	3	241	3	244	(51)
17	824	11	736	9	770	11	700	14	821	15	654	24	374	(52)

3 卸売市場別の月別果実の卸売数量・価額・価格（続き）
(84) 熊本市青果市場

品目		計			1月		2月		3月		4月		5月	
		数量	価額	価格	数量	価格	数量	価格	数量	価格	数量	価格	数量	価格
		t	千円	円/kg	t	円/kg	t	円/kg	t	円/kg	t	円/kg	t	円/kg
果 実 計	(1)	46,962	13,034,584	278	3,191	287	3,368	299	3,373	320	3,248	286	4,715	274
国 産 果 実 計	(2)	34,665	10,273,411	296	2,420	310	2,547	323	2,395	356	2,207	311	3,495	277
み か ん	(3)	9,487	1,926,540	203	1,176	189	665	209	34	126	0	406	7	1,058
ネーブルオレンジ(国産)	(4)	162	26,494	163	12	167	54	163	72	158	17	137	2	56
甘なつみかん	(5)	358	45,107	126	1	192	32	113	126	131	136	116	62	143
い よ か ん	(6)	106	17,723	167	33	195	43	173	29	126	0	37	-	-
は っ さ く	(7)	249	33,871	136	46	167	82	141	97	116	14	112	1	24
その他の雑かん	(8)	2,642	736,168	279	324	284	648	255	666	249	272	243	197	231
り ん ご	(9)	5,335	1,702,384	319	416	278	520	295	557	309	472	322	488	350
つ が る	(10)	646	200,502	311	-	-	-	-	-	-	-	-	-	-
ジョナゴールド	(11)	518	176,557	341	21	326	37	304	50	307	36	326	66	359
王 林	(12)	441	114,452	260	54	244	69	251	66	241	47	262	63	259
ふ じ	(13)	2,611	864,953	331	297	282	356	308	406	316	332	328	231	378
その他のりんご	(14)	1,119	345,920	309	45	269	57	260	35	361	56	337	128	340
日 本 な し	(15)	1,416	391,795	277	1	316	-	-	-	-	-	-	-	-
幸 水	(16)	226	50,324	223	-	-	-	-	-	-	-	-	-	-
豊 水	(17)	411	96,801	236	-	-	-	-	-	-	-	-	-	-
二 十 世 紀	(18)	13	3,840	287	-	-	-	-	-	-	-	-	-	-
新 高	(19)	372	124,335	334	-	-	-	-	-	-	-	-	-	-
その他のなし	(20)	393	116,496	296	1	316	-	-	-	-	-	-	-	-
西 洋 な し	(21)	51	16,238	321	1	456	-	-	-	-	-	-	-	-
か き	(22)	1,514	319,349	211	30	464	1	456	-	-	-	-	-	-
甘 が き	(23)	1,016	222,077	219	29	471	1	456	-	-	-	-	-	-
渋がき(脱渋を含む。)	(24)	498	97,272	195	1	225	-	-	-	-	-	-	-	-
び わ	(25)	4	6,008	1,554	0	4,450	0	3,977	1	1,715	1	1,681	2	1,338
も も	(26)	520	276,841	532	-	-	-	-	-	-	-	-	3	1,092
す も も	(27)	105	64,867	621	-	-	-	-	-	-	-	-	1	1,103
お う と う	(28)	44	70,018	1,579	-	-	-	-	-	-	0	6,192	1	3,681
う め	(29)	137	49,201	358	-	-	-	-	-	-	-	-	64	373
ぶ ど う	(30)	819	716,979	876	-	-	-	-	-	-	0	5,854	8	2,043
デラウェア	(31)	91	89,466	980	-	-	-	-	-	-	0	5,854	7	1,928
巨 峰	(32)	388	310,591	800	-	-	-	-	-	-	-	-	1	2,561
その他のぶどう	(33)	339	316,922	935	-	-	-	-	-	-	-	-	0	2,858
く り	(34)	194	158,726	820	-	-	-	-	-	-	-	-	-	-
い ち ご	(35)	1,970	1,403,280	712	267	851	324	795	557	623	421	423	72	489
メ ロ ン	(36)	3,509	1,167,716	333	61	618	102	401	161	500	230	435	1,196	289
温室メロン	(37)	-	-	-	-	-	-	-	-	-	-	-	-	-
アンデスメロン	(38)	264	115,743	438	9	257	35	484	70	626	47	584	62	283
その他のメロン(まくわうりを含む。)	(39)	3,245	1,051,973	324	52	685	67	358	91	404	183	396	1,134	290
す い か	(40)	5,709	921,622	161	12	216	13	279	54	340	630	252	1,376	208
キウイフルーツ	(41)	129	73,687	571	31	577	47	579	24	596	5	585	-	-
その他の国産果実	(42)	206	148,796	722	10	424	17	338	17	337	9	800	17	1,060
輸 入 果 実 計	(43)	12,298	2,761,173	225	771	216	821	225	978	232	1,041	231	1,220	264
バ ナ ナ	(44)	7,593	1,181,394	156	543	152	573	169	641	181	659	178	676	187
パインアップル	(45)	966	175,195	181	54	183	59	188	85	177	87	170	96	190
レ モ ン	(46)	472	171,390	363	27	383	32	383	41	382	36	367	41	369
グレープフルーツ	(47)	291	65,425	225	12	275	17	249	20	239	17	237	23	235
オ レ ン ジ	(48)	694	179,245	258	37	266	37	300	54	300	67	290	76	280
輸入おうとう	(49)	12	14,496	1,251	0	2,286	-	-	-	-	0	1,492	6	1,340
輸入キウイフルーツ	(50)	999	465,767	466	18	565	26	497	38	519	64	498	187	447
輸入メロン	(51)	46	8,111	175	1	343	5	204	10	128	8	168	7	111
その他の輸入果実	(52)	1,226	500,150	408	78	514	73	483	88	433	103	377	108	401

	6月		7月		8月		9月		10月		11月		12月		
	数量	価格	数量	価格	数量	価格	数量	価格	数量	価格	数量	価格	数量	価格	
	t	円/kg	t	円/kg	t	円/kg	t	円/kg	t	円/kg	t	円/kg	t	円/kg	
	4,060	257	3,248	329	3,431	306	3,664	284	4,201	245	4,941	219	5,523	272	(1)
	2,959	252	2,141	366	2,289	337	2,634	307	3,158	261	3,941	231	4,479	301	(2)
	31	803	110	771	78	687	430	183	1,713	172	2,535	187	2,708	201	(3)
	-	-	-	-	-	-	-	-	-	-	-	-	5	340	(4)
	2	118	1	74	-	-	-	-	-	-	-	-	-	-	(5)
	-	-	-	-	-	-	-	-	-	-	-	-	0	221	(6)
	-	-	-	-	-	-	-	-	-	-	-	-	9	204	(7)
	13	165	7	248	9	297	11	284	17	241	54	220	425	415	(8)
	343	355	247	348	230	344	490	285	588	329	482	331	500	316	(9)
	-	-	-	-	109	327	356	290	147	348	34	315	0	95	(10)
	79	357	104	355	48	375	0	125	5	341	40	308	30	325	(11)
	17	238	4	256	2	351	-	-	11	237	39	306	68	278	(12)
	134	383	75	348	13	367	0	868	157	367	249	364	361	323	(13)
	113	339	63	343	58	346	134	272	269	300	120	281	41	320	(14)
	-	-	80	268	494	231	521	259	251	398	42	322	27	290	(15)
	-	-	72	268	154	202	-	-	-	-	-	-	-	-	(16)
	-	-	-	-	282	237	128	232	1	271	-	-	-	-	(17)
	-	-	-	-	-	-	12	297	1	248	0	26	-	-	(18)
	-	-	-	-	-	-	206	258	165	429	2	344	-	-	(19)
	-	-	8	263	58	280	175	276	84	340	40	325	27	290	(20)
	-	-	-	-	1	293	10	274	18	347	13	348	7	264	(21)
	-	-	0	1,080	0	575	173	203	384	247	588	188	337	190	(22)
	-	-	-	-	0	217	137	163	253	242	362	213	234	203	(23)
	-	-	0	1,080	0	783	36	356	131	257	227	150	103	159	(24)
	0	1,397	-	-	-	-	-	-	-	-	-	-	-	-	(25)
	60	579	215	586	199	453	44	525	-	-	-	-	-	-	(26)
	26	687	31	657	33	519	13	615	0	702	-	-	-	-	(27)
	26	1,544	17	1,435	0	1,148	-	-	-	-	-	-	-	-	(28)
	74	345	0	495	-	-	0	162	-	-	-	-	-	-	(29)
	47	1,245	168	979	292	732	222	768	71	1,142	9	1,230	1	884	(30)
	22	1,199	34	896	24	656	5	858	-	-	-	-	-	-	(31)
	17	1,131	101	930	164	698	81	703	23	981	1	960	0	367	(32)
	7	1,647	34	1,208	104	804	136	804	49	1,216	8	1,266	1	898	(33)
	-	-	-	-	14	683	169	833	11	790	0	1,634	-	-	(34)
	12	447	0	1,622	0	3,368	0	3,737	1	3,113	63	1,019	252	1,134	(35)
	920	239	269	376	171	389	71	325	56	419	115	375	158	542	(36)
	-	-	-	-	-	-	-	-	-	-	-	-	-	-	(37)
	21	179	2	388	-	-	-	-	0	274	7	159	11	175	(38)
	900	240	266	376	171	389	71	325	55	420	107	390	147	568	(39)
	1,371	123	968	128	735	138	463	82	30	194	28	270	31	298	(40)
	0	338	0	175	-	-	-	-	3	609	2	512	17	505	(41)
	34	800	29	1,056	31	727	17	661	14	636	9	651	4	768	(42)
	1,101	269	1,107	255	1,143	244	1,031	223	1,043	195	1,001	172	1,044	150	(43)
	612	194	631	188	614	170	615	155	683	124	669	107	676	72	(44)
	98	196	100	193	87	200	72	183	70	170	74	158	86	161	(45)
	46	385	42	380	52	342	43	315	36	319	36	325	42	410	(46)
	29	221	45	204	54	203	25	213	16	227	13	266	20	235	(47)
	69	264	69	252	79	234	68	216	52	218	45	229	42	270	(48)
	4	1,231	1	775	-	-	-	-	-	-	-	-	-	-	(49)
	142	475	126	477	125	461	89	454	72	454	53	454	59	427	(50)
	2	160	1	176	2	243	2	204	3	228	2	245	2	217	(51)
	99	440	91	446	130	395	118	405	111	420	109	360	118	300	(52)

3 卸売市場別の月別果実の卸売数量・価額・価格（続き）
(85) 大分市青果市場

品目		計 数量	計 価額	計 価格	1月 数量	1月 価格	2月 数量	2月 価格	3月 数量	3月 価格	4月 数量	4月 価格	5月 数量	5月 価格
		t	千円	円/kg	t	円/kg	t	円/kg	t	円/kg	t	円/kg	t	円/kg
果実計	(1)	17,977	6,043,725	336	1,031	321	1,274	341	1,451	347	1,405	350	1,839	319
国産果実計	(2)	8,695	3,564,619	410	560	392	599	435	515	512	492	504	442	454
みかん	(3)	1,496	437,619	293	189	181	123	189	25	221	3	1,499	13	1,158
ネーブルオレンジ(国産)	(4)	14	3,105	223	2	152	4	187	3	254	1	251	-	-
甘なつみかん	(5)	83	13,388	161	-	-	3	117	26	155	30	149	21	198
いよかん	(6)	73	15,756	215	38	227	34	204	1	119	0	54	-	-
はっさく	(7)	80	12,581	157	2	185	31	151	33	160	14	163	0	41
その他の雑かん	(8)	713	252,171	354	72	356	99	376	87	363	74	378	8	452
りんご	(9)	1,886	651,481	345	162	286	198	324	203	334	172	365	129	413
つがる	(10)	197	60,509	307	-	-	-	-	-	-	-	-	-	-
ジョナゴールド	(11)	350	136,644	390	18	293	42	338	28	373	38	408	48	411
王林	(12)	139	42,628	306	13	306	23	286	30	302	20	304	19	312
ふじ	(13)	939	328,777	350	120	287	126	325	134	338	109	359	60	449
その他のりんご	(14)	260	82,922	319	10	244	7	344	10	276	4	401	3	355
日本なし	(15)	677	227,972	337	1	346	0	292	-	-	-	-	-	-
幸水	(16)	85	34,663	409	-	-	-	-	-	-	-	-	-	-
豊水	(17)	286	86,450	302	-	-	-	-	-	-	-	-	-	-
二十世紀	(18)	21	5,715	271	-	-	-	-	-	-	-	-	-	-
新高	(19)	114	38,802	340	0	304	0	292	-	-	-	-	-	-
その他のなし	(20)	171	62,341	365	1	356	-	-	-	-	-	-	-	-
西洋なし	(21)	26	9,056	348	1	270	0	177	-	-	-	-	-	-
かき	(22)	536	125,186	233	6	432	3	532	-	-	-	-	-	-
甘がき	(23)	325	77,059	237	6	436	3	532	-	-	-	-	-	-
渋がき（脱渋を含む。）	(24)	212	48,127	227	0	297	-	-	-	-	-	-	-	-
びわ	(25)	3	4,918	1,406	-	-	-	-	1	1,413	1	1,308	1	1,491
もも	(26)	218	115,921	532	-	-	-	-	-	-	-	-	1	1,286
すもも	(27)	48	31,808	658	-	-	-	-	-	-	-	-	0	904
おうとう	(28)	18	27,700	1,509	-	-	-	-	0	8,424	0	6,145	0	4,234
うめ	(29)	62	19,870	319	-	-	-	-	-	-	-	-	11	334
ぶどう	(30)	407	391,217	960	-	-	-	-	-	-	0	4,194	2	2,177
デラウェア	(31)	48	48,083	1,006	-	-	-	-	-	-	0	4,194	2	2,040
巨峰	(32)	129	112,507	873	-	-	-	-	-	-	-	-	1	2,551
その他のぶどう	(33)	231	230,627	1,000	-	-	-	-	-	-	-	-	-	-
くり	(34)	35	25,219	714	-	-	-	-	-	-	-	-	-	-
いちご	(35)	340	432,361	1,273	44	1,591	61	1,450	84	1,202	75	912	28	917
メロン	(36)	978	488,481	500	18	972	19	1,020	30	1,097	69	679	114	423
温室メロン	(37)	323	208,114	645	15	1,015	16	1,052	24	1,225	27	949	26	544
アンデスメロン	(38)	2	532	351	-	-	-	-	0	467	1	273	0	505
その他のメロン（まくわうりを含む。）	(39)	654	279,835	428	3	775	2	797	6	648	41	508	87	386
すいか	(40)	848	153,095	180	-	-	-	-	1	448	36	332	110	263
キウイフルーツ	(41)	74	38,818	526	18	506	21	562	17	517	11	515	-	-
その他の国産果実	(42)	77	86,897	1,122	7	564	2	608	5	913	4	2,453	3	3,256
輸入果実計	(43)	9,282	2,479,106	267	470	237	675	258	936	256	914	266	1,397	276
バナナ	(44)	4,287	892,729	208	312	181	310	199	350	208	439	210	416	219
パインアップル	(45)	585	123,607	211	31	220	59	203	50	210	64	203	50	228
レモン	(46)	294	98,600	335	15	372	16	367	32	333	22	371	15	419
グレープフルーツ	(47)	756	167,880	222	25	276	27	289	39	258	28	244	286	222
オレンジ	(48)	1,969	522,985	266	38	305	194	284	353	265	224	280	422	273
輸入おうとう	(49)	20	23,114	1,167	0	1,504	0	1,555	-	-	0	1,753	10	1,198
輸入キウイフルーツ	(50)	702	342,045	487	21	500	34	425	18	510	57	531	109	473
輸入メロン	(51)	109	19,544	179	5	330	7	241	25	117	19	160	8	159
その他の輸入果実	(52)	560	288,603	515	23	520	29	535	68	439	61	441	81	417

	6月		7月		8月		9月		10月		11月		12月		
	数量	価格	数量	価格	数量	価格	数量	価格	数量	価格	数量	価格	数量	価格	
	t	円/kg	t	円/kg	t	円/kg	t	円/kg	t	円/kg	t	円/kg	t	円/kg	
	1,673	330	1,513	391	1,650	378	1,571	345	1,542	315	1,446	277	1,582	316	(1)
	640	408	686	524	988	436	997	385	940	345	840	298	998	364	(2)
	37	894	96	854	65	722	93	279	221	186	238	207	393	194	(3)
	-	-	-	-	-	-	-	-	-	-	-	-	4	251	(4)
	3	115	-	-	-	-	-	-	-	-	-	-	-	-	(5)
	-	-	-	-	-	-	-	-	-	-	-	-	-	-	(6)
	-	-	-	-	-	-	-	-	-	-	-	-	-	-	(7)
	3	946	11	428	35	232	62	165	52	132	29	351	182	459	(8)
	98	398	58	421	65	386	185	307	220	330	205	332	192	373	(9)
	-	-	-	-	24	337	142	311	31	265	-	-	-	-	(10)
	54	411	42	426	35	431	-	-	5	301	19	362	20	383	(11)
	8	300	2	332	-	-	-	-	3	228	11	303	11	378	(12)
	34	407	13	397	1	594	7	395	80	367	117	335	138	371	(13)
	2	279	2	611	4	277	37	277	102	325	57	319	23	376	(14)
	-	-	16	526	202	350	272	296	110	347	48	398	27	387	(15)
	-	-	15	531	70	382	-	-	-	-	-	-	-	-	(16)
	-	-	-	-	122	336	165	277	0	135	-	-	-	-	(17)
	-	-	-	-	6	333	13	251	2	227	-	-	-	-	(18)
	-	-	-	-	-	-	28	312	83	347	2	404	-	-	(19)
	-	-	1	395	5	256	66	346	25	357	46	398	27	387	(20)
	-	-	-	-	0	287	1	209	8	389	10	350	6	330	(21)
	-	-	0	1,175	0	1,024	37	255	137	253	244	213	109	225	(22)
	-	-	-	-	-	-	32	241	68	232	135	226	81	235	(23)
	-	-	0	1,175	0	1,024	5	340	69	273	109	198	28	198	(24)
	1	1,396	-	-	-	-	-	-	-	-	-	-	-	-	(25)
	21	653	78	609	108	455	9	421	-	-	-	-	-	-	(26)
	15	636	20	668	7	638	5	667	2	743	-	-	-	-	(27)
	12	1,426	6	1,461	-	-	-	-	-	-	-	-	-	-	(28)
	51	315	0	535	-	-	-	-	-	-	-	-	-	-	(29)
	18	1,259	62	1,128	136	830	125	886	56	1,070	8	1,288	1	564	(30)
	14	1,148	28	918	4	639	-	-	-	-	-	-	-	-	(31)
	3	1,567	12	1,202	59	755	35	766	19	1,047	1	1,107	0	867	(32)
	1	2,039	22	1,356	74	899	89	933	37	1,082	7	1,310	1	535	(33)
	-	-	-	-	1	682	28	711	6	729	0	781	-	-	(34)
	7	769	0	900	-	-	-	-	-	-	9	1,633	31	1,857	(35)
	140	342	102	510	138	470	147	365	119	471	38	481	44	702	(36)
	21	468	29	459	31	448	34	380	21	456	34	481	44	702	(37)
	0	192	-	-	-	-	-	-	-	-	-	-	0	324	(38)
	119	321	73	531	107	477	113	361	98	474	3	478	0	758	(39)
	228	163	228	150	215	161	27	178	1	263	2	208	1	364	(40)
	-	-	-	-	-	-	0	325	1	503	2	446	3	556	(41)
	6	2,486	8	1,590	15	864	7	742	7	768	8	462	6	519	(42)
	1,034	282	827	281	663	292	574	276	602	269	606	248	584	234	(43)
	390	227	380	227	336	224	330	217	336	206	358	192	329	176	(44)
	42	234	55	225	41	240	43	230	47	201	48	177	55	181	(45)
	23	387	33	373	33	337	28	302	30	244	26	240	21	357	(46)
	118	224	89	164	52	212	22	216	9	218	12	277	48	222	(47)
	292	240	127	251	90	269	63	262	63	254	60	244	42	270	(48)
	8	1,136	2	1,012	-	-	-	-	-	-	-	-	0	2,174	(49)
	108	484	105	479	72	540	41	505	56	472	38	475	43	450	(50)
	5	146	4	131	5	227	7	212	8	202	11	219	5	232	(51)
	46	535	33	700	34	651	41	614	52	565	52	546	41	448	(52)

3　卸売市場別の月別果実の卸売数量・価額・価格（続き）
(86)　宮崎市中央卸売市場

品目		計 数量	計 価額	計 価格	1月 数量	1月 価格	2月 数量	2月 価格	3月 数量	3月 価格	4月 数量	4月 価格	5月 数量	5月 価格
		t	千円	円／kg	t	円／kg	t	円／kg	t	円／kg	t	円／kg	t	円／kg
果実計	(1)	**15,739**	**6,335,512**	**403**	**1,066**	**442**	**1,160**	**450**	**1,185**	**457**	**1,076**	**485**	**988**	**529**
国産果実計	(2)	**13,097**	**5,579,002**	**426**	**915**	**473**	**992**	**484**	**994**	**495**	**850**	**543**	**708**	**619**
みかん	(3)	2,366	490,656	207	164	244	90	280	15	375	3	1,177	11	1,009
ネーブルオレンジ(国産)	(4)	24	4,706	195	2	281	9	206	9	180	4	158	-	-
甘なつみかん	(5)	39	4,554	116	1	157	4	110	8	117	12	102	5	113
いよかん	(6)	105	17,664	168	34	198	56	159	15	136	0	151	-	-
はっさく	(7)	54	8,691	161	11	188	20	151	16	160	5	146	0	94
その他の雑かん	(8)	1,920	703,004	366	261	391	334	431	340	361	212	338	60	376
りんご	(9)	2,932	965,273	329	252	295	306	294	319	309	300	340	193	387
つがる	(10)	271	79,647	294	-	-	-	-	-	-	-	-	-	-
ジョナゴールド	(11)	560	203,172	363	32	296	29	310	31	336	32	382	82	382
王林	(12)	139	42,322	306	20	297	24	286	23	277	14	316	17	342
ふじ	(13)	1,549	514,648	332	192	296	243	294	253	309	250	337	94	400
その他のりんご	(14)	414	125,484	303	7	258	10	257	12	302	4	325	1	357
日本なし	(15)	500	165,265	331	0	490	1	216	-	-	-	-	-	-
幸水	(16)	50	13,792	274	-	-	-	-	-	-	-	-	-	-
豊水	(17)	243	78,711	323	-	-	-	-	-	-	-	-	-	-
二十世紀	(18)	17	4,555	263	-	-	-	-	-	-	-	-	-	-
新高	(19)	54	18,846	347	0	440	-	-	-	-	-	-	-	-
その他のなし	(20)	135	49,360	367	0	540	1	216	-	-	-	-	-	-
西洋なし	(21)	39	14,137	358	4	345	1	345	0	260	-	-	-	-
かき	(22)	1,291	271,708	210	24	392	0	550	-	-	-	-	-	-
甘がき	(23)	752	144,935	193	20	446	0	550	-	-	-	-	-	-
渋がき（脱渋を含む。）	(24)	539	126,773	235	4	137	-	-	-	-	-	-	-	-
びわ	(25)	4	4,748	1,289	0	2,967	0	3,175	0	1,492	1	1,301	1	1,681
もも	(26)	249	121,045	486	-	-	-	-	-	-	-	-	2	1,177
すもも	(27)	66	36,926	556	-	-	-	-	-	-	-	-	0	918
おうとう	(28)	26	38,291	1,461	-	-	0	22,800	0	6,398	0	3,792	1	3,524
うめ	(29)	214	79,563	372	-	-	-	-	-	-	0	463	104	351
ぶどう	(30)	509	469,624	922	0	1,063	-	-	-	-	0	2,820	4	1,975
デラウェア	(31)	41	42,033	1,033	-	-	-	-	-	-	0	2,820	2	1,906
巨峰	(32)	223	196,864	883	-	-	-	-	-	-	-	-	2	1,966
その他のぶどう	(33)	246	230,727	939	0	1,063	-	-	-	-	-	-	0	3,727
くり	(34)	109	84,186	775	-	-	-	-	-	-	-	-	-	-
いちご	(35)	772	848,496	1,100	102	1,516	121	1,395	227	898	182	723	58	773
メロン	(36)	637	323,803	508	23	902	26	858	12	1,038	60	644	139	427
温室メロン	(37)	31	26,379	844	0	2,044	0	1,914	4	1,146	26	766	0	1,337
アンデスメロン	(38)	6	2,354	426	-	-	0	548	0	734	1	708	3	359
その他のメロン（まくわうりを含む。）	(39)	600	295,069	492	23	901	25	857	8	991	34	551	136	427
すいか	(40)	902	191,151	212	1	323	0	576	1	446	23	372	92	345
キウイフルーツ	(41)	115	65,410	570	36	539	23	538	23	609	20	602	4	469
その他の国産果実	(42)	223	670,102	3,003	1	1,090	1	2,848	7	3,632	26	3,376	34	4,147
輸入果実計	(43)	**2,642**	**756,510**	**286**	**151**	**249**	**168**	**250**	**191**	**262**	**225**	**268**	**280**	**301**
バナナ	(44)	1,258	279,016	222	88	207	102	211	107	229	114	229	123	231
パインアップル	(45)	354	70,564	199	22	195	25	202	29	198	31	179	38	194
レモン	(46)	164	57,316	350	10	402	11	408	12	364	16	336	15	353
グレープフルーツ	(47)	104	24,785	239	7	266	6	284	8	281	7	226	10	244
オレンジ	(48)	247	63,703	258	10	248	12	280	19	299	28	276	31	280
輸入おうとう	(49)	2	2,936	1,517	-	-	-	-	-	-	0	2,043	1	1,659
輸入キウイフルーツ	(50)	311	144,463	465	2	371	0	528	0	786	8	534	38	518
輸入メロン	(51)	19	4,223	217	1	332	2	267	2	159	1	155	1	180
その他の輸入果実	(52)	184	109,506	596	12	508	10	539	14	510	21	463	23	457

6月		7月		8月		9月		10月		11月		12月		
数量	価格	数量	価格	数量	価格	数量	価格	数量	価格	数量	価格	数量	価格	
t	円/kg	t	円/kg	t	円/kg	t	円/kg	t	円/kg	t	円/kg	t	円/kg	
1,037	536	1,052	548	1,314	419	1,629	335	1,500	293	1,683	243	2,049	331	(1)
776	610	785	629	1,037	451	1,394	341	1,285	293	1,493	238	1,870	338	(2)
16	787	36	612	44	597	481	143	512	158	545	193	450	200	(3)
-	-	-	-	-	-	-	-	-	-	-	-	1	245	(4)
6	122	3	162	-	-	-	-	-	-	-	-	-	-	(5)
														(6)
-	-	-	-	-	-	-	-	-	-	-	-	1	207	(7)
17	384	9	874	16	681	18	264	16	273	37	387	601	319	(8)
156	379	120	392	137	373	257	289	325	319	284	317	285	355	(9)
-	-	-	-	29	375	178	293	65	262	-	-	-	-	(10)
91	372	95	398	85	394	1	215	17	290	40	297	25	352	(11)
8	320	2	316	1	361	-	-	-	-	8	282	21	331	(12)
53	401	16	381	4	335	3	384	103	355	131	339	208	365	(13)
3	389	7	362	20	288	75	279	140	321	104	299	31	300	(14)
-	-	18	338	153	317	228	308	86	402	12	425	3	352	(15)
-	-	14	309	36	261	0	226	-	-	-	-	-	-	(16)
-	-	2	519	111	336	126	308	5	370	-	-	-	-	(17)
-	-	-	-	0	377	17	262	-	-	-	-	-	-	(18)
-	-	-	-	-	-	19	284	35	381	1	429	-	-	(19)
-	-	2	370	6	297	65	327	47	422	11	425	3	352	(20)
-	-	-	-	-	-	3	264	9	382	11	396	11	331	(21)
-	-	0	938	0	486	68	272	240	250	565	184	394	202	(22)
-	-	0	948	0	323	43	223	90	236	413	167	186	193	(23)
-	-	0	929	0	729	25	355	150	258	152	228	208	210	(24)
1	867	-	-	-	-	-	-	-	-	-	-	-	-	(25)
25	594	87	539	103	414	31	446	0	1,233	-	-	0	6,667	(26)
12	585	24	553	19	506	10	595	1	737	-	-	-	-	(27)
17	1,370	8	1,399	0	864	-	-	-	-	-	-	-	-	(28)
110	390	0	666	-	-	-	-	-	-	-	-	-	-	(29)
33	1,314	88	1,076	188	762	133	815	55	1,119	7	1,277	2	930	(30)
14	1,152	20	913	4	685	-	-	-	-	-	-	-	-	(31)
15	1,416	34	1,124	91	768	56	696	23	1,000	1	1,012	0	154	(32)
3	1,533	34	1,128	93	760	77	903	32	1,208	6	1,314	2	983	(33)
-	-	-	-	10	762	88	779	10	752	0	970	-	-	(34)
4	885	1	2,367	1	2,756	0	2,604	0	3,326	7	1,566	68	1,831	(35)
113	380	75	470	68	373	27	398	23	481	21	476	48	705	(36)
0	1,271	0	1,581	0	1,136	0	932	0	1,613	0	1,587	0	2,750	(37)
0	296	0	501	0	329	-	-	-	-	0	424	0	270	(38)
113	380	75	469	68	372	27	394	22	467	20	472	48	708	(39)
218	205	260	212	270	169	34	100	1	419	2	351	1	365	(40)
1	517	0	236	-	-	-	-	1	810	2	603	4	680	(41)
46	3,704	55	2,750	28	1,975	15	1,682	6	905	3	779	2	1,128	(42)
262	314	268	311	277	297	235	302	216	296	190	284	179	256	(43)
115	232	115	229	109	225	101	224	104	223	91	217	89	194	(44)
35	211	40	205	37	211	27	205	25	196	22	196	23	191	(45)
15	392	15	395	21	270	13	349	12	330	12	305	13	351	(46)
7	239	9	219	13	211	10	216	11	232	9	238	8	257	(47)
25	278	25	239	27	238	23	235	17	243	15	247	14	212	(48)
1	1,414	0	1,097	-	-	-	-	-	-	-	-	-	-	(49)
44	475	51	489	50	467	42	446	30	430	25	390	20	432	(50)
1	181	1	236	3	242	3	213	3	207	1	252	1	241	(51)
18	619	12	763	16	662	16	721	15	787	16	667	11	530	(52)

3 卸売市場別の月別果実の卸売数量・価額・価格（続き）
(87) 鹿児島市中央卸売市場

品目		計			1月		2月		3月		4月		5月	
		数量	価額	価格	数量	価格	数量	価格	数量	価格	数量	価格	数量	価格
		t	千円	円/kg	t	円/kg	t	円/kg	t	円/kg	t	円/kg	t	円/kg
果実計	(1)	24,313	8,616,188	354	1,366	376	1,691	388	1,698	400	1,663	385	1,767	376
国産果実計	(2)	17,976	6,976,560	388	981	434	1,265	442	1,191	468	1,106	456	1,111	434
みかん	(3)	2,553	694,971	272	229	235	96	286	18	244	-	-	14	1,305
ネーブルオレンジ（国産）	(4)	31	6,463	207	1	162	12	200	9	209	8	221	0	211
甘なつみかん	(5)	138	23,367	169	0	162	6	145	21	144	52	150	54	195
いよかん	(6)	210	38,477	183	63	201	104	175	43	176	-	-	-	-
はっさく	(7)	53	6,040	114	5	114	22	123	17	113	6	131	-	-
その他の雑かん	(8)	2,085	695,072	333	173	345	383	407	373	325	214	260	94	256
りんご	(9)	4,171	1,434,480	344	297	292	438	301	421	319	368	364	308	429
つがる	(10)	430	129,018	300	-	-	-	-	-	-	-	-	-	-
ジョナゴールド	(11)	719	283,312	394	27	372	41	351	43	372	79	376	102	408
王林	(12)	250	75,264	301	21	279	44	280	39	281	27	334	22	344
ふじ	(13)	2,240	787,838	352	233	286	322	303	332	318	258	365	182	451
その他のりんご	(14)	532	159,048	299	17	260	31	251	6	248	5	232	2	416
日本なし	(15)	1,206	417,079	346	-	-	1	353	-	-	-	-	-	-
幸水	(16)	48	15,428	322	-	-	-	-	-	-	-	-	-	-
豊水	(17)	692	234,048	338	-	-	-	-	-	-	-	-	-	-
二十世紀	(18)	140	45,984	329	-	-	-	-	-	-	-	-	-	-
新高	(19)	85	29,274	345	-	-	-	-	-	-	-	-	-	-
その他のなし	(20)	241	92,345	383	-	-	1	353	-	-	-	-	-	-
西洋なし	(21)	48	17,009	358	1	237	0	230	-	-	-	-	-	-
かき	(22)	1,839	487,535	265	42	440	3	377	-	-	-	-	-	-
甘がき	(23)	686	171,973	251	42	440	3	377	-	-	-	-	-	-
渋がき（脱渋を含む。）	(24)	1,153	315,562	274	0	357	-	-	-	-	-	-	-	-
びわ	(25)	7	8,327	1,168	0	2,016	0	3,235	2	1,313	3	1,176	2	1,038
もも	(26)	324	182,221	562	-	-	-	-	-	-	-	-	3	1,093
すもも	(27)	84	38,758	460	-	-	-	-	-	-	-	-	1	936
おうとう	(28)	36	57,297	1,577	-	-	-	-	0	5,041	1	5,181	1	4,592
うめ	(29)	184	56,759	308	-	-	-	-	-	-	-	-	31	376
ぶどう	(30)	594	581,097	979	-	-	-	-	-	-	0	2,901	4	1,965
デラウェア	(31)	44	45,607	1,047	-	-	-	-	-	-	0	2,901	2	1,830
巨峰	(32)	324	308,640	954	-	-	-	-	-	-	-	-	2	2,134
その他のぶどう	(33)	227	226,851	1,001	-	-	-	-	-	-	-	-	-	-
くり	(34)	11	9,213	855	-	-	-	-	-	-	-	-	-	-
いちご	(35)	696	850,287	1,221	85	1,486	114	1,373	184	1,107	168	876	51	1,006
メロン	(36)	1,281	654,551	511	35	1,094	35	960	46	924	149	573	219	449
温室メロン	(37)	22	27,485	1,237	1	1,636	1	1,548	2	1,672	2	1,496	2	1,048
アンデスメロン	(38)	20	5,948	291	-	-	-	-	0	475	2	577	13	286
その他のメロン（まくわうりを含む。）	(39)	1,238	621,118	502	34	1,071	34	940	43	892	145	562	203	453
すいか	(40)	2,133	462,994	217	1	284	3	312	5	468	107	363	321	299
キウイフルーツ	(41)	195	110,286	567	48	562	48	566	51	565	25	536	-	-
その他の国産果実	(42)	98	144,276	1,473	0	795	0	926	1	3,093	5	2,802	8	2,812
輸入果実計	(43)	6,338	1,639,628	259	385	228	426	227	507	239	558	245	656	277
バナナ	(44)	3,397	645,317	190	251	178	273	182	293	194	310	196	340	201
パインアップル	(45)	883	187,057	212	51	216	58	217	79	207	83	202	78	222
レモン	(46)	317	116,672	368	19	381	24	362	27	371	27	356	30	350
グレープフルーツ	(47)	186	48,297	260	10	317	11	285	16	264	17	248	24	234
オレンジ	(48)	553	147,590	267	23	268	33	281	48	284	63	280	62	275
輸入おうとう	(49)	3	5,024	1,610	-	-	-	-	-	-	0	2,059	1	1,846
輸入キウイフルーツ	(50)	539	254,808	473	0	489	-	-	0	3,021	13	534	68	520
輸入メロン	(51)	86	16,797	196	5	328	6	205	10	150	8	188	6	191
その他の輸入果実	(52)	373	218,066	584	26	533	22	579	34	539	37	515	47	507

	6月		7月		8月		9月		10月		11月		12月		
	数量	価格	数量	価格	数量	価格	数量	価格	数量	価格	数量	価格	数量	価格	
	t	円/kg	t	円/kg	t	円/kg	t	円/kg	t	円/kg	t	円/kg	t	円/kg	
	2,042	359	2,080	405	2,399	391	2,253	336	2,402	304	2,182	266	2,771	318	(1)
	1,431	388	1,453	457	1,845	423	1,718	356	1,880	317	1,703	274	2,292	338	(2)
	42	777	168	694	158	559	221	262	436	173	576	183	593	192	(3)
	-	-	-	-	-	-	-	-	-	-	-	-	0	235	(4)
	5	218	0	72	-	-	-	-	-	-	-	-	-	-	(5)
	-	-	-	-	-	-	-	-	-	-	-	-	0	5	(6)
	-	-	-	-	-	-	-	-	-	-	-	-	3	26	(7)
	18	191	6	263	3	591	9	334	9	437	28	510	775	323	(8)
	273	421	248	425	188	397	404	295	482	332	368	318	375	332	(9)
	-	-	-	-	70	330	315	299	45	261	-	-	-	-	(10)
	118	423	124	424	77	432	-	-	15	355	55	308	38	359	(11)
	26	315	12	353	6	399	-	-	3	210	22	228	28	321	(12)
	126	442	106	440	24	472	7	424	164	376	199	343	287	331	(13)
	3	373	6	328	10	407	82	267	256	315	92	293	22	306	(14)
	0	1,091	33	405	449	357	478	307	204	395	31	385	10	372	(15)
	0	1,091	24	358	24	284	0	32	-	-	-	-	-	-	(16)
	-	-	9	538	345	363	337	307	2	416	-	-	-	-	(17)
	-	-	-	-	75	359	63	292	2	383	-	-	-	-	(18)
	-	-	-	-	-	-	30	300	55	370	-	-	-	-	(19)
	-	-	0	315	6	294	47	332	146	404	31	385	10	372	(20)
	-	-	-	-	1	256	3	209	10	437	19	373	14	325	(21)
	-	-	1	1,179	3	704	207	342	612	263	597	244	374	233	(22)
	-	-	-	-	-	-	46	220	115	260	283	230	197	239	(23)
	-	-	1	1,179	3	704	161	377	497	264	314	256	177	227	(24)
	0	573	-	-	-	-	-	-	-	-	-	-	-	-	(25)
	46	636	119	626	128	467	28	553	0	556	-	-	-	-	(26)
	44	391	16	569	14	478	9	504	0	927	-	-	-	-	(27)
	28	1,446	7	1,448	-	-	-	-	-	-	-	-	-	-	(28)
	145	301	8	188	-	-	-	-	-	-	-	-	-	-	(29)
	35	1,448	85	1,196	228	846	169	835	64	1,161	8	1,379	1	1,540	(30)
	15	1,216	23	898	3	689	-	-	-	-	-	-	-	-	(31)
	16	1,567	43	1,277	134	868	95	782	32	1,002	2	1,015	-	-	(32)
	3	1,925	19	1,373	91	820	74	903	32	1,317	6	1,521	1	1,540	(33)
	-	-	-	-	0	779	8	827	2	953	0	1,188	-	-	(34)
	16	918	0	1,620	0	1,826	0	2,381	0	2,741	16	1,535	61	2,019	(35)
	231	351	153	492	158	422	89	329	45	500	45	490	74	790	(36)
	1	1,063	3	1,144	2	856	2	778	2	1,113	2	1,079	1	2,015	(37)
	4	173	0	130	-	-	-	-	1	255	0	238	-	-	(38)
	226	349	150	481	156	416	87	316	43	482	44	470	73	766	(39)
	536	188	584	196	488	204	83	103	1	372	4	217	1	200	(40)
	-	-	-	-	-	-	-	-	7	703	7	531	9	611	(41)
	13	2,055	22	1,685	28	986	9	771	7	712	3	581	2	434	(42)
	611	291	627	285	554	285	535	272	521	259	479	236	479	225	(43)
	297	210	287	207	249	206	276	199	291	183	277	164	253	151	(44)
	79	227	104	224	81	236	65	228	69	208	63	177	73	170	(45)
	29	385	32	392	32	376	26	351	24	335	23	338	26	403	(46)
	17	246	22	237	23	237	14	255	9	293	7	328	16	294	(47)
	60	272	56	262	59	257	51	249	38	263	30	254	31	247	(48)
	1	1,481	0	1,125	-	-	-	-	-	-	-	-	-	-	(49)
	87	494	91	484	77	463	68	452	52	433	43	437	41	437	(50)
	7	146	6	129	7	277	9	185	9	201	6	198	7	204	(51)
	34	598	29	645	26	659	27	674	30	748	30	632	32	467	(52)

3 卸売市場別の月別果実の卸売数量・価額・価格（続き）
(88) 沖縄県中央卸売市場

品目		計			1月		2月		3月		4月		5月	
		数量	価額	価格	数量	価格	数量	価格	数量	価格	数量	価格	数量	価格
		t	千円	円/kg	t	円/kg	t	円/kg	t	円/kg	t	円/kg	t	円/kg
果実計	(1)	10,099	3,537,347	350	702	343	742	338	684	339	747	336	822	317
国産果実計	(2)	5,303	2,220,989	419	369	410	366	405	266	452	300	430	392	353
みかん	(3)	840	213,919	255	73	297	8	305	-	-	0	2,160	2	1,290
ネーブルオレンジ（国産）	(4)	3	1,129	324	1	228	-	-	-	-	-	-	-	-
甘なつみかん	(5)	12	1,810	157	-	-	1	237	4	145	4	150	2	148
いよかん	(6)	63	12,873	205	14	240	32	215	16	154	-	-	-	-
はっさく	(7)	4	677	182	-	-	3	197	-	-	1	145	-	-
その他の雑かん	(8)	671	200,359	299	123	410	175	320	75	265	38	256	13	258
りんご	(9)	965	378,205	392	95	329	92	373	94	358	96	391	94	414
つがる	(10)	37	12,133	326	-	-	-	-	-	-	-	-	-	-
ジョナゴールド	(11)	89	34,723	389	3	294	4	337	2	337	3	400	6	404
王林	(12)	36	11,217	312	6	320	3	315	6	288	4	360	4	323
ふじ	(13)	688	277,713	404	86	332	83	378	81	365	76	401	76	419
その他のりんご	(14)	114	42,419	371	1	136	1	316	5	327	13	341	8	422
日本なし	(15)	110	40,069	364	6	283	-	-	-	-	-	-	-	-
幸水	(16)	11	4,907	448	-	-	-	-	-	-	-	-	-	-
豊水	(17)	45	14,590	321	-	-	-	-	-	-	-	-	-	-
二十世紀	(18)	21	7,772	377	-	-	-	-	-	-	-	-	-	-
新高	(19)	3	996	357	-	-	-	-	-	-	-	-	-	-
その他のなし	(20)	30	11,804	392	6	283	-	-	-	-	-	-	-	-
西洋なし	(21)	8	2,899	352	0	562	-	-	-	-	-	-	-	-
かき	(22)	210	60,876	289	1	494	-	-	-	-	-	-	-	-
甘がき	(23)	55	18,568	335	1	494	-	-	-	-	-	-	-	-
渋がき（脱渋を含む。）	(24)	155	42,308	273	-	-	-	-	-	-	-	-	-	-
びわ	(25)	1	1,593	1,335	0	1,242	0	1,396	1	1,272	0	1,387	0	1,408
もも	(26)	61	23,801	392	-	-	-	-	-	-	-	-	0	1,584
すもも	(27)	21	10,692	507	-	-	-	-	-	-	-	-	0	835
おうとう	(28)	6	9,013	1,421	-	-	-	-	-	-	-	-	0	3,240
うめ	(29)	42	21,923	520	-	-	-	-	-	-	-	-	3	576
ぶどう	(30)	51	53,017	1,034	-	-	-	-	-	-	-	-	1	1,529
デラウェア	(31)	14	13,882	961	-	-	-	-	-	-	-	-	1	1,404
巨峰	(32)	33	34,504	1,059	-	-	-	-	-	-	-	-	0	2,397
その他のぶどう	(33)	4	4,631	1,085	-	-	-	-	-	-	-	-	-	-
くり	(34)	0	119	638	-	-	-	-	-	-	-	-	-	-
いちご	(35)	85	108,725	1,281	11	1,599	15	1,537	26	1,168	20	977	6	1,011
メロン	(36)	91	45,138	497	11	464	4	760	1	1,491	4	711	17	438
温室メロン	(37)	34	17,645	523	1	879	2	625	0	1,675	1	755	1	480
アンデスメロン	(38)	0	182	423	-	-	-	-	-	-	-	-	-	-
その他のメロン（まくわうりを含む。）	(39)	57	27,311	482	10	412	2	852	1	1,399	4	702	16	434
すいか	(40)	975	172,514	177	10	205	5	271	8	290	46	252	122	205
キウイフルーツ	(41)	28	19,310	687	4	692	6	634	7	712	8	728	1	714
その他の国産果実	(42)	1,056	842,329	798	19	743	24	669	34	684	83	491	131	389
輸入果実計	(43)	4,796	1,316,358	274	332	268	376	273	418	267	447	273	430	285
バナナ	(44)	2,057	446,268	217	149	218	163	218	181	217	183	217	180	218
パインアップル	(45)	1,184	279,239	236	89	232	93	231	103	231	106	231	98	234
レモン	(46)	285	121,603	427	23	425	26	428	28	398	28	421	29	446
グレープフルーツ	(47)	185	46,606	251	13	285	16	272	16	269	19	273	13	254
オレンジ	(48)	447	132,152	296	30	304	37	335	33	320	46	320	39	320
輸入おうとう	(49)	2	3,164	1,604	-	-	-	-	-	-	-	-	1	1,652
輸入キウイフルーツ	(50)	100	54,246	543	0	517	-	-	0	583	2	579	10	539
輸入メロン	(51)	99	23,623	240	6	359	11	281	13	193	11	208	9	220
その他の輸入果実	(52)	437	209,457	479	23	492	30	488	44	456	52	435	51	456

6月		7月		8月		9月		10月		11月		12月		
数量	価格	数量	価格	数量	価格	数量	価格	数量	価格	数量	価格	数量	価格	
t	円/kg	t	円/kg	t	円/kg	t	円/kg	t	円/kg	t	円/kg	t	円/kg	
893	367	1,153	495	1,215	384	789	305	807	284	736	284	811	320	(1)
452	452	716	633	704	473	407	333	458	287	408	280	464	350	(2)
1	1,135	2	1,054	54	359	120	238	182	198	174	246	222	254	(3)
-	-	-	-	-	-	-	-	-	-	0	108	2	376	(4)
0	248	-	-	-	-	-	-	-	-	-	-	-	-	(5)
-	-	-	-	-	-	-	-	-	-	0	188	0	151	(6)
-	-	-	-	-	-	-	-	-	-	-	-	-	-	(7)
0	1,084	22	102	37	122	12	282	21	258	56	104	97	399	(8)
83	409	86	451	96	470	57	340	60	389	59	360	53	391	(9)
-	-	-	-	0	437	37	326	0	281	-	-	-	-	(10)
7	453	12	434	40	391	7	359	2	371	4	319	1	354	(11)
6	277	2	311	-	-	-	-	-	-	2	308	3	343	(12)
66	425	65	462	39	560	0	372	45	401	26	398	44	390	(13)
5	309	7	425	17	449	13	371	13	351	27	332	5	437	(14)
-	-	2	548	25	426	53	313	14	427	6	456	4	374	(15)
-	-	1	619	8	458	1	221	-	-	-	-	-	-	(16)
-	-	-	-	7	391	37	307	1	342	-	-	-	-	(17)
-	-	-	-	9	426	12	341	0	378	-	-	-	-	(18)
-	-	-	-	-	-	2	336	1	401	-	-	-	-	(19)
-	-	0	368	1	374	1	289	12	438	6	456	4	374	(20)
-	-	-	-	-	-	1	351	1	446	4	325	1	331	(21)
-	-	-	-	0	995	7	431	109	246	54	329	39	322	(22)
-	-	-	-	0	1,066	0	628	-	-	17	353	38	321	(23)
-	-	-	-	0	928	7	429	109	246	37	318	1	341	(24)
0	1,414	-	-	-	-	-	-	-	-	-	-	-	-	(25)
8	664	14	501	31	301	8	278	-	-	-	-	-	-	(26)
11	552	7	419	2	498	0	731	-	-	-	-	-	-	(27)
5	1,540	1	1,020	-	-	-	-	-	-	-	-	-	-	(28)
38	515	1	536	0	805	0	583	-	-	-	-	-	-	(29)
7	1,137	9	1,175	14	891	12	891	6	1,166	1	1,496	-	-	(30)
6	1,019	5	923	3	759	0	741	-	-	-	-	-	-	(31)
1	1,648	4	1,453	10	963	11	870	6	1,142	1	1,355	-	-	(32)
0	3,600	1	1,390	2	724	1	1,183	0	1,513	0	1,726	-	-	(33)
-	-	-	-	0	735	0	955	0	540	0	540	-	-	(34)
-	-	-	-	-	-	-	-	0	1,382	1	1,853	6	1,747	(35)
8	461	6	420	14	439	9	405	4	553	5	493	8	597	(36)
2	703	3	431	11	441	4	436	2	541	5	483	2	642	(37)
0	454	0	401	-	-	-	-	-	-	-	-	-	-	(38)
6	399	3	409	4	431	5	377	2	571	0	1,005	5	576	(39)
181	169	269	138	197	194	69	160	32	201	25	177	12	208	(40)
-	-	-	-	-	-	-	-	0	528	1	361	1	765	(41)
108	803	296	1,168	233	796	59	614	28	607	22	594	19	662	(42)
441	281	437	268	510	261	381	274	349	281	328	289	347	280	(43)
189	217	181	217	234	211	159	218	148	218	144	218	146	217	(44)
111	238	118	242	120	244	93	243	90	236	80	232	83	233	(45)
28	460	23	425	22	425	21	417	19	380	18	417	21	470	(46)
10	233	20	225	24	230	21	225	15	233	8	262	10	298	(47)
47	297	48	267	55	275	33	279	24	280	21	287	34	267	(48)
1	1,609	0	1,459	-	-	-	-	-	-	-	-	-	-	(49)
12	532	14	547	17	540	15	552	11	546	10	536	9	542	(50)
8	192	6	211	7	299	6	266	6	257	8	270	8	191	(51)
36	506	27	467	31	427	31	452	36	543	40	551	36	494	(52)

III 中央卸売市場における青果物の卸売数量・価額

中央卸売市場における青果物の卸売数量・価額

卸　売　市　場	野　菜 実　数 卸売数量	野　菜 実　数 卸売価額	野　菜 対前年増減率 卸売数量	野　菜 対前年増減率 卸売価額	占有率 （卸売数量）
	t	千円	%	%	%
中央卸売市場合計 (1)	5,696,673	1,381,391,760	△ 2.3	3.4	100.00
中央卸売市場内訳					
札幌市中央卸売市場 (2)	236,008	47,424,037	△ 2.8	5.0	4.14
青森市中央卸売市場 (3)	52,615	10,967,425	△ 5.6	8.3	0.92
八戸市中央卸売市場 (4)	91,648	20,224,652	△ 2.8	11.7	1.61
盛岡市中央卸売市場 (5)	60,046	13,991,771	△ 1.3	5.5	1.05
仙台市中央卸売市場 (6)	131,207	30,769,259	△ 3.4	0.0	2.30
いわき市中央卸売市場 (7)	33,190	7,893,375	△ 2.1	3.3	0.58
宇都宮市中央卸売市場 (8)	83,342	19,066,755	△ 2.0	2.6	1.46
東京都中央卸売市場計 (9)	1,505,159	400,938,487	△ 1.8	3.3	26.42
築地市場 (10)	187,977	58,686,192	△ 3.7	2.1	3.30
大田市場 (11)	714,859	194,228,059	△ 0.3	3.9	12.55
北足立市場 (12)	107,005	26,262,251	△ 3.0	2.7	1.88
葛西市場 (13)	92,905	21,399,191	△ 8.1	△ 2.6	1.63
豊島市場 (14)	79,374	18,539,743	△ 0.9	3.7	1.39
淀橋市場 (15)	176,773	45,465,731	△ 1.1	6.2	3.10
世田谷市場 (16)	34,425	8,380,700	△ 0.6	4.4	0.60
板橋市場 (17)	89,642	22,170,164	△ 3.9	0.8	1.57
多摩ニュータウン市場 (18)	22,200	5,806,456	△ 1.8	5.2	0.39
横浜市中央卸売市場本場 (19)	285,664	74,820,088	△ 3.3	1.8	5.01
川崎市中央卸売市場 (20)	80,940	19,720,259	△ 6.3	△ 1.2	1.42
新潟市中央卸売市場 (21)	54,849	13,879,594	△ 12.0	△ 7.7	0.96
金沢市中央卸売市場 (22)	57,020	16,486,071	△ 3.7	2.4	1.00
福井市中央卸売市場 (23)	27,418	7,291,713	△ 4.3	2.6	0.48
岐阜市中央卸売市場 (24)	182,045	41,375,501	△ 3.9	2.4	3.20
静岡市中央卸売市場 (25)	64,369	14,241,529	△ 13.5	△ 3.7	1.13
浜松市中央卸売市場 (26)	76,621	18,571,242	△ 3.2	3.4	1.35
名古屋市中央卸売市場計 (27)	390,481	95,486,768	△ 3.0	1.4	6.85
本場 (28)	161,320	41,682,704	△ 1.7	4.0	2.83
北部市場 (29)	229,161	53,804,064	△ 3.9	△ 0.6	4.02
京都市中央卸売市場 (30)	220,375	56,909,056	△ 0.3	4.3	3.87
大阪府中央卸売市場計 (31)	597,847	145,474,382	△ 0.3	4.8	10.49
大阪市中央卸売市場計 (32)	464,628	114,401,994	0.6	5.4	8.16
本場 (33)	341,337	87,881,742	1.0	5.4	5.99
東部市場 (34)	123,291	26,520,252	△ 0.7	5.4	2.16
大阪府中央卸売市場 (35)	133,219	31,072,388	△ 3.3	2.6	2.34
神戸市中央卸売市場計 (36)	129,470	30,758,582	0.7	4.6	2.27
本場 (37)	107,334	24,590,893	0.7	4.6	1.88
東部市場 (38)	22,136	6,167,689	0.3	4.6	0.39
奈良県中央卸売市場 (39)	112,106	23,071,328	△ 3.1	2.1	1.97
和歌山市中央卸売市場 (40)	46,787	10,560,817	△ 7.6	△ 1.4	0.82
岡山市中央卸売市場 (41)	60,451	14,998,930	△ 2.2	3.6	1.06
広島市中央卸売市場計 (42)	131,867	31,945,097	△ 7.7	0.0	2.31
中央市場 (43)	86,211	22,621,228	△ 7.2	1.0	1.51
東部市場 (44)	45,656	9,323,869	△ 8.5	△ 2.4	0.80
宇部市中央卸売市場 (45)	28,292	7,495,011	△ 4.1	3.4	0.50
徳島市中央卸売市場 (46)	54,511	13,496,772	△ 2.2	6.3	0.96
高松市中央卸売市場 (47)	50,276	12,411,918	0.7	8.3	0.88
松山市中央卸売市場 (48)	59,730	14,040,337	△ 0.3	7.4	1.05
高知市中央卸売市場 (49)	35,574	10,068,543	△ 4.5	2.4	0.62
北九州市中央卸売市場 (50)	128,484	27,220,110	3.8	9.8	2.26
福岡市中央卸売市場 (51)	258,134	50,236,521	4.0	9.4	4.53
久留米市中央卸売市場 (52)	26,528	6,137,152	△ 1.3	3.3	0.47
長崎市中央卸売市場 (53)	50,926	10,958,416	△ 2.1	6.1	0.89
宮崎市中央卸売市場 (54)	100,278	24,433,119	△ 3.8	2.1	1.76
鹿児島市中央卸売市場 (55)	147,118	27,950,288	△ 3.8	4.4	2.58
沖縄県中央卸売市場 (56)	45,296	10,076,854	△ 8.8	△ 0.6	0.80

注： 中央卸売市場合計の対前年増減率に用いた平成27年値には、平成27年3月末日に廃止された横浜市中央卸売市場南部市場及び平成27年4月から地方卸売市場へ転換された姫路市中央卸売市場の値は含んでいない。

果 実					
実 数		対前年増減率		占有率	
卸売数量	卸売価額	卸売数量	卸売価額	(卸売数量)	
t	千円	%	%	%	
1,651,980	616,490,766	△ 4.3	2.3	100.00	(1)
52,994	19,593,014	△ 6.8	△ 0.2	3.21	(2)
10,999	3,369,999	△ 7.0	0.5	0.67	(3)
18,157	4,914,236	△ 4.2	2.7	1.10	(4)
18,152	6,146,172	△ 14.9	△ 3.2	1.10	(5)
47,314	16,414,135	△ 10.8	△ 1.0	2.86	(6)
24,750	8,282,482	△ 3.3	4.7	1.50	(7)
28,565	11,198,273	△ 10.2	△ 1.6	1.73	(8)
434,262	177,118,089	△ 3.0	4.0	26.29	(9)
56,497	23,922,165	△ 5.2	1.1	3.42	(10)
221,936	100,236,624	△ 2.5	4.9	13.43	(11)
38,861	13,698,791	△ 3.5	2.7	2.35	(12)
24,965	8,299,996	△ 1.0	3.2	1.51	(13)
10,312	3,873,440	△ 6.4	3.6	0.62	(14)
46,650	16,946,030	△ 3.2	6.0	2.82	(15)
4,971	1,726,652	△ 9.0	1.9	0.30	(16)
27,034	7,212,501	△ 0.4	1.4	1.64	(17)
3,035	1,201,892	△ 5.7	5.5	0.18	(18)
65,023	23,347,141	△ 4.5	△ 0.5	3.94	(19)
17,440	5,955,537	△ 9.0	△ 2.1	1.06	(20)
28,140	8,977,812	△ 6.2	△ 0.4	1.70	(21)
30,319	9,161,189	△ 1.0	3.5	1.84	(22)
5,337	2,026,095	△ 6.4	△ 3.8	0.32	(23)
27,933	9,858,663	△ 2.1	3.3	1.69	(24)
22,224	6,711,518	△ 19.3	△ 7.7	1.35	(25)
30,925	11,296,958	△ 1.1	5.8	1.87	(26)
104,312	41,126,180	△ 5.3	0.6	6.31	(27)
47,413	17,449,177	△ 4.8	1.2	2.87	(28)
56,900	23,677,002	△ 5.8	0.1	3.44	(29)
38,538	15,634,830	△ 3.3	0.1	2.33	(30)
254,847	95,686,528	△ 0.2	4.0	15.43	(31)
200,293	76,636,064	1.8	5.1	12.12	(32)
141,588	58,590,093	△ 0.9	3.7	8.57	(33)
58,705	18,045,970	8.9	9.8	3.55	(34)
54,554	19,050,464	△ 6.7	0.0	3.30	(35)
37,659	13,875,019	△ 5.9	△ 0.1	2.28	(36)
28,315	10,070,523	△ 8.7	△ 2.5	1.71	(37)
9,344	3,804,497	3.6	7.0	0.57	(38)
29,348	9,273,546	△ 7.5	△ 0.3	1.78	(39)
14,369	4,693,270	△ 3.7	4.2	0.87	(40)
16,913	7,723,158	△ 10.8	△ 0.6	1.02	(41)
40,940	16,271,791	△ 7.2	0.6	2.48	(42)
30,268	12,848,639	△ 6.2	2.7	1.83	(43)
10,671	3,423,152	△ 9.9	△ 6.4	0.65	(44)
6,916	2,734,042	△ 9.0	△ 2.6	0.42	(45)
17,468	6,367,155	1.7	5.6	1.06	(46)
11,500	4,293,813	△ 5.5	2.5	0.70	(47)
26,401	8,312,693	△ 1.8	7.7	1.60	(48)
14,418	5,752,275	△ 3.7	1.9	0.87	(49)
34,985	11,852,551	1.9	8.5	2.12	(50)
64,410	21,604,510	△ 3.4	1.6	3.90	(51)
8,830	2,682,474	△ 12.2	△ 2.1	0.53	(52)
17,442	5,746,573	△ 7.6	0.9	1.06	(53)
15,739	6,335,512	△ 6.1	1.9	0.95	(54)
24,313	8,616,188	△ 5.6	3.5	1.47	(55)
10,099	3,537,347	△ 9.2	△ 4.8	0.61	(56)

Ⅳ 青果物の転送量

1 青果物の年次別転送量
(1) 野菜

品　目	転　送　量					
	平成23年	24	25	26	27	28
	t	t	t	t	t	t
野　菜　計　(1)	351,844	345,090	353,708	345,809	328,218	315,029
根　菜　類						
だ　い　こ　ん　(2)	40,006	33,826	40,148	34,355	34,334	32,330
か　　ぶ　(3)	3,347	2,722	2,682	2,676	2,607	2,285
に　ん　じ　ん　(4)	31,449	30,366	30,174	31,961	29,228	26,364
ご　ぼ　う　(5)	6,067	5,797	6,040	5,250	5,637	5,247
た　け　の　こ　(6)	303	302	268	248	223	192
れ　ん　こ　ん　(7)	2,050	1,801	1,742	1,594	1,280	1,446
葉　茎　菜　類						
は　く　さ　い　(8)	26,812	27,778	29,290	26,350	23,607	24,616
み　ず　な　(9)	…	…	…	…	…	1,044
こ　ま　つ　な　(10)	1,522	1,609	1,512	1,624	1,760	1,895
そ　の　他　の　菜　類　(11)	1,396	1,340	1,313	1,314	1,178	51
ち　ん　げ　ん　さ　い　(12)	849	847	792	743	689	702
キ　ャ　ベ　ツ　(13)	46,643	47,788	52,314	47,508	43,058	40,807
ほ　う　れ　ん　そ　う　(14)	3,721	3,388	3,304	3,592	3,388	2,950
ね　ぎ　(15)	9,661	9,067	9,678	9,559	9,594	9,301
ふ　き　(16)	430	313	287	244	214	204
う　ど　(17)	178	165	149	134	147	89
み　つ　ば　(18)	390	287	266	252	251	258
し　ゅ　ん　ぎ　く　(19)	493	416	359	389	372	348
に　ら　(20)	1,976	1,893	1,839	1,825	1,881	1,854
洋　菜　類						
セ　ル　リ　ー　(21)	2,293	2,224	2,198	2,141	2,021	1,849
アスパラガス（国産）(22)	665	721	750	657	634	712
カリフラワー　(23)	733	678	652	668	684	496
ブロッコリー（国産）(24)	4,502	4,042	4,271	5,352	5,517	4,742
レ　タ　ス　(25)	22,128	22,243	21,320	22,091	21,571	20,722
パ　セ　リ　(26)	239	228	223	224	204	204
果　菜　類						
き　ゅ　う　り　(27)	18,487	18,634	15,515	15,531	16,294	16,378
かぼちゃ（国産）(28)	6,007	6,649	6,206	5,335	6,103	5,043
な　す　(29)	9,413	8,784	8,968	8,885	7,723	7,251
ト　マ　ト　(30)	12,407	12,087	11,752	11,135	11,922	10,882
ミ　ニ　ト　マ　ト　(31)	2,369	2,778	2,654	2,697	2,607	2,586
ピ　ー　マ　ン　(32)	5,371	4,981	4,573	4,474	3,937	3,964
し　し　と　う　が　ら　し　(33)	310	263	257	244	232	235
ス　イ　ー　ト　コ　ー　ン　(34)	1,896	2,524	2,269	2,351	2,004	1,805
豆　　類						
さ　や　い　ん　げ　ん　(35)	452	474	464	425	454	398
さやえんどう（国産）(36)	435	293	349	372	365	301
実　え　ん　ど　う　(37)	131	98	125	141	114	65
そ　ら　ま　め　(38)	354	289	283	285	247	163
え　だ　ま　め　(39)	460	577	366	492	510	447
土　物　類						
か　ん　し　ょ　(40)	6,295	6,423	6,428	6,053	6,108	6,241
ば　れ　い　し　ょ　(41)	28,606	29,302	27,499	31,081	25,959	25,113
さ　と　い　も　(42)	2,502	2,575	2,048	1,631	1,254	1,172
や　ま　の　い　も　(43)	4,999	4,616	4,591	4,032	4,518	3,958
たまねぎ（国産）(44)	34,183	34,771	39,138	41,300	39,065	40,103
にんにく（国産）(45)	471	436	441	437	368	318
しょうが（国産）(46)	1,311	1,253	1,229	1,027	904	895
き　の　こ　類						
生しいたけ（国産）(47)	1,357	1,139	934	862	881	958
な　め　こ　(48)	577	571	503	364	357	397
え　の　き　だ　け　(49)	3,038	3,601	3,462	3,621	3,580	3,353
し　め　じ　(50)	2,559	2,130	2,086	2,285	2,634	2,297

卸 売 数 量 に 占 め る 割 合						
平成23年	24	25	26	27	28	
%	%	%	%	%	%	
4.6	4.5	4.6	4.5	4.4	4.3	(1)
5.1	4.5	5.3	4.5	4.6	4.7	(2)
5.1	4.5	4.5	4.4	4.4	4.3	(3)
6.2	6.1	6.2	6.4	6.0	5.7	(4)
6.1	5.8	6.0	5.6	5.9	6.2	(5)
2.8	2.3	2.4	2.0	2.2	1.7	(6)
5.2	4.9	4.2	4.2	4.0	4.3	(7)
4.2	4.4	4.6	4.1	3.9	4.2	(8)
nc	nc	nc	nc	nc	3.2	(9)
2.9	3.1	2.7	2.6	2.8	3.0	(10)
3.6	3.4	3.3	3.3	3.1	1.4	(11)
3.3	3.3	3.2	3.1	3.0	3.1	(12)
4.5	4.6	5.1	4.6	4.2	4.0	(13)
3.8	3.8	3.8	4.0	3.9	3.8	(14)
4.0	3.9	4.2	4.2	4.4	4.5	(15)
5.7	4.5	4.5	4.3	4.0	4.4	(16)
6.0	5.8	5.5	6.0	5.9	4.3	(17)
3.8	2.8	2.7	2.6	2.7	2.9	(18)
3.8	3.7	3.2	3.4	3.3	3.5	(19)
4.4	4.3	4.1	4.3	4.5	4.6	(20)
6.9	6.5	6.5	6.2	6.4	6.1	(21)
3.9	4.3	4.1	3.9	3.7	4.1	(22)
5.4	5.6	5.2	4.7	4.8	4.8	(23)
5.1	4.7	4.6	5.1	5.2	5.3	(24)
5.2	5.2	4.8	4.9	5.0	4.9	(25)
6.5	6.3	6.0	6.3	6.3	6.9	(26)
4.7	4.9	4.1	4.3	4.6	4.7	(27)
5.5	5.6	5.9	5.3	6.0	5.7	(28)
4.9	4.6	4.9	4.8	4.5	4.2	(29)
3.5	3.5	3.2	3.0	3.4	3.2	(30)
3.3	3.8	3.3	3.1	3.1	3.1	(31)
4.5	4.1	3.9	3.7	3.4	3.4	(32)
4.5	4.1	4.2	3.8	3.9	4.0	(33)
3.5	4.1	3.8	3.7	3.5	3.3	(34)
3.1	3.1	3.3	3.1	3.4	3.4	(35)
5.3	4.1	4.4	4.3	4.7	5.1	(36)
2.8	2.7	2.9	3.4	3.6	2.6	(37)
3.6	3.7	3.1	3.2	3.2	3.1	(38)
2.8	3.2	2.5	3.0	3.3	2.9	(39)
4.0	4.0	3.9	3.8	4.0	4.1	(40)
5.4	5.4	5.1	5.8	5.1	5.2	(41)
4.2	4.2	3.9	3.6	3.0	3.0	(42)
4.7	5.1	4.7	4.3	4.5	4.3	(43)
4.5	4.5	4.7	5.1	4.6	4.6	(44)
5.9	5.0	4.9	5.2	4.9	4.1	(45)
5.1	5.1	5.0	4.6	4.4	4.3	(46)
3.2	2.9	2.5	2.4	2.5	2.7	(47)
3.6	3.5	3.6	2.9	3.0	3.3	(48)
3.6	4.3	4.2	4.4	4.5	4.0	(49)
3.9	3.4	3.7	4.1	4.7	4.1	(50)

1　青果物の年次別転送量（続き）
(2)　果実

品目		転送量 平成23年	24	25	26	27	28
		t	t	t	t	t	t
果実計	(1)	95,002	92,214	85,714	78,600	72,594	68,717
みかん	(2)	21,552	19,329	18,698	16,157	13,866	12,293
ネーブルオレンジ（国産）	(3)	184	225	213	163	188	115
甘なつみかん	(4)	1,999	1,884	1,587	1,368	1,419	1,358
いよかん	(5)	3,227	2,885	2,158	2,480	1,546	1,569
はっさく	(6)	1,069	1,089	807	930	744	736
その他の雑かん	(7)	5,881	7,551	6,226	6,304	5,862	4,802
りんご							
つがる	(8)	1,283	1,286	1,381	1,398	1,151	1,018
ジョナゴールド	(9)	1,783	1,448	1,794	1,511	1,742	1,530
王林	(10)	1,431	1,127	1,108	1,019	1,010	822
ふじ	(11)	8,005	6,353	6,999	6,823	7,353	6,929
その他のりんご	(12)	1,439	1,620	1,767	1,557	1,804	1,723
日本なし							
幸水	(13)	2,024	1,938	1,852	1,511	1,275	1,162
豊水	(14)	1,767	1,850	1,366	1,325	1,427	1,070
二十世紀	(15)	413	404	378	368	265	257
新高	(16)	698	620	620	545	443	548
その他のなし	(17)	830	818	735	892	871	812
西洋なし	(18)	590	483	571	437	507	535
かき							
甘がき	(19)	2,230	2,654	2,374	2,510	2,290	1,998
渋がき（脱渋を含む。）	(20)	3,090	3,252	2,925	2,950	2,752	3,143
びわ	(21)	232	127	176	126	81	44
もも	(22)	2,509	2,283	2,250	2,440	2,033	2,258
すもも	(23)	536	503	433	463	421	506
おうとう	(24)	378	246	216	243	214	304
うめ	(25)	427	342	424	305	275	236
ぶどう							
デラウェア	(26)	688	737	604	594	582	580
巨峰	(27)	871	855	794	808	767	591
その他のぶどう	(28)	1,182	1,186	1,228	1,249	1,243	1,117
くり	(29)	280	280	266	283	190	268
いちご	(30)	4,448	3,513	3,296	2,869	2,388	1,994
メロン							
温室メロン	(31)	1,845	1,736	1,509	1,300	1,122	981
アンデスメロン	(32)	1,709	1,468	1,183	977	816	708
その他のメロン（まくわうりを含む。）	(33)	6,231	5,945	4,935	4,435	4,340	4,216
すいか	(34)	13,047	15,025	13,691	11,228	10,505	11,531
キウイフルーツ	(35)	1,127	1,151	1,151	1,030	1,104	964

卸売数量に占める割合						
平成23年	24	25	26	27	28	
%	%	%	%	%	%	
4.9	4.8	4.5	4.1	4.0	4.1	(1)
4.6	4.1	4.0	3.4	3.3	3.3	(2)
5.6	7.0	7.9	4.8	6.1	5.0	(3)
6.7	6.6	5.4	5.0	5.0	5.9	(4)
7.7	6.6	5.9	6.2	4.8	4.6	(5)
5.0	4.8	4.1	4.3	3.9	3.9	(6)
5.4	5.5	4.9	4.6	4.4	4.3	(7)
3.6	3.7	3.9	3.8	3.3	3.4	(8)
5.9	6.2	6.5	6.2	6.8	6.4	(9)
4.7	5.1	4.0	4.3	4.8	3.9	(10)
3.8	3.9	3.4	3.5	3.5	3.5	(11)
3.8	3.6	3.8	3.1	3.6	3.6	(12)
4.5	5.1	4.4	4.0	3.7	3.4	(13)
4.3	5.1	4.1	3.8	4.7	3.5	(14)
3.3	3.5	3.6	3.6	2.9	3.0	(15)
5.5	5.4	5.7	4.5	5.3	6.3	(16)
5.2	5.0	4.8	4.7	5.2	4.9	(17)
5.4	5.3	5.1	5.0	4.6	4.7	(18)
5.4	4.5	5.1	4.7	4.6	4.5	(19)
5.0	4.7	4.8	4.4	4.2	5.0	(20)
7.9	8.1	6.5	5.7	5.6	5.2	(21)
3.5	3.5	3.7	3.8	3.7	4.0	(22)
4.4	4.1	3.9	3.9	3.8	4.2	(23)
5.3	5.0	4.2	4.4	4.1	4.6	(24)
2.7	2.6	2.7	2.2	2.4	2.2	(25)
4.5	4.7	4.6	4.3	4.9	4.7	(26)
4.1	3.4	3.3	3.5	3.8	3.1	(27)
4.5	3.6	3.8	3.9	3.8	3.6	(28)
4.7	4.8	4.8	4.6	4.6	7.2	(29)
3.8	3.6	3.1	2.8	2.5	2.3	(30)
7.2	7.3	6.6	6.2	5.9	5.3	(31)
10.3	10.1	8.7	6.7	6.1	5.9	(32)
8.3	7.7	6.9	6.3	6.5	6.7	(33)
5.6	6.2	5.9	4.7	4.9	5.4	(34)
7.7	7.5	6.1	5.8	5.9	6.3	(35)

2　主要都市における野菜の転送量

品目 ＼ 転送を受けた市場 ＼ 転送した都市		計	札幌						
				旭川市青果市場	函館市青果市場	仙台市中央卸売市場	浜松市中央卸売市場	福岡市中央卸売市場	佐賀市青果市場
野菜計	(1)	254,248	8,740	151	2,120	116	2,272	561	558
根菜類									
だいこん	(2)	26,267	1,409	-	316	-	90	142	108
かぶ	(3)	1,975	30	-	29	-	-	-	0
にんじん	(4)	22,087	1,161	43	166	-	291	68	32
ごぼう	(5)	4,400	109	-	65	-	3	-	3
たけのこ	(6)	163	0	-	0	-	-	-	-
れんこん	(7)	1,092	-	-	-	-	-	-	-
葉茎菜類									
はくさい	(8)	18,357	165	-	81	3	-	45	-
みずな	(9)	904	30	-	29	-	-	-	-
こまつな	(10)	1,646	32	-	32	-	-	-	-
その他の菜類	(11)	50	1	-	1	-	-	-	-
ちんげんさい	(12)	624	15	-	15	-	-	-	-
キャベツ	(13)	32,282	552	-	254	15	0	161	-
ほうれんそう	(14)	2,404	79	-	75	-	-	-	-
ねぎ	(15)	7,147	118	-	101	-	2	-	-
ふき	(16)	178	1	-	1	-	-	-	-
うど	(17)	86	1	-	1	-	-	-	-
みつば	(18)	222	3	-	3	-	-	-	-
しゅんぎく	(19)	297	3	-	3	-	0	-	-
にら	(20)	1,487	109	-	107	1	-	-	-
洋菜類									
セルリー	(21)	1,722	9	-	8	0	-	-	-
アスパラガス	(22)	590	18	-	15	-	3	-	-
カリフラワー	(23)	406	4	-	0	2	-	-	-
ブロッコリー	(24)	3,945	242	-	5	90	2	33	-
レタス	(25)	16,299	86	-	80	-	-	3	-
パセリ	(26)	137	1	-	0	-	-	0	-
果菜類									
きゅうり	(27)	14,165	88	-	51	-	-	35	-
かぼちゃ	(28)	4,474	143	-	23	-	51	-	-
なす	(29)	5,986	-	-	-	-	-	-	-
トマト	(30)	9,161	185	-	114	-	25	33	2
ミニトマト	(31)	2,251	14	-	1	-	0	6	6
ピーマン	(32)	3,581	26	-	9	-	-	-	-
ししとうがらし	(33)	193	0	-	0	-	-	-	-
スイートコーン	(34)	1,457	19	-	4	-	7	-	0
豆類									
さやいんげん	(35)	290	1	-	0	-	-	-	-
さやえんどう	(36)	250	3	-	0	-	1	-	0
実えんどう	(37)	56	0	-	-	-	-	-	-
そらまめ	(38)	139	0	-	-	-	-	-	-
えだまめ	(39)	301	3	-	3	-	-	-	-
土物類									
かんしょ	(40)	5,261	0	-	-	-	-	-	-
ばれいしょ	(41)	20,600	1,381	29	153	5	314	-	407
さといも	(42)	865	-	-	-	-	-	-	-
やまのいも	(43)	3,489	284	-	23	-	10	-	-
たまねぎ	(44)	29,962	2,322	79	320	-	1,472	36	-
にんにく	(45)	290	1	-	0	-	-	-	1
しょうが	(46)	697	-	-	-	-	-	-	-
きのこ類									
生しいたけ	(47)	809	10	-	6	-	-	-	-
なめこ	(48)	376	12	-	5	-	-	-	-
えのきだけ	(49)	2,802	18	-	18	-	-	-	-
しめじ	(50)	2,026	53	-	6	-	-	-	-

単位：t

市			旭川市			函館市			
熊本市青果市場	鹿児島市中央卸売市場	沖縄県中央卸売市場		札幌市中央卸売市場	岐阜市中央卸売市場		札幌市中央卸売市場	青森市中央卸売市場	
1,903	642	148	703	441	227	554	155	215	(1)
242	469	33	19	16	-	46	38	-	(2)
0	-	-	0	0	-	-	-	-	(3)
475	1	-	7	7	-	48	1	47	(4)
-	13	-	-	-	-	19	-	-	(5)
-	-	-	0	0	-	-	-	-	(6)
-	-	-	0	0	-	-	-	-	(7)
15	6	11	25	24	-	23	12	12	(8)
1	-	-	7	7	-	1	-	1	(9)
-	-	-	1	1	-	61	61	0	(10)
-	-	-	-	-	-	-	-	-	(11)
-	-	-	1	1	-	-	-	-	(12)
41	2	75	10	10	-	42	26	9	(13)
4	-	-	6	6	-	32	13	9	(14)
8	5	-	8	6	-	32	1	2	(15)
-	-	-	-	-	-	-	-	-	(16)
-	-	-	0	0	-	-	-	-	(17)
-	-	-	0	0	-	-	-	-	(18)
-	-	-	7	7	-	-	-	-	(19)
-	1	-	0	0	-	1	0	1	(20)
0	-	0	4	4	-	4	-	4	(21)
0	-	-	13	13	-	0	-	0	(22)
0	-	-	1	1	-	1	-	1	(23)
87	1	-	24	11	-	76	-	11	(24)
2	0	-	23	23	-	6	-	6	(25)
0	-	-	1	0	-	0	-	0	(26)
-	-	-	201	7	194	13	2	5	(27)
60	-	-	34	34	-	2	-	2	(28)
-	-	-	1	1	-	-	-	-	(29)
-	-	11	7	7	-	30	2	5	(30)
0	-	0	37	5	32	11	-	-	(31)
-	-	16	1	1	-	0	-	-	(32)
-	-	-	0	0	-	-	-	-	(33)
5	0	-	4	4	-	2	-	1	(34)
0	-	-	1	-	-	0	-	-	(35)
1	0	-	1	0	-	2	-	0	(36)
0	-	-	0	-	-	-	-	-	(37)
0	-	-	-	-	-	0	-	0	(38)
-	-	-	0	0	-	-	-	-	(39)
-	0	-	3	3	-	0	-	-	(40)
424	32	-	23	10	-	33	-	33	(41)
-	-	-	2	2	-	-	-	-	(42)
145	105	-	-	-	-	-	-	-	(43)
391	7	-	218	218	-	64	-	64	(44)
-	-	-	0	0	-	-	-	-	(45)
-	-	-	-	-	-	-	-	-	(46)
-	-	-	0	0	-	-	-	-	(47)
-	-	-	-	-	-	0	-	0	(48)
-	-	-	10	10	-	-	-	-	(49)
-	-	-	1	1	-	1	-	1	(50)

2 主要都市における野菜の転送量（続き）

品目 ＼ 転送した都市 / 転送を受けた市場	函館市（続き） 松山市中央卸売市場	帯広市	帯広市 札幌市中央卸売市場	北見市	青森市	青森市 札幌市中央卸売市場	青森市 八戸市中央卸売市場	青森市 仙台市中央卸売市場
野菜計 (1)	184	153	153	10	3, 156	124	501	172
根菜類								
だいこん (2)	8	-	-	-	1, 161	-	276	128
かぶ (3)	-	-	-	-	91	33	-	14
にんじん (4)	1	-	-	-	478	17	79	-
ごぼう (5)	19	-	-	-	478	-	107	-
たけのこ (6)	-	-	-	-	-	-	-	-
れんこん (7)	-	-	-	-	0	-	-	-
葉茎菜類								
はくさい (8)	-	18	18	-	52	33	4	-
みずな (9)	-	0	0	-	-	-	-	-
こまつな (10)	-	0	0	-	0	-	-	-
その他の菜類 (11)	-	-	-	-	-	-	-	-
ちんげんさい (12)	-	2	2	-	-	-	-	-
キャベツ (13)	7	11	11	-	65	41	-	9
ほうれんそう (14)	9	4	4	-	8	-	-	-
ねぎ (15)	29	1	1	-	14	-	-	-
ふき (16)	-	-	-	-	-	-	-	-
うど (17)	-	-	-	-	-	-	-	-
みつば (18)	-	-	-	-	0	-	0	-
しゅんぎく (19)	-	0	0	-	1	-	-	-
にら (20)	-	-	-	-	-	-	-	-
洋菜類								
セルリー (21)	0	2	2	-	0	-	0	0
アスパラガス (22)	-	-	-	-	0	-	-	-
カリフラワー (23)	1	0	0	-	-	-	-	-
ブロッコリー (24)	65	-	-	-	14	-	13	0
レタス (25)	-	12	12	-	3	-	2	-
パセリ (26)	0	-	-	-	0	-	-	-
果菜類								
きゅうり (27)	7	3	3	-	6	-	-	-
かぼちゃ (28)	-	12	12	-	2	-	-	-
なす (29)	-	-	-	-	0	-	-	0
トマト (30)	23	-	-	-	7	-	0	-
ミニトマト (31)	11	-	-	-	7	-	1	-
ピーマン (32)	0	0	0	-	29	-	-	1
ししとうがらし (33)	-	-	-	-	-	-	-	-
スイートコーン (34)	1	-	-	-	2	-	0	2
豆類								
さやいんげん (35)	0	-	-	-	2	-	-	2
さやえんどう (36)	1	0	0	-	2	-	-	0
実えんどう (37)	-	-	-	-	0	-	-	-
そらまめ (38)	-	-	-	-	7	-	-	4
えだまめ (39)	-	-	-	-	-	-	-	-
土物類								
かんしょ (40)	0	-	-	-	1	-	-	-
ばれいしょ (41)	-	9	9	-	323	-	0	-
さといも (42)	-	-	-	-	-	-	-	-
やまのいも (43)	-	-	-	-	346	-	13	-
たまねぎ (44)	-	78	78	10	41	-	5	9
にんにく (45)	-	-	-	-	10	-	1	-
しょうが (46)	-	-	-	-	-	-	-	-
きのこ類								
生しいたけ (47)	-	-	-	-	2	-	0	2
なめこ (48)	-	-	-	-	1	-	1	-
えのきだけ (49)	-	-	-	-	2	-	-	2
しめじ (50)	-	-	-	-	-	-	-	-

単位：t

森				市	八	戸	市	盛岡市	
秋田市青果市場	浜松市中央卸売市場	松山市中央卸売市場	佐賀市青果市場	熊本市青果市場		青森市中央卸売市場	いわき市中央卸売市場		
145	448	638	155	672	1,650	1,388	176	331	(1)
21	227	421	23	20	461	369	85	29	(2)
31	12	1	-	-	26	18	9	56	(3)
29	112	54	2	156	174	159	15	8	(4)
1	21	76	98	62	142	94	38	-	(5)
-	-	-	-	-	-	-	-	-	(6)
-	-	-	-	-	-	-	-	0	(7)
12	-	-	-	-	16	16	0	0	(8)
-	-	-	-	-	0	0	-	1	(9)
0	-	-	-	-	3	3	-	1	(10)
-	-	-	-	-	0	0	-	1	(11)
-	-	-	-	-	-	-	-	0	(12)
15	-	-	-	-	95	94	1	13	(13)
-	-	-	-	-	28	28	0	42	(14)
-	13	-	-	-	42	29	13	31	(15)
-	-	-	-	-	-	-	-	-	(16)
-	-	-	-	-	0	0	-	0	(17)
-	-	-	-	-	1	1	-	0	(18)
-	1	-	-	-	0	0	-	0	(19)
-	-	-	-	-	3	0	-	2	(20)
-	-	-	-	-	2	2	-	0	(21)
-	0	-	-	-	1	1	-	1	(22)
-	-	-	-	-	2	0	-	2	(23)
0	-	1	-	-	6	1	-	8	(24)
-	-	-	-	-	11	11	-	17	(25)
-	-	-	-	-	0	0	-	0	(26)
-	5	0	-	-	1	1	-	15	(27)
-	-	2	-	-	62	56	7	1	(28)
-	-	-	-	-	-	-	-	8	(29)
-	6	1	-	-	2	2	-	2	(30)
-	1	1	0	-	4	0	-	4	(31)
1	6	-	-	-	1	1	-	54	(32)
-	-	-	-	-	0	-	-	0	(33)
-	-	-	-	-	5	5	-	2	(34)
1	0	-	-	-	1	1	0	2	(35)
0	1	0	0	-	1	0	-	0	(36)
-	-	-	-	-	-	-	-	-	(37)
-	3	0	0	-	2	-	0	0	(38)
-	-	-	-	-	1	1	-	4	(39)
1	-	-	-	-	0	-	-	0	(40)
7	9	10	32	262	3	1	2	-	(41)
-	-	-	-	-	-	-	-	7	(42)
-	34	67	-	172	481	480	0	2	(43)
24	-	-	-	-	-	-	-	2	(44)
-	0	2	1	-	16	10	6	0	(45)
-	-	-	-	-	1	-	-	-	(46)
-	-	-	-	-	7	2	1	14	(47)
-	-	-	-	-	0	0	-	0	(48)
-	-	-	-	-	38	-	-	-	(49)
-	-	-	-	-	8	-	0	-	(50)

2　主要都市における野菜の転送量（続き）

品目		盛岡市（続き） 青森市中央卸売市場	盛岡市（続き） 仙台市中央卸売市場	仙台市	仙台市 青森市中央卸売市場	仙台市 八戸市中央卸売市場	仙台市 秋田市青果市場	仙台市 山形市青果市場	仙台市 いわき市中央卸売市場
野菜計	(1)	103	108	1,698	272	220	481	450	123
根菜類									
だいこん	(2)	-	16	7	-	-	-	-	1
かぶ	(3)	-	36	-	-	-	-	-	-
にんじん	(4)	-	4	53	1	-	-	-	25
ごぼう	(5)	-	-	18	-	4	12	-	2
たけのこ	(6)	-	-	6	-	1	2	-	3
れんこん	(7)	-	-	1	-	-	-	-	1
葉茎菜類									
はくさい	(8)	0	-	9	1	2	6	0	-
みずな	(9)	-	0	10	5	3	1	-	0
こまつな	(10)	-	-	40	18	0	3	18	-
その他の菜類	(11)	-	-	0	-	0	0	-	-
ちんげんさい	(12)	0	-	28	12	1	5	9	0
キャベツ	(13)	8	1	451	-	-	214	236	0
ほうれんそう	(14)	38	-	3	-	1	1	-	0
ねぎ	(15)	-	-	87	52	23	1	-	1
ふき	(16)	-	-	-	-	-	-	-	-
うど	(17)	-	-	0	-	-	0	-	-
みつば	(18)	0	-	1	0	-	0	-	0
しゅんぎく	(19)	-	-	33	19	1	1	3	-
にら	(20)	-	0	15	0	12	3	-	1
洋菜類									
セルリー	(21)	-	-	78	-	29	50	-	-
アスパラガス	(22)	0	0	-	-	-	-	-	-
カリフラワー	(23)	-	2	1	-	-	1	-	-
ブロッコリー	(24)	0	6	4	-	2	1	-	0
レタス	(25)	14	-	275	14	89	57	80	34
パセリ	(26)	-	0	6	1	1	4	-	-
果菜類									
きゅうり	(27)	1	-	199	127	23	2	24	5
かぼちゃ	(28)	0	1	10	1	5	4	-	-
なす	(29)	-	7	48	-	0	0	34	12
トマト	(30)	-	-	16	12	3	-	-	-
ミニトマト	(31)	-	-	1	-	-	1	-	-
ピーマン	(32)	23	28	102	-	-	56	42	0
ししとうがらし	(33)	-	-	4	1	0	-	3	-
スイートコーン	(34)	-	2	1	-	1	-	-	-
豆類									
さやいんげん	(35)	1	-	10	0	8	0	-	-
さやえんどう	(36)	0	-	6	1	3	-	0	0
実えんどう	(37)	-	-	0	-	-	-	-	0
そらまめ	(38)	-	-	6	2	0	2	-	2
えだまめ	(39)	0	1	0	0	-	0	-	-
土物類									
かんしょ	(40)	-	-	34	-	8	26	-	-
ばれいしょ	(41)	-	-	74	-	-	13	-	10
さといも	(42)	-	-	0	-	-	0	-	-
やまのいも	(43)	-	2	-	-	-	-	-	-
たまねぎ	(44)	2	-	35	-	-	15	-	20
にんにく	(45)	-	-	-	-	-	-	-	-
しょうが	(46)	-	-	6	-	1	1	-	4
きのこ類									
生しいたけ	(47)	14	-	0	0	-	-	-	-
なめこ	(48)	0	-	2	1	-	-	-	1
えのきだけ	(49)	-	-	7	1	-	-	-	-
しめじ	(50)	-	-	8	3	-	-	1	1

単位：t

秋田市	盛岡市中央卸売市場	山形市	仙台市中央卸売市場	福島市	札幌市中央卸売市場	仙台市中央卸売市場	山形市青果市場	いわき市	
175	167	371	288	1,721	227	1,094	147	235	(1)
–	–	77	77	212	–	194	0	71	(2)
–	–	–	–	4	–	0	4	–	(3)
6	6	66	63	108	–	100	3	35	(4)
–	–	–	–	0	–	–	0	2	(5)
–	–	–	–	12	–	11	0	–	(6)
–	–	–	–	0	–	–	–	–	(7)
1	1	4	–	0	–	–	–	11	(8)
–	–	0	0	–	–	–	–	1	(9)
0	–	1	1	0	–	–	–	–	(10)
–	–	0	–	–	–	–	–	–	(11)
–	–	0	0	0	–	–	–	–	(12)
121	121	–	–	30	–	2	12	7	(13)
1	–	–	–	9	–	8	–	–	(14)
–	–	60	0	3	0	2	–	0	(15)
–	–	2	2	–	–	–	–	–	(16)
1	–	0	–	–	–	–	–	2	(17)
–	–	0	–	–	–	–	–	–	(18)
0	–	1	1	0	–	–	–	–	(19)
3	–	7	7	17	–	–	15	–	(20)
–	–	2	–	3	–	2	1	–	(21)
–	–	0	–	0	–	–	–	–	(22)
–	–	–	–	0	–	0	0	–	(23)
–	–	–	–	6	–	1	0	–	(24)
12	12	–	–	192	–	191	0	17	(25)
–	–	–	–	0	–	0	–	–	(26)
–	–	5	–	289	–	180	26	–	(27)
2	–	0	–	2	–	–	1	–	(28)
–	–	0	0	12	–	8	1	1	(29)
–	–	14	11	149	123	–	–	–	(30)
–	–	36	35	121	104	5	–	–	(31)
–	–	–	–	2	–	1	–	0	(32)
–	–	0	–	0	–	0	–	–	(33)
–	–	–	–	5	–	–	3	3	(34)
–	–	–	–	3	–	3	0	15	(35)
–	–	0	–	4	–	1	–	1	(36)
–	–	0	–	0	–	0	–	0	(37)
–	–	–	–	0	–	0	–	–	(38)
1	–	0	–	0	–	–	–	–	(39)
–	–	–	–	27	–	9	5	60	(40)
–	–	–	–	74	–	55	9	2	(41)
–	–	–	–	–	–	–	–	–	(42)
1	–	–	–	12	–	0	12	–	(43)
26	26	92	92	420	–	319	54	5	(44)
–	–	–	–	–	–	–	–	1	(45)
–	–	–	–	1	–	1	–	0	(46)
–	–	–	–	–	–	–	–	–	(47)
–	–	5	–	0	–	–	–	–	(48)
–	–	–	–	1	–	–	–	–	(49)
0	–	0	–	–	–	–	–	–	(50)

2　主要都市における野菜の転送量（続き）

品目 ＼ 転送した都市 / 転送を受けた市場		いわき市（続き） 仙台市中央卸売市場	水戸市青果市場	水戸市	青森市中央卸売市場	秋田市青果市場	いわき市中央卸売市場	静岡市中央卸売市場	浜松市中央卸売市場
野菜計	(1)	118	117	2,605	549	164	246	341	938
根菜類									
だいこん	(2)	12	59	277	-	1	80	197	-
かぶ	(3)	-	-	1	-	1	-	-	0
にんじん	(4)	35	-	78	27	32	-	6	13
ごぼう	(5)	2	-	76	-	1	0	9	7
たけのこ	(6)	-	-	-	-	-	-	-	-
れんこん	(7)	-	-	117	15	0	4	-	41
葉茎菜類									
はくさい	(8)	11	-	501	168	14	-	2	296
みずな	(9)	1	-	57	31	-	1	-	13
こまつな	(10)	-	-	38	37	-	0	-	0
その他の菜類	(11)	-	-	0	0	-	-	-	-
ちんげんさい	(12)	-	-	5	5	-	0	-	-
キャベツ	(13)	7	-	306	19	24	33	63	70
ほうれんそう	(14)	-	-	10	0	0	-	-	4
ねぎ	(15)	-	0	129	32	-	3	15	78
ふき	(16)	-	-	-	-	-	-	-	-
うど	(17)	2	-	0	0	-	-	-	0
みつば	(18)	-	-	0	0	-	0	-	0
しゅんぎく	(19)	-	-	0	0	-	-	-	0
にら	(20)	-	-	32	3	-	29	-	-
洋菜類									
セルリー	(21)	-	-	3	3	-	-	-	-
アスパラガス	(22)	-	-	0	-	0	0	-	-
カリフラワー	(23)	-	-	0	0	-	-	-	0
ブロッコリー	(24)	-	-	0	-	0	-	-	-
レタス	(25)	17	-	268	36	-	-	-	232
パセリ	(26)	-	-	0	0	-	-	-	-
果菜類									
きゅうり	(27)	-	-	3	1	1	-	-	2
かぼちゃ	(28)	-	-	72	16	-	-	5	37
なす	(29)	1	1	10	2	2	3	-	3
トマト	(30)	-	-	45	-	-	37	-	3
ミニトマト	(31)	-	-	4	0	-	1	-	1
ピーマン	(32)	0	-	80	23	1	2	-	54
ししとうがらし	(33)	-	-	0	-	-	-	-	0
スイートコーン	(34)	3	-	5	3	-	1	-	1
豆類									
さやいんげん	(35)	6	9	2	2	-	-	-	0
さやえんどう	(36)	0	1	0	0	-	-	-	0
実えんどう	(37)	-	0	-	-	-	-	-	-
そらまめ	(38)	-	-	2	0	-	-	-	1
えだまめ	(39)	-	-	-	-	-	-	-	-
土物類									
かんしょ	(40)	13	47	276	80	2	15	9	81
ばれいしょ	(41)	2	-	30	4	20	4	-	-
さといも	(42)	-	-	3	-	-	3	-	-
やまのいも	(43)	-	-	36	-	-	-	36	-
たまねぎ	(44)	5	-	139	44	67	28	-	-
にんにく	(45)	1	-	-	-	-	-	-	-
しょうが	(46)	0	-	0	-	-	0	-	-
きのこ類									
生しいたけ	(47)	-	-	-	-	-	-	-	-
なめこ	(48)	-	-	-	-	-	-	-	-
えのきだけ	(49)	-	-	-	-	-	-	-	-
しめじ	(50)	-	-	0	0	-	-	-	-

単位：t

松山市中央卸売市場	宇都宮市	青森市中央卸売市場	八戸市中央卸売市場	仙台市中央卸売市場	山形市青果市場	水戸市青果市場	船橋市青果市場	前橋市	
247	1,819	258	344	324	414	194	105	801	(1)
-	13	13	-	-	0	-	-	96	(2)
-	38	-	-	38	-	-	-	-	(3)
-	218	-	-	8	210	-	-	1	(4)
53	6	-	-	-	-	-	-	27	(5)
-	1	-	-	-	1	-	-	-	(6)
58	1	-	-	1	0	-	-	0	(7)
18	10	1	2	-	6	-	-	7	(8)
12	9	0	-	-	9	-	-	1	(9)
0	23	-	-	1	22	-	-	4	(10)
-	-	-	-	-	-	-	-	0	(11)
-	4	-	-	-	4	-	-	0	(12)
1	22	-	-	-	-	-	-	164	(13)
5	131	-	-	99	25	-	2	14	(14)
1	21	0	-	-	19	-	0	28	(15)
-	1	-	-	1	-	-	-	2	(16)
-	5	0	0	4	-	-	-	1	(17)
-	0	0	-	-	-	-	-	-	(18)
-	5	0	-	-	1	-	-	0	(19)
-	90	1	-	44	25	-	-	0	(20)
-	1	-	-	-	1	-	-	-	(21)
-	35	-	1	23	-	-	-	0	(22)
-	2	-	-	-	2	-	-	1	(23)
-	24	-	-	-	24	-	-	2	(24)
0	90	1	88	0	1	-	-	38	(25)
0	-	-	-	-	-	-	-	-	(26)
-	334	6	101	-	-	125	101	312	(27)
8	2	1	-	-	-	-	-	1	(28)
-	165	29	7	40	15	-	-	81	(29)
-	474	185	140	23	29	66	-	6	(30)
-	40	-	0	39	-	0	-	0	(31)
-	22	-	4	-	17	-	1	3	(32)
-	0	-	-	-	-	-	-	-	(33)
-	7	1	1	-	5	-	1	0	(34)
-	0	-	0	-	-	-	-	0	(35)
-	-	-	-	-	-	-	-	-	(36)
-	-	-	-	-	-	-	-	-	(37)
-	-	-	-	-	-	-	-	-	(38)
-	3	-	-	3	-	-	-	2	(39)
88	0	-	-	-	-	-	-	-	(40)
2	0	-	-	-	-	-	-	-	(41)
-	0	-	-	-	-	-	-	-	(42)
-	0	-	-	-	-	-	-	8	(43)
-	22	19	-	-	-	2	-	-	(44)
-	0	-	-	-	-	-	-	-	(45)
-	0	-	-	0	-	-	-	0	(46)
-	0	0	-	-	-	-	-	-	(47)
-	-	-	-	-	-	-	-	-	(48)
-	-	-	-	-	-	-	-	-	(49)
-	-	-	-	-	-	-	-	-	(50)

2 主要都市における野菜の転送量（続き）

転送した都市 転送を受けた市場 品目	前橋市（続き）		さいたま市				上	
	さいたま市青果市場	浜松市中央卸売市場	秋田市青果市場	前橋市青果市場	静岡市中央卸売市場		前橋市青果市場	
野　菜　計　(1)	126	451	671	114	239	131	948	140
根　菜　類								
だ い こ ん　(2)	90	0	184	-	174	0	85	-
か　ぶ　(3)	-	-	8	-	-	1	9	-
に ん じ ん　(4)	1	0	13	-	10	0	147	-
ご ぼ う　(5)	-	6	64	-	1	63	2	-
た け の こ　(6)	-	-	0	-	-	0	0	-
れ ん こ ん　(7)	-	-	-	-	-	-	2	-
葉　茎　菜　類								
は く さ い　(8)	0	-	2	-	2	-	18	-
み ず な　(9)	-	-	0	-	-	-	4	-
こ ま つ な　(10)	-	-	5	-	-	0	11	-
そ の 他 の 菜 類　(11)	-	-	-	-	-	-	3	-
ち ん げ ん さ い　(12)	-	-	0	-	-	0	2	-
キ ャ ベ ツ　(13)	10	148	23	-	10	1	72	-
ほ う れ ん そ う　(14)	1	5	19	0	0	16	19	-
ね ぎ　(15)	-	25	24	-	-	15	39	-
ふ き　(16)	-	-	1	1	-	-	0	-
う ど　(17)	-	0	0	-	-	0	0	-
み つ ば　(18)	-	-	3	-	-	2	0	-
し ゅ ん ぎ く　(19)	-	0	4	-	-	4	1	-
に ら　(20)	-	-	11	-	11	0	69	0
洋　菜　類								
セ ル リ ー　(21)	-	-	0	-	0	-	3	-
ア ス パ ラ ガ ス　(22)	-	0	0	-	-	0	0	-
カ リ フ ラ ワ ー　(23)	-	0	1	-	0	1	0	-
ブ ロ ッ コ リ ー　(24)	-	0	17	-	-	6	17	-
レ タ ス　(25)	25	9	28	-	27	0	64	-
パ セ リ　(26)	-	-	0	-	-	0	0	-
果　菜　類								
き ゅ う り　(27)	-	240	113	75	-	0	30	-
か ぼ ち ゃ　(28)	-	1	2	1	-	1	4	-
な す　(29)	-	8	8	-	-	2	28	-
ト マ ト　(30)	-	0	35	-	-	0	195	140
ミ ニ ト マ ト　(31)	-	0	11	0	-	0	38	-
ピ ー マ ン　(32)	-	-	14	11	-	0	26	-
し し と う が ら し　(33)	-	-	0	-	-	0	0	-
ス イ ー ト コ ー ン　(34)	-	-	9	-	-	0	1	-
豆　類								
さ や い ん げ ん　(35)	-	-	0	-	-	-	1	-
さ や え ん ど う　(36)	-	-	0	-	-	-	1	-
実 え ん ど う　(37)	-	-	-	-	-	-	0	-
そ ら ま め　(38)	-	-	-	-	-	-	0	-
え だ ま め　(39)	-	1	4	1	-	3	4	-
土　物　類								
か ん し ょ　(40)	-	-	3	-	-	-	1	-
ば れ い し ょ　(41)	-	-	0	0	-	0	1	-
さ と い も　(42)	-	-	2	-	-	-	23	-
や ま の い も　(43)	0	8	14	-	3	-	6	-
た ま ね ぎ　(44)	-	-	25	24	-	2	1	-
に ん に く　(45)	-	-	0	-	-	0	0	-
し ょ う が　(46)	-	-	0	-	-	0	2	-
き　の　こ　類								
生 し い た け　(47)	-	-	1	-	-	-	0	-
な め こ　(48)	-	-	7	-	-	4	1	-
え の き だ け　(49)	-	-	3	-	-	0	11	-
し め じ　(50)	-	-	9	-	-	9	5	-

単位：t

尾	市		千	葉	市				
さいたま市青果市場	松戸市青果市場	東京都中央築地市場		青森市中央卸売市場	秋田市青果市場	さいたま市青果市場	上尾市青果市場	甲府市青果市場	
431	**202**	**122**	**1,689**	**237**	**183**	**101**	**315**	**142**	(1)
30	39	0	467	7	0	1	315	11	(2)
9	-	0	118	0	8	-	-	-	(3)
143	-	3	194	84	3	0	-	0	(4)
1	0	-	3	-	-	-	-	-	(5)
-	0	-	1	-	1	-	-	-	(6)
2	-	-	8	0	1	-	-	0	(7)
17	1	0	35	1	-	6	-	19	(8)
2	2	0	16	-	-	-	-	-	(9)
7	0	4	3	-	0	-	-	-	(10)
0	-	2	0	-	-	-	-	-	(11)
1	0	1	-	-	-	-	-	-	(12)
42	17	13	98	84	-	1	-	2	(13)
5	0	13	6	-	4	-	-	-	(14)
3	3	33	166	12	3	-	-	83	(15)
0	-	-	-	-	-	-	-	-	(16)
0	0	0	0	-	-	-	-	-	(17)
0	-	-	0	0	-	-	-	-	(18)
1	0	-	1	1	-	-	-	-	(19)
2	33	-	5	0	4	-	-	-	(20)
2	1	-	48	0	28	17	-	2	(21)
0	0	0	0	-	0	-	-	-	(22)
0	-	0	4	0	3	-	-	0	(23)
3	1	12	6	-	6	-	-	-	(24)
46	16	1	95	1	25	66	-	1	(25)
0	-	-	2	1	0	-	-	-	(26)
28	2	0	22	21	-	-	-	1	(27)
4	-	-	3	3	-	-	-	-	(28)
19	9	-	64	-	58	1	-	2	(29)
23	29	4	27	1	3	-	-	-	(30)
8	19	11	6	0	6	-	-	0	(31)
11	12	3	62	-	0	-	-	20	(32)
0	-	-	0	0	-	-	-	-	(33)
1	-	-	21	-	0	-	-	-	(34)
1	-	-	2	-	2	-	-	-	(35)
1	-	-	5	0	5	-	-	-	(36)
0	-	-	0	-	0	-	-	-	(37)
0	-	-	1	0	1	-	-	-	(38)
1	2	-	1	-	0	-	-	-	(39)
1	-	-	105	3	-	6	-	-	(40)
1	-	0	31	0	15	-	-	-	(41)
4	0	19	12	0	1	0	-	-	(42)
4	-	2	5	0	-	-	-	-	(43)
1	-	-	23	16	7	-	-	-	(44)
0	-	-	4	-	-	-	-	0	(45)
1	0	0	16	0	-	-	-	0	(46)
0	0	-	1	-	-	1	-	-	(47)
0	0	-	-	-	-	-	-	-	(48)
1	10	-	-	-	-	-	-	-	(49)
2	3	0	-	-	-	-	-	-	(50)

2　主要都市における野菜の転送量（続き）

品目 ＼ 転送した都市 / 転送を受けた市場	千葉市（続き）			市川市		船橋市	松戸	
	静岡市中央卸売市場	浜松市中央卸売市場	松山市中央卸売市場		船橋市青果市場			八戸市中央卸売市場
野菜計 (1)	118	385	105	562	483	8	541	240
根菜類								
だいこん (2)	7	101	20	39	18	-	12	2
かぶ (3)	0	109	-	1	1	4	55	44
にんじん (4)	3	77	2	80	75	-	10	9
ごぼう (5)	-	0	3	1	1	-	-	-
たけのこ (6)	-	-	-	2	2	-	-	-
れんこん (7)	-	6	-	5	0	0	0	0
葉茎菜類								
はくさい (8)	-	8	-	1	1	-	4	-
みずな (9)	-	-	0	1	1	-	0	0
こまつな (10)	-	-	-	3	3	-	1	0
その他の菜類 (11)	-	-	-	-	-	-	-	-
ちんげんさい (12)	-	-	-	0	0	-	1	0
キャベツ (13)	-	6	-	11	9	-	89	72
ほうれんそう (14)	-	0	-	5	4	-	16	9
ねぎ (15)	52	2	-	56	53	-	81	76
ふき (16)	-	-	-	2	2	-	6	-
うど (17)	-	0	-	0	-	-	1	0
みつば (18)	-	0	-	0	-	-	0	0
しゅんぎく (19)	-	0	-	0	0	-	0	0
にら (20)	-	-	-	6	6	-	1	0
洋菜類								
セルリー (21)	-	0	-	6	6	-	4	-
アスパラガス (22)	-	-	-	7	7	-	0	0
カリフラワー (23)	-	-	-	0	0	-	1	-
ブロッコリー (24)	-	-	-	27	12	-	4	0
レタス (25)	-	0	-	28	23	1	21	7
パセリ (26)	-	0	0	0	0	-	0	0
果菜類								
きゅうり (27)	1	0	-	118	117	-	67	0
かぼちゃ (28)	-	-	-	8	6	-	0	0
なす (29)	-	-	-	8	8	-	11	6
トマト (30)	-	12	-	48	40	-	49	0
ミニトマト (31)	-	0	-	2	2	-	37	0
ピーマン (32)	40	0	-	1	1	-	13	11
ししとうがらし (33)	-	0	-	-	-	-	2	0
スイートコーン (34)	0	19	-	6	6	3	3	-
豆類								
さやいんげん (35)	-	-	-	2	1	-	12	0
さやえんどう (36)	-	-	-	1	1	-	0	0
実えんどう (37)	-	-	-	0	0	-	0	-
そらまめ (38)	-	1	-	0	0	-	0	0
えだまめ (39)	-	-	-	1	0	-	12	0
土物類								
かんしょ (40)	0	20	75	37	37	-	0	-
ばれいしょ (41)	-	6	4	35	35	-	14	-
さといも (42)	10	-	1	3	1	-	0	-
やまのいも (43)	-	5	-	2	1	-	7	0
たまねぎ (44)	-	-	-	6	1	-	3	0
にんにく (45)	0	3	-	0	0	-	0	-
しょうが (46)	6	10	-	0	0	-	2	-
きのこ類								
生しいたけ (47)	-	-	-	0	0	-	-	-
なめこ (48)	-	-	-	0	-	-	0	-
えのきだけ (49)	-	-	-	-	-	-	0	-
しめじ (50)	-	-	-	-	-	-	1	-

単位：t

市	柏	市	東	京			都		
千葉市青果市場		東京都中央築地市場		札幌市中央卸売市場	旭川市青果市場	函館市青果市場	八戸市中央卸売市場	盛岡市中央卸売市場	
170	124	107	73,104	791	1,557	3,377	2,080	531	(1)
-	4	-	5,287	31	383	539	61	115	(2)
-	-	-	1,160	14	3	38	55	7	(3)
1	-	-	6,386	1	1	431	283	2	(4)
-	-	-	502	-	-	20	0	0	(5)
-	-	-	23	-	-	1	3	2	(6)
-	0	-	482	28	-	21	31	7	(7)
3	-	-	5,829	4	605	218	7	106	(8)
-	-	-	364	0	20	50	1	2	(9)
1	2	2	463	11	6	39	1	2	(10)
-	-	-	28	0	0	0	1	-	(11)
-	0	0	191	2	2	21	11	2	(12)
3	3	-	9,305	5	261	178	3	12	(13)
7	3	-	823	14	13	35	0	2	(14)
5	-	-	3,804	71	18	287	48	3	(15)
-	-	-	57	1	-	0	2	0	(16)
-	-	-	58	1	-	0	1	0	(17)
-	-	-	70	-	-	0	3	0	(18)
-	-	-	115	0	1	8	2	0	(19)
-	0	-	431	-	-	2	14	1	(20)
-	-	-	794	139	-	13	70	6	(21)
-	-	-	193	0	-	1	8	-	(22)
-	-	-	152	3	0	1	15	2	(23)
-	-	-	1,275	74	4	27	111	9	(24)
-	2	1	5,108	289	28	303	394	15	(25)
-	0	-	47	6	-	1	0	1	(26)
65	8	8	4,991	1	135	65	160	1	(27)
-	0	0	1,440	15	13	55	2	2	(28)
0	26	25	2,207	1	34	147	318	99	(29)
46	-	-	2,777	22	4	154	120	10	(30)
37	0	0	472	0	-	6	72	4	(31)
1	73	71	863	1	0	40	81	25	(32)
0	-	-	73	1	-	0	3	4	(33)
2	-	-	614	-	26	24	5	1	(34)
-	-	-	87	-	-	0	2	0	(35)
-	-	-	79	-	-	0	1	0	(36)
0	-	-	9	-	-	-	0	0	(37)
-	0	0	71	0	-	0	1	0	(38)
-	-	-	131	1	-	1	1	0	(39)
-	-	-	2,223	17	-	451	8	22	(40)
-	2	-	3,543	2	-	36	17	24	(41)
-	-	-	320	8	-	38	2	3	(42)
-	-	-	806	1	-	1	0	1	(43)
0	-	-	6,948	25	-	88	124	19	(44)
-	-	-	67	0	-	0	1	0	(45)
0	0	0	179	4	-	1	6	1	(46)
-	-	-	274	-	-	-	-	0	(47)
-	0	-	182	-	-	0	-	-	(48)
-	-	-	1,131	-	-	12	34	4	(49)
-	-	-	672	-	-	26	-	14	(50)

2 主要都市における野菜の転送量（続き）

転送した都市 / 転送を受けた市場 / 品目		東京都							
		仙台市中央卸売市場	秋田市青果市場	山形市青果市場	福島市青果市場	いわき市中央卸売市場	水戸市青果市場	前橋市青果市場	さいたま市青果市場
野菜計	(1)	486	255	310	285	224	3,974	1,142	2,302
根菜類									
だいこん	(2)	6	5	85	71	0	501	2	153
かぶ	(3)	16	1	46	89	67	160	12	6
にんじん	(4)	16	12	8	-	2	668	136	157
ごぼう	(5)	1	2	-	-	0	106	3	1
たけのこ	(6)	0	0	-	-	1	0	0	0
れんこん	(7)	0	4	4	0	2	1	1	1
葉茎菜類									
はくさい	(8)	0	2	0	-	-	24	5	147
みずな	(9)	0	4	-	1	0	-	4	18
こまつな	(10)	1	1	-	0	-	-	0	6
その他の菜類	(11)	-	0	-	-	-	0	0	0
ちんげんさい	(12)	0	1	0	1	4	4	5	12
キャベツ	(13)	21	5	1	7	7	279	6	466
ほうれんそう	(14)	11	2	-	2	0	5	2	15
ねぎ	(15)	7	4	3	38	2	107	15	44
ふき	(16)	4	0	0	0	20	5	1	1
うど	(17)	2	0	8	0	6	0	2	0
みつば	(18)	0	1	1	11	1	0	9	0
しゅんぎく	(19)	0	0	-	0	1	4	1	7
にら	(20)	11	12	-	1	4	0	2	4
洋菜類									
セルリー	(21)	-	15	2	3	77	34	8	61
アスパラガス	(22)	-	1	-	0	0	1	0	19
カリフラワー	(23)	0	6	1	0	4	15	4	37
ブロッコリー	(24)	0	7	0	1	0	51	1	20
レタス	(25)	187	45	3	1	2	351	300	228
パセリ	(26)	2	0	-	0	1	-	0	0
果菜類									
きゅうり	(27)	2	3	7	-	6	169	318	63
かぼちゃ	(28)	12	1	55	0	1	26	8	18
なす	(29)	5	61	23	55	4	84	52	42
トマト	(30)	1	18	4	1	0	220	96	108
ミニトマト	(31)	1	13	0	0	0	26	11	2
ピーマン	(32)	17	2	13	0	0	19	12	12
ししとうがらし	(33)	7	0	0	0	3	1	4	0
スイートコーン	(34)	-	0	-	0	0	27	5	15
豆類									
さやいんげん	(35)	1	0	-	0	0	6	2	3
さやえんどう	(36)	1	0	0	0	0	11	1	1
実えんどう	(37)	1	0	-	0	0	0	0	0
そらまめ	(38)	4	1	0	0	3	12	1	6
えだまめ	(39)	3	1	-	0	1	5	1	4
土物類									
かんしょ	(40)	2	5	-	1	1	70	11	9
ばれいしょ	(41)	-	3	21	0	-	217	59	89
さといも	(42)	3	1	0	-	0	1	2	4
やまのいも	(43)	130	1	-	0	1	101	2	16
たまねぎ	(44)	5	9	23	-	-	265	24	426
にんにく	(45)	6	1	-	-	-	21	0	0
しょうが	(46)	0	4	0	-	2	12	2	5
きのこ類									
生しいたけ	(47)	-	0	-	-	0	25	1	22
なめこ	(48)	-	1	-	0	-	39	6	2
えのきだけ	(49)	-	0	-	-	0	275	0	17
しめじ	(50)	-	0	-	0	-	25	1	33

単位：t

(続き)									
上尾市青果市場	千葉市青果市場	松戸市青果市場	東京都中央多摩市場	東京都内青果市場	甲府市青果市場	静岡市中央卸売市場	浜松市中央卸売市場	沼津市青果市場	
201	151	1,873	20,715	1,658	6,867	565	12,504	8,671	(1)
-	8	210	1,120	104	473	0	256	1,020	(2)
10	0	48	183	59	104	29	40	129	(3)
33	23	85	1,751	33	981	6	1,225	512	(4)
-	-	4	28	17	109	0	110	99	(5)
-	0	1	10	0	3	0	2	0	(6)
-	-	0	87	11	51	5	53	137	(7)
-	11	5	1,984	11	590	28	908	1,021	(8)
1	-	-	130	1	26	3	3	90	(9)
1	0	2	173	24	42	1	40	75	(10)
-	-	0	0	0	15	0	-	10	(11)
-	-	0	41	1	21	0	-	27	(12)
25	-	37	2,967	75	673	19	2,205	1,152	(13)
2	5	80	221	13	51	25	131	161	(14)
17	22	69	977	155	560	45	870	282	(15)
-	-	1	9	4	5	0	3	1	(16)
-	0	1	2	3	12	5	0	2	(17)
0	-	6	15	4	9	3	-	3	(18)
1	0	3	33	0	17	7	7	22	(19)
-	-	4	181	12	54	0	12	78	(20)
-	0	7	178	3	73	0	33	46	(21)
0	-	10	64	2	12	1	32	37	(22)
-	-	6	9	2	23	0	12	10	(23)
3	1	12	417	23	54	3	201	202	(24)
75	0	46	725	106	380	137	722	519	(25)
0	-	1	10	1	9	0	4	4	(26)
9	45	209	2,374	159	156	1	557	495	(27)
1	4	42	548	15	129	4	303	96	(28)
2	2	28	825	59	55	14	85	182	(29)
9	1	42	1,161	145	138	5	149	249	(30)
2	17	17	128	24	41	1	19	37	(31)
-	1	3	185	34	86	5	77	215	(32)
0	0	6	12	0	4	17	2	6	(33)
-	1	10	198	6	7	0	59	207	(34)
-	0	0	33	7	3	1	9	17	(35)
-	-	1	35	3	2	1	10	9	(36)
-	-	0	1	1	1	0	1	2	(37)
-	1	1	26	2	4	0	4	4	(38)
0	-	7	54	3	12	0	10	13	(39)
-	0	28	610	144	406	20	216	170	(40)
3	0	51	1,011	52	550	117	823	426	(41)
4	1	15	80	35	19	4	59	35	(42)
0	-	64	136	14	45	51	128	89	(43)
-	-	671	989	250	763	4	2,598	620	(44)
-	-	0	8	0	11	1	10	4	(45)
1	0	6	21	1	14	0	70	18	(46)
0	5	8	119	16	9	0	31	35	(47)
-	-	4	95	3	17	-	4	10	(48)
-	-	8	362	2	30	0	330	51	(49)
0	-	14	388	20	18	0	82	45	(50)

2　主要都市における野菜の転送量（続き）

品目 ＼ 転送した都市／転送を受けた市場	東京都（続き）					横浜市		
	高知市中央卸売市場	福岡市中央卸売市場	熊本市青果市場	鹿児島市中央卸売市場	沖縄県中央卸売市場		静岡市中央卸売市場	沼津市青果市場
野菜計 (1)	367	114	141	210	1,134	1,886	445	1,261
根菜類								
だいこん (2)	0	-	1	35	61	129	51	77
かぶ (3)	5	-	2	0	2	66	38	28
にんじん (4)	5	-	2	1	0	84	0	83
ごぼう (5)	-	-	0	1	0	23	-	23
たけのこ (6)	-	-	0	-	-	0	0	0
れんこん (7)	31	-	0	0	0	17	0	17
葉茎菜類								
はくさい (8)	40	12	-	-	96	58	4	54
みずな (9)	-	2	0	1	6	31	15	16
こまつな (10)	-	0	0	15	0	40	27	13
その他の菜類 (11)	-	-	-	0	-	2	0	2
ちんげんさい (12)	9	0	0	0	0	5	0	4
キャベツ (13)	10	50	109	59	666	190	8	157
ほうれんそう (14)	1	0	0	1	1	68	42	26
ねぎ (15)	116	1	0	14	4	49	3	46
ふき (16)	-	-	0	0	-	0	-	0
うど (17)	2	-	1	0	-	0	-	0
みつば (18)	0	-	0	0	2	1	0	1
しゅんぎく (19)	0	0	-	0	-	7	3	4
にら (20)	-	-	0	0	0	18	5	13
洋菜類								
セルリー (21)	5	12	0	0	0	18	0	18
アスパラガス (22)	2	0	0	0	0	6	0	6
カリフラワー (23)	1	-	0	0	0	2	0	2
ブロッコリー (24)	16	-	5	0	0	51	3	47
レタス (25)	0	10	1	2	229	189	0	170
パセリ (26)	0	4	0	0	0	1	0	1
果菜類								
きゅうり (27)	19	0	0	4	9	110	2	109
かぼちゃ (28)	35	-	2	3	12	16	3	13
なす (29)	-	2	4	1	1	43	1	43
トマト (30)	16	11	0	4	1	122	1	51
ミニトマト (31)	6	5	0	1	0	27	0	15
ピーマン (32)	0	1	-	0	28	40	12	27
ししとうがらし (33)	-	-	1	1	0	1	0	1
スイートコーン (34)	0	0	0	3	0	42	-	42
豆類								
さやいんげん (35)	0	-	0	0	0	4	0	4
さやえんどう (36)	1	-	0	-	0	2	0	2
実えんどう (37)	0	0	-	0	-	1	0	0
そらまめ (38)	1	-	0	0	-	0	0	0
えだまめ (39)	2	-	3	7	-	3	0	3
土物類								
かんしょ (40)	10	-	3	1	11	11	2	9
ばれいしょ (41)	1	-	1	34	-	42	-	42
さといも (42)	0	-	-	0	0	5	0	5
やまのいも (43)	8	0	0	1	0	9	0	8
たまねぎ (44)	9	-	2	16	0	98	0	47
にんにく (45)	2	-	0	-	0	1	-	1
しょうが (46)	-	-	0	1	0	3	1	2
きのこ類								
生しいたけ (47)	1	-	0	-	1	11	-	11
なめこ (48)	0	-	0	-	0	1	-	1
えのきだけ (49)	5	-	-	-	1	83	73	10
しめじ (50)	5	-	0	0	0	154	147	7

単位：t

新潟市	秋田市青果市場	富山市	高岡市	金沢市	福井市中央卸売市場	名古屋市中央市場本場	福井市	甲府市	
321	105	131	99	994	608	205	114	224	(1)
92	2	1	4	17	10	-	6	1	(2)
6	-	0	-	12	3	-	28	-	(3)
48	44	18	8	221	221	-	13	-	(4)
1	0	-	0	0	0	-	4	-	(5)
9	8	0	-	19	2	-	3	-	(6)
0	-	0	-	14	1	-	-	-	(7)
5	5	-	-	18	15	-	8	8	(8)
-	-	-	-	8	4	-	-	-	(9)
1	-	-	0	14	0	-	0	-	(10)
-	-	0	-	-	-	-	-	-	(11)
0	-	0	2	0	0	-	-	-	(12)
6	6	1	-	128	121	-	14	116	(13)
1	0	0	-	18	3	-	-	22	(14)
12	0	1	3	4	1	-	11	0	(15)
0	-	0	0	8	2	-	0	-	(16)
0	0	-	-	0	0	-	-	-	(17)
0	-	2	-	21	-	-	-	-	(18)
3	-	-	-	0	-	-	-	-	(19)
7	-	-	0	0	-	-	10	-	(20)
0	-	2	-	0	0	-	-	5	(21)
0	-	-	-	8	8	-	-	-	(22)
8	-	0	-	-	-	-	-	0	(23)
12	0	6	-	26	9	-	1	0	(24)
15	15	0	-	12	12	-	0	22	(25)
0	0	0	-	0	0	-	-	1	(26)
3	2	11	7	152	132	-	0	7	(27)
1	0	-	0	62	14	39	-	0	(28)
11	0	17	53	16	15	-	1	28	(29)
2	1	30	2	140	6	124	7	1	(30)
1	-	26	1	46	7	39	1	-	(31)
18	11	2	-	3	3	-	3	-	(32)
-	-	4	0	0	0	-	0	-	(33)
0	0	0	-	8	7	2	0	0	(34)
2	-	1	0	0	0	0	0	0	(35)
1	-	1	0	0	0	-	0	0	(36)
0	-	-	0	0	-	0	-	0	(37)
1	0	0	0	0	0	0	0	0	(38)
4	-	0	-	1	1	-	-	-	(39)
1	1	-	12	3	3	-	-	-	(40)
8	4	2	1	-	-	-	-	6	(41)
6	-	-	1	-	-	-	3	-	(42)
0	-	0	-	3	3	-	-	-	(43)
13	5	5	4	3	0	2	-	5	(44)
-	-	-	-	-	-	-	-	-	(45)
0	-	-	0	0	0	-	1	-	(46)
0	-	0	-	6	3	-	-	0	(47)
2	-	-	-	0	0	-	-	-	(48)
20	2	-	-	0	0	-	-	0	(49)
1	-	0	-	1	1	-	-	1	(50)

2　主要都市における野菜の転送量（続き）

転送した都市 / 転送を受けた市場 / 品目	甲府市（続き）	長野						
	浜松市中央卸売市場		青森市中央卸売市場	仙台市中央卸売市場	前橋市青果市場	船橋市青果市場	松本市青果市場	岐阜市中央卸売市場
野菜計 (1)	151	10,190	111	222	167	751	7,071	150
根菜類								
だいこん (2)	-	282	-	-	-	0	273	-
かぶ (3)	-	84	-	-	-	1	83	-
にんじん (4)	-	426	-	-	1	21	401	-
ごぼう (5)	-	37	-	-	-	5	31	-
たけのこ (6)	-	18	-	-	6	-	12	-
れんこん (7)	-	62	-	-	7	-	54	1
葉茎菜類								
はくさい (8)	-	590	60	-	1	-	38	-
みずな (9)	-	26	-	-	2	-	24	-
こまつな (10)	-	67	-	-	-	1	67	-
その他の菜類 (11)	-	0	-	-	-	-	0	-
ちんげんさい (12)	-	27	-	-	0	0	21	-
キャベツ (13)	115	753	0	-	10	16	708	-
ほうれんそう (14)	-	132	-	-	0	-	101	-
ねぎ (15)	-	86	0	-	7	-	65	-
ふき (16)	-	1	-	-	-	0	1	-
うど (17)	-	0	-	-	-	-	0	-
みつば (18)	-	7	-	-	-	0	7	-
しゅんぎく (19)	-	2	-	-	-	0	2	-
にら (20)	-	62	-	-	15	7	40	-
洋菜類								
セルリー (21)	-	170	12	-	0	18	124	-
アスパラガス (22)	-	17	-	-	-	7	1	-
カリフラワー (23)	-	17	1	6	0	2	6	-
ブロッコリー (24)	-	168	-	-	-	47	74	-
レタス (25)	-	828	3	215	0	35	234	-
パセリ (26)	-	6	0	-	1	0	1	-
果菜類								
きゅうり (27)	7	1,018	-	-	6	25	749	109
かぼちゃ (28)	-	203	0	-	0	22	150	-
なす (29)	28	348	-	-	0	233	82	-
トマト (30)	-	139	0	-	-	39	82	-
ミニトマト (31)	-	150	-	-	-	55	92	-
ピーマン (32)	-	182	-	-	48	38	87	-
ししとうがらし (33)	-	6	-	-	0	6	0	-
スイートコーン (34)	0	11	-	-	7	-	5	-
豆類								
さやいんげん (35)	-	12	-	-	-	2	5	0
さやえんどう (36)	-	5	-	-	-	3	2	-
実えんどう (37)	-	0	-	-	-	0	0	-
そらまめ (38)	-	3	-	-	-	1	2	-
えだまめ (39)	-	21	-	-	11	-	0	0
土物類								
かんしょ (40)	-	63	-	-	-	8	52	2
ばれいしょ (41)	-	780	-	-	-	64	714	3
さといも (42)	-	40	-	-	-	1	39	-
やまのいも (43)	-	25	-	-	-	-	22	-
たまねぎ (44)	-	2,550	0	1	-	38	2,511	-
にんにく (45)	-	3	-	-	1	0	2	-
しょうが (46)	-	39	-	-	1	9	30	0
きのこ類								
生しいたけ (47)	-	54	-	-	-	24	30	-
なめこ (48)	-	15	0	-	6	2	2	2
えのきだけ (49)	-	207	1	-	34	2	28	30
しめじ (50)	-	444	33	-	0	19	20	3

単位：t

市				松本市			岐阜市		
静岡市中央卸売市場	浜松市中央卸売市場	北勢青果市場	熊本市青果市場		長野市青果市場	名古屋市中央市場本場		福井市中央卸売市場	
245	729	127	300	680	213	466	2,309	297	(1)
−	−	−	−	3	3	−	262	87	(2)
−	−	−	−	−	−	−	2	1	(3)
−	0	0	−	9	9	−	41	−	(4)
−	0	−	0	5	5	−	3	2	(5)
−	−	−	−	−	−	−	−	−	(6)
−	−	−	−	5	5	−	10	−	(7)
−	279	−	162	4	4	−	130	−	(8)
−	−	−	−	−	−	−	3	−	(9)
−	−	−	−	−	−	−	3	−	(10)
−	−	−	−	0	0	−	−	−	(11)
−	−	−	0	6	1	6	0	−	(12)
−	2	−	10	52	18	33	121	−	(13)
−	0	−	−	3	−	3	67	−	(14)
−	13	−	−	11	4	7	94	22	(15)
−	−	−	−	−	−	−	1	−	(16)
−	−	−	−	2	1	0	0	−	(17)
−	−	−	−	0	0	−	0	−	(18)
−	0	−	−	0	0	−	1	1	(19)
−	−	−	−	1	1	−	−	−	(20)
−	10	−	−	41	17	24	2	−	(21)
−	0	−	−	7	2	5	3	−	(22)
−	0	−	0	3	0	2	6	1	(23)
−	0	−	−	32	5	27	23	12	(24)
−	170	−	126	107	2	104	320	47	(25)
−	1	−	0	0	0	−	0	−	(26)
−	4	126	−	81	3	79	153	−	(27)
−	0	−	0	3	2	0	8	0	(28)
25	−	−	0	17	17	−	129	−	(29)
−	0	−	0	166	27	139	389	0	(30)
−	0	−	0	2	2	0	21	9	(31)
−	0	−	−	5	5	−	103	−	(32)
−	−	−	−	−	−	−	6	1	(33)
−	0	−	−	42	42	−	18	3	(34)
0	3	−	0	7	4	3	0	−	(35)
−	0	−	−	5	3	1	1	−	(36)
−	−	−	−	−	−	−	0	−	(37)
−	−	−	−	0	0	−	1	−	(38)
−	0	−	−	14	2	12	0	−	(39)
−	−	−	−	24	2	22	9	−	(40)
−	−	−	−	4	4	−	165	2	(41)
−	−	−	−	1	1	−	3	−	(42)
−	−	−	−	2	2	−	0	0	(43)
−	−	−	−	2	2	−	193	109	(44)
−	−	−	−	−	−	−	0	−	(45)
−	−	−	−	15	15	−	0	−	(46)
−	−	−	−	0	0	−	0	0	(47)
−	3	−	−	1	1	−	0	−	(48)
−	98	−	0	3	2	1	3	−	(49)
220	145	−	−	0	0	−	13	−	(50)

2　主要都市における野菜の転送量（続き）

品目 ＼ 転送した都市 / 転送を受けた市場	岐阜市（続き） 浜松市中央卸売市場	名古屋市中央市場本場	名古屋市中央市場北部	北勢青果市場	静岡市	甲府市青果市場	浜松市中央卸売市場	名古屋市中央市場本場
野菜計 (1)	**661**	**583**	**404**	**200**	**2,125**	**553**	**1,285**	**148**
根菜類								
だいこん (2)	17	137	1	17	367	-	353	-
かぶ (3)	-	-	-	-	-	-	-	-
にんじん (4)	0	40	-	-	14	2	11	-
ごぼう (5)	1	-	0	0	-	-	-	-
たけのこ (6)	-	-	-	-	3	1	2	-
れんこん (7)	-	0	-	10	0	-	0	-
葉茎菜類								
はくさい (8)	-	103	24	-	201	1	193	-
みずな (9)	-	-	3	-	5	-	5	-
こまつな (10)	-	-	3	-	28	-	27	-
その他の菜類 (11)	-	-	-	-	-	-	-	-
ちんげんさい (12)	-	0	-	-	29	-	16	-
キャベツ (13)	-	55	64	2	372	103	265	-
ほうれんそう (14)	42	0	0	-	4	-	4	-
ねぎ (15)	-	3	68	-	43	0	29	12
ふき (16)	-	1	-	-	-	-	-	-
うど (17)	-	0	-	-	-	-	-	-
みつば (18)	-	-	-	0	1	-	1	-
しゅんぎく (19)	-	-	-	-	2	-	2	-
にら (20)	-	-	-	-	-	-	-	-
洋菜類								
セルリー (21)	-	1	1	-	37	0	10	-
アスパラガス (22)	-	1	-	-	0	-	0	-
カリフラワー (23)	-	5	0	-	0	0	0	-
ブロッコリー (24)	-	11	1	-	1	0	1	-
レタス (25)	139	127	6	-	251	0	74	135
パセリ (26)	-	0	0	-	2	-	1	-
果菜類								
きゅうり (27)	152	1	-	-	0	0	0	-
かぼちゃ (28)	2	2	1	1	1	0	1	-
なす (29)	75	0	0	53	15	0	0	-
トマト (30)	145	89	70	53	9	0	7	-
ミニトマト (31)	7	2	3	-	11	-	6	-
ピーマン (32)	66	-	0	37	0	0	-	-
ししとうがらし (33)	0	-	1	4	-	-	-	-
スイートコーン (34)	-	-	-	11	15	-	15	-
豆類								
さやいんげん (35)	0	-	-	-	0	-	0	-
さやえんどう (36)	0	-	1	-	1	-	1	-
実えんどう (37)	0	-	0	-	-	-	-	-
そらまめ (38)	-	-	1	-	-	-	-	-
えだまめ (39)	0	-	-	-	9	-	9	-
土物類								
かんしょ (40)	-	1	1	-	13	0	12	-
ばれいしょ (41)	-	-	148	12	324	202	121	-
さといも (42)	-	3	-	-	57	-	57	-
やまのいも (43)	-	-	-	-	-	-	-	-
たまねぎ (44)	-	0	5	-	276	242	28	-
にんにく (45)	-	-	0	-	0	-	0	-
しょうが (46)	-	-	0	-	16	-	16	-
きのこ類								
生しいたけ (47)	-	-	-	-	3	-	3	-
なめこ (48)	0	-	-	-	7	-	7	-
えのきだけ (49)	3	0	-	-	0	0	-	-
しめじ (50)	12	0	-	-	11	0	10	-

単位：t

浜松市		名古屋市							
	豊橋市青果市場		函館青果市場	盛岡市中央卸売市場	富山市青果市場	金沢市中央卸売市場	福井市中央卸売市場	松本市青果市場	
413	364	15,613	255	151	100	796	334	233	(1)
21	21	1,075	0	-	-	268	15	46	(2)
-	-	33	-	-	-	6	0	0	(3)
4	4	1,064	1	-	2	250	-	14	(4)
-	-	122	-	-	-	-	-	3	(5)
-	-	6	-	-	-	-	-	3	(6)
0	0	100	0	-	0	0	-	-	(7)
-	-	904	-	-	-	64	30	2	(8)
0	0	22	-	-	-	-	-	0	(9)
0	0	85	-	-	-	3	-	0	(10)
-	-	0	-	-	-	-	-	0	(11)
2	-	135	0	-	-	1	0	4	(12)
-	-	5,309	205	-	1	56	10	1	(13)
0	0	116	0	-	-	10	0	0	(14)
18	18	241	0	-	-	1	-	0	(15)
-	-	64	1	-	-	1	0	11	(16)
-	-	3	-	-	-	-	-	0	(17)
-	-	32	12	-	1	0	3	3	(18)
-	-	25	-	-	-	0	-	-	(19)
-	-	149	0	-	-	0	-	0	(20)
-	-	108	3	-	3	10	-	12	(21)
1	1	11	-	-	2	-	0	2	(22)
0	-	74	0	-	1	7	10	9	(23)
2	-	467	2	-	6	15	17	7	(24)
0	0	814	1	-	35	95	84	2	(25)
-	-	21	0	-	0	0	4	1	(26)
155	146	610	-	33	-	-	26	52	(27)
11	1	150	0	4	-	5	-	2	(28)
3	3	219	0	-	-	-	-	6	(29)
135	127	424	2	-	38	-	73	4	(30)
38	36	119	22	-	9	0	0	5	(31)
0	0	176	0	-	-	-	-	1	(32)
-	-	21	0	-	0	-	-	0	(33)
0	0	60	-	-	0	0	1	0	(34)
0	0	29	-	-	-	0	0	0	(35)
1	1	50	0	-	-	1	0	0	(36)
0	0	9	-	-	-	0	0	0	(37)
0	0	13	0	-	-	-	0	0	(38)
-	-	5	-	-	-	-	2	0	(39)
0	0	165	0	-	-	-	-	34	(40)
4	2	997	-	31	2	-	16	-	(41)
15	0	27	0	-	-	-	-	0	(42)
0	-	98	-	-	-	-	-	9	(43)
4	4	1,292	6	81	-	2	10	0	(44)
-	-	5	-	2	-	-	-	0	(45)
-	-	14	-	-	-	-	0	0	(46)
-	-	45	-	-	-	-	2	0	(47)
-	-	15	-	-	-	-	0	-	(48)
0	0	71	-	-	-	-	29	0	(49)
0	0	19	-	-	-	-	1	0	(50)

2 主要都市における野菜の転送量（続き）

転送した都市 転送を受けた市場 品目		名古屋市（続き）							
		岐阜市中央卸売市場	静岡市中央卸売市場	浜松市中央卸売市場	豊橋市青果市場	北勢青果市場	三重県青果市場	福山市青果市場	徳島市中央卸売市場
野　菜　計	(1)	2,128	574	1,287	1,658	5,589	668	161	370
根　菜　類									
だ　い　こ　ん	(2)	576	2	6	93	42	0	-	24
か　ぶ	(3)	13	1	0	7	5	1	-	-
に　ん　じ　ん	(4)	92	33	28	193	236	0	-	206
ご　ぼ　う	(5)	11	64	0	15	29	-	-	-
た　け　の　こ	(6)	3	-	0	0	-	-	-	-
れ　ん　こ　ん	(7)	6	-	-	3	79	11	-	-
葉　茎　菜　類									
は　く　さ　い	(8)	83	4	1	474	91	76	-	44
み　ず　な	(9)	5	-	-	3	11	4	-	-
こ　ま　つ　な	(10)	14	-	-	1	42	24	-	-
そ　の　他　の　菜　類	(11)	-	-	0	0	-	-	-	-
ち　ん　げ　ん　さ　い	(12)	8	-	-	18	69	33	-	-
キ　ャ　ベ　ツ	(13)	116	2	65	295	3,430	123	-	37
ほ　う　れ　ん　そ　う	(14)	19	1	-	22	44	21	-	-
ね　ぎ	(15)	67	0	0	28	65	80	-	-
ふ　き	(16)	12	-	11	4	11	9	-	-
う　ど	(17)	2	-	0	0	0	-	-	-
み　つ　ば	(18)	7	0	-	1	0	5	-	-
し　ゅ　ん　ぎ　く	(19)	24	-	-	0	0	1	-	-
に　ら	(20)	67	1	0	0	30	51	-	-
洋　菜　類									
セ　ル　リ　ー	(21)	23	-	0	10	29	1	-	-
ア　ス　パ　ラ　ガ　ス	(22)	2	-	0	3	1	0	-	-
カ　リ　フ　ラ　ワ　ー	(23)	33	3	6	1	3	2	-	-
ブ　ロ　ッ　コ　リ　ー	(24)	179	4	7	3	200	22	-	-
レ　タ　ス	(25)	101	12	0	242	141	52	-	43
パ　セ　リ	(26)	8	-	-	0	2	4	-	-
果　菜　類									
き　ゅ　う　り	(27)	215	32	151	0	89	10	1	-
か　ぼ　ち　ゃ	(28)	8	36	4	13	37	21	-	-
な　す	(29)	49	16	104	2	38	4	-	-
ト　マ　ト	(30)	54	-	60	0	170	21	-	-
ミ　ニ　ト　マ　ト	(31)	35	-	1	0	31	4	-	0
ピ　ー　マ　ン	(32)	38	62	28	0	9	21	10	-
し　し　と　う　が　ら　し	(33)	2	3	0	0	7	8	-	-
ス　イ　ー　ト　コ　ー　ン	(34)	0	1	-	12	21	5	-	-
豆　類									
さ　や　い　ん　げ　ん	(35)	22	-	4	1	0	1	-	-
さ　や　え　ん　ど　う	(36)	37	-	9	1	0	2	-	-
実　え　ん　ど　う	(37)	8	-	1	0	0	0	-	-
そ　ら　ま　め	(38)	11	0	1	0	-	0	-	-
え　だ　ま　め	(39)	1	0	0	0	0	2	-	-
土　物　類									
か　ん　し　ょ	(40)	26	1	45	41	11	7	-	-
ば　れ　い　し　ょ	(41)	34	163	100	89	256	1	120	-
さ　と　い　も	(42)	0	3	0	3	21	-	-	-
や　ま　の　い　も	(43)	2	0	0	7	14	24	26	16
た　ま　ね　ぎ	(44)	57	118	632	56	313	2	3	-
に　ん　に　く	(45)	1	-	-	1	-	0	-	-
し　ょ　う　が	(46)	3	-	-	2	7	1	-	-
き　の　こ　類									
生　し　い　た　け	(47)	6	-	20	8	0	7	-	-
な　め　こ	(48)	2	13	-	1	0	0	-	-
え　の　き　だ　け	(49)	31	0	-	2	1	7	-	-
し　め　じ	(50)	16	-	-	1	1	0	-	-

単位：t

		豊橋市	北勢		三重	大津市	京都市		
松山市中央卸売市場	鹿児島市中央卸売市場			名古屋市中央市場本場				盛岡市中央卸売市場	
941	220	20	273	118	266	9	22,737	1,102	(1)
0	-	1	10	10	14	-	2,795	10	(2)
-	-	-	16	8	-	-	9	-	(3)
9	-	-	44	-	-	-	2,352	153	(4)
-	-	-	0	-	49	-	1,489	35	(5)
-	-	-	-	-	-	-	2	1	(6)
-	-	-	5	1	-	-	-	-	(7)
34	-	3	12	-	5	-	1,516	-	(8)
-	-	-	1	1	0	2	36	-	(9)
-	-	-	5	-	-	0	142	-	(10)
-	-	-	-	-	-	1	0	-	(11)
0	-	1	0	-	1	-	10	-	(12)
865	-	-	3	2	62	-	2,473	110	(13)
-	-	0	1	0	4	1	212	-	(14)
0	-	0	8	7	0	0	225	1	(15)
0	-	-	-	-	-	-	4	-	(16)
-	-	-	-	-	-	-	-	-	(17)
1	-	-	0	0	1	-	6	-	(18)
-	-	-	1	-	-	-	1	-	(19)
-	-	-	-	-	0	-	22	-	(20)
0	-	0	4	4	1	-	21	8	(21)
-	-	-	2	1	1	-	14	-	(22)
-	-	2	2	1	0	-	1	-	(23)
0	-	6	6	3	9	-	62	13	(24)
1	-	-	31	18	16	-	836	263	(25)
-	-	0	0	0	0	-	4	0	(26)
-	-	-	4	-	23	-	520	24	(27)
0	21	-	16	11	6	-	345	21	(28)
-	-	2	1	0	10	-	187	-	(29)
2	-	0	59	27	43	-	346	25	(30)
8	-	0	5	3	3	-	128	1	(31)
-	7	-	0	-	0	-	361	16	(32)
-	-	-	-	-	-	-	3	-	(33)
19	-	2	5	2	-	-	56	2	(34)
0	-	-	0	-	0	-	2	-	(35)
-	-	-	0	-	1	-	6	-	(36)
-	-	-	0	-	-	-	2	-	(37)
-	-	-	2	-	0	-	1	0	(38)
-	-	-	-	-	-	-	2	-	(39)
-	-	-	-	-	-	-	602	143	(40)
1	186	0	23	10	-	-	4,100	132	(41)
0	-	-	-	-	-	-	22	1	(42)
-	-	-	-	-	6	-	525	22	(43)
-	6	-	8	8	-	-	3,120	116	(44)
-	-	-	0	0	2	-	43	1	(45)
-	-	-	-	-	-	-	4	-	(46)
-	-	-	0	0	-	6	0	-	(47)
-	-	-	1	1	5	-	0	-	(48)
-	-	1	0	0	-	-	87	0	(49)
-	-	0	0	0	-	-	40	4	(50)

2 主要都市における野菜の転送量（続き）

品目 ＼ 転送を受けた市場 ＼ 転送した都市		京都市（							
		仙台市中央卸売市場	いわき市中央卸売市場	福井市中央卸売市場	岐阜市中央卸売市場	静岡市中央卸売市場	浜松市中央卸売市場	名古屋市中央卸売市場北部	北勢青果市場
野菜計	(1)	711	1,310	2,995	4,101	2,933	900	3,229	174
根菜類									
だいこん	(2)	-	9	679	1,648	165	6	72	4
かぶ	(3)	-	-	5	3	-	0	1	-
にんじん	(4)	274	-	407	502	442	95	130	-
ごぼう	(5)	136	89	84	325	19	68	475	20
たけのこ	(6)	-	-	-	1	-	-	-	-
れんこん	(7)	-	-	-	-	-	-	-	-
葉茎菜類									
はくさい	(8)	-	324	92	98	108	-	63	-
みずな	(9)	-	-	3	13	0	-	14	3
こまつな	(10)	-	-	-	70	10	-	49	8
その他の菜類	(11)	-	-	-	-	-	-	0	-
ちんげんさい	(12)	-	-	0	9	0	-	0	-
キャベツ	(13)	-	686	144	78	374	14	358	-
ほうれんそう	(14)	-	-	0	108	1	-	79	6
ねぎ	(15)	-	-	14	40	13	71	24	3
ふき	(16)	-	-	-	-	-	-	3	-
うど	(17)	-	-	-	-	-	-	-	-
みつば	(18)	-	-	0	1	-	-	2	-
しゅんぎく	(19)	-	-	0	-	-	-	0	-
にら	(20)	-	-	-	4	-	-	12	-
洋菜類									
セルリー	(21)	-	-	0	2	1	-	8	-
アスパラガス	(22)	-	-	1	0	2	0	7	-
カリフラワー	(23)	-	-	-	1	0	-	0	-
ブロッコリー	(24)	-	-	0	24	8	-	5	-
レタス	(25)	-	-	0	4	-	-	40	4
パセリ	(26)	-	-	0	0	0	-	0	-
果菜類									
きゅうり	(27)	-	41	53	82	49	42	183	19
かぼちゃ	(28)	-	1	69	3	13	48	97	0
なす	(29)	-	75	2	59	34	-	12	1
トマト	(30)	-	4	24	89	6	64	13	-
ミニトマト	(31)	-	5	17	49	0	-	17	-
ピーマン	(32)	-	14	161	14	2	2	50	4
ししとうがらし	(33)	-	-	2	0	0	0	0	-
スイートコーン	(34)	-	1	1	1	-	-	43	-
豆類									
さやいんげん	(35)	-	-	-	0	-	1	-	-
さやえんどう	(36)	-	-	-	1	-	1	0	-
実えんどう	(37)	-	-	-	0	-	0	-	0
そらまめ	(38)	-	-	-	0	-	0	-	-
えだまめ	(39)	-	-	-	1	-	0	-	-
土物類									
かんしょ	(40)	5	3	20	62	103	108	128	1
ばれいしょ	(41)	139	17	666	497	764	128	1,186	21
さといも	(42)	3	10	0	7	-	-	1	-
やまのいも	(43)	-	-	85	3	42	10	35	7
たまねぎ	(44)	154	31	464	288	717	213	114	72
にんにく	(45)	-	0	1	3	4	12	7	-
しょうが	(46)	-	-	-	0	1	-	1	-
きのこ類									
生しいたけ	(47)	-	-	0	0	-	-	-	-
なめこ	(48)	-	-	-	0	-	-	-	-
えのきだけ	(49)	-	-	-	5	45	12	-	0
しめじ	(50)	-	-	-	4	9	1	-	0

単位：t

続き）							大阪府		
三重県青果市場	鳥取市青果市場	岡山市中央卸売市場	福山市青果市場	徳島市中央卸売市場	高松市中央卸売市場	福岡市中央卸売市場		札幌市中央卸売市場	
315	697	307	1,132	1,409	1,190	184	25,888	129	(1)
20	-	37	101	1	44	0	3,922	1	(2)
-	0	0	-	0	-	1	44	0	(3)
147	33	-	115	11	43	-	2,275	0	(4)
41	13	51	78	30	24	-	712	4	(5)
-	-	-	-	-	-	-	52	6	(6)
-	-	-	-	-	-	-	89	2	(7)
-	224	67	47	241	250	-	2,261	0	(8)
2	-	0	1	-	-	0	53	0	(9)
-	-	0	1	0	3	-	144	6	(10)
-	-	-	-	-	-	-	13	0	(11)
0	-	-	-	-	-	-	45	0	(12)
-	3	134	201	191	180	-	2,043	0	(13)
-	-	-	0	18	0	-	105	0	(14)
0	2	1	10	4	43	0	346	1	(15)
-	-	-	-	0	-	-	21	1	(16)
-	-	-	-	-	-	-	9	0	(17)
-	-	-	0	3	-	-	54	1	(18)
-	-	-	0	-	-	-	44	0	(19)
1	-	-	4	1	-	-	125	0	(20)
0	-	-	-	-	2	-	164	0	(21)
2	-	-	0	1	-	-	70	2	(22)
-	-	0	-	-	-	-	25	3	(23)
-	-	-	10	-	1	-	446	28	(24)
3	357	-	21	131	13	-	1,098	6	(25)
2	-	-	0	-	0	-	15	3	(26)
2	0	-	16	-	8	-	731	0	(27)
-	29	-	8	11	31	-	950	3	(28)
3	-	0	1	1	0	0	396	8	(29)
1	-	3	6	106	5	-	814	1	(30)
-	-	1	9	29	0	-	167	33	(31)
15	-	-	2	34	20	-	203	1	(32)
-	-	0	0	-	-	0	33	7	(33)
-	1	1	6	-	1	-	170	0	(34)
-	-	0	1	0	-	-	19	1	(35)
-	-	2	2	-	-	-	28	1	(36)
-	-	0	1	1	-	-	16	0	(37)
-	-	0	-	0	-	-	13	0	(38)
0	-	0	-	-	-	0	44	1	(39)
9	-	-	-	-	19	-	429	0	(40)
-	11	-	160	94	285	-	2,921	-	(41)
-	-	-	-	-	-	-	117	2	(42)
4	5	1	132	17	163	1	546	0	(43)
61	18	8	193	450	38	182	3,021	2	(44)
-	0	0	7	0	6	-	70	-	(45)
-	-	-	-	-	-	-	105	0	(46)
-	-	-	-	-	-	-	257	-	(47)
-	-	-	-	-	0	-	65	-	(48)
0	-	-	-	16	7	-	457	0	(49)
0	-	1	0	17	4	-	139	0	(50)

2 主要都市における野菜の転送量（続き）

品　目		転送した都市→ 転送を受けた市場	函館市 青果市場	さいたま市 青果市場	名古屋市 中央卸売市場本場	三重県 青果市場	大阪府（大阪府内 青果市場）	大阪府（鳥取市 青果市場）	大阪府（松江市 青果市場）	大阪府（福山市 青果市場）
野　菜　計	(1)		344	236	102	298	11,204	1,194	1,189	585
根　菜　類										
だ　い　こ　ん	(2)		2	33	2	2	1,958	384	180	33
か　ぶ	(3)		-	-	0	-	36	0	1	0
に　ん　じ　ん	(4)		100	18	0	1	1,059	4	153	2
ご　ぼ　う	(5)		-	-	25	-	141	50	40	2
た　け　の　こ	(6)		0	-	0	1	11	1	0	-
れ　ん　こ　ん	(7)		1	-	1	-	35	30	2	-
葉　茎　菜　類										
は　く　さ　い	(8)		3	-	9	24	1,236	183	73	6
み　ず　な	(9)		0	-	-	0	39	3	3	-
こ　ま　つ　な	(10)		2	-	1	0	112	11	4	0
その他の菜類	(11)		-	-	-	-	11	0	0	0
ち　ん　げ　ん　さ　い	(12)		-	-	-	3	10	0	10	0
キ　ャ　ベ　ツ	(13)		-	-	-	30	1,208	260	93	7
ほ　う　れ　ん　そ　う	(14)		0	-	0	6	67	2	1	0
ね　ぎ	(15)		2	-	15	20	163	14	11	4
ふ　き	(16)		-	-	0	-	14	0	1	0
う　ど	(17)		-	-	0	-	1	3	1	0
み　つ　ば	(18)		-	-	-	-	19	11	3	-
し　ゅ　ん　ぎ　く	(19)		0	-	0	-	43	-	1	0
に　ら	(20)		9	-	-	1	50	55	0	-
洋　菜　類										
セ　ル　リ　ー	(21)		1	-	-	1	35	18	25	-
ア　ス　パ　ラ　ガ　ス	(22)		0	-	12	1	20	1	1	0
カ　リ　フ　ラ　ワ　ー	(23)		0	-	0	-	7	3	0	-
ブ　ロ　ッ　コ　リ　ー	(24)		24	-	9	10	106	31	15	1
レ　タ　ス	(25)		19	-	-	20	168	9	3	24
パ　セ　リ	(26)		0	-	1	-	4	2	1	-
果　菜　類										
き　ゅ　う　り	(27)		9	-	-	17	456	0	9	18
か　ぼ　ち　ゃ	(28)		1	14	0	0	400	18	23	42
な　す	(29)		38	80	2	14	113	25	3	1
ト　マ　ト	(30)		0	2	1	13	333	0	9	30
ミ　ニ　ト　マ　ト	(31)		0	-	-	4	42	1	3	7
ピ　ー　マ　ン	(32)		6	-	7	13	107	3	5	1
し　し　と　う　が　ら　し	(33)		1	-	0	-	7	6	0	0
ス　イ　ー　ト　コ　ー　ン	(34)		-	-	4	6	54	8	5	2
豆　類										
さ　や　い　ん　げ　ん	(35)		1	-	-	0	12	0	0	0
さ　や　え　ん　ど　う	(36)		1	-	0	1	8	0	1	-
実　え　ん　ど　う	(37)		-	-	0	1	8	1	0	0
そ　ら　ま　め	(38)		0	-	0	1	6	0	0	0
え　だ　ま　め	(39)		1	-	7	-	24	0	2	0
土　物　類										
か　ん　し　ょ	(40)		0	-	-	43	139	1	28	0
ば　れ　い　し　ょ	(41)		-	89	4	33	807	10	180	82
さ　と　い　も	(42)		-	-	-	0	58	6	0	0
や　ま　の　い　も	(43)		0	-	0	-	318	2	110	1
た　ま　ね　ぎ	(44)		70	-	0	6	1,112	12	150	319
に　ん　に　く	(45)		0	-	0	-	23	1	1	0
し　ょ　う　が	(46)		49	0	-	1	39	9	5	0
き　の　こ　類										
生　し　い　た　け	(47)		-	-	0	26	198	4	0	1
な　め　こ	(48)		-	0	-	-	39	2	18	0
え　の　き　だ　け	(49)		-	-	-	1	314	0	12	0
し　め　じ	(50)		5	0	-	0	32	10	1	0

単位：t

（続き）								神戸市	
徳島市中央卸売市場	高松市中央卸売市場	高知市中央卸売市場	福岡市中央卸売市場	長崎市中央卸売市場	熊本市青果市場	宮崎市中央卸売市場	鹿児島市中央卸売市場		
1,524	1,372	3,966	590	119	844	624	1,127	3,551	(1)
258	151	568	1	0	34	34	267	4	(2)
2	1	3	1	0	0	0	0	0	(3)
147	253	413	20	0	6	2	91	559	(4)
194	26	214	12	0	0	0	-	-	(5)
1	0	1	-	-	-	0	0	0	(6)
0	0	17	-	-	-	0	-	0	(7)
107	177	258	105	-	5	17	-	25	(8)
0	0	4	2	0	0	0	0	3	(9)
-	1	5	0	-	-	0	0	0	(10)
0	0	1	-	0	-	0	-	-	(11)
0	1	19	-	0	-	0	0	1	(12)
108	7	204	71	0	3	42	-	654	(13)
2	1	8	0	0	0	1	0	2	(14)
10	0	94	3	1	2	2	1	2	(15)
0	2	0	-	0	0	0	0	0	(16)
1	0	1	0	0	0	0	0	0	(17)
3	0	3	11	0	0	0	1	2	(18)
0	0	-	-	-	-	0	-	-	(19)
0	0	6	0	0	0	0	0	0	(20)
24	15	26	1	-	2	1	0	1	(21)
1	0	24	0	0	0	1	0	2	(22)
2	0	5	0	0	-	0	0	1	(23)
91	7	113	0	0	0	0	-	30	(24)
210	174	156	33	0	131	1	114	67	(25)
1	0	0	0	0	0	2	0	1	(26)
19	16	125	30	0	0	0	13	1	(27)
35	32	106	143	0	58	20	52	122	(28)
2	16	20	8	4	3	5	9	1	(29)
48	25	266	0	0	6	10	14	4	(30)
26	6	32	0	0	4	0	2	18	(31)
1	7	10	0	0	2	0	0	0	(32)
1	0	0	2	2	1	0	3	0	(33)
0	0	91	-	-	0	0	-	2	(34)
1	0	0	0	0	-	0	0	9	(35)
1	0	6	0	0	0	1	0	5	(36)
2	0	1	1	0	0	0	-	2	(37)
1	0	1	0	0	0	0	0	0	(38)
0	2	4	0	0	0	1	1	0	(39)
15	96	49	43	0	2	8	1	243	(40)
105	306	464	25	105	132	256	323	395	(41)
2	0	43	1	0	-	0	0	-	(42)
10	15	31	17	3	21	2	13	0	(43)
34	21	409	55	0	412	214	198	1,368	(44)
4	4	9	2	-	6	-	3	3	(45)
0	0	1	0	0	-	-	-	21	(46)
0	0	26	0	0	0	-	-	2	(47)
0	0	5	-	-	0	-	1	0	(48)
25	4	98	-	-	-	-	1	-	(49)
28	2	23	-	1	13	2	18	2	(50)

2　主要都市における野菜の転送量（続き）

品目 ＼ 転送した都市 / 転送を受けた市場	神戸市（続き）				明石市	奈良市	和歌山市	鳥
	浜松市中央卸売市場	鳥取市青果市場	長崎市中央卸売市場	鹿児島市中央卸売市場				
野菜計 (1)	278	2,709	188	120	21	9	34	367
根菜類								
だいこん (2)	-	0	0	-	-	-	3	5
かぶ (3)	-	-	-	-	-	-	-	1
にんじん (4)	-	556	0	-	-	-	16	-
ごぼう (5)	-	-	-	-	-	-	-	-
たけのこ (6)	-	-	0	-	-	-	-	-
れんこん (7)	-	0	-	-	-	-	-	-
葉茎菜類								
はくさい (8)	16	-	-	-	-	2	5	70
みずな (9)	-	-	0	-	3	-	-	1
こまつな (10)	-	-	-	0	4	-	-	4
その他の菜類 (11)	-	-	-	-	1	-	-	0
ちんげんさい (12)	-	-	0	-	10	-	-	0
キャベツ (13)	-	594	-	55	-	2	-	20
ほうれんそう (14)	-	1	-	-	1	4	-	14
ねぎ (15)	0	-	1	-	0	-	-	54
ふき (16)	-	-	0	-	-	-	-	-
うど (17)	-	-	0	-	-	-	-	-
みつば (18)	-	0	0	-	-	-	-	-
しゅんぎく (19)	-	-	-	-	1	-	-	0
にら (20)	-	0	-	-	-	-	-	-
洋菜類								
セルリー (21)	-	0	0	0	-	-	-	0
アスパラガス (22)	2	-	0	-	-	-	-	0
カリフラワー (23)	-	-	0	1	-	-	-	-
ブロッコリー (24)	-	10	2	18	-	-	-	9
レタス (25)	-	-	0	-	-	-	-	143
パセリ (26)	-	0	0	-	-	-	-	0
果菜類								
きゅうり (27)	-	0	1	-	-	-	0	-
かぼちゃ (28)	42	0	0	46	-	-	-	1
なす (29)	-	0	0	-	-	1	0	16
トマト (30)	-	4	0	-	-	-	-	16
ミニトマト (31)	-	18	0	-	-	-	0	7
ピーマン (32)	-	-	-	-	-	-	-	0
ししとうがらし (33)	-	-	-	-	-	-	-	-
スイートコーン (34)	-	2	-	-	-	-	-	1
豆類								
さやいんげん (35)	0	3	0	-	-	-	-	-
さやえんどう (36)	-	4	0	-	-	-	0	-
実えんどう (37)	-	1	-	-	-	-	3	-
そらまめ (38)	-	0	-	-	-	-	-	-
えだまめ (39)	-	0	-	-	-	-	-	0
土物類								
かんしょ (40)	-	61	182	-	-	-	-	-
ばれいしょ (41)	-	395	-	-	-	-	-	2
さといも (42)	-	-	-	-	-	-	-	-
やまのいも (43)	-	0	0	-	-	0	-	0
たまねぎ (44)	213	1,039	-	-	-	-	3	1
にんにく (45)	3	0	-	-	-	-	-	-
しょうが (46)	-	21	0	-	-	-	0	-
きのこ類								
生しいたけ (47)	1	0	-	-	-	-	3	0
なめこ (48)	-	-	-	-	-	-	-	-
えのきだけ (49)	-	-	-	-	-	-	-	-
しめじ (50)	-	-	-	-	-	-	-	-

単位：t

取市		松江市	岡山市				倉敷市		
松江市青果市場	高松市中央卸売市場			鳥取市青果市場	松江市青果市場	福山市青果市場		鳥取市青果市場	
220	117	3	1,882	1,172	282	342	141	134	(1)
0	4	–	28	–	21	2	7	7	(2)
–	1	–	0	–	0	–	–	–	(3)
–	–	–	66	–	2	60	33	33	(4)
–	–	–	4	3	1	–	2	2	(5)
–	–	–	0	–	0	–	–	–	(6)
–	–	–	17	0	11	–	5	5	(7)
67	3	–	358	328	12	8	–	–	(8)
–	1	–	0	–	0	–	–	–	(9)
–	4	2	1	–	–	0	–	–	(10)
–	0	–	–	–	–	–	–	–	(11)
–	0	–	1	–	1	–	–	–	(12)
10	10	–	22	9	1	–	–	–	(13)
–	14	0	0	–	0	–	–	–	(14)
–	54	–	5	–	3	1	–	–	(15)
–	–	–	–	–	–	–	–	–	(16)
–	–	–	–	–	–	–	–	–	(17)
–	–	–	1	–	1	–	–	–	(18)
–	0	–	0	–	0	–	–	–	(19)
–	–	–	0	0	0	–	–	–	(20)
–	0	–	0	–	0	–	–	–	(21)
–	0	–	3	3	0	0	–	–	(22)
–	–	–	0	0	0	–	–	–	(23)
–	9	0	12	1	0	–	–	–	(24)
140	1	–	290	282	6	1	–	–	(25)
–	0	–	0	–	0	–	–	–	(26)
–	–	0	258	131	1	126	0	–	(27)
–	1	–	161	158	3	–	–	–	(28)
–	2	–	81	71	0	10	1	–	(29)
1	4	0	100	74	2	12	5	–	(30)
–	6	1	25	1	3	4	–	–	(31)
–	0	0	68	60	1	6	0	–	(32)
–	–	–	0	0	0	–	–	–	(33)
0	1	–	21	18	0	0	–	–	(34)
–	–	–	1	–	0	–	–	–	(35)
–	–	–	1	–	1	–	–	–	(36)
–	–	–	0	–	0	–	–	–	(37)
–	–	–	0	–	0	–	–	–	(38)
–	0	–	–	–	–	–	–	–	(39)
–	–	–	35	0	35	–	–	–	(40)
–	2	–	31	0	26	4	20	20	(41)
–	–	–	1	–	–	1	–	–	(42)
–	0	–	8	7	1	–	22	22	(43)
1	–	–	160	–	53	106	44	44	(44)
–	–	–	–	–	–	–	–	–	(45)
–	–	–	0	–	0	0	–	–	(46)
0	–	0	1	1	0	–	0	–	(47)
–	–	–	2	2	0	–	–	–	(48)
–	–	–	81	21	59	–	0	–	(49)
–	–	–	38	4	35	–	0	–	(50)

2　主要都市における野菜の転送量（続き）

転送した都市／転送を受けた市場／品目		広島市	松江市青果市場	福山市青果市場	福岡市中央卸売市場	福山市	松江市青果市場	下関市	福岡市中央卸売市場
野菜計	(1)	940	499	282	100	181	180	356	353
根菜類									
だいこん	(2)	297	145	62	88	0	-	1	-
かぶ	(3)	5	5	-	-	-	-	-	-
にんじん	(4)	69	1	68	-	-	-	37	37
ごぼう	(5)	11	4	7	-	2	2	-	-
たけのこ	(6)	-	-	-	-	-	-	-	-
れんこん	(7)	10	0	-	-	-	-	-	-
葉茎菜類									
はくさい	(8)	100	96	2	-	69	69	-	-
みずな	(9)	3	3	0	-	-	-	-	-
こまつな	(10)	1	0	1	-	-	-	-	-
その他の菜類	(11)	0	0	-	-	-	-	-	-
ちんげんさい	(12)	9	6	3	-	-	-	0	-
キャベツ	(13)	132	132	-	-	6	6	-	-
ほうれんそう	(14)	2	-	0	-	-	-	-	-
ねぎ	(15)	16	1	2	12	-	-	1	-
ふき	(16)	1	1	0	-	-	-	-	-
うど	(17)	0	0	-	-	-	-	0	-
みつば	(18)	1	0	0	-	-	-	0	-
しゅんぎく	(19)	0	0	-	-	-	-	-	-
にら	(20)	0	0	-	-	-	-	0	0
洋菜類									
セルリー	(21)	0	0	0	-	0	0	0	0
アスパラガス	(22)	1	0	-	-	-	-	-	-
カリフラワー	(23)	0	0	-	-	-	-	-	-
ブロッコリー	(24)	0	0	-	-	-	-	-	-
レタス	(25)	44	35	9	-	101	101	0	-
パセリ	(26)	1	1	0	-	-	-	-	-
果菜類									
きゅうり	(27)	23	9	14	-	-	-	-	-
かぼちゃ	(28)	33	24	3	-	-	-	10	10
なす	(29)	3	0	2	-	-	-	0	-
トマト	(30)	42	10	20	-	-	-	1	-
ミニトマト	(31)	11	1	2	-	-	-	0	-
ピーマン	(32)	11	4	6	-	-	-	0	-
ししとうがらし	(33)	0	0	-	-	-	-	0	-
スイートコーン	(34)	0	0	-	-	-	-	0	0
豆類									
さやいんげん	(35)	1	1	0	-	-	-	-	-
さやえんどう	(36)	1	1	-	-	-	-	0	0
実えんどう	(37)	0	0	-	-	1	-	-	-
そらまめ	(38)	0	0	-	-	1	-	-	-
えだまめ	(39)	0	0	-	-	-	-	-	-
土物類									
かんしょ	(40)	5	5	-	-	-	-	-	-
ばれいしょ	(41)	15	-	15	-	1	1	50	50
さといも	(42)	1	0	1	-	-	-	-	-
やまのいも	(43)	-	-	-	-	-	-	0	0
たまねぎ	(44)	61	-	61	-	-	-	255	255
にんにく	(45)	0	0	-	-	-	-	-	-
しょうが	(46)	-	-	-	-	-	-	0	0
きのこ類									
生しいたけ	(47)	0	0	0	-	-	-	-	-
なめこ	(48)	7	7	-	-	-	-	-	-
えのきだけ	(49)	1	1	1	-	-	-	-	-
しめじ	(50)	20	1	2	-	-	-	-	-

単位：t

宇部市	徳島市	八戸市中央卸売市場	仙台市中央卸売市場	福島市青果市場	浜松市中央卸売市場	北勢青果市場	高松市中央卸売市場	松山市中央卸売市場	
49	3,047	128	111	102	353	609	125	565	(1)
6	286	-	-	-	-	86	7	191	(2)
-	1	-	-	-	-	-	0	0	(3)
3	1,252	97	111	102	350	113	18	-	(4)
1	4	-	-	-	-	-	-	-	(5)
-	-	-	-	-	-	-	-	-	(6)
11	2	-	-	-	-	-	0	1	(7)
-	40	-	-	-	-	-	-	29	(8)
-	0	-	-	-	-	0	0	-	(9)
-	56	-	-	-	-	36	20	-	(10)
-	-	-	-	-	-	-	-	-	(11)
-	16	-	-	-	-	-	16	-	(12)
0	492	-	-	-	-	53	34	230	(13)
-	231	-	-	-	-	155	7	70	(14)
0	135	-	-	-	-	124	3	8	(15)
-	0	-	-	-	-	-	-	0	(16)
-	-	-	-	-	-	-	-	-	(17)
0	0	-	-	-	-	-	0	-	(18)
-	0	-	-	-	-	0	-	-	(19)
-	-	-	-	-	-	-	-	-	(20)
0	-	-	-	-	-	-	-	-	(21)
-	-	-	-	-	-	-	-	-	(22)
-	9	-	-	-	-	-	-	8	(23)
0	4	-	-	-	-	0	0	1	(24)
4	5	-	-	-	-	-	2	2	(25)
-	0	-	-	-	-	-	0	0	(26)
0	14	-	-	-	-	-	-	-	(27)
0	28	-	-	-	-	-	-	0	(28)
1	5	-	-	-	3	-	-	0	(29)
1	55	-	-	-	0	-	6	1	(30)
-	1	-	-	-	0	-	1	-	(31)
1	0	-	-	-	-	-	0	-	(32)
-	0	-	-	-	0	-	-	-	(33)
-	42	-	-	-	-	32	2	8	(34)
-	0	-	-	-	0	-	0	-	(35)
0	3	-	-	-	0	0	0	3	(36)
-	0	-	-	-	0	-	0	0	(37)
-	1	-	-	-	-	1	-	-	(38)
-	17	-	-	-	-	9	5	3	(39)
-	73	-	-	-	0	-	0	-	(40)
9	104	-	-	-	-	0	2	-	(41)
-	0	-	-	-	0	-	-	-	(42)
-	-	-	-	-	-	-	-	-	(43)
10	128	-	-	-	-	-	1	-	(44)
-	0	-	-	-	-	-	-	-	(45)
1	8	-	-	-	-	-	-	7	(46)
-	4	-	-	-	-	-	-	2	(47)
-	-	-	-	-	-	-	-	-	(48)
-	0	-	-	-	-	-	-	-	(49)
0	31	31	-	-	-	-	-	-	(50)

2　主要都市における野菜の転送量（続き）

品目 ＼ 転送した都市 ／ 転送を受けた市場		徳島市（続き）	高松市	松山市			高知		
		高知市中央卸売市場			高松市中央卸売市場	高知市中央卸売市場		徳島市中央卸売市場	高松市中央卸売市場
野菜計	(1)	926	214	327	135	160	1,499	793	247
根菜類									
だいこん	(2)	–	1	24	8	16	37	18	9
かぶ	(3)	–	–	–	–	–	–	–	–
にんじん	(4)	343	20	67	–	67	3	2	1
ごぼう	(5)	4	0	1	–	1	1	–	1
たけのこ	(6)	–	–	0	0	–	0	–	–
れんこん	(7)	–	–	–	–	–	0	–	–
葉茎菜類									
はくさい	(8)	11	14	7	–	7	46	33	12
みずな	(9)	–	0	1	–	1	2	2	0
こまつな	(10)	–	1	–	–	–	11	11	–
その他の菜類	(11)	–	0	0	–	0	–	–	–
ちんげんさい	(12)	–	0	–	–	–	4	–	4
キャベツ	(13)	174	4	10	6	2	14	–	11
ほうれんそう	(14)	–	1	0	0	–	3	3	0
ねぎ	(15)	–	22	4	4	–	48	17	0
ふき	(16)	–	0	–	–	–	–	–	–
うど	(17)	–	–	–	–	–	–	–	–
みつば	(18)	–	0	–	–	–	2	–	–
しゅんぎく	(19)	–	1	0	–	–	2	–	–
にら	(20)	–	–	–	–	–	163	59	26
洋菜類									
セルリー	(21)	–	4	0	0	0	4	4	–
アスパラガス	(22)	–	2	1	–	1	1	1	–
カリフラワー	(23)	–	–	0	0	–	0	–	–
ブロッコリー	(24)	–	27	0	–	0	0	0	–
レタス	(25)	1	55	2	–	1	6	5	1
パセリ	(26)	–	1	–	–	–	1	1	0
果菜類									
きゅうり	(27)	14	–	1	–	1	203	28	69
かぼちゃ	(28)	28	–	4	–	4	0	–	0
なす	(29)	2	7	12	11	0	603	449	110
トマト	(30)	48	0	–	–	–	25	1	0
ミニトマト	(31)	–	2	–	–	–	2	0	–
ピーマン	(32)	–	0	0	–	0	169	107	1
ししとうがらし	(33)	0	–	–	–	–	18	10	–
スイートコーン	(34)	0	1	2	1	1	0	–	–
豆類									
さやいんげん	(35)	–	0	–	–	–	12	9	0
さやえんどう	(36)	–	0	–	–	–	0	–	–
実えんどう	(37)	–	0	–	–	–	0	0	–
そらまめ	(38)	–	–	–	–	–	1	–	0
えだまめ	(39)	–	–	–	–	–	0	–	–
土物類									
かんしょ	(40)	70	0	1	–	1	10	–	2
ばれいしょ	(41)	102	8	7	–	7	1	1	–
さといも	(42)	–	0	5	–	0	1	1	–
やまのいも	(43)	–	–	19	–	18	2	2	–
たまねぎ	(44)	127	4	158	104	31	18	18	–
にんにく	(45)	0	1	–	–	–	6	–	–
しょうが	(46)	0	–	–	–	–	81	10	–
きのこ類									
生しいたけ	(47)	2	1	0	–	0	–	–	–
なめこ	(48)	–	3	0	0	–	–	–	–
えのきだけ	(49)	0	5	–	–	–	1	1	–
しめじ	(50)	–	29	–	–	–	1	1	–

単位：t

市	北		九		州		市		
松山市中央卸売市場		札幌市中央卸売市場	青森市中央卸売市場	盛岡市中央卸売市場	松本市青果市場	岐阜市中央卸売市場	名古屋市中央市場本場	福山市青果市場	
284	6,108	1,003	183	175	158	1,035	174	136	(1)
10	1,854	404	1	13	20	896	–	1	(2)
–	0	–	–	–	–	–	–	0	(3)
–	189	3	–	11	–	16	1	–	(4)
–	15	–	–	–	–	13	0	–	(5)
–	0	–	0	–	–	–	–	–	(6)
–	5	–	–	0	–	0	–	–	(7)
–	428	6	–	–	2	37	107	67	(8)
–	10	–	–	–	–	–	–	0	(9)
–	12	0	1	–	–	–	8	1	(10)
–	0	–	–	–	–	–	–	0	(11)
–	0	0	0	–	–	–	–	–	(12)
3	497	41	–	–	100	–	–	8	(13)
0	6	0	–	–	–	–	4	0	(14)
24	86	6	3	–	–	–	13	–	(15)
–	0	–	–	–	–	–	–	–	(16)
–	0	–	–	–	–	–	–	–	(17)
2	1	–	–	–	–	–	–	–	(18)
2	0	–	–	–	–	–	–	–	(19)
51	4	–	–	–	–	–	–	–	(20)
0	78	25	9	2	–	–	–	14	(21)
–	4	1	1	1	–	–	–	–	(22)
0	18	7	2	3	0	4	–	–	(23)
0	108	77	3	5	–	9	–	1	(24)
–	982	370	3	11	36	60	–	43	(25)
–	1	–	0	–	–	–	–	–	(26)
86	108	16	10	23	–	1	20	–	(27)
–	14	0	–	0	–	–	–	–	(28)
1	221	1	147	39	–	–	4	–	(29)
22	26	–	1	2	–	–	16	–	(30)
0	13	1	–	9	–	–	1	–	(31)
24	61	40	–	12	–	–	–	–	(32)
6	8	–	–	–	–	–	–	–	(33)
0	1	–	–	1	–	–	–	–	(34)
1	5	1	0	–	–	–	–	–	(35)
0	2	1	–	–	–	–	–	–	(36)
0	0	0	–	–	–	–	–	–	(37)
0	1	1	–	–	–	–	–	–	(38)
–	0	–	–	–	–	–	–	–	(39)
6	7	1	–	–	–	–	–	–	(40)
–	98	–	–	22	–	–	–	–	(41)
–	6	–	–	–	–	–	–	–	(42)
–	73	–	–	–	–	–	–	–	(43)
–	1,019	–	–	22	–	–	–	–	(44)
–	1	–	–	–	–	–	–	–	(45)
44	0	–	–	–	–	–	–	0	(46)
–	45	–	–	–	–	–	–	–	(47)
–	3	–	–	–	–	–	–	–	(48)
–	11	–	–	–	–	–	–	–	(49)
–	85	0	1	–	–	–	–	0	(50)

2 主要都市における野菜の転送量（続き）

転送した都市 / 転送を受けた市場 / 品目		北九州市（続き）				福		
		高松市中央卸売市場	福岡市中央卸売市場	長崎市中央卸売市場	宮崎市中央卸売市場	札幌市中央卸売市場	函館市青果市場	秋田市青果市場
野菜　計	(1)	119	1,749	431	739	10,163	117	719	158
根菜類									
だいこん	(2)	91	134	194	32	984	-	-	10
かぶ	(3)	0	-	-	-	38	-	-	-
にんじん	(4)	6	86	0	66	171	13	12	19
ごぼう	(5)	-	0	-	-	106	-	2	1
たけのこ	(6)	-	-	-	-	0	-	0	-
れんこん	(7)	0	2	-	-	13	-	6	0
葉茎菜類									
はくさい	(8)	2	92	61	52	2,022	-	0	6
みずな	(9)	1	-	9	-	173	-	0	-
こまつな	(10)	1	-	-	0	261	-	2	-
その他の菜類	(11)	-	-	-	-	0	-	-	-
ちんげんさい	(12)	-	-	0	0	12	-	-	-
キャベツ	(13)	6	174	120	13	1,940	-	0	-
ほうれんそう	(14)	1	0	1	-	39	-	1	-
ねぎ	(15)	1	6	22	-	304	-	3	-
ふき	(16)	-	-	0	-	2	-	-	-
うど	(17)	-	-	0	-	0	-	-	-
みつば	(18)	-	-	0	0	3	-	-	-
しゅんぎく	(19)	-	0	-	-	21	-	0	-
にら	(20)	-	-	4	0	42	-	0	2
洋菜類									
セルリー	(21)	0	1	3	21	74	-	2	0
アスパラガス	(22)	-	-	0	0	36	-	5	3
カリフラワー	(23)	-	0	1	1	11	-	0	2
ブロッコリー	(24)	-	1	0	11	86	3	26	3
レタス	(25)	0	52	2	404	1,079	-	2	1
パセリ	(26)	-	0	0	0	13	-	0	-
果菜類									
きゅうり	(27)	0	32	-	0	77	-	52	3
かぼちゃ	(28)	3	8	0	-	150	-	1	0
なす	(29)	0	1	2	5	166	-	61	37
トマト	(30)	3	1	1	-	128	36	40	1
ミニトマト	(31)	1	-	0	-	91	9	50	7
ピーマン	(32)	0	1	5	-	90	3	48	7
ししとうがらし	(33)	-	3	2	-	11	-	0	-
スイートコーン	(34)	-	-	-	-	10	-	1	0
豆類									
さやいんげん	(35)	0	-	0	0	3	-	2	-
さやえんどう	(36)	0	-	-	0	3	-	1	0
実えんどう	(37)	-	-	-	-	0	-	0	-
そらまめ	(38)	-	-	-	-	0	-	0	0
えだまめ	(39)	-	-	-	0	1	-	0	-
土物類									
かんしょ	(40)	2	4	-	-	35	-	0	-
ばれいしょ	(41)	-	74	-	-	321	-	43	18
さといも	(42)	-	2	3	0	7	1	2	0
やまのいも	(43)	-	73	-	-	58	-	1	-
たまねぎ	(44)	-	998	-	-	916	52	352	37
にんにく	(45)	-	1	-	-	30	-	-	-
しょうが	(46)	-	0	-	-	20	-	1	0
きのこ類									
生しいたけ	(47)	-	-	-	45	41	-	-	-
なめこ	(48)	-	-	-	1	13	-	-	-
えのきだけ	(49)	-	3	-	4	383	-	-	-
しめじ	(50)	-	1	-	83	178	-	0	-

単位：t

岡				市			久留米市	佐賀市	
松山市中央卸売市場	佐賀市青果市場	長崎市中央卸売市場	佐世保市青果市場	熊本市青果市場	宮崎市中央卸売市場	鹿児島市中央卸売市場			
206	337	574	1,428	1,703	2,035	2,771	107	2,636	(1)
11	230	68	17	142	0	505	2	49	(2)
-	7	4	11	-	0	15	-	0	(3)
-	0	3	30	0	-	85	-	163	(4)
-	-	5	-	1	1	97	-	17	(5)
-	-	-	0	-	0	-	-	-	(6)
-	-	0	7	-	-	-	-	65	(7)
-	-	230	190	483	697	413	-	-	(8)
32	-	5	0	82	28	26	-	2	(9)
86	-	9	4	60	12	89	-	2	(10)
-	-	-	0	-	-	-	-	-	(11)
-	0	3	1	4	0	4	2	2	(12)
-	43	100	503	612	158	522	5	68	(13)
1	2	1	4	6	1	22	5	0	(14)
-	0	9	8	19	58	207	5	49	(15)
0	-	0	0	1	0	-	-	-	(16)
-	-	-	0	-	-	-	-	-	(17)
2	0	0	1	0	0	-	-	0	(18)
4	-	1	3	0	2	11	0	1	(19)
-	3	8	15	11	2	2	-	0	(20)
0	14	1	14	1	26	15	-	-	(21)
0	-	1	4	0	10	6	1	46	(22)
-	-	1	0	0	-	1	9	-	(23)
-	3	1	4	8	5	21	-	0	(24)
55	15	35	107	114	488	230	33	48	(25)
-	-	0	1	1	3	0	-	3	(26)
-	0	5	8	-	-	7	-	58	(27)
-	-	2	16	3	85	43	-	0	(28)
3	2	1	18	6	2	15	-	36	(29)
11	12	4	7	-	8	5	1	7	(30)
-	3	5	0	-	3	11	1	1	(31)
-	-	0	2	7	0	13	9	2	(32)
-	-	0	0	1	0	10	-	-	(33)
-	0	3	1	4	0	0	-	1	(34)
-	0	0	1	-	0	-	-	0	(35)
0	-	0	0	0	1	1	-	-	(36)
0	0	0	0	-	-	0	-	1	(37)
-	0	-	0	-	0	0	-	0	(38)
-	-	0	0	0	0	-	-	-	(39)
-	1	4	4	24	1	0	15	5	(40)
-	-	0	131	33	-	97	10	40	(41)
-	-	2	2	0	0	-	0	-	(42)
-	-	12	0	-	9	36	-	29	(43)
-	-	52	43	1	284	96	0	1,929	(44)
-	-	0	1	2	24	2	0	1	(45)
-	-	-	11	1	8	-	0	1	(46)
-	-	0	6	17	0	17	-	1	(47)
-	-	-	11	-	0	2	-	-	(48)
-	-	-	221	57	54	50	5	9	(49)
1	-	0	19	0	62	95	3	-	(50)

2　主要都市における野菜の転送量（続き）

品目 ＼ 転送した都市 / 転送を受けた市場	佐賀市（続き）					長		
	福岡市中央卸売市場	長崎市中央卸売市場	佐世保市青果市場	熊本市青果市場	鹿児島市中央卸売市場		静岡市中央卸売市場	北勢青果市場
野菜計 (1)	194	117	192	1,126	782	6,454	105	327
根菜類								
だいこん (2)	10	–	39	–	–	575	–	–
かぶ (3)	–	–	0	–	–	13	–	–
にんじん (4)	4	8	–	4	147	666	–	–
ごぼう (5)	–	1	–	8	8	19	–	–
たけのこ (6)	–	–	–	–	–	–	–	–
れんこん (7)	–	1	–	29	0	6	–	–
葉茎菜類								
はくさい (8)	–	–	–	–	–	279	–	–
みずな (9)	0	–	–	1	0	0	–	–
こまつな (10)	–	–	–	–	2	0	–	–
その他の菜類 (11)	–	–	–	–	–	–	–	–
ちんげんさい (12)	2	0	–	–	0	0	–	–
キャベツ (13)	3	60	–	6	–	107	–	–
ほうれんそう (14)	0	–	–	–	–	12	–	–
ねぎ (15)	–	1	–	9	39	34	–	–
ふき (16)	–	–	–	–	–	–	–	–
うど (17)	–	–	–	–	–	–	–	–
みつば (18)	0	–	–	–	–	–	–	–
しゅんぎく (19)	–	–	–	–	1	0	–	–
にら (20)	–	0	–	–	–	1	–	–
洋菜類								
セルリー (21)	–	–	–	–	–	4	–	–
アスパラガス (22)	0	1	–	–	–	1	–	–
カリフラワー (23)	–	–	–	–	–	3	–	–
ブロッコリー (24)	–	0	–	–	–	243	–	–
レタス (25)	4	8	–	34	1	1,718	–	–
パセリ (26)	–	0	–	–	–	0	–	–
果菜類								
きゅうり (27)	53	1	2	–	–	199	–	–
かぼちゃ (28)	–	–	–	–	–	97	–	–
なす (29)	–	–	–	–	0	2	–	–
トマト (30)	3	1	2	–	–	112	–	–
ミニトマト (31)	0	0	0	–	–	54	–	–
ピーマン (32)	–	2	–	–	–	7	–	–
ししとうがらし (33)	–	–	–	–	–	–	–	–
スイートコーン (34)	–	–	–	1	–	26	–	–
豆類								
さやいんげん (35)	–	0	–	–	–	2	–	–
さやえんどう (36)	–	–	–	–	–	0	–	–
実えんどう (37)	–	1	–	–	–	0	–	–
そらまめ (38)	–	0	–	–	–	0	–	–
えだまめ (39)	–	–	–	–	–	–	–	–
土物類								
かんしょ (40)	3	–	1	–	–	10	–	–
ばれいしょ (41)	5	27	3	4	–	1,802	105	327
さといも (42)	–	–	–	–	–	1	–	–
やまのいも (43)	28	–	–	0	0	4	–	–
たまねぎ (44)	72	–	144	1,030	582	330	–	–
にんにく (45)	–	–	–	–	1	6	–	–
しょうが (46)	–	1	–	–	–	113	–	–
きのこ類								
生しいたけ (47)	1	–	–	–	–	2	–	–
なめこ (48)	–	–	–	–	–	0	–	–
えのきだけ (49)	6	3	–	–	–	2	–	–
しめじ (50)	–	–	–	–	–	3	–	–

単位：t

崎				市				佐世保市	
鳥取市青果市場	松山市中央卸売市場	福岡市中央卸売市場	佐賀市青果市場	佐世保市青果市場	熊本市青果市場	宮崎市中央卸売市場	鹿児島市中央卸売市場		
153	968	747	447	554	2,497	152	405	1	(1)
-	213	128	139	95	-	-	-	-	(2)
-	-	-	-	13	-	-	0	-	(3)
-	317	34	118	154	3	1	1	-	(4)
-	-	2	-	7	10	-	-	-	(5)
-	-	-	-	-	-	-	-	-	(6)
-	-	1	-	1	1	-	3	-	(7)
-	78	-	10	18	148	14	-	-	(8)
-	-	-	-	0	-	-	-	-	(9)
-	-	0	-	0	-	-	-	-	(10)
-	-	-	-	-	-	-	-	-	(11)
-	-	-	-	0	-	0	-	-	(12)
-	1	70	3	25	9	-	-	-	(13)
-	1	0	-	1	9	1	0	-	(14)
-	17	1	5	0	-	9	1	0	(15)
-	-	-	-	-	-	-	-	-	(16)
-	-	-	-	-	-	-	-	-	(17)
-	-	-	-	-	-	-	-	-	(18)
-	-	-	-	0	-	-	-	-	(19)
-	-	-	1	1	-	-	-	-	(20)
-	0	1	1	2	-	-	-	-	(21)
-	0	-	-	0	-	1	-	-	(22)
-	-	-	-	-	3	0	-	-	(23)
-	2	-	24	3	211	2	-	-	(24)
-	60	258	3	71	1,196	123	-	-	(25)
-	-	-	-	0	-	-	-	-	(26)
-	-	174	-	12	13	-	-	-	(27)
-	13	1	24	4	54	-	-	-	(28)
-	-	-	0	1	-	1	0	-	(29)
-	0	17	24	69	-	-	2	0	(30)
-	0	9	4	22	-	-	18	1	(31)
-	0	6	-	1	-	-	-	-	(32)
-	-	-	-	-	-	-	-	-	(33)
-	0	10	12	0	2	-	-	-	(34)
-	-	-	-	2	-	-	-	-	(35)
-	0	-	-	0	-	-	-	-	(36)
-	0	-	0	-	-	-	-	-	(37)
-	-	-	-	-	-	-	-	-	(38)
-	-	-	-	-	-	-	-	-	(39)
-	-	7	1	2	0	-	-	-	(40)
88	265	11	77	17	568	-	318	-	(41)
-	-	1	-	0	-	-	-	-	(42)
-	-	-	-	3	-	-	1	-	(43)
65	1	14	-	26	203	-	9	-	(44)
-	-	0	-	-	-	-	6	-	(45)
-	-	0	-	1	67	-	45	-	(46)
-	0	-	0	2	-	-	-	-	(47)
-	-	-	-	0	-	-	-	-	(48)
-	-	-	-	1	-	0	-	-	(49)
-	-	-	-	3	-	-	-	-	(50)

2 主要都市における野菜の転送量（続き）

品目	転送した都市	熊本							
	転送を受けた市場		青森市中央卸売市場	仙台市中央卸売市場	浜松市中央卸売市場	松山市中央卸売市場	福岡市中央卸売市場	佐賀市青果市場	長崎市中央卸売市場
野菜計	(1)	10,309	124	467	110	587	1,835	607	862
根菜類									
だいこん	(2)	928	-	-	-	108	246	158	14
かぶ	(3)	2	-	-	-	-	-	0	-
にんじん	(4)	1,577	4	40	-	66	169	219	97
ごぼう	(5)	93	0	3	-	8	0	7	16
たけのこ	(6)	0	0	-	-	0	-	-	-
れんこん	(7)	24	-	-	-	10	4	-	1
葉茎菜類									
はくさい	(8)	803	1	-	-	270	33	13	162
みずな	(9)	4	-	-	-	-	-	-	0
こまつな	(10)	16	-	-	-	0	-	-	1
その他の菜類	(11)	-	-	-	-	-	-	-	-
ちんげんさい	(12)	38	-	-	-	3	0	-	21
キャベツ	(13)	2,481	-	-	-	21	1,129	35	357
ほうれんそう	(14)	29	-	-	-	3	-	-	0
ねぎ	(15)	69	-	-	-	-	1	1	6
ふき	(16)	-	-	-	-	-	-	-	-
うど	(17)	-	-	-	-	-	-	-	-
みつば	(18)	0	-	-	-	-	-	-	0
しゅんぎく	(19)	9	-	-	-	0	-	3	0
にら	(20)	26	-	-	-	-	-	1	19
洋菜類									
セルリー	(21)	13	-	-	-	4	-	4	2
アスパラガス	(22)	76	1	0	7	0	-	-	1
カリフラワー	(23)	32	0	2	0	0	7	2	3
ブロッコリー	(24)	260	10	73	3	0	-	2	25
レタス	(25)	423	1	153	0	1	26	8	8
パセリ	(26)	3	-	-	-	-	0	-	1
果菜類									
きゅうり	(27)	22	5	8	0	0	-	-	7
かぼちゃ	(28)	22	-	-	0	1	1	5	2
なす	(29)	511	29	27	70	-	-	19	41
トマト	(30)	1,421	17	42	27	62	55	63	10
ミニトマト	(31)	194	24	77	0	5	35	6	7
ピーマン	(32)	72	0	1	-	1	34	3	23
ししとうがらし	(33)	-	-	-	-	-	-	-	-
スイートコーン	(34)	59	-	-	-	1	8	17	0
豆類									
さやいんげん	(35)	7	-	-	1	2	1	0	3
さやえんどう	(36)	7	2	0	0	4	0	-	0
実えんどう	(37)	2	-	-	-	0	1	-	1
そらまめ	(38)	2	0	-	1	-	0	0	0
えだまめ	(39)	-	-	-	-	-	-	-	-
土物類									
かんしょ	(40)	228	-	-	0	18	29	33	4
ばれいしょ	(41)	486	18	6	-	-	4	5	10
さといも	(42)	17	-	-	-	-	4	1	10
やまのいも	(43)	36	-	-	-	-	5	-	-
たまねぎ	(44)	235	11	34	-	-	30	-	2
にんにく	(45)	18	-	-	-	-	0	-	-
しょうが	(46)	34	-	2	-	-	1	-	6
きのこ類									
生しいたけ	(47)	2	-	-	-	0	-	1	0
なめこ	(48)	2	-	-	-	-	0	-	-
えのきだけ	(49)	27	-	-	-	-	9	-	-
しめじ	(50)	1	-	-	-	-	1	-	-

単位：t

	市			大	分			市		
佐世保市青果市場	宮崎市中央卸売市場	鹿児島市中央卸売市場	松山市中央卸売市場	福岡市中央卸売市場	熊本市青果市場	宮崎市中央卸売市場	鹿児島市中央卸売市場	
239	2,658	2,729	1,142	187	314	148	214	138	(1)
37	40	324	77	19	-	-	5	22	(2)
-	-	2	-	-	-	-	-	-	(3)
104	225	654	21	-	3	-	1	17	(4)
-	-	25	6	1	1	0	-	1	(5)
-	0	-	-	-	-	-	-	-	(6)
-	7	2	2	-	0	-	-	1	(7)
-	120	204	250	32	-	-	154	-	(8)
0	1	2	0	-	-	-	-	0	(9)
1	0	14	1	-	-	-	-	1	(10)
-	-	-	-	-	-	-	-	-	(11)
0	6	8	1	1	-	-	-	-	(12)
8	627	304	262	7	215	-	34	0	(13)
2	6	18	1	-	-	-	-	1	(14)
1	28	21	252	123	0	114	-	14	(15)
-	-	-	0	-	0	-	-	-	(16)
-	-	-	-	-	-	-	-	-	(17)
0	-	-	0	0	0	-	-	-	(18)
-	0	5	0	-	-	-	-	0	(19)
-	5	1	8	-	4	-	1	2	(20)
-	1	2	0	0	-	-	-	-	(21)
-	40	3	5	-	1	1	-	3	(22)
-	14	1	-	-	-	-	-	-	(23)
0	35	95	10	-	1	-	-	9	(24)
6	41	178	38	1	32	-	-	5	(25)
0	1	0	6	0	6	-	-	-	(26)
-	1	1	2	-	2	-	-	-	(27)
4	1	9	1	-	-	-	1	-	(28)
1	309	14	8	-	1	-	0	3	(29)
0	848	297	11	0	0	-	6	-	(30)
-	36	4	9	-	7	-	-	0	(31)
-	9	1	23	1	14	-	5	1	(32)
-	-	-	0	-	0	-	-	-	(33)
-	9	22	5	-	3	-	2	-	(34)
-	0	0	3	0	2	-	0	0	(35)
-	0	0	4	1	3	-	0	0	(36)
-	-	-	0	-	0	-	-	0	(37)
-	-	-	-	-	-	-	-	-	(38)
-	-	-	0	-	0	-	-	-	(39)
67	76	-	37	0	17	1	0	-	(40)
6	105	332	4	-	-	1	-	4	(41)
-	-	2	-	-	-	-	-	-	(42)
-	6	25	3	-	-	-	-	3	(43)
-	21	136	83	-	-	32	3	47	(44)
-	-	18	0	-	-	-	0	0	(45)
1	24	1	-	-	-	-	-	-	(46)
-	0	-	-	-	-	-	-	-	(47)
-	-	2	5	0	-	0	-	-	(48)
-	16	2	5	-	1	-	2	2	(49)
-	-	0	0	-	-	-	-	0	(50)

2　主要都市における野菜の転送量（続き）

転送した都市 / 転送を受けた市場 / 品目		宮崎							
			札幌中央卸売市場	青森中央卸売市場	仙台中央卸売市場	浜松中央卸売市場	高松中央卸売市場	松山中央卸売市場	福岡中央卸売市場
野菜計	(1)	4,801	902	212	311	169	256	476	427
根菜類									
だいこん	(2)	119	-	-	6	-	2	3	15
かぶ	(3)	1	-	-	-	-	-	-	-
にんじん	(4)	103	-	2	29	-	12	1	3
ごぼう	(5)	145	-	-	0	4	1	104	-
たけのこ	(6)	0	-	-	-	-	-	-	-
れんこん	(7)	0	-	-	-	-	-	-	-
葉茎菜類									
はくさい	(8)	164	-	3	-	-	-	31	-
みずな	(9)	0	-	-	-	-	-	0	-
こまつな	(10)	0	-	-	-	-	-	0	-
その他の菜類	(11)	-	-	-	-	-	-	-	-
ちんげんさい	(12)	0	-	-	-	-	-	0	-
キャベツ	(13)	217	-	-	-	-	1	15	43
ほうれんそう	(14)	1	-	-	-	-	-	-	-
ねぎ	(15)	19	-	-	-	-	-	0	-
ふき	(16)	-	-	-	-	-	-	-	-
うど	(17)	-	-	-	-	-	-	-	-
みつば	(18)	7	-	-	-	-	-	4	3
しゅんぎく	(19)	-	-	-	-	-	-	-	-
にら	(20)	15	-	2	-	-	-	10	-
洋菜類									
セルリー	(21)	0	-	-	-	-	-	-	-
アスパラガス	(22)	0	-	-	-	-	-	-	0
カリフラワー	(23)	0	-	-	-	-	-	-	-
ブロッコリー	(24)	3	-	-	-	-	-	2	-
レタス	(25)	52	-	-	4	-	-	0	-
パセリ	(26)	0	-	-	-	-	-	-	0
果菜類									
きゅうり	(27)	2,585	691	102	189	139	198	187	242
かぼちゃ	(28)	27	1	1	1	1	5	1	1
なす	(29)	11	2	1	-	1	-	-	-
トマト	(30)	180	117	1	-	0	0	22	0
ミニトマト	(31)	108	45	28	-	-	0	-	10
ピーマン	(32)	477	24	68	24	23	5	74	72
ししとうがらし	(33)	0	-	-	-	-	-	-	-
スイートコーン	(34)	98	15	0	33	-	3	5	7
豆類									
さやいんげん	(35)	0	-	-	-	-	-	-	-
さやえんどう	(36)	0	-	-	-	-	-	-	0
実えんどう	(37)	-	-	-	-	-	-	-	-
そらまめ	(38)	0	-	-	-	0	-	-	0
えだまめ	(39)	0	-	-	-	-	-	0	-
土物類									
かんしょ	(40)	77	-	-	1	0	8	0	4
ばれいしょ	(41)	79	-	-	-	-	-	7	-
さといも	(42)	133	7	4	26	1	24	0	0
やまのいも	(43)	-	-	-	-	-	-	-	-
たまねぎ	(44)	113	-	-	-	-	-	-	26
にんにく	(45)	0	-	-	-	-	-	-	0
しょうが	(46)	1	-	0	-	-	-	-	-
きのこ類									
生しいたけ	(47)	1	-	-	-	-	-	1	-
なめこ	(48)	14	-	-	-	-	-	-	-
えのきだけ	(49)	26	-	-	-	-	-	7	-
しめじ	(50)	21	-	-	-	-	-	-	-

単位：t

市					鹿児島市				
佐賀市青果市場	長崎市中央卸売市場	熊本市青果市場	鹿児島市中央卸売市場	沖縄県中央卸売市場		松江市青果市場	松山市中央卸売市場	福岡市中央卸売市場	
136	125	453	567	455	10,478	266	1,016	850	(1)
29	1	12	26	24	1,733	72	408	234	(2)
-	-	-	1	-	2	-	-	2	(3)
36	-	-	-	20	766	60	95	263	(4)
27	2	0	6	-	72	1	17	10	(5)
-	-	-	-	0	0	-	-	-	(6)
-	-	-	0	0	2	-	-	-	(7)
-	4	39	78	9	1,098	-	44	98	(8)
-	-	-	0	-	9	-	-	-	(9)
0	-	-	-	0	22	-	-	-	(10)
-	-	-	-	-	0	-	-	-	(11)
-	-	-	0	-	3	-	-	-	(12)
-	1	84	23	51	2,048	45	52	146	(13)
-	-	-	1	0	7	-	-	0	(14)
-	0	5	13	-	125	-	0	3	(15)
-	-	-	-	-	1	-	-	-	(16)
-	-	-	-	-	-	-	-	-	(17)
-	-	-	-	-	0	-	-	-	(18)
-	-	-	-	-	-	-	-	-	(19)
0	-	2	0	1	11	-	-	-	(20)
-	-	-	-	0	5	-	-	-	(21)
-	-	-	-	0	3	-	-	2	(22)
-	0	-	0	0	7	0	-	0	(23)
-	-	-	-	1	39	0	8	6	(24)
-	-	34	2	13	211	0	0	10	(25)
-	-	-	-	-	1	-	-	-	(26)
2	86	107	258	241	117	21	1	12	(27)
1	1	8	1	1	23	3	2	0	(28)
1	-	-	6	1	30	5	-	-	(29)
-	-	-	3	32	77	32	0	0	(30)
3	0	-	11	2	35	2	-	4	(31)
5	26	11	1	34	63	2	4	8	(32)
-	-	-	-	-	-	-	-	-	(33)
-	1	7	15	-	2	1	-	-	(34)
0	-	-	-	-	23	1	7	0	(35)
-	-	-	-	-	12	0	4	1	(36)
-	-	-	-	-	5	-	3	0	(37)
-	-	-	-	-	7	-	4	-	(38)
-	-	-	-	-	2	-	-	0	(39)
31	-	30	0	1	336	19	6	31	(40)
-	-	17	46	4	1,918	-	356	9	(41)
-	2	50	-	-	9	-	3	0	(42)
-	-	-	-	-	8	-	-	3	(43)
-	-	19	68	-	1,521	0	-	7	(44)
-	-	-	-	-	0	-	-	-	(45)
1	-	-	-	-	2	-	-	-	(46)
-	-	-	0	-	7	-	-	0	(47)
-	-	14	-	-	2	-	-	1	(48)
-	-	1	1	17	89	-	-	0	(49)
-	-	10	9	2	28	-	-	-	(50)

2 主要都市における野菜の転送量（続き）

単位：t

転送した都市		鹿児島市（続き）					沖縄市
転送を受けた市場 品目		佐賀市 青果市場	長崎市 中央卸売市場	熊本市 青果市場	宮崎市 中央卸売市場	沖縄県 中央卸売市場	
野菜計	(1)	266	176	1,473	1,903	4,501	101
根菜類							
だいこん	(2)	26	4	465	41	482	-
かぶ	(3)	0	-	-	-	-	-
にんじん	(4)	105	124	3	7	105	54
ごぼう	(5)	6	14	22	1	1	2
たけのこ	(6)	-	-	-	0	-	-
れんこん	(7)	-	-	0	1	0	-
葉茎菜類							
はくさい	(8)	-	1	59	514	382	23
みずな	(9)	-	-	1	2	7	-
こまつな	(10)	-	-	3	0	19	-
その他の菜類	(11)	-	-	-	-	0	-
ちんげんさい	(12)	-	0	0	0	2	-
キャベツ	(13)	28	-	554	596	628	5
ほうれんそう	(14)	-	-	2	1	4	-
ねぎ	(15)	1	1	52	19	49	0
ふき	(16)	0	-	1	-	-	-
うど	(17)	-	-	-	-	-	-
みつば	(18)	-	-	-	-	0	-
しゅんぎく	(19)	-	-	-	-	-	-
にら	(20)	-	-	5	-	6	0
洋菜類							
セルリー	(21)	-	-	0	-	5	0
アスパラガス	(22)	-	-	-	-	1	-
カリフラワー	(23)	-	-	-	-	6	0
ブロッコリー	(24)	0	-	-	4	20	-
レタス	(25)	1	-	130	7	62	0
パセリ	(26)	-	-	-	1	0	-
果菜類							
きゅうり	(27)	-	5	21	40	14	-
かぼちゃ	(28)	2	0	5	-	11	1
なす	(29)	-	-	-	0	25	0
トマト	(30)	0	-	-	3	43	0
ミニトマト	(31)	5	2	-	7	13	-
ピーマン	(32)	1	10	12	-	13	0
ししとうがらし	(33)	-	-	-	-	-	-
スイートコーン	(34)	-	-	0	-	-	1
豆類							
さやいんげん	(35)	0	-	11	2	2	4
さやえんどう	(36)	0	-	6	1	-	0
実えんどう	(37)	0	-	1	0	-	-
そらまめ	(38)	0	-	3	0	-	-
えだまめ	(39)	-	0	1	1	-	-
土物類							
かんしょ	(40)	4	-	77	45	153	-
ばれいしょ	(41)	86	14	19	543	885	4
さといも	(42)	-	0	1	1	4	-
やまのいも	(43)	-	1	-	-	3	-
たまねぎ	(44)	-	-	1	5	1,508	6
にんにく	(45)	-	-	-	-	0	-
しょうが	(46)	-	-	0	-	2	-
きのこ類							
生しいたけ	(47)	-	-	-	1	6	0
なめこ	(48)	-	-	-	-	1	-
えのきだけ	(49)	-	-	19	59	10	0
しめじ	(50)	-	-	-	-	28	0

3　主要都市における果実の転送量

転送した都市 / 転送を受けた市場 / 品目		計	札幌市			旭川市		函館市	帯広市
				函館市青果市場	福岡市中央卸売市場		札幌市中央卸売市場		
果実計	(1)	58,307	679	452	161	675	675	54	0
みかん	(2)	10,262	-	-	-	226	226	-	-
ネーブルオレンジ(国産)	(3)	115	-	-	-	-	-	-	-
甘なつみかん	(4)	1,249	-	-	-	27	27	-	-
いよかん	(5)	1,442	-	-	-	41	41	-	-
はっさく	(6)	659	-	-	-	5	5	-	-
その他の雑かん	(7)	4,497	-	-	-	73	73	-	-
りんご	(8)	9,766	13	13	-	11	11	-	-
つがる	(9)	809	-	-	-	-	-	-	-
ジョナゴールド	(10)	1,373	2	2	-	0	0	-	-
王林	(11)	643	-	-	-	1	1	-	-
ふじ	(12)	5,510	4	4	-	8	8	-	-
その他のりんご	(13)	1,431	8	8	-	3	3	-	-
日本なし	(14)	3,003	2	2	-	51	51	-	-
幸水	(15)	896	-	-	-	24	24	-	-
豊水	(16)	844	-	-	-	14	14	-	-
二十世紀	(17)	171	-	-	-	1	1	-	-
新高	(18)	454	-	-	-	7	7	-	-
その他のなし	(19)	638	2	2	-	6	6	-	-
西洋なし	(20)	446	3	3	-	3	3	-	-
かき	(21)	4,574	-	-	-	9	9	-	-
甘がき	(22)	1,682	-	-	-	5	5	-	-
渋がき(脱渋を含む。)	(23)	2,891	-	-	-	4	4	-	-
びわ	(24)	43	-	-	-	0	0	-	-
もも	(25)	2,059	-	-	-	24	24	-	-
すもも	(26)	435	13	13	-	2	2	-	-
おうとう	(27)	241	12	9	-	0	0	3	-
うめ	(28)	191	0	-	-	-	-	-	-
ぶどう	(29)	1,821	21	21	-	13	13	-	0
デラウェア	(30)	504	3	3	-	4	4	-	-
巨峰	(31)	472	-	-	-	4	4	-	0
その他のぶどう	(32)	845	18	18	-	5	5	-	0
くり	(33)	257	0	0	-	2	2	-	-
いちご	(34)	1,816	29	29	0	37	37	-	-
メロン	(35)	5,032	394	221	153	44	44	27	-
温室メロン	(36)	921	-	-	-	2	2	0	-
アンデスメロン	(37)	583	1	-	-	12	12	-	-
その他のメロン(まくわうりを含む。)	(38)	3,529	393	221	153	29	29	27	-
すいか	(39)	9,441	191	141	8	50	50	24	0
キウイフルーツ	(40)	958	-	-	-	57	57	-	-

単位：t

	青　森　市				八戸市	盛岡市		仙台市	
	函館市青果市場	浜松市中央卸売市場	長崎市中央卸売市場	熊本市青果市場			八戸市中央卸売市場		
2,283	189	382	548	871	28	292	163	1,188	(1)
85	-	2	-	-	6	105	99	208	(2)
-	-	-	-	-	-	-	-	-	(3)
3	-	-	-	-	1	0	0	37	(4)
1	-	-	-	-	-	3	3	72	(5)
5	-	-	-	-	0	2	2	12	(6)
7	-	-	-	-	4	3	3	63	(7)
1,897	179	373	533	794	-	61	2	9	(8)
100	11	29	21	38	-	-	-	3	(9)
415	7	20	141	244	-	1	-	-	(10)
178	16	29	50	83	-	8	-	-	(11)
962	127	282	207	333	-	44	-	6	(12)
242	18	13	114	96	-	8	2	1	(13)
10	-	-	-	-	-	5	-	46	(14)
0	-	-	-	-	-	1	-	23	(15)
8	-	-	-	-	-	3	-	9	(16)
-	-	-	-	-	-	-	-	-	(17)
-	-	-	-	-	-	-	-	12	(18)
1	-	-	-	-	-	1	-	2	(19)
6	2	-	-	-	-	2	-	6	(20)
2	-	-	-	-	-	38	38	73	(21)
2	-	-	-	-	-	1	1	3	(22)
-	-	-	-	-	-	37	37	69	(23)
-	-	-	-	-	0	-	-	-	(24)
11	-	-	-	-	4	2	2	112	(25)
3	0	1	-	-	0	-	-	1	(26)
1	1	-	-	-	2	-	-	0	(27)
-	-	-	-	-	1	-	-	4	(28)
13	0	1	-	-	3	42	2	10	(29)
-	-	-	-	-	-	-	-	0	(30)
0	-	-	-	-	0	-	-	1	(31)
13	0	1	-	-	3	42	2	9	(32)
-	-	-	-	-	-	-	-	1	(33)
6	1	-	-	-	0	-	-	19	(34)
172	-	3	7	77	7	12	12	145	(35)
0	-	-	-	-	-	-	-	15	(36)
8	-	-	-	-	3	8	8	29	(37)
164	-	3	7	77	4	4	4	100	(38)
57	6	2	8	-	-	15	-	353	(39)
5	-	-	-	-	0	1	1	16	(40)

3　主要都市における果実の転送量（続き）

品目 ＼ 転送した都市 / 転送を受けた市場		仙台市（続き）			秋田市		山形		
		八戸市中央卸売市場	秋田市青果市場	福岡市中央卸売市場		札幌市中央卸売市場		函館市青果市場	松山市中央卸売市場
果実計	(1)	312	269	349	379	302	888	252	309
みかん	(2)	148	27	–	60	58	3	–	–
ネーブルオレンジ（国産）	(3)	–	–	–	1	1	–	–	–
甘なつみかん	(4)	18	12	–	18	18	–	–	–
いよかん	(5)	23	15	–	34	34	–	–	–
はっさく	(6)	1	2	–	5	5	–	–	–
その他の雑かん	(7)	36	20	–	58	58	–	–	–
りんご	(8)	–	–	–	28	26	19	10	2
つがる	(9)	–	–	–	2	–	1	0	–
ジョナゴールド	(10)	–	–	–	–	–	0	–	–
王林	(11)	–	–	–	1	–	0	–	–
ふじ	(12)	–	–	–	14	14	16	9	2
その他のりんご	(13)	–	–	–	12	12	2	1	–
日本なし	(14)	15	13	7	39	39	0	–	–
幸水	(15)	5	11	–	4	4	–	–	–
豊水	(16)	5	3	–	11	10	–	–	–
二十世紀	(17)	–	–	–	–	–	–	–	–
新高	(18)	4	–	7	2	2	–	–	–
その他のなし	(19)	1	0	–	23	23	0	–	–
西洋なし	(20)	–	–	6	14	14	91	24	9
かき	(21)	14	23	30	48	3	190	189	–
甘がき	(22)	2	1	–	2	2	–	–	–
渋がき（脱渋を含む。）	(23)	12	22	30	46	2	190	189	–
びわ	(24)	–	–	–	0	0	–	–	–
もも	(25)	1	1	109	5	5	25	0	9
すもも	(26)	0	0	–	1	1	9	1	1
おうとう	(27)	–	–	–	–	–	39	4	11
うめ	(28)	–	1	–	–	–	–	–	–
ぶどう	(29)	1	6	–	3	3	67	23	7
デラウェア	(30)	–	–	–	0	0	51	16	6
巨峰	(31)	0	1	–	0	0	0	0	–
その他のぶどう	(32)	1	5	–	3	3	16	7	0
くり	(33)	0	–	–	0	0	–	–	–
いちご	(34)	0	6	–	1	0	0	0	–
メロン	(35)	28	55	–	2	1	17	0	14
温室メロン	(36)	8	2	–	–	–	1	–	–
アンデスメロン	(37)	10	4	–	–	–	8	–	8
その他のメロン（まくわうりを含む。）	(38)	10	49	–	2	1	8	0	6
すいか	(39)	17	87	197	62	37	427	0	257
キウイフルーツ	(40)	9	–	–	0	0	1	1	–

単位：t

市 宮崎市中央卸売市場	福島市	函館市青果市場	松山市中央卸売市場	いわき市	仙台市中央卸売市場	秋田市青果市場	さいたま市青果市場	水戸市	
128	657	166	149	834	276	199	168	383	(1)
−	36	−	−	62	33	9	−	−	(2)
−	−	−	−	0	−	0	−	−	(3)
−	3	−	−	−	−	−	−	1	(4)
−	14	−	−	3	1	−	−	7	(5)
−	2	−	−	40	1	39	−	16	(6)
−	36	−	−	47	30	10	−	1	(7)
0	15	3	−	291	98	81	112	2	(8)
0	3	3	−	22	4	4	14	−	(9)
−	−	−	−	4	1	1	2	−	(10)
−	−	−	−	14	0	13	−	−	(11)
−	12	−	−	245	92	62	91	2	(12)
−	0	0	−	6	1	1	4	0	(13)
−	134	9	52	21	19	2	−	56	(14)
−	11	−	−	9	6	2	−	40	(15)
−	60	6	11	11	11	−	−	9	(16)
−	3	1	−	1	1	−	−	−	(17)
−	27	0	22	1	1	−	−	6	(18)
−	34	2	19	−	−	−	−	1	(19)
−	2	−	−	1	0	0	−	−	(20)
−	9	3	−	52	20	22	−	0	(21)
−	−	−	−	12	6	1	−	0	(22)
−	9	3	−	40	14	21	−	−	(23)
−	−	−	−	−	−	−	−	−	(24)
10	298	139	97	8	−	−	8	−	(25)
−	3	3	−	−	−	−	−	−	(26)
−	1	1	−	38	2	−	−	−	(27)
−	3	−	−	−	−	−	−	0	(28)
0	26	8	−	3	3	0	−	8	(29)
0	0	−	−	1	1	0	−	8	(30)
0	11	7	−	2	2	−	−	−	(31)
0	15	1	−	1	1	0	−	−	(32)
−	−	−	−	−	−	−	−	19	(33)
−	3	−	−	3	1	2	−	4	(34)
−	1	−	−	66	9	1	49	211	(35)
−	0	−	−	28	3	0	18	6	(36)
−	1	−	−	6	1	−	5	85	(37)
−	1	−	−	32	5	1	26	120	(38)
117	69	−	−	188	54	25	−	51	(39)
−	1	−	−	11	4	7	−	8	(40)

3　主要都市における果実の転送量（続き）

品目 ＼ 転送した都市 / 転送を受けた市場	宇都宮市	宇都宮市 八戸市中央卸売市場	前橋市	さいたま市	さいたま市 前橋市青果市場	上尾市	千葉市	市川市
果実計 (1)	536	145	13	382	250	227	278	91
みかん (2)	108	31	4	34	31	38	24	33
ネーブルオレンジ(国産) (3)	-	-	-	-	-	-	-	-
甘なつみかん (4)	19	8	-	19	11	15	3	3
いよかん (5)	7	5	2	4	2	5	2	1
はっさく (6)	5	3	-	-	-	6	1	-
その他の雑かん (7)	22	10	1	42	34	44	7	3
りんご (8)	30	-	2	187	94	16	21	2
つがる (9)	4	-	-	9	9	0	1	2
ジョナゴールド (10)	-	-	-	3	3	-	0	-
王林 (11)	3	-	0	5	4	-	1	-
ふじ (12)	23	-	1	162	69	10	17	-
その他のりんご (13)	-	-	1	9	9	6	2	0
日本なし (14)	115	39	-	10	7	28	29	1
幸水 (15)	28	13	-	4	3	21	17	1
豊水 (16)	43	16	-	5	4	4	10	0
二十世紀 (17)	-	-	-	-	-	-	-	-
新高 (18)	23	6	-	-	-	2	2	-
その他のなし (19)	22	5	-	0	0	0	1	-
西洋なし (20)	2	-	-	-	-	1	10	1
かき (21)	5	0	0	7	2	4	41	6
甘がき (22)	2	0	0	1	1	1	-	4
渋がき(脱渋を含む。) (23)	3	-	-	6	1	3	41	2
びわ (24)	0	0	-	1	0	0	0	-
もも (25)	1	-	-	1	1	0	17	9
すもも (26)	1	0	-	0	-	0	4	0
おうとう (27)	1	-	-	-	-	0	0	1
うめ (28)	7	-	0	0	-	1	-	-
ぶどう (29)	8	0	1	5	0	9	0	6
デラウェア (30)	0	0	-	4	0	8	0	1
巨峰 (31)	6	-	1	2	-	2	0	3
その他のぶどう (32)	2	-	-	0	-	-	0	2
くり (33)	1	-	-	-	-	-	-	-
いちご (34)	67	38	0	7	5	4	2	1
メロン (35)	69	7	3	34	31	42	20	12
温室メロン (36)	18	1	-	2	2	11	4	0
アンデスメロン (37)	25	1	0	16	14	2	0	4
その他のメロン(まくわうりを含む。) (38)	26	5	2	16	15	30	15	8
すいか (39)	57	0	0	31	30	12	97	13
キウイフルーツ (40)	12	4	0	0	0	-	-	0

単位：t

船橋市	松戸市	千葉市青果市場	柏市	東京都中央築地市場	東京都	札幌市中央卸売市場	函館市青果市場	八戸市中央卸売市場	
16	310	226	482	252	14,576	615	1,191	416	(1)
8	109	108	54	52	3,325	135	300	115	(2)
-	-	-	-	-	34	-	3	1	(3)
-	2	2	-	-	371	4	61	10	(4)
0	3	-	5	3	484	59	165	26	(5)
-	-	-	1	1	177	1	-	6	(6)
2	10	4	12	3	1,302	79	143	58	(7)
-	1	-	54	-	1,169	10	1	4	(8)
-	-	-	7	-	92	1	1	-	(9)
-	-	-	1	-	95	0	-	-	(10)
-	0	-	1	-	76	-	-	0	(11)
-	0	-	40	-	720	4	0	4	(12)
-	0	-	5	-	186	6	0	0	(13)
3	50	40	40	3	822	11	86	27	(14)
-	11	6	28	2	317	7	31	14	(15)
3	11	11	11	1	227	-	32	0	(16)
-	-	-	-	-	20	-	3	1	(17)
-	22	19	0	-	112	1	3	8	(18)
-	6	5	0	0	145	4	16	4	(19)
-	0	-	-	-	128	5	3	3	(20)
-	29	12	5	1	1,110	79	6	66	(21)
-	12	9	4	-	505	69	1	10	(22)
-	17	3	1	1	605	9	5	57	(23)
0	-	-	-	-	20	2	0	1	(24)
-	-	-	14	4	381	24	58	23	(25)
-	2	2	1	0	171	8	21	1	(26)
-	0	-	-	-	87	0	0	0	(27)
-	0	-	-	-	49	-	0	4	(28)
-	8	0	1	0	452	11	47	7	(29)
-	8	0	0	0	128	2	1	2	(30)
-	0	0	1	-	124	5	15	2	(31)
-	0	0	0	0	200	3	30	3	(32)
-	-	-	-	-	176	6	2	3	(33)
0	4	4	209	165	568	9	87	9	(34)
0	5	4	29	17	1,090	73	78	34	(35)
-	-	-	6	0	235	8	2	8	(36)
-	0	0	6	5	171	4	7	11	(37)
0	4	4	16	12	685	62	68	14	(38)
1	87	50	58	3	2,391	91	111	15	(39)
-	-	-	0	0	270	9	19	4	(40)

3　主要都市における果実の転送量（続き）

品目	転送した都市	東京都							
	転送を受けた市場	盛岡市中央卸売市場	仙台市中央卸売市場	秋田市青果市場	いわき市中央卸売市場	水戸市青果市場	前橋市青果市場	さいたま市青果市場	上尾市青果市場
果実計	(1)	123	264	425	191	861	375	619	413
みかん	(2)	53	13	84	3	225	81	194	129
ネーブルオレンジ(国産)	(3)	3	0	1	-	0	1	8	1
甘なつみかん	(4)	5	3	64	16	56	14	1	-
いよかん	(5)	0	-	3	4	9	11	3	22
はっさく	(6)	3	-	13	0	7	1	16	8
その他の雑かん	(7)	12	46	82	28	146	36	66	15
りんご	(8)	-	-	25	1	19	9	51	2
つがる	(9)	-	-	0	-	1	1	7	-
ジョナゴールド	(10)	-	-	-	-	-	0	1	1
王林	(11)	-	-	4	-	15	0	2	1
ふじ	(12)	-	-	21	-	2	8	29	-
その他のりんご	(13)	-	-	0	1	1	0	12	-
日本なし	(14)	4	1	1	13	4	6	45	22
幸水	(15)	-	-	-	12	1	4	20	7
豊水	(16)	0	-	-	0	-	-	6	6
二十世紀	(17)	1	1	-	-	1	1	1	-
新高	(18)	3	0	-	0	-	-	16	-
その他のなし	(19)	1	-	1	1	3	1	2	9
西洋なし	(20)	-	-	11	0	-	5	0	1
かき	(21)	0	25	5	27	131	8	8	3
甘がき	(22)	0	7	5	26	131	6	2	1
渋がき(脱渋を含む。)	(23)	0	19	1	0	0	3	6	2
びわ	(24)	0	1	1	0	4	0	0	0
もも	(25)	-	-	10	7	2	5	4	28
すもも	(26)	2	1	8	0	4	11	5	2
おうとう	(27)	0	-	0	0	2	1	0	1
うめ	(28)	4	-	5	1	-	0	2	-
ぶどう	(29)	3	1	10	0	19	39	16	5
デラウェア	(30)	3	0	4	0	8	10	5	0
巨峰	(31)	-	-	2	0	1	15	6	0
その他のぶどう	(32)	0	1	5	0	11	13	4	5
くり	(33)	1	1	0	-	69	1	2	0
いちご	(34)	7	13	6	0	17	17	36	6
メロン	(35)	7	13	35	11	9	85	60	97
温室メロン	(36)	7	12	4	2	7	26	19	17
アンデスメロン	(37)	0	-	4	2	-	14	5	13
その他のメロン(まくわうりを含む。)	(38)	1	1	27	8	2	45	36	67
すいか	(39)	7	145	34	79	133	23	80	68
キウイフルーツ	(40)	9	-	26	0	6	21	23	3

単位：t

（続き）									
千葉市青果市場	船橋市青果市場	松戸市青果市場	東京都中央多摩市場	東京都内青果市場	新潟市中央卸売市場	甲府市青果市場	松本市青果市場	静岡市中央卸売市場	
798	134	542	2,417	569	313	1,188	125	250	(1)
175	51	168	598	125	203	395	0	85	(2)
0	1	3	5	4	-	1	-	-	(3)
23	4	0	26	22	3	12	-	2	(4)
17	-	9	43	9	6	39	13	-	(5)
2	4	8	44	9	2	30	-	-	(6)
27	22	20	117	57	14	111	17	11	(7)
88	0	45	280	24	2	256	12	22	(8)
17	0	5	28	1	-	8	0	0	(9)
4	-	0	3	4	-	1	-	0	(10)
4	0	1	29	1	-	2	-	-	(11)
47	0	38	183	11	2	218	11	20	(12)
16	-	2	37	6	0	26	2	1	(13)
53	5	6	193	71	23	72	10	-	(14)
32	4	-	104	11	-	21	10	-	(15)
8	1	-	56	11	13	25	-	-	(16)
0	-	0	5	4	-	0	-	-	(17)
10	0	-	7	31	-	16	-	-	(18)
3	0	6	20	14	10	9	-	-	(19)
12	0	-	24	1	-	6	-	-	(20)
71	4	0	242	19	22	5	0	0	(21)
70	1	0	97	8	3	2	0	0	(22)
1	3	-	145	11	19	3	-	-	(23)
2	1	0	2	1	1	0	0	1	(24)
17	11	2	84	4	1	0	-	0	(25)
1	1	2	51	9	0	1	4	-	(26)
6	-	1	29	0	0	2	1	0	(27)
-	-	7	4	6	0	1	0	0	(28)
57	3	7	99	21	0	9	10	1	(29)
27	1	4	38	9	-	0	-	1	(30)
10	0	1	35	4	-	1	3	0	(31)
20	2	2	26	8	0	7	7	-	(32)
1	-	0	1	2	-	6	0	0	(33)
11	0	21	195	19	34	42	-	1	(34)
68	15	14	141	44	4	107	32	2	(35)
13	1	4	21	8	3	26	18	-	(36)
17	0	2	32	13	-	17	1	1	(37)
38	14	8	88	23	0	64	12	1	(38)
144	8	215	212	107	0	85	13	125	(39)
25	3	13	30	15	-	8	12	0	(40)

3 主要都市における果実の転送量（続き）

品目 ＼ 転送した都市 / 転送を受けた市場		東京都（続き） 浜松市中央卸売市場	東京都（続き） 沼津市青果市場	東京都（続き） 福岡市中央卸売市場	東京都（続き） 熊本市青果市場	東京都（続き） 沖縄県中央卸売市場	横浜市	川崎市	小田原市
果実計	(1)	**771**	**573**	**248**	**163**	**553**	**106**	**3**	**9**
みかん	(2)	57	22	0	0	89	23	-	7
ネーブルオレンジ(国産)	(3)	-	2	-	-	-	-	-	-
甘なつみかん	(4)	8	16	-	-	-	4	-	2
いよかん	(5)	20	17	-	-	2	3	-	-
はっさく	(6)	15	2	-	-	0	0	-	-
その他の雑かん	(7)	110	36	1	2	6	22	-	-
りんご	(8)	45	7	104	38	75	5	-	-
つがる	(9)	1	-	6	1	5	0	-	-
ジョナゴールド	(10)	4	0	56	1	9	-	-	-
王林	(11)	2	1	1	1	8	0	-	-
ふじ	(12)	33	3	17	28	29	2	-	-
その他のりんご	(13)	5	3	24	6	25	1	-	-
日本なし	(14)	59	82	1	1	3	7	-	-
幸水	(15)	3	27	-	0	3	0	-	-
豊水	(16)	24	37	-	-	-	1	-	-
二十世紀	(17)	-	2	-	-	-	5	-	-
新高	(18)	12	-	-	-	-	-	-	-
その他のなし	(19)	20	17	1	1	-	1	-	-
西洋なし	(20)	12	6	12	7	7	-	-	-
かき	(21)	45	87	0	0	195	-	2	-
甘がき	(22)	3	18	-	0	45	-	-	-
渋がき(脱渋を含む。)	(23)	41	68	0	-	150	-	2	-
びわ	(24)	-	1	-	-	-	-	-	-
もも	(25)	11	13	0	0	55	1	-	-
すもも	(26)	3	26	0	0	8	-	-	-
おうとう	(27)	18	2	1	11	0	1	-	-
うめ	(28)	4	6	-	-	0	-	-	-
ぶどう	(29)	16	30	4	2	15	0	-	-
デラウェア	(30)	7	-	-	2	2	0	-	-
巨峰	(31)	2	-	0	-	11	-	-	-
その他のぶどう	(32)	8	30	3	0	1	0	-	-
くり	(33)	0	2	78	0	0	-	-	-
いちご	(34)	27	3	-	-	-	9	-	-
メロン	(35)	87	51	2	0	7	9	0	-
温室メロン	(36)	4	13	-	-	4	3	-	-
アンデスメロン	(37)	20	7	-	-	0	2	-	-
その他のメロン(まくわうりを含む。)	(38)	63	31	2	0	3	5	0	-
すいか	(39)	229	160	45	97	68	20	-	-
キウイフルーツ	(40)	4	2	-	5	23	-	-	-

単位：t

藤沢市	新潟市					富山市	高岡市	金沢市	
		函館市青果市場	秋田市青果市場	いわき市中央卸売市場	福岡市中央卸売市場				
18	665	140	158	139	107	172	162	535	(1)
6	68	-	67	1	-	20	31	72	(2)
-	-	-	-	-	-	-	-	-	(3)
-	3	-	3	-	-	-	14	3	(4)
-	12	-	12	-	-	1	-	11	(5)
-	4	-	4	-	-	-	-	1	(6)
7	17	0	17	-	-	7	3	47	(7)
-	-	-	-	-	-	43	5	16	(8)
-	-	-	-	-	-	2	-	2	(9)
-	-	-	-	-	-	5	-	0	(10)
-	-	-	-	-	-	1	0	-	(11)
-	-	-	-	-	-	27	2	9	(12)
-	-	-	-	-	-	8	4	6	(13)
-	198	55	15	5	70	41	34	-	(14)
-	68	8	10	5	31	25	17	-	(15)
-	39	20	-	0	17	-	1	-	(16)
-	0	-	-	-	0	-	-	-	(17)
-	39	7	2	-	9	16	15	-	(18)
-	52	20	4	-	13	0	1	-	(19)
-	1	0	-	-	-	0	0	7	(20)
-	101	44	4	10	36	3	11	20	(21)
-	0	-	0	-	-	-	5	10	(22)
-	101	44	4	10	36	3	6	11	(23)
0	0	-	0	-	-	0	-	1	(24)
-	7	3	1	-	-	-	-	3	(25)
-	-	-	-	-	-	-	1	3	(26)
-	-	-	-	-	-	2	-	3	(27)
-	1	-	1	0	-	0	-	0	(28)
-	8	2	5	-	-	11	6	12	(29)
-	1	-	-	-	-	8	4	7	(30)
-	6	2	4	-	-	2	0	1	(31)
-	1	0	0	-	-	1	2	3	(32)
-	-	-	-	-	-	-	0	-	(33)
-	0	0	-	-	-	8	3	-	(34)
4	13	5	7	-	-	12	2	27	(35)
4	1	-	1	-	-	8	1	8	(36)
0	2	-	1	-	-	1	-	2	(37)
-	10	5	5	-	-	4	1	16	(38)
1	228	31	17	123	-	23	53	308	(39)
-	4	-	4	-	-	-	-	0	(40)

3　主要都市における果実の転送量（続き）

転送した都市 / 転送を受けた市場 / 品目		金沢市（続き）	福井市	甲府市	長野市				
		福井市中央卸売市場				船橋市青果市場	松本市青果市場	浜松市中央卸売市場	松山市中央卸売市場
果実計	(1)	**248**	**15**	**266**	**2,402**	**202**	**1,473**	**252**	**146**
みかん	(2)	72	2	57	553	32	503	-	-
ネーブルオレンジ（国産）	(3)	-	-	-	1	-	1	-	-
甘なつみかん	(4)	3	-	-	94	41	53	-	-
いよかん	(5)	11	-	-	120	-	113	-	-
はっさく	(6)	1	-	1	53	-	53	-	-
その他の雑かん	(7)	43	0	1	258	10	246	-	-
りんご	(8)	0	-	-	269	3	29	51	31
つがる	(9)	-	-	-	42	2	6	21	5
ジョナゴールド	(10)	-	-	-	-	-	-	-	-
王林	(11)	-	-	-	7	-	-	4	2
ふじ	(12)	0	-	-	122	-	18	14	10
その他のりんご	(13)	-	-	-	99	1	6	13	14
日本なし	(14)	-	-	2	129	-	46	80	1
幸水	(15)	-	-	2	53	-	19	34	0
豊水	(16)	-	-	-	31	-	3	27	0
二十世紀	(17)	-	-	-	9	-	4	4	1
新高	(18)	-	-	-	11	-	7	4	-
その他のなし	(19)	-	-	-	25	-	12	11	0
西洋なし	(20)	7	-	-	10	-	2	3	0
かき	(21)	20	-	0	69	23	44	-	-
甘がき	(22)	10	-	0	11	-	9	-	-
渋がき（脱渋を含む。）	(23)	11	-	0	58	23	35	-	-
びわ	(24)	1	0	-	0	0	0	-	-
もも	(25)	2	-	112	144	4	11	41	30
すもも	(26)	1	-	30	32	3	1	7	8
おうとう	(27)	3	0	0	1	0	1	-	0
うめ	(28)	0	-	-	8	-	6	-	-
ぶどう	(29)	11	-	40	139	0	17	67	6
デラウェア	(30)	7	-	11	14	-	6	7	1
巨峰	(31)	1	-	15	66	0	5	21	4
その他のぶどう	(32)	2	-	14	59	0	6	40	1
くり	(33)	-	-	-	-	-	-	-	-
いちご	(34)	-	-	-	2	0	2	-	0
メロン	(35)	22	13	6	348	33	310	-	-
温室メロン	(36)	5	7	3	30	2	24	-	-
アンデスメロン	(37)	2	0	1	60	13	46	-	-
その他のメロン（まくわうりを含む。）	(38)	15	6	2	258	19	239	-	-
すいか	(39)	50	-	9	167	51	34	-	70
キウイフルーツ	(40)	0	-	8	4	-	1	2	-

単位：t

松本市	甲府市青果市場	長野市青果市場	岐阜市	福井市中央卸売市場	静岡市中央卸売市場	名古屋市中央市場本場	北勢青果市場	静岡市	
328	**139**	**160**	**1,223**	**149**	**253**	**509**	**118**	**926**	(1)
37	11	26	150	77	11	16	6	538	(2)
-	-	-	-	-	-	-	-	8	(3)
158	107	51	5	0	-	-	-	40	(4)
2	-	1	4	2	-	-	2	-	(5)
20	-	20	4	-	-	-	-	0	(6)
12	4	8	22	16	0	-	1	66	(7)
3	-	1	173	18	23	1	66	1	(8)
1	-	1	12	2	-	-	10	0	(9)
-	-	-	10	3	3	0	2	-	(10)
-	-	-	14	3	4	-	5	-	(11)
-	-	-	121	7	14	1	40	1	(12)
2	-	1	16	2	2	0	9	0	(13)
13	7	5	15	1	-	9	3	3	(14)
1	-	1	3	1	-	0	1	3	(15)
1	0	0	10	-	-	9	1	1	(16)
-	-	-	0	-	-	-	0	-	(17)
4	4	-	-	-	-	-	-	-	(18)
7	3	4	2	-	-	-	-	-	(19)
2	-	2	4	-	-	-	-	-	(20)
9	9	-	515	13	-	483	-	9	(21)
8	8	-	511	12	-	481	-	9	(22)
1	1	-	4	1	-	2	-	-	(23)
-	-	-	0	-	-	-	0	-	(24)
0	-	0	16	0	0	-	1	42	(25)
0	-	0	0	-	-	-	0	0	(26)
-	-	-	-	-	-	-	-	0	(27)
1	-	1	1	-	-	-	-	6	(28)
1	-	0	31	2	20	0	8	20	(29)
0	-	0	15	1	12	-	1	5	(30)
1	-	-	5	1	1	0	3	-	(31)
0	-	0	11	0	7	-	4	15	(32)
-	-	-	2	1	-	-	-	-	(33)
0	-	0	15	14	-	-	0	67	(34)
6	1	5	25	3	-	-	11	67	(35)
1	0	1	15	2	-	-	9	65	(36)
2	1	1	1	0	-	-	0	-	(37)
3	0	3	9	1	-	-	2	2	(38)
65	-	39	223	-	198	-	3	44	(39)
-	-	-	18	1	-	-	17	15	(40)

3　主要都市における果実の転送量（続き）

品目 ＼ 転送した都市 ／ 転送を受けた市場		静岡市（続き）	浜松市			名			
		浜松市中央卸売市場		名古屋市中央市場本場	豊橋市青果市場		富山市青果市場	金沢市中央卸売市場	福井市中央卸売市場
果実計	(1)	**762**	**466**	**218**	**157**	**2,927**	**120**	**171**	**318**
みかん	(2)	457	84	9	35	818	38	74	93
ネーブルオレンジ(国産)	(3)	8	1	-	0	1	-	-	-
甘なつみかん	(4)	35	3	-	1	82	-	4	22
いよかん	(5)	-	0	-	0	107	-	5	-
はっさく	(6)	0	2	-	2	32	-	-	2
その他の雑かん	(7)	57	5	1	2	233	14	35	30
りんご	(8)	0	271	191	50	392	43	6	19
つがる	(9)	0	29	20	1	53	27	-	2
ジョナゴールド	(10)	-	10	2	2	42	-	1	5
王林	(11)	-	11	9	1	41	-	3	5
ふじ	(12)	-	198	146	37	226	15	3	3
その他のりんご	(13)	0	23	14	8	29	1	0	4
日本なし	(14)	3	3	-	0	139	1	-	35
幸水	(15)	3	3	-	0	79	0	-	21
豊水	(16)	1	-	-	-	21	1	-	9
二十世紀	(17)	-	-	-	-	2	-	-	-
新高	(18)	-	-	-	-	8	-	-	0
その他のなし	(19)	-	0	-	0	29	-	-	3
西洋なし	(20)	-	0	-	0	11	-	2	-
かき	(21)	9	4	-	4	179	1	6	43
甘がき	(22)	9	4	-	4	106	1	6	12
渋がき（脱渋を含む。）	(23)	-	-	-	-	72	1	0	32
びわ	(24)	-	-	-	-	2	-	1	0
もも	(25)	4	2	-	1	111	-	7	29
すもも	(26)	-	4	2	0	11	-	3	2
おうとう	(27)	0	1	-	1	15	1	1	0
うめ	(28)	6	0	-	0	17	-	-	-
ぶどう	(29)	2	24	0	23	93	3	7	8
デラウェア	(30)	-	14	-	14	52	3	7	3
巨峰	(31)	-	5	0	5	17	-	-	3
その他のぶどう	(32)	2	4	0	4	23	0	0	2
くり	(33)	-	-	-	-	1	-	-	-
いちご	(34)	66	0	-	0	84	-	8	12
メロン	(35)	64	15	2	13	262	19	1	12
温室メロン	(36)	62	10	0	10	109	0	0	1
アンデスメロン	(37)	-	0	-	0	27	6	0	2
その他のメロン（まくわうりを含む。）	(38)	2	5	2	3	126	14	0	8
すいか	(39)	38	38	7	24	302	-	12	7
キウイフルーツ	(40)	12	9	7	2	37	-	-	5

単位：t

名古屋市						豊橋市	北勢		
松本市青果市場	岐阜市中央卸売市場	静岡市中央卸売市場	浜松市中央卸売市場	北勢青果市場	三重県青果市場			名古屋市中央市場本場	
237	**317**	**254**	**110**	**892**	**133**	**47**	**286**	**129**	(1)
133	41	117	22	95	24	18	48	8	(2)
-	1	0	-	-	-	-	6	-	(3)
-	18	23	2	5	1	-	3	-	(4)
18	16	5	-	42	20	-	5	0	(5)
2	-	1	-	21	1	-	1	-	(6)
31	34	18	8	54	5	1	27	2	(7)
0	17	17	-	230	42	4	17	6	(8)
-	1	3	-	13	5	-	4	2	(9)
-	6	4	-	19	7	-	3	2	(10)
-	1	5	-	20	5	-	0	-	(11)
-	6	2	-	164	22	4	8	1	(12)
0	2	4	-	14	3	0	2	-	(13)
6	19	13	18	36	6	-	11	2	(14)
5	11	10	6	18	6	-	4	2	(15)
0	3	0	4	3	-	-	6	-	(16)
-	-	0	-	2	-	-	-	-	(17)
-	-	-	1	6	-	-	-	-	(18)
-	5	2	7	7	-	-	2	-	(19)
-	0	0	-	8	-	-	4	-	(20)
22	71	3	-	27	2	-	23	23	(21)
12	58	1	-	14	0	-	1	1	(22)
10	12	3	-	13	2	-	23	23	(23)
0	0	-	0	0	0	-	-	-	(24)
-	5	0	19	47	-	2	0	0	(25)
0	0	4	-	2	-	-	12	10	(26)
-	0	0	-	8	3	-	0	0	(27)
-	5	9	0	3	-	-	1	-	(28)
0	4	20	2	42	1	-	22	1	(29)
-	4	15	2	18	1	-	5	1	(30)
0	0	2	-	9	0	-	2	-	(31)
0	0	3	0	15	0	-	15	0	(32)
-	1	0	-	0	-	-	-	-	(33)
-	17	-	2	29	7	14	27	25	(34)
10	32	11	5	72	15	5	73	50	(35)
7	9	0	0	47	4	0	5	-	(36)
0	1	3	2	4	5	-	15	13	(37)
2	22	7	3	20	6	4	53	37	(38)
15	28	3	29	157	5	3	5	0	(39)
-	7	8	2	13	1	-	0	-	(40)

3　主要都市における果実の転送量（続き）

品目 ＼ 転送した都市 ／ 転送を受けた市場		三重	大津市	京都市	大				
						函館市青果市場	富山市青果市場	三重県青果市場	大阪府内青果市場
果実計	(1)	53	3	126	8,297	856	123	104	2,038
みかん	(2)	15	-	6	1,093	411	28	24	97
ネーブルオレンジ(国産)	(3)	-	-	-	23	0	-	-	7
甘なつみかん	(4)	4	-	0	71	-	-	-	23
いよかん	(5)	-	-	-	89	-	0	3	31
はっさく	(6)	-	-	-	131	40	-	0	29
その他の雑かん	(7)	9	-	69	706	3	3	1	335
りんご	(8)	2	2	7	1,865	-	86	10	640
つがる	(9)	-	-	-	177	-	5	0	35
ジョナゴールド	(10)	-	-	0	207	-	2	3	22
王林	(11)	-	-	2	111	-	9	1	16
ふじ	(12)	2	2	4	960	-	67	6	331
その他のりんご	(13)	-	-	2	411	-	4	1	237
日本なし	(14)	1	-	1	237	2	0	1	86
幸水	(15)	0	-	-	13	-	0	0	4
豊水	(16)	1	-	0	38	1	-	0	11
二十世紀	(17)	-	-	0	24	-	-	1	10
新高	(18)	-	-	-	51	-	-	0	5
その他のなし	(19)	-	-	1	111	0	-	0	55
西洋なし	(20)	-	-	0	93	-	-	-	12
かき	(21)	8	1	8	884	377	0	1	123
甘がき	(22)	3	1	5	218	12	-	-	68
渋がき(脱渋を含む。)	(23)	5	-	3	666	365	0	1	54
びわ	(24)	-	-	-	6	-	0	0	1
もも	(25)	-	-	0	280	0	0	3	41
すもも	(26)	-	-	-	89	4	0	1	34
おうとう	(27)	-	-	3	19	-	-	0	5
うめ	(28)	4	-	-	40	8	-	-	4
ぶどう	(29)	2	-	1	320	6	1	0	84
デラウェア	(30)	2	-	-	63	2	0	0	9
巨峰	(31)	-	-	0	63	0	-	0	20
その他のぶどう	(32)	-	-	0	194	3	0	0	55
くり	(33)	-	-	4	31	-	-	-	13
いちご	(34)	1	-	7	168	-	5	4	79
メロン	(35)	5	-	0	513	-	0	8	81
温室メロン	(36)	-	-	-	93	-	0	0	11
アンデスメロン	(37)	0	-	-	35	-	-	3	2
その他のメロン(まくわうりを含む。)	(38)	5	-	0	385	-	-	5	69
すいか	(39)	5	-	15	1,480	-	-	45	303
キウイフルーツ	(40)	-	-	3	159	6	-	1	11

単位：t

阪					府				
鳥取市青果市場	松江市青果市場	福山市青果市場	徳島市中央卸売市場	高松市中央卸売市場	高知市中央卸売市場	福岡市中央卸売市場	長崎市中央卸売市場	宮崎市中央卸売市場	
689	478	431	522	249	1,293	500	281	115	(1)
190	85	142	20	0	42	0	-	7	(2)
0	0	9	-	-	2	-	-	-	(3)
10	12	2	3	6	12	-	-	1	(4)
11	22	2	2	-	17	-	0	-	(5)
17	11	6	0	19	4	-	1	-	(6)
49	24	28	25	2	147	3	1	26	(7)
193	193	71	153	0	230	207	4	-	(8)
10	20	6	16	-	31	20	1	-	(9)
52	35	13	17	-	31	28	-	-	(10)
25	22	7	4	-	12	9	-	-	(11)
87	88	41	104	0	141	64	3	-	(12)
18	28	4	13	-	14	86	-	-	(13)
11	10	11	18	5	42	2	8	24	(14)
0	3	3	1	0	1	-	-	-	(15)
-	4	2	4	1	1	0	1	4	(16)
7	1	1	1	-	2	2	-	-	(17)
-	0	1	5	0	26	-	1	11	(18)
4	1	4	7	3	12	1	7	10	(19)
2	2	5	9	3	11	6	17	4	(20)
7	15	25	27	77	122	31	10	43	(21)
4	0	7	16	33	32	18	-	17	(22)
3	14	17	10	45	90	13	10	26	(23)
2	0	0	0	0	1	-	-	0	(24)
7	21	2	2	2	85	2	55	4	(25)
5	7	1	9	4	15	0	6	0	(26)
3	2	0	1	-	3	0	6	0	(27)
0	4	-	6	0	11	-	0	0	(28)
6	10	12	62	4	50	3	29	0	(29)
2	0	3	6	0	10	-	16	0	(30)
2	6	2	12	2	13	-	2	-	(31)
2	4	7	44	1	27	3	11	0	(32)
1	0	-	0	2	15	-	-	-	(33)
48	18	0	4	0	10	0	-	0	(34)
27	17	36	117	11	107	18	39	6	(35)
14	2	2	28	4	28	1	0	0	(36)
2	2	5	5	1	7	4	3	1	(37)
11	12	28	84	6	72	14	36	4	(38)
97	22	72	49	112	313	225	50	0	(39)
2	3	7	16	1	57	-	54	-	(40)

3 主要都市における果実の転送量（続き）

品目 ＼ 転送した都市／転送を受けた市場	大阪府（続き）	神戸市				姫路市	尼崎市	明石市
	鹿児島市中央卸売市場		鳥取市青果市場	徳島市中央卸売市場	長崎市中央卸売市場			
果実計 (1)	251	510	153	117	138	10	8	25
みかん (2)	1	31	29	2	–	0	6	7
ネーブルオレンジ(国産) (3)	4	0	0	–	–	–	–	–
甘なつみかん (4)	–	7	7	–	–	–	–	–
いよかん (5)	–	13	13	0	–	–	0	–
はっさく (6)	0	–	–	–	–	–	–	–
その他の雑かん (7)	7	59	8	–	0	–	0	–
りんご (8)	35	85	61	14	9	–	–	9
つがる (9)	20	6	4	2	–	–	–	–
ジョナゴールド (10)	3	23	20	1	2	–	–	0
王林 (11)	0	7	6	0	1	–	–	1
ふじ (12)	5	34	27	7	–	–	–	7
その他のりんご (13)	7	14	3	4	7	–	–	0
日本なし (14)	7	27	0	2	11	3	–	–
幸水 (15)	–	0	0	–	–	–	–	–
豊水 (16)	3	6	–	–	0	–	–	–
二十世紀 (17)	–	4	–	–	2	3	–	–
新高 (18)	–	6	–	–	6	–	–	–
その他のなし (19)	4	11	–	2	3	–	–	–
西洋なし (20)	7	0	0	–	–	–	–	–
かき (21)	18	15	0	–	15	–	–	1
甘がき (22)	9	0	0	–	–	–	–	0
渋がき(脱渋を含む。) (23)	9	15	–	–	15	–	–	0
びわ (24)	–	0	0	0	–	–	–	0
もも (25)	31	60	6	14	40	–	–	2
すもも (26)	–	4	3	1	–	–	–	–
おうとう (27)	–	1	0	1	–	–	–	–
うめ (28)	1	1	1	–	–	–	–	7
ぶどう (29)	1	11	0	8	0	–	–	–
デラウェア (30)	0	–	–	–	–	–	–	–
巨峰 (31)	–	5	0	5	–	–	–	–
その他のぶどう (32)	1	6	0	3	0	–	–	–
くり (33)	–	–	–	–	–	–	–	–
いちご (34)	0	3	1	0	–	1	–	0
メロン (35)	34	43	14	6	–	–	0	–
温室メロン (36)	2	1	0	1	–	–	–	–
アンデスメロン (37)	–	1	1	–	–	–	0	–
その他のメロン(まくわうりを含む。) (38)	32	41	13	5	–	–	–	–
すいか (39)	103	128	0	67	60	5	2	–
キウイフルーツ (40)	–	23	9	1	4	–	–	–

単位：t

奈良市	奈良市 佐賀市青果市場	和歌山市	鳥取市	松江市	岡山市	広島市	広島市 鳥取市青果市場	広島市 福山市青果市場	
242	100	132	133	52	335	613	122	371	(1)
0	−	6	1	0	52	233	48	170	(2)
−	−	5	−	−	0	20	−	12	(3)
−	−	19	1	−	13	20	10	9	(4)
−	−	−	−	−	1	24	12	12	(5)
−	−	19	−	−	2	38	18	15	(6)
0	−	7	12	−	11	101	6	54	(7)
0	−	−	−	10	27	42	−	37	(8)
−	−	−	−	−	1	3	−	1	(9)
−	−	−	−	3	3	13	−	12	(10)
−	−	−	−	3	3	3	−	3	(11)
0	−	−	−	2	18	19	−	18	(12)
−	−	−	−	3	2	4	−	3	(13)
7	−	−	7	26	21	28	10	15	(14)
−	−	−	0	−	2	2	−	2	(15)
−	−	−	−	−	3	3	−	1	(16)
6	−	−	3	19	14	20	10	11	(17)
−	−	−	0	−	1	−	−	−	(18)
1	−	−	4	7	3	3	−	2	(19)
−	−	−	−	−	−	−	−	−	(20)
81	11	28	0	0	28	28	0	22	(21)
39	−	2	0	−	6	18	−	16	(22)
43	11	26	0	0	21	10	0	5	(23)
−	−	−	−	−	0	0	0	−	(24)
18	18	35	0	−	14	2	1	1	(25)
−	−	2	0	−	0	0	0	0	(26)
−	−	−	−	−	0	−	−	−	(27)
0	−	4	0	−	4	8	0	−	(28)
0	−	0	1	11	65	9	0	1	(29)
−	−	−	0	11	0	0	−	−	(30)
−	−	0	1	−	0	2	−	−	(31)
0	−	−	0	0	65	7	0	1	(32)
−	−	−	−	−	0	0	−	−	(33)
12	−	−	0	−	24	19	0	−	(34)
3	−	7	2	5	17	7	2	4	(35)
3	−	5	1	3	13	2	1	1	(36)
0	−	−	0	−	−	1	1	−	(37)
−	−	1	1	1	5	5	1	3	(38)
120	71	1	109	−	54	32	12	18	(39)
−	−	−	−	−	0	2	1	0	(40)

3　主要都市における果実の転送量（続き）

品目 ＼ 転送を受けた市場 ＼ 転送した都市		福山市	下関市	宇部市	徳島市	高松市	松山市		高
								徳島市中央卸売市場	
果実計	(1)	17	4	2	141	112	545	178	573
みかん	(2)	5	–	0	14	0	21	2	195
ネーブルオレンジ（国産）	(3)	–	–	–	–	1	2	–	–
甘なつみかん	(4)	–	–	–	–	4	14	8	–
いよかん	(5)	–	–	–	–	3	217	77	–
はっさく	(6)	–	–	–	1	–	4	0	3
その他の雑かん	(7)	–	0	–	12	30	102	61	212
りんご	(8)	5	–	0	–	33	–	–	56
つがる	(9)	–	–	0	–	4	–	–	–
ジョナゴールド	(10)	–	–	–	–	1	–	–	26
王林	(11)	–	–	–	–	1	–	–	1
ふじ	(12)	5	–	–	–	18	–	–	28
その他のりんご	(13)	–	–	–	–	10	–	–	0
日本なし	(14)	–	4	0	31	1	7	1	0
幸水	(15)	–	–	–	4	0	2	1	–
豊水	(16)	–	–	–	25	0	–	–	–
二十世紀	(17)	–	3	–	1	–	3	–	–
新高	(18)	–	–	0	–	–	0	0	0
その他のなし	(19)	–	0	–	1	0	2	1	–
西洋なし	(20)	–	–	–	1	2	0	0	–
かき	(21)	–	–	–	49	18	26	0	9
甘がき	(22)	–	–	–	1	7	1	0	2
渋がき（脱渋を含む。）	(23)	–	–	–	48	11	25	–	7
びわ	(24)	–	–	–	–	1	3	3	0
もも	(25)	0	–	0	–	0	12	3	2
すもも	(26)	–	–	–	1	–	0	0	0
おうとう	(27)	–	–	–	0	0	0	0	–
うめ	(28)	3	–	–	2	–	3	1	0
ぶどう	(29)	–	–	0	6	1	5	2	0
デラウェア	(30)	–	–	–	5	0	0	–	0
巨峰	(31)	–	–	0	1	0	3	1	–
その他のぶどう	(32)	–	–	–	1	1	2	1	–
くり	(33)	–	–	1	7	–	0	–	–
いちご	(34)	5	–	–	2	3	1	0	2
メロン	(35)	–	–	–	2	13	3	1	42
温室メロン	(36)	–	–	–	1	9	0	0	41
アンデスメロン	(37)	–	–	–	0	0	–	–	–
その他のメロン（まくわうりを含む。）	(38)	–	–	–	1	4	3	1	1
すいか	(39)	–	–	0	12	2	81	9	29
キウイフルーツ	(40)	–	–	–	0	1	44	9	21

単位：t

知		市	北九州市			福岡市			
札幌市中央卸売市場	徳島市中央卸売市場	松山市中央卸売市場		福岡市中央卸売市場	宮崎市中央卸売市場		函館市青果市場	佐賀市青果市場	
185	**118**	**186**	**370**	**193**	**141**	**2,929**	**484**	**247**	(1)
185	6	1	51	1	45	362	244	7	(2)
–	–	–	1	–	1	1	–	–	(3)
–	–	–	1	1	–	51	38	2	(4)
–	–	–	5	5	–	31	9	4	(5)
–	–	3	1	1	–	6	1	2	(6)
–	43	145	15	3	9	127	46	7	(7)
–	23	–	5	1	–	893	–	127	(8)
–	–	–	–	–	–	107	–	2	(9)
–	5	–	–	–	–	168	–	31	(10)
–	0	–	0	0	–	55	–	0	(11)
–	17	–	4	0	–	403	–	92	(12)
–	0	–	0	0	–	159	–	2	(13)
–	–	0	18	7	6	103	10	13	(14)
–	–	–	1	1	–	27	2	2	(15)
–	–	–	6	1	1	16	–	1	(16)
–	–	–	1	1	–	1	–	0	(17)
–	–	0	4	4	0	25	1	6	(18)
–	–	–	5	0	5	33	7	3	(19)
–	–	–	5	4	1	14	–	–	(20)
–	9	–	19	14	2	324	2	38	(21)
–	2	–	4	–	0	117	0	23	(22)
–	7	–	15	14	2	207	1	15	(23)
–	–	0	0	–	0	1	1	0	(24)
–	2	–	1	1	–	113	1	8	(25)
–	0	–	2	0	1	16	0	0	(26)
–	–	–	0	0	0	5	–	–	(27)
–	–	–	1	1	–	2	–	1	(28)
–	0	–	7	1	2	128	0	13	(29)
–	0	–	3	1	2	41	–	9	(30)
–	–	–	1	–	–	49	0	4	(31)
–	–	–	4	1	1	38	0	1	(32)
–	–	–	1	1	0	1	–	–	(33)
–	–	2	2	–	0	120	53	0	(34)
–	8	34	51	9	33	172	24	11	(35)
–	8	33	2	0	1	55	2	7	(36)
–	–	–	1	1	–	9	7	0	(37)
–	–	1	48	9	32	108	15	4	(38)
–	27	1	178	137	41	390	42	9	(39)
–	0	–	8	7	–	70	14	4	(40)

3　主要都市における果実の転送量（続き）

品目 ＼ 転送を受けた市場 ＼ 転送した都市		福岡市（続き） 長崎市中央卸売市場	福岡市（続き） 鹿児島市中央卸売市場	久留米市	佐賀市	佐賀市 長崎市中央卸売市場	佐賀市 佐世保市青果市場	佐賀市 熊本市青果市場	佐賀市 鹿児島市中央卸売市場
果実計	(1)	1,347	451	17	699	279	135	103	122
みかん	(2)	40	55	0	193	71	18	64	5
ネーブルオレンジ（国産）	(3)	0	-	-	0	-	-	-	-
甘なつみかん	(4)	3	5	-	21	1	6	8	5
いよかん	(5)	-	9	-	4	-	4	-	-
はっさく	(6)	3	-	1	2	0	1	-	0
その他の雑かん	(7)	26	28	2	28	4	3	13	6
りんご	(8)	603	141	-	138	65	28	-	44
つがる	(9)	78	27	-	20	3	2	-	14
ジョナゴールド	(10)	97	34	-	18	4	8	-	5
王林	(11)	47	4	-	7	1	4	-	3
ふじ	(12)	254	55	-	63	29	12	-	21
その他のりんご	(13)	128	22	-	31	28	2	-	1
日本なし	(14)	46	9	-	32	22	-	-	3
幸水	(15)	2	8	-	16	12	-	-	-
豊水	(16)	5	0	-	10	6	-	-	1
二十世紀	(17)	1	0	-	-	-	-	-	-
新高	(18)	18	-	-	-	-	-	-	-
その他のなし	(19)	20	0	-	6	3	-	-	3
西洋なし	(20)	12	3	0	10	10	-	-	-
かき	(21)	140	52	0	62	-	46	-	16
甘がき	(22)	13	22	0	8	-	1	-	7
渋がき（脱渋を含む。）	(23)	127	30	-	54	-	45	-	9
びわ	(24)	-	0	-	0	-	0	-	-
もも	(25)	77	12	0	11	1	4	-	5
すもも	(26)	14	0	0	6	1	3	-	2
おうとう	(27)	2	3	-	1	0	0	-	0
うめ	(28)	-	-	-	0	-	-	-	-
ぶどう	(29)	56	14	10	22	15	6	0	1
デラウェア	(30)	16	8	-	2	0	1	-	0
巨峰	(31)	18	1	-	16	12	3	0	0
その他のぶどう	(32)	23	5	10	4	3	1	-	0
くり	(33)	1	0	-	-	-	-	-	-
いちご	(34)	3	3	0	11	-	-	2	-
メロン	(35)	66	49	0	25	4	1	-	19
温室メロン	(36)	16	20	-	0	-	-	-	-
アンデスメロン	(37)	1	0	0	0	-	-	-	0
その他のメロン（まくわうりを含む。）	(38)	49	29	0	25	4	1	-	19
すいか	(39)	225	61	2	132	85	15	17	16
キウイフルーツ	(40)	31	7	0	0	0	-	-	-

単位：t

長崎市	福岡市中央卸売市場	佐世保市青果市場	佐世保市	熊本市	青森市中央卸売市場	福山市青果市場	長崎市中央卸売市場	宮崎市中央卸売市場	
847	155	391	0	1,825	137	110	108	385	(1)
149	16	23	-	324	3	19	9	109	(2)
-	-	-	-	7	-	-	-	6	(3)
14	2	3	-	38	10	-	0	16	(4)
15	1	13	-	0	-	-	-	0	(5)
12	-	8	-	34	-	-	0	12	(6)
79	44	13	-	142	91	2	1	18	(7)
41	-	41	-	252	-	-	-	-	(8)
3	-	3	-	13	-	-	-	-	(9)
6	-	6	-	37	-	-	-	-	(10)
4	-	4	-	16	-	-	-	-	(11)
27	-	27	-	158	-	-	-	-	(12)
2	-	2	-	28	-	-	-	-	(13)
65	3	46	-	54	1	3	1	27	(14)
8	-	7	-	9	1	-	-	4	(15)
26	2	13	-	25	-	0	-	13	(16)
1	-	1	-	0	-	-	-	0	(17)
10	0	8	-	6	-	1	0	2	(18)
20	-	17	-	13	-	1	0	7	(19)
3	-	3	0	5	-	-	-	-	(20)
63	-	50	-	23	-	-	0	0	(21)
5	-	4	-	0	-	-	-	0	(22)
57	-	46	-	23	-	-	0	0	(23)
6	3	0	-	0	0	-	-	0	(24)
26	0	24	-	13	-	-	-	-	(25)
0	-	0	-	3	-	-	0	3	(26)
-	-	-	-	0	-	-	-	-	(27)
-	-	-	-	-	-	-	-	-	(28)
5	0	4	-	43	-	-	7	4	(29)
1	-	0	-	8	-	-	3	-	(30)
1	0	1	-	24	-	-	4	4	(31)
2	0	2	-	10	-	-	0	0	(32)
-	-	-	-	4	-	-	-	1	(33)
54	6	42	-	49	-	-	-	1	(34)
97	22	25	-	390	5	21	49	96	(35)
25	21	0	-	21	4	1	-	-	(36)
1	-	1	-	27	0	4	0	4	(37)
71	1	24	-	342	1	17	49	92	(38)
205	57	87	-	438	27	65	41	90	(39)
13	-	7	-	5	-	-	-	1	(40)

3　主要都市における果実の転送量（続き）

転送した都市		熊本市（続き）	大分市			宮崎市			鹿
転送を受けた市場		鹿児島市中央卸売市場		宮崎市中央卸売市場	鹿児島市中央卸売市場		長崎市中央卸売市場	鹿児島市中央卸売市場	
品目									
果実計	(1)	**696**	**457**	**208**	**120**	**1,704**	**182**	**1,326**	**566**
みかん	(2)	173	27	-	19	171	0	153	68
ネーブルオレンジ(国産)	(3)	-	-	-	-	-	-	-	1
甘なつみかん	(4)	0	-	-	-	8	-	-	26
いよかん	(5)	-	3	-	-	2	1	2	42
はっさく	(6)	3	-	-	-	-	-	-	2
その他の雑かん	(7)	6	6	0	-	81	0	59	74
りんご	(8)	240	166	115	43	888	79	799	86
つがる	(9)	13	8	2	7	65	13	52	1
ジョナゴールド	(10)	37	44	27	13	203	30	172	22
王林	(11)	15	6	2	3	33	1	32	20
ふじ	(12)	148	97	78	16	536	35	500	40
その他のりんご	(13)	28	11	7	4	51	-	42	4
日本なし	(14)	9	69	4	2	55	20	30	67
幸水	(15)	2	1	-	-	-	-	-	0
豊水	(16)	4	24	1	-	25	4	17	32
二十世紀	(17)	0	-	-	-	11	-	11	10
新高	(18)	1	26	0	-	7	5	2	4
その他のなし	(19)	2	18	2	2	13	12	1	21
西洋なし	(20)	3	0	0	-	1	-	1	1
かき	(21)	18	18	3	10	83	-	56	81
甘がき	(22)	-	3	-	3	2	-	1	15
渋がき(脱渋を含む。)	(23)	18	15	3	8	82	-	55	66
びわ	(24)	0	0	-	-	0	-	-	0
もも	(25)	11	21	12	5	25	-	25	13
すもも	(26)	0	1	-	-	0	-	0	4
おうとう	(27)	0	-	-	-	0	-	0	-
うめ	(28)	-	-	-	-	8	-	4	0
ぶどう	(29)	22	9	0	1	2	-	2	16
デラウェア	(30)	5	6	0	0	1	-	1	2
巨峰	(31)	8	2	-	-	1	-	1	8
その他のぶどう	(32)	10	2	0	0	1	-	1	6
くり	(33)	-	0	-	-	6	-	-	-
いちご	(34)	25	1	-	-	75	-	24	5
メロン	(35)	48	131	73	38	166	78	51	24
温室メロン	(36)	0	16	1	0	20	-	-	7
アンデスメロン	(37)	1	-	-	-	0	-	0	1
その他のメロン(まくわうりを含む。)	(38)	47	114	73	38	146	78	50	16
すいか	(39)	134	5	-	-	102	-	96	35
キウイフルーツ	(40)	4	2	0	1	30	4	24	20

単位：t

児　島　市 熊　本　市 青　果　市　場	沖　縄　県 中　央 卸　売　市　場	沖　縄　市	
110	300	5	(1)
6	61	3	(2)
-	1	-	(3)
-	6	-	(4)
-	42	-	(5)
-	2	-	(6)
-	73	0	(7)
71	15	1	(8)
1	-	-	(9)
22	-	-	(10)
20	1	1	(11)
26	14	0	(12)
3	-	-	(13)
-	36	0	(14)
-	0	-	(15)
-	11	-	(16)
-	10	0	(17)
-	3	-	(18)
-	12	-	(19)
-	1	-	(20)
8	12	-	(21)
6	9	-	(22)
2	3	-	(23)
-	-	-	(24)
10	1	-	(25)
-	3	-	(26)
-	-	-	(27)
-	0	-	(28)
14	1	-	(29)
2	-	-	(30)
7	1	-	(31)
6	0	-	(32)
-	-	-	(33)
-	5	-	(34)
1	16	-	(35)
-	6	-	(36)
-	-	-	(37)
1	10	-	(38)
-	25	0	(39)
-	0	-	(40)

V 野菜の国産・輸入別の卸売数量・価額・価格
（主要都市の市場計）

野菜の国産・輸入別の卸売数量・価額・価格（主要都市の市場計）

年次・品目		主要都市の市場計 数量	主要都市の市場計 価額	主要都市の市場計 価格	国 実数 数量	国 実数 価額	国 実数 価格
		t	千円	円／kg	t	千円	円／kg
野菜計							
平成23年	(1)	7,990,129	1,597,221,874	200	7,715,667	1,542,669,483	200
24	(2)	7,885,399	1,582,705,020	201	7,623,205	1,527,328,085	200
25	(3)	7,907,791	1,608,009,909	203	7,692,250	1,557,740,958	203
26	(4)	7,888,702	1,616,481,902	205	7,682,530	1,563,988,594	204
27	(5)	7,709,700	1,734,924,752	225	7,520,192	1,685,287,121	224
28	**(6)**	**7,503,655**	**1,787,428,812**	**238**	**7,291,878**	**1,736,185,150**	**238**
根菜類							
だいこん	(7)	691,951	70,379,721	102	691,768	70,309,201	102
かぶ	(8)	53,257	7,712,621	145	53,257	7,712,607	145
にんじん	(9)	458,837	73,222,564	160	445,153	71,931,283	162
ごぼう	(10)	85,078	24,821,277	292	81,199	24,323,932	300
たけのこ	(11)	11,277	4,657,244	413	10,683	4,232,862	396
れんこん	(12)	33,526	19,667,067	587	33,515	19,662,583	587
葉茎菜類							
はくさい	(13)	586,739	54,207,747	92	586,729	54,207,126	92
みずな	(14)	32,512	12,680,858	390	32,512	12,680,858	390
こまつな	(15)	62,632	21,647,569	346	62,632	21,647,569	346
その他の菜類	(16)	3,611	1,282,165	355	3,610	1,281,610	355
ちんげんさい	(17)	22,562	7,459,849	331	22,562	7,459,849	331
キャベツ	(18)	1,017,683	100,872,252	99	1,016,436	100,744,010	99
ほうれんそう	(19)	77,067	45,180,407	586	77,064	45,180,338	586
ねぎ	(20)	208,203	87,901,949	422	201,803	86,573,177	429
ふき	(21)	4,637	1,587,941	342	4,637	1,587,941	342
うど	(22)	2,051	1,146,575	559	2,051	1,146,575	559
みつば	(23)	8,854	6,134,857	693	8,854	6,134,857	693
しゅんぎく	(24)	10,050	6,251,561	622	10,050	6,251,545	622
にら	(25)	40,130	25,222,561	629	40,130	25,222,543	629
洋菜類							
セルリー	(26)	30,231	8,487,898	281	28,390	8,098,185	285
アスパラガス	(27)	22,531	25,701,561	1,141	17,302	21,078,599	1,218
カリフラワー	(28)	10,330	2,803,703	271	10,330	2,803,695	271
ブロッコリー	(29)	97,121	43,947,943	453	89,198	41,051,945	460
レタス	(30)	425,816	93,047,338	219	424,291	92,637,332	218
パセリ	(31)	2,974	4,562,091	1,534	2,974	4,562,039	1,534
果菜類							
きゅうり	(32)	352,168	115,089,252	327	352,168	115,089,235	327
かぼちゃ	(33)	185,259	33,544,282	181	88,653	20,935,851	236
なす	(34)	172,660	64,143,937	372	172,660	64,143,923	372
トマト	(35)	342,895	127,972,897	373	342,495	127,765,664	373
ミニトマト	(36)	83,883	61,824,874	737	83,826	61,788,301	737
ピーマン	(37)	116,949	54,291,474	464	103,753	47,170,350	455
ししとうがらし	(38)	5,927	6,975,949	1,177	5,880	6,930,966	1,179
スイートコーン	(39)	55,229	13,812,716	250	55,189	13,798,816	250
豆類							
さやいんげん	(40)	11,641	10,636,428	914	10,689	10,046,641	940
さやえんどう	(41)	6,431	8,782,388	1,366	5,914	8,387,554	1,418
実えんどう	(42)	2,504	2,494,337	996	2,477	2,484,730	1,003
そらまめ	(43)	5,200	2,598,602	500	5,200	2,598,434	500
えだまめ	(44)	15,400	11,677,445	758	15,138	11,549,037	763
土物類							
かんしょ	(45)	153,995	34,496,695	224	153,995	34,496,695	224
ばれいしょ	(46)	479,648	86,784,100	181	479,647	86,784,091	181
さといも	(47)	39,468	12,314,485	312	37,107	11,876,514	320
やまのいも	(48)	91,598	37,068,249	405	91,598	37,068,237	405
たまねぎ	(49)	912,655	92,132,152	101	879,456	88,609,241	101
にんにく	(50)	15,296	15,471,203	1,011	7,694	12,739,909	1,656
しょうが	(51)	26,012	18,256,527	702	21,054	16,632,476	790
きのこ類							
生しいたけ	(52)	35,860	35,138,432	980	35,130	34,728,035	989
なめこ	(53)	11,978	5,388,387	450	11,978	5,388,382	450
えのきだけ	(54)	83,325	20,759,858	249	83,325	20,759,858	249
しめじ	(55)	56,294	24,749,563	440	56,294	24,749,563	440
その他の野菜	(56)	241,720	140,437,261	581	233,431	131,140,386	562

注：1　「みずな」については平成28年より「その他の菜類」から分離し、調査対象として追加した。このため、対前年比については、「みずな」は「nc（計算不能）」として表示し、「その他の菜類」は、前年値にみずなを含んだ値を用いて算出している。

2　主要都市とは、①中央卸売市場が開設されている都市、②県庁が所在する都市、③人口20万人以上で、かつ青果物の年間取扱量がおおむね6万ｔ以上の都市をいう。

産			輸			入					国産品を100とした場合の輸入品の価格比	
対前年比			実数			対前年比			輸入割合			
数量	価額	価格	数量	価額	価格	数量	価額	価格	数量	価額		
%	%	%	t	千円	円/kg	%	%	%	%	%	%	
100	92	92	274,461	54,552,392	199	107	97	92	3.4	3.4	100	(1)
101	101	100	262,194	55,376,935	211	97	103	106	3.3	3.5	106	(2)
101	102	102	215,541	50,268,951	233	82	91	110	2.7	3.1	115	(3)
100	100	101	206,172	52,493,308	255	96	104	109	2.6	3.2	125	(4)
98	108	110	189,508	49,637,632	262	92	95	103	2.5	2.9	117	(5)
97	103	106	211,776	51,243,662	242	112	103	92	2.8	2.9	102	(6)
92	107	117	183	70,519	385	93	118	126	0.0	0.1	377	(7)
89	98	111	0	14	1,170	nc	nc	nc	0.0	0.0	807	(8)
93	120	131	13,684	1,291,281	94	164	155	94	3.0	1.8	58	(9)
89	118	133	3,879	497,345	128	114	120	105	4.6	2.0	43	(10)
111	102	93	594	424,382	715	98	90	92	5.3	9.1	181	(11)
104	104	101	11	4,484	410	51	63	123	0.0	0.0	70	(12)
98	113	115	10	621	61	30	39	130	0.0	0.0	66	(13)
nc	nc	nc	-	-	-	nc	nc	nc	-	-	-	(14)
100	105	105	-	-	-	nc	nc	nc	-	-	-	(15)
9	9	92	1	555	545	35	18	52	0.0	0.0	154	(16)
99	101	103	-	-	-	nc	nc	nc	-	-	-	(17)
98	94	96	1,247	128,241	103	212	202	96	0.1	0.1	104	(18)
88	99	112	3	69	23	100,800	2,327	2	0.0	0.0	4	(19)
96	107	112	6,401	1,328,772	208	86	89	105	3.1	1.5	48	(20)
88	91	104	-	-	-	nc	nc	nc	-	-	-	(21)
83	89	107	-	-	-	nc	nc	nc	-	-	-	(22)
95	99	104	-	-	-	nc	nc	nc	-	-	-	(23)
88	99	112	0	17	1,843	nc	nc	nc	0.0	0.0	296	(24)
97	103	106	0	18	877	72	46	64	0.0	0.0	139	(25)
96	95	99	1,842	389,713	212	98	106	109	6.1	4.6	74	(26)
102	103	101	5,229	4,622,962	884	117	110	94	23.2	18.0	73	(27)
72	91	126	0	8	61	1	1	45	0.0	0.0	23	(28)
84	102	121	7,923	2,895,998	366	119	107	90	8.2	6.6	80	(29)
98	97	100	1,525	410,007	269	185	239	129	0.4	0.4	123	(30)
91	123	135	0	51	965	27	14	53	0.0	0.0	63	(31)
99	102	103	0	18	343	nc	nc	nc	0.0	0.0	105	(32)
87	97	111	96,607	12,608,430	131	115	102	89	52.1	37.6	56	(33)
101	102	101	0	14	284	nc	nc	nc	0.0	0.0	76	(34)
97	104	106	399	207,234	519	114	112	98	0.1	0.2	139	(35)
100	110	110	57	36,573	641	87	97	112	0.1	0.1	87	(36)
102	99	98	13,196	7,121,125	540	99	94	95	11.3	13.1	119	(37)
101	90	89	47	44,983	960	141	93	66	0.8	0.6	81	(38)
96	95	100	40	13,899	349	58	57	98	0.1	0.1	140	(39)
86	94	109	952	589,787	620	122	122	100	8.2	5.5	66	(40)
76	88	116	517	394,834	763	83	96	116	8.0	4.5	54	(41)
78	86	111	27	9,607	359	252	218	86	1.1	0.4	36	(42)
67	69	102	0	168	735	nc	nc	nc	0.0	0.0	147	(43)
101	101	101	262	128,409	491	70	73	105	1.7	1.1	64	(44)
101	96	95	-	-	-	nc	nc	nc	-	-	-	(45)
95	117	124	0	9	151	nc	nc	nc	0.0	0.0	83	(46)
91	96	105	2,361	437,971	185	134	124	92	6.0	3.6	58	(47)
91	107	117	0	12	238	nc	nc	nc	0.0	0.0	59	(48)
104	101	97	33,199	3,522,910	106	104	111	107	3.6	3.8	105	(49)
102	99	96	7,602	2,731,294	359	97	124	128	49.7	17.7	22	(50)
103	110	107	4,958	1,624,051	328	102	87	86	19.1	8.9	42	(51)
100	101	101	730	410,397	562	89	84	95	2.0	1.2	57	(52)
100	105	105	0	5	270	167	77	46	0.0	0.0	60	(53)
105	98	93	-	-	-	nc	nc	nc	-	-	-	(54)
100	94	95	-	-	-	nc	nc	nc	-	-	-	(55)
99	102	102	8,289	9,296,876	1,122	103	98	95	3.4	6.6	200	(56)

参考

(参考) ＪＡ全農青果センターの取扱数量・価額・価格

1 野菜

年次・品目		計 数量	計 価額	計 価格	東京センター (埼玉県戸田市) 数量	東京センター (埼玉県戸田市) 価額	東京センター (埼玉県戸田市) 価格
		t	千円	円／kg	t	千円	円／kg
野菜計							
平成23年	(1)	431,433	99,520,122	231	188,506	45,465,365	241
24	(2)	426,441	98,522,333	231	192,530	46,189,573	240
25	(3)	424,584	99,998,476	236	191,332	47,443,030	248
26	(4)	436,257	102,995,556	236	197,766	49,668,142	251
27	(5)	424,274	109,198,111	257	199,749	54,018,249	270
28	**(6)**	**407,157**	**110,332,144**	**271**	**196,980**	**55,546,574**	**282**
根菜類							
だいこん	(7)	27,369	2,987,571	109	12,736	1,424,729	112
かぶ	(8)	1,687	293,552	174	1,004	174,727	174
にんじん	(9)	24,078	4,319,142	179	11,227	2,142,454	191
ごぼう	(10)	1,797	680,975	379	877	352,363	402
たけのこ	(11)	587	238,613	406	358	144,918	405
れんこん	(12)	2,679	1,745,054	651	973	607,943	625
葉茎菜類							
はくさい	(13)	21,650	2,045,867	94	9,968	963,660	97
みずな	(14)	2,074	842,135	406	967	406,071	420
こまつな	(15)	4,232	1,595,449	377	1,978	803,924	406
その他の菜類	(16)	89	41,065	461	36	17,136	476
ちんげんさい	(17)	1,470	476,947	324	523	167,148	319
キャベツ	(18)	55,623	5,982,702	108	23,006	2,542,365	111
ほうれんそう	(19)	4,807	3,168,288	659	2,151	1,416,983	659
ねぎ	(20)	8,129	3,580,922	441	3,596	1,506,175	419
ふき	(21)	290	97,766	337	148	51,876	350
うど	(22)	41	25,779	629	27	17,772	661
みつば	(23)	258	201,483	781	136	106,304	779
しゅんぎく	(24)	549	379,424	691	183	141,422	773
にら	(25)	2,042	1,335,586	654	689	477,009	692
洋菜類							
セルリー	(26)	1,224	384,592	314	434	148,579	342
アスパラガス	(27)	1,038	1,312,767	1,265	436	564,760	1,296
うち輸入	(28)	14	21,207	1,522	14	21,207	1,522
カリフラワー	(29)	403	131,584	327	190	62,658	329
ブロッコリー	(30)	6,552	3,045,395	465	3,208	1,486,751	463
うち輸入	(31)	35	10,042	288	35	10,042	288
レタス	(32)	25,700	5,263,962	205	11,281	2,362,835	209
パセリ	(33)	66	106,947	1,620	24	43,606	1,799
果菜類							
きゅうり	(34)	23,348	8,078,943	346	9,507	3,264,114	343
かぼちゃ	(35)	6,832	1,860,830	272	3,427	984,517	287
うち輸入	(36)	631	95,527	151	275	49,318	179
なす	(37)	9,565	3,834,116	401	4,825	1,974,192	409
トマト	(38)	28,077	11,104,861	396	14,990	6,076,642	405
ミニトマト	(39)	10,569	7,887,094	746	6,086	4,697,919	772
ピーマン	(40)	6,674	3,315,634	497	3,678	1,871,803	509
ししとうがらし	(41)	124	134,112	1,082	66	65,749	1,003
スイートコーン	(42)	4,170	1,104,763	265	2,498	655,904	263
豆類							
さやいんげん	(43)	446	427,077	958	249	245,049	985
さやえんどう	(44)	416	600,502	1,444	238	351,636	1,479
うち輸入	(45)	-	-	-	-	-	-
実えんどう	(46)	144	157,036	1,091	21	27,874	1,326
そらまめ	(47)	333	171,438	515	205	111,658	544
えだまめ	(48)	1,481	1,208,189	816	941	764,436	813
土物類							
かんしょ	(49)	11,595	2,903,745	250	5,705	1,406,008	246
ばれいしょ	(50)	29,874	5,378,412	180	13,161	2,367,149	180
さといも	(51)	2,097	719,714	343	1,585	548,983	346
やまのいも	(52)	5,623	2,580,414	459	1,853	903,087	487
たまねぎ	(53)	50,800	5,468,638	108	28,958	3,115,582	108
うち輸入	(54)	-	-	-	-	-	-
にんにく	(55)	658	1,111,378	1,689	336	547,052	1,630
うち輸入	(56)	8	6,575	801	8	6,575	801
しょうが	(57)	851	824,303	969	449	436,454	972
うち輸入	(58)	-	-	-	-	-	-
きのこ類							
生しいたけ	(59)	1,540	1,701,885	1,105	769	862,340	1,122
うち輸入	(60)	-	-	-	-	-	-
なめこ	(61)	889	442,023	497	507	263,624	520
えのきだけ	(62)	6,410	1,819,937	284	4,436	1,308,858	295
しめじ	(63)	3,118	1,464,874	470	2,102	1,041,613	495
その他の野菜	(64)	7,092	5,748,664	811	4,232	3,520,165	832
輸入野菜計	(65)	1,042	288,778	277	686	242,561	354
その他の輸入野菜	(66)	354	155,428	439	354	155,420	439

注：1 輸入野菜計は、各品目の輸入とその他の輸入野菜を加えたものである。
　　2 その他の輸入野菜は、表中で内訳として輸入の数値を掲載した品目以外の全ての輸入野菜を含んでいる。

神奈川センター			大阪センター			
(神奈川県平塚市)			(大阪府高槻市)			
数 量	価 額	価 格	数 量	価 額	価 格	
t	千円	円/kg	t	千円	円/kg	
130,338	28,550,188	219	112,589	25,504,569	227	(1)
122,525	26,965,696	220	111,386	25,367,064	228	(2)
115,962	25,941,805	224	117,290	26,613,641	227	(3)
116,552	26,009,602	223	121,939	27,317,812	224	(4)
113,915	27,595,008	242	110,610	27,584,854	249	(5)
104,815	26,564,486	253	105,362	28,221,084	268	(6)
6,372	723,560	114	8,261	839,282	102	(7)
612	107,496	176	71	11,329	161	(8)
6,101	1,013,350	166	6,750	1,163,338	172	(9)
436	162,831	374	484	165,781	343	(10)
95	39,759	419	134	53,936	403	(11)
698	439,556	629	1,008	697,555	692	(12)
5,462	490,999	90	6,220	591,208	95	(13)
485	208,029	429	622	228,035	367	(14)
1,125	400,920	356	1,129	390,605	346	(15)
32	16,756	516	21	7,173	335	(16)
478	143,397	300	469	166,402	355	(17)
19,730	2,024,088	103	12,887	1,416,249	110	(18)
1,299	873,051	672	1,357	878,254	647	(19)
2,161	838,138	388	2,372	1,236,609	521	(20)
33	12,121	373	109	33,769	310	(21)
11	6,081	542	3	1,926	741	(22)
38	27,589	731	84	67,590	803	(23)
201	135,042	672	165	102,960	624	(24)
629	387,790	617	724	470,787	650	(25)
357	107,714	301	433	128,299	296	(26)
323	403,985	1,250	279	344,022	1,231	(27)
-	-	-	-	-	-	(28)
138	42,501	308	75	26,425	352	(29)
2,026	895,705	442	1,318	662,939	503	(30)
-	-	-	-	-	-	(31)
8,687	1,761,308	203	5,732	1,139,819	199	(32)
11	16,838	1,544	31	46,503	1,517	(33)
6,586	2,305,939	350	7,255	2,508,890	346	(34)
1,245	339,219	273	2,160	537,094	249	(35)
78	9,565	123	278	36,644	132	(36)
2,560	1,029,252	402	2,180	830,672	381	(37)
6,934	2,567,134	370	6,153	2,461,085	400	(38)
1,713	1,211,587	707	2,770	1,977,588	714	(39)
1,859	883,017	475	1,137	560,814	493	(40)
17	24,558	1,470	41	43,805	1,065	(41)
804	217,460	270	868	231,399	267	(42)
162	138,361	856	35	43,667	1,235	(43)
126	167,181	1,325	52	81,685	1,563	(44)
-	-	-	-	-	-	(45)
9	9,033	1,061	114	120,129	1,052	(46)
108	50,648	469	20	9,132	447	(47)
299	243,208	812	241	200,545	833	(48)
4,142	996,173	241	1,748	501,564	287	(49)
5,033	906,884	180	11,680	2,104,379	180	(50)
238	78,337	330	274	92,394	337	(51)
1,350	663,300	491	2,420	1,014,027	419	(52)
9,910	1,052,276	106	11,932	1,300,780	109	(53)
-	-	-	-	-	-	(54)
151	265,135	1,761	171	299,191	1,751	(55)
-	-	-	-	-	-	(56)
94	84,962	899	308	302,887	984	(57)
-	-	-	-	-	-	(58)
397	451,574	1,138	374	387,971	1,038	(59)
-	-	-	-	-	-	(60)
315	144,360	459	67	34,039	510	(61)
1,428	366,008	256	546	145,071	266	(62)
509	188,766	371	507	234,495	462	(63)
1,288	901,514	700	1,572	1,326,985	844	(64)
78	9,565	123	278	36,652	132	(65)
-	-	-	0	8	648	(66)

(参考) JA全農青果センターの取扱数量・価額・価格 (続き)

2 果実

年次 品目・品種		計			東京センター (埼玉県戸田市)		
		数量 t	価額 千円	価格 円/kg	数量 t	価額 千円	価格 円/kg
果実計							
平成23年	(1)	87,519	31,730,684	363	46,795	17,626,315	377
24	(2)	87,149	32,076,286	368	48,378	18,624,445	385
25	(3)	86,265	31,944,205	370	47,028	18,415,122	392
26	(4)	87,085	32,588,450	374	49,298	19,377,044	393
27	(5)	81,834	32,931,739	402	49,213	20,567,148	418
28	(6)	82,187	34,193,400	416	50,988	21,610,328	424
国産果実計	(7)	73,231	31,341,891	428	42,488	18,873,767	444
みかん	(8)	12,015	3,559,537	296	6,721	2,106,766	313
ネーブルオレンジ（国産）	(9)	295	75,743	257	123	34,411	281
甘なつみかん	(10)	963	219,340	228	677	156,756	232
いよかん	(11)	895	226,160	253	346	96,878	280
はっさく	(12)	291	63,815	219	126	30,696	244
その他の雑かん	(13)	3,924	1,627,641	415	2,564	1,130,702	441
りんご	(14)	16,508	5,592,291	339	9,039	3,069,290	340
つがる	(15)	1,490	419,508	282	707	197,746	280
ジョナゴールド	(16)	1,056	382,758	362	395	134,087	339
王林	(17)	1,099	340,212	310	523	153,862	294
ふじ	(18)	10,111	3,573,769	353	5,524	1,979,386	358
その他のりんご	(19)	2,752	876,045	318	1,890	604,209	320
日本なし	(20)	3,984	1,318,209	331	2,173	745,305	343
幸水	(21)	1,869	680,216	364	1,037	392,685	379
豊水	(22)	1,289	347,096	269	739	204,540	277
二十世紀	(23)	152	58,924	388	38	13,663	355
新高	(24)	192	48,894	255	89	24,103	270
その他のなし	(25)	481	183,079	381	270	110,315	409
西洋なし	(26)	610	205,590	337	323	115,063	357
かき	(27)	5,673	1,549,228	273	3,668	1,008,842	275
甘がき	(28)	2,195	650,289	296	1,346	404,552	300
渋がき（脱渋を含む。）	(29)	3,478	898,937	258	2,322	604,289	260
びわ	(30)	16	26,410	1,651	7	12,055	1,791
もも	(31)	2,864	1,617,206	565	1,515	898,013	593
すもも	(32)	492	275,537	560	268	149,800	559
おうとう	(33)	354	530,056	1,497	186	287,589	1,544
うめ	(34)	558	250,705	449	411	182,602	444
ぶどう	(35)	2,997	2,744,590	916	1,674	1,559,532	932
デラウェア	(36)	971	831,817	857	436	390,186	896
巨峰	(37)	1,167	1,069,603	917	706	637,266	902
その他のぶどう	(38)	858	843,170	983	532	532,080	1,000
くり	(39)	40	29,330	733	27	19,407	726
いちご	(40)	5,210	6,780,290	1,301	3,488	4,545,585	1,303
メロン	(41)	3,645	1,748,848	480	1,656	834,631	504
温室メロン	(42)	269	132,966	494	51	34,330	678
アンデスメロン	(43)	1,438	676,635	471	685	326,666	477
その他のメロン（まくわうりを含む。）	(44)	1,939	939,248	484	921	473,635	514
すいか	(45)	11,044	2,337,100	212	6,844	1,469,976	215
キウイフルーツ	(46)	522	275,583	528	444	231,091	520
その他の国産果実	(47)	328	288,680	880	208	188,776	908
輸入果実計	(48)	8,958	2,851,509	318	8,501	2,736,561	322
バナナ	(49)	5,340	1,430,406	268	4,963	1,343,546	271
パインアップル	(50)	159	44,782	282	138	41,026	298
レモン	(51)	235	35,341	150	218	29,096	134
グレープフルーツ	(52)	578	132,258	229	565	129,626	229
オレンジ	(53)	459	121,060	264	443	116,637	263
輸入おうとう	(54)	39	67,304	1,726	35	61,794	1,756
輸入キウイフルーツ	(55)	1,184	639,373	540	1,177	635,909	540
輸入メロン	(56)	6	1,352	236	6	1,352	236
その他の輸入果実	(57)	960	379,631	395	957	377,575	395

神奈川センター（神奈川県平塚市）			大阪センター（大阪府高槻市）			
数量	価額	価格	数量	価額	価格	
t	千円	円/kg	t	千円	円/kg	
22,014	7,553,042	343	18,710	6,551,327	350	(1)
20,562	7,112,916	346	18,209	6,338,925	348	(2)
19,812	6,923,842	349	19,425	6,605,241	340	(3)
18,588	6,606,112	355	19,199	6,605,294	344	(4)
15,536	6,041,694	389	17,085	6,322,897	370	(5)
14,624	6,156,280	421	16,575	6,426,792	388	(6)
14,535	6,139,967	422	16,208	6,328,157	390	(7)
1,608	460,099	286	3,686	992,672	269	(8)
132	31,773	241	40	9,559	239	(9)
89	19,539	219	197	43,045	218	(10)
198	49,068	247	351	80,214	228	(11)
60	11,840	199	105	21,279	203	(12)
744	278,808	375	616	218,131	354	(13)
4,546	1,555,201	342	2,923	967,800	331	(14)
518	144,279	278	265	77,483	292	(15)
372	142,654	383	289	106,017	367	(16)
320	104,691	328	256	81,659	319	(17)
2,716	967,323	356	1,871	627,060	335	(18)
620	196,256	317	242	75,580	312	(19)
1,075	315,931	294	736	256,973	349	(20)
506	164,733	326	326	122,798	376	(21)
378	93,282	247	172	49,274	286	(22)
-	-	-	114	45,261	398	(23)
62	13,476	219	41	11,315	275	(24)
129	44,439	344	82	28,325	345	(25)
176	55,745	316	111	34,782	312	(26)
1,189	311,504	262	816	228,882	280	(27)
503	141,950	282	346	103,787	300	(28)
686	169,553	247	470	125,095	266	(29)
1	2,246	1,685	8	12,109	1,565	(30)
879	462,078	526	470	257,115	547	(31)
114	62,134	544	110	63,603	578	(32)
117	171,777	1,467	51	70,690	1,377	(33)
63	28,340	448	84	39,763	473	(34)
564	521,189	925	759	663,869	875	(35)
236	198,870	842	299	242,761	812	(36)
194	190,256	981	267	242,081	908	(37)
133	132,063	991	193	179,027	926	(38)
8	5,101	601	5	4,822	888	(39)
867	1,097,087	1,266	855	1,137,618	1,330	(40)
801	378,533	472	1,188	535,684	451	(41)
32	24,445	763	186	74,191	400	(42)
420	190,784	454	333	159,185	478	(43)
349	163,304	468	669	302,309	452	(44)
1,227	256,896	209	2,973	610,228	205	(45)
12	5,356	444	66	39,136	589	(46)
64	59,721	934	56	40,183	723	(47)
90	16,313	182	367	98,635	269	(48)
88	15,855	180	289	71,005	246	(49)
-	-	-	21	3,756	179	(50)
0	85	385	17	6,160	359	(51)
1	148	178	12	2,484	211	(52)
1	151	254	15	4,272	288	(53)
-	-	-	4	5,510	1,427	(54)
0	73	611	7	3,391	513	(55)
-	-	-	-	-	-	(56)
-	-	-	3	2,056	610	(57)

付　表　　調査票

付 録 調査票

青市場様式２号

5091

青果物卸売市場調査
年間取扱量等調査票

秘
農　林　水　産　省

入力方向

この調査は、農林水産省が統計法第19条第１項の規定に基づき一般統計調査として実施するものです。
また、この調査票は統計を作成するためのみに使用するもので、課税など統計以外の目的に使用しませんので、ありのままを記入してください。

政府統計

統計法に基づく国の統計調査です。調査票情報の秘密の保護に万全を期します。

調査票の記入及び提出は、オンラインでも可能です。

記入見本	0	1	2	3	4	5	6	7	8	9

調査年	月	税区分	品目・品種コード種別	都道府県	管理コード	市場	会社

品目・品種名称	品目・品種コード	産地コード	転送元市場コード	数量(kg)										価額(円)											
				十億	億	千万	百万	十万	万	千	百	十	一	千億	百億	十億	億	千万	百万	十万	万	千	百	十	一

注：
1　網掛け項目については、農林水産省職員が記入しますので、記入しないでください。
2　「税区分」については、消費税込みの場合は「0」、消費税抜きの場合は「1」を記入してください。
3　「品目・品種名称」「品目・品種コード」「産地コード」「転送元市場コード」については、別紙１「名称・コード一覧表」をご参照ください。
4　「品目・品種コード」については、別紙２（一社）全国中央市場青果卸売協会等が用いている「統一コード」で記入しても構いません。
5　「品目・品種コード種別」については、３の別紙１「名称・コード一覧表」のコードを使用する場合は「0」、４の別紙２「統一コード」を使用する場合は「1」を記入してください。
6　この調査票は、直接機械で読み取るので、汚したりしないでください。また、数字の記入に当たっては記入見本を参考にして黒い鉛筆を使用し、間違えた場合は消しゴムできれいに消してください。

平成28年　青果物卸売市場調査報告

平成30年３月　発行　　　　定価は表紙に表示してあります。

編集　〒100-8950　東京都千代田区霞が関１－２－１
農林水産省大臣官房統計部

発行　〒153-0064　東京都目黒区下目黒3-9-13　目黒・炭やビル
一般財団法人　農林統計協会
振替　00190-5-70255　TEL 03(3492)2987

ISBN978-4-541-04184-5 C3061